W0252338

bsv PHYSIK N

Sekundarstufe 1

Rainer Feuerlein
Helmut Näpfel
Horst Schäflein

Bayerischer Schulbuch Verlag

bsv PHYSIK N

Unterrichtswerk für die Sekundarstufe 1

Bildnachweis

Archiv für Kunst und Geschichte, Berlin: 8.1, 141.1, 273.3 – Astrofoto, Leichlingen: 10.1, 271.1, 276.3, 278.1 – Eric Bach, Grünwald: 146.1 (Schmidbauer), 161.3 (Sipa) – Badenwerk/Rudolf-Fettweis-Werk, Forbach: 250.3 – Bavaria Bildagentur, Gauting: 8.2 (Paul Gluske), 47.1 (Maage), 71 (Rosenfeld), 89 (TCL), 117 (PLI), 120.1, 147 (APFC), 175.2 (M. Barth), 236.2 (Masterfile Cooperation) – Bayernwerk, München: 175.1 – J. Behring, München: 294.2 – Bertram Luftbild, Haar: 293.4 – Bilderberg Archiv, Hamburg: 108.1 (ISTAR-TASS) – Bomin-Solar GmbH, Lörrach: 291.2 – Cartoon-Caricature-Contor, München: 299 (Wolter) – CERN, Genf: 263.1 – Das Fotoarchiv, Essen: 93.2 (A. Riedmüller) – Demag, Wetter/Ruhr: 58.1 – Deutsche BP AG, Hamburg: 47.1 b – Deutsche Presse Agentur, Frankfurt a. Main: 90.2, 108.2, 286.2, 294.3, 299.2 – Deutsche Shell AG, Hamburg: 132.2 – Deutsches Museum, München: 11.3, 70.2, 73.3, 79.1, 82.1, 84.1, 87.1, 109,1, 123.1, 184.2, 195.1, 245.1 + 2, 248.2, 251.2, 311.1 – H. Elsler, Norderney: 272.2 – Rainer Feuerlein/Dr. Helmut Näpfel, Fürth: 8.3, 13.1, 14.2 + 3, 15.1, 17.2 + 3, 20.1 + 2, 21.2 + 3, 26.1 + 2, 28.2 + 3, 36.1 + 2, 40.2, 42.1, 46.2, 48.1, 50.1–3, 51.1, 52.1 + 2, 53.1, 55.2 + 4, 56.1–3, 58.2, 60.2, 65.1 + 3, 66.1 + 2, 69.2 + 3, 73.2, 78.2–4, 79.2 + 3, 82.3, 86.3, 89.3, 111.1, 113.1 + 2, 116.1 + 2, 122, 124.2, 125.3, 126.2, 134.1–3, 134.2, 140.4 + 5, 153.1–2, 154.3, 165.1, 178.3, 180.2, 183.2, 185.1, 186.1, 190.1 + 2, 194.1, 202.1 + 2, 203.2, 208.1, 211.3, 215.3, 219.2, 221.3, 224.1, 225.1, 227.3, 228.1 + 2, 229.1 + 2, 232.1 a–d, 235.1 + 2, 244.2 + 3, 251.1, 261.1, 270.1, 285.1, 302.1, 310.3, 315.1 + 2, 317.1, 320.1, 321.1, 322.1–3, 324.2, 328.2 – Focus Photoagentur, Hamburg: 19 (Brooks/Brown), 253 (C. Powell, P. Fowler & D. Perkins), 274.1 (Simon Fraaser) – Ford-Werke AG, Köln: 96.1 – Forschungszentrum, Jülich: 145.1 – Gruner + Jahr Fotoservice, Hamburg: 311.2 (Pasieka) – Hamamatsu Television Europa GmbH, Seefeld: 47.2 – Bildarchiv Huber, Garmisch-Partenkirchen: 45.1 (Promograph), 171.3 (Radelt), 280.1 a – Husumer Schiffswerft, Husum: 290.1 + 2, 291.1 – IFA Bilderteam, Taufkirchen: 67.1, 70.3, 223 (Bumann), 248.1, 279 (TPC), 296.2, 312.1 + 3 (Ostgathe und BCI), 328 (Fred) – Internationales Bildarchiv, München: 273.1 – IVB Fotoreport, Heiligkreuzsteinach: 94.3, 171.1 – IZE, Frankfurt a. Main: 280.1 b (STROMTHEMEN 10/94) – Johann Jilka, Altenstadt: 53.3 – Klinikum Großhadern, München: 272.3 – Kraftwerk Union, Mühlheim: 287.1, 288.1 + 2, 289.1 – Krupp Stahlbau, Duisburg-Rheinhausen: 159.1 – Kugelfischer, Georg Schäfer & Co., Schweinfurt: 149.4 – Landesverkehrsamt Südtirol, Bozen: 172.2 – Leica Camera AG, Solms: 34.3, 35.1 – Leybold Didactic GmbH, Hürth: 76.3–5, 308.2 – Bildagentur Mauritius, Mittenwald: 10.3 (Photri), 74.2 (John), 90.1 (Leser), 136.3 (Waldkirch), 144.1 (Hubatka), 164.3 (Schuster), 173.1 (fm), 173.2 (Ligges), 189.2 (Rossenbach), 294.1 (O'Brian), 295.2 (Czernik), 322.3 (fm) – Max-Planck-Institut für Kernphysik, Heidelberg: 262.1 – MEV Verlag, Augsburg: 25.3 (G. Huss), 103.1 (M. Witschel), 237.2 (R. Eisele), 280.1 c (Bäuerle) – John Murray, London: 132.1 – Onkyo Deutschland GmbH, Germering: 58.3 – Opel AG, Rüsselsheim: 171.2 – Osram GmbH, Berlin: 215.2 – Pennsylvania State of University, Dep. of Physic: 254.1 (E. Müller) – Pictor, München: 27.3, 131, 296.1, 301 – PTB, Braunschweig: 110.2 – M. Schneider, Schwenningen: 120.2 – Schott Glaswerke, Mainz: 25.1 – Silvestris Fotoservice, Altötting: 146.2 (Wallis), 150.1 (Sunset), 161.1 (Rauchensteiner) 162.2, 170.1 (Kerscher), 170.3 (Zimmermann), 174.4, 196.2 – Solar-Wasserstoff-Bayern GmbH, München: 292.1 – Sony DADC Austria, Anif: 311.3 – The Stock Market Photo Agency, Düsseldorf: 5.7 (L. Villota), 49 (Tom Ives), 177 (Peter Wilson) – Tony Stone, München: 310.1 (Med.Illus. SBHA), Umschlag (Dave Jacobs) – Alfred Teves GmbH, Frankfurt a. Main: 118.1 + 3, 178.1 – Ullstein Bilderdienst, Berlin: 151.2 – U.S.I.S., Bonn: 111.3, 112.1 – Verkehrs-AG, Nürnberg: 241.1 – Visum, Hamburg: 292.2 + 3 (W. Steche) – Wendelsteinbahn GmbH, Brannenburg: 106.2 – Carl Zeiss, Oberkochen: 17.4, 41.1, 94.4, 148.2 – ZEFA, Düsseldorf: 96.2, 129.4, 146.3 (Bordis-Deuter), 164.1 (L. Schroeter), 164.2 (Mathe.E.), 165.3 (Hugel F.), 173.3 (Damm), 176.1 (Bahnsen), 197 (P. Christopher)

Gedruckt auf chlorfrei gebleichtem Papier

1998
1. Auflage (R)
© Bayerischer Schulbuch Verlag, München
Herstellung: Jakob Buxeder, München
Umschlaggestaltung: Lutz Siebert
Illustrationen: Dieter Krahl, Jörg Mair, Rudolf Ross
Satz und Druck: Tutte Druckerei GmbH, Salzweg
ISBN 3-7627-3902-1

Vorwort

Die Menschheit befindet sich an der
Schwelle eines neuen Zeitalters,
das man „Sonnenzeitalter"
nennen könnte.
Wernher von Braun (1912–1977)

An der Schwelle zum 20. Jahrhundert forderte der französische Schriftsteller Emile Zola: „Der Tag muß kommen, an dem die Elektrizität für jeden da ist. Sie muss im Überfluss vorhanden sein, damit die Menschen frei darüber verfügen können." Sein Wunsch hat sich in unvorhersehbarer Weise erfüllt: Durch die Nutzbarmachung der elektrischen Energie konnte der Mensch die körperliche Arbeit weitgehend an Maschinen übertragen und das moderne Nachrichtenwesen entwickeln. Als Folge haben sich die Lebensumstände der Menschen völlig verändert. Auf Knopfdruck verfügen wir über elektrische Energie. Wir haben uns daran gewöhnt – im Vergleich zu unserer körperlichen Arbeit – große Energiemengen umzusetzen. Der Preis dafür ist hoch.

An der Schwelle zum 21. Jahrhundert drohen die auf der Erde vorhandenen Energiequellen zu versiegen. Die mit der Energienutzung verbundenen Belastungen der Umwelt drohen uns die Lebensgrundlage zu entziehen. Einer der letzten großen Erfinder, der geistige Vater der Mondrakete, Wernher von Braun, zeigt mit dem oben wiedergegebenen Zitat auf, wie das brennende Energieproblem gelöst werden könnte: durch die gezielte Nutzung der Sonnenenergie. Dazu sind aber ungeheuere Anstrengungen aller Menschen nötig. Es ist höchste Zeit, dass die Menschheit gemeinsam an der Lösung arbeitet.

Die Physik befaßt sich mit der Erforschung der Gesetze, auf denen die Naturerscheinungen beruhen und nach denen die Naturvorgänge ablaufen. Es hängt von uns ab, ob wir das Wissen über diese Gesetze so einsetzen, daß auch für künftige Generationen auf der Erde lebenswerte Verhältnisse herrschen. Jeder von uns hat deshalb das Recht und die Pflicht, sich mit den Inhalten, den Möglichkeiten und den Grenzen der Naturwissenschaften auseinanderzusetzen. Nur mit Sachverstand und gemeinsamen Anstrengungen kann es uns gelingen, das hohe Ziel „Sonnenzeitalter" zu erreichen.

Zur Erleichterung des Verständnisses ist der Text dieses Buches ausführlich angelegt. Versuche, die der Lehrer vorführt, sind mit **V** gekennzeichnet, Versuche, die sich als Schülerversuche eignen, mit **V**, **V**, **V** und Versuche, die du mit einfachen Mitteln zu Hause durchführen kannst – sog. Heimversuche – mit farbigen Aufgabennummern (z. B. 3.). Mit * gekennzeichnete Begriffe werden im Anhang erläutert.
Bei der Vorbereitung auf Prüfungen solltest du wie folgt vorgehen: Lerne zunächst den Inhalt des Schulheftes und lies unverstandene Abschnitte im Buch nach. Außerdem kann ein knapper Auszug aus dem Buch hilfreich sein.

Freude an der Physik und viel Erfolg wünschen dir

Rainer Feuerlein
Helmut Näpfel
Horst Schäflein
Fürth, im Oktober 1997

Inhalt

Optik

Elektrizitätslehre

Mechanik

Wärmelehre

Mechanik

Wärmelehre

Elektrizitätslehre

Atomphysik

Energietechnik

Akustik

Elektrizitätslehre

1 Reflexion des Lichts

1.1 Die Ausbreitung des Lichts

8.1 Der „bebrillte“ Apostel (Ausschnitt aus dem Wildunger Altarbild von 1404)

8.2 Sonnenstrahlen

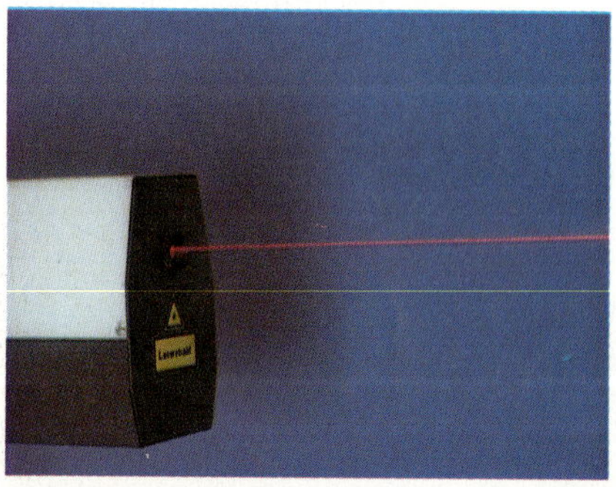

8.3 Laserstrahl

Die meisten Informationen, die der Mensch von seiner Umgebung empfängt, nimmt er über das Licht mit dem Auge auf. Zu allen Zeiten versuchten deshalb die Menschen, Erscheinungen, die auf dem Licht beruhen, zu beschreiben und Erklärungen dafür zu finden (Abb. 8.1). Auch wir befassen uns mit diesem interessanten Gebiet der Physik, mit der *Optik**. Dabei werden wir uns die Fragen stellen: Wie breitet sich Licht aus? Welche Geschwindigkeit hat es? Sind die Dinge in Wirklichkeit so, wie wir sie sehen? Wie kommt es, dass manche Dinge farbig sind, andere weiß oder sogar schwarz? Die nahe liegende Frage „Was ist Licht?“ werden wir nicht aufwerfen, da wir erst in der Oberstufe darauf eine Antwort finden.

Lichtquellen und beleuchtete Körper

In einem völlig dunklen Raum können wir nichts sehen. Schalten wir eine Lampe ein, so wird es hell im Raum. Wir sehen die Lampe, weil von ihr *Licht* ausgeht, das direkt in unser Auge fällt. Wir sehen aber auch die anderen Gegenstände: Das „weiße“ Licht der Lampe fällt auf sie. Dadurch senden sie selbst Licht aus, und zwar in einer Farbe, die vom Gegenstand bestimmt wird. Diese Erscheinung, bei der **beleuchtete Körper**, die selbst kein Licht erzeugen, Licht aussenden, heißt **Streuung**. Die eigentlichen Lichtsender heißen im Gegensatz zu den beleuchteten Körpern **Lichtquellen**.
Die lebensnotwendige Lichtquelle ist die Sonne. Viele andere, wie die Glühlampe, die Leuchtstoffröhre, die Kerzen- und die Gasflamme, sind aus dem Alltag nicht mehr wegzudenken. Eine besonders starke Lichtquelle ist der Laser*.

Lichtquellen und beleuchtete Körper senden Licht aus. Körper, die wir sehen, senden in unser Auge Licht.

Lichtstrahlen

Bei wolkigem Wetter, wenn die Sonne nur gelegentlich zu sehen ist, kann man oft „Sonnenstrahlen“ beobachten. Es sind mehr oder weniger breite **Lichtbündel**, die stets geradlinig begrenzt sind (Abb. 8.2).

V Wir erzeugen mit einer möglichst punktförmigen Lichtquelle und einer kreisförmigen Lochblende ein kegelförmiges Lichtbündel. Von der Seite können wir den Weg des Lichts erst verfolgen, wenn wir das Licht an einem hellen Schirm entlangstreifen lassen oder Staub bzw. Rauch in den Raumbereich blasen. Die kleinen beleuchteten Teilchen streuen einen Teil des Lichts und machen so den Bereich des Raumes erkennbar, in dem sich Licht ausbreitet. Verändern wir die Größe der Blendenöffnung, so erhalten wir verschieden breite, stets aber geradlinig begrenzte Lichtbündel.

Das Licht breitet sich geradlinig aus.

V Ein Laser sendet ein besonders schmales Lichtbündel, einen „Laserstrahl“ aus (Abb. 8.3). (Ein Laserstrahl ist so „stark“, dass er lichtempfindliche Sinneszellen in einem Auge zerstören kann. *Blicke deshalb nie in einen Laserstrahl!*)

Verkleinern wir im vorletzten Versuch die Blendenöffnung, so wird das Lichtbündel immer schmäler. Es ähnelt immer mehr einem Strahl. In Gedanken können wir die Blende so verengen, dass schließlich nur noch ein geometrischer Strahl übrig

bleibt. In der Wirklichkeit gibt es dagegen nur Lichtbündel. Trotzdem wollen wir sehr schmale Lichtbündel in Zeichnungen durch Halbgeraden darstellen und von **Lichtstrahlen** sprechen. Lichtstrahlen sind also eine vereinfachte Vorstellung, ein *Modell*, mit dem wir die Ausbreitung des Lichts beschreiben werden. Ein Lichtbündel stellen wir durch seine begrenzenden Strahlen dar.
Lichtquellen können im geometrischen Sinn niemals punktförmig sein. Wir müssen sie uns aus vielen **Lichtpunkten** aufgebaut denken, von denen jeweils Lichtstrahlen nach allen Seiten ausgehen.

Schatten

Da sich Licht geradlinig ausbreitet, gelangt kein Licht von der Lichtquelle in den Raum hinter einem undurchsichtigen Körper. Dieser lichtlose bzw. durch Streulicht nur etwas aufgehellte Raum heißt **Schattenraum**.

V Wir beleuchten eine Kugel mit einer möglichst punktförmigen Lichtquelle: Auf einem hellen Schirm entsteht eine scharf begrenzte dunkle Fläche. Diese lichtlose Fläche nennen wir **Schatten** der Kugel (Abb. 9.1a).

V Verwenden wir zwei punktförmige Lichtquellen in kleinem Abstand, so erhellt eine Lichtquelle jeweils einen Teil des Schattenraums der anderen (**Halbschatten**). Bei geeigneter Anordnung bleibt aber immer noch ein Teil des Raumes hinter der Kugel völlig lichtlos (**Kernschatten**) (Abb. 9.1b).

V Verwendet man eine ausgedehnte Lichtquelle, also viele nebeneinander liegende punktförmige Lichtquellen, wird der Übergang vom hellen zum dunklen Bereich fließend: Es entsteht ein **Übergangsschatten** (Abb. 9.1c).

Aus den sich ständig ändernden Stellungen von Sonne, Mond und Erde zueinander ergeben sich besonders eindrucksvolle Schattenspiele. So ändert sich beim Mond während eines Umlaufs um die Erde die Lage seines Schattenraumes. Er wechselt dadurch für uns auf der Erde sein Aussehen: Es entstehen **Mondphasen**.

Eine Besonderheit sind die Finsternisse. Sie entstehen, wenn sich der Mond im Erdschatten bzw. sich die Erde im Mondschatten aufhält. Befindet sich die Erde zwischen Sonne und Mond (Vollmond), so kann der Mond ganz oder teilweise in den Kernschatten der Erde eintreten: Es entsteht eine **totale** oder eine **partielle Mondfinsternis** (Abb. 9.2). Dies ist ein seltenes Ereignis. Meist zieht nämlich der Mond am Kernschatten der Erde vorbei, da die Bahn des Mondes um die Erde unter 5° gegen die Bahn der Erde um die Sonne geneigt ist. Bereits *Pythagoras von Samos* (570–496 v. Chr.) folgerte aus der stets kreisrunden Form des Erdschattens während einer Mondfinsternis, dass unsere Erde Kugelgestalt haben müsse.

Noch seltener ereignet sich eine **Sonnenfinsternis**. Der Mond befindet sich zwischen Sonne und Erde (Neumond), und der Schattenraum des Mondes, der viel kleiner ist als jener der Erde, muss bis zur Erdoberfläche reichen (Abb. 9.3). Orte auf der Erde, die im Kernschatten des Mondes liegen, erleben eine **totale** Sonnenfinsternis: Die Sonnenscheibe wird von der Scheibe des Mondes vollständig bedeckt (Abb. 10.1). Der Himmel ist so dunkel, dass helle Sterne und Planeten sichtbar werden. Für Orte im Übergangsschatten ist die Sonnenfinsternis **partiell**.

Die nächsten totalen Sonnenfinsternisse, die von Deutschland aus zu beobachten sind, werden am 11.8.1999 und am 7.10.2135 stattfinden.

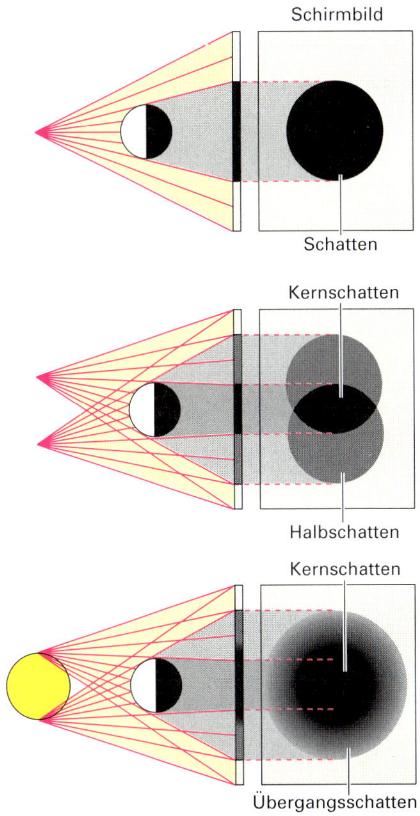

9.1 Schattenbildung bei punktförmigen und ausgedehnten Lichtquellen

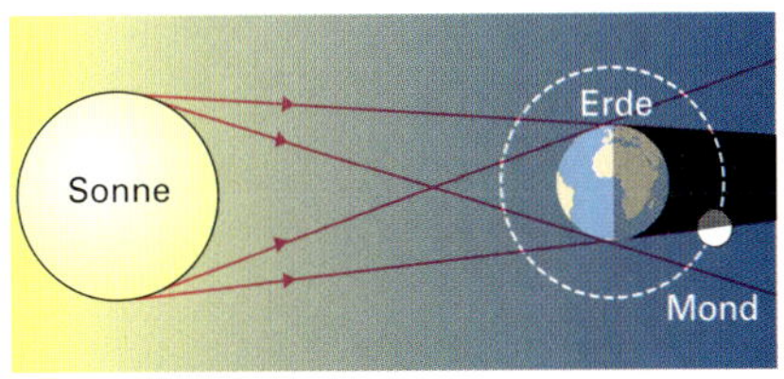

9.2 Mondfinsternis

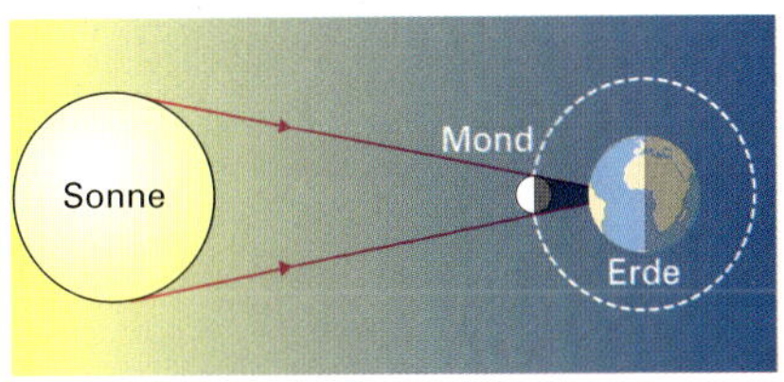

9.3 Sonnenfinsternis

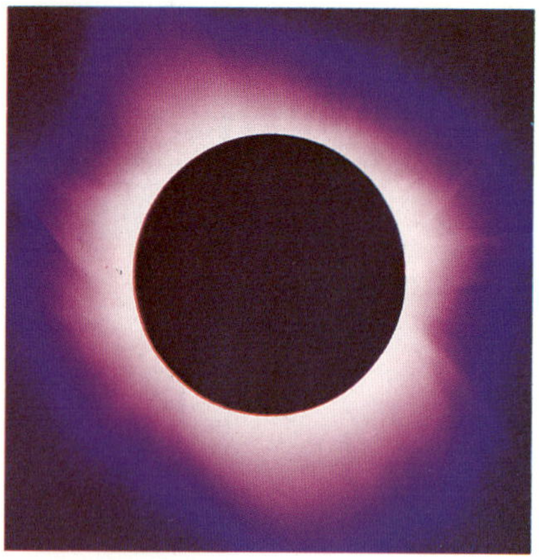

10.1 Totale Sonnenfinsternis

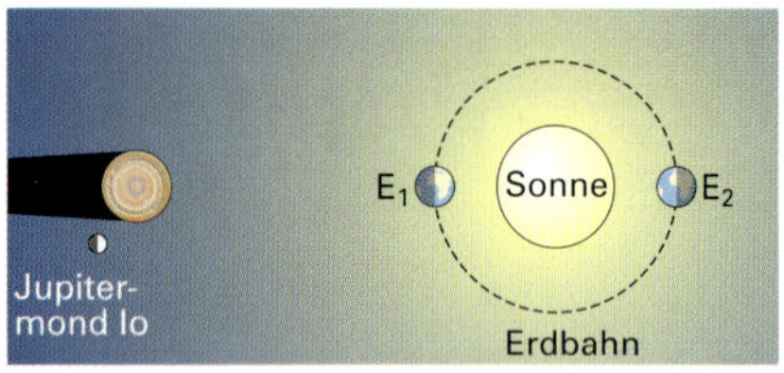

10.2 Zur Bestimmung der Lichtgeschwindigkeit

10.3 Die Erde am schwarzen Mondhimmel

Die Lichtgeschwindigkeit

Benötigt das Licht eine messbare Zeit, um von der Lichtquelle zum Auge des Beobachters zu gelangen, oder kann beim Einschalten einer Lampe ihr Aufleuchten im selben Augenblick in jeder Entfernung wahrgenommen werden?
Bereits *Galileo Galilei* (1564–1642) versuchte diese Frage zu klären. Er ersann folgendes Experiment: Zwei Beobachter A und B stellen sich nachts einige Kilometer voneinander entfernt auf. Jeder hat eine Laterne mit Blende. A öffnet die Blende seiner Laterne. Wenn B das Aufleuchten sieht, öffnet er seine Blende umgehend. A registriert einen kleinen Zeitunterschied zwischen dem Aussenden seines Lichtsignals und dem Eintreffen der Antwort von B. Nun stellen sich beide in größerer Entfernung auf. Überraschenderweise erhält A den gleichen Zeitunterschied. Offensichtlich bestimmt die Reaktionszeit von B das Messergebnis.
Versuche nach Galileis Vorschlag scheiterten damals. Er folgerte daraus: Entweder benötigt das Lichtsignal zum Durchlaufen des Weges keine Zeit oder das Lichtsignal ist so schnell, dass man bei den geringen irdischen Entfernungen keine gegenüber der Reaktionszeit messbare Abweichung erhält.
Bald nach der Erfindung des Fernrohrs entdeckte Galilei die vier größten Monde des Jupiters. Drei davon, Jo, Europa und Ganymed, werden bei jedem Umlauf um den Jupiter verfinstert. Der dänische Astronom *Olaf Römer* (1644–1710), der von 1671 bis 1676 in Paris arbeitete, nutzte die Verfinsterung des Mondes Jo, um die Ausbreitungsgeschwindigkeit des Lichtes zu bestimmen.
Die Umlaufdauer des Mondes Jo war damals schon genau bekannt; er braucht 45 h 28 min für einen Umlauf. Man konnte daher voraussagen, wann jeweils die Verfinsterung von Jo eintritt. Römer stellte fest, dass zwischen dem vorausberechneten Zeitpunkt und dem beobachteten ein Unterschied bestand und dieser jeweils davon abhing, wie weit der Jupiter von der Erde entfernt war (Abb. 10.2). War die Erde dem Jupiter am nächsten (Ort E_1), trat die Verfinsterung um ca. 500 s zu früh ein. War sie dagegen vom Jupiter am weitesten entfernt (Ort E_2), trat die Verfinsterung um ca. 500 s zu spät ein. Da ein ungleichmäßiger Umlauf von Jo nicht wahrscheinlich erschien, folgerte Römer: Das Licht benötigt ungefähr 1000 s, um die Strecke $[E_1 E_2]$ zu durchlaufen.
Der kürzeste und der weiteste Lichtweg unterscheiden sich genau um den Erdbahndurchmesser, also um 300 Millionen Kilometer. Für die Lichtgeschwindigkeit c ergibt sich dann:

$$c = \frac{\text{Lichtweg}}{\text{Laufzeit}} = \frac{300 \cdot 10^6\ \text{km}}{1000\ \text{s}}$$

$$= 3{,}00 \cdot 10^5\ \frac{\text{km}}{\text{s}}$$

Die Lichtgeschwindigkeit c beträgt in Vakuum und Luft rund 300 000 $\frac{\text{km}}{\text{s}}$.

Genau genommen ist die Lichtgeschwindigkeit in Luft um 80 $\frac{\text{km}}{\text{s}}$ kleiner als in Vakuum. In Wasser beträgt c „nur“ 225 000 $\frac{\text{km}}{\text{s}}$, in Glas 200 000 $\frac{\text{km}}{\text{s}}$.
Die Lichtgeschwindigkeit ist so unvorstellbar groß, dass wir im täglichen Leben die Laufzeit des Lichtes nicht wahrnehmen können. Um eine Strecke von 30 cm zu durchlaufen, braucht es 1 milliardstel Sekunde!

Aufgaben

1. Welche Himmelskörper sind Lichtquellen, welche beleuchtete Körper?

2. *Mondphasen*
Abb. 11.1 zeigt 8 Stellungen des Mondes bezüglich der Erde und die zugehörigen Gestalten, die Mondphasen, die man auf der Erde vom Mond sieht.
a) Bestimme zu jeder Stellung des Mondes die zugehörige Mondphase!
b) In welche Richtung bewegt sich in der Zeichnung der Mond?

3. *„Ein Portrait à la Silhouette"*
Die Herkunft des Wortes „Silhouette" für Schattenbild geht auf Etienne de Silhouette zurück, der Mitte des 18. Jahrhunderts französischer Finanzminister war. Er rief seine Landsleute zur Sparsamkeit auf und prangerte den französischen Adel wegen übermäßiger Ausgaben für Portraits an. Die Preisgünstigkeit von Schattenbildern war für humorvolle Zeitgenossen der Anlass, sie als „Portrait à la Silhouette" zu bezeichnen.
Führe die in Abb. 11.2 dargestellten Handhaltungen im Lichtkegel eines Projektors aus und gib jeweils an, was die Silhouette darstellt!

4. *Auf dem Mond* (Abb. 10.3)
a) Warum ist der Himmel vom Mond aus betrachtet schwarz, von der Erde aus betrachtet dagegen nicht schwarz?
b) Warum geht – vom Mond aus gesehen – unser Planet Erde nie auf oder unter, warum befindet er sich immer an der gleichen Stelle des Mondhimmels?
c) Auf der Erde erleben wir eine Mondfinsternis. Was würde ein Astronaut auf dem Mond erleben?

5. *Sonnenaufgang*
Die Erde ist von der Sonne $1{,}5 \cdot 10^8$ km entfernt.
a) Wie lange braucht das Licht von der Sonne zur Erde?
b) Du beobachtest Punkt 6 Uhr den Sonnenaufgang. Um wie viel Uhr wäre die Sonne aufgegangen, wenn sich das Licht unverzüglich (mit „unendlich großer Geschwindigkeit") ausbreiten würde? (Hinweis: Beachte, wie der Sonnenaufgang zustande kommt!)

6. *Das Lichtjahr*
In der Astronomie benützt man die Strecke, die das Licht in einem Jahr zurücklegt, das *Lichtjahr* (LJ), als Längeneinheit.
a) Rechne 1 LJ in km um!
b) Der unserer Sonne nächste Stern Proxima Centauri ist von uns $4{,}1 \cdot 10^{13}$ km entfernt. Rechne diese Entfernung in LJ um!

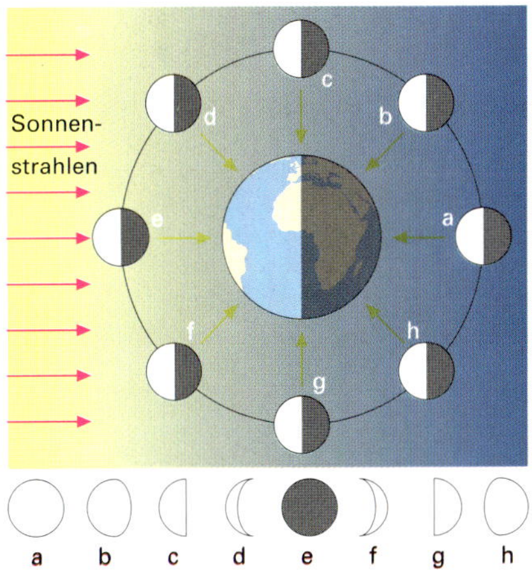

11.1 Zur Entstehung der Mondphasen

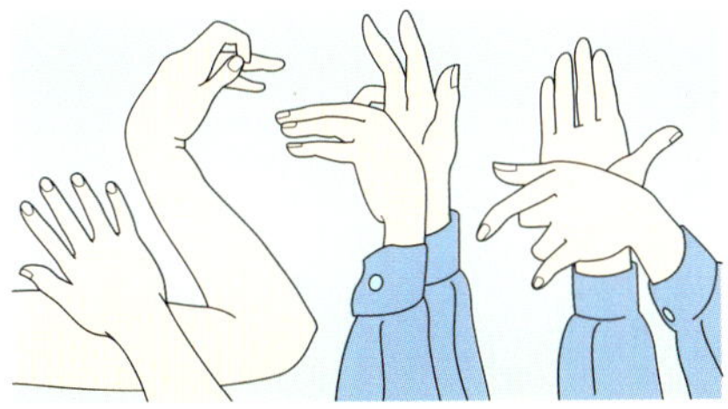

11.2 Handhaltungen zu Schattenspielen

1.2 Die Camera obscura

Die Lochkamera

In der ersten Hälfte des 19. Jahrhunderts gelangen die ersten Fotografien*: Die Bilder, die eine Kamera lieferte, wurden auf Platten mit einer lichtempfindlichen Schicht festgehalten (Abb. 11.3). Der grundsätzliche Aufbau der Kamera war aber schon dem griechischen Philosophen *Aristoteles* (384 bis 322 v. Chr.) bekannt. Die Kamera erhielt später den lateinischen Namen **camera obscura***. Heute sagen wir auch **Lochkamera** dazu. *Leonardo da Vinci* beschrieb im 15. Jahrhundert, wie man damit naturgetreue Bilder zeichnen kann.

11.3 Eine der ältesten deutschen Fotografien: die Frauenkirche in München, 1839 (Negativ auf Chlorsilberpapier)

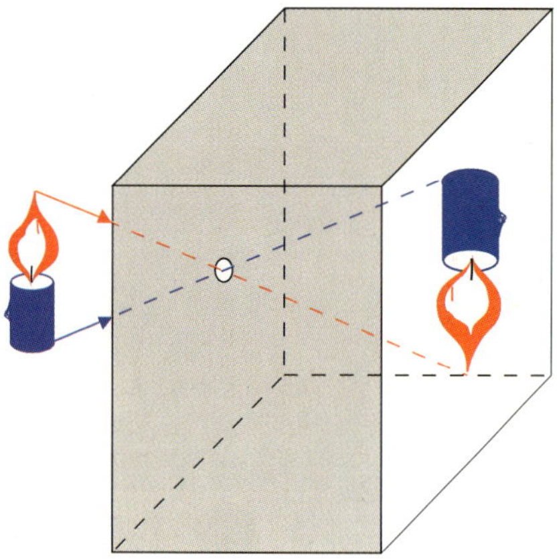

12.1 Lochkamera

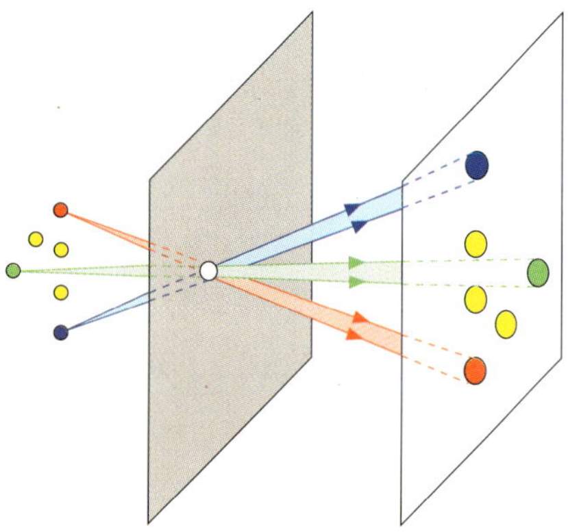

12.2 Entstehung des Lochkamerabildes

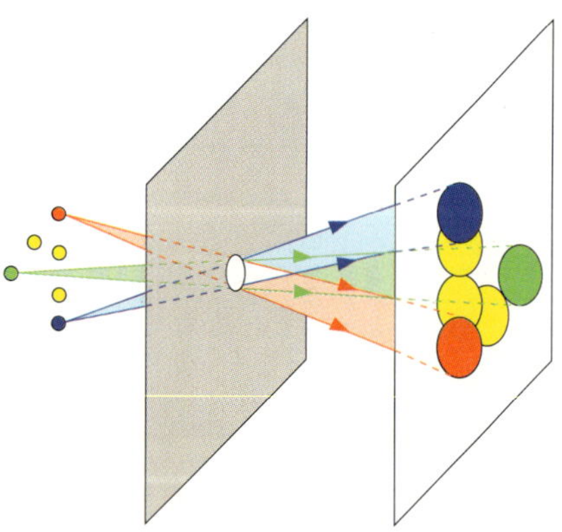

12.3 Auswirkung der Blendenöffnung auf das Bild

Wie ist diese Kamera aufgebaut? Sehr einfach (Abb. 12.1)! Ein lichtdichter Kasten (z. B. aus Pappkarton) wurde in der Mitte einer Seitenfläche mit einem Loch von etwa 1 mm Durchmesser und auf der Gegenfläche mit einer Mattscheibe versehen (z. B. aus Transparentpapier).

V Vor der Lochkamera steht eine brennende Kerze. Auf der Mattscheibe erkennen wir das auf dem Kopf stehende Bild der Kerze (Abb. 12.1). Obskur? Nein, verblüffend!

Wir blasen die Flamme etwas zur Seite und beobachten, dass nicht nur oben und unten, sondern auch die Seiten vertauscht sind. *Das Bild ist auf dem Kopf stehend und seitenverkehrt.*

Wie entsteht das Lochkamerabild?

Unser Gegenstand ist eine aus Glasperlen aufgebaute Eins, eine *Perl-Eins*, die durch eine Lampe angestrahlt und zum Leuchten gebracht wird. Die oberste Perle färben wir rot ein, die unterste blau und die am Anfang des Aufstrichs der Eins sitzende grün.

V Steht die Perl-Eins der Mattscheibe unmittelbar gegenüber, wird diese von den Perlen überall beleuchtet. Bringen wir die Lochblende dazwischen, sehen wir auf der Mattscheibe das auf dem Kopf stehende, seitenverkehrte Bild der Eins.

Durch das Loch wird aus dem von einer leuchtenden Perle nach allen Richtungen ausgesandten Licht ein schmales Lichtbündel ausgeblendet (Abb. 12.2). Dieses fällt auf die Mattscheibe und erzeugt dort einen gleichfarbigen Lichtfleck. Befindet sich die leuchtende rote Perle oberhalb der Lochhöhe, entsteht auf der Mattscheibe unterhalb der Lochhöhe ein roter Fleck. Befindet sich die blaue Perle unterhalb der Lochhöhe, entsteht oberhalb ein blauer Fleck. Befindet sich die grüne Perle links vom Loch, entsteht rechts ein grüner Fleck. Also entsteht zu den leuchtenden Punkten der Perl-Eins auf der Mattscheibe eine entsprechende Aneinanderreihung von Lichtflecken, allerdings in umgekehrter Reihenfolge. Das heißt: Das Bild gleicht dem leuchtenden Gegenstand – nur sind oben und unten, sowie links und rechts vertauscht.

Eigenschaften des Lochkamerabildes

Wie wirkt sich die Vergrößerung des Loches auf das Bild aus?

V Wir ersetzen im letzten Versuch die Blende nacheinander durch Blenden mit wachsendem Lochdurchmesser und beobachten das Bild: Je größer die Öffnung ist, desto lichtstärker (heller) und unschärfer ist das Bild.

Diese Beobachtung ist verständlich: Je größer das Loch ist, desto größer werden die durchfallenden Lichtbündel und damit die Lichtflecke (Abb. 12.3). Je größer die Lichtflecke sind, desto mehr überlappen sie sich gegenseitig. Das vergrößert die Unschärfe.

Das Lochkamerabild steht auf dem Kopf und ist seitenverkehrt.
Je größer das Loch ist, desto lichtstärker und unschärfer ist das Bild.

Aufgaben

1. *Bau einer Lochkamera*
   a) Schneide die Rückwand einer Pappschachtel so aus, dass nur ein schmaler Rand stehen bleibt. Klebe dann mattes, durchscheinendes Papier auf die erhaltene Öffnung. Prüfe, ob die Schachtel sonst lichtdicht ist und verschlie-

ße eventuelle „Lichtlecks" mit einem dunklen Klebestreifen. Bohre nun mit einer Nadel ein kleines Loch von etwa 1 mm Durchmesser in die Mitte der Vorderwand. Fertig ist die Lochkamera!

b) Richte die Kamera auf eine helle Landschaft. Vermeide dabei Gegenlicht. Betrachte nun, wie ein Fotograf zu Großelterns Zeiten, unter einem großen dunklen Tuch in etwa 20 cm Abstand die Rückwand der Schachtel! In welche Richtung bewegt sich auf der Mattscheibe das Bild eines Radfahrers, der im Gelände nach rechts fährt?

c) Bohre nun neben das erste Loch in 2 cm Entfernung noch ein zweites von etwa 5 bis 6 mm Durchmesser. Decke beide Löcher abwechselnd ab und beurteile jeweils die Qualität des Bildes auf der Mattscheibe!

2. *Bildvergleich*
Das Schlösschen in Abb. 13.1 b wurde mit einer Kamera bei einem Durchmesser der Öffnung von 16.8 mm und einer Belichtungszeit von 1/125 s fotografiert. Dann wurde das Objektiv („die Sammellinse") durch eine Aluminiumfolie mit einem Loch des Durchmessers 0,53 mm ersetzt und vom Schlösschen eine Lochkamera-Aufnahme (Abb. 13.1 a) gemacht.

a) Beschreibe und erkläre die wesentlichen Unterschiede der Bilder!

b) Welches Vielfache des Lochdurchmessers ist der Öffnungsdurchmesser der Kamera? Welches Vielfache der Lochfläche ist die Öffnungsfläche der Kamera? (Kreisfläche $A = 3{,}14 \cdot r^2$)

c) Welches Vielfache der Belichtungszeit der Kamera ist die der Lochkamera?

d) Vergleiche die Ergebnisse von b) und c)! Wie lässt sich das verstehen?

3. *Gegenstandshöhe und Bildhöhe*
Der Abstand des Gegenstandes vom Loch der Kamera heißt *Gegenstandsweite g*, der Abstand des Bildes vom Loch (die Kameralänge) *Bildweite b*. Die *Gegenstandshöhe* bezeichnet man mit *G*, die *Bildhöhe* mit *B*.

a) Übertrage Abb. 13.2 auf kariertes Papier ($b = 4$ cm, $G = 2$ cm). Wähle nun als Gegenstandsweiten $g = 8$ cm, 6 cm, 4 cm, 2 cm und bestimme mithilfe der Randstrahlen jeweils das Bild. Miss zu jedem Fall *B*!

b) Wann ist bei einer Lochkamera die Bildhöhe *B* gleich der Gegenstandshöhe *G*, wann ist $B < G$, wann ist $B > G$? Begründung!

13.1 Neunhofer Schlösschen (Nürnberg)
a) Lochkameraaufnahme (Kameralänge: 135 mm; Lochdurchmesser: 0,53 mm; Belichtungszeit: 8 s)
b) Fotografie mit Sammellinse (Blende 8; Belichtungszeit: 1/125 s)

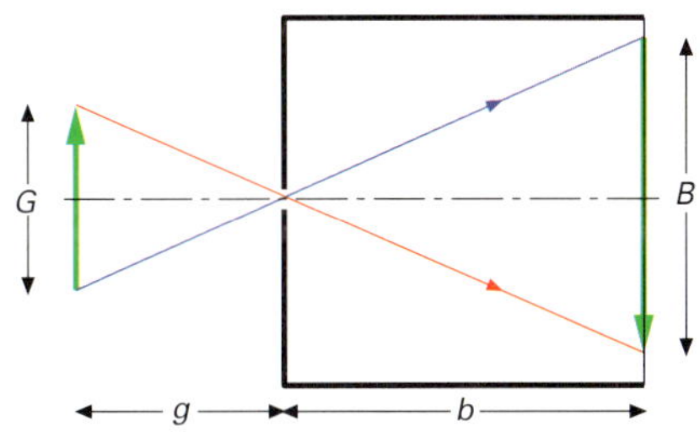

13.2 Bildkonstruktion bei der Lochkamera

1.3 Die Reflexion des Lichts

Die Reflexion

Beleuchtete Körper werden für uns sichtbar, weil sie auffallendes Licht in alle möglichen Richtungen lenken, das zum Teil in unser Auge fällt.

V In das breite Lichtbündel einer Experimentierleuchte bringen wir nacheinander ein Blatt Papier und einen Spiegel. Das Blatt Papier ist, wenn wir es drehen und wenden, ständig aus allen Richtungen zu sehen. Die Spiegeloberfläche bleibt zunächst dunkel. Bei einer bestimmten Spiegelstellung aber werden wir geblendet und sehen die Lichtquelle „im Spiegel".

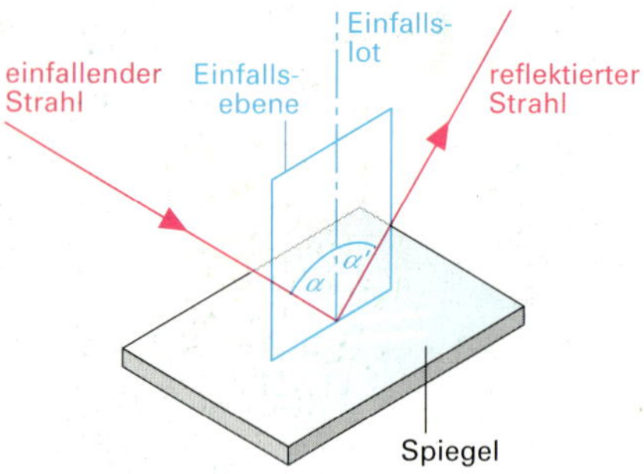

14.1 Bezeichnungen zur Reflexion

Raue Oberflächen *streuen* das Licht. Glatte ebene Oberflächen (z. B. Spiegel, polierte Metallplatten) werfen das Licht nur in eine bestimmte Richtung zurück. Dieses gerichtete Zurückwerfen des Lichts an glatten ebenen Oberflächen heißt **Reflexion***.
Die Lichtstreuung nennt man im Gegensatz dazu *diffuse* Reflexion*.

Das Reflexionsgesetz

In welche Richtung wird das auf ebene Spiegel treffende Licht reflektiert?
Zur Festlegung der Strahlen führen wir Bezeichnungen ein (Abb. 14.1): Das Lot auf den Spiegel im Auftreffpunkt des einfallenden Strahls heißt **Einfallslot**, der Winkel zwischen einfallendem Strahl und Einfallslot **Einfallswinkel** α, der Winkel zwischen reflektiertem Strahl und Einfallslot **Reflexionswinkel** α'.

14.2 Einfallswinkel = Reflexionswinkel

V Auf dem Tisch liegt ein Spiegel. Wir hängen über ihm ein Senklot auf. Dann lassen wir unter verschiedenen Richtungen ein schmales Lichtbündel auf den Punkt des Spiegels fallen, in dem das Lot den Spiegel durchstoßen würde. Rauch macht die Lichtstrahlen sichtbar. Wir erkennen, dass einfallender Strahl, Einfallslot und reflektierter Strahl in einer Ebene liegen.

Welcher Zusammenhang besteht zwischen α und α'?

V Eine kreisförmige Scheibe ist am Rand mit einer Winkeleinteilung versehen (optische Scheibe). In der Mitte befestigen wir einen kleinen ebenen Spiegel. Einfallender und reflektierter Strahl streifen die Scheibe und werden so sichtbar. Wir verändern α und messen jeweils dazu α'. Stets ist $\alpha = \alpha'$ (Abb. 14.2).

Reflexionsgesetz

1. **Einfallender Strahl, Einfallslot und reflektierter Strahl liegen in einer Ebene (*Einfallsebene*).**
2. **Der Einfallswinkel α ist gleich dem Reflexionswinkel α': $\alpha = \alpha'$**

Bei senkrechtem Einfall ($\alpha = 0°$) wird der Lichtstrahl in sich selbst reflektiert.

Eigenschaften des Bildes am ebenen Spiegel

Schaut man auf die glatte Wasseroberfläche eines Sees, so sieht man ein Bild des Himmels und der Landschaft. Da Spiegel das auftreffende Licht nicht in alle Richtungen streuen, sondern in bestimmte Richtungen reflektieren, sehen wir Spiegel nicht. Nur der Rand oder Verunreinigungen sind sichtbar. Anstatt des Spiegels sehen wir ein Bild der Umgebung (*Spiegelbild*).

V Vor einer senkrecht aufgestellten dünnen Glasscheibe steht eine brennende Kerze. Hinter der Glasscheibe scheint auch eine Kerze zu brennen – in einem mit Wasser gefüllten Glasbecher (Abb. 14.3)! Blasen wir die vordere Kerze aus, „erlischt" die hintere auch. Die Flamme der hinteren Kerze war in Wirklichkeit nicht vorhanden: Sie war ein Spiegelbild der vorderen Flamme. Hinter der Glasscheibe steht lediglich in einem mit Wasser gefüllten Becherglas eine zweite, nicht brennende Kerze so, dass sie mit dem Spiegelbild der vorderen Kerze zusammenfällt.

14.3 Im Wasser brennende Kerze?

Untersuchen wir die Strecke von Docht zu Docht, also vom Gegenstand zu seinem Spiegelbild, ergibt sich: Die Verbindungsstrecke vom Gegenstandspunkt P und Bildpunkt P′ steht auf der Spiegelebene senkrecht und wird von dieser halbiert. Man sagt dazu auch: P und P′ liegen symmetrisch zur Spiegelebene.

Du kennst diese Eigenschaft der Spiegelung vom Geometrieunterricht. Allerdings hast du dich dabei auf einen Spezialfall beschränkt: Anstatt Punkte im Raum hast du nur Punkte einer Ebene und anstatt einer Spiegelebene nur eine Spiegelachse betrachtet.
Zu jedem Punkt eines räumlichen Gegenstandes gibt es einen Bildpunkt. Die Bildpunkte ergeben in ihrer Gesamtheit das Bild des Gegenstandes.
Die Achsenspiegelung bildet eine Strecke auf eine gleich lange ab. Sind ein Körper und das von ihm erzeugte Spiegelbild auch gleich groß?

V Vor der dünnen Glasscheibe steht eine Kerze. Wir blicken vorne in die Glasscheibe und verschieben dahinter so lange eine gleich große Kerze, bis sie mit dem Spiegelbild zur Deckung kommt. Das gelingt! Verwenden wir hinter dem Spiegel eine größere oder kleinere Kerze, gelingt das nicht. Gegenstand und Spiegelbild sind also gleich groß.

Zur Beschreibung der Lage der Seiten eines Körpers benützt man die Bezeichnungen links – rechts, oben – unten, vorne – hinten. Häufig wird behauptet, im Spiegelbild seien links und rechts vertauscht. Trifft das zu?

V Zur Klärung betrachten wir das Bild, das ein Spiegel von einem vorne roten und hinten grünen „F" entwirft (Abb. 15.1). Wir erkennen:

Die Aussage, was vertauscht erscheint, hängt vom Standpunkt des Beobachters ab: Befindet sich der Gegenstand zwischen Betrachter und Spiegel, erscheinen vorn und hinten vertauscht. Steht der Betrachter zwischen Gegenstand und Spiegel, erscheinen links und rechts vertauscht. Steht der Gegenstand auf dem Spiegel, sind oben und unten vertauscht.

Ein ebener Spiegel entwirft von einem Gegenstand ein gleich großes, symmetrisch zur Spiegelebene gelegenes Bild. Je nach Standpunkt des Gegenstandes und des Beobachters erscheinen entweder links und rechts oder vorne und hinten oder oben und unten im Spiegelbild vertauscht.

Bildentstehung am ebenen Spiegel – Reelle und virtuelle Bilder

Wir betrachten zunächst einen einzigen Lichtpunkt A, z. B. die Flammenspitze einer Kerze. Von A ausgehende Lichtstrahlen treffen auf den Spiegel und werden dort nach dem Reflexionsgesetz reflektiert (Abb. 15.2). Wir stellen fest, dass sich die rückwärtigen Verlängerungen der reflektierten Strahlen alle in einem gemeinsamen Punkt schneiden, der zur Spiegelebene symmetrisch liegt. Das ist aber gerade der Bildpunkt A′ von A. Das Auge kann nicht unterscheiden, ob die Lichtstrahlen abgeknickt wurden oder ob an der Stelle von A′ wirklich eine Flammenspitze ist. Würde man hinter einem Spiegel mit Gegenständen das Spiegelbild genau nachbauen und den Spiegel entfernen, könnte das Auge keinen Unterschied gegenüber dem Spiegelbild erkennen. Das Gehirn vergleicht den Seheindruck des Auges mit der Erfahrung, die sich der Mensch durch Ertasten der Umgebung angeeignet hat. Es schreibt deshalb dem Punkt A einen Ort hinter dem Spiegel zu.
A′ heißt scheinbares oder **virtuelles* Bild**, da alle reflektierten Strahlen von A′ auszugehen *scheinen*. Mit einem Schirm am Ort von A′ kann man A′ nicht „auffangen". Von einem **reellen* Bild**, das uns z. B. bei der Lochkamera begegnet ist, gehen dagegen *tatsächlich* Lichtstrahlen aus. Es lässt sich auf einem Schirm auffangen.

Das Spiegelbild eines Gegenstandes ist virtuell.

15.1 Gegenstand und Spiegelbild

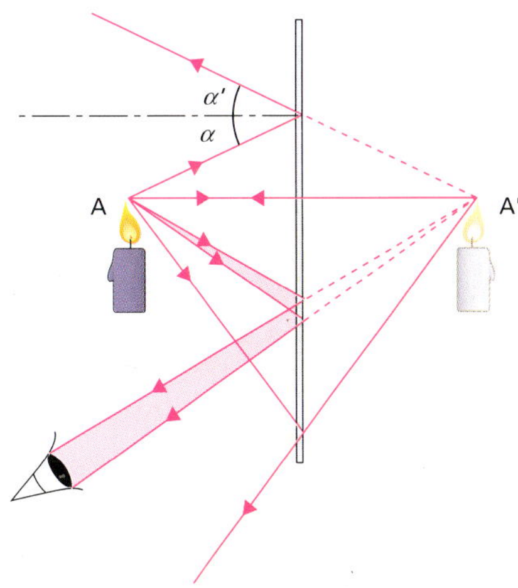

15.2 Entstehung des virtuellen Bildes am ebenen Spiegel

Konstruktion reflektierter Strahlen

Fällt auf einen Spiegel ein Lichtstrahl, können wir den reflektierten Strahl konstruieren, indem wir im Auftreffpunkt das Lot zeichnen und den Reflexionswinkel so groß wie den Einfallswinkel antragen. Dieses Verfahren lässt sich nun vereinfachen. Alle reflektierten Strahlen scheinen ja vom Bildpunkt A′ von A auszugehen. Also:
Wir erhalten zu einem einfallenden Strahl den reflektierten, indem wir

- zunächst den Bildpunkt A′ zu A zeichnen (symmetrische Punkte) und dann den
- Auftreffpunkt des einfallenden Strahls geradlinig mit A′ verbinden und vor dem Spiegel verlängern.

Musteraufgaben

1. Ein Garderobenspiegel soll so an einer senkrechten Wand befestigt werden, dass ein 170 cm großer Mann (Augenhöhe: 160 cm) sich in ganzer Größe darin sehen kann, wenn er in 1 m Abstand vor dem Spiegel steht. Wie hoch müssen Ober- und Unterkante des Spiegels liegen?

Lösung (Abb. 16.1):
Die von den äußersten Punkten F (Fuß) und S (Scheitel) ausgehenden Strahlen, die nach der Reflexion ins Auge fallen, geben die untere und obere Begrenzung des Spiegels an. Zur Konstruktion der reflektierten Strahlen benutzen wir die symmetrisch liegenden virtuellen Bildpunkte F′ und S′. Die Spiegelunterkante liegt also in halber Augenhöhe von 80 cm, die Spiegeloberkante in der Mitte zwischen Augen- und Scheitelhöhe, also bei 165 cm.

2. Abb. 16.2 zeigt den Grundriss eines Zimmers im Maßstab 1 : 50. An der Wand I hängt ein Spiegel. Konstruiere den Bereich, den der Beobachter von der Wand II im Spiegel sieht. Zeichne das Spiegelbild dieses Bereichs!

Lösung (Abb. 16.2):
Wir konstruieren die Randstrahlen 1 und 2 und markieren damit den sichtbaren Wandbereich VW. Die zur Wand I symmetrisch liegenden Punkte V′ und W′ begrenzen das Spiegelbild dieses Wandbereichs.

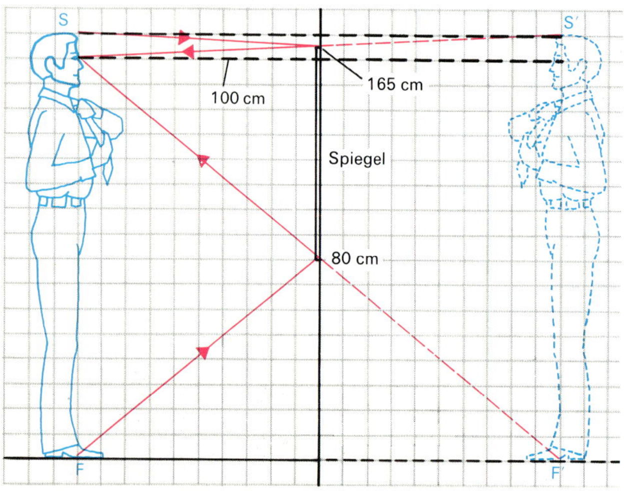

16.1 Zu Musteraufgabe 1

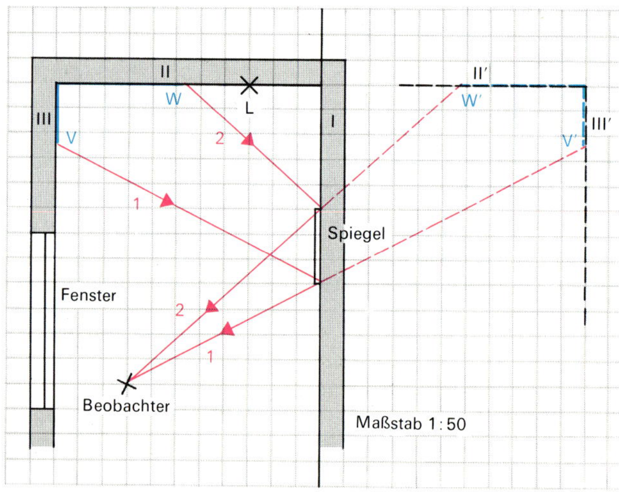

16.2 Zu Musteraufgabe 2

Aufgaben

1. a) Warum glitzert eine zerknitterte Aluminiumfolie, wenn sie beleuchtet wird? (Hinweis: Erkläre mithilfe des Reflexionsgesetzes!)
b) Wann und warum glitzert eine bewegte Wasseroberfläche?

2. *Drehspiegel*
a) Ein Lichtstrahl trifft unter dem Winkel $\alpha = 50°$ auf einen drehbaren Spiegel. Zeichne den reflektierten Strahl!
Der Spiegel dreht sich nun um den Winkel $\delta = 10°$ (Abb. 17.1). Um welchen Winkel schwenkt dabei der reflektierte Strahl?
b) Es sei α ein beliebiger Einfallswinkel. Um welchen Winkel schwenkt der reflektierte Strahl, wenn sich der Spiegel um den Winkel δ dreht? (Hinweis: Überlege dir, wie sich bei der Drehung der Einfallswinkel und damit der

Winkel des reflektierten Strahls zum einfallenden Strahl ändert.)

c) Bei empfindlichen Messgeräten, die in ihrer Anzeige nur mit sehr kleinen Drehungen antworten, findet man einen kleinen Spiegel befestigt. Man beleuchtet diesen mit einem Lichtstrahl einer fest stehenden Lampe und lässt den reflektierten Strahl auf eine Skala fallen. Warum verwendet man hier anstelle eines mechanischen Zeigers diesen so genannten „Lichtzeiger"?

3. *Winkelspiegel*
Ein Winkelspiegel besteht aus zwei ebenen Spiegeln. Die beiden Spiegel eines „45°-Winkelspiegels" schließen miteinander den Winkel 45° ein (Abb. 17.2a).

a) Ein Lichtstrahl trifft unter dem Einfallswinkel $\alpha_1 = 25°$ auf den ersten Spiegel. Unter welchem Winkel α_2 trifft er auf den zweiten Spiegel? Unter welcher Richtung verläuft der nun reflektierte Strahl zum anfangs einfallenden?

b) Es sei nun α_1 ein beliebiger Einfallswinkel. Unter welcher Richtung verläuft der am zweiten Spiegel reflektierte Strahl zum anfangs einfallenden? (Allgemeine Lösung!)

c) Wozu verwendet ein Landvermesser einen „45°-Winkelspiegel" (Abb. 17.2b)?

4. *„Das Katzenauge auf dem Mond"*
Die beiden Spiegel eines Winkelspiegels schließen einen Winkel von 90° miteinander ein (Abb. 17.3a).

a) Ein Lichtstrahl trifft unter dem Einfallswinkel $\alpha_1 = 30°$ auf den ersten Spiegel. Unter welcher Richtung verläuft der am zweiten Spiegel reflektierte Strahl zum anfangs einfallenden?

b) Es sei nun α_1 ein beliebiger Einfallswinkel. Unter welcher Richtung verläuft der am zweiten Spiegel reflektierte Strahl zum anfangs einfallenden? (Allgemeine Lösung!)

c) Warum verwendet man beim Rückstrahler – auch „Katzenauge" genannt – von Fahrrädern (Abb. 17.3b), Kraftfahrzeugen und Verkehrszeichen reflektierende, ebene Flächenstückchen, die unter 90° zueinander geneigt sind?

d) Damit Licht, das von der Erde zum Mond gesandt wird, wieder zur Erde zurück reflektiert wird, haben Astronauten bei ihrer ersten Mondlandung im Jahr 1969 auf dem Mond einen „Reflektor" aufgestellt, der aus 100 „Katzenaugen" besteht (Abb. 17.4). Warum haben sie keinen gewöhnlichen Spiegel zurückgelassen? Warum sendet man als Lichtsignal nicht einen gewöhnlichen Lichtblitz zum Reflektor auf dem Mond, sondern einen Laserblitz? Die Zeitdauer, die dieses Lichtsignal unterwegs ist, wird von den Atomuhren mit einer Genauigkeit von einer halben milliardstel Sekunde gemessen. Auf wie viel Zentimeter genau kann damit die Entfernung des „Katzenauges auf dem Mond" und eines Punktes auf der Erdoberfläche bestimmt werden? Wie können Geophysiker – wenn sie den Reflektor auf dem Mond von einer Sendestelle in Amerika und einer in Afrika anstrahlen – nachweisen, dass sich die Kontinente jährlich um 10 cm voneinander entfernen?

5. *Der Spiegelpunkt*
Eine punktförmige Lichtquelle L steht im Abstand *d* vor einem Spiegel.

a) Zeichne für $d = 4$ cm fünf Strahlen, die auf den Spiegel treffen! Konstruiere die zugehörigen reflektierten Strahlen! Verlängere die reflektierten Strahlen in den Bereich hinter dem Spiegel hinein! Was fällt auf?

b) In Abb. 18.1 sind der *senkrecht* auf den Spiegel auftreffende Strahl, ein *beliebiger* Strahl mit dem Einfallswinkel α und die re-

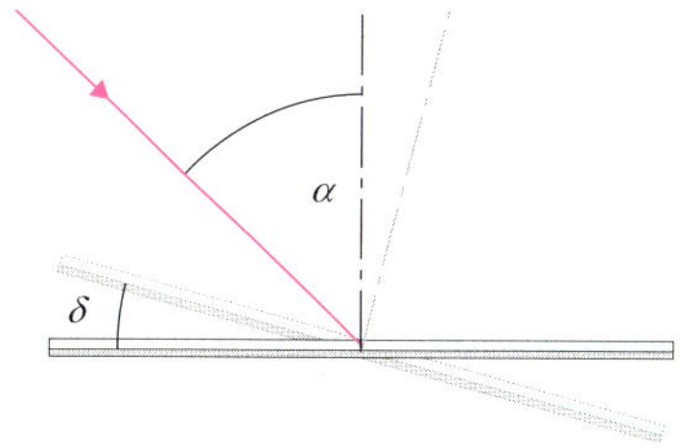

17.1 Drehspiegel

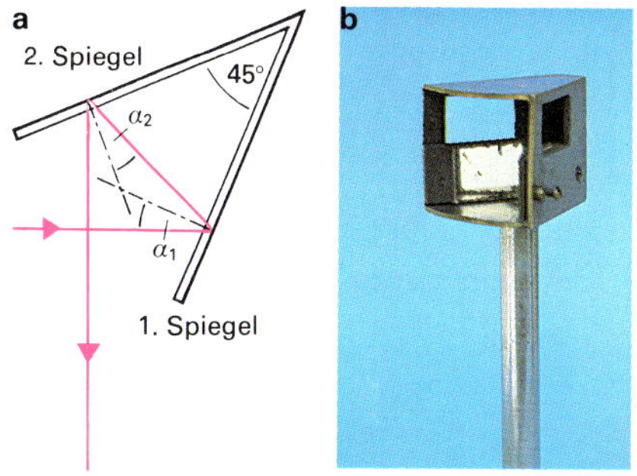

17.2 Der „45°-Winkelspiegel"

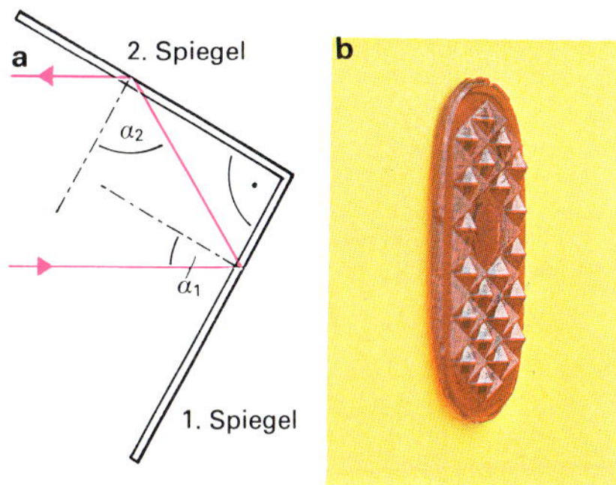

17.3 Der Rückstrahler

17.4 Reflektor auf dem Mond

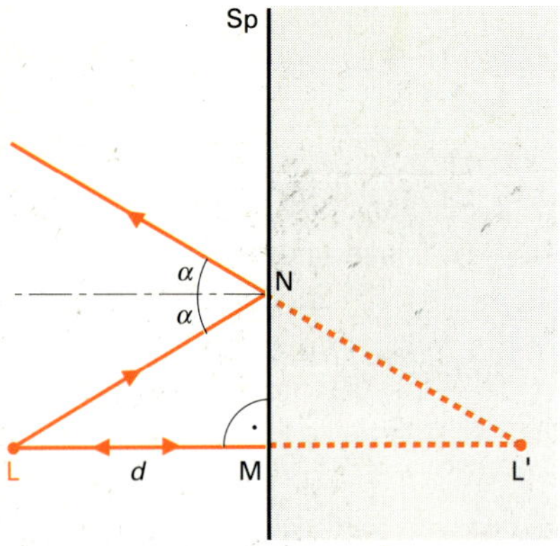

18.1 Der Spiegelpunkt

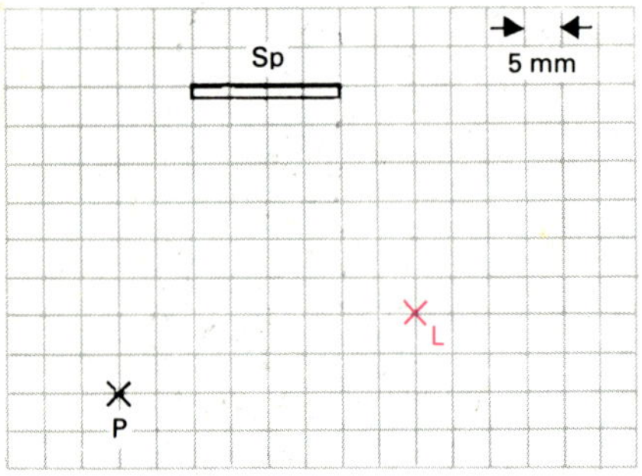

18.2 Zu Aufgabe 6

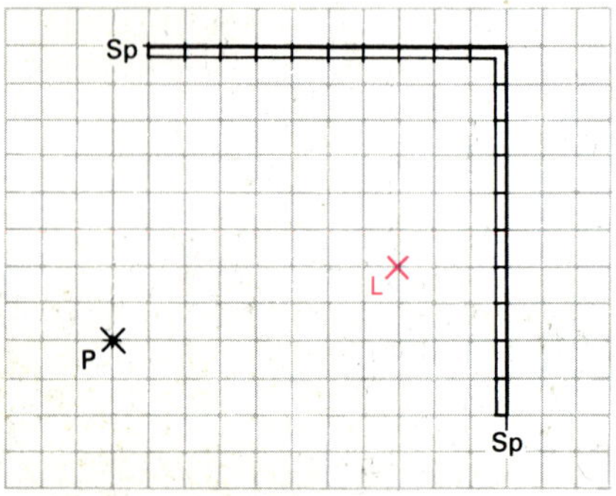

18.3 Zu Aufgabe 9

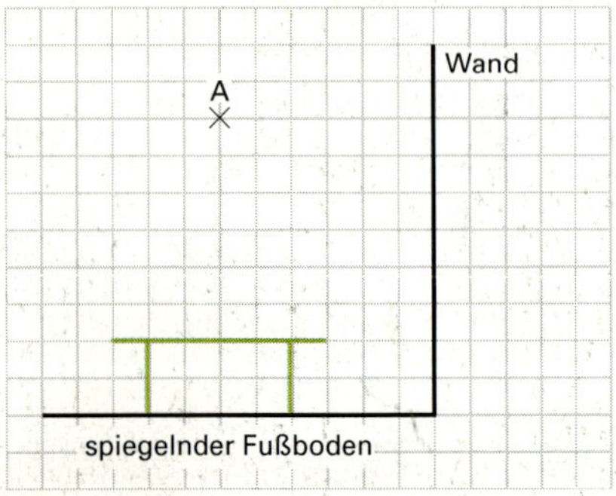

18.4 Der Blick unter den Tisch

flektierten Strahlen mit ihren rückwärtigen Verlängerungen dargestellt. Warum ist ΔLMN kongruent zu $\Delta L'MN$? Welche besondere Lage hat also der Punkt L'? Wie kann man folgern, dass sich *alle* rückwärtigen Verlängerungen der reflektierten Strahlen im Punkt L' schneiden?

6. Übertrage Abb. 18.2 in dein Heft!
a) Bestimme mithilfe des Reflexionsgesetzes den Bereich, in dem der leuchtende Punkt L im Spiegel Sp zu sehen ist!
b) Bestimme mithilfe des Spiegelpunktes L' von L den Bereich, in dem der leuchtende Punkt L im Spiegel Sp zu sehen ist!
c) Zeichne alle Lichtstrahlen ein, die von L ausgehen und nach P gelangen!

7. Stell dich vor euren Spiegel im Bad. Nimm einen Lippenstift und zeichne auf dem Spiegel den Umriss deines Gesichts nach!
a) Wie groß ist diese Zeichnung verglichen mit der wahren Größe deines Gesichts?
b) Nähere dein Gesicht dem Spiegel, bzw. entferne es vom Spiegel. Passt das Spiegelbild deines Gesichts weiterhin in die Umrißzeichnung oder überschreitet es diese?
c) Wie groß muss der Spiegel mindestens sein, damit du dein Gesicht vollständig in ihm sehen kannst?
d) Wie musst du einen Handspiegel halten, damit du dich vollständig in ihm siehst?

8. *„Garderobenspiegel-Physik"*
Benjamin ist 1,30 m groß (Augenhöhe: 1,20 m). Er möchte sich gerade vollständig in einem Garderobenspiegel sehen.
a) Benjamin steht im Abstand von 1 m davor. Wie hoch müssen Ober- und Unterkante des Spiegels liegen? (Zeichnung!) Wie groß ist der Spiegel im Vergleich zu Benjamin?
b) Wie ist der Spiegel anzubringen, wenn Benjamin sich im doppelten bzw. dreifachen Abstand aufstellen will? Wie groß muss jeweils der Spiegel sein?

9. *„Spiegelbilder von Spiegelbildern"*
Stelle mit zwei Spiegeln einen „90°-Winkelspiegel" her (z. B. mit zwei Türen eines Spiegelschrankes im Bad)! Halte zwischen beide eine Tube Zahnpasta!
a) Wie viele Spiegelbilder siehst du? Vergleiche die Schriften auf den Spiegelbildern der Tube! Wie entstehen die einzelnen Spiegelbilder?
b) Übertrage Abb. 18.3 in dein Heft! Zeichne alle Spiegelbilder des leuchtenden Punktes L ein!

10. *„Der Blick unter den Tisch"*
In die Platte eines kleinen niedrigen Tisches sind oben und unten Intarsien eingearbeitet (Abb. 18.4). Damit man die herrliche Einlegearbeit auf der Unterseite der Platte auch sieht, ist der Fußboden auf Hochglanz poliert. Warum sieht das Auge A über der Mitte des Tisches die Einlegearbeit auf der Unterseite der Platte trotzdem nicht? Wo müsste an der Wand ein Spiegel befestigt sein, in dem das Auge A diese Einlegearbeit erblickt? (Übertrage dazu Abb. 18.4 in dein Heft!)

11. *Spiegel – ein Requisit des Zauberers!*
a) Warum ist es für das Gelingen von Spiegeltricks wesentlich, dass der Raum möglichst dunkel ist, Fußböden und Wände eintönig sind und sich das Publikum im gehörigen Abstand befindet?
b) Wie könnte man mit einem einzigen Spiegel die Illusion eines lebenden Kopfes in einer Pappschachtel in Szene setzen?
c) Zeichne eine Anordnung von vier Spiegeln so, dass man damit die Illusion erweckt, durch einen Gegenstand zu blicken!

2 Brechung des Lichts – Optische Instrumente

20.1 Ein Knick im Paddel?

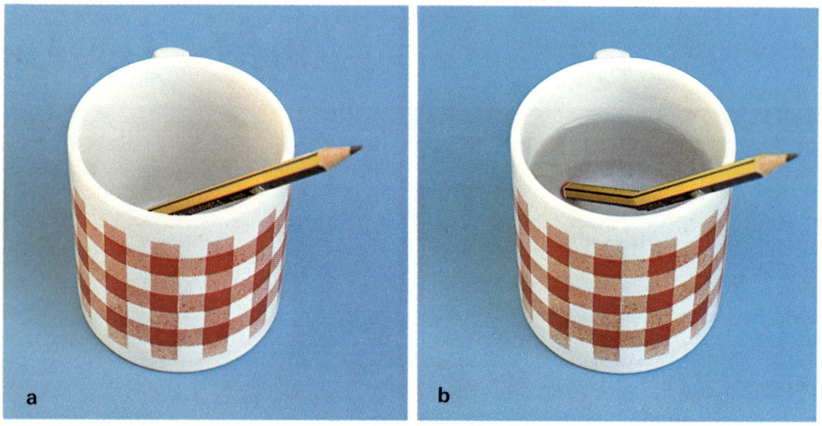

20.2 Modellversuch zum geknickten Paddel

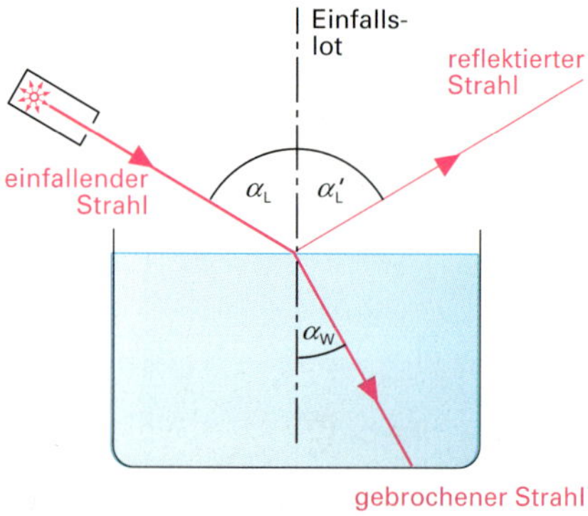

20.3 Brechung und Reflexion an der Grenzfläche zwischen Luft und Wasser

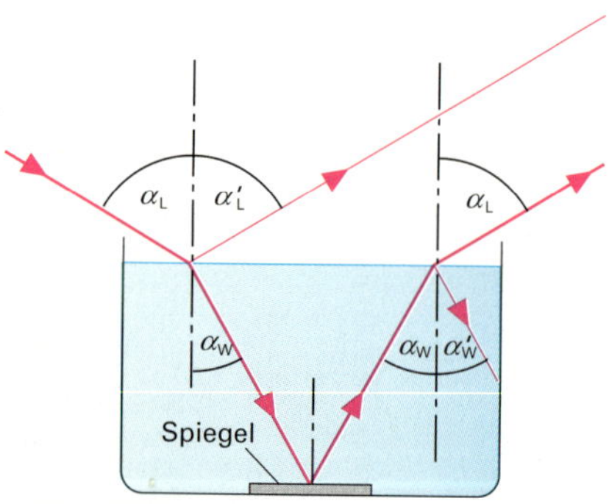

20.4 Beim Übergang Wasser – Luft wird Licht vom Lot weg gebrochen

2.1 Brechung und Totalreflexion

Lichtbrechung an einer Grenzfläche zweier durchsichtiger Stoffe

Ist das Paddel der Kajakfahrerin von Abb. 20.1 tatsächlich gebrochen? Sehen wir das Paddel durch das Wasser wirklich völlig unverändert? Es fällt auf, dass der Knick genau an der Eintauchstelle auftritt. Werden wir durch den Übergang des Lichts vom Wasser in Luft getäuscht? Dazu ein Versuch:

V Als Modell des Paddels nehmen wir einen Bleistift. Wir stellen ihn in eine Tasse (Abb. 20.2a) und gießen Wasser ein. Nun scheint der Bleistift an der Wasseroberfläche einen Knick zu haben (Abb. 20.2b) – genauso wie das Paddel!

Auch der Knick im Paddel wurde durch den Übergang des Lichts vom Wasser in Luft nur vorgetäuscht. Wir vermuten deshalb, dass das Licht beim Übergang von einem durchsichtigen Stoff (Wasser) in den anderen (Luft) seine Richtung nicht beibehält, sondern an der Grenzfläche eine *Richtungsänderung* erfährt. Das Verhalten eines Lichtstrahls beim Übergang von Luft in Wasser wird nun untersucht:

V Wir lassen einen Lichtstrahl schräg auf eine teilweise mit Wasser gefüllte Wanne fallen. Um den Verlauf des Strahls durch Lichtstreuung sichtbar zu machen, setzen wir dem Wasser einige Tropfen Farbstoff (Fluorescin) zu und blasen Rauch über die Wasseroberfläche. Ein Teil des Lichts wird an der Wasseroberfläche nach dem Reflexionsgesetz reflektiert. Der andere Teil dringt in das Wasser ein und verläuft dort wieder geradlinig, jedoch steiler nach unten.

Diese Richtungsänderung eines Strahls an der Grenzfläche zweier durchsichtiger Stoffe nennt man **Brechung** (Abb. 20.3).

Nun zum Übergang Wasser – Luft!

V Wir legen einen Spiegel auf den Boden der Wasserwanne und wiederholen den vorhergehenden Versuch. Der gebrochene Lichtstrahl wird nun am Spiegel reflektiert und trifft von unten auf die Grenzfläche Wasser – Luft. Beim Verlassen des Wassers wird der Lichtstrahl ebenfalls gebrochen, und zwar vom Lot weg ($\alpha_L > \alpha_W$). In Abb. 20.4 sind auch die an den Grenzflächen Luft – Wasser bzw. Wasser – Luft reflektierten Lichtstrahlen eingezeichnet.

Trifft ein Lichtstrahl schräg aus der Luft auf eine Wasseroberfläche, so wird ein Teil reflektiert. Der andere Teil dringt ins Wasser ein und ändert dabei seine Richtung: Er wird *zum Einfallslot hin* gebrochen. Beim Übergang des Lichtstrahls vom Wasser in die Luft wird der Lichtstrahl dagegen *vom Lot weg* gebrochen. Nur wenn der Lichtstrahl senkrecht auf die Grenzfläche trifft, wird er nicht abgelenkt.
Einfallender Strahl, Einfallslot, reflektierter Strahl und gebrochener Strahl liegen in einer Ebene (*Einfallsebene*).

Nun können wir den scheinbaren Knick im Bleistift und damit auch im Paddel erklären (Abb. 21.1): Vom Bleistiftende E gehen Lichtstrahlen aus, die an der Wasseroberfläche vom Lot weggebrochen werden und in das Auge fallen. Verlängern wir die in der Luft verlaufenden Strahlen nach rückwärts, erhalten wir den Schnittpunkt E′. Das Auge kann nicht unterscheiden, ob die Lichtstrahlen von E ausgehen und an der Wasseroberfläche geknickt wurden oder ob sie vom Ende E′ eines tatsächlich geknickten Bleistifts ausgehen und ohne Knick verlaufen. Der Seheindruck ist der Gleiche. Das Gehirn schreibt deshalb dem Ende E des Bleistifts den Ort E′, das *virtuelle Bild* von E, zu. Entsprechendes gilt für die anderen Punkte des Bleistifts.

So erscheint der Bleistift nicht nur geknickt, sondern auch im Wasser angehoben und verkürzt. Deshalb hat man bei der Badenden von Abb. 21.2 den Eindruck, ihre Beine wären zu kurz. Den Grund eines Sees schätzen wir nicht tief genug ein und eine Bachforelle schwimmt in Wirklichkeit tiefer als wir sie sehen.

Wir untersuchen nun die Brechung eines Lichtbündels an der Grenzfläche Luft – Glas genauer.

V Wir befestigen an der optischen Scheibe einen halbzylinderförmigen Glaskörper und lassen einen Lichtstrahl genau auf die Mitte der ebenen Fläche fallen (Abb. 21.3a). Beim Austritt aus dem Glaskörper wird der Lichtstrahl nicht gebrochen, da er stets senkrecht auf die Grenzfläche trifft. Durch Drehen der Scheibe verändern wir den Einfallswinkel α_L (Abb. 21.3b) und lesen jeweils den zugehörigen Brechungswinkel α_G ab (Tab. 22.1).

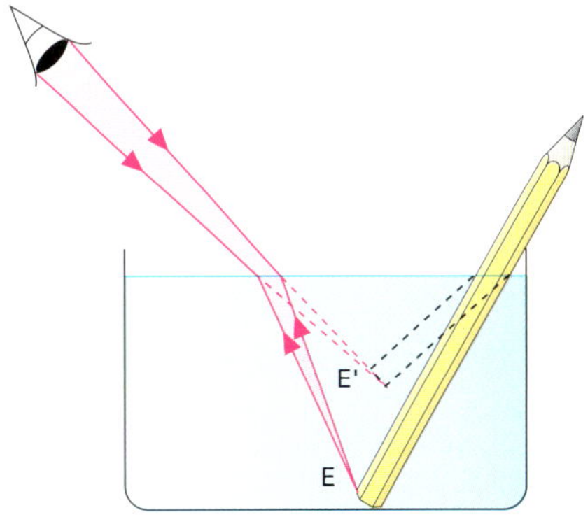

21.1 Zur Erklärung des Knicks im Bleistift bzw. Paddel

21.2 Zu kurze Beine?

21.3 Brechung beim Übergang Luft – Glas und Glas – Luft

Winkel in Luft α_L	Winkel im Glas α_G	Ablenkung $\alpha_L - \alpha_G$
0°	0°	0°
10°	6,5°	3,5°
20°	13°	7°
30°	20°	10°
40°	25°	15°
50°	30°	20°
60°	35°	25°
70°	39°	31°
80°	41°	39°
90°	42°	48°

22.1 Messwerte zum Übergang Luft – Glas

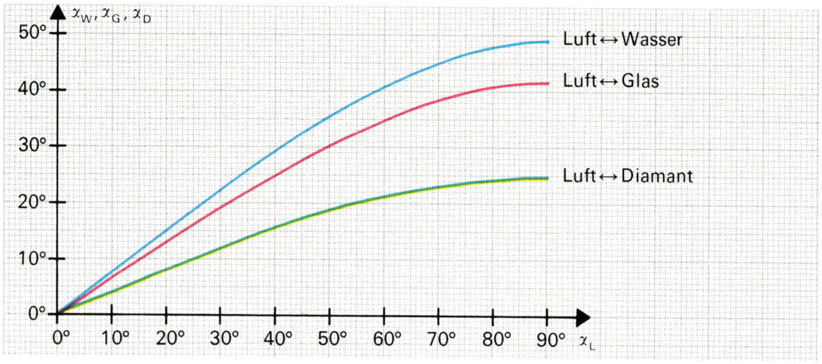

22.2 Diagramme zum Übergang Luft – Wasser, Luft – Glas, Luft – Diamant

Aus Tab. 22.1 entnehmen wir: Zunächst bringt eine Erhöhung des Einfallswinkels α_L von 10° auf den doppelten Wert (20°), den dreifachen Wert (30°) etwa eine Verdoppelung (13°), eine Verdreifachung (20°) des Brechungswinkels α_G von 6,5° mit sich.

Gehört zum *n*-fachen Wert der einen Messgröße der *n*-fache Wert der anderen, so heißen die Messgrößen *direkt proportional.**

Bis etwa $\alpha_L = 30°$ ist also α_G zu α_L annähernd direkt proportional. Dann nimmt der Winkel α_G im Glas immer schwächer zu als der Winkel α_L in Luft.
Eine grafische Darstellung, ein α_L-α_G-*Diagramm**, gibt den Zusammenhang zwischen α_L und α_G besonders deutlich wieder; nach rechts wird α_L und nach oben α_G abgetragen (Abb. 22.2). Es gestattet eine Vorhersage über Werte, die zwischen den gemessenen Werten (vgl. Tab. 22.1) liegen.

Betrachten wir nun den umgekehrten Übergang von Glas in Luft!

V Wir drehen die optische Scheibe des letzten Versuchs so weit, dass der Lichtstrahl senkrecht auf die halbkreisförmige Fläche fällt und damit ungebrochen in das Glas eintritt. Der Lichtstrahl trifft dann vom Glas her auf die ebene Grenzfläche Glas – Luft. Nun wird der Winkel α_G im Glas zum Einfallswinkel, der Winkel α_L in Luft zum Brechungswinkel (Abb. 21.3c). Wir stellen der Reihe nach die Werte der 2. Spalte von Tab. 22.1 als Einfallswinkel ein. Tatsächlich erhalten wir die zugehörigen Werte der 1. Spalte für α_L als Brechungswinkel.

Obwohl die Winkel ihre Bedeutung vertauschen, ergeben sich für α_L und α_G die gleichen Wertepaare. Unabhängig von der Richtung wird der gleiche Lichtweg durchlaufen. Die Diagramme von Abb. 22.2 treffen also auch für den umgekehrten Übergang zu. Man sagt deshalb:

Bei der Brechung ist der Lichtweg umkehrbar.

Allerdings berücksichtigt diese Formulierung die an den Grenzflächen reflektierten Strahlen nicht, die sich unterscheiden (Abb. 21.3b, c).

Das Licht breitet sich auch im Vakuum aus. Man fasst in der Optik die durchsichtigen Stoffe und das Vakuum in der Bezeichnung **Medien*** zusammen. So erspart man sich umständliche Formulierungen.

Erklärung der Lichtbrechung

Warum wird ein Lichtstrahl beim Übergang von einem Medium in ein anderes gebrochen? Was könnte die Ursache sein? Die unterschiedliche Geschwindigkeit des Lichts in diesen Medien? Zur Veranschaulichung und zur Klärung des Vorgangs betrachten wir einen mechanischen Modellversuch.

V Zur Simulation verschiedener „Ausbreitungsgeschwindigkeiten" ist die Hälfte eines Holzbretts mit Schmirgelpapier beklebt. Wir lassen eine Spielzeugautoachse mit zwei Rädern schräg auf die „Grenzfläche" zwischen glatter und rauer Unterlage zurollen (Abb. 23.1). Sobald das eine Rad das Schmirgelpapier erreicht hat, wird es gebremst, während das andere Rad noch etwas mit seiner ursprünglichen Geschwindigkeit weiterrollt: Die Achse erfährt kurzzeitig eine geringe Drehung und ändert dadurch die Richtung ihrer Fortbewegung. Wenn sich beide Räder auf der rauen Unterlage befinden, rollen sie mit verminderter, aber gleicher Geschwindigkeit weiter. Die neue Bewegungsrichtung wird beibehalten.

Entsprechend stellen wir uns das Zustandekommen des Knicks im Lichtstrahl an der Grenzfläche vor: Während ein Teil des Lichts einer „Lichtfront" noch mit unveränderter Geschwindigkeit im ersten Medium weiterläuft, breitet sich der andere Teil schon mit veränderter Geschwindigkeit im zweiten Medium aus.

Ein erstes Medium heißt *optisch dichter* als ein zweites Medium, wenn sich das Licht im ersten Medium langsamer ausbreitet, wenn also für die Ausbreitungsgeschwindigkeiten gilt: $c_1 < c_2$. Das Vakuum mit der größtmöglichen Ausbreitungsgeschwindigkeit des Lichts ist *optisch dünner* als jedes andere Medium. Die Luft ist nur ein wenig optisch dichter als das Vakuum.

Musteraufgabe

Grund- und Deckfläche eines geraden Glasprismas* sind gleichschenklige Dreiecke. Der Winkel an ihrer Spitze beträgt 45°. Auf eine Seitenfläche trifft unter dem Einfallswinkel $\alpha_L = 40°$ ein Lichtstrahl. Zeichne den weiteren Verlauf des Lichtstrahls! Um wie viel Grad wird der Strahl aus seiner ursprünglichen Richtung abgelenkt?

Lösung (Abb. 23.2):

Zum Einfallswinkel $\alpha_{L1} = 40°$ entnehmen wir aus Tab. 22.1 den Brechungswinkel $\alpha_{G1} = 25°$. Mithilfe von $\gamma = 45°$ errechnen wir den Einfallswinkel auf der Grenzfläche Glas – Luft zu $\alpha_{G2} = 20°$. Tab. 22.1 liefert den zugehörigen Brechungswinkel $\alpha_{L2} = 30°$. Die Ablenkung des Lichtstrahls aus seiner ursprünglichen Richtung ergibt sich aus Winkelbetrachtungen zu 25°.

V Wir befestigen auf der optischen Scheibe verschiedene Glasprismen. Ein auffallender Lichtstrahl wird zweimal gebrochen und zwar jeweils zum dickeren Ende hin. Die Ablenkung aus der ursprünglichen Richtung ist umso größer, je stärker die beiden Seitenflächen eines Prismas gegeneinander geneigt sind.

V Wir befestigen auf der optischen Scheibe einen dicken Glaskörper mit ebenen parallelen Oberflächen, eine sog. planparallele Platte (Abb. 23.3). Ein schräg auftreffender Lichtstrahl wird nach zweimaliger Brechung nur parallel zu sich selbst verschoben.

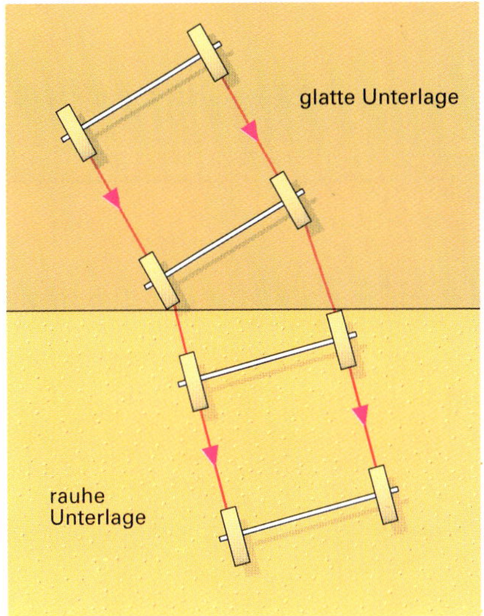

23.1 Modellversuch zur Lichtbrechung

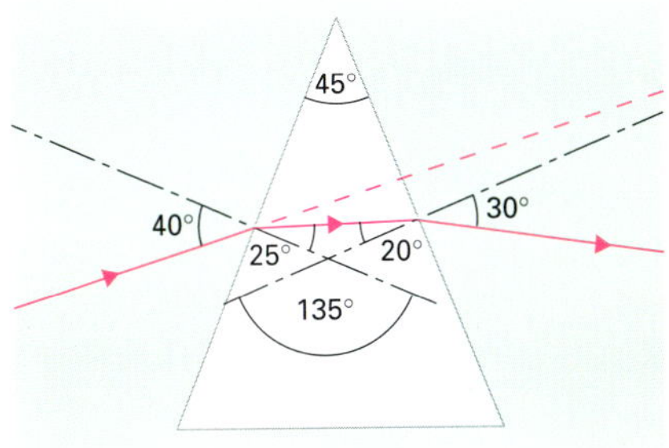

23.2 Strahlenverlauf in einem Prisma

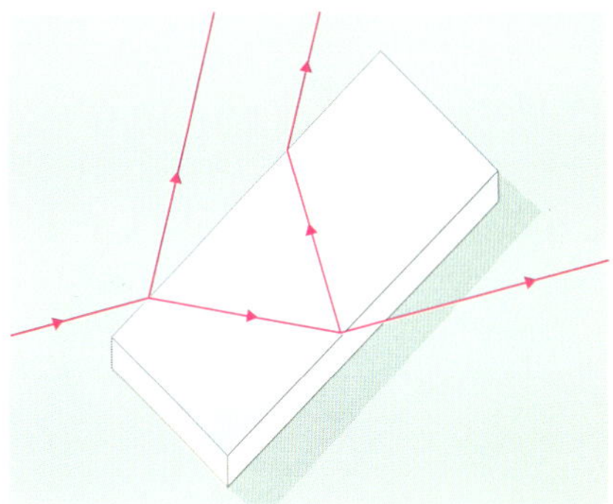

23.3 Brechung an einer planparallelen Platte

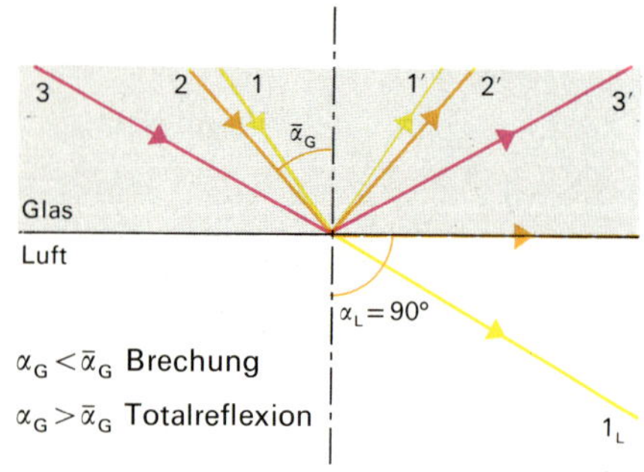

24.1 Übergang Glas – Luft

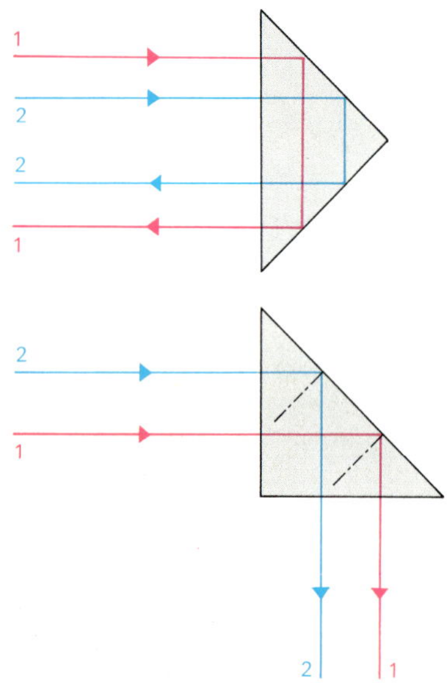

24.2 Totalreflexion im Prisma

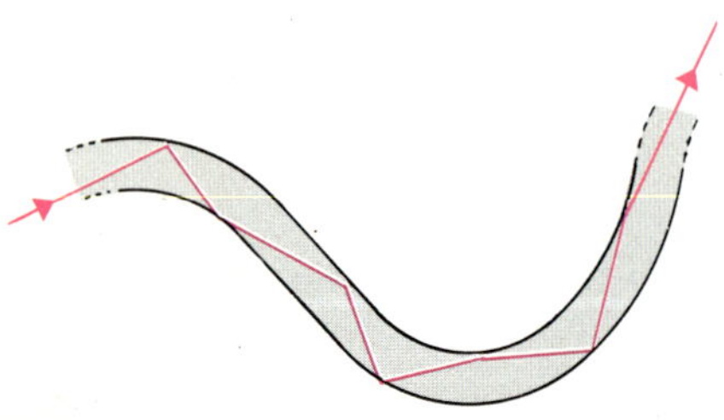

24.3 Totalreflexion im Plexiglasstab

Ein Lichtstrahl behält bei der Brechung an einer *planparallelen Platte* seine ursprüngliche Richtung bei. Er wird *nur parallel* verschoben.
An einem *Prisma* wird er *zum dickeren Ende hin* abgelenkt, und zwar umso stärker, je größer der Winkel an der Spitze ist.

Totalreflexion

Der Winkel α_L in Luft ist größer als der Winkel α_G im Glas. Beim Übergang von Glas in Luft wird der Lichtstrahl *vom Lot weg* gebrochen.

V Wir vergrößern im Glas den Einfallswinkel α_G, mit 0° beginnend, immer mehr. Der zugehörige Brechungswinkel α_L ist stets größer. Es fällt auf, dass mit zunehmendem Einfallswinkel die Lichtstärke des reflektierten Strahls zunimmt und die des gebrochenen Strahls abnimmt. Ist der Einfallswinkel $\bar{\alpha}_G = 42°$, beträgt der Brechungswinkel $\alpha_L = 90°$. Vergrößern wir α_G weiter, tritt kein Licht mehr in die Luft über. Die Grenzfläche wirkt für den auffallenden Lichtstrahl wie ein Spiegel. Der Lichtstrahl wird nach dem Reflexionsgesetz vollständig in den Glaskörper zurückgeworfen (Abb. 24.1).

Man nennt diese Erscheinung **Totalreflexion*** des Lichts. Der Einfallswinkel $\bar{\alpha}_G$ von dem an Totalreflexion auftritt, heißt **Grenzwinkel**. Als Grenzwinkel der Totalreflexion gegen Luft entnehmen wir dem Diagramm 22.2 für Wasser 49°, für Glas 42° und für Diamant 24°.

Totalreflexion tritt nur dann auf, wenn Licht vom optisch dichteren Medium auf die Grenzfläche fällt und der Einfallswinkel α_M größer als der Grenzwinkel $\bar{\alpha}_M$ ist.

Anwendungen der Totalreflexion

Total reflektierende Grenzschichten sind die wirksamsten Spiegel, die man herstellen kann. In vielen optischen Geräten werden daher total reflektierende Glasflächen verwendet.

V Zwei Lichtstrahlen verschiedener Farbe fallen, wie in Abb. 24.2 dargestellt, auf ein gleichschenkligrechtwinkliges Glasprisma. Beim senkrechten Auftreffen auf Grenzflächen werden sie nicht gebrochen. Im Glas tritt Totalreflexion auf, da der Einfallswinkel $\alpha_G = 45°$ und damit größer als $\bar{\alpha}_G = 42°$ ist.
Im ersten Fall erhalten wir eine Ablenkung der Lichtstrahlen um 180°, im zweiten Fall um 90°. Bei der 180°-Ablenkung werden oben und unten vertauscht. Man kann damit ein auf den Kopf gestelltes Bild umkehren (**Umkehrprisma**). Ist das Bild außerdem seitenverkehrt, benötigt man ein zweites solches Prisma.

V Wir lassen ein schmales Lichtbündel durch die eine Stirnfläche eines dünnen, gebogenen Plexiglasstabes fallen. Das Lichtbündel wird durch den Glasstab geleitet und tritt am anderen Ende fast ungeschwächt wieder aus.
Das Lichtbündel trifft im Innern des Stabes immer unter so großem Einfallswinkel auf die Längswand, dass es infolge von Totalreflexion wieder in das Innere zurückgeworfen wird und nicht seitlich austreten kann (Abb. 24.3). Streng geordnete Bündel aus hunderten von einzelnen solchen sehr dünnen **Lichtleitern** können Bilder „punktweise" übertragen. Sehr viele solcher Glasfasern lassen sich zu biegsamen „Lichtkabeln" bündeln.

In der *Nachrichtentechnik* wendet man Lichtleiter zur Übertragung von Information an. Dazu müssen Sprache, Text oder Bilder in optische Signale umgewandelt werden. Telefongespräche, Hörfunk- und Fernsehprogramme lassen sich dann über **Glasfaserkabel** störungsfrei und ohne merkliche Verluste weiterleiten. In der *Medizin* kann man mit besonders dünnen Glasfaserkabeln dunkle Körperhöhlen erleuchten und beobachten (*Endoskopie**). Abb. 25.1 zeigt das Prinzip dieser Bildübertragung.

Naturerscheinungen, die auf Brechung und Totalreflexion beruhen

Beim Übergang vom Vakuum in das Medium Luft wird Licht zum Lot hin gebrochen. Da in der Erdatmosphäre die Dichte der Luft und damit auch ihre optische Dichte mit abnehmender Höhe wächst, werden von Sonne, Mond und Sternen schräg einfallende Lichtstrahlen zum Lot hin gebrochen: Sie verlaufen gekrümmt (Abb. 25.2).
Ein Beobachter sucht einen Gegenstand aber in der zuletzt vorhandenen Strahlenrichtung, sodass Gestirne scheinbar höher am Himmel stehen als in Wirklichkeit.
Die Sonne ist am Abend noch sichtbar, wenn ihr oberer Rand geometrisch bereits unter dem Horizont steht; wir sehen den Sonnenuntergang also etwas verspätet. Den Sonnenaufgang beobachten wir entsprechend etwas verfrüht. Diese scheinbare Hebung wirkt sich umso stärker aus, je näher die Gestirne am Horizont stehen. Dadurch wird bei tief stehender Sonne der untere Sonnenrand stärker gehoben als der obere, und wir sehen die Sonne abgeplattet (Abb. 25.3).

Durch Totalreflexion in der Lufthülle werden **Luftspiegelungen** hervorgerufen (Fata Morgana*).
Über Fahrbahndecken oder Wüstenflächen kann nach sehr starker Sonneneinstrahlung eine dünne heiße Luftschicht entstehen. Beim Übergang von der darüber lagernden kühleren wird Licht vom Lot weg gebrochen. Lichtstrahlen, die von oben genügend flach auftreffen, können total reflektiert werden (Abb. 25.4a). Die Straßenoberfläche erscheint dann flimmernd hell, in der Wüste entsteht der Eindruck, ein Gewässer gefunden zu haben.
Umgekehrt kann über Meeren oder Wüsten in größerer Höhe eine wärmere Luftschicht über einer kälteren entstehen: Man sieht daher gelegentlich infolge einer Totalreflexion Spiegelbilder weit entfernter Gegenstände am Himmel schweben, die selbst unter dem Horizont liegen und direkt nicht sichtbar sind (Abb. 25.4b).

25.1 Bildübertragung durch einen Lichtleiter

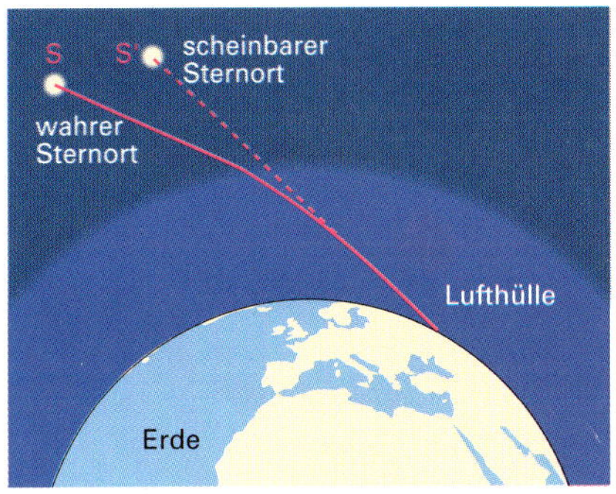

25.2 Wahrer und scheinbarer Sternort

25.3 Die „ovale" Sonne

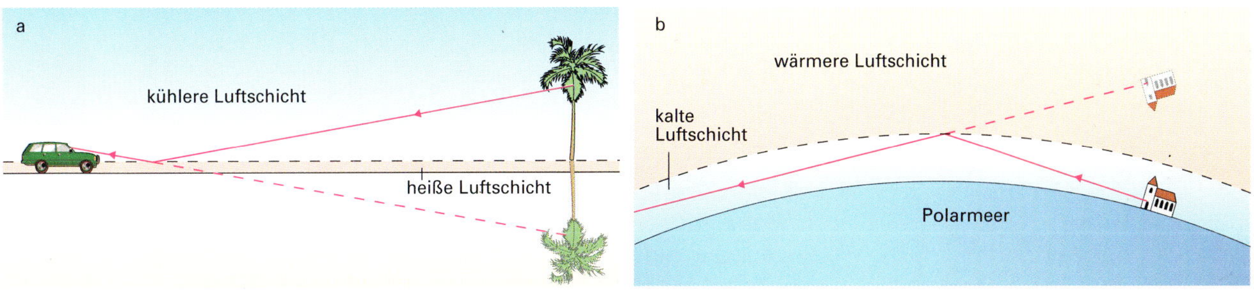

25.4 Luftspiegelungen

Aufgaben

1. *Eine Münze wird „gehoben".*
Nimm eine Münze und lege sie in die Mitte einer leeren Tasse. Blicke nun so über den Rand der Tasse, dass du das Geldstück gerade nicht mehr siehst. Behalte die Blickrichtung bei und veranlasse, dass jemand sehr vorsichtig Wasser in die Tasse gießt.
a) Was beobachtest du nun?
b) Erkläre deine Beobachtung (Abb. 26.1) anhand einer Skizze: Trage dazu das Lichtbündel ein, das von einem Randpunkt P der Münze in der wassergefüllten Tasse ausgeht und nach der Brechung in dein Auge fällt. Bedenke ferner, von welchem Punkt P' diese Lichtstrahlen auszugehen scheinen! Wo scheint die Münze zu liegen, wo der Boden der Tasse? Erscheint das Wasser in der Tasse folglich mehr oder weniger tief als in Wirklichkeit?

2. *Schätzen der Wassertiefe*
Tauche ein Lineal senkrecht in einen weiten, mit Wasser gefüllten Topf ein. Blicke steil und dann immer flacher auf die Wasseroberfläche und beachte dabei die Zentimeter-Skala des Lineals.
a) Beschreibe deine Beobachtung!
b) Erkläre sie anhand einer Skizze mit zwei Blickrichtungen!
c) Wie müsste man in ein Gewässer blicken, damit die scheinbare Wassertiefe möglichst wenig von der tatsächlichen abweicht? Warum ist das für das Schätzen der Wassertiefe ungünstig? Wie würdest du zur Schätzung der Tiefe in ein Gewässer blicken?

3. *Planparallele Platte*
Auf eine „ebene" durchsichtige Platte, eine sog. „planparallele" Platte, trifft unter dem Einfallswinkel α_L ein Lichtstrahl. (Die reflektierten Anteile werden nicht berücksichtigt!)
a) Die Platte sei aus Glas, 2 cm dick, und der Einfallswinkel sei $\alpha_L = 50°$. Zeichne den weiteren Verlauf des Lichtstrahls!
b) Begründe allgemein: Nach dem Durchgang durch die planparallele Platte verläuft der Lichtstrahl in seiner ursprünglichen Richtung weiter. Er wurde nur zu sich parallel verschoben.
c) Begründe jeweils anhand einer Zeichnung: Die Parallelverschiebung ist umso größer, je dicker die Platte und je größer der Einfallswinkel ist.
d) Abb. 26.2 zeigt eine planparallele Platte, die auf einem Bleistift liegt. Erkläre die Erscheinung!

4. *Brechung am Prisma*
Grund- und Deckfläche eines Glasprismas sind gleichschenklige Dreiecke. Der Winkel γ an der Spitze beträgt 60°. Auf eine Seitenfläche trifft unter dem Einfallswinkel α_L ein Lichtstrahl.
a) Es sei $\alpha_L = 40°$. Zeichne den weiteren Verlauf des Lichtstrahls! (Reflektierte Anteile nicht berücksichtigen!)
b) Um wie viel Grad wird der Strahl von a) aus seiner ursprünglichen Richtung abgelenkt? Vergleiche mit Abb. 23.2 und dem Ergebnis der Musteraufgabe! Wie wirkt sich eine Vergrößerung von γ aus?
c) Warum ist die Richtung des austretenden Strahls vom Auftreffpunkt des einfallenden Strahls auf die Seitenfläche und damit vom Lichtweg im Prisma unabhängig?
d) Unter welchem Einfallswinkel α_L muss ein Lichtstrahl auf die Seitenfläche treffen, damit er das *Prisma symmetrisch durchläuft*? Zeichne diesen Strahlenverlauf! Um wie viel Grad wird der Strahl jetzt aus seiner Richtung abgelenkt? Vergleiche mit dem Ergebnis unter b)!

26.1 Das „Heben" der Münze

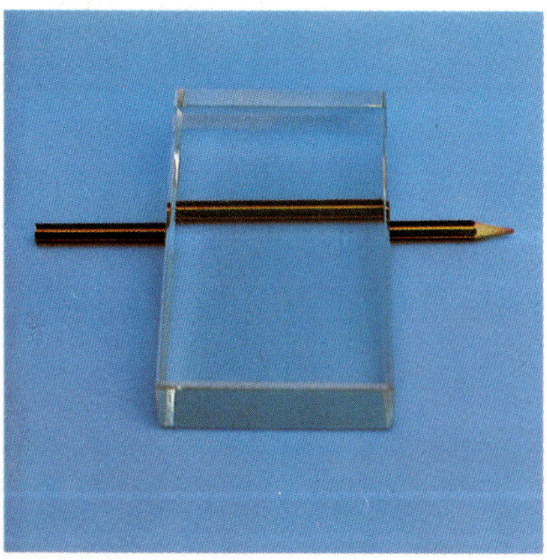

26.2 Das virtuelle Bild an einer planparallelen Platte

5. *Schlieren*
Beobachte die Schlierenbildung über einem Tauchsieder, der kaltes Wasser erwärmt, und über einer brennenden Kerze!
a) Erkläre diese Schlierenbildung! Warum erscheinen dabei Gegenstände manchmal verzerrt und flimmernd?
b) Gib weitere Beispiele für die Schlierenbildung in Luft an!
c) Warum flimmern (*szintillieren**) Sterne?

6. Von einer punktförmigen Lichtquelle, die sich 2 cm unter der Wasseroberfläche befindet, werden Lichtstrahlen so ausgeblendet, dass sie unter den Einfallswinkeln 0°, 15°, 30°, 45°, 60°, 75° auf die Grenzfläche Wasser – Luft treffen. Zeichne ihren weiteren Verlauf!

7. Auf die Kathetenfläche eines gleichschenklig-rechtwinkligen Glasprismas fallen zwei Lichtstrahlen unter 45° (Abb. 27.1).
a) Zeichne den weiteren Verlauf beider Lichtstrahlen!
b) In welcher Richtung verlassen beide Strahlen das Prisma? Begründung!
c) Stell dir vor, du betrachtest durch dieses Prisma einen Gegenstand. Siehst du „oben und unten" oder (und) „links und rechts" vertauscht?

8. Abb. 27.2 zeigt ein gleichschenklig-rechtwinkliges Glasprisma und eine planparallele Platte aus gleichem Glas.
a) Übertrage die Abbildung in dein Heft!
b) Zeichne den weiteren Strahlenverlauf ohne Verwendung von Abb. 22.2! Erläutere jeweils dein Vorgehen!

9. *Glasfaserkabel* (Abb. 27.3)
Mit Glasfasern lassen sich Telefongespräche, Fernsehprogramme oder von Computern aufbereitete Daten übertragen. Aufgrund seiner günstigen Eigenschaften gewinnt das Glasfaserkabel im modernen Telekommunikationsnetz immer mehr an Bedeutung. Eine oder mehrere Glasfasern in einem schützenden Kunststoffröhrchen bilden eine Ader, mehrere Adern werden zu einem Kabel gebündelt.
a) Die einzelne Glasfaser hat einen Durchmesser von 0,125 mm, ist etwa so dick wie ein menschliches Haar. Sie ist so elastisch, dass man sie ohne Schaden um den Finger wickeln kann. Wozu ist diese Eigenschaft bei der technischen Anwendung nützlich?
b) Der Kern und der Mantel einer Glasfaser (Abb. 27.4) bestehen aus Glasarten unterschiedlicher optischer Dichte. Welche von beiden ist das optisch dichtere Glas? In welchem wird das Licht geleitet?
c) Wäre Meerwasser so durchsichtig wie das Glas einer Glasfaser, könnte man den Meeresboden in einer Tiefe von 10000 m noch sehen. Wozu ist diese Eigenschaft des Glases wichtig?
d) Mit Hilfe eines Laserstrahls können ca. 2 Milliarden Lichtsignale pro Sekunde durch eine Glasfaser geleitet werden. Auf diese Weise kann man mit einer einzigen Glasfaser bis zu ca. 30000 Telefongespräche gleichzeitig übertragen. Mit einem zweiadrigen Kupferkabel dagegen lassen sich nur bis zu 30 Telefongespräche übertragen. Welche Vorteile bringt die Verwendung von Glasfaserkabeln an Stelle von Kupferkabeln?
e) Ein Endoskop* besteht aus einem Glasfaserkabel vom Durchmesser 6 mm. Ein Teil der Glasfasern wird zum Beleuchten des Körperinneren verwendet, ein anderer zum Übertragen des Bildes aus dem Körperinneren. Welchen Vorteil hat die Verwendung eines Endoskops?

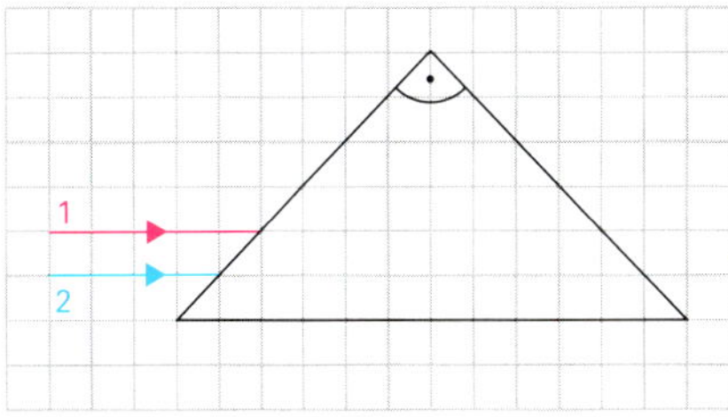

27.1 Zu Aufgabe 7

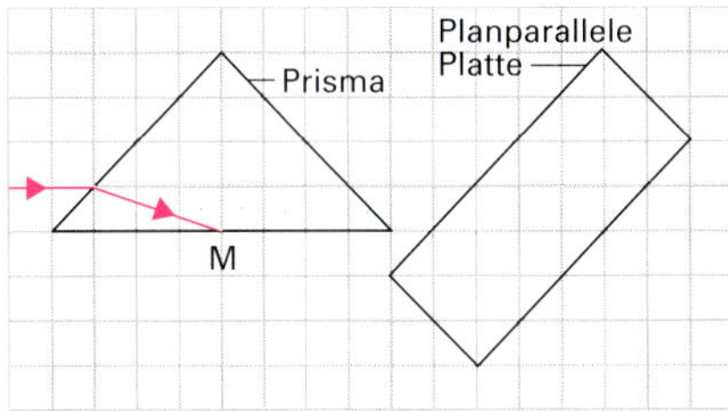

27.2 Zu Aufgabe 8

27.3 Glasfaserkabel

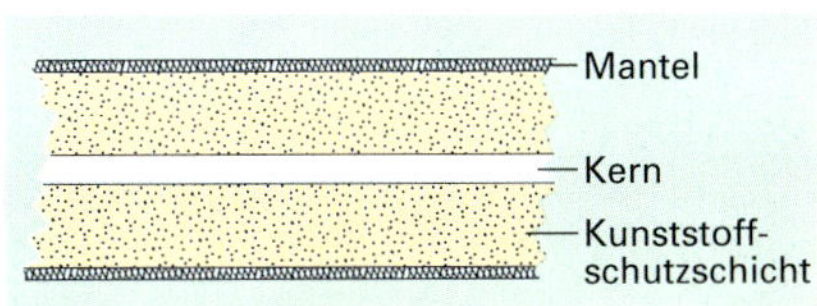

27.4 Aufbau einer Glasfaser aus Mantel und Kern

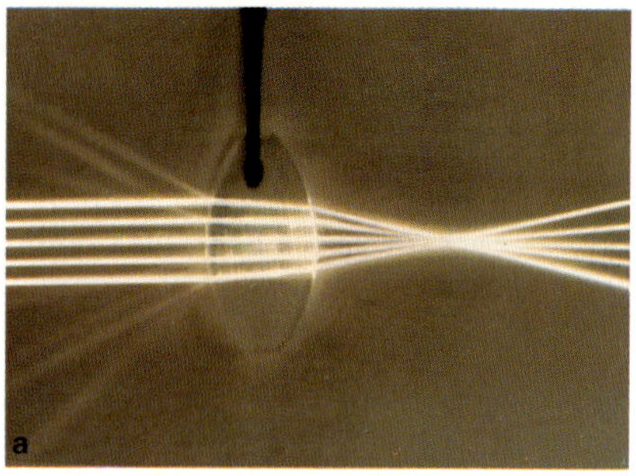

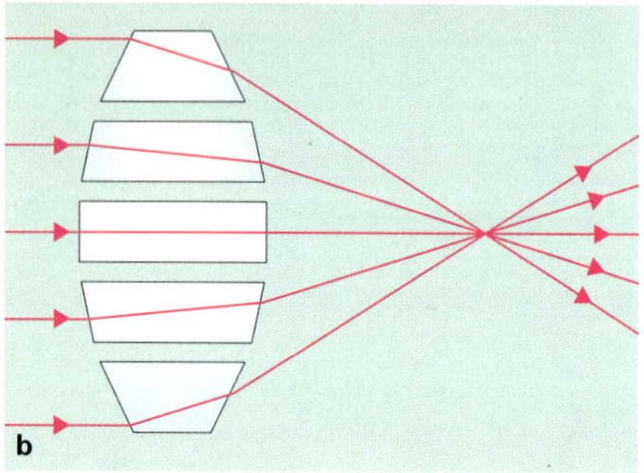

28.2 Wirkungsweise der Sammellinse

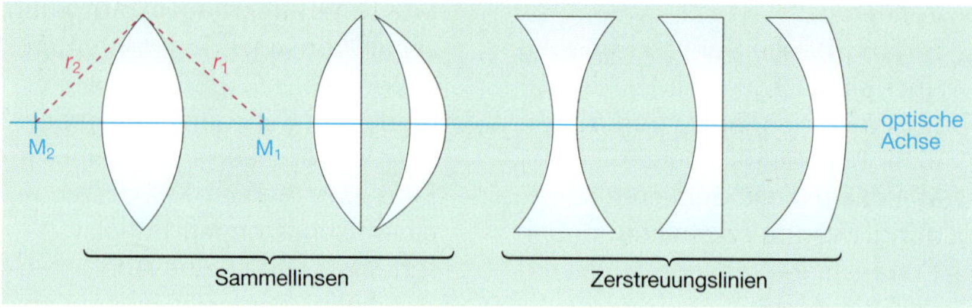

28.1 Einteilung der Linsen

2.2 Optische Linsen – Abbildung durch Sammellinsen

Einteilung der Linsen

Linsen kennen wir als Hauptbestandteil der meisten optischen Geräte wie etwa Brillen, Lupen, Fotoapparate oder Ferngläser. Es sind durchsichtige Körper, meistens aus Glas, die gewöhnlich von Teilen einer Kugelfläche begrenzt werden. Die Gerade durch die Kugelmittelpunkte M_1 und M_2 wird **optische Achse** genannt (Abb. 28.1).
Betrachtet man Linsen genauer, so lassen sie sich in zwei Klassen einteilen: Linsen, die *in der Mitte dicker* sind als am Rand (z. B. Linsen in Lesebrillen für ältere Menschen oder in Brillen für Weitsichtige) und Linsen, die *in der Mitte dünner* sind als am Rand (z. B. Linsen in Brillen für Kurzsichtige).

V Parallele Lichtstrahlen der Sonne (oder einer Experimentierleuchte) fallen in Richtung der optischen Achse auf eine Linse, die in der Mitte dicker ist als am Rand: Die Strahlen werden in einem kleinen Fleck, dem **Brennpunkt***, „gesammelt" (Abb. 28.2a). Diese Linse heißt deshalb **Sammellinse** (oder *Konvexlinse**).

V Parallele Lichtstrahlen fallen in Richtung der optischen Achse auf eine Linse, die in der Mitte dünner ist als am Rand: Nach dem Durchgang laufen sie auseinander (Abb. 28.3a). Die Linse „zerstreut" das Lichtbündel und heißt deshalb **Zerstreuungslinse** (oder *Konkavlinse**).

Diese unterschiedliche Wirkungsweise können wir verstehen, wenn wir uns Linsen angenähert aus vielen Prismen zusammengesetzt denken (Abb. 28.2b, 3b). Prismen lenken auftreffende Lichtstrahlen zum breiteren Ende hin ab. Die Ablenkung ist umso größer, je mehr die beiden Seitenflächen gegeneinander geneigt sind. Bei beiden Linsenarten werden also die betrachteten Lichtstrahlen mit wachsendem Abstand von der optischen Achse immer stärker abgelenkt: bei der Sammellinse auf die optische Achse zu, bei der Zerstreuungslinse aber von ihr weg.

Brennweite von Sammellinsen

V Zur optischen Achse parallele Lichtstrahlen fallen nun von der anderen Seite auf unsere Sammellinse: Wir finden einen zweiten Brennpunkt.

*Eine Sammellinse hat zwei Brennpunkte** F_1 und F_2, die vom Linsenmittelpunkt gleich weit entfernt sind.

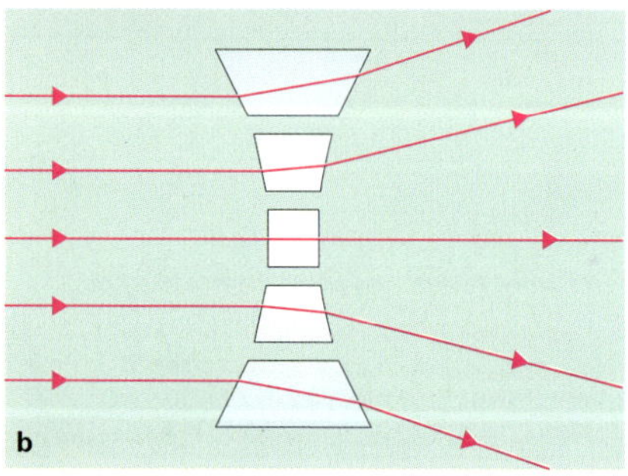

28.3 Wirkungsweise der Zerstreuungslinse

Die Entfernung eines Brennpunktes vom Linsenmittelpunkt heißt **Brennweite *f*** (Abb. 29.1).
Die Zerlegung der Linsen in Prismen legt die Vermutung nahe, dass die Brennweite umso kleiner ist, je stärker die Linsenkrümmung ist (Abb. 29.2).

V Wir befestigen auf der optischen Scheibe einen Glaskörper, dessen Form dem Schnittbild einer Sammellinse großer Krümmung gleicht. Zur optischen Achse parallel einfallende Strahlen werden durch die Linse stark abgelenkt. Die Randstrahlen des Parallelbündels treffen nach der Brechung die optische Achse näher an der Linse als die achsennahen. Es entsteht ein ausgedehnter Brennfleck.

V Wir ersetzen das Modell der dicken Linse durch das einer dünnen. Es ist viel schwächer gekrümmt. Wie erwartet werden die Strahlen wesentlich schwächer gebrochen. Außerdem verlaufen jetzt alle Strahlen mit hoher Genauigkeit durch einen Punkt, den Brennpunkt.

Je stärker materialgleiche Linsen gekrümmt sind, desto kleiner ist ihre Brennweite. Der Brennfleck dünner Linsen ist punktförmig.

Wir beschränken uns künftig auf dünne Sammellinsen. Ein Lichtstrahl wird von ihnen beim Eintritt und beim Austritt gebrochen. Zur Vereinfachung ersetzen wir diese zweimalige Brechung in unseren Zeichnungen durch eine einzige: Wir knicken den Lichtstrahl an der Ebene ab, die durch die Mitte der Linse verläuft und auf der optischen Achse senkrecht steht (*Mittelebene*) (Abb. 29.3).

Strahlengang bei dünnen Linsen

Man nennt einen parallel zur optischen Achse verlaufenden Strahl **Parallelstrahl**, einen Strahl durch einen Brennpunkt **Brennstrahl** und einen Strahl durch den Linsenmittelpunkt **Mittelpunktsstrahl** (Abb. 29.4).
Mit diesen Bezeichnungen können wir das Ergebnis unseres letzten Versuchs so formulieren: Parallelstrahlen werden durch eine dünne Linse so gebrochen, dass sie danach als Brennstrahlen verlaufen. Da der Lichtweg bei der Brechung umkehrbar ist, folgt: Brennstrahlen werden zu Parallelstrahlen.

V Auf das Schnittmodell einer Sammellinse fallen parallele, etwas gegen die optische Achse geneigte Strahlen. Sie werden so gebrochen, dass sie sich in einem Punkt außerhalb der optischen Achse schneiden. Dieser liegt in einer zur Achse senkrechten Ebene durch den Brennpunkt, der **Brennebene** (Abb. 29.5). Der Strahl durch den Linsenmittelpunkt wird dabei kaum merklich parallel versetzt wie an einer dünnen, planparallelen Platte.

Parallelstrahlen verlassen die Linse als Brennstrahlen; Brennstrahlen verlassen die Linse als Parallelstrahlen. Mittelpunktsstrahlen werden nicht abgelenkt.

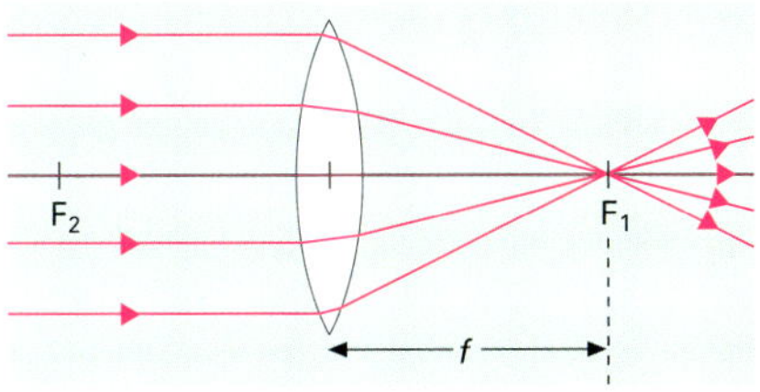

29.1 Die Brennweite der Sammellinse

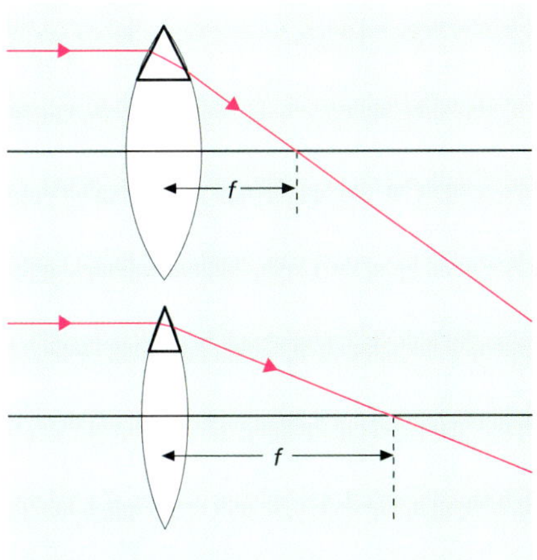

29.2 Zusammenhang zwischen Linsenkrümmung und Brennweite

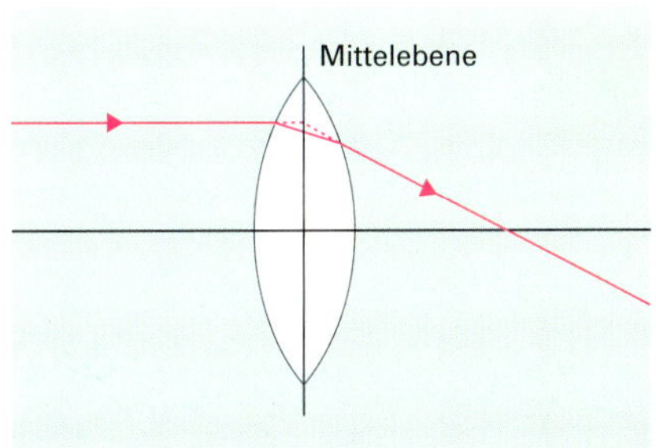

29.3 Vereinfachte Darstellung der Linsenbrechung

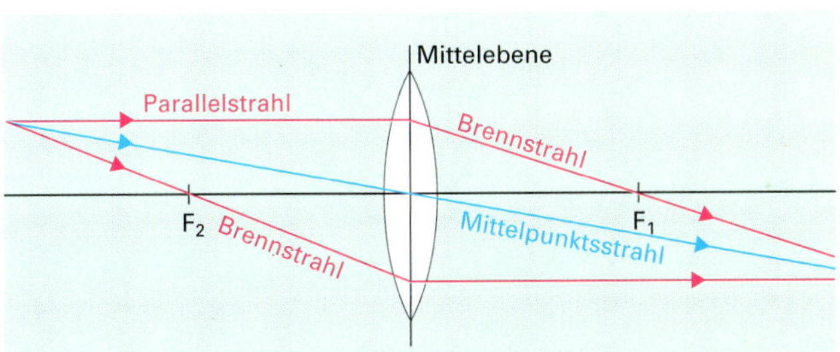

29.4 Besondere Strahlen

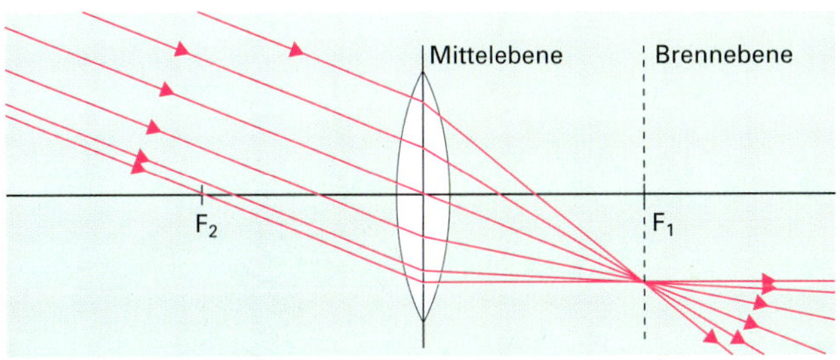

29.5 Die Brennebene

Entstehung und Konstruktion reeller und virtueller Bilder

Nur bei sehr kleiner Öffnung erhalten wir mit einer Lochkamera scharfe, aber sehr lichtschwache Bilder. Die von den einzelnen Gegenstandspunkten ausgehenden Lichtbündel sind dann so schmal, dass sie zu einigermaßen punktförmigen Lichtflecken auf der Mattscheibe oder dem Film führen. Um ein lichtstärkeres Bild zu erhalten, muss man mit breiteren Lichtbündeln abbilden können. Das wird ohne Schärfeverlust möglich, wenn man anstelle des winzigen Loches eine Sammellinse von wesentlich größerem Durchmesser verwendet (Abb. 13.1).

V Wir stellen eine Punktlichtquelle L auf die optische Achse einer Sammellinse. Ihr Abstand von der Linse ist größer als die Brennweite. Das Lichtbündel, das von L ausgeht und auf die Linse trifft, wird hinter dieser wieder in einem Achsenpunkt zusammengeführt, dem Bildpunkt L′. Wir können ihn auf einem Schirm auffangen. Wird L senkrecht zur Achse verschoben, so wandert L′ in die andere Richtung senkrecht von der Achse weg.

Eine Sammellinse führt also die von einem beliebigen Punkt außerhalb der Brennweite ausgehenden Strahlen wieder in einem reellen Bildpunkt zusammen. Zu jedem Punkt eines Gegenstandes in einer zur Achse senkrechten Ebene (**Gegenstandsebene**) gehört ein Bildpunkt in einer zur Achse senkrechten Ebene (**Bildebene**). Die Bildpunkte ergeben zusammen das Bild des Gegenstandes.

Um den Bildpunkt L′ zu konstruieren, genügt es, von den vielen von L ausgehenden Lichtstrahlen *zwei besondere Strahlen* zu betrachten, deren Verlauf wir kennen: Parallel-, Brenn- oder Mittelpunktsstrahl. Der Schnittpunkt aller Lichtstrahlen ist ja auch Schnittpunkt dieser besonderen Strahlen. Hat man L′ gefunden, so kann man den weiteren Verlauf eines jeden von L auf die Linse treffenden Strahls angeben (Abb. 30.1).

Zur Konstruktion können auch Strahlen verwendet werden, welche die Linse in Wirklichkeit gar nicht mehr treffen, wie der Brennstrahl 3 in Abb. 30.1.

Zur Beschreibung der Abbildung führen wir Bezeichnungen ein: Der Abstand des Gegenstandes von der Mittelebene der Linse heißt **Gegenstandsweite *g***, der Abstand des Bildes von der Mittelebene **Bildweite *b***. Die **Gegenstandshöhe** nennt man ***G***, die **Bildhöhe *B***.

Das Verhältnis „Bildhöhe *B* zu Gegenstandshöhe *G*“ heißt **Abbildungsmaßstab *A***.

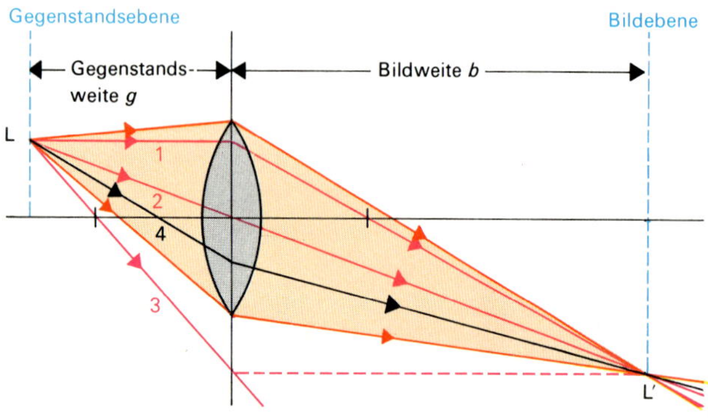

30.1 Konstruktion des Bildpunktes L′ mit besonderen Strahlen

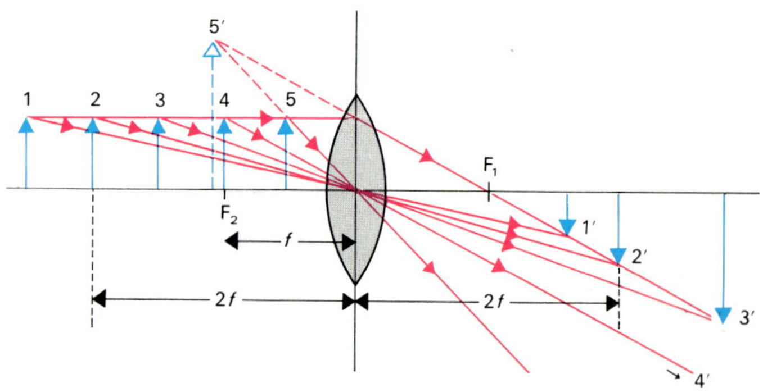

30.2 Lage und Höhe der Bilder für verschiedene Gegenstandsweiten

V Wir führen eine brennende Kerze aus großer Entfernung an die Sammellinse heran und beobachten das Bild auf einem verschiebbaren Schirm: Es ist umgekehrt und reell. Bei großer Entfernung der Kerze wird sie stark verkleinert sehr nahe der Brennebene abgebildet. Je näher wir die Kerze heranbringen, desto weiter entfernt sich das Bild von der Linse, wobei es immer größer wird. Bei $g = 2f$ sind Gegenstand und Bild gleich groß ($G = B$) und gleich weit von der Linse entfernt ($b = 2f$); die Linse wirkt als Umkehrlinse. Führen wir die Kerze noch näher heran, so ist das Bild vergrößert, bis schließlich für $g \leqq f$ keine Bilder mehr aufgefangen werden können.

Unsere Versuchsergebnisse sind in Abb. 30.2 zeichnerisch dargestellt.

Für $g < f$ schneiden sich die vom Lichtpunkt 5 (Flammenspitze) ausgehenden Strahlen nicht mehr; es entsteht kein reelles Bild: Für den Beobachter scheinen die ins Auge fallenden Strahlen vom Schnittpunkt ihrer rückwärtigen Verlängerungen, vom virtuellen Bildpunkt 5′, herzukommen.

V Wir stellen die Kerze zwischen Brennpunkt und Linse auf und betrachten sie durch die Linse: Die Kerze erscheint aufrecht und vergrößert.

Eine Übersicht über die Sammellinsenbilder gibt Tab. 31.1.

Eine Sammellinse erzeugt von Gegenständen außerhalb der Brennweite umgekehrte, reelle Bilder. Diese können kleiner, gleichgroß oder größer als der Gegenstand sein.
Eine Sammellinse erzeugt von Gegenständen innerhalb der Brennweite aufrechte, vergrößerte, virtuelle Bilder.

Die Linsengleichung

Kann man den Zusammenhang zwischen der Gegenstandsweite g und der Bildweite b algebraisch fassen?

V Wir verändern schrittweise den Abstand g einer Kerze von einer Sammellinse der Brennweite $f = 20$ cm. Mit einem Schirm suchen wir jeweils den Ort, wo das Bild der Kerze scharf ist. Nun messen wir g und b (Tab. 31.2).

Da wir nicht sofort einen einfachen Zusammenhang zwischen g und b erkennen, suchen wir einen Term, der g und b enthält und sich nicht ändert. Mit abnehmendem g nimmt b zu. Es könnte also $g + b$ oder $g \cdot b$ konstant* sein (Tab. 31.2). Leider trifft das weder für $g + b$ noch für $g \cdot b$ zu. Es fällt aber auf: In beiden Spalten ändern sich die Werte in gleicher Weise. Ist $g \cdot b$ direkt proportional zu $g + b$? Wir überprüfen das (Tab. 31.2). Tatsächlich ist $(g \cdot b)/(g + b)$ konstant. Überraschenderweise ist die Konstante 20 cm und damit gleich der Linsenbrennweite f. Messungen mit anderen Linsen bestätigen dieses Ergebnis:

$$\frac{g \cdot b}{g + b} = f \quad \underset{\text{Stürzen}}{\Rightarrow} \quad \frac{g + b}{g \cdot b} = \frac{1}{f} \quad \underset{\text{Aufteilen}}{\Rightarrow}$$

$$\frac{g}{g \cdot b} + \frac{b}{g \cdot b} = \frac{1}{f} \quad \underset{\text{Kürzen}}{\Rightarrow} \quad \frac{1}{b} + \frac{1}{g} = \frac{1}{f}$$

Linsengleichung
Eine Sammellinse der Brennweite f entwirft von einem Gegenstand mit dem Abstand g ($> f$) ein reelles umgekehrtes Bild im Abstand b. Dabei gilt:

$$\frac{1}{g} + \frac{1}{b} = \frac{1}{f}$$

Die beiden getönten Dreiecke von Abb. 31.3 weisen gleiche Winkel und damit gleiche Gestalt auf. (Die Dreiecke sind ähnlich.) Sie sind nur verschieden groß: Die entsprechen-

Gegenstand	Bild		
Gegenstandsweite g	Bildweite b	Eigenschaften	Abbildungsmaßstab $A = \frac{B}{G}$
g sehr groß	$b \approx f$	reell, umgekehrt	–
$g > 2f$	$f < b < 2f$	reell, umgekehrt	$A < 1$
$g = 2f$	$b = 2f$	reell, umgekehrt	$A = 1$
$f < g < 2f$	$b > 2f$	reell, umgekehrt	$A > 1$
$g = f$	–	kein Bild im Endlichen	–
$g < f$	$b > g$	virtuell, aufrecht (auf der Gegenstandsseite)	$A > 1$

31.1 Übersicht der Sammellinsenbilder

Gegenstandsweite g in cm	Bildweite b in cm	$g \cdot b$ in cm²	$g + b$ in cm	$\frac{g \cdot b}{g + b}$ in cm
100	25	2500	125	20,0
80	27	2160	107	20,2
60	30	1800	90	20,0
50	33	1650	83	19,9
40	40	1600	80	20,0
30	60	1800	90	20,0
25	100	2500	125	20,0

31.2 Zur Ableitung der Linsengleichung

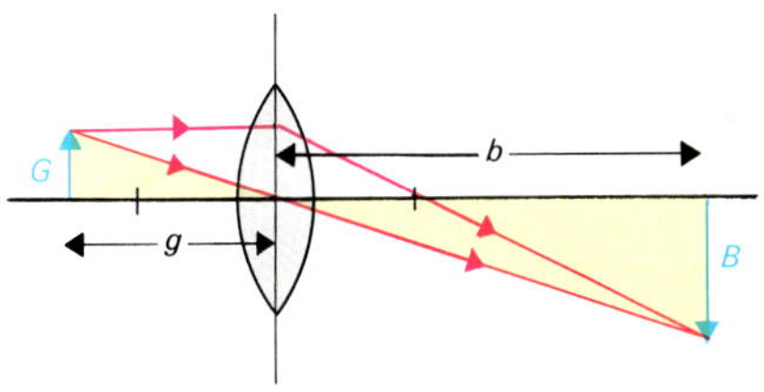

31.3 Ableitung des Abbildungsmaßstabes

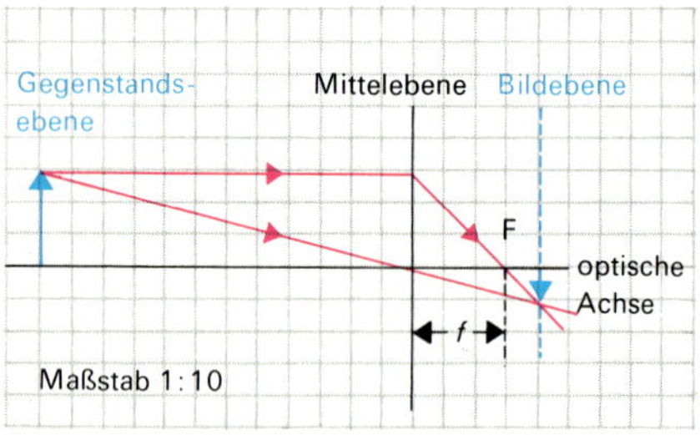

32.1 Zu Musteraufgabe 1

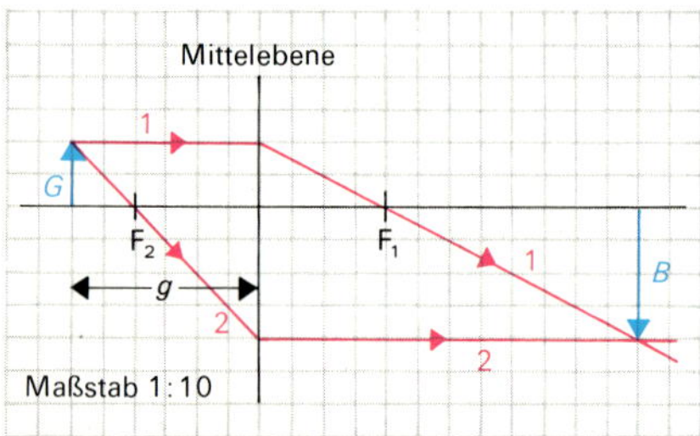

32.2 Zu Musteraufgabe 2

den Seiten B und G sowie b und g sind also die gleichen Vielfachen voneinander. Folglich ist $B/G = b/g$.

Die Bildhöhe B verhält sich zur Gegenstandshöhe G wie die Bildweite b zur Gegenstandsweite g:

$$\frac{B}{G} = \frac{b}{g}$$

Daher gilt für den Abbildungsmaßstab:

$$A = \frac{B}{G} = \frac{b}{g}.$$

V Diese Beziehung überprüfen wir in Versuchen und finden sie bestätigt: Für $b > g$ entsteht ein vergrößertes Bild, also $A > 1$;
für $b < g$ entsteht ein verkleinertes Bild, also $A < 1$.

Musteraufgaben

1. Eine Sammellinse erzeugt von einem $g = 60$ cm entfernten Gegenstand ein reelles Bild im Abstand $b = 20$ cm. Bestimme die Brennweite der Linse
   a) durch Zeichnung und
   b) durch Rechnung!

   Lösung:

   a) Zeichnerische Lösung:
   Abb. 32.1.
   Im Abstand g von der Linse (in der Zeichnung 6 cm vor der Mittelebene der Linse) zeichnen wir als Gegenstand einen Pfeil beliebiger Größe (1,5 cm hoch in der Zeichnung). Mit einem von der Pfeilspitze ausgehenden Mittelpunktsstrahl und der gegebenen Bildweite b (2 cm in der Zeichnung) finden wird den Bildpfeil. Ein Parallelstrahl, der von der Pfeilspitze ausgeht, verläuft hinter der Linse durch die Spitze des Bildpfeils. Da Parallelstrahlen die Linse als Brennstrahlen verlassen, ist der Schnittpunkt dieses Strahls mit der optischen Achse der Brennpunkt F_1. Wir entnehmen der Zeichnung: F_1 liegt 1,5 cm von der Mittelebene entfernt. Die Brennweite f beträgt folglich 15 cm.

   b) Rechnerische Lösung:

   $$\frac{1}{f} = \frac{1}{g} + \frac{1}{b} = \frac{1}{60\,\text{cm}} + \frac{1}{20\,\text{cm}}$$

   $$= \frac{1+3}{60\,\text{cm}} = \frac{1}{15\,\text{cm}} \Rightarrow f = 15\,\text{cm}.$$

2. Eine Sammellinse hat die Brennweite 20 cm. In welcher Entfernung muss ein Gegenstand der Höhe $G = 10$ cm aufgestellt werden, damit ein doppelt so großes reelles Bild entsteht? Löse die Aufgabe durch Zeichnung!

Lösung:

Wir legen zunächst die Mittelebene der Linse und die optische Achse fest (Abb. 32.2) und markieren die beiden Brennpunkte F_1 und F_2. Obwohl wir den Ort des Gegenstandes nicht kennen, wissen wir, dass von seinem höchsten Punkt ein Parallelstrahl 1 ausgeht, der im Abstand G (1 cm in der Zeichnung) zur Achse verläuft. Hinter der Linse geht der Strahl durch F_1. Er schneidet einen Strahl 2, der hinter der Linse im Abstand $B = 2G$ (2 cm in der Zeichnung) parallel zur Achse verläuft, in der Bildspitze. Strahl 2 muss vor der Linse Brennstrahl sein und durch F_2 gehen. Er schneidet den Parallelstrahl 1 im höchsten Gegenstandspunkt. Wir entnehmen der Zeichnung: Der Gegenstandspfeil befindet sich 3 cm vor der Mittelebene der Linse. Der Gegenstand muss also 30 cm von der Linse entfernt aufgestellt werden.

Aufgaben

1. Einer Sammellinse der Brennweite $f = 20$ cm wird schrittweise eine 10 cm hohe, brennende Kerze genähert: $g = 80$ cm, 60 cm, 40 cm, 30 cm, 20 cm, 15 cm, 10 cm.
a) Konstruiere zu jeder Stellung der Kerze ihr Bild!
b) Berechne zu jeder Gegenstandsweite Bildweite und Bildhöhe! (Vergleiche mit a)!)
c) Für welche Gegenstandsweiten g ist das Bild reell bzw. virtuell, aufrecht bzw. umgekehrt, größer bzw. kleiner als der Gegenstand?

2. *Größe der Sonne*
a) Erläutere, inwiefern der Brennfleck, den ein mit Sonnenstrahlen beleuchtetes Brennglas entwirft, ein reelles Bild der Sonne ist!
b) Nimm eine Lesebrille oder die Brille eines Weitsichtigen und bestimme die Brennweite eines Brillenglases! (Es sollte sich eine Brennweite zwischen 50 cm und 100 cm ergeben!)
c) Erzeuge mit dem Brillenglas ein Bild der Sonne auf einem Blatt Papier und miss den Durchmesser des Bildes. Berechne damit den ungefähren Sonnendurchmesser! (Entfernung Erde – Sonne: $1{,}5 \cdot 10^8$ km) Vergleiche mit dem Erddurchmesser!

3. *„Wasserlinse" (Abb. 33.1)*
In seinem Abenteuerroman „Geheimnisvolle Insel" lässt Jules Verne (1828–1905) seinen Helden aus zwei dünnen gewölbten Uhrgläsern ein Brennglas zum Feuermachen herstellen.
a) Warum bündeln die beiden Uhrgläser mit einer Luftfüllung das Sonnenlicht nicht?
b) Warum wirken die mit Wasser gefüllten Uhrgläser wie ein Brennglas?

4. *Zylinderlinse*
Zeichne auf ein Blatt Papier die Druckbuchstaben E und F. Fülle eine klare, zylinderförmige Flasche (z. B. eine Milchflasche) etwa zu einem Drittel mit Wasser und verschließe sie. Lege die Buchstaben auf den Fußboden. Halte die Flasche, die „Zylinderlinse aus Wasser", waagrecht vor deinen Körper und betrachte durch sie die Buchstaben (Abb. 33.2a).
a) Welche Besonderheit in der Vertauschung von links und rechts bzw. von oben und unten tritt gegenüber einer gewöhnlichen Linse auf?
b) Halte die Flasche senkrecht zum Körper und betrachte die Buchstaben (Abb. 33.2b). Erkläre mit Hilfe von Abb. 33.2 die Besonderheit!

5. Eine Sammellinse entwirft von einem Gegenstand der Höhe $G = 10$ cm ein doppelt so hohes virtuelles Bild, und zwar 25 cm von der Linse entfernt. Bestimme durch Konstruktion die Gegenstandsweite g und die Brennweite f!

6. Ein Gegenstand soll mit einer Sammellinse in dreifacher Größe auf einem 160 cm entfernten Schirm abgebildet werden. Welche Brennweite muss die Linse haben? Wo muss der Gegenstand aufgestellt werden? Lösung durch Konstruktion!

7. *Diaprojektor**
Die Projektionslinse der Brennweite f erzeugt von einem kleinen, beleuchteten Dia ein stark vergrößertes reelles Leinwandbild (Abb. 33.3).
a) In welchem Abstand von der Projektionslinse befindet sich das Dia etwa?
b) Beim Aufstellen eines Diaprojektors beträgt der Abstand zwischen Projektionslinse und Leinwand 3,60 m. Das Dia hat die Höhe $G = 36$ mm. Welche Brennweite muss die Projektionslinse haben, wenn die ganze Leinwandhöhe von 1,40 m ausgenutzt werden soll?

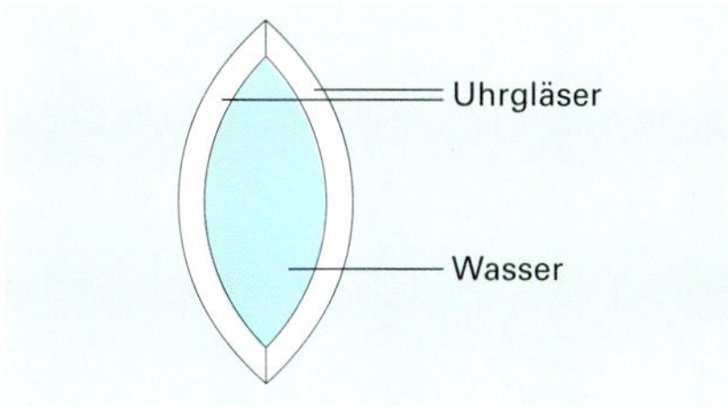

33.1 Jules Vernes „Wasserlinse"

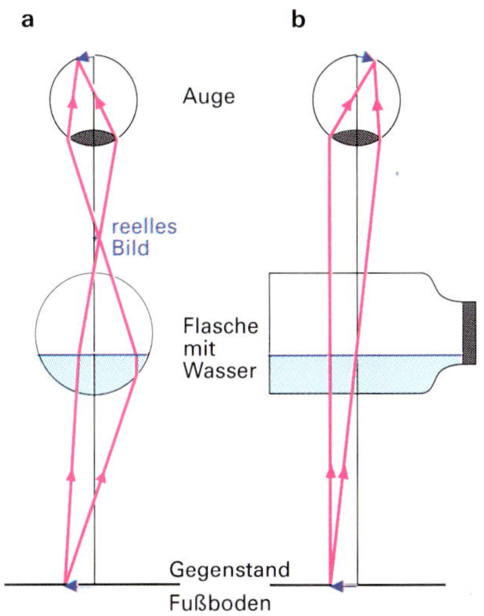

33.2 Bilderzeugung durch eine Zylinderlinse

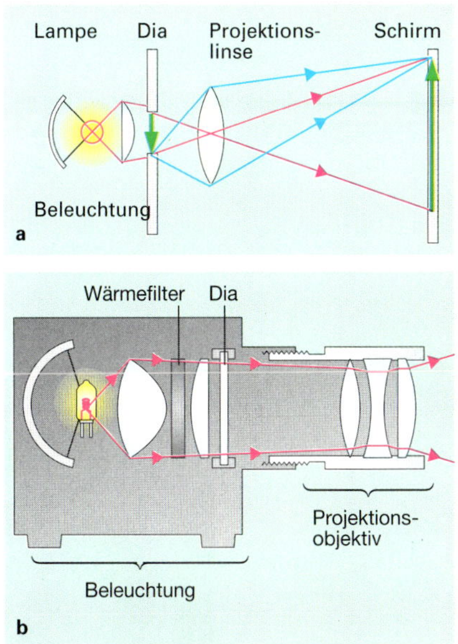

33.3 Diaprojektor: a) Bildentstehung; b) technische Ausführung, Strahlengang

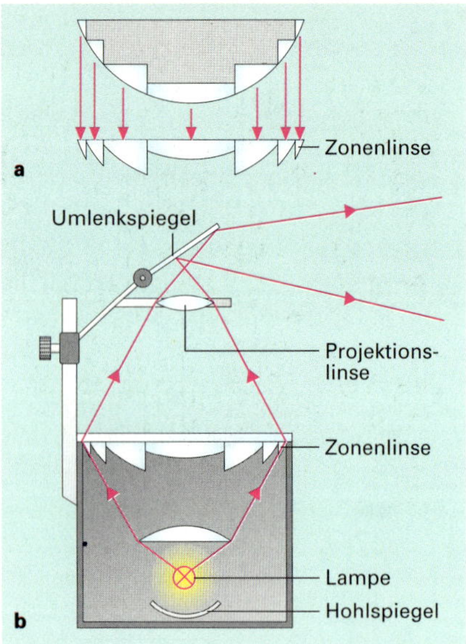

34.1 Tageslichtprojektor: a) Zonenlinse; b) Aufbau und Strahlengang

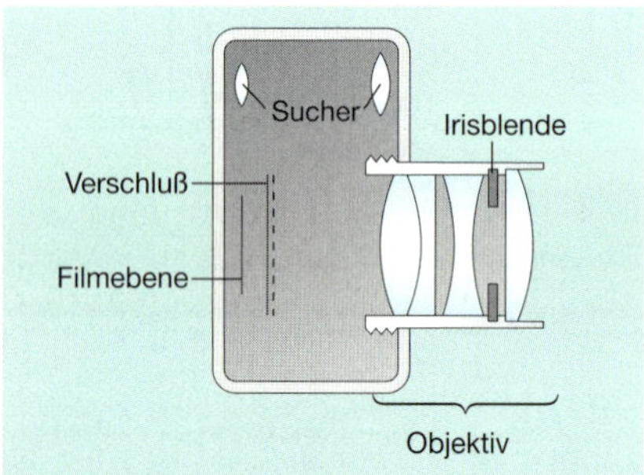

34.2 Bestandteile einer Kleinbildkamera (Messsucherkamera)

c) Der Ort des Dias ist im Projektor festgelegt (Diaführung). Erläutere, wie die Projektionslinse verschoben werden muss (Schneckengewinde zur Scharfeinstellung), damit bei geringerer Projektionsentfernung wieder ein scharfes Bild entsteht?

8. *Tageslichtprojektor*
Die Auflagefläche für die Schreibfolie ist etwa 100-mal so groß wie die Fläche eines Kleinbilddias. Deshalb benötigt man beim Tageslichtprojektor, verglichen mit dem Diaprojektor, eine sehr große Beleuchtungslinse.

a) Warum verwendet man dazu anstatt einer dicken Glaslinse eine „*Zonenlinse*" aus Plexiglas (Abb. 34.1 a), die aus dünnen Ringen der gekrümmten Linsenoberfläche besteht?

b) Beschreibe anhand von Abb. 34.1 b den Strahlenverlauf beim Tageslichtprojektor!

2.3 Optische Grundlagen des Fotografierens

Wirkungsweise des Fotoapparats

Abb. 34.2 zeigt die wichtigsten Bestandteile eines Fotoapparates*: ein System von Linsen (das man *Objektiv** nennt), die *Irisblende* zur Einstellung des Lichteinfalls, den *Verschluss* zur Einstellung der *Belichtungszeit* (z. B. von 1 s bis $\frac{1}{1000}$ s), die *Filmebene* und den *Sucher*.
Bei Kleinbildkameras unterscheidet man zwischen *Messsucher-* und *Spiegelreflexkameras* (Abb. 34.3 a, b). Die Messsucherkamera hat einen gesonderten Sucher. Bei der Spiegelreflexkamera wird vor der Aufnahme das durch das Objekt fallende Licht über einen Spiegel in den Sucher gelenkt. Während der Aufnahme ist dieser Spiegel nach oben geschwenkt.
Das Objektiv wirkt wie eine Sammellinse. Statt einer einzigen Linse verwendet man mehrere Linsen unterschiedlicher Form und Glasart. Durch ihre Kombination werden die Abbildungsfehler (z. B. Verzerrungen, Farbsäume) der Einzellinsen insgesamt aufgehoben. Man erhält so „lichtstarke" Objektive hoher Abbildungsgüte (Abb. 35.1).
Das Objektiv bildet den Gegenstand umgekehrt und verkleinert auf dem Film ab. Dessen lichtempfindliche Schicht verändert sich chemisch je nach Stärke und Dauer der Lichteinwirkung. Durch das Entwickeln und Fixieren werden diese chemischen Veränderungen und damit das Bild dauerhaft sichtbar gemacht.

Entfernungseinstellung und Schärfentiefe

Die Brennweite des Normalobjektivs einer Kleinbildkamera beträgt meist $f = 50$ mm. Mithilfe der Linsenformel können wir zu gegebener

34.3 a) Messsucherkamera; b) Spiegelreflexkamera

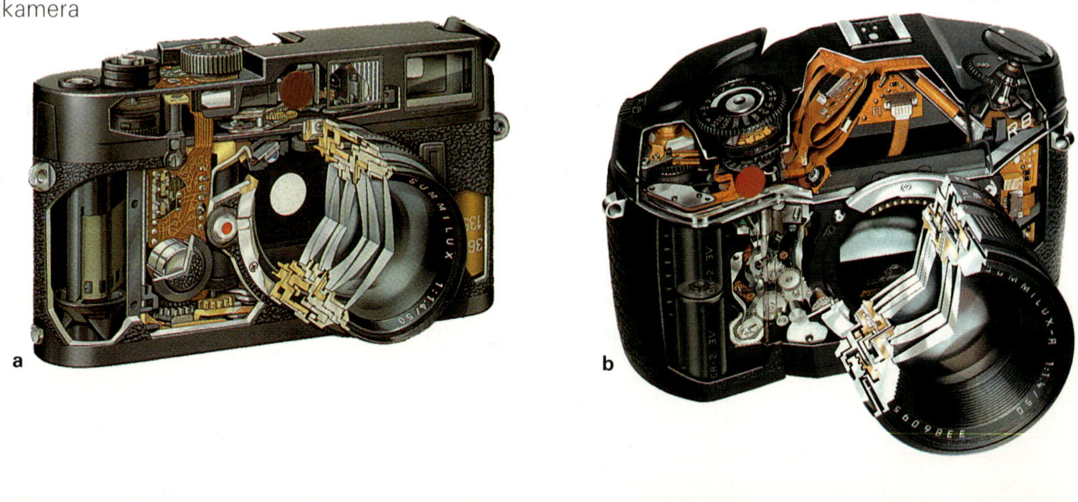

Gegenstandsweite g die Bildweite b berechnen: Tab. 35.2a enthält einige Werte. Damit der Gegenstand scharf auf dem Film abgebildet wird, muss sich das Objektiv im richtigen Abstand vom Film befinden. Die **Entfernungseinstellung** der Kamera erfolgt durch Vor- und Zurückschieben des Objektivs, z. B. durch Drehen eines Gewinderinges der Objektivfassung. Bei der Einstellung auf Unendlich (∞) ist das Objektiv ganz eingeschoben: $b = f = 50$ mm. Aus unserer Rechnung ergibt sich, dass die Entfernungsskala auf dem Einstellring nicht gleichmäßig geteilt ist (Abb. 35.2b).

Wollen wir Gegenstände in unterschiedlicher Entfernung auf *einem* Bild festhalten, stellen wir eine mittlere Entfernung ein. Nicht nur Gegenstände in der eingestellten Entfernung, sondern in einem bestimmten Bereich von einer kleinsten bis zu einer größten Entfernung erscheinen dann auf unserer Aufnahme noch genügend scharf. Dieser Bereich heißt **Schärfentiefe**. Tatsächlich liefern Gegenstandspunkte, die nicht genau in der eingestellten Entfernung liegen, auf dem Film keine scharfen Bildpunkte: Es entstehen kreisförmige Lichtflecke, die **Zerstreuungskreise**. Sind diese genügend klein (Durchmesser bis ca. 1/30 mm), so dürfen wir praktisch noch von einer scharfen Abbildung sprechen.

Mit abnehmender Blendenöffnung werden die von bestimmten Gegenstandspunkten auftreffenden Lichtbündel schmäler und daher die Zerstreuungskreise kleiner (Abb. 35.3): Wir erwarten eine größere Schärfentiefe.

V Vor einer Sammellinse steht eine Blende mit veränderlicher Öffnung (Irisblende). Wir bilden eine Kerze auf einen Schirm (Filmebene) ab. Nun verschieben wir bei weit geöffneter Blende die Kerze längs der optischen Achse in beide Richtungen, bis das Bild deutlich unscharf wird. Dann wiederholen wir das Verschieben bei enger Blendenöffnung:

Die Schärfentiefe ist umso größer, je kleiner die Blendenöffnung ist.

Zur Angabe, wie weit die Blende geöffnet ist, benützt man eine international vereinbarte Folge von Blendenzahlen: 1,4; 2; 2,8; 4; 5,6; 8; 11; 16. Die **Blendenzahl** ist der Quotient aus der Objektivbrennweite f und dem Durchmesser d der Blendenöffnung, also $f:d$. Bei einem Normalobjektiv ($f = 50$ mm) gehört folglich zur Blendenzahl 4 der Durchmesser der Blendenöffnung $d = 50\ \text{mm} : 4 = 12{,}5$ mm, zu 5,6 der Durchmesser 8,9 mm, zu 8 der Durchmesser 6,3 mm. *Je größer die Blendenzahl ist, desto kleiner ist die Blendenöffnung.*

Oft befindet sich am Objektiv eines Fotoapparates eine Skala, mit deren Hilfe die Schärfentiefe abgelesen werden kann.

35.1 Hochleistungsobjektiv (Brennweite: 80 mm; Blende: 1,4 bis 16)

a

g in m	∞	10	3	1,0	0,8
b in mm	50,0	50,3	50,9	52,6	53,3

b

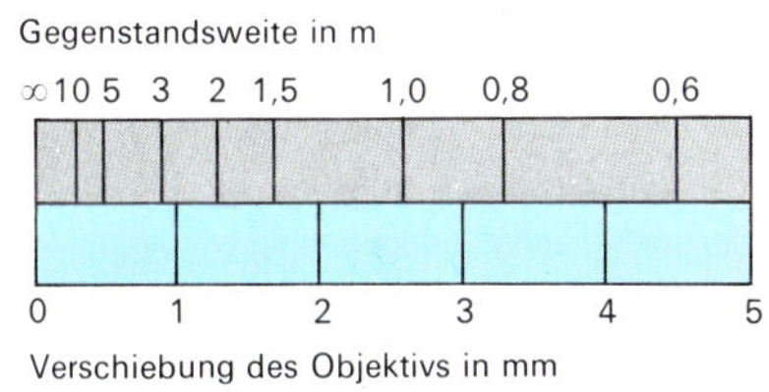

35.2 Entfernungsskala eines Fotoapparates (Objektivbrennweite $f = 50$ mm)

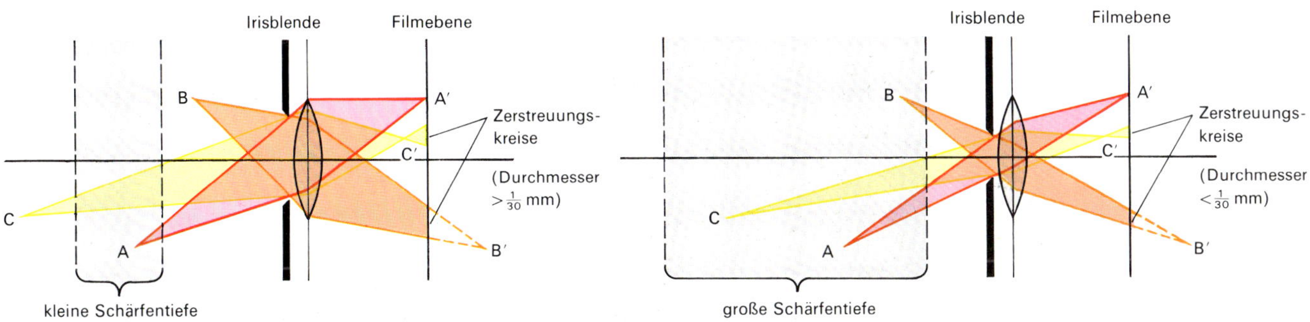

35.3 Abhängigkeit der Schärfentiefe von der Blendenöffnung

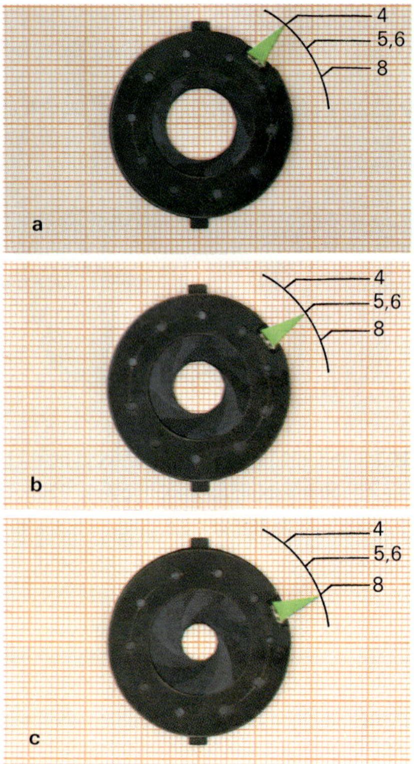

36.1 Einige Blendenzahlen (Irisblende)

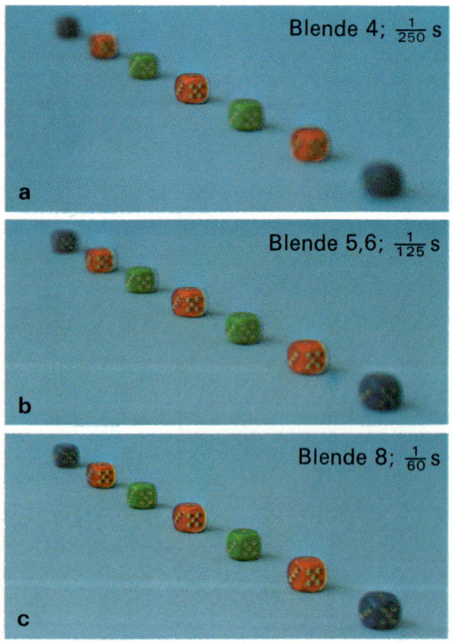

36.2 Wirkung der Blende auf die Schärfentiefe

Blende und Belichtungszeit

Das Licht gibt Energie an die lichtempfindliche Schicht des Films ab und verändert diese. Damit nicht zu viel oder zu wenig Energie auf die Schicht trifft, wird der Verschluss der Kamera nur für eine bestimmte Zeit, die **Belichtungszeit**, geöffnet. Die Belichtungszeit hängt von der Helligkeit des Objekts und von der Lichtempfindlichkeit des Films ab. Auch die Blendenöffnung spielt eine Rolle. Eine Blendenzahl ist 1,4-mal so groß wie die vorhergehende: Der Durchmesser sinkt auf den 1,4ten Teil, die Fläche also auf den $1{,}4^2$fachen Teil, d.h. auf die Hälfte (Abb. 36.1). Eine Halbierung der Öffnungsfläche bedeutet, dass die Querschnittsfläche aller eintretenden Lichtbündel halbiert wird. Daraus folgt:

Beim Übergang von einer Blendenzahl zur nächsthöheren muss die Belichtungszeit verdoppelt werden.

Aufgaben

1. *Blende und Belichtungszeit*

a) Erläutere anhand von Abb. 36.2 die Wirkung der Blende auf die Schärfentiefe! Begründe die Beziehung zwischen den angegebenen Belichtungszeiten!

b) Welchen Vor- bzw. Nachteil hat in den drei Fällen die Wahl der Blende und Belichtungszeit?

c) Bei welchen Motiven wird man jeweils eine Einstellung der 1. bis 3. Art wählen?

2. *Teleobjektiv* und Weitwinkelobjektiv*

a) Wie hängt die Höhe B des Bildes auf dem Film bei fester Gegenstandsweite g und Gegenstandshöhe G von der Objektivbrennweite f ab? (Zeichnung, Je-desto-Aussage!)

b) Mit einem „Teleobjektiv" werden ferne Gegenstände größer als mit einem Normalobjektiv auf den Film abgebildet. Ist die Brennweite eines Teleobjektivs größer oder kleiner als die eines Normalobjektivs?

c) Ein „Weitwinkelobjektiv" erfasst einen größeren Winkelbereich als ein Normalobjektiv. Ferne Gegenstände werden deshalb kleiner als mit einem Normalobjektiv auf den Film abgebildet. Ist die Brennweite eines Weitwinkelobjektivs größer oder kleiner als die eines Normalobjektivs?

d) Das Normalobjektiv einer Kleinbildkamera hat die Brennweite $f = 50$ mm, ein Teleobjektiv die Brennweite $f = 135$ mm und ein Weitwinkelobjektiv die Brennweite $f = 28$ mm. Um welchen Faktor ändert sich die Höhe des Bildes eines weit entfernten Gegenstandes auf dem Film, wenn man das Normalobjektiv durch das Teleobjektiv bzw. das Weitwinkelobjektiv ersetzt?

e) Welchen Durchmesser hat bei der Blendenzahl 8 die Blendenöffnung eines Teleobjektivs der Brennweite $f = 135$ mm bzw. eines Weitwinkelobjektivs der Brennweite $f = 28$ mm?

3. *Vergleiche Foto- und Lochkamera-Aufnahme*

Abb. 13.1b wurde mit einem Teleobjektiv der Brennweite 135 mm fotografiert. Dann wurde das Objektiv durch eine Aluminiumfolie mit einem Loch des Durchmessers 0,53 mm ersetzt und die Lochkameraaufnahme 13.1a aufgenommen.

a) Erläutere und erkläre die wesentlichen Unterschiede der beiden Bilder!

b) Berechne den Durchmesser der Blendenöffnung! Wie verhalten sich bei beiden Aufnahmen die Öffnungsdurchmesser, wie die Belichtungszeiten? Begründe den Zusammenhang dieser beiden Verhältnisse!

2.4 Das Auge

Das Akkommodieren

Die Linse des Auges bildet den betrachteten Gegenstand auf die Netzhaut ab (Abb. 37.1). Im Gegensatz zum Fotoapparat ist aber der Abstand der Linse von der „lichtempfindlichen Rückwand" (die Bildweite) unveränderlich. Warum kann man trotzdem verschieden weit entfernte Gegenstände scharf sehen?

V Wir halten in der ausgestreckten Hand eine Zeitung und blicken mit einem Auge darauf. Dann bringen wir zwischen Auge und Zeitung – im Abstand von ca. 15 cm vom Auge – mit der anderen Hand einen Bleistift. Fixieren wir den Zeitungstext, ist der Bleistift unscharf. Fixieren wir den Bleistift, ist der Zeitungstext unscharf. Beim Fixieren des nahen Bleistifts ist die Muskelanstrengung zur Einstellung des Auges deutlich zu spüren.

Da die Bildweite im Auge für jede Einstellung die gleiche ist, muss die Brennweite der Augenlinse veränderbar sein. Im entspannten Zustand ist das Auge auf weit entfernte Gegenstände eingestellt: Die Augenlinse ist abgeflacht; ihre Brennweite ist am größten (Abb. 37.2a). Zieht sich der Ringmuskel um die Augenlinse zusammen, kann sich diese aufgrund ihrer eigenen Elastizität stärker wölben. Die Linsenflächen werden stärker gekrümmt: Die Brennweite wird kleiner. So gelingt es dem Auge, auch nahe Gegenstände scharf auf die Netzhaut abzubilden (Abb. 37.2b). Dieses *Scharfeinstellen* nennt man **Akkommodieren***.

V Wir führen nun die Zeitung immer mehr ans Auge heran, bis es uns schließlich gerade noch gelingt, die Buchstaben scharf zu sehen.

Der näheste Punkt, auf den das Auge akkommodieren kann, heißt **Nahpunkt**. In der Jugend ist er ungefähr 10 cm vom Auge entfernt. Mit zunehmendem Alter lässt die Elastizität der Augenlinse nach. Sie kann sich nicht mehr so stark wölben: Der Nahpunkt rückt vom Auge weg.
Gegenstände im Nahpunkt zu betrachten ist anstrengend und ermüdend. Ohne wesentliche Anstrengung schaut man sie in einer Entfernung von etwa 25 cm an (*Leseabstand*). Diese Entfernung *s* heißt **deutliche Sehweite**.

Brechungsfehler des Auges

Im entspannten Zustand vereinigt das *normale* Auge parallel einfallende Lichtstrahlen auf der Netzhaut. Ist der Augapfel zu „kurz" oder die „Brechkraft" der Augenlinse zu gering (d. h. ihre Brennweite zu groß), liegt dieser Vereinigungspunkt hinter der Netzhaut (Abb. 37.3a). Jugendliche vermögen diesen Augenfehler, falls er nicht zu stark ausgeprägt ist, auszugleichen: Sie akkommodieren nicht nur beim Sehen in die Nähe, sondern auch beim Sehen in die Ferne. Nimmt dann die Krümmungsfähigkeit der Augenlinse mit dem Älterwerden ab, vermag das Auge nahe Gegenstände nicht mehr scharf zu sehen. Deshalb nennt man diesen Augenfehler *Übersichtigkeit* oder **Weitsichtigkeit**. Wie lässt sie sich korrigieren?

V Eine Sammellinse und ein Schirm bilden das Modell eines Auges. Beleuchten wir die Linse mit parallelem Licht, das dann auf dem Schirm ver-

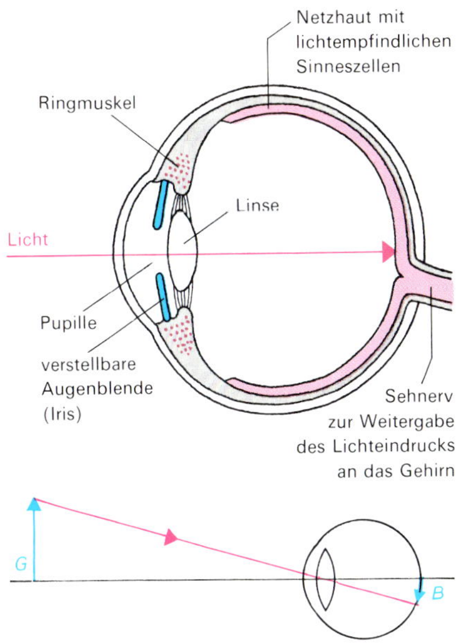

37.1 Abbildung des Gegenstandes auf der Netzhaut

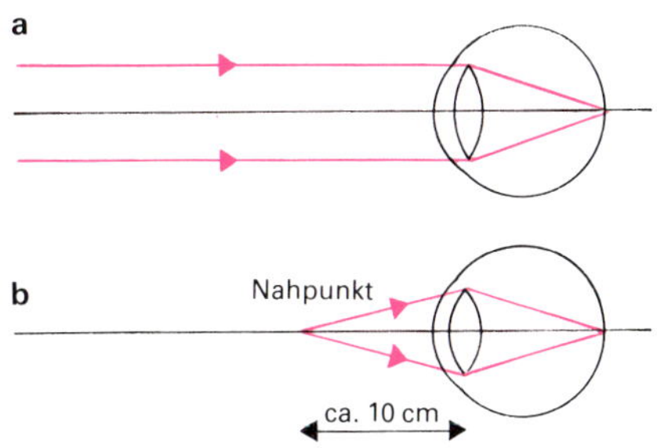

37.2 Das Akkommodieren
a) Entspanntes Auge
b) Nahpunkt

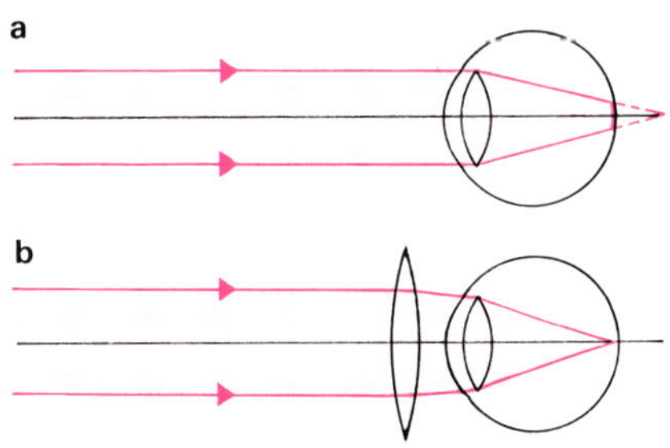

37.3 Übersichtigkeit
a) Entspanntes Auge
b) Korrektur durch eine Sammellinse

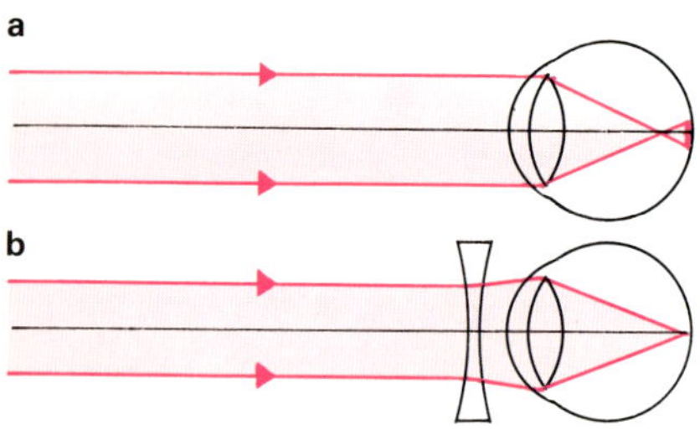

38.1 Kurzsichtigkeit
a) Entspanntes Auge
b) Korrektur durch eine Zerstreuungslinse

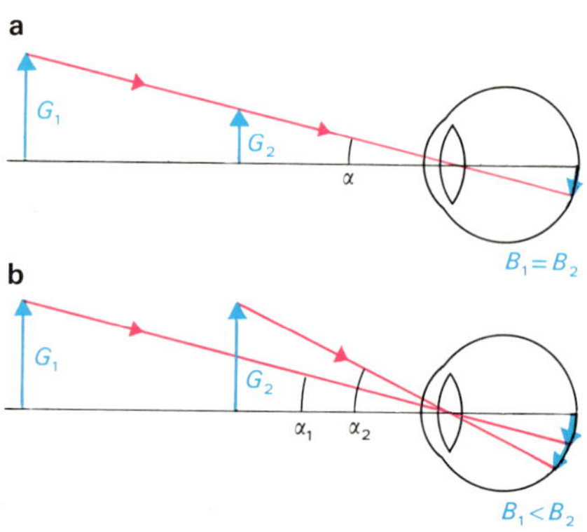

38.2 Der Sehwinkel

einigt wird, entspricht das einem normalen Auge. Rücken wir nun den Schirm auf die Linse zu, erhalten wir das Modell eines weitsichtigen Auges: Die „Brechkraft" der Linse ist zu gering. Wir müssen sie durch eine weitere Sammellinse unterstützen: Halten wir vor die erste Sammellinse eine geeignete zweite, gelingt es, die Lichtstrahlen auf dem Schirm zu vereinigen (Abb. 37.3b).

Ist der Augapfel zu „lang" oder die „Brechkraft" der Augenlinse zu groß, liegt der Vereinigungspunkt parallel einfallender Strahlen vor der Netzhaut (Abb. 38.1a). Weit entfernte Gegenstände erscheinen unscharf. Nur genügend nahe Gegenstände werden scharf gesehen. Deshalb heißt dieser Fehler **Kurzsichtigkeit**. Wie lässt er sich korrigieren?

V Wir bauen das Modell eines kurzsichtigen Auges: Die „Brechkraft" der Augenlinse ist zu groß. Eine Zerstreuungslinse wirkt ihr entgegen: Durch eine geeignete Zerstreuungslinse gelingt die Vereinigung der Strahlen auf dem Schirm (Abb. 38.1b).

Die optische Korrektur der Augen durch geschliffene Linsen gelang vermutlich erstmals in Italien. Um 1270 benutzte man geschliffene Bergkristalle und Berylle* als Augenglas. Auf den meergrünen Edelstein Beryll geht der Name Brille zurück.

Weitsichtigkeit kann durch eine Brille mit Sammellinsen korrigiert werden. Kurzsichtigkeit kann durch eine Brille mit Zerstreuungslinsen korrigiert werden.

Netzhautbild und Sehwinkel

Für unser Auge scheinen Sonne und Mond etwa gleich groß zu sein: Die beiden Netzhautbilder sind etwa gleich groß.

Aus $\frac{B}{G} = \frac{b}{g}$ folgern wir für die Höhe B des Netzhautbildes: $B = \frac{b \cdot G}{g}$.

Da die Bildweite b im Auge stets die gleiche ist, muss – bei gleicher Bildhöhe B – der Quotient G/g für Sonne und Mond auch gleich groß sein. Das bedeutet: Wenn die Sonne etwa 400-mal so weit von der Erde entfernt ist wie der Mond, dann ist der Durchmesser der Sonne auch etwa 400-mal so groß wie der des Mondes. (Suche die genannten Größen in Nachschlagwerken und vergleiche!)

Wir entnehmen allgemein aus unserer Formel für das Netzhautbild: B ist umso größer, je größer G und je kleiner g sind. Wir sehen einen Gegenstand umso größer, je größer er ist und je näher er unserem Auge kommt. Da die Bildweite b stets gleich groß ist, genügt für die Konstruktion des Netzhautbildes der Mittelpunktsstrahl (Abb. 38.2).

Einfacher als der Quotient G/g als Maß für die Höhe B des Netzhautbildes ist der Winkel α zu handhaben, unter dem man den Gegenstand sieht. Der **Sehwinkel** α ist der Winkel zwischen den Strahlen, die von den äußersten Punkten des Gegenstandes in den Mittelpunkt der Augenlinse fallen. Sonne und Mond sehen wir etwa unter dem gleichen Sehwinkel; er beträgt ungefähr $\frac{1}{2}°$.

Je größer der Sehwinkel ist, desto größer ist das Netzhautbild, umso größer erscheint uns der Gegenstand.

Aufgaben

1. *Brennweite des Auges*
Beim normalsichtigen Auge ist die Netzhaut 22 mm vom Mittelpunkt der Augenlinse entfernt.

a) Wie groß ist die Brennweite beim entspannten Sehen in die Ferne?

b) Wie groß ist die Brennweite des Auges beim Akkommodieren auf den 10 cm entfernten Nahpunkt?
c) Der Nahpunkt eines Sechzigjährigen ist gewöhnlich 50 cm vom Auge entfernt. In welchem Bereich kann sich die Brennweite des Auges noch ändern?

2. *Auflösungsvermögen des Auges*
Stecke zwei Stecknadeln im Abstand von 3 mm durch einen weißen Karton (Abb. 39.1a). Stell den Karton im Freien auf und entferne dich von ihm. Überprüfe, dass die beiden Stecknadelköpfe in einer Entfernung von etwa 10 m gerade noch getrennt wahrgenommen werden können und bei weiterem Entfernen zu einem Punkt verschmelzen. Die Grenze des getrennten Wahrnehmens nennt man *Auflösungsvermögen*.
a) Bei einer Drehung um 10° bewegt sich das Ende einer 10 m langen Schnur um 1,8 m (Abb. 39.1b). Wie groß ist der kleinste noch auflösbare Sehwinkel des Auges?
b) Wie groß ist im Grenzfall des getrennten Wahrnehmens der Abstand der Bilder der Stecknadelköpfe auf der Netzhaut ($b = 22$ mm)? Die beiden Bilder werden von zwei Sehzellen, von zwei „Zapfen" registriert, zwischen denen sich gerade noch ein Zapfen befindet, der den Zwischenraum wahrnimmt. Wie groß ist der Abstand zweier Zapfen? Wie viele Zapfen finden auf 1 mm² der Netzhaut Platz? (Bei einem Bussard sind es 1 Million!)

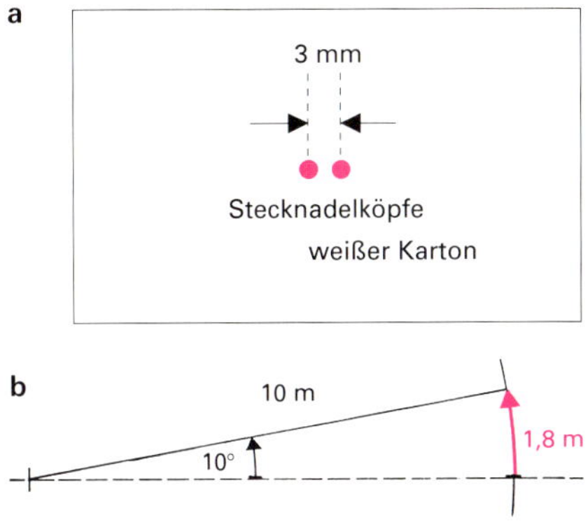

39.1 Zum Auflösungsvermögen des Auges

2.5 Optische Instrumente zur Vergrößerung des Sehwinkels

Vergrößerung des Sehwinkels

Um Einzelheiten eines Gegenstandes genau zu sehen und unterscheiden zu können, muss man ihn näher ans Auge heranbringen: *Der Sehwinkel muss vergrößert werden*. Dabei gibt es zwei Probleme: Unser Auge kann vom *Fernpunkt* im Unendlichen nur bis auf den *Nahpunkt* in etwa 10 cm Entfernung akkommodieren. Ferne Gegenstände können dem Auge oft überhaupt nicht genähert werden. Beide Probleme löst man mithilfe **optischer Instrumente**: *Lupe*, *Mikroskop** und *Fernrohr* (*Teleskop**) dienen zur Vergrößerung des Sehwinkels. Man definiert:

$$\text{Vergrößerung } V = \frac{\text{Sehwinkel } mit \text{ Inst.}}{\text{Sehwinkel } ohne \text{ Inst.}} = \frac{\alpha_{mit}}{\alpha_{ohne}}$$

Die Lupe

Das Betrachten von Gegenständen im Nahpunkt ist ermüdend (Abb. 39.2a). Ohne wesentliche Anstrengungen schaut man sie in der deutlichen Sehweite $s = 25$ cm an (Abb. 39.2b).

V Bringt man unmittelbar vor das Auge eine Sammellinse und hält den Gegenstand in etwas kleinerem Abstand als f hinter die Linse, sieht man ihn noch größer als im Nahpunkt; der Sehwinkel ist noch größer.

Die Sammellinse erzeugt vom Gegenstand ein vergrößertes virtuelles Bild. Da die Strahlen nach der Linse so verlaufen, als kämen sie tatsächlich vom virtuellen Bild her, kann man es – wenn es mehr als 10 cm entfernt ist – gut beobachten. Eine

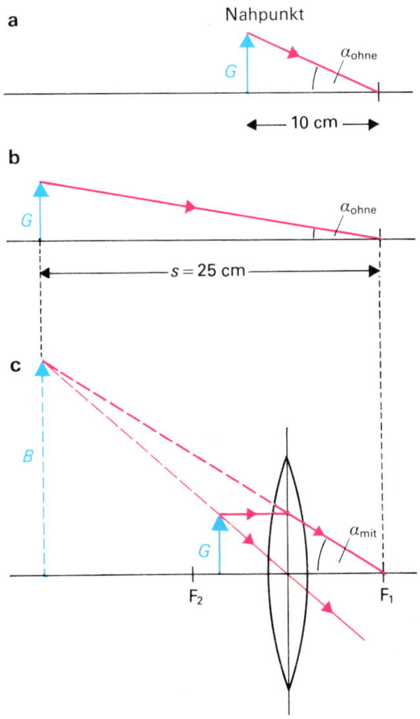

39.2 Sehwinkel ohne bzw. mit Lupe

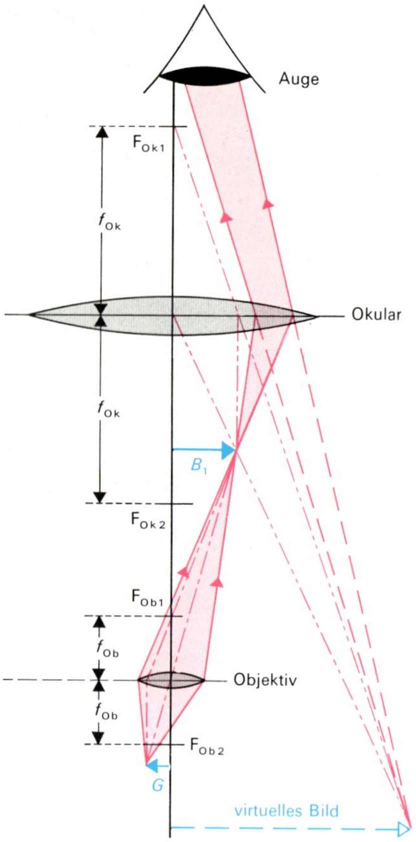

40.1 Strahlengang in einem Mikroskop

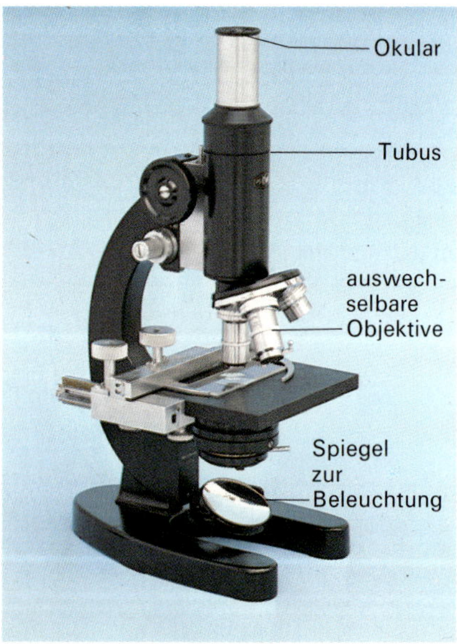

40.2 Bestandteile eines Mikroskops

so verwendete Sammellinse heißt **Lupe***.

Insbesondere ist es möglich, das virtuelle Bild in der deutlichen Sehweite zu erhalten und ohne Anstrengung zu betrachten. Man gibt die *Vergrößerung* V_L *einer Lupe* für diesen Fall an (Abb. 39.2c): Das Verhältnis der Sehwinkel $\alpha_{mit}/\alpha_{ohne}$ ist ungefähr gleich dem Verhältnis B/G. Ist die Brennweite der Linse klein gegenüber 25 cm, unterscheidet sich die Gegenstandsweite g nicht viel von f. Also:

$$V_L = \frac{\alpha_{mit}}{\alpha_{ohne}} \approx \frac{B}{G} = \frac{b}{g} \approx \frac{s}{f}$$

Verwendet man eine Sammellinse als Lupe, bringt man sie unmittelbar vor das Auge und den Gegenstand in etwas kleineren Abstand als die Brennweite f. Die Lupenvergrößerung ist ungefähr 25 cm/f.

Das Mikroskop

Die Vergrößerung einer Lupe ist umso größer, je kleiner ihre Brennweite ist. Mehr als eine 20fache Vergrößerung kann man aber nicht erreichen, da sonst die Linse zu dick würde. Zum Betrachten sehr kleiner Objekte reicht deshalb die Vergrößerung einer Lupe nicht aus. Man verwendet dann eine besondere Anordnung von *zwei* Sammellinsen, die man **Mikroskop*** nennt.

V Mit einer Sammellinse kleiner Brennweite (z. B. $f_1 = 5$ cm) bilden wir die Glühwendel eines Lämpchens stark vergrößert auf einen Transparentschirm ab. Eine zweite Linse (z. B. $f_2 = 10$ cm) wird in etwas kleinerem Abstand als f_2 hinter dem Schirm aufgestellt: Sie wirkt als Lupe, mit der wir das Schirmbild betrachten. Die zweite Linse vergrößert noch einmal.
Entfernen wir den Transparentschirm, sehen wir das vergrößerte Bild der Wendel noch immer (Abb. 40.1).

Die dem Gegenstand zugewandte Linse heißt **Objektiv**, die dem Auge zugewandte **Okular***.
Objektiv und Okular eines Mikroskops tragen unabhängig voneinander Vergrößerungsangaben. Beim Objektiv ist damit der Abbildungsmaßstab $A_{Ob} = B_1/G$ gemeint, beim Okular die Lupenvergrößerung $V_{Ok} = s/f_{Ok}$. Die Gesamtvergrößerung ist das Produkt der Einzelvergrößerungen.

Das Objektiv eines Mikroskops entwirft vom Gegenstand, der sich etwas außerhalb der Objektivbrennweite befindet, ein stark vergrößertes, reelles Zwischenbild. Dieses befindet sich so innerhalb der Okularbrennweite, dass in deutlicher Sehweite ein virtuelles Bild entsteht (Lupe). Die Mikroskopvergrößerung V_M ist das Produkt aus dem Abbildungsmaßstab A_{Ob} des Objektivs und der Lupenvergrößerung V_{Ok} des Okulars: $V_M = A_{Ob} \cdot V_{Ok}$.

Trägt z. B. das Objektiv die Aufschrift 25 × und das Okular 10 ×, so ist die Mikroskopvergrößerung $V_M = A_{Ob} \cdot V_{Ok} = 25 \cdot 10 = 250$.

V Die Vergrößerung lässt sich auch unmittelbar visuell* bestimmen: Wir betrachten mit einem Auge durch das Mikroskop einen feinen Draht bekannter Dicke und mit dem anderen Auge die Millimeterskala auf einem Maßstab in deutlicher Sehweite. Nach einiger Übung überdecken sich die beiden Bilder und können miteinander verglichen werden. Hat z. B. der Draht eine Dicke von 0,1 mm und überdeckt sein mikroskopisches Bild 25 mm des Maßstabs, so ist $V_M = 25/0{,}1 = 250$.

Abb. 40.2 zeigt ein einfaches Schul-Mikroskop. Um eine hohe Abbildungsgüte zu erreichen, bestehen Objektiv und Okular aus Linsensystemen. Zur Veränderung der Vergrößerung kann man sie meist auswechseln.

Objektiv und Okular befinden sich in einem Rohr (*Tubus**) in unveränderlichem Abstand voneinander (*Tubuslänge*). Durch Heben oder Senken des Tubus erfolgt die *Scharfeinstellung*: Das Objektiv wird durch Grobeinstellung in einen solchen Abstand zum Untersuchungsobjekt gebracht, dass das Zwischenbild innerhalb der Okularbrennweite liegt. Dann ist im Okular ein virtuelles Bild des Zwischenbildes zu sehen. Durch weitere feine Verschiebung des Tubus kann nun das virtuelle Bild noch in deutliche Sehweite gebracht werden.
Mit den besten Mikroskopen erhält man etwa 1000fache Vergrößerung.

Das Kepler-Fernrohr

Weit entfernte Gegenstände lassen sich mit einer Sammellinse nur recht klein abbilden. Strahlen, die von einem Punkt des Mondes oder eines Sterns ausgehen, treffen (fast) parallel auf die Linse. Sie werden also in der Brennebene vereinigt. Das Bild des Himmelskörpers entsteht in der Brennebene, es ist also $b \approx f$.
Das Bild ist umso größer, je größer die Brennweite der Linse ist (Abb. 41.2).
Bringt man hinter dieser Linse (*Objektiv*) eine weitere an (*Okular*), deren einer Brennpunkt mit einem Brennpunkt des Objektivs zusammenfällt, verlassen die Strahlen das Okular wieder parallel: Man sieht den Himmelskörper wieder im „Unendlichen“, aber unter größerem Winkel (Abb. 41.3).

Die Vergrößerung $V = \alpha_{\text{mit}}/\alpha_{\text{ohne}}$ ist umso größer, je größer das Bild in der Brennebene ist, je größer also die Objektivbrennweite f_{Ob} ist. Außerdem verlassen die Randstrahlen das Okular umso steiler, je kleiner die Okularbrennweite f_{Ok} ist. Eine sorgfältige mathematische Ableitung für die Vergrößerung ergibt: $V = \alpha_{\text{mit}}/\alpha_{\text{ohne}} = f_{\text{Ob}}/f_{\text{Ok}}$.

Diese Anordnung von zwei Sammellinsen heißt **astronomisches Fernrohr**. Es wurde 1611 von *Johannes Kepler* (1571–1630) entwickelt. Abb. 41.1 zeigt ein modernes Kepler-Fernrohr.

V Wir bauen uns einige einfache Modelle: An einem Stab befestigen wir eine langbrennweitige Linse (z. B. $f_{\text{Ob}} = 50$ cm) und im Abstand $f_{\text{Ob}} + f_{\text{Ok}}$ eine kurzbrennweitige (z. B. $f_{\text{Ok}} = 5$ cm). Wir richten dieses Kepler-Fernrohr auf weit entfernte Gegenstände außerhalb des Physiksaals. Zur Scharfeinstellung regulieren wir den Linsenabstand etwas nach. Wir erkennen die vergrößernde Wirkung deutlich. Es fällt auf, dass das Bild umgekehrt ist. Bei astronomischen Beobachtungen stört das nicht.

Viele astronomische Objekte sind sehr lichtschwach. Deshalb soll das Objektiv einen möglichst großen Durchmesser haben, um helle Bilder erzeugen zu können. Das größte Linsenfernrohr der Welt steht auf der Yerkes-Sternwarte in Chicago: Sein Objektiv hat einen Durchmesser von 1 m und eine Brennweite von $f_{\text{Ob}} = 19$ m.

Beim Kepler-Fernrohr fällt der eine Brennpunkt des langbrennweitigen Objektivs mit dem einen des kurzbrennweitigen Okulars zusammen. Parallel auftreffende Strahlen verlassen es deshalb wieder als zueinander parallele Strahlen. Die Vergrößerung des Sehwinkels ist $V_F = f_{\text{Ob}}/f_{\text{Ok}}$.

41.1 Kepler-Fernrohr

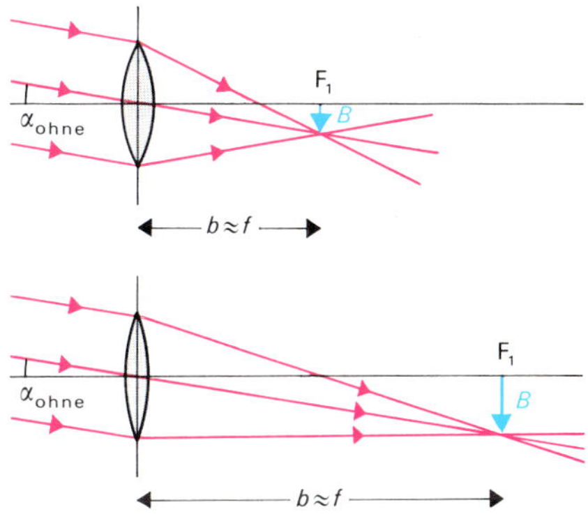

41.2 Abhängigkeit der Bildgröße des Himmelskörpers von der Brennweite

41.3 Strahlengang im Kepler-Fernrohr

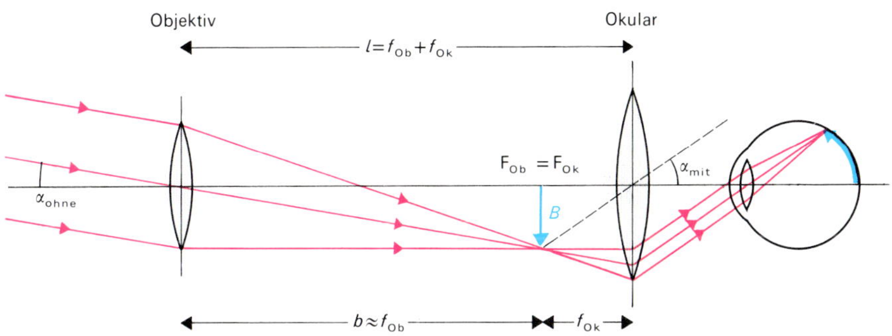

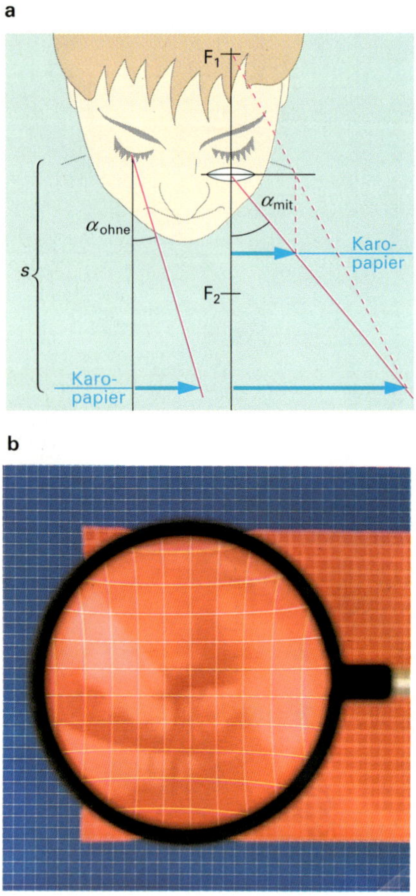

42.1 Zu Aufgabe 2

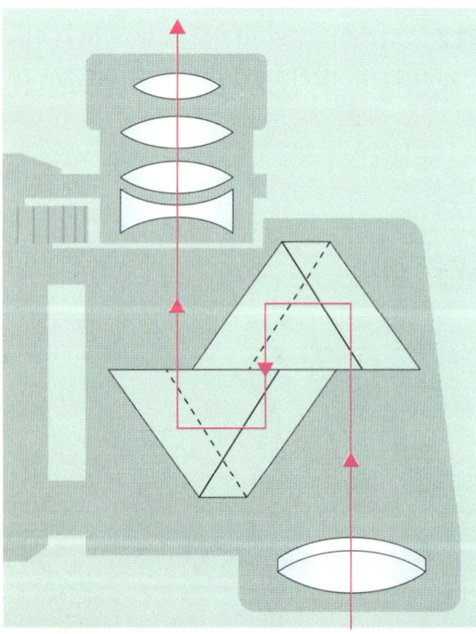

42.2 Schnitt durch ein Prismenfernglas

Aufgaben

1. *Wasserlupe*
Nimm ein Stück Draht (z. B. aus Kupfer mit 0,5 mm Durchmesser) und biege das eine Ende zu einem Ring mit ca. 6 mm Innendurchmesser. Tauche den Ring in Wasser und nimm ihn wieder heraus: Im Ring hält sich ein kleiner Wassertropfen!
a) Betrachte mit der Wasserlupe einen klein gedruckten Text. Schätze die Vergrößerung ab!
b) Bestimme die Brennweite der Lupe. Benutze dazu als ferne Lichtquelle die Deckenbeleuchtung!
c) Nimm den Ring unterschiedlich schnell aus dem Wasser und beurteile jeweils die Vergrößerung! Wie hängt die Vergrößerung von der Linsenform ab? Begründe deine Beobachtung!

2. Blaues Karopapier wird in deutlicher Sehweite betrachtet, rotes mit gleich großen Karos so durch eine Lupe, dass sich das virtuelle Bild in deutlicher Sehweite befindet (Abb. 42.1a, b).
a) Bestimme die Vergrößerung V_L!
b) Welche Brennweite f_L hat die Lupe?
c) Wie könnte man das Rechenergebnis für f_L durch einen einfachen Versuch mit der Lupe überprüfen?

3. Das Objektiv eines Mikroskops trägt die Aufschrift 20 ×, das Okular 10 ×. Betrachtet man damit ein Pantoffeltierchen, scheint dieses 4 cm groß zu sein. Wie groß ist es in Wirklichkeit?

4. Der Abstand zwischen Objektiv und Okular eines Mikroskops, die Tubuslänge, ist unveränderlich.
a) Wie wirkt sich eine Verkleinerung der Okularbrennweite f_{Ok} auf die Mikroskopvergrößerung V_M aus?
b) Bei vorgegebenem Okular ist die Lage des Zwischenbildes innerhalb dessen Brennweite und damit die Bildweite des Objektivs vorgegeben. Muss die Objektivbrennweite groß oder klein sein, damit sich eine starke Mikroskopvergrößerung ergibt?

5. Das Objektiv eines Kepler-Fernrohrs hat die Brennweite $f_{Ob} = 700$ mm, das Okular $f_{Ok} = 20$ mm.
a) Wie lang ist das Rohr mindestens?
b) Berechne die Vergrößerung des Fernrohrs!
c) Von der Erde aus sieht man den Mond mit bloßem Auge unter dem Winkel 0,5°. Unter welchem Winkel sieht man ihn mit diesem Fernrohr?

6. *Erdfernrohre*
Fernrohre zur Beobachtung von Objekten auf der Erde heißen Erdfernrohre. Sie müssen im Gegensatz zu astronomischen Fernrohren ein aufrechtes und seitenrichtiges Bild liefern.
a) Bringt man im Kepler-Fernrohr hinter dem Bild B in einem bestimmten Abstand eine Umkehrlinse (Brennweite f_U) an, lässt sich das Bild bei Erhaltung der Größe umkehren. Welchen Abstand muss die Umkehrlinse vom Objektivbrennpunkt F_{Ob1} haben? In welcher Entfernung entsteht das Bild? Wie ist nun das Okular anzubringen? Drücke die Länge des Fernrohrs durch f_{Ob}, f_U und f_{Ok} aus!
b) Abb. 42.2 zeigt ein Prismenfernglas. Wie wird hier die Umkehrung des Bildes erreicht? Warum benützt man zwei Prismen? Welchen Vorteil hat dieses Fernglas gegenüber dem in a) beschriebenen Fernrohr?

7. Warum kann schon ein kurzer direkter Blick in die Sonne mit einem Fernglas das Auge schädigen, während ohne Fernglas die Blendung meist bald wieder vorübergeht?

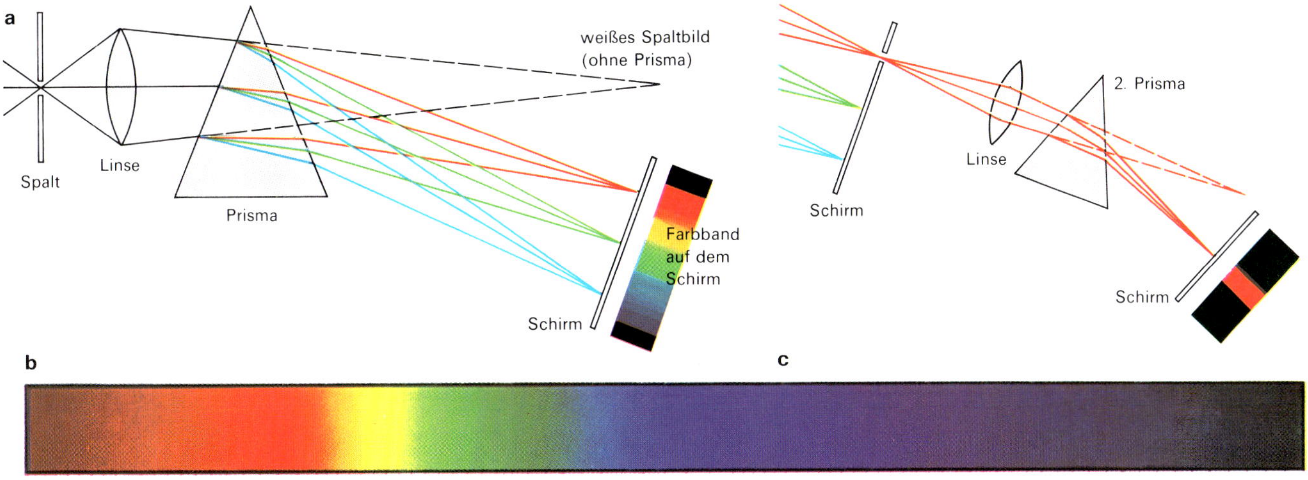

43.1 Zerlegung des weißen Lichts in Spektralfarben

2.6 Farben des Lichts und der Körper

Dispersion

An geschliffenen Kanten von Kristallgläsern und an Aquarien kann man häufig Farberscheinungen beobachten, die an Regenbogenfarben erinnern. Auch bei unseren Brechungsversuchen waren gelegentlich farbige Ränder zu sehen. Diese Farberscheinungen, die bei der Brechung von Licht auftreten, untersuchen wir nun näher:

V Wir beleuchten einen schmalen Spalt mit einem Diaprojektor (oder einer Kohlebogenlampe) und bilden ihn mit einer Sammellinse scharf auf einem weißen Schirm ab: Wir sehen ein weißes Spaltbild. Dann bringen wir ein Glasprisma in den Strahlengang (Abb. 43.1a): Das Licht wird zum dickeren Ende des Prismas hin gebrochen. Auf dem verschobenen Schirm beobachten wir nun anstelle des weißen Spaltbildes ein breites regenbogenfarbiges Band mit den Hauptfarben *Rot, Orange, Gelb, Grün, Blau, Violett*, die fließend ineinander übergehen. Dieses Band wird als **kontinuierliches Spektrum*** bezeichnet (Abb. 43.1b). Es besteht aus einer lückenlosen Folge verschiedenfarbiger Spaltbilder. Die einzelnen Farben heißen **Spektralfarben**.

Das weiße Licht eines glühenden Körpers (Glühlicht) wird durch verschieden starke Brechung am Prisma in viele farbige Lichter zerlegt. Rotes Licht wird am schwächsten, violettes am stärksten gebrochen.
Diese Erscheinung heißt *Dispersion*.*

Spektralfarben und ihre Wiedervereinigung zu Weiß

Kann das Licht einer einzigen Spektralfarbe weiter zerlegt werden?

V Wir lassen durch einen Spalt im Schirm ein einfarbiges Lichtbündel aus dem Spektrum, z. B. Rot, weiterlaufen und auf ein zweites Prisma fallen (Abb. 43.1c). Es wird weiter abgelenkt, jedoch nicht mehr in andere Farben zerlegt.

Die einzelnen Spektralfarben können nicht weiter zerlegt werden.

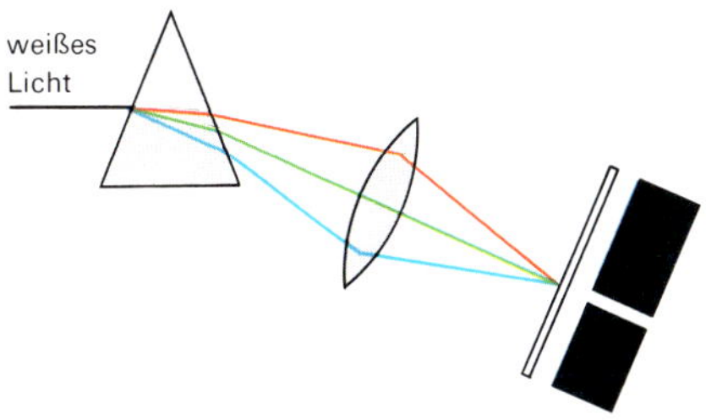

43.2 Wiedervereinigung aller Spektralfarben zu Weiß

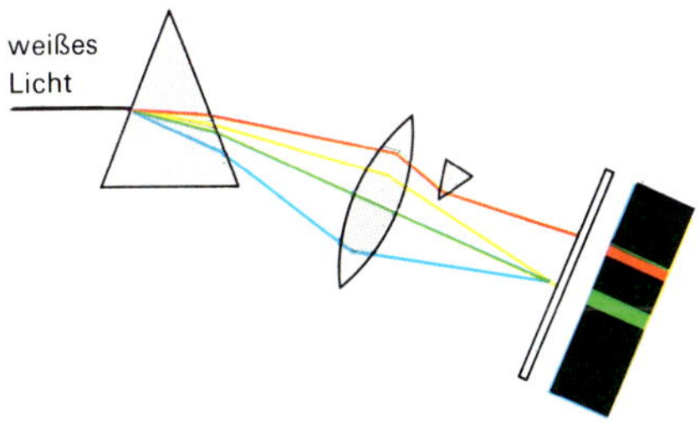

43.3 Mischfarbe Grün

Ausgeblendete Spektralfarbe	Mischfarbe des Restes
Rot	Grün
Orange	Blau
Gelb	Violett
Grün	Rot
Blau	Orange
Violett	Gelb

44.1 Spektral- und Mischfarben

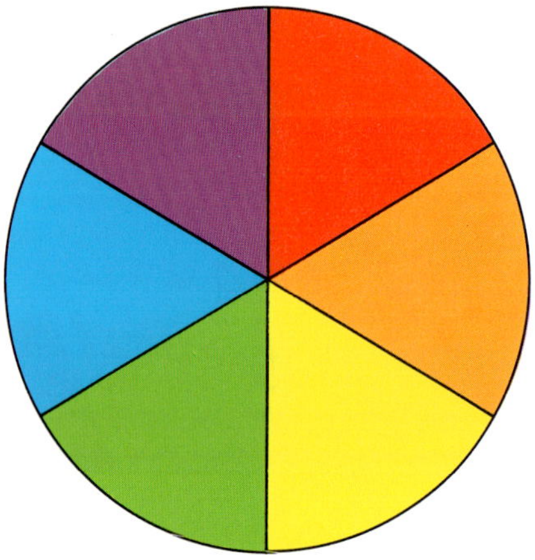

44.2 Farbkreis

44.3 Farbkreis mit feinerer Einteilung

V Wir wiederholen den ersten Versuch, bringen aber hinter das Prisma in den Strahlengang eine Sammellinse (Zylinderlinse). Bei geeignetem Abstand dieser Linse vom Schirm sehen wir wieder das weiße Spaltbild (Abb. 43.2).

Die Spektralfarben eines kontinuierlichen Spektrums können wieder zu Weiß vereinigt werden. Weißes Licht ist also eine Mischung aus allen Spektralfarben.

Auch Sonnenlicht liefert ein kontinuierliches Spektrum, das uns die Natur durch Brechung an Regentropfen in eindrucksvoller Weise als Regenbogen vorführt.

Komplementärfarben

Was ergibt sich, wenn wir nur einen Teil der Spektralfarben wieder vereinigen?

V Mit einem sehr schmalen Prisma lenken wir im vorhergehenden Versuch eine Hauptfarbe des Spektrums heraus und betrachten die Vereinigung des Restes: Wird z. B. Rot herausgelenkt, so erscheint das Spaltbild grün (Abb. 43.3). Die Mischfarbe aller Spektralfarben außer Rot ist also Grün.
Wir verfahren so mit jeder Hauptfarbe und notieren jeweils die Mischfarbe des Restes: In Tab. 44.1 stehen die Farbenpaare nebeneinander, die sich zu Weiß ergänzen. Solche Farben heißen Ergänzungs- oder **Komplementärfarben***.

Jede Spektralfarbe kommt auch als Mischfarbe vor. *Unser Auge kann die reine Spektralfarbe nicht von der entsprechenden Mischfarbe unterscheiden.*

Außerdem fällt auf, dass man zu einer Farbe die Komplementärfarbe findet, indem man in der spektralen Reihenfolge der Farben 3 Farben weitergeht. Ist man am Ende angelangt, muss man am Anfang fortfahren. Das legt nahe, die Farben in einem **Farbkreis** anzuordnen (Abb. 44.2): Komplementärfarben liegen einander gegenüber.

V Vereinigt man zwei reine Spektralfarben, die nach Abb. 44.2 Komplementärfarben sind, so ergibt sich ebenfalls Weiß, obgleich gar nicht mehr alle Spektralfarben beteiligt sind.

Was ergibt sich, wenn wir eine Farbe mit der übernächsten des Farbkreises überlagern?

V Wir setzen vor zwei Projektionslampen verschiedene Farbfilter und vereinigen die Lichter jeweils auf einem weißen Schirm: Wir sehen die Farbe, die zwischen beiden im Farbkreis liegt.

Überlagern wir insbesondere die beiden Randfarben des Spektrums Rot und Violett, ergibt sich die Mischfarbe *Purpur*, die im Spektrum nicht enthalten ist.

Unser Farbkreis bietet nur eine sehr grobe Farbeinteilung. Einen Farbkreis mit einer feineren Farbunterscheidung (12 Farben einschließlich Purpur) zeigt Abb. 44.3.

Lichter, die einander im Farbkreis gegenüberliegen, rufen zusammen den Eindruck Weiß hervor (Komplementärfarben). Lichter, die im Farbkreis näher beisammenliegen, ergeben zusammen den Farbeindruck einer dazwischenliegenden Farbe.

Dispersion und Lichtgeschwindigkeit

Die Ursache für die Brechung des Lichts an der Grenzfläche zweier Medien ist die unterschiedliche Ausbreitungsgeschwindigkeit in diesen. Beim Übergang des Lichts in ein optisch dichteres Medium wird ein Lichtstrahl umso stärker gebrochen, je kleiner die Lichtgeschwindigkeit im dichteren Medium ist. Beim Durchgang durch ein Glasprisma wird rotes Licht am schwächsten und violettes Licht am stärksten abgelenkt. Das bedeutet: Im Glas ist die Geschwindigkeit von rotem Licht größer als die von violettem. Die Lichter unterschiedlicher Spektralfarben besitzen im Glas unterschiedliche Ausbreitungsgeschwindigkeiten. Genaue Messungen zeigen, dass die Geschwindigkeit von rotem Licht nur um 1 % größer als die von violettem ist. Das erklärt auch, warum bei unseren vorhergehenden Versuchen nur geringe Farbabweichungen aufgetreten sind.

Im Glas und im Wasser hängt die Lichtgeschwindigkeit von der Farbe ab: Die Geschwindigkeit des roten Lichts ist etwas größer als die des violetten.

Die Dispersion des Lichts wurde zum ersten Mal von *René Descartes* und *Isaac Newton* im 17. Jahrhundert untersucht. Newton prüfte, ob sich die Spektralfarben weiter aufspalten lassen. Ihm gelang auch, die Spektralfarben zu Weiß zu vereinigen.

Der Regenbogen

Ein beeindruckendes Naturschauspiel ist der Regenbogen (Abb. 45.1). An Wassertröpfchen wird das weiße Sonnenlicht in seine Spektralfarben zerlegt. Dabei befindet sich die Sonne hinter uns und die Regenwand vor uns. Wie verlaufen die Lichtstrahlen? Zur Klärung dient ein Modellversuch:

V Als Modell eines Regentropfens nehmen wir einen mit Wasser gefüllten Rundkolben. Fällt ein schmales Lichtbündel unter einer bestimmten Richtung auf unseren „Modellwassertropfen", so wird es beim Eintritt gebrochen und an der Rückseite reflektiert (Abb. 45.2). An der Vorderseite tritt es nach unten gerichtet wieder aus. Durch die Brechung wird das „weiße Sonnenlicht" in farbige Lichter aufgefächert.

Von dem in Abb. 45.3 oben gezeichneten Tropfen fällt rotes Licht ins Auge des Beobachters. Das ist für alle Tropfen der Fall, die der Beobachter unter dem gleichen Winkel sieht – nämlich unter $\alpha = 42°$. Sie liegen deshalb auf einem Kreisbogen. Von tiefer gelegenen Tropfen fällt gelbes Licht ins Auge, und schließlich von noch tiefer gelegenen violettes. Wir sehen deshalb diesen Regenbogen, den *Hauptregenbogen*, außen rot und innen violett. Manchmal kann man über dem Hauptregenbogen noch einen lichtschwächeren *Nebenregenbogen* erkennen (Abb. 45.1). Er ist außen violett und innen rot. Die Umkehrung der Farbfolge entsteht durch eine weitere Reflexion im Tropfen (Abb. 45.4).

In den Abb. 45.2 bis 4 sind nur jene Strahlen gezeichnet, die zum Verständnis des Regenbogens wesentlich sind.

Beim Regenbogen wird durch die Brechung an Wassertröpfchen das weiße Sonnenlicht in seine Spektralfarben aufgefächert.
Beim Hauptregenbogen wird im Wassertröpfchen einmal, beim lichtschwächeren Nebenregenbogen zweimal reflektiert: Während der Hauptregenbogen von außen nach innen die Farben Rot über Grün bis Violett zeigt, besitzt der Nebenregenbogen die umgekehrte Farbfolge.

45.1 Regenbogen

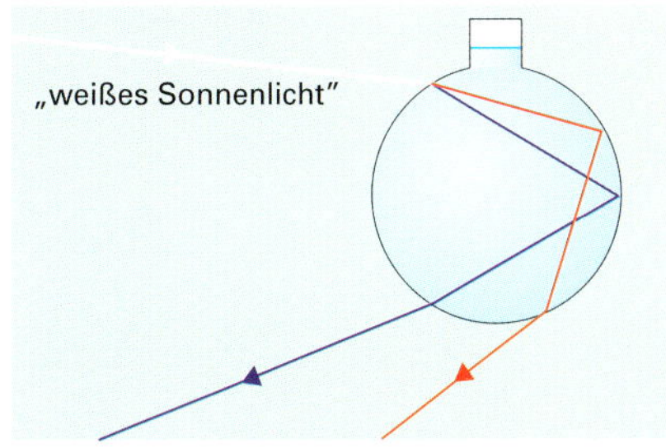

45.2 Modellversuch zum Regenbogen

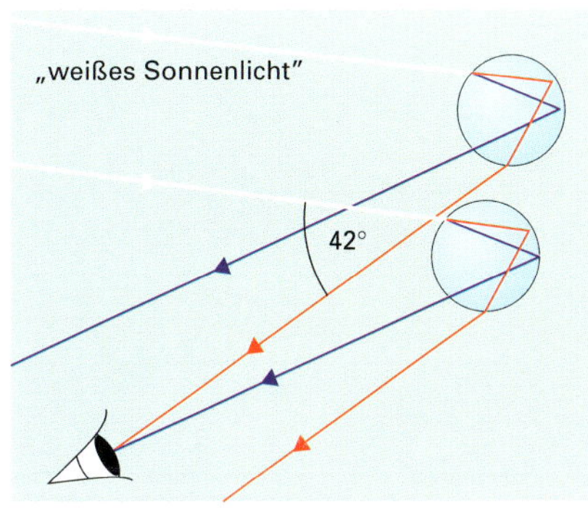

45.3 Zum Entstehen des Hauptregenbogens

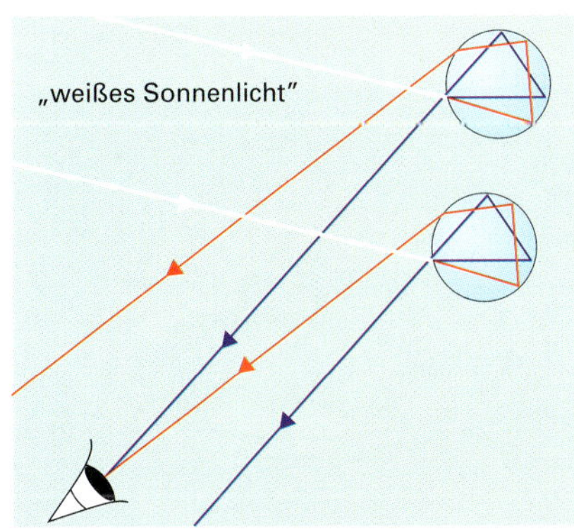

45.4 Zum Entstehen des Nebenregenbogens

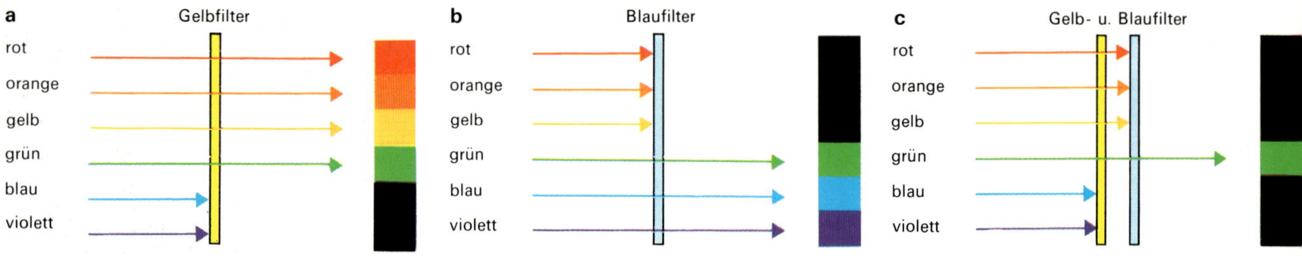

46.1 Absorption in Farbgläsern

46.2 Aufnahme bei Beleuchtung mit weißem bzw. gelbem Licht

Entstehung von Körperfarben

Wie entstehen die Farben *durchsichtiger* Körper, z. B. von Farbgläsern?

V Wir erzeugen ein kontinuierliches Spektrum des weißen Lichts. Dann setzen wir einzelne Farbfilter vor die Projektionslampe: Gelbfilter lassen außer Gelb meistens die im Farbkreis benachbarten Farben Grün und Rot hindurch. Der blaue und der violette Spektralbereich fehlen (Abb. 46.1 a). Diese Farben werden also vom Gelbfilter verschluckt (**absorbiert***). Blaufilter lassen außer Blau meistens noch die Nachbarfarben Violett und Grün hindurch; Rot und Gelb werden absorbiert (Abb. 46.1 b).

Durchsichtige farbige Körper lassen nur bestimmte Spektralfarben durch, während die übrigen absorbiert werden. Der Körper erscheint in der Mischfarbe der durchgelassenen Spektralfarben.

V Setzen wir das Gelb- *und* das Blaufilter vor die Projektionslampe, entsteht grünes Licht, da nur dieses von *beiden* durchgelassen wird (Abb. 46.1 c).

Wie entstehen die Farben *undurchsichtiger* Körper?

V Eine Natriumdampflampe sendet nur gelbes Licht aus. Wir beleuchten damit eine Schachtel, die weiße, rote, gelbe, orange, grüne und blaue Kreide enthält. Drei Kreidestücke sehen gelb aus, die anderen gelbgrau.

Beleuchtete Körper erzeugen selbst kein Licht. Sieht z. B. eines der Kreidestücke gelb aus, streut es das einfallende Licht. Das graue Aussehen bedeutet, dass es einen hohen Anteil des auftreffenden Lichts nicht streut, sondern absorbiert.

V Wir erzeugen ein kontinuierliches Spektrum. Jedes Kreidestück wird nun nacheinander mit den Hauptfarben beleuchtet. Es gibt nur eine Kreide, die alle Farben intensiv streut, die weiße Kreide. Alle anderen Kreiden streuen eine spezielle Farbe sehr gut und gerade noch deutlich die Nachbarfarben.

Undurchsichtige farbige Körper streuen nur bestimmte Abschnitte des Spektrums, während die übrigen absorbiert werden. Wir sehen den Körper in der Mischfarbe der gestreuten farbigen Lichter.

Die Farbe, in der ein Körper erscheint, hängt wesentlich von der Zusammensetzung des Lichts ab, mit dem er beleuchtet wird (Abb. 46.2). Die im weißen Licht sichtbare Farbe nennt man seine **Körperfarbe**. Die Entstehung von Körperfarben durch teilweise Absorption farbiger Lichter nennt man *subtraktive Farbmischung*, die Vereinigung farbiger Lichter zu Mischfarben heißt *additive Farbmischung*.

Infrarote und ultraviolette Strahlung

Ein schwarzer Körper sendet kein Licht aus. Er absorbiert also das Licht aller Spektralfarben und erwärmt sich dabei: Wie viel tragen die einzelnen Spektralbereiche dazu bei?

V Das weiße Licht einer Kohlebogenlampe wird mit einem Prisma zerlegt. Wir führen ein berußtes Flüssigkeitsthermometer oder ein sehr empfindliches elektrisches Thermometer (Thermosäule) durch das kontinuierliche Spektrum vom violetten in den roten Bereich: Zunächst beobachten wir eine geringe Erwärmung, die zum roten Ende hin etwas zunimmt. Überschreiten wir dann die Rotgrenze des sichtbaren Spektrums, so bemerken wir eine deutliche Temperaturerhöhung, obgleich sich das Thermometer gar nicht mehr im sichtbaren Spektrum des Lichts der Kohlebogenlampe befindet: Es muss von „unsichtbarem Licht" getroffen worden sein.

Glühende Körper senden neben dem sichtbaren Licht eine unsichtbare Strahlung aus, die vom Prisma noch weniger abgelenkt wird als rotes Licht. Sie wird ultrarote* oder *infrarote* Strahlung* (IR-Strahlung) genannt.

Aufgrund ihrer Wirkung heißen IR-Strahlen auch **Wärmestrahlen**.

Von warmen Körpern wird bereits IR-Licht ausgestrahlt, ehe sie glühen und sichtbares Licht aussenden. IR-Strahlung, die man im Spektrum unmittelbar nach der Rotgrenze findet, lässt sich mit speziellen IR-empfindlichen Filmen fotografisch nachweisen bzw. nutzen (z.B. IR-Aufnahmen). Die von der Rotgrenze weiter entfernte IR-Strahlung kann mit einem „elektronischen Bildwandler" in sichtbares Licht umgesetzt werden (Abb. 47.1).

Jenseits der Violettgrenze des sichtbaren Spektrums zeigt das Thermometer keinen Temperaturanstieg. Ist das Spektrum hier zu Ende?

V Wir erzeugen wieder ein Spektrum des weißen Bogenlampenlichts und fangen es auf einem weißen, mit einem modernen Waschmittel frisch gewaschenen Tuch auf: Wir beobachten jenseits der Violettgrenze ein bläuliches Leuchten (Abb. 47.2). Offensichtlich wandeln Stoffe, die Waschmitteln beigefügt sind, eine unsichtbare Strahlung in ein sichtbares bläuliches Licht um.
Ein Schirm, der mit einem besonderen Leuchtstoff überzogen ist, zeigt ähnliche Wirkung: er leuchtet dort grünlich.

Glühende Körper senden auch eine unsichtbare Strahlung aus, die stärker als violettes Licht gebrochen wird. Sie heißt *ultraviolette Strahlung* (UV-Strahlung).

Verwenden wir im letzten Versuch Prisma und Linsen aus Quarz, so wird das Leuchten jenseits der Violettgrenze noch deutlicher: Normales Glas absorbiert das UV-Licht stark.
Licht mit großem UV-Anteil strahlen sehr heiße Körper (Sonne, Bogenlampe) und Quecksilberdampflampen ab, die man auch als „Höhensonnen" verwendet.
Die UV-Strahlung der Sonne wird in der Erdatmosphäre weitgehend absorbiert. Nur im Hochgebirge ist sie stärker wirksam und ruft eine starke Reizung und Bräunung der Haut hervor. *Zu starkes Einwirken von UV-Strahlung ist schädlich.* Sie führt zu Sonnenbrand und eventuell als Spätfolge zu Hautkrebs. *Die Augen sind ganz besonders zu schützen*! In der richtigen Dosierung ist sie dagegen gesundheitsfördernd, da sie Bakterien tötet und die Bildung des für den Knochenbau wichtigen Vitamins D fördert.

47.1 Bei völliger Dunkelheit mit einem Bildwandler aufgenommen:
a) Bügeleisen und Eiskübel

b) Hausfront

47.2 UV-Licht wird sichtbar gemacht

Aufgaben

1. Wie kann man herausfinden, ob farbiges Licht spektralrein oder Mischlicht ist?

2. *Dreifarbentheorie*
a) Wir greifen aus den sechs Hauptfarben drei heraus: Rot, Gelb, Blau. Welche Mischfarbe ergeben jeweils zwei? (Abb. 44.2).
b) Begründe: „Jede" Farbe kann aus diesen 3 Grundfarben erzeugt werden.
c) Welche 3 anderen Farben des Farbkreises könnte man als Grundfarben zum Erzeugen aller Farben herausgreifen? Aus welchen 3 Farben kann man z. B. nicht alle Farben erzeugen?

3. *Farberzeugung beim Fernsehbild*
Farbiges Licht wird im Auge von drei Arten von „Empfängern" auf der Netzhaut wahrgenommen. Ähnlich wie das berußte Thermometer die stärkste Reaktion im infraroten Bereich des Spektrums zeigte, sendet die erste Art ihr stärkstes Signal bei rotem, die zweite bei gelbgrünem und die dritte bei blauem Licht ans Gehirn. Dieses erzeugt aus den drei Signalen den Eindruck der ursprünglichen Farbe. Das Fernsehbild setzt sich zusammen aus Dreiergruppen von roten, gelbgrünen und blauen Leuchtpunkten. Durch Steuerung der Helligkeit der einzelnen Punkte wird der gewünschte Farbeindruck hervorgerufen.
a) Warum macht man die Leuchtpunkte (meist Rechtecke) so klein?
b) Welchen Farbton erhält man, wenn nur jeweils zwei Punkte leuchten?

4. Der Kinderkreisel von Abb. 48.1 ist rot, gelbgrün und blau bemalt. Du siehst ihn in Ruhe und in Rotation. Erkläre mithilfe von Abb. 48.2, wie der Farbeindruck bei rotierendem Kreisel zustande kommt!

5. *Vierfarbendruck*
Erläutere anhand von Abb. 48.2, wie man mit 3 Grundfarben und Schwarz die Hauptfarben des Bildes zusammensetzt!
(Hinweis: Übereinander gedruckte Farben müssen durchsichtig sein; sie wirken wie Filter.)

6. *Farbempfinden*
Eine Farbzusammenstellung „gefällt", wenn außer einer Farbe nur im Farbkreis unmittelbar benachbarte Farben und die Komplementärfarbe benützt wurden. Sie wirkt „vornehm", wenn die Komplementärfarbe ca. 10% ausmacht, „munter und aufgeweckt", wenn sie bis zu 50% ausmacht.
a) Stelle geeignete Farben zusammen! (Abb. 44.3).
b) Vergleiche mit den Farbzusammenstellungen in den Schaufenstern von Textilgeschäften!

7. Weshalb setzten früher Waschfrauen dem Wasser zum Aufhellen „vergilbter" Wäsche etwas blauen Farbstoff zu? Erkläre die Wirkung der „Weißmacher" in modernen Waschmitteln!

8. Fotografische Filme sind für UV-Strahlung besonders empfindlich und reagieren auf zu starke UV-Strahlung mit einem Blaustich. Wie behilft man sich dagegen? Wo ist das besonders erforderlich?

48.1 Zu Aufgabe 4

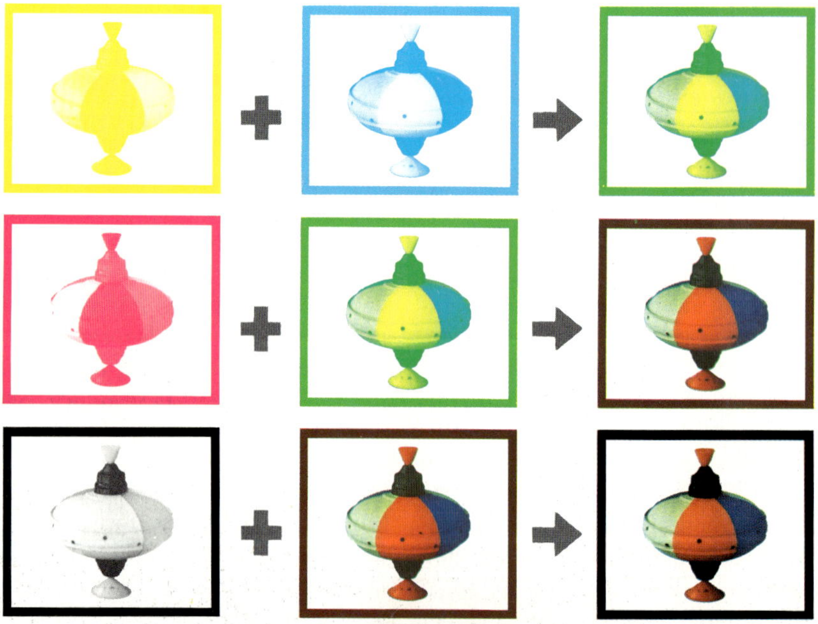

48.2 Vierfarbendruck (zu Aufgabe 5)

3 Bewegte und ruhende Ladungen

50.1 Batterien

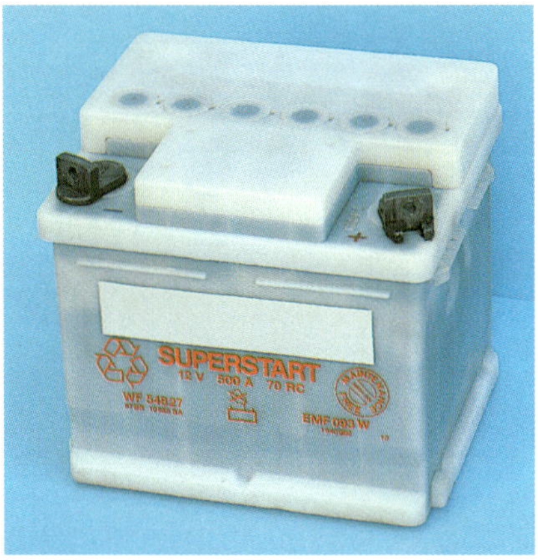

50.2 Akkumulator

50.3 Solarzelle

3.1 Der elektrische Strom

Bedeutung der Elektrizität

„Der Tag muss kommen, an dem die Elektrizität für jeden da ist“, schrieb im Jahre 1901 der französische Schriftsteller Emile Zola. Das 20. Jahrhundert hat sich tatsächlich als das Zeitalter der *Elektrizität* erwiesen. Viele elektrische Geräte, wie die Glühlampe, das Radio, der Fernsehapparat, der Elektroherd, die Waschmaschine, der Kühlschrank, das Telefon, die Eisenbahn, der Computer usw. sind aus unserem Leben nicht mehr wegzudenken.

Der *elektrische Strom* ist somit für den Menschen nützlich. Er kann ihm aber auch gefährlich werden. So erfahren wir von Unfällen mit Geräten, die an der Netzsteckdose angeschlossen sind. In der freien Natur treffen wir gelegentlich auf hohe Gittermasten mit der warnenden Aufschrift „Vorsicht Hochspannung Lebensgefahr“. Die Leitungen in luftiger Höhe führen den elektrischen Strom vom Elektrizitätswerk zu den Städten, wo wir in Fabriken oder in unseren Wohnungen Maschinen oder Geräte mit dem elektrischen Strom betreiben.

Auch der Blitz beim Gewitter (Abb. 67.1) ist eine elektrische Erscheinung. Schon vor über 200 Jahren wurde der Blitzableiter erfunden, um elektrische Ströme in die Erde zu leiten und dadurch unschädlich zu machen. Die ersten Blitzableiterversuche waren lebensgefährlich und endeten für manche tödlich. Es gibt aber auch harmlose Blitze: Ungefährliche Funken springen über, wenn man z. B. einen Pulli aus Kunstfaser rasch auszieht. Neben einem Knistern nehmen wir manchmal ein leichtes Piken auf der Haut und im Dunkeln schwache Lichtblitze wahr.

Wir werden Experimente mit dem elektrischen Strom durchführen.

Um der oft tödlichen Wirkung der Elektrizität, dem *elektrischen Schlag*, zu entgehen, musst du aber Folgendes streng beachten:

Zu Hause nur mit Taschenlampenbatterien experimentieren!

Der geschlossene Stromkreis

Wenn wir ein elektrisches Gerät, z. B. eine Glühlampe, einschalten, sagen wir: Der **elektrische Strom** wird eingeschaltet. Bei der Bezeichnung „Strom“ benützt man die Vorstellung, dass etwas strömt oder fließt. Da wir den elektrischen Strom nicht sehen können, sind wir – wie Kriminalisten – auf Indizien angewiesen, die belegen, dass etwas strömt.

Der Ursprung eines Baches oder Flusses ist die Quelle. Wenn elektrischer Strom fließen soll, muss ebenfalls eine „Quelle“ vorhanden sein. Die wichtigste **Stromquelle** zu Hause ist die *Netzsteckdose*, die über Erdkabel und Freileitungen mit dem Elektrizitätswerk verbunden ist.

Daneben gibt es Stromquellen, die vom elektrischen Versorgungsnetz unabhängig sind: *Batterien* (Abb. 50.1). Wie ein Vorratsbehälter nur eine gewisse Wassermenge enthält, haben auch Batterien nur einen beschränkten „Vorrat an Elektrizität“. Eine wieder „aufladbare“ Batterie, wie sie z. B. zum Anlassen des Automotors verwendet wird, heißt auch *Akkumulator** oder kurz *Akku* (Abb. 50.2). Eine ganz andere Art von Stromquelle ist z. B. in modernen Taschenrechnern eingebaut: Diese ist nur wirksam, wenn Licht auf sie fällt, und heißt deshalb *Solarzelle** (Abb. 50.3).

Jede Stromquelle hat zwei Anschlussstellen, die **Pole** genannt werden. Beachte: Die Pole der Stromquelle haben nichts mit den Polen eines Magneten zu tun! Auch alle elektrischen Geräte besitzen zwei Anschlüsse. Wollen wir ein Glühlämpchen mit einer Batterie zum Leuchten bringen, benötigen wir außerdem noch biegsame „Leitungen" aus Metalldrähten oder Blechstreifen.

V Verbindet man einen Pol der Batterie mit einer Anschlussstelle der Glühlampe, so „brennt" diese nicht. Sie leuchtet nur, wenn der eine Pol der Batterie mit der einen Anschlussstelle der Lampe und der zweite Pol mit der anderen Anschlussstelle der Lampe verbunden ist (Abb. 51.1).

Ein elektrischer Strom fließt nur, wenn der Stromweg von einem Pol der Batterie entlang den Leitungen und durch das elektrische Gerät hindurch ohne Unterbrechung zum anderen Pol führt. Diesen geschlossenen Stromweg bezeichnet man als **geschlossenen Stromkreis**. Wird in den Stromkreis ein *Schalter* eingebaut, so kann damit der Stromkreis nach Bedarf geschlossen oder unterbrochen werden.

Wir halten fest: Aus dem Leuchten der Glühlampe folgern wir, dass der Stromkreis geschlossen ist und demzufolge ein elektrischer Strom fließt. Wir werden daher in Experimenten die Glühlampe häufig zur Stromanzeige, also als *Stromnachweisgerät* benützen („Glühlampentest").
Auf den ersten Blick scheint sich die elektrische Stromversorgung von der Wasserversorgung zu unterscheiden: Das Wasser wird nur mit einer Leitung ins Haus geliefert. Bei näherem Hinsehen erkennt man aber, dass das Schmutzwasser über Entwässerungsrohre abfließt. Durch Verdunstung und Niederschläge in der Natur wird der Kreislauf auch beim Wasser geschlossen. „Strom" bedeutet Transport; d. h., es bewegt sich etwas weiter. Unterbricht man beispielsweise einen Wasser- oder Verkehrsstrom, so hört der Transport auf. Das gleiche Verhalten zeigt der elektrische Stromkreis. Wir werten es als erstes Indiz für die Stromvorstellung.

Ist der Stromkreis geschlossen, so fließt in ihm ein elektrischer Strom.
Unterbricht man den Stromkreis, erlischt die Glühlampe.
Die Glühlampe ist ein einfaches Stromnachweisgerät.

Zur übersichtlichen Darstellung elektrischer Anordnungen benützt man für Batterien, Leitungen, Glühlampen, Schalter usw. einheitlich vereinbarte Symbole (Abb. 51.2). Die Darstellung eines elektrischen Stromkreises mit diesen Symbolen heißt **Schaltbild** des Stromkreises (Abb. 51.3). Damit ein solches Schaltbild besser überschaubar wird, stellt man die Leitungen geradlinig und mit rechten Winkeln an den Ecken dar.

Leiter – Isolator

Die elektrischen Leitungen bestehen meist aus Kupferdrähten, die mit Kunststoff umhüllt sind. Durch den Kupferdraht kann elektrischer Strom fließen. Stoffe, durch die Strom fließen kann, heißen **Leiter**; Stoffe, durch die er nicht fließen kann, heißen Nichtleiter oder **Isolatoren***. Der Kunststoff, der den Kupferdraht der elektrischen Leitung umgibt, ist ein Isolator.

V Wir untersuchen, welche festen Stoffe Leiter bzw. Isolatoren sind. Dazu unterbrechen wir den Stromkreis. Die beiden freien Leiterenden nennt man *Elektroden**. Wir überbrücken diese mit Körpern aus dem zu untersuchenden Stoff. Ein Glühlämpchen zeigt uns an, ob Strom fließt (Abb. 51.4).

51.1 Geschlossener Stromkreis

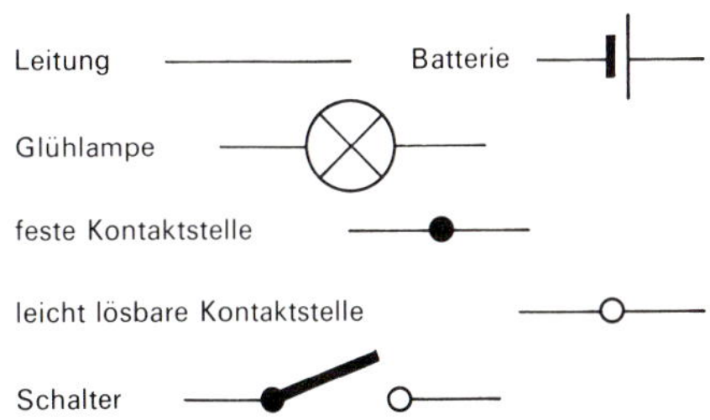

51.2 Schaltsymbole

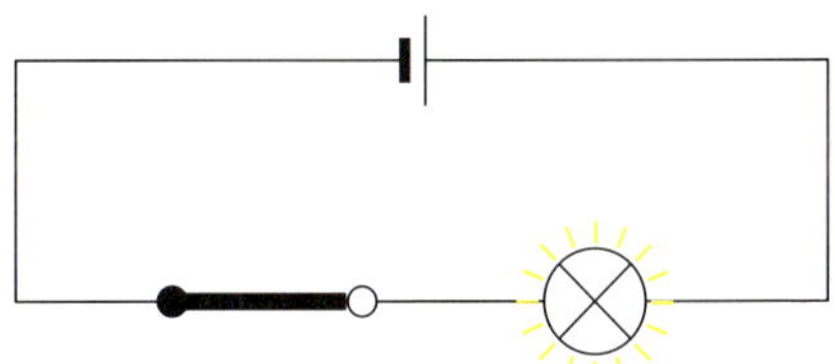

51.3 Schaltbild eines geschlossenen Stromkreises

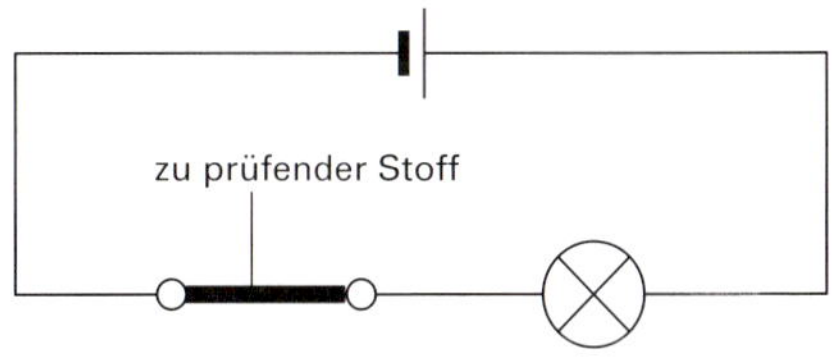

51.4 Schaltung zur Prüfung der Leitfähigkeit

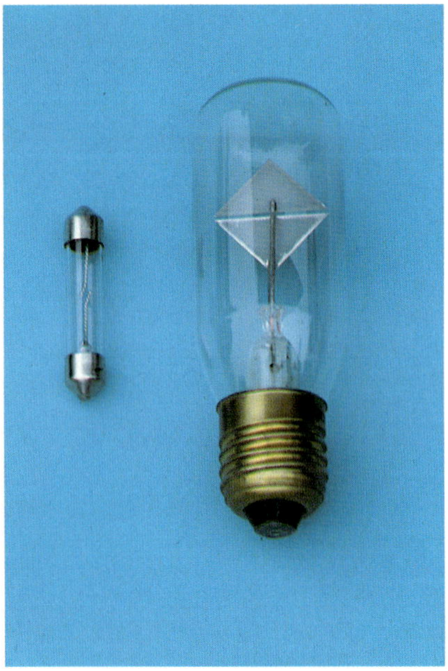

52.1 Stab- und Dreiecksglimmlampe

52.2 Glimmlampe am Netzgerät

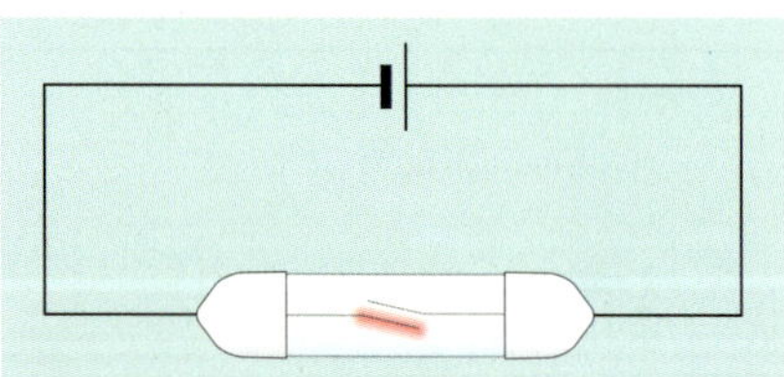

52.3 Die Verschiedenartigkeit der Pole

Wir stellen fest: Metalle (Kupfer, Eisen, Aluminium usw.) und Kohle sind Leiter. Glas, trockenes Holz, Porzellan, Kunststoffe und Gummi sind Isolatoren.

V Wir untersuchen Flüssigkeiten auf ihre Leitfähigkeit hin. Dazu tauchen wir die beiden Elektroden in ein Glas mit der zu prüfenden Flüssigkeit ein. Mit einem Glühlämpchen testen wir wieder, ob Strom fließt. Ist im Glas Leitungswasser, so lässt sich kein Strom nachweisen. Wir können das Lämpchen aber zum Leuchten bringen, wenn wir etwas Kochsalz oder Säure (Vorsicht!) ins Wasser geben.

V Lehrerversuch! Äußerste Vorsicht!
Als Stromquelle benutzen wir jetzt anstatt der Batterie die „stärkere" Steckdose und überprüfen die Leitfähigkeit von Leitungswasser ein zweites Mal. Nun leuchtet das Lämpchen auch ohne Zusatz von Kochsalz auf.

Leitungswasser hat also eine mäßige Leitfähigkeit. Aber auch die Batterie treibt schon einen Strom durch normales Leitungswasser: Er ist jedoch so schwach, dass unser Lämpchen noch nicht anspricht; der „Glühlampentest" versagt.
Wässerige Lösungen von Salzen und Säuren sind Leiter. Destilliertes (reines) Wasser ist ein Isolator.

V Lehrerversuch!
Wir untersuchen die Leitfähigkeit von Gasen. Dazu benützen wir ein mit dem Gas Neon gefülltes Glasröhrchen, in das zwei Metallelektroden hineinragen. Eine solche „Miniaturneonlampe" heißt **Glimmlampe** (Abb. 52.1). Wir schließen sie an ein *Netzgerät* (eine Stromquelle regelbarer „Stärke") an (Abb. 52.2). Erst bei einer bestimmten Einstellung des Netzgerätes beginnt die Glimmlampe plötzlich rötlich zu leuchten. Jetzt leitet das Gas zwischen den Elektroden.

Gase werden offenbar erst unter gewissen Umständen zu mäßigen Leitern. Genaue Untersuchungen zeigen:

Alle Stoffe lassen sich nach ihrer Leitfähigkeit ordnen: Es gibt sehr gute Leiter (Metalle, Kohle, wässerige Lösungen von Salzen und Säuren), mäßige Leiter (Leitungswasser, nasses Holz, feuchte Erde, der menschliche Körper, Gase unter gewissen Bedingungen) und Isolatoren (Glas, Porzellan, Kunststoffe, destilliertes Wasser, Gase normalerweise).

Gleich- und Wechselstromquellen

Wir untersuchen Stromquellen mit der Glimmlampe.

V Eine Dreiecksglimmlampe (!) wird an die beiden Pole eines Netzgerätes angeschlossen. Es leuchtet nur eine Elektrode (Abb. 52.3). Vertauscht man die Anschlüsse, so leuchtet nur die andere Elektrode. Bei genauer Betrachtung erkennen wir: Das Gas in der Umgebung der einen Elektrode leuchtet. Diese ist von einer „Glimmhaut" überzogen.

Die beiden Pole der Stromquelle sind also verschiedenartig. Der Pol, der mit der leuchtenden Elektrode verbunden ist, heißt **Minuspol**, der andere **Pluspol**.

V Schließt man die Dreiecksglimmlampe an eine Netzsteckdose an, so leuchten beide Elektroden. Hat die Steckdose zwei Minuspole?

V Wir bewegen die Glimmlampe, die durch lange Leitungen an die Steckdose angeschlossen ist, im dunklen Physiksaal schnell hin und her. Wir erkennen, dass beide Elektroden nicht gleichzeitig, sondern abwechselnd leuchten (Abb. 53.1). Die Pole der Steckdose wechseln: Während einer Sekunde ist jeder Pol 50-mal Minus- und 50-mal Pluspol. Man spricht deshalb von einer **Wechselstromquelle**. In Schaltbildern stellt man sie durch zwei leicht lösbare Kontaktstellen (Steckdose) und eine Schlangenlinie zur Andeutung des Polwechsels dar (Abb. 53.2).

Die Pole eines Netzgerätes oder einer Batterie wechseln nicht. Man nennt eine Stromquelle ohne Polwechsel deshalb auch eine **Gleichstromquelle**. Ihre Pole sind mit „–" und „+" gekennzeichnet. In ihrem Schaltzeichen bedeutet der kurze dicke Strich den Minuspol, der lange dünne Strich den Pluspol (Abb. 53.2).

Mit einer Glimmlampe kann man also nicht nur testen, ob Strom fließt, sondern auch feststellen, ob der Pol einer Stromquelle Minuspol, Pluspol oder abwechselnd beides ist („Glimmlampentest").

Betrachten wir einen Flüssigkeitsstrom, der an einer Stelle entspringt und an einer anderen Stelle verschwindet, so fällt auch hier das unterschiedliche Verhalten dieser beiden Stellen auf. Es ist also ein Merkmal für einen Strom. Die Verschiedenartigkeit der Pole einer Stromquelle ist folglich ein weiteres Indiz für die Stromvorstellung.

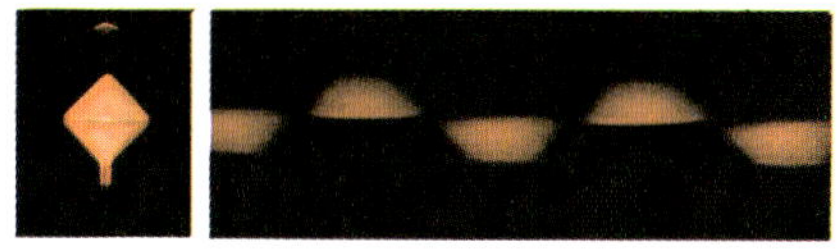

53.1 Glimmlampe an der Netzsteckdose

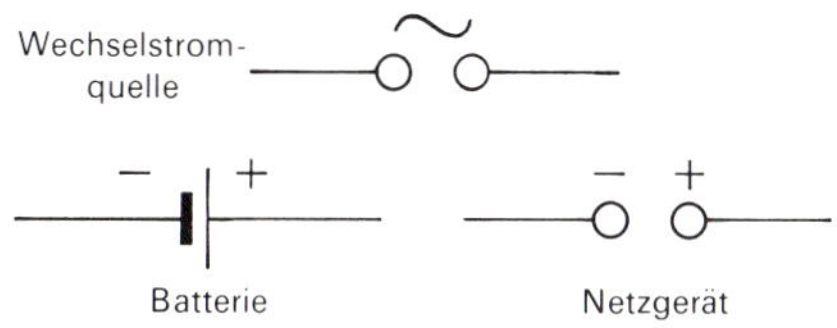

53.2 Schaltzeichen für Stromquellen

Aufgaben

1. Gib elektrische Geräte an, die a) an Batterien, b) am öffentlichen Versorgungsnetz und c) an Solarzellen betrieben werden!

2. *Die Taschenlampe*
a) Zerlege eine Stabtaschenlampe (Abb. 53.3). Nenne ihre wichtigen Teile, die für den Aufbau eines Stromkreises notwendig sind!
b) Zeichne ein vereinfachtes Schnittbild der Taschenlampe, und trage den Stromweg mit Farbe ein!
c) Beschreibe den Stromweg mit Worten! Welche Besonderheit in der Stromführung liegt vor?

3. *Die Fahrradbeleuchtung*
Bei einem Fahrrad ist der „Dynamo" die Stromquelle für die Beleuchtungsanlage. Der Scheinwerfer und die Schlussleuchte sind mit je einem Glühlämpchen ausgerüstet.
a) Suche an deinem Fahrrad die Pole der Stromquelle.
b) Verfolge die Leitungen vom Dynamo bis zum Scheinwerfer bzw. zur Schlussleuchte. Überlege, wie für den Scheinwerfer bzw. die Schlussleuchte ein geschlossener Stromkreis zustande kommt.
c) Fasse deine Beobachtungen und Feststellungen in einem kurzen Bericht zusammen.

4. *Glimmlampenexperimente*
Mit zwei gleichartigen Glimmlampen G_1 und G_2 werden Versuche durchgeführt: Sie werden in einem ersten Versuch mit einer Stromquelle verbunden und in einem zweiten Versuch mit einer anderen. Im ersten Versuch leuchtet von G_1 die obere Elektrode und von G_2 die untere Elektrode. Im zweiten Versuch leuchten beide Elektoden von G_1 und G_2.
a) Übertrage Abb. 53.4 in dein Heft und ergänze in beiden Fällen jeweils zu einem geeigneten Schaltbild!
b) Beschreibe jeweils, wie der elektrische Strom fließt, und erkläre damit das Leuchtverhalten der Glimmlampen!

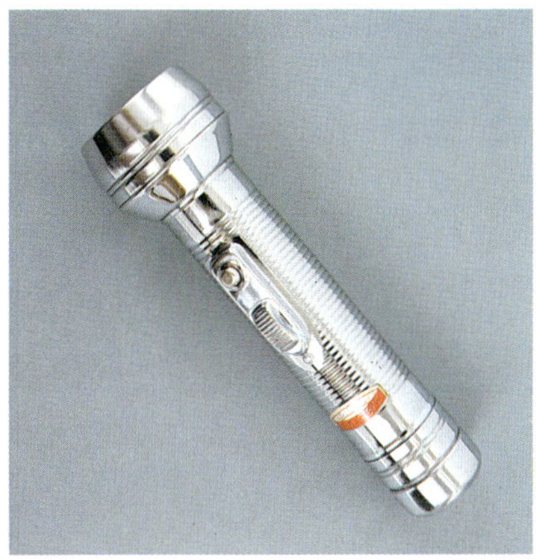

53.3 Stabtaschenlampe

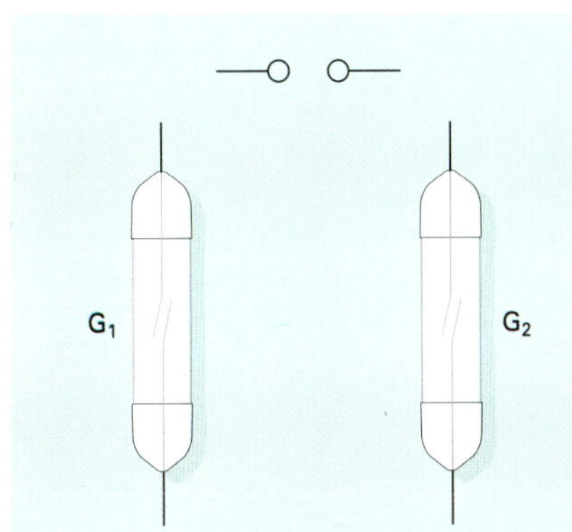

53.4 Zu Aufgabe 4

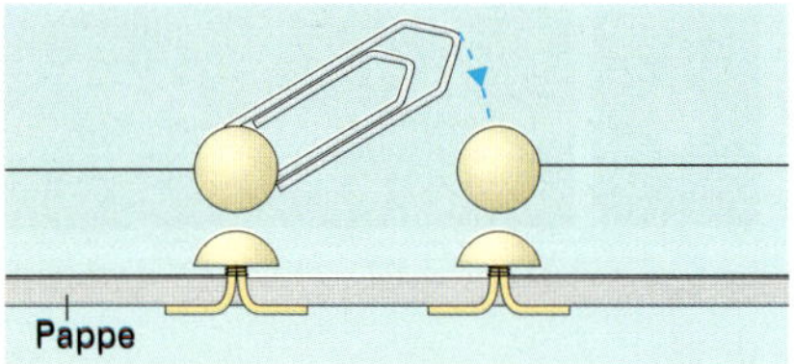

54.1 Zu Aufgabe 5c

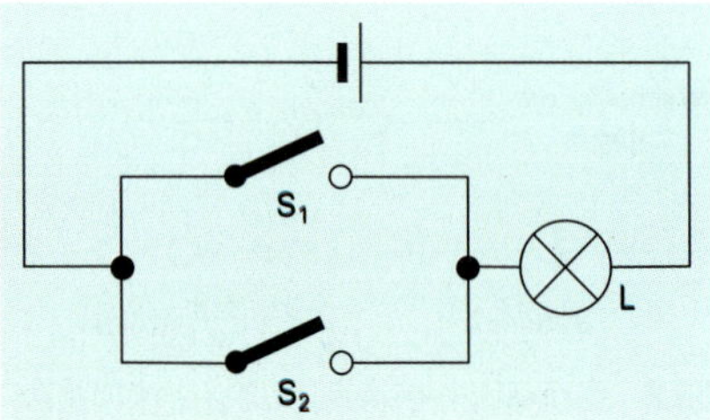

54.2 ODER-Schaltung

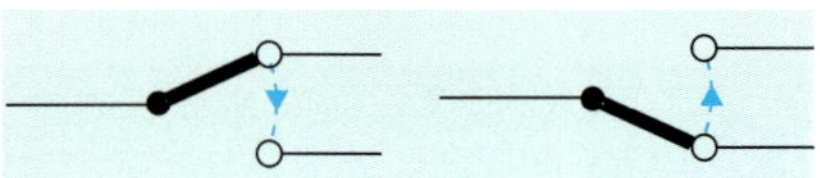

54.3 Wechselschalter (mit 3 Anschlüssen und den beiden möglichen Schalterstellungen 0 und 1)

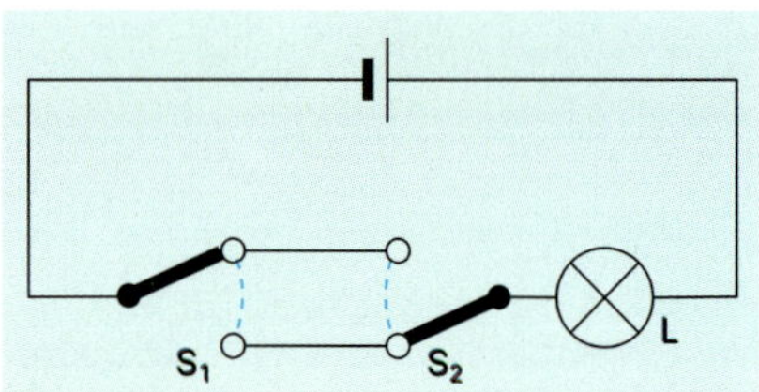

54.4 Wechselschaltung

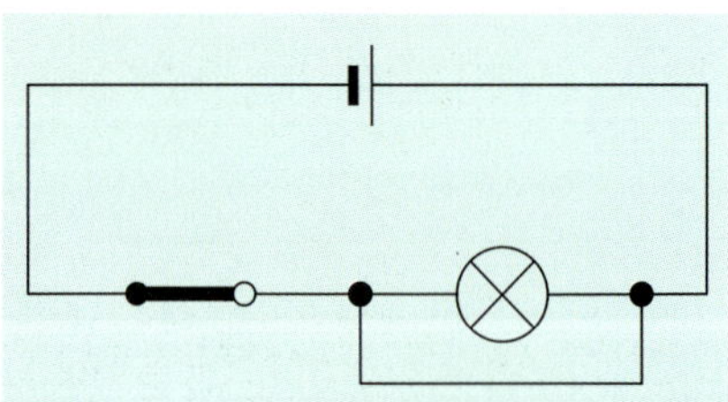

54.5 Kurzschluss

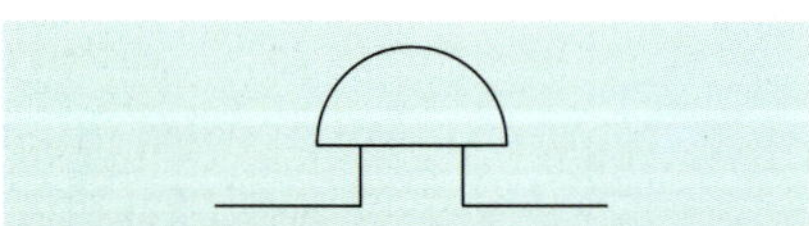

54.6 Schaltzeichen für eine Klingel

5. *Die UND-Schaltung*
Ein Stromkreis aus einer Stromquelle, einer Lampe L und einem Schalter S_1, enthält noch einen zweiten Schalter S_2: Der Stromkreis kann also an zwei verschiedenen Stellen unterbrochen werden. Die Lampe L leuchtet nur, wenn S_1 *und* S_2 geschlossen sind.
a) Zeichne das Schaltbild!
b) Die folgende Tabelle erfasst alle Schaltzustände:

S_1	0	0	1	1
S_2	0	1	0	1
L			0	

In der Zeile für S_1 bzw. S_2 bedeutet 0: der Schalter ist geöffnet, 1: der Schalter ist geschlossen. In der Zeile für L bedeutet 0: die Lampe leuchtet nicht, 1: die Lampe leuchtet. Übertrage die Tabelle in dein Heft und vervollständige sie!
c) Mit einer Flachbatterie, einer Glühlampe (Aufschrift 4 V) mit Sockel, dünnem, blankem Draht, 2 Büroklammern und 4 Briefklammern lässt sich die Schaltung wie folgt herstellen: Nimm ein Stück Pappe und befestige darauf mit einer Briefklammer drehbar die Büroklammer. Ergänze durch das Eindrücken einer zweiten Briefklammer zum Schalter S_1 (Abb. 54.1). Vervollständige die Schaltung und überprüfe ihre Funktionsweise!
d) An allen Türen eines Aufzuges sind Schalter angebracht. Ein Aufzug setzt sich nur dann in Bewegung, wenn alle Türen und damit alle Schalter geschlossen sind. Warum wählt man hier eine UND-Schaltung?

6. Die *ODER-Schaltung*
In einem Stromkreis aus einer Stromquelle, einer Lampe L und einem Schalter S_1 wird eine „Umleitung" um den Schalter S_1 angebracht. Die „Umleitung" enthält einen Schalter S_2 (Abb. 54.2).
a) Baue die Schaltung nach Abb. 54.2!
b) Entwirf eine Tabelle, die alle Schaltzustände erfasst!
c) Bei welchen Schalterstellungen leuchtet jeweils die Lampe? Warum nennt man diese Schaltung „ODER-Schaltung"?
d) Ein Tastschalter einer Klingelanlage befindet sich meistens an der Haustür und ein weiterer an der Wohnungstür. Handelt es sich bei der Klingelschaltung um eine UND- oder um eine ODER-Schaltung?

7. *Die Wechselschaltung*
Bei einem langen Flur schaltest du an einem Ende eine Lampe ein und am anderen oder wieder am gleichen aus. Zu diesem unabhängigen Ein- und Ausschalten von zwei verschiedenen Stellen benützt man besondere Schalter: Wechselschalter (Abb. 54.3).
a) Baue eine Wechselschaltung nach Abb. 54.4 und überprüfe sie!
b) Entwirf eine Tabelle, die alle Schaltzustände erfasst: In den Spalten für die beiden Wechselschalter S_1 und S_2 bedeutet 0: der Schaltarm zeigt in der Schaltzeichnung nach oben, 1: der Schaltarm zeigt nach unten.

8. *Der „Kurzschluss"*
Baue aus einer Flachbatterie, einem Schalter und einer Lampe einen geschlossenen Stromkreis auf. Bringe kurzzeitig um die Lampe herum eine sehr gut leitende „Umleitung" (einen so genannten „Kurzschluss") an (Abb. 54.5). Erkläre deine Beobachtung!

9. Eine Klingelschaltung enthält neben einer Stromquelle, einer Klingel (Abb. 54.6), einem Schalter S_1 an der Haustür und einem Schalter S_2 an der Wohnungstür noch einen Hauptschalter S_3, mit dem die gesamte Anlage außer Betrieb gesetzt werden kann. Zeichne das Schaltbild!

3.2 Die Wirkungen des elektrischen Stromes

Wärmewirkung des Stromes

Wir kennen die Wärmewirkung des Stromes bereits von der Glühlampe.

V Ein dünner Metalldraht, der zwischen zwei Stielklemmen aufgespannt ist, wird durch die Wärmewirkung des elektrischen Stromes zunächst verlängert, kommt dann zum Glühen und schmilzt schließlich durch (Abb. 55.1).

Bei ungefähr 500 °C beginnen feste Stoffe rot zu glühen. Bei rund 1500 °C glühen sie weiß. Da Kupfer bei 1080 °C und Eisen bei 1500 °C schmelzen, eignen sich beide Metalle als Material für Glühdrähte in Glühlampen nicht. Man verwendet dafür Metalle mit einer hohen Schmelztemperatur (Wolfram und Osmium).
Glühende Metalle verbrennen in der Luft. Deshalb füllt man die Glaskolben mit Gasen, die keine Verbrennung ermöglichen (z. B. Stickstoff, Argon, Krypton).
Unter der Lupe erkennen wir, dass der Glühdraht einer Lampe schraubenförmig aufgerollt (gewendelt) ist.

V Ein Stück Heizdraht eines Bügeleisens wird zwischen zwei Stielklemmen eingespannt. Ein Teil bleibt gewendelt, der andere Teil wird „gerade" gezogen. Schließt man eine Stromquelle an, so glüht nur der gewendelte Teil.

Die Wendelung bewirkt, dass sich benachbarte Windungen gegenseitig erwärmen. Dadurch ist die Temperatur des Glühdrahtes höher.
Elektrische Wärmeerzeugung findet unmittelbare technische Nutzung in elektrischen Heizöfen, Kochplatten (Abb. 55.2), Bügeleisen, Waschmaschinen usw., und mittelbare Nutzung in Glühlampen, die dadurch Licht aussenden. (Abb. 55.3).

Wird die Temperatur eines Metalldrahtes zu hoch, schmilzt er durch. Man nützt dies zum selbstständigen Abschalten aus: Der Schmelzleiter in einer Sicherung schmilzt bei zu starkem Strom durch und unterbricht so den Stromkreis. Auf diese Weise werden Schäden an unkontrollierbaren Stellen des Stromkreises vermieden.

Aufgaben

1. a) Fließt durch Leiter elektrischer Strom, so werden diese warm. Wovon hängt die Wärmeerzeugung ab?
b) Warum glühen die Anschlussleitungen einer Glühlampe nicht?

2. Gib zwei Gründe an, warum der Glühdraht einer Glühlampe gewendelt ist! Warum ist der Glaskolben „luftdicht"?

3. Glühlampen brennen meistens nicht während des Betriebes sondern kurz nach dem Einschalten durch. Warum? (Hinweis: Bedenke, wie sich ein erwärmter Draht verhält!)

4. Abb. 55.4 zeigt den Aufbau einer Schmelzsicherung.
a) Warum ist sie mit Sand gefüllt und der Mantel aus Porzellan?
b) Was kennzeichnet die Farbe des Kennplättchens? Was geschieht mit dem Kennplättchen, wenn Schmelzleiter und Haltedraht durchschmelzen?
c) Warum darf man eine Sicherung durch Einziehen eines anderen Drahtes nicht „flicken"?

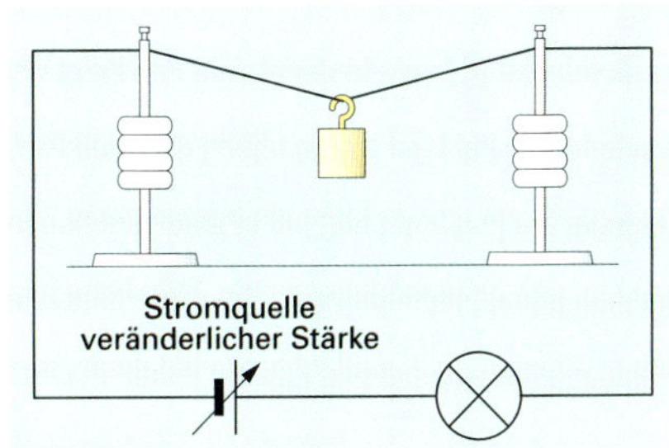

55.1 Wärmewirkung des Stromes

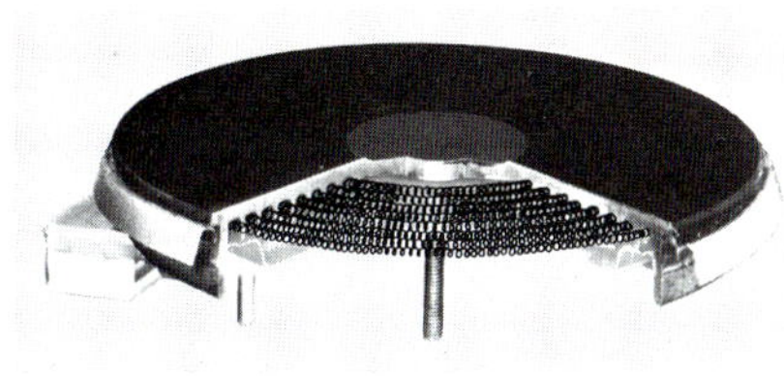
55.2 Heizdraht in einer Kochplatte

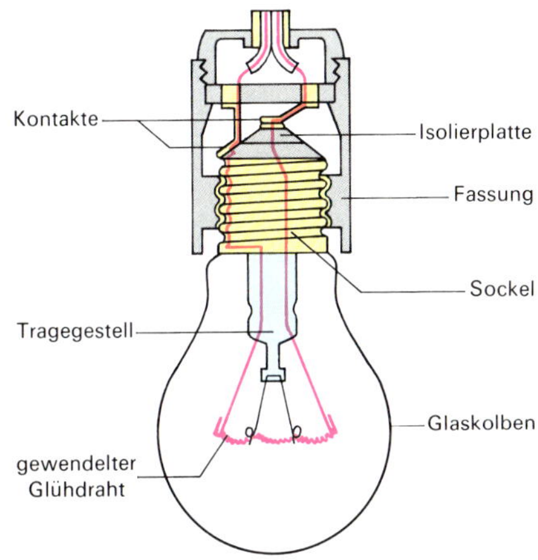

55.3 Aufbau einer Glühlampe

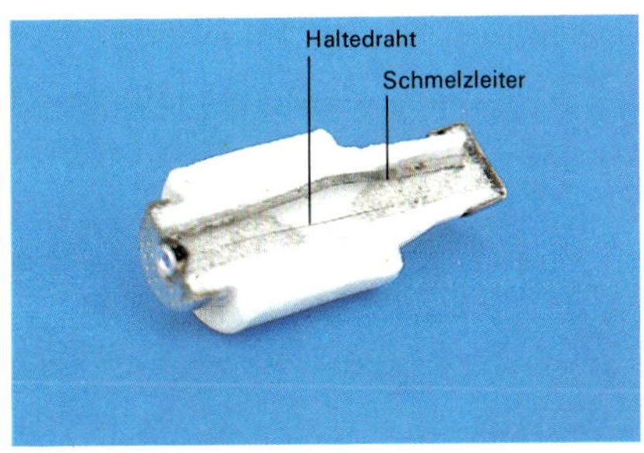

55.4 Aufbau einer Schmelzsicherung

Grunderscheinung des Magnetismus

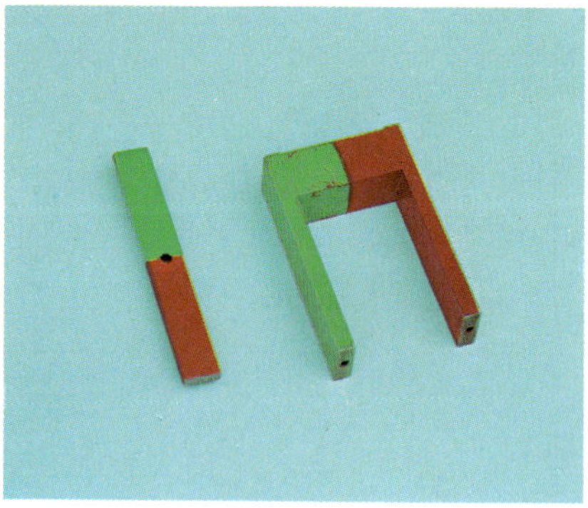

56.1 Künstliche Magnete: Stab- und Hufeisenmagnet

56.2 Kompass

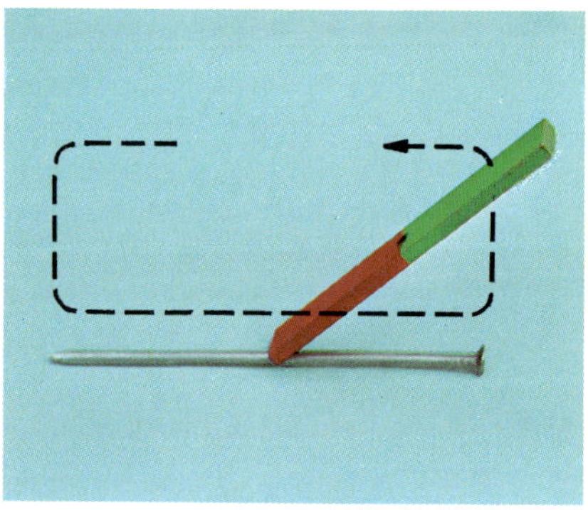

56.3 Magnetisieren von Eisen

Es gibt Eisenerzstücke, die Körper aus Eisen, Nickel oder Kobalt anziehen. Angeblich wurden erstmals vor über 2500 Jahren solche Eisenerzbrocken in der Nähe der Stadt Magnesia in Kleinasien gefunden. Man nennt sie deshalb **Magnete**. Neben diesen natürlichen Magneten gibt es auch künstliche, die man aus besonderen Stoffen (z. B. Ferrite) herstellt (Abb. 56.1).

V Taucht man einen Magnet in Eisenfeilspäne, so bleiben vor allem an seinen Enden ganze Bärte davon hängen.

Die Stellen stärkster Kraftwirkung eines Magneten heißen **Magnetpole**.

V Hängt man einen Stabmagnet frei beweglich auf, so stellt er sich in Nord-Süd-Richtung ein.

Der Pol, der nach Norden zeigt, heißt **Nordpol**, der nach Süden zeigt, **Südpol**. Den Nordpol markiert man zur Kennzeichnung meist rot, den Südpol meist grün. Im Kompass ist ein nadelförmiger Stabmagnet auf einer Spitze sehr leicht drehbar gelagert, sodass er sich in Nord-Süd-Richtung einstellen kann (Abb. 56.2).

V Wir nähern zwei Magnete einander mit den Polen und beobachten die Kraftwirkung.

Gleichnamige Magnetpole stoßen sich ab, ungleichnamige ziehen sich an.

V Wir streichen mit einem Pol eines starken Magneten mehrmals in gleicher Richtung über unmagnetische Körper aus Eisen oder Stahl (Abb. 56.3). Sie werden magnetisch. Mit einer Magnetnadel erkennen wir, dass nun jeder der Körper einen Nord- und einen Südpol besitzt.

V Wir magnetisieren ein Laubsägeblatt. Brechen wir es in der Mitte auseinander, so sind beide Teile wieder vollständige Magnete: An der Bruchstelle sind ungleichnamige Pole entstanden.

Durch fortgesetztes Teilen eines Magneten erhält man stets wieder vollständige Magnete. So stößt man schließlich auf sehr winzige Bereiche, die vollständige Magnete sind. Diese heißen **Elementarmagnete** (Abb. 56.4).

V Ein Glasröhrchen ist mit Eisenfeilspänen gefüllt. Streichen wir mit einem Magneten darüber, wird es selbst zum Magneten. Schütteln wir es, geht die magnetische Wirkung verloren.

Im unmagnetischen Eisen sind die Elementarmagnete ungeordnet (Abb. 56.5), im Magneten sind sie geordnet (Abb. 56.6).

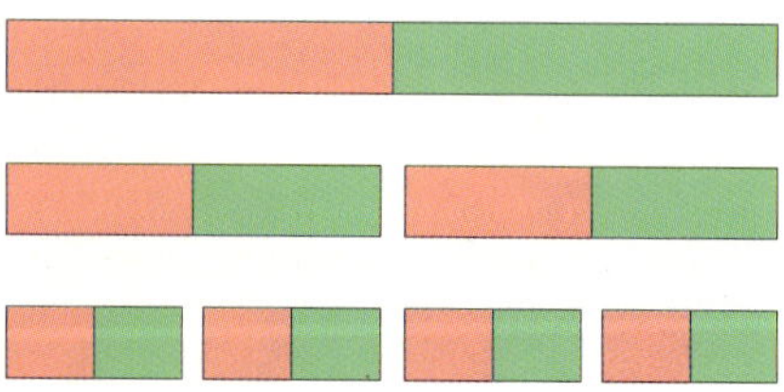

56.4 Fortgesetztes Teilen eines Magneten

56.5 Elementarmagnete in unmagnetischem Eisen

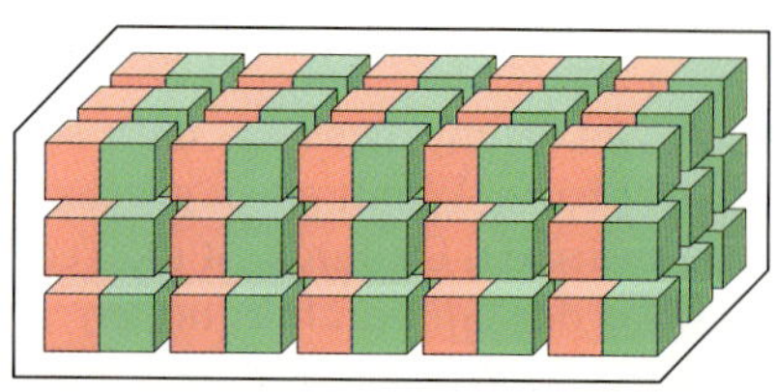

56.6 Elementarmagnete in einem Magneten

Aufgaben

1. Auf der Erde stellt sich eine Magnetnadel ungefähr in Nord-Süd-Richtung ein. Also ist die Erde ein Magnet. Magnetpole und geografische Pole der Erde weichen etwas voneinander ab. Wie berücksichtigt man diese Abweichung bei der Einstellung eines Kompasses?

2. Zwei Stabmagnete werden zusammengehalten: einmal mit gleichnamigen Polen, einmal mit ungleichnamigen nebeneinander. Dann werden jeweils damit Nägel hochgehoben. In welchem Fall ergibt sich eine große, in welchem eine kleine magnetische Kraft?

3. Erkläre mit der Vorstellung von den Elementarmagneten:
   a) Ein Eisenstück wird von einem Magneten angezogen, ein Kupferstück dagegen nicht.
   b) Ein Stabmagnet zieht einen Eisennagel an und hält ihn fest. Der Nagel zieht einen zweiten an und hält ihn fest usw.

4. Zwei Stäbe sehen völlig gleich aus: Der eine ist ein Magnet, der andere ein nicht magnetisierter Eisenstab. Wie würdest du ohne weitere Hilfsmittel herausfinden, welcher Stab der Magnet ist?

Magnetische Wirkung des Stromes

Der Däne *Hans Christian Oersted* machte im Jahre 1820 die damals Aufsehen erregende Entdeckung, dass der elektrische Strom auch magnetische Wirkungen zeigt.

V Durch das Loch einer Plexiglasscheibe führt ein dicker Kupferdraht. Er steht auf der Scheibe senkrecht. In seiner Umgebung stehen leicht drehbare Magnetnadeln (Abb. 57.1). Wird der Strom eingeschaltet, so richten sie sich kreisförmig aus. Polen wir um, so wenden sich auch die Magnetnadeln um (Abb. 57.2).

In der Umgebung des stromdurchflossenen Drahtes stellen wir magnetische Wirkungen fest. Neu gegenüber unseren bisherigen Kenntnissen ist: Der Magnetismus tritt auf, obwohl Kupfer unmagnetisch ist und – aufgrund der kreisförmigen Anordnung der Magnetnadeln – keine Magnetpole zu finden sind. Da offensichtlich nur der fließende elektrische Strom die Ursache dafür ist, spricht man von **Elektromagnetismus**

V Um die magnetische Wirkung zu erhöhen, wickeln wir den Draht zu einer Spule und überlegen zunächst, was zu erwarten ist (Abb. 57.3): Im Inneren müssten sich die Magnetnadeln in Richtung der Spulenachse einstellen.
Es bestätigt sich die erwartete Stellung der Magnetnadeln (Abb. 57.4).

V Mit einer stromdurchflossenen Spule können wir Nägel hochheben. Sie wirkt wie ein schwacher Stabmagnet.

V Schiebt man in eine stromdurchflossene Spule einen Eisenkern, so erhöht sich die magnetische Wirkung wesentlich. Nach dem Abschalten des Stromes verschwindet der Magnetismus fast völlig.

Im Inneren der Spule aufgestellte Magnetnadeln werden längs der Spulenachse ausgerichtet. Deshalb richtet die Spule auch die Elementarmagnete eines Eisenstückes aus. Diese verstärken dann die magnetische Wirkung der Spule. Eine Spule mit Eisenkern heißt **Elektromagnet** (Abb. 57.5).

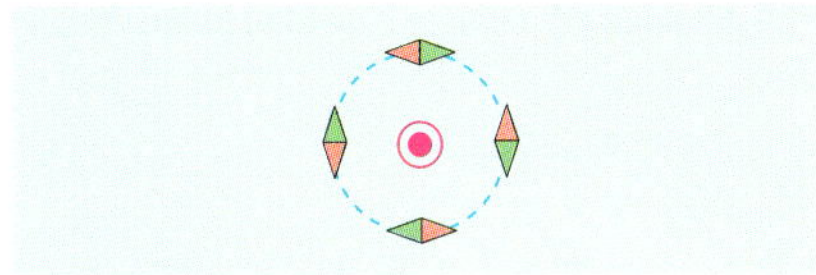

57.1 Magnetische Wirkung des elektrischen Stromes

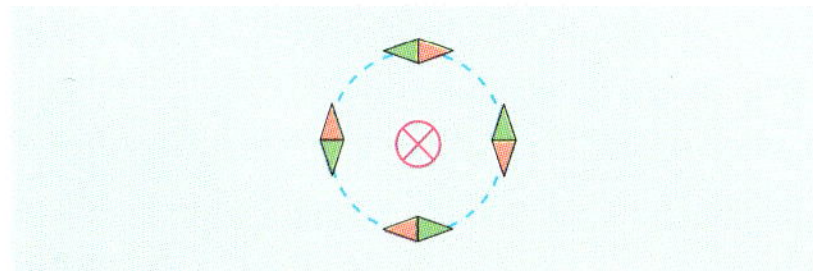

57.2 Magnetische Wirkung bei umgekehrter Stromrichtung

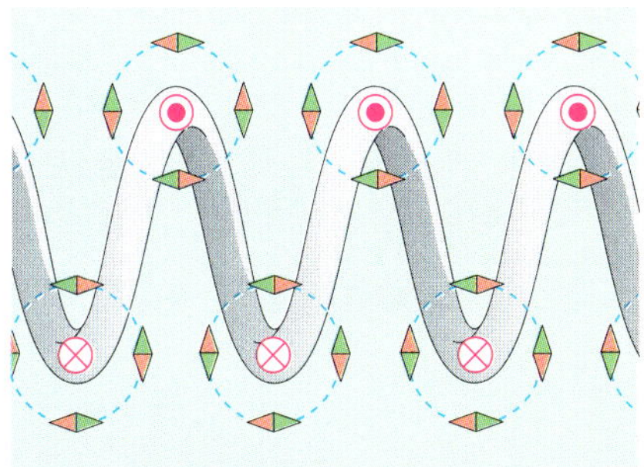

57.3 Übergang vom geraden Draht zur Spule (Gedankenexperiment)

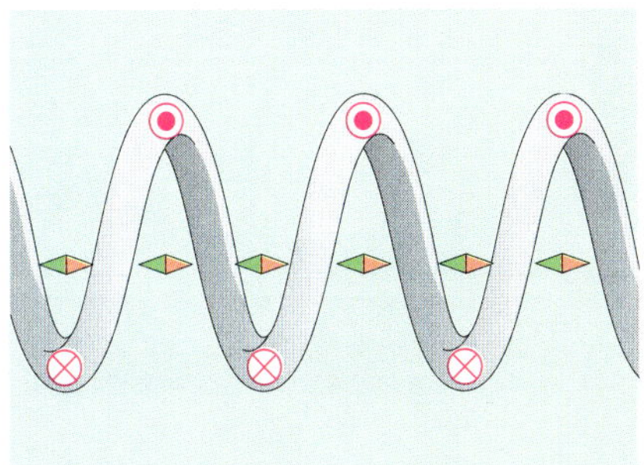

57.4 Stellung der Magnetnadeln im Experiment

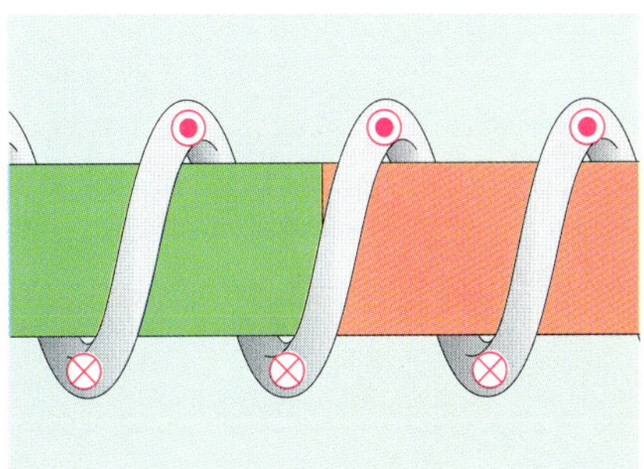

57.5 Der Elektromagnet

Der Elektromagnet

Fließt durch seine Spule Strom, so ist er magnetisch. Nach dem Abschalten des Stromes verschwindet der Magnetismus. Elektromagnete können also eisenhaltige Körper „anpacken“ und wieder loslassen.

Davon macht man beim *Recycling** Gebrauch. Z. B. werden bei der Wiederverwertung von Altglas die Flaschen zertrümmert. Elektromagnete sortieren die eisenhaltigen Verschlüsse aus. Mit dem Metall wäre das Altglas wertlos.

Elektromagnete können sehr stark sein. Sie eignen sich deshalb in Stahlwerken und auf dem Schrottplatz zum Heben schwerer Eisenlasten (Abb. 58.1).

Das Relais

Zur *Diebstahlsicherung* ist ein dünner Draht an einem wertvollen Gegenstand befestigt. Wird dieser weggenommen, reißt der Draht, und eine Alarmklingel beginnt zu läuten.

Um das zu erreichen, benützt man als Kunstgriff ein *Relais** (Abb. 58.2). Ein erster Stromkreis der *Steuerkreis*, enthält einen Elektromagneten. Fließt im Steuerkreis Strom, zieht der Elektromagnet einen Eisenanker an, der in einem zweiten Stromkreis, dem *Arbeitskreis* („Warnkreis“), als offener Schalter enthalten ist. Wird der Steuerkreis durch Abreißen des dünnen Drahtes unterbrochen, lässt der Elektromagnet den Anker los, und dieser schließt den Warnkreis.

Der Lautsprecher

Beim *dynamischen Lautsprecher* ist an einer beweglichen trichterförmigen Membran eine Spule befestigt. Diese taucht in den ringförmigen Spalt zwischen den Polen eines Dauermagneten mit topfähnlicher Form ein. Die Spule wird durch eine Vorrichtung in der Mitte des Spaltes gehalten (Abb. 58.3).

Fließt durch die Spule ein Wechselstrom, wechseln ständig die Pole der Spule. Daher wird die Spule und mit ihr die Lautsprechermembran im Rhythmus des Wechselstroms hin- und herbewegt.

Dynamische Lautsprecher werden in Rundfunk- und Fernsehgeräten, Verstärkeranlagen sowie hochwertigen Kopfhörern verwendet.

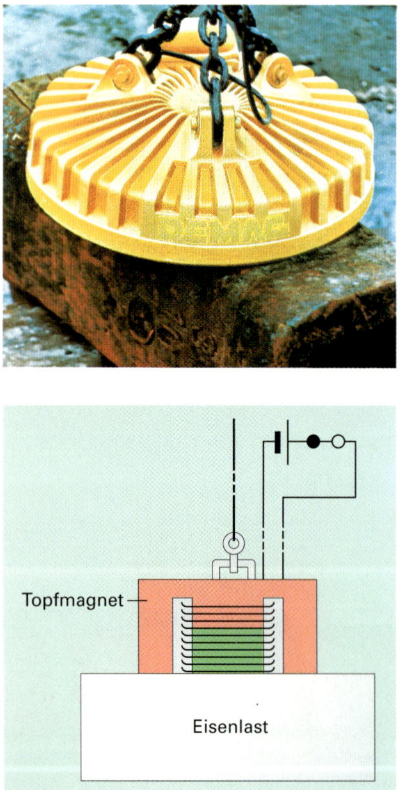

58.1 Hebemagnet

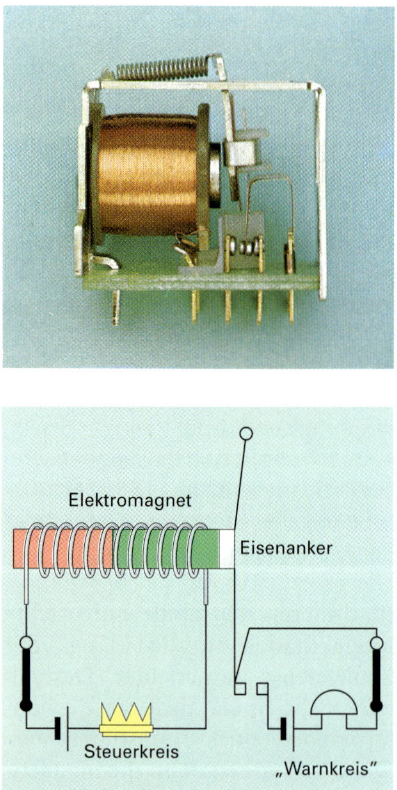

58.2 Schaltung einer Diebstahlsicherung

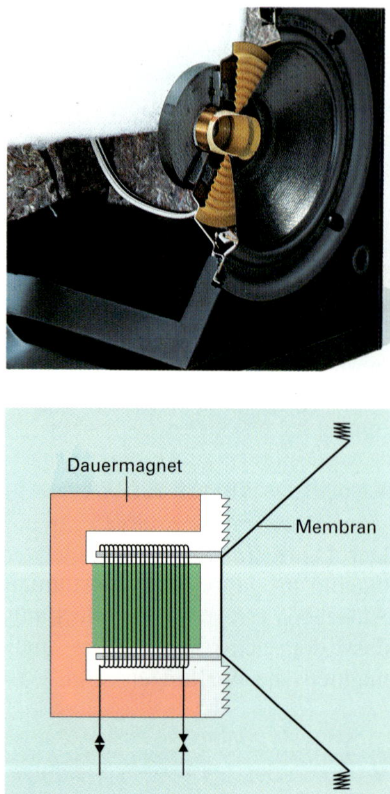

58.3 Lautsprecher

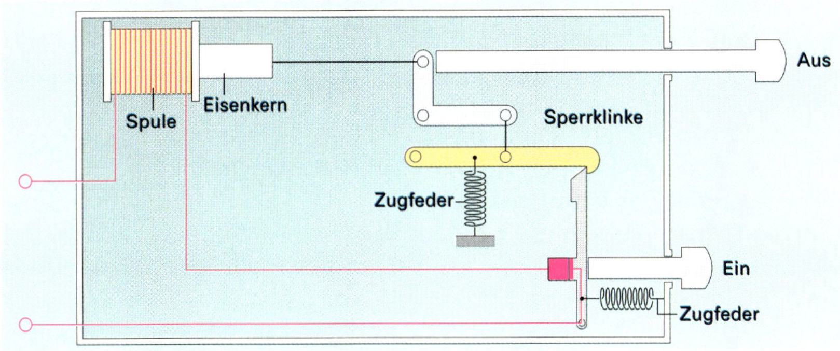

59.1 Automatische Sicherung

a

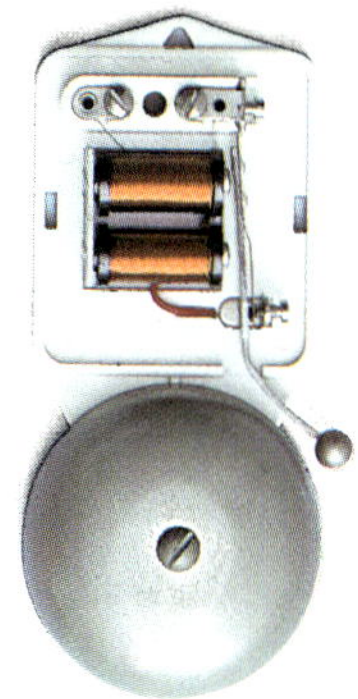

59.2 Elektrische Klingel:
a) Technische Ausführung;
b) Schaltbild

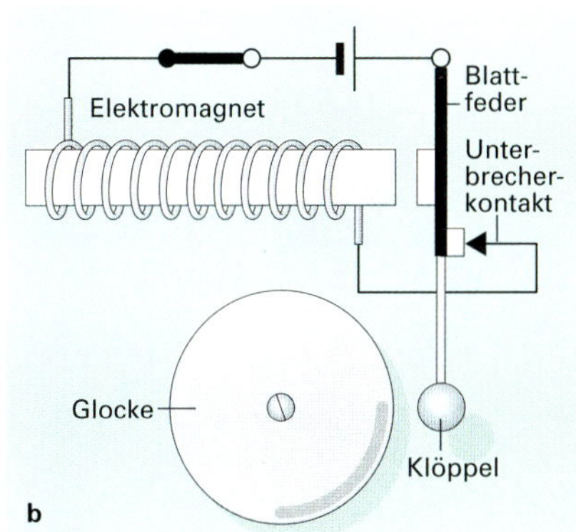

b

Aufgaben

1. *Automatische Sicherung*
Zum Schutz des Stromnetzes vor Überlastung werden oft statt Schmelzsicherungen Sicherungsautomaten eingebaut. Erkläre anhand von Abb. 59.1 deren Wirkungsweise!

2. *Die elektrische Klingel*
Abb. 59.2 a zeigt, wie in der Ruhelage der Blattfeder der Unterbrecherkontakt geschlossen ist. Beschreibe, was nach dem Schließen des Schalters im Klingelstromkreis geschieht!

3. *Das Relais als Schalter*
Zum Anlassen eines Autos dient ein Elektromotor. Durch diesen fließt ein großer Strom. Deshalb führen von den Polen der Autobatterie ein dicker Draht und ein breites Metallband weg. Um die dicken Leitungen nicht bis zum Zündschloss führen zu müssen, benützt man ein Relais. Während des Anlassens wird der Steuerstromkreis geschlossen. Zeichne in Anlehnung an Abb. 58.2 ein Schaltbild, das im Arbeitsstromkreis den Elektromotor enthält!

3.3 Elektrische Ladungen

Die elektrische Ladung

Wir suchen nach weiteren Indizien, die die Vorstellung belegen, dass im elektrischen Stromkreis etwas strömt oder transportiert wird.

V Zwischen den Elektroden eines unterbrochenen Stromkreises befindet sich an einem Isolierstiel eine leitende Kugel. Als Stromquelle benutzen wir ein sog. Hochspannungsnetzgerät. Mit einer Glimmlampe testen wir, ob Strom fließt. Bewegen wir die Kugel zwischen den Elektroden hin und her, blitzt die Glimmlampe immer wieder auf (Abb. 59.3).

Wir können das so erklären: Berührt man mit der Kugel die linke Elektrode, so fließt etwas auf sie, was wir **elektrische Ladung** nennen. Berührt man die rechte Elektrode, fließt die elektrische Ladung von der Kugel über die Glimmlampe zum Pluspol ab. Die kurzzeitig fließende Ladung bewirkt dabei ein Aufblitzen der Glimmlampe. Wir haben also elektrische Ladung von einem Pol zum anderen „gelöffelt".

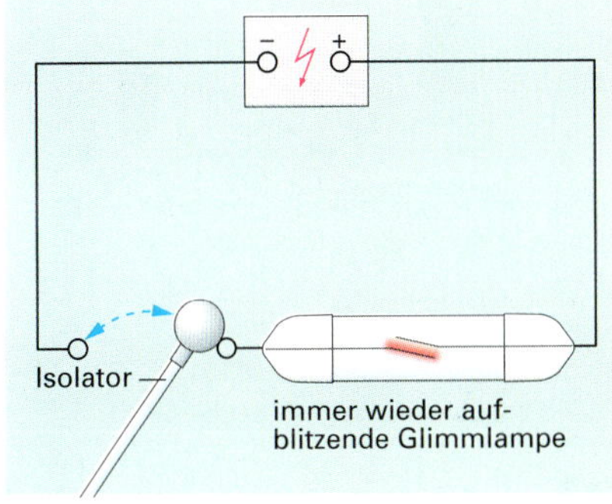

59.3 „Löffeln" von Ladung

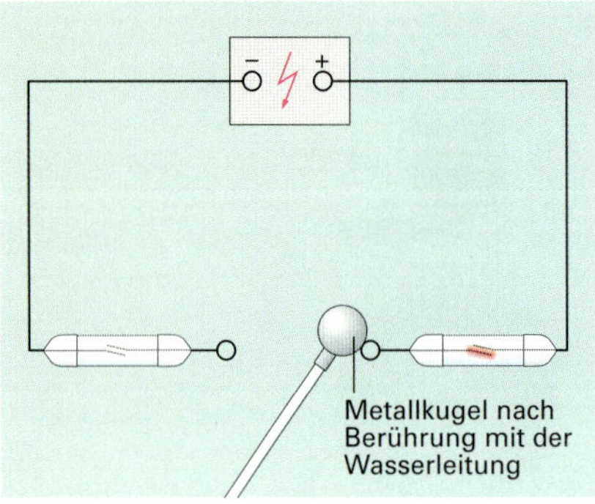

60.1 Nachweis der Ladungen im Leiter bei „Normalzustand"

Die elektrische Ladung nennt man in diesem Zusammenhang auch *Elektrizität*. Das Wort „Elektrizität" leitet sich vom Bernstein (griech. *Elektron*) ab. Dass man Bernstein (Abb. 65.1) durch Reiben elektrisch aufladen kann, war den Griechen bereits sechs Jahrhunderte vor Christus bekannt.
Den Ladungstransport im Stromkreis untersuchen wir nun genauer. Der unterbrochene Stromkreis ist symmetrisch aufgebaut und enthält je eine Glimmlampe zwischen den Polen der Stromquelle und den Elektroden (Abb. 60.1).

V Zuerst berühren wir mit der „Kugel im normalen Zustand" die linke Elektrode, die mit dem Minuspol der Stromquelle verbunden ist: Die linke Glimmlampe blitzt auf. Also ist Ladung auf die Kugel geflossen: Die Kugel ist *elektrisch geladen*.

V Um den normalen Zustand der Kugel wieder herzustellen, bringen wir sie mit der „Erde", z. B. mit der Wasserleitung, in Kontakt: Die Kugel wird *entladen*.

V Berühren wir nun mit der *ungeladenen* Kugel die rechte Elektrode, blitzt – zu unserer Überraschung – die rechte Glimmlampe auf.

Wir gehen von der Annahme aus, dass elektrische Ladung im Stromkreis nur in eine Richtung fließt. Dann muss beim Berühren rechts Ladung abgeflossen sein. Dies bedeutet aber: Die Ladung, die zu strömen vermag, ist bereits im normalen, d. h. im ungeladenen Zustand im Leiter vorhanden. Beim Wasserstromkreis ist bei geschlossenem Hahn ja auch bereits Wasser in den Rohren. Da sich linke und rechte Elektroden völlig gleich verhalten, könnte die Ladung aber – im Gegensatz zu unserer Erklärung – genauso in umgekehrter Richtung fließen.

Der Elektronenstrom

V In einem luftleer gepumpten Glaskolben befinden sich zwei Elektroden. Die eine ist als Glühdraht ausgebildet. Man nennt eine solche Anordnung *Diode**. Aus einer Gleichstromquelle, einer Glimmlampe zum Stromnachweis und einer Diode wird ein Stromkreis aufgebaut. Wie immer man die Pole der Stromquelle anschließt – es fließt kein Strom (Abb. 60.2).

V Durch eine weitere Stromquelle wird der Glühdraht zum Glühen gebracht. Nur wenn die glühende Elektrode mit dem negativen Pol verbunden ist, fließt durch die Glimmlampe Strom.

Der Versuch lässt sich so deuten: Durch das Glühen werden – vergleichbar mit dem Sieden von Wasser – geladene Teilchen „abgedampft". Sie fließen zur gegenüberliegenden Elektrode, aber nur, solange die glühende Elektrode mit dem Minuspol der Stromquelle verbunden ist. Wenn die abgedampften Ladungsteilchen die gleichen sind, die auch in den Zuleitungen strömen, dann fließen sie also vom Minus- zum Pluspol.

Der elektrische Strom besteht aus bewegten Teilchen, die bereits im metallischen Leiter vorhanden sind. Diese heißen *Elektronen.**
Die Stromquelle wirkt als „Elektronenpumpe": Sie setzt die Elektronen in Richtung vom Minus- zum Pluspol in Bewegung.

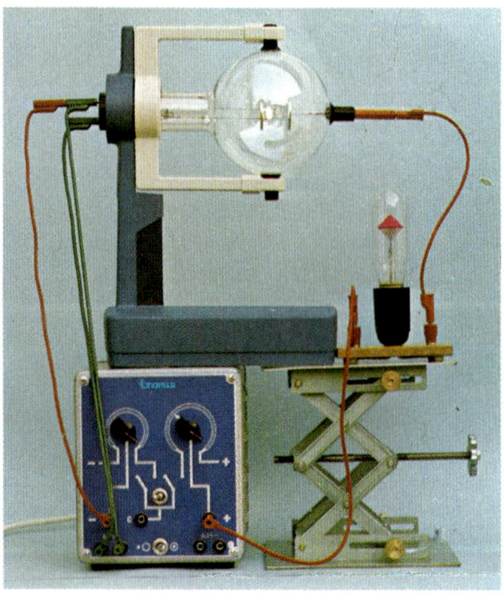

60.2 Versuch zum Nachweis des Elektronenstroms

Kräfte zwischen Elektronen

Stromquellen wirken wie Elektronenpumpen. Sie setzen Elektronen in Bewegung. Die Ursache dafür müssen Kräfte auf die Elektronen sein. Wir versuchen, diese **elektrischen Kräfte** zu ergründen.

V Wir bauen aus einem Hochspannungsnetzgerät, einem Schalter und zwei Glimmlampen einen unterbrochenen Stromkreis auf. Auf beiden Seiten der Unterbrechungsstelle bringen wir Metallplatten (mit ca. 20 cm Durchmesser) an. Zwischen den Platten befindet sich eine dünne, isolierende Folie aus Kunststoff (Abb. 61.1). Schließen wir den Schalter, blitzen die Glimmlampen gleichzeitig auf. Sie signalisieren uns, in welche Richtung Elektronen fließen: *Kurzzeitig* fließen Elektronen auf die linke Platte zu und von der rechten Platte weg.

Die Stromquelle pumpt also Elektronen von der rechten auf die linke Platte. Links herrscht dann **Elektronenüberschuss**, rechts **Elektronenmangel**. In den Abbildungen deuten wir Elektronen durch kleine blaue Kreise (mit „e") und den Elektronenmangel durch kleine rote Kreise an (Abb. 61.2).

V Wir trennen die beiden Platten von der Stromquelle. Dann verbinden wir die linke Platte über eine Glimmlampe mit der rechten: Jene Elektrode, die mit der linken Platte verbunden ist, leuchtet rötlich auf. Die Elektronen fließen also von der linken Platte auf die rechte zurück.

Die Ursache für dieses „In-Bewegung-Setzen" suchen wir in elektrischen Kräften, die nun ohne das Vorhandensein einer Stromquelle wirksam sind.

V Die Platten werden horizontal aufgestellt und mit den Polen des Hochspannungsnetzgerätes kurzzeitig verbunden. Auf der einen Platte herrscht nun Elektronenüberschuss, auf der anderen Elektronenmangel. Wir bringen zwischen beide Platten Wattebäuschchen oder Schnipsel von Papiertaschentüchern: Die kleinen, leichten Körper hüpfen auf und ab. Besonders lustig wirken diese Vorgänge im Schattenbild.

Wir versuchen nun, die elektrischen Kräfte genauer zu ergründen.

V An einem langen isolierenden Faden hängt eine leichte, leitende Kugel. An jeden Pol des Hochspannungsnetzgerätes schließen wir eine große leitende Kugel an. Auf der linken großen Kugel herrscht Elektronenüberschuss, auf der rechten Elektronenmangel. Wir beleuchten nun die kleine Kugel und markieren ihren Schatten auf der Tafel. Dann berühren wir sie mit der linken großen Kugel: Die kleine Kugel als „Löffel" für elektrische Ladung nimmt Elektronen auf.
Wir trennen die große linke Kugel von der Stromquelle und stellen sie in die Nähe der kleinen. Vergleichen wir jetzt den Ort des Schattens mit der anfänglichen Markierung, so erkennen wir: Die kleine Kugel wird ausgelenkt. Sie erfährt durch die große Kugel eine abstoßende Kraft (Abb. 61.3).

Abstoßende Kräfte treten zwischen den Kugeln auf, wenn auf beiden Elektronenüberschuss herrscht. Wir schreiben diese Eigenschaft den Elektronen selbst zu:

Elektronen üben eine abstoßende Kraft aufeinander aus.

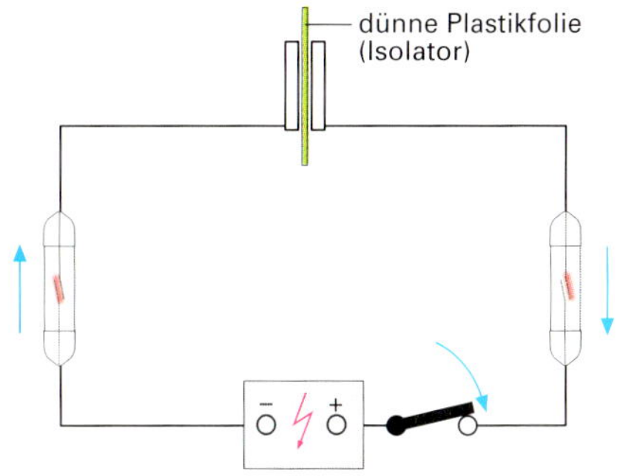

61.1 Stromfluss im offenen Leiterkreis beim Einschalten

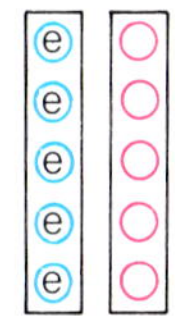

61.2 Elektronenüberschuss und Elektronenmangel auf den Platten

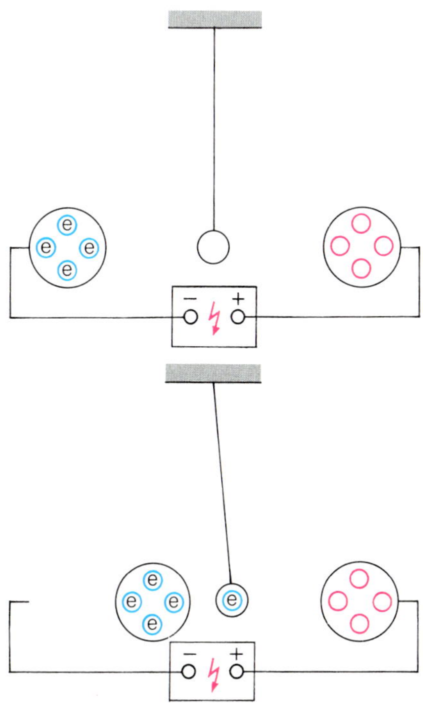

61.3 Abstoßung der Elektronen

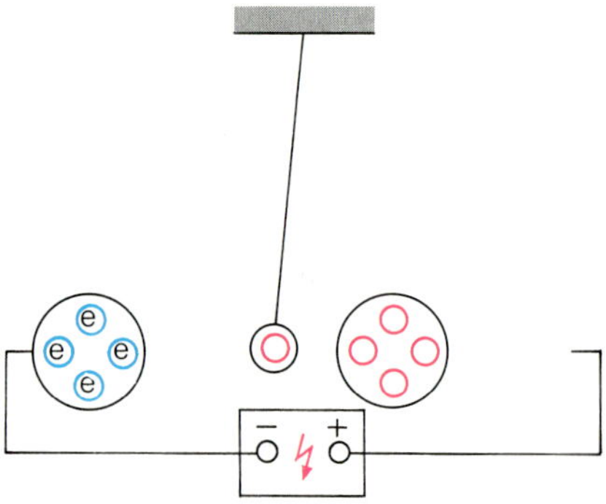

62.1 Abstoßung der Kugeln mit Elektronenmangel

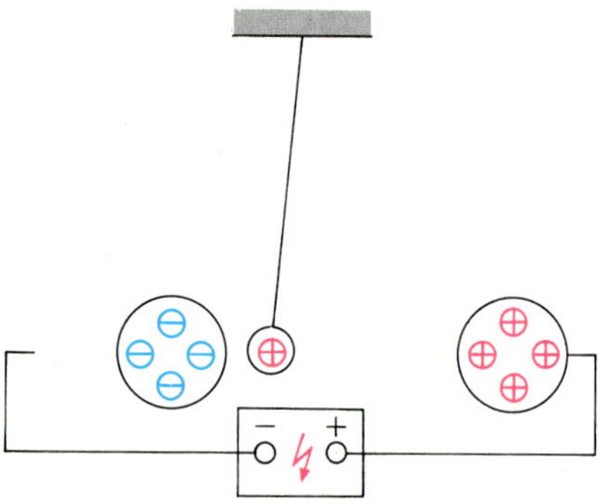

62.2 Anziehung von ungleichnamigen Ladungen

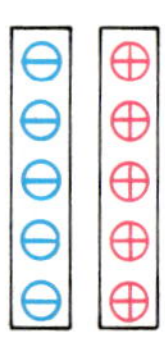

62.3 Zur Erklärung der Neutralisation

Positive Ladungen

V Wir wiederholen den vorhergehenden Versuch mit der kleinen Kugel, berühren aber die rechte große Kugel. Von der kleinen Kugel werden dabei Elektronen „abgesaugt". Auf der kleinen Kugel und der nun von der Stromquelle getrennten rechten großen Kugel herrscht Elektronenmangel. Im Schattenbild erkennen wir wieder, dass auch in diesem Fall die kleine Kugel abgestoßen wird (Abb. 62.1).

Wir stellen fest: Herrscht auf beiden Kugeln weder Elektronenüberschuss noch Elektronenmangel, üben sie keine Kräfte aufeinander aus. Obwohl sich die Elektronen gegenseitig abstoßen, können keine Kräfte zwischen den Kugeln wirksam werden. Saugt man von beiden Kugeln aber Elektronen ab, kommt es zur Abstoßung. Als Erklärung bietet sich an: Es gibt eine zweite Art von Ladungsträgern. Diese müssen die abstoßende Wirkung der Elektronen aufheben (*neutralisieren*) und sich selbst gegenseitig abstoßen können.
Elektronen heißen, da sie vom Minuspol herausfließen, auch **negative Ladungen**. Da die Ladungsträger der anderen Art Elektronen zu neutralisieren vermögen, nennt man sie **positive Ladungen**. Wir versehen deshalb in Abb. 62.1 die blauen Kreise mit Minuszeichen und die roten Kreise, die Elektronenmangel andeuten, mit Pluszeichen (Abb. 62.2). Nach unserer bisherigen Erfahrung ist elektrischer Strom ein Fließen von Elektronen. Folglich müssen die positiven Ladungen in einem leitfähigen festen Körper an bestimmten Plätzen fest sitzen.

Es gibt neben den Elektronen, den negativen Ladungen, eine zweite Art von Ladungsträgern, die man positive Ladungen nennt. In festen Körpern sitzen sie fest. Die positiven Ladungen üben abstoßende Kräfte aufeinander aus und können Elektronen neutralisieren.

Kräfte zwischen ungleichnamigen Ladungen

Üben die positiven Ladungen und die negativen Ladungen (Elektronen) Kräfte aufeinander aus?

V Wir berühren die kleine Kugel mit der großen rechten Kugel und saugen dadurch Elektronen ab. Die kleine Kugel trägt nun einen Überschuss an positiven Ladungen. Nähert man die linke, von der Stromquelle getrennte große Kugel mit Elektronenüberschuss, so sieht man im Schattenbild deutlich, dass die kleine Kugel angezogen wird (Abb. 62.2). Die gleiche Beobachtung macht man, wenn die kleine Kugel Elektronenüberschuss und die große einen Überschuss an positiven Ladungen trägt.

Wir stellen also fest:

Ungleichnamige Ladungen ziehen sich gegenseitig an.

Jetzt sind wir in der Lage, unseren einführenden Versuch (Abb. 61.1) zu erklären. Auf der linken Platte herrscht Elektronenüberschuss, auf der rechten Elektronenmangel, also ein Überschuss an fest sitzenden positiven Ladungen (Abb. 62.3). Verbindet man beide Platten, so bewegen sich die überschüssigen Elektronen – aufgrund der gegenseitigen Abstoßung und der Anziehungskraft der fest sitzenden positiven Ladungen – auf die rechte Platte. Dort neutralisieren sich die Ladungen gegenseitig.

Das Elektroskop

Ein Leiter heißt **geladen**, wenn eine Ladungsart im Überschuss vorhanden ist. Er heißt **negativ geladen**, wenn Elektronenüberschuss vorliegt, bzw. **positiv geladen**, wenn Elektronenmangel, also ein Überschuss an positiven Ladungen herrscht.

Ein geladener Leiter wird mit der „Erde“ (z. B. mit der Wasserleitung) verbunden: Er wird *geerdet*. Je nach Aufladung können entweder Elektronen zur Erde abfließen oder von der Erde zufließen. Stellt man die *Erdung* mithilfe einer Glimmlampe her, kann man an ihrem Aufblitzen erkennen, *ob* und *wie* der Leiter geladen war.

Ein Gerät, das zum Nachweis von Ladung unmittelbar die Kraftwirkungen ausnutzt, ist das **Elektroskop***. An einer geeignet geformten Stange ist ein leitender, leicht beweglicher Zeiger befestigt. Da sein unterer Teil ein wenig schwerer ist als der obere, stellt er sich senkrecht ein (Abb. 63.1a). Das Gehäuse des Elektroskops ist geerdet und gegenüber dem inneren Leitersystem isoliert.

V Wir berühren den Teller des Elektroskops mit einem Leiter, der mit dem negativen Pol eines Hochspannungsnetzgerätes verbunden ist. Es fließen Elektronen darauf: Der Zeiger schlägt aus. Die Elektronen auf Zeiger und Stange stoßen sich gegenseitig ab. Dadurch entfernt sich der Zeiger von der Stange (Abb. 63.1b).

Aufgaben

1. *„Löffeln von Ladungen“*
Erkläre mithilfe der Elektronenvorstellung folgenden Versuch (Abb. 63.2):
Auf einem geerdeten Elektroskop sitzt eine leitende Kugel. Mit einer zweiten leitenden Kugel an einem Isolierstiel berührt man zunächst den Minuspol eines Hochspannungsnetzgerätes und dann die Kugel auf dem Elektroskop. Es stellt sich ein Zeigerausschlag des Elektroskops ein. Nun wird nochmals der Minuspol berührt und dann die Kugel auf dem Elektroskop. Der Zeigerausschlag wird größer.
Berührt man mit der Kugel am Isolierstiel den Pluspol und anschließend die Kugel auf dem Elektroskop, wird der Ausschlag kleiner.

2. *Das elektrische Pendel*
a) Zwei vertikal aufgestellte Metallplatten werden kurzzeitig mit den Polen eines Hochspannungsnetzgerätes verbunden. Zwischen beiden Platten bringen wir eine leichte, leitende Kugel an einem isolierenden Faden. Nun berühren wir mit der Kugel eine Platte. Die Kugel pendelt zunächst schnell und dann immer langsamer zwischen beiden Platten hin und her (Abb. 63.3). Erkläre den Vorgang!
b) Die Papierschnipsel im Versuch von Seite 61 verhalten sich etwas anders als die leitende Kugel unter a): Sie recken und strecken sich zunächst gemächlich der anderen Platte entgegen, um dann plötzlich zu hüpfen. Erkläre die Beobachtung!

3. *Vergleich Magnetkraft – elektrische Kraft*
Es gibt sowohl zwei verschiedene Arten von Magnetpolen, die willkürlich mit N und S bezeichnet wurden, als auch zwei Arten von Ladungen, die willkürlich mit – und + bezeichnet wurden.
a) Wie verhalten sich erstens gleichnamige, zweitens ungleichnamige Pole bzw. Ladungen hinsichtlich Abstoßung und Anziehung?
b) Wann ist ein Körper geladen? Wann ist ein Eisenstück ein Magnet?
c) Was gelingt mit ungleichnamigen elektrischen Ladungen, mit ungleichnamigen Magnetpolen dagegen nicht?

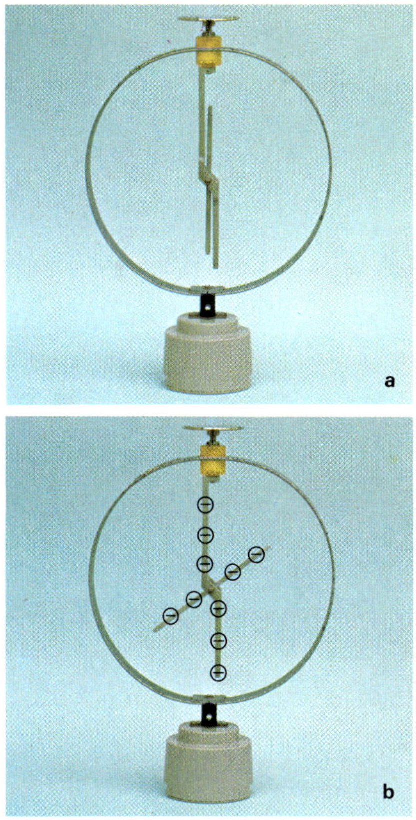

63.1 Elektroskop
a) ungeladen
b) geladen

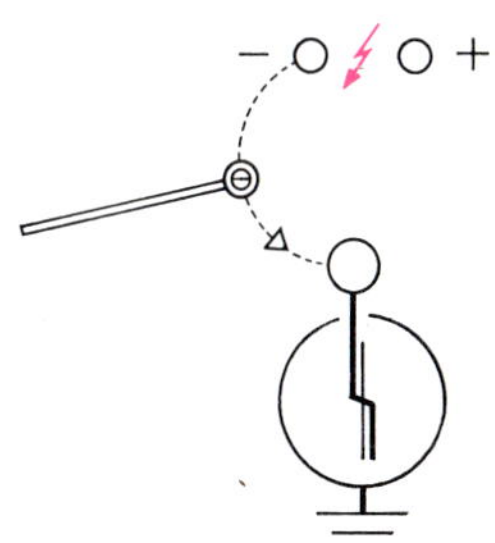

63.2 Zu Aufgabe 1

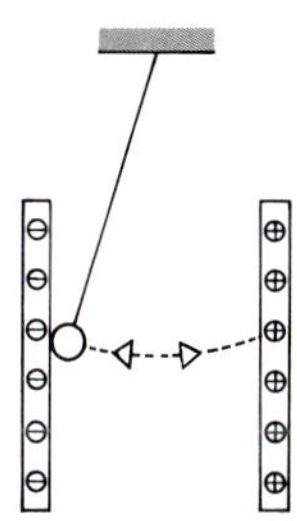

63.3 Zu Aufgabe 2

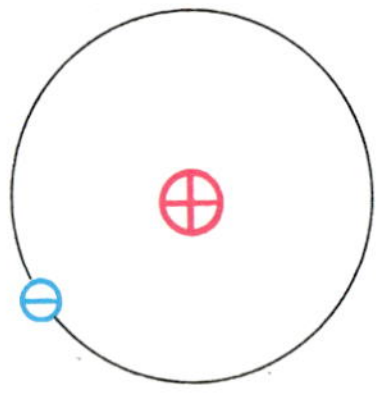

64.1 Aufbau des Wasserstoffatoms

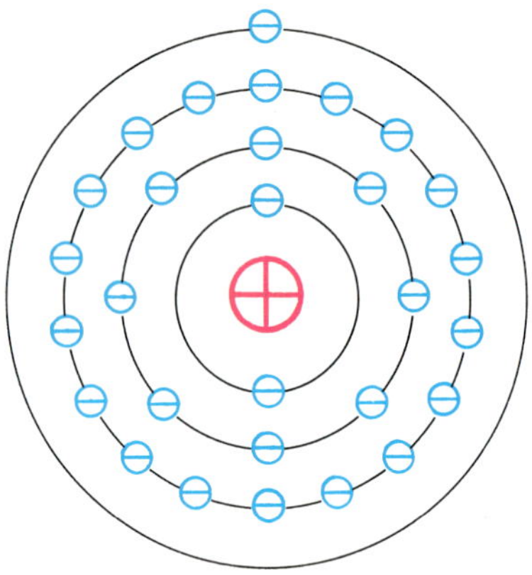

64.2 Aufbau des Kupferatoms

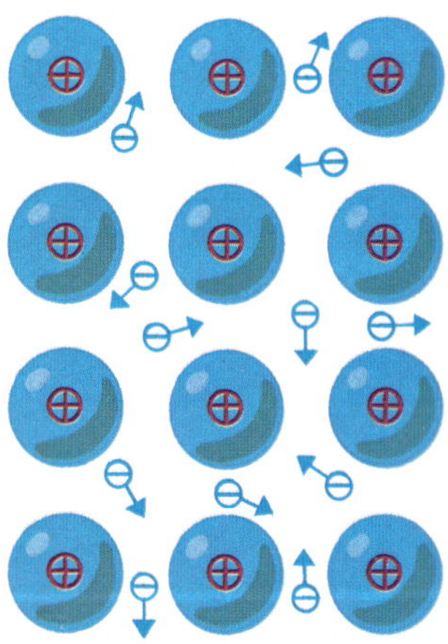

64.3 Frei bewegliche Elektronen im Leiter

3.4 Die atomare Vorstellung von der Elektrizität

Kern und Elektronenhülle

Untersuchungen der Atomphysik zeigen, dass die Atome* aus einem positiv geladenen Kern und Elektronen bestehen. Die Elektronen umlaufen auf verschiedenen Bahnen den Kern. Sie bilden eine **Elektronenhülle**.

Jedes Atom besitzt gerade so viele Elektronen, dass sie die positive Kernladung neutralisieren. Der Kern ist mehrere tausend Mal so schwer wie die ihn umgebenden Elektronen. Er bindet diese durch die Anziehungskraft an sich.

Das einfachste Atom ist das Wasserstoffatom: Ein Elektron umläuft den Kern und neutralisiert die positive Kernladung (Abb. 64.1). Beim Kupferatom sind zur Neutralisierung der Kernladung 29 Elektronen nötig. Sie umlaufen den Kern auf verschiedenen Bahnen; die äußerste ist nur von einem Elektron besetzt (Abb. 64.2).

Frei bewegliche Elektronen

In einem Draht aus Kupfer ist das äußerste Elektron jedes Kupferatoms nur schwach an den Kern gebunden; es kann sich vom Atom lösen. Jedes Kupferatom gibt so ein Elektron ab. Diese *freien Elektronen* bewegen sich zwischen den um je ein Elektron beraubten *Atomrümpfen* regellos hin und her (Abb. 64.3). Im geschlossenen Stromkreis wird diese Bewegung im Leiter durch die als Elektronenpumpe wirkende Stromquelle mehr oder weniger in eine Richtung geordnet.

In Leitern lösen sich von jedem Atom ein bis drei Elektronen. Diese frei beweglichen Elektronen stammen aus dem äußeren Bereich der Elektronenhülle. In den verbleibenden Atomrümpfen übertrifft die Kernladung die Ladung der gebundenen Elektronen. Die Atomrümpfe wirken dadurch als positiv geladen. Diese positive Ladung ist im *festen Körper* an *feste Plätze* gebunden.

Im Gegensatz zu den Leitern werden bei Isolatoren alle Elektronen so stark vom positiven Kern angezogen, dass sie sich nicht vom Atom loslösen können. Daher kann im Isolator kein Transport von Ladungen stattfinden.

Positiv und negativ geladene Körper

Jeder Körper ist aus Atomen aufgebaut. Schon im elektrisch neutralen Zustand besitzt er positive und negative Ladungen. Beim Aufladen ändert sich nur die Anzahl seiner Elektronen. Einen Körper *positiv laden* heißt, ihm Elektronen zu entziehen, sodass die Ladung der Atomkerne überwiegt. Einen Körper *negativ laden* heißt dagegen, ihm Elektronen zuzuführen. Er besitzt danach mehr Elektronen, als zur Neutralisation seiner Atomkerne nötig ist.

Ein *positiv* geladener Körper besitzt *Elektronenmangel*, ein *negativ* geladener Körper besitzt *Elektronenüberschuss*.

Aufgabe

Leitungselektronen

Die in einem Metall frei beweglichen Elektronen nennt man auch Leitungselektronen.

a) Was bringt man mit dieser Bezeichnung zum Ausdruck?

b) Die Elektronenhülle eines Kupferatoms besteht aus 29 Elektronen. Warum wird das Elektron, das am weitesten vom Atomkern entfernt ist, zum Leitungselektron?

den in unseren Versuchen verwendeten Becher auch **Faraday-Becher**. Statt eines Leiters mit geschlossener Oberfläche genügt auch ein metallischer Käfig mit nicht zu großen Öffnungen, der entsprechend **Faraday-Käfig** heißt.
Wie beeinflusst die *Leiterform* die Ladungsverteilung?

V Ein metallischer Körper, etwa von der Form nach Abb. 66.3, wird isoliert aufgestellt und geladen. Mit einer ungeladenen Metallkugel am Isoliergriff berühren wir unterschiedlich gekrümmte Stellen und jeweils anschließend den Teller des Elektroskops: Es ergeben sich unterschiedliche Ausschläge.

Wir schließen daraus:

Die Ladungen sitzen an den stärker gekrümmten Stellen eines Leiters dichter als an schwächer gekrümmten.

Bei starker Krümmung der Leiter, z. B. an Metallspitzen, können die Ladungen so dicht sitzen, dass durch die starke gegenseitige Abstoßung Ladungen abgesprüht werden (*Spitzenwirkung*).

Gewitter

Blitze gehören zu den eindrucksvollsten Naturerscheinungen (Abb. 67.1). Der amerikanische Naturforscher und Staatsmann *Benjamin Franklin* (1706–1790) hat als Erster durch Versuche gezeigt, dass der Blitz eine gewaltige elektrische Entladung ist. Aber erst in den letzten 20 Jahren ist es gelungen, die grundlegenden Vorgänge bei Gewittern zu klären.
In einer Gewitterwolke werden Ladungen getrennt. Daran sind Wassertröpfchen, Eiskristalle und Graupeln beteiligt. In Laborversuchen fand man ein überraschendes Ergebnis: Fallen Graupeln bei einer niedrigeren Temperatur als $-15\,°C$ durch einen „Schleier" aus schwebenden Eiskristallen und unterkühlten Wassertröpfchen, so laden sich die Graupeln negativ und die schwebenden Teilchen positiv auf. Ist dagegen die Temperatur höher als $-15\,°C$, so laden sich die sich berührenden Partner umgekehrt auf: die Graupeln positiv und die schwebenden Teilchen negativ (Abb. 67.2).
In der Atmosphäre nimmt die Temperatur von oben nach unten zu. In einer Höhe von etwa 5 km herrscht eine Temperatur von $-15\,°C$. Fallen Graupeln durch den oberen Bereich einer Wolke – in mehr als 5 km Höhe –, so werden sie negativ geladen. Sie hinterlassen schwebende, positiv geladene Teilchen. In der Höhe von etwa 5 km werden die ankommenden, negativ geladenen Graupeln umgeladen: Sie geben die mitgebrachten negativen Ladungen und weitere negative Ladungen ab. Es entsteht ein ungefähr 100 m hoher, stark negativ geladener Bereich der Wolke. Die sinkenden Graupeln sorgen durch ihre mitgeführte Ladung dafür, dass untere Wolkenteile auch positiv geladen sind (Abb. 67.3). Eine Gewitterwolke ist also im oberen Bereich positiv geladen, in einer Höhe von etwa 5 km stark negativ und im unteren Bereich teilweise positiv. Der „Antrieb" der Ladungstrennung sind kräftige Aufwinde innerhalb der Gewitterwolke. Sie transportieren feuchte Luft und unterkühlte Wassertröpfchen in die Höhe. Aus ihnen bilden sich die Graupeln und der schwebende „Schleier" aus Eiskristallen und Wassertröpfchen.
Wenn genügend viele Ladungen getrennt wurden, entsteht ein Blitz, entweder zwischen den geladenen Bereichen innerhalb der Wolke oder zwischen Wolke und Erdoberfläche. Der von der Wolke zur Erde verlaufende Blitz, der *Wolke-Erde-Blitz*, ist an den zur Erdoberfläche hin gerichteten Verästelungen zu erken-

67.1 Wolke – Erde – Blitz

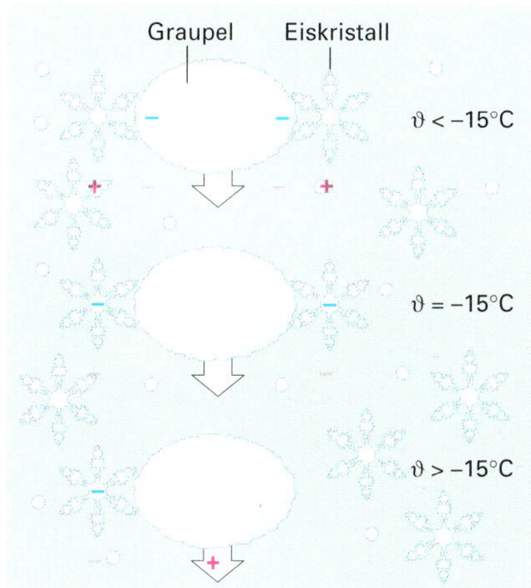

67.2 Ladungstrennung durch einen fallenden Graupel

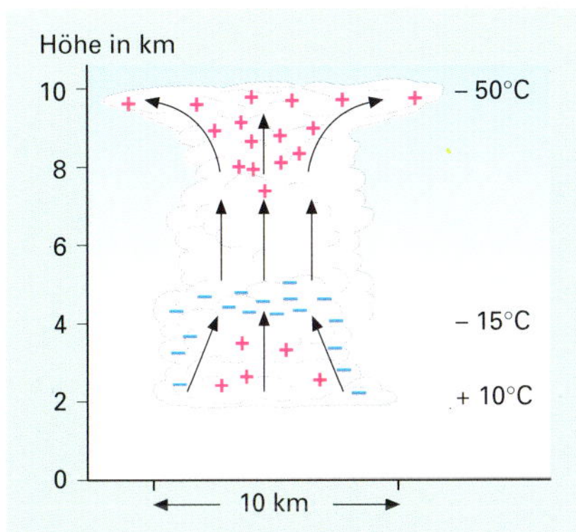

67.3 Ladungsverteilung in einer Gewitterwolke

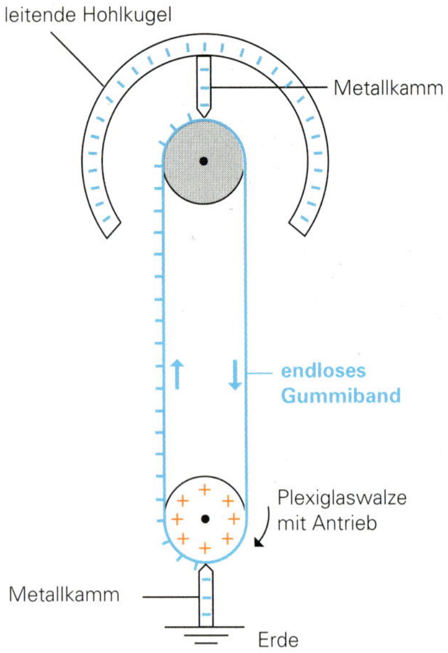

68.1 Aufbau eines Bandgenerators

68.2 Körperhaltung bei Blitzgefahr im offenen Gelände

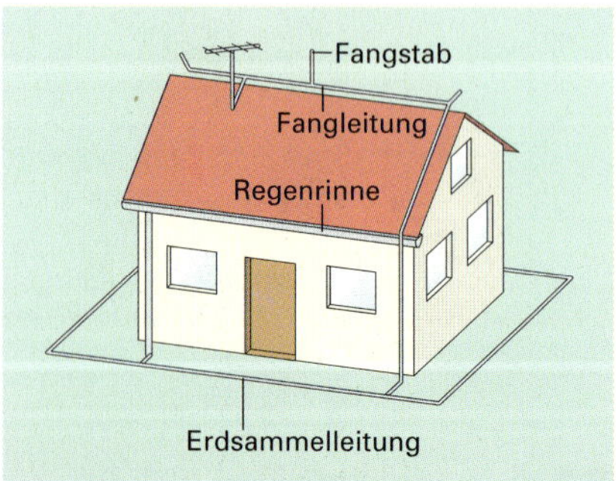

68.3 Blitzschutzanlage

nen. Durch eine Reihe von Vorentladungen wird ruckweise ein mit negativen Ladungen gefüllter Schlauch, der *Blitzkanal*, von der Wolke zur Erde getrieben. Durch ihn erfolgt dann die Hauptentladung, die etwa 1/10000 s dauert. So verlaufen Blitzkanäle oft recht bizarr (Abb. 67.1). Im Blitzkanal herrscht anfangs eine Temperatur von etwa 30000 °C. Diese plötzliche, extrem hohe Erwärmung bewirkt eine explosionsartige Ausdehnung der Luft. Die Folge ist der *Donner*.

Verhalten bei Gewitter

Werden wir von einem Gewitter im Freien überrascht, können Blitzeinschläge in unserer Nähe lebensgefährlich sein. Wie sollen wir uns verhalten? Wir versuchen, durch Experimente Verhaltensregeln zu finden.
Ungefährliche künstliche Blitze erzeugen wir mithilfe des *Bandgenerators*. Sein Aufbau ist in Abb. 68.1 dargestellt. Ein endloses Gummiband läuft über eine Plexiglaswalze. Diese lädt sich durch Berührung positiv auf. Die positiven Ladungen „ziehen" durch Influenz Elektronen von der Erde auf den Metallkamm. Aus den Metallspitzen werden sie auf das Gummiband gesprüht (Spitzenwirkung). Ein weiterer Metallkamm im Inneren einer großen Metallkugel saugt sie vom Band ab. So kann die Hohlkugel stark aufgeladen werden.

V Wir stellen der Hohlkugel des Bandgenerators (Modell-Wolke) eine geerdete Metallkugel (Modell-Erdoberfläche) gegenüber: Von der „Wolke" schlagen Blitze in die „Erdoberfläche".

V Wir setzen auf die geerdete Kugel eine Metallspitze auf: Es entstehen keine Funken mehr. Im Dunkeln sehen wir aber eine schwache Leuchterscheinung um die Spitze, eine so genannte *Spitzenentladung*.

Der Blitz nimmt stets einen gut leitenden Weg, so auch den über Körper mit dicht sitzenden Ladungen an der Oberfläche. Er schlägt also bevorzugt in hoch ragende Körper ein. *Suche deshalb nie unter einzelnen Bäumen oder im Wald nie unter hohen Bäumen Schutz! Vermeide es, selbst die höchste Erhebung im Gelände zu sein!*
Nahe der Einschlagstelle fließt an der Erdoberfläche ein sehr großer elektrischer Strom. *Lege dich nicht flach hin! Hocke dich im offenen Gelände in eine Bodenmulde!* Nur so bietest du dem elektrischen Strom keinen Weg durch deinen Körper (Abb. 68.2).

Ein Auto ragt aus seiner Umgebung hervor. Es bietet Blitzen einen bevorzugten Weg zum Erdboden. Sind wir in einem Auto gefährdet?

V Wir stellen auf die Modell-Erdoberfläche ein geerdetes Spielzeugauto aus Blech. In das Auto und auf sein Dach legen wir jeweils ein kleines mit Benzin getränktes Stück Watte. Wir erzeugen mit dem Bandgenerator einen künstlichen Blitzeinschlag: Das äußere Stück Watte wird entzündet – das innere dagegen nicht!

In einem Auto mit Blechdach sind wir bei Blitzeinschlägen nicht gefährdet. Das Auto wirkt als Faraday-Käfig. Blitzschutzanlagen von Bauten verwenden nur ein weitmaschiges Netz von Metalldrähten längs der markanten höheren Gebäudeteile (Abb. 68.3).

Einen sicheren Schutz vor Blitzen bieten nur Räume, die von Metall umgeben sind (Faraday-Käfige): Autos, Eisenbahnwagen.

Ladungstrennung in Batterien

Bei der Neutralisation der durch Berührung getrennten Ladungen fließt nur kurzzeitig Strom. Es fehlt am „Elektronennachschub". Einen Dauerstrom können wir mit einer Batterie erzeugen. Wie ist sie aufgebaut?

V Wir zerlegen eine „verbrauchte" Monozelle. Wir entdecken einen „zerfressenen" Zinkbecher, der den Minuspol bildet, und einen unversehrten Kohlestift; er bildet den Pluspol. Der Raum zwischen Zinkbecher und Kohlestift ist mit chemisch wirksamen Stoffen (Braunstein; eingedickte Ammoniaklösung) gefüllt (Abb. 69.1).

Wir bauen diese Anordnung überschaubar nach. Anstatt einer Braunsteinfüllung und Ammoniaklösung verwenden wir verdünnte Schwefelsäure.

V In einen Glastrog mit verdünnter Schwefelsäure tauchen wir eine Zinkplatte und einen Kohlestab ein. Wir verbinden die Zinkplatte über ein empfindliches Glühlämpchen mit dem Kohlestab: Das Glühlämpchen leuchtet (Abb. 69.2). In der Umgebung der Zinkplatte entstehen Schlieren. Am Kohlestab steigen Gasbläschen auf.

Wie kommt die Ladungstrennung zustande? Sie wird durch chemische Vorgänge hervorgerufen. Diese werden im Chemieunterricht behandelt. Der italienische Physiker *Alessandro Volta* (1745–1827) hat als Erster erkannt: Tauchen zwei verschiedene Metalle oder ein Metall und Kohle in eine Säure, Lauge oder Salzlösung ein, so tritt zwischen beiden Stoffen eine Ladungstrennung auf. Er baute im Jahr 1800 die erste brauchbare Batterie, die beständige Ströme lieferte.

In einer Batterie werden durch chemische Vorgänge Ladungen getrennt und dadurch die Pole geladen. Werden die Pole leitend verbunden, setzen die chemischen Vorgänge wieder ein und ersetzen die abfließenden Ladungen.

Aufgaben

1. *„Haarsträubend!"*
Nimm eine Folie aus Kunststoff, z. B. eine Schreibfolie für den Overheadprojektor. Lege sie auf einen Tisch und reibe kräftig mit einem Staubtuch auf ihr. Fasse die Folie an einer Ecke und hebe sie von der Unterlage ab!
a) Wie könnte man nachweisen, dass die Folie negativ geladen ist?
b) Bringe die Folie nahe an Papierschnipsel heran. Nähere die Folie deinem Haar (Abb. 69.3)! Beobachte jeweils und erkläre!
c) Lege den Metallboden einer Tortenform zur besseren Isolation auf ein Stück Styropor. Streife Ladungen der geriebenen Folie am Metallboden ab, ohne diesen mit der Hand zu berühren. Nähere dem Metallboden das eine Ende eines Glimmlämpchens oder einen Finger. Beobachte und erkläre!
d) Zünde eine Kerze an. Blase sie wieder aus. Nähere dem aufsteigenden Qualm die geriebene Folie! Was beobachtest du? Wozu könnte man diesen Effekt nutzen?

2. *Der geriebene Glasstab*
Ein Glasstab wird mit einem Seidentuch gerieben.
a) Berührt man ihn mit einem Glimmlämpchen, so leuchtet die dem Stab abgewandte Elektrode auf. Wie ist der geriebene Stab geladen?
b) Der geriebene Stab wird einem geladenen Elektroskop genähert. Der Ausschlag des Elektroskops wird kleiner. Dann werden die Ladungen des Glasstabs am Teller des Elektroskops abgestreift. Der Ausschlag ist nun kleiner als anfangs. Streift man noch öfter den immer wieder geriebenen Glas-

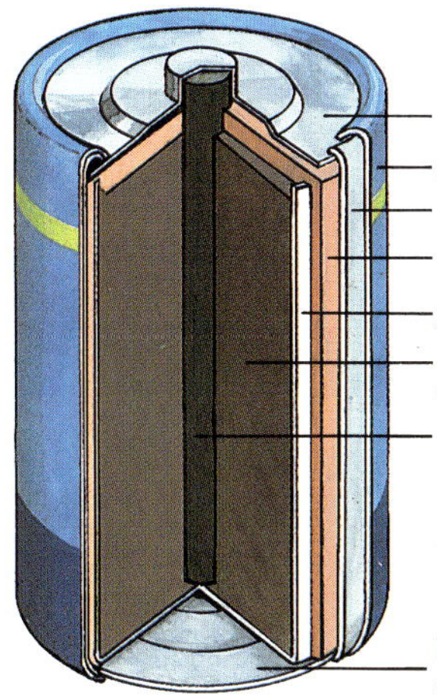

69.1 Aufbau einer Monozelle

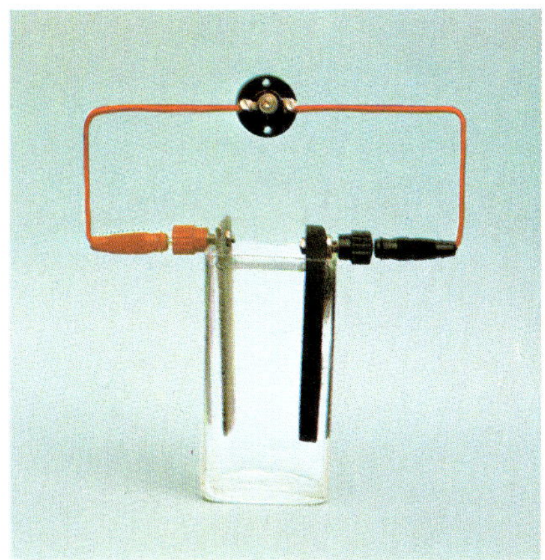

69.2 Modellversuch zur Batterie

69.3 „Haarsträubend!"

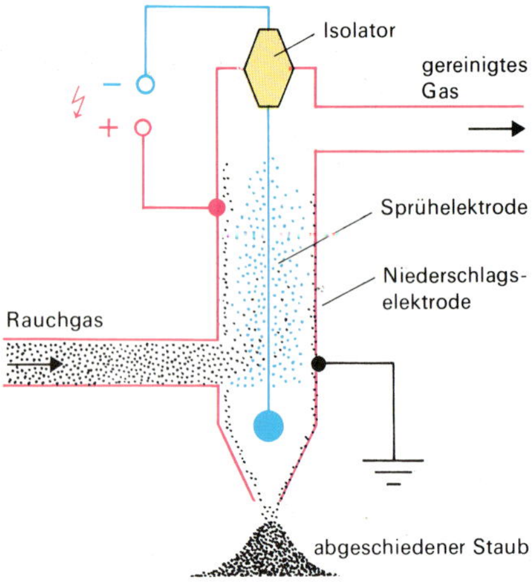

70.1 Elektrofilter

70.2 Blitzableitermode (Ende des 18. Jahrhunderts)

stab am Teller ab, so geht der Ausschlag völlig zurück und nimmt schließlich wieder zu. Erkläre die Beobachtungen!

3. *Faraday-Becher*
Der eine Pol eines Hochspannungsnetzgerätes ist geerdet. Berührt man mit dem anderen den Teller eines Elektroskops, so stellt sich ein bestimmter Ausschlag ein. Das Elektroskop wird danach entladen und der Teller durch einen Faraday-Becher ersetzt. Mit einer leitenden Kugel an einem Isolierstiel werden nun Ladungen vom nicht geerdeten Pol des Netzgerätes auf den Faraday-Becher gelöffelt, und zwar durch Berührung
a) von außen, b) von innen. Was kann man über den Ausschlag aussagen, der sich nach mehrfachem Löffeln jeweils einstellt?

4. *Entstaubungsanlage*
Abb. 70.1 zeigt den schematischen Aufbau eines *Elektrofilters* zur Entstaubung von Rauchgasen. Die Sprühelektrode ist so stark aufgeladen, dass aus dem Draht von selbst Elektronen auf die Staubteilchen „gesprüht" werden.
a) Beschreibe die Wirkungsweise des Elektrofilters!
b) Der Elektrofilter eines Kohlekraftwerkes scheidet 99,74 % der Staubteilchen ab. Das sind in einer Stunde 8,0 t (!). Wie viel kg Staub werden je Stunde noch vom Kamin an die Umwelt abgegeben?

5. *Plastik-Trennen beim Recycling*
Die eingesammelten Plastikabfälle werden zerkleinert und gewaschen. Bereits bei leichtem Reiben eines Körpers aus dem Kunststoff PVC mit einem aus dem Kunststoff PET (Material von Getränkeflaschen) lädt sich PVC positiv und PET negativ auf. Da bei der Verbrennung von PVC – im Gegensatz zu PET – hochgiftiges Dioxin entsteht, ist es sinnvoll, diese Kunststoffe zu trennen.
a) Wie könnte man aufgrund des elektrischen Verhaltens der Kunststoffe vorgehen?
b) Skizziere den schematischen Aufbau einer Anlage, bei der sich nach dem Trennen in einem ersten Behälter PVC-Teilchen, in einem zweiten PET-Teilchen und in einem dritten eine Mischung befindet!

6. *Verhalten bei Gewitter*
a) Würdest du einen geerdeten Regenschirm (Abb. 70.2) als Blitzschutz verwenden? Warum?
b) Wie würdest du dich verhalten, wenn dich beim Radfahren oder Schwimmen ein Gewitter überrascht?
c) Stell dir vor, im Gebirge zieht ein Gewitter auf (Abb. 70.3). Würdest du in einem Heustadel Schutz suchen? Erläuterung!

70.3 Blitze im Gebirge

4 Größen des elektrischen Stromkreises

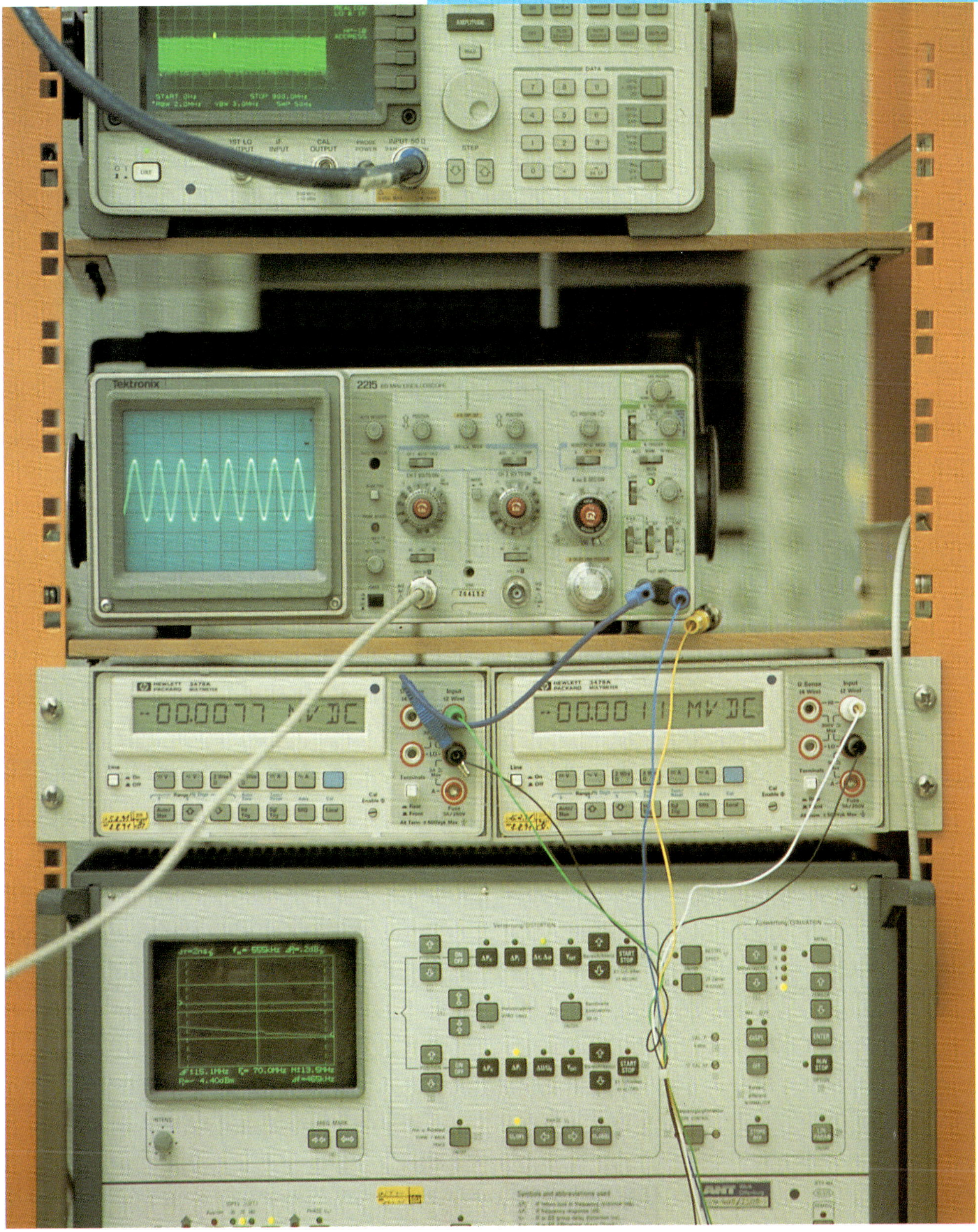

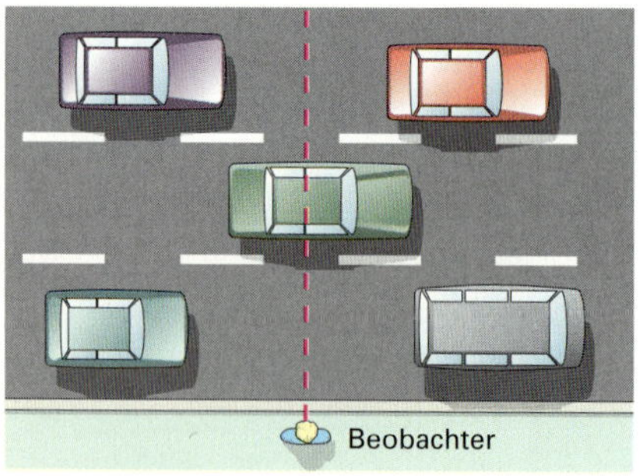

72.1 Messung der Stärke des Verkehrsstromes („Verkehrszählung")

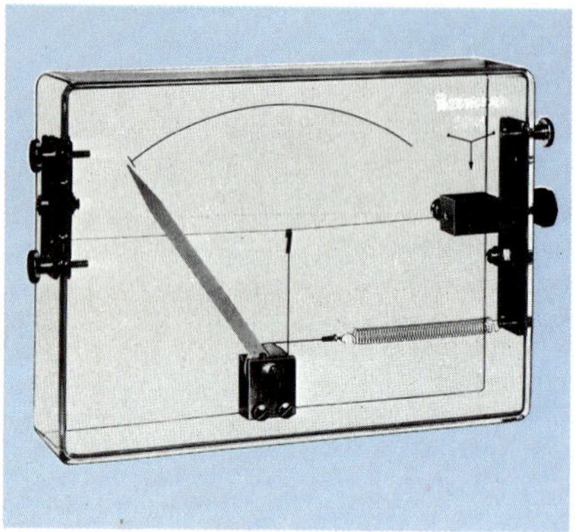

72.2 Hitzdrahtinstrument

72.3 Schaltzeichen eines Hitzdrahtinstruments

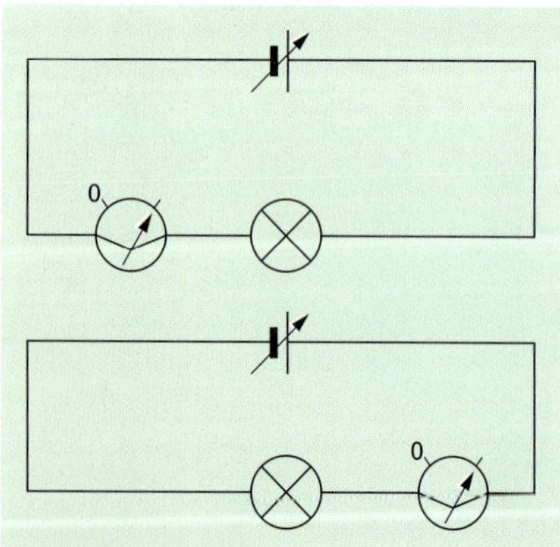

72.4 Stromvergleich mithilfe eines Hitzdrahtinstruments

4.1 Die elektrische Stromstärke

Vom Stromnachweis zur Strommessung

Wir haben bisher den elektrischen Strom mit dem Glühlampen- oder dem Glimmlampentest nachgewiesen. Dabei interessierte nur, ob Strom fließt oder nicht. Aber schon häufig war davon die Rede, ob viel oder wenig Strom fließt. Wie misst man die Stärke eines Stromes? Nehmen wir eine Anleihe bei einem Verkehrsstrom! Bei einem Verkehrsstrom gibt man an, wie viele Autos an einer bestimmten Stelle in einer bestimmten Zeitspanne vorbeifahren: z. B. 2000 Autos pro Stunde (Abb. 72.1).

Den elektrischen Strom in einem metallischen Leiter stellen wir uns als Bewegung von Elektronen vor. Da man Elektronen nicht beobachten, also auch nicht zählen kann, lässt sich das Verfahren zur Messung des Verkehrsstromes nicht auf den elektrischen Strom übertragen. Wir müssen deshalb auf die Wirkungen des elektrischen Stromes zurückgreifen. Im Falle des Verkehrsstromes würde dies bedeuten, dass man anstatt zu zählen z. B. den Abgasanteil der Luft als Maß für die Stärke nimmt.

Wir entwickeln aus Wirkungen des elektrischen Stromes zunächst Geräte mit der Eigenschaft: *Je* mehr Strom fließt, *desto* mehr zeigen sie an. Diese „*Je-desto-Geräte*" werden wir dann eichen und so *Messgeräte* erhalten.

Das Hitzdrahtinstrument

Der Nachweis des elektrischen Stromes mit einer Glühlampe beruht auf seiner Wärmewirkung. Ist diese so gering, dass der Glühdraht noch nicht leuchtet, erkennen wir den Stromfluss nicht. Schwache Ströme können jedoch einen dünnen Draht erwärmen: Dieser dehnt sich aus. Um die kleinen Verlängerungen des „Hitzdrahtes" zu erfassen, wird er durch eine Feder gespannt, und der Spanndraht über eine kleine Rolle mit einem großen Zeiger geführt. Eine kleine Längenänderung wird so in einen großen Zeigerausschlag übersetzt. In Abb. 72.2 ist ein Modell eines solchen **Hitzdrahtgerätes** wiedergegeben.

V Wir bauen aus einer Stromquelle regelbarer Stärke, einer Glühlampe und einem Hitzdrahtinstrument (Abb. 72.3) einen Stromkreis auf: Mit der Erhöhung der Stärke der Stromquelle wächst der Ausschlag des Hitzdrahtinstruments. Das Leuchten der Lampe setzt erst ab einer bestimmten Stärke der Stromquelle ein und wird dann immer heller. Wir schreiben dem größeren Ausschlag bzw. dem helleren Leuchten als Ursache einen stärkeren Strom zu.

V Wir stellen eine bestimmte Stärke der Stromquelle ein: Das Hitzdrahtinstrument wird einmal vor der Glühlampe und dann in einem zweiten Versuch nach der Glühlampe eingefügt. Es ergibt sich in beiden Fällen der gleiche Zeigerausschlag (Abb. 72.4).

Es fließt also vor und nach der Glühlampe ein Strom gleicher Stärke: In einem betrachteten Zeitraum fließen gleich viele Elektronen auf die Glühlampe zu und von der Glühlampe weg. Oder verallgemeinert: An jeder Stelle des Stromkreises fließt ein Strom gleicher Stärke. Dies trifft jedoch nur zu, wenn sich ein Strom nicht auf mehrere Leitungen aufteilt, sich *nicht verzweigt*.

Der elektrische Strom ist an jeder Stelle eines unverzweigten Stromkreises gleich stark.

Das Drehspulinstrument

Von einem stromdurchflossenen Leiter geht eine magnetische Wirkung aus: Eine stromdurchflossene Spule wird zum Elektromagneten. Bringt man sie in die Nähe eines Dauermagneten, so treten anziehende und abstoßende Kräfte auf. Wie kann man diese zum Nachweis der Ursache, des Stromflusses in der Spule, nutzen?

V Eine Spule, die an dünnen Metallbändern befestigt ist, befindet sich zwischen den Polen eines Hufeisenmagneten (Abb. 73.1). Fließt Strom, so wird die Spule zum Magneten: Ihr Südpol wird vom Nordpol, ihr Nordpol vom Südpol des Hufeisenmagneten angezogen. Die Spule beginnt sich deshalb zu drehen. Durch die zunehmende Verdrillung der Metallbänder entsteht eine zunehmende Kraft, die die Spule in die Ausgangslage zurückzuziehen versucht, eine *Rückstellkraft*. Die Spule dreht sich so weit, bis ein Gleichgewichtszustand erreicht ist.

V In den Stromkreis mit der Drehspule fügen wir eine Glühlampe ein. Erhöhen wir die Stärke der Stromquelle, so leuchtet die Glühlampe heller, und die Metallbänder verdrillen sich stärker: Erst eine größere Rückstellkraft stellt den Gleichgewichtszustand her. Die magnetische Wirkung der Spule wurde also stärker, folglich auch die Ursache, nämlich der elektrische Strom.

Die in den Versuchen verwendete Anordnung ist ein Modell eines **Drehspulinstruments**. Bei der technischen Ausführung sorgen ein oder zwei Spiralfedern für die Rückstellkraft (Abb. 73.2).

Das Ampere

Zum Stromvergleich stehen uns die „Je-desto-Geräte" zur Verfügung. Wie erhalten wir aus diesen Anzeigegeräten aber *Messgeräte*?
Zum Messen benötigt man eine *Einheit*. Längen misst man z. B. in Metern, Zeitspannen z. B. in Sekunden. Die Einheit ist zwar willkürlich festsetzbar. Wegen der engen internationalen Verbindungen ist man aber bestrebt, dass alle Länder die gleiche Einheit benutzen. Sie wird durch eine allgemein verbindliche Vorschrift festgelegt. So beruht die Längeneinheit auf der Idee, sie aus der Gestalt der Erde abzuleiten. Das Meter ist etwa der 40millionste Teil des Erdumfanges. Seit dem Jahre 1983 ist das Meter als jene Strecke festgelegt, die das Licht im Vakuum in der sehr kurzen Zeitspanne von 1/299 792 458 Sekunde durchläuft.
Die Stärke des elektrischen Stromes, die **elektrische Stromstärke**, kürzt man mit dem Symbol I (von Intensität) ab. Ihre Einheit wird mithilfe der magnetischen Wirkung stromdurchflossener Drähte verwirklicht. (Für das Verständnis dieser Festlegung fehlen uns leider noch die physikalischen Grundlagen!) Nach dem französischen Physiker, Mathematiker und Philosophen *André Marie Ampère* (Abb. 73.3), der die grundlegenden Zusammenhänge zwischen dem elektrischen Strom und dem Magnetismus erforschte, ist die Einheit benannt.

Die Einheit der elektrischen Stromstärke heißt 1 Ampere (1 A).

Ein Strom der Stärke 1 A ruft einen bestimmten Ausschlag des Drehspulinstruments hervor. Auf der Skala unseres Instruments ist bereits die 1-A-Marke angegeben. Wie erhält man damit die 1-A-Marke auf der Skala des Hitzdrahtinstruments?

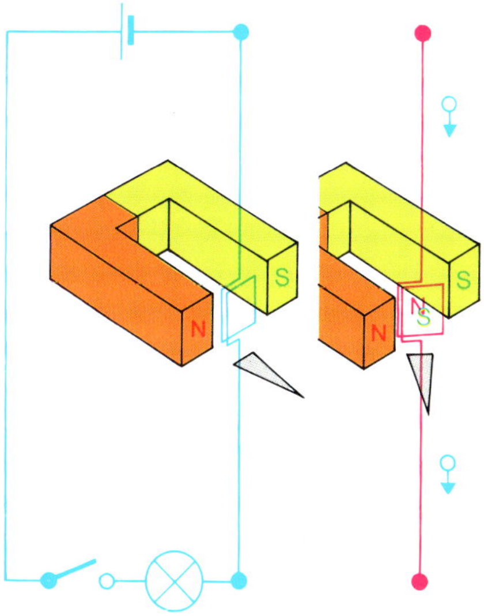

73.1 Modell eines Drehspulinstruments

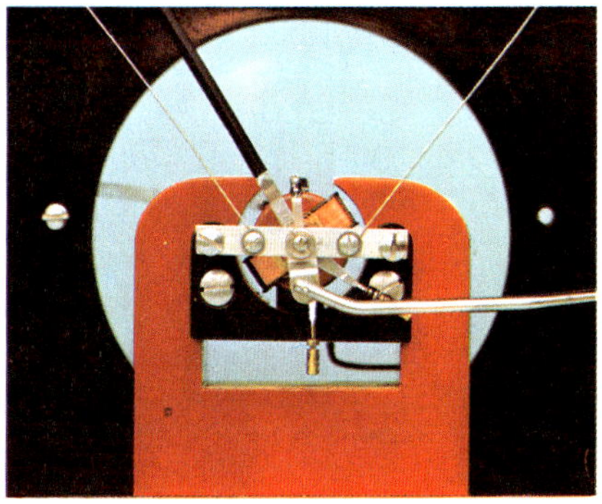
73.2 Blick in ein Drehspulinstrument

73.3 André Marie Ampère (1775–1836)

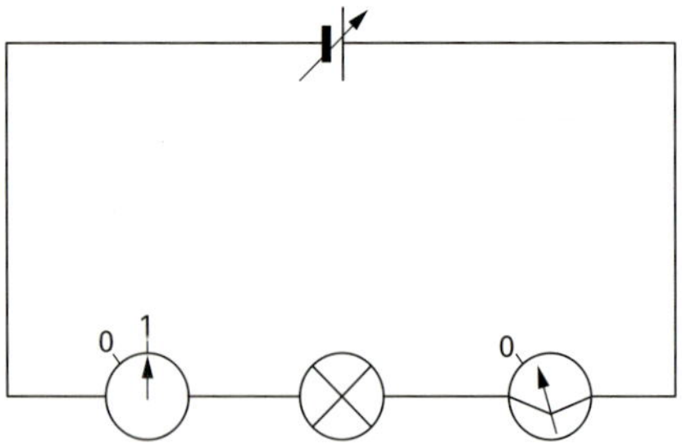

74.1 Ermittlung der Marke „1 A“ beim Hitzdrahtinstrument

74.2 Fallröhren des Walchenseekraftwerkes

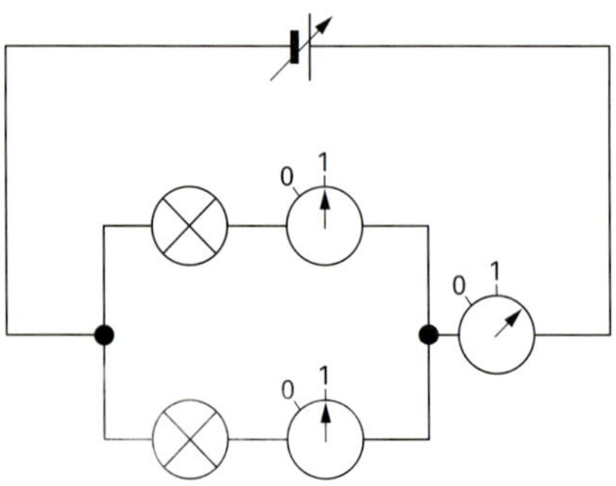

74.3 Stromverzweigung zum Auffinden der Marke „2 A“

V Wir bauen mit einer Stromquelle veränderbarer Stärke, einer Glühlampe, dem Drehspulinstrument und dem Hitzdrahtinstrument einen unverzweigten Stromkreis auf. Wir stellen die Stärke der Stromquelle so ein, dass der Zeiger des Drehspulinstruments auf die Marke „1 A“ zeigt: Dann gehört zur Zeigerstellung des Hitzdrahtinstruments auch die Marke „1 A“, da an jeder Stelle eines unverzweigten Stromkreises die Stärke des Stromes gleich groß ist (Abb. 74.1).

Die Vielfachen von 1 A

Wie erhält man die Eichmarke zu 2 A? Es liegt nahe, den Ausschlag zu 1 A auf unseren Anzeigegeräten einfach zu verdoppeln.

V Wir verändern im letzten Versuch (Abb. 74.1) die Stärke der Stromquelle, bis sich der Ausschlag des Drehspulinstruments gegenüber dem zu 1 A verdoppelt hat. Es zeigt sich: Der Ausschlag des Hitzdrahtinstruments verdoppelt sich nicht; er wächst wesentlich stärker an.

Durch welche Marke soll nun die Stromstärke 2 A festgelegt werden? Wenn sich der Ausschlag des Drehspulinstruments oder der des Hitzdrahtinstruments verdoppelt hat? Legten wir den doppelten Ausschlag des einen oder des anderen Instruments zugrunde, würde die Definition von der Art und Weise, wie das Instrument konstruiert ist, abhängen.
Um die Vielfachen von 1 A festzulegen, greifen wir unmittelbar auf die Stromvorstellung zurück. Denken wir z. B. an die Röhren zwischen dem Walchen- und dem Kochelsee (Abb. 74.2)! Ist eine Röhre geöffnet, so fließen 14 m^3 Wasser pro Sekunde – diese Stromstärke könnte man z. B. 1 A nennen. Sind zwei Röhren geöffnet, so fließt ein Strom der doppelten Stärke. Diese Überlegung übertragen wir auf den elektrischen Stromkreis. Wir müssen also im Stromkreis eine Stelle schaffen, wo mehrere Ströme zusammenfließen oder wegfließen: eine **Stromverzweigung**.

V Wir bauen nach Abb. 74.3 einen verzweigten Stromkreis mit zwei gleichen Glühlampen auf und erhöhen die Stärke der Stromquelle, bis in beiden Zweigleitungen jeweils ein Strom der Stärke 1 A fließt. In der Hauptleitung fließt dann mehr. Wir setzen fest: In der Hauptleitung beträgt die Stromstärke 2 A.

Diese Festsetzung bringt uns zu einer Verallgemeinerung, die nach ihrem Entdecker – dem deutschen Physiker *Robert Kirchhoff* (1824–1887) – benannt ist (Abb. 75.1):

Kirchhoff-Regel
Bei einer Verzweigungsstelle ist die Stromstärke I_{ges} in der Hauptleitung gleich der Summe der Stromstärken I_1, I_2, …, I_n in den Zweigleitungen:

$$I_1 + I_2 + \ldots + I_n = I_{ges}$$

Mithilfe dieser Definition kann man zu jedem Stromstärkewert die zugehörige Marke auf der Skala unserer Anzeigegeräte finden. So ergibt sich der Skalenstrich zu 3 A, indem man 3 Zweige mit je 1 A Stromstärke zusammenführt. Oder der Skalenstrich zu 0,5 A wird erhalten, indem man die Stromstärke in der Hauptleitung auf 1 A einstellt und in den beiden gleichartig gebauten Zweigleitungen jeweils die Stromstärke auf der Skala markiert.
Durch das Anbringen der Eichmarken wird das Anzeigegerät zum Messgerät, zum **Strommesser** (Abb. 75.2). Wie geht man bei der Messung der elektrischen Stromstärke vor?

Wollen wir an einer Stelle eines Stromkreises die Stromstärke *I* messen, müssen wir ihn an dieser Stelle unterbrechen und einen Strommesser einfügen.

An der Skala eines geeichten Drehspulinstruments fällt auf, dass der doppelten, der dreifachen, ... Stromstärke der doppelte, der dreifache, ... Zeigerausschlag entspricht. Von den Konstrukteuren wurde das durch die geschickte Wahl der Form des Hufeisenmagneten und der Spule erreicht.

Beispiele für elektrische Stromstärken

Im Alltag, in der Technik und in der Natur kommen Ströme sehr unterschiedlicher Stärke vor (Abb. 75.3). Als weitere Stromstärkeeinheiten sind gebräuchlich:
1 Nanoampere:
$1\,nA = 0{,}000\,000\,001\ A = 10^{-9}\ A$
1 Mikroampere:
$1\,\mu A = 0{,}000\,001\ A = 10^{-6}\ A$
1 Milliampere:
$1\,mA = 0{,}001\ A = 10^{-3}\ A$
1 Kiloampere:
$1\,kA = 1\,000\ A = 10^3\ A$

Technische Stromrichtung

Als man zum ersten Mal die Richtung des elektrischen Stromes festgelegt hat, wusste man über die Vorgänge in den Leitern noch sehr wenig. Man hat damals willkürlich vereinbart:

Technische Stromrichtung
Der elektrische Strom fließt im Leiter vom positiven zum negativen Pol der Stromquelle.

Obwohl diese Festsetzung gerade die entgegengesetzte Richtung zur Bewegungsrichtung der Elektronen beinhaltet, hat man es bis heute nicht für notwendig erachtet, die Regel umzustellen (Abb. 75.4).
Sprechen wir künftig von „Stromrichtung", meinen wir die technische Stromrichtung. Ist von der Richtung des Elektronenstromes die Rede, erwähnen wir die Elektronen stets ausdrücklich.

Aufgaben

1. *Drehspulinstrument*
Die Ruhelage des Zeigers eines Drehspulinstruments befindet sich in der Mitte der Skala.
a) Es wird von einem Gleichstrom durchflossen und zeigt deshalb einen bestimmten Ausschlag. Wie verhält sich der Zeiger, wenn man die Anschlüsse des Instruments vertauscht? Begründung!
b) Unser „Stromnetz" lässt durch angeschlossene Geräte Wechselstrom fließen, der in der Sekunde 100-mal seine Richtung ändert. Wie verhält sich der Zeiger des Instruments, wenn es von einem solchen Wechselstrom durchflossen wird?
c) Der Wechselstrom wird durch einen so genannten Gleichrichter in Gleichstrom umgewandelt. Wie verhält sich der Zeiger des Drehspulinstruments?

2. Von einem Stromanzeigegerät sind außer dem Gehäuse nur die Skala und der Zeiger zu sehen. Wie kann man mit einer Batterie, einer Glühlampe und Leitungen durch einen Versuch herausfinden, ob es sich um ein Hitzdraht- oder ein Drehspulinstrument handelt?

3. *Hitzdrahtinstrument*
a) Baue nach Abb. 76.1 das Modell eines Hitzdrahtinstruments!
b) Schließe es an eine Flachbatterie an. Blase den Hitzdraht an! Was ist zu beobachten?
c) Der elektrische Strom entwickelt *ständig* Wärme. Warum wird der Hitzdraht nicht ständig heißer und folglich länger?
d) Welche Nachteile hat ein Hitzdrahtinstrument?

4. *Eichung eines Stromanzeigers*
Gegeben sind mehrere Stromanzeigegeräte, die am Ende ihrer Skala die Marke zu 1 A tragen, mehrere gleiche Glühlampen,

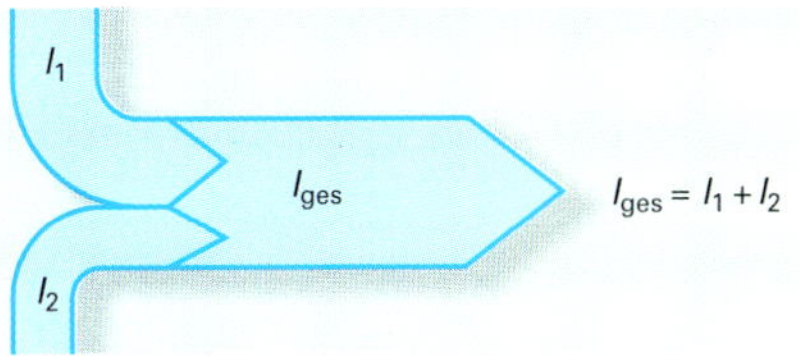

75.1 Kirchhoff-Regel für zwei Zweigleitungen

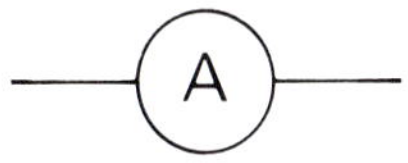

75.2 Schaltzeichen für einen Strommesser

Gerät	ungefähre Betriebsstromstärke
el. Armbanduhr	1 µA
Glimmlampe	1 mA
Taschenlampe	100 mA
Glühlampe (60 W)	300 mA
Farbfernsehgerät	500 mA
Diaprojektor	1 A
Bügeleisen	5 A
Kochplatte	5 A
Heizofen	10 A
Autoanlasser	100 A
Straßenbahn	100 A
Elektrolok	500 A
Überlandleitung	1 kA
Blitz	100 kA

75.3 Beispiele für Stromstärken

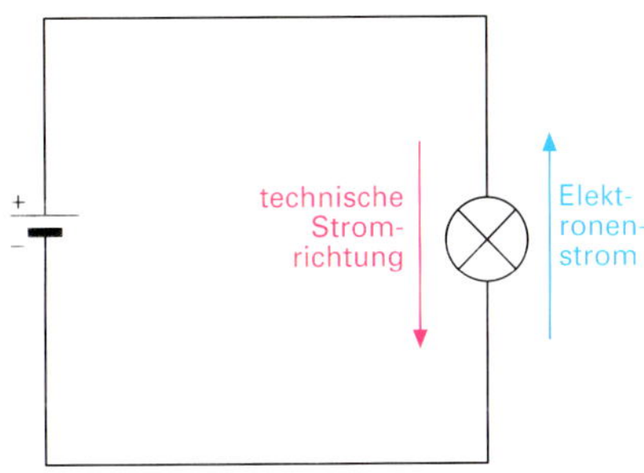

75.4 Technische Stromrichtung

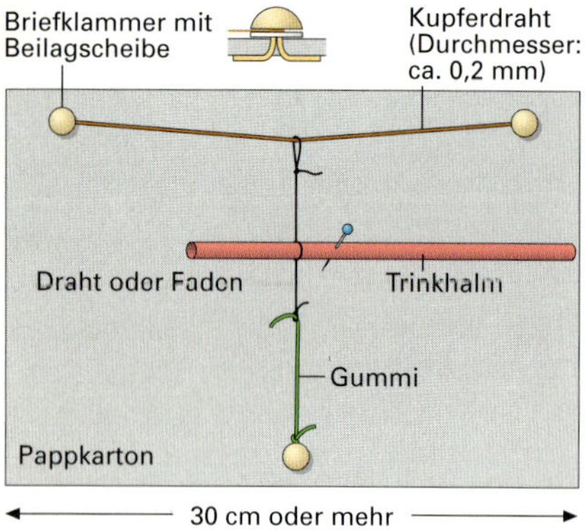

76.1 Modell eines Hitzdrahtinstruments

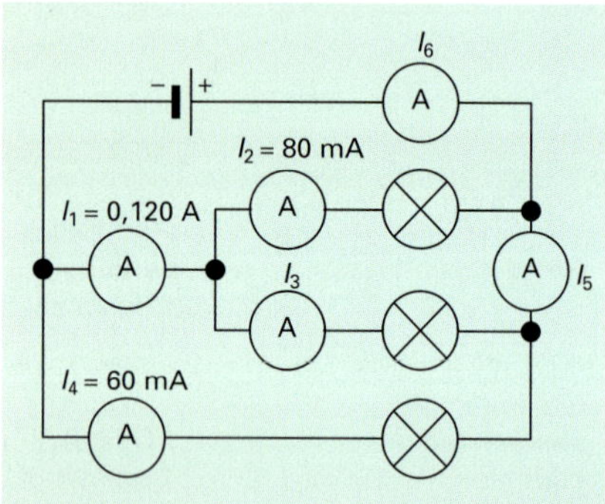

76.2 Zu Aufgabe 5

eine Stromquelle veränderlicher Stärke und Leitungen. Gib Schaltungen an, mit deren Hilfe man die Eichmarken zu

a) 0,50 A,
b) 0,25 A,
c) 0,75 A,
d) 0,40 A findet!

5. *Stromverzweigungen*
Nach Abb. 76.2 wurde mit verschiedenen Glühlämpchen und Strommessern eine Schaltung aufgebaut.

a) Übertrage die Schaltung in dein Heft und kennzeichne durch Pfeile, in welcher Richtung die Strommesser von Elektronen durchflossen werden!

b) Gib die Stromstärken I_3, I_5 und I_6 an!

6. *Ablesen eines Zeigerinstruments*
Unter dem Messbereich eines Strommessers versteht man die Stromstärke, die zum größtmöglichen Zeigerausschlag, dem Vollausschlag, gehört. Die meisten Strommesser sind *Vielfachmessgeräte*, d.h. durch einen Schalter können verschiedene Messbereiche gewählt werden. Die Bedeutung der unteren Messbereiche (V– und V∼) des Instruments von Abb. 76.3 lernen wir noch kennen; die oberen linken dienen zur Messung der Stärke von Gleichstrom (mA–), die oberen rechten von Wechselstrom (mA∼).

a) Handelt es sich beim Instrument um ein Hitzdraht- oder ein Drehspulinstrument?

b) Auf welchen Messbereich zeigt in Abb. 76.3 der weiße Punkt des Schalters? Lies die Stromstärke ab! (Beachte bei der Angabe des Wertes die Genauigkeit der Ablesung!)

c) In Abb. 76.4 ist als Messbereich 60 mA, in Abb. 76.5 als Messbereich 600 mA eingestellt. Lies jeweils die Stromstärke ab!

d) Mit welchem Messbereich würdest du die Messung einer unbekannten Stromstärke beginnen? Begründung!

(Anmerkung: Neben den Zeigerinstrumenten werden immer häufiger Messinstrumente mit *digitaler* Anzeige (Abb. S. 71) verwendet.)

76.3 Vielfachmessgerät

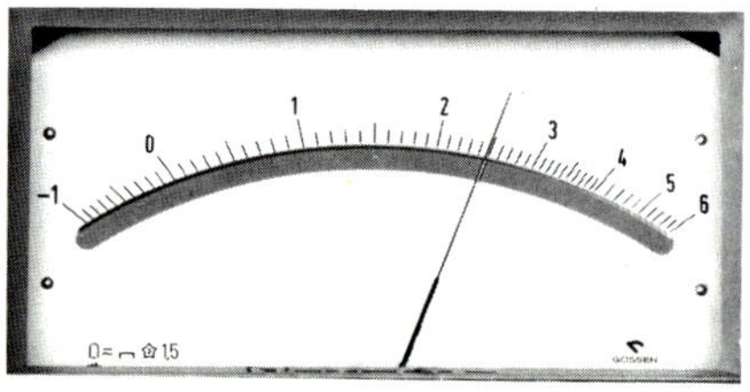

76.4 Zu Aufgabe 6c

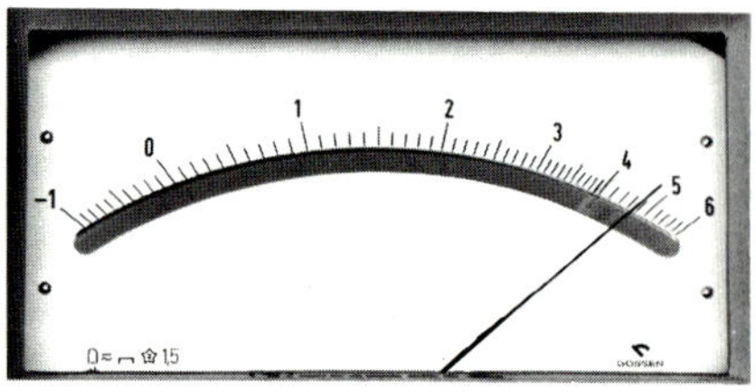

76.5 Zu Aufgabe 6c

4.2 Messung der elektrischen Ladung

Ladung und Stromstärke

Im elektrischen Stromkreis fließt elektrische Ladung. In metallischen Leitern sind Elektronen die Träger dieser Ladung. Wie kann man diese Ladung messen? Nahe liegend wäre, die Anzahl der Elektronen zu bestimmen, die durch einen Leiterquerschnitt hindurchtreten. Leider können wir Elektronen nicht zählen. Für unsere Festlegung der elektrischen Ladung als physikalische Größe nehmen wir deshalb eine Anleihe bei einem Wasserstrom:

V Ein mit Wasser gefüllter Metallbecher ist unten durch ein Ventil verschlossen: Mit ihm stellen wir die Anzahl der Tropfen ein, die pro Zeiteinheit in einen zweiten Metallbecher fallen (Abb. 77.1).

Wie gibt man die *Wasserstromstärke* an? Tropfen z.B. $3\,\text{cm}^3$ Wasser in einer Minute herab, beträgt die Wasserstromstärke $3\,\frac{\text{cm}^3}{\text{min}}$. Damit können wir das Wasservolumen berechnen, das in einer bestimmten Zeit in den unteren Becher tropft. So sind es in 10 min beispielsweise $3\,\frac{\text{cm}^3}{\text{min}} \cdot 10\,\text{min} = 30\,\text{cm}^3$. Multiplizieren wir also die Wasserstromstärke mit der Zeit, erhalten wir ein Wasservolumen. Es ist ein Maß für die transportierte Wassermenge.
Wir übertragen diese Erkenntnis auf den elektrischen Fall: Ist das Produkt „Stromstärke I mal Zeit t" ein brauchbares Maß für die im Stromkreis fließende *elektrische Ladung* Q?

V Wir schließen an die Metallbecher ein Hochspannungsnetzgerät an. Zum Nachweis des elektrischen Stromes legen wir in die Leitung einen sehr empfindlichen Strommesser (Abb. 77.2). Bei einer bestimmten Tropfenanzahl pro Minute fließt ein elektrischer Strom bestimmter Stärke: Die Stromquelle treibt auf jeden Wassertropfen gleich viele Elektronen. Wir verstärken nun das Tröpfeln so, dass sich die Stromstärke I verdoppelt. Tatsächlich zählen wir pro Minute doppelt so viele Tropfen. Diese transportieren insgesamt doppelt so viele Elektronen pro Minute.

Die Ladung Q ist also zur Stromstärke I proportional: $Q \sim I$. Die Anzahl der Tropfen und damit auch die Anzahl der Elektronen, die im unteren Becher ankommen, ist bei gleich bleibender Stromstärke proportional zur Zeit t. Also: $Q \sim t$.

Wir setzen deshalb fest:

Die Ladung Q, die in der Zeit t durch einen Leiterquerschnitt fließt, ist das Produkt aus Stromstärke I und Zeit t: $Q = I \cdot t$

Man hat für „Einheit von" eckige Klammern als Abkürzung eingeführt. Für die Einheit der Ladung folgt dann:

$[Q] = [I] \cdot [t] = 1\,\text{A} \cdot 1\,\text{s} = 1\,\text{As}.$

Im täglichen Leben verwendet man an Stelle dieser kleinen Einheit 1 As die Einheit 1 Amperestunde:
$1\,\text{Ah} = 3600\,\text{As}$
Das Elektron ist negativ geladen und trägt die Ladungsportion $e = 1{,}6 \cdot 10^{-19}\,\text{As}$. Da jede Ladung Q stets ein ganzzahliges Vielfaches dieser kleinsten Ladungsportion ist, nennt man e auch **Elementarladung**.

Ladungserhaltung im unverzweigten und im verzweigten Stromkreis

Versuche belegen: Die Stromstärke in einem unverzweigten Stromkreis ist an jeder Stelle gleich groß. Dann tritt überall durch den Querschnitt

77.1 Wasserstrom

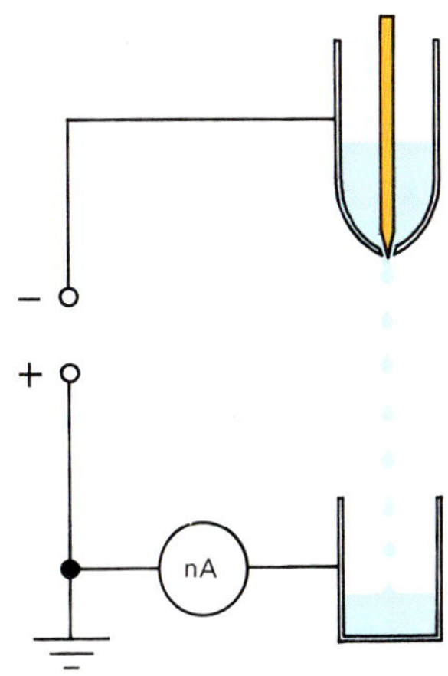

77.2 Ladungstransport mit Wassertropfen

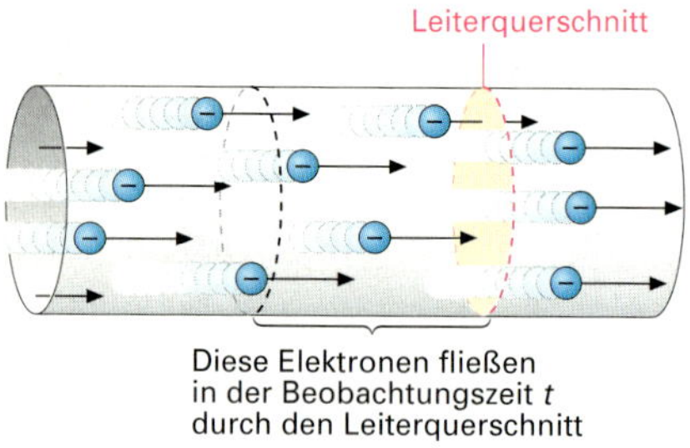

78.1 Elektronenfluss im Leiter

78.2 Knopfzelle

78.3 Batterien der Spannung 1,5 V: Mono-, Baby-, Mignon- und Microzelle

Größe = messbare Eigenschaft	
Basisgröße	*abgeleitete Größe*
Festlegung des Messverfahrens (durch Gleichheit, Vielfachheit und Einheit)	Festlegung durch eine Definitionsgleichung mit Basisgrößen

78.4 Einteilung der Größen

der Leitung in einer bestimmten Zeitspanne t dieselbe Ladung $Q = I \cdot t$, also dieselbe Anzahl von Elektronen (Abb. 78.1). Daraus folgt, dass in 1 s ebenso viele Elektronen auf eine bestimmte Stelle zufließen wie von dort wegfließen. Nirgends im Stromkreis kommen Elektronen hinzu und nirgends bleiben welche hängen.
Betrachten wir nun eine Stromverzweigung. Es gilt die Kirchhoff-Regel (vgl. Abb. 75.1):

$$I_{ges} = I_1 + I_2$$

Was bedeutet dies für die bewegte Ladung? Multiplizieren wir die letzte Gleichung mit der Beobachtungszeit t, folgt aus der Strombilanz eine Ladungsbilanz:

$$I_{ges} \cdot t = I_1 \cdot t + I_2 \cdot t \quad \Rightarrow$$
$$Q_{ges} = Q_1 + Q_2$$

Die Ladungen, die im Draht auf den Verzweigungspunkt zufließen, fließen auch wieder weg. Die Kirchhoff-Regel ist also gleichwertig mit der *Ladungserhaltung*.

Aufgaben

1. An eine frische Taschenlampenbatterie wird ein Glühlämpchen angeschlossen. 8 Stunden lang fließt ein Strom der Stärke 0,25 A.
a) Wie viel Ladung (in Ah und As) trieb die Batterie durch den Stromkreis?
b) Nach welcher Zeit war es gerade die Ladung 1 As?

2. *„Elektronenumtrieb" in der Armbanduhr*
Eine Knopfzelle (Abb. 78.2) treibt ein Jahr lang einen Strom der Stärke 1,0 μA durch den Stromkreis einer elektrischen Armbanduhr. Dann ist dieses Vermögen der kleinen Batterie erschöpft.
a) Wie viel Ladung hat die Knopfzelle durch den Stromkreis getrieben?
b) Wie viele Elektronen fließen in einer Sekunde durch einen Querschnitt des Leiters?
c) Angenommen, man könnte diese Elektronen einzeln registrieren und zählen. Wie viele Jahre würde man dazu benötigen, wenn man pro Sekunde 4 Elektronen zählen kann?

3. *„Huckepack"*
Wir analysieren unseren Tröpfelversuch (Abb. 77.2) genauer.
a) Erläutere folgende Beobachtungen: Fallen die Tropfen in einem zeitlichen Abstand von ein paar Sekunden, so schlägt der Zeiger des Strommessers immer wieder gleich weit aus. Mit einer Verringerung des zeitlichen Abstandes zwischen den einzelnen Tropfen kehrt der Zeiger nicht mehr in die Nulllage zurück. Bei geeignet dichter Tropfenfolge stellt sich schließlich ein konstanter Ausschlag ein.
b) Fallen in 10 s aus dem Becher 25 Wassertropfen, zeigt der Strommesser 1,0 nA an. Wie viel Ladung tragen 25 Tropfen? Wie viel Ladung trägt ein Tropfen? Wie viele Elektronen werden von der Stromquelle auf einen Wassertropfen getrieben?

Basisgröße – abgeleitete Größe

Eine Eigenschaft, die man messen kann, heißt in der Physik *Größe*. In der Elektrizitätslehre sind uns bisher die Größen *Stromstärke I* und *Ladung Q* begegnet.
Die Stromstärke wurde zur physikalischen Größe, indem wir festlegten, wie man ihre Werte misst. Dabei gingen wir schrittweise vor: Wir überlegten uns, wie man sinnvollerweise die Gleichheit zweier Stromstärken feststellt. Dann trat das Problem auf, was man unter der doppelten, dreifachen … Stromstärke zu verstehen hat. Wir lösten es mit der Kirchhoff-Regel. Außerdem musste noch eine Einheit, das Am-

pere, festgelegt werden. Mit diesen Vereinbarungen konnten wir schließlich ein Anzeigegerät zum Messgerät eichen.
Im Unterschied dazu wurde die Messung der Ladung einfach auf eine Stromstärke- und eine Zeitmessung zurückgeführt. Als Einheit der Ladung *Q* ergab sich eine Stromstärkeeinheit mal eine Zeiteinheit. Größen, bei denen man das Messverfahren durch Definition von *Gleichheit, Vielfachheit* und *Einheit* erst festlegen muss, heißen *Basisgrößen*. Größen, die sich mithilfe einer Definitionsgleichung durch Basisgrößen ausdrücken lassen, heißen *abgeleitete Größen* (Abb. 78.4).

79.1 Alessandro Volta (1745–1827)

4.3 Die elektrische Spannung

Der elektrische Spannungszustand

Die Stromstärke in einem Leiter hängt von der „Stärke" der angelegten Stromquelle ab. Die Stromstärke können wir inzwischen quantitativ erfassen. Um die „Stärke einer Stromquelle" zu kennzeichnen, fehlt uns aber noch der physikalische Begriff.
In einer Stromquelle werden negative von positiven Ladungen getrennt. Auf dem Minuspol stoßen sich die frei beweglichen Elektronen gegenseitig ab. Von den fest sitzenden positiven Ladungen des Pluspols werden die Elektronen angezogen. Zwischen den Polen besteht also das Bestreben, den Überschuss und den Mangel an Elektronen durch Stromfluss auszugleichen.
Diese Fähigkeit der Stromquelle, Elektronen in einem angeschlossenen Stromkreis in Bewegung zu setzen, heißt **elektrische Spannung**. Man kürzt sie mit dem Symbol *U* ab. Man sagt: *Zwischen den Polen* einer Batterie oder einer Steckdose *herrscht eine elektrische Spannung*.
Um die elektrische Spannung *U* als physikalische Basisgröße festzulegen, müssen wir folgende Fragen klären: Wann sind zwei Spannungen gleich groß? Wie lautet die Maßeinheit der Spannung und wie wird sie verwirklicht? Wann ist eine Spannung zwei-, drei-, ... allgemein: *n*-mal so groß wie eine andere?

Spannungsvergleich

Die Spannung ist die Ursache für den Stromfluss. Wir vereinbaren deshalb in nahe liegender Weise: Zwei Spannungen sind *gleich*, wenn sie im gleichen Leiter die *gleiche* Stromstärke hervorrufen. Eine Spannung ist *größer* als eine andere, wenn sie im gleichen Leiter die *größere* Stromstärke bewirkt.

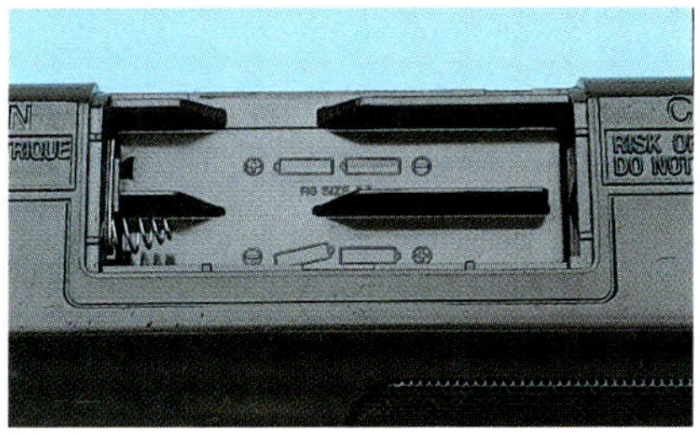

79.2 Batteriefach eines Taschenradios

Spannungseinheit

Die Einheit der elektrischen Spannung wurde nach dem Erfinder der Batterie, dem italienischen Physiker *Alessandro Volta* (Abb. 79.1), benannt. Heute sind kleine zylinderförmige Batterien (Abb. 78.3) weit verbreitet. Sie tragen die Aufschrift 1,5 V.

Die Einheit der elektrischen Spannung heißt 1 Volt (1 V).
Zwischen den Polen einer Monozelle herrscht die Spannung 1,5 V.

Genau genommen hat eine frische Monozelle nicht die Spannung 1,5 V sondern 1,6 V. Bei längerem Betrieb sinkt die Spannung allmählich.
Früher hat man die Spannung einer ganz speziellen Batterie, des *Normalelements*, als Einheit 1 V benützt.

79.3 Geöffnete 9-V-Blockbatterie

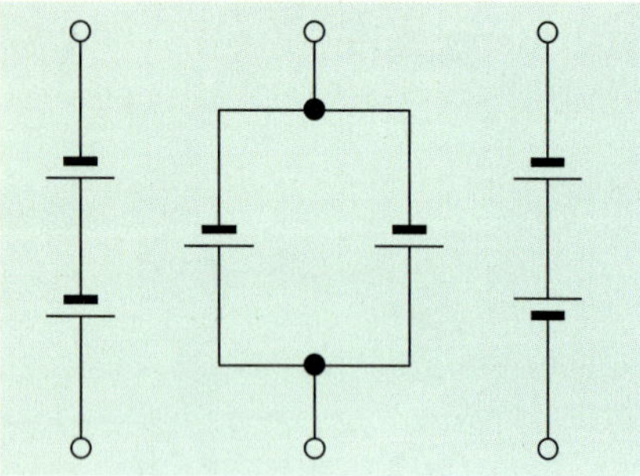

80.1 Hintereinander-, Parallel- und Gegeneinanderschaltung zweier Stromquellen

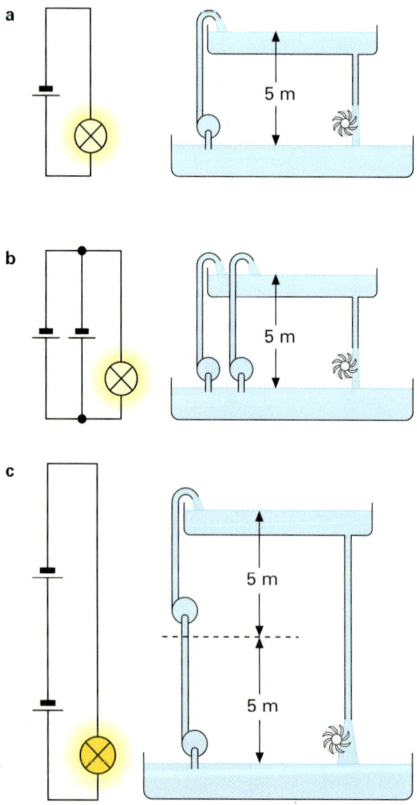

80.2 Schaltung von Stromquellen und mechanische Modelle

Schaltung von Stromquellen – Spannungsvielfachheit

Zum Betrieb vieler elektrischer Geräte reicht *eine* Monozelle mit der Spannung 1,5 V nicht aus. In einer Stabtaschenlampe fügt man z. B. *zwei* Monozellen hintereinander, im Batteriefach eines Taschenradios legt man nach einer Vorschrift z. B. *vier* Mignonzellen ein (Abb. 79.2). In einer 9-V-Blockbatterie mit der Aufschrift 9 V sind sechs Zellen miteinander verbunden (Abb. 79.3). Durch „Zusammenschalten" einzelner Zellen der Spannung 1,5 V kann man offensichtlich eine Batterie mit einer höheren Spannung zusammenstellen.

Zur Klärung dieses Sachverhaltes untersuchen wir die verschiedenen Schaltungsmöglichkeiten zweier Monozellen (Abb. 80.1):

Von **Hintereinanderschaltung** zweier oder mehrerer Stromquellen spricht man, wenn jeweils der Pluspol der einen mit dem Minuspol der nächstfolgenden Stromquelle verbunden ist.

Eine **Parallelschaltung** liegt vor, wenn man die Pluspole miteinander verbindet und ebenso die Minuspole.

Bei der **Gegeneinanderschaltung** zweier Stromquellen sind zwei gleichnamige Pole miteinander verbunden.

V Wir bauen aus einer Monozelle, einem Glühlämpchen und einem Strommesser einen Stromkreis auf und registrieren die Stromstärke.
Nun ersetzen wir die Monozelle durch zwei parallel geschaltete Monozellen. Es fließt ein Strom der gleichen Stärke. Also bleibt bei der Parallelschaltung gleicher Stromquellen die Spannung unverändert.

Wie können wir das verstehen? Dazu vergleichen wir den elektrischen Strom mit dem Wasserstrom in einer Röhre zwischen zwei Behältern. Warum fließt vom oberen Behälter Wasser in den unteren? Weil er höher liegt. Der Wasserstrom ist umso stärker, je größer der Höhenunterschied und je größer der Rohrquerschnitt ist. Dem Höhenunterschied, der Ursache des Strömens, entspricht beim Vergleich also die Spannung, dem Rohrquerschnitt die Fähigkeit des elektrischen Leiters, mehr oder weniger gut zu leiten.

Nehmen wir an, der Wasserkreislauf ist über Pumpen, die das abfließende Wasser ersetzen, geschlossen. Es stehen zwei Pumpen zur Verfügung, die das Wasser jeweils 5 m hoch pumpen können.

Verwendet man nur eine Pumpe, so pumpt diese das Wasser 5 m hoch. Es fließt ein Wasserstrom bestimmter Stärke durch das Rohr (Abb. 80.2 a). Ersetzen wir die Pumpe durch zwei parallel geschaltete Pumpen, so fördern diese das Wasser ebenfalls 5 m hoch. Da sich der Rohrquerschnitt nicht ändert, ändert sich auch die Stärke des Wasserstroms durch das Rohr nicht (Abb. 80.2 b). Gegenüber einer Pumpe brauchen zwei Pumpen jeweils nur noch halb so viel Wasser hochzuheben. Die Pumpen werden geschont.

Schaltet man Stromquellen gleicher Spannung parallel, so ändert sich die Spannung nicht.

V Ersetzen wir die eine Monozelle durch zwei hintereinander geschaltete Monozellen, so fließt mehr Strom. Wir schließen daraus: Die Spannung wird bei Hintereinanderschaltung größer.

Wir veranschaulichen wieder (Abb. 80.2c): Die erste Pumpe hebt das Wasser 5 m hoch. Dort wird das Ansaugrohr der zweiten Pumpe (entspricht Pluspol) mit dem Ausstoßrohr (entspricht Minuspol) der ersten verbunden. Insgesamt wird also das Wasser 10 m hoch gepumpt. Da sich der Höhenunterschied verdoppelt, steigt auch die Stärke des Wasserstroms im Rohr. – Wir vereinbaren folglich:

Schaltet man *n* Stromquellen gleicher Spannung hintereinander, so erhält man die *n*-fache Spannung.

Ein Spannungsmessgerät

Unserer letzten Definition zufolge können wir Stromquellen mit den Spannungen $U_1 = 1{,}5$ V, $U_2 = 3{,}0$ V, $U_3 = 4{,}5$ V, ..., $U_n = n \cdot 1{,}5$ V herstellen. Wie können wir überprüfen, ob eine unbekannte Spannung gleich einem dieser Werte ist?
Wir benötigen einen Leiter und ein Stromanzeigegerät. Mit der unbekannten Spannung erzeugen wir einen Prüfstrom durch den Leiter. Die Stärke des Prüfstromes vergleichen wir mit jenen Stromstärken, die von den bekannten Spannungen 1,5 V, 3,0 V, ... im gleichen Leiter hervorgerufen werden. Wir führen also den Spannungsvergleich nach unserer Definition der Spannungsgleichheit auf einen Stromstärkevergleich zurück.
Eine Anordnung aus einem Leiter und einem Stromanzeigegerät kann als Spannungsmesser geeicht werden. Auf der Skala des Anzeigegeräts muss man nur die an sich uninteressanten Stromstärkewerte des Prüfstromes durch die zugehörigen Spannungswerte ersetzen. Es ist dabei zweckmäßig, ein empfindliches Stromanzeigegerät zu verwenden. Dann genügen schon geringe Prüfströme. Dazu muss aber ein geeigneter Leiter den Strom begrenzen. Einen solchen Leiter nennt man *Widerstand*. Als Schaltzeichen dient ein schlankes Rechteck.

V Ein Stromanzeigegerät und ein Widerstand werden hintereinander geschaltet. An sie wird zunächst eine Monozelle angeschlossen (Abb. 81.1). Auf der Skala des Stromanzeigegerätes beschriften wir die Stellung des Zeigers mit 1,5 V. Dann schalten wir zwei Monozellen ein und beschriften den Zeigerausschlag mit 3,0 V, ... Auf diese Weise erhalten wir die Eichmarken zu 0 V, 1,5 V, 3,0 V, ...

Wie erhält man weitere Eichmarken, etwa die zu 1,0 V? Man könnte drei Stromquellen veränderbarer Spannung benützen, sie jeweils auf gleiche Spannung einstellen und so lange probieren, bis sich bei Hintereinanderschaltung 3,0 V ergeben. Dann besitzt *eine* Stromquelle die Spannung 1,0 V. In entsprechender Weise ließe sich die Skala des Messgerätes beliebig verfeinern.
Die Hintereinanderschaltung aus einem Strom begrenzenden Widerstand und dem in Volt geeichten Stromanzeigegerät ergibt einen **Spannungsmesser** (Abb. 81.2).

Will man die Spannung zwischen den Polen einer Stromquelle messen, muss an diesen ein Spannungsmesser angeschlossen werden.

Beispiele für Spannungen

Außer der Einheit 1 V benützt man auch:
1 Millivolt:
1 mV = 0,001 V = 10^{-3} V;
1 Kilovolt:
1 kV = 1000 V = 10^3 V
Beachte: *Spannungen über **24** V können lebensgefährlich sein!* (Vgl. Tab. 81.3)

Aufgaben

1. *Gegeneinanderschaltung von Stromquellen*
   a) Nimm eine Stabtaschenlampe, die von zwei Monozellen betrieben wird, und überprüfe durch Einschalten, dass die Batterie noch funktionstüchtig ist. Nimm eine Monozelle heraus und schiebe sie umgekehrt in das Taschenlampengehäuse. Schalte nun ein.

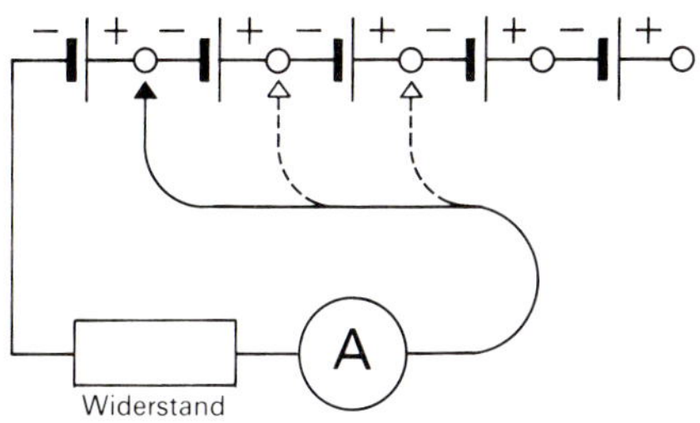

81.1 Eichung eines Stromanzeigegerätes als Spannungsmesser

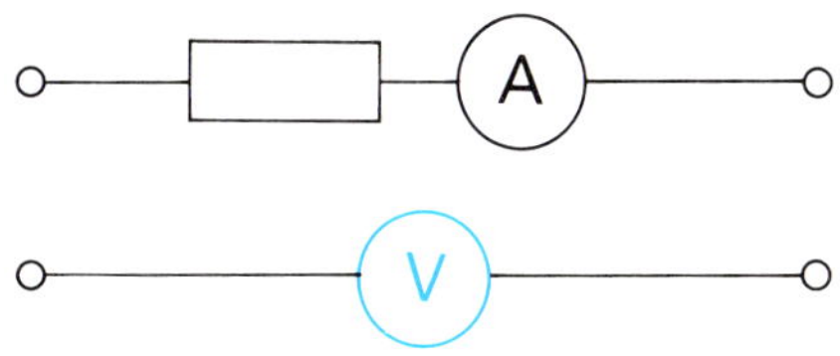

81.2 Schaltzeichen für einen Spannungsmesser

Solarzelle	0,5 V
Knopfzelle	1,5 V
Monozelle	1,5 V
Flachbatterie	4,5 V
Blockbatterie	9 V
Autoakku	12 V
Telefon	60 V
Lichtnetz	220 V
Drehstromnetz	380 V
Eisenbahn	15 kV
Hochspannungsleitung	bis 380 kV
Gewitter	10000 kV

81.3 Beispiele für Spannungen

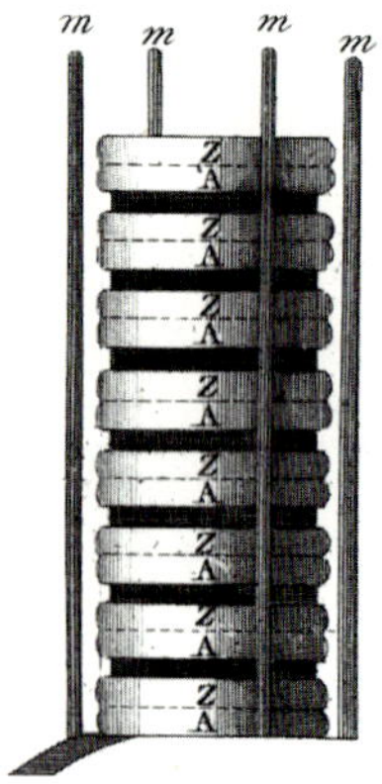

82.1 Volta'sche Säule (alter Stich)

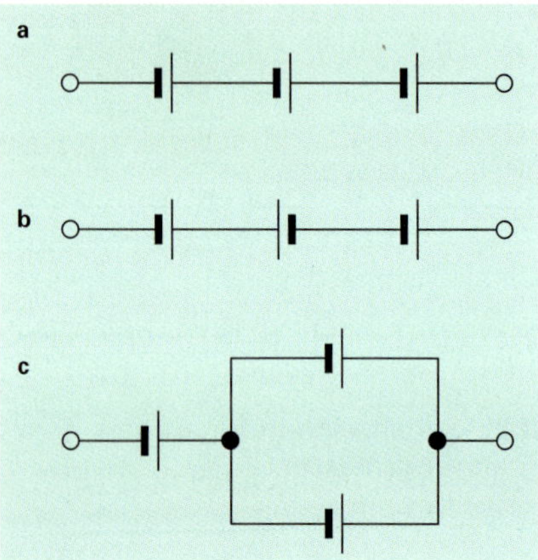

82.2 Schaltungen von Stromquellen

82.3 Mit „Apfel-Zellen" betriebene Uhr

Was ist zu beobachten? Erläutere deine Beobachtung anhand des Wasserpumpen-Modells! (Lege die Monozelle wieder richtig ein!)
b) Welche Spannung *U* erhält man bei der Gegeneinanderschaltung zweier Stromquellen gleicher Spannung U_0?
c) Eine Flachbatterie und eine Monozelle werden gegeneinander geschaltet. Welche Spannung *U* erhält man? Welche Spannung *U* ergibt sich allgemein, wenn man zwei Stromquellen der Spannungen U_1 und U_2 gegeneinander schaltet?

2. *Die Volta'sche Säule*
Alessandro Volta legte zwischen zwei runde Platten aus verschiedenen Metallen, z. B. aus Kupfer und aus Zink, eine mit einer Salzlösung getränkte Papp- oder Lederscheibe. Diese Plattenpaare schichtete er übereinander und erhielt so im Jahr 1800 die erste Batterie, die man *Volta'sche Säule* nannte (Abb. 82.1).
a) Wie sind die Plattenpaare in Voltas „Säule" geschaltet? Ein Kupfer-Zink-Plattenpaar lieferte eine Spannung von etwa 1 V. Welche Spannung erhielt Volta, wenn er 8 bzw. 40 Plattenpaare übereinander schichtete?
b) Wie hätte es sich auf die Spannung der Säule ausgewirkt, wenn er mit Salzlösung getränkte Pappscheiben auch zwischen die Plattenpaare gelegt hätte?

3. *Schaltung von Stromquellen*
a) Zeichne ein Schaltbild, das zeigt, wie die Mignonzellen zur Batterie des Taschenradios von Abb. 79.2 zusammengefügt sind. Gib die Betriebsspannung *U* an!
b) Jemand legt eine Mignonzelle umgekehrt ein. Welche Spannung liefern die vier Mignonzellen nun zusammen?
c) In den Schaltungen nach Abb. 82.2 hat jede Zelle eine Spannung von 1,5 V. Gib jeweils die Spannung der Stromquelle an!

4. *Schaltung von Messinstrumenten*
Ein unverzweigter Stromkreis enthält eine Batterie und eine Glühlampe. Es soll die Stärke *I* des Stromes durch die Lampe und die Spannung *U* der Stromquelle gemessen werden.
a) Zeichne ein Schaltbild mit den Messgeräten!
b) Was würde geschehen, wenn der Strommesser unmittelbar an die Pole einer Stromquelle angeschlossen wird? Begründung! Was ist beim Einfügen eines Strommessers in eine Schaltung stets zu beachten?
c) Was wäre zu beobachten, wenn man den Stromkreis unterbricht und nicht den Strommesser sondern fälschlicherweise den Spannungsmesser einfügt? Begründung!

5. *Mit „Apfel-Zellen" betriebene Uhr*
Steckt man in einen Apfel einen Kupfer- und einen Zinkstreifen, so entsteht zwischen beiden eine Spannung von etwa 1 V. Diese reicht nicht aus, um eine elektrische Uhr zu betreiben. Mit zwei Äpfeln gelingt es (Abb. 82.3)!
a) An den Enden des Kabels, das die beiden Äpfel verbindet, sind ein Kupfer- und ein Zinkstreifen angebracht. Was muss man beim Anschließen beachten? Mit welcher Spannung *U* wird die Uhr betrieben?
b) Wie muss man einen Strommesser anschließen, um die Stromstärke während des Betriebs zu messen? Es ergeben sich 4 μA.
c) Schließt man ein Glühlämpchen an die Apfel-Batterie aus den zwei Zellen an, so „bricht die Spannung zusammen": Ein angeschlossener Spannungsmesser zeigt 0 V an. Wie kann man verstehen, dass beim Glühlämpchenbetrieb im Gegensatz zur elektrischen Uhr die Spannung nicht bestehen bleibt?

4.4 Der elektrische Widerstand

Kennlinien

Betreiben wir eine Glühlampe, so hängt die Stromstärke erfahrungsgemäß von zweierlei ab: von der angelegten Spannung und von der Art der Lampe. Die Glühwendel, also der Leiter, der sich im Glaskolben der Lampe befindet, bestimmt mit, wie viel Strom fließt. Wir untersuchen diese Eigenschaft der Leiter, den elektrischen Strom mehr oder weniger gut zu leiten.
In den folgenden Versuchsreihen verwenden wir drei verschiedene Leiter: die Wendel einer Glühlampe sowie ein kurzes und ein längeres Stück Draht aus Konstantan*.

V Wir legen zunächst an die Glühlampe unterschiedliche Spannungen und messen jeweils U und I (Abb. 83.1). Dann ersetzen wir die Lampe durch den kurzen Konstantandraht – später durch den längeren – und führen wieder die entsprechenden Messungen durch. Die jeweils erhaltenen U-I-Wertepaare zeigt Tab. 83.2.

Der Zusammenhang zwischen Stromstärke I und Spannung U wird überschaubarer, wenn wir die gemessenen U-I-Wertepaare in einem U-I-Diagramm darstellen (Abb. 83.3). Das U-I-Diagramm eines Leiters heißt auch **U-I-Kennlinie**, da es den jeweiligen Leiter kennzeichnet.
Die Kennlinie des Glühdrahtes der Lampe ist gekrümmt. Die Kennlinien der Konstantandrähte dagegen sind gerade: Bei einem Konstantandraht bewirkt eine Ver-n-fachung der Spannung U eine Ver-n-fachung der Stromstärke I. Die Stromstärke I ist zur angelegten Spannung U direkt proportional: $U \sim I$.

Definition des Widerstandes

In Tab. 83.4 sind die Quotienten U/I aus den U-I-Wertepaaren berechnet. Nur bei den Leitern aus Konstantan erhalten wir – im Rahmen der Messgenauigkeit – jeweils konstante Quotientenwerte: beim kurzen Draht den Wert 5,2 V/A, beim langen Draht den Wert 10,2 V/A. Beim kurzen Draht ruft dann beispielsweise eine Spannung von 5,2 V die Stromstärke 1,0 A hervor, beim langen erst die Spannung 10,2 V.
Je größer der Quotient U/I ist, desto größer muss die angelegte Spannung U sein, um in einem Leiter eine bestimmte Stromstärke hervorzurufen. Dieser Quotient kennzeichnet also, wie stark der Leiter den Fluss der Elektronen behindert. Man nennt den Quotient U/I deshalb den elektrischen **Widerstand R*** des Leiters.

Der elektrische Widerstand R eines Leiters ist der Quotient aus der am Leiter anliegenden Spannung U und der Stärke I des durch ihn fließenden Stromes:

$$\text{Widerstand} = \frac{\text{Spannung}}{\text{Stromstärke}}$$

oder kurz: $R = \frac{U}{I}$

Für die Einheit des Widerstandes R ergibt sich:

$$[R] = \frac{[U]}{[I]} = \frac{1\,\text{V}}{1\,\text{A}} = 1\,\frac{\text{V}}{\text{A}}.$$

Nach dem deutschen Physiker *Georg Simon Ohm* (Abb. 84.1) bezeichnet man die Einheit $1\,\frac{\text{V}}{\text{A}}$ auch mit 1 Ohm, abgekürzt 1 Ω (mit dem großen griech. Buchstaben Omega).

Die Einheit des Widerstandes R heißt 1 Ohm: $1\,\Omega = 1\,\frac{\text{V}}{\text{A}}$

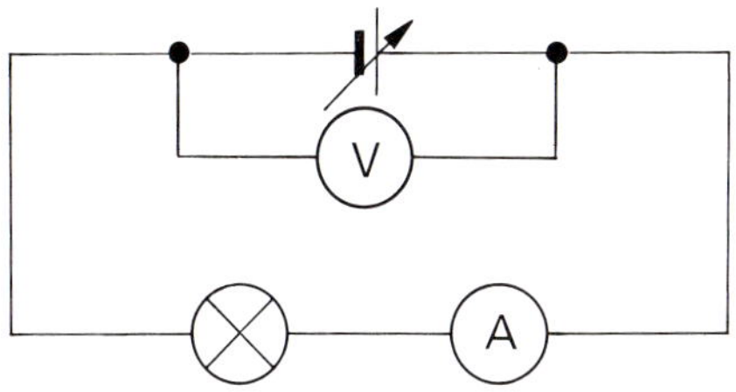

83.1 Schaltbild zur Aufnahme der U-I-Kennlinie

U in V	I in A		
	Glühlampe (12 V)	kurzer Konstantandraht	langer Konstantandraht
0	0	0	0
1,50	0,32	0,29	0,15
3,00	0,46	0,58	0,30
4,50	0,58	0,88	0,44
6,00	0,69		0,58
7,50	0,78		0,72
9,00	0,87		0,87

83.2 Messwerte

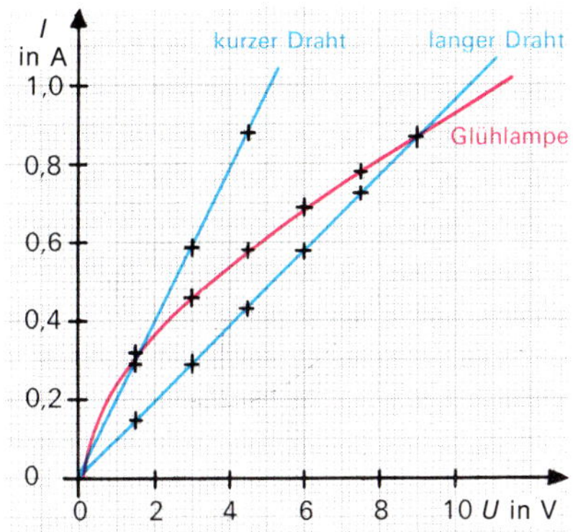

83.3 U-I-Kennlinien

U in V	$\frac{U}{I}$ in $\frac{\text{V}}{\text{A}}$		
	Glühlampe (12 V)	kurzer Konstantandraht	langer Konstantandraht
0	—	—	—
1,5	4,7	5,2	10,0
3,0	6,5	5,2	10,0
4,5	7,8	5,1	10,2
6,0	8,7		10,3
7,5	9,6		10,4
9,0	10,3		10,3

83.4 Auswertung der Messergebnisse

Weitere Widerstandseinheiten:
1 Milliohm:
$1\,m\Omega = 0{,}001\,\Omega = 10^{-3}\,\Omega$;
1 Kiloohm:
$1\,k\Omega = 1000\,\Omega = 10^{3}\,\Omega$
1 Megaohm:
$1\,M\Omega = 1\,000\,000\,\Omega = 10^{6}\,\Omega$

Der Widerstand unseres langen bzw. kurzen Konstantandrahtes ist konstant; er beträgt:

$R_{\text{lang}} = \frac{U}{I} = 10{,}2\,\Omega$ bzw.

$R_{\text{kurz}} = \frac{U}{I} = 5{,}2\,\Omega$.

Der lange Draht ist der schlechtere, der kurze der bessere Leiter.

Tab. 83.4 entnehmen wir weiter: Der Widerstand des Glühdrahtes der Lampe ist nicht konstant. Er nimmt mit wachsender Stromstärke zu.

Messungenauigkeit

Die Genauigkeit eines Messwertes deutet man durch die Anzahl der geltenden Ziffern an: Z. B. besagt der Messwert 1,00 A, dass die Stromstärke auf 0,01 A genau abgelesen wurde. Manchmal ist es einprägsamer, geltende Nullen wegzulassen, z. B. anstatt 1,00 A nur 1 A zu sagen. Deshalb vereinbaren wir: Diese Angaben sollen dann auf 3 geltende Ziffern genau sein!
Bei einer Rechnung mit Messgrößen – z. B. der Berechnung des Widerstandes R eines Leiters aus den Messgrößen U und I – bestimmt der ungenaueste Messwert, wie genau das Rechenergebnis ist. Es darf deshalb nicht mit mehr geltenden Ziffern angegeben werden als der ungenaueste Messwert.

Faustregel: Ist der ungenaueste Wert einer Rechnung mit 3 (bzw. 2) geltenden Ziffern bekannt, so ist es sinnvoll, das Ergebnis auf 3 (bzw. 2) geltende Ziffern zu runden.

4.5 Das Ohm'sche Gesetz

84.1 Georg Simon Ohm (1787–1854)

Das Ohm'sche Gesetz

Konstantan ist eine Legierung aus 55 % Kupfer, 44 % Nickel und 1 % Mangan. Sie erhielt ihren Namen aufgrund des konstanten Widerstandes eines Leiters aus diesem Material. Der Glühdraht einer Lampe besteht aus einem anderen Material, meist aus Wolfram. Warum ist dessen Widerstand nicht konstant? Wie unterscheidet er sich vom Konstantandraht? Die Temperatur des Glühdrahtes nimmt mit wachsender Stromstärke sehr stark zu. Es liegt deshalb die Vermutung nahe, dass mit wachsender Temperatur der Fluss der Elektronen immer mehr behindert wird, und damit der Widerstand des Drahtes zunimmt.

V Wir wendeln einen Eisendraht, legen an ihn die Spannung $U = 5{,}0\,V$ und dann die doppelte Spannung $U = 10\,V$. Die bei der Spannung $U = 5{,}0\,V$ gemessene Stromstärke verdoppelt sich nicht. Sie wächst weniger stark an als die Spannung.

V Um die Temperatur des Eisendrahtes konstant zu halten, tauchen wir ihn vollständig in eine Wanne mit Wasser. Bei $U = 5{,}0\,V$ ergibt sich ein etwas größerer Wert für die Stromstärke als vorher in Luft. Verdoppeln wir nun die Spannung auf $U = 10\,V$, so verdoppelt sich jetzt auch die Stromstärke. Das bedeutet: Der Widerstand des Eisendrahtes bleibt unverändert.

V Wir legen an den Eisendraht die Spannung $U = 5{,}0\,\text{V}$ und erhitzen ihn mit der leuchtenden Flamme eines Bunsenbrenners: Die Stromstärke sinkt. Der Widerstand des Eisendrahtes steigt also.

Der Widerstand der meisten Leiter aus Metall wächst mit zunehmender Temperatur. Sorgt man aber für gleich bleibende Temperatur – z. B. durch geeignete Kühlung – hat der Widerstand eines jeden metallischen Leiters einen konstanten Wert. Dieses Naturgesetz wurde von Georg Simon Ohm im Jahre 1826 entdeckt. Ihm zu Ehren trägt es seinen Namen.

Ohm'sches Gesetz
Der Widerstand eines metallischen Leiters ist bei gleich bleibender Temperatur konstant.

Ist der Widerstand eines Leiters konstant, so liegen im *U-I*-Diagramm die *U-I*-Wertepaare auf einer Ursprungsgeraden:
Die anliegende Spannung ist zur Stromstärke direkt proportional. Kurz: $U \sim I$. Diese Aussage ist eine andere Formulierung des Ohm'schen Gesetzes.
Anfangs standen Ohm nur chemischen Stromquellen (z. B. die Volta'sche Säule) zur Verfügung, die das Auffinden des Gesetzes sehr erschwerten. Ihre Spannung war nicht konstant, sondern sie fiel bei Belastung ab. Dadurch wurde der wahre Zusammenhang zwischen Stromstärke und Spannung zunächst verschleiert. Erst als Ohm spannungsstabile Stromquellen (Thermoelemente) benutzte, hatte er Erfolg.
Wie empfindlich der Widerstand eines Drahtes auf eine Temperaturänderung reagiert, hängt vom Material ab (Abb. 85.1). Obwohl sich beim Stromfluss auch ein Leiter aus Konstantan erwärmt, bleibt sein Widerstand innerhalb eines großen Temperaturbereichs nahezu konstant.

Musteraufgaben

Wenn der Widerstand eines Leiters konstant ist, können wir aus einem *U-I*-Wertepaar andere berechnen.

1. An einen Konstantandraht wird die Spannung $U = 4{,}0\,\text{V}$ gelegt. Es fließt ein Strom der Stärke $I = 0{,}13\,\text{A}$.
a) Berechne den Widerstand R des Drahtes!
b) Welche Stromstärke ergibt sich, wenn man die Spannung $U = 6{,}0\,\text{V}$ anlegt?

Lösung:

a) Gegeben:
$U = 4{,}0\,\text{V}$, $I = 0{,}13\,\text{A}$;
Gesucht: R
Mithilfe des gegebenen *U-I*-Wertepaares berechnen wir R:

$$R = \frac{U}{I} = \frac{4{,}0\,\text{V}}{0{,}13\,\text{A}} = 31\,\frac{\text{V}}{\text{A}}$$
$$= 31\,\Omega$$

b) Da der Widerstand eines Konstantandrahtes konstant ist, trifft $R = 31\,\Omega$ auch für den Betrieb mit $U = 6{,}0\,\text{V}$ zu. Folglich ist gegeben: $R = 31\,\Omega$, $U = 6{,}0\,\text{V}$, und gesucht: I.

$$R = \frac{U}{I} \quad \Rightarrow \quad I = \frac{U}{R} = \frac{6{,}0\,\text{V}}{31\,\Omega}$$
$$= \frac{6{,}0\,\text{V}}{31\,\frac{\text{V}}{\text{A}}} = 0{,}19\,\text{A}$$

2. Eine Glühlampe wird an das Lichtnetz angeschlossen. Es fließt ein Strom der Stärke $I = 0{,}50\,\text{A}$.
a) Berechne den Widerstand R der Glühlampe!
b) Was kann man über die Stromstärke aussagen, wenn die Lampe bei der Spannung $U = 110\,\text{V}$ betrieben wird?

Lösung:
a) Gegeben:
$U = 220\,\text{V}$, $I = 0{,}50\,\text{A}$;
Gesucht: R

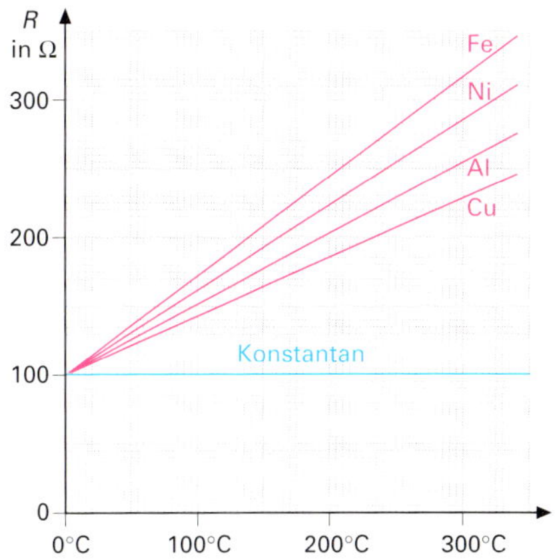

85.1 Temperaturabhängigkeit des Widerstandes eines Leiters, der bei 0 °C den Widerstand $R_0 = 100\,\Omega$ besitzt

86.1 Schaltzeichen für einen Widerstand

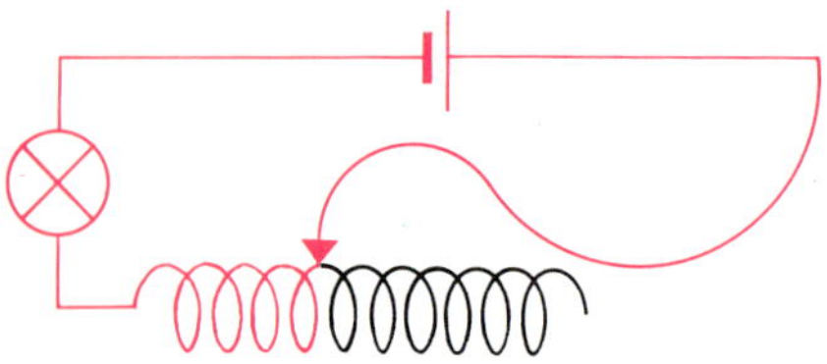

86.2 Veränderbarer Widerstand

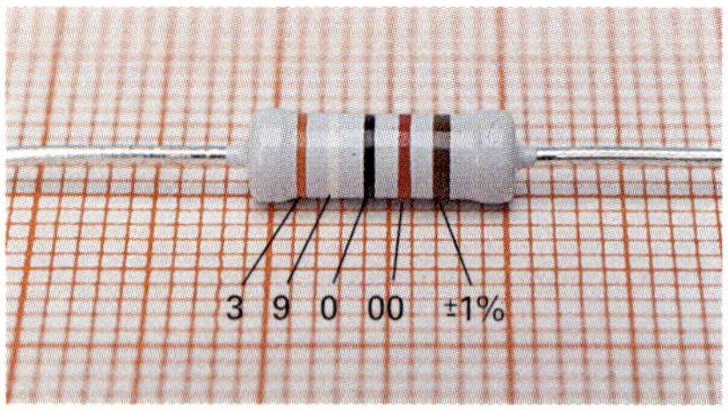

86.3 Schichtwiderstand und Entschlüsselung einer Kennzeichnung

Farbe	1. Ring	2. Ring	3. Ring	4. Ring	5. Ring (Toleranz)
schwarz	0	0	0	,0	
braun	1	1	1	0	±1%
rot	2	2	2	00	±2%
orange	3	3	3	000	
gelb	4	4	4	0 000	
grün	5	5	5	00 000	±0,5%
blau	6	6	6	000 000	
violett	7	7	7	0 000 000	
grau	8	8	8		
weiß	9	9	9		
gold				:10	±5%
silber				:100	

86.4 Kennzeichnung von Schichtwiderständen (Wert in Ω)

$$R = \frac{U}{I} = \frac{220\ \text{V}}{0{,}50\ \text{A}} = 0{,}44 \cdot 10^3\ \frac{\text{V}}{\text{A}}$$
$$= 0{,}44\ \text{k}\Omega$$

b) Bei 110 V leuchtet die Glühlampe schwächer: Die Temperatur des Glühdrahtes ist niedriger als im normalen Betriebszustand. Folglich ist der Widerstand kleiner als 0,44 kΩ. Bei der halben Spannung fließt deshalb mehr Strom als die Hälfte von 0,50 A. Die Stromstärke I liegt also zwischen 0,25 A und 0,50 A.

Technische Widerstände

Die Bezeichnung „Widerstand" wird in zwei wesentlich verschiedenen Bedeutungen verwendet: 1. für die physikalische Größe $R = \frac{U}{I}$ und 2. für den den Strom begrenzenden Leiter als Gegenstand. Im Englischen wird sprachlich klar unterschieden: Die physikalische Größe R heißt *resistance*, der Strom begrenzende Leiter *resistor*. Das Schaltzeichen für einen Widerstand als Bauelement eines Stromkreises zeigt Abb. 86.1.

Der Widerstand R des kurzen Konstantandrahtes war kleiner als der des langen. Der Widerstand ist umso größer, je länger der Draht ist. R hängt aber auch vom Durchmesser des Drahtes ab, so wie ein dickes Rohr mehr Flüssigkeit als ein dünnes zu führen vermag. Man kann also durch geeignete Wahl des Durchmessers und der Länge gewünschte Widerstandswerte herstellen. Insbesondere ist es möglich, die Länge – und damit den Widerstand – veränderbar zu gestalten: Mit einem Gleitkontakt auf einem aufgespulten Draht lässt sich die Länge jenes Drahtstückes, das vom Strom durchflossen wird, verschieden einstellen (Abb. 86.2).

In elektronischen Geräten (z.B. Rundfunk-, Fernsehgeräte, Computer) findet man auf Keramikkörper gewickelte Drähte als Widerstände kaum mehr. Vorwiegend werden **Schichtwiderstände** verwendet. Als Leiter dient eine dünne Kohlenstoff- oder Metallschicht, die meist auf einen zylindrischen Keramikkörper mit axialen Drahtanschlüssen aufgebracht und durch eine Lackschicht geschützt ist (Abb. 86.3).

Um die Widerstandswerte von Schichtwiderständen zu kennzeichnen, verwendet man Farbringe: Die Farbe des 1. Ringes bestimmt die 1. Ziffer, die des 2. die 2. Ziffer, die des 3. die 3. Ziffer. Der 4. Ring gibt die Anzahl der Nullen an, die auf die drei Ziffern folgen. Der 5. Ring sagt aus, um wie viel Prozent der tatsächliche Widerstandswert von dem angegebenen höchstens abweichen kann (Tab. 86.4).

Schichtwiderstände werden in Massenproduktion nur mit ganz bestimmten Widerstandswerten hergestellt. Bei der sog. E 12-*Widerstandsreihe* sind es z.B. im Bereich von 10 bis 100 Ω die zwölf Werte: 10 Ω, 12 Ω, 15 Ω, 18 Ω, 22 Ω, 27 Ω, 33 Ω, 39 Ω, 47 Ω, 56 Ω, 68 Ω und 82 Ω; im Bereich 100 bis 1 000 Ω die Werte: 100 Ω, 120 Ω, 150 Ω usw.

Das Telefon

Das erste funktionstüchtige Gerät, das Töne auf elektrischem Weg übertrug, konstruierte der Homburger Lehrer *Johann Philipp Reis* im Jahr 1861 (Abb. 87.1). *Alexander Graham Bell*, ein schottischer Taubstummenlehrer, der nach Amerika auswanderte, entwickelte das erste brauchbare **Telefon***. Im März 1876 gelang es ihm zum ersten Mal, Worte klar verständlich zu übertragen. Bald interessierte sich auch *Thomas Alva Edison* für das Telefon. Er erfand das **Kohlemikrofon**, das auch heute noch verwendet wird.

Wie funktioniert ein Telefon? Die Frage, wie z.B. ein Sprechweg zum gerufenen Teilnehmer im Selbstwählverfahren aufgebaut wird, würde hier zu weit führen. Dagegen ist leicht zu verstehen, wie beim Telefonieren Sprache von Teilnehmer zu Teilnehmer übermittelt wird.

V Nimm ein Blatt Papier, halte es mit den Fingerspitzen vor den Mund und sprich laut dagegen. Dann spürst du, wie das Blatt Papier vibriert.

Beim Sprechen erzeugen die schwingenden Stimmbänder Druckschwankungen in der umgebenden Luft. Diese breiten sich aus und treffen auf das Blatt Papier.

Ganz entsprechend läuft der Vorgang beim Kohlemikrofon (Abb. 87.2) ab. Die sich ändernden Druckkräfte versetzen die Membran in Schwingungen. Hinter der Metallmembran liegen Kohlekörner, die dadurch mehr oder weniger stark zusammengedrückt werden. Vergrößert sich die Berührfläche der Kohlekörner, so sinkt der Widerstand des Mikrofons, und der das Mikrofon durchfließende Strom nimmt zu. Im Stromkreis schwankt somit der Strom im gleichen Rhythmus, wie die Stimmbänder des Sprechenden schwingen.

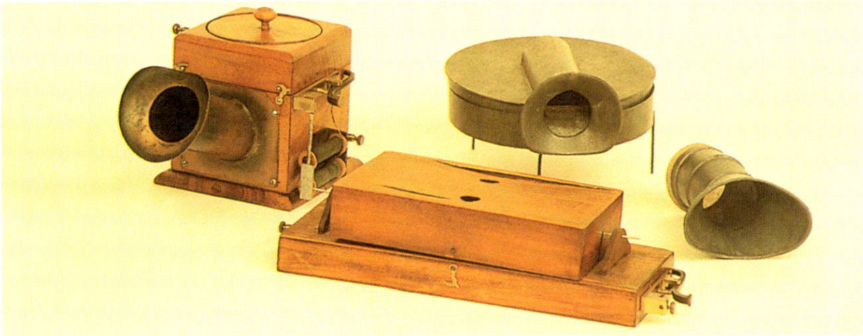

87.1 Originalapparat von Reis aus dem Jahr 1863

Im Stromkreis befindet sich außer dem Mikrofon, der *Sprechkapsel*, noch ein kleiner **Lautsprecher**, die *Hörkapsel* (Abb. 87.2). Dort durchfließt der Strom eine leichte Spule, die an einer Kunststoffmembran befestigt ist. Durch den schwankenden Strom schwankt der Magnetismus der Spule. Damit diese Schwankungen in Kraftwirkungen auf die Spule umgewandelt werden und dadurch Schwingungen der Membran hervorrufen, ist hinter dem einen Ende der Spule ein Magnet angebracht: Wird die Spule z. B. stärker magnetisch, wird sie stärker angezogen bzw. stärker abgestoßen. Die Lautsprechermembran schwingt daher im gleichen Rhythmus, wie der Strom schwankt, wie also die Mikrofonmembran schwingt. Die Lautsprechermembran wiederum erzeugt in der Luft Druckschwankungen, die im Ohr des Hörenden das Trommelfell schließlich zu Schwingungen anregen.

87.2 Schema eines Telefons und seine technische Ausführung

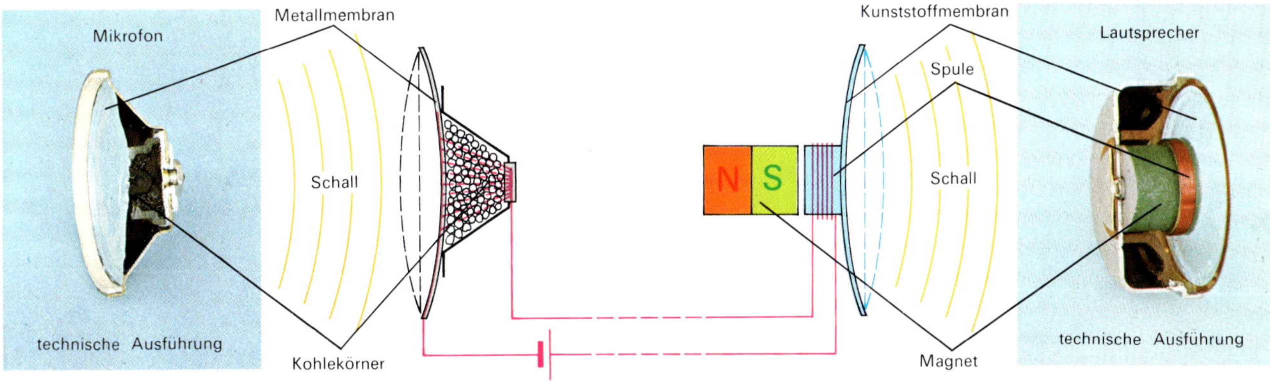

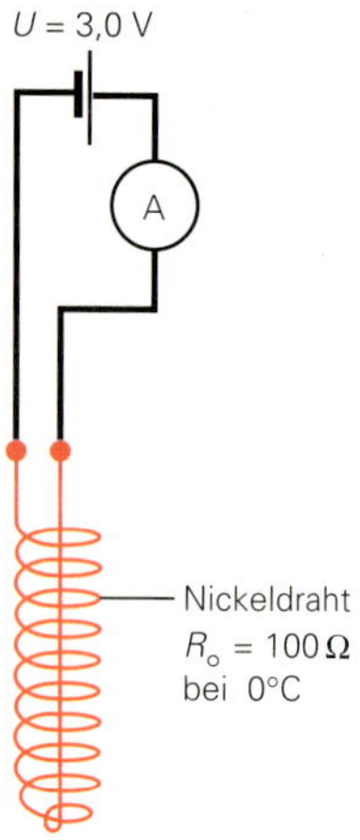

88.1 Aufbau eines Widerstandsthermometers

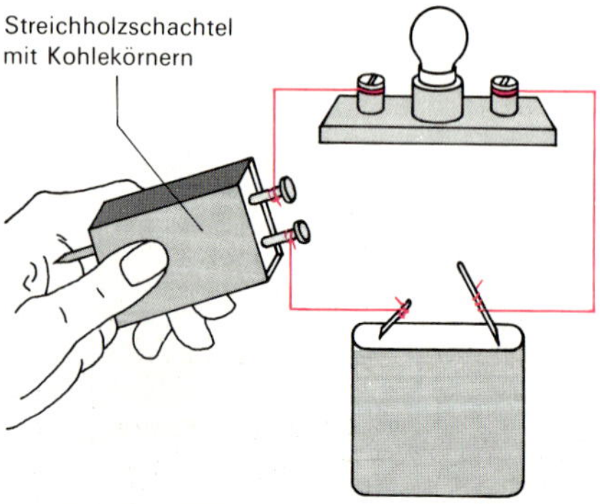

88.2 Modell eines Mikrofons

Aufgaben

1. Beim Betrieb einer Taschenlampe fließt ein Strom der Stärke 200 mA durch das Lämpchen. Ein Strom der Stärke 20 mA durch den menschlichen Körper ist bereits lebensgefährlich. Warum können wir die Pole einer Taschenlampenbatterie ohne Gefahr gleichzeitig berühren?

2. Berechne die fehlenden Größen:

a) $U = 220$ V, $I = 0{,}18$ A, $R = ?$
b) $U = 24$ V, $I = 20$ mA, $R = ?$
c) $U = 6{,}0$ V, $I = ?$, $R = 3{,}3\ \Omega$
d) $U = 220$ V, $I = ?$, $R = 1{,}2$ kΩ
e) $U = ?$, $I = 1{,}0$ mA, $R = 1{,}0$ kΩ
f) $U = ?$, $I = 0{,}25$ A, $R = 270\ \Omega$

3. Eine Glühlampe wird am elektrischen Netz betrieben. Es fließt ein Strom der Stärke $I = 0{,}25$ A.
a) Berechne den Widerstand R!
b) Was kann man über die Stromstärke I unmittelbar nach dem Einschalten aussagen?
c) Was kann man über die Stromstärke I aussagen, die sich für die Spannung $U = 55$ V ergibt?

4. Auf einem Glühlämpchen steht „6 V; 0,5 A".
a) Was bedeutet diese Aufschrift?
b) Was kann man über den Widerstand des Lämpchens aussagen?

5. *„Die Temperatur biegt die Kennlinie"*
Von einem Eisendraht, der sich vollständig in einer Wanne mit Wasser befindet, wird eine U-I-Kennlinie aufgenommen.
a) Zeichne die zugehörige Schaltung!
b) Für $U = 10{,}0$ V misst man $I = 1{,}60$ A. Zeichne die U-I-Kennlinie! ($U \leq 10$ V)
c) Berechne den Widerstand des Eisendrahtes!
d) Löse grafisch und rechnerisch: Welche Stromstärke I ergibt sich, wenn man die Spannung $U = 7{,}5$ V anlegt?
e) Der Eisendraht wird aus dem Wasser herausgenommen. Skizziere den sich nun ergebenden Verlauf der Kennlinie in die grafische Darstellung von b)!

6. *Das Widerstandsthermometer*
Abb. 88.1 zeigt vereinfacht den Aufbau eines Widerstandsthermometers.
a) Erläutere die Wirkungsweise des Widerstandsthermometers!
b) Mit dem Widerstandsthermometer sollen Temperaturen des Bereichs von 0 °C bis 300 °C gemessen werden. Welchen Messbereich besitzt der verwendete Strommesser?
c) Der Strommesser ist in °C geeicht. Welche Marken der Stromstärkeskala sind mit den Temperaturwerten 0 °C und 300 °C beschriftet? (Verwende Abb. 85.1!)
d) Die Skala des Strommessers ist für die Strommessung gleichmäßig geteilt. Ist sie auch für die Temperaturmessung gleichmäßig geteilt?

7. *Modellversuch zum Kohlemikrofon*
Stoße nach Abb. 88.2 durch die beiden Schmalseiten einer Streichholzschachtel im Abstand von 2 cm zwei blanke Nägel. Fülle dann die Schachtel locker mit kleinen Kohlestückchen (z. B. zerstoßener Grillkohle). Mit einem Glühlämpchen (z. B. 3,7 V) und einer Batterie (z. B. 4,5 V) vervollständigst du den Stromkreis. (Das geht auch ohne Drähte und ohne Lampenfassung!) Drücke mit dem Daumen verschieden stark auf die Streichholzschachtel! Beobachte und erläutere die Wirkungsweise dieses „Modellmikrofons"!

5 Kraft und Masse

90.1 100-m-Lauf

90.2 Sechstagerennen

a

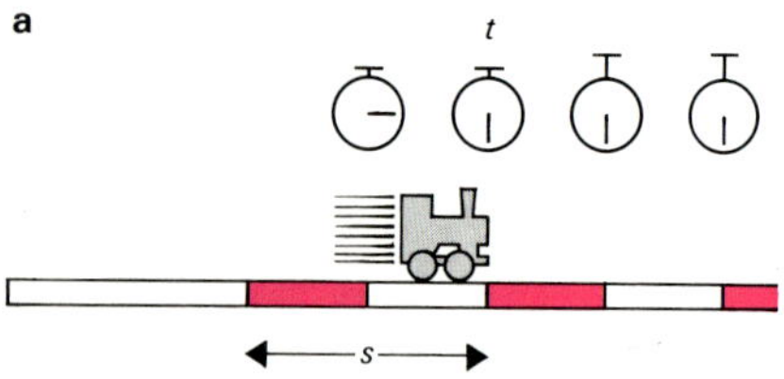

b

s in cm	0	20	40	60	80
t_1 in s	0	1,8	3,6	5,7	7,1
t_2 in s	0	1,9	3,6	5,7	7,1
t_3 in s	0	2,0	3,8	5,9	7,3
t in s	0	1,9	3,7	5,8	7,2
$\frac{s}{t}$ in $\frac{\text{cm}}{\text{s}}$	–	11	11	10	11

90.3 Weg-Zeit-Messungen bei einer Spielzeuglok

5.1 Die Geschwindigkeit

Wer ist schneller?

Wie lässt sich diese Frage klären? Bei den Laufwettbewerben der Leichtathletik ist die Länge der Laufstrecke vorgegeben (Abb. 90.1).

Schneller ist, wer den gleichen Weg in der kürzeren Zeit zurücklegt.

Bei einem Sechstagerennen (Abb. 90.2) dagegen ist die Fahrzeit von 145 Stunden vorgegeben. Gewonnen hat hier das Fahrerpaar, das in dieser Zeit die meisten Runden, also den längsten Weg zurückgelegt hat.

Schneller ist, wer in der gleichen Zeit einen längeren Weg zurücklegt.

Die gleichförmige Bewegung

Ein Läufer ist im Allgemeinen nicht ständig gleich schnell: Legt ein Körper dagegen *in gleich langen Zeitabschnitten stets gleich lange Strecken* zurück, so spricht man von einer gleich schnellen oder einer *gleichförmigen Bewegung*.
Bewegt sich eine Spielzeuglok – nach dem Anfahrvorgang – gleichförmig?

V Auf einer geraden Schiene sind im Abstand von jeweils 20 cm Wegmarken angebracht (Abb. 90.3a). Da wir den Anfahrvorgang nicht betrachten, starten wir die Lok ein Stück vor der Messstrecke. Erreicht die Lok die 1. Markierung, setzen mehrere Schüler Handstoppuhren in Gang. Erreicht die Lok eine weitere Markierung, stoppen jeweils drei Schüler. Die Weglänge s und die zugehörigen Zeitwerte t_1, t_2 und t_3 halten wir in einer Tabelle fest (Abb. 90.3b).

Die Messwerte für eine Teilstrecke weichen etwas voneinander ab. Wenn sich einer dieser Messwerte erheblich von den anderen unterscheidet, dürfte er falsch sein, und er wird verworfen. Welcher Wert ist aber der Richtige? Bei nur drei Messwerten lässt sich die Frage nicht beantworten. Liegen dagegen viele vor, dürfte es der Mittelwert sein: Wahrscheinlich haben einige Schüler zu früh gestoppt, andere dafür zu spät.
Für die Auswertung der Tabelle bilden wir trotz der wenigen Messungen die Mittelwerte. Eine *Messunsicherheit* von ein paar Zehntel Sekunden ist aber bei diesen kleinen Zeitwerten recht beträchtlich. Wir helfen uns durch einen Trick: Wir zeichnen eine grafische Darstellung, ein **Zeit-Weg-Diagramm**. Nach rechts wird t, nach oben s abgetragen; man nennt es deshalb auch *t-s-Diagramm*. Da wir eine „glatte Kurve" durch die Messpunkte legen, glätten wir die Messfehler (Abb. 91.1a). Es ergibt sich eine *Ursprungsgerade*.
Aus dem t-s-Diagramm entnehmen wir: In jeder Sekunde legt die Lok 11 cm zurück. Die Bewegung ist also gleichförmig. In 2, 3, 4 ... Sekunden legt die Lok 22, 33, 44 ... cm zurück. Die Länge s des Weges ist zur Fahrzeit t direkt proportional: $s \sim t$. Im Rahmen der Messgenauigkeit erhalten wir für den Quotienten s/t stets den gleichen Wert (Abb. 90.3): Die $(t;\ s)$-Wertepaare sind quotientengleich.

V Wir wiederholen den ersten Versuch mit weiter aufgedrehtem Fahrtrafo. Aus Tab. 91.2 und dem zugehörigen t-s-Diagramm (Abb. 91.1b) entnehmen wir: Die Lok fährt schneller. Es ist wieder $s \sim t$. Für zusammengehörige Wertepaare hat der Quotient s/t wieder einen *konstanten** Wert; dieser ist aber größer als im ersten Fall. Der Quotient s/t beschreibt die Schnelligkeit: Sein Wert ist umso größer, je größer s ist und je kleiner t ist.

Der Quotient aus der Länge s des zurückgelegten Weges und der dazu benötigten Zeit t heißt Geschwindigkeit v:

$$\text{Geschwindigkeit} = \frac{\text{Weg}}{\text{Zeit}}$$

oder kurz: $v = \frac{s}{t}$.

Die Einheit der Geschwindigkeit ist also eine Längeneinheit dividiert durch eine Zeiteinheit. Häufig benützt werden die Einheiten 1 m/s (sprich „Meter durch Sekunde“) und 1 km/h (sprich „Kilometer durch Stunde“). Im täglichen Leben sagt man oft auch „Stundenkilometer“, was auf ein Produkt der Form „h km“ hinweisen würde. Eine solche Sprechweise ist irreführend, da die Geschwindigkeit als Quotient s/t und nicht als Produkt dieser Größen definiert ist.

Die größte Geschwindigkeit hat das Licht (vgl. Tab. 91.3). Die größte vom Menschen erreichte Geschwindigkeit ist die eines Sprinters, der 100 m in 10 s zurücklegt:

$$v = \frac{s}{t} = \frac{100\ \text{m}}{10\ \text{s}} = 10\ \frac{\text{m}}{\text{s}} = 10 \cdot \frac{\frac{1}{1000}\ \text{km}}{\frac{1}{3600}\ \text{h}}$$

$$= 10 \cdot \frac{3600\ \text{km}}{1000\ \text{h}} = 36\ \frac{\text{km}}{\text{h}}.$$

Merke dir: 10 m/s = 36 km/h.

Musteraufgabe

Ein Auto fährt auf der Autobahn von Stuttgart nach Düsseldorf. Dabei wird über längere Zeit eine konstante Geschwindigkeit eingehalten: Der Tachometer* zeigt 100 km/h an. Zur Kontrolle der Tachometeranzeige misst ein Mitfahrer anhand der kleinen blauen km-Schilder am Rand der Autobahn die Zeit für 1,0 km zu 36 s.

a) Welchen Wert erhält er für die Geschwindigkeit des Autos?

b) Welche Weglänge hat das Auto nach 18 min zurückgelegt?

c) Wie lange würde bei dieser als gleich bleibend angenommenen Geschwindigkeit die Fahrt bis Düsseldorf (s = 420 km) dauern?

Lösung:

a) Gegeben: $s = 1{,}0\ \text{km}$, $t = 36\ \text{s}$
Gesucht: v

$$v = \frac{s}{t} = \frac{1{,}0\ \text{km}}{36\ \text{s}} = \frac{1{,}0\ \text{km}}{36 \cdot \frac{1}{3600}\ \text{h}}$$

$$= \frac{3600\ \text{km}}{36\ \text{h}} = 100\ \frac{\text{km}}{\text{h}}$$

(gleichförmige Bewegung).
Er erhält den gleichen Wert, den auch der Tachometer anzeigt.

b) Geg.: $v = 100\ \text{km/h}$,
$t = 18\ \text{min} = 0{,}30\ \text{h}$
Ges.: s

$$v = \frac{s}{t} \quad \Big| \cdot t$$

$$s = vt = 100\ \frac{\text{km}}{\text{h}} \cdot 0{,}30\ \text{h} = 30\ \text{km}$$

c) Geg.: $v = 100\ \text{km/h}$, $s = 420\ \text{km}$
Ges.: t

$$v = \frac{s}{t} \quad \Big| \cdot t : v$$

$$t = \frac{s}{v} = \frac{420\ \text{km}}{100\ \text{km/h}} = 4{,}2\ \text{h}$$

Die Schallgeschwindigkeit

Die Entfernung eines Gewitters schätzen wir mit der bekannten Faustregel ab: Für je 3 Sekunden, die vom Sehen des Blitzes bis zum Hören des Donners verstreichen, nehmen wir eine Entfernung von 1 km an. Da Blitz und Donner zur gleichen Zeit am gleichen Ort entstehen und das Licht für 1 km eine vernachlässigbare geringe Zeit benötigt, geht die Regel davon aus, dass

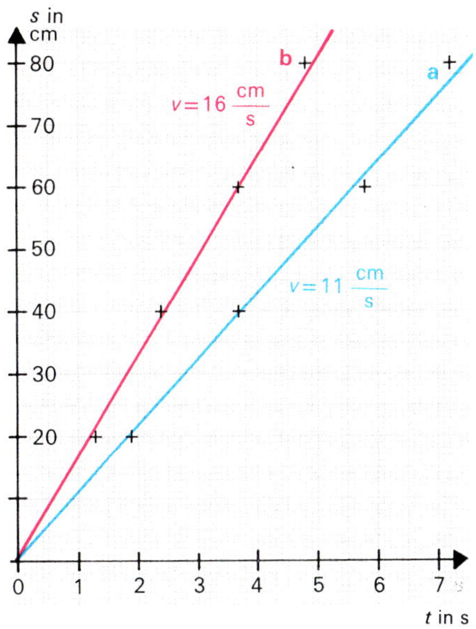

91.1 Zeit-Weg-Diagramm

s in cm	0	20	40	60	80
t in s	0	1,3	2,4	3,7	4,8
$\frac{s}{t}$ in $\frac{\text{cm}}{\text{s}}$	–	15	17	16	17

91.2 Weg-Zeit-Messung bei schneller Fahrt

Schnecke	1 mm/s
Fußgänger	1,5 m/s
Maus	3 m/s
Radfahrer	5,5 m/s
100-m-Läufer	10 m/s
Elefant	10 m/s
Hase	18 m/s
Pferd	20 m/s
Känguru	23 m/s
Antilope	30 m/s
Gepard	32 m/s
Schwalbe	100 m/s
Düsenflugzeug	800 m/s
Erdsatellit	8 km/s
Erde um die Sonne	30 km/s
Licht	300000 km/s

91.3 Interessante Geschwindigkeiten

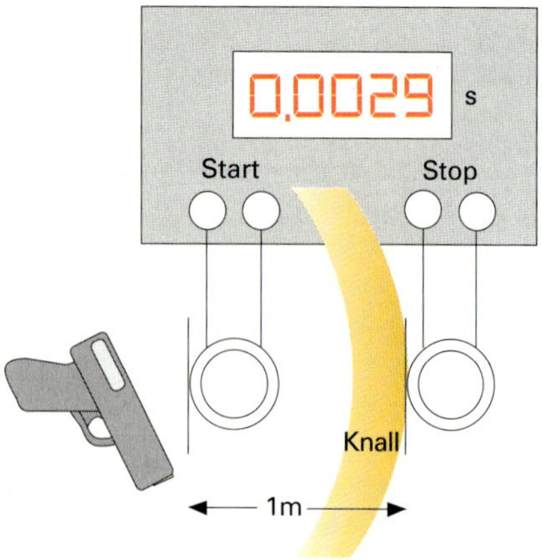

92.1 Laufzeitmessung des Schalls

Stoff	Schallgeschwindigkeit in m/s
Kohlendioxid	270
Sauerstoff	330
Luft	340
Wasserstoff	1 310
Alkohol	1 180
Wasser	1 480
Kautschuk	50
Blei	1 200
Kupfer	3 700
Glas	5 000
Eisen	5 200

92.2 Schallgeschwindigkeiten (bei 20 °C)

der Schall für 1 km etwa 3 Sekunden braucht. Die Schallgeschwindigkeit müsste also ungefähr 330 m/s betragen. Ist das ein grober oder ein guter Näherungswert? Dürfen wir überhaupt annehmen, dass sich der Schall mit gleich bleibender Geschwindigkeit ausbreitet? Diese Fragen klären wir durch einen Versuch.

V Wir schließen an einen elektrischen Kurzzeitmesser zwei Mikrofone an. Mit einer Kinderpistole erzeugen wir einen Knall (Abb. 92.1): Trifft der Schall auf das erste Mikrofon, wird der Zeitmesser gestartet. Trifft der Schall auf das zweite Mikrofon, das im Abstand s dahinter steht, wird der Zeitmesser gestoppt. Für die Strecke $s_1 = 0{,}50$ m messen wir die Laufzeit $t_1 = 0{,}0015$ s, für $s_2 = 1{,}00$ m die Zeit $t_2 = 0{,}0029$ s und für $s_3 = 2{,}00$ m die Zeit $t_3 = 0{,}0059$ s.

Eine Verdoppelung, Verdreifachung der Wegstrecke bringt eine Verdoppelung, Verdreifachung der Laufzeit mit sich. Der Schall breitet sich also gleichförmig aus. Die Schallgeschwindigkeit ist konstant:

$$v = \frac{s}{t} = \frac{2{,}00\ \text{m}}{0{,}0059\ \text{s}} = 340\ \frac{\text{m}}{\text{s}}$$

Genaue Untersuchungen haben ergeben, dass die Schallgeschwindigkeit mit wachsender Temperatur etwas zunimmt.

Die Schallgeschwindigkeit beträgt in Luft etwa 340 $\frac{\text{m}}{\text{s}}$.

In Tab. 92.2 sind für weitere Stoffe Schallgeschwindigkeiten angegeben.

Die ungleichförmige Bewegung

Ein Auto, ein Radfahrer, ja selbst ein Fußgänger bewegt sich normalerweise nicht ständig gleich schnell: Gleich lange Teilstrecken werden in verschieden langen Zeitabschnitten zurückgelegt. Dividiert man die gesamte Weglänge s durch die dafür benötigte Zeit t, erhält man die **mittlere Geschwindigkeit v**. Sie bedeutet: Hätte sich der Körper mit der konstanten Geschwindigkeit v bewegt, hätte er gerade in der Zeit t die Weglänge s zurückgelegt.
Die in geschlossenen Ortschaften vorgeschriebene Höchstgeschwindigkeit von 50 km/h darf in keinem Augenblick überschritten werden; sie bezeichnet keine mittlere Geschwindigkeit, sondern eine höchstzulässige **Momentangeschwindigkeit**. Wollen wir diese messen, müssen wir das Wegstück so klein wählen, dass von der Ungleichförmigkeit der Bewegung nichts zu merken ist. Dabei ist eine sehr hohe Genauigkeit bei der Zeitmessung nötig. *Die Momentangeschwindigkeit ist die für ein genügend kleines Wegstück gemessene mittlere Geschwindigkeit.*

Aufgaben

1. *Messungenauigkeit*
Bei den Olympischen Spielen in München (1972) schlug im Schwimmwettbewerb „400-m-Lagen" der Amerikaner Tim McKee 2 tausendstel Sekunden nach dem Schweden Gunnar Larsson an und gewann damit „nur" die Silbermedaille.
a) Die Geschwindigkeit der Schwimmer betrug 1,5 $\frac{\text{m}}{\text{s}}$. Wie viel Millimeter Vorsprung hatte Larsson vor McKee?
b) Bei einer späteren Renovierung des Olympiabades stellte sich heraus, dass die 50 m lange Bahn, die McKee 8-mal zu schwimmen hatte, 1 mm länger

war als die von Larsson. Wie wäre der Wettbewerb ausgegangen, wenn das nicht der Fall gewesen wäre?

2. Berechne jeweils die fehlende Größe!

a) Haarewachsen
$s = 1{,}0$ cm
$t = 1{,}0$ Monat
$v = ?$ mm/s

b) Regentropfen
$s = 4000$ m
$t = ?$ min
$v = 8$ m/s

c) Brieftaube
$s = ?$ km
$t = 1{,}0$ h
$v = 20$ m/s

d) Radrennfahrer
$s = 225$ km
$t = 6{,}0$ h
$v = ?$ m/s

e) Skirennfahrer
$s = 2400$ m
$t = ?$ s
$v = 108$ km/h

3. *Die Geschwindigkeitseinheit „1 Knoten"*
In der Schifffahrt verwendet man die Längeneinheit 1 Seemeile (1 sm). Dieses Längenmaß hängt mit der Größe der Erde zusammen: Man erhält es, indem man den Erdumfang von 40 000 km zunächst in 360 gleiche Teile und dann diese noch in je 60 gleiche Teile zerlegt.
a) Zeige, dass 1 sm = 1852 m ist.
b) Die Geschwindigkeitseinheit 1 Seemeile/Stunde (1 sm/h) heißt 1 Knoten (1 kn).
Zeige, dass 1 kn $\approx 0{,}5\,\frac{\text{m}}{\text{s}}$ ist.
Rechne 1 kn in km/h um!
c) Auf einem Schiff ist auf dem Vorschiff und 50 m davon entfernt achtern je eine Marke angebracht. Jemand wirft bei der vorderen Marke ein Stück Holz über Bord. Nach 20 s passiert das schwimmende Holzstück die zweite Markierung. Welche Geschwindigkeit (in kn) hat das Schiff?

4. Jemand schaut in einem gleichförmig fahrenden Zug beim Passieren eines Kilometersteins auf seine Uhr. 30 Sekunden später fährt der Zug am nächsten Kilometerstein vorbei.
a) Zeichne für das Zeitintervall von 0 bis 10 min ein *t*-*s*-Diagramm!
b) Berechne die Geschwindigkeit des Zuges in km/h!
c) Wie sieht das *t*-*s*-Diagramm aus, wenn der Zug langsamer bzw. schneller ist?

5. Ein Auto fährt mit einer Geschwindigkeit $v = 54$ km/h.
a) Rechne diesen Wert in m/s um!
b) Zeichne für das Zeitintervall von 0 bis 10 s ein *t*-*s*-Diagramm!
c) Vom Erkennen einer Gefahr bis zum Betätigen der Bremse verstreicht etwa 1 Sekunde, die „Schrecksekunde". Welchen Weg legt das Auto in dieser zurück? Wie lang ist der Anhalteweg, wenn noch ein Bremsweg von etwa 25 m hinzukommt?

6. Die Sonne ist von der Erde 150 000 000 km entfernt, der Mond 384 000 km. Wie lange braucht das Licht von der Sonne zur Erde? Wie lange braucht es vom Mond zur Erde?

7. *Das Echo**
Ein Echo entsteht, wenn der Schall an einer Wand zurückgeworfen wird und dann wieder zum Ausgangspunkt zurückkehrt.
a) Der Trompetenbläser vom Königssee (Abb. 93.2) hört nach 1,5 s das Echo. Wie weit ist die Felswand entfernt?
b) Zur Bestimmung der Meerestiefe sendet ein Schiff im Ultraschallbereich einen kurzen Ton in Richtung des Meeresbodens aus (Abb. 93.1). Nach 0,040 s emp-

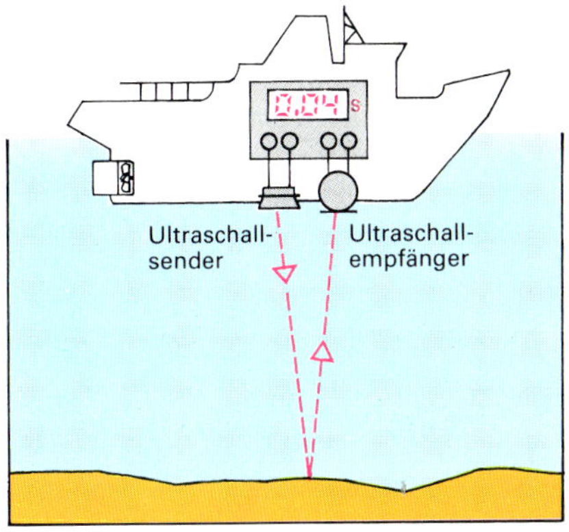

93.1 Das Echolot

93.2 Der Trompetenbläser vom Königssee

s in *m*	*t* in s	*s* in *m*	*t* in *s*
100	8,6	600	27,4
200	13,5	700	30,4
300	17,5	800	33,4
400	21,0	900	36,1
500	24,3	1000	38,9

94.1 Weg-Zeit-Messung für einen anfahrenden PKW

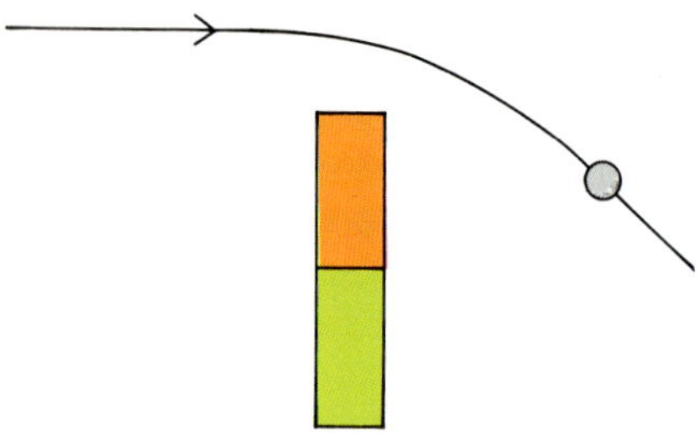

94.2 Ablenkung einer Eisenkugel durch einen Magneten

94.3 Aquaplaning

94.4 Spiegeloberfläche unterm Mikroskop

fängt es das Echo. Wie tief ist das Meer?

c) Fledermäuse sehen sehr schlecht; sie „erhören" ihre Umgebung. In kurzen Abständen stoßen sie Schreie im Ultraschallbereich aus. Mit dem Echo erkennen sie die Umgebung. Ein Nachtfalter ist 10 m bzw. 1 m entfernt. Nach welcher Zeit hört die Fledermaus das Echo ihres „Peilrufs"?

8. In Tab. 94.1 sind Weg-Zeit-Messungen für einen anfahrenden Pkw festgehalten.

a) Zeichne ein t-s-Diagramm. Ist $s \sim t$? Begründung!

b) Berechne für den gesamten Anfahrvorgang die mittlere Geschwindigkeit!

c) Berechne jeweils einen Näherungswert für die Momentangeschwindigkeit zum Zeitpunkt $t_1 = 11{,}0$ s und zum Zeitpunkt $t_2 = 37{,}5$ s!

5.2 Die Kraft – Das Trägheitsgesetz

Erhöhung der Geschwindigkeit – Richtungsänderung

Erhöht ein Körper seine Geschwindigkeit, so sprechen wir von **beschleunigter Bewegung**.
Warum fällt ein losgelassener Gegenstand beschleunigt zu Boden? Wir führen dies auf die Anziehung der Erde zurück. Die Erdanziehung als Ursache dieser beschleunigten Bewegung bezeichnet man auch als **Schwerkraft** oder **Gewichtskraft**.

V Auf dem Overheadprojektor liegt ein Metallstück. Bringt man eine Eisenkugel in die Nähe und lässt sie los, so setzt sie sich in Bewegung und läuft mit wachsender Geschwindigkeit auf das Metallstück zu. Versucht man, die Eisenkugel an einem Ende des Metallstücks vorbeizurollen, so wird sie aus ihrer ursprünglichen Bewegungsrichtung abgelenkt (Abb. 94.2).

Das Metallstück ist ein Magnet. Wir sagen: Es zieht die Eisenkugel an. Oder: Es übt eine **Magnetkraft** auf die Eisenkugel aus.
Kein Körper setzt sich von selbst in Bewegung. Von selbst erhöht er seine Geschwindigkeit nicht, von selbst ändert er auch seine Bewegungsrichtung nicht. Stets schreiben wir diesen Änderungen des Bewegungszustandes als Ursache eine Kraft zu. Wenn wir z. B. einen Wagen anschieben oder einen Ball aus seiner Flugrichtung ablenken, wenden wir spürbar **Muskelkraft** auf.

Verminderung der Geschwindigkeit

Von selbst aber scheint ein Körper seine Geschwindigkeit zu verringern. Ein Auto auf ebener Straße, bei dem der Motor abgeschaltet ist und das nicht gebremst wird, bleibt nach einiger Zeit stehen. Wann ein anfangs bewegter Körper zur Ruhe kommt, hängt sehr wesentlich von der Unterlage ab. Bildet sich z. B. zwischen Reifen und Straße eine Wasserschicht, so „schießt" das Auto mit nahezu unverminderter Geschwindigkeit geradeaus: Es kommt zum *Aquaplaning* (Abb. 94.3). Versuchst du auf einer Unterlage zu gleiten, so geht das umso besser, je glatter diese ist: Auf einer glatten Eisfläche vermindert sich die Geschwindigkeit nur sehr langsam.
Abb. 94.4 zeigt eine spiegelglatte Metalloberfläche unter dem Mikroskop. Wir erkennen, dass diese

scheinbar glatte Fläche in Wirklichkeit doch rau ist. Die Rauigkeiten von Unterlage und darüber gleitendem Körper verhaken sich (Abb. 95.1). Deshalb kommt es beim Gleiten zu einer Kraft, die die Bewegung des Körpers verlangsamt. Diese Kraft heißt **Reibungskraft**.
Wir erkennen: Wenn ein Körper seine Geschwindigkeit verringert, ist stets eine Ursache vorhanden, nämlich eine bremsende Kraft.

Die Kraft – Das Trägheitsgesetz

Wir fassen unsere Erkenntnisse zusammen:

Der Änderung der Geschwindigkeit oder der Bewegungsrichtung eines Körpers schreibt man eine Ursache zu. Diese Ursache heißt Kraft.

Gäbe es einen Körper, auf den keine Kraft einwirkt, so würde dieser also weder seine Bewegungsrichtung noch seine Geschwindigkeit ändern. Man sagt dazu: Er ist **träge**.

Trägheitsgesetz
Wirkt auf einen Körper keine Kraft ein, so bleibt er entweder in Ruhe oder er bewegt sich geradlinig mit gleich bleibender Geschwindigkeit.

Angriffspunkt – Richtung – Kraftpfeil

Wir halten fest: Eine Kraft ist die *Ursache* der Änderung der Geschwindigkeit oder der Bewegungsrichtung eines Körpers. Oder: Die Änderung der Geschwindigkeit oder Bewegungsrichtung eines Körpers ist die *Wirkung* einer Kraft.

V Wir befestigen in der Mitte eines Wagens eine Schnur und schieben ihn an. Ziehen wir in Bewegungsrichtung, wird der Wagen schneller. Ziehen wir entgegengesetzt, wird er langsamer. Ziehen wir quer zur Bewegungsrichtung, wird er aus seiner geradlinigen Bahn abgelenkt.

Die Wirkung der Kraft hängt also von der *Richtung*, in die wir die Kraft ausüben, ab.

V Auf dem Tisch liegt ein Holzklotz. Wir befestigen mit einem Reißnagel eine Schnur an ihm und ziehen in eine bestimmte Richtung. Der Holzklotz verhält sich unterschiedlich, je nachdem, wo der Reißnagel eingedrückt worden ist.

Bei der Wirkung der Kraft kommt es auch auf den Punkt an, in dem die Kraft angreift, auf den **Angriffspunkt**.

Zur Beschreibung einer Kraft ist die Angabe der Kraftrichtung und des Angriffspunktes erforderlich. Um in einer Zeichnung Richtung und Angriffspunkt zu kennzeichnen, stellt man die Kraft durch einen *Pfeil* dar. Dort, wo der **Kraftpfeil** beginnt, ist der Angriffspunkt; die Pfeilrichtung gibt die Kraftrichtung an (Abb. 95.2).

Aufgaben

1. *Der Sicherheitsgurt*
   a) Wir legen auf einen kleinen Wagen einen Körper und lassen den Wagen auf einen Prellbock auflaufen (Abb. 95.3). Warum rutscht der Körper vom Wagen herunter?
   b) Die Fotoserie (Abb. 96.1) zeigt eine Puppe auf dem Fahrersitz eines Pkws. Das Auto prallt mit einer Geschwindigkeit von 50 km/h auf eine Wand (Crashtest). Der angelegte Sicherheitsgurt und der durch den Aufprall ausgelöste Airbag setzen die Verletzungsgefahr deutlich herab. Erkläre das Verhalten der Puppe

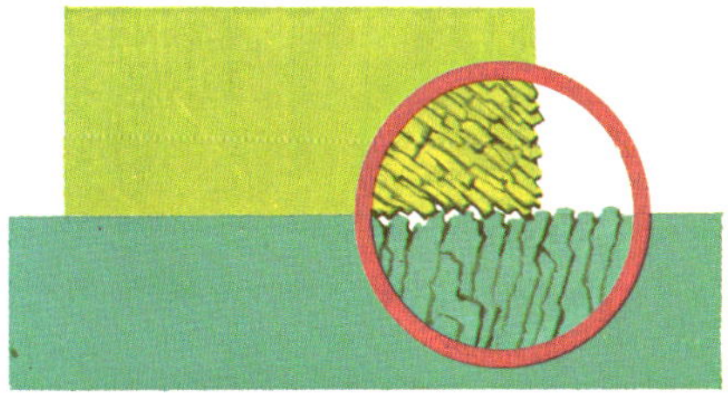

95.1 Die Rauigkeiten von Unterlage und Körper verhaken sich

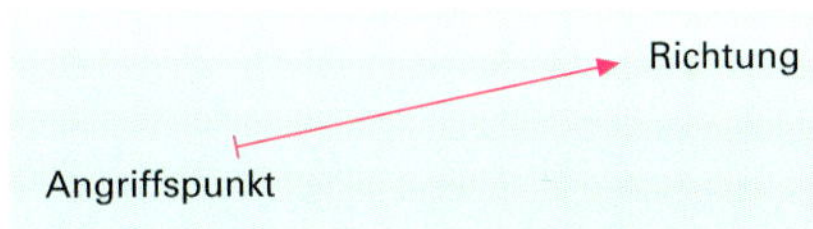

95.2 Der Kraftpfeil

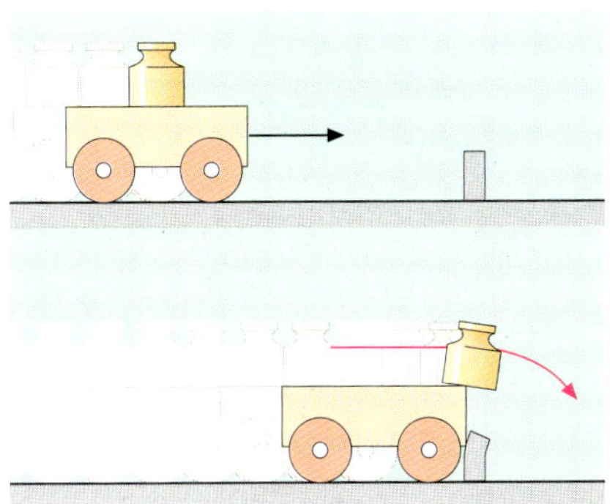

95.3 Beim Aufprall rutscht der Körper vom Wagen herunter

a

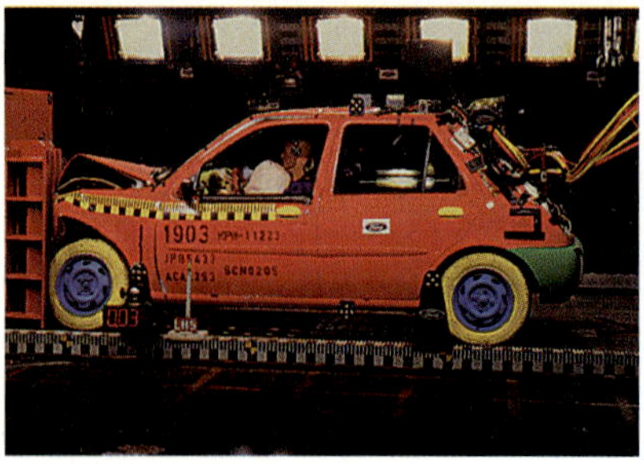

b

c

96.1 Crashtest mit einem Auto

beim Aufprall! Wo befände sie sich, wenn weder Sicherheitsgurt noch Airbag vorhanden wären?
c) Erkläre die Wirkungsweise des Sicherheitsgurtes! Welchen zusätzlichen Schutz bringt der Airbag?

2. Hat sich der Kopf eines Hammers gelockert, dann fasst man den Hammer am Stiel und stößt ihn mit dem unteren Stielende kräftig auf den Boden. Der Kopf sitzt danach wieder fest. Begründe dieses Verfahren!

5.3 Das Kräftegleichgewicht

96.2 Kräftevergleich beim „Fingerhakeln"

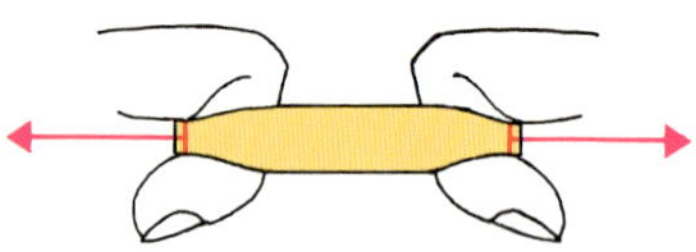

96.3 Kräftegleichgewicht an der Lederschlaufe

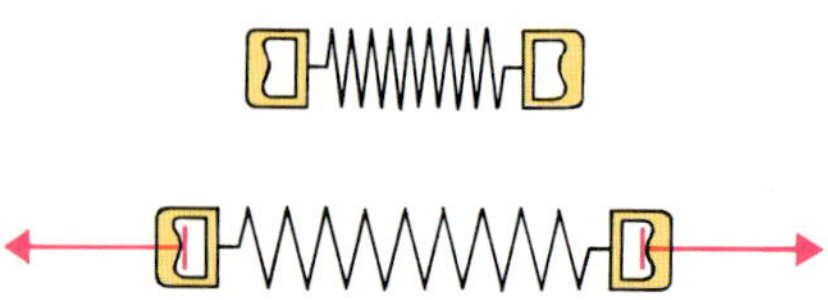

96.4 Kräftegleichgewicht am Expander

Gleichgewicht zweier Kräfte

Wirkt auf einen Körper *keine* Kraft, so bleibt er entweder in Ruhe oder bewegt sich geradlinig mit gleich bleibender Geschwindigkeit. Wirkt auf einen Körper *eine* einzige Kraft, so ändert er seine Geschwindigkeit oder (und) seine Bewegungsrichtung. Wie verhält sich ein Körper, auf den *zwei* Kräfte einwirken? Beim „Fingerhakeln" kommt es vor, dass die Lederschlaufe, an der die Gegner kräftig ziehen, sich nicht bewegt (Abb. 96.2).

V Zwei Schüler ziehen an einem Expander in entgegengesetzte Richtung: Der Expander dehnt sich zunächst. Dann ist es möglich, obwohl beide Schüler kräftig ziehen, dass der Expander in Ruhe bleibt.

Jede einzelne Kraft versucht, den Körper in Bewegung zu setzen. Entgegengesetzt gerichtete Kräfte können sich in dieser Wirkung auf den Körper gerade aufheben. Man spricht dann von **Kräftegleichgewicht** (Abb. 96.3 und 96.4).
Durch das Einwirken der beiden Kräfte im Gleichgewicht wird der Expander deutlich gedehnt. Würden die Schüler an einem Seil ziehen, wäre die Verformung dagegen so gering, dass man sie nicht ohne weiteres erkennen könnte.

Zwei entgegengesetzt gerichtete Kräfte können so auf einen Körper einwirken, dass er in Ruhe bleibt (Kräftegleichgewicht). Der Körper erleidet dabei eine mehr oder weniger deutlich erkennbare Verformung.

Kräftevergleich

Unser letzter Versuch dient wie das Fingerhakeln dem Kräftevergleich: Besteht *Kräftegleichgewicht*, bezeichnet man die beiden Schüler als gleich stark, die beiden *Kräfte als gleich groß*. Besteht kein Kräftegleichgewicht, bezeichnet man die Muskelkraft des Schülers als größer, in dessen Richtung sich die Lederschlaufe in Bewegung setzt. Bei diesem unmittelbaren Kräftevergleich müssen die beiden Kräfte gleichzeitig und in entgegengesetzte Richtungen auf einen Körper einwirken. Das ist manchmal unpraktisch.

V Ein Griff des Expanders wird an der Wand befestigt. Ein Schüler zieht am anderen Griff: Die Haltekraft der Wand hält der Muskelkraft des Schülers das Gleichgewicht. Ein Freund macht den gleichen Versuch (Abb. 97.1 a, b).

Es ist klar, wer von den beiden der Stärkere ist. Wir legen fest:

Zwei Kräfte sind gleich groß, wenn sie eine einseitig befestigte Feder gleich weit verlängern. Eine Kraft ist größer als eine Vergleichskraft, wenn sie die Feder weiter verlängert.

Man stellt die größere Kraft durch einen längeren Pfeil dar.

Kräftegleichgewicht am bewegten Körper

Auf der Erde wirkt auf jeden Körper die Gewichtskraft. Ruht ein Körper, muss auf ihn (mindestens) eine weitere Kraft wirken, die der Gewichtskraft das Gleichgewicht hält (Abb. 97.2).

V Ein Körper hängt an einer Feder: Die Federkraft hält der Gewichtskraft das Gleichgewicht (Abb. 97.3 a). Wie verhalten sich die Kräfte, wenn wir den Körper durch die Feder in Bewegung setzen (nach oben wegziehen, Abb. 97.3 b–d)?

Die Feder dehnt sich: Die Federkraft übertrifft die Gewichtskraft; das Kräftegleichgewicht besteht nicht mehr. Der Körper setzt sich in Bewegung, seine Geschwindigkeit nimmt zu. Bewegt er sich schließlich mit gleich bleibender Geschwindigkeit, hat die Feder wieder ihre ursprüngliche Länge angenommen: Federkraft und Gewichtskraft sind gleich groß; es besteht Kräftegleichgewicht. Vermindert der Körper seine Geschwindigkeit, ist die Feder kürzer: Die Gewichtskraft übertrifft die Federkraft.

Wirken auf einen Körper zwei entgegengesetzt gerichtete, gleich große Kräfte (Kräftegleichgewicht), ruht er oder er bewegt sich geradlinig mit gleich bleibender Geschwindigkeit. Besteht am Körper kein Kräftegleichgewicht, wird er beschleunigt oder abgebremst oder (und) er ändert seine Bewegungsrichtung.

Kraft und Geschwindigkeitsänderung

Eine Kraft ist die Ursache für die Geschwindigkeitsänderung eines Körpers. Das legt die Vorstellung nahe, dass eine Kraft umso größer ist, je stärker sie die Geschwindigkeit eines Körpers ändert. Passt das zu unserer Vereinbarung über die Größe einer Kraft?

V Wir ziehen einen Wagen mithilfe einer Feder: Die Geschwindigkeit des Wagens ändert sich umso stärker, je größer die Federdehnung ist.

Je größer die Kraft ist, die auf einen Körper wirkt, desto stärker wird er beschleunigt oder abgebremst.

Aufgaben

1. a) In einem zunächst ruhenden Aufzug steht eine Person. Welche beiden Kräfte greifen an der Person an? Skizze!
b) Vergleiche diese beiden Kräfte für die Fälle, dass die Person aufgrund des fahrenden Aufzuges

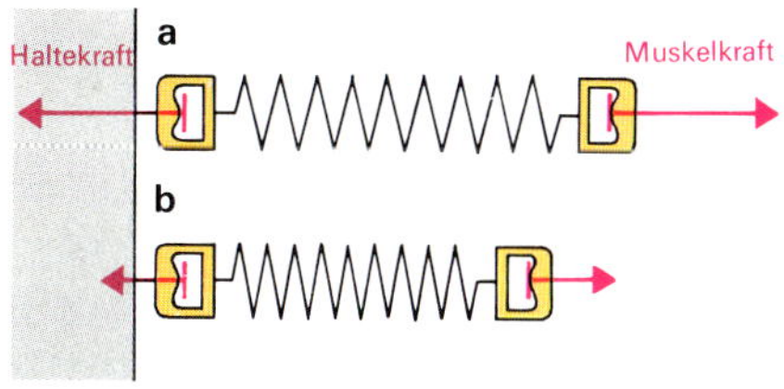

97.1 Kräftevergleich mit dem Expander

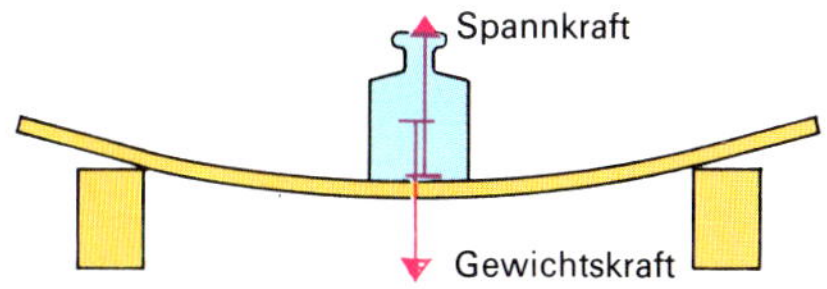

97.2 Gleichgewicht am Körper zwischen Gewichtskraft und Spannkraft

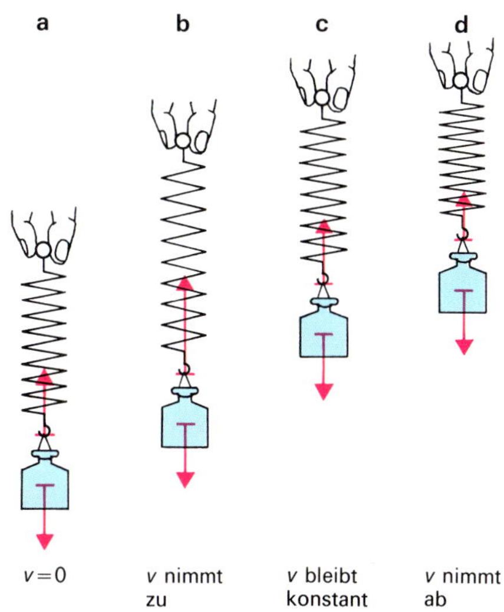

97.3 Kräfte am bewegten Körper

98.1 Motorkraft und bewegungshemmende Kraft

ihre Geschwindigkeit erhöht, beibehält, vermindert!

2. Auf ein fahrendes Auto wirken die Reibungskraft und die Widerstandskraft der Luft (der „Luftwiderstand") zusammen als bewegungshemmende Kraft (Abb. 98.1).
a) Was kann man vergleichend über die Motorkraft und diese bewegungshemmende Kraft aussagen, wenn das Auto auf horizontaler Straße seine Geschwindigkeit erhöht, beibehält, vermindert?
b) Die Widerstandskraft der Luft ist umso größer, je schneller das Auto fährt. Ein Auto fährt mit Vollgas. Warum wird es zunächst immer schneller und erreicht schließlich eine gleich bleibende Höchstgeschwindigkeit?
c) Wie lässt sich die Höchstgeschwindigkeit von Autos vergrößern?

3. Ein Regentropfen fällt mit gleich bleibender Geschwindigkeit. Welche Kräfte wirken auf ihn? Skizze!

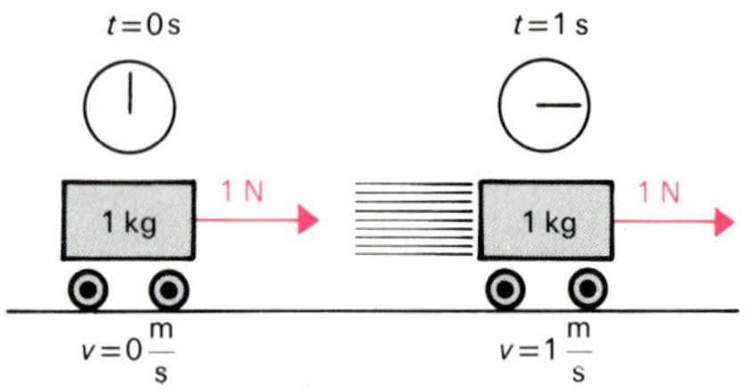

98.2 Zur Definition von 1 N

5.4 Kraftmessung

Die Krafteinheit 1 Newton

Je mehr sich eine einseitig befestigte Feder oder ein einseitig befestigter Expander dehnt, *desto* größer ist die einwirkende Kraft. Feder und Expander sind „*Je-desto-Geräte*". Wie können wir das „*Je-desto-Gerät*" zu einem Messgerät eichen?
Dazu benötigen wir zunächst eine **Einheit**. Zur Festlegung der Krafteinheit benutzt man den Geschwindigkeitszuwachs eines Körpers. Dieser Zuwachs ist umso größer, je größer die Zugkraft ist. Dabei ist auch die Art des Körpers und die Dauer des Ziehens zu beachten. Man definiert (Abb. 98.2):

1 Newton ist die Kraft, die einem bestimmten Körper (einem „1-kg-Stück") in 1 s aus der Ruhe heraus die Momentangeschwindigkeit 1 m/s erteilt.

Man hat die Krafteinheit nach dem englischen Physiker Isaac Newton (1643 bis 1727) benannt, der die grundlegenden Gesetze der Mechanik entdeckte.
Da wir zur Kraftmessung künftig Federn benützen wollen, müssten wir zunächst nach obiger Vorschrift die zur Kraft 1 Newton gehörende Federdehnung bestimmen. Der Versuch ist jedoch sehr aufwendig. Wir benützen deshalb eine Feder mit einer Skalenmarke, die bereits die Bezeichnung 1 Newton (1 N) trägt (Abb. 98.3).

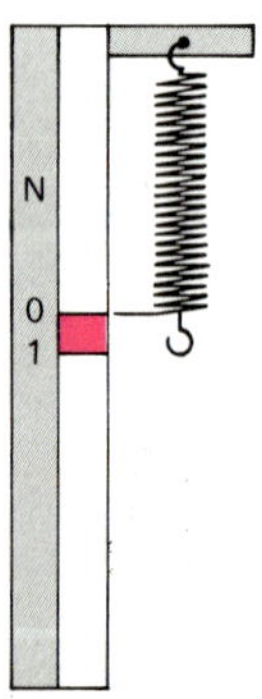

98.3 Verlängerung zur Kraft 1 N: Eichmarke zu 1 N

Die Vielfachen von 1 N – Der Kraftmesser

Wir können nun feststellen, ob eine Kraft (z. B. das Gewicht eines Körpers) kleiner, gleich oder größer 1 N ist.

V Mithilfe einer Feder, die die Messmarke 1 N trägt, stellen wir mehrere Körper – z. B. aus Plastilin – mit dem Gewicht 1 N her.

Wie findet man die Eichmarke zu 2 N? Es liegt nahe, festzusetzen: 2 Körper mit dem Gewicht von je 1 N besitzen zusammen das Gewicht 2 N. Allgemein:

***n* gleich schwere Körper sind zusammen *n*-mal so schwer wie einer dieser Körper.**

Hängen wir an die Feder n Körper von jeweils 1 N, erhalten wir die Eichmarke zu nN (Abb. 99.1). Um sich Eichmarken zu 0,1 N, 0,2 N, 0,3 N ... zu verschaffen, stellt man sich zusätzlich 10 gleich schwere Körper vom Gesamtgewicht 1 N her.
Mit einer nach diesem Verfahren geeichten Feder können wir nicht nur Gewichtskräfte, sondern auch andere Kräfte in N messen. Man nennt das geeichte Gerät deshalb *Kraftmesser*. Neben der Einheit 1 N benutzt man häufig die Einheit 1 Zentinewton (Abkürzung: 1 cN): $1\,\text{cN} = \frac{1}{100}\,\text{N}$.

Technische Ausführung

Die technische Ausführung eines Kraftmessers ist handlicher: Eine Schraubenfeder ist mit einer unten offenen zylinderförmigen Hülle versehen. Die Eichmarken sind auf einer zweiten Hülle angebracht (Abb. 99.2).
Im unbelasteten Zustand verschwindet die Hülle mit den Eichmarken gerade in der anderen. Greift eine Kraft an, kann man an der Unterkante der äußeren Hülle sofort den Messwert ablesen.

Bezeichnung von Kräften – Länge des Kraftpfeils

Zur Bezeichnung von Kräften verwendet man das Symbol $\vec{F}$. Der Buchstabe F erinnert an den Anfangsbuchstaben des englischen Wortes „force" (Kraft); der Pfeil weist darauf hin, dass zur Festlegung der Kraft neben dem Angriffspunkt auch die Angabe der Richtung erforderlich ist. Für den Betrag der Kraft schreibt man $|\vec{F}|$ oder einfacher F, z. B. $F = 3$ N. Die Gewichtskraft bezeichnet man häufig auch mit $\vec{G}$.

Der Betrag der Gewichtskraft $\vec{G}$ heißt *Gewicht G*.

In einer maßstabsgetreuen Zeichnung stellt man die Kraft, die den n-fachen Betrag einer Vergleichskraft hat, durch einen n-mal so langen Pfeil dar. Häufig gibt man noch den „Kräftemaßstab" an: z. B. $\frac{1}{2}\,\text{cm} \mathrel{\widehat{=}} 1\,\text{N}$ (Abb. 99.3).

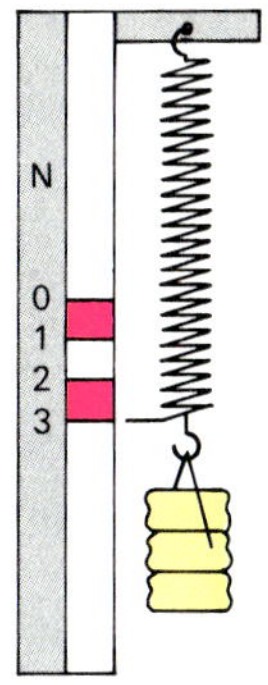

99.1 Eichung einer Feder als Kraftmesser

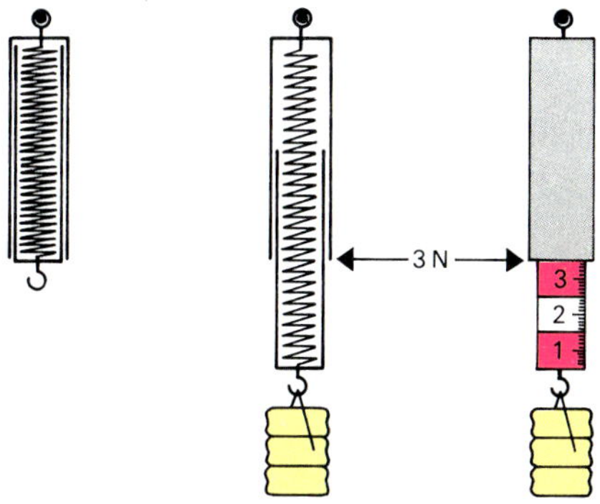

99.2 Technische Ausführung eines Kraftmessers

5.5 Kraft und Verformung – Das Hooke'sche Gesetz

Elastische und plastische Verformung

Bei der Eichung einer einseitig befestigten Feder zum Kraftmesser ist aufgefallen, dass die Eichmarken in gleichen Abständen anzubringen sind: Die n-fache Zugkraft ruft die n-fache Verlängerung hervor. Die Verlängerung ist der Zugkraft direkt proportional. Sind Kraftmesserfedern besondere Federn?
Man verwendet Federn zur Kraftmessung, da die Verformung 1. leicht messbar ist und 2. wieder vollständig verschwindet, wenn die Kraft nicht mehr wirkt. Verformungen, die wieder verschwinden, wenn die Kraft nicht mehr wirkt, heißen **elastische Verformungen**; solche, die nach der Krafteinwirkung bestehen bleiben, heißen **plastische Verformungen**.

V Auf einen Klumpen aus Plastilin wirken Kräfte. Es tritt eine Verformung auf, die nicht mehr verschwindet. Der Plastilinklumpen wird also plastisch verformt.

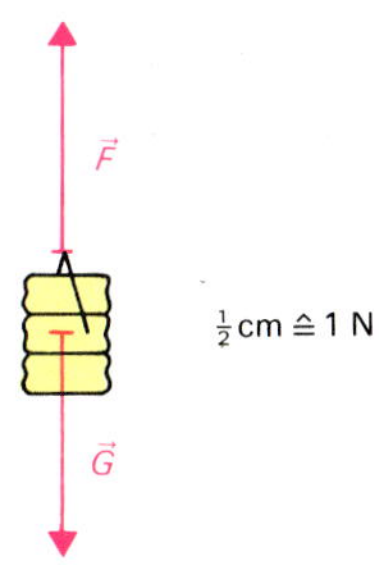

99.3 Kräftegleichgewicht am Körper

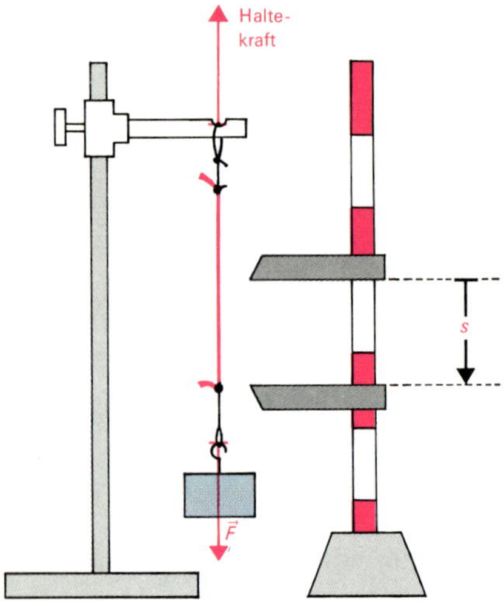

100.1 Messung der Verlängerung in Abhängigkeit von der Zugkraft bei einer Gummischnur

F in N	Belastung s in cm	Entlastung s in cm
0	0	1,9
0,5	4,4	8,8
1,0	14,2	26,6
1,5	26,5	38,5
2,0	35,4	43,5
2,5	41,9	45,4
3,0	46,2	46,2

100.2 Belastung und Entlastung einer Gummischnur

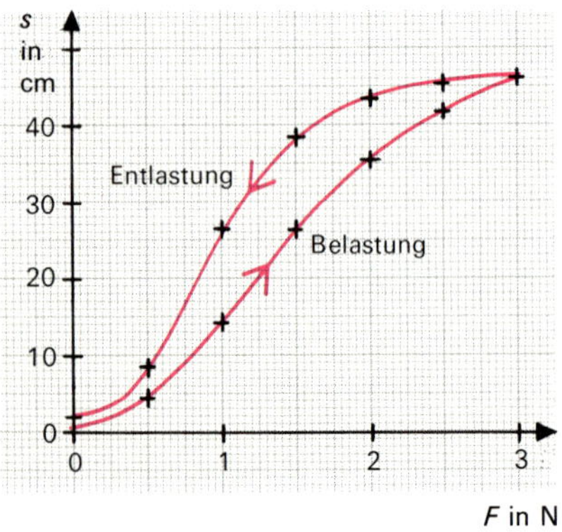

100.3 *F-s*-Diagramm für die Gummischnur

Die Elastizitätsgrenze

Körper, die wir im gewöhnlichen Sprachgebrauch als „elastisch" bezeichnen, können ebenfalls plastisch verformt werden:

V Ein Gummiband hängt vor einem Maßstab. Ein Schüler zieht kräftig daran. Das Gummiband ist nach der Wegnahme der Kraft länger als ursprünglich. Es bleibt eine plastische Verformung zurück.

Auch Schraubenfedern lassen sich plastisch verformen:

V Ein Schüler zieht kräftig an einer Schraubenfeder. Wenn die Kraftanwendung aufhört, ist die Feder länger als ursprünglich.

Ob ein einseitig befestigter Körper durch eine Kraft nur elastisch verformt wird, hängt vom Betrag der Kraft ab. Nur wenn die Zug- oder Druckkraft einen gewissen – von Körper zu Körper verschiedenen – Grenzwert nicht überschreitet, verschwindet die Verformung wieder. Dieser Wert heißt **Elastizitätsgrenze.**

Plastische Verformungen eines Gummibandes

Wir untersuchen den Zusammenhang zwischen Verlängerung und Zugkraft.

V Wir belasten ein Gummiband schrittweise mit Körpern bekannten Gewichts und messen jeweils die Verlängerung gegenüber dem unbelasteten Zustand (Abb. 100.1). Da sich Gummi auch plastisch verformen kann, halten wir das Band während des Wechselns der Belastung in der jeweiligen Lage fest. Dann entlasten wir es wieder schrittweise. Ein Messbeispiel ist in Tab. 100.2 angegeben.

Es fällt auf: Nimmt die Zugkraft gleichmäßig zu, so nimmt die Verlängerung keineswegs gleichmäßig zu. Das *F-s*-Diagramm (Abb. 100.3) zeigt keine Gerade. Die Verlängerung wächst zunächst immer stärker. Schließlich zeigt das Gummiband ein besonderes Verhalten: Es dehnt sich einige Zeit nach der Belastung plötzlich noch ein Stück. Man sagt: Gummi „fließt". Bei weiterer Vergrößerung der Last verlängert sich das Gummiband von nun an immer weniger stark.
Beim Entlasten ist die Verlängerung bei einer bestimmten Zugkraft größer, als sie beim Belasten bei der gleichen Zugkraft war. Ein Teil der Verlängerung bleibt nach dem Entlasten als Verformung erhalten.

Elastische Verformung einer Schraubenfeder

V Wir belasten eine weiche Schraubenfeder schrittweise mit Körpern bekannten Gewichts. Zu jeder Zugkraft *F* messen wir die Verlängerung *s* gegenüber dem unbelasteten Zustand. Am Ende der Messreihe vergewissern wir uns, dass die Feder wieder in die Ausgangslage zurückgeht, ihre Elastizitätsgrenze also nicht überschritten wurde. Dann wiederholen wir die Messungen mit einer härteren Feder.

Aus Tab. 101.1 entnehmen wir: Die *n*-fache Zugkraft ruft (im Rahmen der Messungenauigkeit) die *n*-fache Verlängerung hervor. Oder: Zusammengehörige $(F;\ s)$-Wertepaare ergeben gleiche Werte für den Quotienten F/s; sie sind also quotientengleich.

Die Verlängerung *s* einer Schraubenfeder ist zum Betrag *F* der Zugkraft direkt proportional.

Also ist das F-s-Diagramm eine Ursprungsgerade (Abb. 101.2). Den konstanten Quotienten bezeichnet man mit D:

$$\frac{F}{s} = D = \text{konstant.}$$

Für die Einheit von D ergibt sich z. B.

$$[D] = \frac{[F]}{[s]} = 1\,\frac{\text{N}}{\text{cm}}.$$

Wir erhalten für die weiche Feder $D_w = 0{,}10$ N/cm; d.h. die Zugkraft 0,10 N ruft die Verlängerung 1 cm hervor, die Zugkraft 0,20 N ruft die Verlängerung 2 cm hervor, usw. Für die harte Feder erhalten wir $D_h = 0{,}37$ N/cm.

Je größer D ist, desto größer muss die Zugkraft sein, um z. B. eine Verlängerung von 1 cm hervorzurufen. Die Größe D gibt an, wie sehr sich eine Feder einer Verlängerung widersetzt. Man nennt deshalb D **Federhärte** oder **Federkonstante**.

Musteraufgabe

Welche Kraft ruft an der harten Feder unseres Messbeispiels die Verlängerung $s = 5{,}0$ cm hervor?

Geg.:

$D = 0{,}37\,\frac{\text{N}}{\text{cm}}$, $s = 5{,}0$ cm

Ges.: F

Grafische Lösung:

Aus Abb. 101.2 entnehmen wir sofort: $F \approx 1{,}9$ N

Rechnerische Lösung:

$$\frac{F}{s} = D \quad \Rightarrow$$

$$F = D \cdot s = 0{,}37\,\frac{\text{N}}{\text{cm}} \cdot 5{,}0\text{ cm} = 1{,}9\text{ N}$$

Das Hooke'sche Gesetz

Ist die Proportionalität der Verländerung s und dem Betrag der Zugkraft F eine besondere Eigenschaft elastischer Federn? Um das zu entscheiden, untersuchen wir den Zusammenhang zwischen Verlängerung und Zugkraft an einem anders geformten Körper.

V Ein 0,3 mm dicker, etwa 2 m langer Kupferdraht wird an einem Haken an der Decke des Physiksaales befestigt. Um die kleinen Verlängerungen s messen zu können, bauen wir eine Zeigervorrichtung: Wir schieben durch eine kleine Drahtschlinge das Ende eines langen Trinkhalms. Der Trinkhalm wird nun mit einer Nadel leicht drehbar befestigt, und zwar so, dass der vom Draht abgewandte Teil 20-mal so lang ist wie der dem Draht zugewandte (Abb. 101.3). Verlängert sich der Draht z. B. um $s = 1$ mm, so hebt sich das abgewandte Ende um $S = 20$ mm. Die Zeigervorrichtung vergrößert also 20fach. Um eine ununterbrochene Belastung des Drahtes zu erreichen, befestigen wir am Drahtende einen Messbecher. Mit einem Kraftmesser bestimmen wir zuvor die Wassermenge, die 1 N wiegt: Es sind 100 cm³. Bei diesem Wasserstand bringen wir am Messbecher die Eichmarke 1 N an, beim doppelten Wasservolumen die Eichmarke 2 N, usw. Nun füllen wir langsam Wasser in den am Draht hängenden Messbecher ein. Beim Erreichen einer Eichmarke lesen wir jeweils die vergrößerte Verlängerung S ab, ermitteln daraus die tatsächliche Verlängerung $s = S : 20$ und zeichnen ein F-s-Diagramm. Bei gleichmäßig zunehmender Belastung wächst die Verlängerung s zunächst gleichmäßig (Abb. 102.1): $F \sim s$. Dann beginnt s stärker und schließlich so stark anzuwachsen, dass es kaum möglich ist, sorgfältig abzulesen: Der Draht „fließt". Kurz darauf reißt er.

	Feder weich		Feder hart	
F in N	s in cm	$\frac{F}{s}$ in $\frac{\text{N}}{\text{cm}}$	s in cm	$\frac{F}{s}$ in $\frac{\text{N}}{\text{cm}}$
0	0	–	0	–
0,5	4,8	0,104	1,3	0,38
1,0	9,8	0,102	2,7	0,37
1,5	14,7	0,102	4,1	0,37
2,0	19,8	0,101	5,4	0,37
2,5	24,7	0,101	6,8	0,37
3,0	29,5	0,102	8,2	0,37

101.1 Zugkraft und Verlängerung von zwei Schraubenfedern

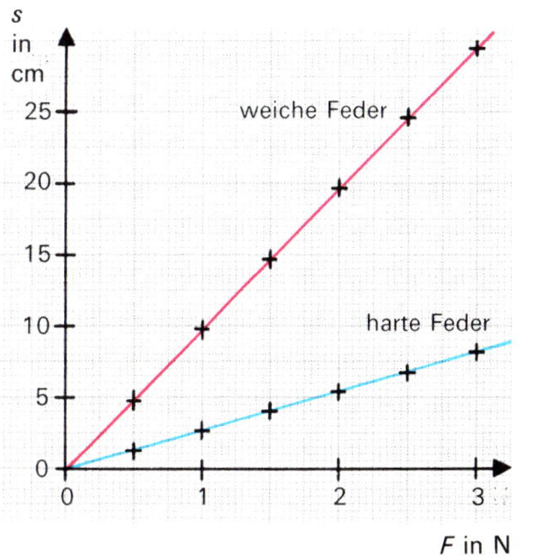

101.2 F-s-Diagramm für die Schraubenfedern von Tab. 101.1

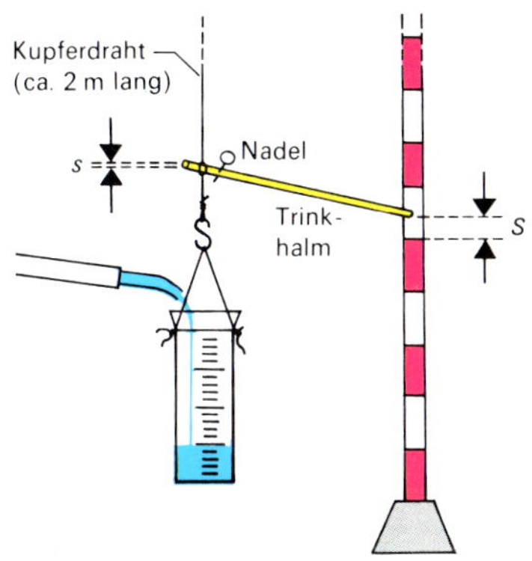

101.3 Verlängerung in Abhängigkeit von der Zugkraft bei einem Kupferdraht

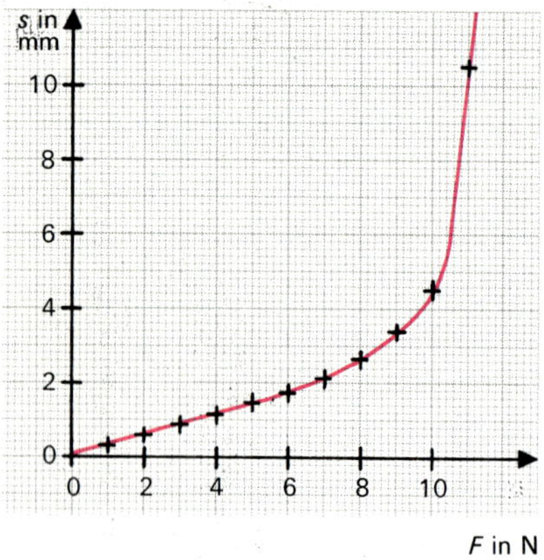

102.1 Zerreißdiagramm eines Kupferdrahtes

Auch der Anfang der gekrümmten Kurve des *F*-*s*-Diagramms des Gummibandes (Abb. 100.3) lässt sich in einem sehr kleinen Bereich durch eine Gerade annähern: Wenn wir das Gummiband sehr wenig beanspruchen, ist also $F \sim s$.
Diese Ergebnisse leiten uns zu einem Gesetz, das der Engländer *Robert Hooke* (1635 bis 1703) fand:

Hooke'sches Gesetz
Bei geringer Beanspruchung ist die Verlängerung *s* eines Körpers zum Betrag *F* der Zugkraft direkt proportional:

$$\frac{F}{s} = D = \text{konstant}$$

Was man bei einem Körper unter geringer Beanspruchung zu verstehen hat, ist von Fall zu Fall verschieden: Sie hört bei manchen Federn erst bei einem Mehrfachen der ursprünglichen Länge auf, bei einem Draht bereits bei einem $\frac{1}{1000}$. Die Verlängerung ist der Zugkraft in dem Bereich proportional, in dem sich der Körper elastisch verformt. Die *Grenze der direkten Proportionalität* fällt mit der *Elastizitätsgrenze* zusammen.

Aufgaben

1. Zieht man an einer Schraubenfeder mit 1,00 N, so verlängert sie sich um 3,3 cm.
a) Berechne die Federhärte *D*!
b) Zeichne ein *F*-*s*-Diagramm!
c) Welche Verlängerung ruft eine Kraft von 3,3 N hervor? (Grafische und rechnerische Lösung!)
d) Welche Zugkraft ist für eine Verlängerung um 5,0 cm nötig?
e) Lässt sich die Verlängerung der Feder auch für eine Zugkraft von 240 N voraussagen? Begründe!

2. Zur Bestimmung der Federhärte einer Schraubenfeder wurde folgende Messreihe durchgeführt:

F in N	10	20	30
s in cm	3,0	4,0	6,0

a) Entscheide mithilfe eines *F*-*s*-Diagramms, ob ein falscher Messwert enthalten ist!
b) Berechne die Federhärte *D*!
c) Welche Verlängerung ruft eine Kraft von 15 N hervor?
d) Welche Zugkraft ist für eine Verlängerung um 1,5 cm nötig?

3. Eine Schraubenfeder ist im unbelasteten Zustand 80 cm lang. Zieht man mit 2,00 N an ihr, ist sie 88 cm lang. Mit welcher Kraft muss man an der Feder ziehen, damit sie 1,00 m lang wird?

4. Zeichne ein *F*-*s*-Diagramm zu einer Feder mit der Härte $D = 0{,}40$ N/cm! Trage in das Diagramm den Graphen für eine **a)** weichere, **b)** härtere Feder ein!

5. Ein Abschleppseil enthält zur Ruckdämpfung eine Feder.
a) Wie würdest du durch einen Versuch ihre Federhärte *D* bestimmen?
b) Die Feder besitzt die Federhärte 90 N/cm. Beim Abschleppen vergrößert sich während des Anfahrens die Länge der Feder von 20 cm auf 33 cm. Wie groß ist die Zugkraft, die das Seil überträgt?

6. *„Prüfungshärte"*
Stell dir vor, du erhältst in einer Physikprüfung einen Kraftmesser „und sonst gar nichts". Eine Aufgabe besteht darin, die Federhärte *D* der eingebauten Schraubenfeder zu bestimmen. Wie würdest du vorgehen?

7. *Expander*
Hängt man an eine Schraubenfeder einen Körper des Gewichts 6,0 N, so dehnt sie sich um 5,0 cm.
a) Berechne die Federhärte!
b) Ein Expander enthält vier solche Federn (Abb. 102.2). Mit welcher Kraft muss man an ihm ziehen, damit er sich um 60 cm verlängert?

102.2 Dehnen eines Expanders

5.6 Zusammensetzung und Zerlegung von Kräften

Zusammensetzung von Kräften mit gleichem Angriffspunkt

103.1 Muskeltraining

Häufig greifen in einem Punkt eines Körpers zwei Kräfte an, wie z. B. am Oberkörper eines Sportlers beim Muskeltraining (Abb. 103.1). Wir befassen uns mit ihrer gemeinsamen Wirkung. Einen Sonderfall kennen wir bereits: Sind die beiden Kräfte entgegengesetzt gerichtet und gleich groß, herrscht Kräftegleichgewicht. Sie heben sich in ihrer Wirkung auf. Zunächst betrachten wir gleich gerichtete Kräfte.

V Eine Feder ist am einen Ende befestigt. Am anderen Ende ziehen wir mit einer Kraft des Betrags $F_1 = 3$ N und einer gleich gerichteten des Betrags $F_2 = 2$ N (Abb. 103.2a). Ziehen wir mit einer einzigen Kraft des Betrags $F_{12} = 5$ N in die gemeinsame Richtung von $\vec{F}_1$ und $\vec{F}_2$, erhalten wir die gleiche Verformung der Feder (Abb. 103.2b).

Die Kraft $\vec{F}_{12}$ (gelesen: F eins zwei) ruft allein die gleiche Wirkung hervor wie die Kräfte $\vec{F}_1$ und $\vec{F}_2$ zusammen. Zur Vereinfachung können wie also die wirklich vorhandenen Kräfte $\vec{F}_1$ und $\vec{F}_2$ durch die eine Kraft $\vec{F}_{12}$ ersetzen. $\vec{F}_{12}$ heißt deshalb **Ersatzkraft** von $\vec{F}_1$ und $\vec{F}_2$.
Wirklich vorhandene Kräfte stellen wir künftig durch rote Pfeile dar, Ersatzkräfte durch blaue (Abb. 103.2c). Kräfte unterscheiden wir in der Bezeichnung durch Indizes: $\vec{F}_1$, $\vec{F}_2$, $\vec{F}_3$, … . An den Buchstaben, der eine Ersatzkraft bezeichnet, reihen wir als Index die Indizes der Kräfte, die sie ersetzt.
Sind $\vec{F}_1$ und $\vec{F}_2$ gleich gerichtet, ist der Betrag der Ersatzkraft $F_{12} = F_1 + F_2$. Welches Ergebnis erhalten wir für entgegengesetzt gerichtete Kräfte?

V Wir ziehen am Ende der Feder mit einer Kraft des Betrags $F_1 = 3$ N und in entgegengesetzte Richtung mit einer des Betrags $F_2 = 2$ N: Eine Kraft des Betrags $F_1 - F_2$ in Richtung von $\vec{F}_1$ ruft die gleiche Wirkung hervor (Abb. 103.3).

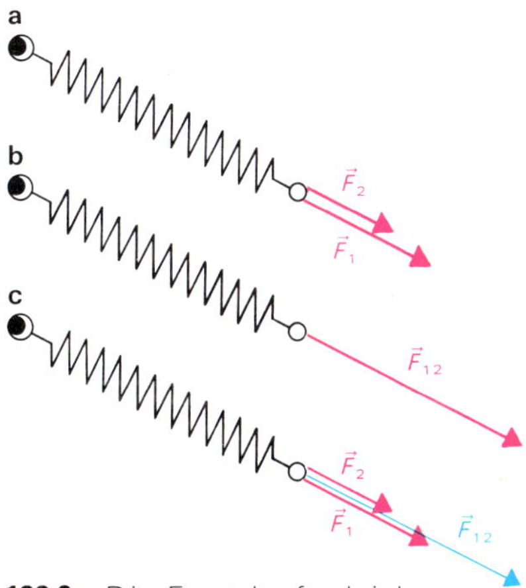

103.2 Die Ersatzkraft gleich gerichteter Kräfte

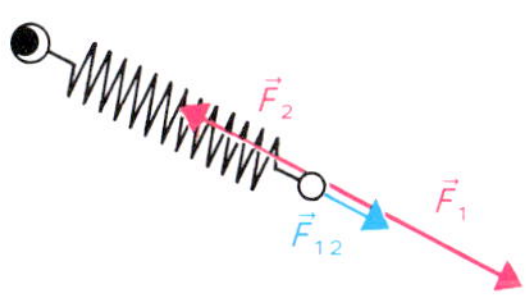

103.3 Die Ersatzkraft entgegengesetzt gerichteter Kräfte

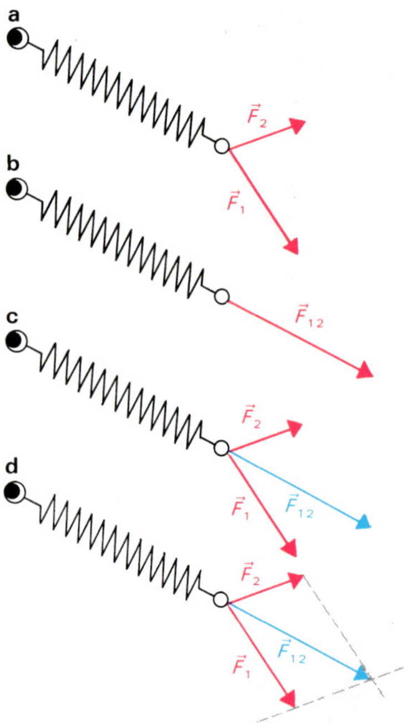

104.1 Die Ersatzkraft nicht paralleler Kräfte

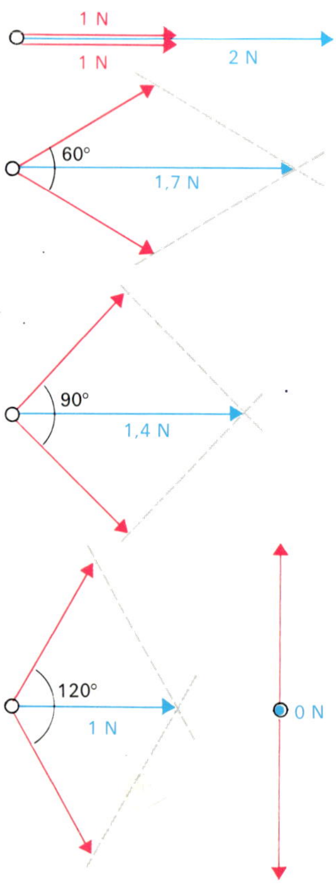

104.2 Abhängigkeit der Ersatzkraft vom Winkel zwischen $\vec{F}_1$ und $\vec{F}_2$

Nun zum allgemeinen Fall:

V Wir ziehen am Ende der Feder wieder mit zwei Kräften der Beträge $F_1 = 3$ N und $F_2 = 2$ N; diesmal aber nicht mit parallelen Kraftrichtungen (Abb. 104.1a). Auch hier gelingt es uns, durch eine einzige Kraft $\vec{F}_{12}$ die gleiche Verformung zu bewirken (Abb. 104.1b). Der Betrag F_{12} liegt zwischen $F_1 - F_2$ und $F_1 + F_2$.

Wie können wir die Ersatzkraft $\vec{F}_{12}$ von $\vec{F}_1$ und $\vec{F}_2$ finden? Da sich – je nach Richtung der Kräfte $\vec{F}_1$ und $\vec{F}_2$ – verschiedene Werte für F_{12} ergeben, ist die Berechnung von F_{12} mit Hilfe von F_1 und F_2 allein nicht möglich. Die Kraftrichtungen spielen eine wesentliche Rolle. Vielleicht gelingt es zeichnerisch.

Zeichnen wir jeweils durch die Spitze eines Kraftpfeils die Parallele zum anderen Kraftpfeil, so schneiden sich die beiden Geraden in der Spitze des Pfeils der Ersatzkraft (Abb. 104.1c, d). Da hier ein Parallelogramm entsteht, heißt es **Kräfteparallelogramm**.

Eine gerichtete Größe nennt man auch **Vektor***. Diese Zusammensetzung von Vektoren bezeichnet man als *Vektoraddition* und schreibt: $\vec{F}_1 + \vec{F}_2 = \vec{F}_{12}$. Die Pfeile bedeuten, dass die Kräfte vektoriell addiert werden und nicht etwa ihre Beträge. Die **Kräftezusammensetzung** zur Bestimmung der Ersatzkraft ist eine Vektoraddition.

Gesetz vom Kräfteparallelogramm

Zwei in einem Punkt angreifende Kräfte $\vec{F}_1$ und $\vec{F}_2$ lassen sich durch eine einzige Kraft $\vec{F}_{12}$ ersetzen. Der Kraftpfeil der Ersatzkraft $\vec{F}_{12}$ ist die vom Angriffspunkt ausgehende Diagonale des von $\vec{F}_1$ und $\vec{F}_2$ aufgespannten Parallelogramms (*Kräfteparallelogramm*).

Abb. 104.2 zeigt: Je größer der Winkel zwischen zwei Kräften $\vec{F}_1$ und $\vec{F}_2$ ist, desto kleiner ist der Betrag der Ersatzkraft $\vec{F}_{12}$.

Aufgaben

1. *Tauziehen*
An einem Tau ziehen Alexander mit $F_1 = 420$ N und Axel mit $F_2 = 280$ N in die eine Richtung, Beate mit $F_3 = 350$ N und Bruno mit $F_4 = 350$ N in die entgegengesetzte Richtung.
a) Welches Team gewinnt?
b) Welche Kraft muss das Seil dabei aushalten?
c) Nun wird das Seil an einem Haken befestigt. Nur noch Alexander und Anna ziehen mit den gleichen Kräften wie vorher. Welche Kraft muss jetzt das Seil aushalten?
(Überprüfung der Überlegungen zu b) und c) im Schulversuch mit Kraftmessern!)

2. a) Es sei $F_1 = 3{,}0$ N und $F_2 = 4{,}0$ N. Bestimme zu folgenden Winkeln $\sphericalangle(\vec{F}_1, \vec{F}_2)$ jeweils die Ersatzkraft $\vec{F}_{12}$: 0°, 60°, 90°, 120°, 180°.
b) Zwischen welchen Werten liegen im speziellen Fall a) bzw. allgemein – je nach eingeschlossenem Winkel – die Beträge F_{12} der Ersatzkraft? Bei welchem Winkel erhält man den kleinsten, bei welchem Winkel den größten Betrag?

3. Welchen Winkel müssen zwei Kräfte von je 10 N einschließen, damit ihre Ersatzkraft
a) 20 N, **b)** 0 N, **c)** 10 N, **d)** 14 N, **e)** 5 N beträgt?

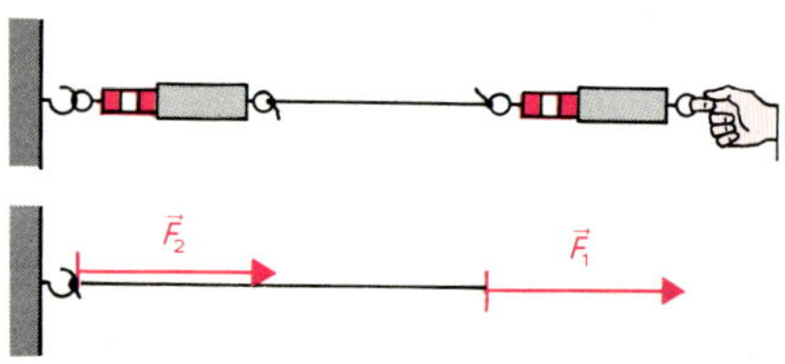

104.3 Kraftübertragung durch ein Seil

Zerlegung einer Kraft in Komponenten

Für die Planung von Tragekonstruktionen, an denen ein Körper bekannten Gewichts hängt, ist die Vorhersage der auftretenden Kräfte notwendig: Seile und Stäbe müssen so bemessen werden, dass sie die Belastung aushalten.
Ein Seil kann nur auf Zug beansprucht werden.

V Ein Seil überträgt die Zugkraft unter Beibehaltung des Betrags ans andere Ende (Abb. 104.3).

Ein Stab kann auf Zug, Schub oder durch eine Querkraft auch auf Verbiegung beansprucht werden. Wir beschränken uns zunächst auf Kräfte in Stabrichtung, also auf *Zug-* und *Schubkräfte*.
Das Verfahren zur Bestimmung der auftretenden Kräfte entwickeln wir mit einem einfachen Beispiel: An zwei Schnüren, die unter bekannten Richtungen verlaufen, hängt im gemeinsamen Punkt A ein Körper des Gewichts $G = 4{,}0$ N (Abb. 105.1a). Welche Zugkraft tritt in jeder Schnur auf?
Wir ersetzen die Gewichtskraft $\vec{G}$ im Punkt A durch zwei Teilkräfte $\vec{G}_1$ und $\vec{G}_2$ so, dass diese in Richtung der Seile wirken. Das bedeutet: Wir kehren das Verfahren zur Bestimmung der Ersatzkraft um. Aus der bekannten Diagonalen $\vec{G}$ und den Seilrichtungen als Seitenrichtungen zeichnen wir ein Kräfteparallelogramm (Abb. 105.1 b). Die so erhaltenen Kräfte $\vec{G}_1$ und $\vec{G}_2$ rufen an der Tragekonstruktion die gleiche Wirkung wie $\vec{G}$ hervor: Am 1. Seil wird also mit $G_1 = 2$ N, am 2. Seil mit $G_2 = 3$ N gezogen.

V Eine Messung bestätigt diese Ergebnisse.

Die Teilkräfte einer Kraft, die die gleiche Wirkung wie die Kraft hervorrufen, nennt man auch **Komponenten***. Das Ersetzen einer Kraft durch Komponenten heißt **Kraftzerlegung**.

Die durch eine Kraft $\vec{F}$ in einem Punkt einer Tragekonstruktion hervorgerufenen Zug- oder Schubkräfte $\vec{F}_1$ und $\vec{F}_2$ findet man durch eine Kraftzerlegung:
Mit $\vec{F}$ als Diagonale und den Seil- bzw. Stabrichtungen als Seitenrichtungen wird ein Kräfteparallelogramm gezeichnet.

Kräfte an der schiefen Ebene

Warum treibt es einen Skifahrer den verschneiten Hang hinunter? Warum treibt es einen Wagen die geneigte Straße abwärts? Zur Klärung dieser Erscheinung vereinfachen wir den Hang oder die Straße zu einer einheitlich geneigten Ebene, die man **schiefe Ebene** nennt.
Da die Gewichtskraft $\vec{G}$ eines Körpers nicht auf der schiefen Ebene senkrecht steht, hat $\vec{G}$ offensichtlich zwei Wirkungen: Einerseits treibt sie den Körper die schiefe Ebene hinunter und andererseits presst sie ihn auf die schiefe Ebene. Wir zerlegen die Gewichtskraft $\vec{G}$ also in zwei Komponenten:

- In eine Komponente, die in Richtung des Gefälles wirkt. Diese Kraft heißt **Hangabtriebskraft** $\vec{F}_H$. Sie trägt nichts zur Belastung der schiefen Ebene bei.
- In eine Komponente, die den Körper senkrecht auf die schiefe Ebene drückt. Da man in der Mathematik und Physik für senkrecht auch „normal*" sagt, heißt diese Kraft **Normalkraft** $\vec{F}_N$. Sie trägt nichts zur Bewegung bei.

Wir führen die Kräftezerlegung bei einem Neigungswinkel der schiefen Ebene von $\alpha = 30°$ und einem Gewicht des Körpers von $G = 2{,}0$ N aus. Die grafische Lösung zeigt Abb. 105.2. Aus den Pfeillängen folgern wir $F_H = 1{,}0$ N und $F_N = 1{,}7$ N.

V Wir messen F_H und F_N (Abb. 105.3). Unsere Ergebnisse werden bestätigt.

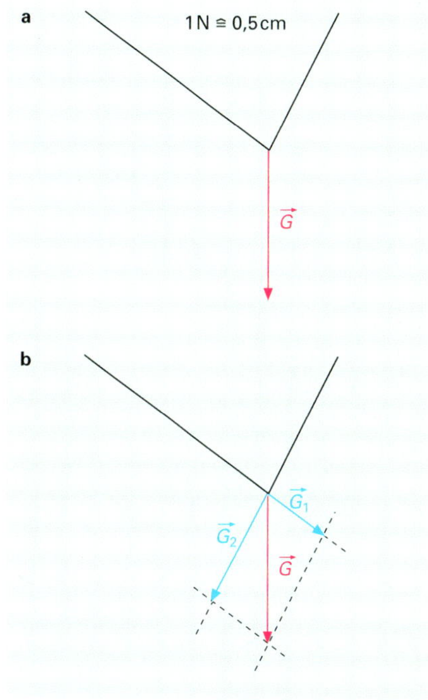

105.1 Bestimmung der Seilkräfte

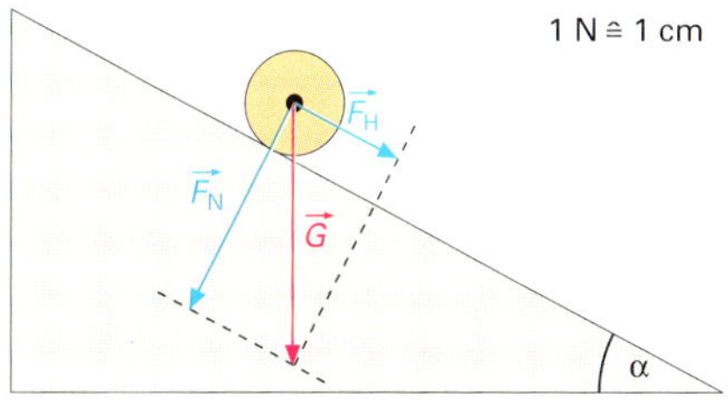

105.2 Kraftzerlegung an der schiefen Ebene

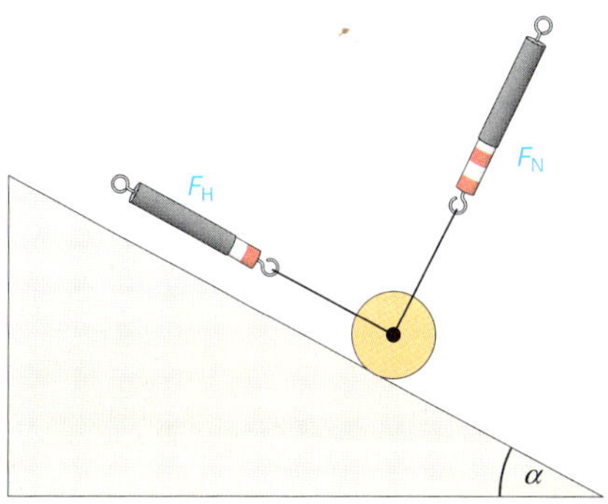

105.3 Messung von F_H und F_N

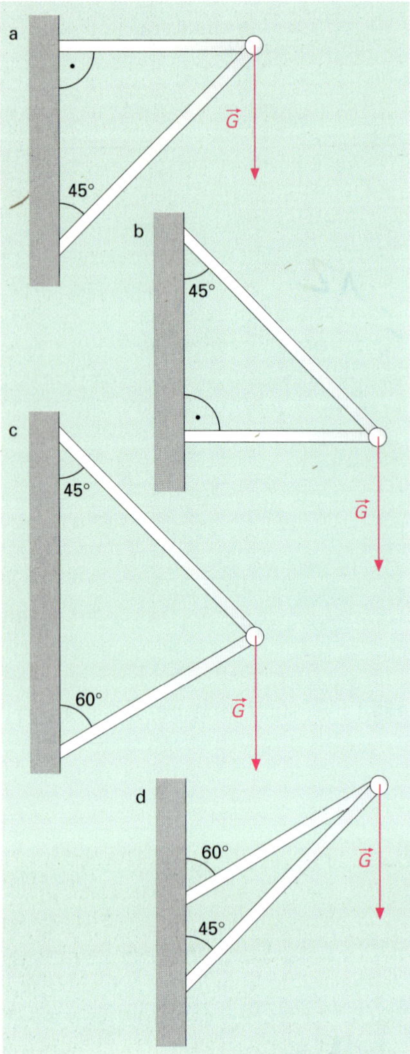

106.1 Tragekonstruktionen

106.2 Wendelsteinbahn (Bayerische Alpen)

Aufgaben

1. Abb. 106.1a bis d zeigen Tragekonstruktionen, an denen ein Körper des Gewichts $G = 200$ N hängt. Welche Zug- und Schubkräfte treten in den Stäben auf? Welche Stäbe könnte man durch Seile ersetzen?

2. Eine Straßenlampe des Gewichts $G = 200$ N hängt an zwei Seilen, die jeweils unter 20° geneigt sind.
a) Welche Zugkraft tritt in einem Seil auf?
b) Im Winter ziehen sich die Seile etwas zusammen. Der Durchhang wird kleiner. Wird die Zugkraft dadurch kleiner oder größer?
c) Ist es möglich, die Aufhängeseile so zu spannen, dass beide genau in einer Geraden verlaufen, der Durchhang also völlig verschwindet?

3. Auf einer schiefen Ebene befindet sich eine Kugel des Gewichts $G = 10$ N.
a) Bestimme zu den Neigungswinkeln $\alpha = 0°, 30°, 45°, 60°, 90°$ jeweils F_H und F_N!
b) Wie ändern sich F_H und F_N, wenn der Neigungswinkel α mit 0° beginnend bis auf 90° erhöht wird? (Je-desto-Aussagen!) Wie groß ist jeweils der kleinste bzw. der größte Wert? Für welche Winkel werden diese angenommen?

4. *Wendelsteinbahn* (Abb. 106.2) Von der Talstation führen zwei Tragseile zur Bergstation. An jedem Tragseil hängt an Rollen jeweils eine Kabine des Gewichts 20 kN (leer; max. Nutzlast: 50 Personen). Durch ein Zugseil wird die Kabine bei der Bergfahrt gezogen bzw. bei der Talfahrt gebremst.
a) Bestimme aus Abb. 106.2 den Neigungswinkel α des Tragseils. Ermittle für die leere Kabine F_H und F_N! (Nur eine Rolle zeichnen!)
b) Was kann man über die an der Kabine wirksame Zug- bzw. Bremskraft aussagen, wenn sich die Kabine mit gleich bleibender Geschwindigkeit bewegt?
c) Wenn eine Kabine zur Bergfahrt startet, startet stets die andere zur Talfahrt. Wie verläuft das Zugseil bei einer Seilbahn mit zwei Kabinen?

5. *Tragen einer Tasche* (Abb. 106.3) Anna und Bruno tragen gemeinsam eine schwere Tasche des Gewichts $G = 150$ N.
a) Wie müssen beide anpacken, damit jeder gerade die Hälfte des Taschengewichts aufbringen muss?
b) Da Anna und Bruno unterschiedlich groß sind, wählen beide eine bequemere Trageart. Dabei bildet Annas Arm mit der Vertikalen einen Winkel von 45°, Brunos Arm einen Winkel von 30°. Welche Kraft F_A muss nun Anna, welche Kraft F_B Bruno aufbringen? Muss bei bequemer Trageart die kleine oder die große Person die größere Kraft aufbringen?

106.3 Gemeinsames Tragen einer Tasche

5.7 Die Schwerkraft

Die Ortsabhängigkeit der Schwerkraft

Lässt man am Nordpol oder an einem anderen beliebigen Ort auf der Erde, z. B. in Deutschland, in Afrika oder Neuseeland einen Körper los, so fällt er nach „unten". Die Schwerkraft ist überall nach „unten" gerichtet. Trotzdem sind diese Richtungen verschieden. Genau genommen müsste man sagen: Die Schwerkraft ist zum Erdmittelpunkt hin gerichtet (Abb. 107.1).
Nicht nur die Erde, auch die anderen Himmelskörper ziehen jeden Körper an. Wir erweitern deshalb den Begriff Schwerkraft:

Die Kraft, mit der ein Körper von der Erde oder einem anderen Himmelskörper angezogen wird, nennt man *Schwerkraft* oder *Gewichtskraft*. Der Betrag der Gewichtskraft heißt *Gewicht*.

Ein Körper, der z. B. auf der Erde 1 N wiegt, wiegt auf dem Mond nur noch $\frac{1}{6}$ N. Das Gewicht eines Astronauten auf dem Mond beträgt nur noch ein Sechstel seines Gewichts auf der Erde. Es gilt ganz allgemein:

Richtung und Betrag der Gewichtskraft eines Körpers hängen vom Ort ab.

Die Schwerkraft nimmt mit wachsendem Abstand von der Erdoberfläche ab: In der doppelten Entfernung vom Erdmittelpunkt wirkt auf die Rakete nur noch $\frac{1}{4}$ der Schwerkraft $\vec{G}_1$ auf der Erdoberfläche, in der dreifachen Entfernung nur noch $\frac{1}{9}\,\vec{G}_1$ (Abb. 107.2).

Schwerelosigkeit

Nur in einem Punkt der Verbindungsstrecke Erde–Mond halten sich die Schwerkraft $\vec{G}_E$, die die Rakete durch die Erde erfährt, und die Schwerkraft $\vec{G}_☾$, die sie durch den Mond erfährt, das Gleichgewicht: Die Rakete ist schwerelos.
Astronauten berichten aber, dass während des Raumfluges fast immer Schwerelosigkeit herrscht. Wie lässt sich das erklären?

V In einer so genannten Fallröhre befindet sich eine Vogelfeder und eine kleine Metallkugel. Kippt man die Röhre, erreicht die Metallkugel den Boden viel schneller als die Feder. Wird die Röhre weitgehend luftleer gepumpt, fallen Feder und Kugel gemeinsam nach unten und treffen gleichzeitig auf.

Ist der Luftwiderstand so klein, dass er die Bewegung nicht merklich behindert, nimmt die Geschwindigkeit aller fallenden Körper – unabhängig von deren Gewicht – in gleicher Weise zu.
Abb. 108.1 zeigt den Blick in ein Flugzeug, das kurzzeitig im freien Fall der Erde entgegenstürzt. Die Geschwindigkeit der Testpersonen und des Flugzeuges nimmt in gleicher Weise zu. Die Personen üben keine Kraft auf den Boden des Flugzeuges aus. Sie fühlen sich schwerelos, obwohl die Schwerkraft nicht wesentlich kleiner ist als auf der Erdoberfläche.

Eine Person fühlt sich schwerelos, wenn sie und ihr Aufenthaltsraum frei fallen.

Wir stellen uns ein Raumschiff vor, das sich auf dem Weg vom Mond zur Erde befindet: Die Schwerkraft, die die Rakete und die Astronauten durch die Erde erfahren, nimmt immer mehr zu; das Raumschiff stürzt im freien Fall mit wachsender Ge-

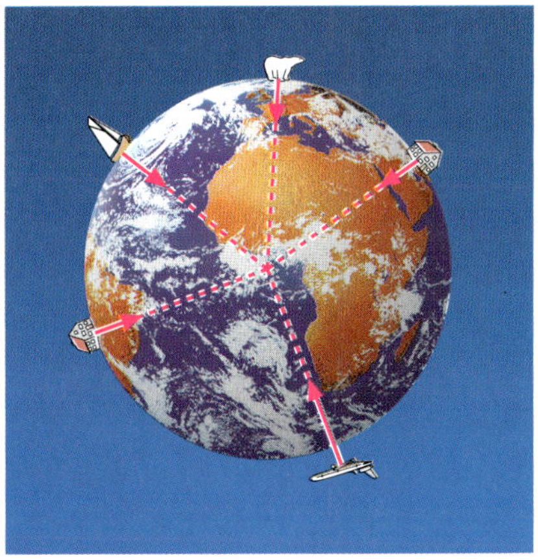

107.1 Richtung der Schwerkraft

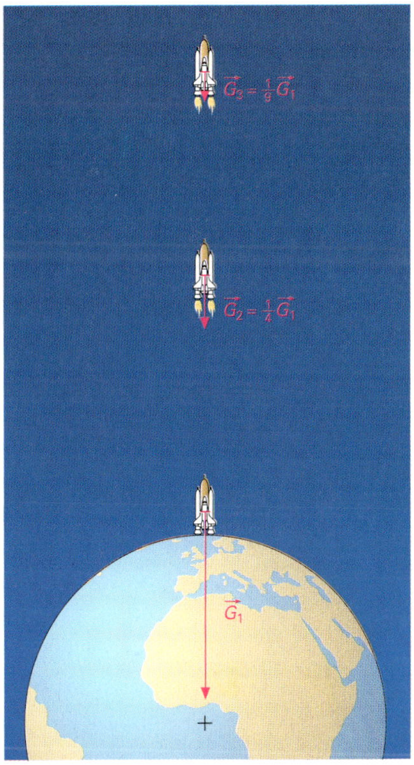

107.2 Abnahme der Schwerkraft bei Entfernung vom Erdmittelpunkt

108.1 Schwerelosigkeit in einem Flugzeug im freien Fall

108.2 Astronaut beim Duschen

schwindigkeit auf die Erde zu. Die Astronauten bemerken aber nichts davon. Sie fühlen sich schwerelos. Sie können nicht wie auf der Erde essen: Die Bestandteile der Mahlzeit würden durch die kleinen Stöße beim Auspacken zwischen den Wänden hin und her sausen. Deshalb drücken die Astronauten die Nahrung in breiförmigem Zustand aus einem Plastikbeutel unmittelbar in den Mund.

Beim Eintauchen in die Lufthülle wird die Raumkapsel gebremst. Wir vergleichen dies mit der Fallröhre: Die Raumkapsel entspricht der gebremsten Feder, der Astronaut der kleinen Kugel. Würde diese auf der Vogelfeder liegen, so würde sie auf die gebremste Feder drücken. Da die Raumkapsel von 40 000 km/h auf eine niedrigere Geschwindigkeit abgebremst wird, drückt es die Astronauten in ihren Sitz. Sie verspüren ein Vielfaches des Gewichts, das sie auf der Erde hätten.

Aufgaben

1. Hängt man im Physiksaal einen Körper an eine Schraubenfeder, so wird diese um 12 cm länger. Welche Verlängerung ergäbe sich auf dem Mond?

2. Auf der Erde startet eine Rakete zum Mondflug.

a) Wie groß muss die Schubkraft beim Start mindestens sein?

b) Innerhalb kurzer Zeit hat die Rakete eine Geschwindigkeit von 40 000 km/h erreicht und schaltet die Triebwerke ab. Die Rakete fliegt jetzt antriebslos dem Mond entgegen. Auf sie wirken zwei Kräfte: Die Schwerkraft $\vec{G}_E$, die sie durch die Erde erfährt, und die Schwerkraft $\vec{G}_☾$, die sie durch den Mond erfährt (Abb. 108.3). Wie ändern sich diese Kräfte während des Fluges? Wie wirkt sich das auf die Raketengeschwindigkeit aus?

3. Astronauten finden auf dem Mond einen Stein. Sie hängen ihn an einen Kraftmesser. Dieser zeigt $G = 1{,}0$ N an.

a) Wie viel zeigt er im frei fallenden Raumschiff zwischen Mond und Erde an?

b) Was kann man über die Anzeige des Kraftmessers beim Eintauchen in die Lufthülle der Erde aussagen?

c) Wie viel zeigt er auf der Erde an?

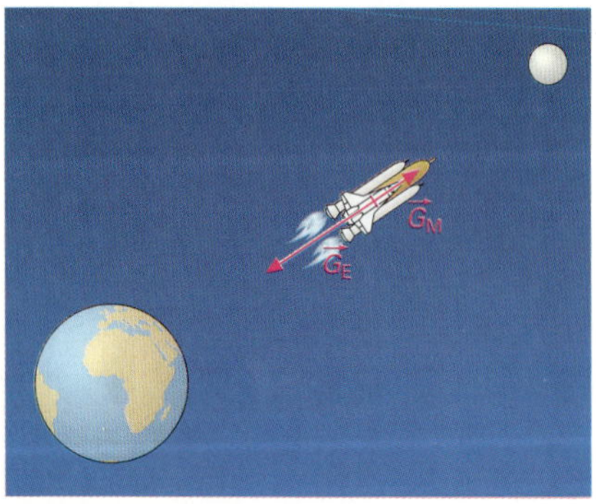

108.3 Anziehungskräfte von Erde und Mond auf eine Rakete

5.8 Die Masse

Die Gravitation

Die Erde, der Mond, die Sonne ziehen jeden Körper an. Warum? Gleichnamige Pole von Magneten stoßen sich ab, ungleichnamige ziehen sich an. Warum? – Fragen dieser Art zielen auf das Wesen der Dinge ab. Darauf gibt die Physik keine Antwort! Die Physik ist bescheidener: Sie beschränkt sich darauf, Erscheinungen und Vorgänge zu untersuchen und so einfach und so genau wie möglich zu beschreiben. Sie knüpft Verbindungen zwischen den Beobachtungen und gibt der Ursache einen Namen.

Man kann nicht begründen, warum die Erde, der Mond, die Sonne jeden Körper anziehen. Aber man kann folgende Idee entwickeln: Die Anziehung eines Körpers kann nicht allein von der Erde oder von den Himmelskörpern ausgehen. Es muss sich um eine grundlegende Eigenschaft handeln: *Alle Körper* – also auch zwei auf der Erdoberfläche – *ziehen sich gegenseitig an*. Dieser Gedanke wurde erstmals von *Isaac Newton* (Abb 109.1) vor ca. 300 Jahren ausgesprochen.

Wir spüren aber andererseits nicht, dass ein Haus oder ein Baum auf uns eine Anziehungskraft ausüben. Ist der Partner eines Körpers verhältnismäßig klein, also kein Himmelskörper, so ist die Anziehungskraft offenbar äußerst gering. Dennoch ist es gelungen, die Anziehungskraft zwischen zwei Bleikugeln nicht nur nachzuweisen, sondern sogar zu messen.

Die Erscheinung, dass sich alle Körper gegenseitig anziehen, heißt *Gravitation**.

Die Gewichtskraft ist also ein Sonderfall dieser Erscheinung.

Aufgaben

1. Die Messung der Gravitationskraft zwischen zwei Körpern auf der Erde gelang zum ersten Mal im letzten Jahrhundert mit einem hoch empfindlichen Waagbalken: Zwei Bleikugeln K_1 und K_2 mit einem Durchmesser von 10 cm hielten sich an ihm das Gleichgewicht. K_2 befand sich zuerst unmittelbar oberhalb einer Kugel K_3 mit dem Durchmesser 1 m, die aus Bleibarren zusammengesetzt war. Dann führte man die Aufhängung von K_2 durch eine Bohrung von K_3 hindurch hindurch, sodass nun K_2 unmittelbar unterhalb K_3 hing (Abb. 109.2).

a) Es sei $\vec{G}_E$ die Kraft, mit der die Erde K_2 anzieht, und $\vec{G}$ die Kraft, mit der K_3 die Kugel K_2 anzieht. Drücke den Kraftbetrag G_0, mit dem die Kugel K_2 in der oberen Stellung am Waagbalken zieht, durch G_E und G aus! Drücke den entsprechenden Kraftbetrag G_u in der unteren Stellung durch G_E und G aus! Welche Seite des Waagbalkens senkte sich also beim Wechsel von der oberen in die untere Stellung?

b) Musste man folglich auf K_1 oder K_2 einen Zusatzkörper legen, damit in der 2. Stellung wieder Gleichgewicht herrschte? Wie erhält man aus dem Gewicht 0,000012 N des Zusatzkörpers den gesuchten Betrag G der Anziehungskraft zwischen K_2 und K_3?

2. Stell dir vor, man könnte von uns aus durch die Erde hindurch bis Neuseeland einen geradlinigen Schacht graben.

a) Welches Gewicht hätte in diesem Schacht ein Körper im Erdmittelpunkt? Begründung!

b) Wie ändert sich vermutlich die Gewichtskraft eines Körpers, der

109.1 Issac Newton (1643–1729)

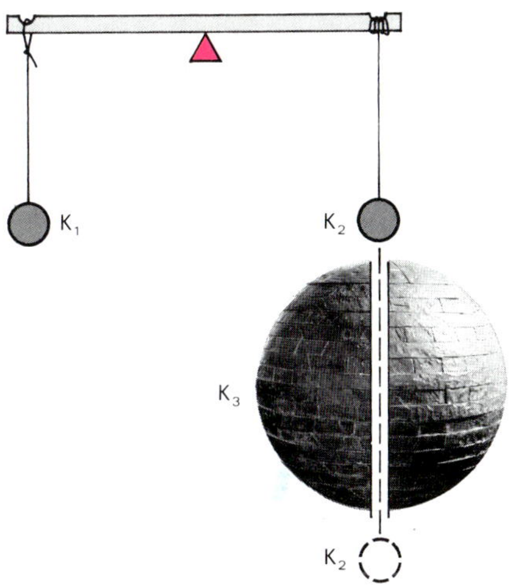

109.2 Versuch zur Messung der Gravitationskraft

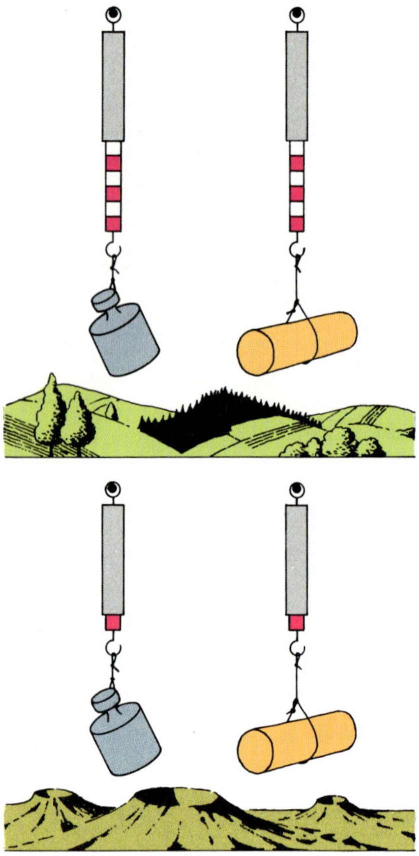

110.1 Schwerkraft auf der Erde und auf dem Mond

110.2 „Urkilogramm" der Bundesrepublik Deutschland

sich im Schacht von der Erdoberfläche immer mehr dem Erdmittelpunkt nähert?

c) Wie ändert sich die Geschwindigkeit einer Kabine, die man bei uns in den Schacht hineinfallen lässt? Mit welcher Geschwindigkeit erreicht sie Neuseeland?

d) Wie würde man sich in der Kabine bei der Reise nach Neuseeland fühlen?
(Erddrehung nicht berücksichtigen!)

3. Erläutere anhand einiger Beispiele, dass die Gravitation nicht durch den Magnetismus erklärt werden kann! *Die Gravitation ist also keine magnetische Erscheinung!*

Die Masse

Der Betrag der Schwerkraft, die an einem Körper angreift, hängt vom jeweiligen Himmelskörper ab, und auch noch vom Abstand zwischen Himmelskörper und Körper. Außerdem gilt eine Erfahrung, die wir mit Körpern auf der Erde machen, ganz allgemein: Das Gewicht hängt vom Körper selbst ab.
Versuche ergeben: Sind zwei Körper aus beliebigen Stoffen – z. B. der eine aus Eisen und der andere aus Holz – auf der Erde gleich schwer, so sind sie zwar auf dem Mond leichter als auf der Erde, aber untereinander wiederum gleich schwer (Abb. 110.1).
Wenn ein Körper auf der Erde n-mal so schwer ist wie ein Vergleichskörper, dann ist er auch auf dem Mond n-mal so schwer. Der Körper gibt also eine Eigenschaft zu erkennen, die nur ihm allein zuzuschreiben ist und nur von ihm selbst abhängt. Sie bestimmt, wievielmal ein Körper an einem beliebigen Ort schwerer ist als ein Vergleichskörper.

Die einem Körper eigene Ursache für die Gewichtskraft heißt *Masse*. Die Masse ist vom Ort unabhängig.

Die Farbe eines Körpers wird feststellbar, wenn Licht auf ihn fällt. Seine Masse ruft eine feststellbare Wirkung hervor, wenn er sich im Anziehungsbereich eines weiteren Körpers, z. B. eines Himmelskörpers befindet: Die Wirkung der Masse nehmen wir als „Schwere" wahr.

Die Masse als physikalische Größe

Die Festlegung der Masse als physikalische Größe ist gleichbedeutend mit der Angabe eines Messverfahrens. Dazu setzen wir in nahe liegender Weise fest, wie man Massengleichheit und Massenvielfachheit feststellen kann:

Zwei Körper haben gleiche Masse, wenn sie am gleichen Ort gleich schwer sind. Ein Körper hat die n-fache Masse eines Vergleichskörpers, wenn er am gleichen Ort n-mal so schwer ist.

Zur Messung benötigen wir noch eine Einheit. Zu ihrer Festlegung eignet sich irgendein gegenüber äußeren Einflüssen stabiler Körper. Man bewahrt diesen so genannten *Normkörper* in Paris auf. Davon hat fast jeder Staat eine Kopie als *nationales Urkilogramm* erworben (Abb. 110.2).

Die Masseneinheit heißt 1 *Kilogramm* (1 kg). 1 kg ist die Masse des in Paris aufbewahrten Normkörpers.

Für folgende Vielfache und Bruchteile von 1 kg verwendet man Abkürzungen:
1000 kg = 1 Tonne = 1 t
$\frac{1}{1000}$ kg = 1 Gramm = 1 g
$\frac{1}{1000}$ g = 1 Milligramm = 1 mg

Die Masse eines Körpers wird mit m bezeichnet.
Betrachten wir einen Körper, der nur aus einer Stoffart besteht. So ist z. B. ein Eisenkörper aus Eisenato-

men aufgebaut. Doppelte Eisenmasse bedeutet an einem bestimmten Ort doppeltes Gewicht, also auch die doppelte Anzahl von Eisenatomen. Bei derselben Stoffart ist die Masse zur Anzahl dieser Teilchen direkt proportional.

Die direkte Proportionalität zwischen Gewicht und Masse

Aufgrund der Festlegung der Massenvielfachheit sind Gewicht G und Masse m von Körpern an gleichem Ort direkt proportional: $G \sim m$.
Folglich sind zusammengehörige Wertepaare quotientengleich:
$G/m =$ konstant.
Für die Konstante schreibt man den Buchstaben g: $G/m = g$.
Daraus folgt:

$$G = g \cdot m$$

Die Masse eines Körpers ist vom Ort unabhängig. Da das Gewicht des Körpers vom Ort abhängt, hängt auch g vom Ort ab. Wir nennen deshalb g *Ortsfaktor**. g ist umso größer, je größer die Anziehung des beteiligten Himmelskörpers ist.

Für die Einheit von g folgt:

$$[g] = \frac{[G]}{[m]} = \frac{1\ \text{N}}{1\ \text{kg}} = 1\,\frac{\text{N}}{\text{kg}}.$$

V Bestimmung des Ortsfaktors für unseren Bereich: Ein Körper, der über Umwege mit dem Urkilogramm verglichen wurde, trägt die Aufschrift „1 kg". Hängt man ihn an einen Kraftmesser, so zeigt dieser $G = 9{,}8$ N an (Abb. 111.1).

Hiermit ergibt sich für den Ortsfaktor:

$$g = \frac{G}{m} = \frac{9{,}8\ \text{N}}{1\ \text{kg}} = 9{,}8\,\frac{\text{N}}{\text{kg}}.$$

Nun können wir das Gewicht G eines Körpers auf der Erdoberfläche mithilfe seiner Masse m berechnen:

$$G = 9{,}81\,\frac{\text{N}}{\text{kg}} \cdot m.$$

Gestützt auf das Wissen, dass das Gewicht G eines Körpers auf dem Mond nur $\frac{1}{6}$ seines Gewichts G_E auf der Erde ist, können wir auch den Ortsfaktor $g_☾$ für den Mond berechnen. Dazu betrachten wir wieder einen Körper der Masse 1 kg:

$$g_☾ = \frac{G_☾}{m} = \frac{\frac{1}{6} \cdot 9{,}8\ \text{N}}{1\ \text{kg}} = 1{,}6\,\frac{\text{N}}{\text{kg}}.$$

In Tab. 111.2 sind weitere interessante Ortsfaktoren angegeben. Selbst auf der Erde ändert sich das Gewicht von Ort zu Ort etwas. Ein Körper der Masse 1 kg wiegt am Äquator 9,78 N, in Deutschland 9,81 N und am Pol 9,83 N. Eine der Ursachen für diese geringen Gewichtsunterschiede ist die leichte Abplattung der Erde: An den Polen befindet sich ein Körper näher am Erdmittelpunkt als am Äquator.
Wir werden die geringen Gewichtsunterschiede auf der Erde meist vernachlässigen und für den Ortsfaktor auf der Erde 10 N/kg verwenden. Es gilt ungefähr:

Ein Körper der Masse 1 kg wiegt auf der Erde 10 N,
ein Körper der Masse 100 g wiegt auf der Erde 1 N,
ein Körper der Masse 1 g wiegt auf der Erde $\frac{1}{100}$ N = 1 cN.

Merke: Eine Standardtafel Schokolade wiegt auf der Erde etwa 1 N.

Musteraufgabe

Der Mondlandeanzug, mit dem Neil Armstrong am 21. Juli 1969 als erster Mensch den Mond betrat, hatte auf der Erde das Gewicht $G_E = 820$ N. Welches Gewicht und welche Masse hatte er auf dem Mond (Abb. 111.3)?

Lösung:
Gegeben: $G_E = 820$ N, $g_E = 10\,\frac{\text{N}}{\text{kg}}$,
$g_☾ = 1{,}6\,\frac{\text{N}}{\text{kg}}$

Gesucht: $G_☾$, m

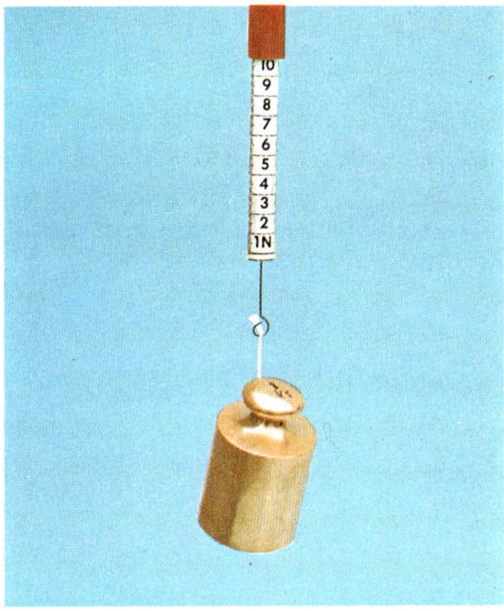

111.1 Bestimmung des Ortsfaktors auf der Erde

Ort	g in $\frac{\text{N}}{\text{kg}}$	Ort	g in $\frac{\text{N}}{\text{kg}}$
Äquator	9,78	Mars	3,8
Deutschland	9,81	Venus	8,5
Pol	9,83	Jupiter	26
Mond	1,6	Sonne	270

111.2 Interessante Ortsfaktoren

111.3 Edwin Aldrin am 21. Juli 1969 auf dem Mond, fotografiert von Neil Armstrong

112.1 Das Mondauto bei der Mondlandung von Apollo 15 (1971)

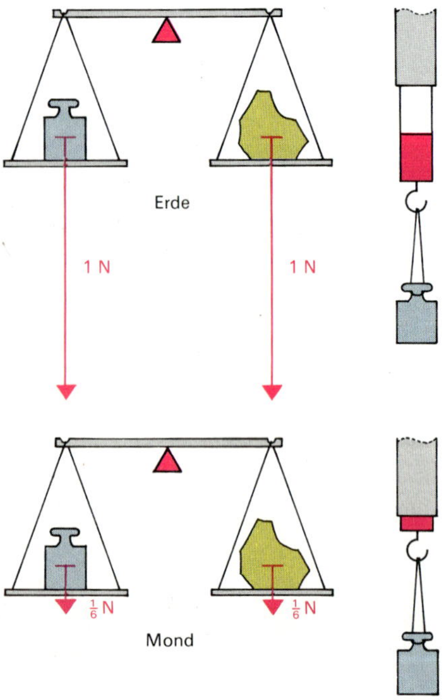

112.2 Gleichgewicht der Balkenwaage beim Wechsel des Orts

Da die Masse vom Ort nicht abhängt, folgt: $m_☾ = m_E = m$
Es gilt: $G_E = g_E \cdot m$; $G_☾ = g_☾ \cdot m$

$$\text{Also: } m = \frac{G_E}{g_E} = \frac{820\ \text{N}}{10\ \text{N/kg}} = 82\ \text{kg}$$

$$G_☾ = g_☾ \cdot m = 1{,}6\,\frac{\text{N}}{\text{kg}} \cdot 82\ \text{kg} = 130\ \text{N}$$

Aufgaben

1. Wie viel wiegen Körper mit der Masse $m_1 = 1{,}0$ g, $m_2 = 1{,}0$ kg und $m_3 = 1{,}0$ t auf
a) der Erde, **b)** dem Mond,
c) dem Mars, **d)** dem Jupiter?

2. Am 16. Juli 1969 startete eine 110 m lange dreistufige Rakete mit einem Raumschiff zur ersten bemannten Mondlandung. Beim Start betrug die Masse der Rakete mit Treibstoff und Nutzlast 3000 t.
a) Welche Schubkraft musste die Rakete beim Start mindestens entwickeln?
b) Nachdem jeweils eine Stufe ausgebrannt war, wurde sie abgeworfen. Auf dem Mond landete schließlich nur ein Fluggerät der Masse 15 t. Selbst davon blieb noch ein Teil auf dem Mond zurück. 4,6 t war die Masse der Aufstiegsstufe für den Rückflug zur Erde. Welche Schubkraft musste sie beim Start auf dem Mond mindestens entwickeln?

3. 1971 stand den amerikanischen Astronauten zum ersten Mal ein Mondauto zur Verfügung (Abb. 112.1). Das Mondauto hatte die Masse $m = 240$ kg. War es den Astronauten
a) auf der Erde,
b) auf dem Mond möglich, das Auto etwas hochzuheben? Begründung!

Die Balkenwaage

Neben Federwaagen verwendet man im täglichen Leben noch ab und zu *Balkenwaagen*. Aus dem symmetrischen Aufbau folgt, dass eine Balkenwaage mit gleich langen Armen im Gleichgewicht ist, wenn auf beide Waagschalen die gleiche Gewichtskraft wirkt.

Stell dir vor, auf einer Balkenwaage hält ein Körper der Masse $m = 0{,}1$ kg einem anderen das Gleichgewicht: Jeder der beiden drückt also mit dem Gewicht $G = 1$ N auf seine Waagschale.
Wie verhielte sich die Balkenwaage, wenn sie auf den Mond gebracht würde? Auf dem Mond hat jeder Körper nur noch das Gewicht $\frac{1}{6}$ N. Beide Gewichte haben abgenommen, aber jeweils um den gleichen Faktor. Die Balkenwaage bliebe also im Gleichgewicht (Abb. 112.2).
Mit der Balkenwaage kann man also an jedem Ort, wo Körper schwer sind, einen Gewichtsvergleich durchführen. Bei Gleichgewicht gilt:

$$G_{\text{links}} = G_{\text{rechts}}$$
$$m_{\text{links}} \cdot g = m_{\text{rechts}} \cdot g$$
$$m_{\text{links}} = m_{\text{rechts}} \quad (\text{falls } g \neq 0\,\tfrac{\text{N}}{\text{kg}})$$

Die Balkenwaage eignet sich also auch zum Massenvergleich. Zur Messung einer unbekannten Masse benötigen wir noch für die andere Seite der Balkenwaage eine geeignete Zusammenstellung von Körpern bekannter Masse, einen „*Wägesatz*“.

Mit einer Balkenwaage und einem Wägesatz kann überall, wo eine Gewichtskraft spürbar ist, die Masse eines Körpers gemessen werden.

V Mit einer Balkenwaage und einem Wägesatz bestimmen wir die Masse eines Liters (= 1 dm³) Wasser zu 1 kg.

Merke:
1 Liter Wasser hat die Masse 1 kg, 1 cm³ Wasser die Masse 1 g.

Aufgaben

1. Abb. 113.1 zeigt einen vollständigen Wägesatz.
a) Mit welchen Stücken kann man 715 g zusammenstellen?
b) Welchen Messbereich und welche Messgenauigkeit hat man mit diesem Wägesatz?

2. Am Nordpol und am Äquator wird Reis abgewogen.
a) Wo erhält man mehr Reiskörner, wenn man mit einer Balkenwaage und einem Wägesatz jeweils 1,000 kg abwiegt? Begründung!
b) Wo erhält man mehr Reiskörner, wenn man mit einer Federwaage jeweils Reis mit dem Gewicht 9,83 N abwiegt? Begründung!

3. Ein Astronaut findet auf dem Mond einen Stein. Er hängt ihn an einen Kraftmesser und liest 2,4 N ab. Außerdem steht ihm eine Balkenwaage und ein Wägesatz zur Verfügung.
a) Er legt auf dem Mond den Stein auf die eine Waagschale der Balkenwaage. Welche Masse müssen die Wägestücke in der anderen Waagschale haben, damit Gleichgewicht herrscht?
b) Während des Flugs vom Mond zur Erde hängt er den Stein in der frei fallenden Raumkapsel an den Kraftmesser. Außerdem versucht er, auf der Balkenwaage Gleichgewicht herzustellen. Was stellt er jeweils fest?
c) Er führt die Versuche von b) auf der Erde durch. Welche Messergebnisse erhält er jetzt?

4. Viele im Haushalt verwendete Waagen sind Federwaagen (Abb. 113.2).
a) In welcher Einheit sind sie geeicht? Ist das korrekt?
b) Wären sie auf dem Mond auch verwendbar? Begründung!

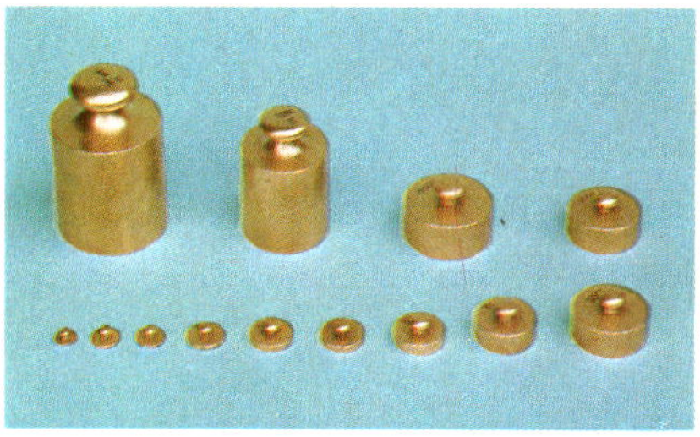

113.1 Geeichter Wägesatz, bestehend aus Stücken von 1 g, 2 g (2 Stücke), 5 g, 10 g (2 Stücke), 20 g, 50 g, 100 g (2 Stücke), 200 g, 500 g und 1000 g

113.2 Federwaage für die Küche

5.9 Die Dichte

Dichte als Stoffeigenschaft

Archimedes zählt zu den bedeutendsten Mathematikern und Physikern der Menschheit. Er hat u. a. die Kreiszahl π auf 1 Tausendstel genau berechnet und die Formeln für die Kreisfläche und das Kugelvolumen abgeleitet. Er lebte von 287 bis 212 v. Chr. in Syrakus.
Von seinem König erhielt er eine interessante Aufgabe: Dieser hatte sich eine Krone anfertigen lassen, vermutete aber, dass der Goldschmied einen Teil des übergebenen Goldes durch Kupfer ersetzt hatte. Archimedes sollte, ohne die Krone zu zerstören, herausfinden, ob sie aus reinem Gold besteht.
Archimedes wusste, dass „der Stoff Kupfer leichter als Gold" ist. Was bedeutet das? Eine Kupferkanne zum Beispiel ist doch schwerer als eine kleine Goldmünze. Hinter der Sprechweise „Kupfer ist leichter als Gold" verbirgt sich der Vergleich des Gewichts zweier Körper aus Kupfer und Gold von *gleichem Volumen*, und am gleichen Ort.
1 cm³ Kupfer ist auf der Erde schwerer als 1 cm³ Gold auf dem Mond. Das Gewicht hängt vom Ort ab. Also vergleicht man die ortsunabhängige Eigenschaft, die das Gewicht mitbestimmt, nämlich die Masse. Um herauszufinden, welche Masse 1 cm³ der Krone hat, durfte Archimedes keinen Kubikzentimeterwürfel herausschneiden. Wenn die Krone durch und durch aus dem gleichen Material besteht (**homogen*** ist), lässt sich die Aufgabe ein-

Stoff	Dichte in $\frac{g}{cm^3}$
Wasser	1
Aluminium	2,7
Zink	7,1
Eisen	7,8
Messing	8,3
Kupfer	8,9
Silber	10,5
Blei	11,3
Gold	19,3
Styropor	0,02
Kork	0,2
Fichtenholz	0,5
Eichenholz	0,9
Sand (geschüttet)	1,5
Beton	2,1
Glas	2,5
Granit	2,8
Alkohol	0,8
Quecksilber	13,6

114.1 Interessante Dichtewerte

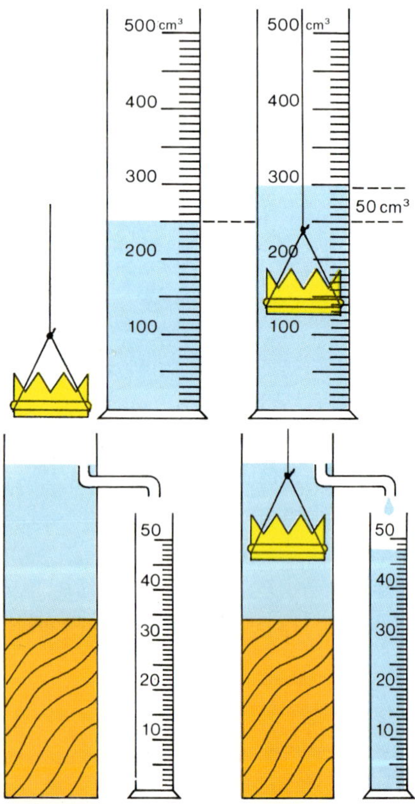

114.2 Messung des Volumens eines unregelmäßig geformten Körpers

fach lösen: Dividiert man die Masse m in g durch das Volumen V in cm³, ergibt sich, wie viel Gramm Material auf 1 cm³ der Krone entfallen. Man definiert deshalb die Stoff oder Material kennzeichnende Größe ρ*:

Der Quotient aus der Masse *m* und dem Volumen *V* eines homogenen Körpers heißt Dichte ρ.

$$\text{Dichte} = \frac{\text{Masse}}{\text{Volumen}}$$

oder kurz: $\rho = \frac{m}{V}$

Die Dichte ist eine abgeleitete Größe. Für ihre Einheit folgt: $[\rho] = [m] : [V]$. Da 1 cm³ Wasser die Masse 1 g hat, beträgt z. B. die Dichte des Wassers:

$$\rho_{\text{Wasser}} = \frac{m}{V} = \frac{1\ \text{g}}{1\ \text{cm}^3} = 1\ \frac{\text{g}}{\text{cm}^3}$$

Häufig benützt man folgende vorteilhaften Zusammenstellungen von Massen- und Volumeneinheiten:

$$[\rho] = 1\ \frac{\text{g}}{\text{cm}^3} = 1 \cdot \frac{1\,000\ \text{g}}{1\,000\ \text{cm}^3} = 1\ \frac{\text{kg}}{\text{dm}^3}$$
$$= 1 \cdot \frac{1\,000\ \text{kg}}{1\,000\ \text{dm}^3} = 1\ \frac{\text{t}}{\text{m}^3}.$$

V Wir messen mit einer empfindlichen Balkenwaage die Masse von Würfeln der Kantenlänge 1 cm („Einheitswürfel“) aus verschiedenen Stoffen (Tab. 114.1).

Für Kupfer ergibt sich $\rho_{\text{Cu}} = 8{,}9$ g/cm³, für Gold $\rho_{\text{Go}} = 19{,}3$ g/cm³. Die Aussage „Kupfer ist leichter als Gold“ muss also genauer lauten: „Kupfer hat eine kleinere Dichte als Gold“.
$\rho_{\text{Cu}} = 8{,}9$ g/cm³ bedeutet: 1 cm³ Kupfer hat die Masse 8,9 g, n cm³ haben die Masse $n \cdot 8{,}9$ g. Oder: Am gleichen Ort ist ein Körper aus Kupfer 8,9-mal so schwer wie eine Wassermenge gleichen Volumens.
Die Dichte ρ gibt an, wie „dicht“ die Materie eines Stoffes gepackt ist.

Stoffbestimmung

Wir stellen uns eine entsprechende Aufgabe wie Archimedes: Besteht ein uns vorliegendes rotbraunes, unregelmäßig geformtes Metallstück aus reinem Kupfer?

V Mit einer Balkenwaage bestimmen wir seine Masse zu $m = 400$ g.

Wie können wir das Volumen ermitteln? Archimedes fand die Lösung, als er sich in seine Badewanne setzte und dabei das Wasser anstieg.

V Tauchen wir das Metallstück in einen weiten, teilweise mit Wasser gefüllten Messzylinder vollständig ein, können wir ablesen, um wie viel cm³ das Wasser steigt: Diese Zunahme ist gleich dem Volumen des Metallstücks. Da die Ablesung hier nicht auf 1 cm³ genau gelingt, verbessern wir das Verfahren: Wir tauchen das Metallstück in ein Überlaufgefäß und fangen das herauslaufende Wasser auf (Abb. 114.2). Es ergibt sich $V = 48$ cm³ und somit $\rho = 400$ g/48 cm³ = 8,3 cm³.

Aus Tab. 114.1 entnehmen wir: Das Metallstück könnte aus Messing bestehen. Messing ist eine Legierung (Mischung) aus Kupfer und Zink. Allerdings wäre $\rho = 8{,}9$ g/cm³ nur ein Indiz für Kupfer gewesen. Sicherheit brächte erst eine chemische Untersuchung. Auch Archimedes fand, dass die Dichte des Materials der Krone kleiner als die Dichte von Gold war. Die Krone bestand also nicht aus reinem Gold.

Weitere Dichte-Messungen

Wir bestimmen noch einige Dichtewerte.

V Dichte von Alkohol: Auf der einen Seite einer Balkenwaage steht ein leerer Messzylinder. Um wieder Gleichgewicht herzustellen, um –

wie man sagt – die Balkenwaage wieder auszutarieren, stellen wir auf die andere Seite einen gleichen Messzylinder. Wir gießen nun in den einen bis zur 100-cm^3-Marke Alkohol. Legen wir auf die andere Waagschale Wägestücke zu 79 g, herrscht wieder Gleichgewicht (Abb. 115.1). Also:

$$\rho_A = \frac{m}{V} = \frac{79\text{ g}}{100\text{ cm}^3} = 0{,}79\,\frac{\text{g}}{\text{cm}^3}$$

V Dichte von Sand: Ein Messzylinder wird auf der Balkenwaage austariert und bis zur 100-cm^3-Marke mit Sand gefüllt. Legen wir auf die andere Waagschale Wägestücke zu 150 g, herrscht wieder Gleichgewicht. Also:

$$\rho_S = \frac{m}{V} = \frac{150\text{ g}}{100\text{ cm}^3} = 1{,}5\,\frac{\text{g}}{\text{cm}^3}$$

Gase haben kein festes Volumen. Presst man z. B. eine eingeschlossene Gasmenge so zusammen, dass sich ihr Volumen halbiert, verdoppelt sich die Dichte. Die Dichte eines Gases hängt also davon ab, wie stark es „zusammengedrückt" ist.

V Dichte der Luft bei gewöhnlichen Bedingungen: Auf einer sehr empfindlichen Balkenwaage wird ein mit Luft gefüllter und mit einem Hahn verschließbarer Glasbehälter austariert. Dann pressen wir mit einer Glasspritze 100 cm^3 Luft zusätzlich hinein. Die Masse nimmt dabei um 120 mg zu. Also:

$$\rho_L = \frac{m}{V} = \frac{0{,}12\text{ g}}{0{,}1\text{ dm}^3} = 1{,}2\,\frac{\text{g}}{\text{dm}^3}$$

Wissen wir, aus welchem Stoff ein Körper besteht, können wir mithilfe seiner Dichte ρ bei bekannter Masse m das Volumen V (bzw. bei bekanntem Volumen V die Masse m) des Körpers berechnen.
Dabei ist zu beachten, dass der Körper homogen ist. So würde man bei einem Hohlring aus Gold zu falschen Ergebnissen gelangen. Auch bei Schüttgut wie Schotter oder Sand darf man nicht die Dichte des Materials (z. B. Kalkstein oder Quarz) zugrunde legen.

Musteraufgabe

Mit einem Lastwagen der Nutzlast 3,0 t wird Sand transportiert. Wie viel m^3 Sand darf höchstens geladen werden?

Lösung:
Gegeben: $m = 3{,}0$ t,

$$\rho_S = 1{,}5\,\frac{\text{g}}{\text{cm}^3} = 1{,}5\,\frac{\text{t}}{\text{m}^3}$$

Gesucht: V

$$\rho = \frac{m}{V} \Rightarrow V = \frac{m}{\rho} = \frac{3{,}0\text{ t}}{1{,}5\text{ t/m}^3} = 2{,}0\text{ m}^3$$

Auf den Lastwagen darf man höchstens 2,0 m^3 Sand laden.

Aufgaben

1. Bestimme zu Hause mit der Küchenwaage die Masse eures leeren Küchenmessbechers.
   a) Fülle ihn bis zur 500-cm^3-Marke mit Salz und bestimme erneut die Masse. Berechne ρ_{Salz}!
   b) Führe den Versuch mit Mehl durch und berechne ρ_{Mehl}!
   c) Wie kann man mithilfe der Eichmarken auf dem Messbecher ohne einen Versuch ρ_{Mehl} berechnen? Führe das aus und vergleiche mit dem in b) gemessenen Wert!
2. Fülle den Küchenmessbecher bis zur 250-cm^3-Marke mit Wasser. Lege so viele Eier hinein, dass der Volumenzuwachs gut ablesbar wird. Die Eier müssen dabei völlig mit Wasser bedeckt sein. Bestimme die Masse der Eier und berechne ρ_{Ei}!
3. Ein Eisenträger mit der Grundfläche 50 cm^2 ist 4,0 m lang.
   a) Berechne seine Masse!
   b) Wie schwer ist er auf der Erde?

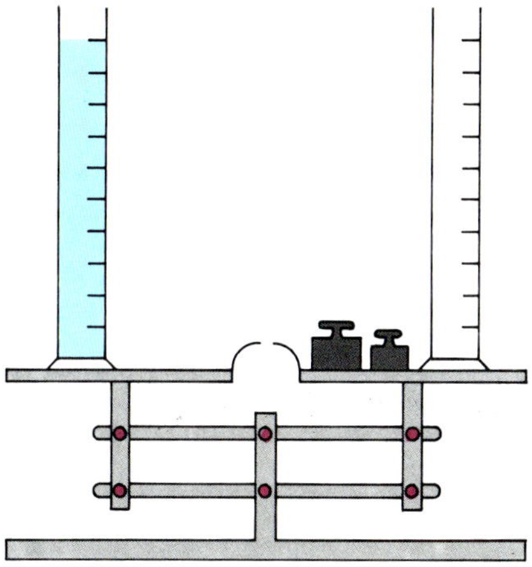

115.1 Messung der Masse von 100 cm^3 Alkohol

116.1 Heben von Styropor

116.2 Stempelaufdruck zur Angabe des Silbergehalts auf einem Löffel

4. Eine Schaufensterscheibe ist 4,0 m lang, 2,5 m hoch, 10 mm dick.
a) Berechne ihre Masse und ihr Gewicht auf der Erde!
b) Welches Gewicht hätte sie auf dem Mond?

5. Auf einem Güterwagen sind als Tragfähigkeit 20 t angegeben.
a) Wie viele m^3 Sand darf man höchstens aufladen?
b) Dürfte man auf dem Mond mehr aufladen? Begründung!

6. Kann man 1 m^3 **a)** Kork, **b)** Styropor (Abb. 116.1) hochheben? Begründung!

7. Ein Aluminiumkörper wiegt auf dem Mond 48 N. Berechne sein Volumen!

8. In eine luftgefüllte Glaskugel wird mit einer Glasspritze 100 cm^3 Kohlendioxid hineingepresst. Die Masse nimmt dabei um 200 mg zu. Berechne die Dichte von Kohlendioxid!

9. Berechne die Masse der Luft in einem Zimmer mit der Länge 5,0 m, der Breite 4,0 m und der Höhe 2,5 m!

10. Auf einem Tankstellendach von 10 m Länge und 6 m Breite liegt eine 20 cm hohe Schneeschicht (Dichte: 0,2 g/cm^3).
a) Berechne das Gewicht der Schneelast.
b) Wie viel Liter Wasser liefert der Schnee beim Schmelzen?

11. *Silberlegierungen*
Silberbestecke und Silberschmuckstücke sind Legierungen (Mischungen) aus Silber und Kupfer. Ihr Gehalt an Silber wird häufig durch einen Stempelaufdruck angegeben (Abb. 116.2). Dieser besagt wie viel Promile der Legierung Silber sind. In einer Silberlegierung vom *Feingehalt* 800 sind 800‰ = 800/1000 der *Masse* reines Silber und 200‰ = 200/1000 Kupfer. 100 g einer solchen Legierung enthalten also 80 g Silber und 20 g Kupfer.
a) Welche Dichte hat die Silberlegierung vom Feingehalt 800. (Hinweis: Berechne zunächst das Volumen des Silber- und des Kupferanteils einer Legierung der Masse 100 g.)
b) Auf einer Silberkette ist der Stempelaufdruck, der den Feingehalt angibt, unleserlich geworden. Wie würdest du die Masse m_K und das Volumen V_K der Kette möglichst genau messen?
c) Die Messung ergibt $m_K = 89{,}6$ g und $V_K = 8{,}7\ cm^3$. Besteht die Silberkette aus reinem Silber, aus einer Silberlegierung vom Feingehalt 800 oder aus einer Legierung von niedrigerem oder höherem Feingehalt?

12. *Alkoholgehalt*
Der Alkoholgehalt in einer Mischung aus Alkohol und Wasser wird in Prozent angegeben. Z. B. in Cognac vom Alkoholgehalt 40% sind 40% = 40/100 des *Volumens* reiner Alkohol und der Rest Wasser.
a) Betrachte eine Mischung vom Volumen 100 cm^3. Berechne zum Alkoholgehalt 0%, 20%, 40%, 60%, 80%, 100% jeweils das Volumen des Alkoholanteils, das Volumen des Wasseranteils, dann die Massen der einzelnen Anteile und schließlich die Dichte der Mischung ($\rho_{Alkohol} = 0{,}80\ g/cm^3$)!
b) Zeichne ein Alkoholgehalt-Dichte-Diagramm!
c) Bier hat normalerweise einen Alkoholgehalt von 5%. Löse grafisch und rechnerisch: Welche Dichte hat Bier?
d) Eine Flasche enthält 0,7 l Rum zum Backen. Die Masse des Rums beträgt 588 g. Welchen Alkoholgehalt hat er?

6 Der Druck in Flüssigkeiten und Gasen

118.1 Trommelbremse (Bremstrommel abgenommen)

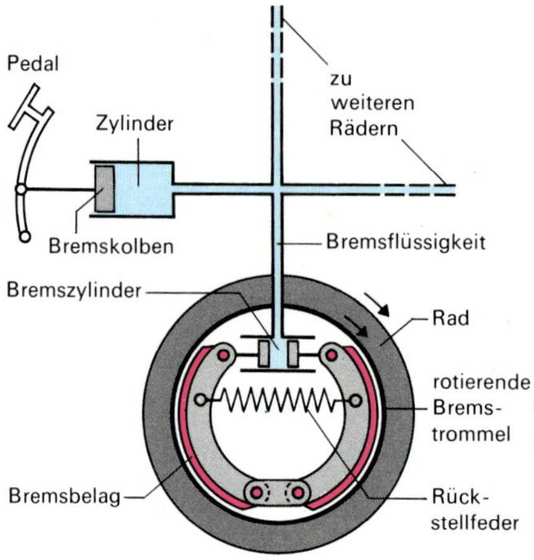

118.2 Schema der Trommelbremse

118.3 Scheibenbremse

6.1 Der Stempeldruck

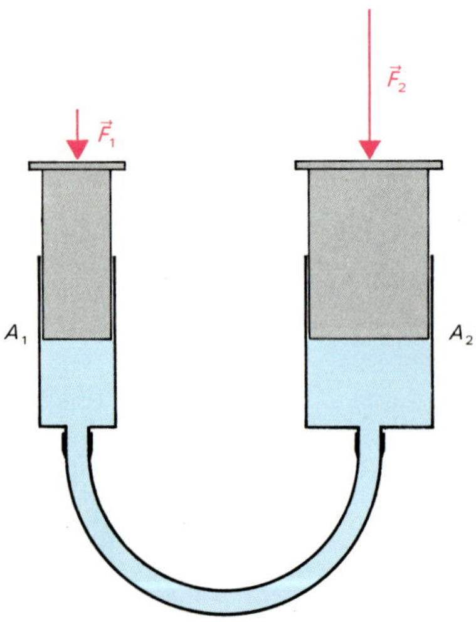

118.4 Kraftübertragung durch Flüssigkeiten und Gase

Kraftübertragung durch Flüssigkeiten und Gase

Es ist häufig unzweckmäßig, die Kraft an der Stelle auszuüben, wo man sie benötigt. Zieht man z. B. die Handbremse eines Fahrrades, so überträgt ein Stahlseil in einem biegsamen Rohr die Kraft auf den Bremsbelag, der gegen die Felge des Rades gedrückt wird. Die so erzeugte Reibungskraft bremst das Fahrrad. Beim Auto dagegen wirkt das Pedal der Fußbremse über einen Kolben auf eine Flüssigkeit ein, die in einer Rohrleitung zur Bremsvorrichtung am Rad führt. Tritt man mit dem Fuß auf das Pedal, so werden die Bremsbeläge gegen eine mit dem Rad umlaufende Trommel (Abb. 118.1, 118.2) oder Scheibe (Abb. 118.3) gepresst. Offensichtlich eignen sich auch Flüssigkeiten zum Übertragen von Kräften.

Bei den Zügen der Bahn werden die Bremsen aller Wagen vom Führerstand der Lokomotive aus betätigt. Bremsleitungen mit einer Flüssigkeit wären für das An- und Abkuppeln der Wagen sehr unpraktisch. Man benützt deshalb zur Kraftübertragung Luft. Drückt man z. B. auf den Stempel einer Luftpumpe und hält dabei die Öffnung zu, so spürt man deutlich, dass sich die Luft zwar zusammendrücken lässt, aber auch Kraft überträgt. Zur Untersuchung der Kraftübertragung durch Flüssigkeiten und Gase bauen wir ein Modell für den entscheidenden Teil der Bremsanlage auf.

V Zwei Glasspritzen werden mit einer Flüssigkeit gefüllt und durch einen Schlauch verbunden (Abb. 118.4). Der 1. Stempel mit der Fläche $A_1 = 2$ cm² wird mit $F_1 - 2$ N belastet. Um Gleichgewicht herzustellen, genügt auf dem 2. Stempel mit der Fläche $A_2 = 6$ cm² die Kraft 2 N nicht. Da der Stempel dicht abschließt, tritt eine hohe Haftkraft zwischen Stempel und Zylinder auf. Um diese zu vermindern, versetzen wir den Stempel in eine leichte Drehbewegung. Dann erkennen wir, dass die Kraft $F_2 = 6$ N auf dem 2. Stempel dem 1. das Gleichgewicht hält. Belastet man den Stempel mit $F_1 = 1$ N, dann sind auf dem 2. Stempel $F_2 = 3$ N erforderlich.

V Wir ersetzen im letzten Versuch die Flüssigkeit durch Luft. Die Luft drückt sich zwar etwas zusammen, aber im Gleichgewicht wirkt auf die dreifache Fläche wieder die dreifache Kraft.

Ausführliche Messreihen ergeben, dass für die Stempel im Gleichgewicht stets $F_1/A_1 = F_2/A_2$ ist. Wir folgern:

Die durch Flüssigkeiten und Gase auf einen Stempel übertragene Kraft F ist zur Stempelfläche A direkt proportional: $F \sim A$.

Der Druck

Wie wird eine Kraft in einer Flüssigkeit oder in einem Gas von einem Ort zu einem anderen übertragen? Im Gegensatz zum festen Körper sind die Teilchen von Flüssigkeiten und Gasen nicht ortsgebunden, sondern leicht gegeneinander verschiebbar. Flüssigkeiten lassen sich nicht zusammendrücken; wir stellen uns vor, dass sich ihre Teilchen berühren.

V Eine Spritzkugel wird mit Wasser gefüllt (Abb. 119.1). Übt man vorsichtig auf den Stempel eine Kraft aus, so spritzt durch die kleinen Öffnungen senkrecht zur Kugeloberfläche das Wasser in alle Richtungen gleich weit. Auf jeden Quadratzentimeter der Kugelwände wirken offenbar gleich große Kräfte. Aus der Spritzrichtung entnehmen wir, dass die Kräfte senkrecht zu den Wänden gerichtet sind.

Die Kraftübertragung durch eine Flüssigkeit können wir uns wie folgt vorstellen: Auf die Teilchen am Stempel wird eine Kraft ausgeübt. Da sie leicht verschiebbar sind, leiten sie die Kraft zu allen benachbarten Teilchen weiter; diese übertragen die Kräfte wiederum auf ihre Nachbarn und so fort, bis zu den Teilchen an den Wänden. Diese üben senkrecht auf die Wände Kräfte aus. Die Kraft auf eine Begrenzungsfläche ist proportional zur Anzahl der Teilchen, die auf die Wand drücken, also zum Inhalt der Fläche (Abb. 119.2). In der Flüssigkeit und im Gas herrscht ein Zustand, der bewirkt, dass Kräfte auf Begrenzungsflächen ausgeübt werden. Man bezeichnet diesen Zustand als *Druck*. Da man Kräfte nach ihrer Ursache benennt, erzeugt der Druck *Druckkräfte*. Liegt ein bestimmter Druckzustand vor, so gilt für die Kräfte auf beliebig liegende Begrenzungsflächen: $F_1/A_1 = F_2/A_2 = F_3/A_3 = \ldots$ = konstant (Abb. 119.3).
Das heißt: Der Quotient F/A hat überall den gleichen Wert und ist somit kennzeichnend für den Druckzustand. Deshalb definiert man:

Wirkt auf die Begrenzungsfläche A einer Flüssigkeit oder eines Gases die Kraft F, so heißt der Quotient $\frac{F}{A}$ Druck* p:

$$p = \frac{F}{A}$$

Der Druck, den ein belasteter Stempel in einer Flüssigkeit oder einem Gas hervorruft, heißt **Stempeldruck**. Wir können unser Ergebnis nun auch so formulieren:

Der Stempeldruck ist an jeder Stelle einer Flüssigkeit oder eines Gases gleich groß.

Die Druckeinheit ergibt sich aus $[p] = [F] : [A]$ zu $1\ \mathrm{N/m^2}$. Sie wird mit 1 Pascal (1 Pa) abgekürzt und erhielt ihren Namen nach dem französischen Philosophen und Physiker *Blaise Pascal* (1623 bis 1662). Da 1 Pa eine sehr kleine Einheit ist, benützt man häufig die Einheit 1 bar*:

$$1\ \text{bar} = 10\ \frac{\text{N}}{\text{cm}^2} = 10^5\ \text{Pa}$$

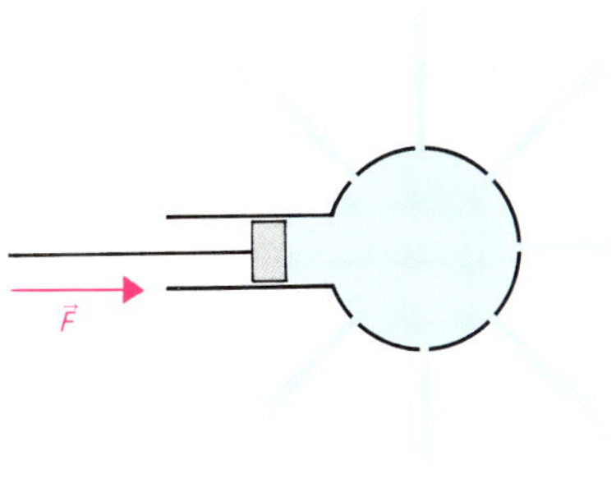

119.1 Spritzkugel

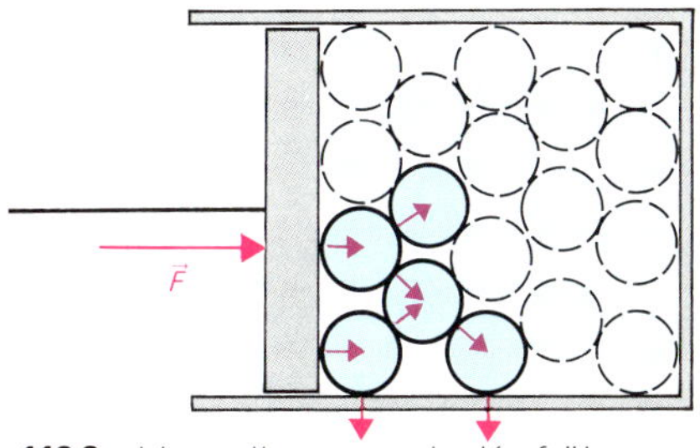

119.2 Vorstellung von der Kraftübertragung in Flüssigkeiten

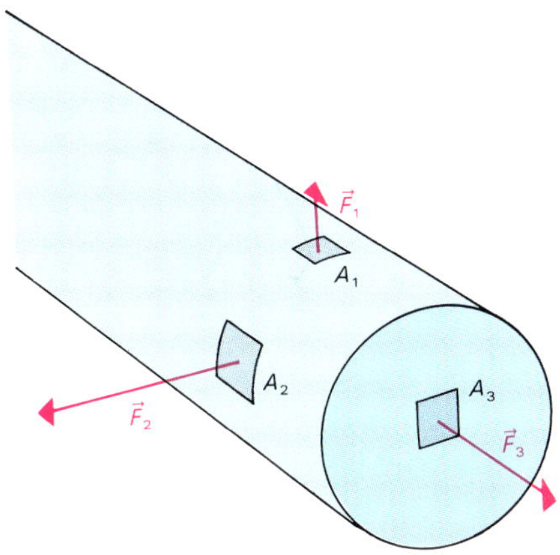

119.3 Druckkräfte auf Begrenzungsflächen

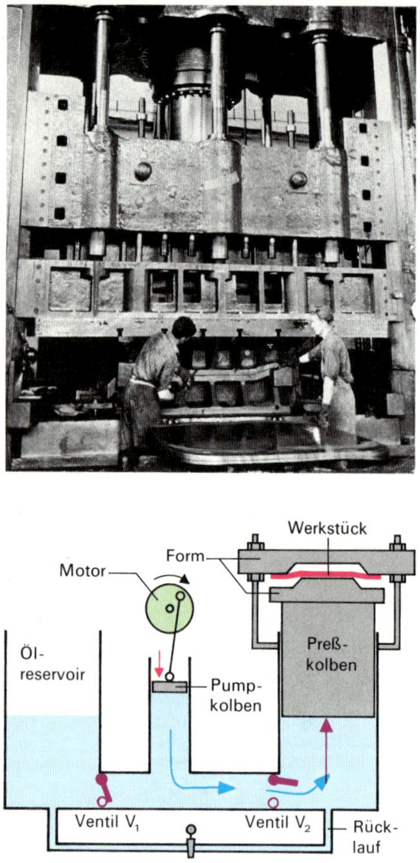

120.1 Hydraulische Presse

Technische Anwendungen

Mithilfe von Flüssigkeiten oder Gasen lässt sich bei geeigneter Wahl der Stempelflächen mit einer kleinen Kraft eine große hervorrufen. Man macht davon in der hydraulischen Presse zum Formen von Karosserieteilen, Geldstücken und anderen Werkstücken Gebrauch (Abb. 120.1 oben). Auch die Hebebühne zum Heben von Kraftfahrzeugen in Tankstellen und Werkstätten beruht auf dem gleichen Verfahren (Abb. 120.2 oben). Abb. 120.1 (unten) zeigt das Prinzip einer hydraulischen Presse: Da die Fläche des Pumpkolbens klein gegenüber der des Presskolbens ist, wird beim einmaligen Senken des Pumpkolbens nur wenig Flüssigkeit in den rechten Zylinder gedrückt. Der Presskolben hebt sich nur wenig. Deshalb sorgen zwei Ventile V_1 und V_2 und ein Flüssigkeitsreservoir dafür, dass bei der Abwärtsbewegung des Pumpkolbens der Presskolben gehoben wird, er bei der Aufwärtsbewegung aber seine Stellung beibehält.

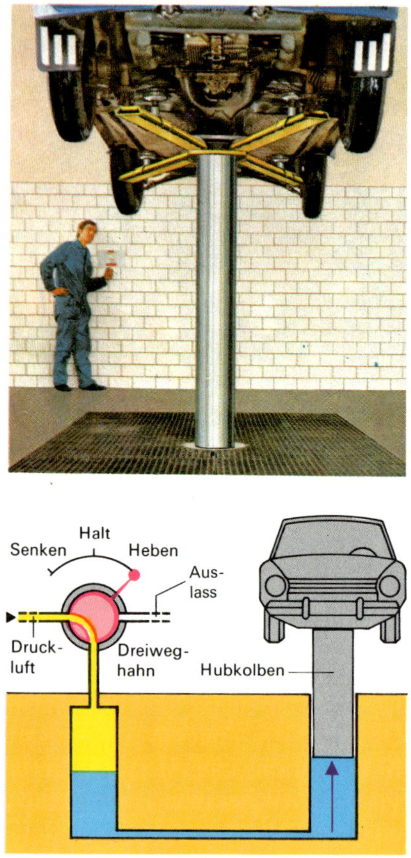

120.2 Hydraulische Hebebühne

Aufgaben

1. *Flächenbelastung*
Kennzeichnend für den Druckzustand in Flüssigkeiten und Gasen ist das gleichmäßige Weiterleiten der Kräfte nach allen Seiten. Im Gegensatz dazu wird bei festen Körpern, z. B. bei Skiern auf Schnee, die Kraft nur in eine Richtung weitergeleitet. Aber auch hier ist interessant, ob die *Flächenbelastung F/A* groß oder klein ist. Berechne in den folgenden Fällen diese in N/cm^2!
a) Ein Mann ($m = 75$ kg) steht auf seinen beiden Füßen ($A = 2 \cdot 250\ cm^2$) bzw. auf 2,0 m langen und 10 cm breiten Skiern.
b) Eine Frau ($m = 60$ kg) steht auf ihren beiden Pfennigabsätzen ($A = 2 \cdot 1{,}0\ cm^2$) bzw. ein Elefant ($m = 6{,}0$ t) erhebt sich auf seine beiden Hinterfüße ($A = 2 \cdot 1\,500\ cm^2$).

2. Eine Fliege der Masse $m = 0{,}05$ g sitzt auf einem Stempel der Fläche $A = 1\ cm^2$. Welchen Stempeldruck in Pa ruft sie hervor?

3. In der Wetterkunde benutzt man die Einheit 1 Hektopascal (1 hPa = 100 Pa) statt der Einheit 1 Millibar (1 mbar = $\frac{1}{1000}$ bar). Wie viel hPa ist 1 mbar, wie viel hPa ist 1 cN/cm^2?

4. Auf einem Stempel mit der Fläche $A = 1\ cm^2$ steht ein Körper der Masse 1 kg bzw. 1 g. Berechne den Stempeldruck in bar bzw. mbar!

5. Der Wasserdruck betrage 4,0 bar. Mit welcher Kraft muss man eine Wasserleitung der Querschnittsfläche $A = 1{,}5\ cm^2$ mit der Hand zuhalten?

6. a) Der Pumpkolben einer hydraulischen Presse hat die Fläche $A_1 = 10\ cm^2$, der Presskolben $A_2 = 200\ cm^2$. Welche Kraft wirkt auf den Presskolben, wenn man den Pumpkolben mit 300 N herunterdrückt?
b) Der Pumpkolben senkt sich dabei um 40 cm. Um wie viel hebt sich der Presskolben?

7. Der Hubkolben einer Hebebühne hat die Fläche $A = 400\ cm^2$. Welchen Druck muss die Druckluft mindestens besitzen, damit ein Auto der Masse 1,0 t gehoben werden kann?

8. Welche Fläche müsste der Hubkolben einer Hebebühne mindestens haben, damit man ein Auto der Masse 1,0 t mit dem Wasserdruck 10 bar einer Wasserleitung heben könnte?

6.2 Der Schweredruck

Der Schweredruck in einer Flüssigkeit

Beim Tauchen empfindet man in den Ohren ein Druckgefühl, das mit zunehmender Tiefe stärker wird. Diese Erscheinung ahmen wir in einem Versuch nach:

V Die eine Seite einer Metalldose ist mit einer Gummimembran bespannt, die dem Trommelfell des Ohrs entspricht. Drücken wir auf die Membran, versetzen wir die Luft in der Dose in einen Druckzustand. Zum Nachweis ist die Druckdose mit dem einen Schenkel eines U-Rohrs verbunden, in dem sich gefärbtes Wasser befindet. Wir beobachten die Wassersäulen im U-Rohr: Je tiefer wir die Dose ins Wasser eintauchen, desto größer wird der Höhenunterschied der Wassersäulen, also die Kraft, die auf die Membran wirkt. Bringen wir – bei gleich bleibender Tauchtiefe – die Druckdose in verschiedene Stellungen, so ist der Höhenunterschied h der Wassersäulen im U-Rohr immer gleich: In jeder Stellung tritt eine Kraft des gleichen Betrags auf die Membran auf. Diese Allseitigkeit der Kraftwirkung ist ein wesentliches Merkmal eines Druckzustandes (Abb. 121.1).

Wie entsteht der Druck in der Flüssigkeit? In einem zylindrischen Gefäß lastet auf einer zur Grundfläche parallelen Fläche A das Gewicht der darüber befindlichen Flüssigkeitssäule. Diese wirkt wie ein gleich schwerer Stempel auf die Flüssigkeit, die sich unter der Fläche A befindet. Die Schwere der Flüssigkeit ist also die Ursache für den Druckzustand (Abb. 121.2).

Der in einer Flüssigkeit aufgrund ihrer eigenen Schwere auftretende Druck heißt *Schweredruck* oder *Gewichtsdruck*.

Abhängigkeit des Schweredrucks von der Tiefe

Wir ziehen aus unserem Versuch weitere Schlüsse: In gleich bleibender Tiefe ist der Betrag der Druckkraft $\vec{F}$, die die Flüssigkeit auf die Membran ausübt, für jede Stellung der Druckdose gleich groß. Für eine dieser Stellungen liegt nahe, was als Kraft anzusetzen ist: Weist die Membran der waagrecht gehaltenen Druckdose nach oben, müsste nach unserer Überlegung F gleich dem Gewicht G der Flüssigkeitssäule über der Membran sein. Wir überprüfen die Vermutung durch einen Versuch.

V Ein beiderseits offener Glaszylinder wird unten mit einer dünnen Platte abgedeckt und in ein Gefäß mit Wasser getaucht (Abb. 121.3). Die vom Schweredruck hervorgerufene Druckkraft $\vec{F}$ auf die Platte verhindert das Abfallen. Wir füllen nun vorsichtig in den Zylinder gefärbtes Wasser ein. Wenn der Flüssigkeitsspiegel im Glaszylinder mit dem äußeren übereinstimmt, fällt die Platte ab. In diesem Augenblick sind die Beträge der Gewichtskraft $\vec{G}$ der gefärbten Flüssigkeitssäule und der Druckkraft $\vec{F}$ gleich groß.

Also wirkt auf die Platte eine nach oben gerichtete Kraft, deren Betrag gleich dem Gewicht einer Flüssigkeitssäule über der Platte ist: Die Teilchen aus dem Nachbargebiet, auf denen eine Flüssigkeitssäule lastet, übertragen die Kräfte auch auf die Teilchen unter der Platte. Also:

In einer Flüssigkeit wirkt senkrecht auf eine Begrenzungsfläche A in der Tiefe h eine Kraft, die betragsgleich zum Gewicht einer Flüssigkeitssäule mit der Grundfläche A und der Höhe h ist.

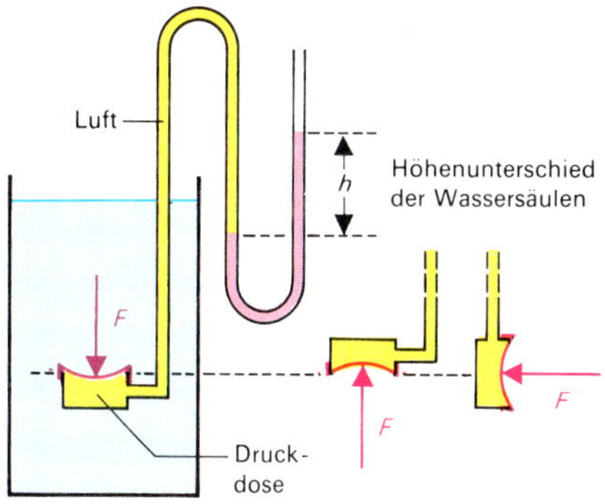

121.1 Grundversuch zum Schweredruck

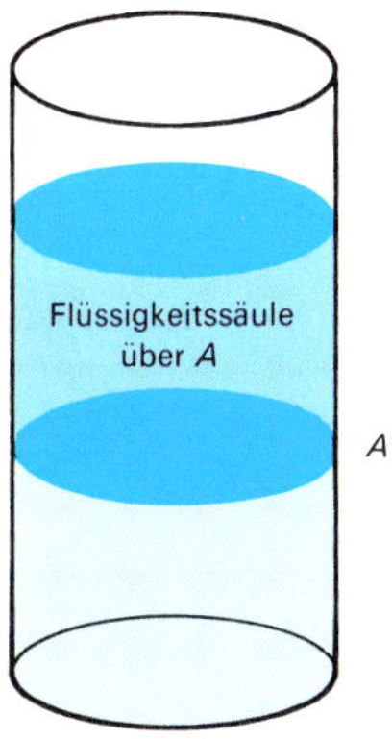

121.2 Entstehung des Schweredrucks

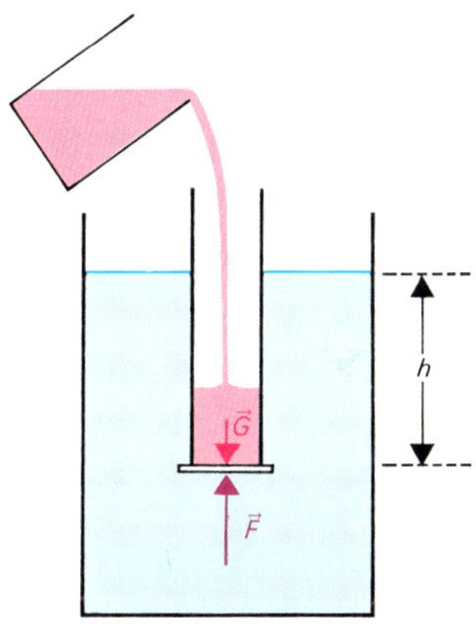

121.3 Versuch zum Betrag der Druckkraft

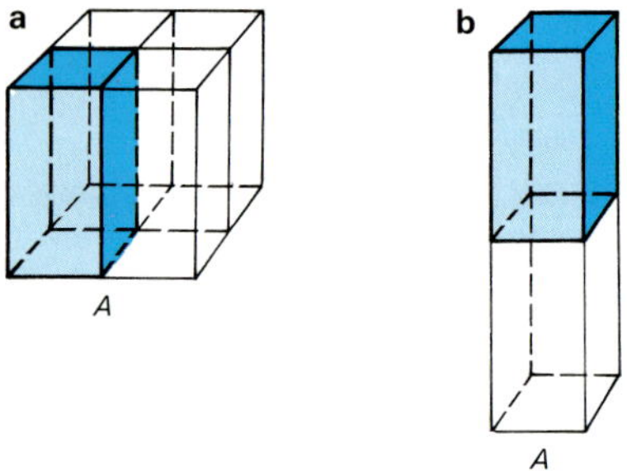

122.1 a) Vervierfachung der Grundfläche, b) Verdoppelung der Höhe der Flüssigkeitssäule

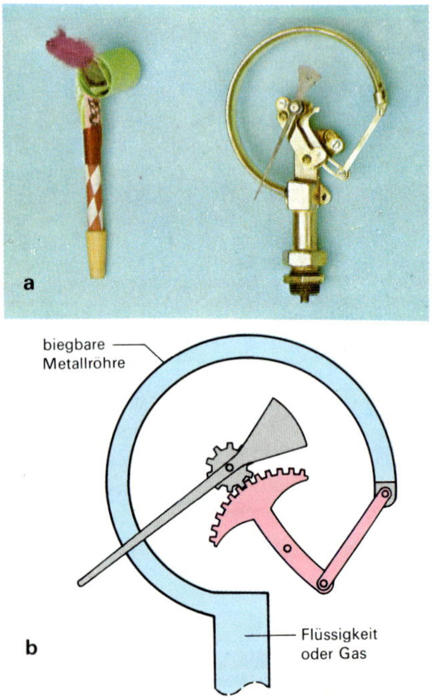

122.2 Manometer

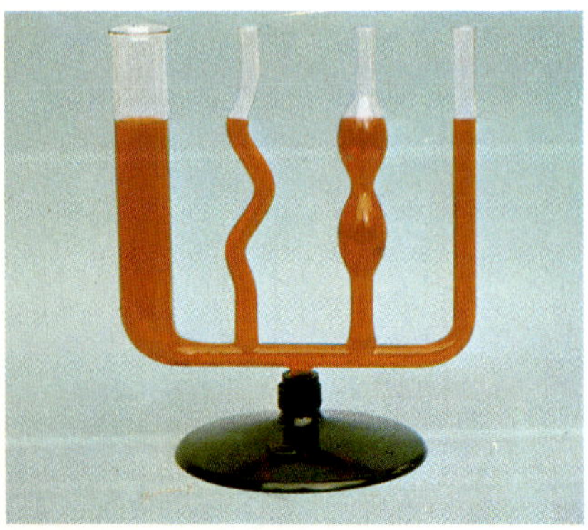

122.3 Verbundene Gefäße

Was folgt aus dem Ergebnis unseres Versuchs (Abb. 121.3)? Ver-n-facht man die Grundfläche A, so ver-n-facht sich auch das Gewicht G der zugehörigen Flüssigkeitssäule (Abb. 122.1 a). Der Quotient G/A ändert sich also nicht: Der Schweredruck p ist unabhängig von der Grundfläche A der Flüssigkeitssäule. In einer Flüssigkeit herrscht in gleicher Tiefe überall der gleiche Druck. Ver-n-facht man die Eintauchtiefe der Grundfläche A, ver-n-facht sich die Höhe der Flüssigkeitssäule und damit ihr Gewicht; also ver-n-facht sich auch der Druck (Abb. 122.1b):

Der Schweredruck ist zur Tiefe direkt proportional.

Berechnung des Schweredrucks in Wasser

Zur Berechnung des Schweredrucks in 10 m Wassertiefe betrachten wir eine 10 m hohe Wassersäule mit der Grundfläche $A = 1\ \text{cm}^2$. Das Volumen dieser Wassersäule ist

$$\begin{aligned} V = A \cdot h &= 1\ \text{cm}^2 \cdot 10\ \text{m} \\ &= 1\ \text{cm}^2 \cdot 10 \cdot 100\ \text{cm} \\ &= 1000\ \text{cm}^3 = (10\ \text{cm})^3 \\ &= 1\ \text{dm}^3. \end{aligned}$$

$1\ \text{dm}^3$ Wasser hat die Masse 1 kg. Diese Wassermenge wiegt somit auf der Erde ungefähr 10 N.

Also: $p = \frac{G}{A} = \frac{10\ \text{N}}{1\ \text{cm}^2} = 1\ \text{bar}.$

Eine 10 m hohe Wassersäule erzeugt den Schweredruck 1 bar.

Der Wasserdruck in 10 m Tiefe beträgt 1 bar. Da $p \sim h$ ist, beträgt der Wasserdruck in $n \cdot 10$ m Tiefe n bar.

Aufgaben

1. In der Technik verwendet man anstatt der Druckdose mit U-Rohr häufig eine gekrümmte Röhre als Druckanzeigegerät. Ihre Wirkungsweise lässt sich mit der eines „Papierrüssels" vergleichen (Abb. 122.2a).
   a) Wie biegt sich die Röhre, wenn der Druck erhöht wird? Wie wird die Biegung in einen Zeigerausschlag umgewandelt (Abb. 122.2b)?
   b) Mit einer Versuchsanordnung entsprechend zu Abb. 118.4 kann man das Anzeigegerät in bar eichen: Wie findet man die Eichmarke zu 1 bar bzw. 2 bar (Stempelfläche $A = 2{,}0\ \text{cm}^2$)? Ein geeichtes Druckanzeigegerät heißt *Manometer**.

2. Das Salzwasser des Toten Meeres hat die Dichte $\rho = 1{,}2\ \text{kg/dm}^3$. Berechne den Schweredruck in 10 m Tiefe!

3. Der Schweizer Tiefseeforscher Jacques Piccard drang 1960 mit einer Taucherkugel im Stillen Ozean bis zu einer Tiefe von ca. 11 000 m vor.
   a) Welcher Schweredruck herrscht in dieser Tiefe?
   b) Welche Kraft wirkte auf einen Quadratzentimeter der Taucherkugel?

4. **a)** Die Grundfläche eines zylindrischen Gefäßes ist n-mal so groß wie die eines anderen. Beide werden gleich hoch mit der gleichen Flüssigkeit gefüllt. In welchem Gefäß ist der Druck unmittelbar über dem Boden größer? Begründung!
   b) Die beiden Gefäße werden unmittelbar über dem Boden durch ein Rohr verbunden. In welche Richtung fließt die Flüssigkeit in diesem Rohr? Wie stehen die Oberflächen einer Flüssigkeit in zwei verbundenen zylindrischen Gefäßen?
   c) Am letzten Ergebnis ändert sich selbst dann nichts, wenn nicht zylindrische Gefäße beteiligt sind (Abb. 122.3). Wo nützt man dieses Verhalten einer Flüssigkeit in verbundenen Gefäßen aus? Beispiele!

123.1 „Magdeburger Halbkugeln": Der Versuch von Otto von Guericke

Der Luftdruck

Wir leben am Grund eines Luftmeeres. Das Gewicht der Luft ruft einen Schweredruck, den **Luftdruck**, hervor. Der Magdeburger Bürgermeister und Ingenieur Otto von Guericke demonstrierte Mitte des 17. Jahrhunderts die Größe des Luftdrucks (Abb. 123.1): Zweimal 8 Pferde waren nicht fähig, eine aus zwei Hälften zusammengesetzte, luftleer gepumpte Kugel auseinander zu reißen. Als man aber durch ein Ventil Luft in die Kugel einströmen ließ, fielen die beiden Hälften von selbst auseinander.
Um die Größe des Luftdrucks abzuschätzen, führen wir einen Versuch durch:

V Am Stempel einer Glasspritze mit der Fläche $A = 6\ \text{cm}^2$ befestigen wir eine Schnur, an der Wägestücke von je 1 kg aufgereiht werden. Wir schieben mit dem Kolben die gesamte Luft aus der Spritze und schließen das Ventil. Nun heben wir die Spritze langsam an, wobei der Stempel nach unten zeigt. Hängen 5 Wägestücke am Stempel, beginnt er sich leicht zu bewegen. Es dringt Luft ein. Bei 6 Wägestücken lässt er sich herausziehen (Abb. 123.2).

Wir benötigen also eine Kraft von 60 N, um den Stempel gegen die Druckkraft der Luft herauszuziehen. Folglich beträgt der Luftdruck ungefähr

$$p = \frac{F}{A} \approx \frac{60\ \text{N}}{6\ \text{cm}^2} = 10\,\frac{\text{N}}{\text{cm}^2} = 1\ \text{bar}$$
$$= 10^5\ \text{Pa} = 1\,000\ \text{hPa}$$

Der Luftdruck beträgt auf der Erdoberfläche ungefähr 1 bar = 1000 hPa.

Der Luftdruck ist also ungefähr so groß wie der Wasserdruck in 10 m Tiefe. Mit anderen Worten: Er kann einer Wassersäule von 10 m Höhe das Gleichgewicht halten. Nach dieser Überlegung bestimmte Blaise Pascal schon um 1650 mit der Versuchsanordnung nach Abb. 123.3 den Luftdruck.
Ein empfindliches Luftdruckmessgerät (**Barometer***) zeigt an, dass der Luftdruck ständig schwankt: auf Meereshöhe zwischen etwa 970 hPa und 1045 hPa; der Mittelwert ist 1013 hPa = 1013 mbar.
Die Gebiete tieferen Luftdrucks heißen **Tiefdruckgebiete** (Tiefs), die höheren Luftdrucks **Hochdruckgebiete** (Hochs). Die Wanderung der Tiefs und Hochs ist von umfangreichen horizontalen und vertikalen Luftbewegungen begleitet. Im Zusammenwirken mit anderen physikalischen Eigenschaften der Luft (z. B. Temperaturabnahme beim Aufsteigen; Fähigkeit bei höherer Temperatur mehr Wasserdampf aufzunehmen) verursachen sie die uns bekannten Wettererscheinungen.

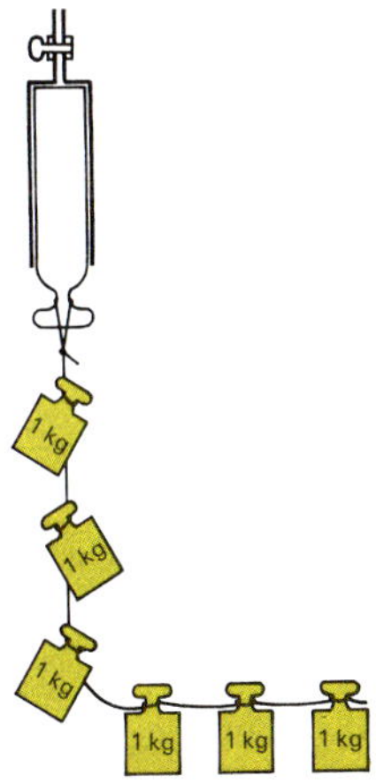

123.2 Versuch zur Abschätzung des Luftdrucks

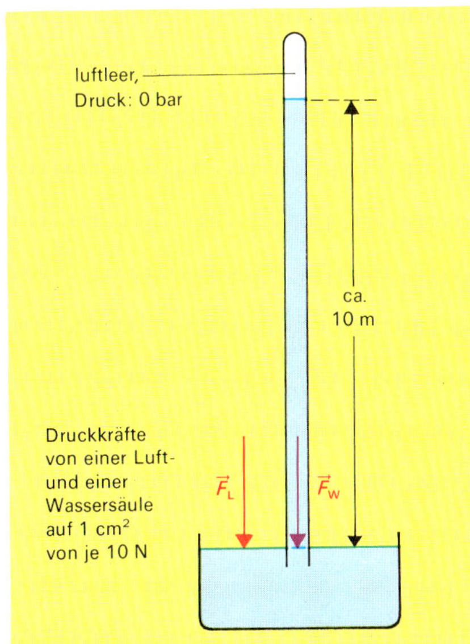

123.3 Das Wassersäulen-Barometer von Blaise Pascal

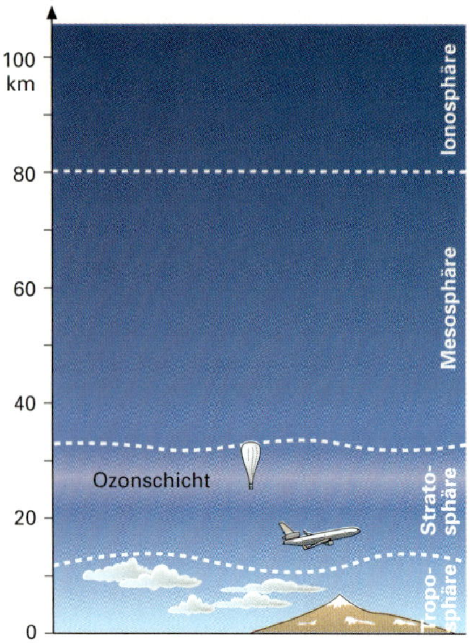

124.1 Lufthülle der Erde

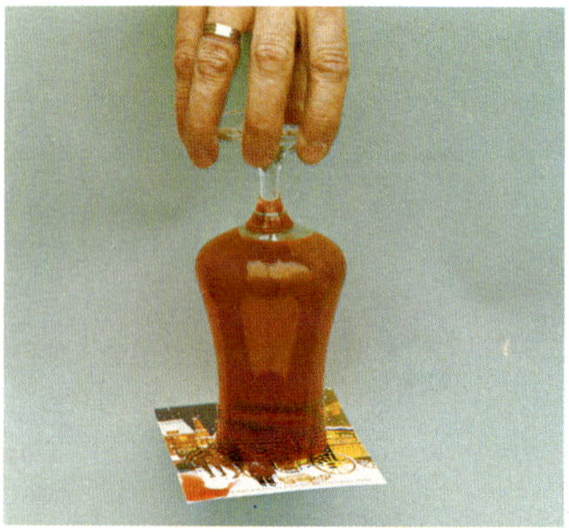

124.2 Wirkung des Luftdrucks

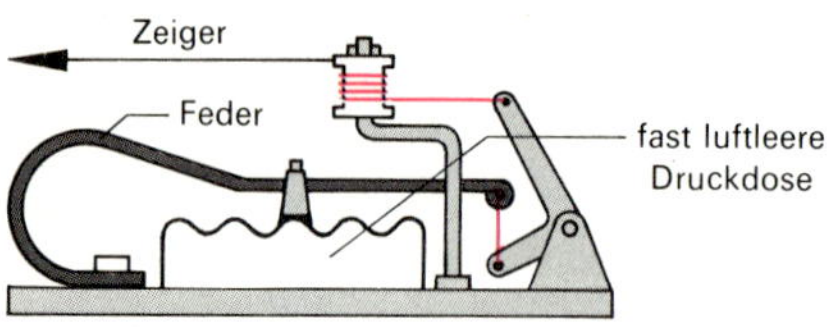

124.3 Aufbau eines Dosenbarometers

H in km	0	5,5	11	16,5	22	27,5
p in bar	1	$\frac{1}{2}$	$\frac{1}{4}$	…	…	…

124.4 Abhängigkeit des Luftdrucks von der Höhe

Abhängigkeit des Luftdrucks von der Höhe

Der Luftdruck ist ein Schweredruck. Er wird also umso kleiner, je höher man steigt.

Um wie viel verringert sich der Luftdruck, wenn man 10 m höher steigt? Wir betrachten zur Beantwortung dieser Frage eine Luftsäule – analog zur Wassersäule – mit der Grundfläche $A = 1\ \text{cm}^2$ und der Höhe 10 m. Ihr Volumen ist wieder

$V = A \cdot h = 1\ \text{cm}^2 \cdot 10\ \text{m} = 1\ \text{dm}^3$.

Da die Dichte der Luft $1{,}2\ \text{g/dm}^3$ beträgt, ist die Masse der Luftsäule 1,2 g und damit ihr Gewicht 1,2 cN. Also:

$$p_{\text{Luftsäule}} = \frac{G}{A} = \frac{1{,}2\ \text{cN}}{1\ \text{cm}^2} = 1{,}2\ \frac{\text{cN}}{\text{cm}^2}$$
$$= 1{,}2\ \text{mbar} = 1{,}2\ \text{hPa}.$$

Steigen wir z. B. im Treppenhaus des Schulgebäudes 10 m hoch, müsste der Luftdruck um 1,2 hPa abnehmen. Mit einem empfindlichen Dosenbarometer* können wir dies nachprüfen.

Luft lässt sich zusammenpressen. Da über höheren Luftschichten weniger Luft lastet, ist dort die Luft weniger zusammengepresst als in tieferen Luftschichten. Die Luft wird also nach oben immer „dünner"; ihre Dichte nimmt ab. Folglich wird auch das Gewicht einer 10 Meter hohen Luftsäule der Grundfläche $1\ \text{cm}^2$ mit zunehmender Höhe immer geringer. Das bedeutet: Der Luftdruck nimmt mit zunehmender Höhe nicht gleichmäßig ab, sondern immer weniger stark. In einer Höhe von 5,5 km ist der Luftdruck auf $\frac{1}{2}$ bar gesunken, in $2 \cdot 5{,}5$ km Höhe nicht etwa auf null sondern auf $\frac{1}{4}$ bar, in $3 \cdot 5{,}5$ km auf $\frac{1}{8}$ bar.

Die Lufthülle der Erde wird in verschiedene Schichten unterteilt. In der untersten, der Troposphäre*, spielt sich das Wettergeschehen ab. Die Ozonschicht in der Stratosphäre* schützt uns und die Natur vor schädlichen Anteilen der Sonnenstrahlung. Das Luftmeer hat keine scharfe Grenze; es geht allmählich in den leeren Weltraum über (Abb. 124.1).

Aufgaben

1. Nimm ein Glas und fülle es randvoll mit Wasser. Lege z. B. eine Postkarte über die Öffnung. Halte die Postkarte mit der Hand und wende das Glas über dem Spülbecken und entferne nun die Hand vorsichtig von der Postkarte (Abb. 124.2). Beobachte und erkläre!

2. Erkläre die Wirkungsweise des in Abb. 124.3 dargestellten Dosenbarometers!

3. a) Beim schnellen Abstieg von einem Berg spürt man häufig ein Druckgefühl in den Ohren. Wie kommt es zustande? Was muss man tun, damit es verschwindet?
b) Warum spüren wir den Luftdruck nicht als große Kraftwirkung auf unseren Körper?

4. *Der Gesamtdruck*
a) Die Angabe des Reifendruckes „2 bar" besagt, dass der Druck um 2 bar über dem äußeren Luftdruck liegt (**Überdruck**). Wie groß ist der Gesamtdruck im Autoreifen?
b) Der Schweredruck in einem See setzt sich aus dem Luft- und dem Wasserdruck zusammen. Wie groß ist der Gesamtdruck in 10 m bzw. 20 m Tiefe?

5. a) Vervollständige die Tab. 124.4 über die Abhängigkeit des Luftdrucks p von der Höhe H!
b) Zeichne ein p-H-Diagramm! (p-Achse: 1 bar ≙ 10 cm; H-Achse: 1 km ≙ 0,5 cm)
c) Entnimm aus dem Diagramm den ungefähren Luftdruck auf der Zugspitze (2962 m), dem Montblanc (4807 m) und dem Mount Everest (8846 m)!
d) Barometer kann man als Höhenmesser eichen. Wie? Stimmt die Anzeige immer?

6.3 Der Auftrieb

Die Auftriebskraft

Körper verhalten sich unter Wasser unterschiedlich: Steine und Metallstücke sinken, Holz- und Korkstücke steigen. Werden Holz- und Korkstücke im Wasser von der Erde abgestoßen? Die Schwerkraft ändert sich wohl nicht. Wir wissen aber: Im Wasser treten Druckkräfte auf. Daher liegt näher anzunehmen, dass diese eine zur Schwerkraft entgegengesetzt gerichtete Kraft hervorrufen.

V Ein Plastilinklumpen zählt zu den Körpern, die im Wasser sinken. Hängen wir ihn an einen Kraftmesser und tauchen ihn in Wasser oder eine andere Flüssigkeit ein, geht die Anzeige des Kraftmessers zurück.

Auf jeden in eine Flüssigkeit eingetauchten Körper wirkt eine Kraft, die der Gewichtskraft $\vec{G}$ entgegengerichtet ist. Diese Kraft heißt Auftriebskraft $\vec{F}_A$, ihr Betrag Auftrieb F_A.

Taucht der Plastilinklumpen in eine Flüssigkeit ein, zeigt der Kraftmesser den Unterschied F der einander entgegenwirkenden Gewichts- und Auftriebskraft an (Abb. 125.1): $F = G - F_A$. Ist F_A kleiner als G, sinkt der Körper; ist F_A größer als G, steigt er; ist F_A gleich G, schwebt er (Abb. 125.2).

Experimentelle Untersuchung des Auftriebs

Wovon hängt der Auftrieb ab? Von der *Eintauchtiefe*, der *Form* des Körpers, dem *Gewicht* (bzw. der Masse) des Körpers, dem *Volumen* des Körpers, der *Dichte* der Flüssigkeit? Wir führen dazu einige Experimente durch.

Wie ändert sich der Auftrieb mit zunehmender Eintauchtiefe?

V Wir basteln uns ein Rähmchen aus glattem Holz mit 2,5 cm Breite, 4 cm Länge (Innenmaße!) und 2 cm Höhe. Mit diesem Rähmchen, einer glatten Unterlage und einem Schaber können wir nun einen Plastilinklumpen von genau 20 cm³ Volumen abmessen (Abb. 125.3). Dieser Klumpen wird mit einem Faden an einen Kraftmesser gehängt. Sein Gewicht ergibt sich zu $G = 31$ cN. Dann tauchen wir den Klumpen vollständig in Wasser ein und messen in drei verschiedenen Tiefen die Resultierende F stets zu 11 cN. F_A ist also immer 20 cN.

1. *Ergebnis*: Der Auftrieb eines völlig eingetauchten Körpers ist von der Eintauchtiefe unabhängig.

Wir müssen also bei den künftigen Untersuchungen nur darauf achten, dass der Körper vollständig eintaucht. Die Eintauchtiefe wirkt sich dann nicht auf das Messergebnis aus.

Wie hängt der Auftrieb von der Form des Körpers ab?

V Wir geben dem Plastilinklumpen drei verschiedene Formen und bestimmen jeweils den Auftrieb.

2. *Ergebnis*: Der Auftrieb ist von der Körperform unabhängig.

Wie hängt der Auftrieb vom Gewicht des Körpers ab?

V Wir stellen einen weiteren Plastilinklumpen mit unserem Rähmchen her, bauen aber ein Metallstück mit ein. Der Körper aus Metall und Plastilin hat das gleiche Volumen von 20 cm³, aber ein viel größeres Gewicht als der reine Plastilinklumpen

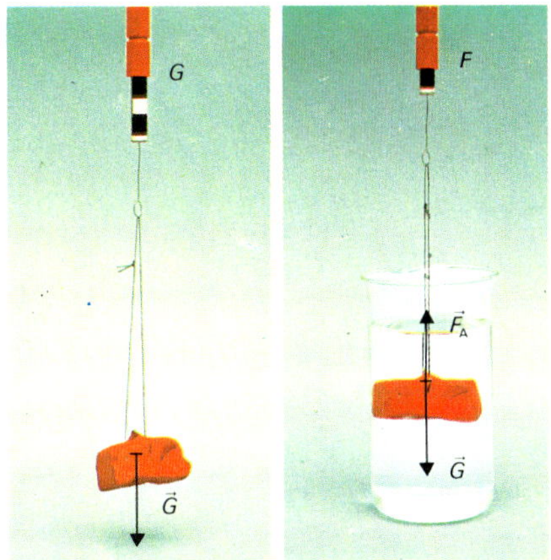

125.1 Auftrieb eines Körpers

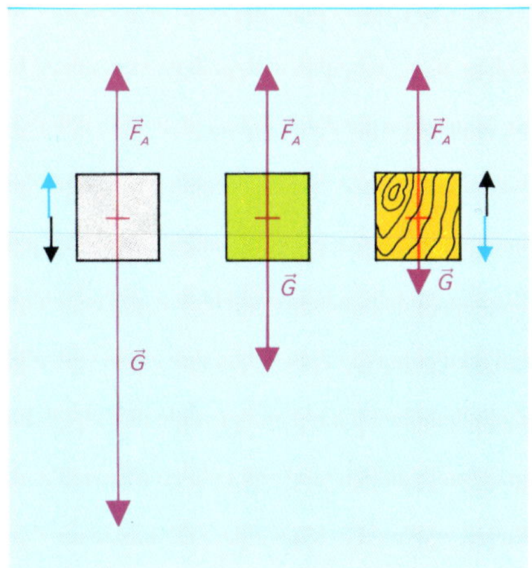

125.2 Gewichts- und Auftriebskraft beim Sinken, Schweben, Steigen

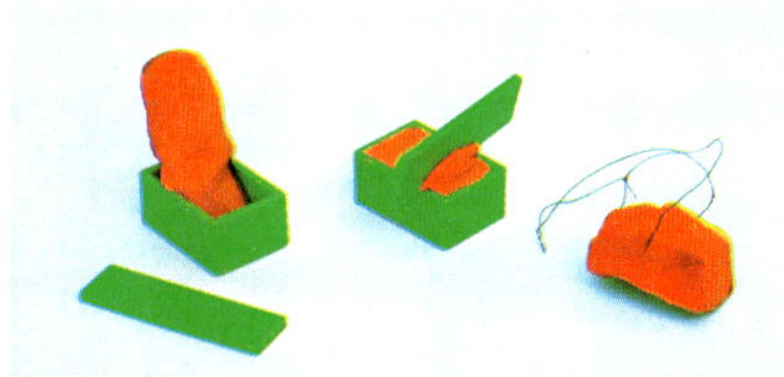

125.3 Herstellung volumengleicher Plastilinklumpen

Körper	G in cN	F in cN	F_A in cN
Plastilin	31	11	20
Metall/Plastilin	61	41	20

126.1 Abhängigkeit des Auftriebs vom Gewicht des Körpers

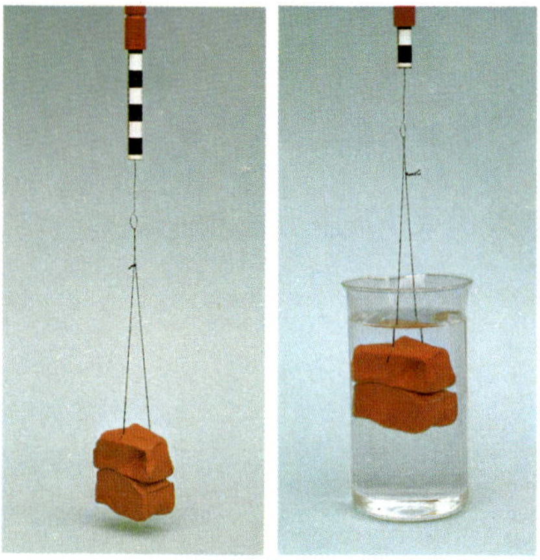

126.2 Auftrieb eines Körpers mit verdoppeltem Volumen

V in cm³	G in cN	F in cN	F_A in cN
20	61	41	20
40	63	23	40
60	94	34	60

126.3 Abhängigkeit des Auftriebs vom Volumen des Körpers

ρ in $\frac{g}{cm^3}$	G in cN	F in cN	F_A in cN
0,80	31	15	16
1,0	31	11	20
1,2	31	7	24

126.4 Abhängigkeit des Auftriebs von der Dichte der Flüssigkeit

(z. B. 61 cN). Nun wird durch Eintauchen sein Auftrieb bestimmt (Tab. 126.1).

3. *Ergebnis*: Der Auftrieb ist vom Körpergewicht unabhängig.

Unsere bisherigen Ergebnisse sagen aus: Bei den folgenden Experimenten brauchen wir weder auf die Eintauchtiefe, noch auf Körperformen, noch auf das Gewicht der Körper zu achten.

Wie hängt der Auftrieb vom Volumen des Körpers ab?

V Wir übernehmen zunächst für einen der bisher benützten Körper mit dem Volumen $V = 20\ cm^3$ den Messwert für F_A. Dann messen wir mit dem Rähmchen weitere Plastilinportionen mit dem Volumen $V = 20\ cm^3$ ab. Fügen wir zwei bzw. drei Portionen zusammen, erhalten wir Körper mit dem Volumen 40 cm³ bzw. 60 cm³. Wir bestimmen für jeden Körper den Auftrieb (Abb. 126.2). Aus Tab. 126.3 entnehmen wir: Verdoppelt, verdreifacht sich das Volumen, so verdoppelt, verdreifacht sich der Auftrieb.

4. *Ergebnis*: Der Auftrieb F_A ist zum Volumen $V_{Kö}$ der Körpers direkt proportional.

Wie hängt der Auftrieb von der Dichte der Flüssigkeit ab?

V Als Körper benutzen wir unseren Plastilinklumpen mit dem Volumen 20 cm³. Neben Wasser bietet sich als Flüssigkeit Spiritus mit der Dichte 0,80 g/cm³ an. Ferner stellen wir aus 400 g Wasser und 200 g Kochsalz eine Lösung her. Da diese im Messzylinder 500 cm³ einnimmt, ist ihre Dichte $\rho = 1{,}2\ g/cm^3$. Wir bestimmen den Auftrieb des Körpers in Spiritus und in Salzwasser. Aus Tab. 126.4 entnehmen wir das

5. *Ergebnis*: Der Auftrieb F_A ist zur Dichte ρ_{Fl} der Flüssigkeit direkt proportional.

Wir fassen unsere Ergebnisse zusammen und versuchen, daraus eine Formel für F_A zu gewinnen. Der Term für F_A enthält $V_{Kö}$ und ρ_{Fl}. Er muss sich ver-n-fachen, wenn sich entweder $V_{Kö}$ oder ρ_{Fl} ver-n-fachen. Ein Term, der das leistet, ist das Produkt $V_{Kö} \cdot \rho_{Fl}$. Das Körpervolumen multipliziert mit der Flüssigkeitsdichte ist die Masse der Flüssigkeit, die das Körpervolumen einnimmt, also die Masse $m_{verdr.Fl.}$ der verdrängten Flüssigkeit. Das ist aber noch keine Kraft. Multipliziert man eine Masse mit dem Ortsfaktor, ergibt sich ein Gewicht, also eine Kraft. Vermutlich ist

$$F_A = g \cdot V_{Kö} \cdot \rho_{Fl}.$$

Wir prüfen am Plastilinklumpen im Wasser nach, ob g tatsächlich als Faktor auftritt:

$$g = \frac{F_A}{V_{Kö} \cdot \rho_{Fl}} = \frac{20\ cN}{20\ cm^3 \cdot 1{,}0\ \frac{g}{cm^3}} = 1\ \frac{cN}{g} = 10\ \frac{N}{kg}$$

Also gilt:

$$F_A = g \cdot V_{Kö} \cdot \rho_{Fl} = g \cdot m_{verdr.Fl.} = G_{verdr.Fl.}$$

Der Auftrieb eines Körpers ist gleich dem Gewicht der von ihm verdrängten Flüssigkeitsmenge: $F_A = G_{verdr.Fl.}$

Theoretische Ableitung des Gesetzes von Archimedes

Wie kommt der Auftrieb zustande? Der Schweredruck in einer Flüssigkeit ruft Kräfte auf die Begrenzungsflächen eines Körpers hervor. Sind diese die Ursache für den Auftrieb?

Wenn das der Fall ist, müsste es uns gelingen, allein durch Überlegungen die Formel für den Auftrieb zu erhalten. Wir gehen zunächst von einem einfach geformten Körper, einem Quader aus (Abb. 127.1). Der Schweredruck ruft auf die Deckfläche die Kraft $\vec{F}_{oben}$ (kurz: $\vec{F}_o$), auf die Grundfläche $\vec{F}_{unten}$ (kurz: $\vec{F}_u$) und außerdem auf die Seitenflächen Kräfte hervor. Da die Seitenflächen gleich tief eintauchen, halten sich die Druckkräfte auf gegenüberliegenden Stücken der Seitenflächen jeweils das Gleichgewicht. Da die Grundfläche tiefer als die Deckfläche eintaucht, ist F_u größer als F_o. Die Kräfte $\vec{F}_o$ und $\vec{F}_u$ wirken einander entgegen. Es bleibt also eine nach oben gerichtete Kraft übrig. Ihr Betrag ist der Auftrieb. Also:

$$F_A = F_u - F_o.$$

Nun ist F_o gleich dem Gewicht G_o der Flüssigkeitssäule über der Deckfläche und F_u gleich dem Gewicht G_u einer Flüssigkeitssäule über der Grundfläche mit der Eintauchtiefe als Säulenhöhe. Also:

$$F_A = F_u - F_o = G_u - G_o.$$

Der Unterschied ist gerade das Gewicht der Flüssigkeitssäule, die den Platz des Körpers einnehmen würde, folglich das Gewicht der vom Körper verdrängten Flüssigkeitsmenge:

$$F_A = F_u - F_o = G_u - G_o = G_{verdr.Fl.}.$$

Der Auftrieb eines Quaders ist also gleich dem Gewicht der von ihm verdrängten Flüssigkeitsmenge.
Einen Körper beliebiger Gestalt kann man in Gedanken mit sehr hoher Genauigkeit in quaderförmige Säulen zerlegen (Abb. 127.2). Für jede dieser Säulen ist der Auftrieb gleich dem Gewicht der verdrängten Flüssigkeitsmenge. Also ist der gesamte Auftrieb auch gleich dem Gewicht der gesamten verdrängten Flüssigkeitsmenge. Wir haben diese Erkenntnis aus der Annahme abgeleitet, dass der mit wachsender Tiefe zunehmende Schweredruck die einzige Ursache für den Auftrieb ist. Zur Rechtfertigung dieser Annahme und zur Bestätigung unserer Überlegungen führen wir abschließend noch einen überzeugenden Versuch (Abb. 127.3) durch:

V Ein Körper K hängt an einem Stativ, das auf einer Waagschale steht. Die Balkenwaage befindet sich im Gleichgewicht. Nun wird das Überlaufgefäß angehoben. Nach dem Eintauchen von K vermindert sich die Belastung der rechten Waagschale um den Auftrieb von K. Die von K verdrängte Flüssigkeit fließt in das Gefäß auf der rechten Waagschale. Es stellt sich wieder Gleichgewicht ein. Also ist der Auftrieb gleich dem Gewicht der verdrängten Flüssigkeitsmenge.

Diese Überlegungen lassen sich auch auf Luft übertragen.
Das Ergebnis wird nach dem Entdecker Archimedes benannt, der uns schon bei der Dichtebestimmung begegnet ist.

Gesetz des Archimedes

Der Auftrieb eines Körpers ist gleich dem Gewicht der von ihm verdrängten Flüssigkeits- oder Luftmenge:
$$F_A = G_{verdr.Fl.}$$

Musteraufgabe

Ein Aluminiumkörper vom Volumen $V = 100\ \text{cm}^3$ wiegt 2,7 N. Was zeigt ein Kraftmesser an, wenn der Alukörper vollständig in Wasser eintaucht?

Lösung: Das Volumen der verdrängten Wassermenge ist $V = 100\ \text{cm}^3$, also ihre Masse $m_{verdr.Fl.} = 100\ \text{g}$. Sie wiegt somit:

$$G_{verdr.Fl.} = 10\ \frac{\text{N}}{\text{kg}} \cdot 0{,}100\ \text{kg} = 1{,}0\ \text{N}.$$

$$\Rightarrow\ F_A = G_{verdr.Fl.} = 1{,}0\ \text{N}$$

Vom Kraftmesser angezeigte Kraft:
$F = G - F_A = 2{,}7\ \text{N} - 1{,}0\ \text{N}$
$= 1{,}7\ \text{N}.$

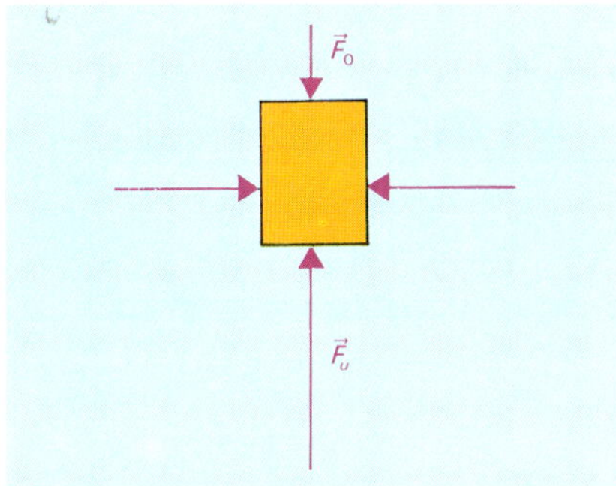

127.1 Druckkräfte auf einen Körper in einer Flüssigkeit

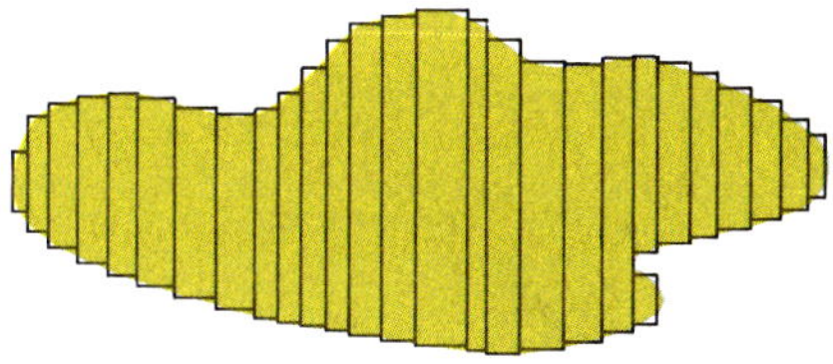
127.2 Zerlegung eines beliebigen Körpers in quaderförmige Säulen

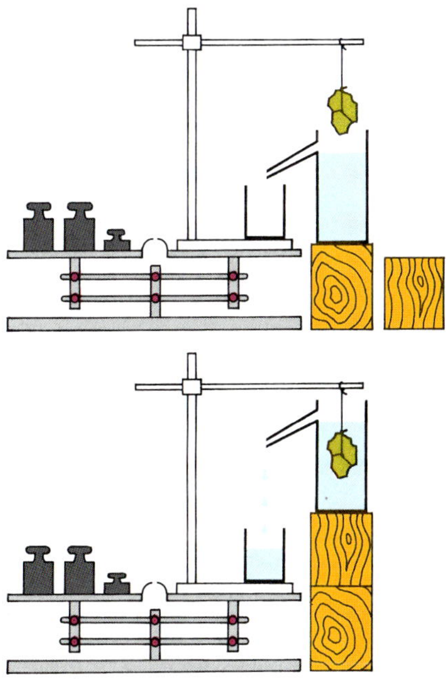
127.3 Experimentelle Bestätigung des Gesetzes von Archimedes

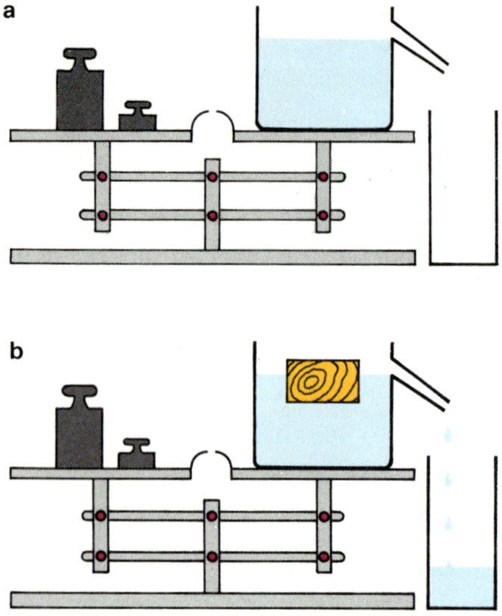

128.1 Experimenteller Vergleich der Kräfte beim Schwimmen

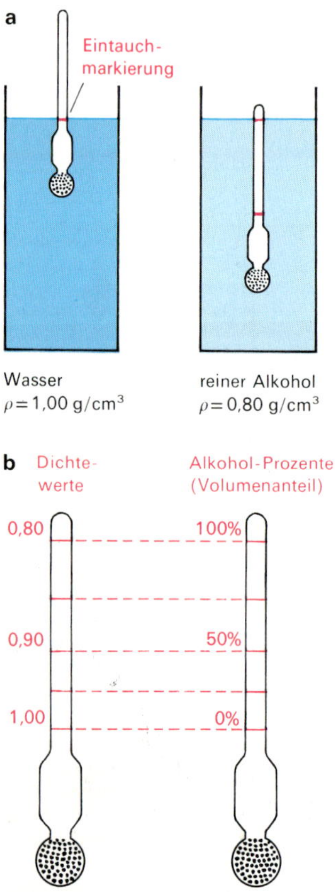

128.2 Aräometer

Schwimmen, Schweben, Sinken

Ein Körper in einer Flüssigkeit

sinkt, wenn $F_A < G$,
schwebt, wenn $F_A = G$,
steigt, wenn $F_A > G$ ist.

Nach dem Gesetz des Archimedes ist der Auftrieb F_A gleich dem Gewicht der verdrängten Flüssigkeitsmenge:

$$F_A = G_{\text{verdr. Fl.}} = g \cdot m_{\text{verdr. Fl.}} = g \cdot V_{\text{Kö}} \cdot \rho_{\text{Fl.}}.$$

Das Körpergewicht ist

$$G = g \cdot m_{\text{Kö}} = g \cdot V_{\text{Kö}} \cdot \rho_{\text{Kö}}.$$

Daher entscheiden allein die Dichte der Flüssigkeit und die des Körpers, wie er sich in der Flüssigkeit verhält.

Ein Körper in einer Flüssigkeit

sinkt, wenn $\rho_{\text{Fl}} < \rho_{\text{Kö}}$,
schwebt, wenn $\rho_{\text{Fl}} = \rho_{\text{Kö}}$,
steigt, wenn $\rho_{\text{Fl}} > \rho_{\text{Kö}}$ ist.

Ein Körper, der steigt, beginnt aufzutauchen. Er verdrängt immer weniger Flüssigkeit. Sein Auftrieb nimmt ab, bis schließlich der verbleibende Auftrieb gleich dem Gewicht des Körpers ist. Es herrscht zwischen der verbleibenden Auftriebskraft und der Gewichtskraft Kräftegleichgewicht. Diesen Zustand nennt man **Schwimmen**.

V Auf einer Balkenwaage steht ein gefülltes Überlaufgefäß (Abb. 128.1a). Die Waage ist im Gleichgewicht. Geben wir in das Gefäß einen schwimmenden Körper, so fließt die von ihm verdrängte Flüssigkeit ab. Nach dem Abfließen befindet sich die Waage wieder im Gleichgewicht (Abb. 128.1b).

Ein Körper schwimmt auf einer Flüssigkeit, wenn seine mittlere Dichte kleiner ist als die Dichte der Flüssigkeit. Beim Schwimmen taucht er so tief ein, dass sein Gewicht gleich dem Gewicht der verdrängten Flüssigkeitsmenge ist.

Aräometer

Je kleiner die Dichte der Flüssigkeit ist, desto mehr Flüssigkeit verdrängt ein schwimmender Körper, desto tiefer taucht er also ein.
Ein **Aräometer*** ist ein Schwimmkörper, an dem Marken für die Eintauchtiefe mit den zugehörigen Dichtewerten der Flüssigkeit beschriftet sind. Mit ihm lässt sich die Dichte von Flüssigkeiten bequem bestimmen. Interessiert nicht die Dichte, sondern z. B. der damit verbundene Alkoholgehalt (Fett-, Säuregehalt), beschriftet man die Skala unmittelbar mit dieser Größe (Abb. 128.2).

Musteraufgabe

Ein 1,0 m langes, 20 cm breites und 1,0 cm dickes Brett aus Buchenholz ($\rho_B = 0{,}75\ \text{kg/dm}^3$) schwimmt auf Wasser. Wie tief taucht es ein?

Lösung:
Kräftegleichgewicht beim Schwimmen:

$$F_A = G_{\text{Kö}} \Rightarrow G_{\text{verdr. Fl.}} = G_{\text{Kö}}.$$

Das Holzbrett hat das Volumen

$$V_{\text{Kö}} = l \cdot b \cdot h = 10\ \text{dm} \cdot 2{,}0\ \text{dm} \cdot 0{,}10\ \text{dm} = 2{,}0\ \text{dm}^3$$

und damit die Masse

$$m_{\text{Kö}} = \rho_{\text{Kö}} \cdot V_{\text{Kö}} = 0{,}75\ \text{kg/dm}^3 \cdot 2{,}0\ \text{dm}^3 = 1{,}5\ \text{kg}.$$

Es wiegt 15 N. Also wiegt die verdrängte Wassermenge auch 15 N. Ihre Masse ist deshalb 1,5 kg und damit ihr Volumen $V = 1{,}5\ \text{dm}^3$. Die Grundfläche des Holzbrettes beträgt

$$A = l \cdot b = 20\ \text{dm}^2.$$

Die Eintauchtiefe h' ergibt sich aus

$$20\ \text{dm}^2 \cdot h' = 1{,}5\ \text{dm}^3 \Rightarrow h' = 0{,}075\ \text{dm} = 0{,}75\ \text{cm}.$$

Aufgaben

1. An einem Kraftmesser hängt ein Stein mit dem Volumen $V = 200\ cm^3$ und dem Gewicht $G = 5{,}2\ N$. Wie viel zeigt der Kraftmesser nach dem vollständigen Eintauchen des Steins in Wasser an?

2. Ein Körper vom Volumen $V = 1{,}0\ dm^3$ aus
a) Fichtenholz ($\rho_H = 0{,}5\ kg/dm^3$),
b) Eisen ($\rho_{Ei} = 7{,}8\ kg/dm^3$) wird vollständig unter Wasser gehalten. Berechne jeweils Gewicht und Auftrieb! Wie verhalten sich die Körper folglich nach dem Loslassen?

3. Ein Ballon ist mit $600\ m^3$ Wasserstoff gefüllt. Hülle, Netz, Korb, Ballast und Besatzung haben insgesamt die Masse 625 kg.
($\rho_{Wasserstoff} = 0{,}09\ kg/m^3$;
$\rho_{Luft} = 1{,}2\ kg/m^3$)
a) Berechne sein Gesamtgewicht G!
b) Berechne seinen Auftrieb F_A! Mit welcher Steigkraft hebt er ab?
c) Warum nimmt mit wachsender Höhe seine Steigkraft ab?

4. Archimedes soll das Gesetz über den Auftrieb entdeckt haben, als er herausfinden sollte, ob eine Krone seines Königs aus reinem Gold war. Archimedes hängte auf eine Seite einer Balkenwaage die Krone und auf die andere einen gleich schweren Goldklumpen (Abb. 129.1). Dann tauchte er die beiden Körper in ein Gefäß mit Wasser. Welche Seite senkte sich, wenn die Krone teilweise Material mit einer kleineren Dichte (z. B. Kupfer) enthielt?

5. An einem Balken einer Balkenwaage halten sich eine große und eine kleine Kugel in Luft das Gleichgewicht (Abb. 129.2). Welche Kugel senkt sich unter einer Glasglocke, wenn man die Luft abpumpt? Begründung!

6. **a)** Ein 4,0 m langes, 25 cm breites und 3,0 cm dickes Eichenbrett ($\rho_E = 0{,}9\ kg/dm^3$) schwimmt auf Wasser. Wie tief taucht es ein?
b) Wie viel % seines Volumens ragen aus dem Wasser?
c) Eis hat die Dichte $\rho = 0{,}9\ g/cm^3$. Wie viel % des Volumens eines Eisberges ragen aus dem Wasser?

7. Lege ein Ei in ein Glas mit Wasser. Löse immer mehr Kochsalz auf und beobachte! Erkläre!

8. *Der Cartesische Taucher**
In einem oben verschließbaren Glasgefäß schwimmt ein unten offener, teilweise mit Luft gefüllter Glaskörper. Er ragt nur gering über die Oberfläche hinaus (Abb. 129.3). Warum ist es möglich, durch eine geeignete Kraft auf den Verschluss ein Sinken, Schweben oder Steigen des Glaskörpers hervorzurufen?

9. Ein U-Boot hat Tanks, in die Wasser einströmen bzw. aus denen es durch Pressluft wieder hinausgedrückt werden kann. Wie funktioniert das Tauchen, Schweben und Steigen?

10. **a)** Schiffe sind meistens aus Stahl ($\rho = 7{,}8\ g/cm^3$). Warum schwimmen sie trotzdem?
b) Wie ändert sich der Tiefgang eines Schiffs, das von der Elbe in die Nordsee fährt?

11. Die mittlere Dichte des menschlichen Körpers beträgt $1{,}0\ kg/dm^3$.
a) Wie ändert sie sich beim Atmen? Warum müssen wir beim Schwimmen trotzdem – auch nach dem Einatmen – noch „Schwimmbewegungen" machen?
b) Warum sind diese im Toten Meer nicht nötig (Abb. 129.4)?

12. *Der Mann im Kahn*
Auf einem kleinen Teich schwimmt ein großer Kahn. In diesem befinden sich ein Mann, ein Baumstamm und ein Stein. Sinkt der Wasserspiegel, bleibt er unverändert oder steigt er, wenn der Mann
a) den Baumstamm ins Wasser wirft,
b) den Stein ins Wasser wirft?

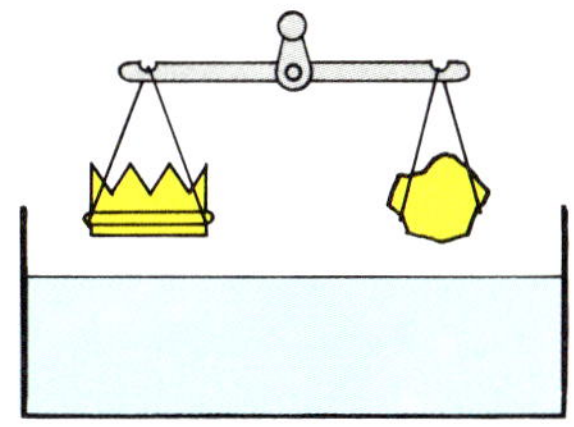
129.1 Versuch des Archimedes

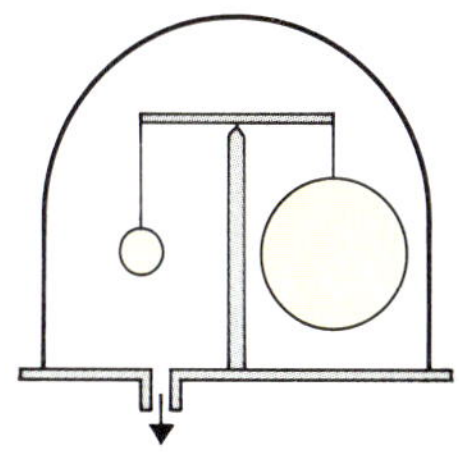
129.2 Versuch zum Auftrieb in Luft

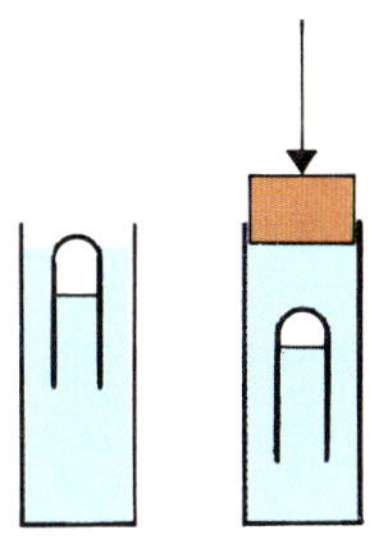
129.3 Der Cartesische Taucher

129.4 Schwimmerin im Toten Meer

Die physikalischen Methoden, Erkenntnis zu gewinnen

Am Beispiel des Auftriebs haben wir die beiden Methoden kennen gelernt, wie man in der Physik neue Erkenntnisse gewinnt:
Bei der *experimentellen Methode* werden Experimente gezielt geplant, Versuchsreihen durchgeführt und ausgewertet. Jede gewonnene Einzelaussage betrachtet man dabei für alle anderen Versuche als gültig. Aus der Zusammenfassung liest man – falls möglich – ein stets wiederkehrendes Verhalten der Natur, ein *Naturgesetz*, ab. Bei dieser Vorgehensweise kann man nur eine endliche Anzahl von Einzelfällen untersuchen. Da Einzelergebnisse verallgemeinert werden, spricht man auch von **induktiver Methode*** (Tab. 130.1).
Diese Schlussweise verbürgt keine logische Sicherheit: Das Naturgesetz wird so lange als zutreffend betrachtet, als es von keiner einzigen, richtig durchgeführten Messung widerlegt wird.
Bei der *theoretischen Methode* wird aus bekannten physikalischen Gesetzen ein weiteres logisch gefolgert oder „abgeleitet". Man nennt diese Vorgehensweise auch **deduktive Methode***.
Die deduktive Methode ist fähig zu erklären; d. h. sie führt eine neue Erscheinung auf bereits bekannte Gesetzmäßigkeiten zurück. Zum Nachweis, dass die gemachten Annahmen zutreffen, sind auch hier bestätigende Experimente notwendig (Tab. 130.2).

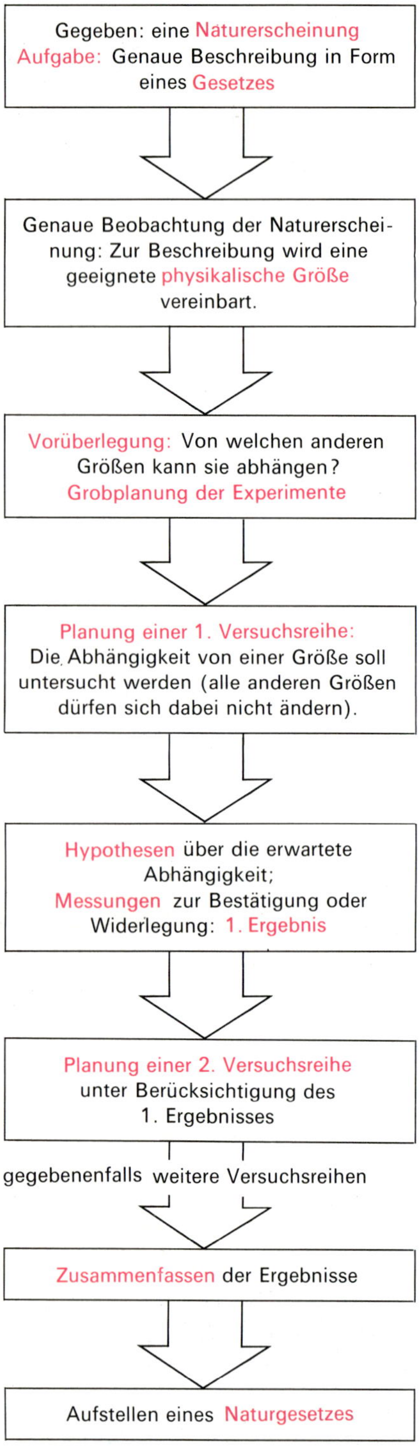

130.1 Induktive Methode

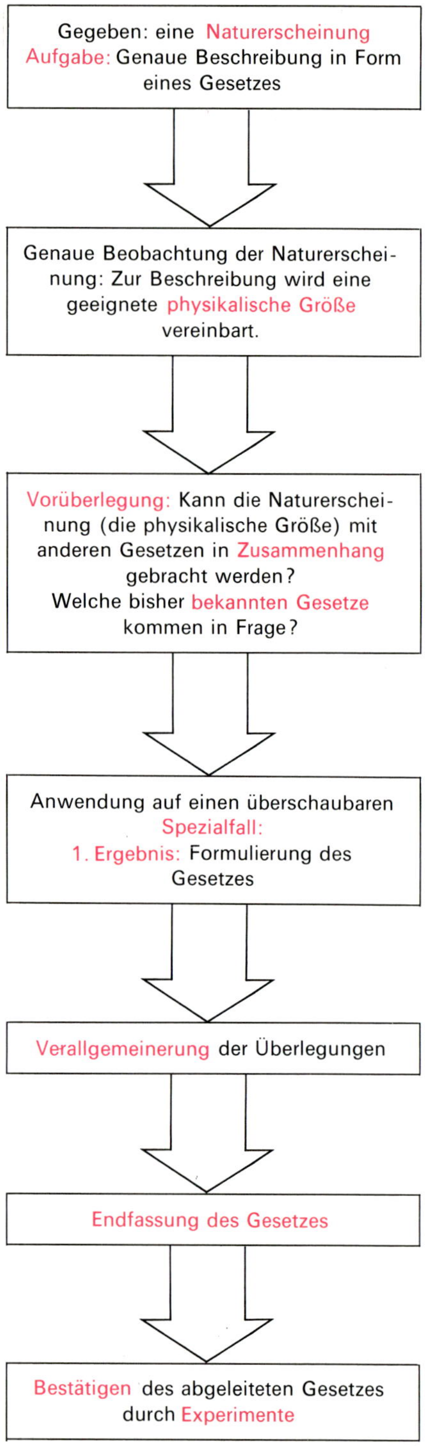

130.2 Deduktive Methode

132.1 Durch die Hitze eines Waldbrandes verbogene Eisenbahnschienen

132.2 Bogen in einer Rohrleitung zum Ausgleich der Ausdehnung bei Erwärmung

7.1 Die Celsius-Temperatur

Ausdehnung bei Erwärmung

Unser Körper verfügt über Nervenzellen, die dem Gehirn den Wärmezustand signalisieren: heiß, warm, lauwarm, kühl, kalt. Dieses Wärmegefühl ist aber sehr unzulänglich:

V Auf dem Tisch steht eine Schüssel mit heißem, eine mit lauwarmem und eine mit kaltem Wasser. Ein Schüler hält eine Hand ins heiße, die andere ins kalte Wasser. Dann taucht er beide Hände ins lauwarme Wasser: Das Wärmeempfinden ist verschieden. Die Hand, die im heißen Wasser gewesen ist, empfindet das lauwarme Wasser kälter als die andere.

Um den Wärmezustand eines Körpers objektiv zu beschreiben, verwendet man die **Temperatur***. Will man ein Messverfahren entwickeln, muss man Eigenschaften der Körper kennen, die sich bei Erwärmung oder Abkühlung ändern.
Wir kennen alle das *Quecksilberthermometer* als ein Gerät zur Temperaturmessung. Es besteht aus einem Vorratsbehälter und einem Steigrohr. Das Quecksilber füllt den Behälter und einen Teil des Steigrohrs.

V Halten wir das Quecksilberthermometer in heißes Wasser, steigt das Quecksilber im Steigrohr empor. Schließlich bleibt der „Quecksilberfaden" stehen. Nun hat das Quecksilber die Temperatur des Wassers angenommen.

Aus dem Steigen des Quecksilberfadens folgern wir, dass das Quecksilber mit zunehmender Erwärmung mehr Raum einnimmt: Es dehnt sich aus. Das Quecksilberthermometer beruht auf dieser Eigenschaft.

Dehnen sich alle Körper beim Erwärmen aus? (Vgl. Abb. S. 131, Abb. 132.1, 132.2)

V Wir füllen einen Glaskolben mit gefärbtem Wasser und verschließen ihn mit einem Gummistopfen, durch den ein Steigrohr führt. Erwärmen wir den Kolben, steigt der Wasserspiegel im Steigrohr. Beim Abkühlen fällt er wieder.

V Eine Eisenkugel passt bei Zimmertemperatur gerade noch durch einen eisernen Ring. Erhitzen wir sie mit der Bunsenflamme, so bleibt sie im Ring hängen. Kühlt sie sich wieder ab, fällt sie schließlich durch.

V Wir verschließen einen Glaskolben mit einem Stopfen, durch den ein Glasrohr führt. Das Rohrende tauchen wir in Wasser. Erwärmen wir den Glaskolben mit einem Bunsenbrenner, so steigen Luftblasen auf: Die Luft im Kolben dehnt sich aus. Beim Abkühlen dringt Wasser in das Rohr: Die Luft zieht sich zusammen.

V An einem langen Gummifaden hängt ein Wägestück. Stellen wir einen Bunsenbrenner darunter, erwärmen die aufsteigenden heißen Gase den Gummi. Er zieht sich etwas zusammen. Gummi verhält sich also anders als die bisher betrachteten Stoffe.

Normalerweise dehnen sich Körper beim Erwärmen aus und ziehen sich beim Abkühlen wieder zusammen.

Die Celsius-Skala

Das mit Quecksilber gefüllte Vorratsgefäß bildet zusammen mit dem teilweise gefüllten Steigrohr ein *Temperaturanzeigegerät:* Es eignet sich zum Temperaturvergleich. Man schreibt die höhere Temperatur jenem Wärmezustand zu, bei dem sich die größere Steighöhe des Quecksilberfadens einstellt.

Wie erhält man aus dem Temperaturanzeigegerät ein Temperaturmessgerät, ein **Thermometer***? Man muss es eichen!

Man könnte das Steigrohr mit einer gleichmäßig geteilten Skala versehen und einen willkürlich gewählten Skalenstrich mit 0 bezeichnen. Die nach oben folgenden Striche würden mit 1, 2, 3, ..., die nach unten folgenden mit −1, −2, −3, ... beschriftet. Außerdem müsste man die Maßeinheit benennen. Wollte man nun ein zweites Temperaturanzeigegerät eichen, müsste man die Steighöhen mit denen des ersten Thermometers, des *Normthermometers*, vergleichen: Man wartet jeweils, bis beide Geräte den gleichen Wärmezustand angenommen haben und schreibt dann an die Skala des zu eichenden Gerätes den Wert, den das Normthermometer angibt.

Dieser umständliche Vergleich mit einem Normgerät wird geschickt umgangen. Man nützt zwei Besonderheiten der Natur aus:

V In einem Gefäß befindet sich zerstoßenes Eis, das zum Teil schon geschmolzen ist. Wir tauchen unser Temperaturanzeigegerät hinein. Das Ende des Quecksilberfadens stellt sich auf eine bestimmte Steighöhe ein. Diese wird gehalten, bis das gesamte Eis geschmolzen ist. Wir markieren diese Steighöhe durch einen Skalenstrich. Er heißt **Eispunkt** (Abb. 133.1a).

V Wir tauchen das Temperaturanzeigegerät in siedendes Wasser. Das Ende des Quecksilberfadens steigt sehr schnell und bleibt schließlich stehen. Das Quecksilber hat nun den Wärmezustand des siedenden Wassers angenommen. Die Steighöhe des Quecksilberfadens bleibt erhalten; das siedende Wasser ändert seinen Wärmezustand also nicht. Wir markieren diese Steighöhe ebenfalls durch einen Skalenstrich. Er heißt **Siedepunkt** (Abb. 133.1b).

Die Temperatur misst man in **Grad Celsius*** (Abkürzung: °C) nach dem schwedischen Astronomen *Anders Celsius* (1701 bis 1744). An den Eispunkt schreiben wir 0 °C, an den Siedepunkt 100 °C (genau genommen müsste das bei einem Luftdruck von 1013 hPa geschehen). Die Strecke zwischen Eispunkt und Siedepunkt unterteilen wir in 100 gleiche Teile und beschriften die Teilstriche von 1 °C bis 99 °C. Setzen wir das Verfahren bei gleicher Schrittweite auf der Skala nach oben fort, erhalten wir Temperaturwerte über 100 °C, nach unten negative Temperaturwerte. So entsteht die *Celsius-Skala* (Abb. 133.1c). Zur Bezeichnung der so definierten Temperatur, der *Celsius-Temperatur*, benützt man den kleinen griechischen Buchstaben ϑ (Theta). Interessante Temperaturen zeigt Tab. 133.2.

Neben dem Wärmezustand, der durch die Tempertur ϑ beschrieben wird, interessiert häufig auch seine Änderung, z.B. von $\vartheta_1 = 18\,°C$ auf $\vartheta_2 = 25\,°C$. Änderungen bezeichnet man in der Physik durch den vorgesetzten großen griechischen Buchstaben Δ (Delta). $\Delta\vartheta$ bedeutet also die Änderung von ϑ:

$$\Delta\vartheta = \vartheta_2 - \vartheta_1 = 25\,°C - 18\,°C = 7\,°C\,.$$

Wie zwischen Zeitpunkt und Zeitunterschied hat man auch zwischen „Temperaturpunkt" ϑ und Temperaturunterschied $\Delta\vartheta$ zu unterscheiden. Zeitpunkte gibt man in „Uhr" an, Zeitunterschiede in „Stunden". Der Einfachheit halber misst man sowohl Temperaturpunkte als auch Temperaturunterschiede in °C.

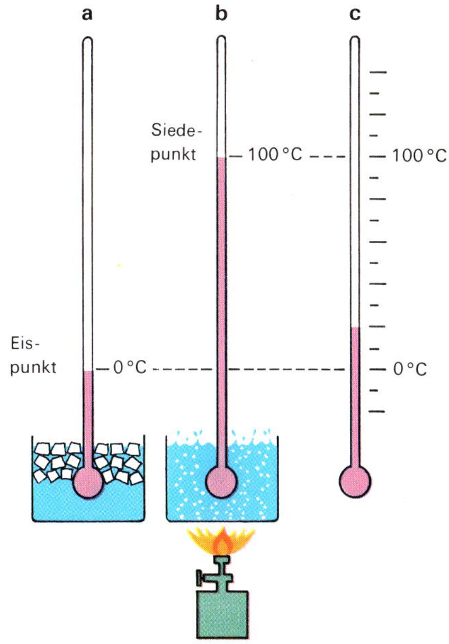

133.1 Festlegung der Celsius-Skala

Tiefste Temperatur	−273 °C
Siedepunkt der flüssigen Luft	−194 °C
Gefrierpunkt von Quecksilber	−39 °C
Temperatur in der Tiefkühltruhe	−20 °C
Gefrierpunkt von Wasser	0 °C
Körpertemperatur des gesunden Menschen	37 °C
Siedepunkt von Wasser	100 °C
Schmelzpunkt von Blei	327 °C
Siedepunkt von Quecksilber	357 °C
Temperatur von rot glühendem Eisen	700 °C
Schmelzpunkt von Eisen	1 500 °C
Temperatur der Glühwendel einer Lampe	2 000 °C
Temperatur an der Sonnenoberfläche	6 000 °C
Temperatur des Sonneninneren	20 000 000 °C

133.2 Interessante Temperaturen

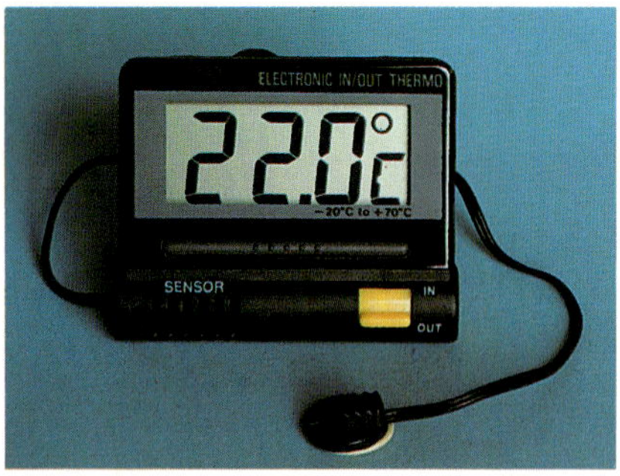

134.1 Elektrisches Thermometer mit Digitalanzeige und Temperaturfühler

134.2 Metallfinger zur Abdeckung der Dehnungsfuge einer Brücke

Quecksilber ist als Thermometerflüssigkeit nur beschränkt tauglich, denn es erstarrt bei – 39 °C und siedet bei 357 °C. Dagegen sind Thermometer mit einer gefärbten Alkoholfüllung (*Alkoholthermometer*) bis – 100 °C verwendbar.

Aufgaben

1. a) Was versteht man unter der *Messgenauigkeit* eines Thermometers? (Hinweis: Denke an die Ablesung!)
b) Wie wirken sich die Größe des Vorratsgefäßes und der Durchmesser des Steigrohrs auf die Messgenauigkeit eines Quecksilberthermometers aus?

2. a) Was versteht man unter dem *Messbereich* eines Thermometers?
Welchen Messbereich und welche Messgenauigkeit hat ein Fieberthermometer?
b) Weshalb hat das Steigrohr eines Fieberthermometers eine Verengung?

3. a) In einem Fingerhut befindet sich heißes Wasser. Warum kann man seine Temperatur nicht mit einem Quecksilberthermometer messen?
b) Warum soll das Vorratsgefäß eines Flüssigkeitsthermometers nicht zu groß sein?

4. *Elektrisches Thermometer* (Abb. 134.1)
Der Widerstand eines metallischen Leiters nimmt mit wachsender Temperatur zu. Dieses Verhalten könnte deshalb auch der Temperaturmessung zu Grunde gelegt werden. Empfindlicher auf Temperaturänderungen reagieren aber gewisse Halbleiter, *Heißleiter* genannt. Diese leiten im heißen Zustand besser als im kalten. Man verwendet sie in elektrischen Thermometern als Temperaturfühler.
a) Beschreibe kurz die Wirkungsweise eines elektrischen Thermometers!
b) Wie könnte man überprüfen, ob ein elektrisches Thermometer richtig geeicht ist?
c) Welche Vorteile hat die elektrische Temperaturmessung?

7.2 Ausdehnung fester und flüssiger Körper beim Erwärmen

Längenausdehnung fester Körper

134.3 Lagerung eines Brückenendes auf Rollen

Lange Brücken haben an einem Ende eine Fuge (Abb. 134.2); dieses Brückenende ist außerdem auf Rollen gelagert (Abb. 134.3). So erreicht man, dass die mit Erwärmung oder Abkühlung verbundene Längenänderung der Brücke nicht zu Wellen oder Rissen in der Fahrbahn führt. Um wie viel schwankt die Länge einer Brücke? Wir ahmen diese Bauweise nach:

V Ein Eisenrohr ist am einen Ende fest eingespannt. 1 m davon entfernt wird es durch einen Steg unterstützt. Am Steg ist ein Zeiger befestigt, der vom Drehpunkt aus gemessen 20-mal so lang ist wie der Steg (Abb. 135.1). Verlängert sich z. B. das Rohr um 1 mm, bewegt sich die Oberkante des Stegs um 1 mm nach rechts, die Zeigerspitze um 20 mm. Die Zeigervorrichtung vergrößert also 20fach.

Zunächst hat das Rohr die Temperatur $\vartheta_1 = 20\,°C$. Schicken wir Wasserdampf hindurch ($\vartheta_2 = 100\,°C$), nimmt sie um $\Delta\vartheta = 80\,°C$ zu: Der Zeiger schlägt um 19 mm aus; das Rohr ist also um 19 mm:20 = 0,95 mm länger geworden.

Leitet man nacheinander Wasser verschiedener Temperatur durch das Rohr, zeigt sich, dass die *Längenänderung* Δl gleichmäßig mit der Temperaturerhöhung $\Delta\vartheta$ zunimmt. Das $\Delta\vartheta$-Δl-Diagramm für das Rohr aus Eisen ist eine Ursprungsgerade (Abb. 135.2). Δl ist direkt proportional zu $\Delta\vartheta$. Deshalb dürfen wir folgern, dass sich das Rohr bei Erwärmung um 1 °C um $\frac{1}{80}$ von 0,95 mm, also um 0,012 mm verlängert. Bei einer Temperaturänderung von 2 °C, 3 °C, ... ist die Längenänderung 2-mal, 3-mal, ... so groß.
Ist das Rohr nicht nur einen, sondern 2, 3, ... Meter lang, denken wir es uns aus 2, 3, ... „Meterrohren" zusammengesetzt: Es dehnt sich 2-mal, 3-mal, ... so weit aus. Wir erhalten also die Längenänderung Δl, indem wir 0,012 mm mit der Maßzahl der Temperaturänderung und anschließend mit der Maßzahl der Länge multiplizieren. Ersetzen wir die Maßzahlen durch die zugehörigen Größen $\Delta\vartheta$ bzw. l und den Wert 0,012 mm durch das Symbol α, ergibt sich für die Längenänderung Δl der Term:

$$\Delta l = \alpha \cdot l \cdot \Delta\vartheta$$

α hat die Maßzahl 0,012 für Eisen und die Einheit

$$[\alpha] = \left[\frac{\Delta l}{l \cdot \Delta\vartheta}\right] = 1\,\frac{\text{mm}}{\text{m} \cdot °\text{C}}.$$

Bei dieser Wahl der Einheiten sagt die Maßzahl von α aus, um wie viel mm sich ein 1 m langer Körper bei einer Temperaturänderung von 1 °C ausdehnt oder zusammenzieht. α heißt **Längenausdehnungskoeffizient***. Für Eisen erhielten wir $\alpha = 0{,}012\,\frac{\text{mm}}{\text{m}\cdot°\text{C}}$. Mit Rohren aus anderen Materialien ergäben sich für α andere Werte (Abb. 135.2, Tab. 135.3).

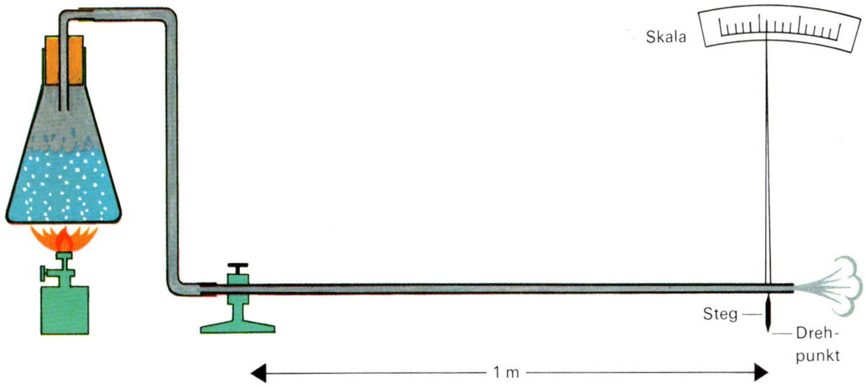

135.1 Messung der Längenänderung eines Metallrohres bei Erwärmung

Musteraufgabe

Eine 200 m lange Eisenbrücke nimmt im Winter als tiefste Temperatur $\vartheta_1 = -15\,°C$, im Sommer als höchste $\vartheta_2 = 35\,°C$ an. Wie groß ist der Längenunterschied Δl?

Gegeben: $l = 200$ m; $\Delta\vartheta = 50\,°C$; $\alpha = 0{,}012\,\frac{\text{mm}}{\text{m}\cdot°\text{C}}$

Gesucht: Δl

$$\Delta l = \alpha \cdot l \cdot \Delta\vartheta = 0{,}012\,\frac{\text{mm}}{\text{m}\cdot°\text{C}} \cdot 200\text{ m} \cdot 50\,°\text{C} = 120\text{ mm} = 12\text{ cm}.$$

Die Brücke ist im Sommer um 12 cm länger als im Winter.

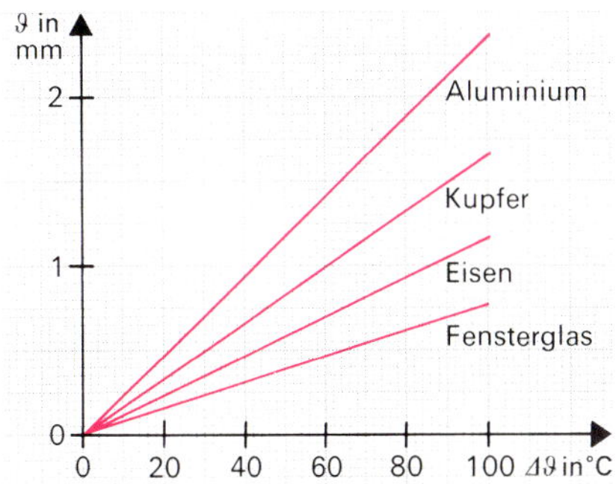

135.2 $\Delta\vartheta$-Δl-Diagramme von Rohren der Länge 1 m

Der Bimetallstreifen

Er besteht aus zwei zusammengewalzten Metallstreifen. Die Metalle haben unterschiedliche Längenausdehnungskoeffizienten.

V Erwärmen wir einen Bimetallstreifen, krümmt er sich. Das Metall mit dem größeren α dehnt sich stärker. Also liegt dieses Metall bei Temperaturerhöhung auf der Außenseite des gekrümmten Streifens (Abb. 136.1).

Stoff	Längenausdehnungskoeffizient α in $\frac{\text{mm}}{\text{m}\cdot°\text{C}}$
Aluminium	0,024
Messing	0,019
Kupfer	0,017
Eisen	0,012
Beton	0,012
Fensterglas	0,008
Porzellan	0,003
Invar	0,002
Quarzglas	0,0005

135.3 Längenausdehnungskoeffizienten

Aufgaben

1. Löse $pV/T = C$ nach V auf. Wie verhält sich das Volumen einer abgeschlossenen Gasmenge, wenn man
a) bei gleich bleibendem Druck p die Kelvin-Temperatur T ver-n-facht,
b) bei gleich bleibender Temperatur T den Druck p ver-n-facht,
c) den Druck p und die Temperatur T jeweils ver-n-facht?

2. Ein schlaffer Luftballon enthält bei 27 °C und 1008 hPa 2,5 l Luft. Vor einem Gewitter hat er sich in der Sonne auf 50 °C erwärmt, und der Druck ist auf 969 hPa gefallen. Welches Volumen nimmt nun die Luft ein?

3. *Stratosphärenballon* (Abb. 145.1)
Die höhere Erdatmosphäre wird mithilfe von Ballonaufstiegen erforscht. Bei 12 °C und 1000 hPa wird er mit 1200 m^3 Helium schlaff gefüllt. Im höchsten Punkt seines Aufstieges (ca. 30 km) ist der Druck auf 12 hPa gesunken, das Volumen auf 80 000 m^3 angewachsen. Welche Temperatur herrscht in dieser Höhe?

4. *Reifendruck*
In einem Autoreifen befinden sich 25,0 dm^3 Luft von 15 °C unter einem Gesamtdruck von 3,1 bar. Während der Fahrt erwärmt sich der Reifen auf 55 °C. Dabei wächst sein Volumen auf 25,2 dm^3 an.
a) Welcher Druck herrscht nun im Reifen?
b) Der Fahrer lässt dann aus dem Reifen so viel Luft ausströmen, dass wieder der ursprüngliche Druck von 3,1 bar vorhanden ist. Welcher Druck stellt sich im Reifen nach dem Abkühlen auf 15 °C ein?

5. *„Der Blub"*
Nimm eine Halbliterflasche (z. B. eine leere Bierflasche). Feuchte den Rand des Flaschenhalses gut an und lege dann ein Zehnpfennigstück auf die Öffnung. Umfasse die Flasche mit beiden Händen. Warte einige Zeit und beobachte dabei die Münze.
a) Beschreibe und erkläre deine Beobachtung!
b) Bestimme die Masse eines Zehnpfennigstücks, indem du die Masse von 10 Zehnpfennigstücken mit einer Brief- oder Küchenwaage misst!
c) Eine Bierflasche hat eine Öffnung der Fläche 2,0 cm^2. Um wie viel hPa muss der Druck im Inneren größer sein als außen, damit die Münze angehoben wird?
d) Der Luftdruck beträgt 1000 hPa, die Temperatur 20 °C. Um wie viel °C muss die Luft in der Flasche mit den Händen erwärmt werden, damit das Zehnpfennigstück angehoben wird?

6. *Luftaustausch*
Ein Saal ist 12,0 m lang, 7,0 m breit und 3,0 m hoch. Die Temperatur beträgt im geheizten Raum 21 °C, außerhalb 14 °C. Ein Barometer zeigt den Druck 992 hPa an.
a) Bei abgeschalteter Heizung kühlt sich der Saal auf 14 °C ab. Welches Volumen nimmt die ursprüngliche Raumluft ein? Wie viel m^3 Luft strömen durch die Fensterritzen in den Saal?
b) Der Luftdruck steigt nun auf 1008 hPa. Wie viel m^3 strömen noch in den Saal?
c) Die beiden Zustandsänderungen erfolgen nun in anderer Weise: Der Druck ist plötzlich auf 1008 hPa gestiegen; der Saal kühlt sich auf 14 °C ab. Wie viel m^3 Luft strömen in den Saal?

7. *„Dicht oder nicht dicht?"*
Im Sommer wird ein Gefrierschrank bei einem Luftdruck von 1,0 bar und einer Raumtemperatur von 27 °C geliefert. Einige Zeit nach dem Einschalten hat sich der 135 l große Innenraum des Ge-

145.1 Ballon zur Erforschung der Erdatmosphäre

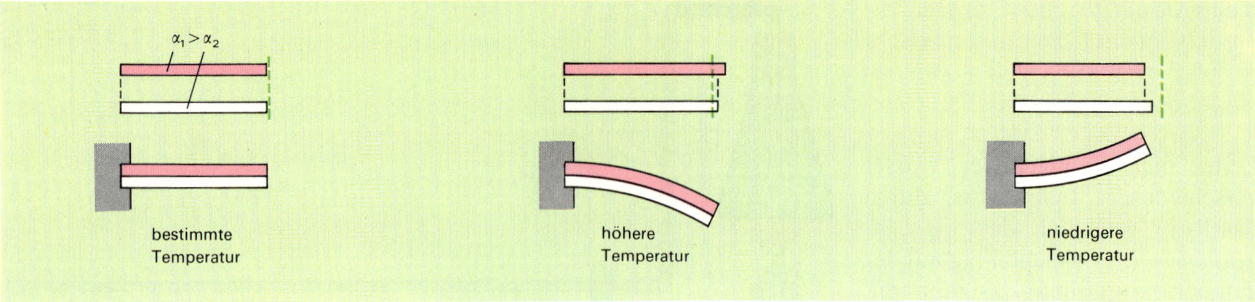

136.1 Wirkungsweise des Bimetallstreifens

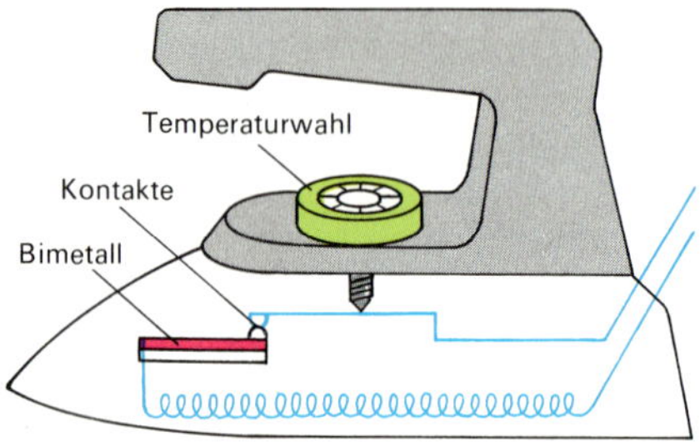

136.2 Bimetallschalter beim Bügeleisen

136.3 Eiffelturm

Da die Krümmung von der Temperatur abhängt, kann ein Bimetallstreifen zur Temperaturanzeige genutzt werden. Man eicht ihn zum *Bimetallthermometer*, indem man an die Stellungen des frei beweglichen Endes jeweils den zugehörigen Temperaturwert hinschreibt. Bimetallstreifen dienen auch zur *Temperaturregelung* für Wärme- und Kühlgeräte: Bei einer bestimmten Krümmung und damit einer bestimmten Temperatur wird ein Kontakt geschlossen bzw. geöffnet (Abb. 136.2).

Aufgaben

1. Der Eiffelturm (Abb. 136.3) ist ungefähr 300 m hoch.
a) Warum ist er am Tag höher als in der Nacht?
b) Zum Nachweis ließ man von der Spitze des Turms einen Draht aus Invar* herunterhängen. Berührte das Ende in der Nacht den Boden, so befand es sich am Tag ein Stück darüber. Warum hätte dagegen ein Eisendraht ständig den Boden berührt? (Hinweis: Benütze Tab. 135.3)
c)Um wie viel Zentimeter ungefähr ist der Eiffelturm am Tag höher als in der Nacht?

2. Die Kupferleitung zwischen zwei Hochspannungsmasten ist bei –15 °C im Winter 500 m lang. Im Sommer hat sie sich auf 45 °C erwärmt. Um wie viel ist sie im Sommer länger?

3. Die Antriebsräder von Dampflokomotiven besaßen eiserne Radreifen die während der Betriebsdauer einer Lokomotive öfters gewechselt wurden. Beim Aufziehen eines neuen Radreifens auf den Radkörper (Umfang 4084 mm) musste der Eisenreifen um 300 °C erwärmt werden, um auf den Radkörper zu passen. Welchen Umfang hatte er vor dem Erhitzen?

4. Warum verwendet man beim Bauen zur „Armierung" (Festigung, Verbindung) von Beton nur Stäbe und Gitter aus Eisen und nicht etwa aus Aluminium oder Kupfer?
(Bitte deinen Lehrer, den „Bolzensprenger-Versuch" vorzuführen. Dieser Versuch gibt uns einen Eindruck von den großen Kräften, die in einem festen Körper bei Änderung seiner Temperatur wirken.)

5. Mit einem langen Stahlmaßband, das in der Sonne gelegen hat, wird die Länge einer größeren Strecke gemessen. Wie weicht das Messergebnis von der wahren Länge ab, ist es zu groß oder zu klein? Begründung!

6. Ein Bimetallschalter besteht aus einem Bimetallstreifen (zusammengewalztem Eisen- und Messingstreifen), der über einen Kontakt den elektrischen Stromkreis schließen bzw. öffnen kann. Zeichne unter Verwendung eines Bimetallstreifens
a) eine Schaltung, die beim Absinken der Temperatur unter einen

gewissen Wert eine Heizwendel in Betrieb setzt,

b) eine Schaltung, die beim Übersteigen einer Temperatur eine Warnlampe einschaltet!

Volumenausdehnung von Flüssigkeiten

Bei Temperaturerhöhung dehnt sich auch der Glasbehälter eines Thermometers aus. Sein Rauminhalt nimmt zu. Trotzdem steigt die Thermometerflüssigkeit im Rohr. Flüssigkeiten dehnen sich also stärker aus als feste Körper. Da sie keine bestimmte Gestalt haben, betrachten wir statt der Längenausdehnung ihre Volumenausdehnung.

V Wir füllen einen Glaskolben mit gefärbtem Wasser, einen zweiten gleich großen mit Alkohol. Dann versehen wir beide mit gleichen Steigrohren. Tauchen wir beide in warmes Wasser, steigt der Alkohol wesentlich höher (Abb. 137.1).

Die Volumenausdehnung hängt von der Art der Flüssigkeit ab. Da Wasser in der Natur eine besondere Rolle spielt, untersuchen wir sein Verhalten genauer.
Würden wir das vollständig mit Wasser gefüllte Steigrohr in einen kleinen Messzylinder entleeren, könnten wir es in cm^3 eichen. Damit ließe sich z. B. das ϑ-V-Diagramm von 1 kg Wasser aufnehmen. Wir verzichten auf diese Messung, da sie zeitlich sehr aufwendig ist.
Wasser gefriert bei 0 °C. Eis schwimmt; also ist seine Dichte geringer als die Dichte von Wasser. Mit dem Gefrieren muss folglich ein Volumenzuwachs verbunden sein.

V Wir füllen ein Reagenzglas 10 cm hoch mit Wasser und markieren die Wasserhöhe. Da der Gefrierpunkt von Salzwasser unter 0 °C liegt, stellen wir das Reagenzglas in eine Mischung aus Eis und Salz. Das Wasser im Reagenzglas gefriert. Der Eiskörper ist ungefähr 11 cm lang. Beim Gefrieren nimmt das Volumen also ungefähr um 10% zu.

Milch kann deshalb beim Gefrieren erheblich aus einer Flasche hochsteigen (Abb. 137.2). Beim Volumenzuwachs des gefrierenden Wassers treten Kräfte auf, die verschlossene und häufig auch unverschlossene Gefäße zum Platzen bringen. Diese Kräfte sind so groß, dass sie eine dickwandige Eisenkugel zu sprengen vermögen (Abb. 137.3).
Abb. 137.4 zeigt das mit großer Sorgfalt gemessene ϑ-V-Diagramm

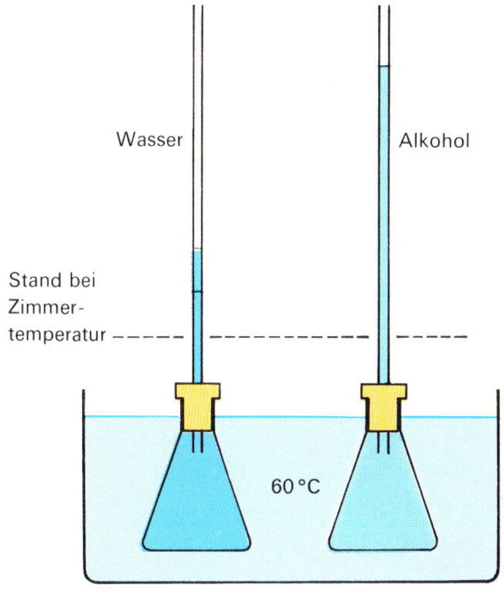

137.1 Volumenausdehnung von unterschiedlichen Flüssigkeiten

137.2 Volumenzuwachs beim Gefrieren von Milch

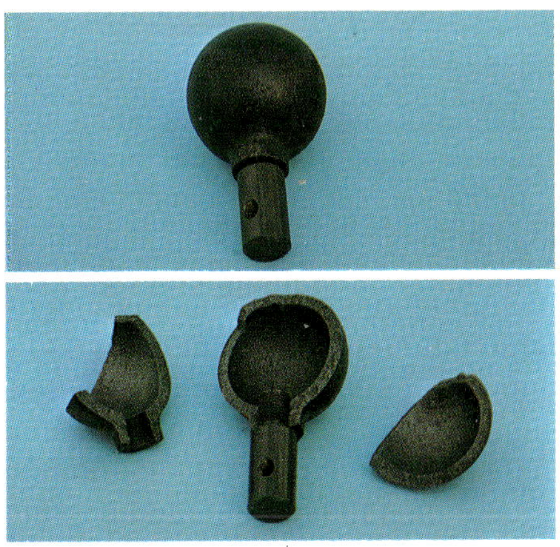

137.3 Durch Gefrieren der Wasserfüllung gesprengte Kugel aus Gusseisen

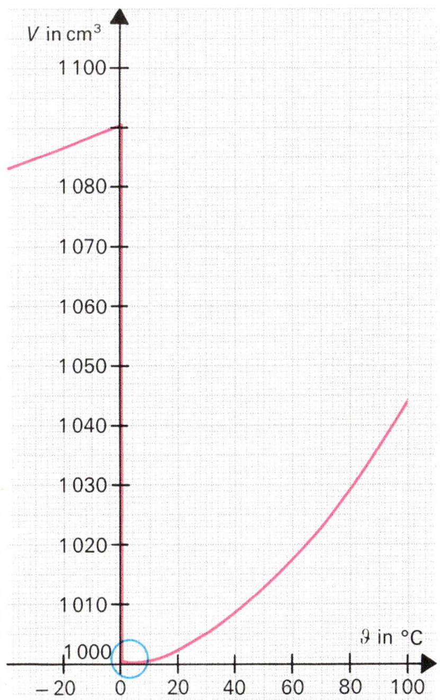

137.4 Volumen von 1 kg Wasser in Abhängigkeit von ϑ

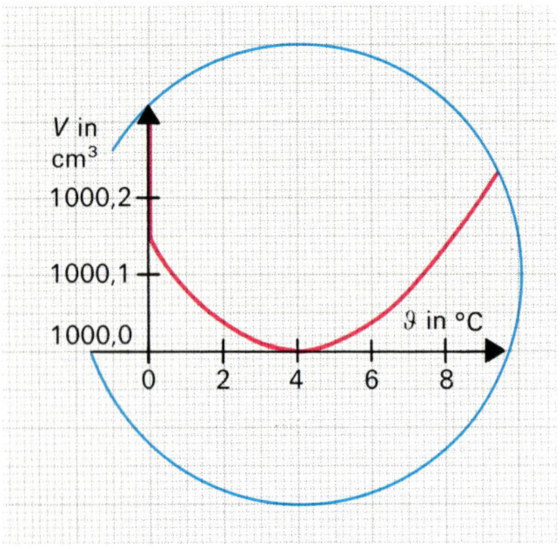

138.1 Volumen von 1 kg Wasser in Abhängigkeit von ϑ

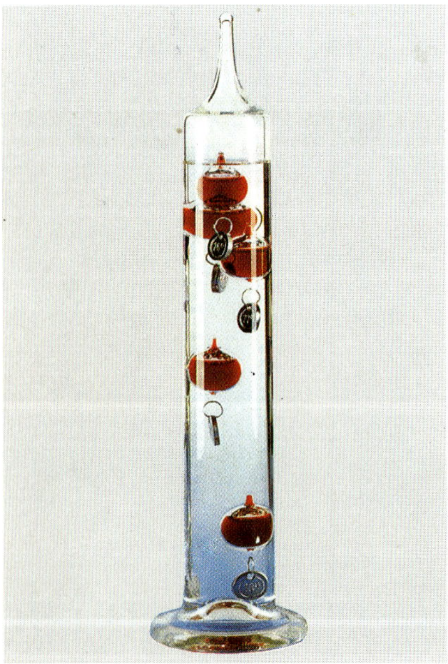

138.2 Thermometer nach einer Idee von Galilei (1564–1642)

von 1 kg Wasser. Das Diagramm ist keine Gerade; das Volumen nimmt nicht gleichmäßig mit der Temperatur zu. Besonders auffällig ist der Volumenzuwachs beim Gefrieren. Wir interessieren uns für die Umgebung dieser „Sprungstelle" des Volumens näher:

V Eine Mischung aus sehr fein zerstoßenem Eis und Wasser wird in einem Becherglas kräftig durchgerührt. Ein Thermometer misst die Temperatur an der Oberfläche, ein weiteres die am Boden. Beide zeigen am Anfang 0 °C an. Die Temperatur steigt am Boden zunächst schneller als an der Oberfläche. Wenn die Bodentemperatur 4 °C erreicht hat, bleibt sie unverändert. Die Temperatur an der Oberfläche holt nun die Temperatur am Boden ein: Beide Thermometer zeigen 4 °C an. Die Temperatur an der Oberfläche steigt dann weiter, während am Boden vorerst noch 4 °C herrschen.

Was folgt daraus? Da das Wasser mit der größeren Dichte nach unten sinkt, hat es also bei 4 °C seine größte Dichte, d.h. sein kleinstes Volumen. Abb. 138.1 zeigt ein mit Präzision gemessenes ϑ-V-Diagramm dieses Bereichs.

Das Wasser weicht vom normalen Ausdehnungsverhalten ab: Es dehnt sich beim Gefrieren um 9 % seines Volumens aus. Beim Erwärmen von 0 °C bis 4 °C zieht es sich zusammen (*Anomalie des Wassers) und beginnt erst ab 4 °C sich auszudehnen. Bei 4 °C hat es seine größte Dichte.**

Diese Anomalie des Wassers hat in der Natur eine große Bedeutung. So gefriert etwa ein Gewässer von oben zu. In der Tiefe bleibt stets eine Wasserschicht von mindestens 4 °C. Würde ein See von unten nach oben gefrieren, könnten Fische und andere Lebewesen des Wassers den Winter nicht überstehen.

Aufgaben

1. Tauchst du ein Quecksilberthermometer in heißes Wasser, sinkt der Quecksilberfaden zunächst etwas und beginnt erst dann zu steigen, bis er schließlich die Temperatur des heißen Wassers anzeigt. Warum?

2. *„Das Wasserthermometer"*
a) Warum ist Wasser als Thermometerflüssigkeit ungeeignet?
b) Wie würde die Skalenteilung eines Wasserthermometers zwischen 0 °C und 10 °C aussehen?

3. Berechne mithilfe von Abb. 137.4 und 138.1 die Dichte des Wassers bei
a) 0 °C, **b)** 4 °C, **c)** 100 °C,
d) die Dichte von Eis bei 0 °C!

4. *Das Galilei-Thermometer* (Abb. 138.2)
In einem zylinderförmigen Glasgefäß befinden sich in einer Flüssigkeit übereinander geordnet 5 hohle Glaskugeln gleichen Volumens. Jede Kugel ist mit einer farbigen Flüssigkeit teilweise gefüllt und mit einem Ballastkörper versehen. Die Masse der Kugeln nimmt von Kugel zu Kugel (von oben nach unten) jeweils um 6/1000 Gramm zu.
a) Eine Kugel schwebt. Was kann man über die Kräfte aussagen, die auf diese Kugel wirken? Wie verhalten sich folglich die übrigen Kugeln?
b) Die Temperatur steige. Wie wirkt sich das auf die Dichte der Flüssigkeit aus? Wie verhält sich die schwebende Kugel? Warum ist die Anordnung zur Temperaturmessung geeignet?
c) Die Kugeln sind so geeicht, dass die unterste der oben schwimmenden Kugeln auf 2 °C genau die Temperatur anzeigt. Auf den Ballastkörper ist der Temperaturwert eingeprägt. In Abb. 138.2 sind es 22 °C. Gib den Messbereich des Thermometers an!

5. *Das Zufrieren eines Sees*

a) Weht über einen See von 8 °C im Winter ein sehr kalter Wind, so kühlt sich das Wasser an der Oberfläche ab. Warum beginnt dieses Wasser zu sinken und das untere zu steigen (Abb. 139.1)?

b) Bei welcher Temperatur des Sees hört schließlich das Absinken und Aufsteigen von Wasser auf? Welche Temperatur hat der gesamte See?

c) Kühlt die obere Schicht weiter ab, tritt eine Schichtbildung auf. Warum?

d) Die oberste Schicht nimmt schließlich 0 °C an. Welche Temperatur hat die unterste? Wo beginnt das Gefrieren des Sees?

6. *Die physikalische Verwitterung*

a) Das Wasser dringt leicht in Spalten und Risse ein. Wie wirkt sich das beim Gefrieren dieses Wasser aus?

b) Welche Folgen hat diese „Frostsprengung" für die Gestaltung der Erdoberfläche und die Bodenbildung?

c) Wie hängt die Intensität der physikalischen Verwitterung von der Gesteinsart und vom Klima ab?

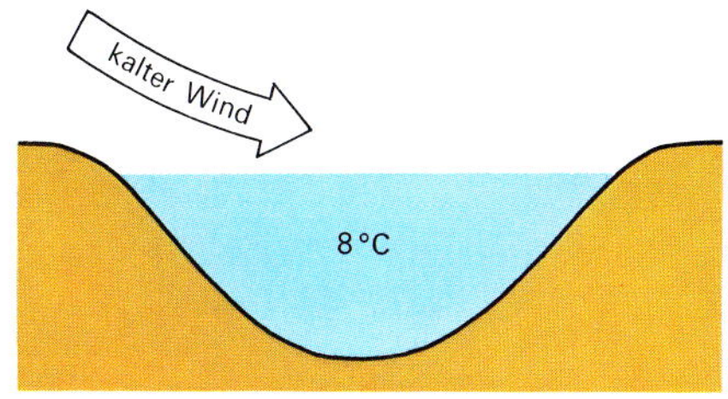

139.1 Zufrieren eines Sees

7.3 Die Kelvin-Temperatur

Volumenausdehnung von Gasen

Da sich Gase leicht zusammendrücken lassen, müssen wir bei der Untersuchung ihrer Volumenausdehnung durch Erwärmung dafür sorgen, dass *der Druck p unverändert bleibt.*

Sowohl die Längenausdehnung fester Körper als auch die Volumenausdehnung von Flüssigkeiten hängt vom Stoff ab. Hängt auch die Volumenausdehnung von Gasen von der Art des Gases ab?

V Wir schließen eine leere Glasspritze an die Gasleitung an und füllen sie ungefähr zur Hälfte mit Erdgas. Eine zweite, gleiche Glasspritze füllen wir genauso weit mit Luft. Dann erwärmen wir beide vorsichtig im Wasserbad (Abb. 139.2). Bei beiden Gasen ist der Volumenzuwachs stets gleich.

Diese Beobachtung belegt, was viele sorgfältige Versuche ergeben:

Alle Gase zeigen das gleiche Ausdehnungsverhalten.

Bei Erniedrigung der Temperatur eines Gases wandelt es sich schließlich in eine Flüssigkeit um. Erst in der Nähe der *Verflüssigungstemperatur* (Tab. 139.3) weicht sein Ausdehnungsverhalten von dem anderer Gase ab.

V Zur genauen Untersuchung der Abhängigkeit des Volumens V von der Temperatur ϑ benützen wir eine unten verschlossene Glasröhre. Durch einen Quecksilbertropfen wird eine bestimmte Luftmenge abgeschlossen. Ihr Volumen ergibt sich zu $V = A \cdot h$ (Abb. 139.4).

Zunächst legen wir die Röhre und ein Thermometer in eine Gefriertruhe und warten einige Zeit. Dann lesen wir auf dem Thermometer die Temperatur ϑ ab und markieren das untere Ende des Quecksilbertropfens auf dem Glasrohr.

Dann führen wir die Messung bei Zimmertemperatur und schließlich in heißem Wasser durch. Wir berechnen jeweils das Volumen V und zeichnen das ϑ-V-Diagramm (Abb. 140.1 a).

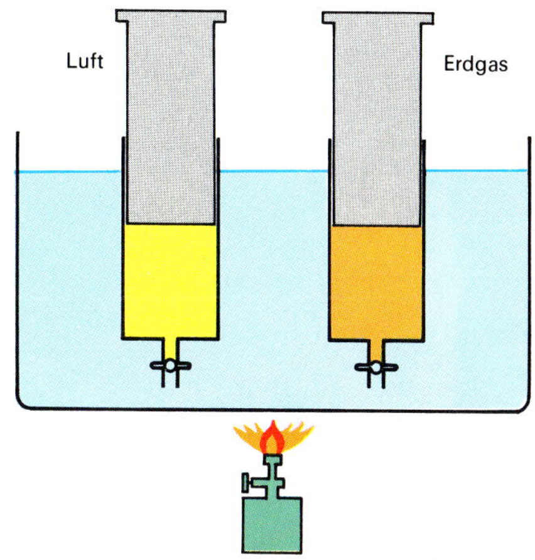

139.2 Gleiches Ausdehnungsverhalten aller Gase

Helium	−269 °C
Wasserstoff	−253 °C
Stickstoff	−196 °C
Luft	−191 °C
Sauerstoff	−183 °C
Kohlendioxid	−57 °C
Butan	0,5 °C
(reiner) Wasserdampf	100 °C

139.3 Verflüssigungstemperaturen von Gasen bei 1013 hPa

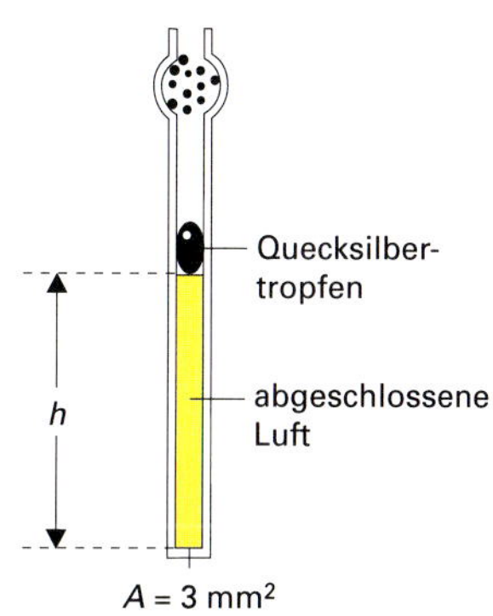

139.4 Volumenausdehnung von Gasen

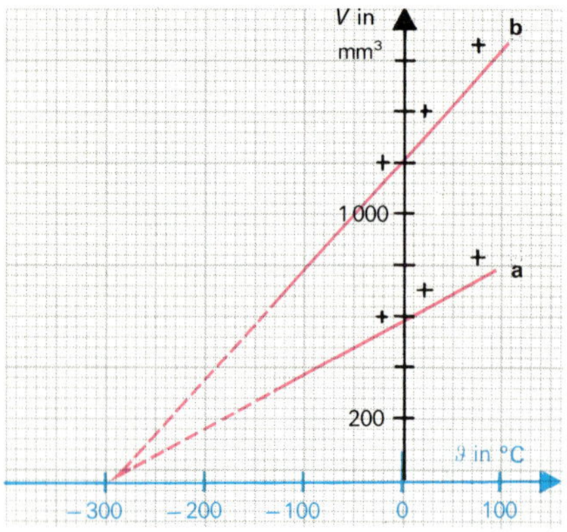

140.1 ϑ-V-Diagramme von Luftmengen

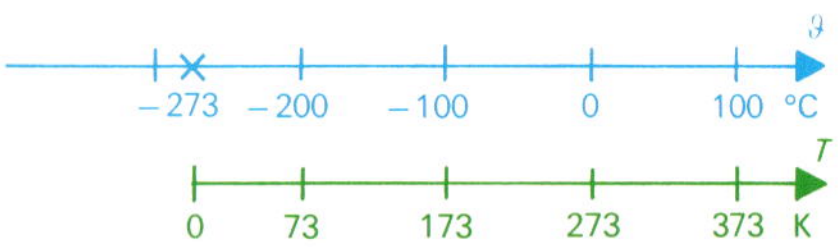

140.2 Celsius- und Kelvin-Skala

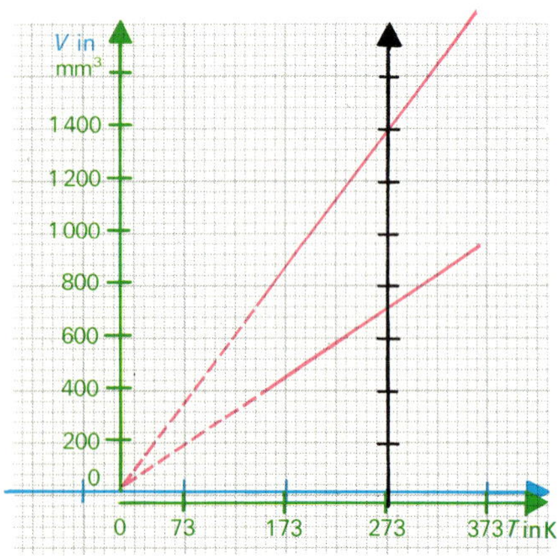

140.3 T-V-Diagramme von Luftmengen

Die drei Messpunkte liegen auf einer Geraden: Mit wachsender Temperatur ϑ nimmt das Volumen V gleichmäßig zu. Aufwendige Präzisionsmessungen belegen: Die Gerade schneidet die ϑ-Achse bei −273 °C.
Was ergäbe sich z. B. beim doppelten Ausgangsvolumen? Wir denken uns an die abgeschlossene Luftsäule noch eine weitere, gleich große angesetzt. Also bedeutet doppeltes Ausgangsvolumen bei jeder Messtemperatur doppeltes Volumen V (Abb. 140.1b). Die zweite Gerade schneidet die ϑ-Achse auch bei −273 °C. Das Gleiche trifft für die Geraden bei allen anderen Ausgangsvolumina zu.

Die Kelvin-Temperatur

V nimmt zwar mit wachsendem ϑ gleichmäßig zu, ist aber nicht direkt proportional zu ϑ. Das ϑ-V-Diagramm zeigt keine Ursprungsgeraden.
Die Geraden für alle Gase und zu allen Ausgangsvolumina schneiden die ϑ-Achse bei −273 °C. Die Festlegung der Celsius-Skala zur Temperaturmessung ist zwar sehr praktisch, aber doch willkürlich. Aus diesen Gründen liegt die Einführung einer neuen Temperatur-Skala nahe, welche die Geraden zu Ursprungsgeraden macht. Diese Skala wurde nach dem englischen Physiker *William Thomson* (1824 bis 1907), der ab 1892 *Lord Kelvin* hieß, *Kelvin-Skala* genannt: Ihre Temperatureinheit heißt **1 Kelvin** (1 K). Der Nullpunkt 0 K liegt bei $\vartheta =$ −273 °C. Die Temperaturschritte beider Skalen sind gleich. Die Temperaturänderung von 1 K ist gleich der von 1 °C.
Die **Kelvin-Temperatur** unterscheidet sich von der Celsius-Temperatur also im Nullpunkt der Temperaturzählung, in der Bezeichnung T anstelle von ϑ und im Einheitennamen 1 K anstatt 1 °C (Abb. 140.2).

Dem Schmelzpunkt von Eis
$\vartheta_1 = 0\,°\mathrm{C}$
entspricht in der Kelvin-Skala
$T_1 = 273\ \mathrm{K}$,
dem Siedepunkt von Wasser
$\vartheta_2 = 100\,°\mathrm{C}$
die Kelvin-Temperatur
$T_2 = 373\ \mathrm{K}$.

Die Angabe des Zahlenwertes einer Temperatur ist in der Kelvin-Skala um 273 größer als in der Celsius-Skala:

$$\frac{T}{\mathrm{K}} = 273 + \frac{\vartheta}{°\mathrm{C}}$$

Die Zahlenwerte entsprechender Temperaturänderungen sind folglich gleich; z. B.

$$\begin{aligned}\Delta\vartheta &= \vartheta_2 - \vartheta_1 \\ &= 100\,°\mathrm{C} - 0\,°\mathrm{C} = 100\,°\mathrm{C}; \\ \Delta T &= T_2 - T_1 \\ &= 373\ \mathrm{K} - 273\ \mathrm{K} = 100\ \mathrm{K}\end{aligned}$$

Interessanterweise haben physikalische Untersuchungen und Überlegungen ergeben, dass der Nullpunkt der Kelvin-Skala 0 K (genau: $\vartheta = -273{,}15\,°\mathrm{C}$) die tiefste mögliche Temperatur ist. Deshalb heißt er auch **absoluter Nullpunkt**, die Kelvin-Temperatur auch **absolute Temperatur**.

Das Gesetz von Gay-Lussac

Beschreiben wir den Wärmezustand der abgeschlossenen Gasmenge mit der Kelvin-Temperatur T, sind die T-V-Diagramme Ursprungsgeraden (Abb. 140.3). Bei gleich bleibendem Druck p gilt also: $V \sim T$ oder $V/T = \mathit{konstant}$.

Gesetz von Gay-Lussac
Wenn der Druck einer abgeschlossenen Gasmenge konstant ist, dann ist ihr Volumen *V* zur Kelvin-Temperatur *T* direkt proportional:

$$\frac{V}{T} = \text{konstant}$$

(Bedingung: $p = \text{konstant}$).

Für $T = 0$ K lesen wir in Abb. 140.3 das Volumen $V = 0\ \text{mm}^3$ ab. Das ist nicht sinnvoll. Bei 82 K (= –191 °C) wird die Luft flüssig und sie lässt sich dann kaum mehr zusammendrücken. Bereits in der Nähe der Verflüssigungstemperatur treten erhebliche Abweichungen von der direkten Proportionalität $V \sim T$ auf. Im nicht mehr zutreffenden Temperaturbereich sind die Geraden deshalb gestrichelt gezeichnet.

Wir wenden das Gesetz von Gay-Lussac auf unseren Versuch (Abb. 139.4) an:

Die abgeschlossene Luftmenge hat bei 20 °C ein Volumen von 700 mm³. Das Anfangsvolumen bezeichnen wir mit V_1, die Temperatur zu Beginn der Erwärmung mit ϑ_1 bzw. T_1. Als erstes gehen wir von der gegebenen Celsius-Temperatur auf die zugehörige Kelvin-Temperatur über:

$$T_1 = 273\ \text{K} + 20\ \text{K} = 293\ \text{K}.$$

Der Anfangszustand der Luft wird dann beschrieben durch:

$$V_1 = 700\ \text{mm}^3 \text{ bei } T_1 = 293\ \text{K}.$$

Wir erwärmen z. B. auf die Temperatur $\vartheta_2 = 50\ °\text{C}$ bzw. $T_2 = 323$ K. Die Luft nimmt dann das zunächst unbekannte Volumen V_2 ein. Der Endzustand ist somit gekennzeichnet durch: V_2 bei $T_2 = 323$ K.

Nach dem Gesetz von Gay-Lussac gilt nun:

$$\frac{V_2}{T_2} = \frac{V_1}{T_1}.$$

Wir lösen nach V_2 auf:

$$V_2 = V_1 \cdot \frac{T_2}{T_1}$$

$$= 700\ \text{mm}^3 \cdot \frac{323\ \text{K}}{293\ \text{K}}$$

$$= 700\ \text{mm}^3 \cdot 1{,}10 = 770\ \text{mm}^3$$

Das Volumen V_2 bei 50 °C beträgt 770 mm³.

Aufgaben

1. a) Rechne die Celsius-Temperaturen ϑ von Tab. 133.2 in Kelvin-Temperaturen T um!
(Hinweis: Beachte die Genauigkeit der Angaben!)
b) Rechne in Celsius-Temperaturen um: $T_1 = 0$ K, $T_2 = 4$ K, $T_3 = 200$ K, $T_4 = 300$ K!

2. *Vergleich von Skalen*
Bei der Angabe von Höhen benützt man zwei Skalen: „Meter über Meer" und „Meter über Tal". Auch bei Zeitangaben verwendet man zwei Skalen: Auf der einen „zählt" man die Zeit von Mitternacht an, auf der anderen von Mitternacht bis Mittag und von Mittag bis Mitternacht.
Vergleiche die beiden Höhen- bzw. beiden Zeitskalen und stelle jeweils den Zusammenhang her! Betrachte insbesondere die „Skalenpunkte", die Einheiten und Differenzen Δ (Höhenunterschied Δh, Zeitunterschied Δt)!

3. Eine im Glasrohr abgeschlossene Luftmenge hat bei –23 °C das Volumen 600 mm³. Löse grafisch (Abb. 140.3) und rechnerisch:
a) Welches Volumen nimmt sie bei 27 °C ein?
b) Bei welcher Temperatur beträgt das Volumen der Luft 500 cm³?

4. *Der erste Heißluftballon* (Abb. 141.1)
Der Ballon war aus Leinwand gefertigt und mit Papier ausgekleidet. Über einem Becken mit glühender Holzkohle wurde die Luft im unten offenen Ballon erwärmt.
a) Warum hob nach einiger Zeit die riesige Papierhülle vom Boden ab?
b) Das Volumen des Ballons betrug 2800 m³, die Lufttemperatur anfangs 10 °C. Die Lufttemperatur im Ballon wurde auf ungefähr 60 °C erhöht. Wie viel m³ Luft von 60 °C strömten aus der Öffnung der Hülle heraus?

141.1 Erster bemannter Aufstieg eines Heißluftballons der Brüder Montgolfier bei Paris im Jahr 1783

142.1 Untersuchung der Abhängigkeit des Volumens V vom Druck p

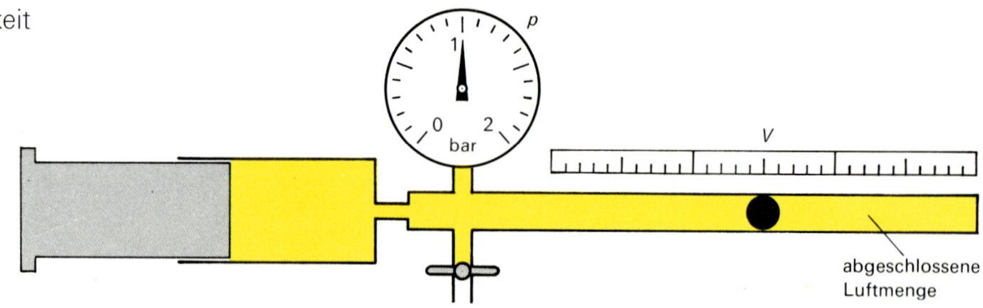

p in bar	0,50	0,75	1,0	1,5	2,0
V in cm^3	30	20	15	10	7,5
$p \cdot V$ in bar · cm^3	15	15	15	15	15

142.2 Messung von V in Abhängigkeit von p

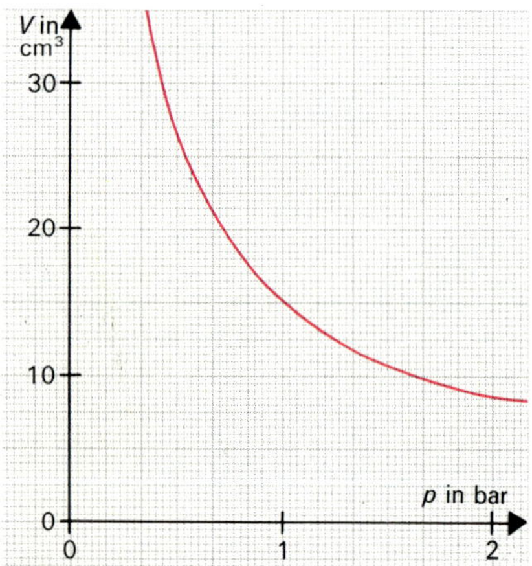

142.3 p-V-Diagramm

7.4 Die allgemeine Zustandgleichung der Gase

Das Gesetz von Boyle und Mariotte

Wir erinnern uns:

$$\text{Druck} = \frac{\text{Kraft}}{\text{Fläche}}, \quad p = \frac{F}{A},$$

$$[p] = 1\,\frac{\text{N}}{\text{m}^2} = 1\,\text{Pa} \quad \text{und}$$

$$1\,\text{bar} = 10\,\frac{\text{N}}{\text{cm}^2} = 10^5\,\text{Pa}$$

$$= 1000\,\text{hPa}$$

Der Luftdruck schwankt. Der Mittelwert auf Meereshöhe beträgt 1013 hPa (= 1013 mbar).

V Saugt man mit einer Luftpumpe Luft an, herrscht innen und außen der Luftdruckt 1 bar. Halten wir dann die Öffnung zu und drücken z. B. mit einer Kraft des Betrags $F = 35$ N auf den Stempel der Fläche $A = 3{,}5\ cm^2$, erhöht sich der Druck um $35\ N/3{,}5\ cm^2 = 10\ N/cm^2 = 1$ bar auf 2 bar.

Das Volumen der eingeschlossenen Luftmenge nimmt ab. Bei gleich bleibender Temperatur ist das Volumen V umso kleiner, je größer der Druck p ist. Wir untersuchen den Zusammenhang zwischen V und p:

V Eine Glasröhre der Querschnittsfläche $A = 1\ cm^2$ ist an einem Ende fest verschlossen. Eine Stahlkugel schließt in der Röhre eine Luftsäule ab. Die Kugel ist leicht verschiebbar: Sie stellt sich stets so ein, dass auf beiden Seiten der gleiche Druck herrscht. Zunächst beträgt der Druck 1 bar. Pressen wir mit einer Glasspritze die Luft zusammen, so steigt der Druck. Saugen wir Luft ab, sinkt er. Auf einem Manometer lesen wir jeweils den Druck p ab (Abb. 142.1), auf der Volumenskala das zugehörige Volumen V (Tab. 142.2).

Eine Ver-n-fachung des Druckes bewirkt ein Absinken des Volumens auf den n-ten Teil. Oder umgekehrt: Eine Verminderung des Druckes auf den n-ten Teil bewirkt eine Ver-n-fachung des Volumens. Das Volumen V ist zum Kehrwert $1/p$ des Druckes direkt proportional: $V \sim 1/p$. Man sagt auch dazu: V ist **umgekehrt** (oder *indirekt*) **proportional** zu p. Die Wertepaare sind *produktgleich*: $p \cdot V =$ konstant. Das p-V-Diagramm ist eine Kurve, die man *Hyperbel* nennt (Abb. 142.3).

Gesetz von Boyle und Mariotte

Wenn die Temperatur einer abgeschlossenen Gasmenge konstant ist, dann ist ihr Volumen V zum Druck p umgekehrt proportional:

$$p \cdot V = \text{konstant}$$
(Bedingung: T = konstant)

Aufgaben

1. Die Stempelfläche der Glasspritze von Abb. 142.1 beträgt $A = 6\ cm^2$. Mit welcher Kraft muss man
a) auf den Stempel drücken, damit im Innern der Druck 2 bar herrscht,

b) am Stempel ziehen, damit im Innern der Druck 0,5 bar herrscht?

2. Erkläre anhand von Abb. 143.1 die Wirkungsweise von Pumpe und Ventil beim Aufpumpen eines Fahrradreifens!

3. Eine im Glasrohr abgeschlossene Luftmenge hat beim Druck 1,0 bar das Volumen 15 cm³. Löse grafisch (Abb. 142.3) und rechnerisch: Bei welchem Druck nimmt sie das Volumen 12 cm³ ein?

Die allgemeine Zustandsgleichung der Gase

Eine Gasmenge nimmt bei einem bestimmten Druck p und einer bestimmten Temperatur T ein bestimmtes Volumen V ein. Wir können bisher nur Änderungen eines Zustandes mathematisch erfassen, bei denen entweder p oder T erhalten bleibt:

(1) $p = \text{konstant} \Rightarrow \frac{V}{T} = \text{konstant}$
(Gay-Lussac)

(2) $T = \text{konstant} \Rightarrow$
$p \cdot V = \text{konstant}$
(Boyle und Mariotte).

Ändern sich sowohl p als auch T, zerlegen wir den Übergang vom Anfangszustand (p_1, V_1, T_1) in den Endzustand (p_2, V_2, T_2) in zwei mathematisch erfassbare Schritte: Zunächst wird der Druck p_1 beibehalten und die Temperatur auf den gewünschten Wert T_2 gebracht. Es ergibt sich ein Volumen, das wir mit V' bezeichnen (Abb. 143.2):

(1′) $\frac{V'}{T_2} = \frac{V_1}{T_1}$ (Beibehaltung von p_1).

Anschließend ändern wir den Druck dieses Zwischenzustandes (p_1, V', T_2) auf p_2 und behalten die Temperatur T_2 bei:

(2′) $p_2 \cdot V_2 = p_1 \cdot V'$ (Beibehaltung von T_2).

Da der Zwischenzustand nicht interessiert, eliminieren wir V':

Aus (1′): $V' = \frac{V_1}{T_1} \cdot T_2$; in

(2′): $p_2 \cdot V_2 = p_1 \cdot \frac{V_1}{T_1} \cdot T_2$

$$\Rightarrow \frac{p_2 V_2}{T_2} = \frac{p_1 V_1}{T_1}.$$

Für jeden Zustand der abgeschlossenen Gasmenge nimmt also der Term $p \cdot V/T$ den gleichen Wert an. Diese erhaltene Gleichung fasst die beiden Schritte zu einem zusammen. Sie enthält das Gesetz von Gay-Lussac und das Gesetz von Boyle und Mariotte als Spezialfälle.

Allgemeine Zustandsgleichung der Gase

Wenn die Temperatur eines Gases wesentlich höher als die Verflüssigungstemperatur ist, erfüllen die Zustandsgrößen p, V und T einer abgeschlossenen Gasmenge die Gleichung

$$\frac{p \cdot V}{T} = \text{konstant}.$$

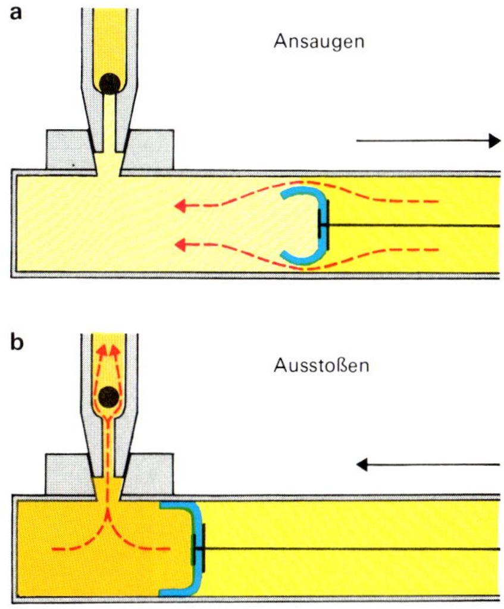

143.1 Fahrradpumpe

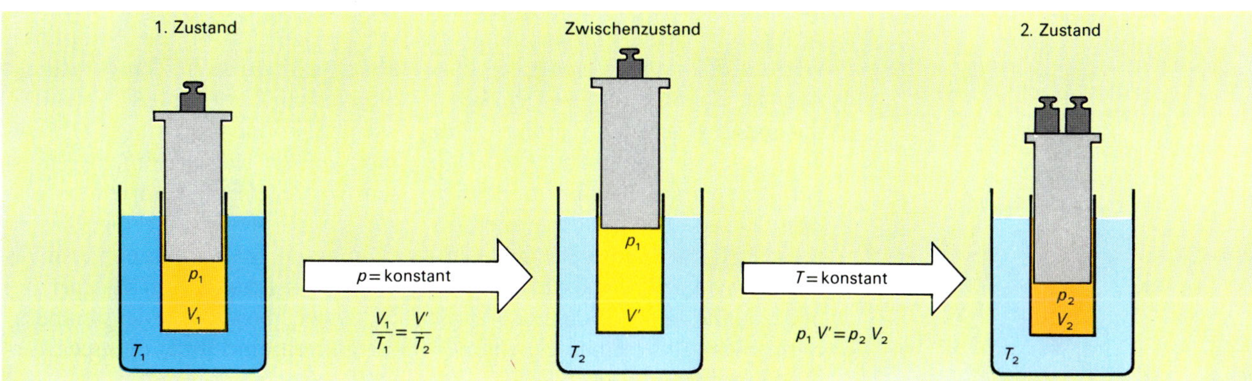

143.2 Herleitung der allgemeinen Zustandsgleichung

144.1 Wetterballon

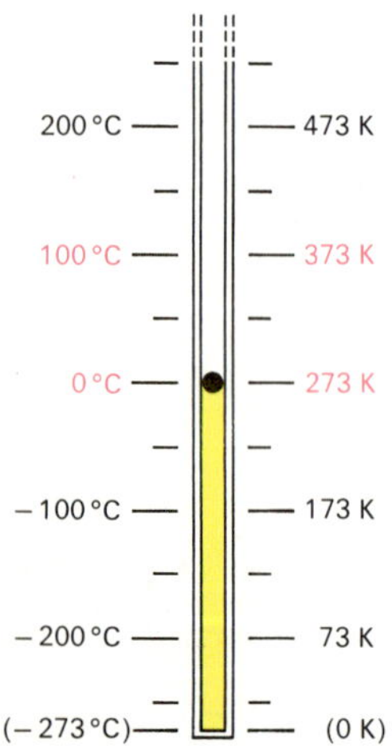

144.2 Das Heliumthermometer

Musteraufgabe

Der Wetterballon von Abb. 144.1 ist bei 15 °C und 1013 hPa mit 2,8 m^3 Wasserstoffgas gefüllt worden. Beim Steigen gibt die Ballonhülle sehr leicht nach, das Volumen wächst. In einer Höhe von 32 km erreicht es unmittelbar vor dem Platzen des Ballons 244 m^3. Ein Fallschirm trägt schließlich die Instrumentenladung wieder unversehrt zum Boden zurück. Aus dem während des Fluges aufgezeichneten Temperaturverlauf entnimmt man als Temperatur beim Platzen – 50 °C. Welcher Druck herrscht in dieser Höhe?

Gegeben:
$T_1 = 288\text{ K};\ V_1 = 2{,}8\text{ m}^3;$
$p_1 = 1013\text{ hPa}$
$T_2 = 223\text{ K};\ V_2 = 244\text{ m}^3$

Gesucht: p_2

$$\frac{p_2 \cdot V_2}{T_2} = \frac{p_1 \cdot V_1}{T_1} \quad \Big| \cdot T_2 : V_2$$

$$\Rightarrow p_2 = \frac{p_1 \cdot V_1 \cdot T_2}{T_1 \cdot V_2}$$

$$= \frac{1013\text{ hPa} \cdot 2{,}8\text{ m}^3 \cdot 223\text{ K}}{288\text{ K} \cdot 244\text{ m}^3}$$

$$= 9{,}0\text{ hPa}$$

In einer Höhe von 32 km herrscht ein Druck von 9,0 hPa.

Das Heliumthermometer

Bei der Eichung eines Quecksilberthermometers unterteilt man die Strecke Eispunkt – Siedepunkt in 100 gleiche Teile. Die Temperaturwerte werden also so *definiert*, dass sich das Volumen von Quecksilber mit ihnen gleichmäßig ändert. Eine Temperaturfestlegung mit Quecksilber ist aber höchstens im Bereich zwischen dessen Erstarrungstemperatur von –39 °C und der Siedetemperatur von 357 °C möglich. Bereits in der Nähe dieser Temperaturen ist es problematisch, einen gleichmäßigen Zusammenhang zwischen der Temperatur und der Ausdehnung des Quecksilbers zu fordern.

Alkohol erstarrt erst bei tieferer Temperatur. Eicht man ein mit Alkohol gefülltes Temperaturanzeigegerät mit einem Quecksilberthermometer, ist die Skala nicht genau gleichmäßig geteilt. Wie kann man es dann für tiefe Temperaturen, die das Quecksilberthermometer nicht mehr erfasst, eichen?

Gleichmäßig – wie Quecksilber in einem nur engen Temperaturbereich – dehnen sich alle Gase aus. Ein **Gasthermometer** lässt sich deshalb leicht eichen: Man stellt das mit Gas gefüllte Rohr (Abb. 139.4) in Eiswasser und markiert den Eispunkt $T = 273$ K. Da bei konstantem Druck $V \sim T$ ist, teilt man die Skala bis zum Boden des Rohres in 273 gleiche Teile. Nach oben setzt man sie mit gleicher Schrittweite fort (Abb. 144.2). Das Gasthermometer ist aber nicht hinab bis 0 K verwendbar: In der Nähe der Verflüssigungstemperatur treten Abweichungen auf. Im Gegensatz zum Quecksilber kann man aber herausfinden, wo die Gleichmäßigkeit aufhört: Man testet bei der zu definierenden Temperatur, ob das Gas das Gesetz $p \cdot V =$ konstant erfüllt, ob es sich also *ideal* verhält. Wenn das der Fall ist, legt das Gasthermometer die Temperatur fest.

Bei einer Luftfüllung erhält man einen Temperaturmessbereich bis hinunter zu ca. 150 K, bei einer Heliumfüllung sogar bis ca. 10 K (!). Die Helium-Verflüssigungstemperatur 4 K und Temperaturen darunter bis zum absoluten Nullpunkt, aber auch sehr hohe Temperaturen, die jeden Gasbehälter zerstören würden, können mit einem *Heliumthermometer* trotzdem nicht gemessen werden. Für Temperaturmessungen in diesen extremen Bereichen muss man andere physikalische Eigenschaften der Körper heranziehen, die sich mit der Temperatur ändern, und ihnen Temperaturwerte zuordnen.

146.1 „Schnorcheln"

146.2 Tauchen mit einem Pressluft-tauchgerät

146.3 Heißluftballon

frierschrankes auf −3 °C abgekühlt.

a) Welcher Druck würde im Innenraum herrschen, wenn der Gefrierschrank vollkommen luftdicht abschließen würde?

b) Mit welcher Kraft würde folglich die 50 cm breite und 70 cm hohe Tür zugepresst?

c) Wie viel Luft von 27 °C strömt tatsächlich in den nicht luftdichten Gefrierschrank nach?

8. *„Schnorcheln"* (Abb. 146.1)
Der Schnorchel dient zur Atmung unter der Wasseroberfläche. Angenommen, in einer Tiefe von 10,0 m bzw. 30 cm wäre ein Schwimmer durch einen Schnorchel mit dem Luftraum über der Wasseroberfläche verbunden.

a) An der Wasseroberfläche herrsche ein Druck von 1000 hPa = 1,000 bar. Wie groß ist der Druck in einer Tiefe von 10,0 m bzw. 30 cm? Welcher Druck würde in der Lunge des Schwimmers auftreten? Welche Kraft würde jeweils auf 1,0 cm^2 seines Brustkorbes drücken?

b) Mit einem Atemzug atmet der Schwimmer etwa 1,5 l Luft ein und dann wieder aus. Müssen Länge und Querschnitt des Schnorchels jeweils groß oder gering sein, damit die verbrauchte Luft in diesem nicht nur hin- und herpendelt?

c) Warum ist die Verwendung „langer" Schnorchel lebensgefährlich? (Erlaubte Länge: bis 35 cm!)

9. *Tauchen mit einem Pressluftgerät* (Abb. 146.2)
Mit Pressluftgeräten erreichen Taucher Tiefen bis zu 100 m. Die Menge und den Druck der Luft, die der Pressluftflasche entnommen wird, regelt der *Lungenautomat*.

a) Warum stellt der Lungenautomat den Druck der entnommenen Luft jeweils auf den Umgebungsdruck ein?

b) Eine Pressluftflasche vom Volumen 12 l wurde bei 20 °C mit Pressluft vom Druck 200 bar gefüllt. Wie viele Minuten kann sich damit ein Taucher in einer Tiefe von 20 m bei einer Wassertemperatur von 10 °C aufhalten, wenn er pro Minute 25 l Luft ein- und ausatmet?

c) Warum darf ein Taucher beim Aufstieg aus solchen Tiefen die Luft nicht anhalten?

10. *Die Wirkung „dicker Luft"*
Die Luft hat bei 0 °C und 1013 hPa („Normzustand") die Dichte $\rho = 1{,}293\ \mathrm{g/dm^3}$.

a) Welche Dichte hat die Luft bei 4,0 bar und 10 °C?
(Betrachte dazu einen schlaffen Luftballon, der mit 1,000 dm^3 Luft im Normzustand gefüllt wurde.)

b) Bei der in a) berechneten Luftdichte und höheren Werten nimmt das Blut in der Lunge aus der Luft zu viel Stickstoff auf. Das kann zu einem Rauschzustand führen. Ab welcher Tauchtiefe besteht bei Tauchern die Gefahr eines „Tiefenrausches"?

11. *Heißluftballon* (Abb. 146.3)
Das Volumen eines Heißluftballons beträgt 2100 m^3.

a) Welche Masse hätte eine Füllung mit Luft der Umgebung von 27 °C und 990 hPa? (In diesem Zustand beträgt die Dichte der Luft $\rho = 1{,}15\ \mathrm{kg/m^3}$.)

b) Der Ballon ist unten offen. Ein Gasbrenner unterhalb der Öffnung erhitzt die Luftfüllung. Warum beginnt der Ballon ab einer bestimmten Innentemperatur zu steigen?

c) Die Temperatur der Luftfüllung wurde von 27 °C auf 127 °C erhöht. Wie viele kg Luft strömen dabei heraus? Was folgt daraus über das Gesamtgewicht von Ballonhülle, Korb, Gasbrenner, Ballast und Besatzung?

8 Mechanische Energie

8.1 Die Reibung

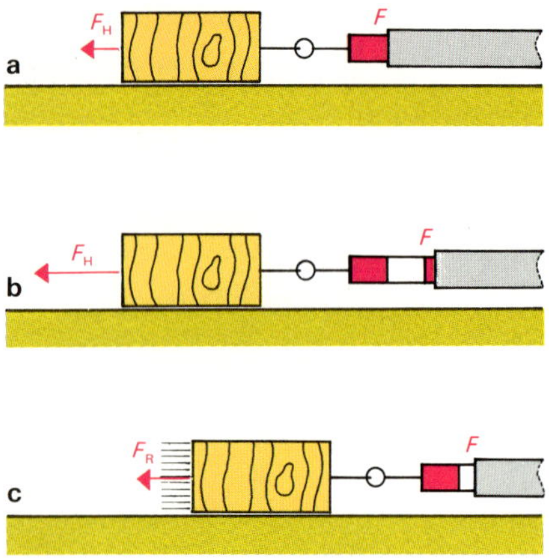

148.1 a) Haftkraft b) maximale Haftkraft c) Reibungskraft

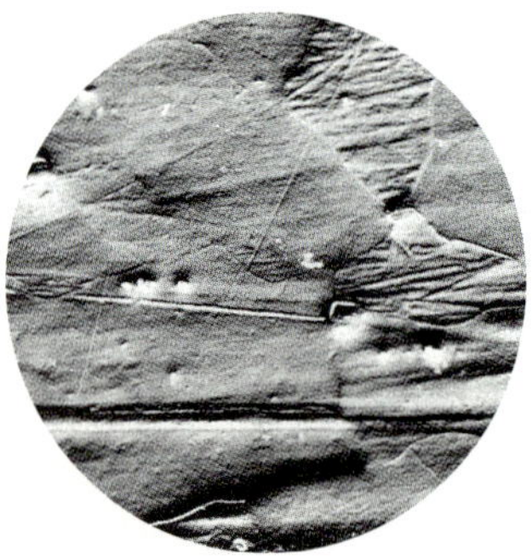

148.2 Spiegelglatte Metalloberfläche unter dem Mikroskop

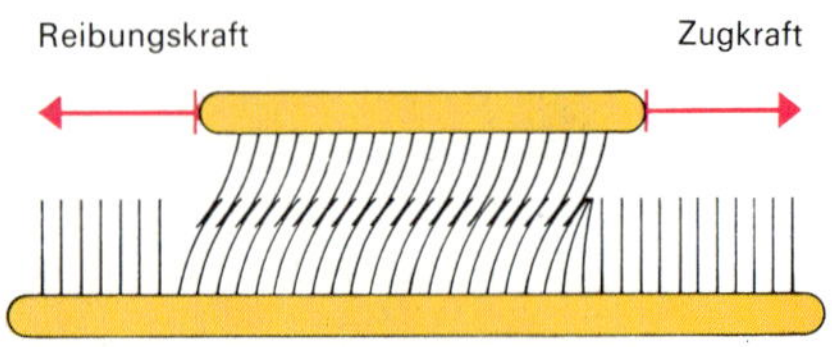

148.3 Ursache für die Reibungskraft am Bürstenmodell

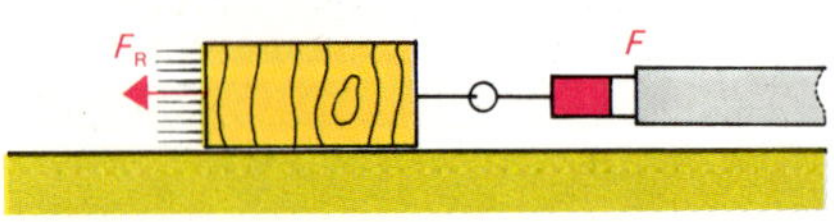

148.4 Untersuchung der Reibungskraft

Haftkraft und Reibungskraft

Im Alltag und in der Technik begegnet uns die Reibung auf vielfältige Weise. Wir wollen sie hier genauer untersuchen.

V Ein Holzklotz liegt auf einer waagrechten Unterlage. Ziehen wir mit einem Kraftmesser vorsichtig an ihm, bleibt er zunächst in Ruhe: Er haftet.

Da sich der Körper nicht bewegt, muss also eine Kraft wirken, die entgegengesetzt zur Zugkraft $\vec{F}$ gerichtet ist und den gleichen Betrag hat. Diese Kraft heißt **Haftkraft** $\vec{F}_H$. Entgegengesetzt gerichtete Kräfte gleichen Betrages nennt man *gegengleich*. Die Haftkraft $\vec{F}_H$ ist gegengleich der Zugkraft $\vec{F}$. Dadurch herrscht am Körper Kräftegleichgewicht.
Die Haftkraft setzt sich aus vielen Einzelkräften an der Berührungsfläche zusammen. Zur Vereinfachung stellen wir sie aber nur durch *einen* Pfeil dar. Wir zeichnen ihn genau entgegengesetzt zur angreifenden Zugkraft, um die entgegengesetzte Wirkung auszudrücken (Abb. 148.1a).

V Steigert man die Zugkraft immer mehr, so beginnt der Holzklotz bei einem bestimmten Wert plötzlich zu gleiten. Die Haftkraft ist also von 0 N auf einen Höchstwert, die *maximale Haftkraft*, angewachsen (Abb. 148.1b).

Auch beim Gleiten wirkt der Zugkraft ständig eine Kraft entgegen. Man nennt sie **Gleitreibungskraft** oder kurz **Reibungskraft** $\vec{F}_R$. Ist die Zugkraft größer als die Reibungskraft, erhöht sich die Geschwindigkeit des Körpers. Ziehen wir so, dass sich seine Geschwindigkeit nicht ändert, besteht Kräftegleichgewicht: Zugkraft und Reibungskraft sind gegengleich. Der am Kraftmesser abgelesene Betrag der Zugkraft ist gleich dem Betrag der Reibungskraft.

V Die Reibungskraft ist kleiner als die maximale Haftkraft (Abb. 148.1c).

Hören wir plötzlich auf zu ziehen, so gleitet der Körper noch ein Stück weiter. Ohne die hemmende Reibungskraft würde er sich nach dem Trägheitsgesetz mit gleich bleibender Geschwindigkeit weiterbewegen. Da jedoch die Reibungskraft wirkt, vermindert er seine Geschwindigkeit ständig, bis er schließlich zur Ruhe kommt.

Ein Näherungsgesetz für Haftkraft und Reibungskraft

Selbst sehr glatte Oberflächen sind bei mikroskopischer Betrachtung uneben (Abb. 148.2).

V Um eine Vorstellung vom mikroskopischen Reibungsvorgang zu erhalten, beobachten wir einen entsprechenden Vorgang an einem Modell aus zwei Bürsten. Wir bewegen die obere Bürste über die untere und sehen, wie sich die Borsten ineinander verhaken und wie sie verformt werden: Bewegt man die obere Bürste nach rechts, so werden ihre Borsten nach links und die der unteren nach rechts gebogen (Abb. 148.3).

Die Ursache für die Reibungskraft ist also die Verformung der sich ineinander verzahnenden Unebenheiten der Oberflächen.
Wovon können Haft- und Reibungskraft abhängen? Wir müssen die Kraft, mit welcher der Körper

auf den Boden gepresst wird, und die Größe der Auflagefläche beachten. Die Reibungskraft kann zusätzlich von der Geschwindigkeit abhängig sein.

V Wir ziehen einen Holzquader mehrmals, aber jedes Mal mit einer anderen Geschwindigkeit v über eine Unterlage. F_R ändert sich dabei nicht merklich. F_R ist näherungsweise unabhängig von v (Abb. 148.4).

V Wir ziehen den Holzquader einmal auf seiner kleinen und einmal auf seiner großen Seitenfläche liegend: F_R ändert sich nicht (Abb. 149.1 a).

Im zweiten Fall verzahnen sich mehr Unebenheiten; sie werden aber schwächer ineinandergepresst, da sich das Gewicht des Quaders auf eine größere Fläche „verteilt". So wird verständlich, dass F_R näherungsweise unabhängig von der Auflagefläche ist.

V Wir befestigen einen zweiten, gleich großen Holzklotz auf dem ersten. Dadurch ist die Anpresskraft die doppelte Gewichtskraft $\vec{G}$ eines Klotzes. Sowohl die maximale Haftkraft $\vec{F}_H$ als auch die Reibungskraft $\vec{F}_R$ verdoppeln sich ungefähr (Abb. 149.1 b). Die Unebenheiten werden stärker ineinandergepresst.

Verdreifachen wir die Anpresskraft (3 Klötze), verdreifachen sich ungefähr F_H und F_R. F_H und F_R sind zum Betrag der Anpresskraft direkt proportional. Also ist F_H/G bzw. F_R/G für eine bestimmte Stoffkombination (z. B. Holz auf Holz) konstant.

$\frac{F_H}{G} = \mu_H$ heißt **Haftzahl**,

$\frac{F_R}{G} = \mu_R$ heißt **Reibungszahl**.

μ_H und μ_R sind Zahlen zwischen 0 und 1. Sie geben an, welcher Bruchteil der Anpresskraft gleich dem Betrag der maximalen Haftkraft bzw. Reibungskraft ist. Beispielsweise erhalten wir für einen 10 N schweren Holzkörper auf einer Holzunterlage nach Tab. 149.2:

$F_H = \mu_H \cdot G = 0{,}6 \cdot 10\ \text{N} = 6\ \text{N}$;
$F_R = \mu_R \cdot G = 0{,}4 \cdot 10\ \text{N} = 4\ \text{N}$

Bei einer schiefen Ebene ist die Anpresskraft nicht die Gewichtskraft $\vec{G}$, sondern deren Komponente senkrecht zur Unterlage, die **Normalkraft*** $\vec{F}_N$. Es gilt:

Reibungsgesetz (Näherungsgesetz)
Der Betrag der maximalen Haftkraft F_H bzw. Reibungskraft F_R ist zum Betrag der Anpresskraft F_N direkt proportional:

$$F_H = \mu_H \cdot F_N \qquad F_R = \mu_R \cdot F_N$$

Vor- und Nachteile der Reibung

Durch Haften bzw. durch Reiben kann ein Körper Kraft auf einen anderen übertragen. Beim Bremsen eines Fahrrades, eines Autos oder eines Eisenbahnzuges gleitet ein Bremsbelag auf einer Felge, einer Bremstrommel oder einer Bremsscheibe, oder unmittelbar auf dem Rad. Hier ist die Reibungskraft erwünscht. Wo sie jedoch unerwünscht ist, kann man sie durch Glätten der Oberfläche, durch Ölen oder Einfetten vermindern.
Die Gleitreibungskraft wird umgangen, indem man das Gleiten mithilfe von Walzen oder Rädern in ein Rollen umwandelt (Abb. 149.3). Um auch noch die Reibung in der Radachse zu verringern, verwendet man Rollen- oder Kugellager (Abb. 149.4). Beim Rollen beträgt die bewegungshemmende Kraft nur noch 1/10 bis 1/100 der Gleitreibungskraft, da die sich verhakenden Oberflächen nicht gegeneinander verschoben, sondern voneinander abgehoben werden.
Ohne Haftkraft hielte kein Gewebe, kein Nagel in der Wand, kein Korken in der Flasche. Auch für die

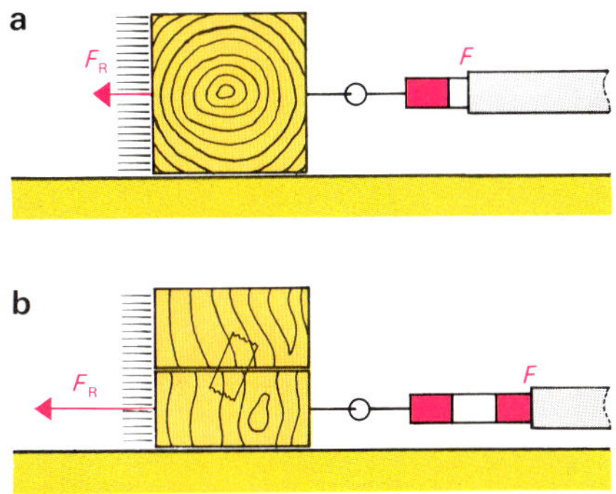

149.1 Untersuchung der Reibungskraft

Stoffpaar	Haftzahl μ_H	Reibungszahl μ_R
Stahl auf Stahl	0,2	0,06
Holz auf Holz	0,6	0,4
Metall auf Holz	0,6	0,3
Autoreifen auf Asphalt	0,8	0,6
Autoreifen auf Eis	0,1	0,05

149.2 Haft- und Reibungszahlen

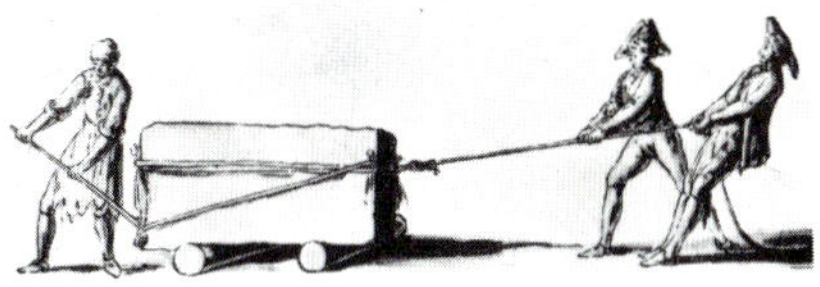

149.3 Transporterleichterung durch Rollen (Darstellung von 1791)

149.4 Rollen- und Kugellager

150.1 Hundeschlitten

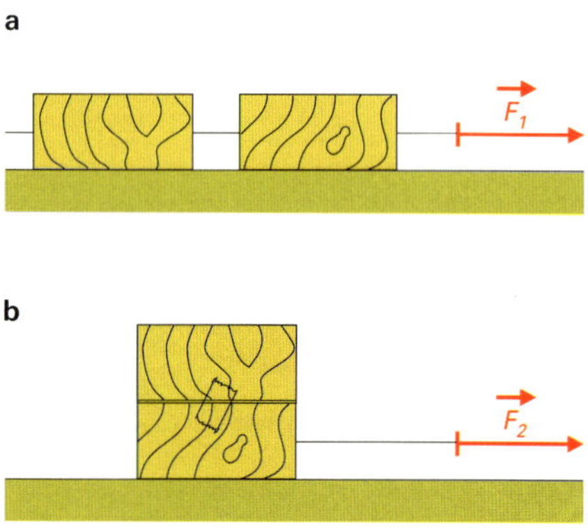

150.2 „Huckepack“

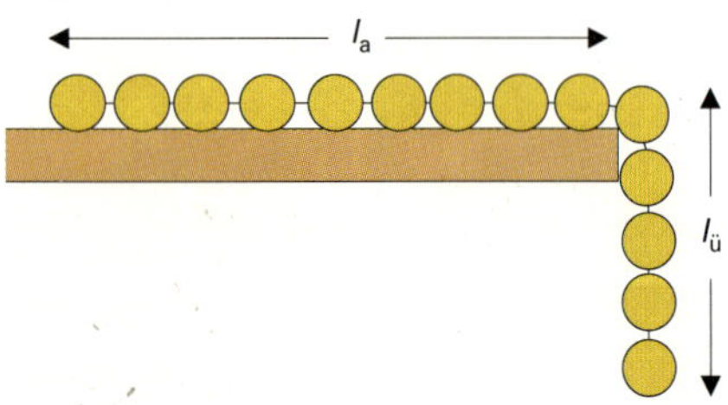

150.3 Zur Bestimmung der Haftzahl

Fortbewegung ist die Haftkraft notwendig: Eine Schuhsohle oder die Lauffläche eines Rades kann nur so stark gegen die Unebenheiten der Unterlage drücken – und sich so von ihr abdrücken –, bis die Verhakung der Berührungsflächen schließlich auseinanderreißt. Die Kraftübertragung kann also nur bis zur maximalen Haftkraft gesteigert werden. Das bedeutet: Die größte Kraft, die ein Rad zum Antrieb oder Bremsen auf die Unterlage übertragen kann, ist gleich der maximalen Haftkraft.

Aufgaben

1. *„Die verrückte Kiste“*
Damit der Inhalt (m_I = 50 kg) einer Holzkiste (m_H = 20 kg) bequem entnommen werden kann, muss diese auf einem Steinfußboden ein Stück weitergerückt werden. Mit einer Kraft von 490 N setzt sie ein Arbeiter in Bewegung. Beim Schieben muss er nur noch eine Kraft von 210 N aufbringen.
a) Berechne die Haftzahl μ_H und die Reibungszahl μ_R für Holz auf Stein!
b) Die Kiste ist nun entleert. Welche Kraft ist nötig, um sie in Bewegung zu setzen bzw. sie dann mit konstanter Geschwindigkeit zu schieben?

2. *Hundeschlitten* (Abb. 150.1)
Ein Hundeschlitten hat eine Masse von m_S = 20 kg. Die Haftzahl des Kufenmaterials auf Schnee beträgt μ_H = 0,1, die Reibungszahl μ_R = 0,04.
a) Mit welcher Kraft müssen die Hunde mindestens ziehen, damit sich der Schlitten in Bewegung setzt? Welche Kraft ist zum Ziehen des leeren Schlittens nötig?
b) Die Hunde können für längere Zeit nur eine Zugkraft des Betrags 40 N aufbringen. Welche Masse darf die Ladung des Schlittens höchstens haben?
c) Warum tritt beim Anfahren des beladenen Schlittens ein kräftiger Ruck auf? Was unternimmt der Schlittenlenker dagegen?

3. *„Huckepack“*
Hinter einem quaderförmigen Körper hängt an einem Faden ein zweiter. Zum Ziehen der beiden Körper mit gleich bleibender Geschwindigkeit über eine waagrechte Holzunterlage ist eine bestimmte Kraft $\vec{F}_1$ erforderlich (Abb. 150.2a). Ist die notwendige Kraft $\vec{F}_2$ kleiner, genauso groß oder größer, wenn es sich
a) um zwei Holzklötze handelt, und der zweite Klotz anstatt hinter dem ersten auf dem ersten befestigt wird (Abb. 150.2b),
b) um einen Holzklotz und einen Eisenquader handelt, und der Holzklotz auf dem Eisenquader bzw. der Eisenquader auf dem Holzklotz befestigt wird? (Tab. 149.2!)

4. *Das Abgleiten der Perlenkette*
Lege eine Perlenkette mit gleich großen Perlen ausgestreckt auf einen Tisch und lasse ein kurzes Stück davon über die Tischkante hängen. (Lege zur Vorsicht ein weiches Kissen unter das frei hängende Kettenende.) Lasse schrittweise immer mehr Perlen überhängen und achte darauf, bei welcher Länge $l_ü$ des überhängenden Teils die Kette gerade von selbst zu gleiten beginnt (Abb. 150.3).
a) Miss $l_ü$ und die Länge l_a des auf dem Tisch liegenden Teils der Kette!
b) Welcher Zusammenhang besteht in diesem Grenzfall zwischen der Haftkraft des auf dem Tisch liegenden Kettenteils und dem Gewicht des überhängenden Kettenteils? Wie lässt sich folglich die Haftzahl μ_H aus $l_ü$ und l_a berechnen?
c) Berechne μ_H für deine Materialkombination Tischplatte/Kette!

5. *Gute und schlechte Straßenverhältnisse*

a) Das Rad eines Autos wird mit der Kraft 3,0 kN auf die Fahrbahn gepresst. Welche maximale Antriebs- bzw. Bremskraft kann das Rad nach Tab. 151.1 jeweils auf die Straße übertragen?

b) Wie verhält sich das Auto, wenn über das Erreichen der maximalen Antriebs- bzw. Bremskraft hinaus noch mehr Gas gegeben bzw. gebremst wird?

c) Welchen Vorteil bringt es, wenn die Bremse auf alle vier Räder des Autos wirkt?

6. *„Stotterbremsen"*

a) Betätigt man die Bremse eines Autos (oder eines Fahrrades) so stark, dass die Räder gerade noch rollen und noch nicht gleiten, ist der Bremsweg am kleinsten. Insbesondere ist er wesentlich kleiner als bei blockierten Rädern. Warum?

b) Ein Fahrer bemerkt das Blockieren der Räder erst, wenn diese zu gleiten beginnen. Warum kann er den Bremsweg verkürzen, indem er die Bremse sofort etwas löst und dann wieder anzieht? Der Vorgang des Anziehens und Lösens der Bremse muss eventuell mehrfach wiederholt werden („Stotterbremsen"). Das führt beim Auto das Antiblockiersystem (ABS) automatisch durch.

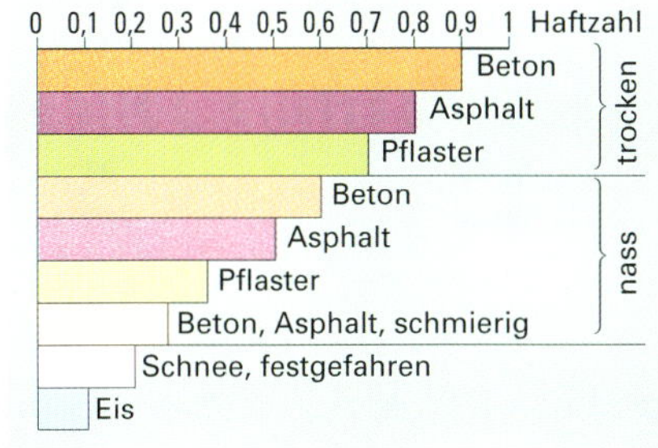

151.1 Haftzahlen eines Autoreifens auf verschiedenen Fahrbahndecken

8.2 Der Hebel

Die menschliche Kraft reicht oft nicht aus, um schwere Lasten unmittelbar zu heben oder zu bewegen. Bereits vor Jahrtausenden erdachte man deshalb *einfache Maschinen*, die eine Kraft in eine des mehrfachen Betrags übersetzten. Die meisten dieser *Kraftwandler* finden auch heute noch in Hebe- und Transportgeräten Verwendung.

Das Hebelgesetz

Einen Handwagen zieht man mithilfe einer Stange, da das Ziehen in gebückter Haltung sehr unbequem wäre. Die Stange überträgt den Angriffspunkt der Muskelkraft auf den Handwagen. Am Betrag der in Stabrichtung wirkenden Zugkraft ändert sich dabei nichts.

V Der Deckel einer Lackdose sitzt so fest, dass man ihn mit den Fingern nicht herauszuziehen vermag. Wir schieben unter den Deckelrand die Klinge eines Schraubendrehers, der am Dosenrand aufliegt. Nun genügt eine kleine Kraft auf den Griff, um den Deckel anzuheben. Der Schraubendreher dreht sich dabei um den Auflagepunkt am Dosenrand.

151.2 Aufrichten einer Steinfigur

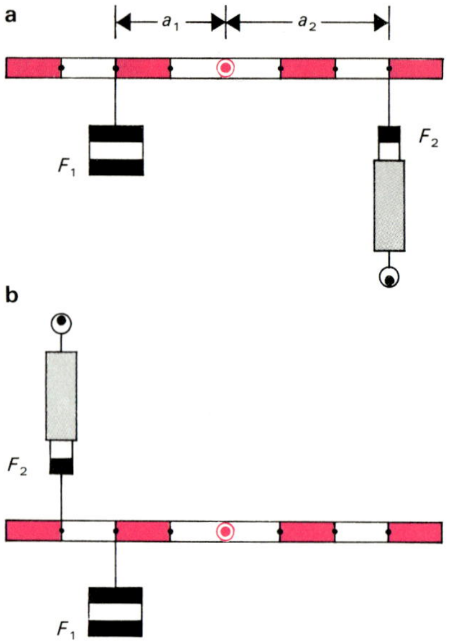

c

a_1 in cm	F_1 in N	$F_1 \cdot a_1$ in Ncm	a_2 in cm	F_2 in N	$F_2 \cdot a_2$ in Ncm
10	3,0	30	5	6,0	30
10	3,0	30	10	3,0	30
10	3,0	30	15	2,0	30
10	3,0	30	20	1,5	30

152.1 Gleichgewicht am Hebel

Wird ein Stab so angesetzt, dass er sich um einen Punkt dreht, lässt sich offensichtlich mit einer kleinen Kraft eine große hervorrufen.
Ein um eine feste Achse drehbarer Stab heißt **Hebel**. Abb. 151.2 zeigt, wie auf den Osterinseln mit zwei Hebeln eine 10 m hohe Statue aufgerichtet wird.
Wir untersuchen die Kraftübersetzung durch einen Hebel. Dabei setzen wir voraus, dass die Kräfte senkrecht zum Stab angreifen. In diesem Sonderfall nennt man die Entfernung des Angriffspunktes einer Kraft von der Drehachse **Hebelarm *a***.

V Auf der linken Seite eines Hebels hängt ein Körper im Abstand $a_1 = 10$ cm von der Drehachse; sein Gewicht F_1 beträgt 3,0 N. Rechts ziehen wir mit einer Kraft F_2 mit dem Hebelarm a_2 so nach unten, dass sich der Hebel nicht dreht. Man sagt dazu: Am Hebel herrscht Gleichgewicht (Abb. 152.1 a). Zu verschiedenen Hebelarmen a_2 messen wir jeweils die Kraft F_2 im Gleichgewichtszustand (vgl. Tab. 152.1 c).

V Um die Drehwirkung des angehängten Körpers aufzuheben, können wir anstatt rechts nach unten auch links nach oben ziehen (Abb. 152.1 b). Für das Gleichgewicht ergeben sich die gleichen Wertepaare a_2 und F_2.

Den Spalten 4 bis 6 der Tab. 152.1 c entnehmen wir: Ver-*n*-facht man den Hebelarm a_2, sinkt die erforderliche Kraft F_2 auf den *n*-ten Teil. Hebelarm und Kraft sind zueinander umgekehrt proportional: $F_2 \cdot a_2 =$ konstant. Kräfte F_2 mit dem Hebelarm a_2, die sich durch gleiche Produktwerte $F_2 \cdot a_2$ auszeichnen, erzielen die gleiche Drehwirkung. Erhöht man die Zugkraft F_2 oder vergrößert man bei gleich bleibendem Kraftbetrag den Hebelarm a_2, wird die Drehwirkung größer; das Gleichgewicht am Hebel wäre gestört. Es bietet sich an, den Term $F \cdot a$ als *Maß für die Drehwirkung* einer Kraft F mit dem Hebelarm a zu verwenden.

Das Produkt aus Kraftbetrag *F* und Hebelarm *a* heißt *Drehmoment* M*:

$$M = F \cdot a$$

Das Drehmoment hat die Einheit

$$[M] = [F] \cdot [a] = 1 \text{ Nm}$$

(gesprochen: Newtonmeter).
Das Wägestück von Abb. 152.1 erzielt das Drehmoment $M = 30$ Ncm $= 0{,}30$ Nm. Ein Automotor mittlerer Leistung erzeugt dagegen ein Drehmoment von etwa 150 Nm, also 500-mal so viel. Außerdem gibt man bei einem Drehmoment an, ob es den Hebel links oder rechts herum zu drehen versucht.

Hebelgesetz
Am Hebel herrscht Gleichgewicht, wenn das linksdrehende Drehmoment gleich dem rechtsdrehenden ist:

$$F_1 \cdot a = F_2 \cdot a$$

Das Hebelgesetz wurde von Archimedes entdeckt. Aus diesem folgerte er: Ist der eine Hebelarm *n*-mal so groß wie der andere, so ist die Kraft nur ein *n*-tel der anderen Kraft. Mit einer kleinen Kraft am sehr langen Hebelarm kann also eine sehr große Kraft am kurzen Hebelarm erzeugt werden. Seine Begeisterung für diese Erkenntnis fasste er in die berühmten Worte: „Gebt mir einen Platz zum Stehen und ich werde die Erde aus den Angeln heben.“

Aufgaben

1. *Ein- und zweiseitiger Hebel*
Greift am Hebelstab die eine Kraft – von der Drehachse aus betrachtet – auf der linken Seite und die andere auf der rechten Seite an, heißt der Hebel *zweiseitiger Hebel*. Greifen die beiden Kräfte auf der gleichen Seite an, heißt der Hebel *einseitiger Hebel*.

a) Nenne Beispiele für die Verwendung von Körpern als zweiseitige Hebel!
b) Nenne Beispiele für die Verwendung von Körpern als einseitige Hebel!
c) Fertige je eine saubere Skizze eines zweiseitigen und eines einseitigen Hebels an, die sich im Gleichgewicht befinden! (Drehachse und Kraftpfeile rot einzeichnen!)

2. Auf der linken Seite eines Hebels hängt 20 cm vom Drehpunkt entfernt ein Körper des Gewichts 3,0 N.
a) Wo muss man einen Körper des Gewichts 4,0 N anhängen, damit Gleichgewicht herrscht?
b) Welches Gewicht hat ein Körper, der 25 cm vom Drehpunkt entfernt Gleichgewicht herstellt?

3. Ein Arbeiter schiebt das eine Ende einer 1,80 m langen Brechstange 15 cm weit unter einen Stein und hebt das andere Ende und damit den Stein durch eine Kraft von 500 N etwas an.
a) Zeichne den Hebel „Brechstange" mit dem Drehpunkt und den Kräften!
b) Welche Kraft wird auf den Stein ausgeübt? Was kann man über sein Gewicht aussagen?

4. *Schneidewerkzeug*
a) Wie verwendet man eine Schere zum Kartonschneiden?
b) Abb. 153.1 zeigt einen *Seitenschneider*. Zum Trennen eines Drahtes ist eine Schneidkraft von 650 N erforderlich, die 1,5 cm vom Drehpunkt entfernt erzeugt wird. Mit welcher Kraft muss man 6,5 cm vom Drehpunkt entfernt auf den Griff drücken?
c) Die Zwickzange von Abb. 153.2 ist „verzwickt". Sie besteht aus zwei Hebeln: Von der Schneide bis zum ersten Drehpunkt sind es 1,5 cm, von diesem bis zum Ende des Hebelarms 3,0 cm, bis zum zweiten Drehpunkt 1,5 cm und schließlich von diesem bis zum Angriffspunkt der Kraft 7,5 cm. Das Wievielfache der aufgewandten Kraft ist die Schneidkraft (Kraftübersetzung)?

5. Bestimme die ungefähre Kraftübersetzung des *Flaschenöffners* und des *Nussknackers* von Abb. 153.3!

6. *Die Schnellwaage* (Abb. 153.4)
a) Erkläre die Wirkungsweise einer Schnellwaage!
b) Der rechte Waagbalken ist in g geeicht. Gilt diese Eichung auch auf dem Mond?

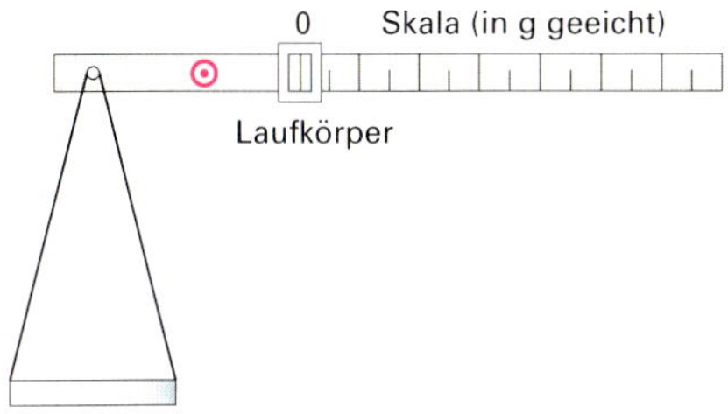

153.4 Schema einer Schnellwaage

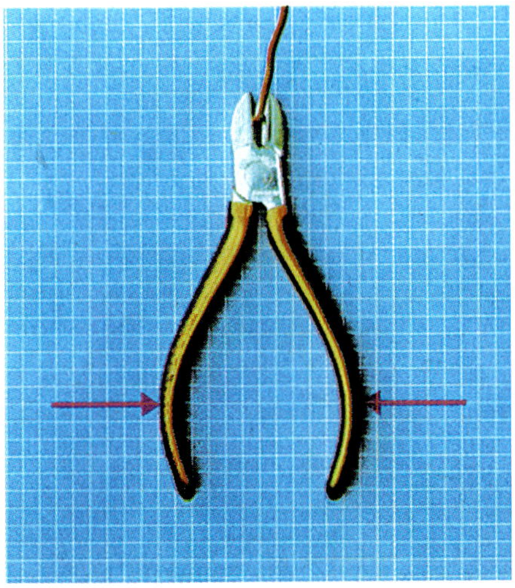

153.1 Seitenschneider

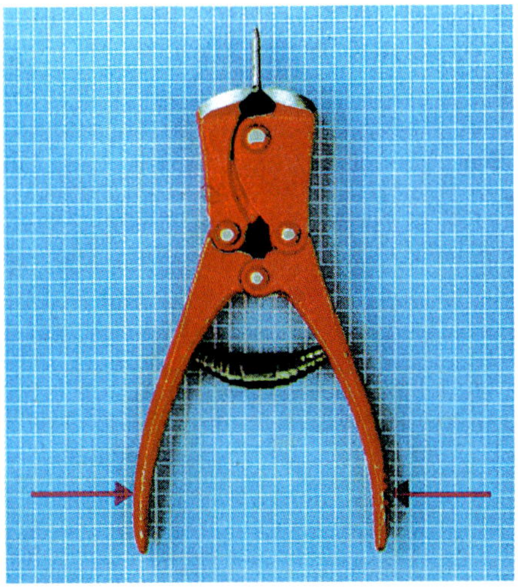

153.2 Zwickzange

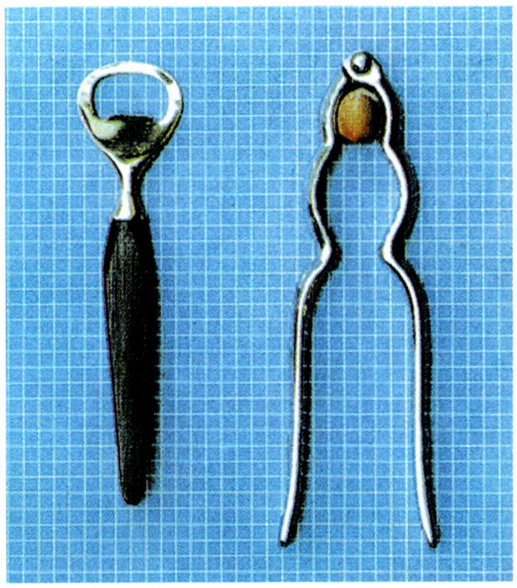

153.3 Flaschenöffner und Nussknacker

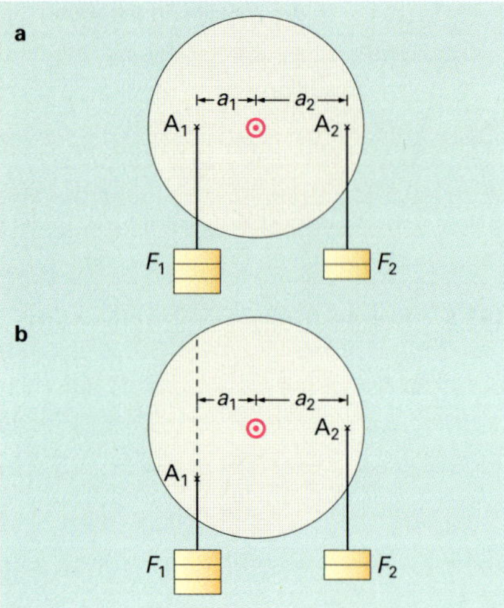

154.1 Der Hebelarm

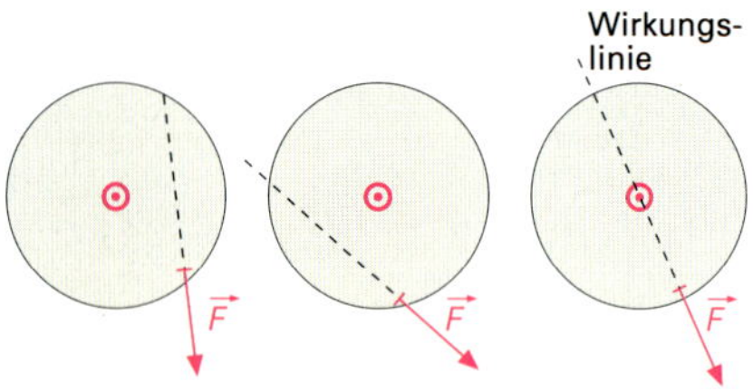

154.2 Drehwirkung einer Kraft

154.3 Fadenrolle

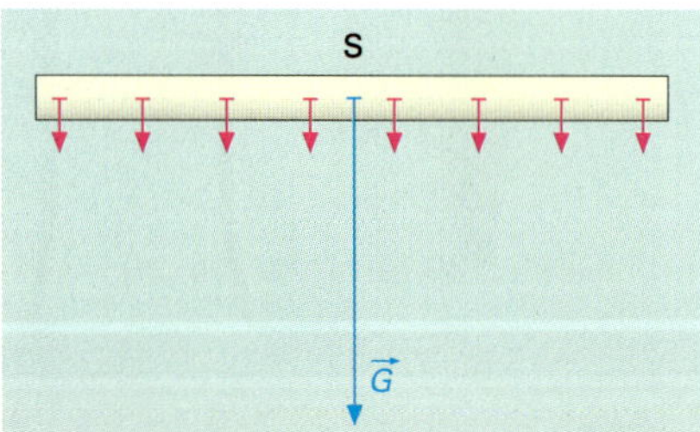

154.4 Gewichtskraft eines Stabes

Der Hebelarm

Wir haben uns bisher mit dem Stab als Hebel befasst. Nun gehen wir zu einer kreisförmigen Scheibe über, die um ihren Mittelpunkt drehbar ist.

V Wir stellen uns einen Hebelstab vor, der in der Scheibe enthalten ist: In Drehpunkthöhe hängt links mit $a_1 = 6$ cm ein Körper des Gewichts $F_1 = 3$ N und rechts mit $a_2 = 9$ cm einer des Gewichts $F_2 = 2$ N. Es herrscht Gleichgewicht (Abb. 154.1a). Verschieben wir den Angriffspunkt A_1 von $\vec{F}_1$ in Kraftrichtung nach oben oder unten, so bleibt das Gleichgewicht erhalten (Abb. 154.1b).

Verschiebt man den Angriffspunkt einer Kraft in Kraftrichtung, so bleibt die Wirkung auf die Scheibe die gleiche. Man nennt deshalb die Gerade, die durch den Angriffspunkt in Kraftrichtung verläuft, **Wirkungslinie** der Kraft.
Obwohl sich beim Verschieben des Angriffpunkts A_1 die Entfernung zum Drehpunkt vergrößert hat, ist keine Drehung zu beobachten. Die Drehwirkung und damit das Drehmoment $F_1 \cdot a_1$ haben sich nicht geändert. Nicht geändert hat sich auch der Abstand a_1 der Wirkungslinie vom Drehpunkt. Wir folgern daraus:

Der Hebelarm einer Kraft $\vec{F}$ ist der Abstand a ihrer Wirkungslinie von der Drehachse.

Aufgaben

1. Wie herum dreht sich jeweils die Scheibe von Abb. 154.2?

2. *Die folgsame und unfolgsame Fadenrolle* (Abb. 154.3)
Nimm eine Fadenrolle und ziehe am Fadenende einmal in waagrechte und einmal in senkrechte Richtung.
a) Beschreibe die unterschiedlichen Beobachtungen!
b) Versuche durch Ziehen am Faden, diejenige Richtung herauszufinden, bei der die eine Art des Verhaltens in die andere übergeht. Betrachte den Auflagepunkt als Drehpunkt und erkläre das Verhalten der Fadenrolle!

8.3 Der Schwerpunkt

Der Schwerpunkt

Wir stellen die Gewichtskraft eines Körpers durch eine einzige Kraft dar. Dürfen wir eigentlich die Gewichtskräfte der einzelnen Atome oder Moleküle eines Körpers zu einer Kraft $\vec{G}$ zusammenfassen?
Bei einem Stab gehen wir davon aus, dass $\vec{G}$ im Mittelpunkt S angreift (Abb. 154.4). Verhält sich der Stab in Experimenten auch so?

V Die Drehachse verläuft durch S. Der Hebelarm der Gewichtskraft ist gleich null, und damit ist ihr Drehmoment auch gleich null. Der Stab ist im Gleichgewicht.

V Verläuft die Drehachse im Abstand a von S, muss man – um Gleichgewicht herzustellen – auf der anderen Seite im gleichen Abstand a einen gleich schweren Körper hinhängen. Im doppelten Abstand $2a$ genügt ein Körper des Gewichts $\frac{1}{2}G$. Die Gewichtskraft erzeugt also das Drehmoment $G \cdot a$. Das ist gerade der Wert, den man erhält, wenn man sich vorstellt, dass $\vec{G}$ im Mittelpunkt des Stabes angreift.

Der Angriffspunkt der Gewichtskraft $\vec{G}$ heißt *Schwerpunkt* S.

Wie findet man den Schwerpunkt S eines Dreiecks? Es sei überall gleich dick und durchgehend aus gleichem Material. Wir denken uns das Dreieck in Stäbe aufgeteilt (Abb. 155.1a). Unterstützen wir es in den Schwerpunkten aller Stäbe, also längs der Seitenhalbierenden, ist das Dreieck im Gleichgewicht. Da es nicht kippt, ist das von der Gewichtskraft erzeugte Drehmoment gleich null. Folglich muss der Schwerpunkt S des Dreiecks auf der Seitenhalbierenden liegen. Entsprechend muss S auch auf den beiden anderen Seitenhalbierenden liegen: S ist also der Schnittpunkt der Seitenhalbierenden.

V Unterstützen wir das Dreieck in S, ist es im Gleichgewicht (Abb. 155.1 b). Neigen wir es etwas, bleibt das Gleichgewicht erhalten: S ist für jede Lage der Angriffspunkt von $\vec{G}$.

Experimentelle Bestimmung des Schwerpunkts

Wie hängt ein Körper?

V Ein Dreieck aus Karton wird nacheinander an verschiedenen Punkten aufgehängt: Der Schwerpunkt S liegt immer auf dem Lot durch den Aufhängepunkt (Abb. 155.2).

Warum? Die Gewichtskraft $\vec{G}$, die in S angreift, versucht, den Körper zu drehen. Ruht der Körper, muss die Wirkungslinie von $\vec{G}$ durch den Drehpunkt (Aufhängepunkt) verlaufen. Also befindet sich S auf dem Lot durch den Aufhängepunkt.

Ist ein Körper frei beweglich aufgehängt, so liegt sein Schwerpunkt S auf dem Lot durch den Aufhängepunkt.

Gestützt auf dieses Ergebnis können wir den Schwerpunkt S eines beliebigen Körpers experimentell bestimmen:

V Ein Kartonstück willkürlicher Form wird nacheinander an zwei verschiedenen Punkten aufgehängt. Mithilfe eines im Aufhängepunkt befestigten Senklotes zeichnen wir die zugehörigen Wirkungslinien der Gewichtskraft ein: Diese schneiden sich im Schwerpunkt S (Abb. 155.3). – Zur Überprüfung unterstützen wir das Kartonstück in diesem Punkt. Es ist im Gleichgewicht.

Aufgaben

1. Wo liegt der Schwerpunkt eines
   a) achsensymmetrischen Körpers,
   b) punktsymmetrischen Körpers,
   c) eines Rechtecks,
   d) eines Halbkreises,
   e) eines Kreisrings,
   f) eines Rohres?
2. Wo sollte der Schwerpunkt eines Autorades liegen? Wie wird diese Lage bei der Reifenmontage erreicht?
3. Zeichne a) ein beliebiges Viereck, b) einen Halbkreis mit Radius 10 cm auf einen Karton und schneide beide aus. Bringe jeweils zwei Schlaufen aus Faden an und bestimme die Schwerpunkte experimentell!
4. Ein 1,2 kN schwerer Baumstamm ist 6,0 m lang. Liegt er am dicken Ende auf, so ist am anderen dünnen Ende zum Halten eine Kraft von 500 N nötig. Wo befindet sich der Schwerpunkt des Baumstamms?
5. a) Wo liegt der Schwerpunkt eines Menschen in „Normalhaltung"? Wie ändert sich die Lage, wenn er die Beine anzieht oder in der Hüfte abknickt?
   b) Wo befindet sich der Schwerpunkt eines Stabhochspringers, der gerade die Latte überquert?

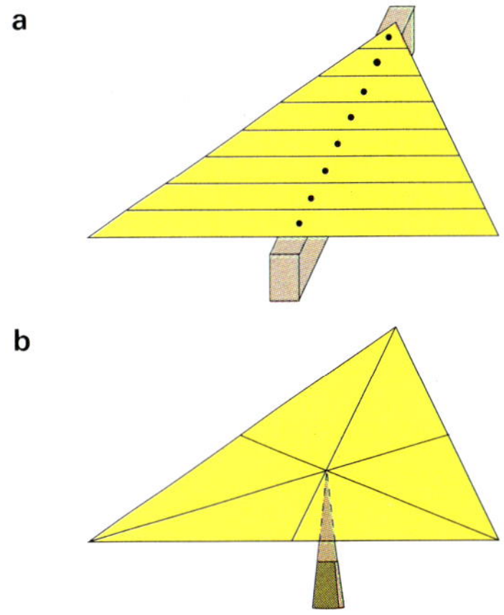

155.1 Schwerpunkt eines Dreiecks

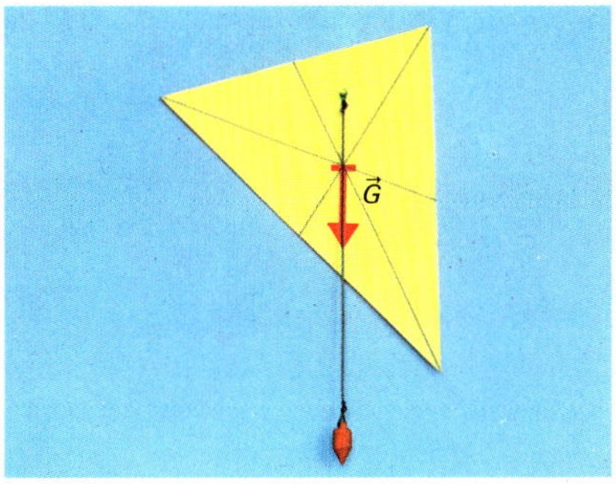

155.2 Hängendes Dreieck

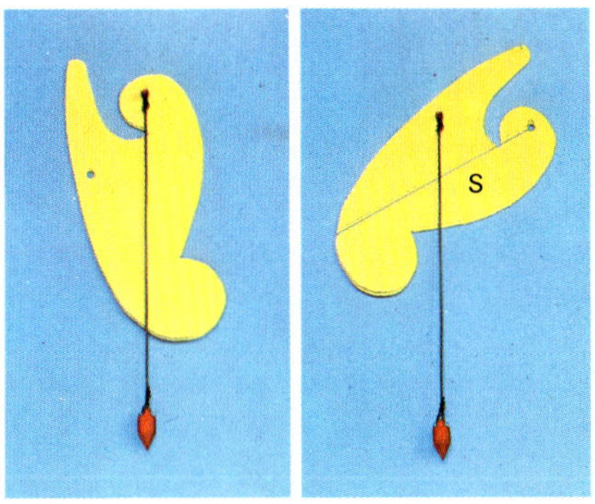

155.3 Experimentelle Bestimmung des Schwerpunkts

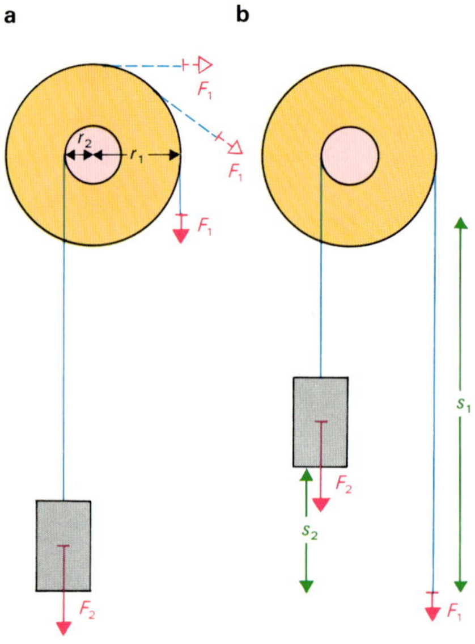

156.1 Kräfte und Wege am Wellrad

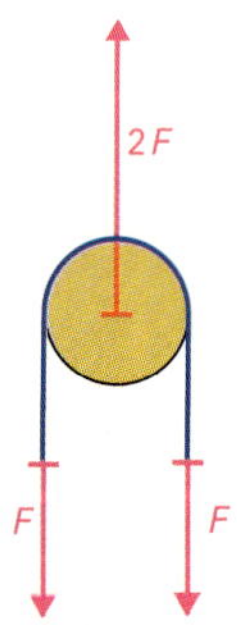

156.2 Gleichgewicht an der Rolle

8.4 Wellrad und Flaschenzug

Mit einem Stab als Hebel lässt sich durch eine kleine Kraft am langen Hebelarm ein schwerer Körper am kurzen Hebelarm anheben, allerdings nur ein kleines Stück. Um große Hubhöhen zu erzielen, muss man Räder verwenden, auf denen sich Seile oder Ketten abrollen lassen. Auf Archimedes Rat hin setzte man den *Flaschenzug* bei der Verteidigung seiner Vaterstadt Syrakus ein: Schiffe der römischen Belagerer wurden damit aus dem Wasser gehoben. Bevor wir uns mit dem Flaschenzug beschäftigen, befassen wir uns noch mit einem einfacheren technischen Gerät, dem *Wellrad*, und dem wichtigsten Bauelement des Flaschenzugs, der *Rolle*.

Das Wellrad

Ein **Wellrad** besteht aus zwei auf einer gemeinsamen Achse sitzenden, verschieden großen, miteinander verbundenen Rädern (Abb. 156.1 a). Die Hebelarme der Kräfte $\vec{F}_1$ und $\vec{F}_2$ sind die Radien r_1 und r_2. Also gilt im Gleichgewicht:

$$F_1 \cdot r_1 = F_2 \cdot r_2.$$

V Mit einer Kraft $F_1 = 2{,}0$ N am großen Rad ($r_1 = 9{,}0$ cm) kann man am kleinen Rad vom Radius

$$r_2 = \tfrac{1}{3}\, r_1 = 3{,}0 \text{ cm}$$

einer Last des Gewichts

$$F_2 = 3 \cdot F_1 = 6{,}0 \text{ N}$$

das Gleichgewicht halten, und zwar unabhängig davon, in welche Richtung man zieht.

V Zum Hochziehen der Last ist wegen der Reibung eine etwas größere Kraft als $F_1 = 2{,}0$ N nötig. Es fällt dabei auf, dass die Hubhöhe s_2 der Last nur ein Drittel des sog. Kraftweges s_1 beträgt (Abb. 156.1 b): $s_2 = \frac{1}{3}\, s_1$.

Das lässt sich leicht einsehen: Der Radius und auch der Umfang des kleinen Rades betragen jeweils ein Drittel des Radius bzw. des Umfangs des großen Rades. Also legt ein Punkt auf dem kleinen Rad beim Drehen nur ein Drittel des Weges zurück, den ein Punkt auf dem großen zurücklegt. Eine Verdreifachung des Kraftbetrags führt also zu einer Drittelung der Wegstrecke. Diese Überlegung lässt sich auf beliebige Radien übertragen:

Am Wellrad bringt eine Kraftübersetzung stets eine gleich große Weguntersetzung mit sich.

Gleichgewicht an der Rolle

Über die Rolle wird ein Seil geführt. Damit sich die Rolle *nicht dreht* und damit sie *ihren Ort nicht ändert*, müssen folgende Bedingungen erfüllt sein (Abb. 156.2):

An einer Rolle herrscht Gleichgewicht, wenn
1. **die beiden gleich gerichteten Seilkräfte gleichen Betrag *F* haben,**
2. **die entgegengesetzt gerichtete, auf die Rollenachse wirkende Kraft den Betrag 2 *F* hat.**

Der Flaschenzug

Die Reibung sowie das Rollen- und das Seilgewicht seien vernachlässigbar klein. Mit einer an einem bestimmten Ort befestigten Rolle, einer **festen Rolle**, benötigt man zum Halten einer Last des Gewichts G am anderen Seilende eine Kraft des Betrags $F = G$ (Abb. 157.1a).
Will man die Zugkraft in eine größere übersetzen, muss man die Last an die Rollenachse hängen. Mit der Rolle wird dann auch die Last gehoben. Diese Rolle heißt deshalb **lose Rolle**. Zum Halten ist sowohl links als auch rechts eine Seilkraft des Betrags $F = \frac{1}{2}\, G$ erforderlich (Abb. 157.1 b).

Damit man die Kraft $\frac{1}{2}G + \frac{1}{2}G = G$ nicht wieder insgesamt aufwenden muss, wird das eine Seilende an einem Haken befestigt. Nun genügt am anderen eine Zugkraft des Betrags $F = \frac{1}{2}G$. Damit diese bequem aufgebracht werden kann, leitet man das Seilende mit einer ortsfesten Rolle um. Diese Anordnung ist die einfachste Form eines *Flaschenzuges* (Abb. 157.1 c).
Wir erweitern diesen jetzt um eine zweite lose und eine zweite ortsfeste Rolle (Abb. 157.2). Zur Ermittlung der Beziehung zwischen dem Betrag F der Zugkraft und dem Gewicht G der Last wenden wir Schritt für Schritt die Gleichgewichtsbedingung der Rolle an. Zunächst schreiben wir an das Seilende F. Gestützt auf die 1. Gleichgewichtsbedingung schreiben wir an das Seil nach der rechten ortsfesten Rolle auch F, nach der 2. Gleichgewichtsbedingung für die Kraft auf die Rollenachse $2F$. Dann verfahren wir genauso mit der rechten losen Rolle, der linken ortsfesten und schließlich mit der linken losen Rolle. Rechts und links an der Last wirkt also jeweils eine Kraft des Betrags $2F$ nach oben: $G = 2F + 2F = 4F$; die Zugkraft wird vervierfacht.
Welcher Zusammenhang besteht zwischen dem Kraftweg s und dem Lastweg h? Wir überlegen uns dazu, welche Seilstücke in Gedanken herausgeschnitten und am Ende angesetzt werden müssten, und kennzeichnen diese mit grüner Farbe. Wir bedenken, dass jede lose Rolle wie die Last um den Lastweg h gehoben werden muss. (Abb. 157.2).
So finden wir: $s = 4\,h$ oder $h = \frac{1}{4}s$. Eine Vervierfachung der Zugkraft bringt leider eine Viertelung des Weges mit sich.

V Wir überprüfen unsere Überlegungen durch ein Experiment. Wenn das Gewicht G_R einer Rolle nicht wesentlich geringer als das Gewicht G_L der Last ist, müssen wir es berücksichtigen. Da die losen Rollen unmittelbar mit der Last verbunden sind, schlagen wir ihr Gewicht dem der Last zu: $G = G_L + 2G_R$. Zum Hochziehen der Last benötigen wir wegen der Reibung etwas mehr als $F = \frac{1}{4}G$. Lastweg und Kraftweg verhalten sich wie 1 : 4.

Wir fassen zusammen: Die ortsfeste Rolle des Flaschenzugs lenkt die Zugkraft um, am Betrag ändert sich nichts. Bei der losen Rolle zieht die Rollenachse an der Last. Es verdoppelt sich dabei einerseits die Kraft, andererseits halbiert sich der zugehörige Kraftweg (Abb. 157.3).

Beim Flaschenzug bringt eine Kraftübersetzung stets eine gleich große Weguntersetzung mit sich: Wenn $G = n \cdot F$ ist, dann ist die Hubhöhe $h = \frac{1}{n}s$.

In der Technik fasst man die ortsfesten und die losen Rollen jeweils auf einer Achse in einem Gehäuse („Flasche" genannt) zusammen. Bei Kranen zum Heben sehr schwerer Lasten enthält eine Flasche bis zu 10 Rollen (Abb. 159.1).

Die Goldene Regel der Mechanik

Nicht nur beim Hebel, beim Wellrad und beim Flaschenzug bringt eine Kraftübersetzung eine gleich große Weguntersetzung mit sich, sondern auch bei jedem anderen Kraftwandler. Dieses Gesetz kannte schon Heron von Alexandria (um 60 n. Chr.). Galilei (1564 – 1642) hat es anschaulich, wenn auch physikalisch nicht präzise, ausgesprochen: „Was an Kraft gespart wird, muss an Weg zugesetzt werden."

Goldene Regel der Mechanik
Bei einem Kraftwandler bringt eine Kraftübersetzung stets eine gleich große Weguntersetzung mit sich.

Die Goldene Regel gilt nur für den Idealfall eines reibungsfreien Vorgangs. In Wirklichkeit ist die Kraftübersetzung stets kleiner.

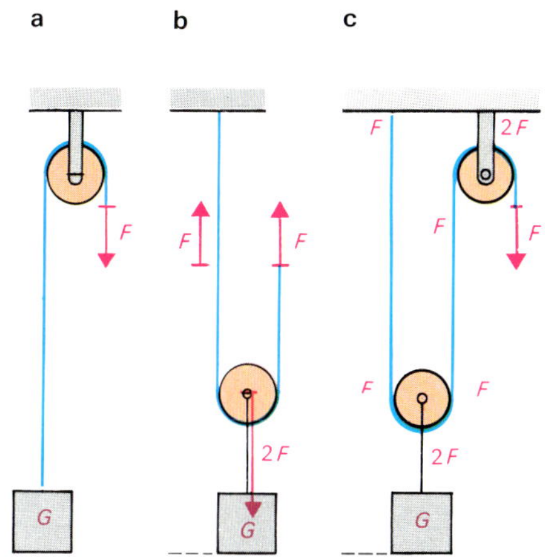

157.1 Ortsfeste Rolle, lose Rolle und Flaschenzug

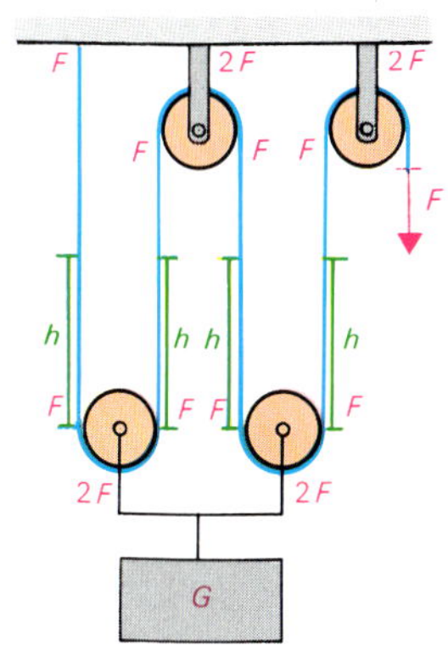

157.2 Kräfte und Wege an einem Flaschenzug

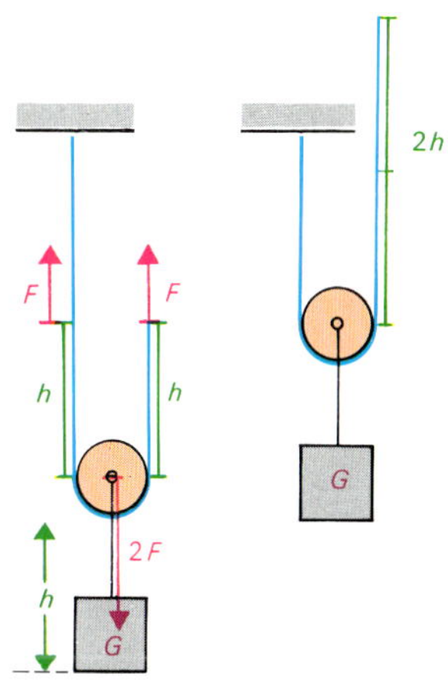

157.3 Kräfte und Wege an einer losen Rolle

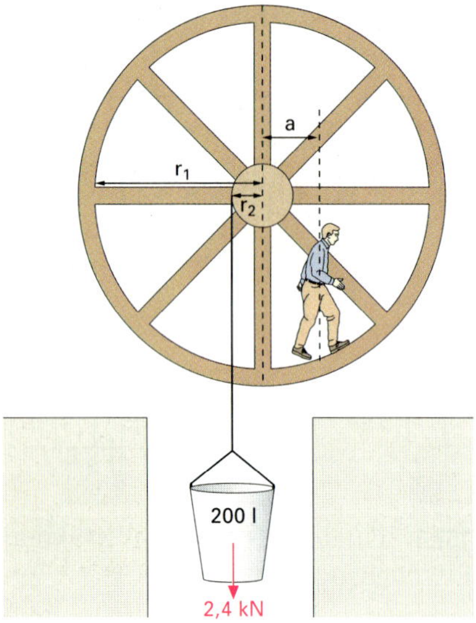

158.1 Brunnen der Wülzburg

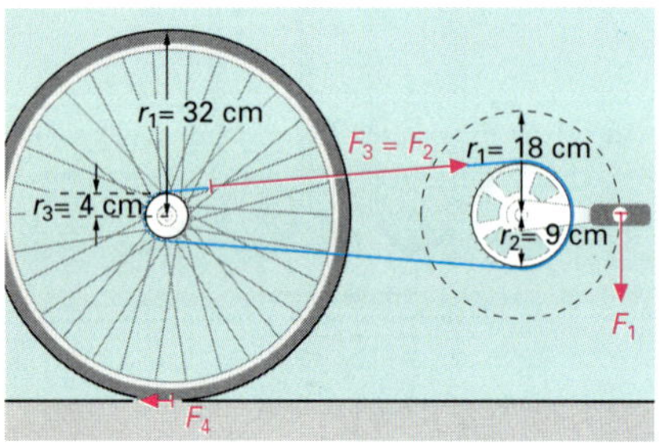

158.2 Wellräder am Fahrrad

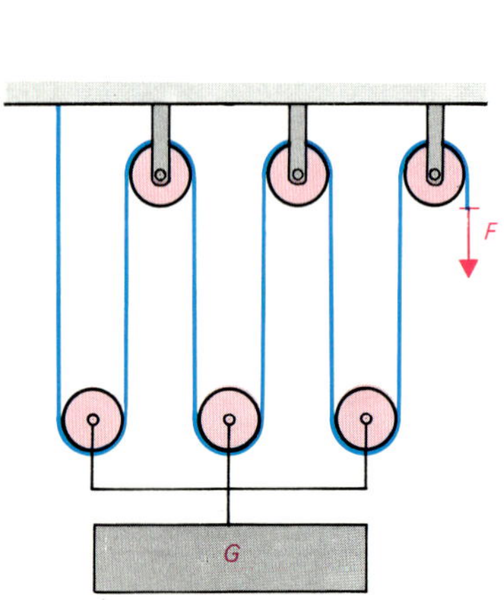

158.3 Flaschenzug zu Aufgabe 5

Aufgaben

(Hinweis: Die Reibung sowie das Gewicht des Seils und der Rollen seien vernachlässigbar.)

1. *„Der Elefant auf der Wippe"*
Archimedes war überzeugt, dass man mit einer bestimmten Kraft jede beliebige Last heben kann, z. B. auch einen Elefanten. Ein Elefant (m_E = 6,0 t) stehe auf einer Scheibe, die auf einer Wippe befestigt und deren Mittelpunkt 1,0 m von der Drehachse entfernt ist.
a) Wo muss Corinna (m_C = 50 kg) auf der Wippe sitzen, damit sie dem Elefanten das Gleichgewicht hält?
b) Wie muss sich Corinna dann verhalten, damit sich die Wippe auf und ab bewegt?
c) Der Elefant wippt dabei 10 cm auf und ab.
Um welche Strecke wippt Corinna auf und ab?

2. *Der Festungsbrunnen der Wülzburg*
Der Wasserspiegel des Brunnens der Wülzburg (bei Weißenburg in Bayern) liegt in einer Tiefe von 150 m. Zum Hochziehen des 2,4 kN schweren Wasserkübels benutzte man im 18. Jahrhundert ein Wellrad mit den Radien r_1 = 225 cm und r_2 = 37,5 cm (Abb. 158.1).
a) Welche Kraft F_1 wäre zum Hochziehen am großen Rad nötig? Welchen Weg s_1 legt dabei ein Punkt P auf dem großen Rad zurück?
b) Das große Rad ist ein Tretrad. Beim Hochziehen stiegen 2 Personen, die je 600 N wogen, im Rad von Brett zu Brett. In welchem Abstand *a* von der Drehachse mussten sie laufen? Wie lange brauchten sie, wenn sie das große Rad mit der Geschwindigkeit 0,3 m/s antrieben?
c) In Wirklichkeit liefen die beiden Personen in ca. 1 m Abstand von der Achse. Warum?

3. *Kraft- und Wegübersetzung am Fahrrad*
Zum Antrieb eines Fahrrads dienen zwei Wellräder (Abb. 158.2): Beim vorderen Wellrad ist eines der beiden Räder durch eine Kurbel ersetzt. Auf das Pedal unseres Fahrrads werde mit einer Kraft F_1 = 40 N gedrückt.
a) Welche Kraft F_2 wirkt auf die Kette? Der obere gespannte Teil der Kette überträgt diese auf das kleine Kettenrad: $F_3 = F_2$. Welche Kraft F_4 wirkt zum Antrieb des Fahrrads auf die Straße? Welcher Bruchteil von F_1 wird also auf die Straße übertragen?
b) Berechne mit der Formel $s_1 = 2 \cdot 3{,}14 \cdot r_1$ für den Kreisumfang den Weg s_1, den das Pedal bei einer vollständigen Umdrehung zurücklegt! Welche Wegstrecke legt dabei das Fahrrad zurück?

4. *Kraftübersetzungen deines Fahrrads*
a) Miss den „Kurbelradius" r_1 (entsprechend zu Abb. 158.2) deines Fahrrads. Berechne den Weg $s_1 = 2 \cdot 3{,}14 \cdot r_1$, den das Pedal bei einer vollständigen Kurbelumdrehung zurücklegt!
b) Lege den kleinsten Gang ein und miss den Weg, den dein Fahrrad bei einer vollständigen Kurbelumdrehung zurücklegt! Verfahre entsprechend mit einem mittleren Gang und dem größten Gang! Die pro Kurbelumdrehung ermittelte Wegstrecke nennt man *Entfaltung* des jeweiligen Ganges.
c) Welches Vielfache des Kurbelweges s_1 ist bei den betrachteten Gängen jeweils die zurückgelegte Wegstrecke? Welcher Bruchteil der Kraft, mit der du auf das Pedal drückst, wird bei den betrachteten Gängen jeweils auf die Straße übertragen?

5. Wir untersuchen den in Abb. 158.3 dargestellten Flaschenzug mit 3 festen und 3 losen Rollen.

a) Ermittle die Beziehung zwischen *F* und *G*!

b) Welche Beziehung besteht zwischen dem Lastweg *h* und dem Kraftweg *s*?

c) Welche allgemeinen Beziehungen ergeben sich, wenn man bei gleichem Bauprinzip *n* feste und *n* lose Rollen verwendet?

d) Der Container von Abb. 159.1 ($m = 30$ t) wird durch zwei solche Flaschenzüge mit je 5 festen und 5 losen Rollen um 110 cm gehoben. Berechne *F* und *s*!

159.1 Zu Aufgabe 5 d)

6. *Der Bergsteigerflaschenzug*

Abb. 159.2 zeigt den einfachsten Flaschenzug, der bei der Rettung von Bergsteigern verwendet wird. Anstatt Rollen benützt man federnde Verschlusshaken, die Karabinerhaken genannt werden. Das bis zur Last durchlaufende Hauptseil ist Zugseil. Ein Klemmknoten, der auf dem Hauptseil bei Zug haftet, verbindet das Hauptseil über eine kurze Reepschnurschlinge mit dem unteren Karabinerhaken.

a) Zeichne zum Karabinerhaken-Flaschenzug den entsprechenden mit Rollen!

b) Welcher Zusammenhang besteht beim Rollenflaschenzug zwischen *F* und *G*, welcher zwischen *s* und *h*?

c) Welche Kraft *F* und welcher Kraftweg *s* wären beim Rollen-Flaschenzug zum Heben eines Bergsteigers ($m = 90$ kg) um 8,0 m nötig?

d) Warum ist beim Karabinerhaken-Flaschenzug eine größere Kraft, nämlich 450 N erforderlich? Wie groß ist für den Rollen- und Karabinerhaken-Flaschenzug jeweils die Kraftübersetzung $G:F$, wie groß die Weguntersetzung $h:s$?

7. *Der Potenzflaschenzug*

Etwa 2000 Jahre lang verwendete man nur Flaschenzüge nach dem in Abb. 158.3 dargestellten Bauprinzip. Erst zu Beginn des 19. Jahrhunderts kombinierte man lose und feste Rollen auch in anderer Weise. Abb. 159.3 a zeigt einen solchen Flaschenzug.

a) Ermittle für diesen den Zusammenhang zwischen *F* und *G*!

b) Bedenke, um wie viel sich die mittlere Rolle heben muss, damit die unterste um *h* gehoben wird. Entwickle daraus die Beziehung zwischen *s* und *h*!

c) Es kommt zu dem bisher betrachteten Flaschenzug eine weitere Rolle hinzu (Abb. 159.3 b). Wie wirkt sich das auf die Kraftübersetzung $G:F$ aus?

d) Wie wirkt sich bei gleichem Bauprinzip jeweils die Hinzunahme einer weiteren losen Rolle auf die Kraftübersetzung aus? Gib den Zusammenhang zwischen *F* und *G* für einen solchen Flaschenzug mit 1, 2, 3, 4 losen Rollen an! Wie lautet der allgemeine Zusammenhang für *n* lose Rollen? Warum heißt der Flaschenzug Potenzflaschenzug?

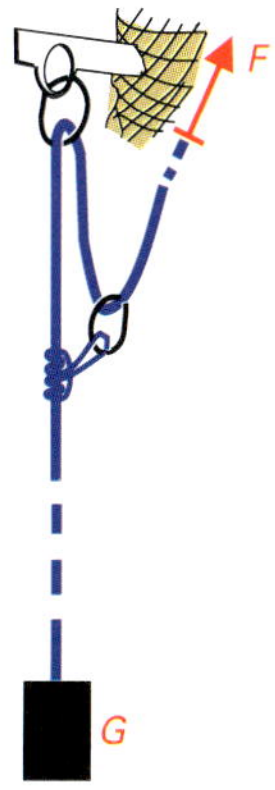

159.2 Bergsteigerflaschenzug

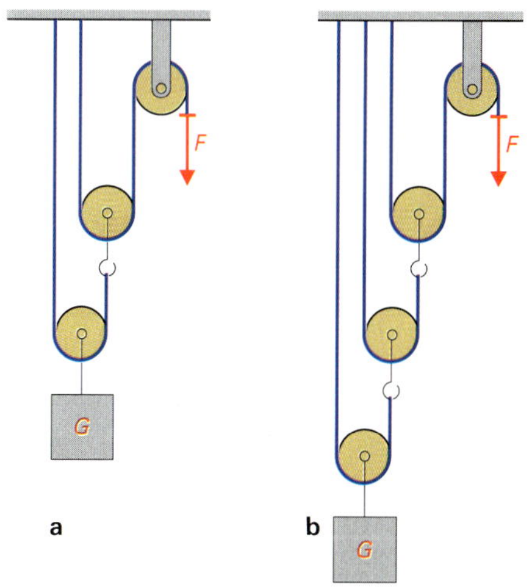

159.3 Potenzflaschenzüge

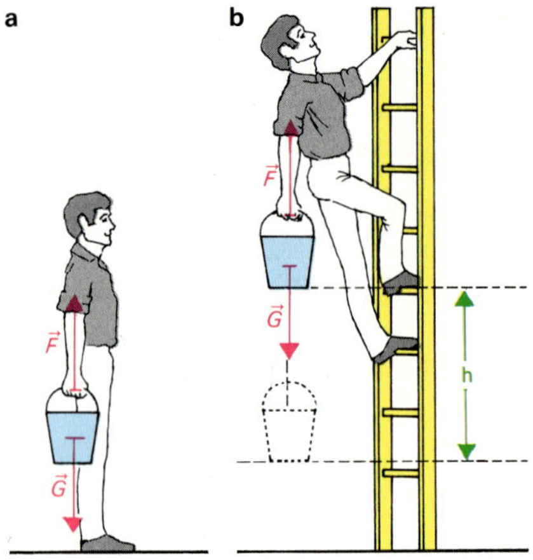

160.1 Halten (a) und Hochtragen (b) einer Last des Gewichts G

8.5 Arbeit und Leistung

Definition der Arbeit

Von einem Menschen, der eine körperliche oder geistige Tätigkeit ausführt, sagt man: Er arbeitet. In der Physik legt man die Arbeit als messbare Größe fest. Dazu muss man den Arbeitsbegriff des täglichen Lebens enger fassen.

In der Physik spricht man nur dann von Arbeit, wenn es sich um Vorgänge einer bestimmten Art handelt: So verrichtet ein Mensch im physikalischen Sinn noch keine Arbeit, wenn er eine schwere Tasche hält. Selbst dann nicht, wenn bei waagrecht ausgestrecktem Arm Ermüdungserscheinungen auftreten! Trägt aber die Person die Tasche eine Treppe hoch, verrichtet sie Arbeit.

Unser Interesse gilt aber nicht so sehr der Person, sondern dem Körper, in unserem Beispiel der emporgetragenen Tasche. Kennzeichnend für den Vorgang ist: Der Körper erfährt unter der Wirkung einer Kraft eine Ortsveränderung.

Wenn ein Körper unter der Wirkung einer Kraft eine Ortsveränderung erfährt, sagt man: Am Körper wird Arbeit verrichtet. Oder genauer: Die Kraft $\vec{F}$ verrichtet am Körper längs des Weges s Arbeit.

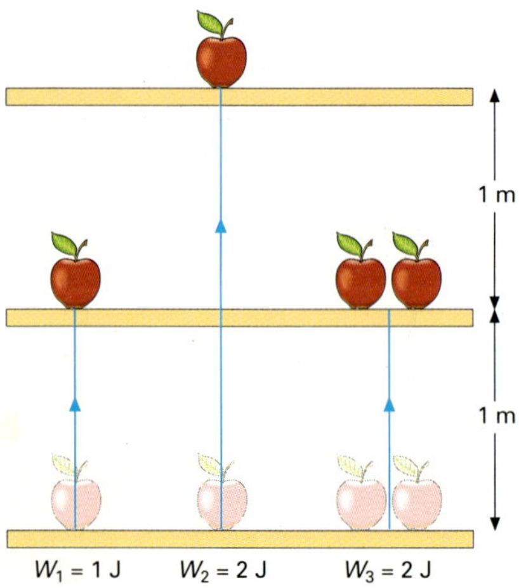

160.2 Gleichwertigkeit von Kraft und Weg in der Definition der Arbeit

Beim Heben einer Last ist die Kraft $\vec{F}$ gegengleich der Gewichtskraft $\vec{G}$ (Abb. 160.1). Die Kraft $\vec{F}$ wirkt längs des Weges $s = h$. Es fällt uns leicht, das Arbeitsergebnis zu bewerten: Die verrichtete Arbeit ist umso größer, je größer die aufgebrachte Kraft $\vec{F}$ und je größer der Weg s, also die Hubhöhe h ist. Daher erwarten wir, dass auch die physikalische Größe **Arbeit W** (vom engl. work) von den Größen F und s entsprechend abhängt.

Ein Gedankenversuch führt uns zum Definitionsterm:

V Wir heben eine Last des Gewichts G um die Höhe h auf verschiedene Weise. Dazu benützen wir Wellräder und Flaschenzüge. Stets bringt aber eine Kraftübersetzung eine Weguntersetzung mit sich: Vermindert sich der aufzuwendende Kraftbetrag gegenüber dem direkten Heben auf den n-ten Teil – das heißt $F = \frac{1}{n} G$ –, so ver-n-facht sich der Kraftweg: $s = n \cdot h$.

Ob man die Last durch eine Kraft des Betrags G direkt um h hebt, oder ob man zum Heben einen Flaschenzug oder ein Wellrad zur Hilfe nimmt und dabei eine Kraft des Betrags F längs eines Weges s aufbringt, stets erhalten wir für das Produkt

$$F \cdot s = \tfrac{1}{n} G \cdot nh = Gh,$$

also den gleichen Wert. Daher ist der Term Fs geeignet, das Arbeitsergebnis zu kennzeichnen.

Die Arbeit W ist gleich dem Produkt aus der in Wegrichtung wirkenden Kraft F und der Weglänge s:
Arbeit = Kraft · Weg
$W = F \cdot s$

Für die Einheit der Arbeit erhält man:

$$[W] = [F] \cdot [s] = 1\,\text{N} \cdot 1\,\text{m} = 1\,\text{Nm}$$

Die gleiche Einheit ergibt sich für das Drehmoment:

$$[M] = [F] \cdot [a] = 1\,\text{Nm}$$

Arbeit und Drehmoment sind aber grundverschiedene Größen. Beim Drehmoment wirkt die Kraft $\vec{F}$ *senkrecht* zum Hebelarm, bei der Arbeit *in Richtung* des Weges. Zur deutlicheren Unterscheidung nennt man die Einheit der Arbeit nach dem englischen Bierbrauer *James Prescott Joule* (1818–1889), der sich in seiner Freizeit mit Physik befasste, auch 1 Joule (gesprochen: dschul). Die Arbeit verdoppelt sich, wenn sich entweder der Weg oder die in Wegrichtung wirkende Kraft verdoppelt (Abb. 160.2).

Die Einheit der Arbeit W heißt auch 1 Joule (J):

$$1\,\mathrm{J} = 1\,\mathrm{Nm}$$

Beispiel: Berechnung von Arbeiten
Hebt man einen Eimer (Abb. 160.1b) der Masse $m = 10$ kg, also des Gewichts $G = 100$ N, um 2,00 m hoch, so wird an ihm folgende Arbeit verrichtet:

$$W_{\text{Heben}} = F \cdot s = G \cdot h$$
$$= 100\ \mathrm{N} \cdot 2{,}00\ \mathrm{m}$$
$$= 200\ \mathrm{Nm} = 200\ \mathrm{J}$$

Hält man den Eimer nur (Abb. 160.1a), ändert sich sein Ort nicht. Also ist $s = 0$. Für die Arbeit folgt dann:

$$W_{\text{Halten}} = F \cdot s = G \cdot 0 = 0$$

Trägt man den Eimer auf einer horizontalen Strecke 50 m weit, so muss man diesen zwar ständig mit einer Kraft von 100 N halten. Aber es ist keine Kraftkomponente in Richtung des Weges vorhanden. Also ist $F = 0$:

$$W_{\text{Tragen}} = F \cdot s = 0 \cdot s = 0$$

Im physikalischen Sinn wird beim Halten und beim Tragen des Eimers keine Arbeit verrichtet, obwohl sich die Person anstrengen muss.

Arbeitsarten

Erfährt ein Körper unter der Wirkung einer Kraft eine Ortsveränderung, so wird an ihm Arbeit verrichtet. Dabei gibt es verschiedene Möglichkeiten. Nach der Art des Vorgangs wird die Arbeit jeweils benannt.
In unseren bisherigen Beispielen haben wir das Heben von Körpern betrachtet. Bei diesem Vorgang wird ein Körper der Masse m mit gleich bleibender Geschwindigkeit gehoben. Längs der Strecke $s = h$, der Hubhöhe, ist die Kraft $\vec{F}$ gegengleich der Gewichtskraft $\vec{G}$ des Körpers. Am Körper wird die **Hubarbeit** W_H verrichtet (Abb. 161.1):

$$W_H = F \cdot s = G \cdot h = mgh$$
(g ist der Ortsfaktor.)

Wird der Körper mit gleich bleibender Geschwindigkeit über eine waagrechte Unterlage geschoben bzw. gezogen, so wird **Reibungsarbeit** W_R verrichtet. Die Schub- bzw. Zugkraft $\vec{F}$ ist in diesem Fall gegengleich der Reibungskraft $\vec{F}_R$. Also:

$$W_R = F \cdot s = F_R \cdot s = \mu_R \cdot G \cdot s$$
(μ_R ist die Reibungszahl.)

Übertrifft die Kraft $\vec{F}$ beim Heben die Gewichtskraft oder beim Schieben bzw. Ziehen die Reibungskraft, so erhöht der Körper seine Geschwindigkeit: Am Körper wird neben Hub- bzw. Reibungsarbeit noch zusätzlich **Beschleunigungsarbeit** W_B verrichtet (Abb. 161.2). Ist während des Beschleunigungsvorgangs die beschleunigende Kraft $\vec{F}_B$ konstant und legt dabei der Körper die Beschleunigungsstrecke s zurück, erhalten wir:

$$W_B = F_B \cdot s$$

Wirkt auf einen elastischen oder plastischen Körper, der befestigt ist, eine Kraft ein, wird er verformt: An ihm wird **Verformungsarbeit** verrichtet (Abb. 161.3). Da mit der Verformung die verformende Kraft wächst, also nicht konstant ist, kann diese Arbeit nicht unmittelbar durch das Produkt $F \cdot s$ berechnet werden.

161.1 Hubarbeit

161.2 Beschleunigungsarbeit

161.3 Verformungsarbeit

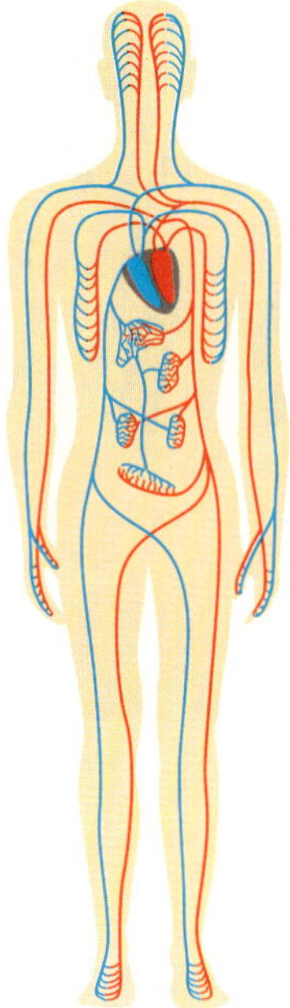

162.1 Blutkreislauf des Menschen

162.2 Tragen eines Koffers

Aufgaben

1. *Hubarbeit*

a) Fritz hebt eine Tafel Schokolade ($m = 100$ g) um 1,0 m hoch. Welche Hubarbeit hat er an der Tafel Schokolade verrichtet?
b) Ein Gewichtheber hebt eine Hantel der Masse 180 kg um 2,0 m hoch (Abb. 161.1). Welche Hubarbeit hat er an der Hantel verrichtet?
c) Welche Hubarbeit wurde am Container ($m = 30$ t) von Abb. 159.1 verrichtet, wenn die Hubhöhe $h = 110$ cm ist?

2. *Kniebeugen*

a) Stelle dich auf eine Personenwaage und lies deine Masse ab!
b) Führe eine Kniebeuge aus und lasse dabei messen, um wie viel sich deine Schulter senkt bzw. hebt. Nimm zur Vereinfachung an, dass bei einer Kniebeuge alle Körperteile um diese Strecke gesenkt bzw. gehoben werden und berechne damit die beim Heben an deinem Körper verrichtete Arbeit! Vergleiche mit den Ergebnissen von Aufgabe 1.a) und b)!

3. *Arbeit des menschlichen Herzens*

Das Herz eines Erwachsenen pumpt bei jedem Herzschlag etwa 80 cm^3 ($m = 80$ g) Blut durch den Körper (Abb. 162.1). Das Blut wird dabei aus allen Körperteilen angesaugt und in alle Körperteile gedrückt: Wir nehmen an, dass das Blut im Mittel um 1 m gehoben wird.
a) Das Herz schlägt in einer Minute etwa 70-mal. Welche Arbeit verrichtet es dabei?
b) Welche Arbeit verrichtet das Herz an einem Tag?
c) Wie hoch könnte mit diesem Arbeitsbetrag ein Erwachsener ($m = 80$ kg) gehoben werden?
d) Welche Arbeit verrichtet das Herz während einer Lebensdauer von 80 Jahren? Wie hoch könnte mit diesem Arbeitsbetrag der Container von Abb. 159.1 ($m = 30$ t) gehoben werden?

4. *Reibungsarbeit*

Der Hundeschlitten (Abb. 150.1) hat mit dem Schlittenlenker zusammen eine Masse von 90 kg. Welche Reibungsarbeit verrichten die Hunde am besetzten Schlitten, wenn sie ihn 1,0 km weit ziehen? ($\mu_R = 0{,}04$)

5. *„Tragen oder nicht tragen"* (Abb. 162.2)

Ein Reisender hat die Wahl, seinen Koffer ($m_K = 20$ kg) auf verschiedene Arten auf einem Bahnsteig 100 m weit zu transportieren.
a) Der Koffer steht auf einem Kofferkuli der Masse $m_W = 30$ kg. Welche Arbeit verrichtet der Reisende beim Schieben am Kuli? ($\mu_R = 0{,}06$)
b) Welche Arbeit verrichtet der Reisende am Koffer, wenn er ihn 40 cm hoch hebt?
c) Welche Arbeit verrichtet der Reisende am Koffer, wenn er ihn die Strecke entlang trägt?
d) Welche Beförderungsart wird ein Reisender für einen Koffer wählen?

6. *Beschleunigungsarbeit*

Herr Schmidt beschleunigt den 50 N schweren Eisstock längs eines Weges von 1,0 m (Abb. 161.2). Er meint, er habe am Eisstock die Beschleunigungsarbeit $W_B = F \cdot s = 50\,N \cdot 1{,}0\,m = 50\,Nm = 50\,J$ verrichtet. Hat er Recht? Begründung!

7. *Verformungsarbeit*

Beim Spannen des Bogens zieht Claudia die Sehne um 60 cm zurück (Abb. 161.3). Die Haltekraft beträgt dann 120 N. Claudia meint, sie habe die Verformungsarbeit $W = F \cdot s = 120\,N \cdot 0{,}60\,m = 72\,Nm = 72\,J$ verrichtet. Hat Claudia Recht? Begründung!

Definition der Leistung

Wann „leistet" ein Mensch bei der Arbeit mehr als ein anderer? Wenn er eine ihm übertragene Aufgabe in kürzerer Zeit erledigt, oder wenn er in einer bestimmten Zeit mehr Arbeit verrichtet. So wie im täglichen Leben wird auch in der Physik der Begriff Leistung verstanden.
Als Term, dessen Wert umso größer wird je größer die verrichtete Arbeit W und je kleiner die dazu benötigte Zeit t ist, bietet sich der Quotient W/t an. Der Quotient verdoppelt, verdreifacht ... seinen Wert, wenn sich in der gleichen Zeit t die verrichtete Arbeit W verdoppelt, verdreifacht ... oder wenn für die verrichtete Arbeit W nur die Hälfte, ein Drittel ... der Zeit t benötigt wird. Der Quotient W/t ist also ein geeignetes Maß für die **Leistung P** (vom engl. power).

Der Quotient aus der verrichteten Arbeit W und der dazu benötigten Zeit t heißt *Leistung P*:

$$\text{Leistung} = \frac{\text{Arbeit}}{\text{Zeit}}$$

$$P = \frac{W}{t}$$

Für die Einheit der Leistung folgt: $[P] = \frac{1\,\text{J}}{1\,\text{s}} = 1\frac{\text{J}}{\text{s}}$. Die Einheit $1\frac{\text{J}}{\text{s}}$ heißt auch 1 Watt (1 W). Sie wurde nach dem britischen Ingenieur *James Watt* (1736–1819) benannt, der die erste leistungsfähige Dampfmaschine baute.

Die Einheit der Leistung P heißt 1 Watt (kurz: 1 W):

$$1\,\text{W} = 1\,\frac{\text{J}}{\text{s}}$$

Häufig verwendet man die Einheiten:

1 Kilowatt = 1 kW = 1000 W;
1 Megawatt = 1 MW = 1 000 000 W

Beispiel: Ein Schwerathlet hebt in 2,0 s eine Hantel der Masse 200 kg um 2,0 m hoch. Er erbringt dabei die Leistung

$$P = \frac{W}{t} = \frac{G \cdot h}{t}$$

$$= \frac{2{,}0\,\text{kN} \cdot 2{,}0\,\text{m}}{2{,}0\,\text{s}}$$

$$= 2{,}0\,\frac{\text{kNm}}{\text{s}} = 2{,}0\,\text{kW}.$$

Das ist die menschliche Höchstleistung, die ein Spitzensportler nur kurzzeitig aufbringen kann. Ein Mensch erbringt auf Dauer nur eine Leistung von etwa 75 W (Tab. 163.1).

Verrichtet eine konstante Kraft F an einem Körper Arbeit und bewegt er sich dabei mit der konstanten Geschwindigkeit v, kann der Kraftweg s durch die Geschwindigkeit v und die benötigte Zeit t ausgedrückt werden. Für die verrichtete Arbeit W ergibt sich dann:

$$W = F \cdot s = F \cdot v \cdot t,$$

und für die aufgebrachte Leistung folglich:

$$P = \frac{W}{t} = \frac{F \cdot v \cdot t}{t} = F \cdot v$$

Mit diesem Ergebnis können wir eine bekannte Erscheinung erklären: Bei gleicher aufgebrachter Leistung fährt z. B. ein Radfahrer auf einer Bergstrecke viel langsamer als im waagrechten Gelände (Abb. 163.2). Ist nämlich neben der Reibungskraft F_R noch zusätzlich die Hangabtriebskraft F_{HA} zu überwinden, vervielfacht sich die Antriebskraft F. Auf den entsprechenden Bruchteil muss dann aber bei gleich bleibendem Produktwert $F \cdot v$ die Geschwindigkeit während der Bergaufwärtsfahrt sinken. Je nach Geländebeschaffenheit wird also die verfügbare Leistung „zwischen Kraft und Geschwindigkeit verschieden aufgeteilt".

	Leistung
Mensch	
(Dauerleistung)	50 ... 100 W
(Höchstleistung)	2 kW
Pferd (Dauerleistung)	500 W
Automotor	20 ... 100 kW
E-Lok (Dauerleistung)	5 MW
Wasserkraftwerk	
Walchensee	100 MW
Dampfkraftwerk	1000 MW
Saturn-V-Rakete	75 000 MW

163.1 Interessante Leistungen

163.2 Radfahrer bei gleicher Leistung auf waagrechter bzw. ansteigender Straße

164.1 Bergsteiger

164.2 Pferdeleistung

164.3 E-Lok

Aufgaben

1. *‚Menschlicher Leistungsbereich'*

a) Fritz hebt in 1,0 s eine Tafel Schokolade ($m = 100$ g) um 1,0 m hoch. Berechne seine Leistung!

b) Ein Kugelstoßer beschleunigt innerhalb 0,2 s längs eines Weges von 2,0 m die Kugel durch eine mittlere Kraft von 100 N. Berechne seine Leistung!

2. *Bergsteigen* (Abb. 164.1)

a) Ein Bergsteiger, der einschließlich der Ausrüstung eine Masse von 90 kg hat, besteigt von der Höllentalangerhütte (1379 m) aus in 4 Stunden die Zugspitze (2963 m). Welche Hubarbeit verrichtet er dabei an sich? Wie groß ist seine mittlere Leistung?

b) Bergwanderer erbringen bei „normaler Anstrengung" eine Hubleistung von etwa 75 W. Welche Hubarbeit verrichten sie in einer Stunde an sich?

c) Welche Faustregel ergibt sich aus b) für den Höhenunterschied, den Bergwanderer in einer Stunde bewältigen? (Lege deiner Rechnung als Masse des Bergwanderers mit Ausrüstung $m = 90$ kg zugrunde!)

3. *„1 Pferdestärke (1 PS)"*

James Watt hat die inzwischen veraltete Leistungseinheit 1 PS als „horse power" eingeführt. Sie ist wie folgt festgelegt: 1 PS ist jene Leistung, die man erbringen muss, um einen Körper der Masse 75 kg in einer Sekunde einen Meter hoch zu heben.

a) Berechne die erforderliche Hubleistung in Watt und zeige so, dass 1 PS = 736 W ist! (Hinweis: Verwende für den Ortsfaktor den Wert $g = 9{,}81$ N/kg!)

b) Rechne die Motorleistung $P = 122$ PS eines Pkw in kW um!

c) Ein Pferd kann eine Dauerleistung von etwa 500 W erbringen (Abb. 164.2). Wie viele Pferdestärken sind das?

d) Gib die Leistung des Kugelstoßers von Aufgabe 1b) in PS an!

e) Wie viel Prozent beträgt der Fehler, wenn man Leistungswerte mit dem Näherungswert 1 PS $\approx \frac{3}{4}$ kW umrechnet?

4. *Höchstleistung*

a) Stelle dich auf eine Personenwaage und lies deine Masse ab!

b) Miss die Stufenhöhe einer Treppe und zähle die Anzahl der Stufen. Renne so schnell wie du kannst die Treppe hoch! (Du darfst das Geländer mitbenützen!). Veranlasse vorher, dass jemand deine Laufzeit stoppt!

c) Berechne deine Leistung in Watt und in PS (1 PS = 736 W)!

5. *Menschliche Leistungen*

Ein Mensch kann auf Dauer eine Leistung von etwa 75 W erbringen.

a) Wie lang dauert es, bis eine Person ($m = 75$ kg) einen 60 m hohen Turm bestiegen hat, wenn sie diese Leistung als Hubleistung aufbringt?

b) Mit welcher Geschwindigkeit kann die Person einen Kofferkuli ($m = 120$ kg; $\mu_R = 0{,}06$) schieben, wenn sie an diesem die Leistung 75 W erbringt?

6. *„Traktor kontra PkW"*

a) Ein Auto mit der Leistung 66 kW fährt bei Vollgas mit der Geschwindigkeit 180 km/h. Berechne die vom Motor aufgebrachte Zugkraft!

b) Ein Traktor mit der Leistung 66 kW fährt bei Vollgas mit der Geschwindigkeit 27 km/h. Berechne die vom Motor aufgebrachte Zugkraft!

c) Warum ist das Getriebe eines Traktors verglichen mit dem eines Pkw so konstruiert, dass es nur niedrige Höchstgeschwindigkeiten zulässt?

7. Eine E-Lok (Abb. 164.3) erbringt bei der Geschwindigkeit 108 km/h die Leistung 3,0 MW. Berechne die Zugkraft der Lok!

8.6 Mechanische Energie

Energie

Wenn wir an einem Wellrad oder einem Flaschenzug Arbeit verrichten, gibt der Kraftwandler diese sofort an die Last weiter. Bei einem mechanischen Uhrwerk (Abb. 165.1) ist das nicht so.

V Wir ziehen eine Uhr auf: Dadurch wird eine Feder gespannt. Diese sorgt nun dafür, dass ständig eine Antriebskraft vorhanden ist, die das Räderwerk in Bewegung hält und Reibungsarbeit verrichtet.

Wir verrichten also an der Uhrfeder in der Absicht Arbeit, dass die gespannte Feder diese *speichert* und *auf Abruf wieder abgibt*. Die Eigenschaft eines Körpers, dass er Arbeit verrichten kann, beschreibt man mit dem Begriff **Energie***.

Die Fähigkeit eines Körpers, Arbeit zu verrichten, heißt Energie *E*.

Läuft die Uhr, so verrichtet die Feder ständig Arbeit. Dabei wird die Federspannung immer geringer. Ist die Feder schließlich entspannt, hat sie die Fähigkeit, Arbeit zu verrichten, verloren: Die Feder hat keine Energie mehr.
Die Uhrfeder ist an zwei Vorgängen beteiligt (Abb. 165.2). Beim Spannvorgang verrichtet der Mensch, der die Uhr aufzieht, an der Feder Arbeit: Die Feder *nimmt Energie auf*. Beim Entspannvorgang verrichtet die Feder Arbeit: Die Feder *gibt Energie ab*, nämlich an das Räderwerk der Uhr. Wir erkennen: Beim Verrichten von Arbeit wird Energie aufgenommen bzw. abgegeben.
Abb. 165.2 zeigt weiter: Energie wird vom Menschen auf die Feder und von der gespannten Feder auf das Räderwerk übertragen. Bei jedem dieser Vorgänge wirken zwei Körper mit: Mensch und Feder bei Vorgang 1 (Spannen) bzw. Feder und Räderwerk bei Vorgang 2 (Entspannen). Beim Verrichten von Arbeit findet also eine **Energieübertragung** von einem Körper zu einem anderen statt:

Das Verrichten von Arbeit ist Übertragen von Energie.

Die Lageenergie

Außer den mechanischen Uhren mit Federantrieb gibt es noch Uhren mit „Gewichtsantrieb" (Abb. 165.3).

V Eine solche Uhr wird aufgezogen, indem man das „Gewichtsstück" hebt. Im gehobenen Körper ist Arbeit auf Vorrat gespeichert. Das Gewichtsstück senkt sich während des Betriebs um kleine Wegstücke und verrichtet durch seine Gewichtskraft Arbeit.

Jeder Körper auf der Erde, der sich von einer höheren in eine tiefere Lage begeben kann, ist fähig, Arbeit zu verrichten. Die Arbeitsfähigkeit eines Körpers auf Grund seiner Höhenlage heißt **Lageenergie E_L**.

V Bei vernachlässigbarer Reibung kann ein Körper des Gewichts G in der Höhe h beim Lagewechsel einen gleich schweren Körper um h heben (Abb. 166.1).

Unter Verwendung eines geeigneten Wellrads oder Flaschenzugs vermag er auch einen Körper des n-fachen Gewichts zu heben. Allerdings beträgt die Hubhöhe dann nur den n-ten Teil von h.

165.1 Mechanisches Uhrwerk

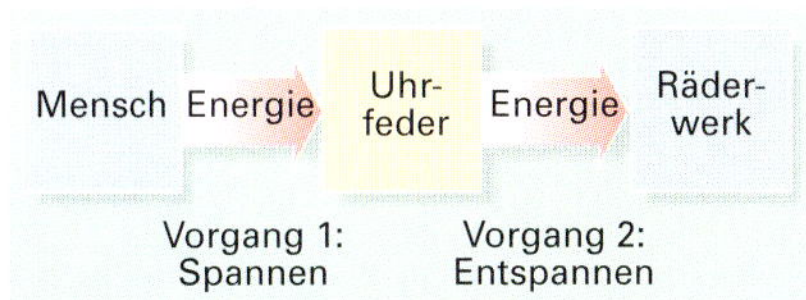

165.2 Arbeitsverrichtung und Energieübertragung bei einem Federuhrwerk

165.3 Kuckucksuhr mit „Gewichtsantrieb"

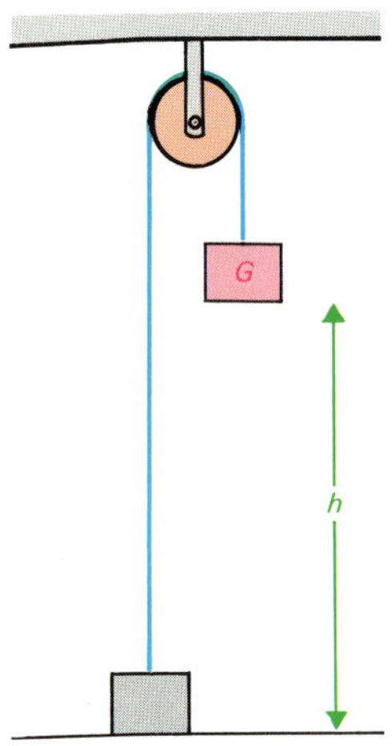

166.1 Die Lageenergie

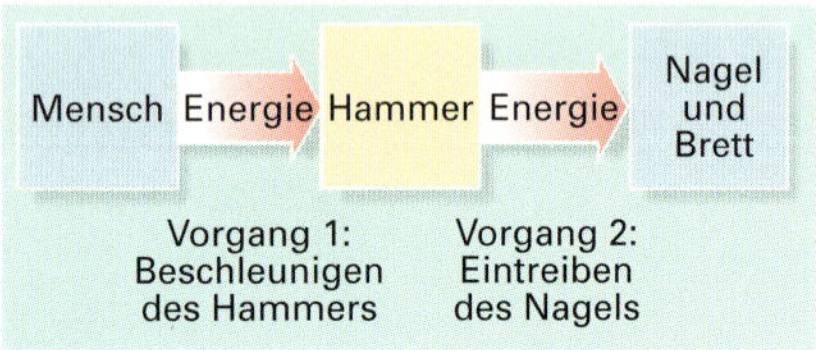

166.2 Energieübertragung beim Nageleinschlagen

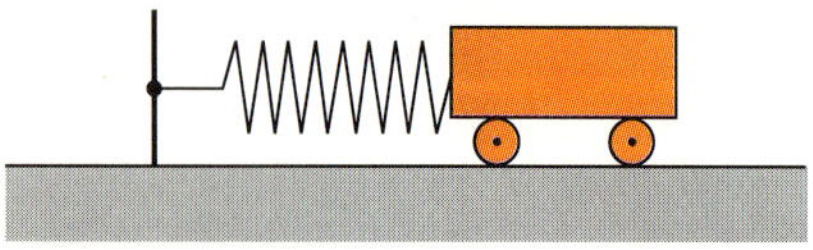

166.3 Spannenergie

Beim Übergang von der höheren in eine um h tiefere Lage verrichtet der sich senkende Körper die Arbeit $G \cdot h$. Bei diesem Vorgang nimmt seine Arbeitsfähigkeit, also seine Lageenergie ab. In der tiefsten Lage hat er schließlich keine Lageenergie mehr.

Man setzt deshalb fest, die Lageenergie E_L eines Körpers durch jene Arbeit W zu messen, die er beim Übergang von seiner Lage in die tiefste verrichten kann. Sind m die Masse bzw. G das Gewicht des Körpers und h der maximale Höhenunterschied. Dann folgt für die Lageenergie E_L des Körpers:

$$E_L = W = G \cdot h = mgh$$

Verrichtet man also an einem Körper die Hubarbeit $G \cdot h$, so besitzt er die Lageenergie $E_L = G \cdot h$, die wir uns als gespeicherte Arbeit vorstellen können. Beim Zurücksinken in die Ausgangslage kann der Körper gerade diese Energie wieder abgeben.

Die Lageenergie E_L eines Körpers des Gewichts G in der Höhe h wird durch die Arbeit W gemessen, die der Körper beim Übergang in seine tiefste Lage zu verrichten vermag:

$$E_L = G \cdot h = mgh$$

Die Bewegungsenergie

Einen Reißnagel drückt man mit dem Daumen in das Brett. Mit einem Nagel verfährt man anders: Der „Schwung" des Hammers treibt den Nagel ins Holz.

Dieser uns bekannte Vorgang macht deutlich: Ein sich bewegender Körper kann Arbeit verrichten. Er selbst wird dabei langsamer oder kommt gar zur Ruhe. Die Arbeitsfähigkeit eines Körpers aufgrund seiner Bewegung heißt **Bewegungsenergie E_B**.

Das Einschlagen des Nagels ins Holz beschreiben wir in Abb. 166.2 genauer. Der Mensch schwingt den Hammer und verrichtet damit am Hammer Beschleunigungsarbeit: Der Hammer nimmt Energie auf. Der geschwungene Hammer trifft den Nagel und gibt seine Bewegungsenergie an den Nagel ab. Während der Nagel ins Brett getrieben wird, wird an diesem Reibungsarbeit verrichtet. Insgesamt wird also Energie von der Person auf den Nagel und das Brett übertragen.

Die Spannenergie

Eine gespannte Feder kann an einem Uhrwerk Arbeit verrichten. Allgemein: Ein verformter elastischer Körper kann beim Rückgang der Verformung an einem anderen Körper Arbeit verrichten. Die Arbeitsfähigkeit eines Körpers aufgrund einer elastischen Verformung heißt **Spannenergie E_{Sp}**.

V Wir befestigen das eine Ende einer Schraubenfeder. Dann drücken wir mit wachsender Kraft die Feder zusammen und stellen vor das freie Ende einen Wagen (Abb. 166.3). Geben wir die Feder frei, wird der Wagen weggeschleudert. Beim Entspannen verrichtet die Feder am Wagen Beschleunigungsarbeit. Es wird also Energie von der Schraubenfeder auf den Wagen übertragen.

Beim Rückgang der Verformung tritt bei jeder Federauslenkung die gleiche Kraft wie beim Zusammendrücken auf. Daher gibt die Feder die gleiche Energie wieder ab, die ihr beim Spannen zugeführt worden ist. Ein elastischer Körper speichert also verlustlos die an ihm verrichtete Verformungsarbeit.

Energieerhaltung

Jeder elastischen Verformung, jeder Geschwindigkeit, jeder Höhenlage, also jedem Zustand eines Körpers kann man eine Energie zuordnen. In einen energiereicheren Zustand gelangt der Körper, wenn er Energie aufnimmt. Durch Vorgänge wie Heben, Beschleunigen und Verformen wird eine Energiezufuhr bewirkt. Verlaufen die Vorgänge reibungsfrei, dann gilt: Die *am* Körper verrichtete Arbeit W ist gleich der ihm zugeführten Energie E_{zu} (Abb. 167.1).

Bei reibungsfreien mechanischen Vorgängen gilt: $E_{zu} = W$.

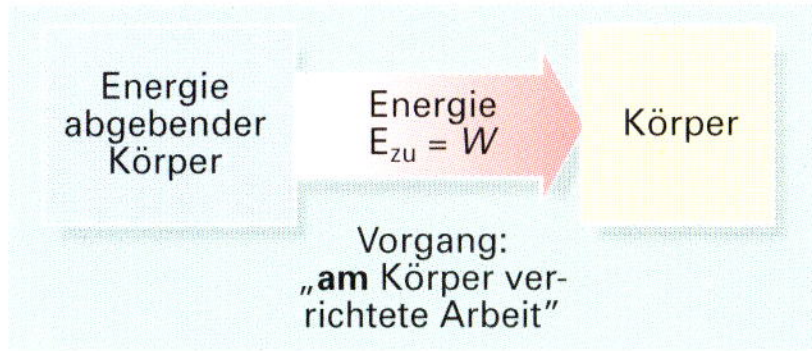

167.1 Energieaufnahme

Wir stellen die uns bekannten Möglichkeiten der Energiezufuhr zusammen:

Vorgang	Verrichtete Arbeit	Zugeführte Energie	Wirkung am Körper
Heben	Hubarbeit W_H	$E_{zu} = W_H$	Erhöhung der Lageenergie E_L
Beschleunigen	Beschleunigungsarbeit W_B	$E_{zu} = W_B$	Erhöhung der Bewegungsenergie E_B
Elastisches Verformen	Spannarbeit W_{Sp}	$E_{zu} = W_{Sp}$	Erhöhung der Spannenergie E_{Sp}

Wird *von* einem Körper Arbeit verrichtet, gibt er Energie ab und geht in einen energieärmeren Zustand über. In dem Maße, in dem seine Energie abnimmt, nimmt die eines anderen Körpers zu. Es erhöht sich also je nach Vorgang die Lage-, Bewegungs- oder Spannenergie des anderen Körpers (Abb. 167.2).

Bei Vorgängen ohne Reibung gilt für die Energieübertragung: $E_{ab} = E_{zu}$

Lageenergie, Bewegungsenergie und Spannenergie nennt man **mechanische Energieformen**. Wenn die Reibung vernachlässigbar ist, geht beim Heben, Beschleunigen oder Verformen mechanische Energie verlustfrei von Körper zu Körper über. Die Energie wechselt bei diesen Vorgängen nur ihre Erscheinungsform.

Diese Erkenntnisse fasst zusammen:

Energieerhaltungssatz der Mechanik
Energie wird verlustlos übertragen:

Abgegebene Energie E_{ab}
= Energiezuwachs E_{zu}.

Die mechanischen Energieformen wandeln sich verlustfrei ineinander um. Die Gesamtenergie bleibt erhalten.

Der Energieerhaltungssatz ist der wichtigste Erfahrungssatz der Physik. In der Mechanik gilt er nur bei *reibungsfreien* Vorgängen. Tritt Reibung auf, bleibt die mechanische Energie nicht erhalten. So kommt ein antriebslos dahinfahrender Wagen schließlich zum Stehen; ein angestoßener Körper gleitet über die Unterlage nur ein kurzes Stück. In beiden Fällen verliert der Körper Bewegungsenergie. Wohin gelangt diese abgegebene Energie?
Beim Reibungsvorgang erwärmen sich die aufeinander gleitenden Körper. Daher vermuten wir: Die abgegebene Energie steckt *in* diesen Körpern, jedoch in einer uns noch unbekannten Form.

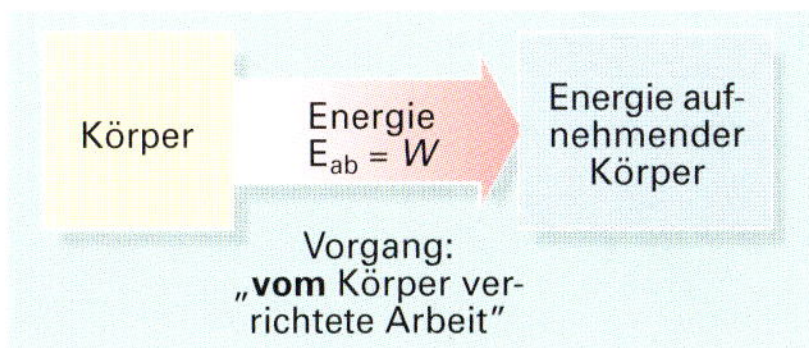

167.2 Energieabgabe

Der Term für die Bewegungsenergie

Wir können bisher nur die Lageenergie eines Körpers quantitativ erfassen: $E_L = Gh = mgh$. Sie wird wesentlich durch die Größe h, die die Höhenlage des Körpers beschreibt, bestimmt. Im Falle der Bewegungsenergie E_B wird es jene Größe sein, die die Bewegung des Körpers beschreibt, also die Geschwindigkeit v. Wie hängt E_B von v ab?

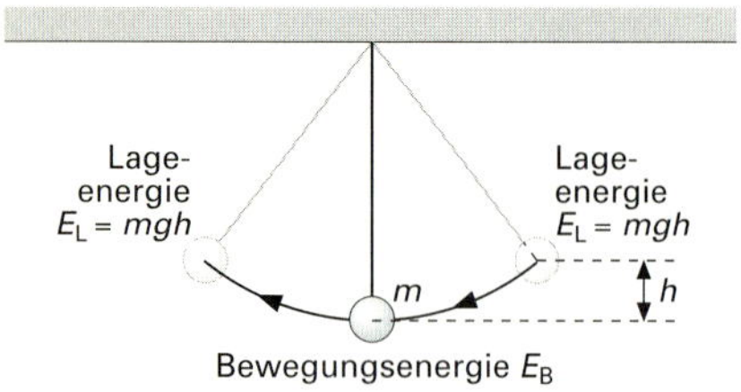

168.1 Energieumwandlung am Fadenpendel

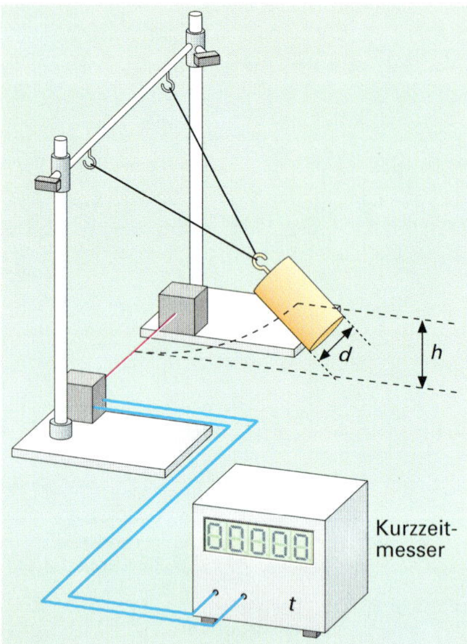

168.2 Messung der Geschwindigkeit beim Durchgang durch die Ruhelage

h in m	E_L in J	t in s	v in $\frac{m}{s}$
0,010	0,020	0,063	0,44
0,020	0,040	0,044	0,63
0,030	0,060	0,037	0,76
0,040	0,080	0,031	0,90

168.3 Lageenergie E_L und Geschwindigkeit v

E_B in J	v in $\frac{m}{s}$	v^2 in $\frac{m^2}{s^2}$	mv^2 in kg $\frac{m^2}{s^2}$
0,020	0,44	0,20	0,040
0,040	0,63	0,40	0,080
0,060	0,76	0,57	0,114
0,080	0,90	0,81	0,162

168.4 Der Term für E_B

Um den Zusammenhang zwischen E_B und v zu finden, untersuchen wir einen Vorgang, bei dem sich Lageenergie in Bewegungsenergie umwandelt: die Schwingung eines Fadenpendels (Abb. 168.1). Lenken wir den Pendelkörper aus, verrichten wir an ihm Hubarbeit: Der Pendelkörper hat nun die Lageenergie E_L. Lassen wir ihn los, bewegt er sich auf die Ruhelage zu. Dabei nimmt seine Lageenergie ab und seine Bewegungsenergie im gleichen Maße zu. Im tiefsten Punkt der Bahn des Pendelkörpers hat sich die ursprünglich vorhandene Lageenergie E_L vollständig in Bewegungsenergie umgewandelt. Das nutzen wir für unsere Untersuchung aus!

V Ein Wägestück der Masse $m = 200$ g und des Durchmessers $d = 2{,}8$ cm wird bifilar aufgehängt (Abb. 168.2). Wir lenken es so weit aus, dass sein Schwerpunkt in einem 1. Versuch um $h = 1$ cm an Höhe gewinnt und das Wägestück dadurch die Lageenergie

$$E_L = mgh$$
$$= 0{,}200\ \text{kg} \cdot 10\ \frac{\text{N}}{\text{kg}} \cdot 0{,}010\ \text{m}$$
$$= 0{,}020\ \text{J}$$

besitzt. Mit einer Lichtschranke im tiefsten Punkt messen wir die Zeit t, in welcher das Wägestück den Lichtstrahl unterbricht. Während der Zeit $t = 0{,}063$ s hat sich das Wägestück gerade um seinen Durchmesser d weiterbewegt. Also können wir seine Geschwindigkeit v berechnen:

$$v = \frac{d}{t} = \frac{0{,}028\ \text{m}}{0{,}063\ \text{s}} = 0{,}44\ \frac{\text{m}}{\text{s}}.$$

Was haben wir damit erreicht? Wir kennen einerseits die Geschwindigkeit v des Wägestücks, andererseits den zugehörigen Wert der Bewegungsenergie E_B. Einen Zusammenhang zwischen E_B und v können wir aber erst erschließen, wenn wir noch weitere Versuche durchführen. Dazu wählen wir $h = 2$ cm, dann 3 cm und schließlich 4 cm. Die zugehörigen Lageenergien E_L bzw. Bewegungsenergien E_B, gemessenen Zeiten t und berechneten Geschwindigkeiten v sind in Tab. 168.3 festgehalten.

Wir erkennen: Verdoppelt sich v, so vervierfacht sich E_B. Aber auch: Ver-1,4facht sich v, verdoppelt sich E_B. Gibt es einen Term, der diesen Zusammenhang erfasst? Wir versuchen es mit dem Term v^2! Dem doppelten, dreifachen, vierfachen Wert von v^2 wird im Rahmen der Messgenauigkeit der doppelte, dreifache, vierfache Wert von E_B zugeordnet (Tab. 168.4). Also ist

$$E_B \sim v^2.$$

Wovon könnte E_B noch abhängen? Betrachten wir n Körper – z. B. n Autos –, die sich mit gleicher Geschwindigkeit unmittelbar nebeneinander bewegen. Alle zusammen sind fähig, n-mal so viel Arbeit wie ein Auto zu verrichten. Denken wir uns die n Körper zu einem Gesamtkörper vereint, erkennen wir: Eine Ver-k-fachung der Masse führt zu einer Ver-k-fachung der Bewegungsenergie. Also ist

$$E_B \sim m.$$

E_B ver-k-facht sich, wenn sich m ver-k-facht, und ver-n-facht sich, wenn sich v^2 ver-n-facht. Ein Term, der diese Eigenschaft hat, ist das Produkt $m \cdot v^2$. Wir berechnen deshalb die Termwerte von $m \cdot v^2$ (Tab. 168.4). Der Zahlenwert der in J bzw. Nm gemessenen Bewegungsenergie E_B ist immer halb so groß wie der Zahlenwert der in kg $\frac{m^2}{s^2}$ gemessenen Größe mv^2. Nur die unterschiedlichen Einheiten hindern uns noch, zwischen E_B und $\frac{1}{2}mv^2$ das Gleichheitszeichen zu setzen.

Wir haben die Kraft als Ursache für eine Geschwindigkeitsänderung kennen gelernt. Die Krafteinheit 1 N ist jener Kraftbetrag, der einem Körper der Masse 1 kg pro Sekunde die Geschwindigkeitsänderung 1 $\frac{m}{s}$ erteilt. Im Mechaniklehrgang der Oberstufe wird gezeigt, dass sich diese Definition durch die Gleichung $1\,\mathrm{N} = 1\,\mathrm{kg}\,\frac{\mathrm{m}}{\mathrm{s}^2}$ erfassen lässt. Daraus folgt unmittelbar: $1\,\mathrm{Nm} = 1\,\mathrm{kg}\,\frac{\mathrm{m}^2}{\mathrm{s}^2}$. Das erlaubt uns, das Gleichheitszeichen zu setzen:

Ein Körper der Masse m und der Geschwindigkeit v hat die Bewegungsenergie

$$E_\mathrm{B} = \frac{1}{2} m v^2 .$$

Für die Einheiten gilt dabei:

$$1\,\mathrm{N} = 1\,\mathrm{kg}\,\frac{\mathrm{m}}{\mathrm{s}^2} \quad \text{bzw.} \quad 1\,\mathrm{Nm} = 1\,\mathrm{kg}\,\frac{\mathrm{m}^2}{\mathrm{s}^2}$$

Musteraufgaben

1. In der Höhe $h = 1{,}8\,\mathrm{m}$ wird ein Tennisball der Masse $m = 60\,\mathrm{g}$ gehalten und dann losgelassen. Der Ball fällt auf den Boden und prallt zurück, erreicht aber die Ausgangshöhe nicht mehr.
a) Welche Energieumwandlungen haben stattgefunden?
b) Welche Geschwindigkeit hat der Ball beim Erreichen des Bodens?

Lösung:

a) Zunächst hat der Ball Lageenergie $E_\mathrm{L} = mgh$. Wird er losgelassen, nimmt seine Lageenergie ab, seine Bewegungsenergie im gleichen Maß zu. Beginnt er schließlich den Boden zu berühren, ist E_B am größten. Die Lageenergie hat sich vollständig in Bewegungsenergie umgewandelt. Nun verformt sich der Ball. Im tiefsten Punkt ruht er einen Augenblick: Die Lage- und auch die Bewegungsenergie sind 0. Die Energie tritt als Spannenergie E_Sp auf. Beim Rückgang der Verformung wird aus ihr Bewegungsenergie. Der Ball steigt hoch: Seine Lageenergie nimmt auf Kosten der Bewegungsenergie zu. Im höchsten Punkt besitzt er nur noch Lageenergie. Da der Ball seine Ausgangslage nicht mehr erreicht, ging mechanische Energie verloren: Nach dem Auftreffen auf den Boden hat er Reibungsarbeit verrichtet. Vergleiche dazu auch Abb. 169.1!

b) Beim Auftreffen hat sich die Lageenergie E_L in Bewegungsenergie E_B umgewandelt:

$$E_\mathrm{ab} = E_\mathrm{zu}$$
$$\Rightarrow \quad E_\mathrm{L} = E_\mathrm{B}$$
$$\Rightarrow \quad mgh = \tfrac{1}{2} m v^2$$
$$\Rightarrow \quad 2gh = v^2$$
$$\Rightarrow \quad v = \sqrt{2gh}$$
$$= \sqrt{2 \cdot 10\,\frac{\mathrm{N}}{\mathrm{kg}} \cdot 1{,}8\,\mathrm{m}}$$
$$= \sqrt{36\,\frac{\mathrm{kg}\,\frac{\mathrm{m}}{\mathrm{s}^2} \cdot \mathrm{m}}{\mathrm{kg}}} = 6{,}0\,\frac{\mathrm{m}}{\mathrm{s}}$$

Der Ball trifft mit der Geschwindigkeit $6{,}0\,\frac{\mathrm{m}}{\mathrm{s}}$ auf den Boden.

2. Ein Auto der Masse $m = 1{,}0\,\mathrm{t}$ wird aus der Geschwindigkeit $72\,\mathrm{km/h}$ durch die Bremskraft $F_\mathrm{R} = 4{,}0\,\mathrm{kN}$ abgebremst. Berechne den Bremsweg s!

Lösung:

Die Bewegungsenergie E_B wird durch das Verrichten von Reibungsarbeit W_R aufgezehrt.

$$E_\mathrm{ab} = W_\mathrm{R}$$
$$\Rightarrow \quad \tfrac{1}{2} m v^2 = F_\mathrm{R} \cdot s$$
$$\Rightarrow \quad s = \frac{m v^2}{2 F_\mathrm{R}} = \frac{10^3\,\mathrm{kg} \cdot (20\,\frac{\mathrm{m}}{\mathrm{s}})^2}{2 \cdot 4{,}0 \cdot 10^3\,\mathrm{N}}$$
$$= \frac{400\,\mathrm{kg}\,\frac{\mathrm{m}^2}{\mathrm{s}^2}}{8{,}0\,\mathrm{kg}\,\frac{\mathrm{m}}{\mathrm{s}^2}} = 50\,\mathrm{m}$$

Der Bremsweg beträgt 50 m.

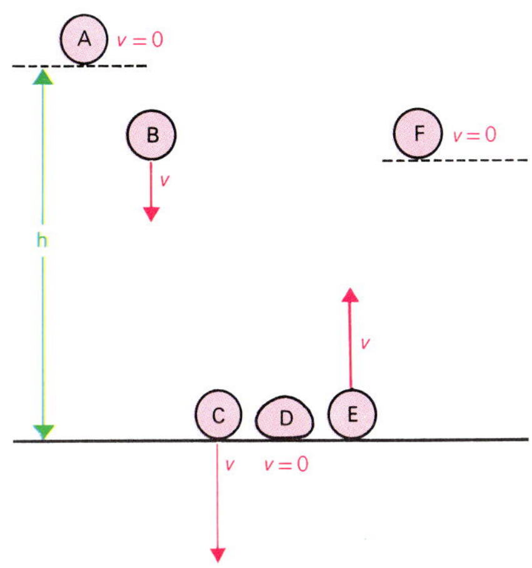

	Lageenergie	Bewegungsenergie	Spannenergie
A	am größten	0	0
B	wird kleiner	wird größer	0
C	0	am größten	0
D	0	0	am größten
E	0	kleiner als in C	0
F	kleiner als in A	0	0

169.1 Energieumwandlungen am fallenden Ball

170.1 Trampolinspringer

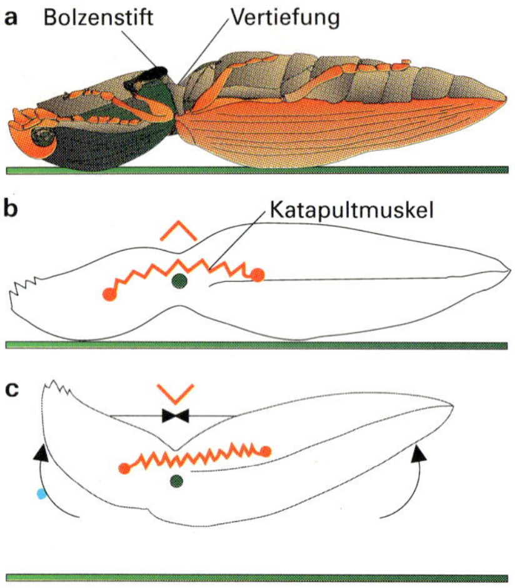

170.2 Die Absprungtechnik des Schnellkäfers

170.3 Stabhochspringer

Aufgaben

(Hinweis: $1\,N = 1\,kg\,\frac{m}{s^2}$)

1. *Trampolinspringen*
Abb. 170.1 zeigt einen Trampolinspringer.
a) Welche Energieformen treten im Verlauf des Sprungs auf? Beschreibe, mit dem höchsten Punkt des Sprungs beginnend, wie sich die Energieformen ineinander umwandeln!
b) Warum verliert der Springer während der Berührung des Sprungtuchs mechanische Energie? Warum ist dieser Verlust besonders groß, wenn er das Sprungtuch mit dem Rücken berührt?
c) Wie kann der Springer seine mechanische Energie erhöhen und damit seine Sprunghöhe steigern?
d) Der Trampolinspringer ($m = 75$ kg) erreicht eine Höhe von 4,0 m. Berechne seine Lageenergie für diese Höhe! Wie groß sind seine Lage- und seine Bewegungsenergie in halber Sprunghöhe?

2. *Der Sprung ins Wasser*
Im Schwimmbad steigt ein Springer auf den 3 m bzw. 10 m hohen Turm und springt herunter.
a) Beschreibe die Energieumwandlungen, die während des Sprungs auftreten!
b) Mit welcher Geschwindigkeit taucht er jeweils in das Wasser ein?

3. *Der Schnellkäfer* (Abb. 170.2a)
Die meisten Käfer geraten in eine lebensbedrohliche Lage, wenn sie auf den Rücken fallen. Nicht der Schnellkäfer! Vor dem Absprung spannt er den Körper zu einem umgekehrten „V" (Abb. 170.2b). Mit dem Bolzenstift spreizt er den Hinterleib weg. Im Augenblick des Sprungs gleitet der Bolzenstift in eine Vertiefung und der Katapultmuskel klappt den Insektenkörper zu einem stehenden „V" zusammen (Abb. 170.2c). Der Käfer schnellt sich dadurch empor und erreicht eine Höhe von 30 cm.
a) Welche Energieumwandlungen treten während des Sprungs auf?
b) Mit welcher Geschwindigkeit springt der Käfer vom Boden ab?

4. *Stabhochsprung* (Abb. 170.3)
Ein Stabhochspringer durchläuft mit wachsender Geschwindigkeit die Anlaufbahn. Dann setzt er das Ende des Stabes in den Einstichkasten und drückt sich vom Boden ab. Der Stab biegt sich zunächst, um sich dann wieder zu strecken. Der Springer zieht sich an diesem hoch, um schließlich die Latte zu überqueren.
Beschreibe, mit dem Anlauf beginnend, welche Arbeiten verrichtet werden, welche Energieformen auftreten und wie sich diese ineinander umwandeln!

5. *Die Faustformel der Fahrschulen für den Bremsweg*
Erfahrungsgemäß wirkt beim Bremsen eines Autos bei normalen Straßenverhältnissen eine Bremskraft vom 0,4-fachen Fahrzeuggewicht.
a) Welche Bremskraft wirkt dann auf ein Auto der Masse 1,2 t?
b) Das Auto fahre mit einer Geschwindigkeit von $v = 10$ km/h $= 2{,}8$ m/s. Beim Bremsen wird die Bewegungsenergie des Autos durch Reibungsarbeit aufgezehrt. Lege dies deinem Ansatz zugrunde und bestätige durch Rechnung, dass sich als Bremsweg $s_B = 1{,}0$ m ergibt!
c) Wievielmal so lang ist der Bremsweg s_B, wenn das Auto mit der 2,- 3,- 4-... fachen Geschwindigkeit fährt? Gib zu $v = 10$ km/h, 20 km/h, ..., 140 km/h jeweils den Bremsweg s_B an. Zeichne ein v-s_B-Diagramm!
d) Ergänze zur Faustregel: „Den Bremsweg in m erhält man, wenn

man die vom Tacho angezeigte Zahl durch zehn dividiert und das Ergebnis ..."

e) Bei nassen Straßen kann nur noch eine Bremskraft vom 0,2-fachen des Fahrzeuggewichts, bei vereisten Straßen sogar weniger als vom 0,1-fachen des Fahrzeuggewichts wirken. Was folgt daraus über die Bremswege?

6. *Der Anhalteweg*

Erkennt ein Autofahrer eine Gefahr, so verstreicht bis zum Betätigen der Bremse die *Reaktionszeit* t_R, die sog. „Schrecksekunde". Diese kann – je nach Reaktionsvermögen des Fahrers – zwischen 0,3 s und 1,7 s betragen. Während dieser Zeitspanne fährt das Auto ungebremst weiter und legt dabei den *Reaktionsweg* s_R zurück.

a) Die Reaktionszeit t_R eines Fahrers betrage 1,0 s. Welchen Reaktionsweg s_R legt das Auto bei einer Geschwindigkeit von $v = 10$ km/h $= 2{,}8$ m/s zurück? Wievielmal so lang ist der Reaktionsweg s_R, wenn sich das Auto mit der 2-, 3-, 4-fachen Geschwindigkeit bewegt?

b) Der *Anhalteweg* s_A setzt sich aus dem *Reaktionsweg* s_R und dem *Bremsweg* s_B zusammen. Berechne unter Verwendung der Faustformel von Aufgabe 5d den Anhalteweg für die Geschwindigkeiten 50 km/h, 100 km/h und 150 km/h!

7. *Knautschzone – Sicherheitsgurt – Airbag*

Beim Auffahren auf ein festes Hindernis wird die Bewegungsenergie eines Autos und seiner Insassen durch Verformungsarbeit längs eines kurzen Weges aufgezehrt. Je größer die Abbremskraft F ist, die dabei auf eine Person wirkt, desto größer ist die Verletzungsgefahr.

a) Gib die Gleichung zwischen der Bewegungsenergie eines Insassen und der Abbremsarbeit $W = F \cdot s$ an. Löse nach der Abbremskraft F auf!

b) Was kann man vergleichend über die Abbremskraft F aussagen, wenn die Person bei gleichem Abbremsweg aus der Geschwindigkeit 10 km/h, 50 km/h bzw. 100 km/h zur Ruhe kommt?

c) Wie ändert sich die Abbremskraft F, wenn man den Verformungsweg und damit den Abbremsweg der Person ver-2-, ver-3-, ... ver-n-facht? Wie verringert man also grundsätzlich die Verletzungsgefahr?

d) Wenn ein Mittelklassewagen mit 50 km/h auf ein festes Hindernis auffährt, wird seine vordere *Knautschzone* um etwa 60 cm zusammengeschoben, bis das Auto zum Stillstand kommt (Abb. 171.1). Die Fahrgastzelle bleibt bis zu dieser Geschwindigkeit noch unbeschädigt. Warum würde ein *nicht* angegurteter Insasse auf einem Weg von nur etwa 4 cm abgebremst? Welches Vielfache der Bremskraft, verglichen mit dem angegurteten Zustand, müsste er erleiden, wenn man bedenkt, dass sich der Gurt noch dehnt und sich dadurch der Abbremsweg auf etwa 80 cm vergrößert?

e) Viele Autos sind zusätzlich mit einem Luftkissen, einem *Airbag*, ausgestattet. Dieser wird beim Aufprallen des Autos auf ein Hindernis explosionsartig aufgeblasen (Abb. 171.2). Warum verringert sich dadurch die Verletzungsgefahr?

8. *Der Schutzhelm für Zweiradfahrer* (Abb. 171.3)

Ein Schutzhelm für Zweiradfahrer ist innen mit einer Polsterung ausgestattet, die sich bei einem Aufprall um einige Zentimeter zusammenzudrücken vermag. Gib zwei Gründe an, warum ein Schutzhelm die Verletzungsgefahr vermindert!

171.1 Crash-Test zur Knautschzone

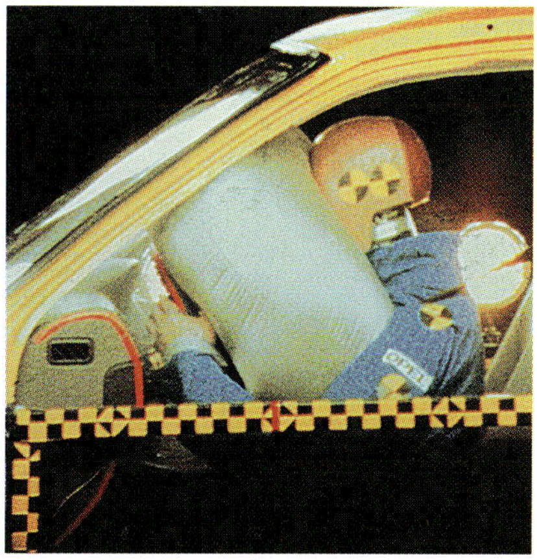

171.2 Airbag

171.3 Schutzhelm

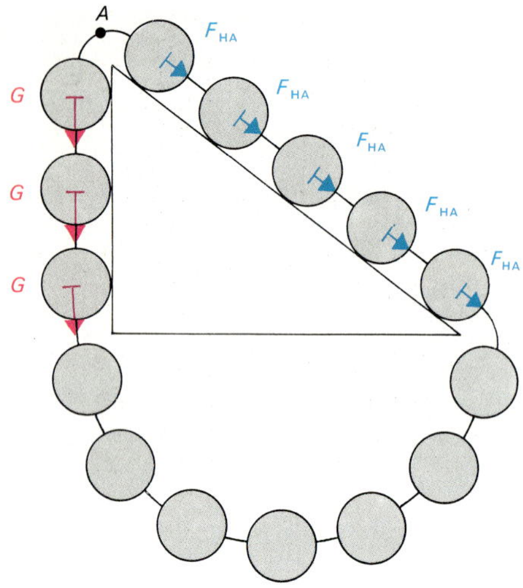

172.1 Zu Stevins berühmtem Gedankenversuch

172.2 Passstraße zum Stilfser Joch

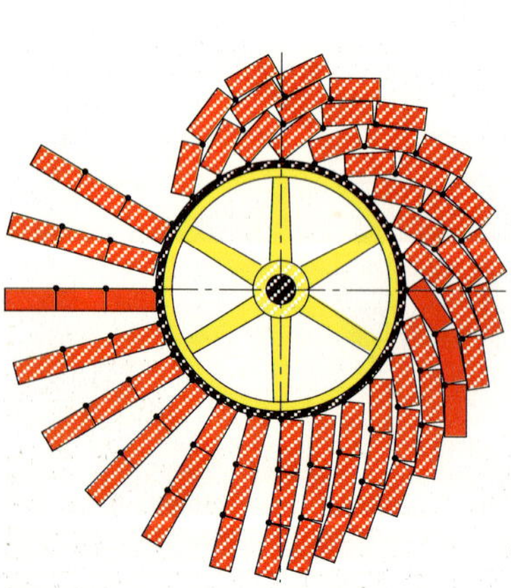

172.3 Ein arabisches Perpetuum mobile

Das Perpetuum mobile

Die Inder kamen als Erste auf die Idee, eine Maschine zu konstruieren, die ständig Arbeit verrichtet, ohne dabei Energie aufzunehmen. Eine solche Maschine heißt **Perpetuum mobile***. Um 1200 gelangte diese verlockende Idee über die arabische Kultur ins Abendland. Jahrhundertelang bemühten sich Ingenieure und Erfinder, ein Perpetuum mobile zu bauen. Zahllose Techniker, die Großes hätten leisten können, haben ihr Geld, ihre Zeit und ihren Geist auf diese Forschung verschwendet. Mehr als eine Familie wurde dadurch zugrunde gerichtet. Aber bis heute vergeblich!

Bereits gegen Ende des 16. Jahrhunderts erkannte der niederländische Ingenieur *Simon Stevin* (1548–1620):

Es ist unmöglich, ein Perpetuum mobile zu bauen.

Simon Stevin lieferte so einen ersten Beitrag zum Energieerhaltungssatz. Aus dieser Erkenntnis leitete er eine Formel für die *Hangabtriebskraft* $\vec{F}_{HA}$ ab, die auf einer schiefen Ebene auf einen Körper in Richtung des Gefälles wirkt. Abb. 172.1 zeigt – vereinfacht – Stevins Figur: Eine Kugelkette liegt reibungsfrei auf einer schiefen Ebene, die 5 Längeneinheiten lang und 3 Längeneinheiten hoch ist. Auf jede Längeneinheit passt genau ein Kettenglied. Zieht eine größere Kraft links herum oder rechts herum?

Bei unseren Überlegungen dürfen wir den frei hängenden Teil der Kette aufgrund seiner symmetrischen Form weglassen. Nun betrachten wir den Punkt A: Nach unten zieht das Gewicht von 3 Kugeln, also $3\,G$; nach rechts zieht der Hangabtrieb von 5 Kugeln, also $5\,F_{HA}$. Da es kein Perpetuum mobile gibt, treibt sich die Kette nicht von selbst an. Die Zugkräfte der beiden Kettenteile müssen sich gerade das Gleichgewicht halten:

$$5\,F_{HA} = 3\,G \Rightarrow F_{HA} : G = 3 : 5$$

Wir verallgemeinern! Ist die schiefe Ebene h hoch und l lang, denken wir uns auf jeder Längeneinheit wieder ein Glied der Kette:

Der Hangabtrieb F_{HA} verhält sich zum Gewicht G des Körpers wie die Höhe h zur Länge l der schiefen Ebene:

$$\frac{F_{HA}}{G} = \frac{h}{l}$$

V Messungen an einer Walze auf einer schiefen Ebene bestätigen das Ergebnis.

Aufgaben

1. *Serpentinen* (Abb. 172.2)
a) Ein Auto der Masse $m = 1{,}2$ t fährt die 14,5 km langen Serpentinen der Passstraße vom Ort Trafoi (1543 m) zum Stilfser Joch (2757 m) hoch. Berechne den mittleren Hangabtrieb!
b) Wie groß wäre der Hangabtrieb, wenn die Straße geradlinig ($l = 4{,}6$ km) vom Tal zur Passhöhe führen würde?
c) Warum baut man im Gebirge Straßen und Wege häufig in Serpentinen?

2. *Ein arabisches Perpetuum mobile (um 1200 n. Chr.)*
Das Perpetuum mobile nach Abb. 172.3 besteht aus einem Rad, auf das an aneinander gegenüberliegenden Punkten dreigliedrige Holzstücke aufgesetzt sind. Diese sind durch Gelenke so verbunden, dass sie auf der einen Seite des Rades radial nach außen verlaufen und auf der anderen Seite nach innen klappen.
a) Betrachte die beiden rot gefärbten, einander gegenüberliegenden Holzstücke! In welche Richtung erzeugen sie gemeinsam am Rad ein Drehmoment?
b) Betrachte das Rad als Ganzes! Warum führt die Konstruktion nicht zu einer Drehung?

Wasserrad und Windmühle

Im 3. Jahrhundert v. Chr. begann man im Vorderen Orient, die Bewegungsenergie des fließenden Wassers durch waagrecht liegende Wasserräder zu nutzen. Zunächst schöpfte man damit nur Wasser. Bald verband man die Achse des Rades mit einem Mühlstein und mahlte Getreide zu Mehl und Oliven zu Öl.

Das uns vertraute, aufrechte Wasserrad kam zur Römerzeit auf. Beim *unterschlächtigen Wasserrad* (Abb. 173.1) fließt das Wasser gegen die unteren Radschaufeln und nimmt diese mit. Da sich das Rad in die Fließrichtung des Wassers bewegt, bremst das Rad das Wasser nur etwas ab. Das Wasser gibt nur einen kleinen Bruchteil seiner Bewegungsenergie an das Rad ab. Es sind etwa 35 %.

Dieses „Verhältnis von Nutzen zum Aufwand", genauer: das Verhältnis von genutzter Energie E_{nutz} zur aufgewandten Energie E_{zu}, nennt man **Wirkungsgrad η***:

Wirkungsgrad

$$\eta = \frac{\text{Nutzenergie}}{\text{aufgewandte Energie}};$$

kurz: $$\eta = \frac{E_{\text{nutz}}}{E_{\text{zu}}}$$

Das unterschlächtige Wasserrad hat folglich den Wirkungsgrad:

$$\eta_u \approx 35\,\%.$$

Im 5. Jahrhundert entwickelte man das *oberschlächtige Wasserrad* (Abb. 173.2). Das Wasser wird über eine Zulaufrinne über das Rad geleitet. Dadurch besitzt das fließende Wasser zusätzlich Lageenergie. Die auf das Rad übertragene Energie stammt hauptsächlich aus dieser Lageenergie. Damit das Wasser möglichst lang in den Zellen des Rades gehalten wird, sind die Schaufeln entsprechend geformt. Oberschlächtige Wasserräder haben einen etwa doppelt so großen Wirkungsgrad wie unterschlächtige:

$$\eta_o \approx 70\,\%.$$

Die Wasserräder der Römer erbrachten eine Leistung von ca. 2 kW, die im Mittelalter verbesserten eine Leistung von ca. 5 kW. Mehr als tausend Jahre lang waren Wasserräder die einzigen Antriebsmaschinen großer Leistung. Allein in Europa gab es gegen Ende des 18. Jahrhunderts ungefähr 500 000 davon. Sie trieben nicht nur Mühlen an, sondern auch Blasebälge und Hämmer in Schmieden oder auch Maschinen zum Zerstampfen von Erz, zum Kanonenbohren, zum Drahtziehen, zum Walken von Stoff.

In Gegenden ohne geeignete Wasserläufe, aber mit häufiger starker Luftbewegung wie an den Küsten, nutzte man die Bewegungsenergie des Windes. Im 10. Jahrhundert begannen die Perser damit, indem sie an einer senkrechten Achse Segel befestigten.

Die *Windmühle* erreichte im Verlauf der Kreuzzüge Europa. Zunächst lagerte man die Flügelachse waagrecht und erhöhte damit den Wirkungsgrad der Windmühle. Um den Wind noch besser auszunutzen, entwickelten die Holländer die Turmwindmühle mit drehbarer Haube (Abb. 173.3). Mit der Erfindung der Dampfmaschine im 18. Jahrhundert verlor die Windmühle allmählich an Bedeutung. Dazu trugen auch die Abhängigkeit vom Wind und ihr geringer Wirkungsgrad bei. In der Mitte des 19. Jahrhunderts gab es aber in England immer noch ca. 10 000, in den Niederlanden ca. 8000 Windmühlen. Mit der Verknappung des Rohstoffs Erdöl hat in den letzten Jahrzehnten die Nutzung der „Windenergie" wieder an Bedeutung gewonnen. Die modernen Windenergieanlagen erreichen Wirkungsgrade bis zu 60 %.

173.1 Unterschlächtiges Wasserrad

173.2 Oberschlächtiges Wasserrad

173.3 Turmwindmühle

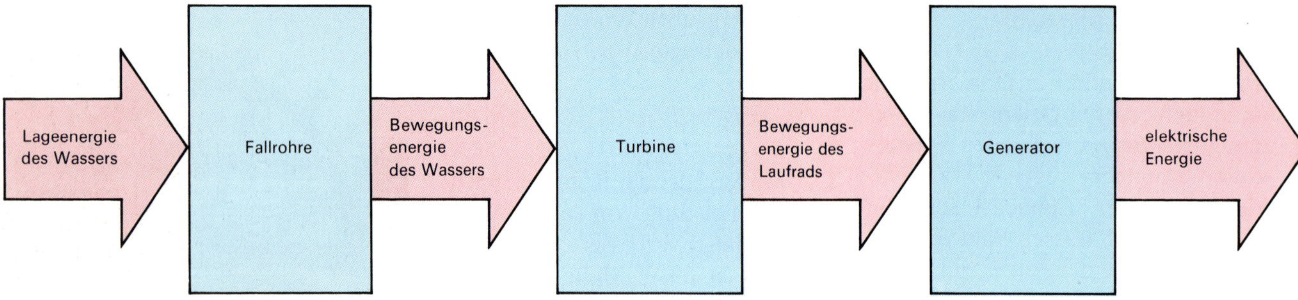

174.1 Energieumwandlungen bei einem Wasserkraftwerk (dargestellt ist jeweils die Energie des *abgebenden* „Körpers")

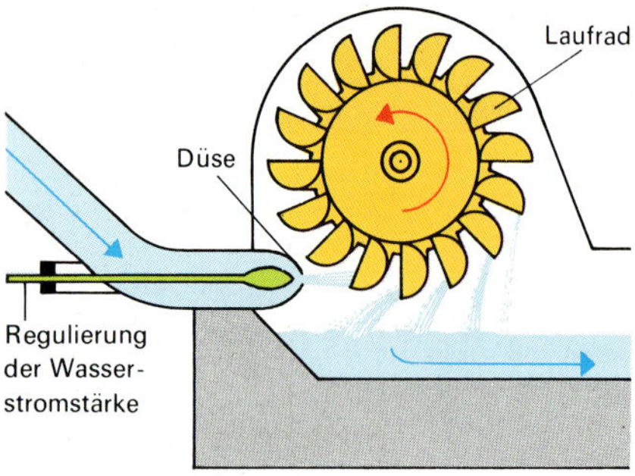

174.2 Schema einer Freistrahlturbine

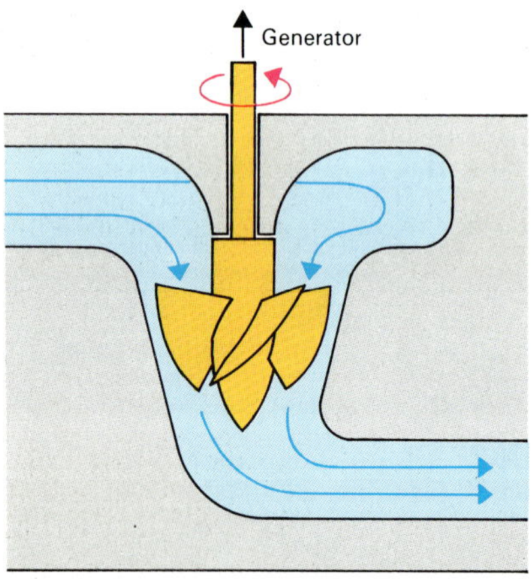

174.3 Schema einer Kaplanturbine

174.4 Wasserkraftwerk „Singender Stein"

Wasserkraftwerke

Die Wasserräder wurden im 19. Jahrhundert von französischen Ingenieuren durch bahnbrechende Ideen zu leistungsfähigen Maschinen mit hohem Wirkungsgrad weiterentwickelt. Nach dem lat. Wort turbo (Kreisel) nennt man sie **Turbinen**. Sie finden in unseren modernen *Wasserkraftwerken* Verwendung.

Man unterscheidet **Speicherkraftwerke** und **Flusskraftwerke**. Bei Speicherkraftwerken nutzt man die Lageenergie des Wassers in einem Stausee. Von diesem führen Rohre zum tiefer gelegenen Kraftwerk. Wenn Wasser in den Rohren zur Turbine herabstürzt, wandelt sich Lageenergie in Bewegungsenergie um. Etwa 90 % davon werden auf das Laufrad der Turbine übertragen. Sie treibt einen großen Dynamo, den *Generator**, an. Er wandelt die Bewegungsenergie des Laufrades in eine Energieform um, mit der wir uns noch genauer befassen werden, in *elektrische Energie* (Abb. 174.1).

Bei großen Fallhöhen und kleinen Wasserstromstärken verwendet man häufig *Freistrahlturbinen*: Am Ende einer Rohrleitung befinden sich eine oder mehrere Düsen. Aus diesen schießt ein „freier" Wasserstrahl mit großer Geschwindigkeit heraus und trifft auf die Schaufeln des Laufrades. Innerhalb der Düse befindet sich ein tropfenförmiger Zapfen, mit dem die Wasserstromstärke gesteuert werden kann (Abb. 174.2).

Um gleich bleibende Betriebsbedingungen herzustellen, staut man bei Flusskraftwerken das Wasser auf. Man nutzt dadurch seine Lageenergie, weniger die Bewegungsenergie des fließenden Wassers. Die Fallhöhe ist klein, die Wasserstromstärke dagegen groß. Daher wird das Wasser auf ein Laufrad mit mächtigen Schaufeln, das einer Schiffsschraube ähnelt, geleitet. Nach ihrem Erfinder, dem österreichischen Ingenieur *Viktor Kaplan* (1876–1934), heißt diese Turbine *Kaplanturbine* (Abb. 174.3).

Am Paranaé, dem Grenzfluss zwischen Brasilien und Paraguay, wurde 1984 ein gigantisches Wasserkraftwerk, „Singender Stein" genannt, fertig gestellt. Es ist nicht nur das leistungsstärkste Wasserkraftwerk, sondern das leistungsstärkste Kraftwerk überhaupt. Der 196 m hohe Staudamm liefert den größten künstlichen Wasserfall der Welt (Abb. 174.4). Wenn alle Turbinen in Betrieb sind, erbringt das Kraftwerk eine elektrische Leistung von 12 600 MW. Das ist etwa das Zehnfache der Leistung eines Kernkraftwerks. Das Wasserkraftwerk gibt zweieinhalbmal so viel elektrische Energie ab, wie die Schweiz benötigt.

Der Bedarf an elektrischer Energie kann wegen der geografischen Gegebenheiten in der Schweiz fast vollständig von Wasserkraftwerken gedeckt werden, in Österreich zu 60 %, in Bayern zu 25 %, in der gesamten Bundesrepublik Deutschland dagegen nur zu 6 %.

Aufgaben

1. *Das Speicherkraftwerk „Walchensee"* (Abb. 175.1).
In den 16,2 km² großen Walchensee fließt durch Überleitungen aus Rißbach und Isar ständig Wasser. Im Mittel würde sein Wasserspiegel täglich um 10 cm steigen. Dieses Wasser fällt in Röhren zu den Turbinen des 200 m tiefer gelegenen Kraftwerkes.

a) Wie viel Liter Wasser fließen im Mittel täglich durch die Turbinen?

b) Welche Energie kann dieses Wasser höchstens an die Laufräder der Turbinen abgeben?

c) Die Turbinen sind durchschnittlich sieben Stunden am Tag in Betrieb. Berechne die mittlere, vom Wasser abgegebene Leistung für die Betriebszeit!

2. *Das Flusskraftwerk „Jochenstein"* (Abb. 175.2).
Die Fallhöhe beträgt beim Donaukraftwerk „Jochenstein" nur 10 m. Trotzdem gibt es etwa dreimal so viel „elektrische Energie" wie das Walchenseekraftwerk ab.

a) Welches Vielfache der Wassermenge, die durch die Turbinen des Walchenseekraftwerkes strömt, fließt durch die Turbinen des Jochensteinkraftwerkes?

b) Stell dir vor, man würde diese Wassermenge, die an einem Tag durch das Kraftwerk „Jochenstein" fließt, in den Walchensee leiten. Um wie viel würde sein Wasserspiegel steigen?

c) Flusskraftwerke sind Tag und Nacht in Betrieb und decken so die Grundlast elektrischer Energie eines Versorgungsbezirkes. Speicherkraftwerke sind dagegen nur zu Zeiten erhöhten Energiebedarfs in Betrieb. Erkläre, warum das sinnvoll ist!

175.1 Speicherkraftwerk „Walchensee"

175.2 Flusskraftwerk „Jochenstein"

176.1 Gezeitenkraftwerk „St. Malo"

3. *Das Gezeitenkraftwerk „St. Malo" in der Bretagne* (Abb. 176.1)
An den meisten Küsten der Weltmeere sind die Gezeiten Ebbe und Flut zu beobachten: Im regelmäßigen Rhythmus fällt und steigt der Wasserstand.
Im Ärmelkanal, der an den Atlantik angeschlossen ist, wird alle 12 Stunden und 25 Minuten immer wieder der höchste Wasserstand erreicht. Dieser liegt bei St. Malo – in der engen, trichterförmigen Mündung des Flusses Rance – im Mittel um 8 m über dem niedrigsten Wasserstand. Um den mächtigen Gezeitenstrom zu nutzen, wurde der Fluss Rance vor seiner Mündung in den Ärmelkanal durch einen 750 m langen Damm abgeriegelt. Bei Flut strömt das Wasser durch 24, mit Turbinen bestückte Röhren vom Ärmelkanal in den etwa 20 km^2 großen Stausee.
a) Wie viele m^3 Wasser fließen dabei in den Stausee?
b) Das Gezeitenkraftwerk „St. Malo" gibt jährlich etwa doppelt so viel „elektrische Energie" wie das Walchenseekraftwerk ab. Was folgt daraus über die Betriebsbedingungen eines Gezeitenkraftwerkes?

9.1 Molekülbewegung und Wärmeerscheinungen

178.1 Bremsscheibe auf dem Prüfstand

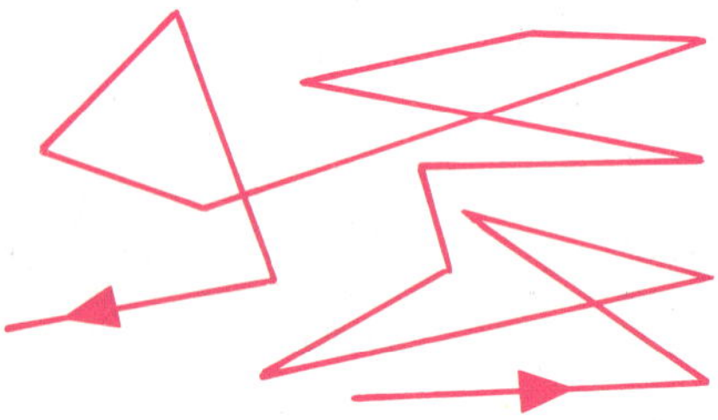

178.2 Weg eines Fetttröpfchens

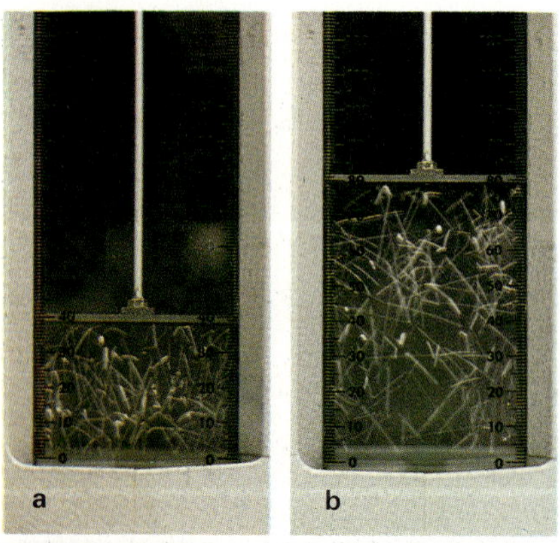

178.3 Modellversuch zur Brown'schen Bewegung

Wenn die Reibung nicht wäre, würden sich die drei mechanischen Energieformen verlustlos ineinander umwandeln. Stets verschwindet also mechanische Energie. Spurlos? Reiben wir die Hände kräftig, erwärmen sie sich. Abb. 178.1 zeigt eine Bremsscheibe, die durch Reibung sogar zum Glühen kam. Das Verrichten von Reibungsarbeit bewirkt also eine Erhöhung der Temperatur der beteiligten Körper.

Die Molekülbewegung

Alle Körper sind aus Atomen oder Molekülen aufgebaut. Was bedeutet eine Temperaturerhöhung für die Atome oder Moleküle? Entscheidend zur Klärung trug eine Entdeckung des englischen Botanikers *Robert Brown* (1773–1858) bei, die er 1827 machte. Er betrachtete unter einem Mikroskop eine Aufschwemmung von Blütenstaub und beobachtete eine merkwürdige Bewegung der Pollen.

V In stark verdünnter Milch erkennen wir unter dem Mikroskop viele kleine Klümpchen. Atome und Moleküle sind so winzig, dass man sie selbst mit den besten Mikroskopen nicht sehen kann. Die Klümpchen sind Fetttröpfchen, die im Wasser schweben. (Sie ersetzen in unserem Versuch den Blütenstaub von Robert Brown.) Sie führen ständig unregelmäßige Zitterbewegungen aus (Abb. 178.2).

Diese unregelmäßige, ruckartige Bewegung heißt **Brown'sche Bewegung**. Wie lässt sie sich erklären? Sie muss durch Stöße hervorgerufen werden. Offenbar sind die unsichtbaren Moleküle der Flüssigkeit in Bewegung und üben auf die Fetttröpfchen fortwährend Stöße aus.

Bewegen sich auch die Moleküle (oder Atome) eines Gases ständig?

V Wir betrachten Rauchteilchen unter dem Mikroskop. Hier erkennen wir ebenfalls eine unregelmäßige Zitterbewegung. Also stoßen Moleküle der Luft auf die Rauchteilchen.

Diese Vorgänge veranschaulichen wir durch einen Modellversuch.

V In einem Gefäß mit einem losen Deckel befinden sich kleine Glaskugeln, die den unsichtbaren Molekülen entsprechen. Ein Motor bewegt den Boden schnell auf und ab und versetzt dadurch die Glaskugeln in Bewegung (Abb. 178.3a). Ein Rauchteilchen wird im Modellversuch durch eine Kugel aus zusammengeknüllter Alufolie dargestellt. Die unregelmäßigen Stöße der schnellen kleinen Glaskugeln rufen eine langsamere Zitterbewegung der großen Kugel hervor.

Auch die Atome und Moleküle von festen Körpern sind in ständiger Bewegung.

Die Atome oder Moleküle aller Körper sind in ständiger ungeordneter Bewegung.

Molekülbewegung und Temperatur

Die kleinen Glaskugeln, die in unserem Modellversuch Moleküle vertreten, haben keine einheitliche Geschwindigkeit, da sie untereinander und mit der Wand auf unterschiedliche Weise zusammenstoßen. Auch die Moleküle und Atome bewegen sich mit unterschiedlichen Geschwindigkeiten. Wir sprechen daher von einer *mittleren* Geschwindigkeit.

V Wir versetzen in unserem Modellversuch den Boden in eine schnellere Auf- und Abbewegung. Mit der Zunahme der mittleren Geschwindigkeit der Glaskugeln hebt sich der Deckel des Gefäßes (Abb. 178.3b).

Mit der größeren Geschwindigkeit verschaffen sich die Kugeln mehr Bewegungsraum. Im Teilchenbild ist also eine größere mittlere Geschwindigkeit (eine größere mittlere Bewegungsenergie) die Ursache für einen Volumenzuwachs.
Wir kennen bereits die Temperaturerhöhung als Ursache für die Ausdehnung von Körpern. Deshalb folgern wir:

Höhere Temperatur bedeutet im Teilchenbild eine größere mittlere Bewegungsenergie der Atome oder Moleküle.

Wir belegen diese aus dem Modellversuch gewonnene Vermutung:

V Zwei gleiche Bechergläser werden gleich hoch mit Wasser gefüllt: Das eine mit kaltem, das andere mit heißem. Wir verschnüren mit einem Faden jeweils drei aufeinander liegende Zuckerstücke zu zwei Päckchen und versenken diese gleichzeitig in die Bechergläser: Im heißen Wasser löst sich Zucker viel schneller.

Beim Auflösen schlagen die sich bewegenden Wassermoleküle Moleküle vom Zuckerstück heraus, die sich dann verteilen. Die Tatsache, dass sich Zucker im heißen Wasser schneller auflöst, belegt die größere mittlere Bewegungsenergie der Moleküle eines Körpers höherer Temperatur.

Teilchenmodell der Zustandsformen

Stoffe können im festen, flüssigen oder gasförmigen Zustand vorliegen. Wasser z. B. ist uns in allen drei Zustandsformen bekannt: Bei Temperaturen unter 0 °C als Eis, von 0 °C bis 100 °C als die Flüssigkeit Wasser, ab 100 °C als Wasserdampf. Körper sind Ansammlungen von Molekülen (oder auch Atomen), im Folgenden kurz: von Teilchen. Wie können wir uns bei dieser Betrachtungsweise den festen, den flüssigen und den gasförmigen Zustand der Körper vorstellen?
Im festen und im flüssigen Zustand halten die Teilchen eines Körpers zusammen. Die Kräfte, die diesen Zusammenhalt bewirken, heißen **Molekularkräfte**. Ihre Reichweite ist gering. Die Teilchen sind aber auch in ständiger Bewegung. Daher bestimmen die Stärke der Molekularkräfte und die Größe der mittleren Bewegungsenergie der Teilchen, ob der feste, der flüssige oder der gasförmige Zustand vorliegt.
Die Teilchen des **festen Körpers** sind regelmäßig angeordnet. Jedes hat einen festen Platz. Bewegt es sich von diesem Platz weg, wird es durch die Molekularkräfte der benachbarten Teilchen immer mehr abgebremst, bis es schließlich umkehrt. Alle Teilchen schwingen deshalb um ihre festen Plätze. Veranschaulicht man die Teilchen durch Kugeln und die Molekularkräfte durch Federn, könnte man sich einen festen Körper nach Abb. 179.1 vorstellen. Abb. 179.2 zeigt die Moleküle in fünf aufeinander folgenden gleichen Zeitabständen.
Eine Erhöhung der Temperatur des Körpers bedeutet eine Zunahme der Bewegungsenergie der Teilchen: Mittlere Geschwindigkeit und Schwingungsweite werden größer. Schließlich erreicht man eine Bewegungsenergie, bei welcher die Teilchen ihren Platz verlassen können. Die feste Anordnung wird zerstört. Der Körper schmilzt. Im **flüssigen Zustand** ist die mittlere Bewegungsenergie der Teilchen so groß, dass sie sich von den benachbarten Molekülen zu lösen vermögen und in

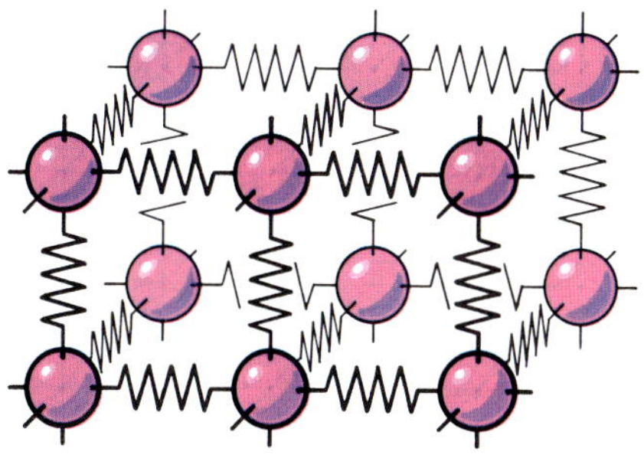

179.2 Teilchenschwingungen in einem festen Körper

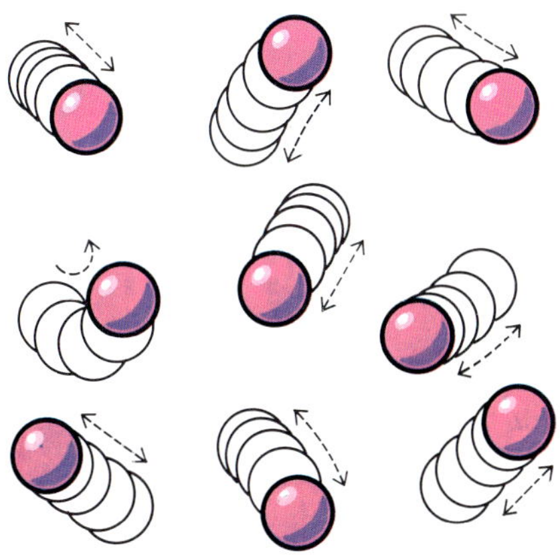

179.1 Modell eines festen Körpers

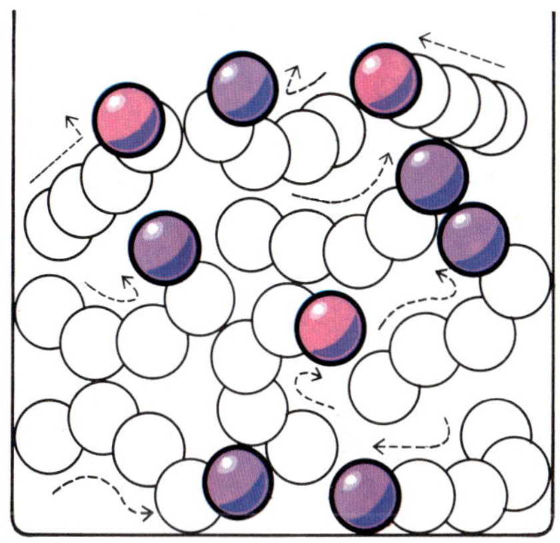

179.3 Bewegung der Teilchen in einer Flüssigkeit

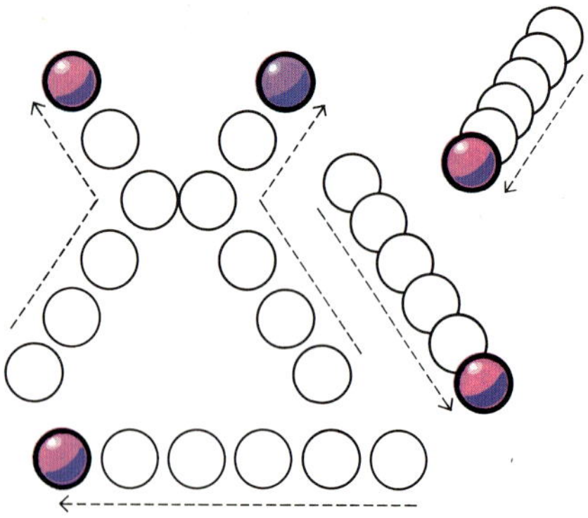

180.1 Teilchenbewegung im gasförmigen Zustand

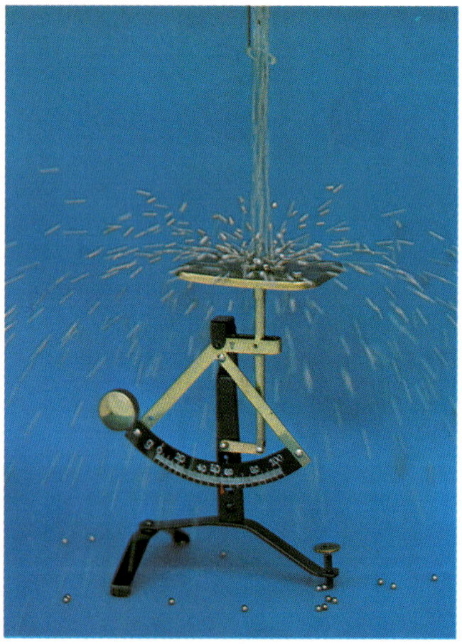

180.2 Modellversuch zum Gasdruck

den Anziehungsbereich der nächsten gelangen (Abb. 179.3). Die Flüssigkeit hat deshalb keine feste Gestalt. Die Molekularkräfte halten aber die Teilchen zusammen: Flüssigkeiten bilden Tropfen.
Bei weiterer Erhöhung der Temperatur verfügen die Teilchen schließlich über so viel Bewegungsenergie, dass sie die anziehenden Molekularkräfte vollständig überwinden können: Die Flüssigkeit siedet. Die Teilchen, die dabei aus der Flüssigkeit entweichen, bilden einen gasförmigen Körper, ein Gas.
Im **gasförmigen Zustand** bewegen sich die Teilchen über weite Strecken kräftefrei. Nur bei Zusammenstößen gelangen sie für einen kurzen Augenblick in die Reichweite der Molekularkräfte. Die Bewegungsenergie der Teilchen ist aber so groß, dass sie die Molekularkräfte überwinden können und sich anschließend wieder frei bewegen (Abb. 180.1 und Abb. 180.3).

Deutung des Reibungsvorgangs

Gleitet ein Körper über eine Unterlage, wirken in den Berührpunkten die Molekularkräfte: Teilchen von Körper und Unterlage haften aneinander. An diesen wird nun gezogen. Die Teilchen der Unterlage versuchen, die Teilchen des Körpers zurückzuhalten. Sie werden immer mehr auseinander gezogen, bis sie schließlich wieder auseinander reißen. Da sowohl die Teilchen der Unterlage als auch die des Körpers dabei ein Stück mitgezogen wurden, schwingen sie nun mit einer größeren Schwingungsweite. Anders ausgedrückt: Die Temperatur wächst. So erklärt sich die Temperaturerhöhung, die bei Reibungsvorgängen auftritt.

Zustandsform	fest	flüssig	gasförmig
Wirkung der Molekularkräfte auf Moleküle	regelmäßige Anordnung	aneinander haftend, aber gegeneinander verschiebbar	keine (außer bei Stößen untereinander)
Molekülbewegung	ortsgebundene Schwingung	unregelmäßige Bewegung mit Platzwechsel	freie Bewegung (außer bei Zusammenstößen und Wandstößen)

180.3 Überblick zum Teilchenmodell der Zustandsformen

Aufgaben

1. *Der absolute Nullpunkt*
Erkläre mithilfe der Teilchenvorstellung, warum es eine tiefste Temperatur, den absoluten Nullpunkt $\vartheta = -273\,°C$, gibt, dagegen keine höchste Temperatur!

2. *Der Gasdruck*
Die Moleküle eines Gases prasseln auf die Wände des Behälters und rufen so den Gasdruck hervor. Abb. 180.2 veranschaulicht diese Deutung.
a) Wie hängt der Gasdruck von der Anzahl der Moleküle und von der mittleren Bewegungsenergie ab? (Je-desto-Aussagen!)
b) Wie verhält sich der Druck, wenn die Temperatur des Gases bei gleich bleibendem Volumen erhöht wird?

3. Pumpe den Reifen deines Fahrrades mit einer Luftpumpe auf!
a) Beobachte und beschreibe die Temperaturänderung des vorderen Pumpenteils!
b) Erkläre deine Beobachtung mit der Teilchenvorstellung! Hinweis: Vergleiche den Stempel der Pumpe mit einem Tennisschläger!

4. *Sternschnuppen*
In klaren, mondlosen Nächten können wir am Himmel kurzzeitig spurenförmige Leuchterscheinungen beobachten: Diese „Lichtspuren" heißen *Sternschnuppen* (*Meteore**). Sie werden von kleinen Körpern, den *Meteoriten*, verursacht, die vom Weltraum in die Atmosphäre der Erde eindringen und dabei verglühen.
Beschreibe den Vorgang mit der Teilchenvorstellung!

9.2 Innere Energie und spezifische Wärmekapazität

Innere Energie

Im festen Körper schwingt jedes Teilchen um einen bestimmten Ort. Dabei bringen die Nachbarteilchen eine Art Federkraft auf, die das Teilchen immer wieder an seinen Platz zurücktreibt. Beim Spannen dieser „Feder“ wird das Teilchen abgebremst und Bewegungsenergie wird in Spannenergie übergeführt. Beim anschließenden Entspannen wird das Teilchen beschleunigt und Spannenergie geht wieder in Bewegungsenergie über.

Wir erkennen daraus, dass im festen und flüssigen Zustand aufgrund der wirkenden Molekularkräfte die Teilchen außer der Bewegungsenergie noch eine weitere Energieform besitzen, die man mit „*Lageenergie*“ bezeichnen kann. Die Bewegungs- und Lageenergie sämtlicher Teilchen eines Körpers fassen wir zu einer Energieform zusammen, die im „Inneren eines Körpers“ steckt. Sie heißt **innere Energie**.

Das Verschwinden mechanischer Energie bei der Reibung führt zu einer Temperaturerhöhung: Die mittlere Bewegungsenergie der Teilchen wächst. Wenn keine Reibung vorhanden ist, wandeln sich „im Großen“ Bewegungs-, Lage- und Spannenergie verlustlos ineinander um. So liegt nahe: Das Verrichten von Reibungsarbeit erhöht „im Kleinen“ die Bewegungs- und Lageenergie der Teilchen eines Körpers, also seine innere Energie.

Ein Körper besitzt innere Energie E_i. Die an ihm verrichtete Reibungsarbeit W_R ist gleich dem Zuwachs ΔE_i seiner inneren Energie:

$$\Delta E_i = W_R$$

Innere Energie und Temperatur

Wir können die innere Energie nicht dadurch erfassen, dass wir die Bewegungs- und Lageenergien der Teilchen aufsummieren. Weder die mittlere Geschwindigkeit noch die Molekularkräfte sind für uns messbar. Wir wissen aber: Zu einer bestimmten mittleren Geschwindigkeit gehört eine bestimmte Temperatur, und diese ist messbar! Also wählen wir die Temperatur ϑ als Größe zur Beschreibung der inneren Energie.
Wir werden untersuchen, wie der Temperaturzuwachs $\Delta\vartheta$ von der Reibungsarbeit W_R abhängt. Zunächst entwickeln wir dazu den Versuchsaufbau (Abb. 181.1a bis e).
Wir stellen uns einen Körper K vor, der über eine Unterlage U gezogen wird. Die Zugkraft F und die Reibungskraft F_R sind gegengleich. F erzeugt ein Wägestück des Gewichts G, das durch einen über eine Rolle geführten Faden mit K verbunden ist (Abb. 181.1a). Mit s als Reibweg gilt dann für die Reibungsarbeit: $W_R = Fs = Gs$. Die Unterlage U muss dabei mit der zu F gegengleichen Kraft F' festgehalten werden. Die gleiche Reibungsarbeit ergibt sich, wenn K ruht und dafür U mit F' genauso weit nach links gezogen wird: $W_R = F's = Gs$. Hierbei übernimmt das Gewicht G die Rolle der Haltekraft (Abb. 181.1b). Damit der Reibweg s möglichst groß werden kann, denken wir uns die Unterlage U zu einem Zylinder zusammengebogen: Der Reibweg s ist dann gleich dem Zylinderumfang mal der Anzahl der Umdrehungen (Abb. 181.1c). Sowohl der Zylinder als auch der Körper K erwärmen sich. Die Energieaufnahme von K wird vernachlässigbar, wenn wir als Körper K eine Nylonschnur wählen. Befestigen wir am linken Schnur-

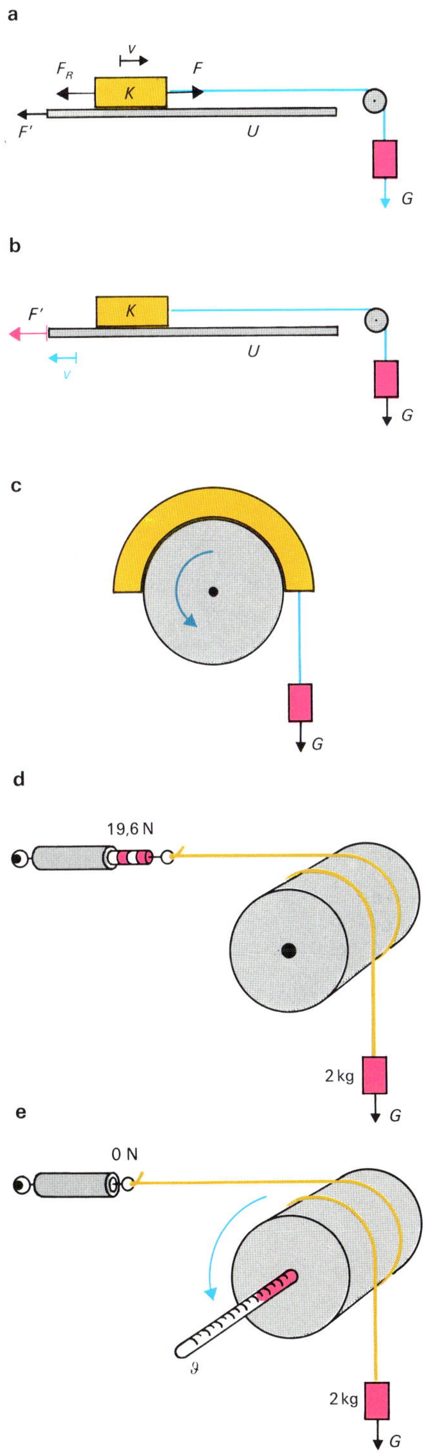

181.1 Entwicklung des Versuchsaufbaus zur Untersuchung der inneren Energie

Anzahl der Umdrehungen	$\Delta E_i = W_R$ in J	$\Delta\vartheta$ in °C
0	0	0
50	141	2,0
100	282	3,9
150	423	5,8

182.1 Zusammenhang zwischen ΔE_i und $\Delta\vartheta$ ($m_{Al} = 75$ g)

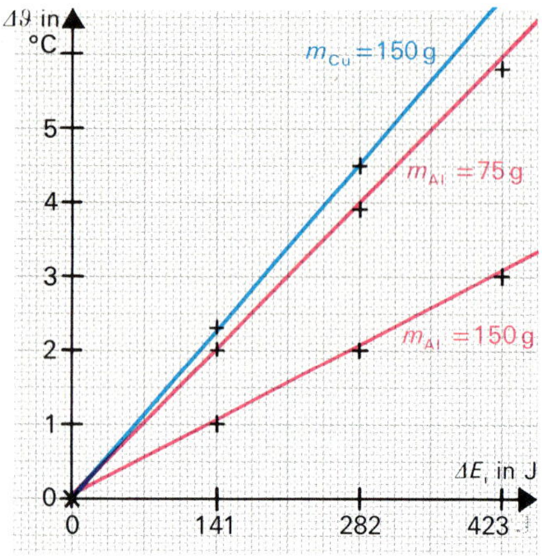

182.2 ΔE_i-$\Delta\vartheta$-Diagramm

Anzahl der Umdrehungen	$\Delta E_i = W_R$ in J	$\Delta\vartheta$ in °C
0	0	0
50	141	1,0
100	282	2,0
150	423	3,0
200	564	3,9

182.3 Zusammenhang zwischen ΔE_i und $\Delta\vartheta$ ($m_{Al} = 150$ g)

Anzahl der Umdrehungen	$\Delta E_i = W_R$ in J	$\Delta\vartheta$ in °C
0	0	0
50	141	2,3
100	282	4,5

182.4 Zusammenhang zwischen ΔE_i und $\Delta\vartheta$ ($m_{Cu} = 150$ g)

ende einen Kraftmesser, zeigt dieser das Gewicht des Wägestücks an (Abb. 181.1d). Wir legen gerade so viele Schlingen der Nylonschnur um den Metallzylinder, dass beim Drehen die Anzeige des Kraftmessers auf 0 N zurückgeht und das Wägestück die Höhe beibehält (Abb. 181.1e). Dann besteht entsprechend zu Abb. 181.1b Kräftegleichgewicht zwischen der Zugkraft und der Reibungskraft.
Wie hängt ΔE_i von $\Delta\vartheta$ ab? Wir verrichten an einem Metallzylinder die Reibungsarbeit W_R, erhöhen also seine innere Energie um $\Delta E_i = W_R$, und messen $\Delta\vartheta$.

V Ein Aluminiumzylinder hat die Masse $m_{Al} = 75$ g und den Umfang 14,4 cm. Die Reibungskraft beträgt $F = 19{,}6$ N. Bei einer Umdrehung wird also die Reibungsarbeit $W_1 = Fs = 19{,}6\ \text{N} \cdot 0{,}144\ \text{m} = 2{,}82$ J verrichtet. Wir lesen nach jeweils 50 Umdrehungen die Temperaturerhöhung $\Delta\vartheta$ gegenüber der Zimmertemperatur ab (Tab. 182.1). Dann zeichnen wir ein ΔE_i-$\Delta\vartheta$-Diagramm (Abb. 182.2).

Ergebnis: Die Änderung ΔE_i der inneren Energie ist zur Temperaturänderung $\Delta\vartheta$ direkt proportional: $\Delta E_i \sim \Delta\vartheta$

Die spezifische Wärmekapazität

Wovon kann ΔE_i noch abhängen? Dazu betrachten wir einen Aluminiumzylinder der n-fachen Masse, also mit n-mal so vielen Atomen. Dann müssten wir auch n-mal so viel Reibungsarbeit verrichten, um die gleiche Temperaturerhöhung zu erzielen. Wir überprüfen die Richtigkeit unserer Überlegung:

V Der Aluminiumzylinder wird durch einen mit doppelter Masse ersetzt ($m_{Al} = 150$ g). Damit sich die gleiche Temperaturerhöhung wie beim ersten Versuch ergibt, müsste also jetzt die doppelte Reibungsarbeit erforderlich sein. Tatsächlich muss man dazu doppelt so oft drehen (Tab. 182.3).

Ergebnis: Die Änderung ΔE_i der inneren Energie ist zur Masse m direkt proportional: $\Delta E_i \sim m$.
ΔE_i ver-n-facht sich, wenn sich m ver-n-facht und ver-k-facht sich, wenn sich $\Delta\vartheta$ ver-k-facht. Ein Term mit dieser Eigenschaft ist das Produkt $m \cdot \Delta\vartheta$.
Also ist $\Delta E_i \sim m \cdot \Delta\vartheta$ oder der Quotient $\frac{\Delta E_i}{m \cdot \Delta\vartheta} = c = \text{konstant}$.
Für die Konstante c erhalten wir bei Aluminium:

$$c_{Al} = \frac{\Delta E_i}{m \cdot \Delta\vartheta} = \frac{141\ \text{J}}{75\ \text{g} \cdot 2{,}0\ °\text{C}} = 0{,}94\ \frac{\text{J}}{\text{g}\ °\text{C}}$$

$$\left(\text{Genauer Wert: } c_{Al} = 0{,}90\ \frac{\text{J}}{\text{g}\ °\text{C}}\right)$$

Damit sich 1 g Aluminium um 1 °C erwärmt, sind also 0,90 J nötig.
Ist diese Konstante für alle Stoffe gleich?

V Zur Klärung ersetzen wir den Aluminiumzylinder durch einen Kupferzylinder gleicher Masse ($m_{Cu} = 150$ g). Kupfer erwärmt sich bei gleicher Energiezufuhr wesentlich stärker als Aluminium (Tab. 182.4).

Für die Konstante c erhalten wir bei Kupfer:

$$c_{Cu} = \frac{\Delta E_i}{m \cdot \Delta\vartheta} = \frac{141\ \text{J}}{150\ \text{g} \cdot 2{,}3\ °\text{C}} = 0{,}41\ \frac{\text{J}}{\text{g}\ °\text{C}}$$

$$\left(\text{Genauer Wert: } c_{Cu} = 0{,}39\ \frac{\text{J}}{\text{g}\ °\text{C}}\right)$$

c ist also eine Stoffkonstante.

Die Änderung ΔE_i der inneren Energie eines Körpers mit der Masse m ist bei der Temperaturänderung $\Delta\vartheta$:

$$\Delta E_i = c \cdot m \cdot \Delta\vartheta$$

Die Stoffkonstante c heißt *spezifische Wärmekapazität. Ihre Einheit ist $1\ \frac{\text{J}}{\text{g}\ °\text{C}}$.**
Sie gibt an, wie viel J erforderlich sind, um 1 g des Stoffes um 1 °C zu erwärmen.

Aufgaben

1. Die glühende Bremsscheibe von Abb. 178.1 hat die Masse 8,0 kg, die Temperatur 700 °C und die spezifische Wärmekapazität 0,55 kJ/kg °C. Welche Reibungsarbeit wurde mindestens an ihr verrichtet? Warum „mindestens"?

2. *Das Zündholz*
Im Jahr 1827 erfand der englische Chemiker John Walker das Zündholz: Die durch Reiben auf Sandpapier entstehende Wärme reicht aus, den Zündholzkopf aufgrund seiner besonderen chemischen Zusammensetzung zu entflammen. Ein Zündholz wird 2 cm weit durch eine Kraft von 3 N über eine Reibfläche gezogen, bis es sich bei 260 °C entzündet. Berechne unter der Annahme, dass die Reibungsarbeit nur die innere Energie eines Kopfteils ($c \approx 1$ J/g °C) erhöht hat, dessen Masse m! Vergleiche m mit der Masse 14 mg des ganzen Zündholzkopfes!

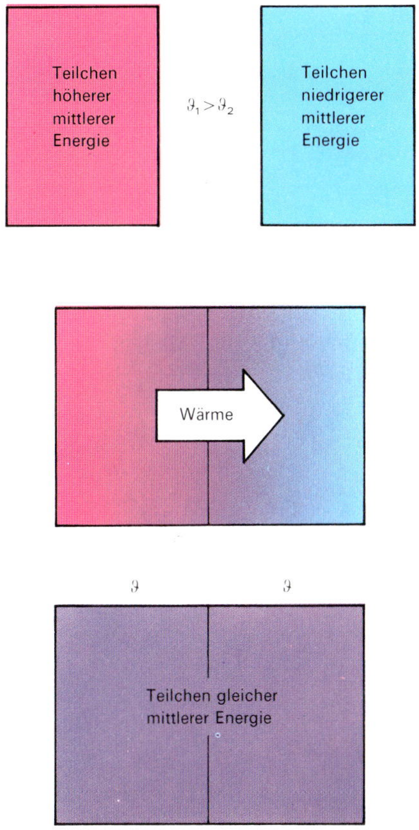

183.1 Energieübertragung durch Wärmeübergang

9.3 Wärme als übertragene Energie

Wärme

Energie ist Arbeitsfähigkeit. Die Vorstellung von der inneren Energie ist nur dann gerechtfertigt, wenn ihre Abnahme mit dem Verrichten von Arbeit verbunden ist.
Wie können die Teilchen eines Körpers aufgrund ihrer mikroskopischen, ungeordneten Bewegungs- und Lageenergie Arbeit verrichten? Bringen wir zwei Körper unterschiedlicher Temperatur in Berührung, so stellt sich erfahrungsgemäß eine gemeinsame Temperatur ein, die zwischen den beiden ursprünglichen Temperaturen liegt. Die Teilchen des heißen Körpers geben durch Stöße so lange Energie an die Teilchen des kälteren ab, bis beide Körper gleiche Temperatur haben (Abb. 183.1). Für diese „mikroskopische Arbeit" verwendet man eine neue Bezeichnung:

Die bei einem Temperaturunterschied durch Teilchenstöße übertragene Energie heißt *Wärme*.

Beim Temperaturausgleich geht Energie vom wärmeren auf den kälteren Körper über. Man nennt diesen Vorgang *Wärmeübergang*. Da beim Verrichten der mikroskopischen Arbeit die Energie erhalten bleibt, muss die Abnahme E_{ab} der inneren Energie des wärmeren Körpers gleich dem Zuwachs E_{zu} der inneren Energie des kälteren sein. Wir überprüfen das durch Mischversuche.

V In einem Styroporgefäß, das selbst nur vernachlässigbar Wärme aufnimmt bzw. abgibt, befindet sich Wasser ($m_1 = 200$ g) der Temperatur $\vartheta_1 = 50$ °C. Wir schütten Wasser ($m_2 = 200$ g) der Temperatur $\vartheta_2 = 20$ °C hinein und rühren mit dem Thermometer um. Als Mischtemperatur stellt sich $\vartheta_M = 35$ °C ein (Abb. 183.2).

Wie könnten wir ϑ_M voraussagen? Das wärmere Wasser kühlt sich von ϑ_1 auf ϑ_M ab und gibt dabei die Energie $\Delta E_i = c_w m_1 (\vartheta_1 - \vartheta_M)$ ab. Das kältere Wasser erwärmt sich von ϑ_2 auf ϑ_M und nimmt dabei die Energie $\Delta E_i = c_w m_2 (\vartheta_M - \vartheta_2)$ auf. Wegen:
$E_{ab} = E_{zu}$ und $m_1 = m_2 = m$ folgt:

$$c_w m(\vartheta_1 - \vartheta_M) = c_w m(\vartheta_M - \vartheta_2) \quad |:(c_w m)$$

$$50\,°C - \vartheta_M = \vartheta_M - 20\,°C$$

$$\Rightarrow 2\vartheta_M = 70\,°C \Rightarrow \vartheta_M = 35\,°C$$

183.2 Mischen von Wasser

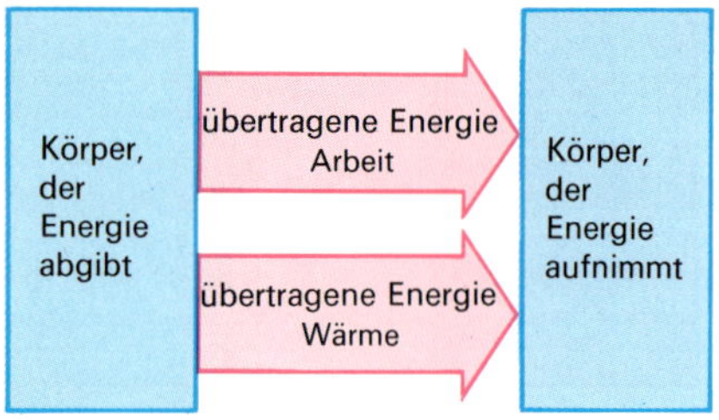

184.1 Energieübertragung durch Verrichtung von Arbeit und durch Wärmeübergang

184.2 Ausbohren eines Kanonenrohrs

V Wir nehmen verschiedene Wassermassen. Mischen wir Wasser ($m_1 = 200$ g) von $\vartheta_1 = 50\,°C$ mit Wasser ($m_2 = 100$ g) von $\vartheta_2 = 20\,°C$, ergibt sich $\vartheta_M = 40\,°C$.

Theoretische Lösung:

$$E_{ab} = E_{zu}$$
$$c_w\, m_1(\vartheta_1 - \vartheta_M) = c_w\, m_2(\vartheta_M - \vartheta_2) \quad |: c_w\, m_2$$
$$2 \cdot (50\,°C - \vartheta_M) = \vartheta_M - 20\,°C$$
$$\Rightarrow \quad 100\,°C - 2\vartheta_M = \vartheta_M - 20\,°C$$
$$\Rightarrow \quad 3\vartheta_M = 120\,°C$$
$$\Rightarrow \quad \vartheta_M = 40\,°C$$

Die Versuche belegen eindrucksvoll, dass vom wärmeren Wasser verlustlos Energie auf das kältere übergegangen ist.

Energieerhaltungssatz

Verrichten von Reibungsarbeit erhöht verlustlos innere Energie. Außerdem kann die innere Energie noch durch Wärmeübergang ab- oder zunehmen. Wir ergänzen deshalb die Festlegung des Begriffs Energie (Abb. 184.1):

Die Fähigkeit eines Körpers, Arbeit zu verrichten oder Wärme abzugeben, heißt Energie.

Beim Reibungsvorgang verschwindet zwar mechanische Energie, aber diese wird verlustlos in innere Energie übergeführt. Unter Hinzunahme der inneren Energie formulieren wir den Energiesatz in seiner allgemeinen Form:

Energieerhaltungssatz
Bei allen Vorgängen wandeln sich die Energieformen verlustlos ineinander um:

abgegebene Energie E_{ab} = zugeführte Energie E_{zu}.

Die Gesamtenergie bleibt erhalten.

Zur Geschichte des Energieerhaltungssatzes

Die Frage, was beim Erwärmen oder Abkühlen im Inneren eines Körpers geschieht, können wir mithilfe des Teilchenmodells sehr anschaulich beantworten. Diese Vorstellung stützt sich ganz wesentlich auf die Brown'sche Bewegung, die im Jahr 1827 entdeckt wurde.
Natürlich machte man sich schon vorher eine Vorstellung vom Phänomen „Erwärmen". Man war der Meinung, ein „Wärmestoff", das Caloricum*, würde in den Körper fließen. Allerdings gelang es nicht, nachzuweisen, dass ein Körper dabei auch schwerer wurde. Der in München lebende Amerikaner *Benjamin Thompson* (1753–1814), vom damaligen Kurfürsten Karl Theodor zum *Grafen von Rumford* ernannt, stellte zusätzlich fest, dass sich beim Ausbohren Kanonenrohre stark erhitzten (Abb. 184.2). Nach der stofflichen Vorstellung der Wärme müsste aus dem Bohrer „Wärmestoff" herausgequetscht und in das Kanonenrohr hineingepresst werden. Der „Wärmestoff" des Bohrers müsste einmal aufgebraucht sein. Das widersprach aber der Beobachtung! Wenn man nur lange genug bohrte, konnte man beliebig viel „Wärmestoff" erzeugen. Graf von Rumford folgerte, dass die Wärme kein Stoff sein könne, sondern eine „innere Bewegung" der Körper sein müsste.
Es dauerte noch etwa 50 Jahre, bis der Satz von der Erhaltung der Energie in seiner allgemeinen Form aufgestellt war. Einen wichtigen Beitrag lieferte der Heilbronner Arzt *Julius Robert Mayer* (1814–1878). Im Jahr 1842 konnte er herleiten, dass bei der Übertragung von Energie Wärme und Arbeit gleichwertig sind. Seine Ideen fanden aber zunächst keine Anerkennung. Einige Jahre später bestätigte der Engländer Joule, unabhängig von Mayer, dass sich Lageenergie, Be-

wegungsenergie und innere Energie ineinander umwandeln lassen. Durch genaue Messungen, u.a. mit seinem berühmt gewordenen Rührapparat (Abb. 186.2), erhärtete er die Vorstellung von der Erhaltung der Energie als ein allgemein gültiges Gesetz.

In der gleichen Zeit wie Mayer und Joule beschäftigten sich auch andere mit dem allgemeinen Energieerhaltungssatz. So wurde erst 1851 durch den englischen Physiker *William Thomson* (Lord Kelvin) der Begriff Energie eingeführt. Vorher behalf man sich mit dem eigentlich schon vergebenen Begriff Kraft, meinte aber Energie.

Die spezifische Wärmekapazität von Wasser

Die Energiemenge, die nötig ist, um 1 g Wasser um 1 °C zu erwärmen, benützte man früher als Energieeinheit. Sie heißt *1 Kalorie**. Da beim Mischen von Wasser mit Wasser die spezifische Wärmekapazität c_w aus der zugehörigen Gleichung „herausfiel", kennen wir sie noch nicht. Zur Bestimmung von c_w „mischen" wir deshalb Wasser mit einem Stoff bekannter spezifischer Wärmekapazität.

V In einem sehr weiten Reagenzglas steckt in 400 g Kupferschrot ein Thermometer. Wir erhitzen das Ganze in siedendem Wasser und lesen die Temperatur $\vartheta_{Cu} = 97\,°C$ ab (Abb. 185.1). Dann schütten wir den Kupferschrot in einen Styroporbecher mit 200 g Wasser der Temperatur $\vartheta_W = 18{,}2\,°C$. Es stellt sich eine Mischtemperatur von $\vartheta_M = 30{,}4\,°C$ ein.

Berechnung von c_w:

$$E_{zu} = E_{ab}$$

$$c_w\, m_w (\vartheta_M - \vartheta_w) = c_{Cu}\, m_{Cu} (\vartheta_{Cu} - \vartheta_M) \quad |:[m_w(\vartheta_M - \vartheta_w)]$$

$$c_w = \frac{c_{Cu}\, m_{Cu} (\vartheta_{Cu} - \vartheta_M)}{m_w (\vartheta_M - \vartheta_w)}$$

$$= \frac{0{,}39\,\frac{J}{g\,°C} \cdot 400\,g \cdot (97\,°C - 30{,}4\,°C)}{200 \cdot (30{,}4\,°C - 18{,}2\,°C)}$$

$$= 4{,}3\,\frac{J}{g\,°C}$$

$$\left(\text{Genauer Wert: } c_w = 4{,}19\,\frac{J}{g\,°C}\right)$$

In Tab. 185.2 sind spezifische Wärmekapazitäten von festen, flüssigen und gasförmigen Stoffen angegeben. Es fällt auf, dass Wasser im Vergleich zu allen anderen Stoffen – bei gleicher Masse und derselben Temperaturerhöhung – die meiste Energie aufnimmt bzw. abgibt.

Die spezifische Wärmekapazität von Wasser beträgt: $c_w = 4{,}2\,\frac{J}{g\,°C}$.

Sie ist die Größte aller festen und flüssigen Stoffe.

185.1 Bestimmung der spezifischen Wärmekapazität von Wasser

Musteraufgabe

Robert Julius Mayer, Mitentdecker des allgemeinen Energieerhaltungssatzes, stellte sich die Frage: Aus welcher Höhe müsste Wasser der Masse 1 kg herunterfallen, damit es sich – bei vollständiger Umwandlung seiner Lageenergie in innere Energie – um 1 °C erwärmt? Aus Versuchen französischer Physiker folgerte er, dass es 365 m sein müssten. Bestimme den genauen Wert!

Lösung:

$$E_{ab} = E_{zu}$$

$$m_w \cdot g \cdot h = c_w \cdot m_w \cdot \Delta\vartheta \quad |:(m_w g)$$

$$h = \frac{c_w \cdot \Delta\vartheta}{g} = \frac{4{,}19\,\frac{J}{g\,°C} \cdot 1{,}00\,°C}{9{,}81\,\frac{N}{kg}}$$

$$= 0{,}427\,\frac{Nm \cdot kg}{g \cdot N}$$

$$= 0{,}427\,\frac{m \cdot 1000\,g}{g} = 427\,m$$

Stoff	c in $\frac{J}{g\,°C}$	ρ in $\frac{g}{cm^3}$
Wasser	4,2	1,0
Eis	2,1	0,9
Aluminium	0,90	2,7
Eisen	0,45	7,8
Messing	0,38	8,3
Kupfer	0,38	8,9
Gold	0,13	19,3
Styropor	1,2	0,02
Holz (Fichte)	1,7	0,5
Ziegelmauerwerk	0,92	1,4
Beton	0,84	2,1
Sandstein	0,71	2,2
Porzellan	1,1	2,4
Glas	0,80	2,5
Alkohol	2,4	0,80
Luft (bei 1 bar)	1,0	0,0013
Wasserdampf (bei 1 bar)	2,0	0,0006

185.2 Spezifische Wärmekapazitäten und Dichtewerte

186.1 Zu Aufgabe 3

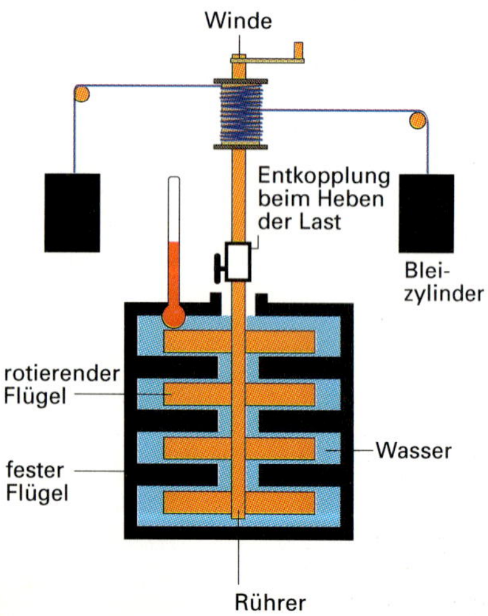

186.2 Aufbau von Joules Rührversuch

Für eine Erwärmung um nur 1 °C ist also eine Fallhöhe von 427 m erforderlich. Mayers Wert war um etwa 15% zu klein.
Die Lageenergie von 1 kg Wasser in 427 m Höhe ist also gleich jener Energie, die man 1 kg Wasser zuführen muss, damit seine Temperatur um 1 °C steigt. Wir erkennen: Zum Erwärmen von Wasser sind Energiemengen nötig, die erheblich über anderen Formen des täglichen Energiebedarfs liegen. Deshalb trägt ein sparsamer Umgang mit warmem Wasser, wie z.B. beim Duschen, beim Waschen und bei der Warmwasserheizung, sehr wirksam zur Energieeinsparung bei.

Aufgaben

1. In 200 g Wasser von 60 °C werden 300 g Wasser von 20 °C geschüttet.
a) Beschreibe mit der Teilchenvorstellung, was beim Mischvorgang geschieht!
b) Berechne die Mischtemperatur!

2. In einer Badewanne befinden sich 100 l Wasser von 15 °C. Wie viel l heißes Wasser von 60 °C müssen zufließen, damit sich eine Badewassertemperatur von 35 °C ergibt?

3. Eine Messingkugel der Masse 100 g wird in der Flamme eines Bunsenbrenners auf helle Rotglut erhitzt (Abb. 186.1). Dann wird sie an ihrer Kette in einen Styroporbecher mit 400 g Wasser gehalten. Die Wassertemperatur steigt von 19,0 °C auf 39,0 °C an. Welche Temperatur hatte die glühende Messingkugel mindestens?

4. Ein Zimmer ist 5,0 m lang, 4,0 m breit und 2,5 m hoch. Es wird von 0 °C auf 20 °C aufgeheizt.
a) Welche Energie nimmt die Zimmerluft auf?
b) Welche Energie nimmt ein Holztisch der Masse 35 kg auf?
c) Im Winter strömt bei einem gekippten Fenster kalte Luft ins Zimmer und warme ins Freie. Dadurch gehen in einer Stunde ungefähr 1 bis 2 MJ verloren. Lüftet man Energie sparend, indem man kurzzeitig die gesamte Zimmerluft bei ganz geöffneten Fenstern austauscht, oder indem man längere Zeit das Fenster kippt? Begründung!

5. Drei gleich große Zylinder aus Aluminium, Eisen und Messing hängen an Fäden in siedendem Wasser. Die auf 100 °C erwärmten Metallzylinder werden dann auf eine Paraffinplatte aufgesetzt. Das Paraffin schmilzt; die Zylinder sinken ein. Welcher sinkt am tiefsten ein? Begründung!

6. *Joules berühmter Rührversuch* (Abb. 186.2)
Der Rührer wurde durch zwei Bleizylinder (von je 14 kg), die 2,0 m herabsinken, angetrieben. Er wirbelte 7,0 kg Wasser durcheinander.
a) Welche Aufgabe haben die festen Flügel im Gefäß? Beschreibe die beim Versuchsablauf auftretenden Energieumwandlungen!
b) Welche Temperaturerhöhung des Wassers liefert ein Versuchsablauf? Nach einem Versuchsablauf war es möglich, die Last mit einer kleinen Winde zu heben – dabei entkoppelt sich die Achse vom Rührer – und wieder zum Herabsinken freizugeben. Warum war das nötig? Welche Temperaturerhöhung des Wassers erhielt Joule nach 50 sofort aufeinander folgenden Versuchsabläufen?
c) Auf welche Fehlerquellen bei der Versuchsdurchführung musste Joule achten, damit er den richtigen „Wechselkurs" von 4,2 J für „1 °C bei 1 g Wasser" erhielt?

7. *Land- und Meeresklima*

a) Um wie viel °C erwärmt sich 1,0 m^3 Wasser bzw. 1,0 m^3 Gestein, wenn es die Energie 10 MJ aufnimmt?

b) Warum wird Gestein im Gegensatz zu Wasser durch die Sonne nur in der obersten Schicht erwärmt?

c) Nimmt im Sommer der Ozean oder das Festland eine höhere Temperatur an? Kühlt sich im Winter der Ozean oder das Festland auf eine tiefere Temperatur ab? Was folgt daraus für den Temperaturunterschied zwischen Sommer und Winter beim Meeresklima, verglichen mit dem Landklima?

d) Vergleiche den Verlauf der mittleren Monatstemperatur in Rio de Janeiro mit dem in Jakutsk (Abb. 187.1)! Erkläre die Temperaturverläufe!

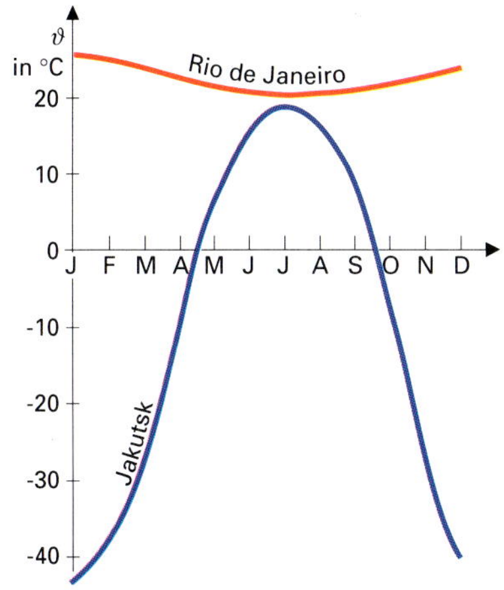

187.1 Die mittlere monatliche Temperatur in Rio de Janeiro und in Jakutsk

9.4 Umwandlungsenergien

Zustandsänderungen bei Erwärmung

Für die Festlegung der Celsiustemperatur nutzen wir die Tatsache aus, dass sich die Temperatur eines Eis-Wasser-Gemisches bzw. von siedendem Wasser bei Energiezufuhr nicht ändert. Wie lässt sich das mit unserer Vorstellung von der inneren Energie vereinbaren?

V In einem Styroporbecher befinden sich zerstoßenes Eis und Wasser ($m = 300$ g). Als *Wärmequelle* benützen wir einen Tauchsieder. Mit dem Tauchsieder rühren wir zugleich kräftig um und lesen nach jeweils einer Minute die Temperatur ϑ ab. Wir zeichnen ein Zeit-Temperatur-Diagramm (Abb. 187.2).

Zunächst behält das Eis-Wasser-Gemisch die Temperatur 0 °C bei. Das Eis wird aber weniger; es **schmilzt**. Die zugeführte Energie erhöht also nicht die Bewegungsenergie der Teilchen (Wassermoleküle): Das von den Molekularkräften bewirkte Gefüge der Teilchen des Eises wird aufgelockert. Die Ordnung der Teilchen wird zerstört. Der Körper wird flüssig.
Nun steigt die Temperatur an. Die zugeführte Energie erhöht die Bewegungsenergie der Teilchen. In diesem Bereich ist die Änderung der inneren Energie durch die Formel $\Delta E_i = cm\Delta\vartheta$ erfassbar.
Schließlich bleibt die Temperatur bei etwa 100 °C stehen. Das Wasser siedet, wird weniger: es **verdampft**. Die schnellen Teilchen laufen gegen die Anziehung der Molekularkräfte anderer Teilchen so stark an, dass sie außer Reichweite gelangen. Sie verlassen die Flüssigkeit und bewegen sich frei. Die zugeführte Energie erhöht die Bewegungsenergie der langsameren Teilchen der Flüssigkeit und hält so die mittlere Bewegungsenergie konstant.

Bei der Umwandlung vom festen in den flüssigen Zustand (*Schmelzen*) und vom flüssigen in den gasförmigen Zustand (*Verdampfen*) bleibt die Temperatur unverändert: Die zugeführte Energie dient allein dazu, das von den Molekularkräften bewirkte Gefüge der Teilchen aufzulockern.

Schmelzen und Erstarren

Wie viel Energie benötigt man zum Schmelzen von 1 g Eis? Die Antwort darauf gibt uns ein Mischungsversuch. Zur Erhöhung der Messgenauigkeit verwenden wir anstatt 1 g Eis ein Vielfaches, nämlich 100 g.

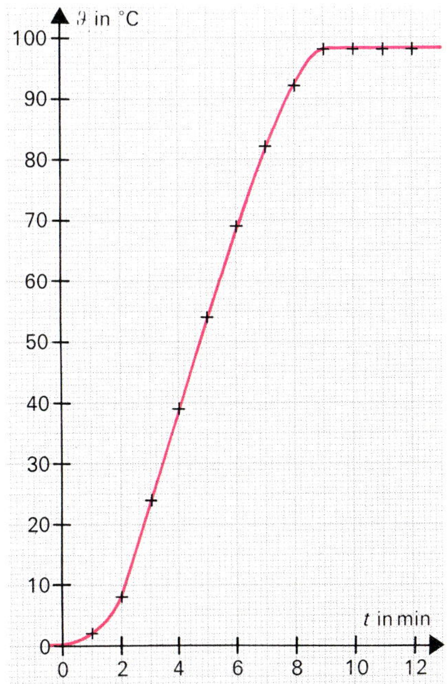

187.2 Erwärmen eines Eis-Wasser-Gemisches bis zum Sieden

Stoff	Schmelztemperatur in °C	spez. Schmelzenergie s in $\frac{J}{g}$
Quecksilber	− 39	12
Eis	0	334
Paraffin	53	147
Zinn	232	60
Blei	327	23
Kupfer	1083	210
Eisen	1535	277
Wolfram	3380	192

Stoff	Siedetemperatur in °C	spez. Verdampfungsenergie r in $\frac{J}{g}$
Helium	−269	21
Sauerstoff	−183	213
Äther	35	384
Alkohol	78	840
Wasser	100	2257
Quecksilber	357	285
Eisen	2735	6339

188.1 Spezifische Schmelz- und Verdampfungsenergien (Werte bei 1013 hPa)

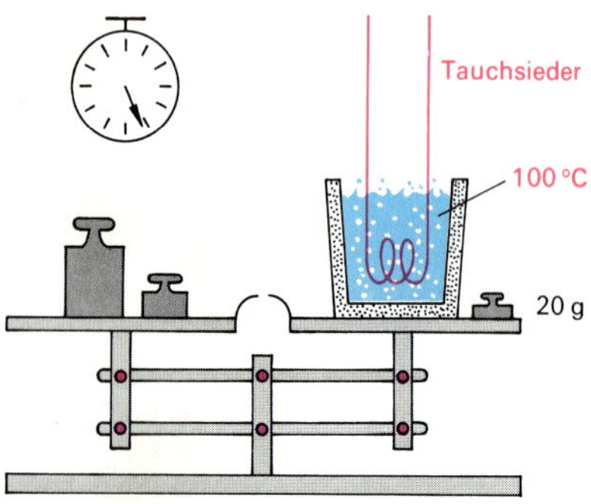

188.2 Verdampfungsenergie von Wasser

V In einem Styroporgefäß befindet sich Wasser ($m_1 = 300$ g; $\vartheta_1 = 40$ °C). Wir geben abgetrocknete Eisstückchen ($m_2 = 100$ g; $\vartheta_2 = 0$ °C) dazu. Wenn das gesamte Eis geschmolzen ist, erhalten wir als Endtemperatur $\vartheta_M = 10$ °C.

Das warme Wasser kühlt sich von $\vartheta_1 = 40$ °C auf $\vartheta_M = 10$ °C ab. Es gibt somit die Energie

$$E_{ab} = c_w \cdot m_1 \cdot (\vartheta_1 - \vartheta_M) = 4{,}2 \frac{J}{g\,°C} \cdot 300\,g \cdot 30\,°C = 37{,}8\,kJ$$

ab. Diese Energie wird dem Eis zugeführt, um es zu schmelzen und dann das entstandene Schmelzwasser von $\vartheta_2 = 0$ °C auf $\vartheta_M = 10$ °C zu erwärmen. Die zum Schmelzen nötige Energie heißt **Schmelzenergie E_s**.

Von der abgegebenen Energie 37,8 kJ entfallen auf die Erwärmung des Schmelzwassers

$$c_w \cdot m_2 \cdot (\vartheta_M - \vartheta_2) = 4{,}2 \frac{J}{g\,°C} \cdot 100\,g \cdot 10\,°C = 4{,}2\,kJ.$$

Folglich diente zum Schmelzen von 100 g Eis die Energie

$$E_s = 37{,}8\,kJ - 4{,}2\,kJ = 33{,}6\,kJ.$$

Für 1 g beträgt die Schmelzenergie den 100. Teil, also $\frac{1}{100} \cdot 33{,}6\,kJ = 336\,J$ (genauer Wert: 334 J).

Der Quotient $\frac{E_s}{m}$ heißt **spezifische Schmelzenergie s.**

Die spezifische Schmelzenergie s des Eises beträgt $334 \frac{J}{g}$.

Den umgekehrten Vorgang des Schmelzens, die Umwandlung vom flüssigen Zustand in den festen, nennt man **Erstarren**, beim Wasser auch *Gefrieren*. Eis schmilzt bei 0 °C; Wasser gefriert bei 0 °C. *Die Schmelztemperatur ist gleich der Gefrier- oder Erstarrungstemperatur.*

Beim Schmelzen muss *Schmelzenergie* zugeführt werden (Tab. 188.1). Beim Erstarren gibt der Körper **Erstarrungsenergie** ab: Den Teilchen der Flüssigkeit wird Energie entzogen. Sie können den Molekularkräften der Nachbarteilchen nicht mehr entkommen und schwingen nur noch um bestimmte Orte. Genau die Energie, die zum Schmelzen benötigt wird, muss beim Erstarren wieder entzogen werden: *Die Erstarrungsenergie ist genauso groß wie die Schmelzenergie.*

Verdampfen und Kondensieren

Wie viel Energie benötigt man zum Verdampfen von 1 g Wasser bei 100 °C? Unser Tauchsieder erwärmt 300 g Wasser je Minute um 15 °C (Abb. 187.2). Er gibt also in jeder Sekunde die Energie

$$E = 4{,}2 \frac{J}{g\,°C} \cdot 300\,g \cdot 15\,°C : 60 = 315\,J$$ ab.

V Der Tauchsieder erhitzt Wasser in einem Styroporgefäß, das auf einer Tafelwaage steht. Wenn das Wasser siedet, wird die Waage zunächst ins Gleichgewicht gebracht; dann wird die Seite mit dem siedenden Wasser zusätzlich mit 20 g belastet. Nach 146 s ist die Waage wieder im Gleichgewicht: In dieser Zeit sind also 20 g Wasser verdampft (Abb. 188.2).

Die zum Verdampfen erforderliche Energie heißt **Verdampfungsenergie E_v**. Der Tauchsieder hat in 146 s für das Verdampfen von Wasser ($m = 20$ g) die Energie

$$146 \cdot 315\,J = 46\,kJ$$

abgegeben. Für 1 g beträgt sie den 20. Teil, also 2,3 kJ (genauer Wert: 2,26 kJ).

Der Quotient $\frac{E_v}{m}$ heißt **spezifische Verdampfungsenergie r.**

Die spezifische Verdampfungsenergie r des Wassers beträgt $2{,}26\,\frac{kJ}{g}$.

Den umgekehrten Vorgang des Verdampfens, die Umwandlung vom gasförmigen Zustand in den flüssigen, nennt man **Kondensieren***. *Die Kondensationstemperatur ist gleich der Siedetemperatur.*

Über einem Topf mit siedendem Wasser entstehen aus dem unsichtbaren Dampf wieder kleine Flüssigkeitströpfchen, die wir als Wolke oder Nebel sehen (Abb. 189.2). Beim Kondensieren wird dem Dampf **Kondensationsenergie** entzogen. *Die Kondensationsenergie ist genauso groß wie die Verdampfungsenergie* (Abb. 189.1).

Verdunsten

Nasse Gegenstände werden „von selbst" trocken. Kölnischwasser z. B. verflüchtigt sich in kurzer Zeit: In der Umgebung riecht es danach. Flüssigkeiten gehen offensichtlich auch unterhalb der Siedetemperatur in den gasförmigen Zustand über. Diesen Vorgang nennt man **Verdunsten**.
Wie können wir ihn verstehen? Durch die gegenseitigen Stöße haben die Teilchen einer Flüssigkeit verschiedene Geschwindigkeiten. Wenige Teilchen sind sogar so schnell, dass sie die Flüssigkeit gegen die anziehenden Molekularkräfte verlassen können. Das bedeutet aber, dass die mittlere Bewegungsenergie der zurückbleibenden Teilchen abnimmt. Die Flüssigkeit müsste sich abkühlen.

V Wir tränken einen Wattebausch mit Kölnischwasser und wickeln ihn um ein Thermometer: Während des Verdunstens nimmt die Temperatur – wie erwartet – ab.

Aufgaben

1. a) Bergsteiger füllen ihren Teekessel mit 1,0 kg Schnee von 0 °C. Welche Energie ist nötig, um daraus Teewasser von 80 °C zu bereiten?
b) Wie viel Wasser von 0 °C könnte man mit dieser Energie auf 80 °C erwärmen?

2. *„Orangensaft on the Rocks"*
Cornelia will 200 g Orangensaft (c_O = 4,2 J/g °C) von 20 °C mit Eiswürfeln von 0 °C abkühlen. Sie führt dazu mehrere Versuch aus.
a) Sie wirft 80 g Eis in den Orangensaft und stellt fest, dass es nicht vollständig schmilzt. Wie viel Gramm Eis bleiben übrig?
b) Cornelia gibt die Hälfte der Eismenge, die im Versuch a) geschmolzen ist, in den Saft. Ist die Mischtemperatur kleiner als 10 °C, gleich 10 °C oder größer als 10 °C?
c) Cornelia wirft 25 g Eis in den Orangensaft. Berechne die Mischtemperatur!
d) Wie viel Gramm Eis muss sie ins Glas geben, damit sich die Mischtemperatur 15 °C einstellt?

3. Angenommen, die spez. Erstarrungsenergie von Wasser bzw. die spez. Schmelzenergie von Eis wäre wesentlich kleiner als 335 J/g. Welche Folgen hätte das **a)** im Winter für das Zufrieren von Gewässern, **b)** im Frühjahr für die Schneeschmelze?

4. Einem Eisblock von 1,0 kg und −20 °C wird pro Sekunde der Energie 1,0 kJ zugeführt. Wie lang dauert es, bis
a) er sich auf 0 °C erwärmt hat,
b) das Eis geschmolzen ist,
c) das Wasser sich auf 100 °C erwärmt hat,
d) das Wasser verdampft ist,
e) der Wasserdampf sich auf 120 °C erhitzt hat?
f) Zeichne ein t-ϑ-Diagramm! (t-Achse: 1 cm ≙ 200 s; ϑ-Achse: 1 cm ≙ 20 °C)

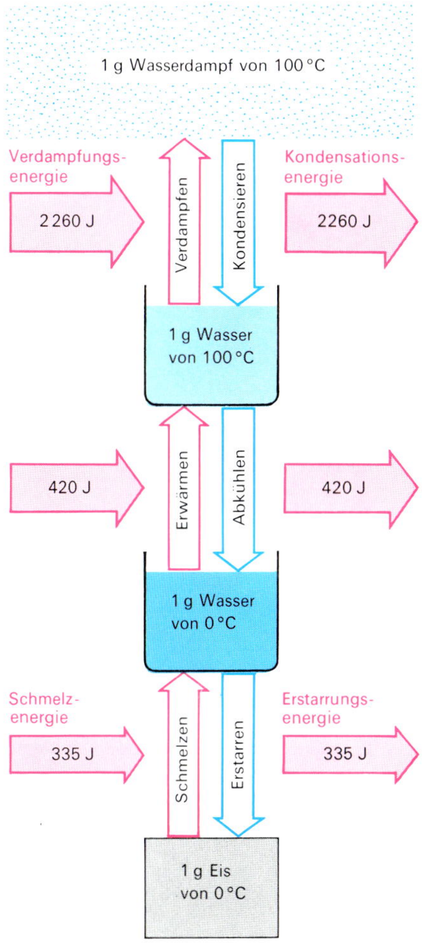

189.1 Umwandlungsenergien

189.2 Quellwolken: Kondensierter Wasserdampf

a

b

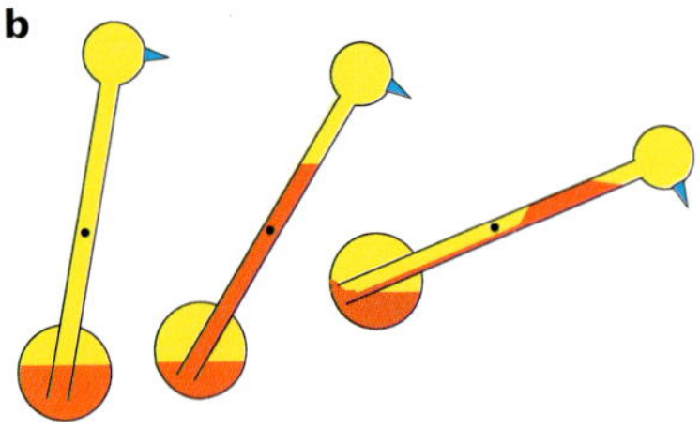

190.1 Die „Trink-Ente"

5. Warum kann Wasserdampf von 100 °C erheblich schwerere Verbrennungen als Wasser von 100 °C hervorrufen? Was ist beim Öffnen eines Topfes mit siedendem Wasser zu beachten?

6. *Der kühlende Krug „Alcarraza*"*
In Spanien und in anderen heißen Ländern bewahrt man Trinkwasser in porösen Tonkrügen auf. Die Flüssigkeit dringt durch die Tonwände hindurch und feuchtet die Oberfläche etwas an. Warum ist das Wasser im „Alcarraza" kühler als die Umgebung?

7. *Die trinkende Ente – ein Perpetuum mobile?* (Abb. 190.1a)
Der Entenkörper ist um eine Achse im Beingestell drehbar. Stellt man die Ente vor ein randvolles Glas Wasser und befeuchtet den Kopf, so neigt sich die Ente, taucht den Schnabel ins Wasser und kippt wieder zurück. Dann wiederholt sich dieser Vorgang immer wieder.
a) Die Flüssigkeit im Inneren der „Trink-Ente" ist Äther, der schon bei Zimmertemperatur schnell verdunstet und deshalb in den beiden Gasräumen bei Temperaturänderung eine große Druckänderung hervorruft. Erkläre anhand von Abb. 190.1b die Funktionsweise!
b) Warum ist die „Trink-Ente" kein Perpetuum mobile? Woher nimmt sie Energie?

9.5 Dampfmaschine und Verbrennungsmotor

Verbrennungswärme und Heizwert

Die Sonne ist unsere lebensnotwendige Energiequelle. Sie scheint im Verlauf eines Tages und eines Jahres unterschiedlich stark. Um das schwankende Energieangebot auszugleichen, nutzen wir die bei der Verbrennung von Brennstoffen frei werdende Energie. Diese heißt **Verbrennungswärme**.

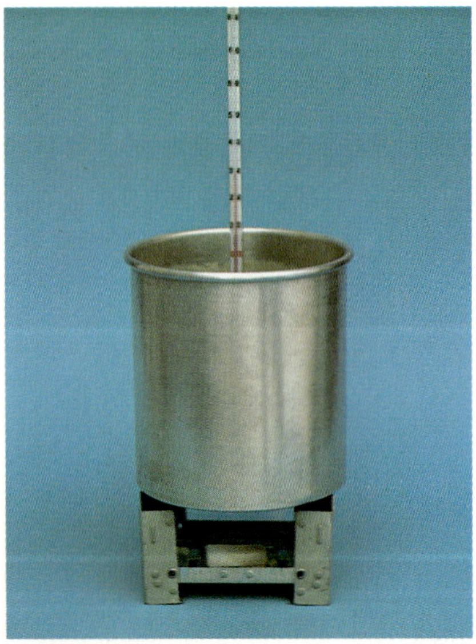

190.2 Esbitkocher

V In einen Esbitkocher legen wir eine halbe Esbittablette der Masse $m = 2{,}0$ g und zünden sie an. Auf dem Kocher steht ein Aluminiumtopf mit 400 g Wasser (Abb. 190.2). Die Temperatur des Wassers steigt von 18 °C auf 40 °C an.

Beim Verbrennen verschwindet der Hartspiritus Esbit vollständig. In der Chemie lernt man, dass die Moleküle des Brennstoffes mit den Sauerstoffmolekülen der Luft reagieren. Dabei entstehen die Gase Kohlendioxid und Wasserdampf. Die Verbrennungsgase haben sehr hohe Temperatur. Durch die chemische Reaktion bei der Verbrennung wird also Energie abgegeben. Diese in einem Brennstoff gespeicherte **chemische Energie** ist eine weitere Form innerer Energie.
4 g Esbit würden bei der Verbrennung doppelt so viel Energie abgeben wie 2 g. Die Verbrennungswärme ist zur Masse des Brennstoffes also direkt proportional. Die chemische Zusammensetzung der Brennstoffe ist verschieden. Deshalb wird bei der Verbrennung verschiedener Stoffe gleicher Masse verschieden viel Energie frei: Die Verbrennung von 2 g Holz liefert weniger Energie als die von 2 g Esbit. Um Stoffe hinsichtlich ihres Wertes für das Heizen vergleichen zu können, definiert man:

Der Quotient aus der bei vollständiger Verbrennung abgegebenen Energie *E* durch die Masse *m* eines Brennstoffes heißt *Heizwert H*:

$$H = \frac{E}{m}$$

Für die Einheit des Heizwertes folgt:

$$[H] = 1\,\frac{\text{kJ}}{\text{g}} = 1\,\frac{\text{MJ}}{\text{kg}}\,.$$

Wie groß ist der Heizwert von Esbit? Wir greifen auf die Messwerte aus unserem Versuch zurück. Das um 22 °C erwärmte Wasser hat die Energie E_w aufgenommen:

$$E_w = c_w\, m_w\, \Delta\vartheta$$

$$= 4{,}2\,\frac{\text{J}}{\text{g}\,°\text{C}} \cdot 400\ \text{g} \cdot 22\ °\text{C}$$

$$= 37\,000\ \text{J} = 37\ \text{kJ}$$

Aluminiumtopf und -kocher ($m_{Al} = 200$ g) haben die Energie E_{Al} aufgenommen:

$$E_{Al} = c_{Al}\, m_{Al}\, \Delta\vartheta$$

$$= 0{,}90\,\frac{\text{J}}{\text{g}\,°\text{C}} \cdot 200\ \text{g} \cdot 22\ °\text{C}$$

$$= 4000\ \text{J} = 4{,}0\ \text{kJ}$$

Die Verbrennungsgase haben außerdem einen nicht messbaren Anteil ihrer inneren Energie an die Luft abgegeben. Bei unserer Abschätzung des Heizwertes von Esbit erhalten wir deshalb einen zu kleinen Wert für H:

$$H = \frac{E}{m} > \frac{37\ \text{kJ} + 4\ \text{kJ}}{2\ \text{g}} = 20{,}5\,\frac{\text{kJ}}{\text{g}}$$

Bei der genauen Messung des Heizwertes wird eine mit Brennstoff und Sauerstoff gefüllte Brennkammer vollständig mit Wasser umgeben. So können keine Verbrennungsgase entweichen. Man erhält für Esbit $H = 28\,\frac{\text{kJ}}{\text{g}}$ (Tab. 191.1). Der Heizwert $H = 28\,\frac{\text{kJ}}{\text{g}}$ besagt dann, dass bei der Verbrennung von 1 g Esbit die Energie 28 kJ frei wird.

Den Energieinhalt von Nahrungsmitteln beschreibt man mit dem **Nährwert *H***. Er gibt an, wie viel Energie bei der Verdauung von 100 g eines Nahrungsmittels frei wird (Tab. 191.2).

Der Wirkungsgrad

Wir interessieren uns beim Esbitkocher für „das Verhältnis aus Nutzen und Aufwand", für den *Wirkungsgrad* η.

Bei der Verbrennung von 2 g Esbit wird die Energie

$$E_{zu} = m \cdot H$$

$$= 2\ \text{g} \cdot 28\,\tfrac{\text{kJ}}{\text{g}} = 56\ \text{kJ}$$

umgewandelt. Um 37 kJ nahm in unserem Versuch die innere Energie des Wassers, um 4 kJ die des Kochers und des Topfes zu. Also entfielen auf die Abgase 15 kJ. Wir nutzen aber nur die Energie, die die innere Energie des Topfinhaltes erhöht: $E_{nutz} = 37$ kJ. Damit erhalten wir für den Wirkungsgrad des Kochers:

$$\eta = \frac{E_{nutz}}{E_{zu}} = \frac{37\ \text{kJ}}{56\ \text{kJ}} = 0{,}66 = 66\,\%$$

Zur Veranschaulichung stellt man Energieumwandlungen in einem **Energieumwandlungsdiagramm** dar (Abb. 191.3). Die Breite der Pfeile ist ein Maß für den Anteil der jeweiligen Energie.

Die Dampfmaschine

Schon etwa eineinhalb Jahrhunderte bevor man den Begriff Energie und die Umwandelbarkeit der Energieformen ineinander kannte, begann man die Arbeitsfähigkeit des Wasserdampfes zu nutzen. Die Erfindung der **Dampfmaschine** war eine der Ursachen für die gewaltigen wirtschaftlichen und gesellschaftlichen Umwälzungen, die *industrielle Revolution*, gegen Ende des 18. Jahrhunderts. Immer weniger Menschen arbeiteten auf dem Land und immer mehr in den Fabriken der Städte.

Wie ist eine Dampfmaschine aufgebaut? Ein einfacher Versuch wird uns bei der Entwicklung helfen.

Stoff	Heizwert H in $\frac{\text{kJ}}{\text{g}}$	Dichte ρ in $\frac{\text{g}}{\text{cm}^3}$
Holz, trocken	15	0,50
Braunkohlenbrikett	20	0,75*
Esbit	28	1,25
Koks	29	0,50*
Steinkohle	30	0,80*
Spiritus	26	0,80
Heizöl EL	42	0,85
Benzin	45	0,80
Erdgas H	44	0,00080
Propangas	46	0,0020
Wasserstoff	120	0,00009

191.1 Heizwerte und Dichtewerte (* = Dichte im geschütteten Zustand)

Nährwert H in $\frac{\text{kJ}}{100\ \text{g}}$			
Orangensaft	200	Kabeljau	325
Milch, 3,5 %	270	Kalbfleisch[1]	600
Bier	200	Rindfleisch[1]	1000
Mischbrot	1000	Schweinefl.[1]	1200
Weißbrot	1100	Mortadella	1250
Margarine	3140	Mettwurst	2200
Butter	3150	Speck	2750
Camembert (45 %)	1250	Kopfsalat	50
		Rettich	80
Marmelade	1100	Apfel	200
Ei	700	Schokolade	2250
Kartoffeln	355	Eis	850
Nudeln	1600	[1] mittelfett	

191.2 Durchschnittliche Nährwerte

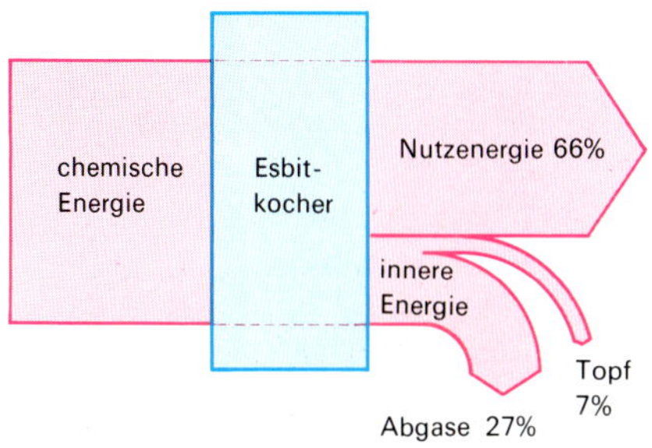

191.3 Energieumwandlungsdiagramm des Esbitkochers

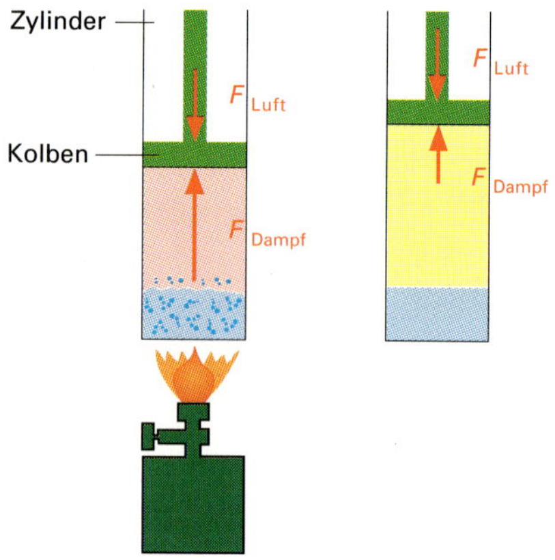

192.1 Versuch zum Prinzip der Dampfmaschine

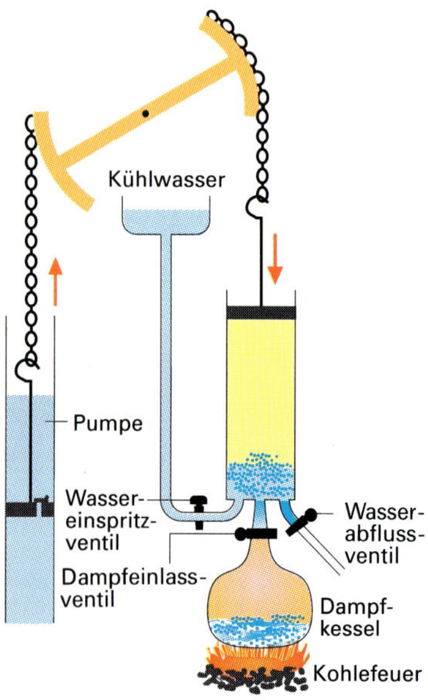

192.2 Dampfmaschine von Newcomen

192.3 Dampfmaschine mit Schiebersteuerung

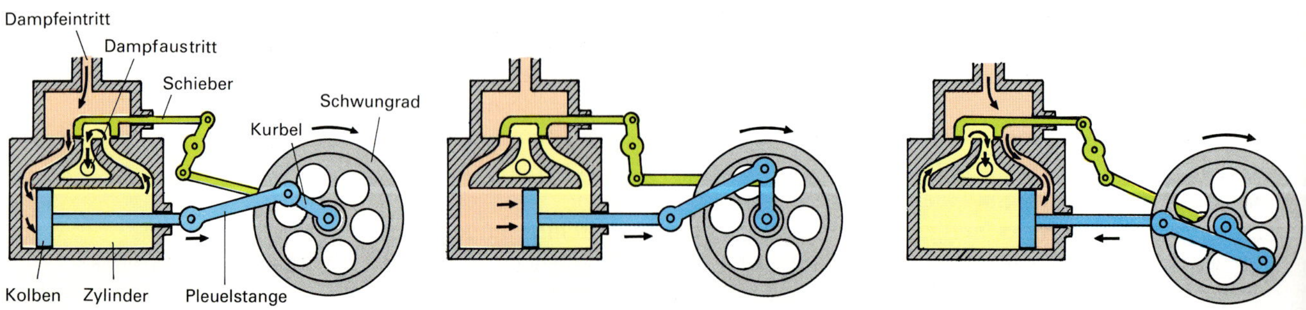

V In einen oben offenen Zylinder füllen wir etwas Wasser und verschließen ihn mit einem leicht beweglichen Kolben (Abb. 192.1). Bringen wir das Wasser vorsichtig zum Sieden, entsteht Wasserdampf. Mit der Erwärmung des Wasserdampfes steigt der Druck im Zylinder. Der Kolben wird schließlich nach oben getrieben. Entfernen wir die Wärmequelle, kondensiert der Wasserdampf. Es entsteht ein Unterdruck im Zylinder und der äußere Luftdruck treibt den Kolben wieder nach unten.

Die vom französischen Physiker *Denis Papin* 1690 konstruierte Dampfmaschine funktionierte nach diesem Prinzip. Der englische Schmied *Thomas Newcomen* verbesserte sie, indem er den Dampf nicht im Zylinder, sondern in einem getrennten Dampfkessel erzeugte. Außerdem erreichte er die Kondensation des Dampfes durch das Einspritzen von Wasser in den Zylinder (Abb. 192.2). Das Dampfeinlass- und das Wassereinspritzventil wurden von der Maschine selbst gesteuert. Diese Dampfmaschinen setzte man im Bergbau ein, um Wasser aus den Kohleschächten zu pumpen. Ihr Wirkungsgrad betrug aber nur 1 %. Da der äußere Luftdruck den Kolben wieder zurücktreibt, nennt man sie auch *atmosphärische Dampfmaschinen.*

James Watt (1736–1819) war Mechaniker an der Universität Glasgow. 1763 begann er mit der Reparatur einer Newcomen'schen Maschine. Innerhalb von zwei Jahrzehnten entwickelte er viele Ideen, wie man die Dampfmaschine verbessern könnte. Ein wesentlicher Schritt war die Erkenntnis: Der Dampf soll auch wieder den Kolben zurücktreiben. Dazu muss der Dampf einmal von der einen Seite und dann von der anderen Seite auf den Kolben einwirken. Watt erfand dazu eine Schiebersteuerung (Abb. 192.3): Der heiße Dampf schiebt den Kolben vor sich her. Die Wassermoleküle geben dabei einen Teil ihrer Bewegungsenergie an den Kolben ab. Der Dampf kühlt ab. Ist der Kolben am Ende des Zylinders angelangt, gibt der Schieber die Auslassöffnung frei, durch die der abgekühlte Dampf entweichen kann. Gleichzeitig öffnet sich auf der anderen Seite die Eintrittsöffnung für heißen Dampf. Dieser treibt nun den Kolben in die umgekehrte Richtung. Der Vorgang wiederholt sich. Watt gelang es auch, die hin- und hergehende Bewegung des Kolbens mithilfe einer Kurbel und einer Pleuelstange in die Drehbewegung eines Schwungrades zu verwandeln.

Mit der Entwicklung der leistungsfähigen Dampfmaschine öffnete Watt vielen Anwendungen das Tor. Bis Ende des 19. Jahrhunderts war sie der wichtigste Antrieb der Maschinen, bei den Lokomotiven sogar bis Mitte des 20. Jahrhunderts. Heute sind die Dampfmaschinen aufgrund ihres geringen Wirkungsgrades von etwa 10 % nahezu völlig verschwunden.

Der Verbrennungsmotor

Mitte des 19. Jahrhunderts entwickelte der in Frankreich lebende Erfinder *Jean Joseph Lenoir* den ersten Verbrennungsmotor: Ein Gas-Luft-Gemisch wurde in den Zylinder eingelassen und von einem elektrischen Funken gezündet. Die heißen Verbrennungsgase trieben den Kolben an. Dieser *Gasmotor* war der Vorläufer des *Benzinmotors*. Erst durch ihn ließ sich die uns vertraute Fortbewegung mit Auto und Flugzeug verwirklichen. Zum Benzinmotor nun ein Versuch!

V Ein Papprohr ist am einen Ende fest verschlossen. Ungefähr 5 cm davon entfernt hat es seitlich ein kleines Loch. Wir bedecken den Boden mit Korkstückchen und träufeln 15 bis 20 Tropfen (!) Benzin darauf. Nun decken wir den „Verbrennungszylinder" mit einem Bierdeckel ab und schütteln ihn kräftig, damit sich Benzingase und Luft gut vermischen. Schließlich nähern wir ein brennendes Zündholz dem kleinen Loch von der Seite (!). Das Benzin-Luft-Gemisch verbrennt explosionsartig; der Bierdeckel wird hochgeschleudert.

Zur technischen Nutzung der bei der Verbrennung plötzlich frei werdenden Energie zerlegte der deutsche Ingenieur *Nikolaus August Otto* (1832–1891) den Arbeitsablauf in vier Teilvorgänge, die *Takte* heißen. Er baute 1876 den ersten *Viertaktmotor*. Heute sind die meisten Verbrennungsmotoren **Viertakt-Ottomotoren**.

Ihre Funktionsweise ist in Abb. 193.1 dargestellt. Im Gegensatz zu unserem Versuch werden im Ottomotor Benzin und Luft außerhalb des Motorzylinders – nämlich im Vergaser – gemischt.

Nun zu den einzelnen Takten!

1. Ansaugtakt: Das Auslassventil ist geschlossen, das Einlassventil geöffnet. Der Kolben bewegt sich nach unten. Dabei wird das Benzin-Luft-Gemisch angesaugt.

2. Verdichtungstakt: Beide Ventile sind geschlossen. Der sich nach unten bewegende Kolben presst das Gasgemisch zusammen.

3. Arbeitstakt: Beide Ventile bleiben geschlossen. An der Zündkerze springt ein Funke über und entzündet das verdichtete Gasgemisch. Es verbrennt explosionsartig; die Bewegungsenergie der Gasmoleküle wächst an. Auf den Kolben prasselnde Moleküle geben einen Teil ihrer Bewegungsenergie an diesen ab: Der Kolben wird nach unten gedrückt.

4. Auspufftakt: Das Auslassventil ist geöffnet. Der Kolben bewegt sich wieder nach oben und schiebt die Verbrennungsgase aus dem Zylinder heraus. Nun beginnt wieder der 1. Takt.

Durch eine Kurbelwelle wird die Auf- und Abwärtsbewegung in eine Drehbewegung umgesetzt. Bei zwei Kurbelwellenumdrehungen wird nur während einer Halbdrehung Arbeit verrichtet. Damit der Motor gleichmäßiger läuft, verwendet man mehrere Zylinder, die mit gegeneinander versetzten Arbeitstakten Arbeit verrichten.

Der Ottomotor hat einen Wirkungsgrad von ca. 25% (Abb. 193.2).

Der deutsche Ingenieur *Rudolph Diesel* (1858–1913) konstruierte 1892 einen Motor, bei dem die Verbrennung nicht durch einen Funken, sondern durch *Selbstzündung* ausgelöst wird. Der **Viertakt-Dieselmotor** saugt beim Ansaugtakt nur Luft in den Zylinder. Diese wird beim Verdichtungstakt so stark zusammengedrückt, daß sie sich auf 700 bis 900 °C erwärmt. Eine Einspritzpumpe sprüht nun eine kleine Menge Dieselöl ein, das sich dann selbst entzündet. Dieselmotoren haben also keine Zündvorrichtung und keinen Vergaser.

Der Wirkungsgrad des Dieselmotors beträgt 30% bis 40%.

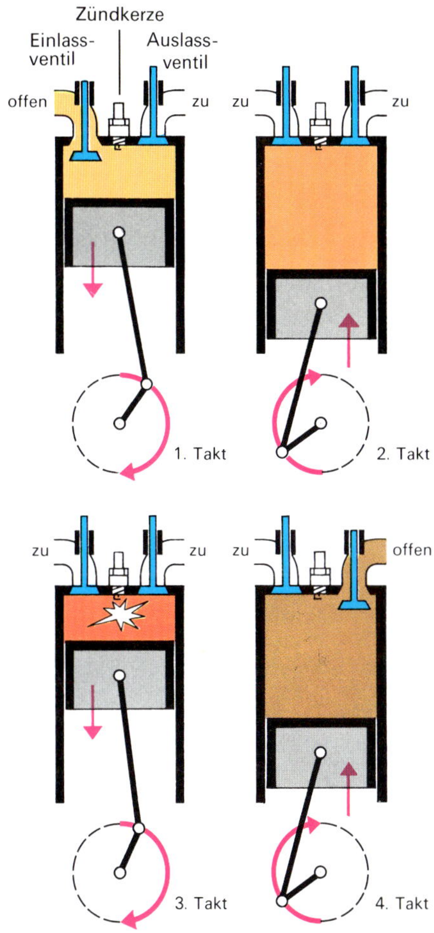

193.1 Die vier Takte beim Ottomotor

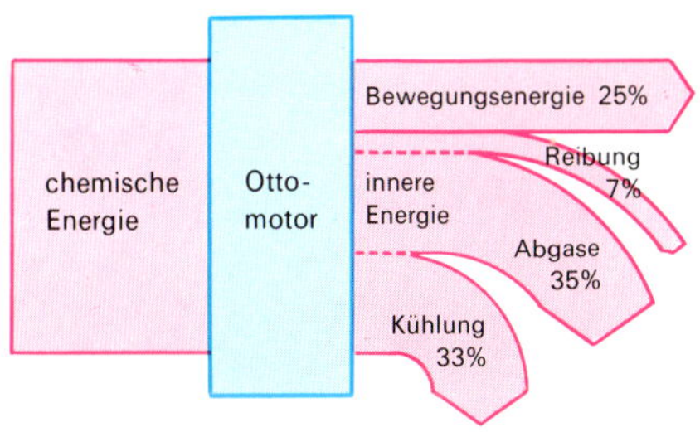

193.2 Energieumwandlungsdiagramm eines Ottomotors

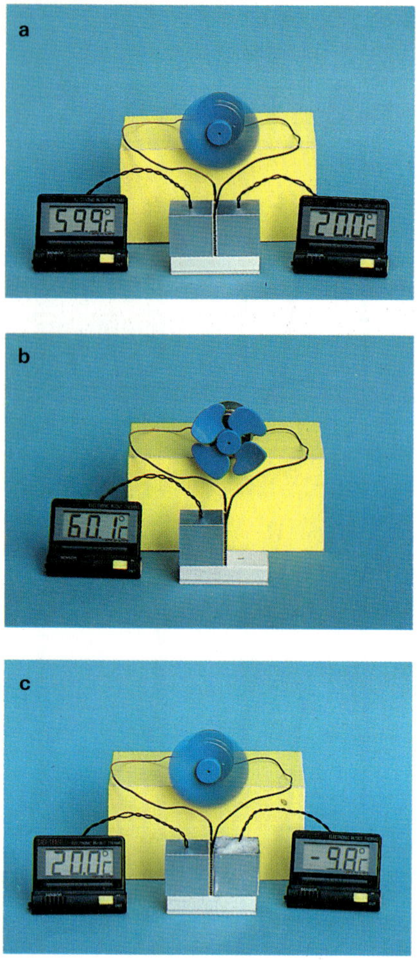

194.1 Umwandlung von innerer Energie in elektrische Energie

Energieentwertung

Die Energie bleibt erhalten. Sie kann weder erzeugt noch vernichtet werden.

V In die Bohrung eines Aluminiumwürfels der Kantenlänge 3 cm ist der Temperaturfühler eines elektrischen Thermometers eingelassen. Außerdem messen wir die Raumtemperatur. Der anfangs heiße Würfel ($\vartheta_1 = 60\,°C$) kühlt sich langsam ab. Die Raumtemperatur ($\vartheta_2 = 20\,°C$) erhöht sich dabei nicht merklich.

Es ist zwar insgesamt keine Energie verloren gegangen. Aber die vom heißen Aluminiumwürfel als Wärme abgegebene Energie hat die Umgebung vollständig aufgenommen. Und steckt sie einmal in der Umgebung, können wir sie nicht mehr nutzen: Die Energie hat ihren *Wert für uns* verloren. Erfahrungsgemäß tritt ja der umgekehrte Vorgang nicht ein, dass sich der Würfel wieder von selbst erwärmt und die Umgebung dafür etwas kühler wird. Das würde dem Energieerhaltungssatz nicht widersprechen! Beim Wärmeübergang an die Umgebung findet also eine **Energieentwertung** statt.
Wie können wir die innere Energie unseres heißen Aluminiumwürfels nutzen?

V Wir erwärmen den Aluminiumwürfel mit einem Bügeleisen auf etwa 60 °C. Dann stellen wir einen zweiten Aluminiumwürfel von Raumtemperatur daneben und bringen zwischen beide Würfel einen Wandler (ein „Peltiermodul"), der Wärme in elektrische Energie umwandelt. Schließen wir einen kleinen Elektromotor an, so wird dessen Propeller in Drehung versetzt (Abb. 194.1a). Ein Teil der Energie, die der heiße Würfel abgibt, wird also für den Elektromotor abgezweigt.

Was geschieht, wenn wir den kalten Würfel wegnehmen? Dreht der Motor dann schneller, weil dem Wandler mehr Wärme zur Verfügung steht?

V Der kalte Würfel wird entfernt. Wir beobachten genau das Gegenteil: Der Motor kommt sofort zum Stillstand (Abb. 194.1b).

V Befindet sich dagegen auf der einen Seite des Wandlers ein Würfel von „nur" Raumtemperatur und auf der anderen Seite ein Eiswürfel, so dreht sich der Propeller wieder (Abb. 194.1c).

Die Umwandlung von innerer Energie in elektrische Energie findet offensichtlich nur dann statt, wenn Energie „fließt". Man braucht also stets eine Kühlung. Das bedeutet aber auch, dass nur ein Teil der inneren Energie in die genutzte Energieform umgewandelt wird und der andere Teil in den Kühler fließt. Letzterer verliert für uns seinen Wert. Die in den Kühler fließende Energie nennt man auch *Abwärme*. Sie tritt nicht nur bei unserem Wandler auf, sondern bei allen Maschinen, die innere Energie in andere Energieformen umwandeln.

Die Abwärme von Maschinen und die damit verbundene Energieentwertung ist nicht durch technisch unausgereifte Konstruktionen begründet, sondern durch die *unvollständige* Umwandelbarkeit der inneren Energie in andere Energieformen.

Aus diesem Grund sind die Wirkungsgrade von „Wärmekraftmaschinen" im Vergleich zu denen anderer Maschinen so gering. Wir werden uns mit der Energieentwertung und den daraus sich ergebenden Problemen an späterer Stelle noch ausführlich auseinander setzen.

Aufgaben

1. *Gaskochstelle, Heißwasserspeicher und Durchlauferhitzer*
Zur Bestimmung der Wirkungsgrade wurden 5,0 l Wasser jeweils von 15 °C auf 70 °C erwärmt.
a) Welche Energie nimmt dabei das Wasser auf?
b) Bei der Gaskochstelle liest man dafür auf dem Gaszähler einen Verbrauch von 60 l Erdgas ab. Berechne die Erdgasmasse! Wie viel chemische Energie E_{zu} wurde umgewandelt (Tab. 191.1)? Berechne den Wirkungsgrad der Gaskochstelle!
c) Beim Heißwasserspeicher sind zur Erwärmung und zur Aufrechterhaltung der Temperatur für etwa sechs Stunden 50 l Erdgas erforderlich. Berechne den Wirkungsgrad!
d) Beim Durchlauferhitzer erwärmt der Brenner nur während der Wasserentnahme das durchfließende Wasser. Dafür sind 40 l Erdgas nötig. Berechne den Wirkungsgrad!
e) Vergleiche und erläutere die Wirkungsgrade!

2. *Die atmosphärische Dampfmaschine*
Die ersten Dampfmaschinen, die Newcomen baute, hatten Zylinder mit einer Länge von etwa 3 m. Diese rasselnden und keuchenden Ungetüme wurden belächelt und verspottet: „Man braucht zuerst einmal eine Erzgrube, um sie zu bauen, und dann noch ein eigenes Kohlebergwerk, um sie betreiben zu können.“
Worauf spielten damit Newcomens Zeitgenossen an?

3. *Zur Entwicklung der Dampflokomotive*
Mit *George Stephensons* Lokomotive an der Spitze fuhr im Jahr 1825 die erste Eisenbahn in England mit der Geschwindigkeit 25 km/h von Darlington nach Stockton. Die Lokomotive „Adler“ (Abb. 195.1), die 1835 in Deutschland die erste Eisenbahn von Nürnberg nach Fürth antrieb, wurde auch von Stephenson gebaut.
a) Im Jahr 1873 gelang es dem Schweizer *Anatole Mallet*, die Energie des Dampfes besser zu nutzen: Zunächst trieb der Dampf unter hohem Druck einen Kolben in einem ersten Zylinder an und anschließend unter vermindertem Druck einen Kolben in einem zweiten Zylinder. Warum war bei dieser *Verbundmaschine* der Querschnitt des Hochdruckzylinders kleiner als der Querschnitt des Niederdruckzylinders?
b) Ein weiterer Fortschritt war der Bau von Kesseln, die höheren Dampfdrücken standhielten. Warum war der Wirkungsgrad dieser *Heißdampfmaschinen* größer?
c) Eine Lokomotive der Baureihe 01 hatte eine Gesamtmasse von etwa 180 t (einschließlich 10 t Kohle und 30 t Wasser) und einen Dampfdruck von 17 bar. Welche größte Kraft wirkte auf einen Kolben der Querschnittsfläche 30 dm²? (Die Dampflokomotive erreichte eine Höchstgeschwindigkeit von 130 km/h.)

4. *Der Zweitakt-Ottomotor*
Beim „Zweitakter“ wird zusätzlich zum Zylinder noch das Kurbelgehäuse genutzt (Abb. 195.2). Er besitzt keine Ventile: Das Öffnen und Schließen von Einlass-, Auslass- und Überströmkanal übernimmt der Kolben.
a) Beschreibe die Vorgänge im Zylinder und im Kurbelgehäuse während des 1. und 2. Takts!
b) Welche Vor- und welche Nachteile besitzt der Zweitakter gegenüber dem Viertakter?

195.1 Lokomotive „Adler“ mit Personenwagen

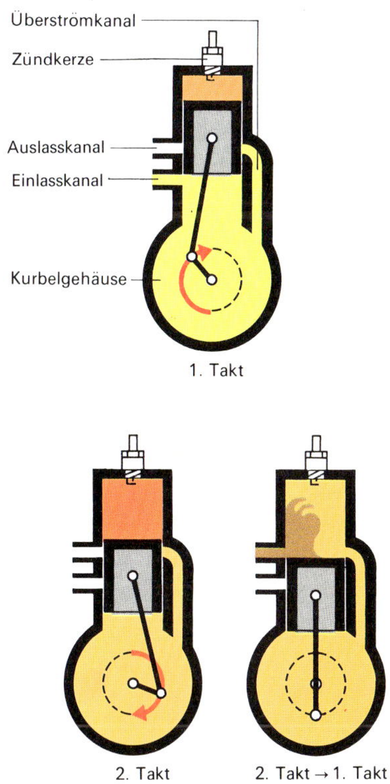

195.2 Zweitakt-Ottomotor

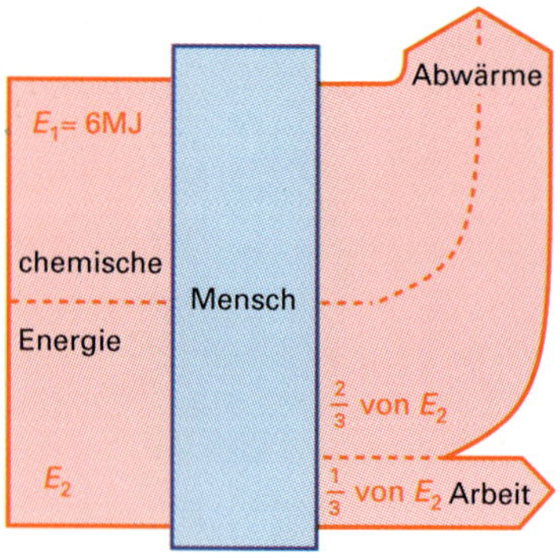

196.1 Energieumwandlungsdiagramm des Menschen

196.2 Radrennfahrer der Tour de France

196.3 Energieumsatz bei der Umwandlung von Weizen in tierische Nahrungsprodukte

5. *Der Energieumsatz des Menschen*
Der Mensch wandelt in der Nahrung gespeicherte wertvolle chemische Energie in Wärme und mechanische Arbeit um. Ein Erwachsener der Masse 75 kg benötigt zur Aufrechterhaltung der Atmung, der Herztätigkeit und der Verdauung täglich die Energie $E_1 = 6$ MJ. Diese wird schließlich als Wärme an die Umgebung abgegeben. Zur Bewegung ist eine zusätzliche Energieaufnahme E_2 erforderlich. Die Muskeln wandeln $\frac{1}{3}$ dieser Energie in mechanische Arbeit und $\frac{2}{3}$ in Wärme um (Abb. 196.1).
a) Stelle anhand von Tab. 191.2 Frühstück, Mittag- und Abendessen vom Energieinhalt 12 MJ zusammen! Welche mittlere mechanische Leistung kann ein Mensch damit innerhalb seiner 8-stündigen Arbeitszeit erbringen? Wie groß ist die mittlere Leistung des Menschen durch Wärmeabgabe an die Umgebung?
b) Wie viel Schokolade muss er essen, wenn er seinem Körper die Energie, die dieser zum Hochsteigen um 1000 m benötigt, zuführen will?

6. *„Der Luftstrom – der größte Feind oder der beste Freund des Radrennfahrers?“*
Ein Radrennfahrer der Tour de France (Abb. 196.2) nimmt täglich etwa die 2,5fache Energiemenge durch die Nahrung auf wie ein gewöhnlicher Erwachsener, also etwa 30 MJ. (vgl. Aufgabe 5 und Abb. 196.1)
a) Wie viel mechanische Arbeit verrichtet er damit? Etwa $\frac{1}{4}$ dient während der Fahrt zur Überwindung der Reibung und etwa $\frac{3}{4}$ zum Beiseiteschieben der Luft. Gib jeweils die Werte an!
b) Bei einem Test mit einem Standfahrrad in einem Labor, das zum Bewegen der Pedale die gleiche Energie benötigt wie die Fahrt während der Tour, musste der Fahrer nach einer Stunde aufgeben, da seine Körpertemperatur Fieberwerte erreichte. Warum?
c) Zum Verdunsten von 1 l Wasser sind etwa 2 MJ nötig. Wie viel Liter Wasser muss der Radrennfahrer täglich mehr trinken als ein gewöhnlicher Erwachsener, damit er durch die Verdunstung des Wassers über die Haut und die Atmung seine Wärme während der Fahrt abgeben kann?

7. *Pflanzliche und tierische Ernährung*
Die in einem Weizenkorn gespeicherte chemische Energie wird vom Sonnenlicht hauptsächlich aus Kohlendioxid und Wasser aufgebaut („Fotosynthese“). Fast zwei Drittel des in Deutschland erzeugten Getreides wird für die Viehmast verwendet. Im Tierfleisch findet man nur noch einen geringen Teil der Energie des Futtergetreides wieder, der größere Teil wird als „Betriebsenergie“ benötigt und schließlich als Wärme an die Umgebung abgegeben. Abb. 196.3 zeigt das Verhältnis von aufgewendeter Energie des Weizens zur gewonnenen Energie im tierischen Nahrungsprodukt.
a) Wie viel Prozent der pflanzlichen Energie geht bei der Produktumwandlung jeweils verloren?
b) Wir betrachten die im Weizen gespeicherte Energiemenge, mit der man den Energiebedarf von 100 Menschen decken könnte. Wie viele Menschen könnte man ernähren, wenn man statt Brot nur jeweils die in Abb. 196.3 dargestellten Tierprodukte verwenden würde?
c) Bei einer gesunden Ernährung kommt es nicht nur auf den Energieinhalt an, sondern auch auf die Vielfalt der verschiedenen Nahrungsmittel. Wie können wir uns gesund und nicht energieverschwenderisch ernähren?

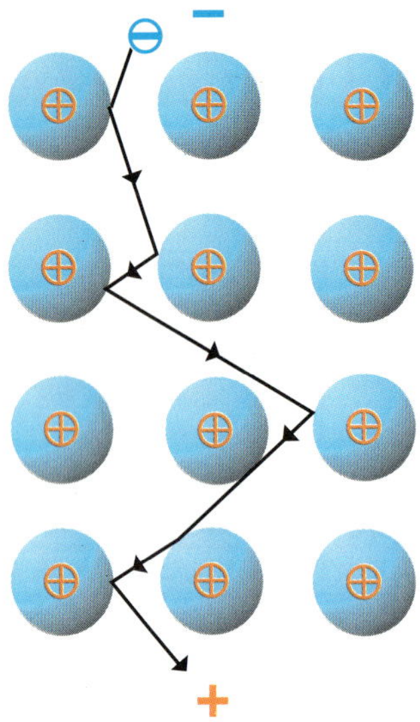

198.1 Stöße eines Elektrons an den Atomrümpfen

10.1 Elektrische Arbeit und elektrische Leistung

Die atomare Vorstellung von der Wärmewirkung des elektrischen Stromes

Im mechanischen Modell des elektrischen Stromkreises (Abb. 80.2a) fällt das Wasser aus dem oberen Becken frei herab. Dabei wird die Lageenergie in Bewegungsenergie umgewandelt. Beim Auftreffen auf das Wasserrad gibt das Wasser einen großen Teil seiner Bewegungsenergie an dieses ab und fließt dann langsamer weiter.

Im atomistischen Modell eines metallischen Leiters gibt jedes Atom Elektronen ab, die sich als *Leitungselektronen* im Metall frei bewegen können. Der zurückbleibende Rest des Atoms bildet den Atomrumpf. Im Gegensatz zum mechanischen Modell stoßen bei Stromfluss die Leitungselektronen nicht erst nach einer längeren Beschleunigungsstrecke mit den Atomrümpfen zusammen. Die Elektronen geben den kleinen Gewinn an Bewegungsenergie immer wieder durch Stöße ab (Abb. 198.1). Die Elektronen verrichten dabei an den Atomrümpfen **elektrische Arbeit W_{el}**. Die Atomrümpfe schwingen deshalb stärker. Die Temperatur des Leiters steigt. Das bedeutet: Die Energie der Leitungselektronen wird portionsweise in innere Energie des Leiters umgewandelt.

Untersuchung der elektrischen Arbeit

Von welchen messbaren Größen hängt die elektrische Arbeit des Stromes ab? Nehmen wir eine Anleihe beim mechanischen Modell! Die an das Wasserrad abgegebene Energie ist umso größer, je länger die Betriebszeit, je größer die Wasserstromstärke und je größer die Fallhöhe ist. Da wir die Fallhöhe mit der Spannung verglichen haben, führt uns das zu folgender Vermutung: Die elektrische Arbeit W_{el} ist umso größer, je länger der Strom eingeschaltet ist, je größer die Stromstärke I und je höher die Spannung U ist.

Wie hängt W_{el} – bei gleich bleibender Spannung und Stromstärke – von der Zeit t ab? Da Elektronen nicht „ermüden", wird die verrichtete elektrische Arbeit W_{el} zur Zeit t direkt proportional sein: $W_{el} \sim t$.

Wie können wir diese Vermutung experimentell überprüfen? Nach dem Energieerhaltungssatz ist die elektrische Arbeit gleich dem Zuwachs an innerer Energie des metallischen Leiters. Diese Energieportion lassen wir den Leiter an eine bestimmte Wassermenge abgeben. Der Zuwachs ihrer inneren Energie $\Delta E_i = c_w \cdot m_w \cdot \Delta\vartheta$ (vgl. Seite 182) ist nämlich leicht messbar.

V In einem Styroporbecher mit 400 g Wasser befindet sich ein Tauchsieder. Schließen wir ihn an die Steckdose ($U = 220$ V) an, fließt ein Strom der Stärke $I = 1{,}50$ A. Unter ständigem Umrühren mit dem Tauchsieder lesen wir die Wassertemperatur zu einem willkürlichen Beginn der Zeitmessung und dann jeweils nach 30 s ab (Abb. 198.2a).

Nun berechnen wir die Temperaturerhöhung $\Delta\vartheta$ und zeichnen ein t-$\Delta\vartheta$-Diagramm (Abb. 198.2b): $\Delta\vartheta$ ist – wie erwartet – zu t proportional. Also ist die vom Wasser aufgenommene Energie $E_{zu} = c_w \cdot m_w \cdot \Delta\vartheta$ und damit die elektrische Arbeit W_{el} auch zu t direkt proportional.

1. *Ergebnis:* $W_{el} \sim t$

Wie W_{el} von der Spannung U und der Stromstärke I abhängt, ergründen wir durch Überlegungen – so ge-

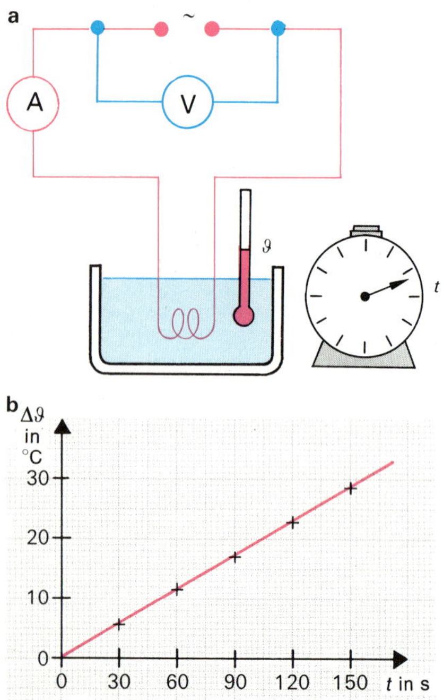

198.2 Abhängigkeit der elektrischen Arbeit W_{el} von der Zeit t

nannte Gedankenversuche – und durch Experimente.
Ein Tauchsieder hat Betriebsdaten: Bei der Spannung U_1 fließe ein Strom der Stärke I_1. Dieser verrichte in einer vorgegebenen Zeit t die elektrische Arbeit $W_{el\,1}$. Wie erhält man in der gleichen Zeit t die doppelte elektrische Arbeit? Man nehme einen zweiten gleichartigen Tauchsieder. Liegt an jedem die Spannung U_1 an und fließt damit durch jeden ein Strom der Stärke I_1, so erhält man die doppelte Energieabgabe, also die doppelte elektrische Arbeit (Abb. 199.1).
Wie betreibt man nun tatsächlich zwei Tauchsieder gleichzeitig? Man schließt sie an eine Mehrfachsteckdose an. Diese Schaltung zeigt Abb. 199.2. An jedem Tauchsieder liegt die Spannung U_1, jeder wird von einem Strom der Stärke I_1 durchflossen. Zur Veranschaulichung unseres Vorgehens verwenden wir anstatt Tauchsieder Glühlämpchen:

V Wir schließen ein 6-V-Lämpchen an eine Stromquelle der Spannung 6 V an. Das Lämpchen leuchtet. Schalten wir zum ersten ein weiteres gleichartiges Lämpchen parallel, ändert sich die Helligkeit des ersten nicht; das zweite leuchtet genauso hell.

Durch jedes Lämpchen, bzw. jeden Tauchsieder, fließt also ein Strom der Stärke I_1. In der Hauptleitung fließt folglich ein Strom der Stärke $2\,I_1$. Eine Verdopplung von W_{el} wird hier durch eine Verdopplung von I erreicht. Diese Überlegung lässt sich auf n Tauchsieder erweitern: Bei gleich bleibenden U und t wird eine Ver-n-fachung von W_{el} durch eine Ver-n-fachung von I bewirkt.

2. *Ergebnis:* $W_{el} \sim I$

Wir rücken die beiden Stromkreise von Abb. 199.1 näher zusammen. Es liegt die Vermutung nahe, dass wir die beiden benachbarten Drähte durch einen einzigen ersetzen können (Abb. 199.3). In diesem blau gezeichneten Draht würden an einer Messstelle in entgegengesetzte Richtungen jeweils gleich viele Elektronen vorbeifließen. Ein Strommesser würde also den Wert Null anzeigen. Was lässt sich daraus folgern? Man könnte auf den blauen Draht in Abb. 199.3 verzichten.

V Zur einfachen Überprüfung unserer Überlegung benützen wir wieder 6-V-Lämpchen. Tatsächlich ändert sich an ihrer Helligkeit nichts, wenn wir den blauen Draht wegnehmen.

Die hintereinander geschalteten Stromquellen der Abb. 199.4 haben die Gesamtspannung $2\,U_1$. Eine Verdopplung von W_{el} wird hier durch eine Verdopplung von U erreicht. Da sich die Überlegung auf n Tauchsieder erweitern lässt, folgt:

3. *Ergebnis:* $W_{el} \sim U$

Wir fassen zusammen:

$$W_{el} \sim U \cdot I \cdot t\,,$$

oder: $W_{el} = k \cdot U \cdot I \cdot t$.

Zur Bestimmung von k ziehen wir die Messwerte von Abb. 198.2 heran:

$$\begin{aligned} W_{el} = E_{zu} &= c_w\, m_w\, \Delta\vartheta \\ &= 4{,}2\,\frac{\mathrm{J}}{\mathrm{g}\,^\circ\mathrm{C}} \cdot 400\ \mathrm{g} \cdot 28{,}5\,^\circ\mathrm{C} \\ &= 4{,}8 \cdot 10^4\ \mathrm{J} \end{aligned}$$

Andererseits ist:

$$\begin{aligned} U \cdot I \cdot t &= 220\ \mathrm{V} \cdot 1{,}5\ \mathrm{A} \cdot 150\ \mathrm{s} \\ &= 5{,}0 \cdot 10^4\ \mathrm{VAs} \end{aligned}$$

Es fällt auf, dass die errechneten Zahlenwerte im Rahmen der Messgenauigkeit als gleich angesehen werden können. Tatsächlich definiert man in der Physik die Spannungseinheit 1 V so, dass 1 J = 1 VAs ist. Deshalb dürfen wir $k = 1$ setzen.

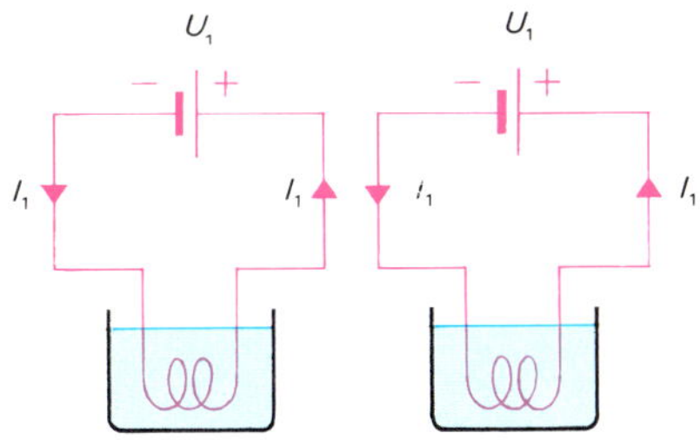

199.1 Verdoppelung von W_{el} durch zwei gleiche Tauchsieder

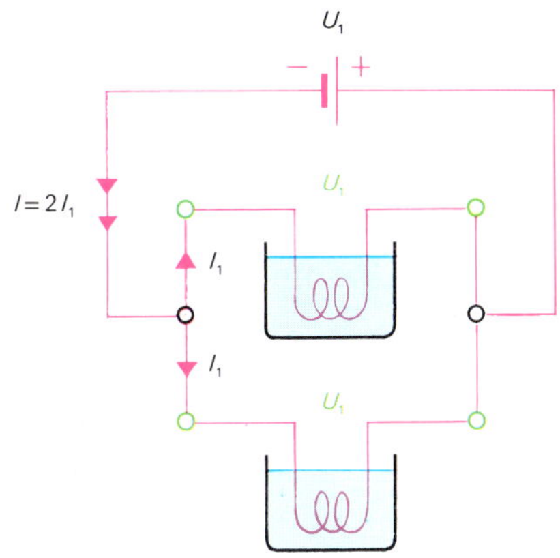

199.2 Verdoppelung von W_{el} durch Verdoppelung der Stromstärke

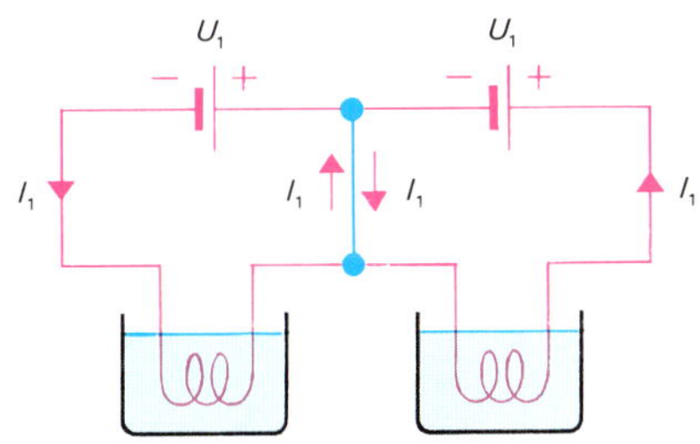

199.3 „Vereinigung" der Stromkreise von Abb. 199.1

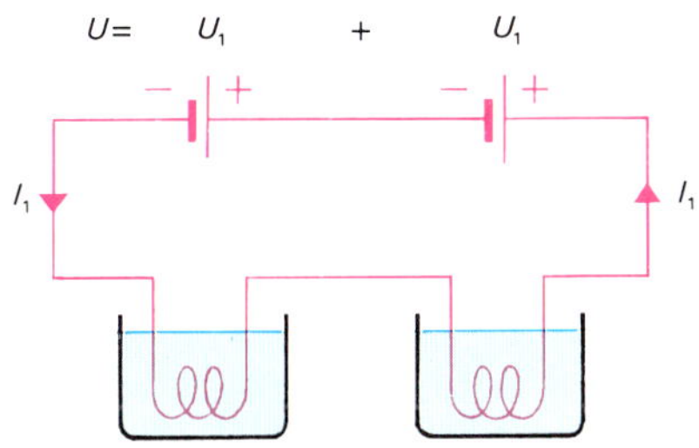

199.4 Verdoppelung von W_{el} durch Verdoppelung der Spannung

Gerät	Leistungsaufnahme
Elektr. Armbanduhr	1 μW
Taschenrechner	0,1 mW
Taschenlampe	1 W
Elektr. Rasierapparat	10 W
Glühlampe (220 V)	25 ... 100 W
Farbfernsehgerät	100 W
Tageslichtprojektor	300 W
Elektr. Bohrmaschine	0,3 ... 1 kW
Bügeleisen	1 kW
Kochplatte	1 ... 2 kW
Waschmaschine	3 kW
Elektr. Heißwasserspeicher	2 ... 6 kW
U-Bahn-Triebwagen	800 kW
Elektrolokomotive	8 MW
ICE (2 Triebköpfe)	15 MW
Höchstlast einer Großstadt (München, 30.11.82)	883 MW

200.1 Beispiele für elektrische Leistungen

Die von einem elektrischen Strom an einem Leiter verrichtete elektrische Arbeit W_{el} ist gleich dem Produkt aus der angelegten Spannung U, der Stromstärke I und der Zeit t:

$$W_{el} = U \cdot I \cdot t.$$

Für die Einheiten gilt dabei: $1\,J = 1\,VAs$

Schalten wir zu Hause z.B. eine Kochplatte, ein Fernsehgerät oder eine Glühlampe ein, so wird an Leitern, die in diesen Geräten vorhanden sind, elektrische Arbeit verrichtet. Wir entnehmen dabei dem öffentlichen elektrischen Versorgungsnetz Energie. Dafür müssen wir bezahlen. Das Elektrizitätswerk treibt die Elektronen an, die bereits in den Leitungsdrähten vorhanden sind.

Elektrische Leistung

Beim Kauf einer Glühlampe, die an das Netz angeschlossen werden soll, geben wir außer der Betriebsspannung von 220 V noch die „Stärke" an: 25 W, 40 W, 60 W, 75 W oder 100 W. Die Einheit 1 Watt ist uns aus der Mechanik bekannt. Sie ist die Einheit der Leistung P. Diese wird als Quotient aus der verrichteten Arbeit W und der dazu benötigten Zeit t definiert.

V Wir schließen eine 40-W-Lampe an das Netz an und messen die Stromstärke: $I_1 = 0{,}181\,A$. Also verrichtet der Strom in einer Sekunde an dieser Lampe die elektrische Arbeit:

$$\begin{aligned} W_1 &= U \cdot I_1 \cdot t \\ &= 220\,V \cdot 0{,}181\,A \cdot 1{,}0\,s \\ &= 40\,VAs = 40\,J \end{aligned}$$

V Für eine 100-W-Lampe erhalten wir die Stromstärke $I_2 = 0{,}454\,A$. Also:

$$\begin{aligned} W_2 &= U \cdot I_2 \cdot t \\ &= 220\,V \cdot 0{,}454\,A \cdot 1{,}0\,s \\ &= 100\,VAs = 100\,J \end{aligned}$$

An der 100-W-Lampe wird in der gleichen Zeit 2,5-mal so viel Arbeit als an der 40-W-Lampe verrichtet. Die 100-W-Lampe leuchtet heller, sie ist „stärker". Zur Kennzeichnung der „Stärke" der Lampen, genauer: ihrer Leistung P, übertragen wir die Definitionsgleichung der Leistung $P = \frac{W}{t}$ aus der Mechanik in die Elektrizitätslehre:

$$P_1 = \frac{W_1}{t} = \frac{40\,J}{1\,s} = 40\,\frac{J}{s} = 40\,W$$

$$P_2 = \frac{W_2}{t} = \frac{100\,J}{1\,s} = 100\,\frac{J}{s} = 100\,W$$

Wir erhalten so die auf den Lampen angegebenen Leistungswerte. In Tab. 200.1 sind weitere Beispiele für elektrische Leistungen aufgeführt.
Da im Term für die elektrische Arbeit W_{el} die Zeit t als Faktor auftritt, ergibt sich ein einfacher Term für die elektrische Leistung P_{el}:

$$P_{el} = \frac{W_{el}}{t} = \frac{U \cdot I \cdot t}{t} = U \cdot I$$

Für die Einheiten gilt insbesondere:
$[P_{el}] = [U \cdot I] = 1\,V \cdot 1\,A = 1\,W$

Die von einem Strom an einem Leiter erbrachte elektrische Leistung P ist gleich dem Produkt aus der angelegten Spannung U und der Stromstärke I:

$$P_{el} = U \cdot I$$

Für die Einheiten gilt dabei:

$$[P_{el}] = 1\,\frac{J}{s} = 1\,W = 1\,VA$$

Lösen wir die Gleichung $P = \frac{W}{t}$ nach W auf, folgt: $W = P \cdot t$. Mit der Leistungseinheit 1 W und der Zeiteinheit 1 s erhalten wir damit eine Arbeits- und Energieeinheit:

$$\begin{aligned} [W] &= [P] \cdot [t] = 1\,W \cdot 1\,s \\ &= 1\,Ws = 1\,J \end{aligned}$$

(1 Ws wird gelesen: 1 Wattsekunde.)
Häufig verwendet man die größere

Einheit 1 kWh (Kilowattstunde):

$$1\,\text{kWh} = 1000\,\text{W} \cdot 3600\,\text{s}$$
$$= 3\,600\,000\,\text{Ws}$$
$$= 3\,600\,000\,\text{J} = 3{,}6\,\text{MJ}$$

Merke:

Einheiten für Arbeit und Energie
$[E] = 1\,\text{J} = 1\,\text{Nm} = 1\,\text{VAs} = 1\,\text{Ws}$;
$1\,\text{kWh} = 3{,}6\,\text{MJ}$

Aufgaben

1. *Atomistische Deutung des elektrischen Widerstandes*
Wie gut ein metallischer Leiter den Strom leitet, hängt von der Anzahl der frei beweglichen Elektronen und von der Behinderung des Stromflusses durch die um feste Orte schwingenden Atomrümpfe ab. Die einzelnen Metalle sind unterschiedlich aufgebaut und sie haben unterschiedlich viele frei bewegliche Elektronen.
a) Was folgt daraus vergleichend über den elektrischen Widerstand R gleich langer, gleich dicker Drähte aus verschiedenen Metallen?
b) Bei wachsender Temperatur ändert sich in einem metallischen Leiter die Anzahl der frei beweglichen Elektronen nicht. Wie können wir verstehen, dass sein Widerstand R größer wird?

2. *Vergleich der Stromarbeit*
Von folgenden Geräten der Betriebsspannung 220 V sind typische Stromstärken und Betriebszeiten angegeben. Berechne jeweils die an ihnen verrichtete elektrische Arbeit und vergleiche die Ergebnisse:
a) Glühlampe: 0,27 A; 3,0 h
b) Tauchsieder: 4,5 A; 6,0 min
c) Heizofen: 10 A; 1,0 h

3. *Tauchsieder*
Wie lang benötigt ein Tauchsieder ($U = 220$ V), um 1,0 Liter Wasser von 16 °C auf die Siedetemperatur 100 °C zu erwärmen, wenn er von einem Strom der Stärke
a) $I = 4{,}5$ A,
b) $I = 1{,}5$ A durchflossen wird?
c) Warum sollte man beim Verwenden eines Tauchsieders diesen zunächst in das Wasser stellen und erst dann die Netzspannung anlegen und beim Abschalten umgekehrt verfahren, also ihn zuerst von der Netzspannung trennen und dann aus dem Wasser nehmen?

4. *„Energiepreis"*
Eine Stabtaschenlampe enthält zwei Babyzellen (Alkali-Mangan-Zellen). Im Betrieb fließt durch das Glühlämpchen ein Strom der Stärke 0,20 A.
a) Welche elektrische Leistung nimmt das Lämpchen auf?
b) Das Glühlämpchen kann ca. 25 h lang betrieben werden. Berechne die in einer Babyzelle gespeicherte, elektrisch nutzbare Energie in J und in kWh!
c) Eine Babyzelle (Alkali-Mangan-Zelle) kostet ca. 3 DM. Wie teuer ist 1 kWh elektrische Energie, wenn sie von Babyzellen abgegeben wird?

5. Die Leistungsaufnahme eines Staubsaugers kann zwischen 300 W und 1400 W eingestellt werden.
a) Welche Werte kann im Betrieb die Stromstärke annehmen?
b) Was kostet der einstündige Betrieb bei einer Leistungsaufnahme von 600 W und einem Preis von 0,30 DM pro kWh?

6. *Sicherung*
Im Haushalt ist eine Leitung gegen Überlastung mit einer 16-A-Sicherung geschützt.
a) Welche Gesamtleistung dürfen die angeschlossenen Elektrogeräte nicht überschreiten?
b) Darf außer einem elektrischen

202.1 Energiesparlampe

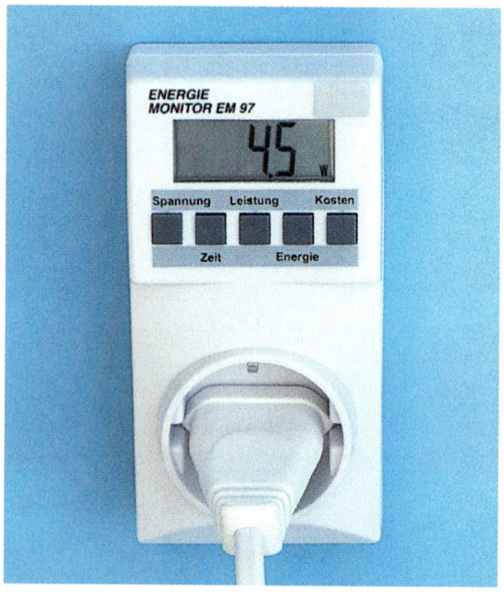

202.2 Energiemonitor

202.3 Elektrizitätszähler

Heizofen der Leistung 2,0 kW auch noch der Staubsauger von Aufgabe 5 betrieben werden?
c) Gib ein Elektrogerät an, das nicht noch zusätzlich angeschlossen werden darf?

7. *Mittlere Nutzung elektrischer Geräte in einem 4-Personen-Haushalt*
Was kostet jeweils der Betrieb in einem Jahr bei einem Preis von 0,30 DM für 1 kWh?
Elektrorasierer: 10 W; 5 min/Tag
elektr. Zahnbürste: 3 W; 8-mal 2 min/Tag
Fernsehgerät: 100 W; 3,0 h/Tag
Beleuchtung: 150 W; 3,0 h/Tag

8. *Energiesparlampe* (Abb. 202.1)
Eine Glühlampe wandelt 4 % der aufgenommenen elektrischen Energie in Licht und 96 % in Wärme um, eine Energiesparlampe dagegen 20 % in Licht und 80 % in Wärme.
a) Welche Leistungsaufnahme müsste eine Glühlampe haben, damit sie genauso hell wie eine 15-W-Energiesparlampe leuchtet?
b) Für den Betrieb von Glühlampen werden in einem 4-Personen-Haushalt jährlich etwa 300 kWh elektrische Energie dem Netz entnommen. Auf welchen Wert würde bei gleich bleibender Lichterzeugung dieser Wert sinken, wenn man alle Glühlampen durch Energiesparlampen ersetzt? Wie viel DM würde der 4-Personen-Haushalt jährlich sparen, wenn 1 kWh 0,30 DM kostet?
c) Welche Eigenschaft der Lampen ist noch ausschlaggebend, wenn man sich dafür oder dagegen entscheidet, Glühlampen durch Energiesparlampen zu ersetzen?

9. *„Heimliche Konsumenten"*
Im Haushalt sind zahlreiche elektrische Geräte mit geringer Leistungsaufnahme ständig in Betrieb: Uhrenradios, Videorecorder im Stand-by-Betrieb, schnurlose Telefone, Sprechanlagen usw.
a) Suche in deinem Haushalt solche Geräte. Miss – falls vorhanden – mit einem *Energiemonitor* (Abb. 202.2) ihre Leistungsaufnahme oder ermittle diese anhand des Typenschildes oder der Gebrauchsanleitung!
b) Berechne die gesamte Energieaufnahme im Jahr sowie die jährlichen Betriebskosten (0,30 DM pro kWh)!

10. *Elektrizitätszähler* (Abb. 202.3)
Die elektrische Energie, die ein Haushalt dem Netz entnimmt, misst der Elektrizitätszähler in kWh. In ihm dreht sich eine Aluminiumscheibe. Nach jeder vollständigen Umdrehung ist durch Geräte im Haushalt eine bestimmte Energieportion umgesetzt worden.
a) Auf dem Typenschild eures Zählers ist angegeben, wie viele Umdrehungen die Scheibe pro Kilowattstunde (U/kWh) ausführt. Lies diese Zahl ab! Welche Energieportion wird folglich bei einer Umdrehung umgesetzt?
b) Bestimme anhand der eingeschraubten Glühlampen die gesamte elektrische Leistung einer „mehrflammigen" Leuchte (z. B. der Esstischleuchte)! Berechne dann die Zeit, die die Scheibe des Elektrizitätszählers für eine Umdrehung braucht, wenn nur diese Leuchte eingeschaltet ist. Überprüfe das mit einer Uhr!
c) Schalte das Fernsehgerät ein und sorge dafür, dass nur dieses dem Netz elektrische Energie entnimmt. Miss die Dauer für eine Umdrehung der Scheibe des Elektrizitätszählers. Berechne die elektrische Leistung eures Fernsehgeräts!

10.2 Vertiefung des Spannungsbegriffes

Elektrische Arbeit und Ladung

Im Term $U \cdot I \cdot t$ für die elektrische Arbeit W_{el} tritt das Produkt $I \cdot t$ auf. Dieses ist gleich der Ladung Q, die in der Zeit t durch den Leiterquerschnitt fließt (Abb. 203.1). Deshalb können wir schreiben:

$$W_{el} = U \cdot I \cdot t = U \cdot Q$$

Stellen wir uns vor, der Leiter sei ein Draht. Mit ihm werden die Pole einer Stromquelle der Spannung U verbunden. Folglich liegt am Draht die Spannung U an. Da der Stromkreis geschlossen ist, herrscht an jeder Stelle im Draht die gleiche Stromstärke I. Es fließt durch jeden Querschnitt des Drahtes in einer bestimmten Zeit, z.B. in $t = 1\,\text{s}$, die gleiche Ladung Q. Das Produkt aus der am Leiter anliegenden Spannung U und dieser Ladung Q ist gleich der elektrischen Arbeit W_{el}, die am Leiter in dem betrachteten Zeitraum verrichtet wird.

Die Spannung als abgeleitete Größe

Wir definierten die elektrische Spannung als Basisgröße. Dazu mussten die Spannungsgleichheit, die Spannungsvielfachheit und die Spannungseinheit festgelegt werden.
Insbesondere vereinbarten wir, dass die frische Monozelle die Spannung 1,5 V haben soll. Diese einfache Art der Festlegung widerspricht aber der Forderung nach genauen Messwerten. Früher verwendete man eine besondere Batterie (das „Normalelement"), deren Spannung nur so geringen Schwankungen unterlag, dass diese auf sechs Stellen genau festgelegt werden konnte. Heute geht man in der Physik einen anderen Weg: Da die elektrische Arbeit W_{el} durch die verlustlose Energieübertragung an Wasser messbar wird, und die Ladung Q über die Basisgrößen Stromstärke I und Zeit t messbar ist, wird die Gleichung $W_{el} = U \cdot Q$ benutzt, die Spannung U als abgeleitete Größe zu definieren:

Die Spannung U, die an einem Leiter anliegt, ist der Quotient aus der am Leiter verrichteten Arbeit W_{el} und der durch den Leiterquerschnitt fließenden Ladung Q:

$$U = \frac{W_{el}}{Q}$$

Für die Einheit der Spannung folgt zunächst:

$$[U] = \frac{1\,\text{J}}{1\,\text{As}}.$$

Diese wird mit 1 Volt (1 V) bezeichnet:

$$1\,\text{V} = \frac{1\,\text{J}}{1\,\text{As}}.$$

So wird die in Abschnitt 10.1 angegebene Beziehung zwischen den Einheiten verständlich:
$1\,\text{VAs} = 1\,\text{J}$.

Aufgaben

1. *Eichung eines Spannungsmessers*
Wie kann man mithilfe der Definition der Spannung U als abgeleitete Größe einen Spannungsmesser eichen?

2. *Der Energieinhalt einer Auto-Batterie* (Abb. 203.2)
Ein „leerer" 12-V-Autoakku wird 9 h lang mit der Ladestromstärke von 5 A geladen.
a) Welche Ladung (in Ah) vermag der Akku aufgrund seines chemischen Zustandes „umzupumpen"?
b) Wie viel elektrische Energie ist gespeichert?

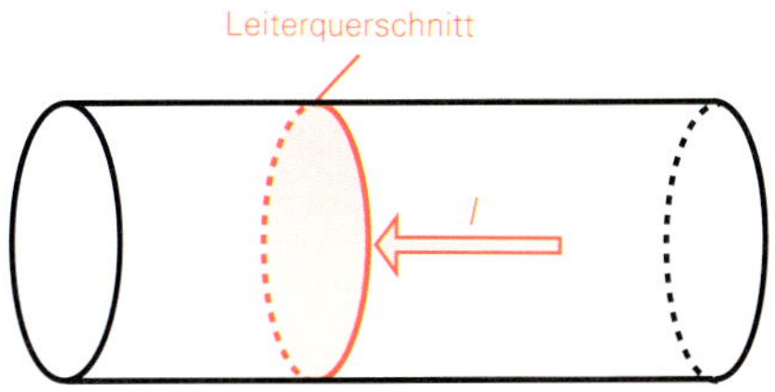

203.1 Durch den Leiterquerschnitt fließende Ladung $Q = I \cdot t$

203.2 Autoakku

c) Wie lange kann damit die Standlichtbeleuchtung eines Autos (2 Standlichter vorne von je 4 W, 2 Schlusslichter von je 10 W, 1 Kennzeichenbeleuchtung von 5 W) betrieben werden?

3. *Energieinhalt und Volumen von Gerätebatterien*
Gerätebatterien der Spannung 1,5 V haben zylindrische Form und sie sind in verschiedenen Größen erhältlich (Abb. 78.3): Eine Monozelle hat ein Volumen von etwa 50 cm³, eine Babyzelle von etwa 25 cm³, eine Mignonzelle von etwa 7,5 cm³ und eine Microzelle von etwa 3,7 cm³. Wir interessieren uns bei einer bestimmten Bauart (bei „Alkali-Mangan-Zellen") für den Zusammenhang zwischen dem Inhalt an nutzbarer elektrischer Energie und dem Volumen einer Batterie. Eine Monozelle vermag eine Ladung von 10 Ah, eine Babyzelle von 5 Ah „umzupumpen".
a) Berechne den Energieinhalt einer Monozelle und den einer Babyzelle. Wie hängt der Energieinhalt in etwa vom Volumen der Batterie ab?
b) Welche Ladung vermag eine Mignonzelle umzupumpen, welche eine Microzelle?
c) Bei welchen Geräten finden die einzelnen Batteriearten jeweils Verwendung?

10.3 Die Kirchhoff-Regeln

Die Knotenregel

Zur Lösung elektrischer Probleme sind häufig komplizierte Schaltungen nötig. Da die Verbindung der elektrischen Bausteine an ein Netz erinnert, spricht man von einem **Leiternetz**. Verzweigungspunkte heißen deshalb auch **Knoten**, geschlossene Stromwege **Maschen**. Wir werden die grundlegenden Gesetzmäßigkeiten solcher Leitungsnetze behandeln. In diesem Kapitel beschränken wir uns auf Leiternetze, die Widerstände und Stromquellen enthalten. Im Kapitel „Einführung in die Halbleiterphysik" werden wir weitere elektrische Bausteine und interessante Probleme kennen lernen.

V Wir bauen nach Abb. 204.1 ein Leiternetz mit bekannten Widerständen und einer Stromquelle auf. Zur Messung von Stromstärken unterbrechen wir jeweils den Stromkreis an der interessierenden Messstelle und schalten den Strommesser in den Stromkreis.

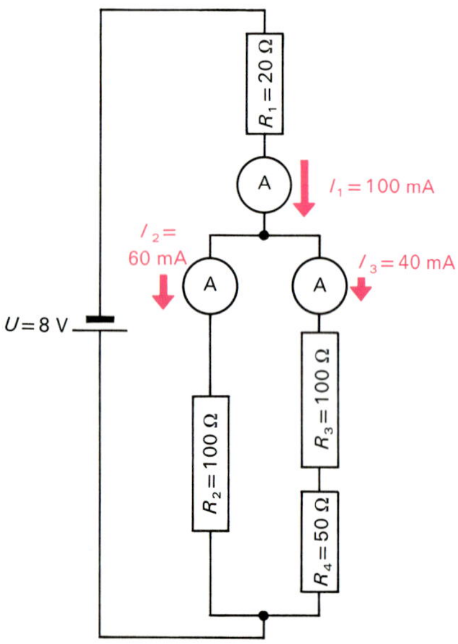

204.1 Versuch zur Knotenregel

Wir stellen fest: An allen Stellen einer unverzweigten Leitung ist die Stromstärke gleich groß. Im Verzweigungspunkt ist die Stärke I_1 des hinfließenden Elektronenstromes gleich der Summe der Stärken I_2 und I_3 der wegfließenden Elektronenströme. Kurz: $I_1 = I_2 + I_3$

Beide Erkenntnisse sind uns bereits begegnet. Die Zweite ist die Kirchhoff-Regel. Wir haben sie benutzt, um ein Stromanzeigegerät zu eichen: Auf sie gestützt, fanden wir die Eichmarken zu 2 A, 3 A, ... und erhielten so aus dem Stromanzeigegerät einen Strommesser. Da es noch eine weitere Regel Kirchhoffs gibt, erhält diese die Nummer „1".

1. Kirchhoff-Regel: ***Die Knotenregel***
In einem Verzweigungspunkt ist die Summe der Stromstärken der hinfließenden Ströme gleich der Summe der Stromstärken der wegfließenden Ströme.

Die Maschenregel

Anhand von Abb. 204.1 überlegen wir uns: Durch den Leiter mit dem Widerstand $R_1 = 20\,\Omega$ fließt ein Strom der Stärke $I_1 = 100\,mA$. Würde man den Leiter allein an einer Stromquelle anschließen, würde die Spannung

$$U_1 = I_1 \cdot R_1 = 0{,}100\,A \cdot 20\,\Omega = 2{,}0\,V$$

einen Strom der gleichen Stärke hindurchtreiben.

V Schließen wir zwischen den beiden Enden des Widerstandes einen Spannungsmesser an, zeigt dieser tatsächlich 2,0 V an.

Wir berechnen nun entsprechend nach Abb. 204.1:

$$U_2 = I_2 \cdot R_2 = 0{,}060\,A \cdot 100\,\Omega = 6{,}0\,V$$
$$U_3 = I_3 \cdot R_3 = 0{,}040\,A \cdot 100\,\Omega = 4{,}0\,V$$
$$U_4 = I_4 \cdot R_4 = 0{,}040\,A \cdot 50\,\Omega = 2{,}0\,V$$

V Wir überprüfen auch diese Spannungen mit einem Spannungsmesser. Sie treten tatsächlich zwischen den Enden der jeweiligen Widerstände des Leiternetzes auf (Abb. 205.1).

Fließt durch einen Leiter des Widerstandes R_n ein Strom der Stärke I_n, so tritt zwischen den Leiterenden die Spannung $U_n = I_n \cdot R_n$ auf.

V Wir ändern die Spannung U der Stromquelle. Die Spannungen U_1, U_2, U_3 und U_4 an den Widerständen ändern sich ebenfalls.

Welcher Zusammenhang besteht zwischen diesen Spannungen und U? Um das herauszufinden, verfolgen wir den Weg des Stromes: Die Elektronen fließen aus dem Minuspol heraus und zuerst durch den Widerstand R_1. Zwischen seinen Enden tritt die Spannung $U_1 = 2{,}0\,V$ auf. Nun gabelt sich der Stromweg. Verfolgen wir den Linken weiter! Zwischen den Enden des Widerstandes R_2 tritt die Spannung $U_2 = 6{,}0\,V$ auf. Der Weg führt über den unteren Verzweigungspunkt zum Pluspol. Längs des Weges über die Widerstände R_1 und R_2 ist insgesamt die Spannung

$$U_1 + U_2 = 2{,}0\,V + 6{,}0\,V = 8{,}0\,V,$$

also gerade die Spannung U der Stromquelle aufgetreten. Verfolgen wir den rechten Stromweg über die Widerstände R_1, R_3 und R_4, so erhalten wir

$$U_1 + U_3 + U_4 = 2{,}0\,V + 4{,}0\,V + 2{,}0\,V = 8{,}0\,V,$$

also ebenfalls U. Das bedeutet: Die Spannung der Stromquelle verteilt sich in einer Masche, die vom einen Pol zum anderen führt, auf die einzelnen Widerstände. Die Spannungen, die dabei zwischen den Enden der Widerstände auftreten, heißen *Teilspannungen*.

2. Kirchhoff-Regel: *Die Maschenregel*
Verfolgt man einen Stromweg vom einen Pol zum anderen, so ist die Summe der Teilspannungen gleich der Spannung der Stromquelle.

Erklärung der Maschenregel

Wir haben den elektrischen Strom mit einem Wasserstrom verglichen: Der Stromquelle im elektrischen Fall entspricht eine Pumpe, dem elektrischen Leiter das Rohr einer Wasserleitung. Die Elektronen geben auf ihrem Weg durch den Leiter Energie an Atomrümpfe des Leiters ab. Entsprechend soll das Wasser seine Bewegungsenergie an ein

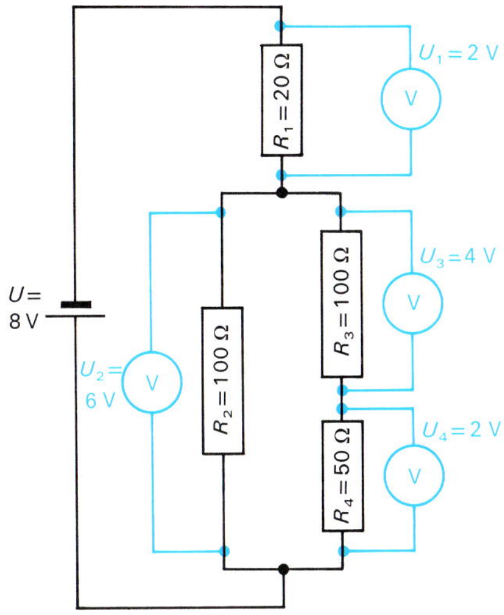

205.1 Versuch zur Maschenregel

Laufrad abgeben. Abb. 206.1 zeigt die elektrische Schaltung und die analoge mechanische Anordnung.

Wir betrachten zunächst ein Wassermolekül im oberen Behälter (Abb. 206.1b). Es befindet sich in der Höhe h, erfährt die Gewichtskraft G und besitzt folglich die Lageenergie $E_L = G \cdot h$. Durchfällt es die Höhe h_1, nimmt seine Lageenergie ab, seine Bewegungsenergie im gleichen Maß zu. Es überträgt schließlich die gewonnene Bewegungsenergie an das Laufrad. Nun bieten sich zwei Wege an: Entweder durchfällt es links die noch verbleibende Höhe h_2 „ohne Zwischenstation" oder es durchfällt rechts die Höhe h_2 „in zwei Etappen" mit den Höhen h_3 und h_4. Bei jedem Weg gibt ein Wassermolekül seine gesamte Energie ab und durchfällt die Gesamthöhe h. Für die Wege gilt also:

$$h_1 + h_2 = h \quad \text{und}$$
$$h_1 + h_3 + h_4 = h \,.$$

Dem Wassermolekül im oberen Behälter entspricht ein Elektron auf dem Minuspol. Welche Energie vermag es auf den Leiter zu übertragen? Ist Q die Ladung, die sich in dieser Zeit vom einen Spannungsmesspunkt zum anderen bewegt, so verrichtet diese am Leiter die elektrische Arbeit $W = Q \cdot U$. Zu dieser trägt ein Elektron den Anteil $W = e \cdot U$ bei.

Der zu $G \cdot h$ analoge Term ist offensichtlich $e \cdot U$. In jedem Term tritt eine Größe auf, die zwischen zwei Punkten gemessen wird: die Höhe h und die Spannung U. So wie zwischen zwei Punkten ein Höhenunterschied vorhanden sein muss, damit Wasser fließen kann, muss zwischen zwei Punkten einer Schaltung eine Spannung auftreten, welche Elektronen durch den Leiter treibt. Außerdem entsprechen sich das Gewicht G und die Ladung e. Beide sind Größen, die Teilchen kennzeichnen.

Betrachten wir nun die Arbeitsbeiträge eines Elektrons! Sein Weg führt zunächst durch den Widerstand R_1. Dort wird am Leiter die Stromarbeit $W_1 = e \cdot U_1$ verrichtet. Nun bieten sich zwei Wege für das Elektron an: Entweder werden im Widerstand R_2 die Stromarbeit $W_2 = e \cdot U_2$ oder in den Widerständen R_3 und R_4 die Stromarbeiten $W_3 = e \cdot U_3$ und $W_4 = e \cdot U_4$ verrichtet.

Auf seinem Weg vom Minus- zum Pluspol hat das Elektron insgesamt die Energie $e \cdot U$ an die Leiter übertragen. Wegen der Energieerhaltung folgt:

$$e \cdot U_1 + e \cdot U_2 = e \cdot U \quad \text{und}$$
$$e \cdot U_1 + e \cdot U_3 + e \cdot U_4 = e \cdot U \,,$$

also

$$U_1 + U_2 = U \quad \text{und}$$
$$U_1 + U_3 + U_4 = U \,.$$

Also: Die Maschenregel ist eine Folge der Energieerhaltung.

Bei der Beschreibung elektrischer Schaltungen benützt man noch einen weiteren Begriff. Zur Klärung bemühen wir nochmals unser mechanisches Modell (Abb. 206.1b). Ein Wassermolekül befindet sich in der Höhe h im oberen Behälter. In der ersten Etappe durchfällt es die Höhe h_1. Man kann dazu auch sagen: „Die Höhe (des betrachteten Wassermoleküls) fällt um h_1 ab" bzw. „Der Höhenabfall beträgt h_1". Für die letzte Etappe im rechten Weg wäre dann zu formulieren: „Der Höhenabfall beträgt h_4".

In Anlehnung an diese Sprechweisen wird bei elektrischen Schaltungen der Begriff **Spannungsabfall** verwendet. Damit lauten Aussagen am Beispiel von Abb. 206.1a:

Am Widerstand R_1 fällt die Spannung U_1 ab. Oder:
Der Spannungsabfall am Widerstand $R_4 = 50\,\Omega$ beträgt 2,0 V.

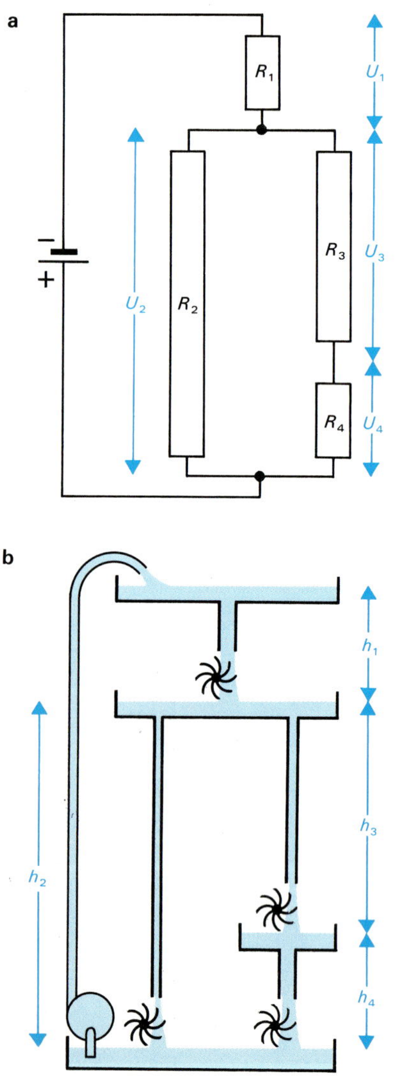

206.1 a) Elektrische Schaltung und b) entsprechende mechanische Anordnung

Die zwischen den Enden eines Widerstands auftretende Spannung nennt man also „Teilspannung" oder „Spannungsabfall".

Folgerungen aus den Kirchhoff-Regeln

Künftig verfolgen wir Stromwege in der technischen Stromrichtung, also vom Plus- zum Minuspol. Wir wenden Knoten- und Maschenregel auf die Schaltung von zwei Widerständen R_1 und R_2 an.

Die beiden Widerstände sind parallel geschaltet (Abb. 207.1):
Nach der Knotenregel teilt sich der Strom der Stärke I in zwei Ströme der Stärken I_1 und I_2:

$$I_1 + I_2 = I$$

Verfolgen wir den linken Stromweg vom Plus- zum Minuspol (linke Masche), so liegt nur der Widerstand R_1 vor. An ihm liegt die gesamte Batteriespannung U an oder – anders formuliert – an ihm fällt die gesamte Batteriespannung U ab: $U_1 = U$. Das Gleiche gilt für den Widerstand R_2 in der rechten Masche: $U_2 = U$.
$U_1 = U_2 = U$
Da für die Teilspannungen $U_1 = I_1 \cdot R_1$ und $U_2 = I_2 \cdot R_2$ gilt, folgt:

$$I_1 \cdot R_1 = I_2 \cdot R_2 \quad \Rightarrow \quad \frac{I_1}{I_2} = \frac{R_2}{R_1}$$

Der Strom teilt sich im Verzweigungspunkt in zwei Ströme, deren Stärken sich umgekehrt wie die Widerstände der Zweigleitungen verhalten.

Wir überprüfen dieses Ergebnis an zwei einfachen Fällen:

V Schließen wir an eine Stromquelle zwei parallel geschaltete Leiter gleichen Widerstands, fließt durch jeden ein Strom der gleichen Stärke. Ist ein Widerstand doppelt so groß wie der andere, fließt durch ihn ein Strom der halben Stärke.

Wir halten fest:

An parallel geschalteten Leitern fällt die gleiche Spannung ab. Die Stromstärken in den Zweigen verhalten sich umgekehrt wie die Widerstände.

Die beiden Widerstände sind hintereinander geschaltet (Abb. 207.2): Man sagt dafür auch, sie sind *in Serie* oder *in Reihe* geschaltet. Durch jeden Widerstand fließt ein Strom der gleichen Stärke:

$$I_1 = I_2 = I$$

Wir verfolgen nach der Maschenregel den hier einzigen Stromweg vom Plus- zum Minuspol. Zunächst fällt die Spannung U_1 am Widerstand R_1 ab, dann die Spannung U_2 am Widerstand R_2. Ihre Summe ist gleich der Batteriespannung U:

$$U_1 + U_2 = U$$

In den Beziehungen für die Teilspannungen $U_1 = I_1 \cdot R_1$ und $U_2 = I_2 \cdot R_2$ lösen wir nach I_1 bzw. I_2 auf und erhalten:

$$I_1 = \frac{U_1}{R_1} \text{ und } I_2 = \frac{U_2}{R_2}.$$

$$\text{Also:} \quad I_1 = I_2 \quad \Rightarrow \quad \frac{U_1}{R_1} = \frac{U_2}{R_2}$$
$$\Rightarrow \quad \frac{U_1}{U_2} = \frac{R_1}{R_2}$$

Die Teilspannungen verhalten sich wie die Widerstände.

Das leuchtet ein: Um durch einen Leiter des n-fachen Widerstandes einen Strom der gleichen Stärke zu treiben, ist die n-fache Spannung erforderlich.

Wir überprüfen dieses Ergebnis im Versuch:

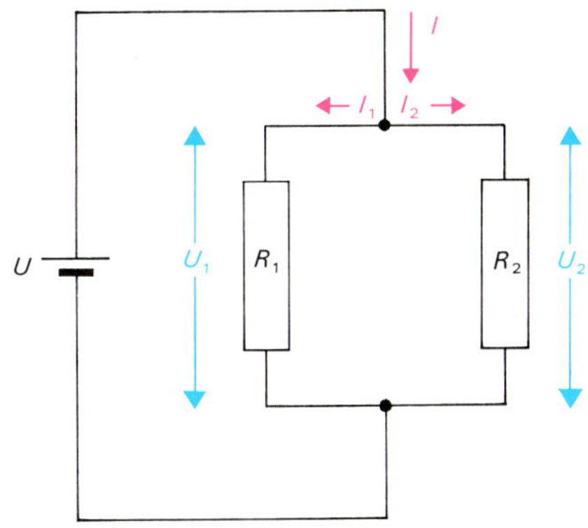

207.1 Parallelschaltung von zwei Widerständen

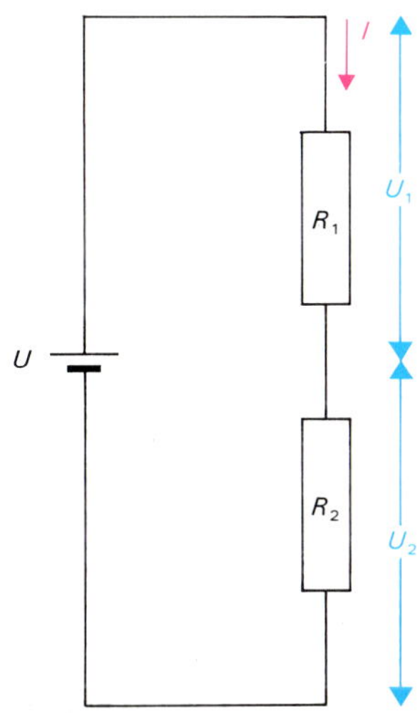

207.2 Reihenschaltung von zwei Widerständen

V An zwei in Reihe geschalteten Leitern gleichen Widerstands fällt jeweils die halbe Batteriespannung ab. Ist der eine Widerstand doppelt so groß wie der andere, fällt an ihm auch die doppelte Spannung ab.

Wir halten fest:

In hintereinander geschalteten Leitern ist die Stromstärke überall gleich groß. Die an ihnen abfallenden Spannungen verhalten sich wie die Widerstände.

Aufgaben

1. *Parallel- und Hintereinanderschaltung*
Zwei Leiter mit den Widerständen $R_1 = 2{,}0\ \text{k}\Omega$ und $R_2 = 3{,}0\ \text{k}\Omega$ werden einmal parallel und einmal hintereinander geschaltet an eine Stromquelle der Spannung $U = 6{,}0$ V angeschlossen.
a) Welche Spannungen fallen an den Widerständen ab? Wie groß ist jeweils die Stromstärke in ihnen?
b) Zeichne die beiden Schaltbilder mit Messinstrumenten, mit denen man die berechneten Werte überprüfen könnte!

2. *Stromkreise im Haushalt*
Sind die elektrischen Geräte eines Haushalts parallel oder hintereinander an das elektrische Netz angeschlossen? Begründung!

3. *Elektrische Weihnachtsbaumbeleuchtung*
Eine elektrische Miniaturkerze hat die Betriebsdaten 6,3 V; 0,14 A.
a) Wie viele Miniaturkerzen benötigt man, und wie sind diese geschaltet, damit man die Lichterkette an der Netzspannung 220 V betreiben kann?
b) Welche elektrische Leistung nimmt die Weihnachtsbaumbeleuchtung auf?

4. *„Durchgebrannt – und trotzdem nicht unterbrochen???"*
Ein Glühlämpchen (Betriebsdaten: 6 V; 0,5 A) und eine Glühlampe (220 V; 25 W) werden hintereinander geschaltet. Legt man eine Spannung von 220 V an, so leuchtet das Glühlämpchen nicht, während die Glühlampe überraschenderweise leuchtet.
a) Wie lässt sich diese Beobachtung erklären?
b) Nimm an, der Widerstand der beiden Lampen wäre konstant. Welche Spannung würde dann an jeder Lampe abfallen? Was kann man über die tatsächlich auftretenden Spannungen aussagen? Wie verhalten sich folglich die Lampen?
c) Durch welchen Widerstand müsste man in der Reihenschaltung die Glühlampe ersetzen, damit das Glühlämpchen mit normaler Helligkeit leuchtet?

10.4 Ersatzwiderstände

208.1 Leiternetz aus Widerständen

Die meisten elektrischen Geräte enthalten Leiternetze, durch die der Strom auf den unterschiedlichsten Wegen fließt.

V Mehrere Schichtwiderstände sind zu einem Leiternetz verbunden (Abb. 208.1). Wir denken es uns in einen Kasten eingeschlossen. Legen wir an die beiden Anschlüsse eine Spannung U von z. B. 6,0 V an, messen wir einen Strom der Stärke $I = 30$ mA, der in den Kasten hinein- und wieder herausfließt.

Das Leiternetz im Kasten verhält sich wie ein einziger Widerstand. Sein Wert ergibt sich zu
$R = U/I = 6{,}0\ \text{V}/30\ \text{mA} = 0{,}20\ \text{k}\Omega$.

Eine Schaltung aus mehreren Widerständen lässt sich also durch *einen einzigen* Widerstand ersetzen, der „nach außen“ die gleiche Wirkung wie das Leiternetz hervorruft. Dieser Widerstand wird **Ersatzwiderstand** genannt.

Ersatzwiderstand bei Hintereinanderschaltung

V Die Widerstände $R_1 = 100\ \Omega$ und $R_2 = 50\ \Omega$ werden hintereinander an eine Stromquelle der Spannung $U = 6{,}0$ V angeschlossen (Abb. 209.1). Da sich die Widerstände und damit die Teilspannungen wie 2 : 1 verhalten, fallen 4,0 V an R_1 und 2,0 V an R_2 ab.

Jede Teilspannung treibt – wegen der Reihenschaltung – einen Strom der gleichen Stärke I durch die Widerstände:

$$I = I_1 = \frac{U_1}{R_1} = \frac{4{,}0\ \text{V}}{100\ \Omega} = 40\ \text{mA}$$

$$I = I_2 = \frac{U_2}{R_2} = \frac{2{,}0\ \text{V}}{50\ \Omega} = 40\ \text{mA}$$

Damit lässt sich der Ersatzwiderstand R_{12} der hintereinander geschalteten Widerstände berechnen:

$$R_{12} = \frac{U}{I} = \frac{6{,}0\ \text{V}}{0{,}040\ \text{A}} = 150\ \Omega.$$

Wir erkennen:
R_{12} ist die Summe aus R_1 und R_2. Ist allgemein der Ersatzwiderstand $R_{1\ldots n}$ hintereinander geschalteter Widerstände $R_1, \ldots, R_n$ die Summe der Einzelwiderstände (Abb. 209.2)? Für den Ersatzwiderstand gilt definitionsgemäß: $R_{1\ldots n} = \frac{U}{I}$. Wir versuchen, in den Term für $R_{1\ldots n}$ die gegebenen Widerstände $R_1, \ldots, R_n$ einzuführen. Dazu wenden wir die uns bekannten Gesetze auf den vorliegenden Stromkreis an. Wir bedenken dabei, dass alle Widerstände von einem Strom der gleichen Stärke I durchflossen werden:

(1) $U_1 + U_2 + \ldots + U_n = U$
(Maschenregel)

(2) $R_1 = \frac{U_1}{I},\ R_2 = \frac{U_2}{I}, \ldots,\ R_n = \frac{U_n}{I}$
(Definition des Widerstands)

Daraus folgt:

$$R_{1\ldots n} = \frac{U}{I} = \frac{U_1 + U_2 + \ldots + U_n}{I} = \frac{U_1}{I} + \frac{U_2}{I} + \ldots + \frac{U_n}{I} = R_1 + R_2 + \ldots + R_n$$

Der Ersatzwiderstand $R_{1\ldots n}$ hintereinander geschalteter Widerstände $R_1, R_2, \ldots, R_n$ ist gleich der Summe der Einzelwiderstände:

$$R_{1\ldots n} = R_1 + R_2 + \ldots + R_n$$

Ersatzwiderstand bei Parallelschaltung

V Wir schließen zunächst den Widerstand $R_1 = 100\ \Omega$ an eine Stromquelle der Spannung $U = 6{,}0$ V an (Abb. 209.3). Es fließt ein Strom der Stärke $I_1 = U/R_1 = 6{,}0\ \text{V}/100\ \Omega = 60$ mA. Legen wir zu R_1 noch den Widerstand $R_2 = 50\ \Omega$ parallel, fließt zusätzlich ein Strom der Stärke $I_2 = U/R_2 = 120$ mA.

Da zusätzlich ein Stromweg geöffnet wird, ist der Ersatzwiderstand der parallel geschalteten Widerstände kleiner als der kleinste von beiden. Insgesamt fließt ein Strom der Stärke $I = I_1 + I_2 = 180$ mA. Für den Ersatzwiderstand der parallel geschalteten Widerstände folgt dann:

$$R_{12} = \frac{U}{I} = \frac{6{,}0\ \text{V}}{0{,}18\ \text{A}} = 33\ \Omega.$$

Wie kann man den Ersatzwiderstand $R_{1\ldots n}$ parallel geschalteter Leiter aus ihren Widerständen $R_1, \ldots, R_n$ berechnen (Abb. 210.1)?

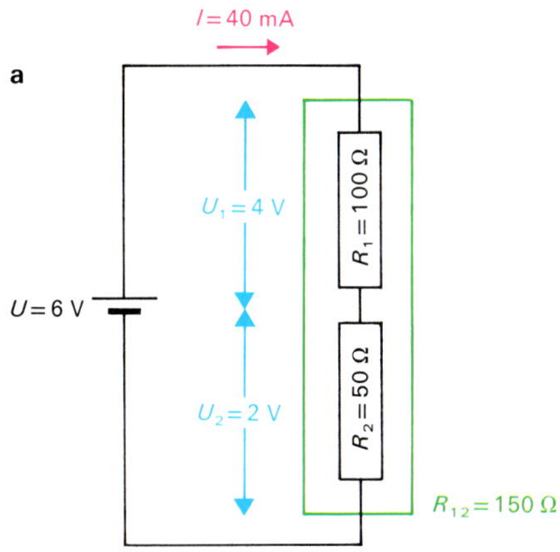

209.1 Ersatzwiderstand von zwei hintereinander geschalteten Widerständen

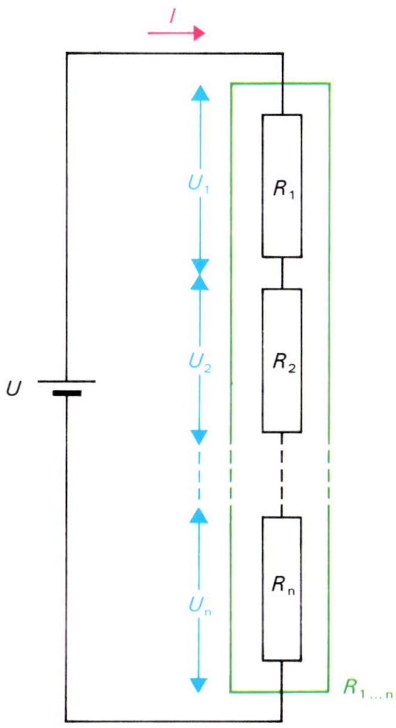

209.2 Ersatzwiderstand bei Reihenschaltung von Widerständen

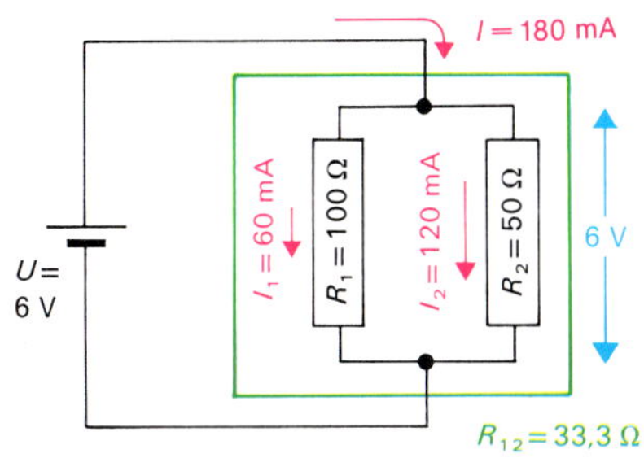

209.3 Ersatzwiderstand von zwei parallel geschalteten Widerständen

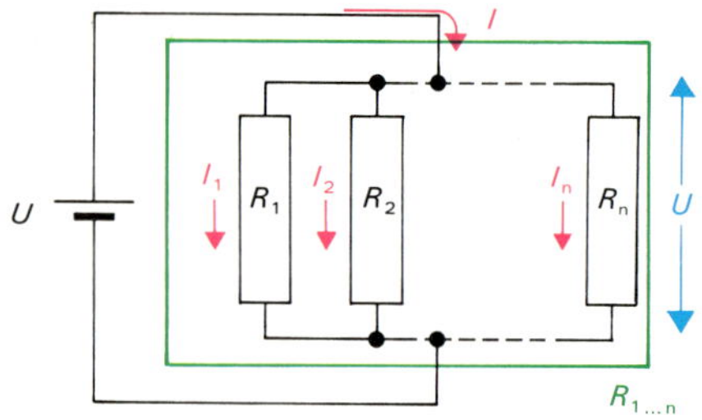

210.1 Ersatzwiderstand bei Parallelschaltung von Widerständen

Für den Ersatzwiderstand gilt wieder definitionsgemäß:

$$R_{1\ldots n} = \frac{U}{I}.$$

Im Stromkreis mit seinen n Verzweigungen gelten die folgenden Gesetze:

(1) $I_1 + I_2 + \ldots + I_n = I$
(Knotenregel)

(2) $R_1 = \frac{U}{I_1}, R_2 = \frac{U}{I_2}, \ldots, R_n = \frac{U}{I_n}$
(Maschenregel, Definition des Widerstands)

Wir setzen dies der Reihe nach in den Definitionsterm für $R_{1\ldots n}$ ein. Vorher müssen noch die Gleichungen (2) nach den Zweigströmen $I_1, I_2, \ldots, I_n$ aufgelöst werden.

$$R_{1\ldots n} = \frac{U}{I} = \frac{U}{I_1 + I_2 + \ldots + I_n}$$

$$= \frac{U}{\frac{U}{R_1} + \frac{U}{R_2} + \ldots + \frac{U}{R_n}}$$

$$= \frac{1}{\frac{1}{R_1} + \frac{I}{R_2} + \ldots + \frac{1}{R_n}}$$

Bilden wir den Kehrwert von $R_{1\ldots n}$, erhalten wir:

Der Kehrwert $1/R_{1\ldots n}$ des Ersatzwiderstandes parallel geschalteter Widerstände $R_1, \ldots, R_n$ ist gleich der Summe der Kehrwerte der Widerstände:

$$\frac{1}{R_{1\ldots n}} = \frac{1}{R_1} + \frac{1}{R_2} + \ldots + \frac{1}{R_n}$$

Wir überprüfen die Formel an unserem Versuchsbeispiel:

$$\frac{1}{R_{12}} = \frac{1}{R_1} + \frac{1}{R_2} = \frac{1}{100\,\Omega} + \frac{1}{50\,\Omega}$$

$$= \frac{3}{100\,\Omega} \Rightarrow$$

$$R_{12} = \frac{100\,\Omega}{3} = 33\,\Omega$$

Häufig begegnet uns die Parallelschaltung von nur zwei Widerständen. Für diesen Fall lösen wir die allgemeine Formel nach dem Ersatzwiderstand R_{12} auf:

$$\frac{1}{R_{12}} = \frac{1}{R_1} + \frac{1}{R_2} \Rightarrow$$

$$\frac{1}{R_{12}} = \frac{R_1 + R_2}{R_1 \cdot R_2} \Rightarrow$$

$$R_{12} = \frac{R_1 \cdot R_2}{R_1 + R_2}$$

Der Ersatzwiderstand parallel geschalteter Widerstände R_1 und R_2 ist gleich dem Produkt $R_1 \cdot R_2$ der Widerstände dividiert durch ihre Summe $R_1 + R_2$.

Musteraufgabe

„Gemischte Schaltung"

Berechne die Teilspannungen und die Stromstärken der Schaltung von Abb. 210.2!

Lösung:
Wir gliedern die Schaltung nach Reihen- und Parallelschaltungen und gewinnen so schrittweise den Ersatzwiderstand der Gesamtschaltung (Gesamtwiderstand).

Es liegt eine Reihenschaltung vor. Sie besteht aus dem Widerstand R_1 und einer Widerstandskombination mit dem Ersatzwiderstand R_{23}. Diese wird durch die Parallelschaltung der Widerstände R_2 und R_3 gebildet.

$$\frac{1}{R_{23}} = \frac{1}{R_2} + \frac{1}{R_3}$$

$$= \frac{1}{50\,\Omega} + \frac{1}{200\,\Omega} = \frac{5}{200\,\Omega}$$

$$= \frac{1}{40\,\Omega} \Rightarrow R_{23} = 40\,\Omega$$

(Parallelschaltung)

$$R_{123} = R_1 + R_{23}$$
$$= 100\,\Omega + 40\,\Omega = 140\,\Omega$$

(Reihenschaltung)

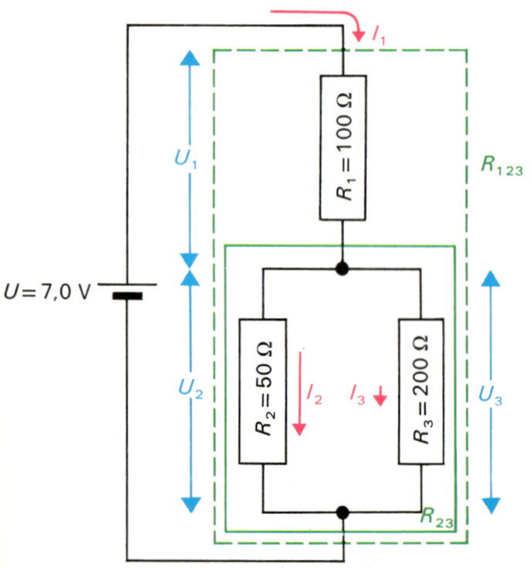

210.2 Zur Musteraufgabe

$$\Rightarrow \quad I_1 = \frac{U}{R_{123}} = \frac{7{,}0\ \text{V}}{140\ \Omega} = \frac{7{,}0\ \text{V}}{140\ \frac{\text{V}}{\text{A}}}$$
$$= 0{,}050\ \text{A} = 50\ \text{mA}$$

$$\Rightarrow \quad U_1 = I_1 \cdot R_1$$
$$= 0{,}050\ \text{A} \cdot 100\ \Omega = 5{,}0\ \text{V}$$

$$\Rightarrow \quad U_2 = U_3 = U - U_1 = 2{,}0\ \text{V}$$
(Maschenregel)

$$\Rightarrow \quad I_2 = \frac{U_2}{R_2} = \frac{2{,}0\ \text{V}}{50\ \Omega} = 0{,}040\ \text{A}$$
$$= 40\ \text{mA}$$
$$\Rightarrow \quad I_3 = I_1 - I_2 = 10\ \text{mA}$$
(Knotenregel)

Nachfolgend sind die Lösungsschritte noch einmal zusammengestellt:

1. Gliederung der Schaltung nach Reihen- und Parallelschaltungen; schrittweise Berechnung des Ersatzwiderstandes (Gesamtwiderstandes) $R_{1 \ldots n}$
2. Berechnung der Stromstärke in der Hauptleitung: $I = U/R_{1 \ldots n}$
3. Berechnung von Teilspannungen: entweder aus den jeweiligen Widerständen und den sie durchfließenden Strömen oder mithilfe der Maschenregel
4. Berechnung von Stromstärken: entweder aus den jeweiligen Widerständen und den daran abfallenden Spannungen oder mithilfe von Folgerungen aus Knoten- und Maschenregel

Die Spannungsteilerschaltung

Wir denken uns einen überall gleich dicken Draht als Reihenschaltung gleich langer Drahtstücke (Abb. 211.1): Der Widerstand des Drahtes ist zur Anzahl der Stücke und damit auch zur Drahtlänge direkt proportional. Durch die Wahl der Drahtlänge lassen sich folglich beliebige Widerstandswerte herstellen. Aber nicht nur das: Greifen wir z. B. an einem Konstantandraht des Widerstands 10 Ω einen Teil davon ab, erhalten wir einen Widerstandswert zwischen 0 Ω und 10 Ω.

Man macht davon bei der **Spannungsteiler-** oder **Potentiometerschaltung*** zur Unterteilung einer Spannung Gebrauch.

V Ein dünner Konstantandraht ist zwischen zwei Klemmen auf einem Brett befestigt. Wir legen die Spannung $U = 1{,}0$ V an. Der eine Anschluss eines Spannungsmessers wird am Drahtanfang A befestigt. Der andere ist ein Kontakt K, der auf dem Draht zu gleiten vermag (Abb. 211.2): Die abgegriffene Spannung U_{AK} ist proportional zur Länge $\overline{AK}$. Fällt K mit dem Ende E des Drahtes zusammen, ist $U_{AE} = 1{,}0$ V.

Ist der Draht z. B. 1 m lang, denken wir ihn uns aus 100 Zentimeterstücken aufgebaut. An jedem Stück fällt die Spannung
1,0 V : 100 = 0,010 V = 10 mV ab. Greift man nach 1, 2, 3, … Stücken ab, erhält man 1 · 10 mV, 2 · 10 mV, 3 · 10 mV … Man kann also beliebige Teilspannungen zwischen 0 V und 1,0 V herstellen.
Bei der technischen Ausführung ist der Draht auf einen Keramikkörper gewickelt. Der Gleitkontakt wird durch Verschieben oder Drehen eingestellt (**Potentiometer***). (Abb. 211.3)).

V Wir verbinden einen Schiebewiderstand (Kontakte A und E) mit einer Stromquelle der Spannung 12 V. Zwischen dem Kontakt A und dem Gleitkontakt K schließen wir ein 6-V-Lämpchen an (Abb. 211.4). Durch geeignete Einstellung von K leuchtet das Lämpchen bei seinen Betriebsdaten.

211.1 Draht als Reihenschaltung gleich langer Drahtstücke

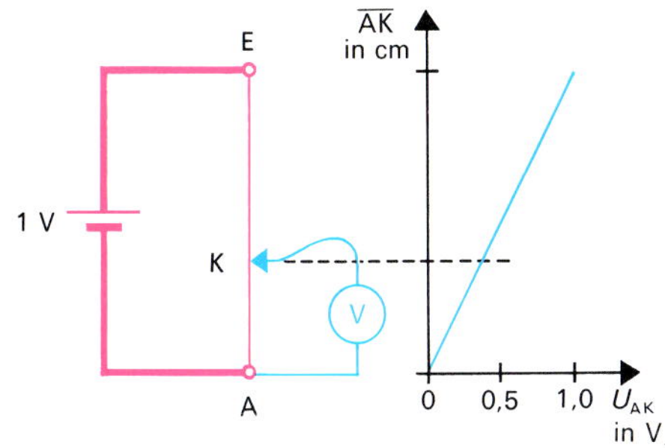

211.2 Proportionalität von U_{AK} und $\overline{AK}$

211.3 Drehpotentiometer und Spindeltrimmpotentiometer

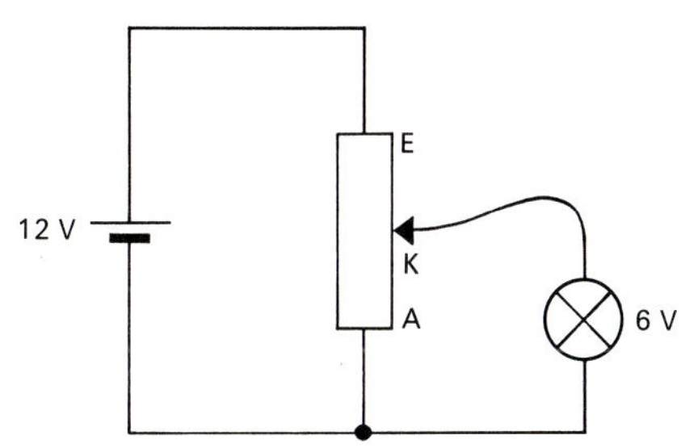

211.4 Potentiometerschaltung

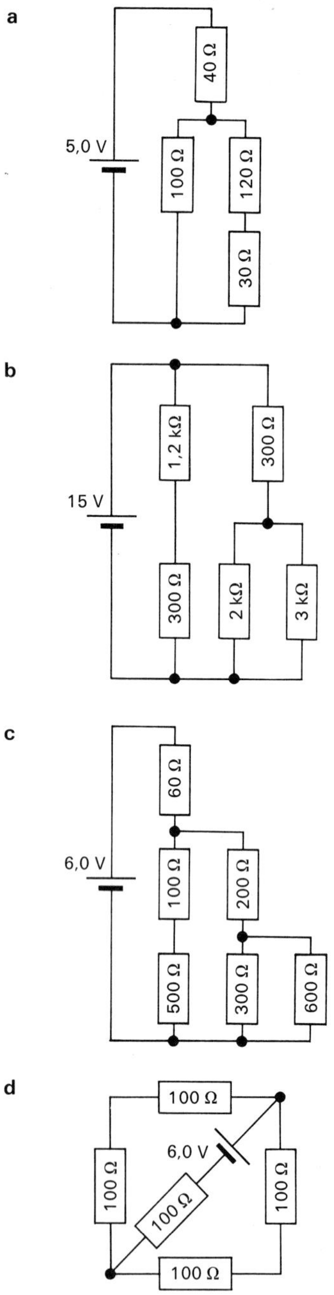

212.1 Zu Aufgabe 3

Aufgaben

1. *Kombination gleicher Einzelwiderstände*
Wir betrachten alle Schaltungen, die man aus zwei bzw. drei Widerständen mit gleichem Widerstandswert *R* bilden kann.
a) Zeichne für zwei Widerstände die beiden möglichen Schaltungen. Gib zu jeder Schaltung den Ersatzwiderstand in Abhängigkeit von *R* an!
b) Zeichne für drei Widerstände die vier möglichen Schaltungen. Gib zu jeder Schaltung den Ersatzwiderstand an. Ordne die Schaltungen nach der Größe der Ersatzwiderstände!

2. *Innenwiderstände von Strom- und Spannungsmessern*
a) Wie muss man beim „Anschließen" eines Strommessers bzw. eines Spannungsmessers zur Bestimmung von Stromstärken bzw. Spannungen einer Schaltung verfahren? Wird durch das Anschließen der Messgeräte ein zusätzlicher Stromweg geöffnet?
b) Ein Strommesser bzw. ein Spannungsmesser besitzt einen Eigenwiderstand, der auch *Innenwiderstand* genannt wird. Muss dieser klein oder groß gegenüber den Widerständen der Schaltung sein, damit sein Anschließen Spannungen und Stromstärken nicht merklich ändert? Begründung!
c) Auch Experimentierkabel besitzen einen Widerstand. Welche Forderung muss man an den Eigenwiderstand dieser Kabel stellen, damit er sich auf die Spannungs- und Stromverteilung einer Schaltung nicht merklich auswirkt? Begründung!

3. *„Gemischte Schaltungen"*
Berechne die an den einzelnen Widerständen abfallenden Spannungen und die Stromstärken der Schaltung nach Abb. 212.1a), b), c), d)!

4. *Schaltstufen einer Kochplatte*
Manche Kochplatten enthalten drei Heizwicklungen. Diese haben bei einer Kochplatte von 14,5 cm Durchmesser die Widerstände $R_1 = 97\ \Omega$, $R_2 = 187\ \Omega$ und $R_3 = 200\ \Omega$. Die Heizwicklungen werden durch einen Schalter mit sieben Stellungen unterschiedlich geschaltet. Damit wird beim Kochen die Energiezufuhr dem Bedarf angepasst.
a) Bei der Warmhaltestufe ist die Leistungsaufnahme der Kochplatte am geringsten. Wie sind die Heizwicklungen in diesem Fall geschaltet? Berechne die Leistungsaufnahme!
b) Bei welcher Schaltung der Heizwicklungen ist die Leistungsaufnahme am größten? Berechne ihren Wert!

5. *„Menschliche Widerstände"*
Abb. 213.1 zeigt ein vereinfachtes Schaltbild des menschlichen Körpers als Leiternetz.
a) Berechne die Ersatzwiderstände für folgende drei Stromwege: Hand – Hand, eine Hand – ein Fuß, eine Hand – beide Füße!
b) Neben diesen Körperwiderständen ist noch der *Übergangswiderstand*, d. h. der Widerstand zwischen der Haut und der Ein- und Austrittsstelle des Stromes, zu berücksichtigen. Der Übergangswiderstand liegt je nach Größe der Kontaktfläche und je nach Feuchtigkeit der Haut zwischen ca. null Ohm und mehreren hundert Kiloohm. Welche Spannung darf – bei nassen Händen und Füßen – in jedem der drei Fälle höchstens abfallen, wenn Stromstärken über 20 mA gefährlich sind?

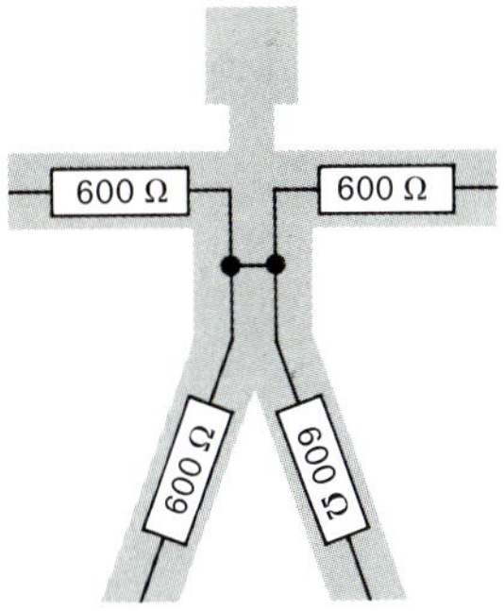

213.1 Zu Aufgabe 5

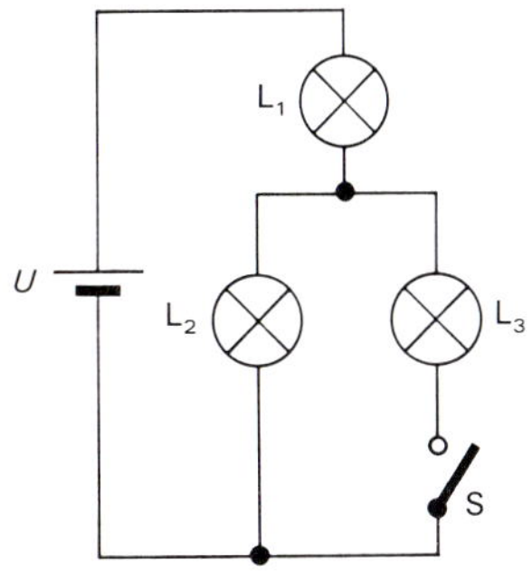

213.2 Zu Aufgabe 6

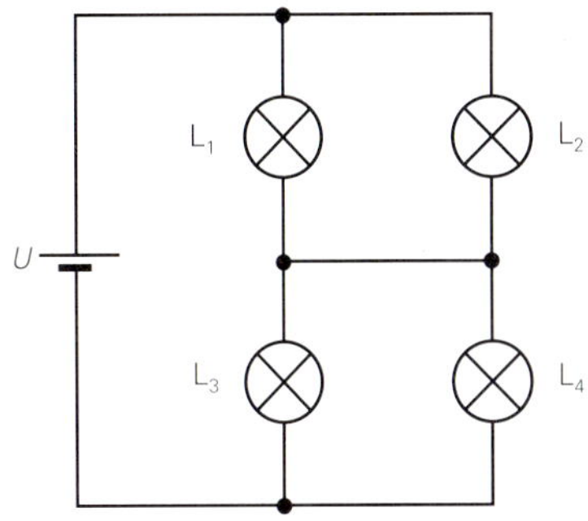

213.3 Zu Aufgabe 7

6. *„Ein Licht geht auf."*
Abb. 213.2 zeigt drei gleichartige Glühlämpchen L_1, L_2 und L_3. L_1 und L_2 leuchten mit mittlerer Helligkeit. Nun wird der Schalter S geschlossen.
a) Was kann man über den Ersatzwiderstand der parallel geschalteten Lämpchen L_2 und L_3 verglichen mit dem Widerstand von L_2 aussagen?
b) Wie leuchten nun die Lämpchen L_1, L_2 und L_3? Begründung!

7. *„Ein Licht geht aus."*
Abb. 213.3 zeigt vier gleichartige Glühlämpchen L_1, L_2, L_3 und L_4. Alle leuchten mit mittlerer Helligkeit. Was geschieht, wenn das Glühlämpchen L_1 aus seiner Fassung geschraubt wird? Begründung!

8. *Lämpchen mit Vorwiderständen*
a) Leuchtet das Lämpchen in der Schaltung nach Abb. 213.4 heller oder dunkler, wenn man den Schalter S öffnet? Begründung!
b) S ist nun geschlossen. Die Betriebsdaten des Lämpchens lauten: $U_L = 6{,}0$ V; $I_L = 300$ mA. Wie groß muss R_2 gewählt werden, damit die Betriebsdaten des Lämpchens erfüllt sind?

9. *Unbelasteter und belasteter Spannungsteiler*
Der Keramikkörper eines Potentiometers ist auf einer Länge von 20 cm mit einem Draht des Widerstandes 40 Ω bewickelt. s ist die Entfernung des Gleitkontakts K vom Anfang A der Wicklung. Die Spannung der Stromquelle ist $U = 28$ V.
a) Welche Werte U_{AK} zeigt der Spannungsmesser von Abb. 213.5a für $s = 0$ cm, 5 cm, 10 cm, 15 cm, 20 cm an? Zeichne ein s-U_{AK}-Diagramm!
b) Zwischen A und K wird ein 10-Ω-Widerstand angeschlossen (Abb. 213.5b). Welche Spannungswerte ergeben sich nun für die obigen s-Werte? Skizziere das s-U_{AK}-Diagramm dieses „belasteten" Spannungsteilers in die Zeichnung von a)!

10. *Widerstandsreihe*
a) Bei der E-12-Widerstandsreihe erhält man aus einem Widerstandswert den darauf folgenden, indem man den Ausgangswert (z. B. 100 Ω) mit der 12. Wurzel von 10 multipliziert. Überprüfe mithilfe des Taschenrechners die auf S. 86 angegebenen Widerstandswerte. Beachte, dass die Werte gerundet sind!
b) Um wie viel % ist jeweils ein Wert größer bzw. kleiner als sein Nachbarwert? Mit welcher Mindestgenauigkeit (Toleranz) in % müssen folglich Widerstände der E-12-Reihe hergestellt werden?

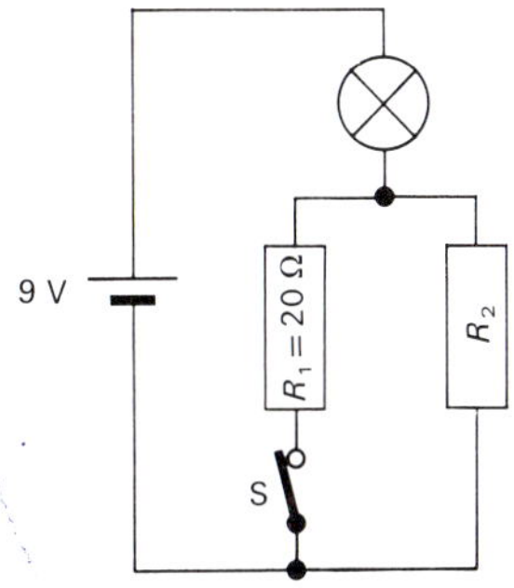

213.4 Zu Aufgabe 8

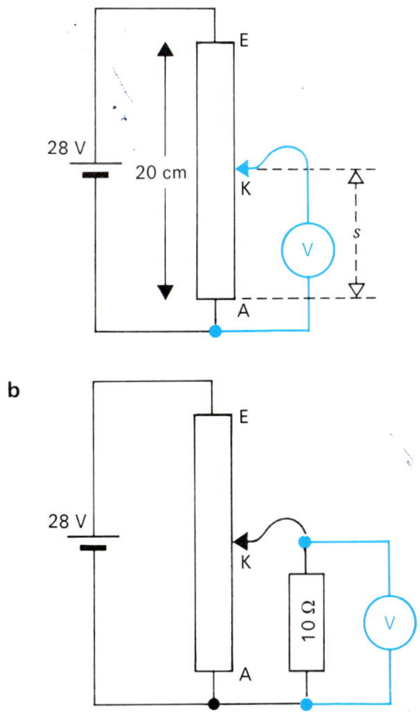

213.5 Spannungsteiler:
a) unbelastet, b) belastet

10.5 Der Widerstand eines Drahtes

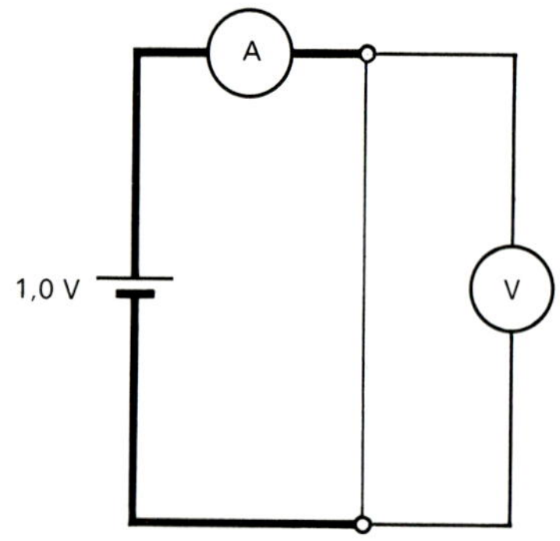

214.1 Widerstandsmessung an einem Draht

Der spezifische Widerstand

Wir wissen bereits, dass der Widerstand R eines Drahtes zu seiner Länge l proportional ist. Lässt sich der Widerstand R aus den Abmessungen des Drahtes und der Kenntnis des Materials berechnen? Zur Lösung des Problems untersuchen wir experimentell, wie R von der Gestalt und dem Material des Drahtes abhängt. Wir verwenden dazu die Testschaltung nach Abb. 214.1.
Die Stärke eines Verkehrs- oder Wasserstroms ist umso kleiner, je gekrümmter die Stromführung ist. Wie wirkt sich die Drahtkrümmung auf den elektrischen Strom aus?

V Einen stromdurchflossenen Konstantandraht wickeln wir spulenförmig auf oder wir knicken ihn mehrfach: Die Stromstärke I ändert sich nicht.

Der Widerstand R ist unabhängig von der Krümmung des Drahtes.

Nun zur experimentellen Überprüfung der direkten Proportionalität zwischen R und der Drahtlänge l:

V An Konstantandrähte (Durchmesser $d = 0{,}2$ mm) von verschiedener Länge l legen wir die Spannung $U = 1{,}0$ V an und messen jeweils die Stromstärke I. Die Messwerte von Tab. 214.2 bestätigen: Der Quotient R/l ist konstant.

l in m	I in mA	$R = \frac{U}{I}$ in Ω	$\frac{R}{l}$ in $\frac{\Omega}{\text{m}}$
0,50	120	8,3	16,5
1,00	60,0	16,7	16,7
1,50	40,0	25,0	16,7
2,00	30,0	33,3	16,7

214.2 Einfluss der Länge auf den Widerstand eines Drahtes

Der Widerstand R ist zur Drahtlänge l direkt proportional: $R \sim l$

Ein Vergleich mit strömendem Wasser in verschieden dicken Rohren legt die Vermutung nahe: Je größer der Leiterquerschnitt ist, desto geringer ist der Widerstand. Was sagt dazu das Experiment aus?

d in mm	A in mm²	I in mA	$R = \frac{U}{I}$ in Ω	$R \cdot A$ in Ω · mm²
0,20	0,0314	60	16,7	0,52
0,40	0,126	240	4,18	0,53
0,60	0,283	540	1,85	0,52

214.3 Einfluss der Drahtdicke auf den Widerstand

V An Konstantandrähte gleicher Länge ($l = 1{,}00$ m), aber mit verschiedenen Durchmessern d wird die Spannung $U = 1{,}0$ V gelegt und jeweils die Stromstärke gemessen. Aus der Tab. 214.3 ersehen wir: Beim doppelten bzw. dreifachen Durchmesser d, also bei der 4fachen bzw. 9fachen Querschnittsfläche A ist die Stromstärke I viermal bzw. neunmal so groß wie ursprünglich. Das Produkt $R \cdot A$ ist also konstant.

Der Widerstand R ist zur Querschnittsfläche A umgekehrt proportional: $R \sim 1/A$

Da sich R ver-n-facht, wenn sich die Drahtlänge ver-n-facht, und R auf den k-ten Teil sinkt, wenn sich die Querschnittsfläche ver-k-facht, ist insgesamt $R \sim l/A$. Den Proportionalitätsfaktor bezeichnet man mit dem griechischen Buchstaben ϱ (Rho). Damit erhalten wir:

$$R = \varrho \cdot \frac{l}{A}$$

Für Konstantan ergibt sich mit unseren Messwerten (Tab. 214.2):

$$\varrho_{\text{Kon}} = \frac{R}{\frac{l}{A}} = \frac{R \cdot A}{l} = \frac{U \cdot \pi \cdot r^2}{I \cdot l}$$

$$= \frac{1{,}0\ \text{V} \cdot \pi \cdot (0{,}10\ \text{mm})^2}{0{,}060\ \text{A} \cdot 1{,}00\ \text{m}}$$

$$= 0{,}52\ \frac{\Omega \cdot \text{mm}^2}{\text{m}}$$

Würden wir unsere Versuchsreihen mit Kupferdrähten durchführen, erhielten wir ebenfalls als Ergebnis: $R \sim l/A$. Die Proportionalitätskonstante für Kupfer ϱ_{Cu} bestimmen wir durch einen Versuch:

V Legen wir an einen Kupferdraht der Länge 1,00 m und des Durchmessers 0,20 mm eine Spannung von 0,50 V, so fließt ein Strom der Stärke 0,87 A. Also:

$$\varrho_{Cu} = \frac{U \cdot \pi \cdot r^2}{I \cdot l}$$

$$= \frac{0{,}50\ \text{V} \cdot \pi \cdot (0{,}10\ \text{mm})^2}{0{,}87\ \text{A} \cdot 1{,}00\ \text{m}}$$

$$= 0{,}018\ \frac{\Omega \cdot \text{mm}^2}{\text{m}}$$

Die Größe ϱ kennzeichnet, wie stark ein Leitermaterial den Stromfluss hemmt. Tab. 215.1 entnehmen wir: $\varrho_{Kon} \approx 30 \cdot \varrho_{Cu}$. Ein Konstantandraht besitzt also etwa den 30fachen Widerstand wie ein gleich langer, gleich dicker Kupferdraht.

Ein Draht der Länge l und der Querschnittsfläche A hat den Widerstand

$$R = \varrho \cdot \frac{l}{A}.$$

ϱ heißt *spezifischer Widerstand*.

Aus der Angabe

$$\varrho_{Cu} = 0{,}017\ \frac{\Omega \cdot \text{mm}^2}{\text{m}}$$

folgt: Ein Kupferdraht der Länge 1,0 m und der Querschnittsfläche 1,0 mm² hat den Widerstand 0,017 Ω (bei einer Temperatur von 20 °C).

Aufgaben

1. *„Vernachlässigbar!“*
Experimentierkabel enthalten einen Kupferleiter der Querschnittsfläche 2,5 mm².
a) Berechne den Widerstand eines Kabels der Länge 1,00 m!
b) Welcher Spannungsabfall tritt am Kabel auf, wenn ein Strom der Stärke 1,0 A hindurchfließt? Warum dürfen wir bei unseren Versuchen vom Einfluss der Experimentierkabel absehen?
c) Welche Querschnittsfläche hätte der Leiter aus Konstantan in einem gleich langen Kabel des gleichen Widerstandes?

2. *Die Glühwendel*
In einer Glühlampe ist ein Wolframdraht gewendelt (Abb. 215.2). Bei der Glühtemperatur von etwa 2500 °C ist der spezifische Widerstand des Wolframs etwa 12-mal so groß wie bei 20 °C. Der Wolframdraht einer 60-W-Lampe hat einen Durchmesser von 0,030 mm.
a) Berechne seine Länge!
b) Welchen Widerstand hat der Wolframdraht bei 20 °C? Wie groß ist unmittelbar nach dem Einschalten die Stromstärke im Draht?
c) Im Betrieb werden vom Wolframdraht Atome abgedampft, und zwar nicht überall gleich viele. Dadurch ist der Wolframdraht nicht überall gleich dick. Ist die am dicksten oder die am dünnsten gleich langen Leiterstückchen verrichtete elektrische Arbeit am größten? Wie wirkt sich das aus?

3. *Leitung für Hochspannung* (Abb. 215.3)
Wir betrachten eine 400 m lange *Freileitung* zwischen zwei Hochspannungsmasten: Sie besteht aus einem Stahlkern der Querschnittsfläche 35 mm² und umgebenden Aluminiumdrähten der gesamten Querschnittsfläche 265 mm². Die Stromstärke beträgt 500 A.
a) Berechne zunächst den Widerstand des Stahlkerns, dann den Widerstand des Aluminiummantels und schließlich den Widerstand der Freileitung! Welcher Spannungsabfall U_L tritt an der Freileitung auf? Wie groß ist die Verlustleistung $P_L = U_L \cdot I$?
b) Welche Masse hat die Leitung? (Dichte von Stahl: 7,8 kg/dm³, von Aluminium: 2,7 kg/dm³)
c) Welche Querschnittsfläche hätte eine Kupferleitung des gleichen Widerstandes? Welche Masse hätte diese? (Dichte von Kupfer: 8,9 kg/dm³) Warum verwendet man heute Freileitungen aus Aluminium und nicht aus Kupfer?

Material	ϱ in $\frac{\Omega\ \text{mm}^2}{\text{m}}$
Silber	0,016
Kupfer	0,017
Gold	0,022
Aluminium	0,027
Wolfram	0,055
Eisen	0,10
Konstantan	0,50
Kohle	60
Porzellan	$5 \cdot 10^{18}$

215.1 Spezifische Widerstände bei 20 °C

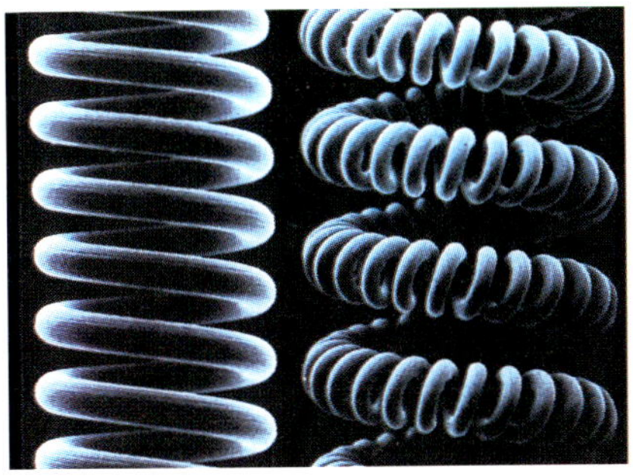

215.2 Einfach- und Doppelwendel einer Glühlampe

215.3 Schnitt durch eine Leitung für Hochspannung

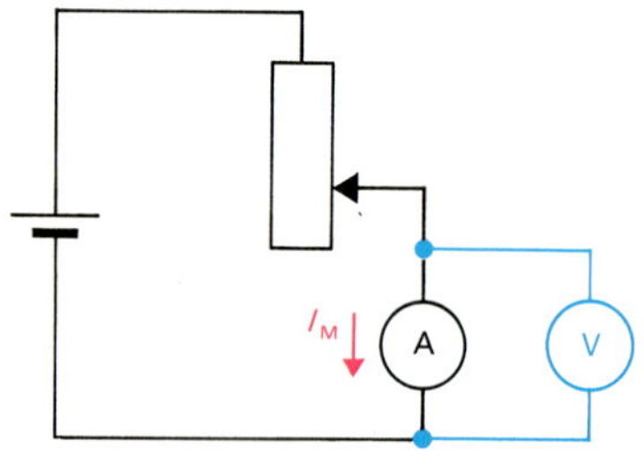

216.1 Widerstand eines Strommessers

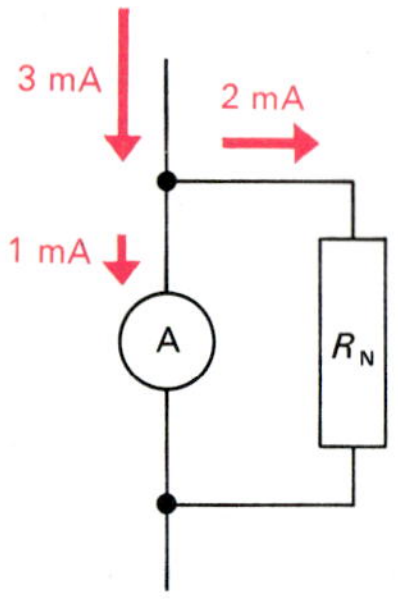

216.2 Messbereichserweiterung auf 3 mA

10.6 Anwendung der Schaltung von Widerständen

Messbereichserweiterung von Strommessern

Zur Messung der Stromstärke muss man den Stromkreis an der Messstelle unterbrechen und den Strommesser einfügen. Durch seinen *Innenwiderstand* behindert er den Stromfluss zusätzlich. Damit sich die Stromstärke dabei nicht merklich ändert, muss der Innenwiderstand im Vergleich zu den anderen Widerständen des Stromkreises klein sein.
Heute sind *Vielfachmessinstrumente* weit verbreitet. Sie können z. B. auch als Strommesser – nach entsprechender Wahl der Betriebsart – eingesetzt werden. Schaltet man den empfindlichsten Strommessbereich ein, ist der Innenwiderstand durch den Widerstand R_M des Messwerkes (z. B. den Widerstand der Drehspule bei einem Zeigerinstrument) gegeben.

V Wir bestimmen den Widerstand R_M des Messwerkes. Dazu werden ein veränderbarer Widerstand und der Strommesser (im empfindlichsten Bereich) hintereinander geschaltet. Wir stellen den Schiebewiderstand so ein, dass der Strommesser Vollausschlag zeigt: $I_M = 1{,}00$ mA. Mit einem Spannungsmesser bestimmen wir den Spannungsabfall am Strommesser: $U_M = 100$ mV (Abb. 216.1). Also ist sein Widerstand $R_M = U_M/I_M = 100$ mV/1,00 mA = 100 Ω.

Ein Vielfachmessgerät hat mehrere Strommessbereiche. In unserem Versuch zeigt der Drehschalter auf den Messbereich 1 mA. Drehen wir z. B. auf die nächste Stellung, wird der Messbereich von 1 mA auf 3 mA, also auf das 3fache, erweitert. Was bewirkt das Umschalten im Inneren des Gerätes? Wenn durch das Messwerk ein Strom der Stärke 1 mA fließt, zeigt es Vollausschlag. Deshalb müssen beim größeren Messbereich zwei Drittel des Stromes um das Messwerk herumgeleitet werden. Dieser zusätzliche Stromweg wird durch einen zum Widerstand R_M parallel geschalteten *Nebenwiderstand* R_N verwirklicht.

Der Widerstand eines Strommessers soll möglichst klein sein.
Sein Messbereich wird erweitert, indem man einen bestimmten Bruchteil des Stromes durch einen parallel geschalteten Nebenwiderstand um das Messwerk herumleitet.

Beim Messbereich 3 mA fließen bei Vollausschlag 1,00 mA durch das Messwerk und 2,00 mA durch den Nebenwiderstand (Abb. 216.2). Da sich die Stromstärken in den Zweigleitungen umgekehrt wie die Widerstände verhalten, folgt für den Nebenwiderstand R_N:

$$\frac{R_N}{R_M} = \frac{I_M}{I_N} \quad \Rightarrow$$

$$R_N = \frac{I_M}{I_N} \cdot R_M$$

$$= \frac{1{,}00\text{ mA}}{2{,}00\text{ mA}} \cdot 100\ \Omega = 50\ \Omega$$

Im erweiterten Messbereich ist der Innenwiderstand des Strommessers kleiner als der Widerstand R_M des Messwerkes, da R_M und R_N parallel geschaltet sind. Für den Innenwiderstand des Strommessers beim Messbereich 3 mA erhalten wir:

$$R = \frac{R_M \cdot R_N}{R_M + R_N}$$

$$= \frac{100\ \Omega \cdot 50\ \Omega}{100\ \Omega + 50\ \Omega} = 33\ \Omega$$

V Wir legen zum Strommesser des Messbereichs 1 mA einen Widerstand von 50 Ω parallel. Außerdem schalten wir zu diesem Strommesser einen Schiebewiderstand und einen weiteren Strommesser, dessen Messbereich auf 3 mA eingestellt ist, in Reihe (Abb. 217.1). Wir variieren im Stromkreis die Stromstärke mithilfe des veränderbaren Widerstandes: Die beiden Strommesser zeigen immer gleichen Ausschlag.

Das Anlegen des Nebenwiderstandes hat also die gleiche Wirkung wie das Umschalten auf den höheren Messbereich.

Messbereichserweiterung von Spannungsmessern

In einer Schaltung kann Spannung nur zwischen zwei verschiedenen Punkten auftreten. Zur Messung wird der Spannungsmesser an diese beiden Punkte angeschlossen. Dadurch wird ein neuer Stromweg geschaffen. Damit der Spannungsmesser die Stromstärken und die Spannungen einer Schaltung nicht merklich ändert, muss sein *Innenwiderstand* also möglichst groß sein.
Wir bestimmen den Innenwiderstand eines Spannungsmessers. Sein Messbereich sei 1 V, sein Innenwiderstand gleich dem Widerstand R_M des Messwerkes.

V Der Spannungsmesser wird mit einem Strommesser hintereinander geschaltet und an einer Stromquelle veränderbarer Spannung angeschlossen (Abb. 217.2). Der Spannungsmesser zeigt immer jene Spannung an, die an ihm abfällt. Bei Vollausschlag ist $U = 1{,}0$ V. Der Strommesser zeigt die Stärke des den Spannungsmesser durchfließenden Stromes an: $I = 0{,}10$ mA. Also ist der Widerstand seines Messwerkes
$R_M = U/I = 1{,}0\ \text{V}/0{,}10\ \text{mA}$
$= 1{,}0\ \text{V}/\ 0{,}00010\ \text{A} = 10\ \text{k}\Omega$.

Wie kann der Messbereich von 1 V auf 3 V erweitert werden? Bei Vollausschlag fällt bisher die Spannung 1,0 V ab, die einen Strom der Stärke 0,10 mA hindurchfließen lässt. Beim Messbereich 3 V müssen zwei Drittel der Spannung vom Messwerk „ferngehalten“ werden. Das ist nicht durch Parallelschalten möglich. Man benötigt einen in Reihe geschalteten Widerstand: An diesem *Vorwiderstand* fällt die überschüssige Spannung ab.

Der Widerstand eines Spannungsmessers soll möglichst groß sein.
Sein Messbereich wird erweitert, indem man einen Widerstand vor oder hinter das Messwerk schaltet: An ihm fällt ein bestimmter Bruchteil der anliegenden Spannung ab.

Da sich bei Reihenschaltung die abfallenden Spannungen wie die Widerstände verhalten, folgt für den erforderlichen Vorwiderstand R_V (Abb. 217.3a):

$$\frac{R_V}{R_M} = \frac{U_V}{U_M} \quad \Rightarrow$$

$$R_V = \frac{U_V}{U_M} \cdot R_M$$

$$= \frac{2{,}0\ \text{V}}{1{,}0\ \text{V}} \cdot 10\ \text{k}\Omega = 20\ \text{k}\Omega$$

V Wir schalten vor den Spannungsmesser mit dem Messbereich 1 V einen Widerstand von 20 kΩ. Nun schließen wir ihn und einen weiteren Spannungsmesser, dessen Messbereich auf 3 V eingestellt ist, an eine Stromquelle veränderbarer Spannung an (Abb. 217.3b). Beide Spannungsmesser zeigen immer den gleichen Wert an.

Der Innerwiderstand des auf den Messbereich 3 V erweiterten Spannungsmessers beträgt dann
$10\ \text{k}\Omega + 20\ \text{k}\Omega = 30\ \text{k}\Omega$.

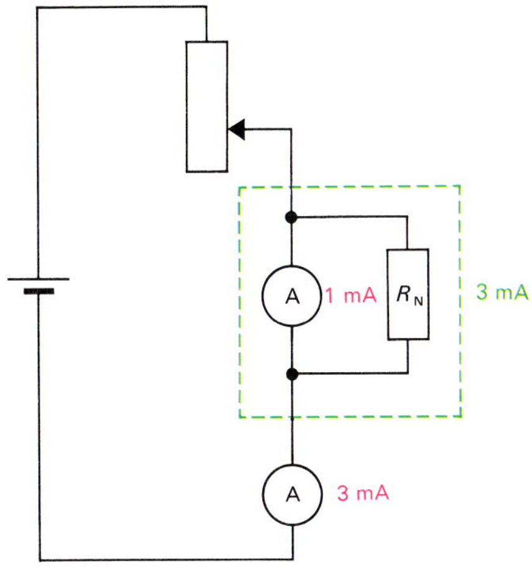

217.1 Überprüfung des erweiterten Messbereichs

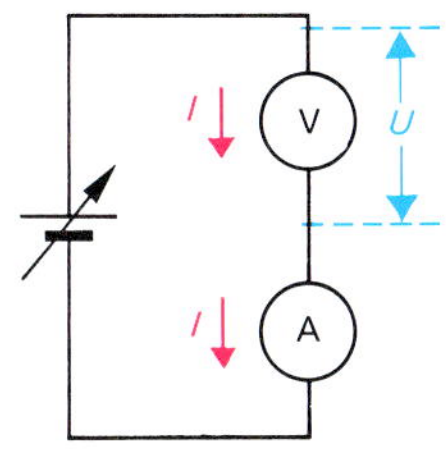

217.2 Widerstand eines Spannungsmessers

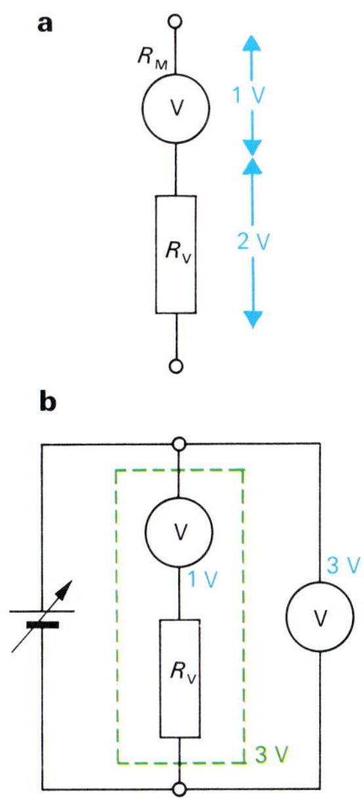

217.3 Messbereichserweiterung auf 3 V

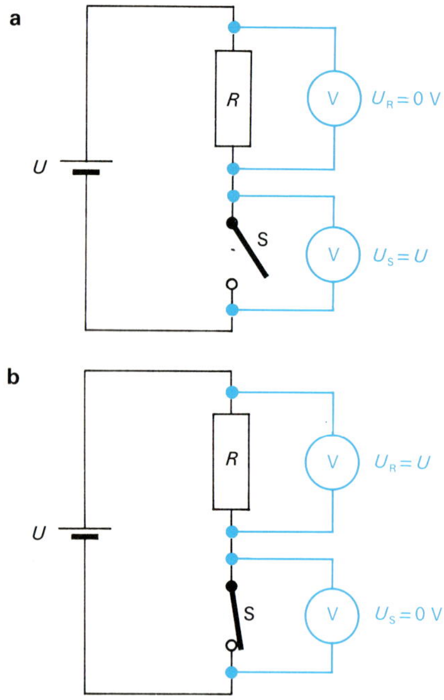

218.1 Spannungsverteilung bei offenem bzw. geschlossenem Schalter

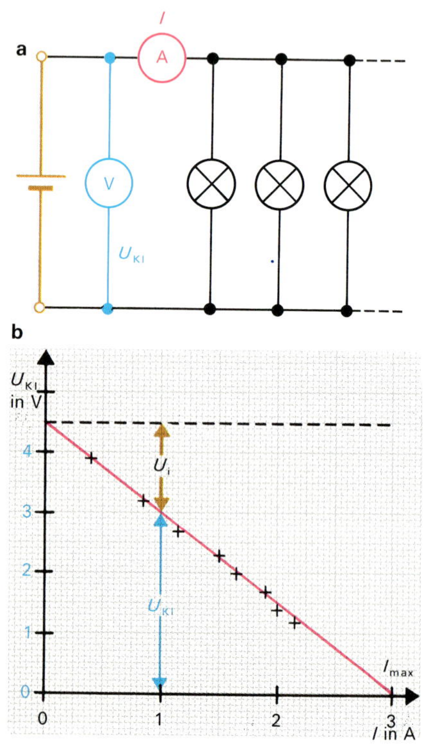

218.2 a) Klemmenspannung U_{Kl} in Abhängigkeit von der Belastung; b) I-U_{Kl}-Diagramm.

Spannungsverteilung bei offenem und geschlossenem Schalter

V Aus einer Stromquelle der Spannung U, einem Widerstand R und einem Schalter S wird ein unverzweigter Stromkreis aufgebaut. Ist S geöffnet, fällt die gesamte Spannung an ihm ab: $U_S = U$, $U_R = 0$ V (Abb. 218.1a). Ist S geschlossen, fällt die gesamte Spannung am Widerstand ab: $U_S = 0$ V, $U_R = U$ (Abb. 218.1b).

Bedenken wir, dass sich bei Reihenschaltung die abfallenden Spannungen wie die Widerstände verhalten, werden die Versuchsergebnisse verständlich. Ein geöffneter Schalter hat einen sehr, sehr hohen Widerstand. Am Widerstand R fällt deshalb keine merkliche Spannung ab. Ein geschlossener Schalter hat gegenüber R keinen merklichen Widerstand. Daher fällt an S keine merkliche Spannung ab.

Der Innenwiderstand einer Stromquelle

Kann man mit einer Batterie beliebig viele Glühlämpchen betreiben?

V Wir schließen an eine „frische" Flachbatterie ein Glühlämpchen (Betriebsdaten: 6 V; 5 W) an. Dann schalten wir immer mehr Glühlämpchen der gleichen Art dazu parallel. Es fällt auf, dass mit jedem weiteren Lämpchen die Helligkeit der einzelnen Lämpchen abnimmt.

Die Spannung, die Strom durch die Lämpchen treibt, nimmt offensichtlich ab. Da die Lämpchen parallel geschaltet sind, ist das die Spannung zwischen den beiden Batterieklemmen, die **Klemmenspannung U_{Kl}**. Mit wachsender Belastung der Stromquelle nimmt also U_{Kl} ab. Die im unbelasteten Zustand zwischen den Klemmen auftretende Spannung heißt **Leerlaufspannung U_L**.

V Wir untersuchen die Abnahme von U_{Kl} mit wachsender Belastung. Zunächst messen wir die Leerlaufspannung zu $U_L = 4{,}5$ V. Dann schließen wir schrittweise immer mehr Lämpchen an (Abb. 218.2a) und messen U_{Kl} in Abhängigkeit von der Stärke I des fließenden Stromes. Die erhaltenen I-U_{Kl}-Wertepaare werden in einem I-U_{Kl}-Diagramm dargestellt (Abb. 218.2b).

Wie können wir das Absinken der Klemmenspannung mit wachsender Stromstärke verstehen? Die Elektronen, die die Batterie im Stromkreis „umpumpt", durchfließen auch die Batterie. Sie verhält sich wie ein Leiter und hemmt den Stromfluss in ihrem Inneren. Diese Eigenschaft der Batterie erfasst der **innere Widerstand R_i**.

Wir können uns die Batterie aus einem spannungserzeugenden Teil (der „Elektronenpumpe") und einem Leiter des Widerstandes R_i aufgebaut denken (Abb. 219.1). Im unbelasteten Zustand fällt die gesamte von der Batterie erzeugte Spannung U an der Unterbrechungsstelle, also zwischen den Batterieklemmen ab: $U_{Kl} = U_L = U$. Bei Belastung teilt sich U auf den inneren Widerstand R_i und den äußeren Widerstand R_a auf: $U_i + U_{Kl} = U$. Je mehr Lämpchen parallel geschaltet werden, desto kleiner ist R_a, desto kleiner ist U_{Kl}, desto größer U_i.

Für $I = 1{,}0$ A entnehmen wir Abb. 218.2b: $U_{Kl} = 3{,}0$ V, $U_i = 1{,}5$ V. Also ergibt sich für den inneren Widerstand der Flachbatterie: $R_i = U_i/I = 1{,}5\ \text{V}/1{,}0\ \text{A} = 1{,}5\ \Omega$. Schließen wir die Batterie „kurz", d.h. $R_a \approx 0\ \Omega$, müsste die gesamte Spannung $U = 4{,}5$ V am inneren Widerstand abfallen. Als Kurzschlussstromstärke und damit größte Stromstärke I_{max}, welche die Batterie zu liefern vermag, müsste sich ergeben:

$$I_{max} = U_L/R_i = 4{,}5\ \text{V}/1{,}5\ \Omega = 3{,}0\ \text{A}.$$

V Schließen wir einen Strommesser unmittelbar an die Klemmen an, zeigt dieser tatsächlich 3,0 A.

Eine Stromquelle besitzt einen inneren Widerstand R_i. Im belasteten Zustand ist die Klemmenspannung U_{Kl} gleich der Leerlaufspannung U_L vermindert um den Spannungsabfall am inneren Widerstand:

$$U_{Kl} = U_L - I \cdot R_i$$

Bei Kurzschluss fällt U_L an R_i ab. Die Kurzschlussstromstärke I_{max} ist deshalb

$$I_{max} = \frac{U_L}{R_i}.$$

Aufgaben

1. *Vom Messwerk zum Strom- bzw. Spannungsmesser*
Ein Drehspulinstrument zeigt Vollausschlag, wenn am Messwerk eine Spannung von 100 mV anliegt, die einen Strom der Stärke 1,00 mA hindurchfließen lässt.
a) Berechne den Widerstand R_M des Messwerkes!
b) Mit dem Messwerk soll ein Strommesser des Messbereichs 5 mA hergestellt werden. Wie ist bei Vollausschlag dann der Strom aufzuteilen? Welcher Widerstand ist dazu nötig? Welchen Innenwiderstand besitzt der Strommesser?
c) Mit dem Messwerk soll ein Spannungsmesser des Messbereichs 1 V hergestellt werden. Wie ist dann bei Vollausschlag die Spannung aufzuteilen? Welcher Widerstand ist dazu nötig? Welchen Innenwiderstand besitzt der Spannungsmesser?

2. *Vielfachmessgerät* (Abb. 219.2)
Das Drehspulmessinstrument zeigt Vollausschlag, wenn am Messwerk eine Spannung von 60 mV abfällt, die einen Strom der Stärke 300 µA hindurchfließen lässt.
a) Warum baut man elektrische Messgeräte mit mehreren Messbereichen?
b) Erläutere, wie man z. B. die Messbereiche 30 mA, 100 mA, 300 mA, 1 A, 3 A, 10 A erhält? Berechne zum kleinsten und zum größten dieser Messbereiche jeweils den erforderlichen Widerstand! Welchen Innenwiderstand besitzt der Strommesser jeweils für diese beiden Messbereiche?
c) Erläutere, wie man z. B. die Messbereiche 3 V, 10 V, 30 V, 100 V, 300 V, 1000 V erhält! Berechne zum kleinsten und zum größten jeweils den erforderlichen Widerstand! Welchen Innenwiderstand besitzt der Spannungsmesser jeweils für diese beiden Messbereiche?

3. *„Miss und staune!“*
Ein Gerät mit dem Widerstand $R = 48{,}0\ \Omega$ ist an einer Stromquelle der Spannung $U = 15{,}0$ V angeschlossen. Ein in den Stromkreis geschaltetes Vielfachmessgerät (Messbereich 300 mA) zeigt Vollausschlag; es fließt also ein Strom der Stärke $I = 300$ mA.
a) Zeichne dazu ein Schaltbild!
b) Berechne den Innenwiderstand des Strommessers! Welche Stromstärke herrschte im Stromkreis vorher (ohne Strommesser)?
c) Nun wird auf den nächsthöheren Messbereich 1 A umgeschaltet: Das Vielfachmessgerät zeigt einen etwas höheren Wert, nämlich knapp 0,31 A an. Warum?

4. *Reihen- und Parallelschaltung von Stromquellen*
Zwei gleiche Batterien werden
a) hintereinander,
b) parallel geschaltet.
Was ergibt sich für die Leerlaufspannung U_L, den inneren Widerstand R_i und die Kurzschlussstromstärke I_{max} verglichen mit *einer* Batterie?

5. *Innenwiderstand einer Monozelle*
Eine Monozelle hat die Leerlaufspannung 1,50 V. Schließt man

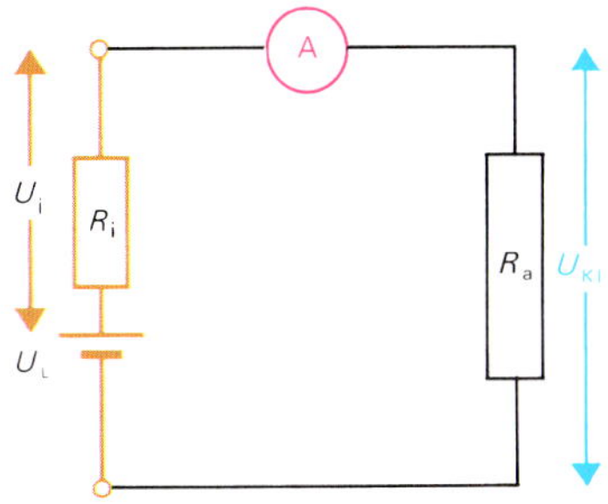

219.1 Innerer Widerstand einer Stromquelle

219.2 Vielfachmessgerät

einen Widerstand von 3,0 Ω an, fließt ein Strom der Stärke 0,47 A.

a) Berechne die Klemmenspannung bei dieser Belastung sowie den Innenwiderstand R_i und die Kurzschlussstromstärke I_{max}!

b) Zeichne ein I-U_{Kl}-Diagramm!

6. *„Bleiakku kontra Monozellen"*
Wir betrachten zwei Stromquellen: Eine Hintereinanderschaltung von 8 Monozellen mit dem gesamten Innenwiderstand von 1,6 Ω und einem Bleiakku (12 V; 14 Ah) mit dem Innenwiderstand von 30 mΩ.

a) Berechne die Kurzschlussstromstärken!

b) Es wird jeweils ein äußerer Widerstand von 2,0 Ω angeschlossen. Berechne die Stromstärke und die Klemmenspannung!

c) Wie wirkt sich ein hoher bzw. niedriger Innenwiderstand einer Stromquelle bei Belastung aus?

10.7 Schutzmaßnahmen gegen Gefahren des elektrischen Netzes

Ungefährliche und gefährliche Ströme

Der menschliche Körper leitet den Strom. Liegt zwischen den Händen oder einer Hand und den Füßen eine Spannung an, so fließt ein Strom. Seine Wirkung auf den menschlichen Körper hängt nicht nur von der Stromstärke ab, sondern auch von der Einwirkungsdauer, der Stromart – Wechselströme der Frequenz 50 Hz sind gefährlicher als Gleichströme! –, dem Stromweg im Körper und der individuellen Empfindlichkeit. Es sind deshalb nur grobe Aussagen möglich: Ströme unterhalb einer Stärke von $\frac{1}{2}$ mA nehmen wir nicht wahr. Die Reizung der Muskeln und der Nerven durch etwas größere Ströme empfinden wir als „Kribbeln". Ströme ab etwa 7 mA führen zu einer Verkrampfung der Muskeln. Ab etwa 20 mA ist diese so stark, dass der Verunglückte den spannungsführenden Leiter nicht mehr loslassen kann. Ab 50 mA ist Bewusstlosigkeit zu befürchten. Ab 70 mA besteht die Gefahr, dass das Herz zu flimmern beginnt, d.h. der Herzmuskel mit sehr hoher Frequenz vibriert, und zum Stillstand kommt.

Ungefährliche und gefährliche Spannungen

Der Widerstand eines Menschen im Stromkreis setzt sich aus dem *Übergangswiderstand* zwischen Haut und der Ein- und Austrittsstelle des Stromes und dem *Widerstand des Körperinneren* zusammen. Der Übergangswiderstand schwankt je nach Größe der Kontaktfläche und der Feuchtigkeit der Haut sehr stark. Bei nasser Haut kann er nahezu 0 Ω betragen, bei sehr trockener Hornhaut mehrere hundert Kiloohm. Der gesamte Widerstand des Menschen liegt deshalb etwa zwischen 200 Ω und 200 kΩ. „Normalerweise" geht man von einem Widerstand von 2 kΩ aus. Da die Stromstärke den Wert 20 mA nicht überschreiten darf, soll die am Menschen anliegende Spannung $U = R \cdot I = 2\,k\Omega \cdot 20\,mA = 40\,V$ nicht übersteigen. Aus Sicherheitsgründen – Schweißausbrüche z. B. können den Widerstand des Menschen erheblich erniedrigen – hat man aufgrund langjähriger Erfahrung erkannt:

Spannungen bis 24 V sind ungefährlich.

Erdung des elektrischen Netzes

Gefährlich für den Menschen ist folglich die Spannung des elektrischen Netzes von 220 V. Der Elektriker verfügt zum schnellen Erkennen anliegender Netzspannung über ein einfaches Nachweisgerät, den **Polprüfer** (Abb. 221.1). Dieser enthält einen Vorwiderstand ($R \approx 1\,\text{M}\Omega$) und ein kleines Stabglimmlämpchen, das sogar bei einer Stromstärke von $10\,\mu\text{A}$ noch schwach leuchtet.

V Die Spitze des Polprüfers wird nacheinander an die beiden Kontakte einer Steckdose gehalten. Gleichzeitig wird mit einem Finger das Ende des Polprüfers berührt. Beim einen Kontakt leuchtet das Glimmlämpchen im Polprüfer, beim anderen nicht.

Derjenige Leiter, der das Lämpchen zum Leuchten bringt, heißt **Außenleiter**, der andere **Nullleiter**. Früher hat man den Außenleiter auch *Phasenleiter* oder kurz *Phase* genannt.

Beim Berühren des Außenleiters mit dem Polprüfer ist ein geschlossener Stromkreis entstanden: Dieser führt vom einen Pol des Elektrizitätswerkes über den Außenleiter, den Polprüfer, den Menschen und die „Erde“ zurück zum anderen Pol des Elektrizitätswerkes (Abb. 221.2). Das bedeutet aber auch: Der zweite Pol des Elektrizitätswerkes oder auch die Leitung dorthin muss leitend mit der Erde verbunden sein.

Tatsächlich sind blanke metallische Leiter in das Erdreich oder in das Fundament eines Gebäudes eingebettet. Zwischen diesem Leiter, dem *Erder*, und dem Nullleiter besteht eine leitende Verbindung: Der Nullleiter ist **geerdet**. Das Berühren des Nulleiters ist also ungefährlich, das Berühren des Außenleiters dagegen sehr gefährlich, da dieser gegenüber der Erde eine Spannung von 220 V hat.

Der Schutzleiter

Wie kann man die große Gefahr, die vom Außenleiter ausgeht, vermindern?

V Wir öffnen den *Schukostecker** eines Netzanschlusskabels. Außer den beiden Leitungen, die zu den Steckstiften führen, finden wir noch eine dritte Leitung mit einer gelbgrünen Isolierung. Diese Leitung ist mit den beiden seitlichen Kontaktstreifen des Steckers verbunden (Abb. 221.3).

Auch die Steckdose (*Schukosteckdose**) enthält zwei seitliche Kontaktstreifen (Abb. 221.4). Der dritte, in unserer elektrischen Energieversorgung vorhandene Leiter heißt **Schutzleiter**; die Kontakte, die ihn verbinden, heißen *Schutzkontakte*. Er ist, wie der Nullleiter, geerdet. Der Schutzleiter ist – über Schukosteckdose und -stecker – am metallischen Gehäuse der Elektrogeräte angeschlossen.
An einem Beispiel klären wir seine Schutzwirkung:
Abb. 222.1 zeigt Kochen bei intakter elektrischer Anlage. In Abb. 222.2 dagegen ist die Isolation des Außenleiters defekt, und es tritt ein Kontakt mit dem metallischen Gehäuse auf, ein sogenannter **Geräteschluss**. Dadurch entsteht ein zusätzlicher Stromweg, der an der Schadstelle vom Außenleiter abzweigt und über das Metallgehäuse und den Schutzleiter führt.
Die Leiter dieses Stromweges haben einen sehr geringen Widerstand. Deshalb ruft die anliegende Netzspannung von 220 V in ihnen und folglich auch im Außenleiter einen sehr hohen Strom hervor. Die im

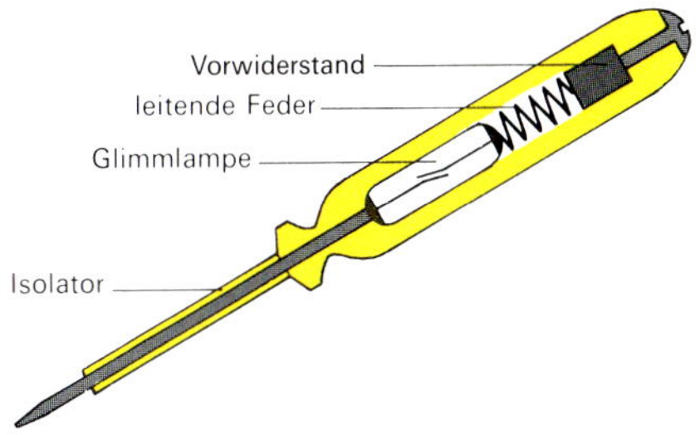

221.1 Polprüfer

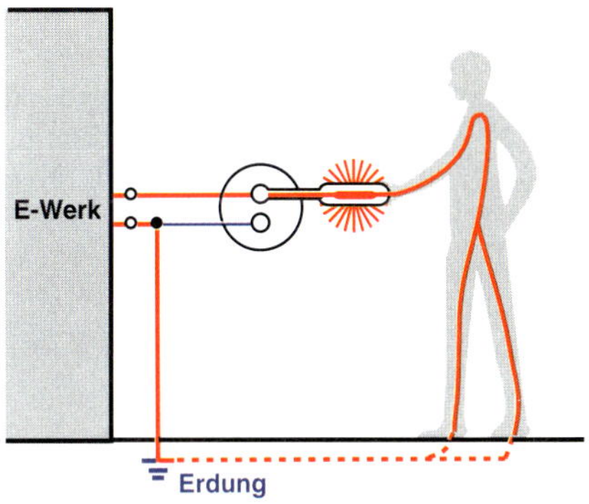

221.2 Stromkreis bei Auffinden des Außenleiters mit dem Polprüfer

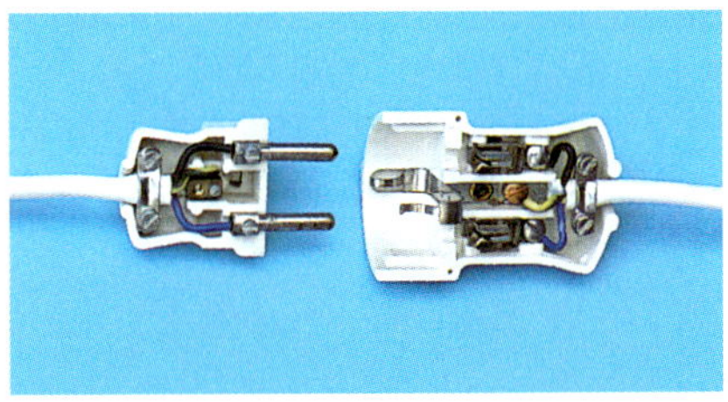

221.3 Geöffneter Schukostecker und geöffnete Schukokupplung

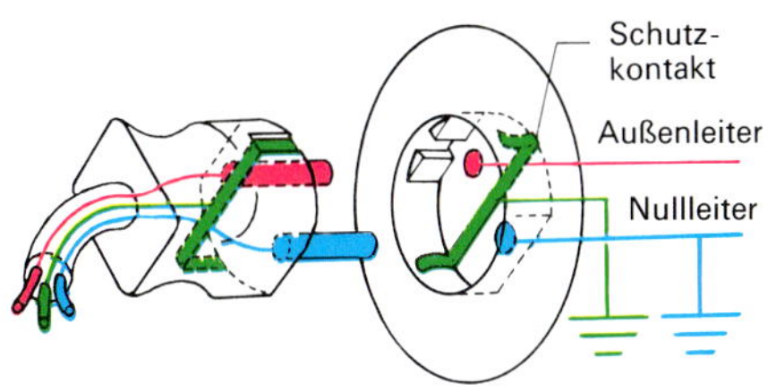

221.4 Schukostecker und Schukosteckdose

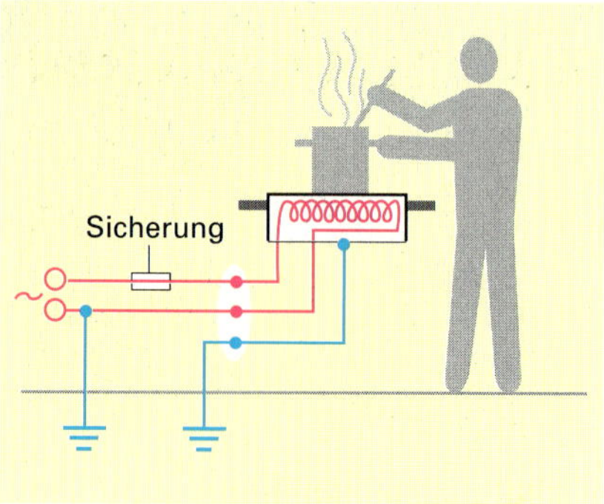

222.1 Kochen bei intakter Anlage

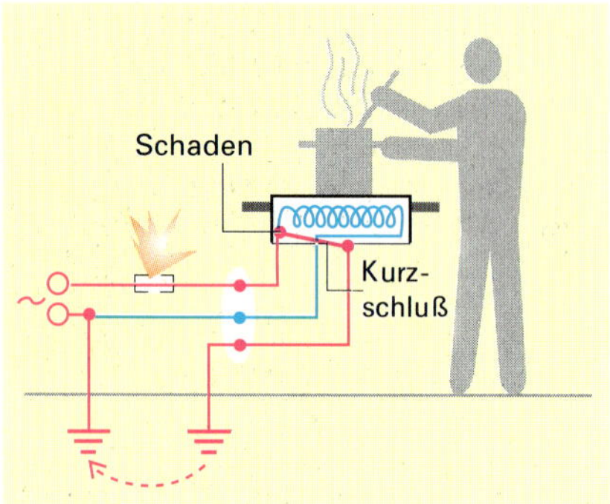

222.2 Geräteschluss: Kontakt zwischen Außenleiter und Metallgehäuse

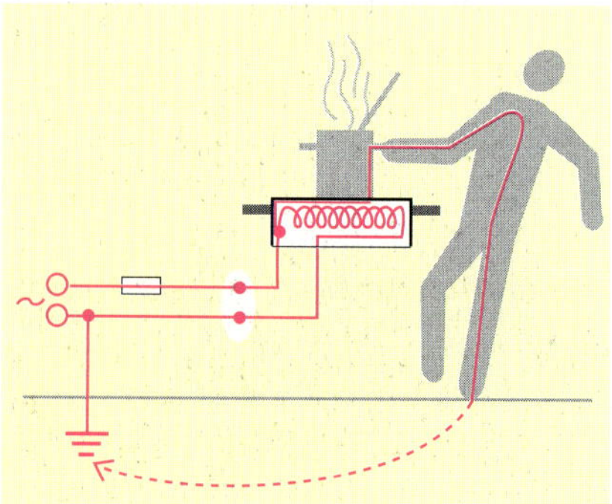

222.3 Gefährdung beim Fehlen des Schutzleiters

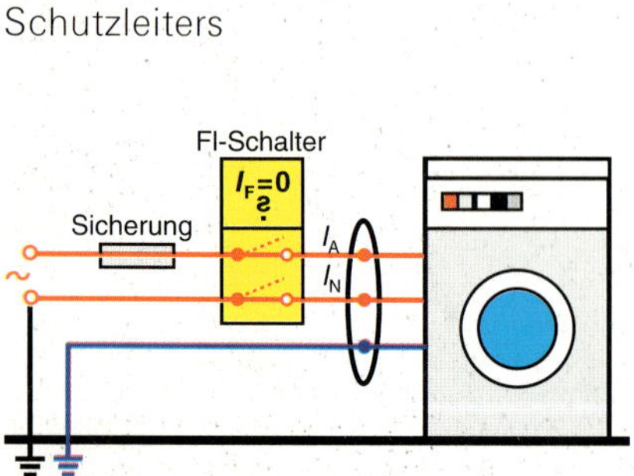

222.4 Elektrische Anlage mit FI-Schalter

Außenleiter liegende Sicherung spricht an: Der Stromkreis wird unterbrochen. Dadurch wird das Metallgehäuse des Elektrogerätes vom gefährlichen, spannungsführenden Außenleiter getrennt.

Wie würde der Vorgang ohne Schutzleiter ablaufen? Der Defekt hätte zunächst keine Auswirkung auf den Stromkreis mit der Heizwicklung und würde vorerst unbemerkt bleiben. Jedoch die Netzspannung von 220 V würde zwischen Metallgehäuse und Erde liegen (Abb. 222.3). Berührt nun eine Person z.B. den Metallkochtopf, kann ein lebensgefährlich hoher Strom über sie zur Erde fließen.

Der Schutzleiter bewirkt beim Auftreten eines Geräteschlusses, dass die Sicherung sofort anspricht und den Stromkreis unterbricht.

Der Fehlerstromschutzschalter

Die Schutzmaßnahme mit Schutzleiter lässt sich verbessern, wenn ein Stromkreis des elektrischen Netzes zusätzlich mit einem **Fehlerstromschutzschalter**, kurz: *FI-Schalter*, ausgestattet wird.

Der FI-Schalter vergleicht die Stromstärke I_A im Außenleiter mit der Stromstärke I_N im Nullleiter: Bei intakter elektrischer Anlage ist $I_A = I_N$ (Abb. 222.4). Wenn z.B. – wie in Abb. 222.3 dargestellt – ein zusätzlicher Stromweg über die Person geöffnet wird, fließt ein *Fehlerstrom* zur Erde. Diesen erkennt der Strom überwachende FI-Schalter: $I_A - I_N > 0$. Ist die Fehlerstromstärke $I_F = I_A - I_N \geq 30$ mA, spricht der FI-Schalter an: Er trennt innerhalb von 0,2 s die Steckdose mit dem angeschlossenen Elektrogerät vom Außenleiter und vom Nullleiter ab. Der Mensch kann so keinen Schaden erleiden.

Aufgaben

1. *Übergangswiderstand*

a) Gib 2 Beispiele für Situationen an, in denen dein Übergangswiderstand sehr gering ist! Wie hast du dich dann beim Umgang mit Elektrogeräten zu verhalten?

b) Warum ist es lebensgefährlich, in der Badewanne liegend das Haar zu fönen oder andere am Netz betriebene Elektrogeräte zu bedienen?

2. *Schuko-System*

a) Welche der drei Leitungen muss beim Einführen eines Schuko-Steckers in eine Schuko-Steckdose zuerst Kontakt bekommen? Begründung!

b) Warum liegt die Sicherung nicht im Null-, sondern im Außenleiter?

c) Muss bei korrekter Installation der Schalter einer Lampe im Null- oder im Außenleiter liegen? Was ist beim Wechseln einer defekten Glühlampe zu beachten?

3. *Ohne Schutzleiter*

a) Manche Geräte haben ein nur zweiadriges Netzanschlusskabel. Neben den fehlenden Schutzkontakten am Stecker erkennt man das am Zeichen ⧈ auf dem Typenschild. Suche zu Hause drei solche Geräte und begründe, warum auf den Schutzleiter verzichtet wurde!

b) Warum sind bei einem Eurostecker nur die Spitzen der Steckstifte aus Metall und die Schäfte aus Kunststoff?

4. *Bessere Erdung*

Mithilfe eines Polprüfers stellt eine Person den Außenleiterkontakt einer Steckdose fest. Berührt die Person nun mit der anderen Hand eine Wasserleitung oder einen Heizkörper, so leuchtet das Glimmlämpchen im Polprüfer heller. Warum?

11 Grundlagen der Elektrotechnik

11.1 Elektronenstrom im Vakuum

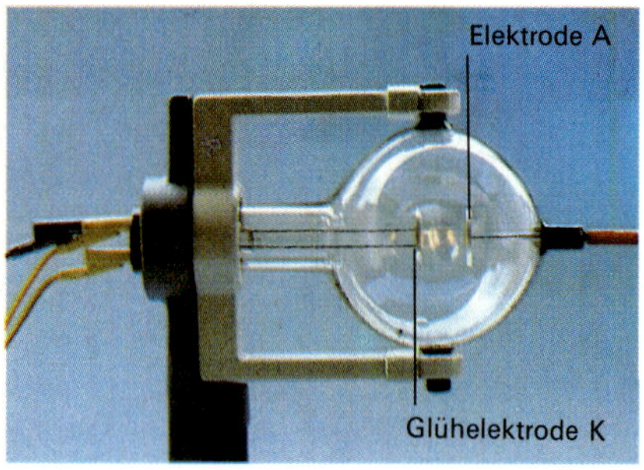

224.1 Vakuum-Diode (Demonstrationsgerät)

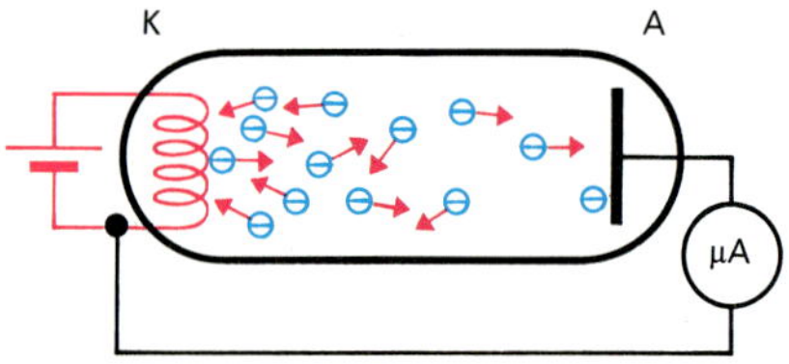

224.2 Elektronenwolke in der Vakuum-Diode

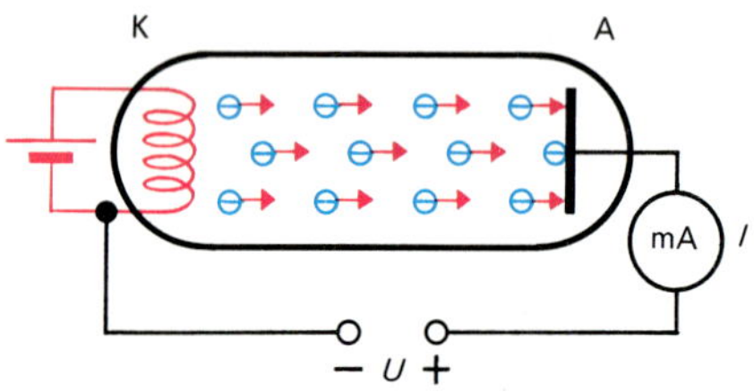

224.3 Absaugen der Elektronenwolke zur Anode

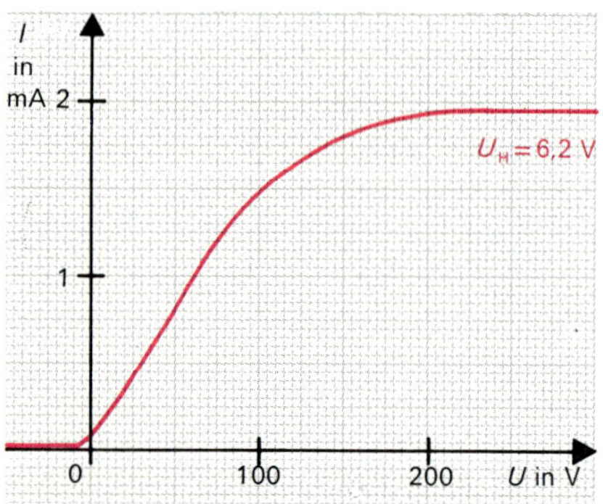

224.4 *U*-*I*-Diagramm einer Vakuum-Diode

Die Vakuum-Diode

In einem Metall lösen sich von jedem Atom ein bis drei Elektronen. Diese freien Elektronen bewegen sich regellos hin und her. Die Anziehungskräfte der positiv geladenen Atomrümpfe hindern sie aber daran, das Metall zu verlassen. Sie bewegen sich zu langsam. Wie kann auf die Elektronen die erforderliche Energie übertragen werden? Wir wissen: Die Energie der Teilchen eines Körpers ist umso größer, je höher die Temperatur ist.

Tatsächlich entdeckte der amerikanische Erfinder *Thomas Alva Edison* 1883, dass ein glühendes Metall Elektronen aussendet. Dieses Freisetzen von Elektronen durch Glühen heißt **glühelektrischer Effekt**.

Damit die Moleküle der Luft den Vorgang nicht stören können, untersuchen wir ihn in einem luftleeren Glaskolben, in den ein Glühdraht hineinragt. Der Glühdraht dient als erste Elektrode K. Sie heißt **Katode***, und da sie glüht, auch *Glühkatode*. Gegenüber von K befindet sich im Kolben eine zweite Elektrode A zum Auffangen der „abgedampften" Elektronen. Diese heißt **Anode***. Man nennt die Anordnung aus Glühkatode und Anode **Vakuum-Diode*** (Abb. 224.1).

V Wir schließen eine Stromquelle (Spannung 2 bis 6 V) an den Glühdraht an, der auf diese Weise elektrisch geheizt wird: Er glüht. Dann verbinden wir die Glühkatode K über einen empfindlichen Strommesser (Messbereich 100 µA) mit der Anode A (Abb. 224.2): Es fließt ein Strom.

Aus dem geheizten Draht treten Elektronen aus: Es bildet sich eine *Elektronenwolke*. K erhält dadurch einen Überschuss an positiven Ladungen. Von den ständig austretenden Elektronen werden deshalb viele wieder unmittelbar zu K zurückgezogen. Andere haben genügend Bewegungsenergie, um auf A zu gelangen; sie fließen über den empfindlichen Strommesser zu K zurück.

Wie kann man bewirken, dass mehr Elektronen auf die Anode A treffen?

V Wir legen an A und K eine Spannung *U* und unterscheiden die beiden möglichen Polungen durch das Vorzeichen von *U*: Ist A negativ und K positiv, bezeichnen wir *U* als negativ, im umgekehrten Fall als positiv. Die Stromstärke *I* wird in Abhängigkeit von *U* gemessen (Abb. 224.3). Dann zeichnen wir ein *U*-*I*-Diagramm (Abb. 224.4). Im Fall $U < 0$ ist die Stromstärke null, im Fall $U \geq 0$ fließt Strom.

Ist A gegenüber K negativ geladen, werden die Elektronen von A abgestoßen und zu K zurückgetrieben. Es fließt kein Strom: Die Diode *sperrt*.

Ist A gegenüber K positiv geladen, werden Elektronen zu A abgesaugt. Es fließt Strom: Die Diode *leitet* oder, wie man auch sagt, „sie lässt durch".

Die Anzahl der auf A treffenden Elektronen ist zunächst umso größer, je größer die Absaugspannung ist. Schließlich steigt die Stromstärke mit wachsender Spannung nicht mehr. *I* erreicht einen gleich bleibenden Höchstwert, den man **Sättigungswert** nennt. Alle aus K austretenden Elektronen werden dann zu A gesaugt.

Wenn die zwischen Anode und Katode anliegende Spannung $U > 0$ ist, leitet die Diode: Sie wird in *Durchlassrichtung* betrieben. Bei der umgekehrten Polung der Spannung ($U < 0$) liegt die *Sperrrichtung* vor.

Die Braun'sche Röhre

In der Vakuum-Diode werden Elektronen zur positiv geladenen Anode hin beschleunigt. Ist diese mit einem kleinen Loch versehen, fliegt ein Teil der Elektronen hindurch. So erhält man im Raum nach dem Durchlass einen **Elektronenstrahl**.
Elektronen sind nicht sichtbar. Treffen sie aber auf eine „Leuchtschicht", regen sie diese zum Leuchten an: Der Elektronenstrahl ruft einen kleinen Leuchtfleck hervor. Die auftreffenden Elektronen fließen dann von der Leuchtschicht – über einen leitenden Grafitbelag auf der Innenwand des Glaskolbens – zur Anode zurück.
Wie kann der Elektronenstrahl über den Schirm geführt werden?

V In einer Röhre streift ein Elektronenstrahl an einem Leuchtschirm entlang. Über und unter dem Strahl ist jeweils eine waagrechte Platte angebracht. Wir schließen an beide eine Stromquelle an. Sie pumpt Elektronen von der unteren auf die obere Platte: Die untere Platte wird positiv geladen, die obere negativ. Die Elektronen des Strahls werden nun von den positiven Ladungen der unteren Platte angezogen und von den negativen der oberen abgestoßen: Der Elektronenstrahl wird abgelenkt (Abb. 225.1). Die Ablenkung ist umso größer, je größer die Spannung zwischen den Platten, die *Ablenkspannung*, ist.

Durch das betrachtete waagrechte Plattenpaar lässt sich der Elektronenstrahl nach oben oder unten ablenken (*Vertikalablenkung*). Bringt man ein weiteres, dazu senkrechtes Plattenpaar an (Abb. 225.2), kann man ihn auch nach links oder rechts ablenken (*Horizontalablenkung*). Diese Röhre wurde vom deutschen Physiker *Karl Ferdinand Braun* (1850–1918) entwickelt und heißt deshalb **Braun'sche Röhre**.

Das Oszilloskop

Ein **Oszilloskop*** ist ein modernes Messgerät, mit dem man den zeitlichen Verlauf sich rasch ändernder Spannungen sichtbar machen kann. Sein Hauptbestandteil ist eine Braun'sche Röhre.

V Wir legen an das vertikal ablenkende Plattenpaar eines Oszilloskops Spannungen von 1 V, 2 V, 3 V, ... und messen jeweils die Ablenkung des Leuchtflecks: Sie ist zur Ablenkspannung direkt proportional. Man kann also das Oszilloskop zur Spannungsmessung eichen (Abb. 225.3).

V Wir legen an das vertikal ablenkende Plattenpaar eine Wechselspannung. Es ist ein Strich in vertikaler Richtung zu sehen: Das Auge nimmt die schnell aufeinander folgenden Lagen des Lichtflecks nicht einzeln wahr (Abb. 225.4a).

Wie kann man den zeitlichen Verlauf der Wechselspannung sichtbar machen? Durch eine Spannung U_K zwischen dem horizontal ablenkenden Plattenpaar wird der Leuchtpunkt zunächst an den linken Rand des Bildschirms verlagert. Wir geben dem zugehörigen Spannungswert ein negatives Vorzeichen. Lässt man die Spannung nun gleichmäßig mit der Zeit ansteigen, bewegt sich der Lichtfleck ebenfalls gleichmäßig mit der Zeit nach rechts (Abb. 225.4b). Ist er am rechten Rand des Bildschirms angelangt, muss er an den linken Ausgangspunkt zurückspringen. Die Spannung fällt dazu in sehr kurzer Zeit auf den Ausgangswert. Man nennt deshalb die gleichmäßig ansteigende Spannung, die auf ihren Ausgangswert innerhalb eines geringen Bruchteils der Anstiegszeit „zurückkippt", **Kippspannung**.

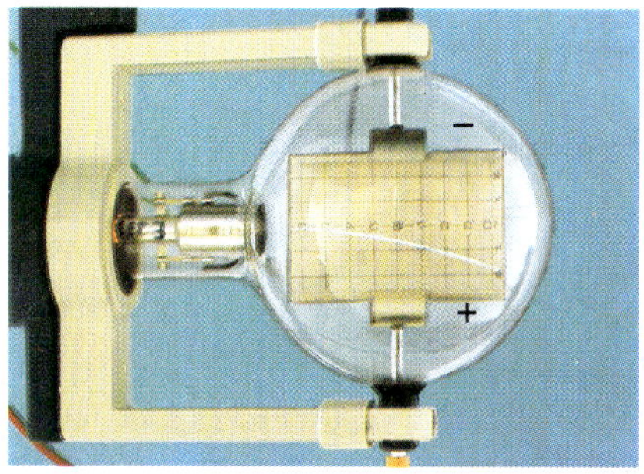

225.1 Ablenkung eines Elektronenstrahls durch ein entgegengesetzt geladenes Plattenpaar

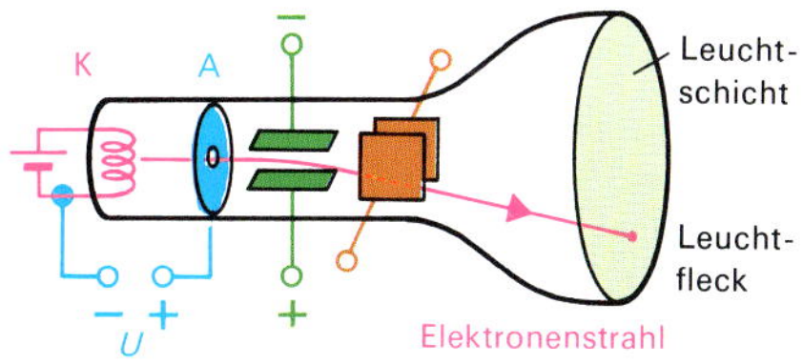

225.2 Braun'sche Röhre

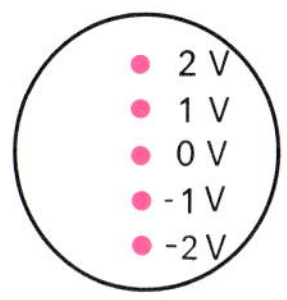

225.3 Direkte Proportionalität zwischen Auslenkung und Ablenkspannung

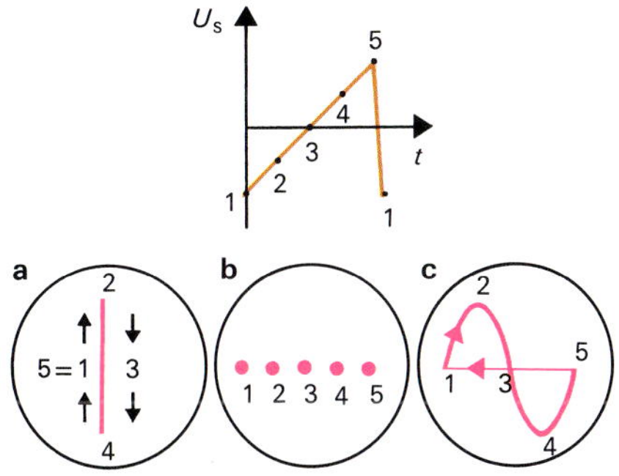

225.4 Wirkung der Kippspannung U_K

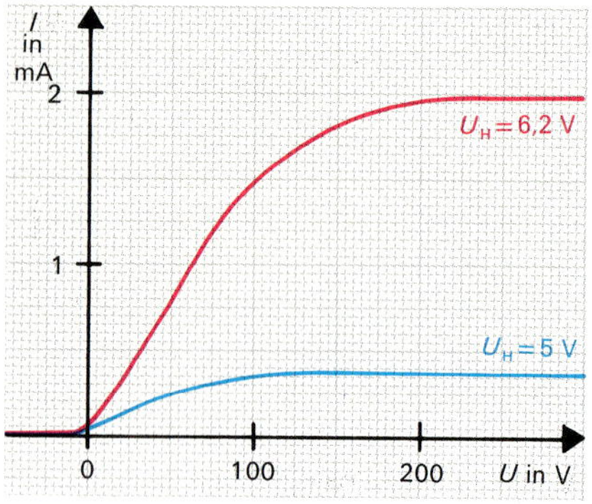

226.1 U-I-Diagramme einer Vakuum-Diode bei verschiedenen Temperaturen der Glühwendel

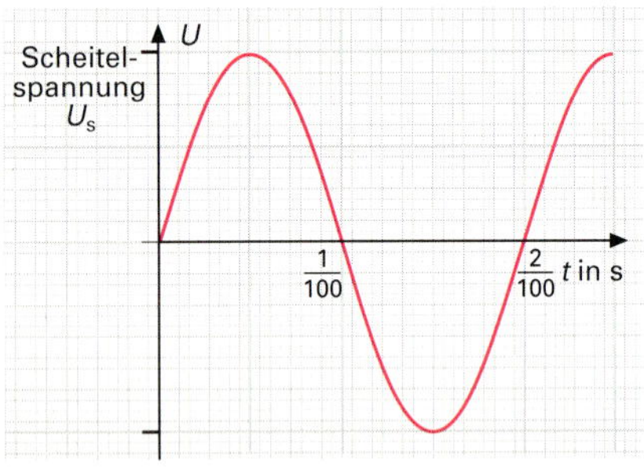

226.2 „Sinusförmige" Wechselspannung (zu Aufgabe 2)

226.3 t-U-Diagramme
a) einer Gleichspannung
b) einer „rechteckigen" Wechselspannung
c) der „sinusförmigen" Netzwechselspannung

V Wir stellen die Kippspannung des Oszilloskops ein: Es ist ein waagrechter Strich auf dem Bildschirm zu sehen. Jedoch ist der Leuchtfleck nur während des Hinlaufs (von links nach rechts) sichtbar, beim Rücklauf wird er verdunkelt. Legen wir nun an das vertikal ablenkende Plattenpaar eine Wechselspannung, sehen wir ihr t-U-Diagramm (Abb. 225.4c).

Damit auf dem Schirm des Oszilloskops das Bild nicht „läuft", sondern „steht", muss die Kippspannung ihren Ausgangswert in dem Augenblick wieder erreichen, wenn die Wechselspannung an dem vertikal ablenkenden Plattenpaar z. B. den Wert null hat und dann ansteigt. Dieses Abstimmen des zeitlichen Verlaufs der Kippspannung auf die zu messende Spannung nennt man *Synchronisieren*. Das Oszilloskop führt diesen Vorgang selbstständig durch.

Aufgaben

1. *„Bewölkungszunahme"*
Abb. 226.1 zeigt U-I-Diagramme einer Vakuum-Diode für verschiedene *Heizspannungen* U_H.
a) Warum ist die Temperatur der Heizwendel umso größer, je größer U_H ist?
b) Warum ist bei höherer Temperatur der Sättigungswert der Stromstärke I größer?
c) Wie viele Elektronen sendet die Glühkatode bei Sättigung in einer Sekunde aus, wenn die Heizspannung $U_H = 5{,}0$ V bzw. $U_H = 6{,}2$ V ist? ($e = 1{,}6 \cdot 10^{-19}$ As)

2. *„Einbahnstraße für Elektronen"*
Die Vakuum-Diode, mit der die U-I-Diagramme von Abb. 226.1 aufgenommen wurden, wird mit der Spannung $U_H = 6{,}2$ V beheizt. Außerdem wird eine „sinusförmige" Wechselspannung U an A und K gelegt (Abb. 226.2).
a) Der Höchstwert der Wechselspannung, der *Scheitelwert*, beträgt $U_S = 100$ V. Zeichne ein t-I-Diagramm! Was bewirkt die Diode im Stromkreis? Wozu kann man sie verwenden?
b) Der Scheitelwert beträgt $U_S = 300$ V. Zeichne ein t-I-Diagramm! Vergleiche die beiden t-I-Diagramme! Begründe den Unterschied zu a)!

3. *Zeitlicher Verlauf von Wechselspannungen*
Eine Gleichspannung, eine Wechselspannung und die Netzwechselspannung wurden mit einem Spannungsmesser zu je 220 V gemessen. Dann wurden ihre t-U-Diagramme mit einem Oszilloskop aufgenommen (Abb. 226.3). Die Einheit auf der t-Achse ist 0,005 s.
a) Wie oft ist in einer Sekunde der mit dem Außenleiter verbundene Kontakt einer Steckdose negativ geladen?
b) Gib mithilfe von Abb. 226.3a den Eichfaktor für die U-Achse an!
c) Erläutere den wesentlichen Unterschied der beiden Wechselspannungen! Welchen Scheitelwert nimmt unsere Netzwechselspannung an?

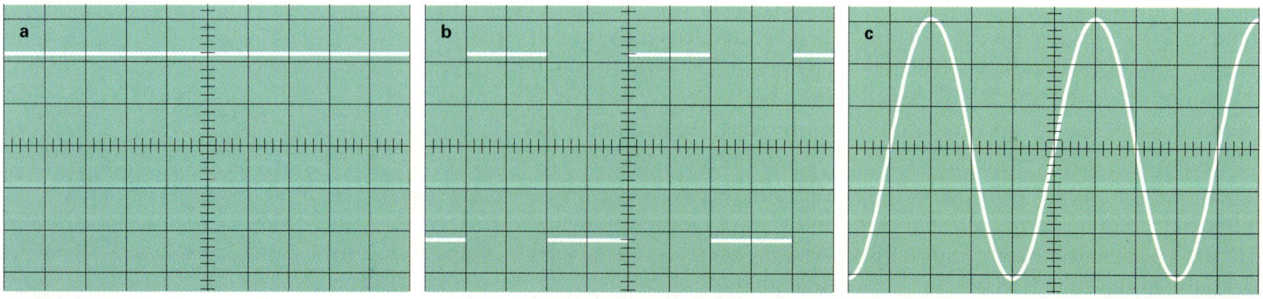

11.2 Das magnetische Feld

Der Begriff des magnetischen Feldes

In der Umgebung von Dauermagneten wirken auf Körper aus Eisen, Kobalt, Nickel oder besonderen Legierungen – aus sog. ferromagnetischen* Stoffen – Kräfte. Im Jahr 1820 entdeckte der dänische Physiker *Hans Christian Oersted*, dass auch in der Umgebung stromdurchflossener Leiter magnetische Wirkungen auftreten.

V An einem Faden hängt ein Nagel aus Eisen. Die Anziehungskraft, die ein Magnet auf den Nagel ausübt, ist umso kleiner, je größer die Entfernung zwischen Nagel und Magnet ist. Der Magnet zieht aber den Nagel auch dann noch an, wenn dieser unter einer Glasglocke hängt und die Luft abgepumpt wurde.

Die magnetischen Kräfte nehmen mit wachsendem Abstand stark ab. Sie wirken aber über größere Entfernungen hinweg, ja sogar im materiefreien Raum. Dauermagnet oder stromdurchflossener Leiter verleihen also dem umgebenden Raum eine Eigenschaft, die er zuvor nicht besaß. Ein solcher Raum in dem Kräfte auf ferromagnetische Körper auftreten, heißt **magnetisches Feld** oder **Magnetfeld**.

Magnetische Feldlinien

Beim Teilen eines Magneten entstehen kleine Magnete, die stets zwei ungleichnamige Magnetpole (einen Nord- und einen Südpol) besitzen. Es gibt nur *magnetische Dipole*. Ein einzelner Magnetpol lässt sich nicht herstellen. Bei einem stromdurchflossenen, geraden Draht tritt überhaupt kein Magnetpol auf.

V In die Nähe eines Magneten bringen wir eine Magnetnadel: Sie dreht sich hin und her und stellt sich schließlich in eine bestimmte Richtung ein.

Ist die Magnetnadel so klein, dass ihre beiden Pole vom Magneten nahezu gleich weit entfernt sind, wirken auf die Pole entgegengesetzt gerichtete, gleich große Kräfte: Die Nadel stellt sich so ein, dass die Wirkungslinien der beiden Kräfte zusammenfallen. Die Nadel als Zeiger kennzeichnet nun zwei mögliche Richtungen. Jene Richtung, in die die Zeigerhälfte mit dem Nordpol weist, heißt **Feldrichtung** (Abb. 227.1).

Mithilfe einer Magnetnadel (eines „Probemagneten") kann in jedem Punkt eines Magnetfeldes die Feld-

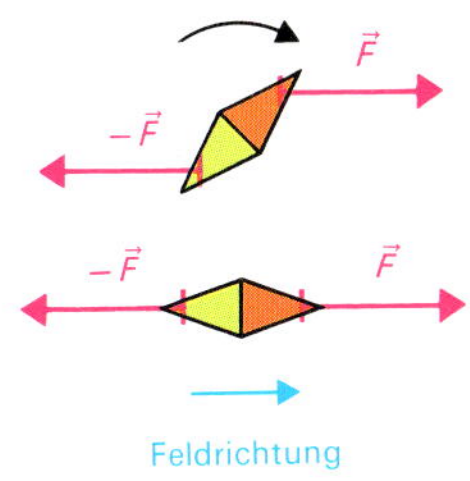

227.1 Festlegung der Feldrichtung im Magnetfeld

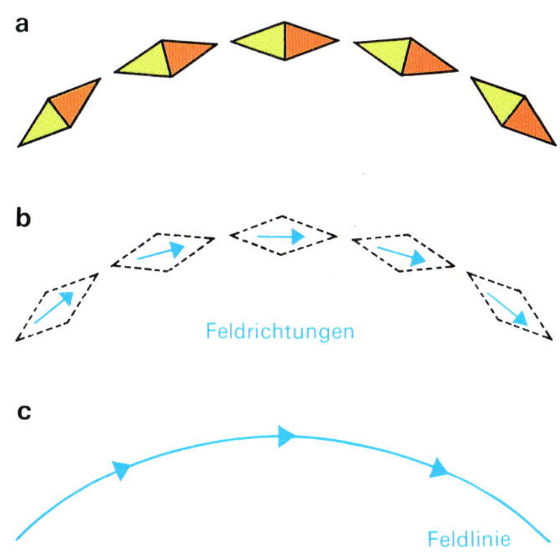

227.2 Von den Probemagneten zur Feldlinie

227.3 Magnetfeld eines Stabmagneten

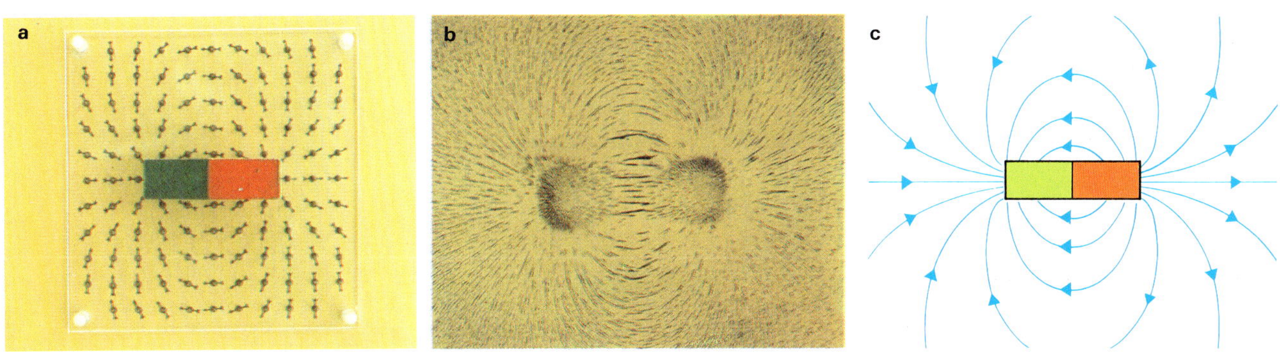

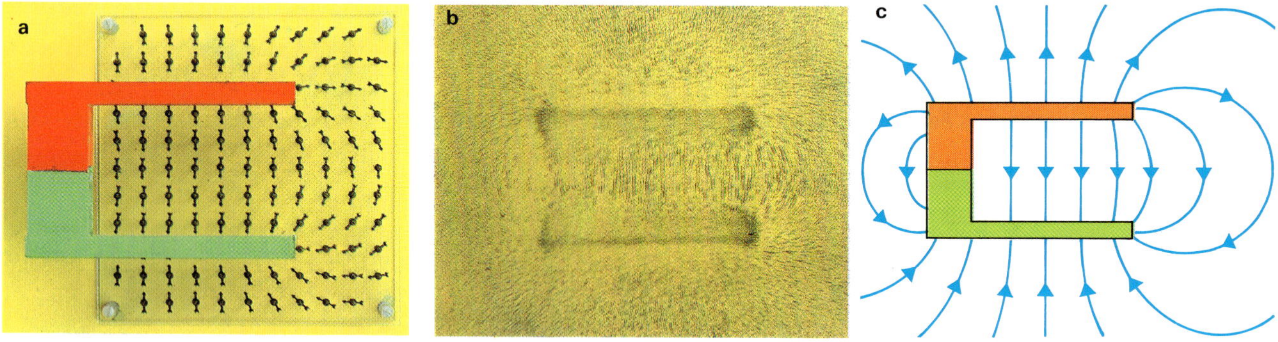

228.1 Magnetfeld eines Hufeisenmagneten

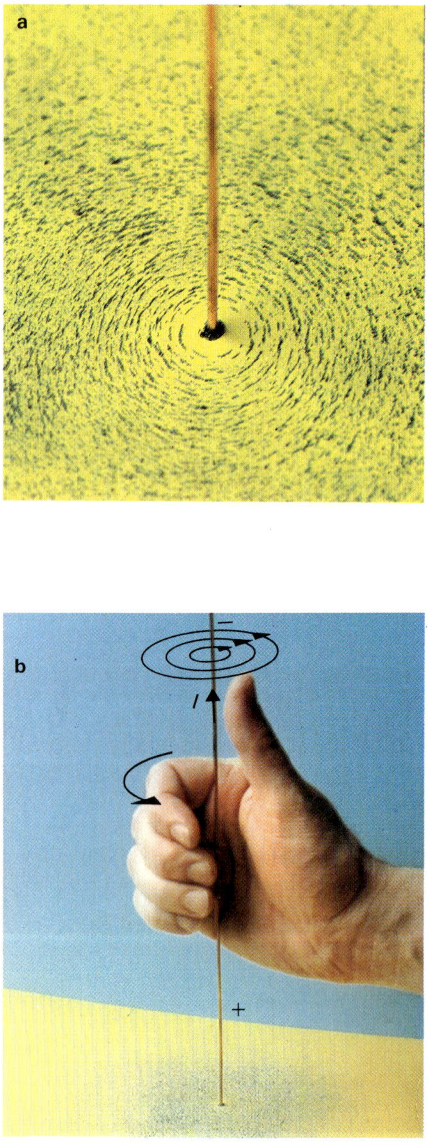

228.2 a) Magnetfeld eines geraden stromdurchflossenen Leiters;
b) Rechte-Faust-Regel

richtung ermittelt werden. Ein Nordpol erfährt im Magnetfeld eine Kraft in Feldrichtung, ein Südpol eine Kraft entgegengesetzt zur Feldrichtung.

V Wir bringen viele kleine Magnetnadeln als Probemagnete in die Umgebung eines Stabmagneten (Abb. 227.2a und 227.3a): Alle Nadeln richten sich aus.

V Wir legen eine Glasscheibe über den Stabmagnet und streuen unter leichtem Beklopfen Eisenfeilspäne darauf. In den Eisenteilchen ordnen sich die vorher regellos gerichteten Elementarmagnete. Dadurch entstehen winzige Probemagnete, die sich kettenförmig aneinander reihen (Abb. 227.3b).

Die sich aneinander reihenden winzigen Probemagneten schmiegen sich an eine gedachte Linie an – mathematisch gesprochen: Sie stellen sich tangential zu dieser Linie ein. Durch die Feldrichtungen in den einzelnen Punkten legen wir noch einen Durchlaufsinn fest (Abb. 227.2a und b). Eine solche Linie heißt **Feldlinie** (Abb. 227.2c). Das Magnetfeld des Stabmagneten können wir nun mithilfe von Feldlinien anschaulich beschreiben (Abb. 227.3c).

V Um das Magnetfeld eines Hufeisenmagneten zu untersuchen, bringen wir in seine Umgebung zunächst viele kleine Magnetnadeln (Abb. 228.1a). Dann enthüllen wir den genaueren Verlauf der Feldlinien durch Eisenfeilspäne (Abb. 228.1b) und halten ihn schließlich in einer Zeichnung fest (Abb. 228.1c).

Im Gebiet zwischen den Schenkeln des Hufeisenmagneten zeigen alle Probemagnete in die gleiche Richtung; die Feldlinien verlaufen parallel. Außerdem erfahren dort gleiche Pole an jedem Ort gleich große Kraftwirkungen. Ein Magnetfeld mit dieser Eigenschaft heißt *homogen*.

Feldlinien beschreiben den Aufbau des magnetischen Feldes: Probemagnete stellen sich in Richtung der Feldlinien ein.
Die Feldlinien eines Dauermagneten verlaufen aus seinem Nordpol heraus und in seinen Südpol hinein.

Magnetfeld eines geraden Leiters

Wie verlaufen die Feldlinien in der Umgebung eines stromdurchflossenen Leiters?

V Ein Draht wird durch das Loch in einer Plexiglasscheibe geführt. Wir streuen Eisenfeilspäne darauf: Diese richten sich kreisförmig aus (Abb. 228.2a).

V Zur Ermittlung der Feldrichtung stellen wir einige Probemagnete auf. Kehren wir die Stromrichtung um, zeigen die Probemagnete in die Gegenrichtung.

Wir stellen fest (Abb. 228.2b):

Die Feldlinien des Magnetfeldes eines geraden stromdurchflossenen Leiters sind konzentrische* Kreise, die in Ebenen senkrecht zum Leiter verlaufen.
Umfasst man mit der rechten Hand den Leiter so, dass der Daumen in die technische (!) Stromrichtung zeigt, zeigen die Finger in Feldrichtung (*Rechte-Faust-Regel*).

Magnetfeld einer Spule

Wie verändert sich das Magnetfeld, wenn man einen stromdurchflossenen geraden Leiter zu einer kreisförmigen Leiterschleife zusammenbiegt?

V Die Drahtschleife wird durch zwei Löcher einer Plexiglasscheibe geführt. Dann schalten wir den Strom ein. Mit Eisenfeilspänen entwerfen wir ein Feldlinienbild (Abb. 229.1a).

Wir stellen einen Strom, der aus der Zeichenebene herausfließt, durch einen Punkt dar; einen Strom, der in die Zeichenebene hineinfließt, durch ein Kreuz. Die Symbole erinnern an einen fliegenden Pfeil: Bewegt er sich auf uns zu, sehen wir die Spitze („Punkt"); bewegt er sich von uns weg, sehen wir das Federnkreuz („Kreuz").
Wir wenden die Rechte-Faust-Regel auf ein kleines Stück der Leiterschleife an und ermitteln so die Richtung der Feldlinien (Abb. 229.1b).

Setzen wir viele Drahtschleifen schraubenförmig aneinander, entsteht eine Spule.

V Die Windungen einer Spule sind durch Löcher einer Plexiglasscheibe geführt. Wir entwerfen mit Eisenfeilspänen ein Feldlinienbild der stromdurchflossenen Spule (Abb. 229.2):

Das Magnetfeld außerhalb einer stromdurchflossenen Spule gleicht dem Feld eines Stabmagneten. Im Spuleninnern ist das Magnetfeld homogen.

Schiebt man einen Eisenstab in eine stromdurchflossene Spule, werden seine Elementarmagnete im homogenen Feld ausgerichtet. Der Eisenstab (*Eisenkern*) wird selbst zum Magneten und verstärkt die magnetische Wirkung der Spule (**Elektromagnet**).

Vorstellung von der Ursache des Magnetismus von Dauermagneten

Oersted hat mit seiner Entdeckung der magnetischen Wirkung des Stromes als Erster einen Zusammenhang zwischen Elektrizität und Magnetismus gefunden. *Ampère* ging noch einen Schritt weiter. Er entwickelte die Vorstellung, dass Magnetismus eine elektrische Erscheinung ist.
Auffallend ist, dass das Magnetfeld außerhalb einer stromdurchflossenen Spule dem Feld eines Stabmagneten gleicht. Ampère erkannte durch einfallsreiche Versuche, dass sich im Magnetfeld eines stromdurchflossenen Drahtes eine Leiterschleife oder eine Spule wie eine Magnetnadel verhält. So kam er bereits 1820 auf den Gedanken, dass auch elektrische Ströme im Inneren einer Magnetnadel oder eines Dauermagneten den Magnetismus verursachen.
Elektrische Ströme sind bewegte Ladungen. In Atomen bewegen sich Ladungen. Die Atome sind Träger „*atomarer Kreisströme*". Diese sind in einem Körper aus nicht magneti-

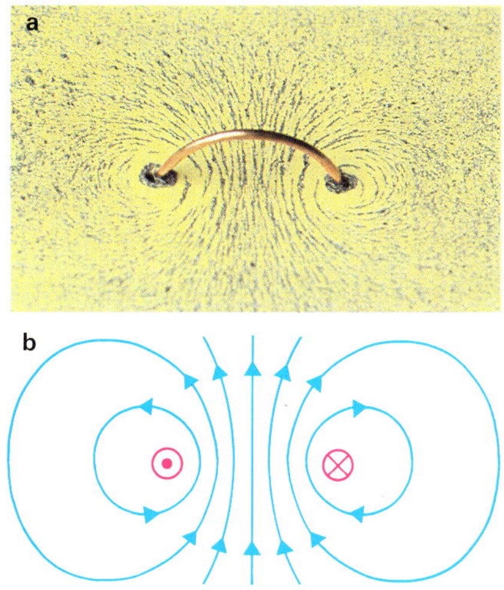

229.1 Magnetfeld einer Leiterschleife

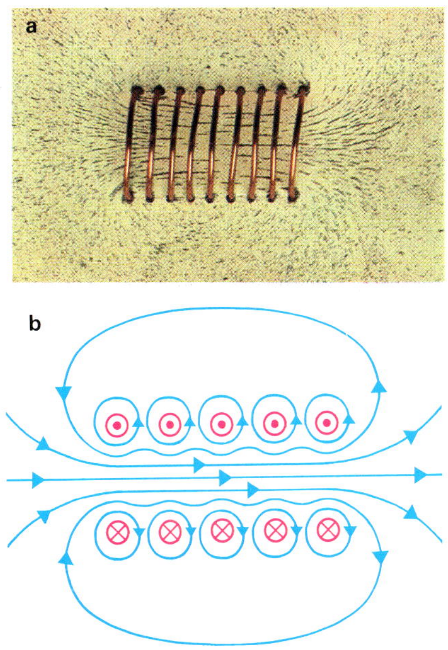

229.2 Magnetfeld einer Spule

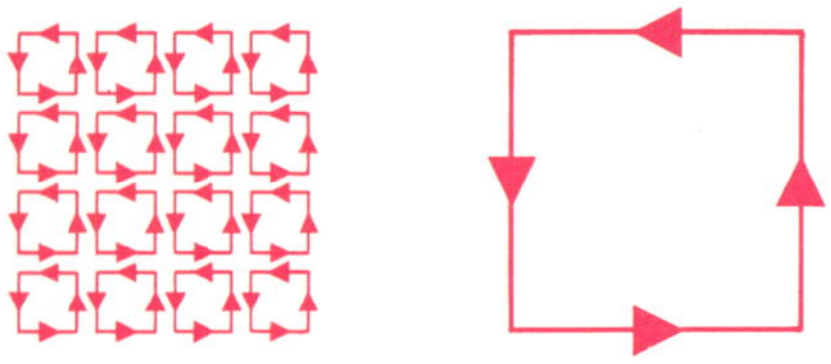

230.1 Deutung des Magnetismus von Dauermagneten

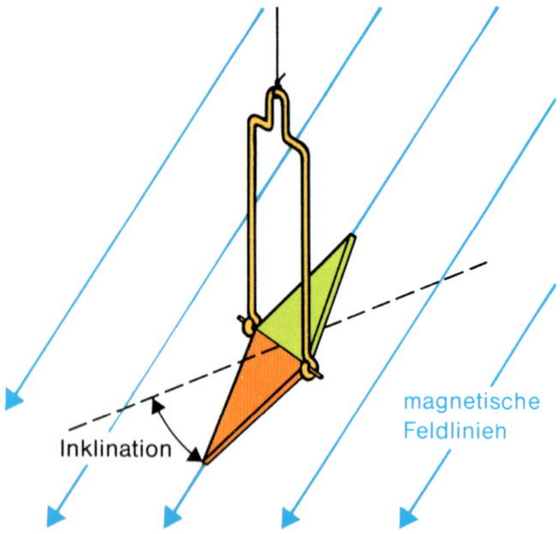

230.2 Inklination

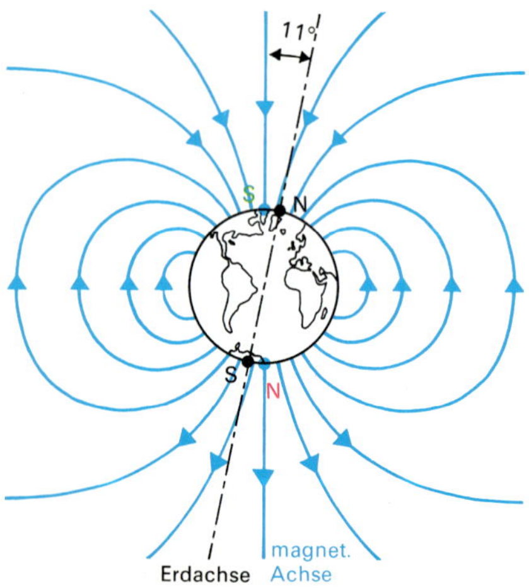

230.3 Erdnahes Magnetfeld

siertem, ferromagnetischem Material nur in sehr kleinen Bereichen jeweils geordnet. Die kleinen geordneten Bereiche bilden die *Elementarmagnete*. Sie liegen völlig regellos durcheinander. Dadurch heben sich ihre magnetischen Wirkungen nach außen auf. In einem magnetischen Feld richten sich jedoch die Elementarmagnete und damit die Kreisströme aus: Der Körper wird zum Magneten.
Abb. 230.1 zeigt einen Schnitt durch einen Stabmagneten mit den ausgerichteten „atomaren Kreisströmen". Wir können sie so deuten, dass sie sich im Inneren gegenseitig aufheben und so ein Strom auf der Oberfläche übrig bleibt – wie bei einer Spule. Daher liegt die Vorstellung nahe, dass auch bei einem Dauermagneten die Feldlinien nicht am Nordpol beginnen und am Südpol enden, sondern sich auch im Magneten schließen. So wird auch verständlich, weshalb sich von einem Dauermagneten die einzelnen Pole nicht abtrennen lassen.

Das Erdmagnetfeld

Den Chinesen waren Magnetnadeln als Richtungsweiser bereits im 11. Jahrhundert bekannt. In Europa wurden sie schon im 12. Jahrhundert in der Seefahrt und im Bergbau benützt. Der englische Arzt *William Gilbert* (1544–1603) stellte sich vor, dass die Erde ein großer Magnet ist. Damit konnte er die Wirkungsweise des Kompasses erklären.

Eine in einer waagrechten Ebene drehbare Magnetnadel stellt sich nicht genau in die geografische Nord-Süd-Richtung ein. Der Winkel zwischen der Einstellrichtung der Magnetnadel und der geografischen Nord-Süd-Richtung heißt **Deklination***. Die Deklination ist von Ort zu Ort verschieden. Sie ändert sich im Lauf der Zeit. Bei uns beträgt sie etwa 1° nach Westen; sie nimmt jährlich um 0,1° ab.

V Eine Magnetnadel soll sich in Richtung einer Feldlinie des Erdmagnetfeldes einstellen: Wir lagern sie deshalb so, dass sie sich um eine horizontale und eine vertikale Achse zu drehen vermag (Abb. 230.2). Der Nordpol der Magnetnadel senkt sich um einen Winkel von etwa 65° aus der Horizontalen.

Dieser Neigungswinkel heißt **Inklination***. Am Äquator ist die Inklination 0°. Nähert man sich den magnetischen Polen der Erde, wächst sie bis auf 90°.

Abb. 230.3 zeigt einen Schnitt durch das erdnahe Magnetfeld. Die Feldlinien treten auf der südlichen Halbkugel aus und auf der nördlichen wieder in die Erde ein. Der geografische Nordpol fällt nicht mit dem in der Nähe gelegenen magnetischen Südpol (!) zusammen. Dieser befindet sich nördlich von Kanada. Der magnetische Nordpol liegt auf der südlichen Erdhalbkugel südlich von Tasmanien. Die langsame, beständige Änderung der Deklination zeigt, dass sich die magnetischen und geografischen Pole gegeneinander verschieben (Polwanderung).

V Wir halten einen unmagnetisierten Eisenstab in Richtung einer Feldlinie. Dann klopfen wir mit einem Hammer kräftig auf das obere Ende. Mit einer Magnetnadel weisen wir nach, dass der Stab nun magnetisiert ist: Das untere Ende ist ein magnetischer Nordpol. Bei den Erschütterungen haben sich Elementarmagnete ausgerichtet.

Das erdnahe Magnetfeld ähnelt dem Magnetfeld einer Spule. Als Ursache für dieses Feld sieht man elektrische Ströme in ungefähr 3000 km Tiefe an.

Aufgaben

1. *„Lebende Kompassnadeln"*
Im Bodenschlamm von Gewässern leben Bakterien, die kleine magnetische Kristalle („Magnetite") in sich tragen und sich in Richtung der magnetischen Feldlinien ausrichten. Diese Bakterien gedeihen am besten in sauerstoffarmer Umgebung. Sie schwimmen längs einer magnetischen Feldlinie vom sauerstoffreichen Oberflächenwasser in Richtung der sauerstoffarmen Sedimente. Warum schwimmen die auf der Nordhalbkugel lebenden Bakterien in die umgekehrte „magnetische" Richtung wie die auf der Südhalbkugel lebenden? Sind die auf der Nordhalbkugel anzutreffenden Bakterien „Nordsucher" oder „Südsucher" (Abb. 231.1)? Warum findet man am Äquator Nord- und Südsucher?

2. **a)** Der Polarstern steht für uns über dem Nordpunkt des Horizonts. Wie kann man auf der Nordhalbkugel der Erde zu jedem Ort die Deklination bestimmen?
b) Wo befinden sich auf der Erde Orte mit der Deklination 180°?
c) Fahre mit dem Kompass an Heizkörpern aus Stahl langsam von oben nach unten entlang und untersuche, ob sie magnetisch sind! Erkläre, wo sich Nord- und Südpol befinden!

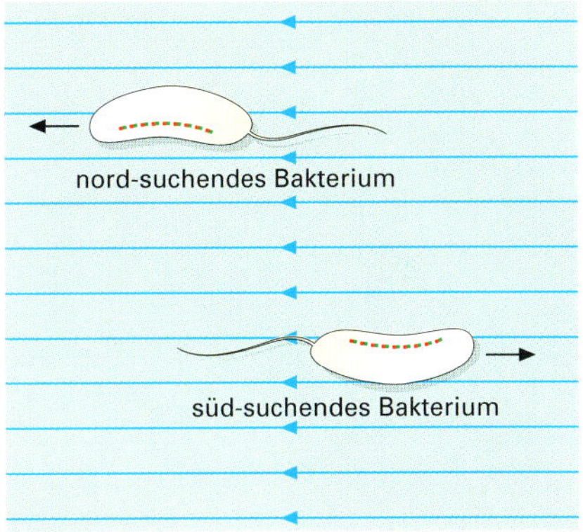

231.1 Magnetisch geleitete Bakterien

11.3 Kräfte auf bewegte Ladungen im Magnetfeld

Stromdurchflossene Leiter im Magnetfeld

Im Drehspulinstrument erfährt eine stromdurchflossene Spule im Magnetfeld eine Kraft. Erfährt auch ein gerader, stromdurchflossener Leiter in einem Magnetfeld eine Kraft?

V Wir hängen zwischen die Pole eines Hufeisenmagneten senkrecht zu den Feldlinien eine „Leiterschaukel" und schicken einen starken Gleichstrom hindurch (Abb. 231.2). Die Schaukel wird durch eine Kraft ausgelenkt. Diese *magnetische Kraft* auf den stromdurchflossenen Leiter verschwindet wieder, wenn der Stromkreis unterbrochen wird. Ändern wir durch Umpolen die Stromrichtung oder durch Umdrehen des Magneten die Feldrichtung, kehrt sich die Kraftrichtung um.

Ein gerader stromdurchflossener Leiter erfährt in einem Magnetfeld eine Kraft, die senkrecht zum Leiter und senkrecht zum Magnetfeld wirkt.

Den Strom bezeichnen wir als Ursache, das Magnetfeld als Vermittlung und die magnetische Kraft als Wirkung. Den Richtungen dieser drei Größen lassen sich die senkrecht zueinander gespreizten Finger *Daumen, Zeigefinger* und *Mittelfinger* aufgrund des Versuchs wie folgt zuordnen (Abb. 231.3):

UVW-Regel der rechten Hand
Weist der Daumen in die technische (!) Stromrichtung, der Zeigefinger in Feldrichtung, so zeigt der Mittelfinger in Kraftrichtung.

V Wir verwenden eine Leiterschaukel, die kürzer als der Abstand der Schenkel des Hufeisenmagneten ist. Nun drehen wir den Magneten um seine Längsachse und verändern so den Winkel zwischen Leiter und Feldrichtung: Die Auslenkung und damit die magnetische Kraft auf die Leiterschaukel werden immer kleiner und verschwinden ganz, sobald Leiter und Feldlinien zueinander parallel sind.

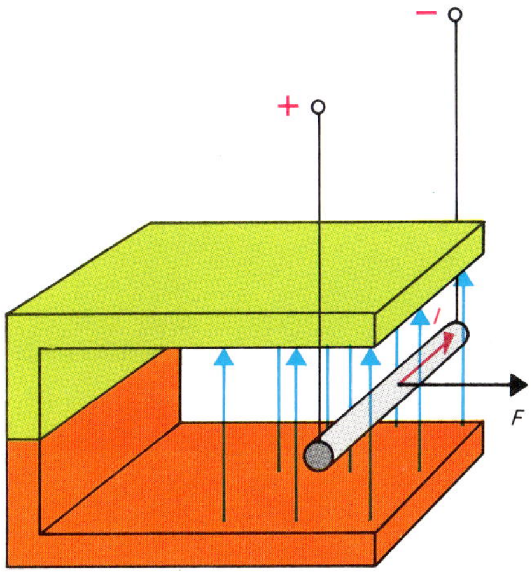

231.2 Kraft auf eine Leiterschaukel

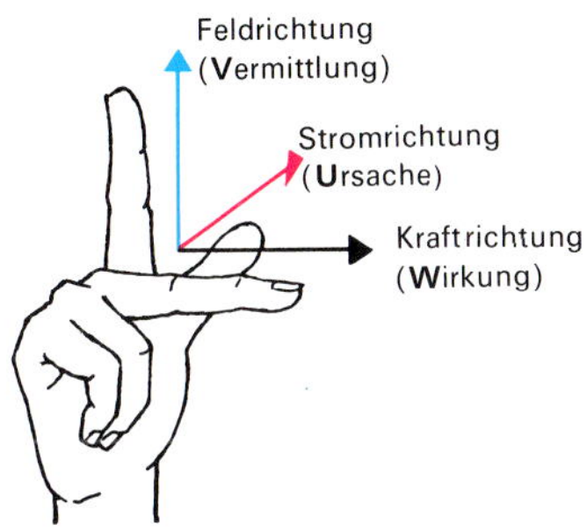

231.3 UVW-Regel

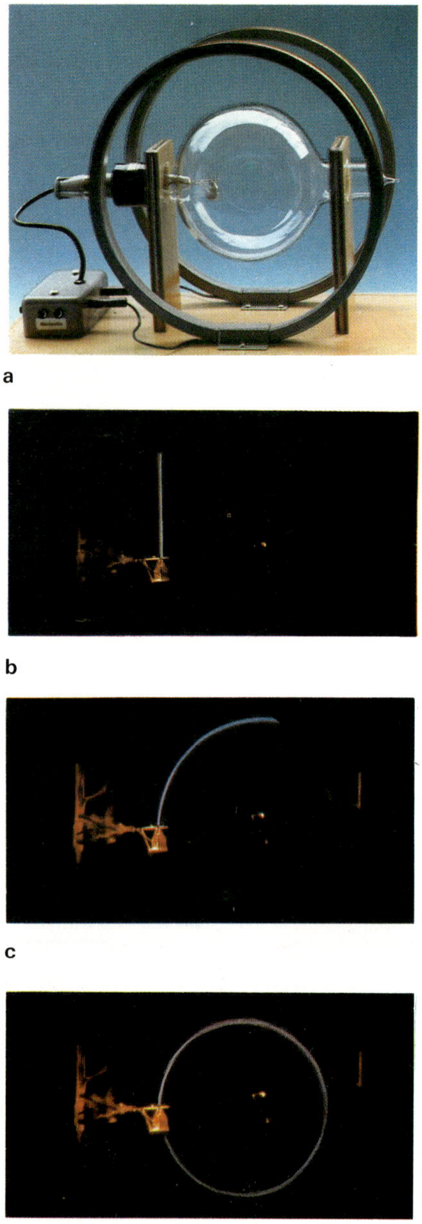

a

b

c

d

232.1 Fadenstrahlrohr

Die Lorentzkraft

Verläuft ein Leiter quer zum Magnetfeld, so wirkt auf ihn nur dann eine Kraft, wenn ihn ein Strom durchfließt, wenn sich in ihm also Elektronen bewegen. Könnte es sein, dass jedes quer zum Magnetfeld bewegte Elektron selbst eine Kraft erfährt und die Kraft auf den Leiter durch das Zusammenwirken dieser Einzelkräfte zustande kommt?
Zur Beantwortung dieser Frage untersuchen wir Elektronen, die sich nicht in einem Leiter, sondern im Vakuum durch ein Magnetfeld bewegen.

V Wir benutzen ein *Fadenstrahlrohr* (Abb. 232.1a). Es besteht aus einer Glaskugel, die etwas Wasserstoffgas unter sehr niedrigem Druck enthält. Aus einer Glühkatode austretende Elektronen werden durch eine anliegende Spannung zu einer kegelförmigen Anode hin beschleunigt. Die Elektronen treten dann durch ein Loch in der Spitze des Anodenkegels als fadendünner Elektronenstrahl aus. Beim Zusammenstoß mit Teilchen des Wasserstoffgases hinterlassen sie eine geradlinige Leuchtspur (Abb. 232.1b). Nähern wir einen Magneten, wird der Elektronenstrahl abgelenkt.

Mit den beiden großen Ringspulen (Abb. 232.1a) kann man in der vertikalen Mittelebene ein weitgehend homogenes Magnetfeld erzeugen. Seine Feldlinien stehen auf der Mittelebene senkrecht. Schalten wir den Spulenstrom ein, wird der Elektronenstrahl kreisförmig abgelenkt (Abb. 232.1c). Die Krümmung ist umso stärker, je stärker der Spulenstrom und damit das Magnetfeld ist (Abb. 232.1d).
Die Ursache für die Krümmung der Elektronenbahn ist eine Kraft, welche die Elektronen ständig ablenkt. Die Kraft wirkt senkrecht zur Bewegungsrichtung und senkrecht zur Magnetfeldrichtung. Versuche haben ergeben, dass auch bewegte positive Ladungen im Magnetfeld eine solche Kraft erfahren. Nach dem niederländischen Physiker *Hendrik Antoon Lorentz* (1853–1928) nennt man diese *auf bewegte Ladungen im Magnetfeld wirkende Kraft* **Lorentzkraft.**
Die magnetische Kraft auf die stromdurchflossene Leiterschaukel wird also durch die Lorentzkräfte, die im Metall auf die bewegten Elektronen wirken, hervorgerufen. Die Elektronen übertragen diese Kräfte auf den Leiter.
Die Richtung der Lorentzkraft auf die Elektronen im Fadenstrahlrohr müsste sich auch mit der UVW-Regel bestimmen lassen. Die Elektronen bewegen sich entgegengesetzt zur technischen Stromrichtung. Wir halten also den Daumen der rechten Hand *entgegengesetzt* zur Flugrichtung der Elektronen.

V Mit einer Magnetnadel bestimmen wir die Feldrichtung und überprüfen die Handregel: Der Mittelfinger zeigt – wie erwartet – in Ablenkrichtung.

V Wir drehen die Glaskugel so, dass die Elektronen parallel zum Magnetfeld fliegen. Es tritt keine Ablenkung, also keine Lorentzkraft auf. Wir wiederholen den Versuch mit verschiedenen Winkeln zwischen Elektronenstrahl und Magnetfeld. Im allgemeinen Fall ist die Elektronenbahn schraubenförmig.

Unsere Ergebnisse fassen wir zusammen:

Bewegen sich Ladungen parallel zum Magnetfeld, so tritt keine Lorentzkraft auf. In allen anderen Fällen tritt eine Lorentzkraft auf. Sie ist am größten, wenn sich die Ladungen senkrecht zur Feldrichtung bewegen.

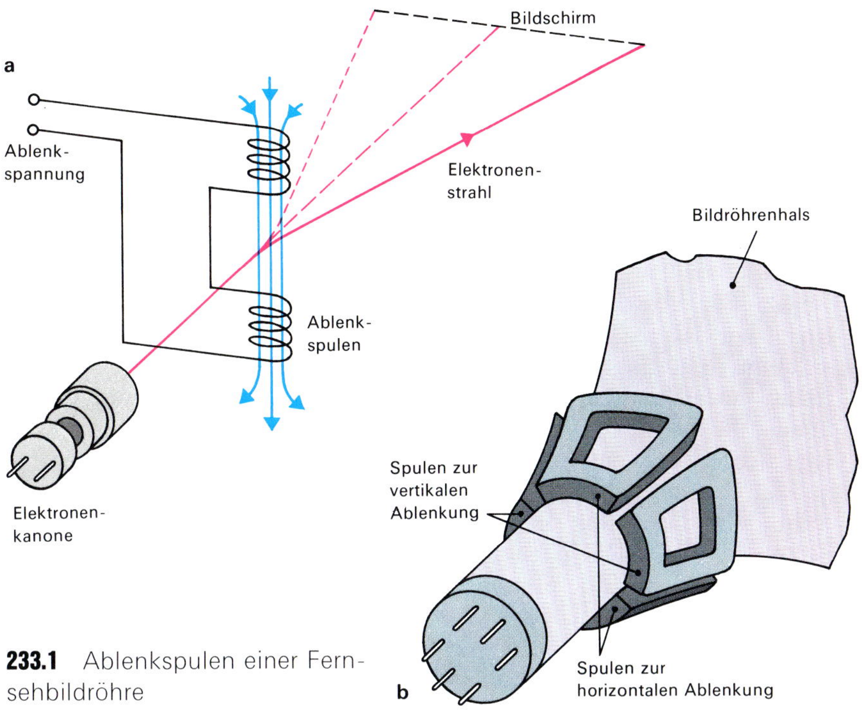

233.1 Ablenkspulen einer Fernsehbildröhre

Bilderzeugung beim Fernsehgerät

Die magnetische Ablenkung des Elektronenstrahls wird in der **Fernsehbildröhre** genutzt. Es handelt sich dabei um eine Braun'sche Röhre. An die Stelle der entgegengesetzt geladenen Plattenpaare treten hier zur Ablenkung stromdurchflossene Spulenpaare. Abb. 233.1a zeigt das Spulenpaar, mit dem der Elektronenstrahl waagrecht geführt werden kann. Zur vertikalen Ablenkung ist ein weiteres Spulenpaar vorhanden (Abb. 233.1b). Die magnetische Ablenkung durch außen am Röhrenhals anliegende Spulen hat gegenüber der elektrischen Ablenkung durch Platten den Vorteil, dass bei großen Ablenkungen der Strahl genauer geführt werden kann.

Durch die Steuerung der beiden Spulenströme wird der Elektronenstrahl mit sehr großer Geschwindigkeit *zeilenweise* über den Bildschirm geführt. Dabei wird das Bild aus 625 Zeilen zu je 833 kleinen Leuchtpunkten aufgebaut. Der Sender steuert über den im Fernsehgerät eingebauten Empfänger die Intensität des Elektronenstrahls und damit die Helligkeit der einzelnen Bildpunkte.

Der Elektronenstrahl schreibt in $\frac{1}{25}$ s das gesamte Bild. Das Auge kann die einzelnen Zeilen und Leuchtpunkte nicht mehr getrennt wahrnehmen; es registriert nur das vollständige Bild.

Versuche haben aber ergeben, dass ein weitgehend flimmerfreies Bild erst entsteht, wenn der Elektronenstrahl weniger als $\frac{1}{25}$ s benötigt, um die gesamte Bildfläche zu überstreichen. Deshalb greift man zu einem Trick: Das Bild wird in zwei *Halbbilder* zerlegt. In der ersten fünfzigstel Sekunde werden die ungeradzahligen Zeilen 1, 3, …, 625 geschrieben, in der nächsten fünfzigstel Sekunde die geradzahligen 2, 4, …, 624 (Abb. 233.2). So wird in jeder fünfzigstel Sekunde auf dem Bildschirm ein Halbbild erzeugt. Das Auge kann diese Halbbilder nicht unterscheiden. Es setzt sie zu einem ruhigeren Gesamtbild zusammen.

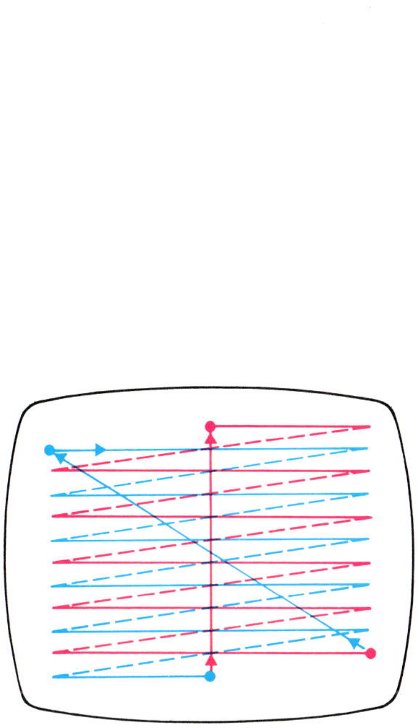

233.2 Aufbau des Bildes aus Zeilen (blau: 1. Halbbild; rot: 2. Halbbild)

Der Elektromotor

Im Magnetfeld wirken auf stromdurchflossene Leiter Kräfte. Diese Erscheinung wird im Elektromotor zur Umwandlung von elektrischer Energie in Bewegungsenergie genutzt. Seine Funktionsweise überlegen wir uns anhand von Abb. 234.1. Im Magnetfeld zwischen den Polen eines Hufeisenmagneten befindet sich eine rechteckige Leiterschleife. Im linken Teil fließt der Strom nach hinten, die Feldrichtung weist nach rechts, also wirkt eine Kraft $\vec{F}_1$ nach unten. Entsprechend finden wir rechts die betragsmäßig gleich große Kraft $\vec{F}_2$, die nach oben wirkt (Abb. 234.1a). Beide Kräfte erzeugen ein Drehmoment: Die Leiterschleife beginnt sich zu drehen und gewinnt an Bewegungsenergie. Nach einer Vierteldrehung ziehen $\vec{F}_1$ und $\vec{F}_2$ in entgegengesetzte Richtung (Abb. 234.1b): Ihr Drehmoment ist gleich null. Durch ihre Bewegungsenergie überwindet die Leiterschleife diesen „toten Punkt". Nun wirken aber $\vec{F}_1$ und $\vec{F}_2$ der Bewegung entgegen (Abb. 234.1c): Die Leiterschleife wird gebremst.

Um das Abbremsen der Leiterschleife nach dem Durchlaufen des toten Punktes zu verhindern, wird die Stromrichtung in der Leiterschleife umgekehrt, damit das Drehmoment weiter in Bewegungsrichtung wirkt. Die Enden der Leiterschleife werden deshalb an zwei gegeneinander isolierten Halbringen befestigt, die sich mit der Leiterschleife mitdrehen. Der Strom wird durch zwei fest stehende Kohlebürsten zugeführt. Diese Anordnung heißt *Stromwender* oder **Kommutator***. Er sorgt in unserem Beispiel dafür, dass links der Strom immer nach hinten, rechts immer nach vorn fließt. Links wirkt die Kraft immer nach unten, rechts immer nach oben: Die Leiterschleife erfährt in jeder Stellung – außer in den beiden „Totpunkten" – ein links drehendes Drehmoment (Abb. 234.1 a′ bis c′).

234.1 Prinzip des Elektromotors

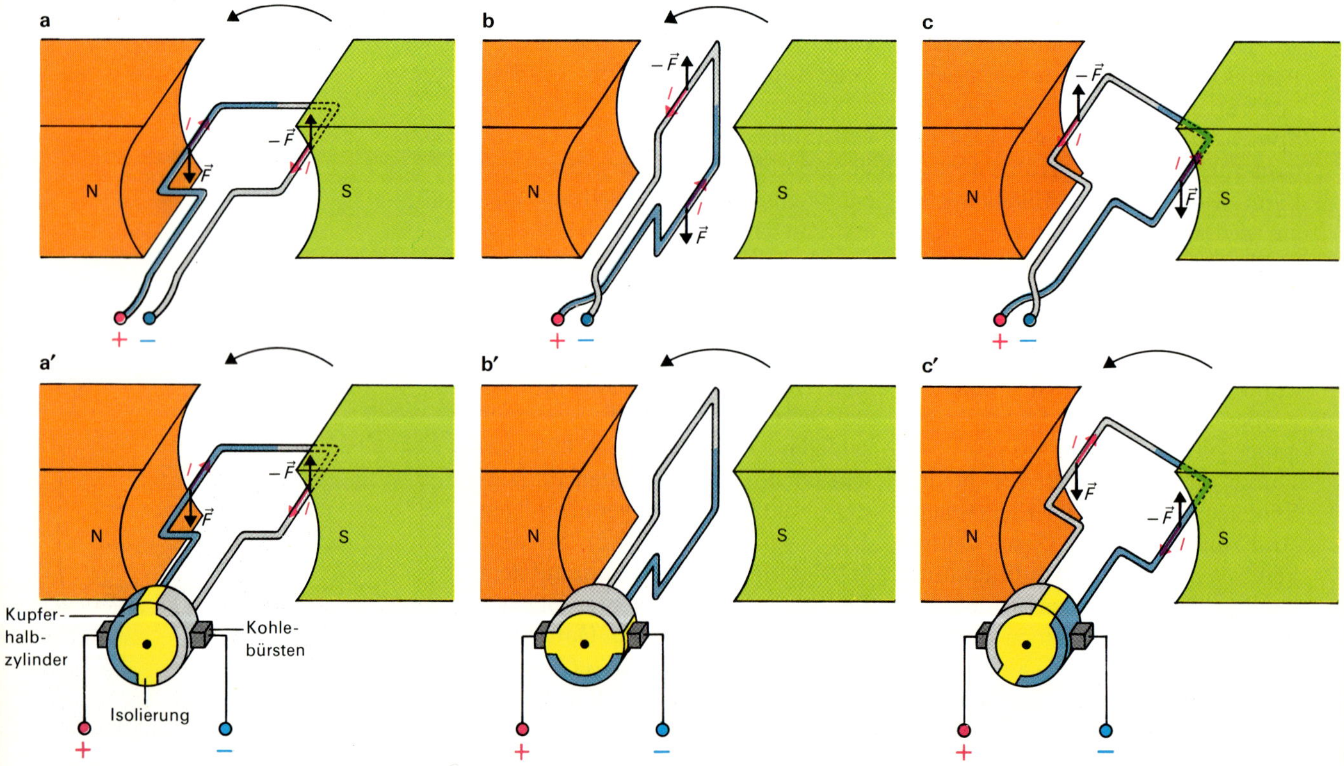

Die Antriebskräfte werden größer, wenn man anstatt einer Leiterschleife eine Spule mit mehreren Windungen verwendet. Stattet man die drehbare Spule noch mit einem Eisenkern aus, wird das Magnetfeld der Spule verstärkt. Die drehbare Spule mit Eisenkern und Kommutator nennt man *Läufer* oder auch **Anker**. Der einfachste Anker heißt wegen seiner Form *Doppel-T-Anker* (Abb. 235.1a und b).

V Wir bauen aus Hufeisenmagnet, Polschuhen und Doppel-T-Anker einen Elektromotor auf (Abb. 235.2a). Nun legen wir Gleichspannung an. Um ihm über den toten Punkt zu helfen, stoßen wir ihn etwas an: Er läuft! Allerdings ist der Lauf ungleichmäßig.

Gute Anlaufeigenschaften und einen gleichmäßigen Lauf erreicht man, wenn der Anker mehrere Spulen trägt, deren Ebenen gegeneinander versetzt sind. In jeder Ankerstellung gibt es dann mindestens eine Spule, die ein Drehmoment liefert: Es tritt kein Totpunkt auf. Abb. 235.1c zeigt einen *Trommelanker* mit 15 Spulen und den zugehörigen 30 Kommutatorlamellen.

V Wir ersetzen in unserem Motor den Doppel-T-Anker durch einen einfachen Trommelanker. Er läuft von selbst an und gleichmäßig weiter (Abb. 235.2b).

Es ist schwierig, große Dauermagnete herzustellen. Deshalb verwendet man bei großen Motoren Elektromagnete.

V Wir tauschen im vorigen Versuch den Dauermagneten gegen einen U-förmigen Eisenkern mit zwei Spulen aus. Die Spulen des Ankers und des Elektromagneten sind hintereinander geschaltet. Sie werden vom gleichen Strom der angeschlossenen Stromquelle durchflossen (Abb. 235.2c).

Vertauschen wir beim Anschluss die Pole der Gleichstromquelle, ändert sich die Drehrichtung des Ankers nicht (Aufgabe 7, S. 237).

V Der Motor wird mit Wechselstrom betrieben: Er läuft.

Ein Elektromotor nach diesem Konstruktionsprinzip kann sowohl mit Gleich- als auch mit Wechselstrom betrieben werden. Er heißt deshalb **Universalmotor**.

a
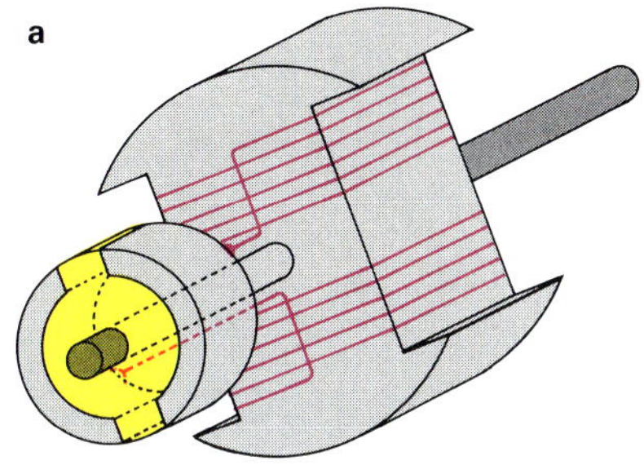
b

c

235.1 a) und b) Doppel-T-Anker; c) Trommelanker

235.2 Elektromotor (Funktionsmodelle)

a
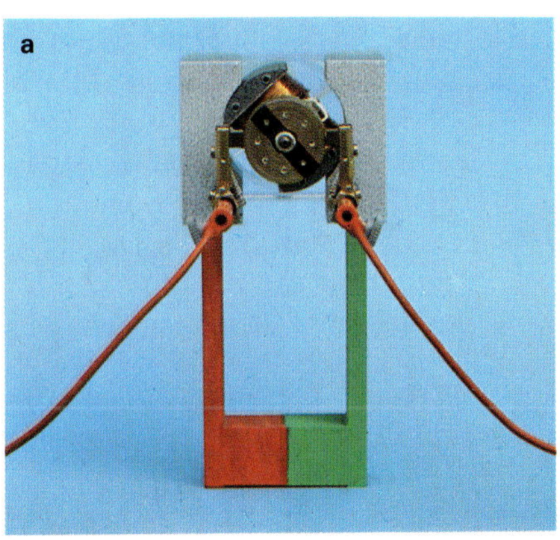
b
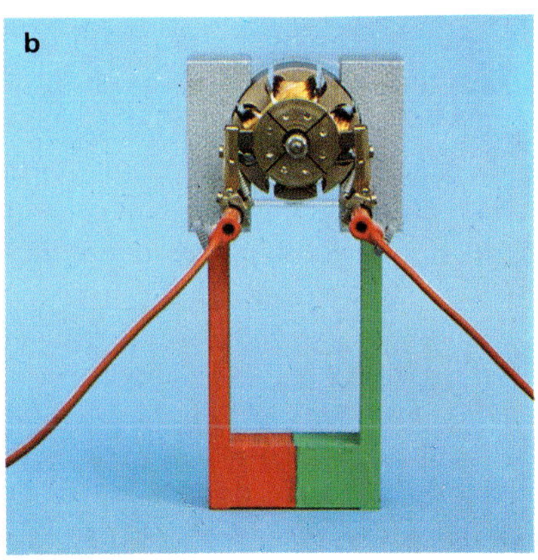
c
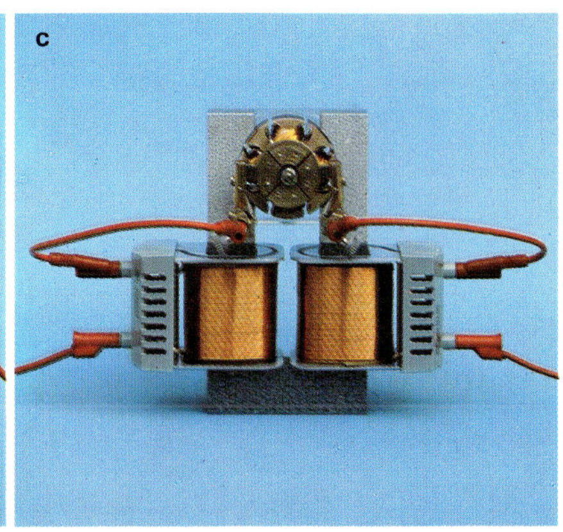

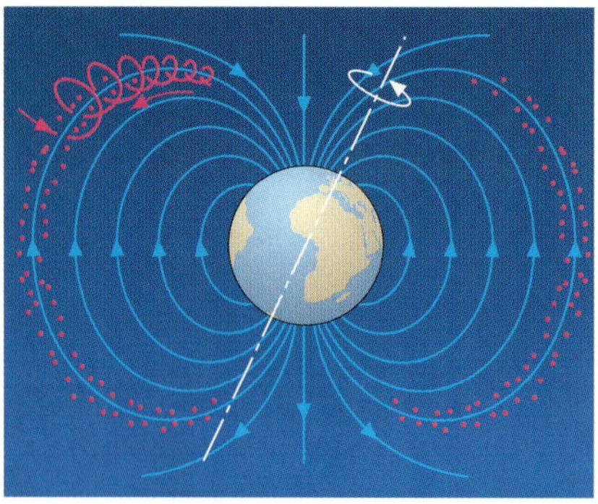

236.1 Das „Einfangen" eines geladenen Teilchens durch das Erdmagnetfeld

236.2 Nordlicht

Aufgaben

1. *„Dreifingerregel"*
Zeichne in Anlehnung an Abb. 231.2 vereinfacht die vier Möglichkeiten, die für Feld- und Stromrichtung der stromdurchflossenen Leiterschaukel im Feld des Hufeisenmagneten bestehen können. Bestimme mit der UVW-Regel jeweils die Kraftrichtung!

2. *Der Effekt zur Definition der Stromstärkeeinheit* (Vgl. S. 73)
Ein gerader Leiter verläuft senkrecht zur Zeichenebene. Der Strom in ihm fließt aus der Zeichenebene heraus.
a) Zeichne ein Bild der magnetischen Feldlinien!
b) Parallel zum ersten Leiter verläuft ein zweiter. Dieser wird von einem *gleich gerichteten* Strom durchflossen. Bestimme die Richtung der Kraft, die auf den zweiten Leiter wirkt! Der erste Leiter befindet sich im Magnetfeld des zweiten. Wie ist die Kraft auf den ersten Leiter gerichtet? Wie verhalten sich folglich die beiden Leiter?
c) Beantworte die Fragen von b) für den Fall, dass der zweite Leiter von einem *entgegengesetzt gerichteten* Strom durchflossen wird!

3. *„Magnetische Flasche"*
Die Sonne sendet außer Licht noch energiereiche (und damit gesundheitsschädliche) geladene Teilchen aus, Elektronen und positiv geladene Teilchen. Trifft ein geladenes Teilchen auf das Erdmagnetfeld, so bewegt es sich in einer Schraubenbahn um eine Feldlinie (Abb. 236.1). Die Schraubenbahn wird immer enger, bis das Teilchen schließlich umkehrt. Die geladenen Teilchen werden so im Erdmagnetfeld „eingesperrt".
a) Welche Kraft ist die Ursache für das „Herumwinden" des gelade-

nen Teilchens um die Feldlinie? Ist das in Abb. 236.1 dargestellte Teilchen positiv oder negativ geladen?

b) Wo kommen die geladenen Teilchen der Erdoberfläche so nahe, dass sie auf Moleküle der Lufthülle treffen und eine Leuchterscheinung (Abb. 236.2) hervorrufen?

4. *„Der rasende Elektronenstrahl"*

a) Wie viele Vollbilder erscheinen in einer Sekunde auf dem Bildschirm eines Fernsehgerätes? Wie viele Zeilen schreibt der Elektronenstrahl in einer Sekunde?

b) Bei einer 63-cm-Bildröhre ist eine Zeile 48 cm lang. Welchen Gesamtweg (ohne die abgedunkelten Rücksprünge auf die Zeilenanfänge) legt der Elektronenstrahl in einer Sekunde auf dem Bildschirm zurück? Mit welcher Geschwindigkeit in km/h schreibt er eine Zeile (ohne Berücksichtigung des Rücksprungs)?

5. *Farbfernsehen*

Aus den drei Grundfarben Rot, Gelbgrün und Blau lässt sich jede Farbe erzeugen. In der Farbfernsehkamera wird das Licht nach dem Objektiv durch Prismen, Spiegel und Filter in seinen Rot-, Gelbgrün- und Blau-Anteil zerlegt und drei Aufnahmesystemen zugeführt. Die „Rot-Kamera" z. B. nimmt auf, wie intensiv rot die einzelnen Punkte des Bildes leuchten. Der Sender übermittelt einer „Elektronenkanone" in der Bildröhre des Fernsehgerätes diesen Rot-Auszug des Bildes, einer zweiten den Gelbgrün-Auszug und einer dritten den Blau-Auszug. In der Bildröhre werden die Farbauszüge dann zum farbigen Bild zusammengesetzt.

Abb. 237.1 zeigt den Aufbau der Farbbildröhre mit den drei Elektronenkanonen, den Ablenkspulen, einer Maske mit $\frac{1}{2}$ Million Schlitzen (Schlitzmaske) und den Bildschirm mit jeweils $\frac{1}{2}$ Million roten, gelbgrünen und blauen Farbrasterpunkten, die beim Auftreffen des Elektronenstrahles leuchten. Beschreibe und erkläre, wie das Farbbild zustande kommt!

6. *Computer-Monitor*

Das Bild eines Farbmonitors wird wie beim Farbfernsehgerät erzeugt. Bei einem 17-Zoll-Monitor ist das Bild etwa 32 cm breit und 23 cm hoch (Abb. 237.2). Die *Auflösung* und die *Bildwiederholrate* wird mithilfe des Computers eingestellt: Eine Auflösung von 1152 × 864 bedeutet, dass jede Bildzeile aus 1152 farbigen Bildpunkten und das Bild aus 864 Zeilen aufgebaut ist; bei einer Bildwiederholrate von 80 Hz werden 80 Vollbilder je Sekunde geschrieben. Erläutere, warum ein Monitorbild im Vergleich mit einem Fernsehbild schärfer und flimmerfrei erscheint!

7. *Elektromotor*

a) Welche Haushaltsgeräte werden von Elektromotoren angetrieben? Welche Vor- und Nachteile hat ein Elektromotor gegenüber einem Verbrennungsmotor?

b) Der Anker der meisten Spielzeugmotoren dreht sich im Feld eines Dauermagneten. Wie kann man die Drehrichtung umkehren? Laufen solche Motoren auch mit Wechselstrom?

c) Zeige mit der UVW-Regel, dass bei Motoren mit einem Elektromagneten ein Wechsel der Stromrichtung keine Änderung der Drehrichtung bewirkt! Wie könnte man hier die Drehrichtung umkehren?

d) Enthalten die in Haushaltsgeräten verwendeten Motoren einen Dauer- oder einen Elektromagneten?

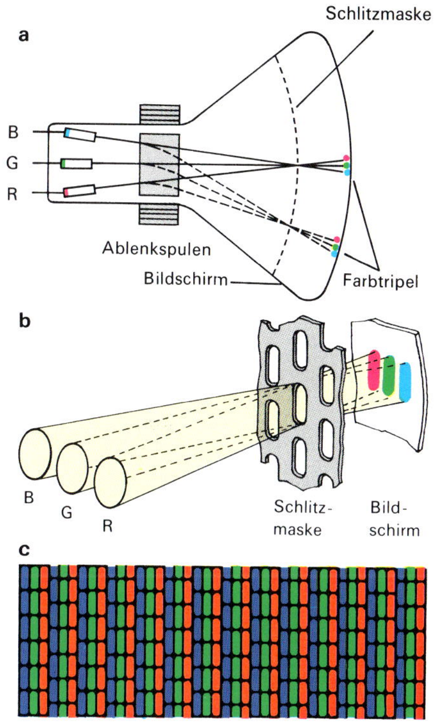

237.1 Farbbildröhre

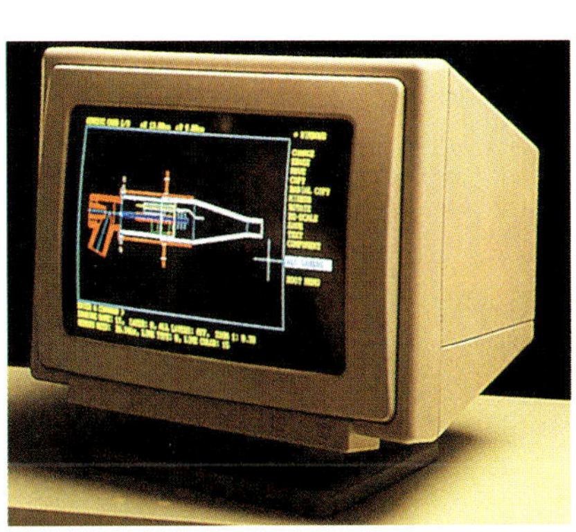

237.2 Computer-Monitor

11.4 Induktion im bewegten Leiter

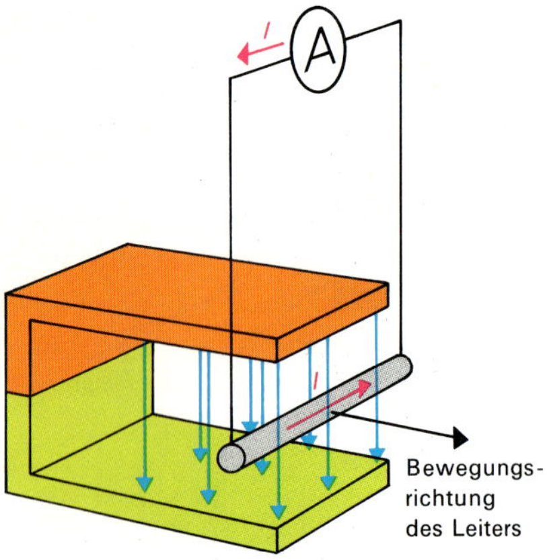

238.1 Grundversuch zur Induktion

Induktion

Auf einen quer zur Richtung des Magnetfeldes verlaufenden stromdurchflossenen Leiter wirkt eine Kraft, die ihn in Bewegung setzt. Dabei wird elektrische Energie in mechanische umgewandelt. Ist die Umkehrung dieses Vorgangs möglich? Erhält man durch Bewegen eines Leiters im Magnetfeld einen Strom? Diese Frage stellte sich der englische Physiker *Michael Faraday* (1791–1867).

V Wir bewegen die Leiterschaukel im Feld eines Hufeisenmagneten *quer zur Feldrichtung* (Abb. 238.1). Ein empfindliches Drehspulinstrument zeigt einen Strom an, solange die Bewegung andauert.

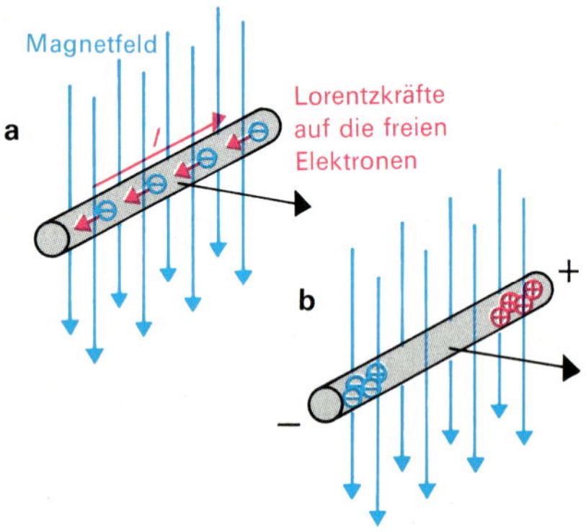

238.2 Zur Erklärung der Induktion

Diese von Faraday 1831 entdeckte Erscheinung heißt **elektromagnetische Induktion***, der Strom **Induktionsstrom**. Zwischen den Enden des im Magnetfeld bewegten Leiters ist eine Spannung entstanden, die **Induktionsspannung** genannt wird.

Wie können wir die Induktion erklären? Beim Bewegen des Leiters werden seine Ladungen mitbewegt und alle erfahren deshalb Lorentzkräfte. Die positiven Ladungen sitzen fest: Sie können den Kräften nicht folgen. Die frei beweglichen Elektronen dagegen werden nach der UVW-Regel zum einen Leiterende gedrängt (Abb. 238.2). Hier entsteht ein Elektronenüberschuss, am anderen Ende Elektronenmangel: Zwischen den Leiterenden tritt eine Spannung auf, die Induktionsspannung. Hört die Bewegung des Leiterstücks auf, verschwinden die Lorentzkräfte. Die Elektronen verteilen sich wieder: Die Spannung „bricht zusammen".

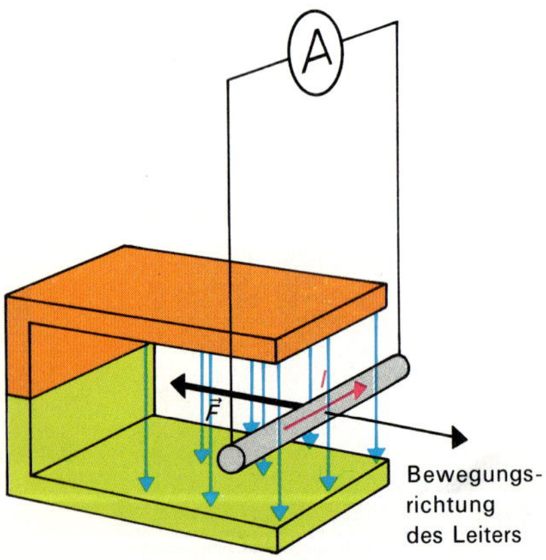

238.3 Wirkung des Induktionsstromes: Bewegungshemmende Kraft

V Wir bewegen die Leiterschaukel *in Feldrichtung*. Das empfindliche Drehspulinstrument zeigt keinen Ausschlag. – Es treten keine Lorentzkräfte auf, da sich die Ladungen parallel zur Feldrichtung bewegen.

Bewegt man einen Leiter im Magnetfeld quer zur Feldrichtung, so wird zwischen den Leiterenden eine Spannung induziert.

Richtung des Induktionsstromes

Bei der Induktion entsteht eine Spannung. Diese ist Ursache eines Induktionsstromes, wenn der Stromkreis geschlossen ist.
Fließt ein Induktionsstrom, so ist dieser wiederum Ursache einer Kraft $\vec{F}$ auf den Leiter im Magnetfeld. Mithilfe der UVW-Regel erkennen wir: $\vec{F}$ wirkt entgegengesetzt zur Bewegungsrichtung (Abb. 238.3). Muss das so sein? Was wäre, wenn $\vec{F}$ die Bewegung unterstützen würde? Der Leiter würde sich – ohne Einwirkung von außen – immer schneller bewegen: Man würde Energie gewinnen, ohne welche zuzuführen. Das würde der Energieerhaltung widersprechen.
Zum Bewegen des Leiters mit gleich bleibender Geschwindigkeit muss also gegen die bewegungshemmende Kraft $\vec{F}$ Arbeit verrichtet werden. Diese aufgewandte mechanische Arbeit wandelt sich in elektrische Energie um.

Aus der Energieerhaltung folgt also allgemein:

Lenz'sche Regel*
Der Induktionsstrom ist stets so gerichtet, dass er seiner Ursache entgegenwirkt.

Der Generator

Technisch leicht zu bewältigen sind Drehbewegungen.

V Eine drehbar gelagerte rechteckige Leiterschleife befindet sich zwischen den Polen eines Hufeisenmagneten. Ihre Enden sind über zwei Schleifringe mit einem empfindlichen Spannungsmesser verbunden (Abb. 239.1). Wir drehen langsam und gleichmäßig: Zwischen den Schleifringen tritt eine Spannung auf, die ständig ihre Größe ändert und ihre Polarität wechselt. Die *induzierte* Spannung ist eine **Wechselspannung**.

Abb. 239.3a stellt den Bewegungsablauf dar. Wir betrachten nur die Leiterstücke, die zur Drehachse parallel sind. Zunächst bewegen sie sich kurzzeitig parallel zu den Feldlinien: Keine Lorentzkräfte wirken auf Elektronen, keine Spannung wird induziert. Sobald sich die Leiterstücke dann quer zur Feldrichtung bewegen, treten Lorentzkräfte auf: Vom einen Schleifring werden Elektronen abgesaugt, auf den anderen werden welche getrieben. Die Lorentzkräfte sind am größten, wenn sich die Leiterstücke senkrecht zu den Feldlinien bewegen. Die induzierte Spannung wächst also während der Vierteldrehung von 0 V auf einen Höchstwert, den *Scheitelwert*, an. Während der nächsten Vierteldrehung nimmt sie wieder auf 0 V ab. Dann kehrt sich in jedem Leiterstück die Richtung der Lorentzkräfte um: Der Schleifring, der bisher negativ geladen war, ist während der nächsten Halbdrehung positiv geladen.
Die Leiterschleife und das angeschlossene Anzeigegerät bilden einen geschlossenen Stromkreis (Abb. 239.1). Dann treibt die induzierte Spannung einen Induktionsstrom „im Kreis" herum. Jener Schleifring, bei dem der Induktionsstrom herausfließt, wirkt nach außen wie der Pluspol einer Stromquelle, der andere wie der Minuspol. Mit einem Oszilloskop kann man den zeitlichen Verlauf der Induktionsspannung aufzeichnen. Eine im homogenen Magnetfeld gleichmäßig gedrehte Leiterschleife liefert auf dem Bildschirm eine bestimmte Wellenlinie, die *Sinuskurve* heißt (Abb. 239.3b).

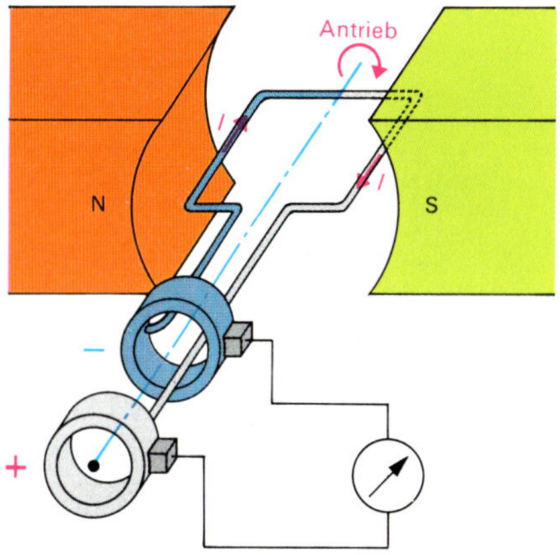

239.1 Schema eines Wechselspannungsgenerators

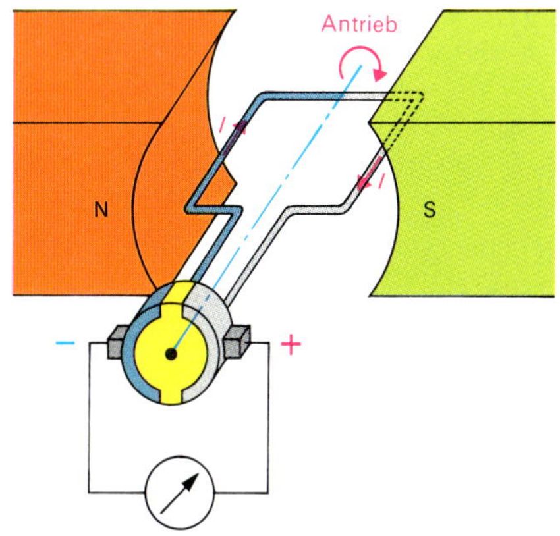

239.2 Schema eines Gleichspannungsgenerators

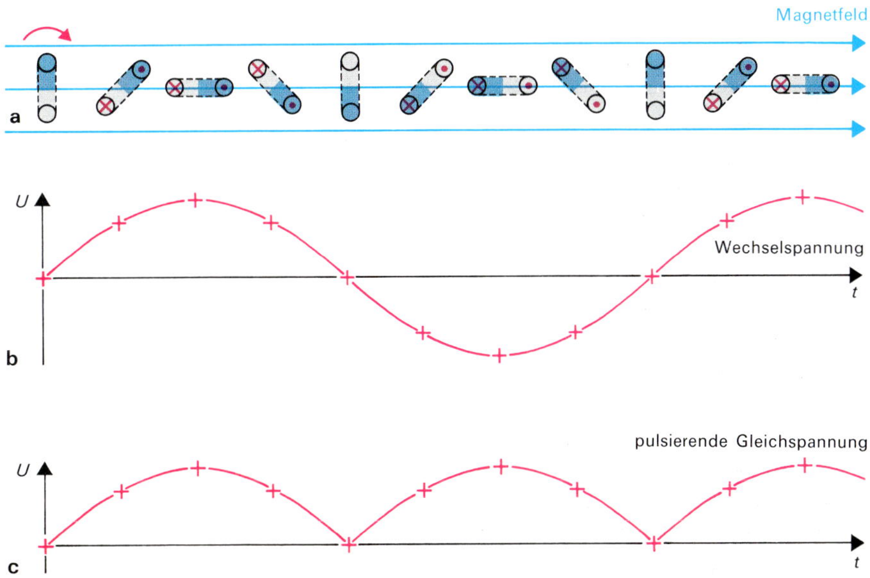

239.3 Rotierende Leiterschleife im Magnetfeld

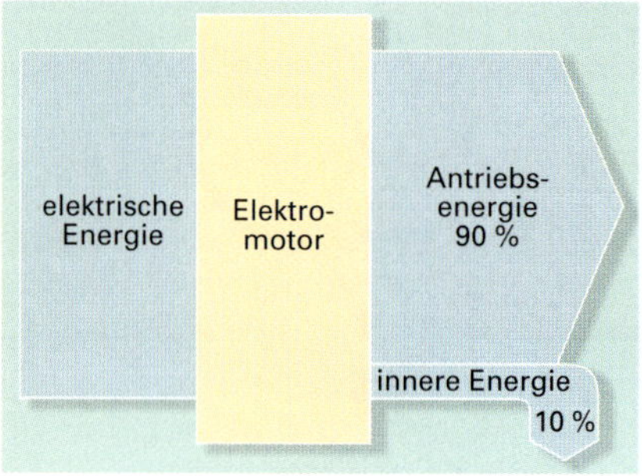

240.1 Energieumwandlungsdiagramm eines Elektromotors

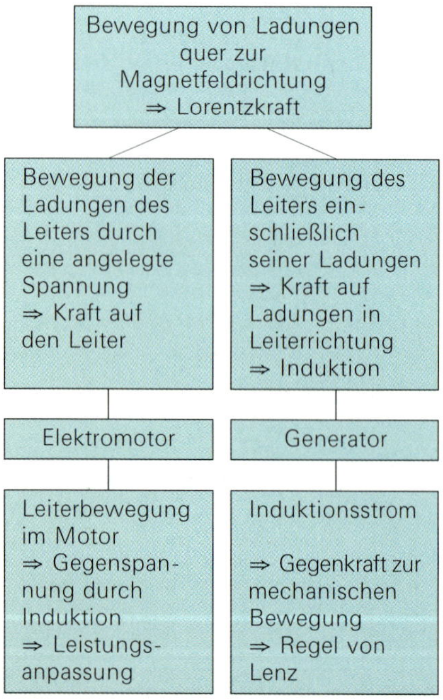

240.2 Wirkungen der Lorentzkraft

Wie bekommt man größere Wechselspannungen? Die Spannungen hintereinander geschalteter Stromquellen addieren sich: In einer Spule sind mehrere Leiterschleifen hintereinander geschaltet. Außerdem kann sie zur Verstärkung des Magnetfeldes mit einem Eisenkern versehen werden.

V Wir ersetzen die Leiterschleife durch einen Doppel-T-Anker und greifen die induzierte Spannung an zwei Schleifringen ab: Die Spannung reicht nun aus, um ein Lämpchen zu betreiben.

V Die Spannung wird über einen Kommutator abgegriffen (Abb. 239.2): Die Spannung ändert dauernd ihre Größe. Ihre Polarität bleibt aber erhalten. Es entsteht **pulsierende Gleichspannung**.

Da gerade in jenen Punkten umgepolt wird, wo keine Spannung auftritt, ist die eine Kohlebürste stets mehr oder weniger positiv geladen, die andere stets mehr oder weniger negativ geladen. Das *t*-*U*-Diagramm ergibt sich also, indem wir die „negativen Halbwellen" von Abb. 239.3b nach oben klappen (Abb. 239.3c).

**Dreht man eine Leiterschleife im Magnetfeld, tritt zwischen ihren Enden eine Spannung auf.
Greift man diese Induktionsspannung an zwei Schleifringen ab, erhält man Wechselspannung. Greift man sie an einem Kommutator ab, erhält man pulsierende Gleichspannung.**

Nach diesem Prinzip wird im **Generator*** großtechnisch elektrische Energie erzeugt. Er wandelt durch Induktion mechanische Energie in elektrische Energie um.

Leistungsanpassung des Elektromotors

Nach dem Einschalten wirkt auf den Anker eines unbelasteten Motors ständig ein Drehmoment. Warum stellt sich eine gleich bleibende Drehzahl ein?

V Wir verwenden unseren Motor aus Dauermagnet und Trommelanker und beobachten die Stromstärke mithilfe eines Strommessers: Unmittelbar nach dem Einschalten ist die Stromstärke groß. Der Motor dreht sich immer schneller, die Stromstärke sinkt ständig. Schließlich läuft er mit gleich bleibender Drehzahl, mit der *Leerlaufdrehzahl*. Die Stromstärke nimmt einen gleich bleibenden, niedrigen Wert an.

Im Leerlauf wird die zugeführte elektrische Energie durch Reibungsarbeit und Wärmeabgabe „aufgezehrt", also in für uns wertlose innere Energie umgewandelt.

V Wir belasten den Motor, indem wir ihn an unserer Hand zusätzlich Reibungsarbeit verrichten lassen: Die Drehzahl sinkt, die Stromstärke steigt an. Es stellt sich eine bestimmte Drehzahl und eine bestimmte Stromstärke ein.

Wie können wir das erklären? Zwischen den Enden der rotierenden Ankerspule wird eine Spannung induziert. Sie ist umso größer, je höher die Drehzahl ist. Nach der Lenz'schen Regel wirkt diese induzierte Spannung der angelegten Spannung entgegen: Der Spannungsunterschied treibt Strom durch die Ankerspule.
Bei Belastung dreht sich der Anker langsam. Die induzierte Gegenspannung ist klein und die Stromstärke deshalb groß: Die Leistungsaufnahme des Motors ist groß. Je schneller sich der Anker dreht, desto größer ist die Gegenspannung, desto kleiner folglich die Stromstärke: Die Leistungsaufnahme des Motors ist entsprechend geringer.

Ein Elektromotor nimmt wegen der Induktion im Anker umso weniger elektrische Leistung auf, je schneller er läuft. Bei Belastung sinkt die Drehzahl ab: Die Leistungsaufnahme steigt und passt sich so der Leistungsabgabe an.

Der Wirkungsgrad von Elektromotoren (Abb. 240.1) erreicht Werte bis zu 90 %, der von Generatoren sogar Werte bis zu 98 %.
In Abb. 240.2 sind die Wirkungen der Lorentzkraft übersichtlich zusammengefasst.

Aufgaben

1. *Der Effektivwert* der Netzwechselspannung*
Die Netzwechselspannung steigt von 0 V auf den Scheitelwert 311 V an, fällt auf 0 V, sinkt weiter auf – 311 V und steigt dann wieder auf 311 V (vgl. Abb. 226.3c). Das wiederholt sich 50-mal in jeder Sekunde: Die Wechselspannung hat die Frequenz 50 Hz.
a) Wie häufig wird pro Sekunde der Wert +300 V angenommen?
b) Zur Beschreibung der Wirkung der schwankenden Wechselspannung vergleicht man sie mit einer Gleichspannung: Als *Effektivwert* der Wechselspannung bezeichnet man jenen Wert einer Gleichspannung, die im zeitlichen Mittel an einem Leiter die gleiche elektrische Arbeit bewirkt. Warum ist der Effektivwert der Netzwechselspannung nicht der halbe Scheitelwert? Wie könnte man durch einen Versuch belegen, dass der Effektivwert 220 V ist?
c) Welches Vielfache des Effektivwertes ist der Scheitelwert? Auch bei anderen sinusförmigen Wechselspannungen ist der Scheitelwert dieses Vielfache des Effektivwertes.

2. *„Sein Licht leuchten lassen"*
a) Lege den Generator deines Fahrrades (den sog. *Dynamo*) an den Reifen an: Versetze das Rad in Drehung! Klemme am Dynamo die Leitung zu den Lämpchen der Beleuchtung ab! Versetze das Rad in Drehung! Welchen Unterschied stellst du fest? Begründung!
b) Klemme die Leitung wieder an. Drehe das Rad mit zunehmender Geschwindigkeit und beobachte die Helligkeit der Lämpchen. Was stellst du fest?
c) Das Fahrrad eines Vaters und das Kinderfahrrad seiner Tochter verfügen über gleiche Beleuchtungsanlagen. Beide fahren bei Dunkelheit nebeneinander. Wessen Lämpchen leuchten heller?

3. *Energierückgewinnung*
Die Stromversorgung der Nürnberg-Fürther U-Bahn (Abb. 241.1) erfolgt über eine Stromschiene der Spannung 750 V. Ein Triebwagen wird durch 4 Elektromotoren mit einer maximalen Leistungsaufnahme von je 200 kW angetrieben.
a) Wie stark ist der Strom, den die Stromschiene dem Triebwagen zuführt, wenn dieser mit voller Leistung anfährt? Welche Energieumwandlungen treten während des Anfahrens auf? Zeichne ein Energieumwandlungsdiagramm unter Berücksichtigung des Motorwirkungsgrades von etwa 90%!
b) Beim Bremsen des Triebwagens wird wieder Energie in das elektrische Netz zurückgespeist. Worauf beruht diese Möglichkeit der Energierückgewinnung? Beim Abbremsen in den Stillstand sind es etwa 60% der Bewegungsenergie des U-Bahnzuges. Warum sind es nicht etwa 90%? Zeichne ein Energieumwandlungsdiagramm für den Bremsvorgang! Durch die Energierückgewinnung beträgt die Energieeinsparung für den Betrieb der U-Bahn etwa 30%.

241.1 Triebwagen der Nürnberg-Fürther U-Bahn

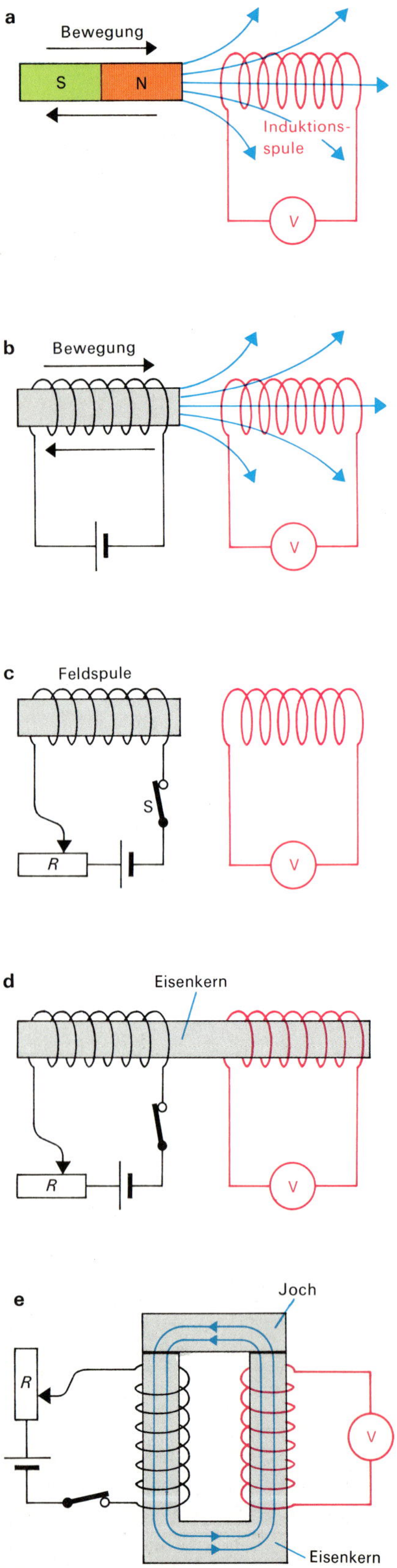

242.1 Induktion in Spulen

11.5 Induktion im ruhenden Leiter

Induktion in Spulen

Wird ein Leiter quer zur Richtung eines Magnetfeldes bewegt, entsteht zwischen seinen Enden eine Induktionsspannung. In Spulen addieren sich die an den hintereinander geschalteten Drahtschleifen induzierten Spannungen.

V Eine Spule (*Induktionsspule*) wird auf einen Stabmagnet zu und dann wieder von ihm weg bewegt. Ein Spannungsmesser zeigt *während der Leiterbewegung* eine Induktionsspannung an.

Entsteht auch eine Spannung, wenn der Leiter ruht und der Magnet bewegt wird?

V Der Stabmagnet wird auf die ruhende Induktionsspule zu und wieder weg bewegt: *Während der Bewegung* des Magneten tritt eine Induktionsspannung auf. Das gleiche Ergebnis erhalten wir mit einem Elektromagneten (Abb. 242.1a, b).

Induktion tritt also auch auf, wenn der Leiter ruht und sich „das Magnetfeld bewegt". Was bedeutet „Bewegung des Magnetfeldes"? Am Ort des Leiters nimmt beim Wegbewegen des Magneten die Stärke des Magnetfeldes ab, beim Hinbewegen zu.

Kommt es nur auf diese Änderung des Magnetfeldes an? Dann müsste sich Induktion auch *ohne jede Bewegung* erzeugen lassen:

V Neben die Induktionsspule wird eine zweite Spule mit Eisenkern (*Feldspule*) zur Felderzeugung gestellt. Mit einem Schiebewiderstand ändern wir die Stromstärke in der Feldspule (Abb. 242.1c). Dadurch ändern wir die Stärke des Magnetfeldes, das auch die Induktionsspule durchsetzt. *Während der Feldänderung* zeigt der Spannungsmesser eine Induktionsspannung an. Sie ist umso größer, je schneller die Stromänderung erfolgt. Auch *während des Ein- und Ausschaltens* des Stromes in der Feldspule wird eine Spannung induziert.

V Wir setzen Feld- und Induktionsspule des letzten Versuchs auf einen gemeinsamen Eisenkern (Abb. 242.1d). Während des Ein- und Ausschaltens entsteht nun eine größere Induktionsspannung.

Ein U-förmiger Eisenkern, der auch noch über ein Eisenjoch geschlossen ist (Abb. 242.1e), bewirkt eine weitere Erhöhung der Induktionsspannung: Nahezu das gesamte Magnetfeld der Feldspule durchsetzt auch die Induktionsspule.

V Wir ersetzen die Induktionsspule durch eine Spule mit höherer Windungszahl: Die Induktionsspannung ist größer.

Während sich das Magnetfeld in einer Spule ändert, entsteht zwischen den Spulenenden eine Induktionsspannung. Die Induktionsspannung ist umso größer, je schneller sich das Magnetfeld ändert und je größer die Windungszahl der Induktionsspule ist.

Die Induktion in Spulen wird z. B. beim Erzeugen des Zündfunkens im Ottomotor angewandt. Ein Versuch mit dem **Funkeninduktor** erläutert das Prinzip (Abb. 243.1):

V Eine Feldspule mit Eisenkern hat wenige Windungen aus dickem Draht. Sie ist von einer Induktionsspule sehr hoher Windungszahl umgeben. Mit einem *Selbstunterbrecher* wird der Gleichstrom in der Feldspule immer wieder ein- und ausgeschaltet. Die Induktionsspannung ist so groß, dass eine 10 cm lange Luftstrecke nicht mehr zu isolieren vermag. Die Luft wird leitend. Lange Funken springen über, die sogar Papier durchschlagen und eine Glasplatte „umgehen".

Beim Ottomotor im Auto wird so aus der Bordspannung von 12 V eine Zündspannung von etwa 30 kV erzeugt.

Der Transformator

Im letzten Versuch haben wir die zur Induktion nötige Magnetfeldänderung durch Ein- und Ausschalten des Gleichstroms in der Feldspule erzeugt. Einfacher ist es, wenn wir die Gleichstromquelle durch eine Wechselstromquelle ersetzen. So entsteht ein sich ständig änderndes Magnetfeld.

V Wir bauen die Anordnung nach Abb. 243.2 auf: Die Feldspule, die man auch **Primärspule** nennt, hat $n_p = 600$ Windungen; die Induktionsspule, auch **Sekundärspule** genannt, hat ebenfalls $n_s = 600$ Windungen. Wir legen an die Primärspule die Wechselspannung $U_p = 10$ V. Mit einem Oszilloskop stellen wir fest: Zwischen den Enden der Sekundärspule tritt eine Wechselspannung der gleichen Frequenz auf. Ein an der Sekundärspule angeschlossener Spannungsmesser zeigt die Spannung $U_s = 9{,}5$ V, also nahezu 10 V an.

Welcher Zusammenhang besteht zwischen der *Primärspannung* U_p, der *Sekundärspannung* U_s und den zugehörigen *Windungszahlen* n_p und n_s? Da sich die an hintereinander geschalteten Drahtschleifen induzierten Spannungen addieren, erwarten wir, dass eine Ver-*n*-fachung der Windungszahl der Sekundärspule eine Ver-*n*-fachung der Sekundärspannung mit sich bringt.

V Wir ändern nach Tab. 243.3 systematisch die Größen n_s, n_p, U_p und messen jeweils U_s. Aus den Ergebnissen folgt: $U_p : U_s \approx n_p : n_s$

Mit unserer Anordnung kann man also eine Wechselspannung in weiten Grenzen in eine niedrigere oder höhere umwandeln und so dem Verwendungszweck anpassen.
Anstatt „umwandeln" sagt man hier auch *umspannen* oder *transformieren**. Deshalb heißt die Anordnung **Transformator** oder kurz **Trafo**.
Die Sekundärspule eines Transformators kann man als Stromquelle auffassen. Es gibt jedoch keinen Stromweg von der Primär- zur Sekundärspule. Beide Spulen sind nur über das Magnetfeld im Eisenkern miteinander gekoppelt.

Wechselspannungen kann man mit einem Trafo auf gewünschte Spannungen umspannen. Die Spannungen am Trafo verhalten sich angenähert wie die entsprechenden Windungszahlen:

$$\frac{U_p}{U_s} \approx \frac{n_p}{n_s}$$

Die Wechselspannung bietet gegenüber der Gleichspannung einen wichtigen Vorteil: Sie kann mithilfe des Transformators – technisch einfach und doch gut beherrschbar – umgespannt werden. Aufgrund dieser Eigenschaft hat sie in der elektrischen Energieversorgung eine überragende Bedeutung erlangt.
Bisher war an der Sekundärspule nur ein Spannungsmesser angeschlossen. Die Stromstärke im Se-

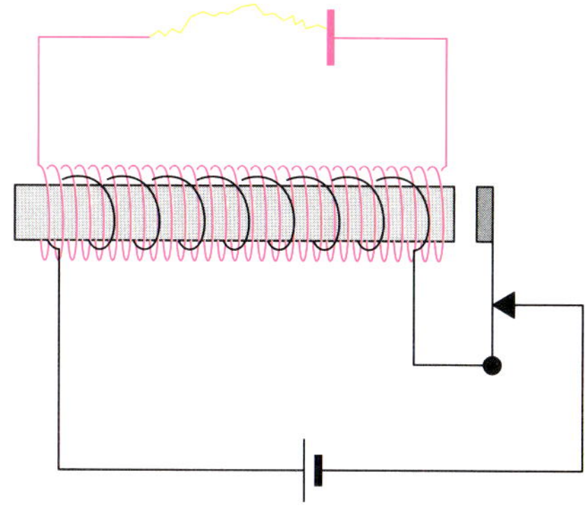

243.1 Schema eines Funkeninduktors

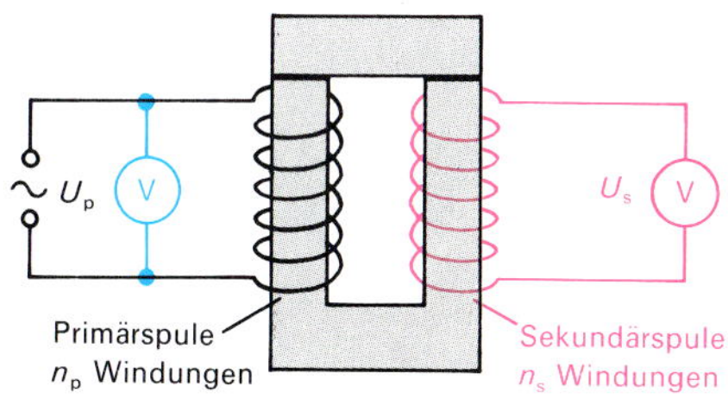

243.2 Transformator

n_p	U_p in V	n_s	U_s in V
600	10	300	4,8
600	10	600	9,5
600	10	1 200	19,2
600	10	12 000	192
600	20	300	9,6
600	20	600	19,2
600	20	1 200	38,5
300	5,0	300	4,8
300	5,0	600	9,6
300	5,0	1 200	19,2

243.3 Messungen zur „Trafo-Formel"

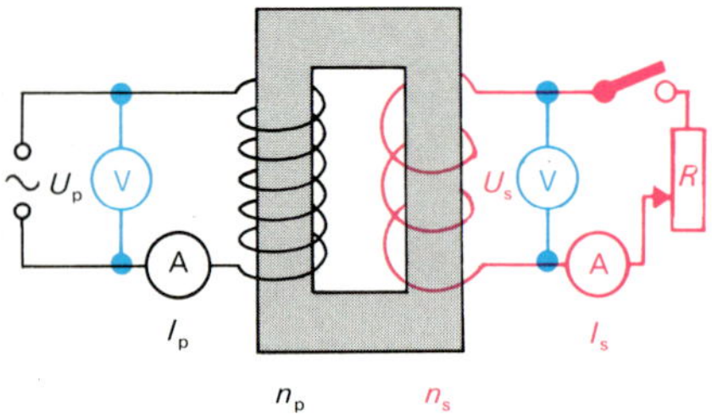

244.1 Belasteter Transformator

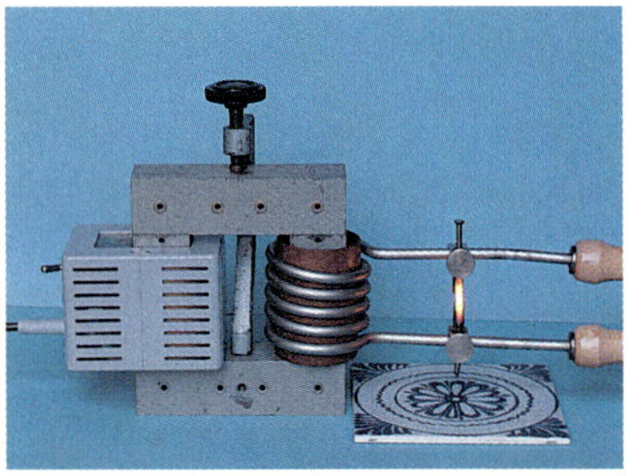

244.2 Hochstromtrafo

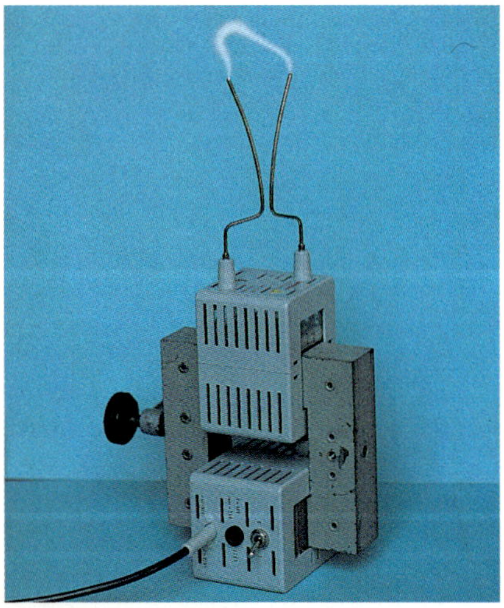

244.3 Hochspannungstrafo

kundärkreis war deshalb sehr gering: Der Trafo war nahezu unbelastet; er wurde im *Leerlauf* betrieben.

V Wir verwenden Spulen mit den Windungszahlen $n_p = 600$, $n_s = 300$ und legen an die Primärspule die Spannung $U_p = 10$ V. Im Leerlauf messen wir die Sekundärspannung U_s zu etwa 5 V und einen sehr geringen Strom im Primärkreis. Dann schließen wir den Sekundärkreis über einen Schiebewiderstand (Abb. 244.1): Bei der Belastung sinkt U_s gegenüber dem Leerlaufwert. Ferner beobachten wir, dass mit wachsender Belastung die Stromstärke I_p im Primärkreis zunimmt.

Ein Trafo entnimmt also der anliegenden Wechselstromquelle keine nennenswerte Energie, solange er unbelastet ist. Bei Belastung nimmt er Energie auf und gibt diese fast verlustlos sekundärseitig wieder ab. Technische Ausführungen von Trafos erreichen einen Wirkungsgrad bis zu 99%.
Deshalb gilt für die primärseitig zugeführte Energie E_{zu} und die sekundärseitig abgegebene Energie E_{ab}:

$$E_{ab} \approx E_{zu} \Rightarrow U_s \cdot I_s \cdot t \approx U_p \cdot I_p \cdot t$$

$$\Rightarrow \frac{I_s}{I_p} \approx \frac{U_p}{U_s} \approx \frac{n_p}{n_s}$$

Beim Trafo passt sich die aufgenommene Leistung der abgegebenen an. Dabei verhalten sich die Stromstärken in Primär- und Sekundärkreis angenähert umgekehrt wie die entsprechenden Windungszahlen:

$$\frac{I_s}{I_p} \approx \frac{n_p}{n_s}$$

Mit einem Trafo kann man eine Wechselspannung heruntertransformieren, wobei die Stromstärke hochtransformiert wird. Ist n_s viel kleiner als n_p ($n_s \ll n_p$), spricht man von einem *Hochstromtrafo*.

V Wir bauen einen Hochstromtrafo auf: Die Primärspule hat $n_p = 600$ Windungen, die Sekundärspule besteht aus wenigen Windungen dicken Kupferdrahtes. Wir schließen den Sekundärkreis mit einem angeklemmten Nagel. Legen wir an die Primärspule die Netzspannung ($U_p = 220$ V), so kommt der Nagel zum Glühen (Abb. 244.2) und schmilzt durch. Vorsicht!

V Noch größere Stromstärken erhalten wir mit einer ringförmigen Aluminiumrinne ($n_s = 1$!). Im Nu bringen wir darin Wasser zum Verdampfen oder auch Zinn zum Schmelzen.

Hochstromtrafos benützt man zum elektrischen Schweißen oder in elektrischen Schmelzöfen zum Herstellen von reinen Metallen und von Legierungen.
In *Hochspannungstrafos* ($n_s \gg n_p$) wird die Spannung hoch- und die Stromstärke heruntertransformiert.

V Wir bauen einen Hochspannungstrafo: $n_p = 500$, $n_s = 23\,000$. An der Sekundärspule sind zwei nach oben ragende Metallbügel angebracht. Wir legen an die Primärspule die Netzspannung: Zwischen den Metallbügeln entsteht ein Lichtbogen, der nach oben wandert und schließlich abreißt. Es bildet sich ein sog. „Kletterfunken". Äußerste Vorsicht! (Abb. 244.3)

Zur Geschichte der Elektrotechnik

Im Jahr 1821 – also bereits ein Jahr nach der Entdeckung der magnetischen Wirkung des elektrischen Stromes durch Oersted – baute Faraday eine einfache Vorrichtung, die durch die Kraft auf einen stromdurchflossenen Leiter im Magnetfeld eine Drehbewegung erzeugte.

Dieser erste Vorläufer des Elektromotors war aber nicht mehr als ein Spielzeug.
Für eine technisch verwertbare Weiterentwicklung fehlte vor allem noch eine leistungsfähige Stromquelle. Die Grundlage dazu schuf Faradays Entdeckung der elektromagnetischen Induktion im Jahr 1831. Diese nutzte schon ein Jahr später *Hippolyte Pixii*, der Mechaniker von André-Marie Ampère. Er entwickelte den ersten handbetriebenen „Generator" (Abb. 245.1). Mithilfe einer Kurbel wurde ein Hufeisenmagnet vor zwei Spulen, die auf einen U-förmigen Eisenkern gewickelt waren, in Drehung versetzt. Zwischen den Spulenenden konnte man eine Wechselspannung abgreifen.
Bald ersetzte man in diesen Maschinen die Dauermagnete durch Elektromagnete. Den entscheidenden Beitrag für eine technisch reife Konstruktion des Generators lieferte 1866 *Werner von Siemens* (1816–1892): Er erkannte, dass man für den Elektromagneten keine zusätzliche Stromquelle benötigt. Der Kern des Elektromagneten verliert nämlich seine magnetische Wirkung nicht völlig; es bleibt ein *Restmagnetismus* im Eisen übrig. Dieser genügt, dass beim Anlaufen des Generators Spannung induziert wird. Der fließende Strom wird zu einem kleinen Teil auch für das Speisen des Elektromagneten genutzt.
Durch die Erfindung des *selbst erregten Generators* wurde Ende des 19. Jahrhunderts der beispiellose Siegeszug der Elektrizität angebahnt. Es entwickelte sich ein ganz neuer Zweig der Technik, die *Elektrotechnik*. Der Elektromotor zog in die Fabriken und Werkstätten ein. Die Elektrifizierung von Eisen- und Straßenbahn nahm ihren Anfang. Das elektrische Licht begann das Gas- und Petroleumlicht zu verdrängen. Elektrizitätswerke entstanden. Ihre Generatoren wurden von Wasserturbinen oder von Dampfmaschinen angetrieben (Abb. 245.2). Ein Netz von Freileitungen zur Verteilung der elektrischen Energie überzog nach und nach Stadt und Land.

245.1 Der erste handbetriebene „Generator"

245.2 „Blockstation" mit 100 kW elektrischer Leistung in der Friedrichstraße in Berlin (1884)

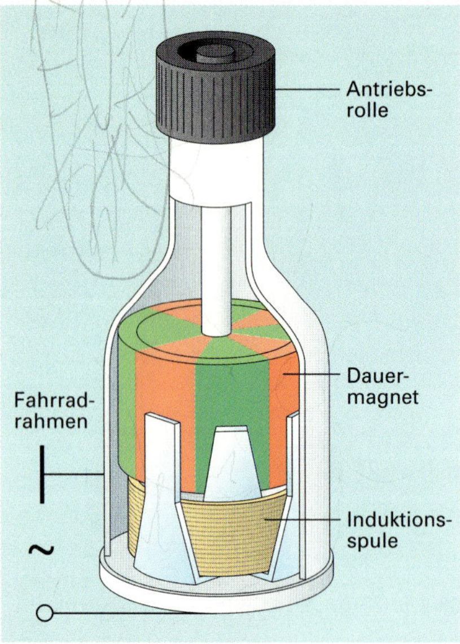

246.1 Fahrraddynamo mit ruhender Induktionsspule

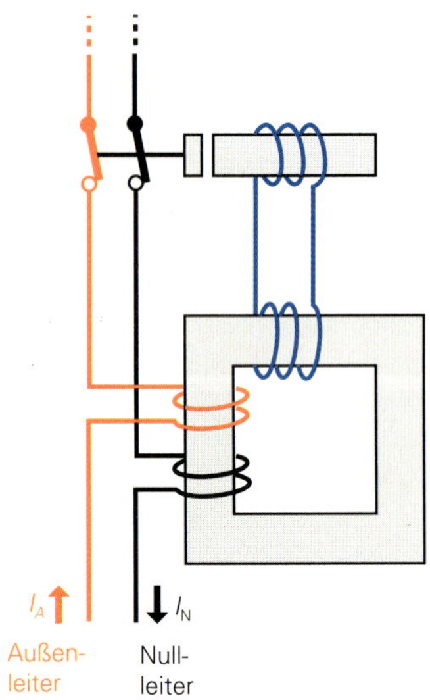

246.2 FI-Schalter mit elektromagnetischem Auslöser

Aufgaben

1. *Innenpolgenerator*
Beim „Fahrraddynamo" (Abb. 246.1) dreht sich ein aus mehreren Dauermagneten zusammengesetzter Läufer über einer ruhenden Induktionsspule. Diese ist eingebettet in kronenartig angeordnete äußere und innere Blechstreifen, die an der gemeinsamen Basis miteinander verbunden sind. Dadurch wird erreicht, dass das Magnetfeld des rotierenden Läufers die Spule abwechselnd durchsetzt. Warum sind die Blechstreifen aus Eisen? Welchen Vorteil bringt eine *nicht* rotierende Induktionsspule? (Auch bei großtechnischen Generatoren dreht sich der Magnet, ein Elektromagnet, zwischen ruhenden Induktionsspulen.

2. Eine Spule mit 600 Windungen sitzt auf einem U-Kern mit Joch.
a) Die Spule ist an das elektrische Netz angeschlossen. Wie oft muss man ein Experimentierkabel um den Eisenkern winden, um damit ein 2,5-V-Lämpchen zu betreiben?
b) Die Spule wird nun vom elektrischen Netz getrennt. An das Experimentierkabel wird eine Wechselspannung von 2,5 V angelegt. Welche Spannung tritt nun zwischen den Enden der Spule auf? (Experimentelle Überprüfung mit einer Glühlampe (220 V/25 W)! Vorsicht!)

3. *Daten der Versuche zum Hochstrom- und Hochspannungstrafo*
a) Welche Stromstärke herrscht im Nagel unseres Hochstromversuchs, wenn $n_p = 600$, $n_s = 6$ und $I_p = 1{,}2$ A ist?
b) Welche Spannung U_s tritt zwischen den Metallbügeln unseres Hochspannungsversuchs auf ($n_p = 500$; $n_s = 23000$; $U_p = 220$ V)?

4. *Klingeltrafo*
Ein Klingeltrafo für die Primärspannung 220 V hat eine Primärspule mit 5500 Windungen.
a) Wie viele Windungen muss die Sekundärspule haben, damit man die Spannung 8 V zwischen ihren Enden erhält?
b) Wie viele Windungen vom einen Ende entfernt ist an ihr ein Zwischenabgriff angebracht, damit man auch die Spannungen 3 V und 5 V abnehmen kann?

5. *Elektrisches Schweißen*
Ein 220-V-Schweißtrafo liefert bei einer Sekundärspannung von 22 V einen „Schweißstrom" der Stärke 110 A.
a) Wie groß wären die Leistungsaufnahme P_{zu} und die Stromstärke I_p in der Primärspule, wenn der Trafo verlustlos umspannen würde, d. h. den Wirkungsgrad $\eta = 100\%$ hätte?
b) Wie groß sind tatsächlich P_{zu} und I_p, wenn $\eta = 90\%$ ist?

6. *FI-Schalter mit elektromagnetischem Auslöser*
Abb. 246.2 zeigt vereinfacht den Aufbau eines Fehlerstromschutzschalters, der elektromagnetisch ausgelöst wird.
a) Beschreibe die Funktionsweise, indem du davon ausgehst, dass $I_A = I_N$ ist und dann bei gleich bleibendem I_A ein deutliches Absinken von I_N eintritt!
b) Neben den im Haushalt gebräuchlichen FI-Schaltern, die bei einer Fehlerstromstärke $I_F = I_A - I_N = 30$ mA auslösen, gibt es für andere Zwecke FI-Schalter mit entsprechend anderen Auslösestromstärken. Gib Möglichkeiten an, wie man FI-Schalter mit unterschiedlichen Auslösestromstärken konstruieren kann!

11.6 Energietransport mithilfe von Hochspannung

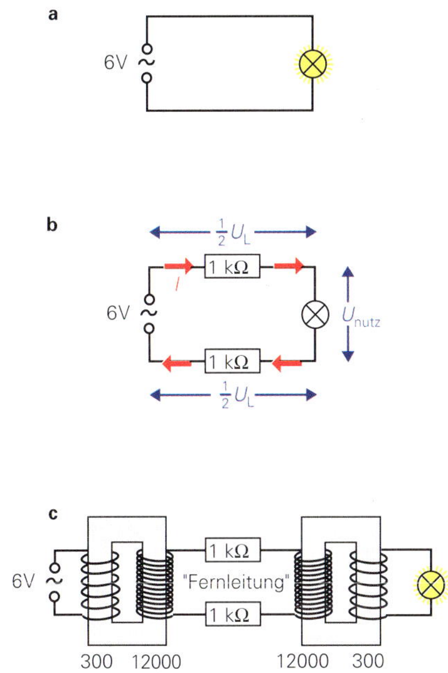

247.1 Modellversuch zur Fernübertragung elektrischer Energie

Energieverlust beim Transport

Bei unseren Schulversuchen verwenden wir Experimentierkabel, die kurz sind und einen hinreichend großen Leiterquerschnitt haben. Ihr Widerstand hat daher in unseren Schaltungen eine vernachlässigbare Auswirkung auf die Strom- und Spannungsverteilung.
Vom Generator eines Kraftwerkes führen zu weit entfernten Abnehmern elektrischer Energie Leitungen, die viele Kilometer lang sind. Ihr Widerstand ist nicht zu vernachlässigen. Welche Probleme ergeben sich daraus? Wie lassen sich diese lösen? Wir suchen die Antworten in einem Modellversuch.

V Eine Stromquelle der Wechselspannung 6 V ist unser Modell-Kraftwerk, ein 6-V-Lämpchen unser Modell-„Verbraucher", richtiger: unser Modell-Energieabnehmer. Schließen wir das Lämpchen unmittelbar an die Stromquelle an, leuchtet es (Abb. 247.1a). Legen wir in die Hin- und Rückleitung als Modell der Fernleitung jeweils einen Widerstand, leuchtet es nicht (Abb. 247.1b). Warum?

Die vom Kraftwerk erzeugte Spannung U verteilt sich auf den Widerstand R_L der Fernleitung und den Widerstand R_V des Verbrauchers, da R_L und R_V hintereinander geschaltet sind. Der Spannungsabfall U_L an der Fernleitung ist offensichtlich so groß, dass die am Verbraucher anliegende Spannung U_{nutz} die nötige Betriebsspannung weit unterschreitet (Abb. 247.1 b).
Der Strom verrichtet an der Fernleitung unerwünschte elektrische Arbeit, die als Wärme an die Umgebung abgegeben wird. Es geht also elektrische Energie beim Transport vom Kraftwerk zum Verbraucher verloren. Die *Verlustleistung* beträgt

$$P_L = U_L \cdot I = (I \cdot R_L) \cdot I = R_L \cdot I^2.$$

Die Verlustleitung eines Leiters ist proportional zu seinem Widerstand und zum Quadrat der Stromstärke.

Wie kann man die Verlustleistung P_L in der Fernleitung verkleinern?

- Man erniedrigt den Widerstand R_L der Fernleitung.
- Man verringert die Stärke I des Stromes in der Fernleitung.

Die zweite Möglichkeit ist wesentlich wirkungsvoller als die erste, da die Verlustleistung zum Quadrat der Stromstärke proportional ist: Ein Absenken der Stromstärke auf ein Zehntel würde die Verlustleistung sogar auf ein Hundertstel verringern.
Kann man aber bei gleich bleibender Kraftwerksleistung $P = U \cdot I$ die Stromstärke überhaupt herabsetzen? Ja, indem man im gleichen Maß die Spannung hochsetzt, d.h. hochtransformiert. Am Ort des Verbrauchers muss dann die Spannung wieder heruntertransformiert werden.

Wir überprüfen die Überlegungen mit dem Modellversuch.

V Am Ort des Modell-Kraftwerkes wird die Spannung hochtransformiert (Vorsicht!) und am Ort des Modell-Verbrauchers wieder heruntertransformiert (Abb. 247.1 c). Nun leuchtet das Lämpchen. Die Verlustleistung ist erwartungsgemäß klein.

248.1 Hochspannungsleitungen

248.2 Von einer Dampfmaschine angetriebener Gleichstromgenerator

Zur Verminderung der Stromstärke I und damit der Verlustleistung P_L nimmt man für den elektrischen Energietransport auf kleine Entfernungen die Spannung 20 kV, auf mittlere Entfernungen 110 kV und auf große Entfernungen 220 kV oder 380 kV (Abb. 248.1). Je höher die Spannung ist, desto schwieriger ist die Isolation der Leitungen und desto größer ist die Gefährdung. Warum greift man dann nicht zur ersten Möglichkeit, die Verlustleistung dadurch zu verkleinern, indem man den Widerstand R_L der Fernleitung verringert?

Bei vorgegebenem Material und vorgegebener Länge kann ein geringerer Widerstand der Leitung nur durch eine Erhöhung der Querschnittsfläche erzielt werden.

Würde man z. B. anstatt der Spannung 220 kV nur 220 V an eine Fernleitung legen, wäre bei gleicher Leistungsabgabe des Kraftwerkes die Stromstärke 1000-mal so groß. Wollte man die Verlustleistung P_L gleich groß halten, müsste der Widerstand R_L der Leitung auf $\frac{1}{1\,000\,000}$ (!) herabgesetzt werden. Die Querschnittsfläche der Fernleitung müsste dazu gegenüber dem üblichen Wert von ca. $3\ \text{cm}^2$ (Abb. 215.3) auf $1\,000\,000 \cdot 3\ \text{cm}^2 = 300\ \text{m}^2$ (!) erhöht werden. Ein unrealistischer Wert!

Damit Fernleitungen nicht zu schwer werden, geht man über eine Querschnittsfläche von $9\ \text{cm}^2$ nicht hinaus. Um elektrische Energie wirtschaftlich zu transportieren, bleibt dann als einzige technisch realisierbare Möglichkeit nur die Hochspannung.

Die Verluste beim Transport elektrischer Energie in Fernleitungen lassen sich nur mithilfe von Hochspannung niedrig halten.

Musteraufgabe

„Die Energie blieb auf der Strecke."

Im Rahmen der zweiten internationalen Elektrizitätsausstellung im Jahr 1882 in München wurde zum ersten Mal der Transport elektrischer Energie über eine größere Entfernung vorgeführt: In Miesbach trieb eine Dampfmaschine einen Generator an (Abb. 248.2), der eine Gleichspannung von 2,0 kV erzeugte und eine elektrische Leistung von 1,2 kW abgab. Durch eine 57 km lange Telegrafenleitung des Widerstandes 2,5 kΩ war er mit einem Elektromotor auf dem Münchner Ausstellungsgelände verbunden. Dieser trieb eine Pumpe an, die einen 2,5 m hohen Wasserfall speiste.

a) Wie viel % der vom Generator abgegebenen elektrischen Leistung sind in der Telegrafenleitung „auf der Strecke geblieben"?

b) Wie hätten sich die Verluste deutlich vermindern lassen?

c) Die Anlage war nur an vier Tagen in Betrieb, da die Isolation der Telegrafenleitung der hohen Spannung nicht standhielt. Angenommen, die Leitung wäre so gut isoliert gewesen, dass bei 6 kV (der Spannung des Überlandnetzes zu Anfang des 20. Jahrhunderts) keine Funkenüberschläge und keine Sprühentladungen aufgetreten wären. Welche Maßnahmen wären notwendig gewesen, damit man am Ort des Generators die Spannung auf 6,0 kV hätte transformieren können? Wie groß wäre bei gleicher Leistungsabgabe dann die Verlustleistung gewesen?

Lösung:

a) Die vom Generator erzeugte Spannung ist $U = 2{,}0$ kV, die abgegebene Leistung $P_{ab} = 1{,}2$ kW. Also erhalten wir für die Stromstärke I im geschlossenen

Stromkreis über die Leitungen von Miesbach nach München und wieder zurück:

$$P_{ab} = U \cdot I \quad \Rightarrow$$
$$I = \frac{P_{ab}}{U} = \frac{1{,}2\ \text{kW}}{2{,}0\ \text{kV}} = 0{,}60\ \text{A}$$

Folglich beträgt die Verlustleistung

$$P_L = R_L \cdot I^2 = 2{,}5\ \text{k}\Omega \cdot (0{,}60\ \text{A})^2 = 0{,}90\ \text{kW}$$

und damit der *relative Verlust*

$$\frac{P_L}{P_{ab}} = \frac{0{,}90\ \text{kW}}{1{,}2\ \text{kW}} = 0{,}75 = 75\,\% \,.$$

75 % der in Miesbach abgegebenen elektrischen Energie sind „auf der Strecke geblieben".

b) Die Verlustleistung $P_L = R_L \cdot I^2$ lässt sich vermindern, indem man den Widerstand R_L der Leitung oder auch die Stromstärke verringert. Da der Generator Gleichspannung erzeugte und diese nicht mit einem Transformator hochgespannt werden kann, bleibt nur die Möglichkeit, den Widerstand R_L zu verkleinern. Hätte man z.B. anstatt einer Doppelleitung zwei Doppelleitungen verwendet – eine für den Hinweg und eine für den Rückweg des Stromes –, wäre R_L nur halb so groß gewesen und damit – bei gleicher Leistungsabgabe – auch der Verlust.

c) Damit die Spannung hochtransformiert werden kann, wäre es zunächst nötig gewesen, dass der Generator nicht Gleichspannung, sondern Wechselspannung erzeugt. Ferner wäre am Ort des Generators ein Trafo zum Hochspannen (und auf dem Ausstellungsgelände ein Trafo zum Heruntertransformieren) der Spannung erforderlich gewesen.
Bei gleicher Leistungsabgabe wäre durch die Verdreifachung der Spannung die Stromstärke auf ein Drittel gesunken: $I = 0{,}20$ A. Folglich hätte die Verlustleistung $P_L = R_L \cdot I^2$ auf ein Neuntel abgenommen: $P_L = 0{,}10$ kW. Damit wäre der relative Verlust auch auf ein Neuntel gesunken, also auf etwa 8 %.

Der europäische Energieverbund

Der Bedarf an elektrischer Energie hängt sowohl von der Jahreszeit als auch von der Tageszeit ab. Täglich treten früh, mittags und abends Bedarfsspitzen auf. Die Erzeugung elektrischer Energie muss sich diesen Schwankungen anpassen. Das geschieht durch ein Zusammenwirken verschiedener Kraftwerksarten in einem Ländergrenzen überschreitenden europäischen **Verbundsystem** (Abb. 250.1).
Europa ist mit einem Netz von Hochspannungsleitungen überzogen. Die *Grundlast* – d.h. der Bedarf, der nie unterschritten wird – decken Kraftwerke, die nur im Dauerbetrieb wirtschaftlich arbeiten. Das sind Wasserkraftwerke an den Flüssen, Kernkraftwerke und Braunkohlekraftwerke. Die *Mittellast* wird von Kraftwerken gedeckt, die sich ohne Verlust an Wirtschaftlichkeit den Bedarfsschwankungen anpassen können. Dazu verwendet man Steinkohlekraftwerke. Zu Zeiten geringen Bedarfs wird sogar mit der überschüssigen elektrischen Energie Wasser in höher gelegene Wasserbecken gepumpt. Die Lageenergie dieses Wassers (Abb. 250.3) und des Wassers natürlicher Speicher (Abb. 175.1) wird dann zu *Spitzenlastzeiten* von Pumpspeicher- und Speicherkraftwerken in elektrische Energie umgewandelt. In wenigen Minuten ist so eine hohe elektrische Leistung verfügbar (Abb. 250.2).
Innerhalb des internationalen Verbundbetriebs kommt es zu einem Energieaustausch über die Ländergrenzen hinweg. Die durch die Erd-

250.1 Europäisches Verbundnetz

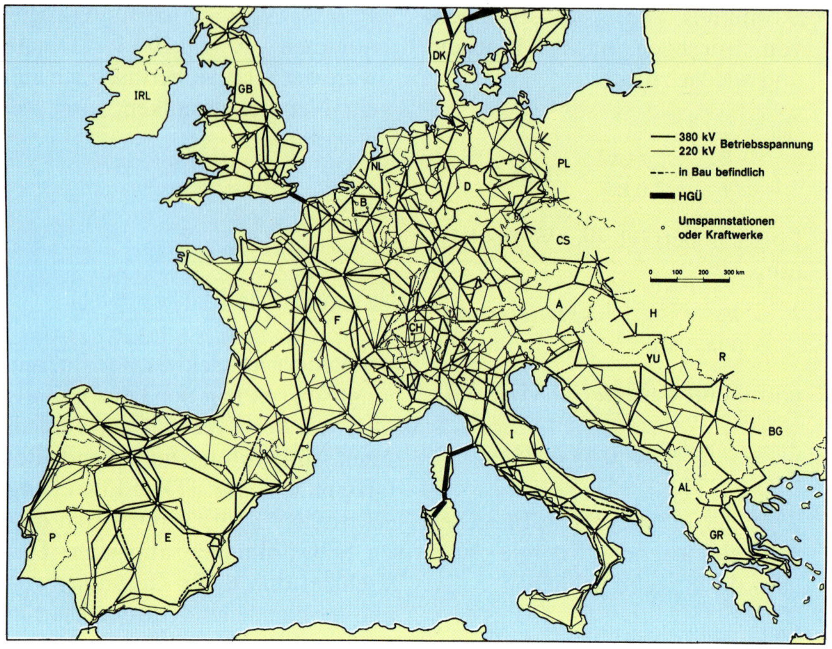

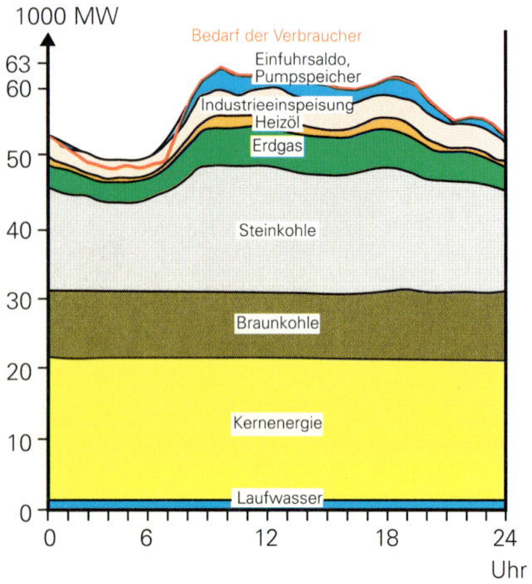

250.2 Kraftwerkseinsatz zur Deckung des Bedarfs an elektrischer Energie (am 19. 12. 1990 in den alten Bundesländern)

drehung bedingte Verschiebung von Tag und Nacht, und die damit verbundene, täglich wiederkehrende Verschiebung der Lastspitzen von Ost nach West erleichtert die Bedarfsdeckung. Der europäische Verbund sichert auch beim Ausfall mehrerer Kraftwerke eines Landes die Versorgung mit elektrischer Energie.

250.3 Ältestes Pumpspeicherkraftwerk in Forbach (Schwarzwald) von 1922

Aufgaben

1. *„Warum wird elektrische Energie mit Hochspannung transportiert?"*
Ein Dorf ist durch eine Hin- und Rückleitung des gesamten Widerstandes 10 Ω an das elektrische Versorgungsnetz einer Stadt angeschlossen. Die Spannung wird in der Stadt auf 20 kV umgespannt, an die Versorgungsleitung (Abb. 251.1) gelegt und im Dorf wieder auf 220 V heruntertransformiert.
a) In der Stadt wird die elektrische Leistung 400 kW abgegeben. Wie groß sind die Stromstärke in der Versorgungsleitung, die an ihr erbrachte unerwünschte elektrische Leistung und die im Dorf nutzbare Leistung?
b) Angenommen, man würde die Spannungstransformation nicht durchführen und die Netzspannung 220 V an die Versorgungsleitung legen. Die Energieabnahme im Dorf hat dann einen Widerstand von 0,12 Ω. Wie groß wären die Stromstärke in der Versorgungsleitung, die Leistungsabgabe in der Stadt, sowie die im Dorf nutzbare Spannung und Leistung?

2. *Erster Energietransport mit Hochspannung im Jahr 1891*
In Lauffen am Neckar trieb eine Wasserturbine einen Generator an, der drei Induktionsspulen enthielt. Zwischen ihren Enden trat jeweils eine Wechselspannung von 55 V auf. Jede dieser Spannungen wurde im Verhältnis 1 : 160 hochgespannt und an 175 km lange Fernleitungen gelegt, die von Lauffen über Heilbronn und Hanau nach Frankfurt am Main führten.
Zur Vereinfachung betrachten wir nur eine Generatorspule und nehmen an, dass ihre abgegebene elektrische Leistung von 44 kW in eine Doppelleitung, die aus 4,0 mm dicken Kupferdrähten bestand, eingespeist wurde.
a) Auf welche Spannung wurde die Generatorspannung hochtransformiert? Wie groß war die Stromstärke im Generatorstromkreis, wie groß in der Fernleitung?
b) Berechne den Widerstand der Fernleitung!
c) Welche elektrische Leistung ging in der Fernleitung verloren? Wie viel % der von der Generatorspule abgegebenen Leistung waren das?
d) Auf welche Hochspannung hätte die Generatorspannung transformiert werden müssen, damit der Verlust durch elektrische Arbeit an der Fernleitung nur 3% betragen hätte? Welche anderen Verluste wären dann aufgetreten?
(Anmerkung: Die drei Induktionsspulen des Lauffener Generators waren um 120° gegeneinander versetzt. Jede Spule lieferte Wechselstrom. Aber die Spulen waren jeweils an einem Ende miteinander verbunden. Damit erreichte man, dass für den Energietransport nicht sechs oder bloß vier, sondern sogar nur drei Einzelleitungen benötigt wurden. Der Generator war ein *Drehstromgenerator* und der Strom, den die drei Fernleitungen führten, *Drehstrom*.
Der Transport elektrischer Energie mit Drehstrom anlässlich der Frankfurter Elektrizitätsausstellung im Jahre 1891 (Abb. 251.2) war die Pionierleistung dreier Ingenieure aus Deutschland und der Schweiz. *Oskar von Miller* (1855–1934), *Michael von Dolivo-Dobrowolski* (1862–1919) und *Charles Eugène Lancelot Brown* (1863–1924) erbrachten damals den Beweis, dass der Transport elektrischer Energie mit Drehstrom praktisch durchführbar ist und technische wie wirtschaftliche Vorzüge hat. Bei uns und in vielen anderen Ländern hat

251.1 20-kV-Leitung

251.2 Demonstration der erfolgreichen Energieübertragung mit Drehstrom auf der Frankfurter Elektrizitätsausstellung im Jahr 1891

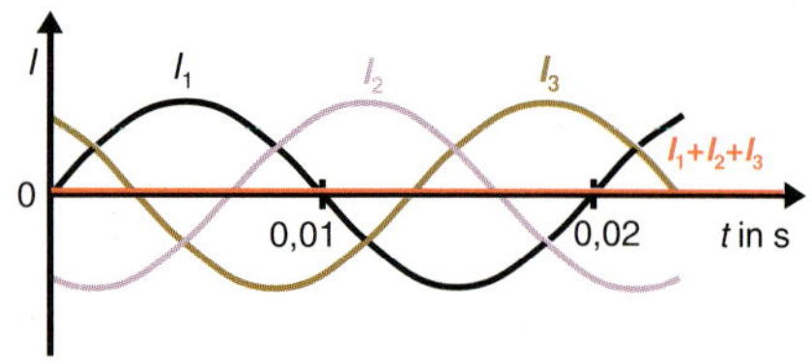

252.1 Stromstärken im gleichmäßig belasteten Drehstromnetz

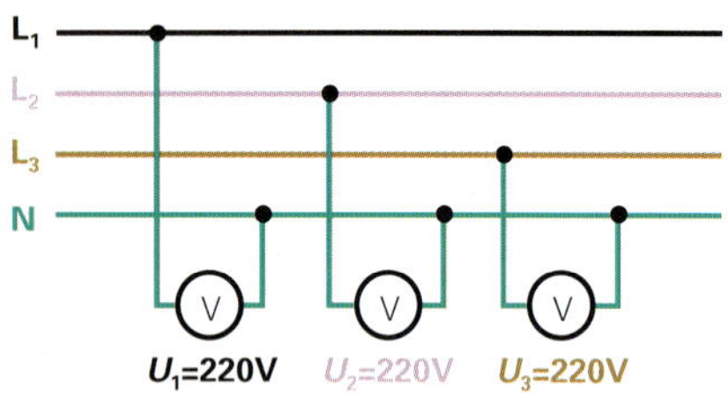

252.2 Drehstromnetz als Vierleiternetz

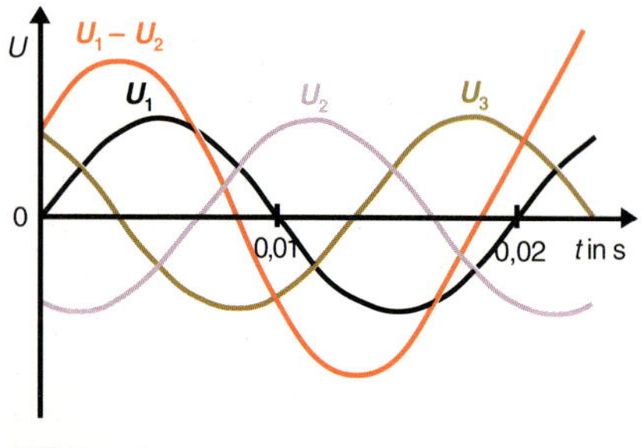

252.3 Spannungen im Vierleiternetz

sich das *Drehstromnetz* durchgesetzt.)

3. *„Dicke Leitungen anstatt Hochspannung?"*
Das Walchenseekraftwerk ist ein Speicherkraftwerk, das bei plötzlichem Bedarf von elektrischer Energie in wenigen Minuten seine Leistung von 99 MW an das elektrische Netz abgeben kann. Angenommen, das Kraftwerk wäre zur Deckung der Bedarfsspitzen über eine 70 km lange Doppelleitung mit München verbunden. Außerdem stellen wir uns vor, dass im Kraftwerk die Netzwechselspannung von 220 V an die Fernleitung gelegt wird.
a) Wie groß wäre die Stromstärke in der Leitung?
b) Welchen Widerstand müsste die Leitung besitzen, wenn der Energieverlust beim Transport nur 10% betragen soll?
c) Welche Querschnittsfläche hätte die Fernleitung, wenn sie aus Kupfer bestünde? Welche Masse hätte die Kupferleitung? (Dichte von Kupfer: 8,9 kg/dm^3) Vergleiche mit der Weltjahresproduktion von etwa $1 \cdot 10^{10}$ kg Kupfer!
d) Welche Querschnittsfläche hätte die Kupferleitung, wenn bei gleich bleibendem Energieverlust von 10% die Fernleitung mit einer Hochspannung von 110 kV betrieben würde?

4. *Interessantes über Wechselspannungen*
a) Ein in der Erde verlegtes Kupferkabel der Querschnittsfläche 2,5 mm^2 soll höchstens mit 40 A, ein Kupferkabel der Querschnittsfläche 25 mm^2 höchstens mit 150 A belastet werden. Was ist die physikalische Ursache für die Strombelastbarkeit von Kabeln? Wovon hängt diese ab?
b) Um eine Kohlebogenlampe zu betreiben, braucht man mindestens eine Spannung von 55 V. Das Doppelte dieses Wertes – also 110 V – ist die Netzspannung der USA, das Vierfache – also 220 V – unsere Netzspannung. Welche Vor- bzw. Nachteile hat ein 110-V-Netz gegenüber einem 220-V-Netz?
c) Unsere Netzspannung beträgt zur Zeit 220 V. Bis zum Jahr 2003 soll sie europaweit 230 V betragen, später soll sie sogar auf 240 V erhöht werden. Warum erhöht man die Netzspannung?

5. *Drehstrom*
Beim Betrachten von Hochspannungsleitungen, die elektrische Energie transportieren, fällt auf, dass es nicht jeweils zwei Leitungen sind, sondern drei (Abb. 251.1), aber auch sechs und neun. Jeweils drei Leitungen gehören zusammen. Diese führen Wechselströme, die jeweils um ein Drittel einer Periodendauer zeitlich gegeneinander verschoben sind (Abb. 252.1). Man spricht in diesem Fall von *Drehstrom*.
Für Haushalt und Gewerbe wird das Drehstromnetz als Vierleiternetz ausgelegt (Abb. 252.2). Es besteht aus den drei *Außenleitern* L_1, L_2 und L_3 sowie einem vierten Leiter, dem *Nullleiter* N, der geerdet ist. Die Spannung zwischen jedem Außenleiter und dem Nullleiter beträgt 220 V. In Abb. 252.3 sind in einem t-U-Diagramm die Spannungen U_1, U_2, U_3 dargestellt.
a) Abb. 252.1 zeigt, dass eine Überlagerung von drei gleich starken Strömen zu jedem Zeitpunkt 0 A ergibt. Warum kann man sich durch eine gleichmäßige Belastung aller drei Außenleiter den Nullleiter ersparen?
b) Greift man die Spannung zwischen L_1 und L_2 ab, liegen zwei gegeneinander geschaltete Stromquellen vor. Ihre Spannung ist $U_1 - U_2$. Bestimme mithilfe von Abb. 252.3 ihren Wert!

12 Einblicke in die Atom- und Kernphysik

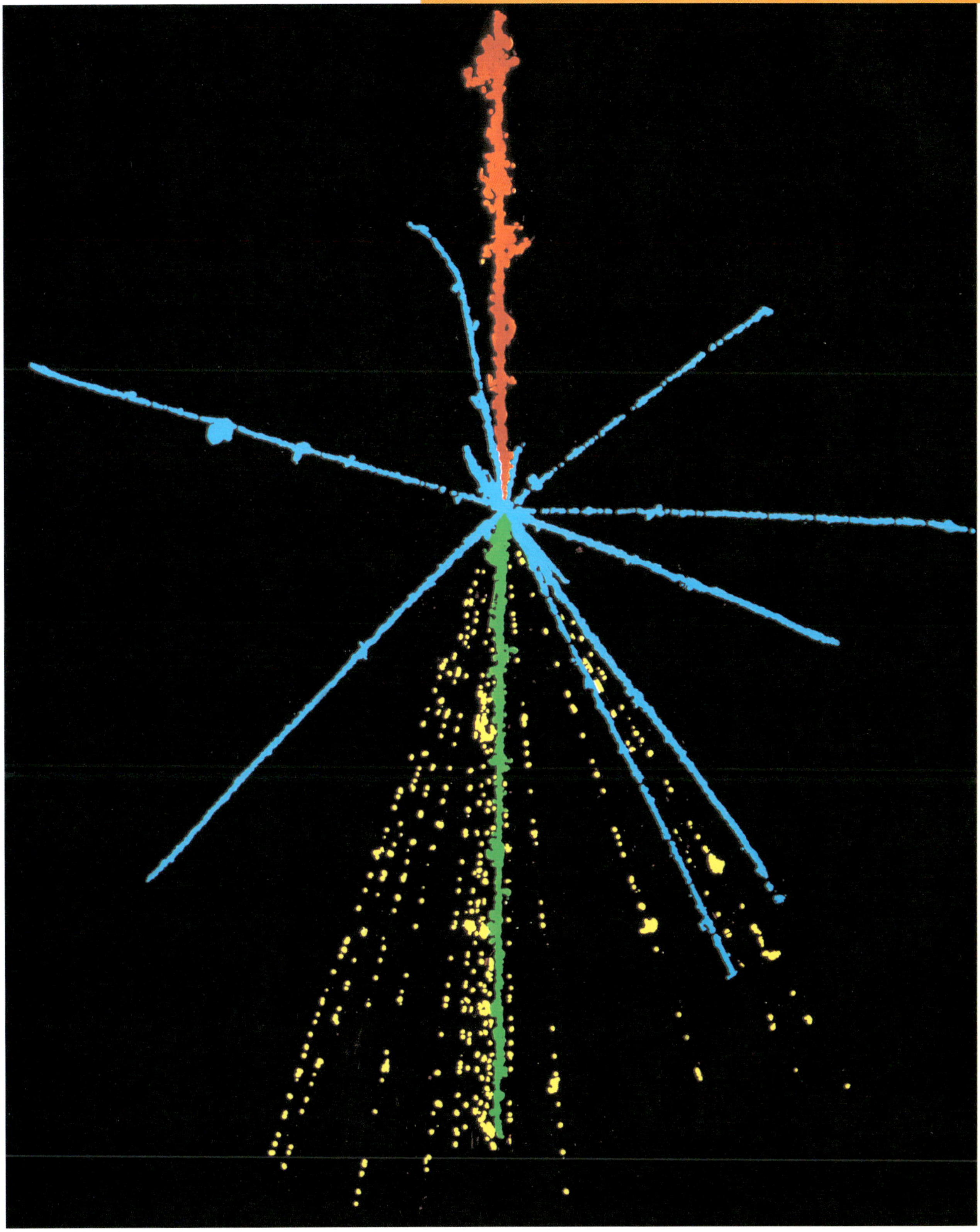

254.1 Bild eines Wolframkristalls im Elektronenmikroskop (5millionenfache Vergrößerung)

12.1 Der Aufbau des Atoms

Seit dem Beginn des 20. Jahrhunderts steht die Frage nach dem Aufbau der Materie im Mittelpunkt des physikalischen Interesses. Wie sind die Atome aufgebaut? Was sind die Urbausteine der Materie?

Abschätzung des Atomdurchmessers

Moleküle* und Atome* sind so winzig, dass man sie mit den besten Lichtmikroskopen nicht zu sehen vermag, sondern nur im Elektronenmikroskop mit seiner millionenfachen Vergrößerung (Abb. 254.1). Aber auch damit sind sie nur schemenhaft erkennbar. Trotzdem können wir durch einen einfachen Versuch die Größenordnung ihres Durchmessers abschätzen. Den Grundgedanken klärt der folgende Modellversuch:

V In einem Messzylinder befinden sich Holzkugeln, die den Molekülen einer Flüssigkeit entsprechen. Das Volumen V der Modellflüssigkeit ist ablesbar. Schütten wir sie in einen Teller, legen sich die Kugeln nebeneinander zu einem „Fleck".

Die Fläche A dieses Flecks ist messbar. Sorgen wir dafür, dass keine Kugeln aufeinander liegen, ist die aus V und A berechnete Dicke d der Schicht näherungsweise gleich dem Durchmesser der Kugeln:

$$V = A \cdot d \Rightarrow d = V/A$$

Eine Flüssigkeit, deren Moleküle sich genauso verhalten wie die Kugeln unserer Modellflüssigkeit, ist Ölsäure. Als Unterlage dient eine Wasseroberfläche. Auf ihr liegen die Ölsäuremoleküle nur eine Schicht hoch (*monomolekular*). Damit der schwimmende Ölsäurefleck deutlich sichtbar wird, bestäuben wir die Wasseroberfläche vorher mit sehr leichten Bärlappsporen, welche die Ölsäure zur Seite schieben wird. Ein Tropfen reiner Ölsäure wäre aber viel zu viel: Der Fleck würde die Wasseroberfläche bis zum Rand des Gefäßes bedecken und es könnten Ölsäuremoleküle aufeinander liegen. Wir verdünnen deshalb die Ölsäure mit Benzin, das schnell verdunstet.

V Aus 199,9 cm³ Benzin und 0,1 cm³ Ölsäure wurde eine Lösung hergestellt. Wir saugen mit einer Pipette, die in cm³ geeicht ist, Lösung an und lassen sie wieder langsam heraustropfen (Abb. 254.2a): 1 cm³ Lösung ergibt 55 Tropfen. Ein Tropfen hat folglich das Volumen $\frac{1}{55}$ cm³. Der 2000ste Teil davon besteht aus Ölsäure. Der Volumenanteil der Ölsäure in einem Tropfen beträgt also:

$$V_{\text{Öl}} = \frac{1}{55}\,\text{cm}^3 \cdot \frac{1}{2000} = 9{,}1 \cdot 10^{-6}\,\text{cm}^3$$

V Mehrere Suppenteller sind bis zum Rand mit Wasser gefüllt. Die Wasseroberflächen werden hauchdünn mit Bärlappsamen bestäubt. Wir lassen in jeden Teller einen Tropfen der Lösung fallen. Es bildet sich jeweils ein Ölfleck aus (Abb. 254.2b). Ist er kreisförmig, messen wir den Durchmesser und berechnen die Fläche. Ist er anders geformt, bedecken wir den Teller mit einer Glasscheibe und zeichnen mit Filzstift den Umriss des Flecks nach. Dann legen wir die Glasscheibe auf kariertes Papier und bestimmen den Flächeninhalt durch Auszählen. Wir erhalten $A_{\text{Öl}} = 100\,\text{cm}^2$. Damit ergibt sich als Durchmesser d_M eines Moleküls:

$$d_M = \frac{V_{\text{Öl}}}{A_{\text{Öl}}} = \frac{9{,}1 \cdot 10^{-6}\,\text{cm}^3}{100\,\text{cm}^2} = 0{,}91 \cdot 10^{-7}\,\text{cm} = 0{,}91 \cdot 10^{-6}\,\text{mm} \approx 1 \cdot 10^{-6}\,\text{mm}$$

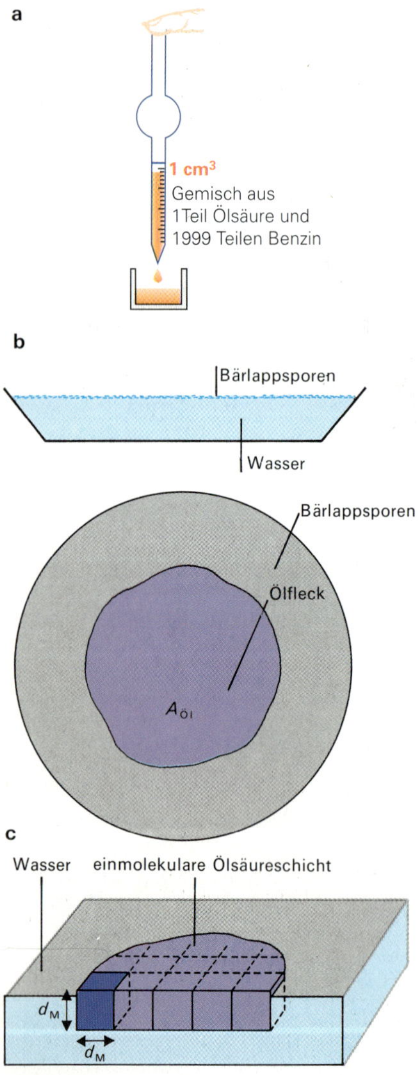

254.2 Ölfleckversuch zur Abschätzung des Moleküldurchmessers

Der Durchmesser eines Ölsäuremoleküls ist ungefähr ein millionstel Millimeter.
Die Chemie lehrt, dass ein Ölsäuremolekül aus 34 Wasserstoffatomen, 18 Kohlenstoffatomen und 2 Sauerstoffatomen besteht. Zur Abschätzung eines mittleren Atomdurchmessers d_A nehmen wir der Einfachheit halber an: Das Ölsäuremolekül ist würfelförmig (!). Es setzt sich aus 54 gleich großen (!), würfelförmigen (!) Atomen des Durchmessers d_A zusammen (Abb. 254.2c):

$$54 \cdot d_A^3 = d_M^3 \quad \Rightarrow$$

$$d_A = \frac{d_M}{54^{\frac{1}{3}}} = \frac{0{,}91 \cdot 10^{-6}\ \text{mm}}{54^{\frac{1}{3}}} = 2{,}4 \cdot 10^{-7}\ \text{mm}$$

Der Atomradius beträgt ungefähr ein zehnmillionstel Millimeter.

Atomkern und Atomhülle

Der englische Physiker *Joseph John Thomson* (1856 bis 1940), der Entdecker des Elektrons, meinte, die Elektronen seien im Atom „wie Rosinen in einem Teig positiver Ladung" eingebettet (Abb. 255.1). Der in Neuseeland geborene und später in England arbeitende Physiker *Ernest Rutherford* (1871 bis 1937) kam auf die Idee, den Aufbau des Atoms durch einen Beschuss mit schnellen Teilchen herauszufinden.

V Die Glühkatode einer Vakuumröhre sendet Elektronen aus (Abb. 255.2). Diese werden durch eine Spannung *U* zur Anode hin beschleunigt. Die Anode ist mit einer kreisrunden Öffnung versehen. Auf dieses Loch ist eine wenige µm dicke Grafitfolie geklebt. Sie besteht also aus mehreren tausend Atomschichten und ist deshalb undurchsichtig. Auf dem nach dem Loch folgenden Leuchtschirm ist in der Mitte ein heller, kreisrunder Fleck zu sehen.

Nach der Thomson'schen Vorstellung vom Atom müssten die Elektronen in der mehrere tausend Atomlagen starken Grafitschicht stecken bleiben. Tatsächlich fliegen aber fast alle auftreffenden Elektronen geradlinig und ohne Behinderung durch die Folie hindurch. Die einzelnen Atome müssen also fast „leer" sein.
Rutherford beschoss eine dünne Goldfolie mit positiv geladenen Teilchen (mit „α-Teilchen" eines radioaktiven Präparats). Auch sie durchdrangen nahezu ungestört die Metallfolie. Nur wenige dieser Teilchen wurden aus ihrer Flugrichtung abgelenkt; sehr wenige sogar so stark, dass sie entgegengesetzt zur Einstrahlrichtung zurückflogen (Abb. 255.3). Die Teilchen waren offensichtlich von einem sehr kleinen, „massiven" Teil des Atoms zurückgeprallt. Da die positiv geladenen α-Teilchen fast die 8000fache Masse eines Elektrons hatten, konnten sie nicht von den Elektronen abgelenkt werden. Rutherford folgerte 1911 aus der sorgfältigen Auswertung seiner Versuche:

Das Atom besteht aus einem sehr kleinen positiv geladenen *Kern*, in dem fast die gesamte Masse des Atoms konzentriert ist. Sein Durchmesser beträgt ungefähr 10^{-14} m.
Der positiv geladene Kern zieht die sich um ihn herumbewegenden negativ geladenen Elektronen an. Diese *Elektronenhülle* hat einen Durchmesser von etwa 10^{-10} m.

Rutherford hatte die Vorstellung, dass die Elektronen auf Kreisbahnen den Kern umlaufen. Heute stellt man sich vor, dass die Elektronen nur in bestimmten Bereichen, die **Orbitale** heißen, um den Kern „herumschwirren". Den genauen Aufenthaltsort eines Elektrons kann

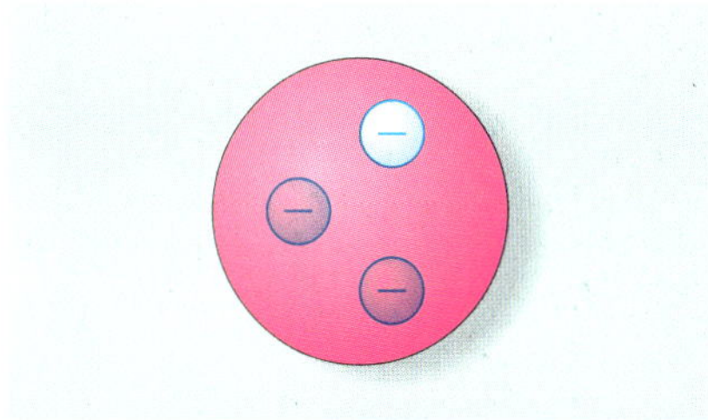

255.1 Thomson'sche Vorstellung vom Aufbau des Atoms

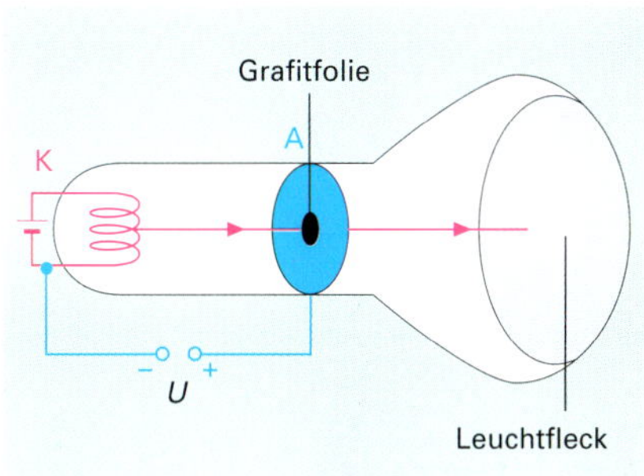

255.2 Beschuss einer Grafitfolie mit Elektronen

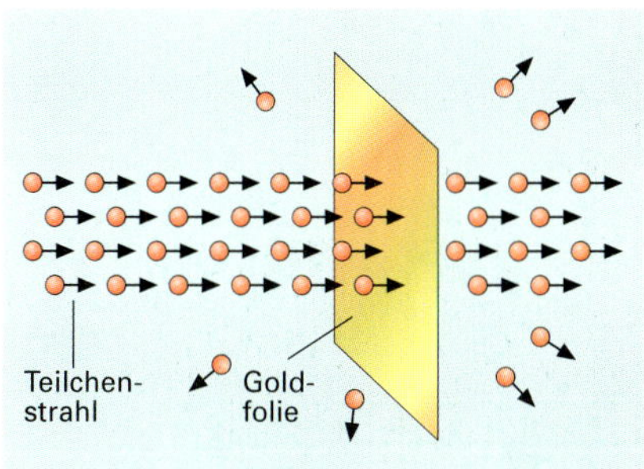

255.3 Streuung eines Teilchenstrahls an einer Goldfolie

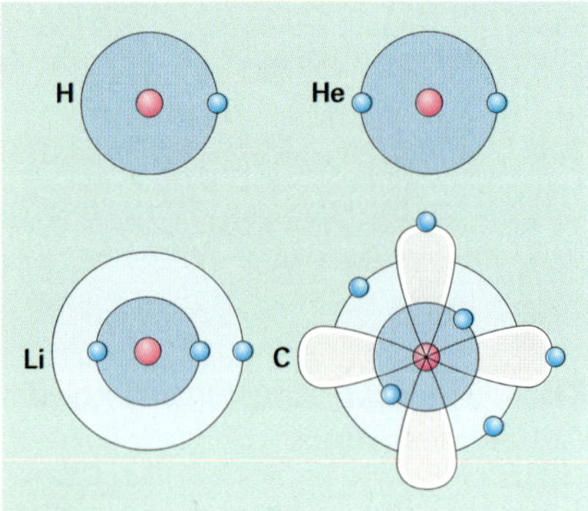

256.1 Atome mit verschiedenen Orbitalen

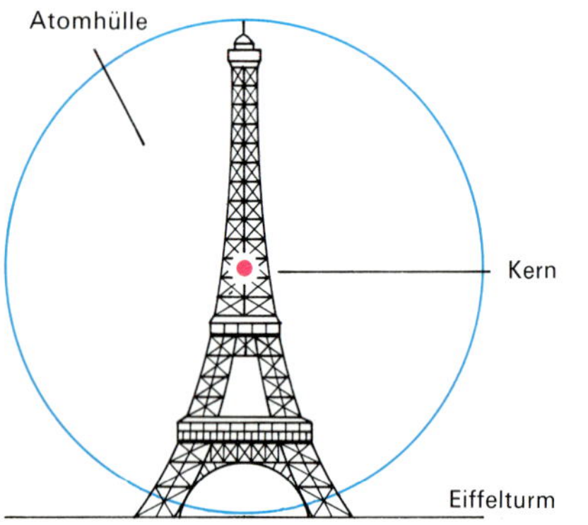

256.2 Größenverhältnisse im Atom

man nicht angeben, sondern nur die Wahrscheinlichkeit, mit der es an einem Ort anzutreffen ist. Die Orbitale sehen kugel- oder hantelförmig aus (Abb. 256.1).

Aufgaben

1. *Veranschaulichung atomarer Größen*
Zur Vereinfachung stellen wir uns die Form des Ölsäuremoleküls als Würfel mit der Kantenlänge $1 \cdot 10^{-6}$ mm vor.
a) Wie viele Ölsäuremoleküle liegen in unserem Ölfleck der Fläche 100 cm² nebeneinander? Stell dir vor, man würde am Nordpol beginnend diese Moleküle entlang des 78. westlichen Längengrades aneinander reihen. Wo würde diese Kette enden (Atlas!)? (Erdumfang: 40 000 km)
b) Wie viele Moleküle sind in 1 mm³ Ölsäure enthalten? Stell dir vor, man würde diese Moleküle zu einer Kette aneinander reihen. Wie lang wäre diese Kette? Vergleiche mit der mittleren Entfernung Erde-Mond von etwa 380 000 km!
c) Stell dir vor, die Ozeane wären völlig ölsäurefrei. Nun wird 1 Liter Ölsäure in sie gegossen und kräftig umgerührt: Die Ölsäure verteilt sich gleichmäßig. Auf hoher See wird dann 1 Liter Meerwasser entnommen. Wie viele Ölsäuremoleküle sind in diesem Liter enthalten? (Ozeanfläche: 350 Millionen km²; mittlere Tiefe: 3800 m)

2. *Veranschaulichung der Größenverhältnisse im Atom*
a) In welchem Verhältnis steht der Atomdurchmesser zum Kerndurchmesser?
b) Welchen Durchmesser hätte in einem maßstabsgetreuen Bild die Elektronenhülle, wenn der Kern durch einen Kirschkern von Durchmesser 1 cm dargestellt würde?
c) Welchen Durchmesser hätte in einem maßstabsgetreuen Bild der Kern, wenn der 300 m hohe Eiffelturm dem Durchmesser der Elektronenhülle entspräche (Abb. 256.2)?

12.2 Aufbau der Atomkerne

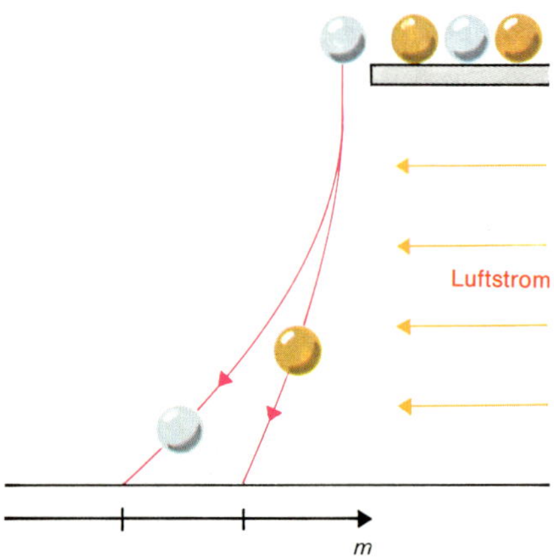

256.3 Modellversuch zum Massenspektrografen

Abschätzung der Atommasse

Ein „würfelförmiges" Ölsäuremolekül hat die Kantenlänge $d_M \approx 1 \cdot 10^{-6}\,\text{mm} = 1 \cdot 10^{-7}\,\text{cm}$. Also passen auf eine Strecke der Länge 1 cm 10^7 Moleküle. In 1 cm³ sind somit $(10^7)^3 = 10^{21}$ Molekülwürfel enthalten. Da 1 cm³ Ölsäure die Masse 0,90 g ≈ 1 g hat, ist die Masse eines Ölsäuremoleküls ungefähr 10^{-21} g. Es setzt sich aus 54 Atomen zusammen. Also sind die Atommassen von der Größenordnung 10^{-23} g.

Der Massenspektrograf

Zur genauen Messung von Atom- und Molekülmassen verwendet man ein Gerät, das *Massenspektrograf** heißt. Sein Prinzip erläutert der folgende Modellversuch (Abb. 256.3):

V Wir lassen in einer bestimmten Höhe eine Styroporkugel los. Durch die Gewichtskraft fällt sie beschleunigt nach unten. Bläst von der Seite ein Luftstrom, wird die Kugel aus ihrer Fallrichtung abgelenkt. Benützen wir anstatt der Kugel einen gleich großen, aber schweren Tischtennisball, wird dieser weniger abgelenkt. Die Ablenkung ist umso kleiner, je größer die Masse der Kugel ist. Man kann also den Auftrefforten die Masse der dort auftreffenden Kugel zuordnen. Auf diese Weise lassen sich unbekannte Massen bestimmen.

In einem Massenspektrografen (Abb. 257.1) wird die zu untersuchende Substanz verdampft. Durch Stöße mit Nachbaratomen haben dabei Atome Elektronen der Hülle verloren: Diese geladenen Teilchen heißen positive *Ionen**. Der Gewichtskraft in unserem Modellversuch entspricht die Anziehungskraft einer negativ geladenen Katode. Ein Teil der Ionen fliegt durch einen Spalt in der Katode: Die Ionen dieses Strahls werden nun durch die Lorentzkraft in einem Magnetfeld abgelenkt. Sie treffen schließlich auf eine Fotoplatte, die sie schwärzen. Zu jeder Auftreffstelle gehört eine bestimmte Masse der auftreffenden Ionen.

Man hat festgestellt:

1. Die Masse des Elektrons ist verglichen mit der Masse der Atomkerne sehr klein. Sie beträgt nur ca. 1/2000 der Masse des leichtesten Kerns.
2. Die auf drei Stellen genau gemessenen Massen der Atomkerne sind ganzzahlige Vielfache von $1{,}66 \cdot 10^{-24}$ g.
   Man hat deshalb die *atomare Masseneinheit* 1 u eingeführt:

Atomare Masseneinheit:
$1\,\text{u} = 1{,}66 \cdot 10^{-24}\,\text{g}$

Kernaufbau aus Protonen und Neutronen

Das einfachste Atom ist das Wasserstoffatom. Ein Elektron bewegt sich um den Kern, der eine positive Elementarladung trägt. Untersucht man Wasserstoff mit einem Massenspektrografen, erhält man ein überraschendes Ergebnis: Auf dem Diagramm sieht man eine kräftige Linie bei 1 u, eine sehr schwache bei 2 u und eine gerade erkennbare bei 3 u (Abb. 257.2a). Der Kern des *gewöhnlichen Wasserstoffs* hat also die Masse 1 u. Es gibt aber auch noch einen *schweren Wasserstoff* mit der Kernmasse 2 u und einen *superschweren* mit der Masse 3 u.

Das nächsteinfache Element ist Helium: 2 Elektronen bewegen sich um den positiv geladenen Kern. Da das Atom insgesamt neutral ist, trägt der Kern zwei positive Elementarladungen. Neben dem *gewöhnlichen Helium* mit der Kernmasse 4 u gibt es noch ein *leichtes* mit der Kernmasse 3 u (Abb. 257.2b).

Diese Ergebnisse legen nahe: Die Kerne sind aus zwei Sorten von Kernteilchen (**Nukleonen***) der gleichen Masse 1 u aufgebaut: Ein Nukleon der einen Art trägt eine positive Elementarladung. Es heißt **Proton***. Ein Nukleon der anderen Art ist ungeladen, also elektrisch neutral. Es heißt **Neutron***.

Der Kern des gewöhnlichen Wasserstoffs ist ein Proton. Der Kern des schweren Wasserstoffs besteht aus einem Proton und einem Neutron, der des superschweren aus einem Proton und zwei Neutronen. Der Kern des gewöhnlichen Heliums setzt sich aus zwei Protonen und zwei Neutronen zusammen, der des leichten aus zwei Protonen und einem Neutron (Abb. 257.3). Verschieden gebaute Kerne des gleichen Elements nennt man **Isotope***. Sie unterscheiden sich in der Anzahl der Neutronen, in der *Neutronenzahl N*, besitzen aber gleich viele Protonen. Zur systematischen Erfassung hat man die Elemente geordnet. Als **Ordnungszahl *Z*** nimmt man die Anzahl der Protonen im Kern, die *Protonenzahl.*

Zur Kennzeichnung der Atomkerne benützt man zwei Schreibweisen:

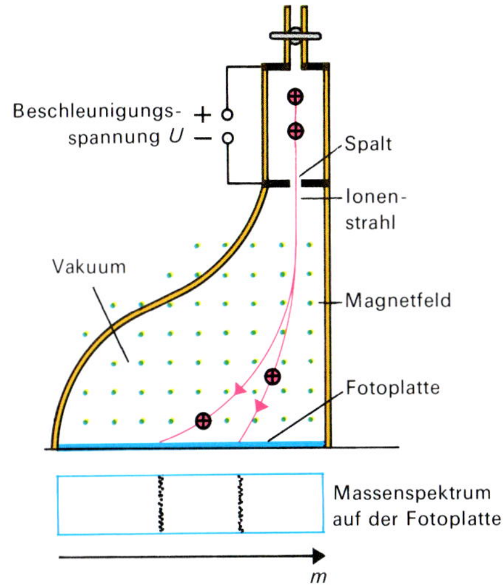

257.1 Vereinfachtes Schema eines Massenspektrografen

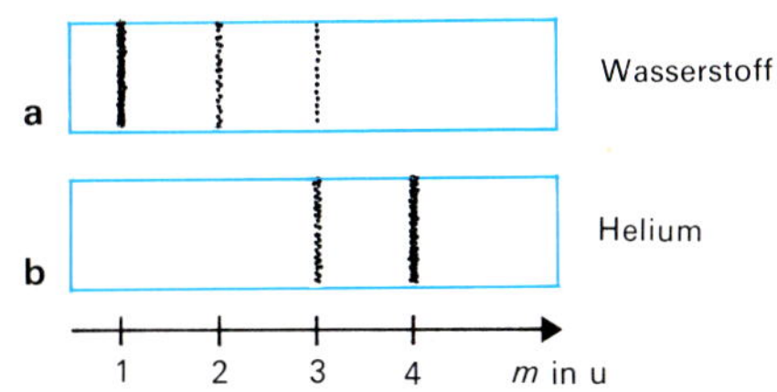

257.2 Massenspektren von Wasserstoff und Helium

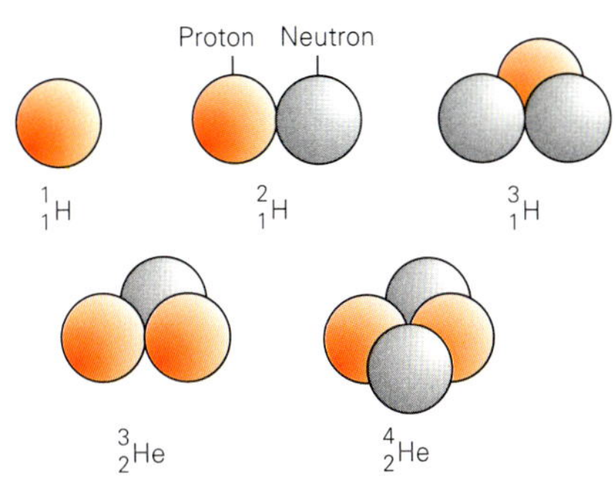

257.3 Die Kerne der drei Wasserstoffisotope und der zwei Heliumisotope

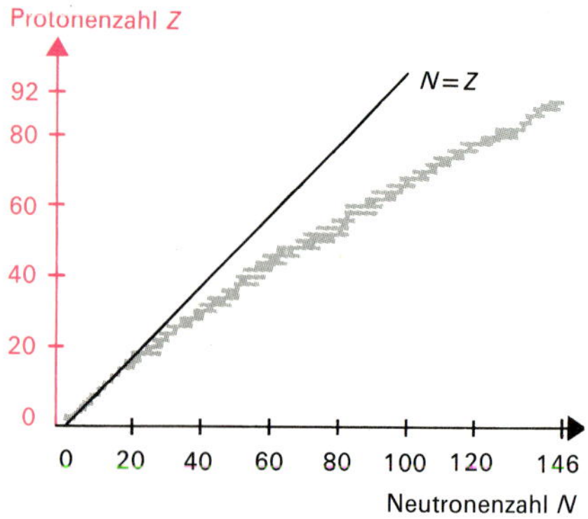

258.1 In der Natur vorkommende Atomkerne (Nuklidkarte)

Entweder setzt man hinter das Elementsymbol die *Nukleonenzahl*, d.h. die Anzahl der Nukleonen im Kern (z.B. He 3, He 4) oder man schreibt an das Elementsymbol links unten die Ordnungszahl und links oben die Nukleonenzahl (z.B. ${}^3_2\text{He}$, ${}^4_2\text{He}$).

Übersichtlich sind die Kerne (**Nuklide***) in einer **Nuklidkarte** zusammengestellt: Nach oben ist die Protonenzahl Z, nach rechts die Neutronenzahl N aufgetragen (Abb. 258.1 und Tafel auf S. 330 und S. 331).

Die Atomkerne sind aus Protonen und Neutronen aufgebaut. Um den Kern des neutralen Atoms bewegen sich genauso viele Elektronen, wie in ihm Protonen vorhanden sind. Die Anzahl der Protonen bestimmt, welches Element vorliegt. Man ordnet die Elemente nach wachsender Protonenzahl Z: Ordnungszahl Z = Protonenanzahl im Kern = Elektronenanzahl in der Hülle. Die Isotope eines Elements unterscheiden sich in der Neutronenzahl N.

Musteraufgabe

„Molekülgröße – gut geschätzt?"

Ein Ölsäuremolekül besteht aus 34 Wasserstoffatomen H 1, 18 Kohlenstoffatomen C 12 und 2 Sauerstoffatomen O 16.

a) Berechne die Masse eines Ölsäuremoleküls!

b) Wie viele Ölsäuremoleküle sind in 1,0 cm³ enthalten?

$(\rho_{\text{Öl}} = 0{,}90\ \frac{\text{g}}{\text{cm}^3})$

c) Vergleiche mit den Abschätzungen, die wir aus dem Ölfleckversuch erhielten!

Lösung:

a) Die Masse des Ölsäuremoleküls m ist gleich der Summe der Massen seiner Bausteine. Wir dürfen die Masse der Hüllenelektronen vernachlässigen. Die einzelnen Kernmassen m_H, m_C und m_O berechnen wir – vereinfacht – mit den Nukleonenzahlen:

$$\begin{aligned} m_{\text{Öl}} &= 34 \cdot m_\text{H} + 18 \cdot m_\text{C} + 2 \cdot m_\text{O} \\ &= 34 \cdot 1\,\text{u} + 18 \cdot 12\,\text{u} + 2 \cdot 16\,\text{u} \\ &= 282\,\text{u} \\ &= 282 \cdot 1{,}66 \cdot 10^{-24}\,\text{g} \\ &= 4{,}68 \cdot 10^{-22}\,\text{g} \end{aligned}$$

b) Die Masse m von Ölsäure des Volumens $V = 1{,}0\,\text{cm}^3$ beträgt:

$$m = \rho_{\text{Öl}} \cdot V = 0{,}90\ \frac{\text{g}}{\text{cm}^3} \cdot 1{,}0\,\text{cm}^3 = 0{,}90\,\text{g}$$

Für die Anzahl n der in 1 cm³ Ölsäure enthaltenen Moleküle ergibt sich damit:

$$n = \frac{m}{m_{\text{Öl}}} = \frac{0{,}90\,\text{g}}{4{,}68 \cdot 10^{-22}\,\text{g}} = 1{,}9 \cdot 10^{21}$$

c) Abschätzung aus dem Ölfleckversuch (S. 256):
$m_{\text{Öl}} \approx 10^{-21}$ g für die Masse eines Ölsäuremoleküls;
$n \approx 10^{21}$ für die Anzahl der Ölsäuremoleküle in einem cm³.

Mit unseren vereinfachenden Annahmen (würfelförmige Moleküle!) erhielten wir die richtigen Größenordnungen.

Die Kernkraft

Die positiv geladenen Protonen eines Atomkerns stoßen sich gegenseitig ab. Trotzdem halten Kerne zusammen. Folglich muss es Kräfte geben, die diesen Zusammenhalt bewirken. Sie heißen **Kernkräfte**. Da sie die eng zusammengepackten, sich abstoßenden Protonen zusammenhalten, sind die Kernkräfte sehr groß. Da wir von ihnen nichts bemerken, wenn wir zwei Körper einander nähern, ist ihre Reichweite sehr gering.
Zur Untersuchung der Kernkraft schoss man Protonen gegen Proto-

nen, Protonen gegen Neutronen und Neutronen gegen Neutronen. Man stellte fest: Nur wenn sich die Nukleonen „sehr nahe" kommen, tritt eine sehr große anziehende Kraft auf. Die Wirkung der Kernkraft reicht im Kern nur bis zu den benachbarten Nukleonen.

Wir bauen in Gedanken Kerne aus Nukleonen auf. Ein Proton und ein Neutron nähern sich einander. Kommen sie sich „sehr nahe", wird die Kernkraft wirksam: Proton und Neutron haften fest aneinander. Der Kern des schweren Wasserstoffes ist entstanden.

Kommt diesem Kern ein Neutron sehr nahe, wird die Kernkraft wirksam, und es entsteht der Kern des superschweren Wasserstoffs. Durch Anhäufen von weiteren Neutronen müssten weitere Wasserstoffisotope entstehen. Diese kommen aber in der Natur nicht vor. Warum? Wir können es nicht erklären.

Aus Abb. 258.1 entnehmen wir: In Kernen kleiner Ordnungszahlen treten bevorzugt etwa gleich viele Protonen und Neutronen auf. Proton-Neutron-Paare sind offensichtlich bindungsstärkend.

Jedes Nukleon eines Kerns wird nur von den benachbarten Nukleonen angezogen, nicht aber von weiter entfernt liegenden. Jedes Proton wird von allen anderen Protonen des Kerns abgestoßen. Mit wachsender Ordnungszahl werden – damit die sich gegenseitig abstoßenden Protonen weiter auseinander rücken – mehr Neutronen als Protonen eingebaut.

Die elektrische Abstoßung wird aber schließlich so groß, dass die Kernkräfte die Nukleonen nicht mehr auf Dauer zusammenhalten können: In der Natur gibt es deshalb keinen Kern mit mehr als 92 Protonen. Das natürliche Element mit der höchsten Ordnungszahl ist Uran.

Die Kernkräfte bewirken den Zusammenhalt des Atomkerns. Sie sind sehr stark, aber ihre Reichweite ist sehr gering.
Bei den Elementen niedriger Ordnungszahl ist die Neutronenzahl ungefähr gleich der Protonenzahl. Mit wachsender Ordnungszahl überwiegt immer mehr die Neutronenzahl.

Die Kernbindungsenergie

Beim Zerlegen eines Kerns in seine Bestandteile muss gegen die Kernkräfte Arbeit verrichtet werden, also Energie zugeführt werden. Beim Zusammenbau eines Kerns aus Nukleonen wird dieser Energiebetrag frei. Man nennt ihn **Kernbindungsenergie**.
Experimente ergeben: Zum Zerlegen des einfachsten zusammengesetzten Kerns, des schweren Wasserstoffs H 2, in Proton und Neutron ist die Energie $3{,}6 \cdot 10^{-13}$ J nötig. Besteht ein Kern aus drei Nukleonen, ist beim Entfernen des 3. Nukleons mehr Energie als beim schweren Wasserstoff aufzuwenden, da es von den beiden anderen angezogen wird: Beim He-3-Kern beträgt die

259.1 Mittlere Bindungsenergie eines Nukleons in Abhängigkeit von der Nukleonenzahl des Atomkerns

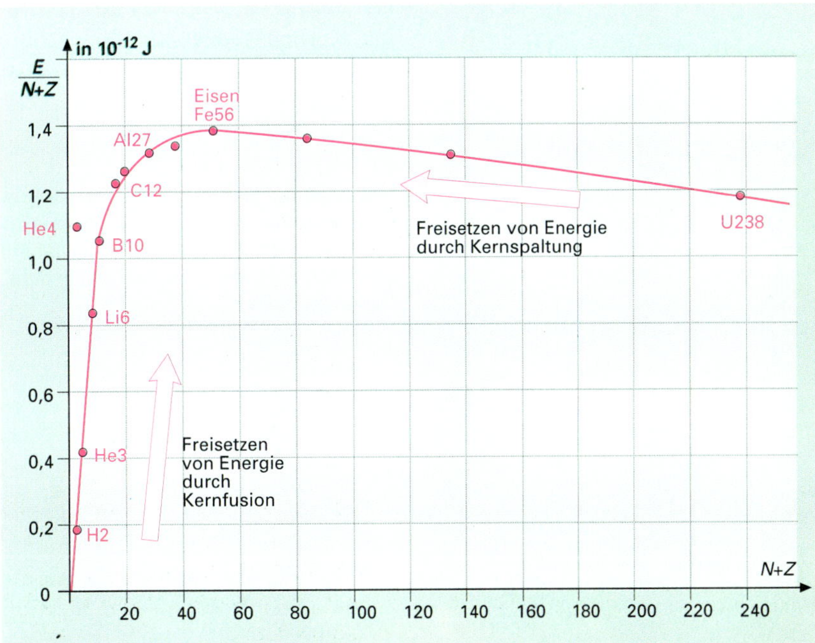

Bindungsenergie $12,4 \cdot 10^{-13}$ J. Interessanter als die gesamte Bindungsenergie eines Kerns ist jener Teil, der im Mittel auf *ein* Nukleon entfällt. Beim schweren Wasserstoff H2 sind es $3,6 \cdot 10^{-13}\,J : 2 = 1,8 \cdot 10^{-13}$ J, beim He-3-Kern $12,4 \cdot 10^{-13}\,J : 3 = 4,1 \cdot 10^{-13}$ J. Beim He-3-Kern muss man im Mittel pro Nukleon mehr als das Doppelte an Energie aufwenden, um den Kern in seine Bestandteile zu zerlegen, als beim schweren Wasserstoff. Der Kern des leichten Heliums ist also stärker gebunden als der des schweren Wasserstoffs.

Man hat für alle Atomkerne die mittlere Kernbindungsenergie pro Nukleon gemessen. In Abb. 259.1 sind für einige interessante Kerne die Werte dargestellt. Es fällt auf: Mit wachsender Nukleonenzahl wächst die Bindungsenergie pro Nukleon. Das ist verständlich: Die Wegnahme eines Nukleons würde gegen die Kernkräfte von immer mehr Kernteilchen erfolgen. Da die Kernkräfte aber nur bis zu den benachbarten Teilchen reichen, erhöht sich ab einer bestimmten Kerngröße die Bindungsenergie pro Nukleon nicht mehr. Durch den Einbau der sich gegenseitig abstoßenden Protonen nimmt sie sogar bei den schweren Kernen wieder ab. Die größte Bindungsenergie pro Nukleon weist der Eisenkern auf.

Die mittlere Kernbindungsenergie pro Nukleon ist ein Maß für die Stabilität eines Kerns. Mittelschwere Kerne sind am stärksten gebunden, leichte und schwere weniger stark.

Aufgaben

1. *„Gerade oder ungerade?"*
Der Ausschnitt aus der Nuklidkarte auf Seite 330 gibt uns einen Einblick in den Aufbau der Atomkerne aus Protonen und Neutronen.
a) Präge dir die ersten acht Elemente und ihre Symbole ein!
b) Lege eine Tabelle an und halte in dieser die Symbole der „leichtesten Elemente" und ihre Protonenzahl *Z* fest. Notiere zu jedem Element die Neutronenzahl *N* des Isotops, das in der Natur am häufigsten vorkommt. Vergleiche *N* und *Z*! Von welcher Zahlenart sind – von zwei Ausnahmen abgesehen – die Neutronenzahlen? Zu welchen Ordnungszahlen gibt es die meisten Isotope?
c) Welche Protonen- und Neutronenzahl hat der schwerste in der Natur vorkommende Atomkern? Vergleiche mit den „leichten Kernen"!

2. *Aluminium-Atome*
a) Gib die Masse eines Aluminiumkerns in g an! (Hinweis: Tafel S. 330)
b) Wie viele Atome sind in 1,0 g Aluminium enthalten?
c) Wie viele Atome sind in 1,0 cm^3 Aluminium enthalten? ($\rho_{Al} = 2,7\,g/cm^3$)

3. *Der am stärksten gebundene Kern*
a) Welcher Kern aller Elemente ist der am stärksten gebundene? (Abb. 259.1)
b) Welches Vielfache der Energie muss man pro Nukleon zum Zerlegen des am stärksten gebundenen Kerns in seine Bestandteile aufwenden, im Vergleich zum Kern des schweren Wasserstoffs?
c) Welchen Energiebetrag muss man insgesamt aufbringen?

4. *Der am stärksten gebundene leichte Kern*
a) Welcher Kern niedriger Ordnungszahl ist gegenüber benachbarten stark gebunden?
b) Welche Energie wird frei, wenn man ihn aus seinen Bausteinen zusammensetzt?

12.3 Die radioaktive Strahlung

Die Entdeckung der Radioaktivität

Der französische Physiker *Henri Antoine Becquerel* (1852–1908) beschäftigte sich mit Mineralien. Er bestrahlte Proben mit Licht und untersuchte das von ihnen wieder ausgesandte Licht. Von der Entdeckung der Röntgenstrahlung* im Jahre 1895 inspiriert, setzte er dem Sonnenlicht verschiedene Stoffe aus und hoffte, dass sie zur Aussendung einer unsichtbaren, durchdringenden Strahlung angeregt würden. Zum Nachweis legte er die Proben auf lichtdicht verpackte, unbelichtete Fotoplatten. Nach der Entwicklung der Fotoplatten war er enttäuscht und überrascht zugleich: Nur eine Fotoplatte zeigte eine Schwärzung. Auf ihr waren Uransalzkristalle gelegen.
Kurz darauf verhalf Becquerel der Zufall zur entscheidenden, Epoche machenden Entdeckung: Auch eine längere Zeit in völliger Dunkelheit aufbewahrte uranhaltige Probe schwärzte eine in der Nähe befindliche Fotoplatte.

V Ein uranhaltiges Stück Erz (*Pechblende*) wird mehrere Tage lang auf ein lichtdicht verpacktes Filmstück (z.B. auf den Filmpack einer Sofortbildkamera) gelegt. Auf dem entwickelten Film ist eine „Belichtung" zu erkennen (Abb. 261.1).

So entdeckte Becquerel im Jahr 1896, dass uranhaltige Stoffe eine *unsichtbare, durchdringende Strahlung* aussenden.
Das in Paris lebende Physikerehepaar *Marie* und *Pierre Curie* (1867–1934 und 1859–1906) untersuchte daraufhin Stoffe nach dieser Eigenschaft, die sie **Radioaktivität*** nannten. Sie machten die Entdeckung, dass die Radioaktivität keine Eigenschaft des Urans allein ist. Sie fanden: *Thorium* ist radioaktiv, und – noch viel stärker – zwei bisher unbekannte Elemente. Sie bezeichneten diese mit *Polonium* – nach der polnischen Heimat von Marie Curie – und mit *Radium*. Daneben sind noch weitere Elemente, meist mit hoher Ordnungszahl, radioaktiv.

Die Ionisationswirkung radioaktiver Strahlung

Wie kann man radioaktive Strahlung noch erkennen?

V Von zwei Metallplatten ist die eine geerdet, die andere wird negativ geladen (Abb. 261.2). Der Zeiger des angeschlossenen (elektrostatischen!) Spannungsmessers schlägt voll aus. Wir halten ein Radium-Präparat* zwischen die Platten: Der Ausschlag geht langsam zurück. Das Gleiche beobachten wir bei umgekehrter Aufladung. Die Luft zwischen den Platten verliert offensichtlich ihre isolierende Wirkung.

Die radioaktive Strahlung erzeugt aus zunächst neutralen Molekülen der Luft geladene Teilchen: Sie stößt aus den Hüllen Elektronen heraus. Dadurch entstehen freie Elektronen und positive Ionen. Ohne die Ladungen auf den Platten würden sie sich durch die gegenseitige Anziehung wieder vereinigen. So aber werden die Elektronen zur positiv geladenen Platte gezogen, die positiven Ionen zur negativen. Dadurch werden Ladungen auf den Platten neutralisiert und der Zeigerausschlag des Spannungsmessers geht zurück.

Radioaktive Strahlung ionisiert die Luft.

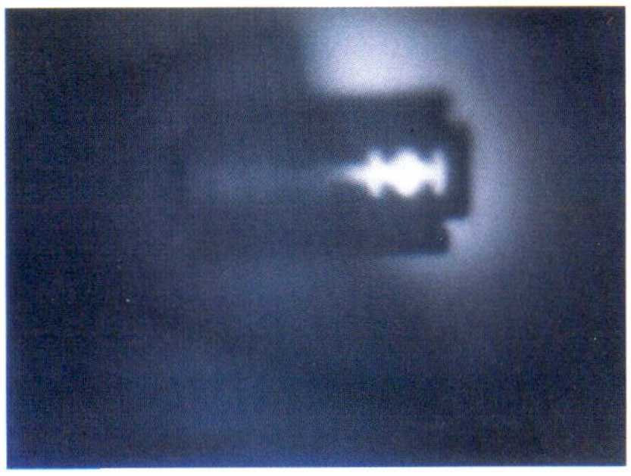

261.1 Belichtung eines Films durch ein Stück Uranerz, das auf einer Rasierklinge lag

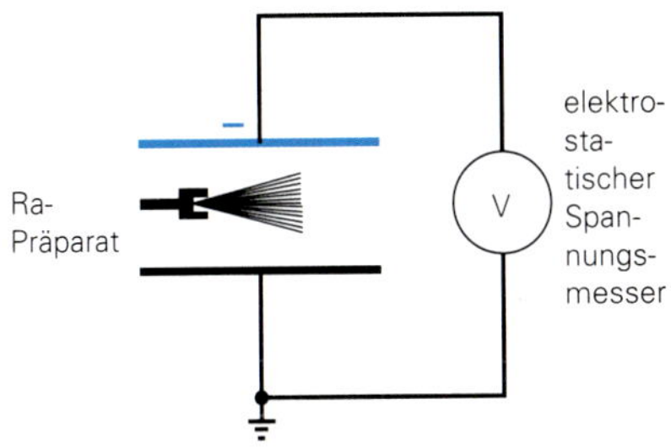

261.2 Nachweis der Ionisationswirkung radioaktiver Strahlung

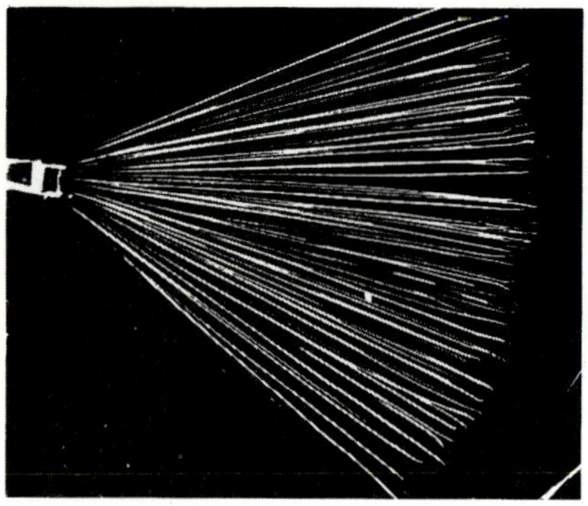

262.1 Spuren von α-Strahlen in der Nebelkammer

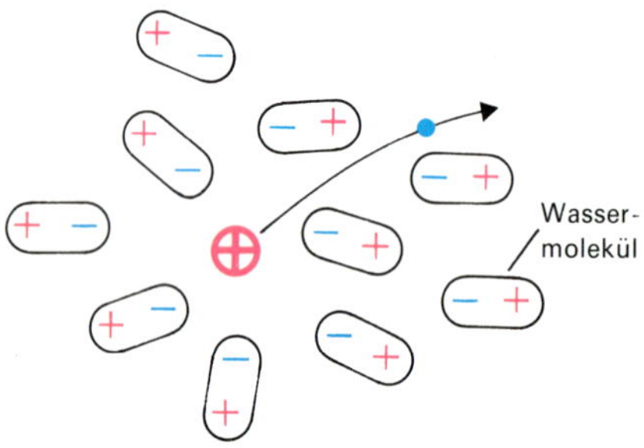

262.2 Zur Nebelbildung

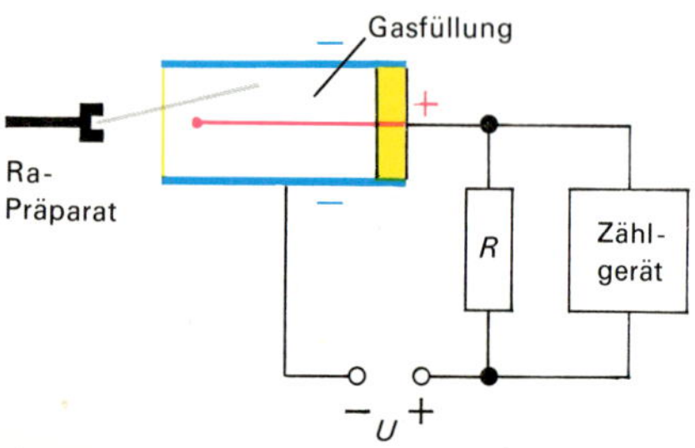

262.3 Aufbau eines Zählrohrs

Die Nebelkammer

Aufgrund ihrer Ionisationswirkung kann man die Spur radioaktiver Strahlung sogar sichtbar machen.

V In einer durchsichtigen Kammer befindet sich ein Radium-Präparat. Die Luft enthält einen hohen Anteil Wasserdampf. Sie ist mit Wasserdampf gesättigt. Wird das Kammervolumen vergrößert, kühlt sich die wasserdampfhaltige Luft ab: Sie wird mit Wasserdampf übersättigt. In diesem Augenblick sehen wir Nebelstreifen, die mit Kondensstreifen von Flugzeugen vergleichbar sind (Abb. 262.1).

Man nennt diese Kammer deshalb **Nebelkammer**.

Ein Wassermolekül ist insgesamt elektrisch neutral. Aus Untersuchungen am Molekül weiß man, dass am einen Ende die positive Ladung überwiegt, am anderen dafür die negative. In der Nebelkammer schlägt ein „radioaktiver Strahl" Elektronen aus Molekülen der Luft heraus und hinterlässt eine Ionenspur (Abb. 262.2). Die negativen Enden der Wassermoleküle werden von den positiven Ionen angezogen und schließen sich deshalb dort zu Wassertröpfchen zusammen.
Die vom Radium-Präparat ausgehenden Spuren sind geradlinig und sie enden nach einigen Zentimetern (Abb. 262.1).

Die α-Strahlung

Wir untersuchen weiter die radioaktive Strahlung. Dazu verwenden wir wieder die Anordnung mit den geladenen Platten (Abb. 261.2).

V Wir bringen das Radium-Präparat zunächst zwischen die Platten. Der Ausschlag des Spannungsmessers geht zurück. Entfernen wir es langsam, findet bereits in einem Abstand von 10 cm keine Entladung mehr statt. – Die radioaktive Strahlung gibt bei der Ionisierung von Molekülen der Luft Energie ab. Dadurch beträgt ihre Reichweite nur einige Zentimeter.

V Bringen wir das mit Papier umhüllte Radium-Präparat zwischen die Platten, findet keine Entladung statt.

Wir schließen daraus: Papier absorbiert die vom Radium-Präparat ausgesandte radioaktive Strahlung. Genaue Untersuchungen haben ergeben: Diese Strahlung besteht aus schnellen Teilchen, und zwar aus schnellen He-4-Kernen.

Eine Art der radioaktiven Strahlung besteht aus *schnellen Heliumkernen*. Man nennt diese Strahlung auch α-Strahlung. Sie wird von Papier vollständig absorbiert. Ihre Reichweite in Luft beträgt nur wenige Zentimeter.

Das Zählrohr

Mit der letzten Versuchsanordnung gelingt der Nachweis eines einzelnen bewegten Heliumkerns nicht: Dieser erzeugt längs seiner kurzen Bahn zu wenig Ionen und Elektronen. Der deutsche *Physiker Hans Geiger* (1882–1945) und sein Schüler *Walther Müller* verbesserten deshalb das Nachweisverfahren. Sie entwickelten 1928 das **Zählrohr**.
Anstatt der beiden Platten verwendeten sie ein Rohrstück und einen Draht (Abb. 262.3). Der Draht wird positiv geladen, das Rohr negativ. Die eine Seite des Rohrs ist durch ein dünnes Glimmerfenster verschlossen, die andere durch eine isolierende Scheibe. Im Rohr befindet sich Gas unter vermindertem Druck. Tritt durch das dünne Glimmerfenster ein Teilchen ein, ionisiert es Moleküle der Gasfüllung. Die da-

bei freigesetzten Elektronen werden zum positiv geladenen Draht „abgesaugt". Die „Absaugspannung" U ist so hoch gewählt, dass die Elektronen genügend stark beschleunigt werden, um aus weiteren Molekülen des Füllgases Elektronen herauszuschlagen: Das eintretende Teilchen löst eine Lawine von Elektronen und Ionen aus.
Wie kann diese Lawine wieder gestoppt werden? Zum Zählrohr ist ein Widerstand R in Reihe geschaltet. Sind keine geladenen Teilchen im Rohr, fällt die gesamte Spannung U an der Unterbrechungsstelle, also am Zählrohr ab. Fließt beim Eintritt eines Teilchens plötzlich ein Strom der Stärke I, fällt ein Teil von U, nämlich $U_R = I \cdot R$, am Widerstand ab. Die Spannung $U - U_R$ am Zählrohr sinkt dadurch so weit ab, dass die Elektronen keine weiteren Moleküle des Füllgases zu ionisieren vermögen. Alle Elektronen werden zum positiv geladenen Draht abgesaugt, alle Ionen zur Innenwand des Rohrs, wo sie Elektronen übernehmen und so neutralisiert werden. Das Zählrohr befindet sich wieder im gleichen Zustand wie vor Eintritt des Teilchens. Es ist für einen neuen „Zählvorgang" bereit.
Die Spannungsschwankungen am Widerstand R kann man mit einem elektrischen Zähler registrieren oder durch einen Lautsprecher hörbar machen.

V An einem Geiger-Müller-Zählrohr ist über einen Verstärker ein Lautsprecher angeschlossen. Obwohl kein radioaktives Präparat in der Nähe ist, hören wir in unregelmäßigen Zeitabständen ein Knacken.

Diese Erscheinung heißt **Nulleffekt**. Wie kann man ihn erklären? In der Natur, also in allem was uns umgibt und auch in uns selbst, kommen in geringsten Mengen radioaktive Stoffe vor. Außerdem trifft vom Weltraum aus eine Strahlung, die **kosmische Strahlung**, auf die Erde. Wir sind also ständig einer gewissen radioaktiven Strahlung ausgesetzt.

Die β-Strahlung

An das Zählrohr wird ein elektrisches Zählgerät angeschlossen. Die pro Sekunde registrierte Anzahl der ionisierenden Teilchen heißt **Zählrate**.

V Nähern wir dem Zählrohr ein Radium-Präparat, nimmt die Zählrate zu.

V Schieben wir zwischen Zählrohr und Präparat ein Blatt Papier, nimmt die Zählrate ab. Sie ist aber wesentlich höher als der Nulleffekt.

Da α-Strahlen durch Papier absorbiert werden, muss es mindestens eine weitere Strahlenart geben, die Papier durchdringt. Da wir sie mit dem einführenden Versuch zur Ionisationswirkung nicht nachweisen konnten, ist ihr Ionisationsvermögen wesentlich geringer als das der α-Strahlung (Abb. 263.1). Woraus besteht diese zweite Strahlenart?

V Wir verschieben im letzten Versuchsaufbau das Zählrohr etwas nach unten, dann etwas nach oben und messen jeweils die Zählrate (Abb. 263.2a): Sie ist in der Mittelstellung am größten. Nun bringen wir zwischen Papier und Zählrohr einen starken Hufeisenmagnet (Abb. 263.2b): Die Strahlung trifft senkrecht auf das Magnetfeld. Jetzt erhalten wir in einer tieferen Stellung die höchste Zählrate.

Da eine Ablenkung der Strahlung auftritt, schließen wir, dass es sich um geladene Teilchen handelt. Zeigt der Daumen der rechten Hand entgegengesetzt zur Bewegungsrichtung, der Zeigefinger in Feldrich-

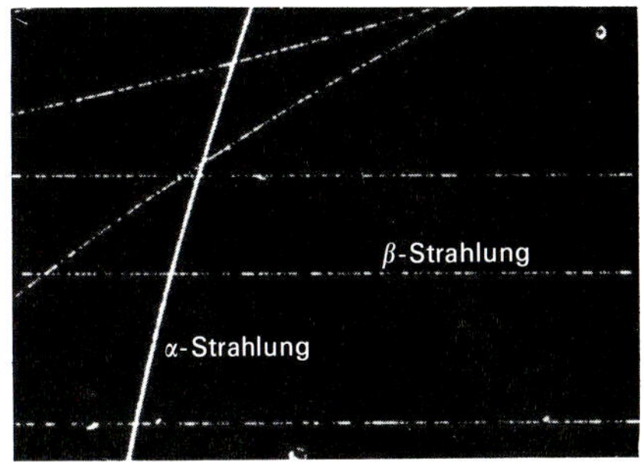

263.1 Schwächere Ionisationswirkung der β-Strahlung

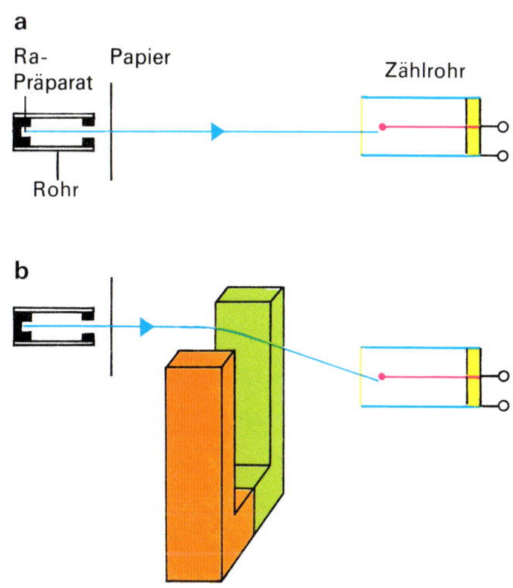

263.2 Ablenkung der β-Strahlung im Magnetfeld

tung, dann weist der Mittelfinger nach unten, also in Richtung der ablenkenden Lorentzkraft: Die Teilchen sind negativ geladen. Genauere Untersuchungen (Bestimmung der Ladung und der Masse der Teilchen) belegen: Es sind Elektronen.

Eine zweite Art der radioaktiven Strahlung besteht aus *sehr schnellen Elektronen*. Man nennt diese auch β-Strahlung.

Die γ-Strahlung

Unsere Versuche zeigen: *β*-Strahlung durchdringt Papier.

V Wir schieben im letzten Versuchsaufbau ohne Magnet (Abb. 263.2a) zwischen Präparat und Zählrohr eine einige Millimeter starke Aluminiumplatte. Die Zählrate nimmt ab. Sie ist aber noch wesentlich höher als die Zählrate des Nulleffekts. Bringen wir nun zwischen Aluminiumplatte und Zählrohr den Hufeisenmagnet, ändert sich die Zählrate nicht.

Was folgt daraus? Nach der Aluminiumplatte sind keine geladenen Teilchen mehr registrierbar: Die Elektronen werden von der Aluminiumplatte absorbiert. Andererseits muss es aber noch eine dritte Strahlungsart geben, die eine Metallplatte zu durchdringen vermag. Da sie sich nicht durch ein Magnetfeld ablenken lässt, besteht sie nicht aus geladenen Teilchen.

Es gibt eine dritte Art der radioaktiven Strahlung, γ-*Strahlung* genannt. γ-Strahlung ist eine *unsichtbare, durchdringende Lichtart*.

Diese Art radioaktiver Strahlung ist genauso unsichtbar und durchdringend wie die im Jahre 1895 von dem deutschen Physiker *Wilhelm Conrad Röntgen* (1845 bis 1923) entdeckte und nach ihm benannte Röntgenstrahlung.
Bei Verwendung sehr starker Magnetfelder kann man die drei Strahlenarten durch den Ablenkungsversuch voneinander trennen (Abb. 264.1).

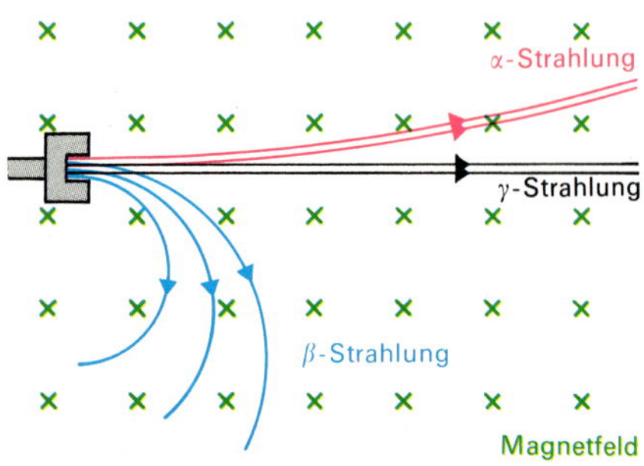

264.1 Trennung der Strahlenarten durch ein starkes Magnetfeld

Kernzerfälle

Wie entsteht die radioaktive Strahlung?

Die Radiumkerne unseres Präparats bestehen aus 226 Nukleonen; davon sind 88 Protonen und 138 Neutronen. Da Kerne hoher Ordnungszahl durch die gegenseitige Abstoßung der vielen Protonen schwächer als jene mittlerer Ordnungszahl gebunden sind, wird aus dem Kern ein stärker gebundener, wenn er Nukleonen abspaltet. Ein Teilchen, das offensichtlich aus sehr stark miteinander verbundenen Nukleonen besteht, ist der Heliumkern (Abb. 259.1). So wird verständlich, dass der Ra-Kern keine einzelnen Nukleonen, sondern ein α-Teilchen ausstößt: Der Ra-Kern „zerfällt"; er ist *instabil*.
Durch den *radioaktiven Zerfall* des Kerns Ra 226 entsteht ein Kern, der 2 Protonen und 2 Neutronen weniger hat: Es handelt sich um den Kern der Ordnungszahl $88 - 2 = 86$ und der Nukleonenzahl $226 - 4 = 222$. Aus der Nuklidkarte (S. 331) entnehmen wir den Namen Radon und das Symbol Rn.

Den Zerfallsvorgang erfasst man durch eine **Zerfallsgleichung**:

$${}^{226}_{88}\text{Ra} \rightarrow {}^{4}_{2}\text{He} + {}^{222}_{86}\text{Rn}$$ (*α-Zerfall*)

Der Kern Rn 222 ist ebenfalls instabil. Er zerfällt unter Ausstoß eines Heliumkerns:

$${}^{222}_{86}\text{Rn} \rightarrow {}^{4}_{2}\text{He} + {}^{218}_{84}\text{Po}$$ (*α-Zerfall*)

Der Poloniumkern zerfällt weiter:

$$^{218}_{84}\mathrm{Po} \rightarrow {}^{4}_{2}\mathrm{He} + {}^{214}_{82}\mathrm{Pb}$$

(*α-Zerfall*)

Durch α-Zerfall erniedrigt ein instabiler schwerer Kern seine Nukleonenzahl. Der Ausgangskern Ra 226 nähert sich so schrittweise den stärker gebundenen mittelschweren Kernen. Das Bleiisotop Pb 214 ist aber noch nicht stabil.

Bei jedem α-Zerfall sinkt sowohl die Protonen- als auch die Neutronenzahl um 2. Die stabilen Elemente mittlerer Ordnungszahl haben aber im Gegensatz zu jenen hoher Ordnungszahl nur wenige Neutronen mehr als Protonen. Wie werden die instabilen Kerne ihre überschüssigen Neutronen los?
Dieses Problem löst der β-Zerfall: Die sehr schnellen Elektronen der β-Strahlung stammen nicht aus der Hülle, sondern aus dem Kern. Ein Neutron wandelt sich dabei in ein Proton um:

$$^{1}_{0}\mathrm{n} \rightarrow {}^{0}_{-1}\mathrm{e} + {}^{1}_{1}\mathrm{H}$$

(Neutron) (Elektron) (Proton)
(*β-Zerfall* des Neutrons)

Das Bleiisotop Pb 214 erniedrigt so die noch zu hohe Neutronenzahl:

$$^{214}_{82}\mathrm{Pb} \rightarrow {}^{0}_{-1}\mathrm{e} + {}^{214}_{83}\mathrm{Bi}$$

(*β-Zerfall*)

Auch der Wismutkern Bi 214 ist noch nicht stabil. Er muss noch zwei α- und drei β-Zerfälle erleiden, bis aus ihm ein stabiler Kern wird, nämlich das Bleiisotop Pb 206.

In der Folge der radioaktiven Zerfälle treten instabile Kerne auf, die γ-Strahlung abgeben. Ihre Zusammensetzung an Nukleonen ändert sich dabei nicht. Durch die Energieabgabe in Form von γ-Strahlung wird der Zusammenhalt der Kerne verstärkt. Da unser Ra-Präparat nicht nur die Kerne Ra 226, sondern auch die instabilen Folgekerne Rn 222, Po 218, Bi 214, ... enthält, sendet es nicht nur α-Strahlung, sondern auch β- und γ-Strahlung aus. Die Eigenschaften der radioaktiven Strahlung sind in Tab. 265.1 zusammengefasst.

Aufgaben

1. *Die Zerfallsreihe des U 238*
Der in unserem Radium-Präparat enthaltene Kern Ra 226 ist ein Glied in einer Folge von Zerfällen, die beim Uranisotop U 238 beginnt und beim stabilen Bleiisotop 206 endet. In der Nuklidkarte (S. 331) ist ein Kern, der dem α-Zerfall unterliegt, durch gelbe Farbe dargestellt. Ein Kern, der dem β-Zerfall unterliegt, ist durch blaue Farbe wiedergegeben. Stabile Kerne sind schwarz gekennzeichnet.
a) Wie ändern sich jeweils die Ordnungszahl und die Nukleonenzahl eines Kerns durch einen α-, einen β- bzw. einen γ-Zerfall?
b) Bestimme mithilfe der Nuklidkarte die beiden ersten Zerfälle der Reihe und gib ihre Zerfallsgleichungen an!
c) Ermittle alle Kerne der Reihe! Durch wie viele α-Zerfälle geht der Ausgangskern U 238 der Zerfallsreihe schließlich in den stabilen Pb 206 über? Wie kann man diese Anzahl ohne Kenntnis der „Zwischenkerne" berechnen?
d) Wie viele β-Zerfälle treten in der Zerfallsreihe auf? Wie kann man diese Anzahl ohne Kenntnis der Zwischenkerne mithilfe der bereits bekannten Anzahl der α-Zerfälle und der Ordnungszahl 92 des Ausgangskerns und der Ordnungszahl 82 des stabilen Endkerns berechnen?

2. *Die Zerfallsreihe des U 235*
Das Uranisotop $^{235}_{92}\mathrm{U}$ ist der Ausgangskern einer Zerfallsreihe, die beim stabilen Bleiisotop $^{207}_{82}\mathrm{Pb}$ endet.

α-Strahlung	β-Strahlung	γ-Strahlung
Heliumkerne $^{4}_{2}\mathrm{He}$	Elektronen $^{0}_{-1}\mathrm{e}$	unsichtbares, durchdringendes Licht $^{0}_{0}\gamma$
Geschwindigkeit		
bis 10% der Lichtgeschw.	bis 99% der Lichtgeschw.	Lichtgeschw. 300 000 km/s
Ladung		
2 positive Elementarladungen	1 negative Elementarladung	ungeladen
Reichweite in Luft		
bis 10 cm	einige Meter	viele Meter
Abschirmung		
durch 1 Blatt Papier abschirmbar	durch Aluplatte abschirmbar	durch dicken Bleimantel abschirmbar
Zerfallsgleichung: $^{N+Z}_{Z}\mathrm{X} \rightarrow$		
$^{4}_{2}\mathrm{He} + {}^{N+Z-4}_{Z-2}\mathrm{Y}$	$^{0}_{-1}\mathrm{e} + {}^{N+Z}_{Z-1}\mathrm{Y}$	$^{0}_{0}\gamma + {}^{N+Z}_{Z}\mathrm{X}$
Vorgang im Kern		
Kern stößt Teilchen aus	$^{1}_{0}\mathrm{n} \rightarrow {}^{0}_{-1}\mathrm{e} + {}^{1}_{1}\mathrm{H}$	Energieänderung

265.1 Eigenschaften radioaktiver Strahlung

a) Begründe mithilfe der Nukleonenzahl, dass Ra 226 in dieser Reihe nicht auftreten kann!
b) Wie viele α-Zerfälle finden insgesamt statt? Begründung! Wie viele β-Zerfälle treten auf? Begründung?
c) Beim Wismutisotop Bi 211 „verzweigt" sich die Reihe. Gib die Gleichungen der möglichen Zerfälle an, die zum stabilen Endkern Pb 207 führen!
d) Ein radioaktives Präparat enthält nur das vorletzte Glied Tl 207 der Zerfallsreihe. Neben β-Strahlung sendet dieses auch γ-Strahlung aus. Wie könnte man mit einfachen Mitteln aus dem Tl-207-Präparat eine „Quelle" reiner γ-Strahlung bauen?

3. *Die Thorium-Zerfallsreihe*
Neben den beiden Uran-Zerfallsreihen gibt es in der Natur noch eine dritte, die beim Thoriumisotop $^{232}_{90}$Th beginnt und beim stabilen Bleiisotop $^{208}_{82}$Pb endet.
a) Wie viele α-Zerfälle treten in der Reihe auf, wie viele β-Zerfälle?
b) Das vorletzte Glied der Reihe geht durch β-Zerfall in den stabilen Endkern über. Gib die zugehörige Zerfallsgleichung an!
c) Wie könnte man durch Versuche nachweisen, dass dieser vorletzte Kern der Thorium-Zerfallsreihe β- und γ-Strahlung aussendet, dagegen keine α-Strahlung? Warum ist dabei wesentlich, dass es sich um das vorletzte Glied der Reihe handelt?

12.4 Das Zerfallsgesetz

Aktivität und Halbwertszeit

In radioaktiven Stoffen zerfallen Atomkerne. Die dabei entstehenden Kerne sind häufig wieder radioaktiv. Am Ende einer Zerfallsreihe steht aber ein stabiler Kern. Die Radioaktivität verschwindet also von selbst. Wie lang dauert das? Wie „stark" ist die dabei auftretende Strahlung? Um darauf Antworten zu finden, suchen wir nach einer zeitlichen Gesetzmäßigkeit für den Zerfall radioaktiver Kerne.

Zur Untersuchung greifen wir aus einer Reihe von Zerfällen eine Kernart heraus, nämlich Radon (Rn 220). Die radioaktiven Stoffe, die in der Zerfallsreihe vor Radon auftreten, sind fest. Der „α-Strahler" Radon ist dagegen gasförmig. Er lässt sich somit leicht abtrennen.

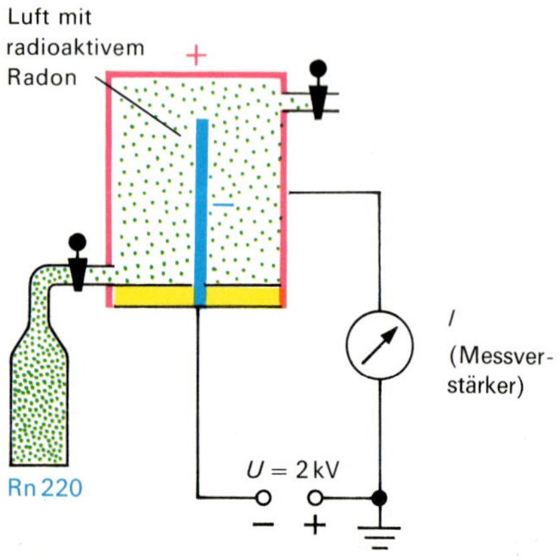

266.1 Ionisationskammer

V Wir wandeln den einführenden Versuch (vgl. Abb. 261.2) zum Nachweis der Ionisationswirkung ab. Damit das gasförmige Radon nicht entweichen kann, verwenden wir anstatt der beiden Platten eine zylinderförmige Kammer: Der einen Platte entspricht das Metallgehäuse, der anderen ein Metallstift (Abb. 266.1). Die Anordnung heißt **Ionisationskammer**. Wir pumpen Radon in die luftgefüllte Ionisationskammer. Aufgrund der Ionisation der Luft fließt ein Strom, den wir mit einem Messverstärker messen. Wir beginnen mit dem Stromstärkewert $I_0 = 30 \cdot 10^{-12}$ A und lesen – bei abnehmendem Zeigerausschlag – in Zeitabständen von 10 Sekunden die Stromstärke I ab. Dann zeichnen wir ein t-I-Diagramm (Abb. 267.1).

Lässt sich die Abnahme der Stromstärke I mit der Zeit t mathematisch fassen? Nach 56 Sekunden ist die Stromstärke I nur noch halb so groß wie der Anfangswert I_0. Nach weiteren 56 Sekunden ist sie nur noch die Hälfte der Hälfte von I_0, also $(\frac{1}{2})^2 \cdot I_0 = \frac{1}{4} \cdot I_0$. Nach weiteren 56 Sekunden sinkt sie wiederum auf die Hälfte, also insgesamt auf $(\frac{1}{2})^3 \cdot I_0 = \frac{1}{8} \cdot I_0$.

In einer bestimmten Zeitspanne sinkt die Stromstärke jeweils auf die Hälfte. Diese Zeitspanne heißt **Halbwertszeit t_H**. Ist die Zeit t ein Vielfaches der Halbwertszeit t_H, gibt der Quotient t/t_H die Anzahl der Halbwertszeiten an, die seit Beginn der Messung verstrichen sind. Mit dem Anfangswert I_0 können wir die Stromstärke I für diese speziellen Zeitpunkte ausrechnen:

$$I = I_0 \cdot \left(\frac{1}{2}\right)^{\frac{t}{t_H}}$$

Es liegt nahe, dass diese Gleichung einer Exponentialfunktion auch die Zwischenwerte erfasst. Wir überprüfen das mithilfe eines Taschenrechners:

$$I\,(0\,\text{s}) = 30 \cdot 10^{-12}\,\text{A} \cdot 0{,}5^{\frac{0\,\text{s}}{56\,\text{s}}} = 30 \cdot 10^{-12}\,\text{A};$$

$$I(10\,\text{s}) = 30 \cdot 10^{-12}\,\text{A} \cdot 0{,}5^{\frac{10\,\text{s}}{56\,\text{s}}} = 27 \cdot 10^{-12}\,\text{A};$$

$$I(20\,\text{s}) = 30 \cdot 10^{-12}\,\text{A} \cdot 0{,}5^{\frac{20\,\text{s}}{56\,\text{s}}} = 23 \cdot 10^{-12}\,\text{A}; \quad \text{usw.}$$

Die Vermutung bestätigt sich. Die Stromstärke I in Abhängigkeit von der Zeit t wird durch eine Exponentialfunktion beschrieben.

Welcher Zusammenhang besteht zwischen der Anzahl der α-Zerfälle von Radonkernen und der Stromstärke I? Die Absaugspannung U ist so eingestellt, dass alle von den α-Teilchen aus Molekülen der Luft herausgestoßenen Elektronen zum positiven Metallgehäuse, die positiven Ionen zum Metallstift abgesaugt werden. Wir gehen davon aus, dass jedes α-Teilchen, bis es völlig abgebremst ist, gleich viele Ladungen trennt. Dann ist die Stromstärke I zur Anzahl der pro Zeiteinheit in der Kammer *zerfallenden* Kerne proportional: Die Stromstärke I ist also auch ein Maß für die Anzahl der pro Zeiteinheit *zerfallenden* Kerne (Abb. 267.1).

Was fällt auf? Die Kerne zerfallen nicht auf einmal. Sie zerfallen in Raten. Man interessiert sich deshalb für die Anzahl der Zerfälle in einer bestimmten Zeit, z. B. in einer Sekunde. Der Quotient aus der Anzahl der Zerfälle und der zugehörigen Zeit heißt *Zerfallsrate* oder **Aktivität* A**.

Ihr Wert ist also eine Zahl dividiert durch eine Zeiteinheit, ihre Einheit folglich „1 durch Zeiteinheit", z. B. „1 durch Sekunde". Nach dem Entdecker der Radioaktivität nennt man diese auch **1 Becquerel** (1 Bq).

Also: $\quad 1\,\text{Bq} = \frac{1}{\text{s}}$

Die Aktivität $A = 1\,\text{Bq}$ bedeutet dann, dass 1 Zerfall pro Sekunde stattfindet.

Da die Stromstärke I zur Zerfallsrate A direkt proportional ist, kann das t-I-Diagramm auch als t-A-Diagramm aufgefasst werden (Abb. 267.1). Die Zerfallsrate gehorcht somit auch dem Exponentialgesetz.

Die Zeitspanne, in der die Zerfallsrate (Aktivität) A radioaktiver Kerne auf die Hälfte abnimmt, heißt *Halbwertszeit* t_H. Ist zur Zeit $t = 0$ die Zerfallsrate A_0, so ist sie zur Zeit t nur noch

$$A(t) = A_0 \cdot \left(\frac{1}{2}\right)^{\frac{t}{t_H}}.$$

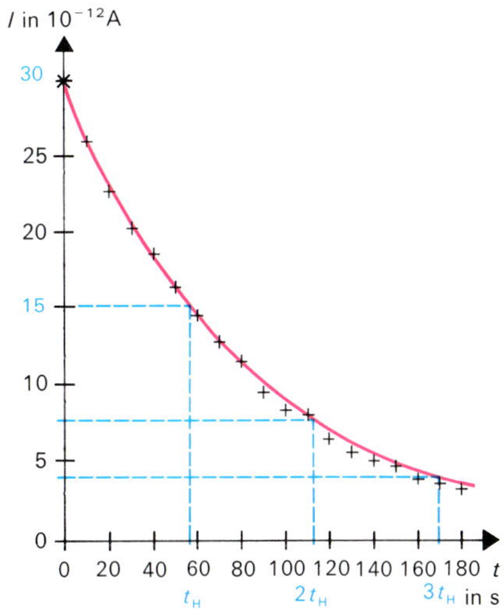

267.1 t-I-Diagramm zum Zerfall von Radon 220

Element	Isotop	Zerfallsart	Halbwertszeit t_H
Radon	Rn 220	α	56 s
Jod	J 131	β	8,0 d
Wasserstoff	H 3	β	12 a
Cäsium	Cs 137	β	30 a
Radium	Ra 226	α	1600 a
Kohlenstoff	C 14	β	5730 a
Uran	U 235	α	$7{,}0 \cdot 10^8$ a
Kalium	K 40	β	$1{,}3 \cdot 10^9$ a
Uran	U 238	α	$4{,}5 \cdot 10^9$ a

268.1 Halbwertszeiten

Das Zerfallsgesetz

Einerseits hat uns interessiert, wie die pro Sekunde ausgesandte radioaktive Strahlung, die Zerfalls*rate*, von der Zeit t abhängt. Andererseits interessiert aber auch, wie der *Bestand*, die Anzahl der vorhandenen radioaktiven Kerne, mit der Zeit abnimmt.

V Wir pumpen etwas Radon in die Ionisationskammer. Es fließt Strom. Pumpen wir weiter Radon dazu, steigt die Stromstärke.

Die Stromstärke und damit die Zerfallsrate ist also umso größer, je mehr Rn-Kerne in der Kammer sind. Es liegt nahe, dass die Zerfallsrate A zur Anzahl N der Rn-Kerne in der Kammer proportional ist. Dann kann das t-I-Diagramm auch als t-N-Diagramm aufgefasst werden (Abb. 267.1). Also gehorcht die Anzahl N der vorhandenen Rn-Kerne auch diesem Exponentialgesetz.

Zerfallsgesetz

In der Halbwertszeit t_H zerfällt die Hälfte der anfangs vorhandenen radioaktiven Kerne.

Ist zur Zeit $t = 0$ die Anzahl der radioaktiven Kerne N_0, so ist ihre Anzahl N zur Zeit t nur noch

$$N(t) = N_0 \cdot \left(\frac{1}{2}\right)^{\frac{t}{t_H}}.$$

Genaue Untersuchungen zeigen, dass sowohl α- als auch β- und γ-Zerfälle dem Zerfallsgesetz gehorchen. Es setzt aber voraus, dass in einer Probe genügend viele radioaktive Kerne vorhanden sind.

Die Halbwertszeiten der radioaktiven Kernarten sind sehr verschieden (Tab. 268.1). Der Zerfall und damit die Halbwertszeiten lassen sich nicht durch äußere Einwirkungen, wie z. B. durch Erhöhung des Druckes oder der Temperatur, beeinflussen.

Musteraufgabe

Radioaktive Milch

Am 26. April 1986 ereignete sich im Kernkraftwerk *Tschernobyl* bei Kiew ein schwerer Unfall. Das Freisetzen radioaktiver Stoffe hatte in der unmittelbaren Umgebung katastrophale Folgen. Viele Menschen starben, weit mehr leiden unter Spätfolgen, wie z. B. Krebs. Aber auch außerhalb der damaligen Sowjetunion waren die Auswirkungen zu spüren. Der Wind trieb eine unsichtbare „radioaktive Wolke", die vor allem das Jodisotop J 131 und das Cäsiumisotop Cs 137 enthielt, über weite Teile Europas (Abb. 269.1). Auf Deutschland – 1600 km von Tschernobyl entfernt – verteilten sich „nur" 1 g Jod 131 und 300 g Cäsium 137. Die Wirkung war aber Besorgnis erregend. Zunächst stieg die Radioaktivität der Luft stark an. Dann regnete es und die radioaktiven Stoffe wurden auf dem Boden und den Pflanzen abgelagert. Im Münchener Raum traten am 5. Mai 1986 in der Frischmilch von Kühen, die sich nur von Grünfutter ernährten, hohe Aktivitäten auf.

a) Ein Liter Frischmilch enthielt $8{,}7 \cdot 10^{-14}$ g Jod 131 und $6{,}2 \cdot 10^{-11}$ g Cäsium 137. Wie viele J-131-Kerne bzw. Cs-137-Kerne befanden sich in ihm?

b) Wie viele dieser J-131-Kerne bzw. Cs-137-Kerne zerfielen innerhalb der ersten Sekunde (Tab. 268.1)? Wie groß war die Aktivität des Liters Frischmilch? (Vor dem Unfall war sie kleiner als 1 Bq.)

c) Wie viele J-131-Kerne bzw. Cs-137-Kerne enthielt der betrachtete Liter Milch 8,0 Tage später? Welche Aktivität hatte er noch?

d) Geht vom *Fallout**, den die radioaktive Wolke von Tschernobyl bei uns hinterließ, heute noch eine Gefahr aus? (Beachte: Das Cäsium wird bevorzugt von Pilzen, insbesondere von *Maronen*, aus dem Boden aufgenommen.)

Lösung:

a) Die Anzahl N_0 der anfangs vorhandenen Kerne erhalten wir, indem wir die gesamte Masse m eines im Liter Milch enthaltenen radioaktiven Stoffes durch die Masse des betreffenden radioaktiven Kerns m_K dividieren:

Jod J 131:

$$N_{0J} = \frac{m_J}{m_{JK}}$$
$$= \frac{8{,}7 \cdot 10^{-14}\ \text{g}}{131 \cdot 1{,}66 \cdot 10^{-24}\ \text{g}}$$
$$= 4{,}0 \cdot 10^8$$

Cäsium Cs 137:

$$N_{0\,Cs} = \frac{m_{Cs}}{m_{Cs\,K}}$$
$$= \frac{6{,}2 \cdot 10^{-11}\ \text{g}}{137 \cdot 1{,}66 \cdot 10^{-24}\ \text{g}}$$
$$= 2{,}7 \cdot 10^{11}$$

b) Der Unterschied zwischen dem Bestand N_0 am Anfang und dem Bestand $N(1\ \text{s})$ zur Zeit 1 s liefert die Anzahl der Kerne, die innerhalb der ersten Sekunde zerfallen:

$$N_{0J} - N_J(1\ \text{s})$$
$$= N_{0J} - N_{0J} \cdot 0{,}5^{\frac{1\,\text{s}}{t_H}}$$
$$= 4{,}0 \cdot 10^8\ (1 - 0{,}5^{\frac{1\,\text{s}}{8 \cdot 24 \cdot 3600\,\text{s}}})$$
$$= 400$$

$$N_{0\,Cs} - N_{Cs}(1\ \text{s})$$
$$= N_{0\,Cs} - N_{0\,Cs} \cdot\ 0{,}5^{\frac{1\,\text{s}}{t_H}}$$
$$= 2{,}7 \cdot 10^{11}(1 - 0{,}5^{\frac{1\,\text{s}}{30 \cdot 365 \cdot 24 \cdot 3600\,\text{s}}})$$
$$= 200$$

Also zerfielen innerhalb der ersten Sekunde 400 Jod- und 200 Cäsium-Kerne.
Die Aktivität A_{Mi} des Liters Milch betrug folglich

$$A_{Mi} = 400\,\frac{1}{\text{s}} + 200\,\frac{1}{\text{s}} = 600\,\frac{1}{\text{s}}$$
$$= 600\ \text{Bq}\ .$$

Nach dem Reaktorunfall ist die Aktivität der Milch also auf mehr als das 600fache des Normalwertes angestiegen. Ein beängstigend hoher Wert!

c) Da die Zeitspanne von 8,0 Tagen die Halbwertszeit des Jodisotops J 131 ist, haben sich sowohl sein Bestand als auch seine Aktivität halbiert:

$$N_J(8\ \text{d}) = 2{,}0 \cdot 10^8\ ,$$
$$A_J(8\ \text{d}) = 200\ \text{Bq}$$

Da die Zeitspanne von 8,0 Tagen sehr viel geringer als die Halbwertszeit des Cäsiumisotops Cs 137 ist, dürften sowohl sein Bestand als auch seine Zerfallsrate nur unmerklich abgenommen haben:

$$N_{Cs}(8\ \text{d}) = N_{0\,Cs} \cdot 0{,}5^{\frac{t}{t_H}}$$
$$= 2{,}7 \cdot 10^{11} \cdot 0{,}5^{\frac{8\,\text{d}}{30 \cdot 365\,\text{d}}}$$
$$= 2{,}7 \cdot 10^{11}$$

$$A_{Cs}(8\ \text{d}) = A_{0\,Cs} \cdot 0{,}5^{\frac{t}{t_H}}$$
$$= 200\ \text{Bq} \cdot 0{,}5^{\frac{8\,\text{d}}{30 \cdot 365\,\text{d}}}$$
$$= 200\ \text{Bq}$$

Nach 8 Tagen ist die Aktivität des Jods auf die Hälfte gesunken, die des Cäsiums etwa gleich geblieben; die Aktivität des Liters Milch hat auf $A_{Mi}(8\ \text{d}) = 400\ \text{Bq}$ abgenommen.

d) Die vom Jodisotop J 131 ausgehende radioaktive Gefahr verschwand aufgrund der kleinen Halbwertszeit von 8,0 d bald. Da aber im Gegensatz dazu das Cäsiumisotop Cs 137 eine Halbwertszeit von 30 a aufweist, sind die meisten der von Tschernobyl stammenden Cs-Kerne noch nicht zerfallen. Die Belastung der Waldpilze mit radioaktivem Cäsium hat sich durch eine Verteilung des Cäsiums im Boden zwar verringert. Sie ist aber noch deutlich vorhanden.

269.1 Verfrachtung radioaktiver Stoffe durch Luftströmungen

a) am 26.4. (Tag des Unfalls)

b) am 27.4. erste Tageshälfte

c) am 27. 4. zweite Tageshälfte (Am 28. 4. Verfrachtung nach Osten)

d) ab 29. 4. zweite Tageshälfte bis 30. 4. 1986.

Aufgaben

1. *„Atome altern nicht!"*
Das Radonisotop Rn 220 hat eine Halbwertszeit von etwa 1 Minute.
a) Wir betrachten einen Anfangsbestand von 1 Million Rn-220-Kernen.
Wie viele dieser Kerne sind nach 1, 2, 3 Halbwertszeiten noch unzerfallen. Welcher Bruchteil der Anzahl der anfangs vorhandenen Radon-Kerne ist nach 1, 2, 3 Halbwertszeiten noch nicht zerfallen?
b) Wir greifen nun einen einzelnen Radon-Kern heraus.
Wie groß ist die Wahrscheinlichkeit, dass er die erste, die zweite, die dritte Halbwertszeit „überlebt"? Wie groß ist zu einem beliebigen Zeitpunkt die Wahrscheinlichkeit, dass er die folgende Halbwertszeit überlebt? Kann man bei einem einzelnen Kern mit Sicherheit angeben, ob er sofort oder erst nach sehr langer Zeit zerfallen wird?
Hängt die Wahrscheinlichkeit eines Lebewesens, innerhalb des nächsten Jahres zu sterben, vom Alter ab?
Wie ist die Aussage „Atome altern nicht" zu verstehen?
c) Warum gilt das Zerfallsgesetz nur für eine sehr große Anzahl N von Atomkernen?
Skizziere ein t-N-Diagramm für einen Anfangsbestand von 1 Million Rn-220-Kernen!
Wie würde die Kurve verlaufen, wenn Atome wie Lebewesen altern würden?
d) Welcher Bruchteil der Anzahl der anfangs vorhandenen radioaktiven Kerne ist nach 4, 5, 6, 7 Halbwertszeiten noch unzerfallen?
Nach wie vielen Halbwertszeiten sind mehr als 90%, mehr als 99%, mehr als 999‰ der Kerne zerfallen?

2. *Bierschaumzerfall*
Nimm ein hohes, zylinderförmiges, durchsichtiges Glas kleiner Weite, einen Messstab und eine Uhr! Gieße schwungvoll Bier ein und warte, bis sich die Flüssigkeit abgesetzt hat!
a) Bestimme dann alle 15 s den Schaumstand x (Abb. 270.1)! Zeichne ein t-x-Diagramm!
b) Bestimme die Halbwertszeit t_H deines Bierschaums! Überprüfe den Schaumstand x nach der Zeit $2\,t_H$ und $3\,t_H$! Ordne deinen Bierschaum in die folgende Haltbarkeitsskala ein:
mangelhaft für $t_H \leq 50$ s,
ausreichend für $51\text{ s} \leq t_H \leq 70$ s,
befriedigend für $71\text{ s} \leq t_H \leq 90$ s,
gut für $91\text{ s} \leq t_H \leq 110$ s,
sehr gut für $111\text{ s} \leq t_H$.

270.1 Bierschaumzerfall

3. *Radon – ein radioaktives Gas*
In eine Ionisationskammer werden $7{,}3 \cdot 10^{-16}$ g Radon Rn 220 gepumpt. Rn 220 unterliegt dem α-Zerfall mit der Halbwertszeit von 56 s.
a) Wie viele Rn-Kerne befinden sich anfangs in der Kammer?
b) Wie viele Rn-Kerne befinden sich nach 28 s noch in ihr, wie viele nach 112 s?
c) Wie viele Rn-Kerne zerfallen innerhalb der ersten Sekunde? Wie groß ist die Aktivität des Radons nach 28 s bzw. nach 112 s?

4. *Neutronenzerfall*
Im Gegensatz zu Protonen sind *einzelne* Neutronen nicht stabil. Sie unterliegen mit einer Halbwertszeit von 11 min dem β-Zerfall.
a) Gib die Zerfallsgleichung an!
b) Wir stellen uns vor: Anfangs sind 1 Million einzelne Neutronen vorhanden. Wie viele sind nach 33 min bzw. 1,0 h noch vorhanden?
c) Wie viele der 1 Million Neutronen zerfallen innerhalb der ersten Sekunde? Wie groß ist die Aktivität nach 33 min?

5. *Radioaktives Technetium Tc 99 in der medizinischen Diagnostik*
Das radioaktive Isotop $^{99}_{43}Tc$ unterliegt mit einer Halbwertszeit von 6,0 h dem γ-Zerfall. Man verwendet es in der Medizin z. B. zur Bestimmung der Blutmenge eines Patienten. Dazu wird der Person Blut entnommen, dieses mit $7{,}7 \cdot 10^{-11}$ g Technetium Tc 99 versetzt und dann wieder in den Blutkreislauf gespritzt.
a) Wie viele Tc-99-Kerne sind anfangs im Blut vorhanden? Wie viele davon zerfallen innerhalb der ersten Sekunde?
b) Nach einiger Zeit hat sich das Technetium gleichmäßig im Blut verteilt. Wie viele Tc-99-Kerne sind nach 1,5 h noch unzerfallen? Wie groß ist die Aktivität des gespritzten Technetiums nach 1,5 h?
c) Dem Patienten werden 20 cm³ Blut entnommen. Die Aktivität des enthaltenen Technetiums wird nun – 1,5 h nach dem Beginn der Untersuchung – zu 43,5 kBq gemessen. Welches Blutvolumen hat der Patient?

12.5 Anwendungen radioaktiver Kerne

Altersbestimmung mit radioaktivem Kohlenstoff

Eine Hauptaufgabe der Archäologie ist die Datierung von Fundgegenständen. Kann ein Fund nicht einer bestimmten Epoche zugeordnet werden, fehlt der historische Bezug und damit die Aussagekraft. Ein Meilenstein zur Lösung dieses Problems war die Entwicklung eines Verfahrens im Jahr 1947, mit dem man das Alter von Gegenständen aus *organischem* Material aufgrund ihrer natürlichen Radioaktivität bestimmen kann.

Worauf beruht diese Methode?

Die Erde wird ständig von sehr schnellen Teilchen aus dem Weltall getroffen. Sie bilden die *kosmische Strahlung*, deren Quelle hauptsächlich explodierende Sterne (Abb. 271.1) unserer Milchstraße sind. Diese Teilchen zerschlagen Atomkerne der Atmosphäre. Die Bruchstücke reagieren wieder mit Kernen der Luft. Unter anderem entsteht dabei das Kohlenstoffisotop C 14. Im Gegensatz zum gewöhnlichen Kohlenstoffkern C 12, der aus 6 Protonen und 6 Neutronen besteht, hat der C-14-Kern 2 Neutronen mehr. Er ist nicht stabil und unterliegt mit einer Halbwertszeit von 5730 Jahren dem β-Zerfall:

$$^{14}_{6}\mathrm{C} \rightarrow {}^{0}_{-1}\mathrm{e} + {}^{14}_{7}\mathrm{N}$$

In der Atmosphäre entstehen und zerfallen ständig C-14-Kerne. Da dieser Vorgang seit vielen Jahrtausenden gleich bleibend abläuft, hat sich ein Gleichgewicht eingestellt: Es zerfallen genauso viele Kerne wie erzeugt werden. Deshalb ist der Anteil des radioaktiven Kohlenstoffs in der Atmosphäre ständig der gleiche: Auf 10^{12} gewöhnliche Kohlenstoffatome C 12 trifft ein radioaktives C 14. Gewinnt man aus der Luft eine Probe, die 1 g Kohlenstoff enthält, so zerfallen davon durchschnittlich 14 Kerne pro Minute.

Wie der gewöhnliche Kohlenstoff verbindet sich auch der radioaktive mit Sauerstoff zu Kohlendioxid. Alle Pflanzen unserer Erde assimilieren neben dem normalen Kohlendioxid auch radioaktives. Die Pflanzen entnehmen den gesamten Kohlenstoff zum Aufbau ihrer Zellen dem assimilierten Kohlendioxid. So wird verständlich, dass 1 g Kohlenstoff, das aus lebenden Pflanzen gewonnen wurde, auch 14 Zerfälle pro Minute aufweist.

Tiere fressen Pflanzen, die C 14 enthalten. Menschen nehmen pflanzliche und tierische Nahrung zu sich. In uns zerfallen also ständig C-14-Kerne. Auch 1 g Kohlenstoff in lebendem Fleisch weist 14 Zerfälle pro Minute auf. Wenn eine Pflanze oder ein Tier stirbt, hört der ständige Nachschub von C 14 auf: Von diesem Zeitpunkt an nimmt die Anzahl der C-14-Kerne und damit auch die Zerfallsrate nach dem von uns gefundenen Gesetz ab:

$$A(t) = A_0 \cdot \left(\frac{1}{2}\right)^{\frac{t}{t_H}} = 14{,}0\,\frac{1}{\mathrm{min}} \left(\frac{1}{2}\right)^{\frac{t}{5730\,\mathrm{a}}}$$

1 g Kohlenstoff aus toter organischer Substanz zeigt eine kleinere Zerfallsrate als $14\,\frac{1}{\mathrm{min}}$. Beträgt z. B. die Zerfallsrate $A = 3{,}5\,\frac{1}{\mathrm{min}}$ für 1 g Kohlenstoff, also gerade $\frac{1}{4}$ der Anfangsrate A_0, so sind 2 Halbwertzeiten verstrichen: $t = 2 \cdot 5730\,\mathrm{a}$. Das bedeutet, dass die organische Substanz, die im Fundgegenstand enthalten ist, seit etwa 11 500 Jahren „tot“ ist.

Man muss also die Zerfallsrate A für 1 g Kohlenstoff messen und kann dann die Zeit t, die nach dem Tod des Lebewesens verstrichen ist, mit unserer Formel berechnen.

271.1 Crab-Nebel

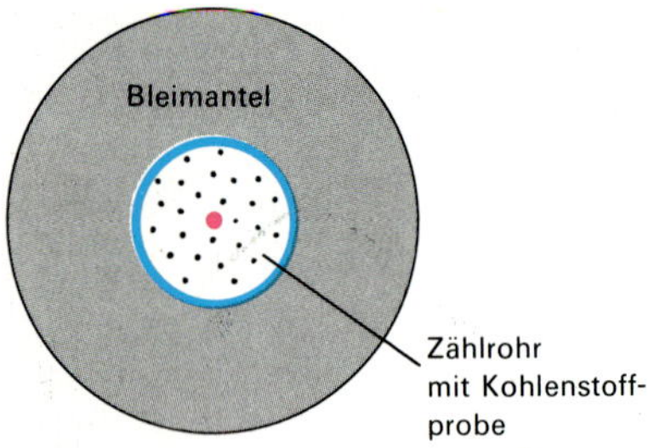

272.1 Messung der Zerfallsrate zur Altersbestimmung

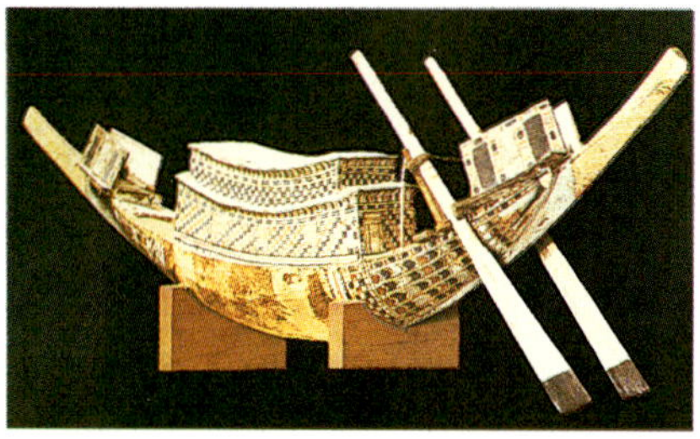

272.2 Das Totenschiff des Pharao Sesostris III im Modell

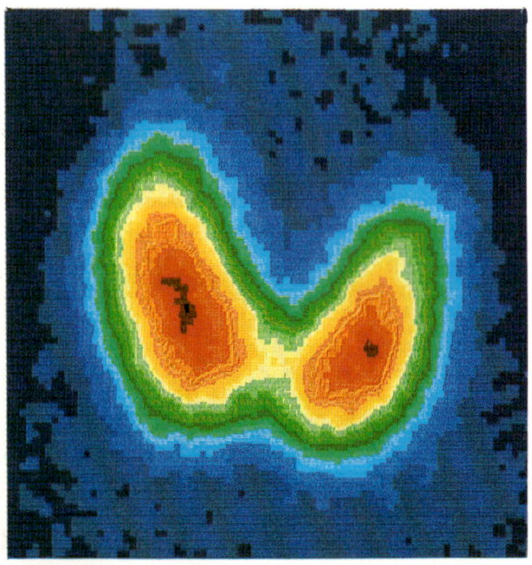

272.3 Szintigramm einer Schilddrüse

Zunächst benötigt man eine bestimmte Menge Kohlenstoff von dem zu datierenden Gegenstand (z. B. altes Holz, Pflanzenreste, Leinenstücke, Haare, Knochen). Man entnimmt ihm eine Probe und verbrennt sie. Das entstehende Kohlendioxid füllt man, da die Zerfallsrate sehr niedrig ist, unmittelbar in ein Zählrohr. Zur Abschirmung nach außen ist es mit einem Bleimantel umgeben (Abb. 272.1). Für die Dauer einiger Tage misst man die Anzahl der Zerfälle der Kohlenstoffprobe und ermittelt daraus die Zerfallsrate A für 1 g Kohlenstoff.

Musteraufgabe

„Die C-14-Methode auf dem Prüfstand"

Der ägyptische Pharao Sesostris III. wurde 1841 v. Chr. mit einem Schiff begraben (Abb. 272.2). Um die Leistungsfähigkeit der C-14-Methode zu testen, verbrannte man 1950 ein Stück der Planke des Totenschiffes: Für 1 g Kohlenstoff erhielt man eine Zerfallsrate von $8{,}93\,\frac{1}{\text{min}}$. Berechne damit das Alter und vergleiche mit dem historisch ermittelten Wert!

Lösung:

Da wir die Zerfallsrate $A_0 = 14{,}0\,\frac{1}{\text{min}}$ am Anfang, die Zerfallsrate $A = 8{,}93\,\frac{1}{\text{min}}$ im Jahr 1950 und die Halbwertszeit $t_H = 5730$ a kennen, lösen wir die Gleichung für die Aktivität nach der unbekannten Zeitspanne t auf:

$$A = A_0 \cdot 0{,}5^{\frac{t}{t_H}} \quad \Rightarrow \quad \frac{A}{A_0} = 0{,}5^{\frac{t}{t_H}}$$

$$\Rightarrow \log \frac{A}{A_0} = \frac{t}{t_H} \cdot \log 0{,}5$$

$$\Rightarrow t = \frac{t_H \cdot \log \frac{A}{A_0}}{\log 0{,}5}$$

$$= \frac{5730\text{ a} \cdot \log \frac{8{,}93}{14{,}0}}{\log 0{,}5} = 3{,}720\text{ a}$$

Die C-14-Methode ergibt: Der Baum, aus dem die Planke gefertigt wurde, ist etwa 3720 Jahre vor 1950, also etwa 1770 v. Chr. gefällt worden. Gegenüber dem historischen Wert erhalten wir eine um etwa 70 Jahre zu kleine Zeitspanne. Das ist eine relative Abweichung von etwa 2 %.

Markierungsverfahren

In Organismen verhalten sich radioaktive Isotope eines Elements genauso wie die stabilen Atome. Beim Zerfall aber verraten sie durch die ausgesandte Strahlung ihren Ort.
Man isst oder trinkt einen Stoff, in dem z. B. ein Teil des gewöhnlichen Kohlenstoffs durch radioaktiven Kohlenstoff C 14 ersetzt wurde. Der so *markierte Stoff* lässt sich dann im Körper verfolgen. Man kann feststellen, wie schnell der Stoff wandert, welche Organe ihn aufnehmen, wo er abgelagert wird und wann er wieder ausgeschieden wird.
Um die Funktion von Organen zu testen, entnimmt man dem Patienten etwas Blut, versetzt dies mit einer bestimmten Menge des radioaktiven Technetiumisotops Tc 99 und spritzt es wieder in den Blutkreislauf. Mit einem Zählrohr tastet man von außen Körperstellen ab und erfasst so die Quellen radioaktiver Strahlung. So lässt sich herausfinden, ob die Schilddrüse, die Lunge, die Leber usw. zu lange oder zu kurze Zeit, zu viel oder zu wenig von Tc 99 aufnimmt. Man kann sogar mit einem besonderen Apparat, der die ausgesandte γ-Strahlung registriert, Aufnahmen von Organen erstellen, sogenannte *Szintigramme** (Abb. 272.3).
An die verwendeten radioaktiven Isotope ist die Forderung zu stellen: Die ausgesandte Strahlung muss einerseits so energiereich sein, dass sie den Körper durchdringt und registriert werden kann, und anderer-

seits so energiearm, dass sie den Körper möglichst wenig schädigt. Der diagnostische Nutzen muss das Risiko deutlich überwiegen.
Neben diesen Anwendungen in der Medizin spielen radioaktiv markierte Stoffe auch in der Biologie und der Landwirtschaft eine wichtige Rolle: Stoffwechselvorgänge in Tieren und Pflanzen lassen sich genau verfolgen. Die Aufnahme von Düngemitteln aus dem Boden kann kontrolliert werden.

Aufgaben

1. *Altersbestimmung mit der C-14-Methode*
Mit der C-14-Methode wurden viele interessante archäologische Funde datiert.
a) Zeichne zu einer Kohlenstoffprobe der Masse 1 g, die zur Zeit $t = 0$ lebender organischer Substanz entnommen wurde, für das Zeitintervall von 0 bis 18 000 a ein t-A-Diagramm! (Berechne dazu, mit einer Schrittweite von 2000 a, die Zerfallsrate A!)
b) Die Jahresringe (Abb. 273.1) einer Borstenkiefer zeigten, dass diese 2905 Jahre alt war. Eine Holzprobe aus dem Mark (!) des Stamms lieferte die Zerfallsrate $A = 9{,}82\ \text{min}^{-1}$ für 1 g Kohlenstoff. Um wie viel % weicht das mit der C-14-Methode bestimmte Alter vom tatsächlichen ab?
Zu den folgenden archäologischen Funden ist jeweils die Aktivität einer Kohlenstoffprobe der Masse 1 g angegeben. Bestimme mit Hilfe des t-A-Diagramms zunächst den ungefähren Wert des Alters und dann rechnerisch einen genaueren!
c) Am Toten Meer entdeckte man in einer Höhle Bibeltexte des Buchs Jesaja: $A = 11{,}1\ \text{min}^{-1}$
d) In einer französischen Höhle bei Montignac entdeckte man bemerkenswerte Felsbilder von Urrindern und Wildpferden (Abb. 273.2). Man fand dort auch Holzkohle: $A = 2{,}0\ \text{min}^{-1}$
e) Die ältesten menschlichen Kulturreste Nordamerikas fand man im südlichen Teil: $A = 0{,}3\ \text{min}^{-1}$

2. Vor etwa 5 Milliarden Jahren ist das Sonnensystem mit seinen chemischen Elementen entstanden.
a) Welche Halbwertszeiten haben die radioaktiven Isotope U 238, U 235 und Th 232? Wie ist verständlich, dass gerade diese Kerne die Ausgangskerne, die *Mutterkerne*, der in der Natur vorkommenden Zerfallsreihen sind?
b) Die Analyse von Uranerzen aus großer Tiefe ergab, dass ungefähr $\frac{1}{3}$ der U-238-Kerne zerfallen sind. Vor wie viel Milliarden Jahren hat sich die Erdrinde verfestigt?

3. *„Technetium Tc 99 kontra Jod J 131"*
Für die Diagnose, ob ein Organ – z. B. die Schilddrüse – richtig funktioniert, verwendete man früher radioaktives Jod J 131: Dieses sendet β- und γ-Strahlung aus. Seine Halbwertszeit beträgt 8,0 d. Heute setzt man Technetium Tc 99 ein: Dieses sendet nur γ-Strahlung aus, und sogar niedrigere Energie als J 131. Die Halbwertszeit ist 6,0 h.
a) Für einen Test ist eine Anfangsaktivität von 30 MBq nötig. Wie viele Tc-99-Kerne bzw. J-131-Kerne müssen dem Patienten jeweils verabreicht werden?
b) Das Jod verweilt im Mittel 200 Tage in der Schilddrüse. Warum folgt daraus, dass die Gesamtbelastung der Schilddrüse bei Verwendung von Tc 99 statt J 131 wesentlich kleiner ist?
c) Das radioaktive Technetium $^{99}_{43}\text{Tc}$ entsteht durch β-Zerfall mit einer Halbwertszeit von 66 h aus Molybdän (Mo). Gib die Zerfallsgleichung an! Warum ist für die Bereithaltung von Tc 99 wesentlich, dass die „Muttersubstanz" eine große Halbwertszeit hat?

273.1 Jahresringe zur Altersbestimmung

273.2 Urrinder und Wildpferde

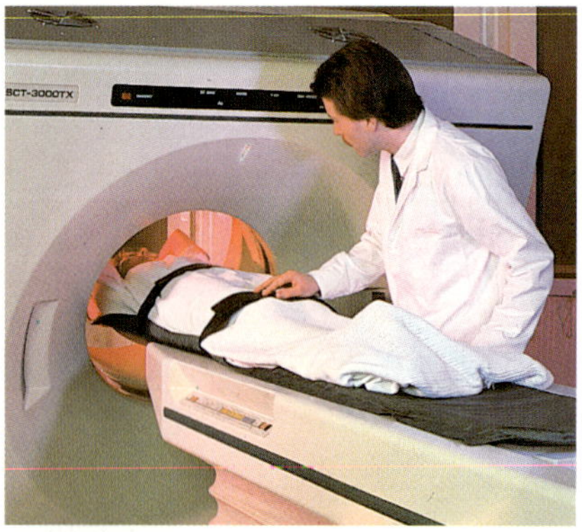

274.1 Computertomograf zur medizinischen Diagnose

12.6 Gefahren radioaktiver Strahlung

Biologische Strahlenwirkungen

Radioaktive Strahlung ionisiert: Sie stößt Elektronen aus den Atomhüllen heraus. Moleküle können sogar gespalten werden, und Molekülverbände in Stücke zerbrechen. Die Funktionstüchtigkeit einer Zelle wird dadurch gestört oder völlig unterbunden. Die Zellen besitzen aber ein wirkungsvolles Reparatursystem, das Schäden beheben kann. Wenn allerdings ein Schaden zu groß ist oder in kurzer Zeit mehrfach hervorgerufen wird, versagt das Reparatursystem. Das Gewebe hat dann noch das Vermögen, einzelne geschädigte Zellen zu erkennen und abzusondern. Der Schaden bleibt ohne Folgen.

Ist die Störung aber zu groß, hat sie Folgen. Es können Schäden im *Erbgut* des Menschen auftreten, die sich erst in der Nachkommenschaft negativ auswirken, und Schäden am *Gesundheitszustand*. Die sofort erkennbaren *Frühschäden* heilen, wenn sie nicht zu groß sind, wieder aus. Das Heimtückische sind nicht erkennbare *Spätschäden*: Die Gefahr, an Krebs zu erkranken, wird erheblich vergrößert.

Die Strahlenbelastung

Mit dem Zählrohr haben wir selbst bei Abwesenheit eines radioaktiven Präparates Strahlung nachgewiesen. Diese **natürliche Strahlenbelastung** hat verschiedene Ursachen.

Aus dem Weltall dringt die **kosmische* Strahlung** in die Lufthülle der Erde ein. Das sind sehr energiereiche, geladene Teilchen, überwiegend Atomkerne und weit weniger häufig Elektronen. Etwa 93% der Kerne sind Protonen, 6% Heliumkerne und 1% schwerere Kerne. Unter den schwereren Kernen treten auch Eisenkerne auf. Die Teilchen stammen zu einem geringen Anteil von gelegentlichen explosionsartigen Vorgängen auf der Sonnenoberfläche, hauptsächlich aber von explodierenden Sternen sowie von Vorgängen, die im Zentrum unserer Milchstraße und in fernen Galaxien* stattfinden. Wenn auch das Erdmagnetfeld den größten Teil der geladenen Teilchen um die Erde herumlenkt oder in einer „magnetischen Flasche" einsperrt, so stoßen doch noch viele mit Molekülen der Luft zusammen. Dadurch entstehen radioaktive Isotope, wie C 14 oder H 3. Am Erdboden tritt radioaktive Strahlung dieser Folgeprodukte der kosmischen Strahlung auf.

Im Boden sind außerdem Spuren der „radioaktiven Überbleibsel" aus der Entstehung des Sonnensystems, nämlich die Kerne der natürlichen Zerfallsreihen und des langlebigen Kaliumisotops K 40 enthalten. Diese senden die **terrestrische* Strahlung** aus.

In Baustoffen wie Mauersteinen, Beton oder Fliesen kommen folglich kleinste Mengen natürlicher radioaktiver Stoffe vor. Aus Häuserwänden und -böden tritt das gasförmige radioaktive Radon aus. Wenn Wohnräume schlecht gelüftet oder gegen Wärmeverluste gut abgedichtet sind, findet man einen hohen Anteil davon in der Raumluft. Dieses radioaktive Gas wird eingeatmet und bestrahlt den Körper von innen mit energiereichen α-Teilchen.

Durch Essen und Trinken gelangen radioaktive Isotope, z. B. C 14 und K 40, in unseren Körper. Sie verursachen die **Eigenstrahlung** unseres Körpers.

Durch die moderne Technik sind wir auch einer **künstlichen Strahlenbelastung** ausgesetzt. Das geschieht bei medizinischen Untersuchungen oder Therapien mithilfe von Strahlung: bei Röntgenuntersuchungen, bei der Computertomographie (Abb. 274.1), beim Einsatz radioaktiv markierter Stoffe zum Erkennen von Krankheiten oder beim Abtöten eines krankhaften Krebsgewebes mit radioaktiven Strahlen. Auch die Strahlung, die von funktionstüchtigen Kernkraftwerken ausgeht, oder die Röntgenstrahlung, die Fernsehbildröhren aussenden, zählt dazu.

Maßgrößen für die Strahlenbelastung

Wie gefährlich sind die einzelnen Anteile unserer Strahlenbelastung? Um die Gefährlichkeit zu kennzeichnen, reicht die Aktivität allein nicht aus. Ein energiereiches Teilchen kann an Zellen einen erheblich größeren Schaden als ein energiearmes hervorrufen. Es liegt deshalb nahe, die Energie, die 1 kg Materie durch Strahlung zugeführt wird, als physikalisches Maß zu nehmen:
Der Quotient aus der Energie E, die ein Körper durch Strahlung aufnimmt, und seiner Masse m heißt **Energiedosis***. Ihre Einheit $1\,\frac{J}{kg}$ bezeichnet man nach dem englischen Physiker *Louis Harold Gray* (1905 – 1965), der die biologische Wirkung radioaktiver Strahlung untersuchte, mit 1 Gray (1 Gy):

$$1\,\text{Gy} = 1\,\frac{J}{kg}$$

Die Energiedosis ist aber noch kein ausreichendes Maß für den biologischen Schaden: Ein α-Teilchen, das durch sein hohes Ionisationsvermögen seine Energie in großen Portionen abgibt, richtet mehr Schaden an Zellen an als ein β-Teilchen gleicher Energie, das seine Energie in kleinen Portionen an viele Zellen verteilt. Untersuchungen haben gezeigt, daß α-Strahlung biologisch bis zu 20-mal so schädlich ist wie β-Strahlung. γ- und Röntgenstrahlung sind genauso schädlich wie β-Strahlung. Neutronenstrahlung hat – je nach der Geschwindigkeit der Neutronen – die 2 bis 10fache schädliche Wirkung (Tab. 275.1).

Multipliziert man die Energiedosis mit dem *Bewertungsfaktor* der jeweiligen Strahlenart, erhält man ein Maß für den biologischen Schaden. Es heißt **Äquivalentdosis**. Ihre Einheit $1\,\frac{J}{kg}$ bezeichnet man nach dem schwedischen Physiker *Rolf Maximilian Sievert* (1896–1966), der die Wirkung radioaktiver Strahlung zum Abtöten von Krebsgeschwüren erforschte, mit 1 Sievert (1 Sv):

$$1\,\text{Sv} = 1\,\frac{J}{kg}$$

In Tab. 275.2 sind mittlere Werte der Äquivalentdosis angegeben. Die durchschnittliche natürliche Strahlenbelastung beträgt etwas mehr als $2\,\frac{mJ}{kg}$; den „Löwenanteil" dazu liefert das Einatmen des radioaktiven Gases Radon in den Wohnräumen.
Die Belastung, die von funktionstüchtigen Kernkraftwerken oder von Fernsehbildröhren ausgeht, ist klein. Zur künstlichen Strahlenbelastung tragen vor allem die medizinischen Untersuchungen und Therapien bei (Abb. 275.3). Jede unnötige Bestrahlung ist zu vermeiden. Es ist immer abzuwägen, ob der erwartete Nutzen größer ist als der mögliche Schaden.
Die mittlere jährliche Strahlenbelastung einer Person in der Bundesrepublik Deutschland beträgt knapp $4\,\frac{mJ}{kg}$ (Abb. 276.1). Sie streut aber von Person zu Person, je nachdem ob medizinische Bestrahlungen vorgenommen wurden.

Folgen der Strahlenbelastung

Die Zellen sind fähig, Schäden selbst zu beheben. Das Gelingen hängt aber davon ab, ob die Zellen dazu eine Chance hatten, d. h. ob die Bestrahlung kurzzeitig oder langzeitig erfolgte.
Bei kurzzeitiger Ganzkörperbestrahlung mit Äquivalentdosen bis zu $250\,\frac{mJ}{kg}$ sind keine unmittelbaren gesundheitlichen Schäden zu erkennen. Um $1000\,\frac{mJ}{kg}$ sind deutliche Krankheitssymptome wie Mattigkeit, Haarausfall, Kräfteverfall so-

Strahlenart	Bewertungsfaktor
β-Strahlung	1
Röntgenstrahlung	1
γ-Strahlung	1
langsame Neutronen	2 bis 5
schnelle Neutronen	5 bis 10
α-Strahlung	20

275.1 Bewertungsfaktoren von Strahlenarten

Ursache	Äquivalentdosis in $\frac{mJ}{kg}$
Natürliche Strahlenbelastung im Jahr:	
kosmische Strahlung	0,4
terrestrische Strahlung	0,5
Einatmen von Radon	1,0
Eigenstrahlung	0,2
	2,1
Künstliche Strahlenbelastung im Jahr:	
Kernkraftwerke	0,01
Farbfernsehen (täglich 2 Stunden)	0,01
Folgen des Tschernobyl-Unfalls	0,02
Kernwaffenversuche	0,01

275.2 Mittlere Strahlenbelastung pro Jahr in der Bundesrepublik Deutschland

Ursache	Äquivalentdosis in $\frac{mJ}{kg}$
Kosmische Strahlenbelastung im Jahr:	
Meereshöhe	0,25
München	0,5
Zugspitze	1
Mont Blanc	2
Flug	
Frankfurt – New York	0,04
Frankfurt – Australien	0,12
Strahlenbelastungen der medizinischen Diagnostik:	
Röntgenuntersuchung	0,2 bis 4
Computertomogramm	1 bis 3
Mammogramm	0,15 bis 15
Schilddrüsenuntersuchung	
mit J 131	200 bis 500
mit Tc 99	5 bis 20

275.3 Interessante Strahlenbelastungen

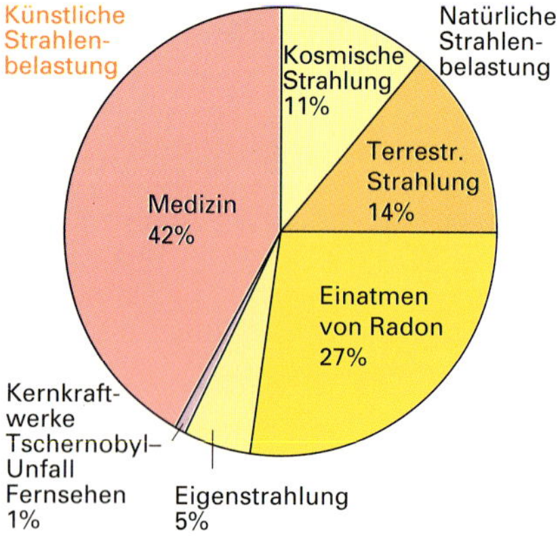

276.1 Mittlere jährliche Strahlenbelastung einer Person in der BRD

276.2 Warnzeichen vor Radioaktivität

wie Schwächung des Immunsystems zu erwarten. Um 4000 $\frac{mJ}{kg}$ ist die Überlebenswahrscheinlichkeit nur noch 50%. Äquivalentdosen ab 7000 $\frac{mJ}{kg}$ führen zum Tod.
Bei gesundheitlichen Schäden in Form von Krebs und Leukämie ist eine kritische Dosisschwelle nicht so leicht angebbar wie bei den beschriebenen Frühschäden. Man geht aber davon aus, dass die natürliche Strahlenbelastung unbedenklich ist.

Strahlenschutz

α-Strahlung lässt sich bereits durch ein Blatt Papier abschirmen. Ihre Reichweite in Luft beträgt höchstens 10 cm. Sie ist also nur gefährlich, wenn α-strahlende Kerne durch Atmung oder mit der Nahrung aufgenommen werden. β-Strahlung kann man z.B. durch Aluminiumbleche abschirmen. Zur Abschirmung der γ-Strahlung aber sind dicke Bleischichten erforderlich.
Wie schützt man sich vor radioaktiver Strahlung? Durch *Abschirmung*, durch *Abstand* und nur *kurzzeitigen Aufenthalt* in gefährdeten Bereichen (Abb. 276.2).
Personen, die mit radioaktiven Stoffen am Arbeitsplatz umgehen und sich deshalb im Gefahrenbereich aufhalten müssen, tragen ständig ein Gerät zur Dosismessung (**Dosimeter***) mit sich. Beim *Filmdosimeter* wird ein Film in einer Papierhülle durch die Strahlung immer mehr geschwärzt. Zur Identifizierung der Strahlenart und damit der biologischen Wirksamkeit sind verschiedene Abschirmbleche angebracht. Man kann aus den Schwärzungen die Äquivalentdosis ermitteln. Zum Schutz gefährdeter Personen sind Höchstwerte gesetzlich festgelegt.

12.7 Kernenergie

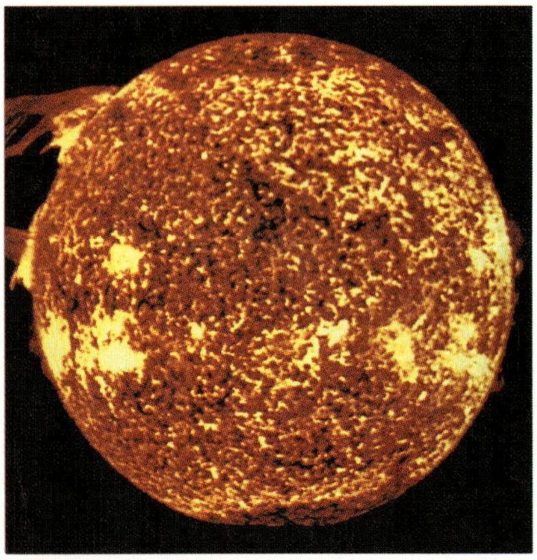

276.3 Sonne (mit einem Rotfilter aufgenommen)

Freisetzen von Kernbindungsenergie

Der Kern Fe 56 ist der am stärksten gebundene. Vereinigt man zwei Kerne, die im Diagramm von Abb. 259.1 genügend weit „vor" dem Eisen liegen, entsteht ein stärker gebundener Kern. Dabei wird Energie abgegeben. Dieser Vorgang heißt *Kernfusion.* Mit Kernen, die genügend weit „nach" dem Eisen liegen, kann man durch *Spaltung* Energie gewinnen.

Bei der Fusion leichter Kerne und bei der Spaltung schwerer Kerne wird Kernbindungsenergie freigesetzt.

Kernfusion

Zwei leichte Kerne *verschmelzen* von selbst zu *einem* Kern, wenn die Kernkräfte wirksam werden. Da deren Reichweite sehr gering ist, müssen sich die Kerne sehr nahe kommen. Die weit reichenden elektrischen Abstoßungskräfte der Protonen wirken aber entgegen. Deshalb ist es nötig, dass die Kerne zunächst mit einer sehr hohen Geschwindigkeit aufeinander zulaufen. Eine sehr hohe Bewegungsenergie der Teilchen bedeutet eine sehr hohe Temperatur. Tatsächlich müssen es mehrere Millionen Kelvin sein.

Im innersten Bereich der Sonne ist diese Bedingung erfüllt. Die von ihrer Oberfläche (Abb. 276.3) abgestrahlte Energie gewinnt sie im Inneren aus einer Folge von Fusionsprozessen. Insgesamt wird dabei aus 4 Protonen ein Heliumkern aufgebaut. Außerdem entstehen zwei Teilchen, die bis auf die positive Ladung die gleichen Eigenschaften wie das negativ geladene Elektron haben. Man nennt sie *Positronen* (Symbol ${}^{0}_{1}e^{+}$):

$$4\,{}^{1}_{1}H \rightarrow {}^{4}_{2}He + 2\,{}^{0}_{1}e^{+}$$
(Bilanz der Fusionsreaktion)

Wie viel Energie wird dabei frei? Würde der Heliumkern aus seinen vier Bausteinen – aus 2 Protonen und 2 Neutronen – aufgebaut, wäre es nach Abb. 259.1 die Energie $4 \cdot 1{,}1 \cdot 10^{-12}\,J = 4{,}4 \cdot 10^{-12}\,J$. Bei den Fusionsprozessen von vier Protonen zu einem Heliumkern unter Abgabe von zwei Positronen ist es etwas weniger, nämlich $4{,}0 \cdot 10^{-12}\,J$.

Die Sonne gewinnt ihre Energie durch Fusion von Wasserstoff zu Helium. Nur im Sonneninnern herrschen die dazu nötigen Bedingungen: Temperaturen von über 10 Millionen Kelvin und Drücke von mehreren Milliarden Bar.

Kernspaltung

Neutronen sind zum Beschießen von Atomkernen sehr gut geeignet. Im Gegensatz zu den Protonen werden sie nicht durch eine elektrische Kraft abgestoßen. Im Jahr 1938 beschossen die deutschen Chemiker *Otto Hahn* (1879–1968) und *Fritz Straßmann* (1902–1980) Uran mit langsamen Neutronen. Nach langwierigen und genauen Untersuchungen konnten sie zeigen, dass Kerne von Elementen mittlerer Ordnungszahl entstanden waren. Außerdem wurden noch 2 bis 3 schnelle Neutronen freigesetzt. Hahn und Straßmann hatten die **Kernspaltung** entdeckt. Der U-235-Kern kann sich u.a. in Kr 89 und Ba 144 spalten (Abb. 277.1):

$$ {}^{235}_{92}U + {}^{1}_{0}n \rightarrow {}^{89}_{36}Kr + {}^{144}_{56}Ba + 3\,{}^{1}_{0}n$$
(Krypton) (Barium)

Der Urankern wird durch das eindringende Neutron in Schwingungen versetzt: Er schwingt wie ein Flüssigkeitstropfen. An der Einschnürungsstelle können ihn schließlich die Kernkräfte gegen die Abstoßung der Protonen nicht mehr zusammenhalten – er „zerplatzt". Nun treibt die elektrische Abstoßung der Protonen die Bruchstücke auseinander. Sie gewinnen an Bewegungsenergie. Da die Kerne mittlerer Ordnungszahl nur wenige Neutronen mehr als Protonen haben, werden bei der Spaltung auch einzelne Neutronen ausgesandt.
Wie viel Energie wird bei einer Spaltung frei? Da die Bruchstücke stärker gebunden sind als der Urankern, wird gerade der Unterschied der Kernbindungsenergien frei. Mithilfe von Abb. 259.1 ermitteln wir zunächst die Bindungsenergie des Kryptonkerns Kr 89, des Bariumkerns Ba 144 und des Urankerns U 235 (Abb. 277.2). Die Bilanz dieser Bindungsenergie ergibt dann: Bei der Spaltung von einem U-235-kern werden $32 \cdot 10^{-12}\,J$ frei.

Das Uranisotop U 235 ist durch langsame Neutronen spaltbar. Bei der Spaltung entstehen außer den beiden radioaktiven Bruchstücken mittlerer Ordnungszahl noch 2 bis 3 schnelle Neutronen.

Veranschaulichung der Energiewerte

Bei der Fusion von vier Protonen zu einem Heliumkern wird eine Energie von $E_F = 4{,}0 \cdot 10^{-12}\,J$ freigesetzt, bei der Spaltung von einem U-235-Kern die 8fache Energie, nämlich $E_S = 32 \cdot 10^{-12}\,J$. Sind das bedeutungsvolle Energiewerte?

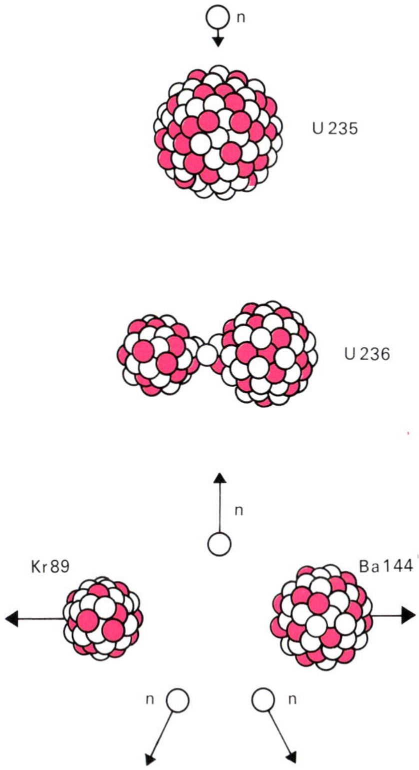

277.1 Spaltung eines U-235-Kerns

Bindungsenergie des Kryptonkerns	$89 \cdot 1{,}39 \cdot 10^{-12}\,J$
zuzüglich	
Bindungsenergie des Bariumkerns	$144 \cdot 1{,}34 \cdot 10^{-12}\,J$
abzüglich	
Bindungsenergie des Urankerns	$235 \cdot 1{,}21 \cdot 10^{-12}\,J$
Frei werdende Energie	$32 \cdot 10^{-12}\,J$

277.2 Energiebilanz zur Spaltung eines U-235-Kerns

278.1 Forschungsanlage für die Kernfusion am Max-Planck-Institut in Garching

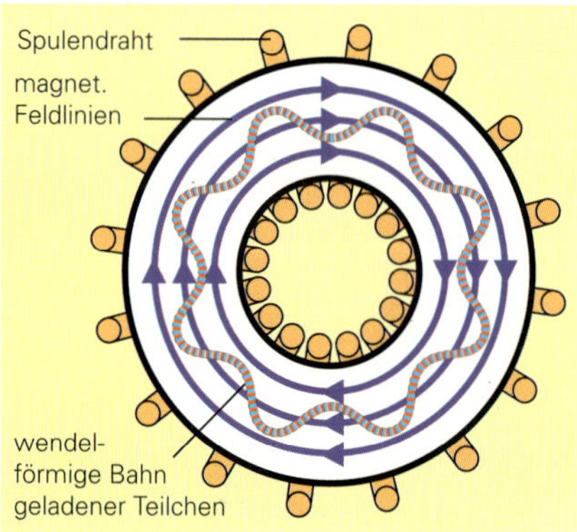

278.2 Strom von Wasserstoffkernen um kreisförmige magnetische Feldlinien

Zur Veranschaulichung betrachten wir nicht nur den einzelnen Fusions- bzw. Spaltungsprozess. Wir interessieren uns für die freigesetzte Energie aus Körpern gleicher Masse.

Welche Energie wird beim Verbrennen von 1,0 g Steinkohle, bei der Fusion von 1,0 g Wasserstoff zu Heliumkernen, beim Spalten von 1,0 g Uran U 235 freigesetzt?

- Steinkohle hat den Heizwert $H = 30\,\frac{\text{MJ}}{\text{kg}}$. Also wird beim Verbrennen von 1 g Steinkohle als Energie frei:

$$\begin{aligned} E_{\text{Verbr.}} &= m \cdot H \\ &= 1{,}0\,\text{g} \cdot 30\,\tfrac{\text{MJ}}{\text{kg}} \\ &= 1{,}0 \cdot 10^{-3}\,\text{kg} \cdot 30\,\tfrac{\text{MJ}}{\text{kg}} \\ &= 30\,\text{kJ} \\ &= 30\,\text{kWs} \\ &= 8{,}3 \cdot 10^{-3}\,\text{kWh} \end{aligned}$$

- Eine Wasserstoffmenge von 1,0 g enthält

$$N = \frac{1{,}0\,\text{g}}{1 \cdot 1{,}66 \cdot 10^{-24}\,\text{g}} = 6{,}0 \cdot 10^{23}$$

Protonen. Da jeweils 4 Protonen unter Abgabe der Energie E_F zu einem Heliumkern fusionieren, gibt es $\frac{N}{4}$ solche Prozesse:

$$\begin{aligned} E_{\text{Fusion}} &= \frac{N}{4} \cdot E_F \\ &= \frac{1}{4} \cdot 6{,}0 \cdot 10^{23} \cdot 4{,}0 \cdot 10^{-12}\,\text{J} \\ &= 6{,}0 \cdot 10^{11}\,\text{Ws} \\ &= 1{,}7 \cdot 10^{5}\,\text{kWh} \end{aligned}$$

- 1,0 g des Uranisotops U 235 enthält

$$\begin{aligned} N &= \frac{1{,}0\,\text{g}}{235 \cdot 1{,}66 \cdot 10^{-24}\,\text{g}} \\ &= 2{,}56 \cdot 10^{21}\ \text{Kerne.} \end{aligned}$$

Also:

$$\begin{aligned} E_{\text{Spaltung}} &= N \cdot E_S \\ &= 2{,}56 \cdot 10^{21} \cdot 32 \cdot 10^{-12}\,\text{J} \\ &= 8{,}2 \cdot 10^{10}\,\text{Ws} \\ &= 2{,}3 \cdot 10^{4}\,\text{kWh} \end{aligned}$$

Wie lange könnte man mit diesen Energiebeträgen jeweils eine 100-W-Glühlampe betreiben? Mit der durch Verbrennung freigesetzten Energie 30000 Ws : 100 W = 300 s = 5 min lang, mit der durch Fusion freigesetzten Energie $6 \cdot 10^9$ s = 6 Milliarden Sekunden ≈ 200 Jahre lang, mit der durch Spaltung freigesetzten Energie $8{,}2 \cdot 10^8$ s ≈ 26 Jahre lang.

Bei der Spaltung schwerer Kerne und bei der Fusion leichter Kerne werden sehr große Energiemengen freigesetzt.

Die Spaltung und die Fusion von Atomkernen sind für die technische Verwertung interessant. Aber die technische Beherrschung der Prozesse ist nicht einfach. Wir werden uns mit der Problematik auseinander setzen.

Aufgabe

Künstliche Kernfusion
Als Beitrag zur Lösung des Energieproblems der Menschheit versucht man in internationaler Zusammenarbeit einen Fusionsreaktor zu entwickeln (Abb. 278.1). Man ist aber über das Studium der Grundlagen noch nicht hinausgekommen.

a) Die Fusion des schweren Wasserstoffes $^2_1$H mit dem superschweren $^3_1$H zu $^4_2$He scheint am erfolgversprechendsten zu sein. Stelle die Reaktionsgleichung auf!

b) Bei den nötigen Temperaturen von vielen Millionen Kelvin sind keine materiellen Wände mehr möglich. Die positiv geladenen Wasserstoffkerne werden in „magnetischen Flaschen" (Abb. 278.2) eingeschlossen. Durch welche Kraft wird das bewirkt?

Die erste kontrollierte Kernfusion gelang am 9.11.1991 am „JET" (Joint European Torus) in Culham in Großbritannien für eine Dauer von 2 Sekunden (!).

13 Einblick in die Energietechnik

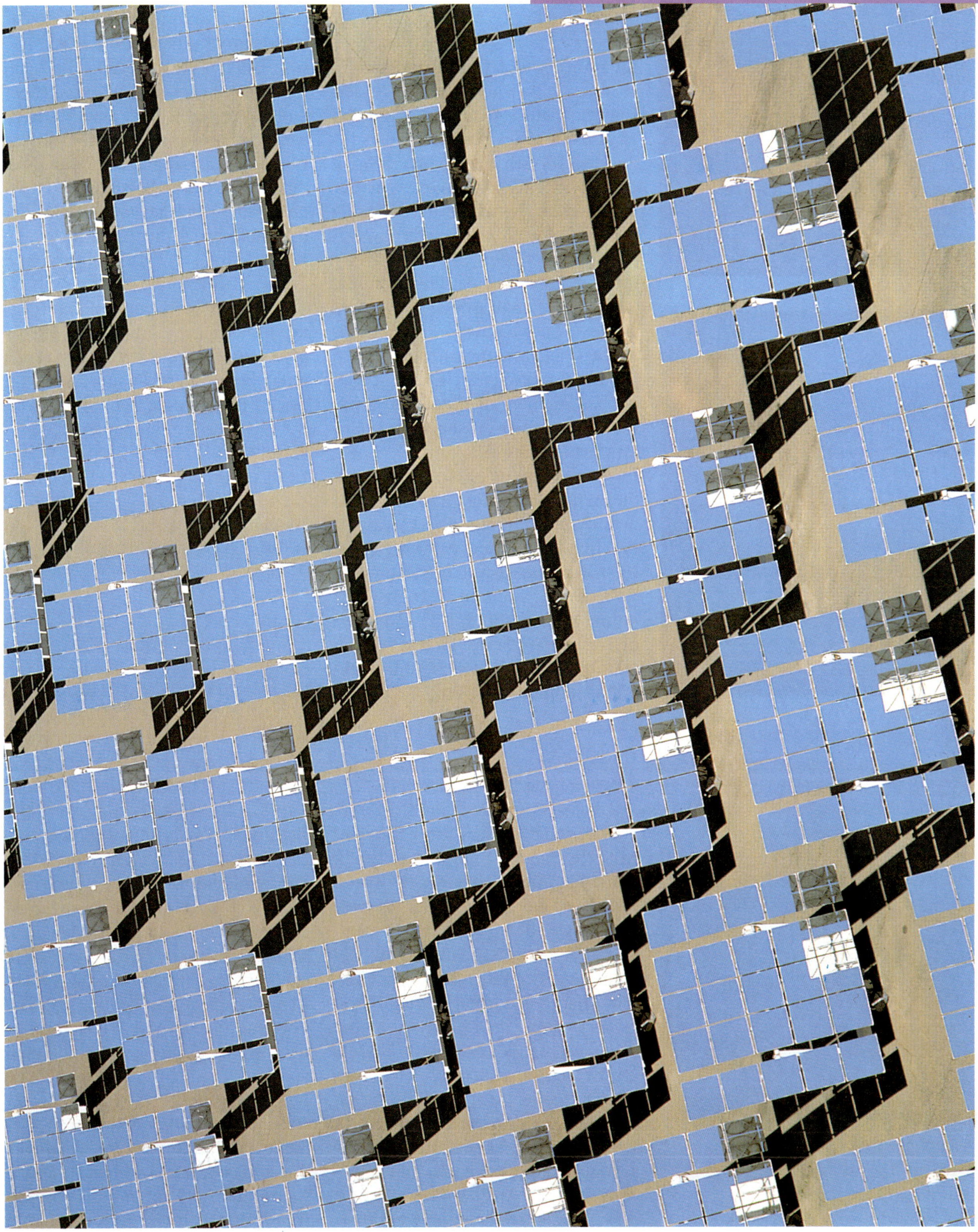

a

b

c

280.1 „Landschaften"
a) Fjord in Norwegen
b) Edersee
c) New York

13.1 Energieformen und ihre Umwandlung

Ambivalenz der Technik

Im Laufe seiner Geschichte gelang es dem Menschen immer besser, Energiequellen zu erschließen und zu nutzen. Die Menschen der Industrienationen haben sich aber in eine totale Abhängigkeit von der technischen Nutzung der Energie begeben. Auch die bevölkerungsreichen Länder der „Dritten Welt" sind bestrebt, den Anschluss an die technische Zivilisation zu finden. Diese Entwicklung stellt die Menschheit in zunehmendem Maß vor ernste Probleme: Die Energiequellen drohen zu versiegen. Und: Ihre übermäßige Ausbeutung belastet unsere Umwelt.
Einerseits hat uns erst die Technik die Arbeit erleichtert und viele Annehmlichkeiten, ja sogar Luxus gebracht. Andererseits gefährden und zerstören die Auswirkungen unseres Lebensstils unseren Lebensraum immer mehr (Abb. 280.1). Wir werden uns mit dieser Doppelwertigkeit, dieser *Ambivalenz**, der Technik auseinander setzen.

Energieformen und Energieerhaltung

Was wissen wir bereits über Energie? Mit dem Begriff Energie beschreibt man die Fähigkeit eines Körpers, Arbeit zu verrichten oder Wärme abzugeben. Je nach ihrer Erscheinungsart unterscheiden wir bestimmte Energieformen: **Mechanische Energie** begegnet uns als *Bewegungsenergie*, als *Lageenergie* und als *Spannenergie*. **Elektrische Energie** macht sich durch die Wirkung von Strömen oder von Ladungen bemerkbar. **Chemische Energie** ist in Brennstoffen gespeichert. Die mikroskopische Bewegungs- und Lageenergie der Atome erfassen wir durch die **innere Energie**. Sie äußert sich bei Temperatur- und bei Zustandsänderungen. Die bei der Fusion leichter Atomkerne oder beim Spalten schwerer Kerne frei werdende Energie bezeichnet man als **Kernenergie**. Die Sonne gibt die in ihrem Inneren freigesetzte Energie an ihrer Oberfläche durch **Strahlung** ab. Ohne diesen Energiestrom wäre das Leben auf der Erde nicht möglich. Auch γ- und Röntgenstrahlung sind Träger von Energie.
Allen in der Natur und in der Technik ablaufenden Vorgängen ist gemeinsam: Energie wird übertragen und Energie wandelt sich meist von einer Form in eine andere um. Dabei gilt eine fundamentale Gesetzmäßigkeit:

Energieerhaltungssatz
Bei allen Vorgängen wandeln sich die Energieformen verlustlos ineinander um:

abgegebene Energie E_{ab} = zugeführte Energie E_{zu}

Die Gesamtenergie bleibt erhalten.

Wirkungsgrad und Energieentwertung

Bei einem Wasserkraftwerk wird die Lageenergie des Wassers in Bewegungsenergie des Wassers, diese mithilfe von Turbinen in Bewegungsenergie des Laufrades und diese schließlich durch einen Generator in elektrische Energie umgewandelt. In der ganzen Kette von Energieübertragungen und -wandlungen wird weder Energie erzeugt, noch vernichtet (Abb. 281.1).
Die *aufgewandte Energie*, die Lageenergie des Wassers, findet man aber nicht vollständig in der *genutzten Energie*, der elektrischen Energie, wieder. Durch Reibung in den Fallrohren hat sich ein geringer Teil in

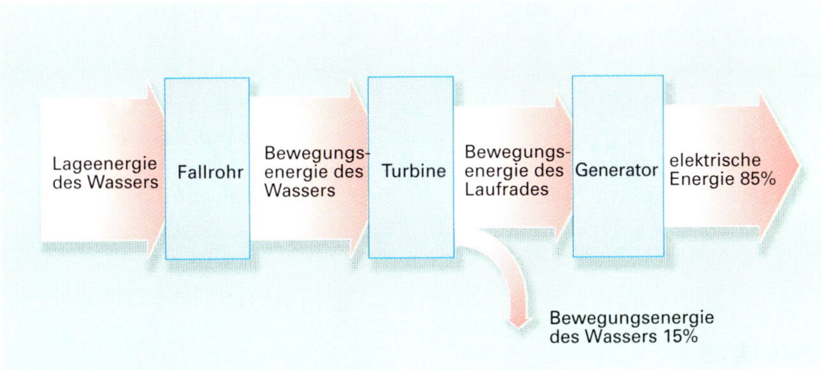

281.1 Energieumwandlungsdiagramm eines Wasserkraftwerkes

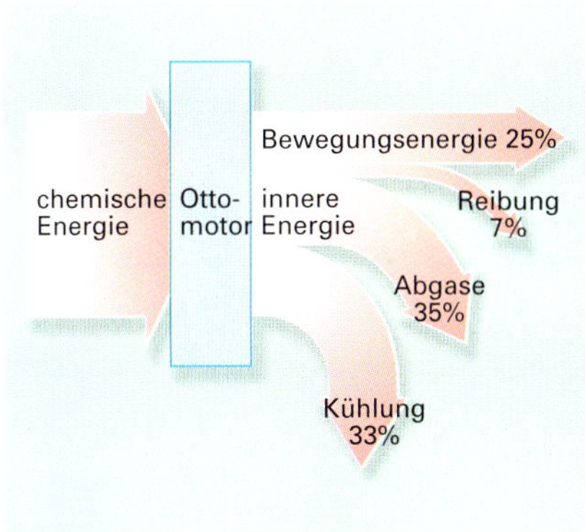

281.2 Energieumwandlungsdiagramm eines Ottomotors

unerwünschte innere Energie umgewandelt. Außerdem hat das Wasser leider seine Bewegungsenergie nicht vollständig an das Laufrad übertragen. Das Verhältnis aus genutzter Energie E_{nutz} zur aufgewandten Energie E_{zu} nennt man **Wirkungsgrad** η. Der Wirkungsgrad des Wasserkraftwerkes

$\eta = E_{\text{nutz}} : E_{\text{zu}} \approx 85\,\%$ ist sehr hoch.

Im Gegensatz dazu wird die im Benzin gespeicherte chemische Energie durch einen Ottomotor nur zu etwa 25% in Bewegungsenergie umgesetzt (Abb. 281.2). Die innere Energie der Verbrennungsgase kann also nur zu einem kleinen Teil in Bewegungsenergie umgewandelt werden. Die tiefere Ursache liegt nicht in einer technisch unausgereiften Konstruktion, sondern in einer in der Natur geltenden weiteren fundamentalen Gesetzmäßigkeit:

Naturgesetz
Es ist unmöglich, innere Energie vollständig in andere Energieformen umzuwandeln.

Alle Energieformen können ineinander umgewandelt werden. Aber: Bei der Umwandlung von innerer Energie in andere Energieformen ist das nicht vollständig möglich. Die Umwandlung findet nur statt, wenn man gleichzeitig kühlt. Ein großer Teil der inneren Energie fließt, als *Abwärme* ungenutzt, in den Kühler. Deshalb sind die Wirkungsgrade von Vorgängen, in deren Verlauf auch innere Energie auftritt, im Vergleich zu anderen so klein (Abb. 281.3).
Durch die unvollständige Umwandelbarkeit der inneren Energie in andere Formen hat sie für uns einen geringeren Wert. Mit der Umwandlung einer Energieform in innere Energie ist stets eine **Energieentwertung** verbunden.

Primärenergie

Eine von uns genutzte Energieform, wie z. B. elektrische Energie, wird oft durch mehrere Energieumwandlungen erzeugt, wobei stets ein Teil als unerwünschte Abwärme in die Umgebung fließt. Am Anfang einer solchen Kette von Energieumwandlungen steht die sog. **Primärenergie**.

Ihre Träger, die **Primärenergieträger**, sind die in Jahrmillionen entstandenen *fossilen* Energieträger* Kohle, Erdöl, Erdgas und der natürliche „*Kernbrennstoff*“ Uran. Immer mehr an Bedeutung gewinnen die unerschöpflichen *regenerativen* Energiequellen*. Energieträger sind die Sonnenstrahlung, fließendes

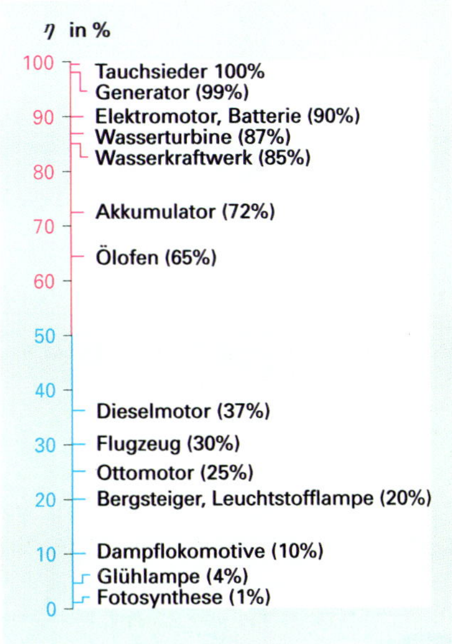

281.3 Wirkungsgrade von Energiewandlern

Primärenergieträger	
Fossile Brennstoffe	Kohle Erdöl Erdgas
Kernbrennstoff	Uran
Regenerative Energiequellen	Sonnenstrahlung Wasser Wind Biomasse

281.4 Primärenergieträger

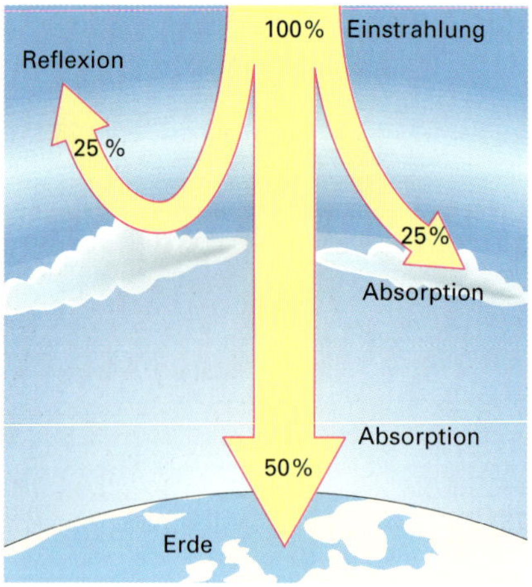

282.1 Aufteilung der einfallenden Sonnenstrahlung

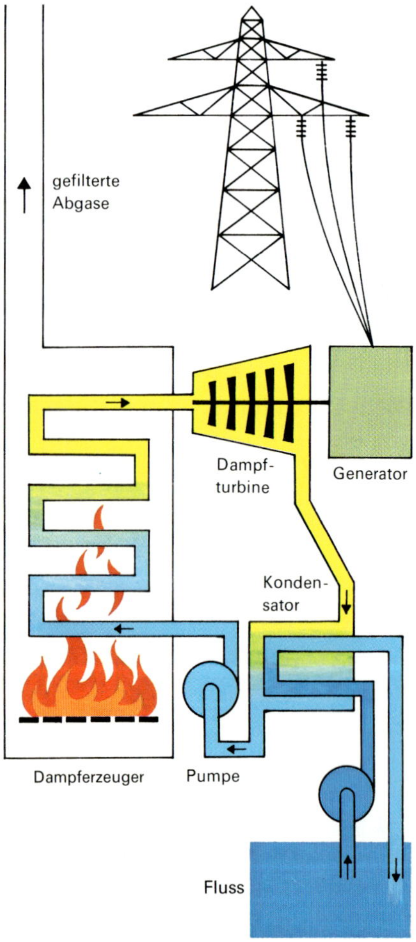

282.2 Schema eines Dampfkraftwerkes

Wasser, Wind oder die organische Substanz der Pflanzen. Diese liefert die sog. Biomasse (Holz, Stroh, Pflanzenöl, Bioalkohol, Biogas) (Abb. 281.4).
Die für den Verbraucher verfügbaren Energieträger wie Koks, Brikett, Benzin, Dieselöl, Heizöl, brennbares Gas (z. B. Wasserstoff), elektrischer Strom, heißes Wasser oder heißer Dampf nennt man **Sekundärenergieträger**.

Aufgaben

1. *„Gute und schlechte Energiewandler"*
In Abb. 281.3 sind die Wirkungsgrade von Energiewandlern dargestellt.
a) Gib zu jedem Energiewandler die zugeführte Energieform und die genutzte Energieform an!
b) Die Energiewandler lassen sich in zwei Klassen einteilen: in eine Klasse mit hohem Wirkungsgrad und in eine Klasse mit niedrigem Wirkungsgrad. Warum? Gib zu jedem Energiewandler an, wodurch jeweils die meiste Energie „verloren geht"!

2. *Energiehaushalt der Erde* (Abb. 282.1)
Die Sonne liefert durch ihre Strahlung die für das Leben auf der Erde notwendige Energie. 25% der eingestrahlten Energie werden von den Wolken und den Teilchen in der Atmosphäre reflektiert. Weitere 25% werden von der Atmosphäre absorbiert. 50% kommen also auf der Erdoberfläche an. Nur 10% der eingestrahlten Energie trifft auf Pflanzen.
a) Die absorbierte Energie kann von der Atmosphäre und der Erdoberfläche nicht gespeichert werden. Die erwärmte Erdoberfläche und die erwärmte Atmosphäre senden Wärmestrahlung aus. Dadurch wird die eingestrahlte Energie letztlich wieder in den Weltraum abgestrahlt. Was wäre, wenn keine Abstrahlung stattfände?
b) Die Absorption der verschiedenen Lichtarten ist unterschiedlich. Der ultraviolette Lichtanteil wird bereits in großen Höhen vom Ozon weitgehend absorbiert. Wie wirkt sich ein Abbau der Ozonschicht aus?
c) Bei der Fotosynthese entnehmen die Pflanzen der Atmosphäre Kohlendioxid und geben Sauerstoff ab. Mit einem Wirkungsgrad von 1% wandeln sie die Energie des auftreffenden Sonnenlichts in chemische Energie um. Wie viel ‰ der von der Sonne auf die Erde eingestrahlten Energie wird in den Pflanzen gespeichert?

13.2 Wärmekraftwerke

Energieumwandlungen im Dampfkraftwerk

Die Bereitstellung elektrischer Energie übernehmen in der Bundesrepublik Deutschland zum weitaus größten Teil **Wärmekraftwerke**. Sie wandeln Energie eines primären Energieträgers – wie Kohle, Erdgas, Öl oder auch Uran – in elektrische Energie um. Ein Modellversuch klärt die Wirkungsweise des weit verbreiteten **Dampfkraftwerkes**, das mit Kohle, Erdgas oder Erdöl befeuert wird (Abb. S. 279).

V In einen Glaskessel wird Wasser gefüllt. Wir verschließen ihn mit einem Stopfen, durch den ein gebogenes Rohr führt. Nun wird das Wasser über einer Gasflamme zum Sieden gebracht. Aus dem Glasrohr strömt ein Dampfstrahl. Dieser setzt ein Rädchen in Bewegung. Ein Teil der chemischen Energie des Brennstoffes wird so in Bewegungsenergie des Rädchens umgewandelt.

Abb. 282.2 zeigt den entsprechenden Aufbau eines Dampfkraftwerks. Im Feuerraum findet eine fast vollständige Umwandlung der chemischen Energie des Brennstoffes statt. Die Verbrennungsgase geben innere Energie an das Wasser in einem dicht gepackten Rohrsystem ab: Es wird Dampf erzeugt, der auf Temperaturen über 500 °C erhitzt wird. Seine Moleküle haben eine sehr große Bewegungsenergie, die einen sehr hohen Druck von etwa 200 bar in diesem *Dampferzeuger* verursacht.

Um die große Bewegungsenergie der Moleküle zu nutzen, muss man ihre Bewegung ordnen: Man lässt Dampf durch Düsen in einen Bereich niedrigeren Drucks strömen. Dabei trifft er auf die Schaufeln der Laufräder der *Dampfturbine* (Abb. 283.1). Die Laufräder übernehmen Bewegungsenergie von den Molekülen. Die rotierende Turbinenwelle treibt einen *Generator* an, der elektrische Energie abgibt.

Nach der Dampfturbine erzeugt man einen Bereich sehr niedrigen Druckes, indem man den Dampf im *Kondensator* abkühlt und dadurch zu Wasser kondensiert. Das bringt zwei Vorteile: Durch den höheren Unterschied der Dampfdrücke an Turbineneingang und -ausgang erzielt man einen größeren Wirkungsgrad. Und: Der entspannte Dampf wird als Wasser zurückgewonnen und kann durch Pumpen wieder in den Dampferzeuger gefördert werden. So entsteht ein geschlossener Wasser-Dampf-Kreislauf: Das Kesselwasser muss nicht ständig durch Frischwasser ersetzt werden, wodurch die Wasservorräte geschont werden. Ins Freie strömt kein Abdampf, der die Umwelt belastet.

Damit der Dampf kondensiert, muss ihm die hohe Kondensationsenergie entzogen werden. Dazu muss den Kondensator eine große Menge Kühlwasser durchströmen. Man verwendet dafür Flusswasser. Etwa die Hälfte (!) der chemischen Energie des Brennstoffs wird an das Kühlwasser abgegeben. Bevor es in den Fluss zurückgeleitet wird, rieselt es in Kühltürmen herab, sodass es einen Teil seiner inneren Energie

283.1 Laufräder einer Dampfturbine

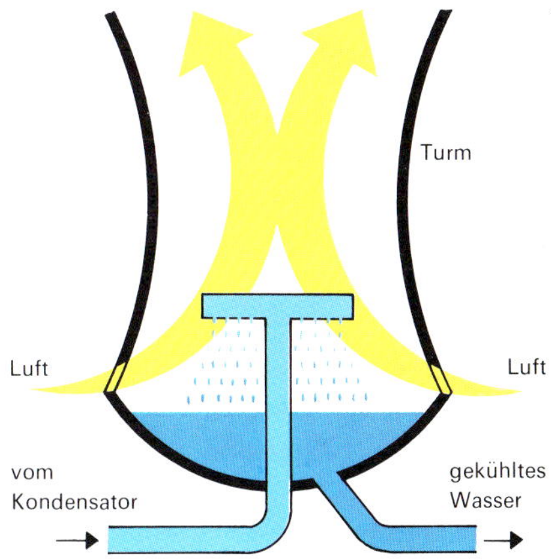

283.2 Schema eines Kühlturms

283.3 Energieumwandlungsdiagramm eines Dampfkraftwerkes

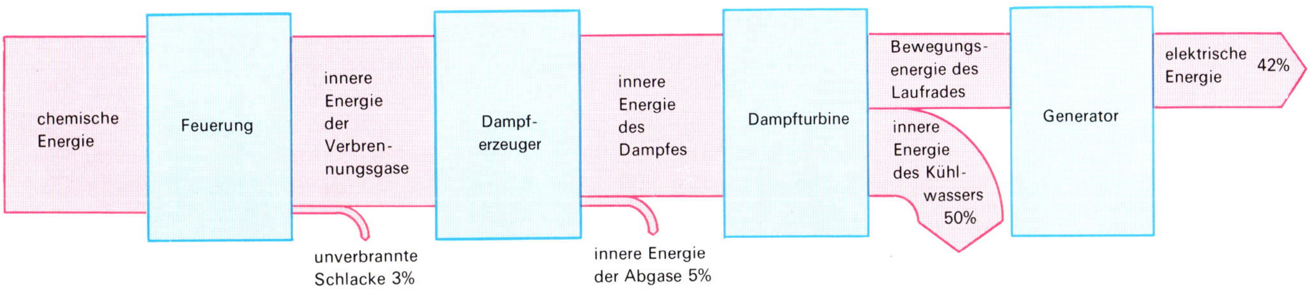

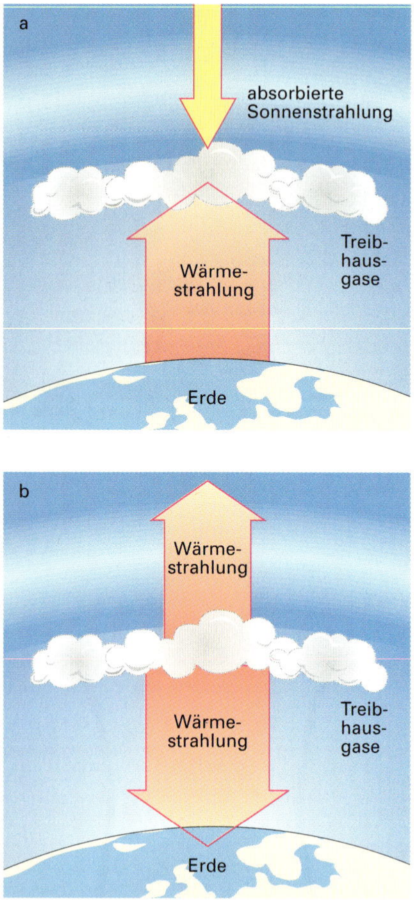

284.1 a) Von der Erdoberfläche ausgesandte Wärmestrahlung und ihre Absorption in der Atmosphäre
b) Von der Atmosphäre ausgesandte Wärmestrahlung (in den Weltraum und zurück zur Erdoberfläche)

an die Luft übertragen kann (Abb. 283.2). Durch den Kühlturmbetrieb soll eine unzulässige Erwärmung von Gewässern und damit eine Störung des „biologischen Gleichgewichts" vermieden werden. Die Umwandlung der inneren Energie des Dampfes in Bewegungsenergie des Laufrades ist mit einem hohen Energieverlust verbunden. Der Wirkungsgrad eines Wärmekraftwerkes von ungefähr 42 % ist nur halb so groß wie der eines Wasserkraftwerks (Abb. 283.3). Aufgrund der unvollständigen Umwandelbarkeit der inneren Energie in Bewegungsenergie kann er kaum mehr gesteigert werden. Fast 60 % der aufgewandten Primärenergie findet sich als ungenutzte Abwärme in der Umwelt wieder.

Treibhauseffekt

Ein natürlicher Bestandteil der Erdatmosphäre ist das Gas Kohlendioxid (CO_2). Es ist zu etwa 0,03 % in ihr enthalten und es ist für das Wachstum der Pflanzen lebensnotwendig. Eine weitere wichtige Aufgabe übernimmt dieses Gas im Energiehaushalt der Erde.
Die für das Leben auf der Erde notwendige Energie liefert die Sonnenstrahlung. Sie durchdringt die Erdatmosphäre und erreicht die Erdoberfläche. Aber nur 50 % der eingestrahlten Energie kommen unten an. Die anderen 50 % werden zu 25 % von der Atmosphäre in den Weltraum zurückgestreut und zu 25 % von ihr absorbiert (Abb. 282.1). Die absorbierte Energie können die erwärmte Erdoberfläche und die erwärmte Atmosphäre nicht speichern: Sie senden unsichtbare Wärmestrahlung aus.
Jedoch nur ein geringer Anteil der Wärmestrahlung, die die Erdoberfläche aussendet, kann die Atmosphäre durchdringen. Die Atmosphäre absorbiert fast vollständig die von der Erdoberfläche abgestrahlte Energie (Abb. 284.1 a). Die Ursache sind bestimmte Gase in der Atmosphäre, wie Kohlendioxid, Wasserdampf, Methan, Ozon und weitere Spurengase. Sie wirken wie die Glasscheiben eines Gewächshauses: Sie lassen sichtbares Licht von außen nach innen hindurch; sie lassen aber fast keine Wärmestrahlung von innen nach außen entweichen. Die Atmosphäre sendet folglich Wärmestrahlung wieder zur Erdoberfläche zurück (Abb. 284.1 b). Diese Erscheinung nennt man **Treibhauseffekt**. Die Atmosphäre wirkt dadurch wie eine die Erde wärmende Hülle. Ohne den Treibhauseffekt läge die über das Jahr und über alle Regionen gemittelte Temperatur der Erdoberfläche nicht bei 15 °C, sondern wesentlich niedriger. Unter dieser Bedingung wäre das Leben auf der Erde nur begrenzt möglich.
Es gelang der Nachweis, dass der Anteil des Kohlendioxids in der Atmosphäre seit etwa 150 Jahren ständig ansteigt. Als Ursache wird das weltweite Anwachsen der Verbrennung fossiler Rohstoffe vermutet. Ein verstärkter Treibhauseffekt würde zu einer Erhöhung der mittleren Temperatur der Erdoberfläche führen. Wie sich dies auf das Klima, die Vegetation, die Lebensräume usw. auswirken wird, ist schwierig vorauszusehen. Es besteht die Gefahr, dass die Gletscher an den Polen schmelzen und die fruchtbaren Regionen von der Dürre erfasst werden.

Rauchgasreinigung

Bei der Verbrennung kohlenstoffhaltiger Energieträger in Wärmekraftwerken können außer dem Hauptprodukt Kohlendioxid als Nebenprodukte vor allem Flugasche, Schwefeldioxid und Stickstoffoxide anfallen. Die riesigen Mengen fester Verbrennungsrückstände und gasförmiger Luftschadstoffe sind für die Umwelt eine erhebliche Belastung, falls sie nicht zurückgehalten werden. Um die Schadstoffemission zu begrenzen, sind moderne, fossil befeuerte Wärmekraftwerke mit Anlagen zur Rauchgasreinigung ausgerüstet. Bevor die Rauchgase über den Schornstein in die Umwelt entweichen, erfolgt zunächst die *Rauchgasentstickung*, dann die *Rauchgasentstaubung* durch Elektrofilter (Abb. 285.1) und zuletzt die *Rauchgasentschwefelung*.

Aufgaben

1. *Fernwärme*

a) Abb. 285.2 zeigt, wie die Siede- bzw. Kondensationstemperatur des Wassers vom Luftdruck abhängt. Im Kondensator eines Dampfkraftwerkes kondensiert der Wasserdampf bei ca. 25 °C. Welcher Druck herrscht im Kondensator?

b) Wie viel % der aufgewandten Primärenergie werden im Kondensator an das Kühlwasser abgegeben? Warum ist diese Abwärme nicht sinnvoll nutzbar?

c) Um Abwärme für Heizungszwecke zu nutzen, muss man dem Dampf-Wasser-Kreislauf Dampf von etwa 130 °C entnehmen und damit Wasser aufheizen, das die Abwärme als *Fernwärme* zum Abnehmer transportiert. Warum sind nur Wohnungen in einem engen Umkreis von ca. 20 km mit Fernwärme wirtschaftlich versorgbar?

d) Bei guter Ausnutzung der Fernwärme im Winter werden in einem *Fernheizkraftwerk* 30% der eingesetzten chemischen Primärenergie in elektrische Energie und 50% in Fernwärme umgewandelt. Warum ist der „elektrische Wirkungsgrad" von 30% kleiner als der eines Wärmekraftwerkes ohne Fernwärmeabgabe? Wie groß ist dagegen der Gesamtwirkungsgrad des Fernheizkraftwerkes? Wie ändert sich dieser im Sommer? Wie groß ist er etwa im jährlichen Mittel?

2. *Treibhauseffekt*

Durch die Verbrennung fossiler Energieträger werden zur Zeit jährlich 22 Milliarden Tonnen Kohlendioxid an die Erdatmosphäre abgegeben. Bei der Fotosynthese entziehen Pflanzen der Luft Kohlendioxid und geben Sauerstoff ab. Allerdings herrscht kein Gleichgewicht: Die Pflanzen der Vegetationszonen vermögen nur noch 40% des durch Verbrennung erzeugten Kohlendioxids zu assimilieren.

a) Die Durchschnittstemperatur der Erdoberfläche liegt heute bei 15 °C. Ohne den Treibhauseffekt wäre sie um 33° kleiner. Wie würde dann die Erde auf ihrer Oberfläche aussehen?

b) Die Auswertung von Temperaturaufzeichnungen seit dem Jahr 1861 ergab, dass die mittlere Durchschnittstemperatur in 125 Jahren um 0,6 °C gestiegen ist. Gleichzeitig hat der Kohlendioxidgehalt der Atmosphäre – höchstwahrscheinlich durch die Industrialisierung – um rund 25% zugenommen. Wie viel % betrug die mittlere jährliche Zunahme?

c) Die Atmosphäre enthält etwa $26 \cdot 10^{11}$ t Kohlendioxid. Um wie viel % wächst zur Zeit jährlich der Kohlendioxidgehalt der Luft?

d) In welchem Zeitraum würde – bei gleich bleibendem Verbrauch fossiler Energieträger (!) – der Kohlendioxidgehalt um 50% zunehmen? Je nach „Modellrechnung" erwartet man einen Temperaturanstieg von 1,5 bis 4,5 °C und einen Anstieg des Meeresspiegels um 1 bis 150 cm. Welche Auswirkungen hätte das auf der Erde?

e) Wie könnte man die Zunahme des Kohlendioxidgehalts der Luft verringern?

285.1 Elektrofilter zur Entstaubung der Rauchgase

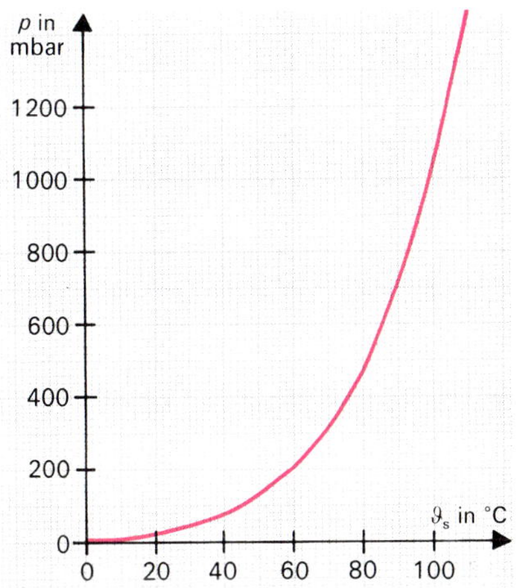

285.2 Abhängigkeit der Siedetemperatur des Wassers vom Druck

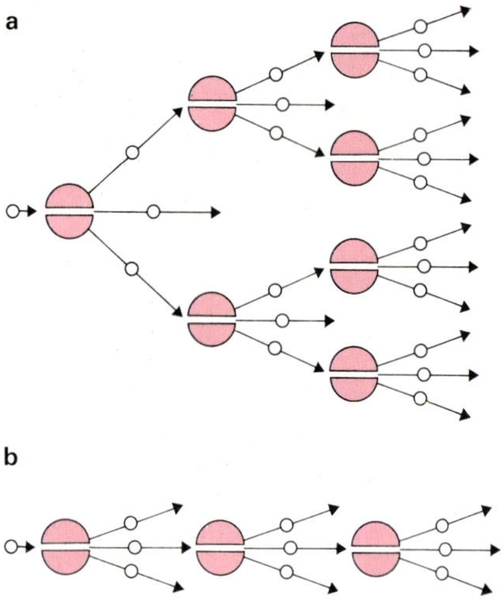

286.1 Kettenreaktion
a) unkontrolliert,
b) kontrolliert

286.2 „Atom-Dom" in Hiroshima: Bei der Atombombenexplosion am 6. August 1945 zerstörtes Gebäude, das als Mahnmal erhalten wird. Die Bombe forderte 260000 Todesopfer und 163000 Verletzte und Vermisste.

13.3 Kernkraftwerke

Die unkontrollierte Kettenreaktion

Beim Beschuss eines U-235-Kerns mit einem *langsamen* Neutron dringt dieses in den Kern ein und spaltet ihn. Dabei entstehen zwei größere hoch radioaktive Bruchstücke und zwei bis drei *schnelle* Neutronen (Abb. 277.1). Jedes dieser Neutronen kann einen Urankern treffen und wieder eine Spaltung hervorrufen. So kann eine *unkontrollierte* **Kettenreaktion** ausgelöst werden. Damit sie zustande kommt, müssen aber genügend viele U-235-Kerne vorhanden sein (Abb. 286.1 a). Andernfalls entweichen zu viele Neutronen durch die Oberfläche des Urankörpers, ohne eine Spaltung hervorzurufen. Die erforderliche Mindestmasse heißt *kritische Masse*. Bei der Uranart U 235 beträgt sie 50 kg.
In einer **Atombombe** wird die Kettenreaktion durch Zusammenbringen mehrerer Urankörper unterkritischer Masse ausgelöst. Ein Neutron, das z. B. von der kosmischen Strahlung herrührt, setzt dann eine lawinenhaft anwachsende Kettenreaktion in Gang. Bei der Explosion treten Temperaturen von mehreren Millionen Grad Celsius auf. Die hohe Radioaktivität der Bruchstücke von U-235-Kernen wirkt noch lange Zeit verheerend nach (Abb. 286.2).

Ein *langsames* Neutron vermag einen U-235-Kern zu spalten. Dabei werden 2 bis 3 *schnelle* Neutronen freigesetzt.

Die kontrollierte Kettenreaktion

Bei der Analyse von Uranfunden aus der Oklo-Mine des westafrikanischen Staates Gabun machte man eine überraschende Feststellung: Im Boden hat es vor zwei Milliarden Jahren Bereiche gegeben, in denen nicht eine lawinenhaft anwachsende Kettenreaktion stattfand, sondern eine sich selbst erhaltende und begrenzte, – eine *kontrollierte* – Kettenreaktion (Abb. 286.1 b).
Wie erhält man einen kontrollierten Ablauf der Kettenreaktion? Das in der Natur vorkommende Uran ist ein Isotopengemisch, das nur zu 0,7 % aus U 235 und zu 99,3 % aus U 238 besteht. Zur Spaltung von U-235-Kernen sind *langsame* Neutronen nötig. Bei der Spaltung entstehen jedoch *schnelle* Neutronen. Die schnellen Neutronen werden aber bevorzugt von U-238-Kernen angelagert, ohne eine Spaltung auszulösen. Diese Neutronen sind also für die Kettenreaktion verloren. Im natürlichen Uran kommt daher gewöhnlich keine Kettenreaktion zustande. Wie wird sie möglich?
Im Isotopengemisch muss der Anteil des spaltbaren U 235 vergrößert werden. Durch besondere Verfahren wird das natürliche Uran mit U 235 angereichert. Der U-235-Anteil wird von 0,7 % auf 3 % erhöht. So erhält man den **Kernbrennstoff**.
Die schnellen Neutronen müssen möglichst umgehend abgebremst werden. Das erniedrigt die Wahrscheinlichkeit, dass sie von U-238-Kernen angelagert und so der Kettenreaktion entzogen werden. Ein Stoff, der zur Abbremsung der schnellen Neutronen dient, heißt **Moderator***. Welche Stoffe sich hierfür eignen, klären wir durch einen einfachen Modellversuch:

V Auf dem Overheadprojektor liegt ein Pfennigstück, das einem Neutron entspricht. Wir schnippen das Geldstück auf ein weiteres Pfennigstück, ein Zweipfennigstück und ein Fünfmarkstück. Das „Modellneutron" gibt beim Stoß mit dem Teilchen gleicher Masse die meiste Energie ab. Am Teilchen großer Masse, dem Fünfmarkstück, wird es fast ohne Energieverlust reflektiert.

Als Moderator eignet sich also ein Stoff mit leichten Kernen, z.B. (leichtes) Wasser: Die Wasserstoffkerne im Wassermolekül haben die gleiche Masse wie die Neutronen und übernehmen beim Stoß viel Energie.
Vor 2 Milliarden Jahren gab es auf der Erde viele Orte, an denen im Uran das kurzlebige Isotop U 235 noch zu 3 % vorhanden war. Das gewöhnliche Wasser übernahm in der Oklo-Mine die Rolle des Moderators. Etwa 600 000 Jahre lief eine kontrollierte Kettenreaktion ab, bis die „natürlichen Reaktoren" aufgrund eines zu niedrigen Gehaltes an U 235 plötzlich „erloschen".

Damit in Uran eine Kettenreaktion zustande kommt,
- reichert man natürliches Uran mit dem spaltbaren Isotop U 235 an
- bremst man die bei der Spaltung entstehenden schnellen Neutronen durch einen *Moderator* ab, damit nicht zu viele durch Anlagerung an U-238-Kerne verloren gehen.

Der Kernreaktor

Für den Betrieb unserer Kernreaktoren füllt man das angereicherte Uran in Tablettenform in Rohre. Diese *Brennstäbe* fasst man zu *Brennelementen* zusammen (Abb. 287.1). Im verbreitetsten Reaktortyp, dem **Leichtwasserreaktor**, befinden sich die Brennelemente in einem stählernen Wasserbehälter (Abb. 288.1).
Im Gegensatz zu den „natürlichen Kernreaktoren" der Oklo-Mine überlässt man es aber in unseren Kernreaktoren (Abb. 287.2) nicht dem Zufall, dass die Kettenreaktion in Gang oder zum Stillstand kommt, oder gar außer Kontrolle gerät. Wie *regelt* man sie?

An Cadmiumkerne lagern sich bevorzugt Neutronen an. Diese Neutronen stehen dann für Spaltprozesse nicht mehr zur Verfügung. Daher stecken zwischen den Brennstäben verschiebbare Cadmiumstäbe als *Regelstäbe*. Zum Anlaufen der Kettenreaktion zieht man die Stäbe um eine bestimmte Länge heraus: Es werden immer mehr Kerne gespalten, die Kettenreaktion kommt in Gang. Dann schiebt man die Stäbe wieder so weit hinein, dass genügend Neutronen unwirksam gemacht werden. Dadurch wächst die erreichte Anzahl von Spaltungen pro Sekunde nicht weiter an. Die Kettenreaktion verläuft kontrolliert.
Die bei der Spaltung freigesetzte Energie wird auf die schnellen Neutronen und vor allem auf die Bruchstücke der U-235-Kerne übertragen. Ihre Bewegungsenergie geben sie an das die Brennstäbe umgebende Wasser ab. Es dient also nicht nur als Moderator, sondern es muss auch die freigesetzte Energie abführen.
Dieses Wasser enthält auch radioaktive Kerne. Es darf nicht nach außen dringen und bildet deshalb einen geschlossenen Kreislauf, den *Reaktorkreislauf*.

287.1 Brennelement:
a) Brennstäbe,
b) Regelstäbe

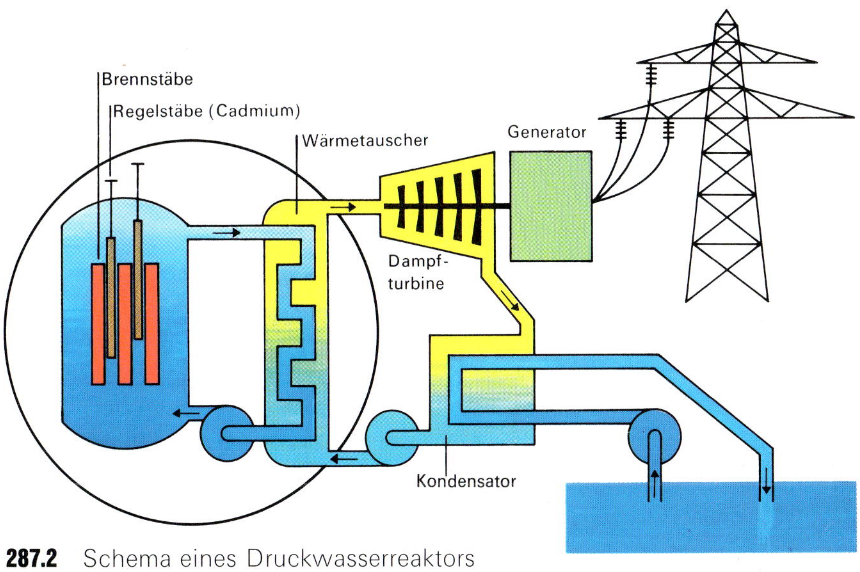

287.2 Schema eines Druckwasserreaktors

288.1 Stählerner Druckwasserbehälter

288.2 Abschirmung eines Reaktors

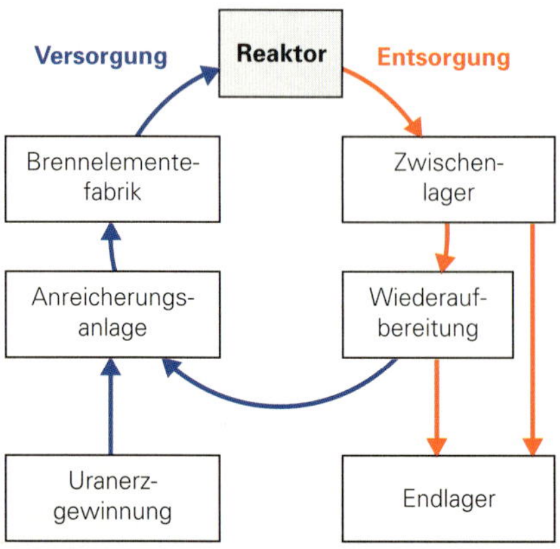

288.3 Brennstoffkreislauf

Beim **Druckwasserreaktor** strömt es durch einen *Wärmetauscher* und gibt seine Energie an einen getrennten Wasser-Dampf-Kreislauf ab, in dem sich die Turbine befindet. Das Wasser im Reaktorkreislauf steht unter sehr hohem Druck (ca. 150 bar): Es siedet nicht. Dabei erreicht es eine Temperatur von 320 °C. Erst der im Wärmetauscher erzeugte Dampf treibt die Turbine und diese den Generator. Wie beim mit fossilen Brennstoffen befeuerten Wärmekraftwerk wird auch hier durch den Kühlwasserkreislauf ein beträchtlicher Teil der eingesetzten Primärenergie an die Umgebung abgeführt.

Beim **Siedewasserreaktor** wird das Wasser im Reaktor selbst verdampft und in einem geschlossenen Wasser-Dampf-Kreislauf direkt zur Turbine geleitet. Solche Reaktoren kommen ohne Wärmetauscher zwischen Reaktor- und Turbinenteil aus. Aber der einfacheren Bauweise stehen hier aufwendigere Sicherheitsmaßnahmen gegen den Austritt radioaktiver Kerne gegenüber.

Die heutigen Kernkraftwerke haben einen sehr hohen Sicherheitsstandard. Der aus mehreren Brennelementen bestehende *Reaktorkern* ist von einem dickwandigen *Reaktordruckgefäß* aus Stahl umgeben (Abb. 288.1). Zusätzlich schirmt eine etwa 2 m dicke Stahlbetonumhüllung die gefährliche radioaktive Strahlung ab (Abb. 288.2). Die Hülle bietet ferner einen Schutz gegen äußere mechanische Einwirkungen, z. B. gegen einen Flugzeugabsturz.

Probleme der Kernenergienutzung

Eine Explosion wie bei der Uranbombe ist bei einem Reaktor unmöglich. Trotzdem sind bei noch so hohen Sicherheitsvorkehrungen technische Störungen nicht völlig auszuschließen. Als schlimmste Störung gilt der Rohrbruch im Reaktorkreislauf: Die Kühlung des Reaktors fällt aus. Die Überhitzung des Reaktors kann dazu führen, dass eine große Menge radioaktiver Stoffe freigesetzt wird. Dies ist 1986 beim Reaktorunglück von Tschernobyl geschehen. Westeuropäische Kernreaktoren sind sicherheitstechnisch so weit entwickelt, dass sie auch diesem *g*rößten *a*nzunehmenden *U*nfall (*GAU*) standhalten dürften.

Ist nach längerem Reaktorbetrieb der Anteil an Uran U 235 in einem Brennstab auf 1 % gesunken, so „erlischt" die Kettenreaktion. Während des Betriebs wandelt sich 1 % des U 238 in Plutonium Pu 239 um, indem die U-238-Kerne Neutronen anlagern. Pu 239 eignet sich wie U 235 für die Kernspaltung.

Die Trennung der Kernbrennstoffe Uran und Plutonium von den Kernbruchstücken heißt **Wiederaufbereitung**. Das zurückgewonnene Uran 235 wird der Anreicherungsanlage zugeführt und bleibt so dem Brennstoffkreislauf erhalten (Abb. 288.3). Das anfallende Plutonium kann als Kernbrennstoff in besonderen Reaktoren weiter verwendet werden. Aus Plutonium können aber auch – und das ist das Bedenkliche bei der Wiederaufbereitung – mit geringerem Aufwand Kernwaffen hergestellt werden.

Die Kernbruchstücke der Uranspaltung sind hoch radioaktiv und bleiben für Jahrhunderte eine Gefahrenquelle. Die sichere Zwischenlagerung, Behandlung und Endlagerung (Abb. 289.1) der radioaktiven Abfälle, die **Entsorgung** eines Kernkraftwerkes, ist eine schwierig zu lösende Aufgabe.

Nach etwa 40 Jahren hat ein Reaktor ausgedient: Die hoch beanspruchten Teile der Anlage würden den Belastungen beim Betrieb nicht mehr länger standhalten. Viele Teile sind durch den ständigen Neutronenbeschuss hoch radioaktiv geworden. Bleiben diese Gebäude, sicher verschlossen, in der Natur als *Reaktorruinen* stehen?

Aufgaben

1. *Leichtwasserreaktor*
a) Welche beiden Aufgaben übernimmt das Wasser im Reaktorkreislauf?
b) Beim GAU – bei einem Rohrbruch im Reaktorkreislauf – verdampft infolge des Druckabfalls das Wasser.
Warum entsteht dadurch nicht eine unkontrollierte Kettenreaktion und damit nicht eine atombombenähnliche Explosion?
c) Der Reaktor des Unfalls von Tschernobyl war ein Siedewasserreaktor, bei dem aber das Kühlmittel und der Moderator nicht der gleiche Stoff sind. Zur Kühlung benutzte man Wasser, als Moderator Grafit (Kohlenstoff). Außerdem fehlte der den Reaktor allumschließende, druckfeste Sicherheitsbehälter.
Wie wirkt sich bei diesem Reaktortyp ein Rohrbruch im Reaktorkreislauf aus?

2. *Energieumwandlungen im Druckwasserreaktor*
In einem Kernkraftwerk wird die durch Kernspaltung freigesetzte Energie nur zu einem Drittel in elektrische Energie umgewandelt.
a) Beschreibe die Kette der Energieumwandlungen, an deren Ende die elektrische Energie steht!
b) Skizziere in Anlehnung an Abb. 283.3 ein Energieumwandlungsdiagramm!
Bei welcher Energieumwandlung geht für die Nutzung die meiste Energie verloren?
Bei welcher Umwandlung geht – verglichen mit dem Kohlekraftwerk – noch zusätzlich Energie verloren?
c) Beim Spalten eines U-235-Kernes wird eine Energie von $32 \cdot 10^{-12}$ J freigesetzt. Wie viele Kernspaltungen finden pro Sekunde in einem Reaktor statt, der eine elektrische Leistung von 1200 MW abgibt?

3. *Entsorgung eines Kernkraftwerkes*
Beim Betrieb eines 1200-MW-Kernkraftwerkes entstehen jährlich etwa 3 m^3 hoch radioaktive und etwa 300 m^3 mittelradioaktive Abfälle. Dieser „Müll" wird einige Jahre gelagert, bis die Radioaktivität etwas abgeklungen ist.
a) Welche Gründe sprechen für, welche gegen die Wiederaufbereitung?
b) Welche Gefahren bestehen bei der Lagerung radioaktiven Abfalls?
c) Der hoch radioaktive Abfall muss etwa 10000 Jahre gelagert werden, bis die Radioaktivität genügend abgeklungen ist. Warum eignen sich Salzstöcke für die Endlagerung? (Abb. 289.1)

4. *Wärmekraftwerke im Vergleich*
Von Kraftwerken wird in Deutschland jährlich elektrische Energie in Höhe von 500 Milliarden kWh erzeugt. Davon entfallen auf Kernkraftwerke etwa 30%, auf Steinkohlekraftwerke etwa 25% und auf Braunkohlekraftwerke etwa 30%.
a) Welche Gemeinsamkeiten und welche Unterschiede bestehen zwischen einem Kohlekraftwerk und einem Kernkraftwerk? Welche Vor- bzw. Nachteile hat folglich der jeweilige Typ eines Wärmekraftwerkes?
b) Bei der Erzeugung von 1 kWh elektrischer Energie durch ein Kohlekraftwerk wird bei der Verbrennung von Steinkohle 1,0 kg Kohlendioxid, bei der Verbrennung von Braunkohle 1,2 kg Kohlendioxid an die Atmosphäre abgegeben. Wie viel t Kohlendioxid würden jährlich an die Atmosphäre zusätzlich abgegeben, wenn man die Kernkraftwerke durch Steinkohle- bzw. Braunkohlekraftwerke gleicher Leistungsabgabe ersetzen würde?

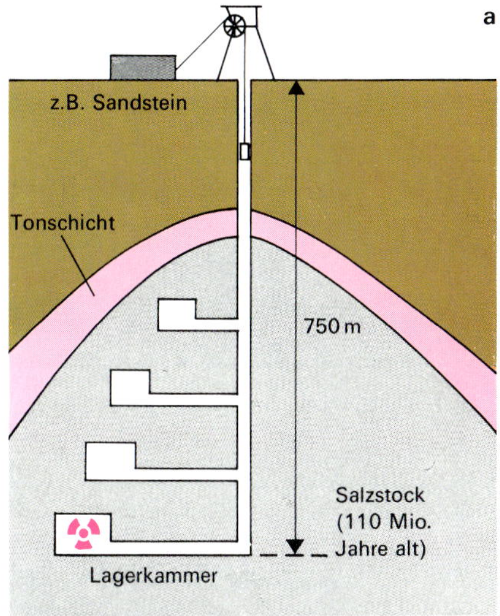

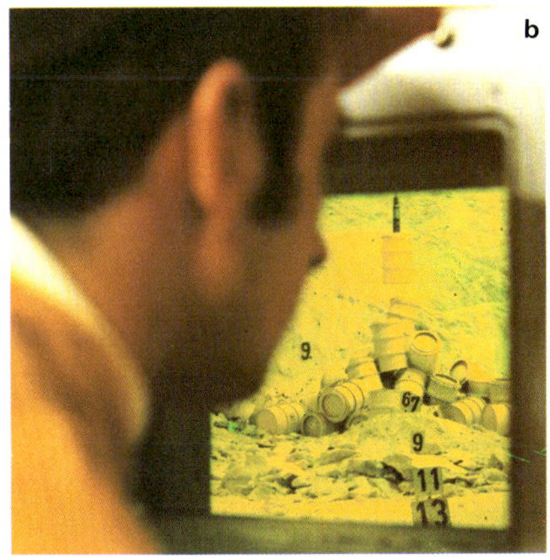

289.1 Lagerung von Atommüll in einem ehemaligen Salzbergwerk

290.1 Windpark im Friedrich-Wilhelm-Lübke-Koog (Nordfriesland)

290.2 Windkraftanlage auf dem Fränkischen Jura (bei Weißenburg)

13.4 Die Nutzung regenerativer Energiequellen

Die Brennstoff- und Uranvorräte der Erde sind begrenzt. Sie drohen knapp zu werden. Außerdem ist ihre Umwandlung in Nutzenergie mit erheblichen Belastungen der Umwelt verbunden. Eine zufrieden stellende Energieversorgung ist in Zukunft wohl nur dann möglich, wenn die sich ständig erneuernden, die **regenerativen* Energiequellen**, genutzt werden. Ob es sich dabei um Sonnenstrahlung, Wind, Wasserströmungen oder Pflanzen als Energieträger handelt, die Energie stammt letztlich von der Sonne her. Schon seit langem wird die Lageenergie des Wassers in Wasserkraftwerken genutzt. Aufgrund der geografischen Gegebenheiten kann man damit den Bedarf an elektrischer Energie in Norwegen zu 100 % decken, in der Schweiz zu 60 %, in Bayern zu 25 % und in ganz Deutschland nur zu 4 %.

Windenergienutzung

Um Windenergie für die Erzeugung von elektrischer Energie nutzen zu können, braucht man einen kräftigen, gleichmäßigen Wind. Dabei muss die Windgeschwindigkeit – über das ganze Jahr gemittelt – mindestens 4 $\frac{m}{s}$ betragen. Als Standorte für **Windkraftanlagen** eignen sich in Deutschland nur Bereiche der norddeutschen Küste (Abb. 290.1) mit den vorgelagerten Inseln sowie einige Bergkuppen der Mittelgebirge (Abb. 290.2). In Dänemark deckt man schon 2,5 % des Bedarfs an elektrischer Energie durch Windkraftanlagen. Dazu tragen viele kleine Anlagen bei, die vor allem bei verstreut liegenden landwirtschaftlichen Anwesen anzutreffen sind.

Der Rotor einer Anlage hat meistens 3 Flügel. Ihre Spannweite beträgt ungefähr 10 m. Aber auch Anlagen mit einer Rotorspannweite von 30 m sind nicht selten. Die Form eines Flügels ähnelt jener eines Flugzeugpropellers. Treffen Moleküle der Luftströmung auf die Flügel, geben sie den größten Teil ihrer Bewegungsenergie ab: Der Rotor dreht sich. Er treibt einen Generator an, der elektrische Energie erzeugt. Dem Wind, der auf die vom Rotor überstrichene Fläche strömt, wird so etwa 50 % seiner Bewegungsenergie entzogen (Abb. 290.3).

Die Erzeugung elektrischer Energie und der Bedarf fallen nicht immer zeitlich zusammen. So kann zwar elektrische Energie z. B. in Akkus zwischengespeichert werden, um eine unabhängige Energieversorgung zu erreichen. Der Einsatz von Akkus im großen Umfang ist aber unwirtschaftlich und stark Umwelt belastend. Deshalb speisen die meisten Windkraftanlagen überschüssi-

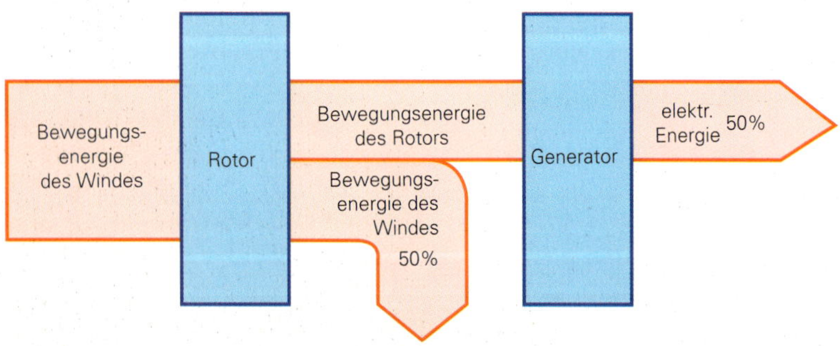

290.3 Energieumwandlungsdiagramm einer Windkraftanlage

ge elektrische Energie in das europäische Verbundnetz ein.
Bis auf die Betriebsgeräusche, die bei einer einzelnen kleinen Anlage erträglich sind, belasten die Windkraftanlagen in keiner Weise die Umwelt.

Solarthermie

Die Energie der Sonnenstrahlung wird durch einen **Sonnenkollektor*** (Abb. 291.1) in Wärme umgewandelt. Er wirkt wie eine „Strahlenfalle“: Die auftreffende Sonnenstrahlung wird von einer matten schwarzen Oberfläche eines Körpers, dem *Absorber**, verschluckt. Die absorbierte Energie führt zu einer Aufheizung des Absorbers. Diese thermische Nutzung der Sonnenstrahlung wird **Solarthermie*** genannt.
Bei einem modernen Kollektor ist der Absorber von einem evakuierten Glasrohr umschlossen. Dadurch wird zweierlei erreicht: Es wird verhindert, dass der Absorber durch Wärmeleitung an innerer Energie verliert, und es wird dafür gesorgt, dass die von der Absorberfläche ausgesandte Wärmestrahlung nach dem Treibhausprinzip vom Glasrohr wieder weitgehend zum Absorber zurückgestrahlt wird. Den Absorber durchströmt z.B. mit einem Gefrierschutzmittel versetztes Wasser. Es übernimmt den Energietransport vom aufgeheizten Absorber zum Verbraucher oder zu einem Energiespeicher, z.B. einem gut wärmeisolierten Wassertank.
Trotz dieser aufwendigen Technik kann nicht die gesamte eingestrahlte Sonnenenergie nutzbar gemacht werden. Der Verlust ist immer dann am größten, wenn die Umgebungstemperatur niedrig ist. Im Winter beträgt der Wirkungsgrad nur etwa 20%, im Sommer dagegen häufig mehr als 50%. Der Sonnenkollektor ist vor allem dort wirtschaftlich einsetzbar, wo auch im Sommer Wärme benötigt wird: z.B. bei der Beheizung von Freibädern (Abb. 291.2). Zur Raumheizung im Winter ist er ungeeignet. Er kann aber die Erwärmung des Brauchwassers im Sommer übernehmen und in den übrigen Jahreszeiten dazu beitragen.

Fotovoltaik

Für die direkte Umwandlung der Energie der Sonnenstrahlung in elektrische Energie hat sich ein ganz neues Gebiet der Energietechnik entwickelt. Man nennt es **Fotovoltaik***. Der Energiewandler ist die **Solarzelle***. Wie in ihr das auftreffende Licht Spannungen bis zu 0,5 V erzeugt, wird im 15. Kapitel behandelt.
Solarzellen wandeln bis zu 18 % der eingestrahlten Sonnenenergie in elektrische Energie um. Ihre Höchstleistung beträgt 0,01 W pro Quadratzentimeter bestrahlter Zellenoberfläche. Um größere Leistungen zu erzielen, werden mehrere Solarzellen durch Reihen- und Parallelschaltung in einem Gehäuse zu einem *Modul** zusammengefasst. Viele solcher Module bilden ein *Solarzellenfeld.* So können mit einem Feld der Fläche 1 m² jährlich in Mitteleuropa etwa 100 kWh, in Südeuropa 150 kWh elektrische Energie erzeugt werden.

a

291.1 Vakuum-Röhrenkollektor
a) technische Ausführung

b

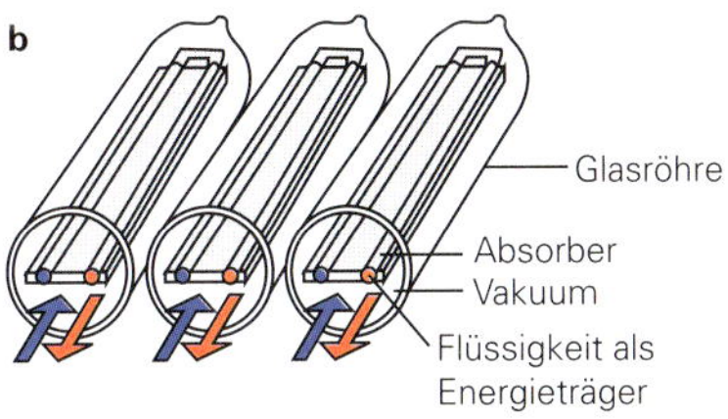

b) vereinfachte Darstellung

291.2 Mit Sonnenkollektoren beheiztes Schwimmbad: Das in den Rohren erwärmte Wasser wird durch eine Pumpe umgewälzt.

292.1 Solarmodule werden installiert.

292.2 Solarmodule als zusätzliche Stromversorgung für den Betrieb eines Berglifts

292.3 Solarmodule zur Stromversorgung eines Gasthofes bei Freiburg

Solarzellen haben sich seit 1960 bei der Stromversorgung von Nachrichtensatelliten und Raumsonden bewährt. Auch im Alltag werden sie in zunehmendem Maß eingesetzt: z. B. bei Taschenrechnern, Uhren, bei Messstationen oder Seeleuchtbojen, die fernab vom öffentlichen Netz betrieben werden müssen. Bei Dunkelheit oder geringer Sonneneinstrahlung wird der Betrieb durch Akkus sichergestellt, die durch überschüssigen Solarstrom geladen werden. Einrichtungen, die über eine Fotovoltaik-Anlage verfügen und aus dem öffentlichen Netz mitversorgt werden, können sogar Solarstrom in das Netz einspeisen (Abb. 292.1). Auch in der Alpenregion findet man zahlreiche Einrichtungen, die Energieversorgungsprobleme mithilfe der Fotovoltaik lösen (Abb. 292.2 und 3).

In sonnenreichen Regionen, wie z. B. in den meisten Entwicklungsländern, ist auch der Einsatz größerer Fotovoltaik-Anlagen wirtschaftlich: beim Betrieb von Wasserpumpen zur Trinkwasserversorgung und zur Bewässerung, von Kühlanlagen oder von Sendestationen. In unseren Breiten fotovoltaische Großanlagen, sog. **Solarkraftwerke**, zu bauen, ist wenig sinnvoll. Da hier die Sonneneinstrahlung ungünstig ist, müssten beträchtliche, ökologisch wertvolle Flächen der Landschaft geopfert werden. Deshalb kann fotovoltaisch erzeugte Energie unser öffentliches elektrisches Versorgungsnetz nur lokal entlasten.

Solar-Wasserstoff-Technik

Der Weltbedarf an Primärenergie wird noch zu fast 90% durch die knapper werdenden fossilen Brennstoffe Erdöl, Erdgas und Kohle gedeckt. Eine zukünftige, umweltfreundliche Energieversorgung kann nur auf den regenerativen Energiequellen basieren. Da das Angebot an Sonnen- und Windenergie tages- und jahreszeitlichen Schwankungen unterliegt und von örtlichen Gegebenheiten abhängt, sollte die Grundversorgung ein anderer Energieträger übernehmen.

Der gasförmige Wasserstoff ist eine interessante Möglichkeit. Bei seiner Verbrennung entsteht nicht Kohlendioxid – sondern nur Wasser. Der Gedanke, Wasserstoff als Energieträger einzusetzen, ist nicht neu (Abb. 293.1). Aber Wasserstoff kommt in freier Form kaum in der Natur vor. In gebundener Form dagegen ist er im Wasser (H_2O) unerschöpflich vorhanden. Wie kann man ihn freisetzen?

V In einem Hofmann'schen Apparat (Abb. 293.2) befindet sich Wasser, das durch Zugabe von etwas Schwefelsäure leitend gemacht wurde. Legen wir an die Elektroden eine Gleichspannung von etwa 10 V, so setzt eine heftige Gasentwicklung ein. Das an der Katode (–) gebildete Gas brennt mit fahler, bläulicher Flamme: Es ist Wasserstoff. An der Anode (+) entsteht ein Gas, das einen glimmenden Holzspan hell brennen lässt: Sauerstoff!

Die durch den elektrischen Strom bewirkte Zersetzung eines Stoffes in seine chemischen Bestandteile nennt man *Elektrolyse**.

Bei der elektrolytischen Zerlegung des Wassers in Wasserstoff und Sauerstoff ist gerade diejenige Energie aufzuwenden, die bei der Verbrennung von Wasserstoff und Sauerstoff zu Wasser wieder frei wird. Wie kann dann Wasserstoff ein grundlegender Energieträger der Zukunft werden?

Die von Solarzellen abgegebene Energie ist zwar in Akkus speicherbar, aber ein großtechnischer Einsatz wäre wegen der geringen Speicherfähigkeit äußerst unwirtschaftlich. Zusätzlich wäre die Umwelt stark gefährdet, weil dazu in großen

293.4 Forschungsstation zur Solar-Wasserstoff-Technik in Neunburg vorm Wald (Bayerischer Wald)

„Eines Tages werden Wasserstoff und Sauerstoff eine unerschöpfliche Quelle von Wärme und Licht bilden, stärker als Steinkohle. Eines Tages werden die Kohlebunker der Dampfschiffe und die Tender der Lokomotiven anstelle von Kohle mit diesen beiden komprimierten Gasen gefüllt sein."

293.1 Wasserstoffgas als Energieträger (Jules Verne im Jahr 1874)

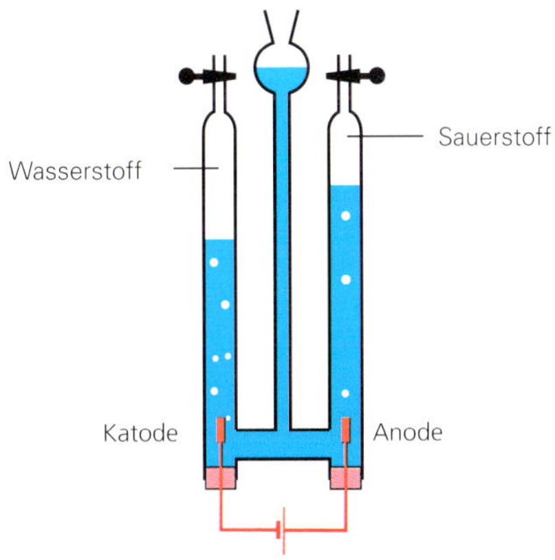

293.2 „Wasserzersetzung" im Hofmann'schen Apparat

Mengen die Akkumaterialien Blei, Cadmium und Nickel, die als Umweltgifte wirken, benötigt würden. Erzeugt man jedoch durch Elektrolyse Wasserstoff, so ist dieser – vergleichbar mit dem Erdgas – speicherbar und transportierbar.

Abb. 293.3 zeigt, wie ein umweltfreundlicher Wasserstoffkreislauf die Grundlage für ein Energieversorgungssystem der Zukunft sein könnte. Allerdings gibt es noch viele technische Probleme zu lösen. Für Forschungszwecke wurden besondere Solar-Wasserstoff-Versuchsanlagen errichtet (Abb. 293.4). Man erprobt dort die neue **Solar-Wasserstoff-Technik**.

Bei der Verbrennung von 1 m^3 Erdgas wird die Energie 32 kJ frei, bei Wasserstoff dagegen nur 10 kJ. Wasserstoffgas vom gleichen Energieinhalt beansprucht daher etwa das dreifache Volumen. Das ist sehr ungünstig für die Speicherung von Wasserstoffgas in Behältern. Setzt man aber Wasserstoffgas unter hohen Druck, zeigt es eine weitere unangenehme Eigenschaft: Die Wasserstoffatome – als die kleinsten Atome – dringen durch die Gefäßwände hindurch. Damit in Pipelines Wasserstoffgas mit einem genügend hohen Energieinhalt transportiert werden kann, müssten also die Querschnittsfläche und der Gasdruck gegenüber Erdgasleitungen wesentlich größer sein. Außerdem sind besondere Sicherheitsvorkehrungen nötig: Wasserstoff ist geruchlos; im Gemisch mit Sauerstoff – Knallgas genannt – ist er höchst explosiv.

Um eine weiträumige, ja weltweite Energieversorgung, die Wasserstoff als Trägergas benutzt, zum Erfolg zu führen, müssen die dafür benötigten leistungsfähigen Fotovoltaik-Anlagen erst noch gebaut werden. Dazu werden noch gewaltige technische, wirtschaftliche und politische Anstrengungen erforderlich sein. Denn die günstigsten Standorte für die fotovoltaische Erzeugung elektrischer Energie liegen nicht auf den Gebieten der Industrienationen. Nur Fotovoltaik-Anlagen in den sonnenreichen Wüstengebieten der Erde, z. B. in der Sahara oder auf der arabischen Halbinsel, versprechen eine große Ausbeute. Dadurch stellt sich aber das Problem des Wasserstofftransports.

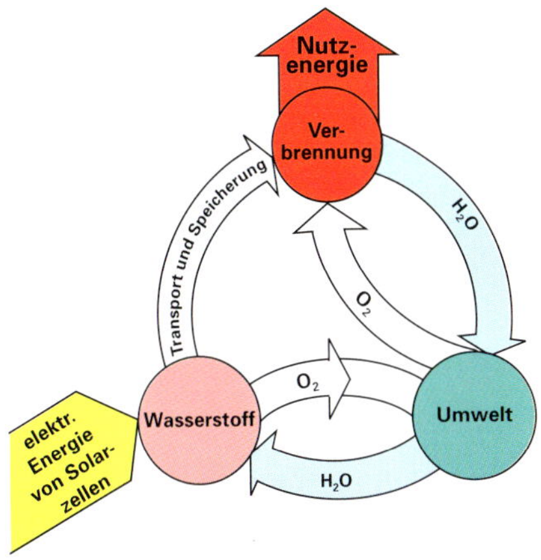

293.3 Der Wasserstoffkreislauf – Grundlage eines Energieversorgungssystems der Zukunft?

294.1 Amerikanisches Windrad

294.2 Einsatz eines Solarkochers in Tibet

Aufgaben

1. *„Langsamläufer und Schnellläufer"*
Im 19. Jahrhundert wurde das *amerikanische Windrad* (Abb. 294.1) zum Symbol der Farm im „Wilden Westen". Der Rotor hat bis zu 30 Flügelblätter aus Blech und einen Durchmesser von 3 bis 5 m.
a) Warum kann die Energie des Windes nicht vollständig auf ein Windrad übertragen werden? (Theoretische Überlegungen ergeben, dass die nutzbare Windleistung höchstens 60% beträgt.)
b) Warum läuft ein amerikanisches Windrad schon bei einer mäßigen Windgeschwindigkeit an, ein modernes (Abb. 290.1) dagegen erst bei einer höheren?
c) Nach dem Anlaufen nimmt die Drehzahl des Rotors zu. Warum hat er die höchste Drehzahl erreicht, wenn er so schnell rotiert, dass ein Flügel gerade in die abgebremste Luft des vorhergehenden Flügels eintaucht? Was folgt daraus über die Leistungsabgabe eines amerikanischen Windrades – eines sog. *Langsamläufers* – verglichen mit jener eines modernen Windrades – eines sog. *Schnellläufers* – mit wachsender Windgeschwindigkeit?

2. *Solarkocher*
Abb. 294.2 zeigt die Verwendung eines Solarkochers in Tibet. Seine Querschnittsfläche, die senkrecht zu den Sonnenstrahlen verläuft, beträgt 1,0 m^2.
a) Beschreibe die Funktionsweise des Solarkochers!
b) Aufgrund der Höhenlage von Tibet siedet dort das Wasser schon bei 90 °C.
Wie viel Energie muss die Sonnenstrahlung an den Inhalt des Topfes von 3,0 Liter Wasser abgeben, damit sich dieses von 15 °C auf Siedetemperatur erwärmt?
($\Delta E_i = c_w \cdot m \cdot \Delta\vartheta$ mit $c_w = 4{,}2 \frac{J}{g°C}$)
c) Der Solarkocher benötigt dazu 17,5 Minuten. Welche Strahlungsenergie fällt in der Sekunde mindestens auf die Querschnittsfläche von 1,0 m^2?

3. *Turmsolarkraftwerk* (Abb. 294.3)
Um solare Energie im Großen zu nutzen, erprobt man an einigen sonnenreichen Orten Solarkraftwerke nach dem Turmkonzept. Das Kraftwerk bei Targasonne in den französischen Pyrenäen besteht aus 201 Spiegeln von je 54 m^2 Fläche. Diese werden ständig so ausgerichtet, dass das reflektierte Sonnenlicht auf einen

294.3 Europäisches Testkraftwerk „Plataforma Solar de Almeria" in Spanien

Absorber fällt, der in einer Höhe von 80 m in einem Turm angebracht ist. Dort wird bei etwa 500 °C Wasserdampf erzeugt, der zum Antrieb von Turbinen bzw. Generatoren benutzt wird.
a) Warum ist ein großer Spiegel der Fläche 54 m² aus mehreren kleinen quadratischen Spiegeln (der Seitenlänge 50 cm) zusammengesetzt? Was kann man über die Neigung der vorderen großen Spiegel verglichen mit der Neigung der hinteren großen Spiegel des Spiegelfeldes aussagen? Wie groß ist die gesamte Spiegelfläche? Warum ist die Fläche des Spiegelfeldes erheblich größer?
b) Bei einer Bestrahlung mit 1,0 kW pro Quadratmeter Spiegelfläche vermag das Kraftwerk eine elektrische Leistung von 2,5 MW abzugeben. Berechne den Wirkungsgrad! Welche Vorteile und Nachteile hat ein Solarkraftwerk gegenüber einem Wärmekraftwerk?

4. *Solare Brauchwassererwärmung*
Auf eine gegen Süden geneigte Dachfläche von 1 m² trifft in Deutschland in den Monaten Mai, Juni, Juli und August im Mittel täglich eine Energie von etwa 5,0 kW. Ein Vakuum-Kollektor allein soll in diesen Monaten das Brauchwasser von 15 °C auf 60 °C erwärmen.
a) Warum ist der Wirkungsgrad des Kollektors umso kleiner, je größer der Unterschied zwischen Kollektor- und Umgebungstemperatur ist? Welchen Wirkungsgrad hat der Vakuum-Kollektor bei einer Umgebungstemperatur von etwa 20 °C? (Abb. 295.1)
b) Täglich werden in einem Vierpersonenhaushalt durchschnittlich 200 Liter Warmwasser genutzt. Welche Absorberfläche wäre dazu nötig, wenn der in a) bestimmte Wirkungsgrad zugrunde gelegt wird? (c_w = 4,2 J/g °C)
c) Warum kann der Kollektor im Winter nicht viel Energie zur Erwärmung des Brauchwassers beisteuern?

5. *Das Solarkraftwerk auf Pellworm*
Das erste große Solarkraftwerk Deutschlands steht auf der nordfriesischen Insel Pellworm. Es wandelt auftreffende Energie der Sonnenstrahlung mithilfe von Solarzellen (Abb. 295.2) direkt in elektrische Energie um.
a) Warum sind die Solarzellen nicht waagrecht angebracht, sondern unter einem Winkel von 40° zur Horizontalen geneigt?
b) Zwanzig quadratische Solarzellen der Seitenlänge 10 cm sind jeweils zu einem sog. *Modul* zusammengefasst. Das Solarkraftwerk hat etwa 18 000 Module. Berechne die Gesamtfläche der Solarzellen!
c) Abb. 295.3 zeigt, wie viel elektrische Energie das Solarkraftwerk in den einzelnen Monaten täglich abgegeben hat. Welche Probleme würde der Jahresverlauf mit sich bringen, wenn man die eingestrahlte Sonnenenergie durch fotovoltaische Großanlagen nutzen würde? Welche elektrische Energie in kWh gibt das Solarkraftwerk in einem Jahr ab? Welche Nutzenergie pro m² Fläche eingesetzter Solarzellen gibt das Solarkraftwerk jährlich ab?
d) Auf 1 m² Solarzellenfläche fällt im Jahr eine Sonnenenergie von etwa 1100 kWh. Welchen Wirkungsgrad hat das Kraftwerk?
e) In Deutschland beträgt der Bedarf an elektrischer Energie jährlich etwa 500 Milliarden kWh. Wie viele solche Solarkraftwerke müsste man errichten, damit diese 1 % des Gesamtbedarfs an elektrischer Energie decken?

6. *„Das Sahara-Projekt"*
Die Sonne strahlt jedes Jahr auf 1 m² des Gebiets von Deutschland eine Energie von etwa 875 kWh, auf 1 m² der Sahara und

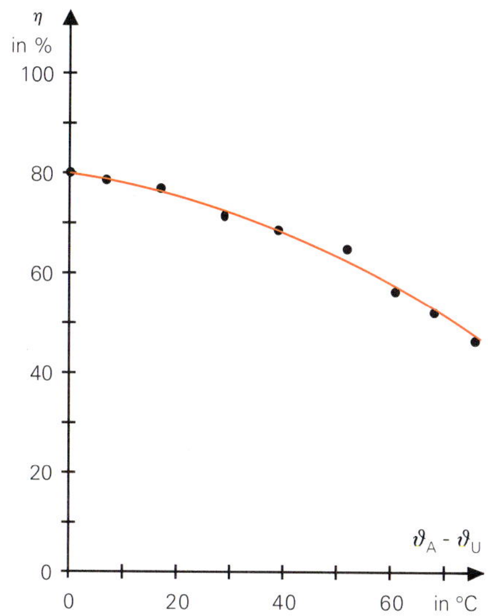

295.1 Wirkungsgrad eines Vakuum-Kollektors in Abhängigkeit vom Unterschied zwischen Kollektor- und Umgebungstemperatur

295.2 Solarzellen des Solarkraftwerkes auf Pellworm

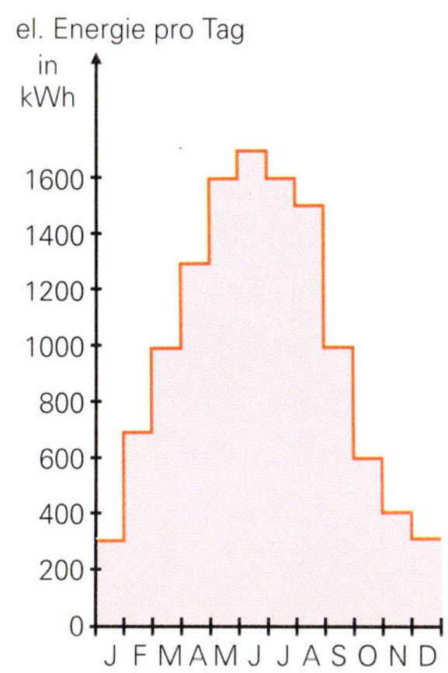

295.3 Solarkraftwerk: Abgabe elektrischer Energie pro Tag

296.1 Zur Stromversorgung genutztes Solarzellenfeld

der anderen Wüstengebiete sogar 2200 kWh. Es gibt Überlegungen, wie durch eine gigantische Solar-Wasserstoff-Technik das weltweite Energieproblem für alle Zeiten umweltfreundlich gelöst werden könnte.

a) Die Energie der jährlich auf Deutschland fallenden Sonnenstrahlung ist rund das 100fache des Bedarfs an Primärenergie. Auf die Dächer aller Häuser trifft etwa die Energiemenge, die wir jedes Jahr in Wärme, mechanische Arbeit und Licht umsetzen.
Warum würde eine fotovoltaische Nutzung dieser Energie durch eine Vielzahl von Kleinanlagen das Energieproblem nicht lösen? Welchen Vorteil hätte eine Nutzung der Sonnenenergie durch Solar-Großkraftwerke in der Sahara? Warum müsste dort die von Solarzellen abgegebene elektrische Energie zur Erzeugung von freiem Wasserstoff aus Wasser aufgewandt werden?

b) Die auf ein großes Feld von Solarzellen eingestrahlte Sonnenenergie wird zu 9% in elektrische Energie umgewandelt. Mit einem Wirkungsgrad von 70% lässt sich diese in chemische Energie des freien Wasserstoffs umwandeln.
Wie viel MJ in Wasserstoff gespeicherte chemische Energie könnte 1 m^2 Solarzellen in der Sahara im Jahr liefern?

c) Der gegenwärtige deutsche Bedarf an Primärenergie ist gleich der Energiemenge, die beim Verbrennen von 500 Millionen Tonnen Steinkohle frei wird. Der Weltbedarf ist das 20fache, also gleich jener Energiemenge, die beim Verbrennen von 10 Milliarden Tonnen Steinkohle frei wird. Berechne den deutschen und den Weltbedarf an Primärenergie in MJ (Heizwert von Steinkohle: $H = 30$ MJ/kg)! Welche Solarzellen-Fläche in der Sahara wäre nötig, um den gegenwärtigen Primärenergiebedarf Deutschlands bzw. der Welt durch Wasserstoff aus Solar-Wasserstoff-Anlagen zu decken? Gib zur Veranschaulichung jeweils Länge und Breite eines Rechtecks dieser Flächeninhalte an (Abb. 296.1)! Vergleiche mit der Gesamtfläche der Sahara von etwa 9 Millionen km^2!

d) „Solar-Wasserstoff-Plantagen" mit einer Solarzellen-Gesamtfläche von 20 km^2 scheinen für die Realisierung von der Größe her am besten geeignet zu sein. Wie viele bräuchte man, um damit den gegenwärtigen Bedarf an Primärenergie Deutschlands bzw. der Welt zu decken?

e) Zur Errichtung dieser Plantagen wird ein dreistufiger Entwicklungsplan vorgeschlagen. In den ersten 10 Jahren sollten 2 Prototypen solcher Plantagen gebaut werden. Jede Anlage bestünde aus einem Solarkraftwerk und Fabriken. In diesen würde man aus dem Rohstoff Wüstensand (Abb. 296.2) das für Solarzellen nötige Silizium und Glas gewinnen und die Solarzellen für weitere Plantagen herstellen. Die Anlagen hätten auch die Aufgabe, die für das Projekt erforderliche Technik zu entwickeln und zu vervollkommnen.
In der zweiten Phase von etwa 10 Jahren sollte eine erste „Plantagen-Familie" von 10 Plantagen gebaut werden, die wieder die Solarzellen für die nächste Generation von Plantagen herstellt.
In der dritten Phase, einem Zeitraum von etwa 50 Jahren, sollten die schon vorhandenen 10 Plantagen der ersten Familie und die schrittweise dazukommenden Plantagen dazu dienen, weitere zu errichten. Wie viele Plantagen müsste jeweils eine Plantage innerhalb von 10 Jahren „generieren", damit am Ende des Zeitraums alle benötigten Plantagen vorhanden wären?

296.2 Sahara: Wüstensand für zukünftige Solarzellen?

13.5 Weltenergiewirtschaft

Vorräte an Primärenergie und Weltenergiebedarf

Bei der Verbrennung von 1 kg Steinkohle wird die Energie 30 MJ frei, von 1 t Steinkohle $30 \cdot 10^9$ J. Diese Energiemenge bezeichnet man mit 1 **Tonne-Steinkohle-Einheit** (kurz: 1 tSKE). Sie wird als anschauliche Einheit zur Angabe von Energievorrat und -bedarf verwendet.

$$1\,\text{tSKE} = 30 \cdot 10^9\,\text{J}$$

In Abb. 297.1 sind die nachgewiesenen abbauwürdigen Vorräte an fossilen Brennstoffen und an Uran angegeben.

Der Bedarf an Primärenergie einer Region oder eines Landes wird von den klimatischen Verhältnissen mitbestimmt. So benötigt z. B. Italien für Heizzwecke wesentlich weniger Primärenergie als Deutschland. Aber maßgebend für den Energiebedarf ist die Wirtschaftsstruktur und der damit verbundene Lebensstandard. Der jährliche Pro-Kopf-Bedarf Westeuropas an Primärenergie ist etwa 11-mal so hoch wie jener der Entwicklungsländer, derjenige der USA sogar 26-mal so hoch (vgl. Abb. 297.2). Interessant ist: Die Industriestaaten mit einem Viertel der Erdbevölkerung benötigen zur Zeit drei Viertel der jährlich eingesetzten Primärenergie, die in den Ländern der Dritten Welt lebende Erdbevölkerung dagegen nur ein Viertel. Von 1950 bis 1990 hat die Weltbevölkerung von 2,5 Mrd. auf 5 Mrd. Menschen zugenommen. Da sich der jährliche Pro-Kopf-Bedarf an Primärenergie verdoppelt hat, ist der jährliche Weltenergiebedarf in dieser kurzen Zeit auf das Vierfache angewachsen.

Wie lange reichen die nachgewiesenen abbauwürdigen Energievorräte, wenn man nur die fossilen Primärenergien von etwa 1200 Mrd. tSKE (Abb. 297.1) nutzt? Der Bedarf an Primärenergie für 5 Mrd. Menschen beträgt zur Zeit etwa 10 Mrd. tSKE pro Jahr. Daraus folgt:

Bei gleich bleibendem Bedarf an Primärenergie reichen die zur Zeit nachgewiesenen abbauwürdigen fossilen Energieträger nur noch etwa 100 Jahre.

Das ist ein sehr kurzer Zeitraum! Zusätzlich ist zu bedenken: Die Erdbevölkerung wird weiter anwachsen und der Lebensstandard in den Entwicklungsländern wird sich verbessern. Nach Schätzungen wird der jährliche Weltbedarf an Primärenergie von 10 Mrd. auf 20 Mrd. tSKE im Jahr 2000 ansteigen.
Es wird vermutet, dass die nutzbaren Energievorräte größer sind als die zur Zeit bekannten. Man schätzt den Energievorrat, den allein die fossilen Brennstoffe darstellen, auf 9800 Mrd. tSKE. Doch auch dieser wird eines Tages erschöpft sein.

Folgerungen aus ökologischer und sozialer Sicht

Die Vorräte an Primärenergie sind nicht unerschöpflich und ihre Nutzung belastet die Umwelt. Werden sie intensiv genutzt, sind sie bald erschöpft und die Umwelt wird entsprechend stark belastet. Wie intensiv sie genutzt werden, hängt von der Anzahl der Menschen auf der Erde und deren Lebensstil ab.
Die zukünftigen ökologischen und sozialen Probleme werden weit schwieriger zu lösen sein, wenn die Weltbevölkerung weiterhin zunimmt und der Einzelne einen Anspruch auf einen hohen, wenn nicht

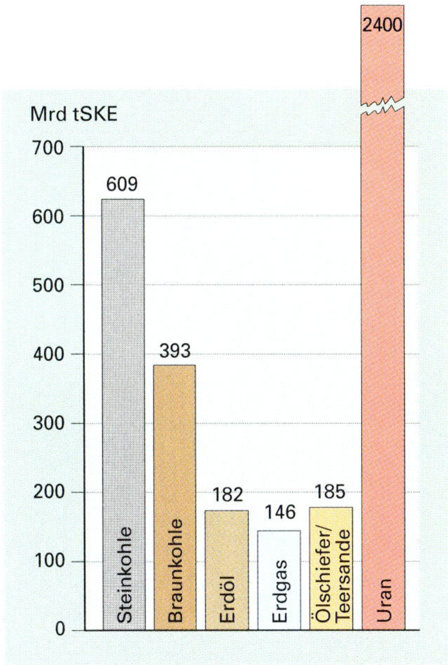

297.1 Abbauwürdige Vorräte an fossilen Brennstoffen und an Uran (Quelle: Fischer Weltalmanach 1998

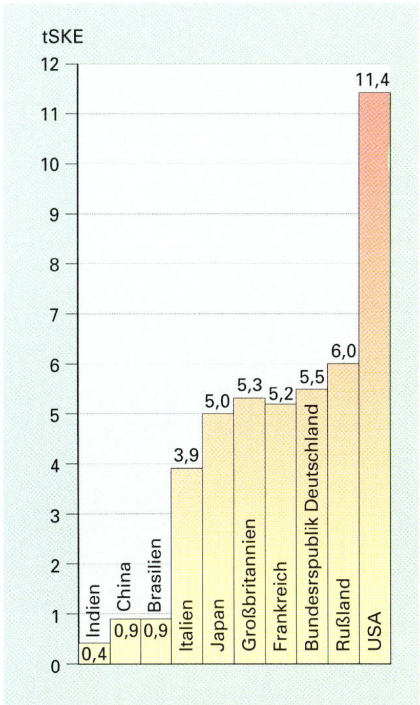

297.2 Jährlicher Primärenergiebedarf pro Einwohner im internationalen Vergleich (Quelle: Fischer Weltalmanach 1998)

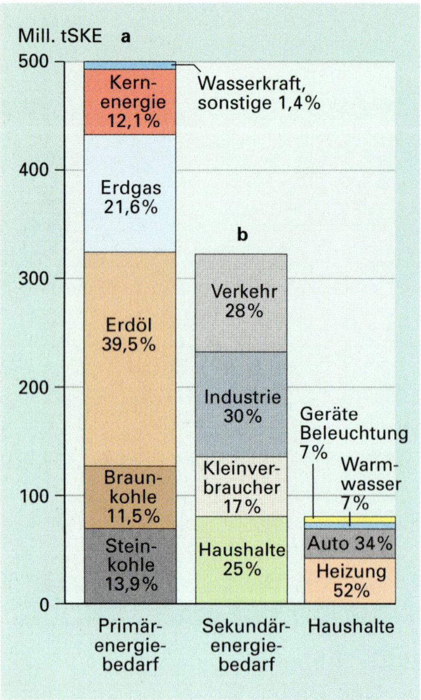

298.1 a) Jährlicher Primärenergiebedarf b) Jährlicher Sekundärenergiebedarf in Deutschland im Jahr 1996 (Quelle: Fischer Weltalmanach 1998)

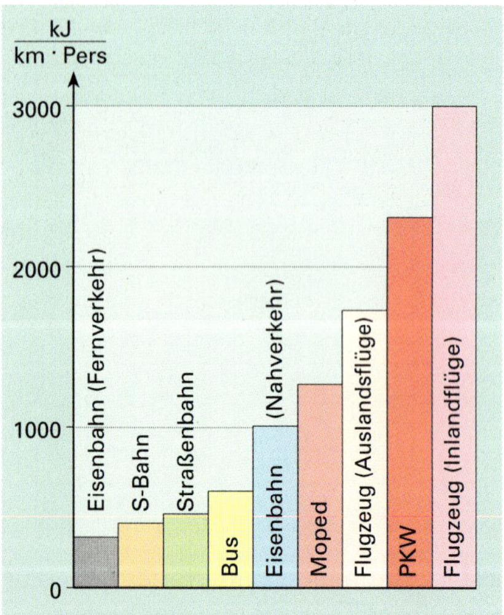

298.2 Energiebedarf der Verkehrsmittel je km und je Person

luxuriösen Lebensstandard erhebt, wie er in einigen Industrienationen anzutreffen ist.

Kurzfristige Lösungen könnten sein: Wir sparen Primärenergie ein, um die Vorräte und damit auch die Umwelt zu schonen. Wir nutzen die Primärenergie besser und umweltfreundlicher – eine Herausforderung, der sich die moderne Energietechnik stellt.

Aber die *langfristige* Lösung kann nur sein: Wir nutzen ausschließlich die regenerativen Energiequellen. Dazu müssen die nötigen energietechnischen Anlagen aber erst noch geschaffen werden. Gewaltige Anstrengungen kommen auf die Generationen im nächsten Jahrtausend zu. Es ist höchste Zeit, mit dem Aufbau einer weltweiten Energieversorgung – z. B. auf der Grundlage der Solar-Wasserstoff- Technik – zu beginnen. Dazu muss ein Teil der wertvollen, unersetzlichen Primärenergieträger aufgebracht werden. Hat die Menschheit noch eine Chance, den „Wettlauf mit der Zeit" zu gewinnen?

Energiebedarf in Deutschland und Energiesparmöglichkeiten

Abb. 298.1 zeigt den Energiebedarf Deutschlands im Jahr 1991. Die eingesetzte Primärenergie beträgt etwa 500 Mill. tSKE. Davon gehen etwa 30 % bei der Umwandlung in Sekundärenergie verloren oder werden als Rohstoff genutzt. Der Rest, die Sekundärenergie, steht der Industrie, dem Verkehr sowie den Haushalten und den sonstigen Kleinverbrauchern (Gewerbe, Landwirtschaft, Behörden usw.) zur Verfügung.

Der Energiebedarf der *Industrie* war in den letzten 20 Jahren leicht rückläufig. Er kann noch vermindert werden, indem in Industrieanlagen noch mehr Wärme zurückgewonnen, mehrfach genutzt und die Wärmeisolation verbessert wird. Geringer sind die Einsparmöglichkeiten in der chemischen und pharmazeutischen Industrie, die Erdöl und Erdgas als unersetzliche Rohstoffe benötigt. Ein konsequenter Verzicht auf unnötige Wegwerfverpackungen und die Rückgewinnung von Rohstoffen aus Abfällen (*Recycling**) sind wichtige Schritte zur Einsparung von Rohstoffen und Primärenergieträgern.

Die *privaten Haushalte* sind zu etwa einem Viertel am Gesamtenergiebedarf beteiligt. Über 50 % ihres Energiebedarfs entfällt auf die Raumheizung, 7 % auf die Warmwasserbereitung. Auch hier sind Einsparungen möglich: durch geringere Raumtemperatur, moderne Heizungsregelungen (z. B. Thermostatventile an den Heizkörpern) und bessere Wärmeisolation der Gebäude. Auch die Wärmerückgewinnung aus gebrauchtem Warmwasser wird an Bedeutung gewinnen. Die Nutzung des Autos verursacht bei den privaten Haushalten etwa ein Drittel ihres Energiebedarfs.

Der *Verkehr* beansprucht fast 30 % der Sekundärenergie, und zwar mit stets steigender Tendenz. Gerade hier können wir allein durch die Wahl geeigneter Verkehrsmittel (Abb. 298.2) einen wirksamen Beitrag zum Energiesparen leisten. 90 % des Energiebedarfs im Personenverkehr wird durch das Auto verursacht, dessen Wirkungsgrad weniger als 20 % beträgt. Deshalb muss die Entwicklung von Motoren mit niedrigerem Kraftstoffverbrauch unverzüglich vorangetrieben werden. Auch eine Fahrweise, die auf hohe Geschwindigkeiten und starke Beschleunigungen verzichtet, trägt zur Energieeinsparung wesentlich bei. Jeder – sei es im Verkehr oder im häuslichen Bereich – ist aufgerufen, seine Lebensgewohnheiten unter dem Energie- und Umweltaspekt immer wieder zu überdenken!

299.1 Zu Aufgabe 1

299.2 Belastung einer Straße durch 72 Personen in einem Bus bzw. in 72 Pkws

Aufgaben

1. *„So leben wir, so leben wir, so leben wir alle Tage ...!"*
a) Was wird in der Karikatur von Abb. 299.1 zum Ausdruck gebracht!
b) Wie sollte sich die Menschheit in Zukunft verhalten, wenn sie die Aussage des Karikaturisten beherzigt? Formuliere dies pointiert!

2. *Der Weltenergiebedarf*
Der Primärenergiebedarf der 5 Mrd. auf der Erde lebenden Menschen betrug 10 Mrd. tSKE im Jahr 1990.
a) Berechne den mittleren jährlichen Pro-Kopf-Bedarf an Primärenergie!
b) Das in den Industriestaaten lebende Viertel der Erdbevölkerung verbrauchte dreiviertel der Primärenergie. Wie hoch war der Pro-Kopf-Bedarf an Primärenergie in den Industriestaaten, wie niedrig in der Dritten Welt?
c) Schätzungsweise steigt der weltweite Primärenergiebedarf von 10 Mrd. tSKE im Jahr 1990 auf 20 Mrd. tSKE im Jahr 2000 an. Wie lang würden – wenn dieser hohe Bedarf gleich bliebe und nur die abbauwürdigen fossilen Energieträger genutzt würden – die Energievorräte noch reichen? Welche ökologischen Probleme würde dieser hohe Bedarf an Primärenergie mit sich bringen?

3. *Personenverkehr*
In Abb. 298.2 ist für verschiedene Verkehrsmittel der mittlere Bedarf an Primärenergie pro Kilometer und pro Person dargestellt.
a) Entnimm der Abbildung die Werte für den Nahverkehr! Wie kann man durch geeignete Wahl des Verkehrsmittels Energie sparen?
b) Welches Verkehrsmittel empfiehlt sich aus energetischen Gründen bei weiteren Urlaubsreisen?
c) Wie viel Energie wird pro Kilometer eingespart, wenn 72 Personen nicht einzeln mit Personenkraftwagen, sondern gemeinsam mit einem Bus fahren? Die Belastung einer Straße durch diese beiden Fälle wird durch Abb. 299.2 drastisch demonstriert: Der Bus ist 12 m lang, jeder Pkw 4 m. Beim Fahren ist vor

jedem Fahrzeug ein *Sicherheitsabstand* zu halten. Dieser ist in Metern gleich der halben vom Tacho angezeigten Zahl. Stell dir vor, der Bus und die Pkw-Kolonne fahren mit einer Geschwindigkeit von 80 km/h. Vergleiche die Längen der Straßenabschnitte, die die Fahrzeuge in beiden Fällen benötigen!

4. *„Wir leben über unsere Verhältnisse"*
Früher übernahmen Sklaven die mechanische Arbeit in der Landwirtschaft, im Bergbau, im Gewerbe, im Haus und beim Antrieb von Wagen und Schiffen. Heute übertragen wir diese Aufgaben Maschinen, die Primär- und Sekundärenergie umwandeln. Wir halten uns sog. „Energiesklaven".
a) Der jährliche Pro-Kopf-Bedarf an Primärenergie beträgt in Deutschland zur Zeit 6,4 tSKE. Rechne diesen in J um!
b) Ein Mensch kann täglich 8 Stunden lang eine mechanische Leistung von 75 W erbringen. Welche mechanische Arbeit verrichtet er an einem Tag bzw. innerhalb eines Jahres?
c) Etwa 60% der aufgewandten Primärenergie steht uns als Nutzenergie zur Verfügung. Über wie viele Energiesklaven verfügt ständig ein Durchschnittsbürger Deutschlands, wenn einem Energiesklaven die in b) berechnete Energiemenge entspricht?

5. *Deine persönliche Energiebilanz*
Wir alle müssen Energie sparen: die Industrie, der öffentliche Verkehr, das Gewerbe, die privaten Haushalte – und auch du! Um herauszufinden, wo du am wirksamsten Energie sparen kannst, sollst du deinen jährlichen Bedarf ermitteln. Dazu ist es notwendig, die genutzte Energie auf die notwendige Primärenergiemenge umzurechnen.
a) Nur 36% der in einem Kraftwerk aufgewendeten Primärenergie kommt bei dir zu Hause als elektrische Energie an. Wie viel Primärenergie muss umgewandelt werden, damit dir die elektrische Energie 1 kWh zur Verfügung steht? Ermittle den Jahresbedarf eures Haushalts an elektrischer Energie in kWh, dividiere diesen durch die Anzahl der Personen deiner Familie, trage den Wert in Tab. 300.1 ein. Berechne deinen Primärenergiebedarf in MJ!
b) Bei der Verbrennung von 1 l Heizöl, 1 m³ Erdgas oder 1 l Benzin wird eine Energie von etwa 35 MJ freigesetzt. Ermittle, wie viel Heizöl und wie viel m³ Erdgas eure Familie jährlich verbraucht, berechne deinen Anteil und dann deinen Primärenergiebedarf!
c) Ermittle die auf dich treffende Jahresstrecke, die du mit einem privaten Pkw oder Motorrad zurücklegst, sowie den jeweiligen mittleren Kraftstoffverbrauch für 100 km. Bedenke, wie viele km du mit öffenltichen Verkehrsmitteln jährlich zurücklegst! Erstelle dann mithilfe von Tab. 300.1 die Jahresbilanz deines Energiebedarfs!
d) Rechne deinen jährlichen Energiebedarf in tSKE um!
e) Welche Posten deiner Bilanz sind besonders hoch? Wie könntest du sie wirksam erniedrigen?

	Primärenergie
Elektrische Energie	
. . . $\text{kWh} \cdot 10\,\frac{\text{MJ}}{\text{kWh}}$ =	. . . MJ
Heizöl	
. . . $\text{l} \cdot 35\,\frac{\text{MJ}}{\text{l}}$ =	. . . MJ
Erdgas	
. . . $\text{m}^3 \cdot 35\,\frac{\text{MJ}}{\text{m}^3}$ =	. . . MJ
Holz	
. . . $\text{m}^3 \cdot 15\,\frac{\text{MJ}}{\text{m}^3}$ =	. . . MJ
Kohle	
. . . $\text{kg} \cdot 30\,\frac{\text{MJ}}{\text{kg}}$ =	. . . MJ
Privates Kraftfahrzeug	
. . . $\text{km} \cdot \frac{\text{l}}{100\,\text{km}} \cdot 35\,\frac{\text{MJ}}{\text{l}}$ =	. . . MJ
Eisenbahn, U-Bahn, Straßenbahn	
. . . $\text{km} \cdot 0{,}6\,\frac{\text{MJ}}{\text{km}}$ =	. . . MJ
Flugzeug	
. . . $\text{km} \cdot 3\,\frac{\text{MJ}}{\text{km}}$ =	. . . MJ
Gesamtbedarf:	. . . MJ
=	. . . tSKE

300.1 Deine persönliche Energiebilanz

14.1 Schallerzeugung

302.1 Schall erzeugende Saite

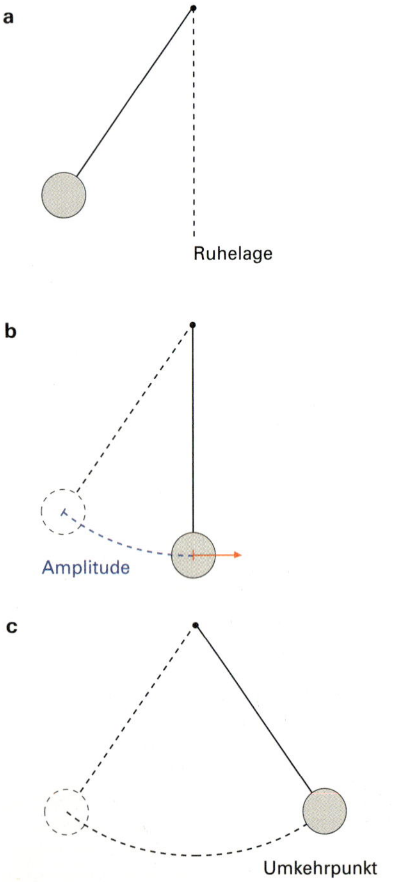

302.2 Schwingung eines Fadenpendels

Neben dem Auge ist das Ohr das wichtigste Sinnesorgan, mit dem wir Informationen über die Umwelt empfangen. Alles, was wir mit dem Ohr aufnehmen – alles, was wir hören können – nennt man *Schall*. Auch in der Tierwelt dient er zur *Nachrichtenübermittlung*. Er wird außerdem zur *Orientierung* genutzt. Das Gehör der Vögel und Säugetiere ist das einzige Sinnesorgan, das selbst im Schlaf „auf Empfang geschaltet“ ist.

Lärm empfinden wir als lästig. Er kann sogar gesundheitliche Schäden hervorrufen.

Der Schall hat für das Leben große Bedeutung. Wir werden uns deshalb mit ihm befassen. Die Lehre vom Schall heißt **Akustik***. Sie ist ein Teilgebiet der Mechanik.

Schallerzeugung

Der Schall wird von *Schallquellen* erzeugt: vom menschlichen Stimmorgan, von Musikinstrumenten, Stimmgabeln, Lautsprechern ... – Wie entsteht Schall?

V Mit den Fingern berühren wir den beweglichen Teil der Schallquelle, den *Schallerreger*: den Kehlkopf beim Sprechen, die Zinken einer tönenden Stimmgabel, die Membran eines tönenden Lautsprechers. Wir spüren jeweils ein Vibrieren.

Das Vibrieren ist eine winzige Hin- und Herbewegung. Anstatt Hin- und Herbewegung sagt man auch **Schwingung**. Da wir Schwingungen bei vielen Schallerregern feststellen können, vermuten wir, dass sie die Ursache für den Schall sind (Abb. 302.1). Wir überprüfen unsere Vermutung durch einen überschaubaren Versuch:

V Wir spannen ein elastisches Stahlband am einen Ende ein; das andere Ende biegen wir zur Seite und lassen es los: Wir sehen, wie es sich hin- und herbewegt – wir hören aber nichts! – Dann verkürzen wir das Stahlband: Es schwingt nun so rasch, dass wir die Hin- und Herbewegung im Einzelnen nicht mehr verfolgen können. Aber jetzt hören wir einen Ton!

Schall wird durch rasch schwingende Schallerreger erzeugt.

Größen zur Beschreibung von Schwingungen

Die Schallerreger bewegen sich so rasch und ihre Ausschläge sind häufig so winzig, dass man die Schwingung nicht genau beobachten kann. Wir befassen uns deshalb zunächst mit einer überschaubaren Schwingung: Der Schwingung einer Kugel, die an einem Faden hängt, der Schwingung eines **Fadenpendels**.

V Der Pendelkörper befindet sich in der *Ruhelage*. Wir lenken ihn mit der Hand aus und lassen ihn los (Abb. 302.2 a). Er „läuft“ bis zur Ruhelage „bergab“. Seine Geschwindigkeit nimmt dabei zu (Abb. 302.2 b). Dann „läuft“ er „bergauf“. Seine Geschwindigkeit nimmt ab, bis er schließlich anhält und umkehrt (Abb. 302.2 c). Im *Umkehrpunkt* beginnt das Pendel wieder, sich in die umgekehrte Richtung zu bewegen. Es schwingt so ständig zwischen den Umkehrpunkten hin und her. Die Schwingungsweite wird dabei immer kleiner.

Ein sich mehrfach wiederholender Vorgang heißt *periodisch**. Eine Schwingung ist eine periodische Be-

wegung. Eine vollständige Hin- und Herbewegung z. B. vom linken Umkehrpunkt bis zum rechten Umkehrpunkt und wieder zurück nennt man *Periode*, ihre Dauer **Periodendauer *T***. Die Länge des Weges des Pendelkörpers von der Ruhelage bis zum Umkehrpunkt heißt **Amplitude***.
Ist die Periodendauer T umso größer, je größer die Amplitude ist?

V Zur Erhöhung der Messgenauigkeit bestimmen wir die Dauer von 10 Perioden und dividieren dann durch 10. Für eine kleine Amplitude und für eine größere Amplitude erhalten wir überraschenderweise gleiche Werte.

Wie können wir verstehen, dass die Periodendauer T unabhängig von der Schwingungsweite ist? Je größer die Amplitude ist, desto mehr Weg muss der Pendelkörper doch bei einer vollständigen Schwingung zurücklegen (Abb. 303.1). Je größer die Amplitude ist, desto steiler beginnt der Körper aber abwärts zu laufen, und desto größer wird seine Geschwindigkeit. Sein Weg ist zwar länger, aber dafür bewegt er sich auch schneller – gerade so viel, dass er unabhängig von der Amplitude die gleiche Zeit für eine volle Schwingung braucht.
(Das gilt allerdings nur, solange die Amplitude nicht allzu groß ist.)

Die Amplitude einer Schwingung ist die Länge des Weges zwischen Ruhelage und Umkehrpunkt, die Periodendauer *T* die Dauer einer vollständigen Hin- und Herbewegung. Die Periodendauer *T* einer Schwingung ist nahezu unabhängig von der Amplitude.

Die Frequenz

Die Periodendauer einer tönenden Lautsprechermembran oder einer Stimmgabel ist erheblich kleiner als eine Sekunde. Anschaulicher als kleine Bruchteile einer Sekunde für die Periodendauer ist die Anzahl der Schwingungen pro Sekunde. Dauert z. B. eine Schwingung $\frac{1}{100}$ Sekunde, so finden in 1 Sekunde 100 Schwingungen statt. Der Kehrwert der Periodendauer gibt also die Anzahl der Schwingungen pro Sekunde an. Man nennt diese Größe **Frequenz* *f***. Die Einheit der Frequenz wird nach dem deutschen Physiker *Heinrich Hertz* (1857 bis 1894) benannt. Er hat die elektromagnetischen Wellen entdeckt. Damit können Rundfunk- und Fernsehsendungen vom Sender bis zu unserem Empfänger übertragen werden. Die Einheit 1 Hertz kürzt man mit 1 Hz ab. Also:

$$[f] = \frac{1}{\text{s}} = 1\ \text{Hz}.$$

Vollführt ein Körper z. B. in 1 Sekunde 1000 Schwingungen, so beträgt die Frequenz seiner Schwingung:

$$f = \frac{1}{T} = \frac{1}{0{,}001\,\text{s}} = 1000\,\frac{1}{\text{s}}$$
$$= 1000\ \text{Hz} = 1\ \text{kHz}$$

**Die Frequenz *f* gibt die Anzahl der Schwingungen pro Sekunde an.
Sie ist gleich dem Kehrwert der Periodendauer *T*:** $f = \frac{1}{T}$
Die Einheit der Frequenz *f* ist 1 Hertz (1 Hz): $1\ \text{Hz} = \frac{1}{\text{s}}$

Schallarten

Die Schwingung eines Fadenpendels konnten wir beobachten und sogar ihre Periodendauer mit einfachen Mitteln messen. Wie lassen sich aber die Schwingungen des Schallerregers mit seiner kurzen Periodendauer genauer untersuchen?

V Auf die Membran eines Lautsprechers kleben wir eine kleine Scherbe eines Spiegels. Beleuchten wir sie mit einem Lichtstrahl, wird dieser am Spiegelchen zurückgeworfen: So entsteht an der Wand ein

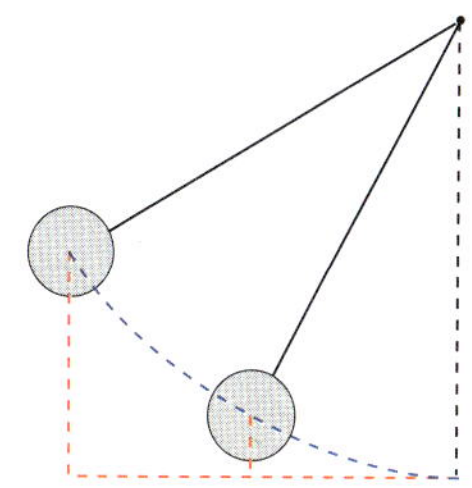

303.1 Unabhängigkeit der Periodendauer von der Amplitude

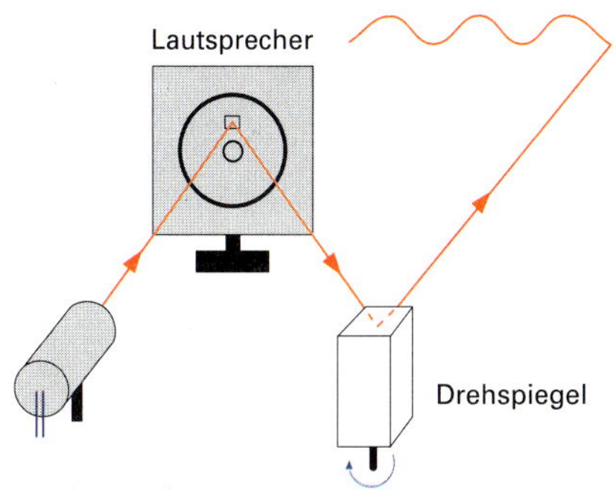

303.2 Schwingungsbild einer Lautsprechermembran

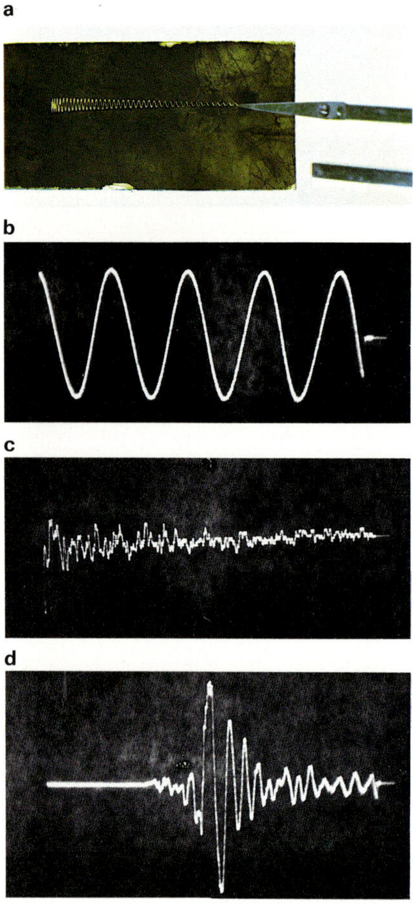

304.1 Schwingungsbilder:
a), b) Ton c) Geräusche, d) Knall

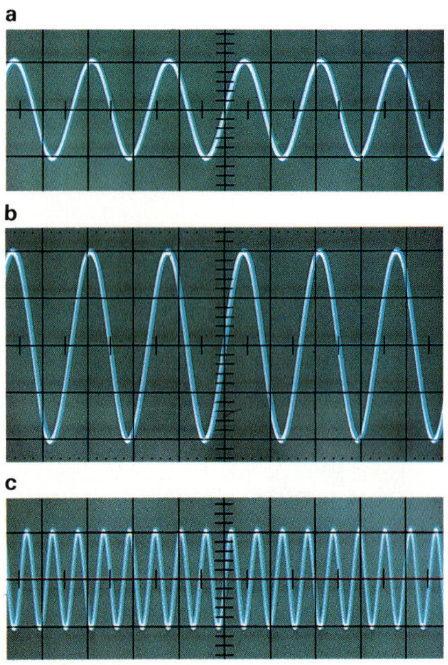

304.2 a) Ton, b) lauterer Ton, c) höherer Ton

kleiner Lichtfleck. Drücken wir etwas auf die Membran, bewegt sich der Lichtfleck auf der Wand um eine wesentlich größere Strecke als der Spiegel. Die kleine Bewegung der Membran wird in eine größere Bewegung des Lichtflecks übersetzt. Tönt der Lautsprecher, bewegt sich der Lichtfleck so rasch hin und her, dass wir nur einen leuchtenden Strich wahrnehmen.

V Lassen wir den zurückgeworfenen Lichtstrahl auf einen sich drehenden Spiegel fallen, wird die schnelle Auf- und Abbewegung seitlich „auseinander gezogen". Wir sehen eine sinusförmige Wellenlinie. Sie zeigt das, was zeitlich *nacheinander* erfolgt, räumlich *nebeneinander* (Abb. 303.2).

Das Schwingungsbild einer Stimmgabel können wir noch einfacher gewinnen.

V Am Ende eines Zinkens einer Stimmgabel ist ein kleiner Stift befestigt. Wir schlagen die Stimmgabel an und führen sie so über eine berußte Glasplatte, dass der Stift eine Spur schreibt (Abb. 304.1 a). Es ist eine *regelmäßige Wellenlinie*.

Die Zinken der Stimmgabel bewegen sich also *regelmäßig* hin und her. Mit einem Mikrofon können wir den von der Stimmgabel erzeugten Schall empfangen. Der Raum zwischen Stimmgabel und Mikrofon überträgt die Schwingung der Stimmgabel auf die Membran des Mikrofons und zwingt diese zum Schwingen. Wie? – Damit werden wir uns im nächsten Abschnitt befassen.

V Wir schließen das Mikrofon an ein Oszilloskop an und lassen die Schwingungen der Membran auf dem Bildschirm aufzeichnen (Abb. 304.1 b). Wir erkennen: Die Membran schwingt genauso wie die Stimmgabel.

V Erzeugen wir den Schall mit einer schwingenden Saite oder Flöte, ist das Schwingungsbild ebenfalls eine *regelmäßige Wellenlinie* (Abb. 304.1 b).

Diesen „reinen" Schall nennen wir *Ton*.

V Rascheln wir mit einem Blatt Papier oder scharren wir mit den Füßen, erhalten wir dagegen ein unregelmäßiges Schwingungsbild (Abb. 304.1 c).

V Beim Zerschlagen einer aufgeblasenen Papiertüte führt der Schallerreger ein paar unregelmäßige kräftige Schwingungen aus (Abb. 304.1 d).

Schwingt ein Schallerreger regelmäßig, entsteht ein *Ton*; schwingt er unregelmäßig, entsteht ein *Geräusch*.

Ein kurzes lautes Geräusch nennt man *Knall*.

Lautstärke und Tonhöhe

Wir unterscheiden leise und laute Töne, tiefe und hohe Töne. Wie muss ein Schallerreger schwingen, damit er einen lauteren bzw. einen höheren Ton aussendet?

V Mit einem Tongenerator* und einem Lautsprecher erzeugen wir einen Ton. Durch ein Mikrofon und ein Oszilloskop nehmen wir sein Schwingungsbild auf (Abb. 304.2 a). Vergrößern wir die Lautstärke des Tones, vergrößert sich die Amplitude. Die Anzahl der Schwingungen pro Sekunde, also die Frequenz, bleibt gleich (Abb. 304.2 b).

Dieses Ergebnis war zu erwarten: Will man z. B. mit einem Saiteninstrument lauter musizieren, muss man seine Saiten kräftiger anschlagen.

V Mit wachsender Tonhöhe nimmt die Anzahl der Schwingungen auf dem Oszilloskopschirm zu (Abb. 304.2c).

Töne sind umso höher, je häufiger sich der Schallerreger pro Sekunde hin und her bewegt.

**Ein Schallerreger tönt umso lauter, je größer seine Amplitude ist;
er tönt umso höher, je größer seine Frequenz ist.**

Aufgaben

1. *Sturm im Wasserglas*
Nimm ein Wein- oder Sektglas, und fülle etwas Wasser hinein. Halte mit einer Hand den Fuß des Glases. Feuchte einen Finger der anderen Hand an und fahre damit kreisend über die Oberkante. Drücke dabei nicht auf! Mit etwas Geschick bringst du das Glas zum Klingen.
a) Fülle das Glas bis zum Rand mit Wasser. Was beobachtest du, wenn das Glas klingt? Wie kommt das zustande?
b) Fülle das Glas schrittweise voll, und bringe es jeweils zum Klingen. Vergleiche dabei die Töne. Ergänze: Je voller das Glas ist, desto ...

2. *Längere Pendel brauchen länger*
Nimm eine Fadenrolle und befestige am Ende des Fadens eine Schraubenmutter. Durch Abwickeln des Fadens lassen sich – wie in Abb. 305.1 dargestellt – verschieden lange Fadenpendel herstellen.
a) Lege zu folgenden Pendellängen eine Wertetabelle an:
l = 12,5 cm, 25,0 cm, 50,0 cm, 75,0 cm, 100 cm.
Veranlasse, dass jemand zu jeder Pendellänge die Dauer von 10 Schwingungsperioden misst. Notiere in der Tabelle jeweils die Periodendauer T!
b) Zeichne ein l-T-Diagramm!
c) Wie verhält sich die Periodendauer T, wenn die Pendellänge l verdoppelt, verdrei-, vervier-, versechs-, verachtfacht wird? Wie hängt also T von l ab?
d) Befestige am Ende des Fadens zwei Muttern. Miss zu l = 75,0 cm die Periodendauer. Wie hängt die Periodendauer T von der Masse m des Pendelkörpers ab?
e) Stelle die Formel auf, die die Beziehung zwischen T und l beschreibt!

3. *Die schwingende Saite*
Nimm einen dünnen Gummiring und spanne ihn als eine Art Gummisaite über ein Holzbrettchen (oder einen flachen Teller). Unterstütze die Gummisaite durch einen Radiergummi als Steg (Abb. 305.2).
Wenn du nun diese Saite durch Zupfen mit dem Finger in Schwingungen versetzt, hörst du einen Ton.
a) Verkürze durch Verschieben des Stegs die Länge der Gummisaite. Wie wirkt sich das auf den erzeugten Ton aus?
b) Vergrößere die Spannung der Saite, indem du eine Hand unterhalb des Brettchens zwischen Brett und Gummiring schiebst! Wie ändert sich bei vergrößerter Saitenspannung bei gleich bleibender Saitenlänge der erzeugte Ton?
c) Wie dürfte sich bei gleich bleibender Saitenlänge und Saitenspannung eine größere Masse der Saite auf die Tonhöhe auswirken?
d) Wie macht man bei der Geige von den in a), b) und c) gewonnenen Ergebnissen Gebrauch, um die gewünschten Tonhöhen zu erzielen?

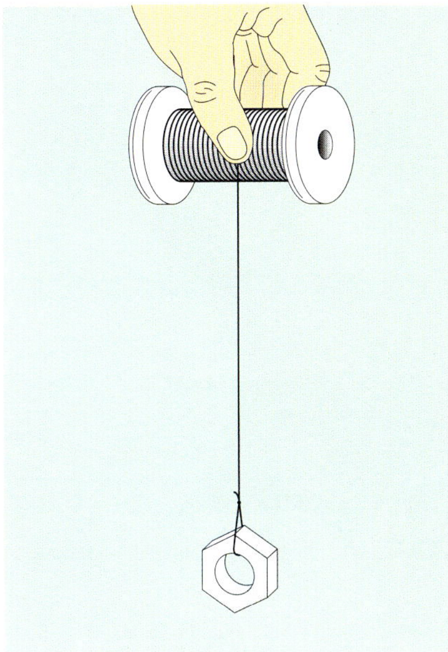

305.1 Ein Fadenpendel veränderbarer Länge

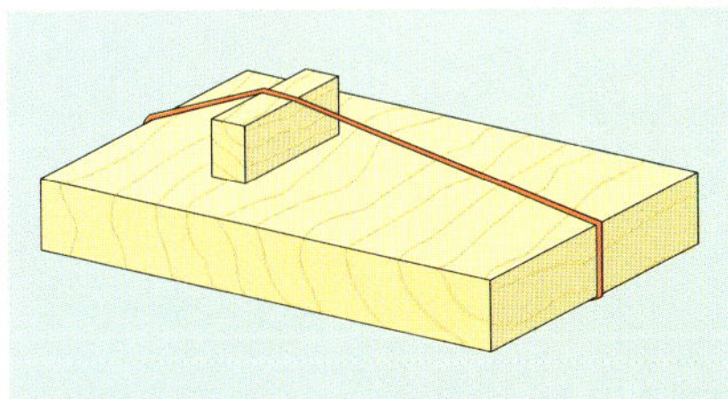

305.2 Einfachstes „Zupfinstrument"

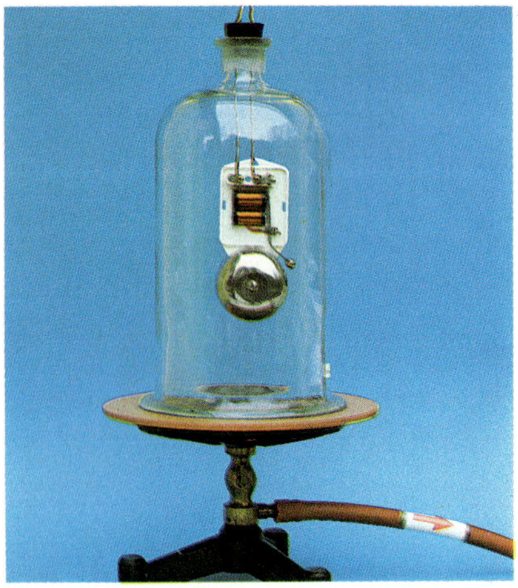

306.1 Keine Schallausbreitung im leeren Raum

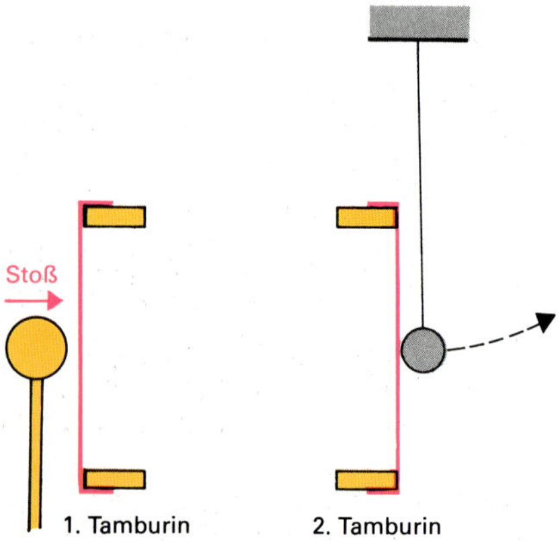

306.2 Übertragung des Stoßes durch Luft

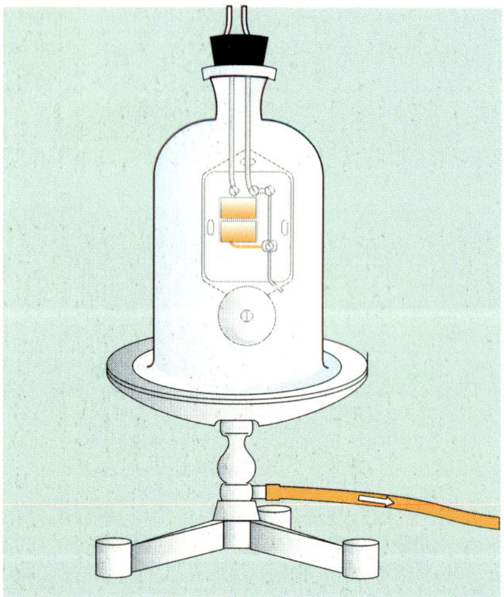

306.3 Modellversuch zur Schallausbreitung

14.2 Schallausbreitung

Ausbreitung des Schalls

Wie überträgt der Raum die Schwingung des Schallerregers auf den Schallempfänger?

V Unter einer Glasglocke läutet eine Klingel: Wir hören sie deutlich. Pumpen wir die Luft aus der Glasglocke heraus, hören wir nichts mehr, obwohl der Klöppel weiterhin den Klangkörper anschlägt und zum Schwingen bringt (Abb. 306.1).

In der Luft breitet sich der Schall aus, im leeren Raum dagegen nicht. Wie können wir das verstehen?

V Wir schlagen auf ein Tamburin (Abb. 306.2). Die hinter dem Tamburin angestoßenen Moleküle der Luft müssten den Stoß auf ein zweites, parallel gehaltenes Tamburin übertragen. Hängen wir unmittelbar hinter dem zweiten Tamburin eine leichte Kugel so auf, dass sie das Tamburin gerade berührt, gelingt der Nachweis der Stoßübertragung: Die leichte Kugel wird weggestoßen.

Werden alle Moleküle der Luft zwischen Schallerreger und Schallempfänger auf einmal bewegt? Das ist nicht der Fall: Der Empfänger nimmt den Schall mit einer Verzögerung wahr. Der Schall breitet sich mit einer endlichen Geschwindigkeit aus (S. 92). Um eine Vorstellung zu erhalten, wie die Moleküle der Luft die Schwingungen des Schallerregers weiter geben, betrachten wir dazu einen *Modellversuch*.
Zur Vereinfachung beschränken wir uns auf eine Ausbreitungsrichtung, also auf eine Reihe von Molekülen. Die einzelnen Moleküle veranschaulichen wir durch Magnetrollen. Eine Reihe erhalten wir, indem wir die Magnetrollen so auf eine Laufschiene setzen, dass sie sich gegenseitig abstoßen und sich so gleiche gegenseitige Abstände einstellen (Abb. 306.3).

V Wir stoßen unser erstes Modellmolekül in Richtung des zweiten an. Die erste Rolle läuft auf die zweite zu, nähert sich dieser, versetzt diese in Bewegung und kommt dabei selbst zur Ruhe. Jede Rolle, die so angestoßen wird, stößt dann selbst die nächste. Das führt zu einer Folge von Stößen. Die einzelnen Modellmoleküle bewegen sich dabei nur um ein kleines Stück.

Wo gerade gestoßen wird, sind die Moleküle näher zusammengerückt: Dort finden wir eine „Teilchen-Verdichtung“, einen etwas höheren Luftdruck. Unmittelbar vorher sind die Abstände der Teilchen größer: eine „Teilchen-Verdünnung“, ein etwas niedriger Luftdruck. Eine „Teilchen-Verdichtung“ wandert, gefolgt von einer „Teilchen-Verdünnung“, durch die Molekülreihe (Abb. 307.1).

Von der Schallquelle breiten sich Verdichtungen und Verdünnungen der Luft nach allen Seiten aus.

Schallwellen

Die vom Schallerreger angestoßenen Moleküle der Luft bewegen sich nicht bis zum Schallempfänger: Nur die Schwingung des Schallerregers wird von Teilchen zu Teilchen weiter gegeben. Das erinnert an Wasserwellen: Lösen wir z. B. einen Wellenberg und ein Wellental auf einer Wasseroberfläche aus, so laufen Berg und Tal über diese. Dabei schwingen die Wassermoleküle nur auf und ab und geben dieses Verhalten an benachbarte Moleküle weiter. In Anlehnung an das ähnliche Ausbreitungsverhalten der Wasserwellen spricht man auch beim Schall von Wellen, von **Schallwellen**.

Wir bauen die Analogie zwischen Wasser- und Schallwellen noch etwas aus:

Wasserwellen	**Schallwellen**
Ausbreitung	
Die Moleküle des Wassers schwingen auf und ab, also *quer* zur Ausbreitungsrichtung der Welle. Die Moleküle geben dieses Verhalten an Nachbarmoleküle weiter und bewirken so die Ausbreitung der Welle (Abb. 307.2a).	Die Moleküle der Luft schwingen hin und her, also *längs* der Ausbreitungsrichtung der Welle. Die Moleküle geben dieses Verhalten an Nachbarmoleküle weiter und bewirken so die Ausbreitung der Welle.
Reflexion	
Treffen Wasserwellen auf eine Wand, so werden sie dort reflektiert. Dabei gilt: Der Reflexionswinkel ist gleich dem Einfallswinkel (Abb. 307.2b).	Treffen Schallwellen auf eine Wand, so werden sie dort reflektiert. Dabei gilt: Der Reflexionswinkel ist gleich dem Einfallswinkel.
Beugung	
Treffen Wasserwellen auf eine Öffnung, so gelangen auch Wellen in den „Schattenraum“ nach der Öffnung. Man sagt: Die Welle wird *gebeugt* (Abb. 307.2c).	Treffen Schallwellen auf eine Öffnung, so ist der Schall auch im „Schattenraum“ zu hören. Die Schallwelle wird *gebeugt*.

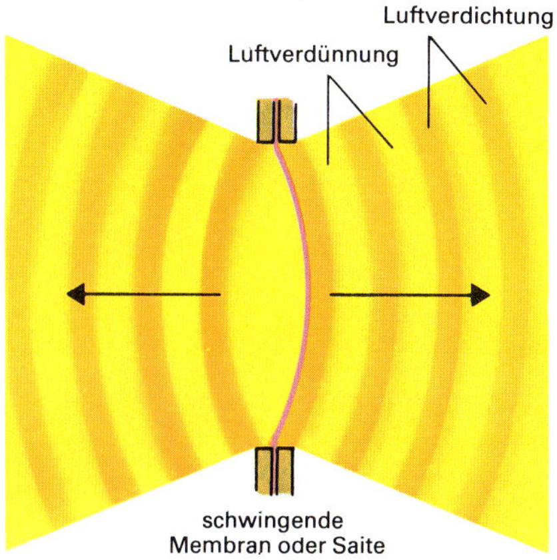

307.1 Verdichtungen und Verdünnungen der Luft

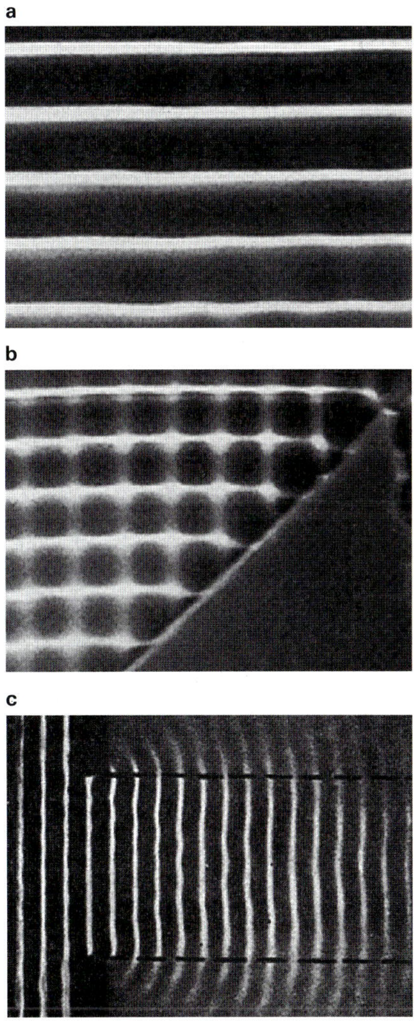

307.2 Wasserwellen a) Ausbreitung, b) Reflexion, c) Beugung

Aufgaben

1. *Schallausbreitung in festen Körpern*
a) Lege eine tickende Uhr auf das eine Ende eines Tisches. Stell dich ans andere Ende. Bemühe dich, das Ticken zu hören. Drücke nun ein Ohr auf den Tisch. Vergleiche in beiden Fällen die Lautstärke des Tickens!
b) Jemand will Gespräche belauschen, die hinter einer verschlossenen Tür geführt werden. Hört er besser, wenn er am Schlüsselloch horcht oder wenn er ein Ohr an die Tür presst?

2. *Das Schnurtelefon*
Stich mit einer Nadel jeweils in die Mitte des Bodens zweier leerer Jogurtbecher ein kleines Loch. Führe durch die beiden Löcher eine lange dünne Schnur und bringe an ihren Enden jeweils einen dicken Knoten an. Halte einen Becher an dein Ohr, und veranlasse, dass jemand bei gespannter Schnur in den anderen Becher flüstert.
a) Beschreibe deine Beobachtung!
b) Erkläre die Wirkungsweise des Schnurtelefons!

3. *Verständigung auf dem Mond*
Zwei Astronauten stehen, mit Schutzanzügen bekleidet, auf dem Mond nebeneinander. Obwohl der eine sehr laut spricht, hört der andere nichts davon.
a) Warum?
b) Die Astronauten nähern sich einander so, dass sich die Helme

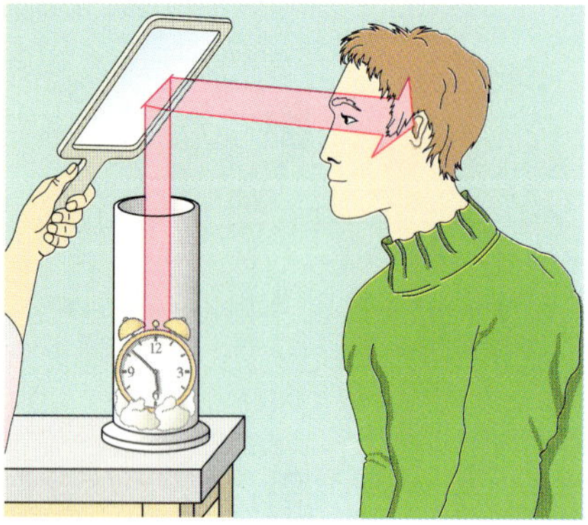

308.1 Schallreflexion

berühren. Können sie sich jetzt durch sprechen verständigen? Begründung!

4. *Schalldämmung*

a) Nimm eine tickende Uhr zwischen die Lippen. Fasse sie dann vorsichtig mit den Zähnen. Vergleiche dabei dein Hörempfinden!

b) Leiten harte und feste oder weiche und poröse Baustoffe den Schall besser? Zur Schalldämmung verlegt man den Fußboden auf Schall schluckendem Material. Wie ist dieses beschaffen?

c) Warum ist es unmittelbar nach einem Schneefall so still?

5. *Schallreflexion*

Lege eine tickende Uhr auf ein Papiertaschentuch in einem zylinderförmigen Gefäß, z. B. einer Vase. Nimm einen Handspiegel und halte ihn ein Stück über die Öffnung des Gefäßes (Abb. 308.1). Blicke in den Handspiegel und kippe ihn um eine horizontale Achse. Bei welcher Stellung ist das Ticken am lautesten zu hören? Was folgt daraus über die Schallreflexion?

6. *Nachhall und Echo*

Der Schall wird an Wänden reflektiert.

a) Wenn der reflektierte Schall mindestens 0,05 s später als der ursprüngliche Schall an unserem Ohr eintrifft, empfinden wir das als störenden Nachhall. Wie weit muss dazu die reflektierende Wand mindestens entfernt sein? Wie kann man in großen Räumen den Nachhall weitgehend ausschalten und dadurch die „Akustik" verbessern?

b) Zum Aussprechen einer kurzen Silbe benötigt man etwa 0,2 s. Wie weit muss eine reflektierende Wand mindestens entfernt sein, damit man die Silbe und ihr Echo getrennt wahrnehmen kann? Wie weit muss die Wand mindestens entfernt sein, damit man ein dreisilbiges Wort als Echo registrieren kann?

308.2 Stimmgabel auf einem Resonanzkasten

14.3 Schallempfang

Erzwungene Schwingung – Resonanz

Eine Stimmgabel kann durch ihre schmalen Zinken nur wenige Moleküle der Luft anstoßen: Der ausgesandte Ton ist sehr leise.

V Setzen wir die schwingende Stimmgabel auf die Wandtafel, ist der gleiche Ton deutlich hörbar.

Der schwingende Stiel der Stimmgabel zwingt die Tafel zum Mitschwingen – und zwar in der gleichen Frequenz. Die Tafel führt **erzwungene Schwingungen** aus. Die schwingende Tafelfläche stößt wesentlich mehr Moleküle der Luft an: Der ausgesandte Ton ist lauter.

V Setzen wir die Stimmgabel auf einen einseitig offenen Holzkasten geeigneter Gestalt (Abb. 308.2), ist der Ton erstaunlich laut zu hören.

Die Oberfläche des Holzkastens ist viel kleiner als die Tafelfläche. Wie kommt es trotzdem zu diesen lauten Tönen?

Zur genauen Untersuchung der erzwungenen Schwingung des „Holzkastens“ regen wir mit verschiedenen Frequenzen an: Wir verwenden dazu einen Tongenerator und einen Lautsprecher, den wir vor die Kastenöffnung stellen.

V Wir beginnen mit niedrigen Frequenzen. Es ist zunächst keine Besonderheit festzustellen. Beim Erreichen der Frequenz der Stimmgabel von 440 Hz tönt der Holzkasten laut. Er tönt sogar noch, wenn der Lautsprecher abgeschaltet ist. Mit zunehmender Erregerfrequenz verschwindet diese Erscheinung rasch wieder.

Nicht etwa der Holzkasten, sondern die Luftsäule in ihm ist in Schwingungen geraten. Eine Luftsäule ist – wie jeder andere schwingungsfähige Körper – fähig, Schwingungen mit einer ganz bestimmten Frequenz, der **Eigenfrequenz**, auszuführen.

Wird ein schwingungsfähiger Körper mit seiner Eigenfrequenz zu Schwingungen angeregt, so schwingt er mit besonders großer Amplitude. In diesem Fall spricht man von *Resonanz.**

Der in seiner Länge auf die 440-Hz-Stimmgabel abgestimmte Kasten heißt deshalb auch Resonanzkasten.

Das Ohr – ein Schallempfänger

Die von der Ohrmuschel aufgefangenen Schallwellen versetzen das Trommelfell (Abb. 309.1) in erzwungene Schwingungen. Diese werden durch die Gehörknöchelchen Hammer, Amboss und Steigbügel zum ovalen Fenster der mit einer Flüssigkeit gefüllten Schnecke übertragen. Das Gehörwasser gerät in Schwingungen und regt etwa 16000 verschieden lange und verschieden dicke Hörhärchen, die jeweils am Ende eines Hörnervs sitzen, zum Mitschwingen an. Die Härchen, die am stärksten mitschwingen (Resonanz), signalisieren dem Gehirn durch ihren Hörnerv jeweils die Frequenz des empfangenen Tones.

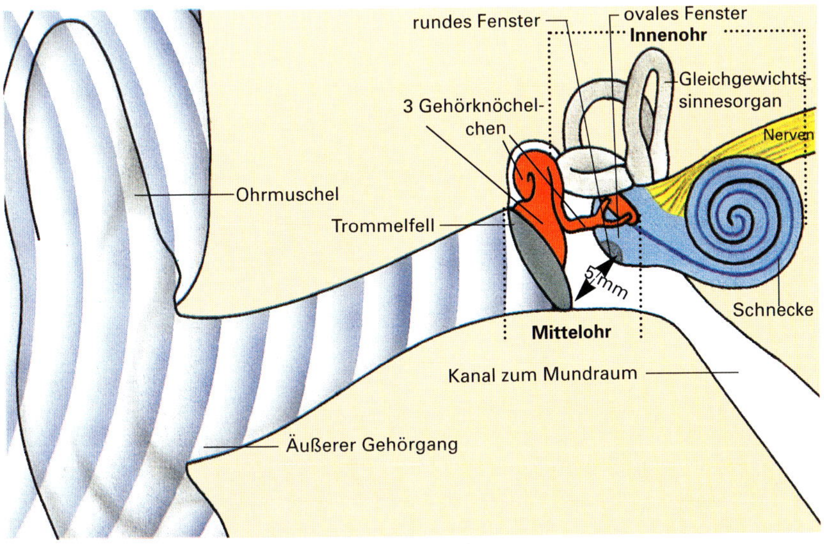

309.1 Schnitt durch das menschliche Ohr

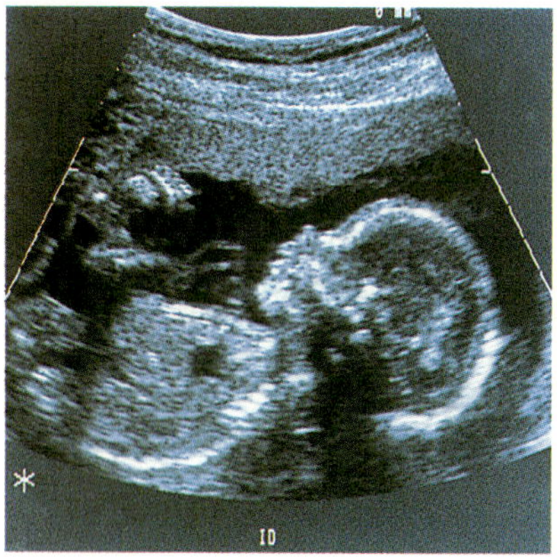

310.1 Ultraschallaufnahme eines Embryos im Mutterleib

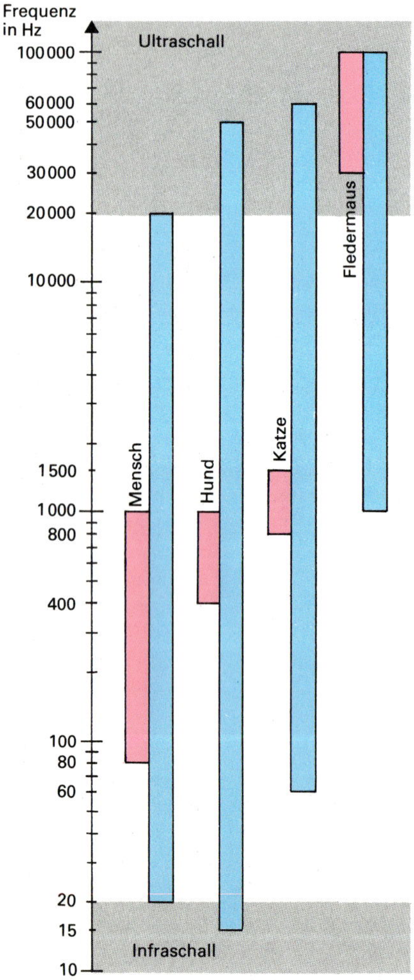

310.2 Stimmbereiche (rot) und Hörbereiche (blau)

Der Hörbereich

Hören wir alles?

V Mit einem Tongenerator und einem Lautsprecher können wir Töne verschiedener Frequenzen erzeugen. Mit einem Mikrofon und einem Oszilloskop lassen sich diese überprüfen.
Wir stellen nun eine Frequenz von ein paar Hz ein. Auf dem Oszilloskopschirm ist ein Schwingungsbild zu sehen. Der Lautsprecher sendet also Schall aus. Wir hören aber nichts! Nun erhöhen wir langsam die Frequenz. Erst bei ungefähr 20 Hz nehmen wir ein tiefes Brummen wahr. Bei 80 Hz erreichen wir den tiefsten Ton einer menschlichen Bassstimme. Zwischen 100 und 200 Hz liegen die Frequenzen der Sprechlaute einer normalen Männerstimme, zwischen 200 und 400 Hz die einer normalen Frauenstimme. Mit 1000 Hz erreichen wir den höchsten Ton einer menschlichen Singstimme, einer Sopranstimme. Mit wachsender Frequenz empfinden wir nun die zunehmende Höhe der Töne immer unangenehmer. Ab ca. 15 kHz nehmen einige Zuhörer schließlich nichts mehr wahr; nur wenige registrieren noch Töne von 20 kHz.

Der Mensch nimmt Schall im Bereich von 20 Hz bis 20 kHz wahr.
Der Schall, dessen Frequenz unterhalb der unteren Hörgrenze von 20 Hz liegt, heißt *Infraschall. Der Schall dessen Frequenz oberhalb der oberen Hörgrenze von 20 kHz liegt, heißt *Ultraschall**.**

Der Ultraschall wird in der medizinischen Diagnostik genutzt: Ultraschallwellen durchdringen die Bauchdecke der zu untersuchenden Person: Die Schallwellen werden dann von den verschiedenen Gewebs- und Organschichtgrenzen reflektiert. Dieses Echo setzt ein Computer in ein Bild um (Abb. 310.1).

Der Frequenzbereich, in dem Lebewesen Laute wahrnehmen können (*Hörbereich*), ist erheblich umfangreicher als der Frequenzbereich, in dem sie Laute hervorbringen (*Stimmbereich*); siehe dazu Abb. 310.2.

Die Tonleiter

Die *Lochsirene* erzeugt die Verdichtungen und Verdünnungen der Luft ohne einen schwingenden Schallerreger.

V Eine Kreisscheibe enthält 8 Lochreihen, die um den Scheibenmittelpunkt auf Kreisen angeordnet sind (Abb. 310.3). Der innerste Kreis besitzt in gleichen Abständen 24 Löcher; die weiteren Kreise enthalten 27, 30, 32, 36, 40, 45 und 48 Löcher.
Die Scheibe wird nun in Drehung versetzt. Blasen wir bei gleich bleibender Drehzahl mit einem Glasrohr Luft gegen die innerste Reihe, entsteht ein Ton: Trifft der Luftstrom auf ein Loch, wird er durchgelassen, und die Luft wird hinter dem Loch verdichtet. Da sich die Scheibe weiterdreht, wird dann der Luftstrom vom undurchlässigen Teil zwischen den Löchern unterbrochen. Macht die Scheibe eine Umdrehung pro Sekunde, wird die Luft hinter der innersten Lochreihe durch die Luft-

310.3 Die Lochsirene

stromstöße 24-mal pro Sekunde verdichtet. Macht die Scheibe 10 Umdrehungen pro Sekunde, entstehen 240 Luftverdichtungen pro Sekunde. Wir nehmen dann einen Ton der Frequenz 240 Hz wahr.
Blasen wir bei gleich bleibender Drehzahl die Lochreihen nacheinander von innen nach außen an, hören wir eine *Dur-Tonleiter*. Der achte, der höchste Ton klingt um eine *Oktave** höher als der erste, der tiefste Ton. Der tiefste Ton heißt *Grundton*. Da die äußerste Lochreihe doppelt so viele Löcher wie die innerste hat, ist die Frequenz des höchsten Tons doppelt so groß wie die des Grundtons.

311.1 Edisons Fonograf

Der um eine Oktave höhere Ton besitzt die doppelte Frequenz des Grundtons.

Schallaufzeichnung und -wiedergabe

Die erste Schallaufzeichnung gelang dem berühmtesten Erfinder aller Zeiten, dem Amerikaner *Thomas Alva Edison*, im Jahre 1877. Sein Fonograf* (Abb. 311.1) besaß eine mit Metallfolie umwickelte Walze. Wurde diese mit einer Handkurbel gedreht, bewegte sie sich gleichzeitig etwas in waagrechter Richtung weiter. Die durch einen Trichter aufgefangenen Töne versetzten eine Membran in Schwingungen. Eine damit verbundene Nadel presste eine Tonspur schraubengewindeförmig auf die Folie.

Für die Wiedergabe wurde ein Abspielstift in die geschlängelte Spurrille gesetzt. Beim Drehen der Walze glitt er die Tonspur entlang und versetzte eine zweite Membran in Schwingungen.
Dazu ein einfacher Versuch:

V Wir befestigen an einer Postkarte eine Nähnadel. Nun halten wir ihre Spitze in die Rille einer ausgedienten, sich auf dem Plattenspieler drehenden Schallplatte. Die Nadel zwingt der Postkarte die aufgezeichneten Schwingungen auf. Der so erzeugte Schall ist deutlich hörbar.

An Edisons Verfahren hat sich bis heute grundsätzlich nichts geändert. Viele technische Verbesserungen haben die Qualität aber erheblich gesteigert: Anstatt der Walze verwendete man schon bald eine runde Platte, die *Schallplatte*. Beim modernen Plattenspieler tastet eine winzige Diamantspitze die Tonspur (Abb. 311.2) ab. Der Tonarm erzeugt eine elektrische Spannung, diese wird verstärkt und an einen Lautsprecher gelegt: Die konservierte Tonaufzeichnung ist zu hören.
Ein anderer Tonträger hat Schallplatte und Tonbandkassette verdrängt: die *Compact Disc* (CD). Hier tastet von unten ein Laserstrahl berührungslos Vertiefungen, die sog. Pits (Abb. 311.3), ab. Diese sind in der Scheibe eingebettet und in einer spiralförmigen Spur angeordnet. Die Länge der Pits und der Abstand zwischen den einzelnen Pits bilden einen Code*, den nach der Abtastung ein Computer im CD-Player in elektrische Spannungswerte übersetzt.

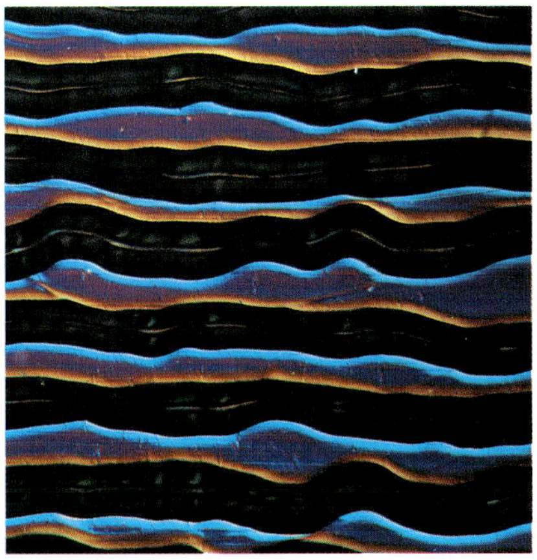

311.2 Schallplattenrillen (vergrößert)

311.3 Die Vertiefungen (Pits) einer CD: Pittiefe: 1/10000 mm; Pitbreite: 1/2000 mm

312.1 Eine summende Biene

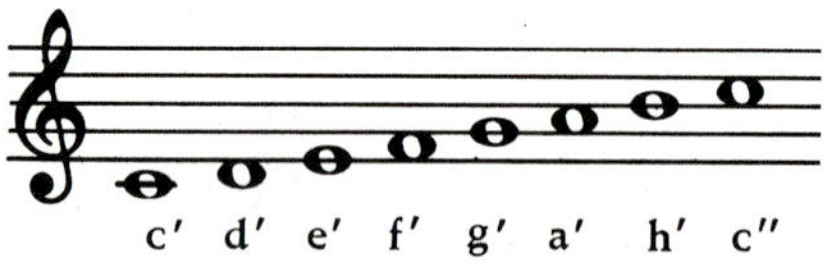

312.2 C-Dur-Tonleiter

312.3 Fische sind nicht stumm.

Aufgaben

1. *Resonanz*

a) Warum ist es größeren Gruppen untersagt, im Gleichschritt über eine Brücke zu marschieren?
b) Warum geraten bei einem älteren Auto bei einer bestimmten Drehzahl des Motors Teile der Karosserie in Schwingungen?
c) Ist der Korpus einer Geige ein Resonanzkasten?

2. *Hör- und Stimmbereich*

a) Eine fliegende Biene summt (Abb. 312.1). Eine fliegende Hummel brummt. Wie entstehen diese so unterschiedlichen Töne? Warum hört man einen fliegenden Schmetterling nicht?
b) Ein Hund nimmt den Schrei einer Fledermaus wahr. Hört den Schrei auch ein Mensch bzw. eine Katze? (Abb. 310.2)
c) Die Polizei verwendet Ultraschallpfeifen, mit denen Polizeihunden lautlos Befehle gegeben werden können. Was lässt sich über die Frequenz des Pfeifentons aussagen?

3. *Die C-Dur-Tonleiter*

a) Unsere Lochsirene enthält von innen nach außen 24, 27, 30, 32, 36, 40, 45, 48 Löcher. Die Scheibe führt pro Sekunde 11 Umdrehungen aus. Bläst man sie von innen nach außen an, erklingt die C-Dur-Tonleiter: c′, d′, e′, f′, g′, a′, h′, c″ (Abb. 312.2). Berechne die Frequenzen dieser Töne!
b) Eine Stubenfliege sendet beim Fliegen den Ton f′ aus, eine Hummel den Ton a. Beim Anfliegen einer Blüte erzeugt eine Biene den Ton a′, beim Wegfliegen – mit Blütenstaub und Nektar beladen – den Ton e′. Wie viele Flügelschläge pro Sekunde macht jeweils jedes Insekt?

4. *„Der lärmende Meereschor"*

Fische sind nicht stumm. Sie besitzen zwar keine Stimmbänder, aber das hindert sie nicht daran Laute von sich zu geben. Im Allgemeinen geschieht das durch Knirschen mit den Zähnen oder Aneinanderreiben der Brustflossen. Manche Fische erzeugen sogar durch Zusammenziehen und Entspannen der Schwimmblase Laute.
a) Der Teufelsfisch mit seiner an ein brummendes Nebelhorn erinnernden Stimme benötigt dafür 0,0033 s bis 0,013 s. Welchen Stimmbereich hat er? Wie viele Oktaven umfasst dieser?
b) Der Bassist der Wasserwelt, der Dorsch (Abb. 312.3), braucht für ein Zusammenziehen und Entspannen der Schwimmblase 0,020 s bis 0,025 s. Welchen Stimmbereich hat er? Wie viele Stufen der Tonleiter sind das?
c) Obwohl Fische kein äußeres Ohr haben, hören sie: Der Schall versetzt die Schwimmblase in Schwingungen und ein Knöchelchen leitet diese an das Innenohr weiter. Die meisten Fische hören Töne mit einer Schwingungsdauer von 0,0005 s bis 1 s. Die Hörgrenze der Karpfen liegt eine Oktave höher, die des Zwergwelses sogar zwei. Gib jeweils die Hörbereiche an!

5. *Schallplattenphysik*

a) Wie ändern sich die Töne einer Schallplatte, wenn man sie anstatt mit 33 Umdrehungen pro Minute mit 45 Umdrehungen pro Minute abspielt? Mit wie viel Umdrehungen pro Minute müsste man sie abspielen, damit das Musikstück um eine Oktave höher erklingt?
b) Die Tonspur führt auf einer Schallplatte spiralförmig von außen nach innen. Unterscheiden sich die Spuren eines Tones, je nachdem, ob er weiter außen oder innen aufgezeichnet ist? Begründung!

15 Einführung in die Elektronik

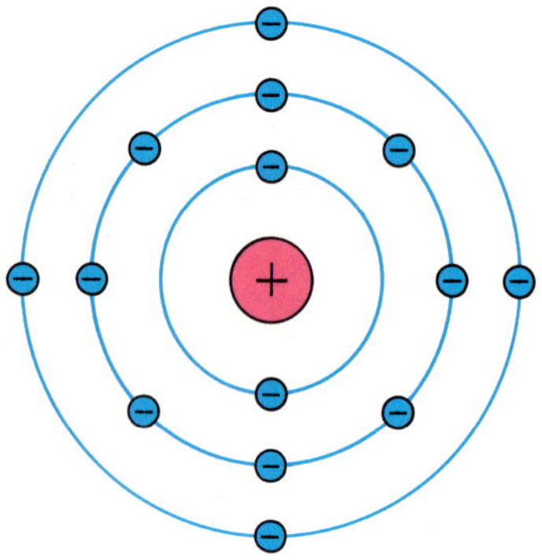

314.1 Aufbau des Siliziumatoms

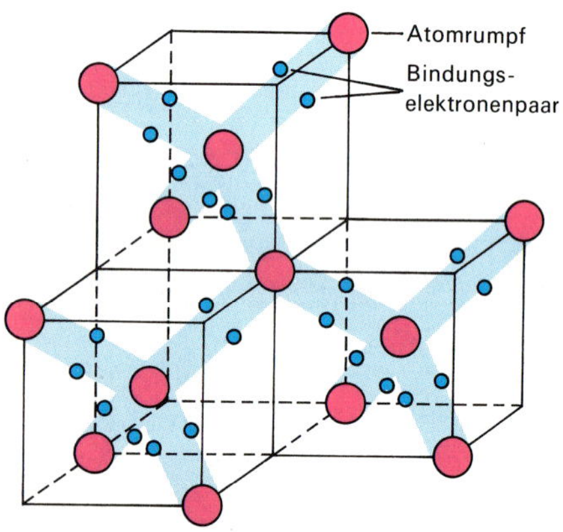

314.2 Kristallgitter von Silizium

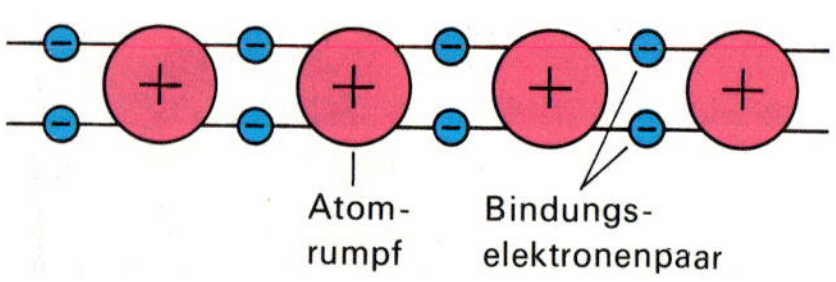

314.3 Halbleiter bei tiefer Temperatur

15.1 Halbleiter

Leiter, Halbleiter, Nichtleiter

Der elektrische Strom wird von den verschiedenen Stoffen unterschiedlich gut geleitet: z. B. hat ein Stab der Länge 1 m und des Querschnitts 1 mm² aus Kupfer oder Silber bei 20 °C einen Widerstand von nur $2 \cdot 10^{-2}\,\Omega$, ein Stab aus Kunststoff oder keramischen Werkstoffen dagegen einen Widerstand von 10^{18} bis $10^{22}\,\Omega$ (Abb. 314.4). Der Übergang von den Stoffen, die den Strom sehr gut leiten zu jenen, die ihn sehr schlecht leiten, ist fließend. Je nach Leitfähigkeit unterscheidet man *Leiter*, *Halbleiter* und *Nichtleiter*.

Halbleiter sind z. B. die Reinstoffe Germanium und Silizium. Bei diesen Stoffen lässt sich die Leitfähigkeit durch äußere Einflüsse auf verschiedene Weise verändern. Aber auch spezielle Verbindungen haben als Halbleiter an Bedeutung erlangt, wie z. B. Galliumarsenid, Galliumphosphid, Cadmiumsulfid oder Siliziumcarbid. Sie sind – neben Germanium und Silizium – die wichtigsten Ausgangsstoffe zur Herstellung von Bauelementen der *Halbleiterelektronik*.

Halbleiterkristall

Für viele Halbleiterbauelemente wird *Silizium* als Ausgangsstoff verwendet. Die Siliziumatome besitzen vier äußere, schwächer gebundene Elektronen (Abb. 314.1).
Im festen Zustand bildet reines Silizium dunkelgraue, metallisch glänzende Kristalle. Die Atome sind regelmäßig angeordnet (Abb. 314.2): Man spricht von einem **Kristallgitter**. Jedes Atom hat vier andere Atome in unmittelbarer Nachbarschaft. Die vier äußeren Elektronen eines jeden Atoms verteilen sich auf die vier Bereiche zwischen diesen Nachbarn. Zwischen zwei Siliziumatomen hält sich also von beiden Atomen je ein Elektron auf. Diese Elektronenpaare ziehen die positiven Atomrümpfe an und halten so den Kristall zusammen. Das Zusammenhalten der Atomrümpfe nennt man **Gitterbindung**, die Elektronen, die den Zusammenhalt bewirken, **Bindungselektronen**. Alle äußeren Elektronen der Siliziumatome sind also ortsgebunden und damit nicht für einen Ladungstransport durch den Kristall verfügbar: Der Siliziumkristall müsste ein vollkommener Nichtleiter sein. In Abb. 314.3 ist ein isolierender Halbleiter durch eine Kette von Atomen vereinfacht dargestellt.

Heißleiter und Fotowiderstand

Heißleiter (auch **NTC-Widerstand*** genannt) und *Fotowiderstand* (kurz **LDR***) sind bestimmte Halbleiterkristalle, die mit zwei Anschlüssen

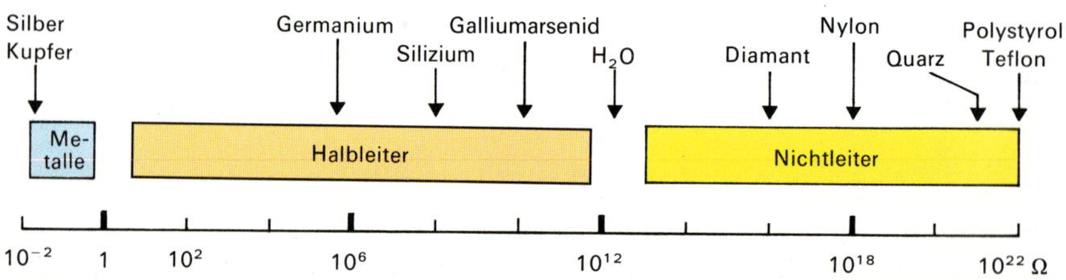

314.4 Einteilung der Stoffe nach ihrer Leitfähigkeit: Widerstand einer Probe von 1 m Länge und 1 mm² Querschnitt bei 20 °C

versehen wurden (Abb. 315.1, 315.2). Zwei Versuche klären die Wirkungsweise und damit auch die Namen dieser elektronischen Bauelemente.

V Aus einer Batterie, einem Heißleiter und einem Strommesser wird ein Stromkreis aufgebaut. Dann tauchen wir den NTC-Widerstand in Wasser, erhöhen schrittweise die Temperatur ϑ und messen jeweils die Stromstärke. Anschließend berechnen wir jeweils den Widerstand: Der Widerstand des Heißleiters *sinkt* mit wachsender Temperatur.

V Wir ersetzen in unserer Schaltung den Heißleiter durch einen Fotowiderstand. Zunächst dunkeln wir ihn ab; dann lassen wir normales Raumlicht auf ihn einwirken; schließlich beleuchten wir ihn mit einer Lampe. Wir messen jeweils die Stromstärke: Der Widerstand *sinkt* mit wachsender Beleuchtungsstärke.

Heißleiter und Fotowiderstand zeigen in der Leitfähigkeit ein Verhalten, das für Halbleiter *kennzeichnend* ist: Der Widerstand sinkt beim Erwärmen oder beim Beleuchten. In beiden Fällen wird Energie zugeführt.

Die Leitfähigkeit von Halbleitern erhöht sich bei Energiezufuhr.

Eigenleitung

Bei Zimmertemperatur sind Halbleiter *keine* vollkommenen Nichtleiter. Es müssen also Ladungsträger vorhanden sein, die sich durch den Halbleiter bewegen können. Die Atome des Halbleiterkristalls befinden sich in Bewegung, die umso heftiger ist, je höher die Temperatur des Kristalls ist. Durch die Wärmebewegung werden aus den Gitterbindungen Elektronen „*freigeschüttelt*". Diese *freien Elektronen* können sich durch den Kristall bewegen; sie heißen **Leitungselektronen**. Jedes freie Elektron hinterlässt am Ort der ursprünglichen Gitterbindung ein **Loch** (Abb. 315.3). Dieses Loch ist bereit, ein freies Elektron wieder aufzunehmen: Elektron und Loch *rekombinieren*. Je höher die Temperatur des Halbleiterkristalls ist, desto mehr Elektronen-Loch-Paare können der Rekombination entgehen. In reinem Silizium ist bei Zimmertemperatur nur jede 10^{13}te Gitterbindung aufgebrochen.

Ist an den Halbleiterkristall eine Spannung angelegt (Abb. 315.4), bewegt sich das freie Elektron in Richtung Pluspol durch den Kristall: Es entsteht ein Elektronenstrom („**Elektronenleitung**"). Was passiert mit dem Loch? Ein Elektron aus der benachbarten Gitterbindung kann sich durch die Wärmebewegung, den Überschuss positiver Ladungen im benachbarten Loch und die Anziehung des Pluspols losreißen und in das Loch hinüberwechseln (Sprung 1). Dieses Elektron hinterlässt aber wiederum ein Loch, das bestrebt ist, ebenfalls ein Elektron aufzunehmen (Sprung 2). Tritt dieses „Springen" mehrfach hintereinander auf, so wandert das ursprüngliche Loch in Richtung „Minuspol" durch den Kristall. Kommt das Loch am negativen Ende der Kette an, wird es von einem Elektron aus dem Minuspol aufgefüllt (Sprung 3). Da der Kristall als Ganzes elektrisch neutral bleibt, wechselt am positiven Ende der Kette ein Elektron zum Pluspol über (Sprung 4). Durch die Löcherwanderung entsteht ein Löcherstrom („**Löcherleitung**"), der genauso wie die Elektronenleitung zur Leitfähigkeit des Halbleiters beiträgt.

Bei sehr tiefen Temperaturen sind die Gitterbindungen des Halbleiters nicht aufgebrochen. Es gibt keine

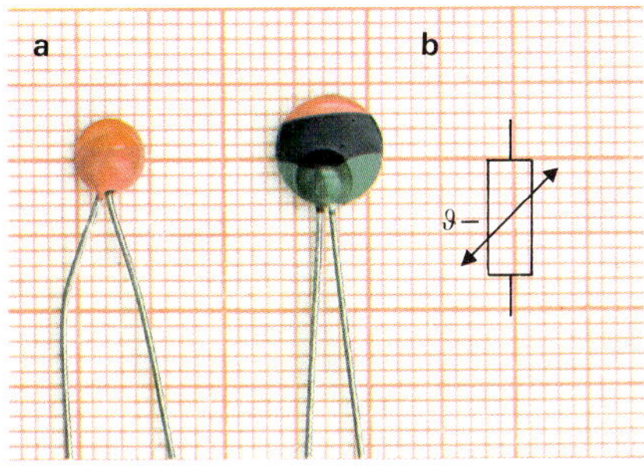

315.1 Heißleiter (Foto und Schaltzeichen)

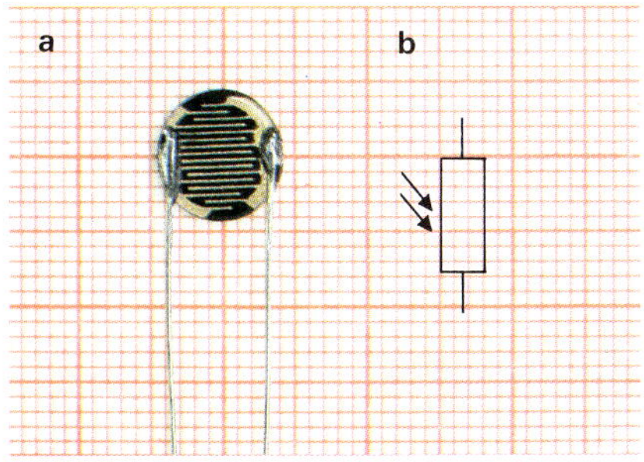

315.2 Fotowiderstand (Foto und Schaltzeichen)

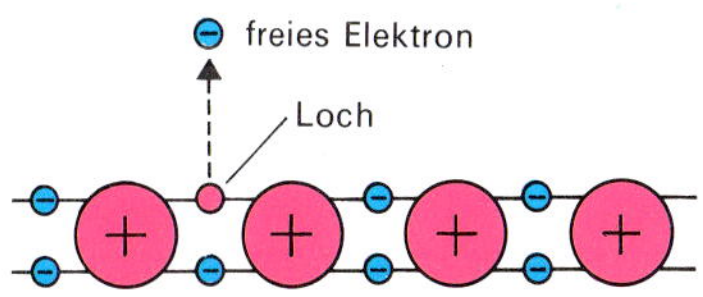

315.3 „Freigeschütteltes" Elektron und Loch

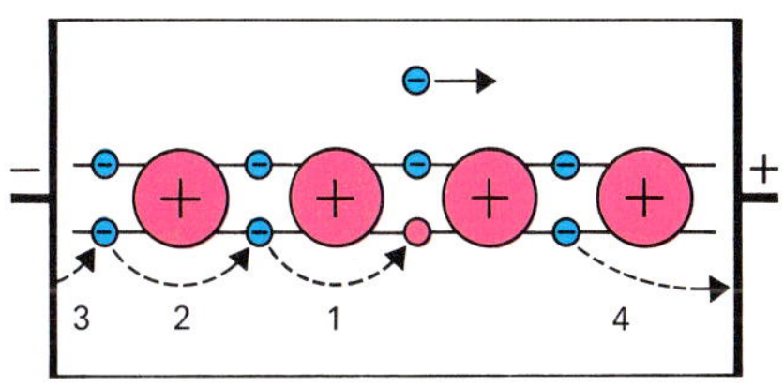

315.4 Eigenleitung des Halbleiters

freien Elektronen: Der Halbleiter ist ein Isolator. Mit steigender Temperatur werden immer mehr Elektronen freigeschüttelt und dadurch paarweise freie Elektronen und Löcher erzeugt: Der Halbleiter wird leitend. Seine Leitfähigkeit bei Zimmertemperatur ist aber im Vergleich zu den Metallen äußerst gering. Diese Elektrizitätsleitung, die auf der Paarbildung von freien Elektronen und Löchern beruht, nennt man **Eigenleitung** des Halbleiters.

In Halbleitern werden durch Energiezufuhr Elektronen aus den Gitterbindungen freigeschüttelt: Aus Bindungselektronen werden Leitungselektronen. Im reinen Halbleiter finden Elektronenleitung und Löcherleitung statt.

Aufgabe

Eine Weihnachtsbaumbeleuchtung (Betriebsdaten 220 V/31 W) besteht aus einer Kette von 10 in Serie geschalteten Glühlampen. In jeder Lampe ist im unteren, kühlen Teil ein Heißleiter parallel zur Glühwendel geschaltet. Bei gewöhnlichem Betrieb ist der Widerstand des Heißleiters größer als 10 kΩ.

a) Zeichne das Schaltbild der Lampenkette!

b) Brennt eine Lampe durch, gehen alle Lampen kurzzeitig aus. Die nicht durchgebrannten Lampen leuchten aber bald mit der ursprünglichen Helligkeit weiter. Erklärung?

c) Welchen Widerstand hat nun der Heißleiter in der durchgebrannten Lampe?

15.2 Dotierte Halbleiter

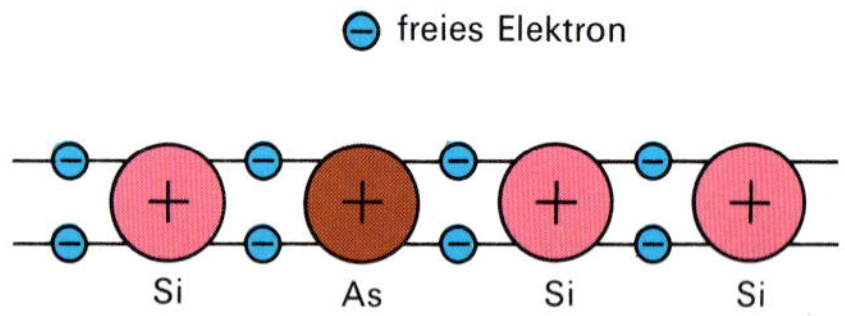

316.1 n-Halbleiter

n-Halbleiter

Wie kann man erreichen, dass Halbleiter bei Zimmertemperatur besser leiten? Man wendet einen Trick an: In das Kristallgitter werden Fremdatome eingebaut. Diesen Vorgang nennt man **Dotieren*** des Halbleiters.

In einem Siliziumkristall wird z. B. jedes 10^6te Siliziumatom durch ein Arsenatom ersetzt, das *fünf* äußere Elektronen besitzt. *Vier* dieser Elektronen gehen mit den *vier* benachbarten Siliziumatomen Gitterbindungen ein, während das fünfte Elektron keinen Bindungspartner findet. Dieses „unbeschäftigte" Elektron macht sich selbstständig und steht als freies Elektron zum Ladungstransport zur Verfügung (Abb. 316.1).

In dem mit Arsen dotierten Siliziumkristall sind freie Elektronen in erheblich größerer Anzahl als im Reinkristall vorhanden. Daher werden fast alle durch die Wärmebewegung entstehenden Löcher gleich wieder aufgefüllt. Da fast nur negative Ladungsträger den Ladungstransport übernehmen, spricht man bei einem auf diese Weise dotierten Silizium von *n-Silizium*. Allgemein spricht man von einem **n-Halbleiter**.

p-Halbleiter

Baut man in einen Siliziumkristall Atome ein, die nur *drei* äußere Elektronen besitzen, z. B. Boratome, so bringt jedes Fremdatom ein Elektron zu wenig mit. Drei benachbarte Siliziumatome können mit einem Boratom Gitterbindungen bilden, dem vierten fehlt zu einer Gitterbindung ein Elektron. In diese Lücke wird durch die Wärmebewegung ein Elektron aus einer benachbarten Gitterbindung „geschüttelt". Dort ist nun ein Loch entstanden (Abb. 316.2).

Ist im dotierten Siliziumkristall die Anzahl der Löcher sehr groß, „ver-

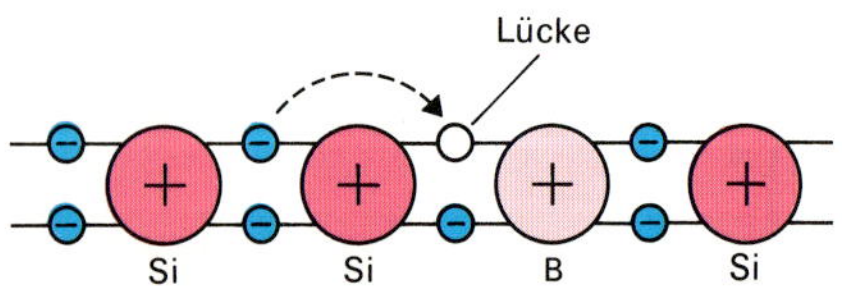

316.2 p-Halbleiter

schwinden" nahezu alle von der Wärmebewegung herrührenden freien Elektronen gleich wieder in Löchern. Es bleiben aber immer noch sehr viele Löcher unaufgefüllt: Elektronen aus Nachbarbindungen können jeweils in die Löcher springen und so einen Löcherstrom erzeugen.
Löcher erscheinen positiv geladen, da sie in Richtung „Minuspol" wandern. Man kann daher bei dem mit Bor dotierten Silizium von einem Ladungstransport durch positive Ladungsträger sprechen. In diesem Fall heißt der dotierte Halbleiter *p-Silizium* oder allgemein ein **p-Halbleiter**.

**Die Leitfähigkeit von Halbleitern kann durch Dotieren erhöht werden.
In n-Halbleitern überwiegt die Elektronenleitung (n-Leitung).
In p-Halbleitern überwiegt die Löcherleitung (p-Leitung).**

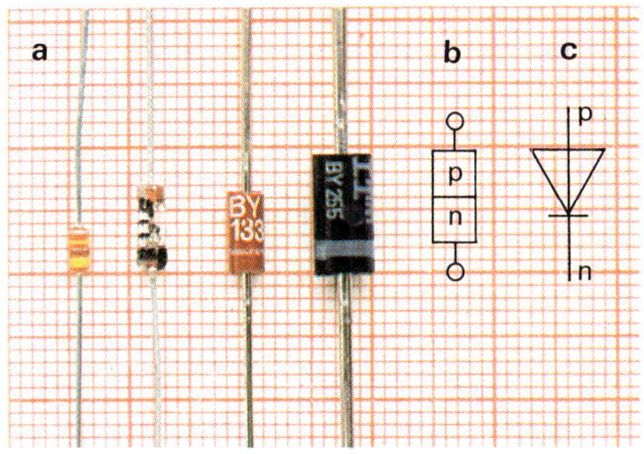

317.1 Gleichrichterdioden:
a) Foto, b) schematischer Aufbau, c) Schaltzeichen

15.3 Halbleiterdiode

Der pn-Übergang

Grenzen in einem Halbleiterkristall ein n-leitendes und ein p-leitendes Gebiet aneinander, so liegt im Kristall ein *pn-Übergang* vor. Die Eigenschaften dieser Grenzschicht bilden die Grundlage der modernen Elektronik.
Das einfachste Bauelement mit einem pn-Übergang ist die **Halbleiterdiode** (kurz: Diode*). Es gibt davon verschiedene Arten: z. B. Gleichrichterdioden (Abb. 317.1), Leuchtdioden, Fotodioden, Zenerdioden*. Der n-Anschluss der Dioden ist durch einen Ring oder einen Punkt gekennzeichnet.

V Wir bauen aus Batterie, Gleichrichterdiode, Vorwiderstand zur Strombegrenzung (!) und Strommesser einen Stromkreis auf (Abb. 317.2). Dann beobachten wir bei verschiedener Polung der Stromquelle die Stromstärke: Die Diode lässt den Strom nennenswert nur in eine Richtung fließen.

Ist das p-Gebiet am Pluspol angeschlossen, fließt ein **Durchlassstrom**, der durch den Vorwiderstand begrenzt wird; im anderen Fall fließt ein *unbedeutender* **Sperrstrom**.

Der pn-Übergang leitet, wenn der Pluspol der Stromquelle am p-Leiter angeschlossen ist; er sperrt bei umgekehrter Polung.

Vorgänge in der pn-Grenzschicht

Wie lässt sich das Versuchsergebnis erklären? Im n-Halbleiter hat jedes ursprünglich neutrale Fremdatom ein Elektron abgegeben: Am Ort des Fremdatoms überwiegt die positive Ladung. Im p-Halbleiter ist in die Lücke zwischen dem ursprünglich neutralen Fremdatom und dem Siliziumatom ein Elektron geschlüpft und hat dafür an einem anderen Ort – bei einer anderen Gitterbindung – ein Loch hinterlassen: Am Ort des Fremdatoms überwiegt die negative Ladung, beim Loch die positive. In Abb. 317.3a sind zur Vereinfachung nur die Fremdatome mit ihrer überschüssigen fest sitzenden Ladung und die freien Elektronen bzw. die frei beweglichen Löcher dargestellt. n- bzw. p-Halbleiter sind als Ganzes jeweils elektrisch neutral.
In der Diode grenzen die unterschiedlich dotierten Gebiete unmittelbar aneinander. Aufgrund der Wärmebewegung treten freie Elektronen aus dem n-Gebiet in das p-Gebiet und Löcher aus dem p-Gebiet in das n-Gebiet über. Trifft ein

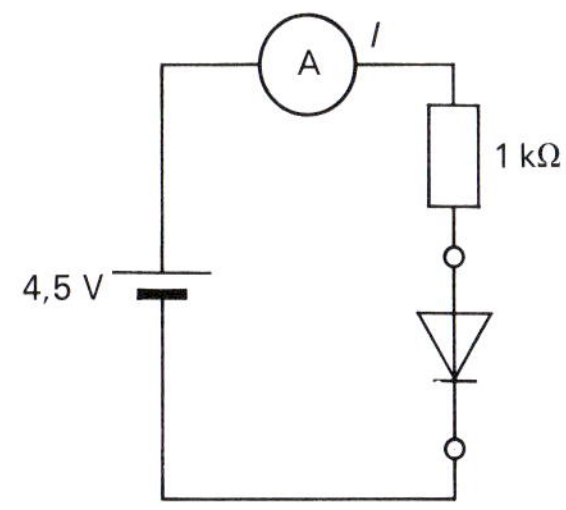

317.2 Testschaltung für Diode

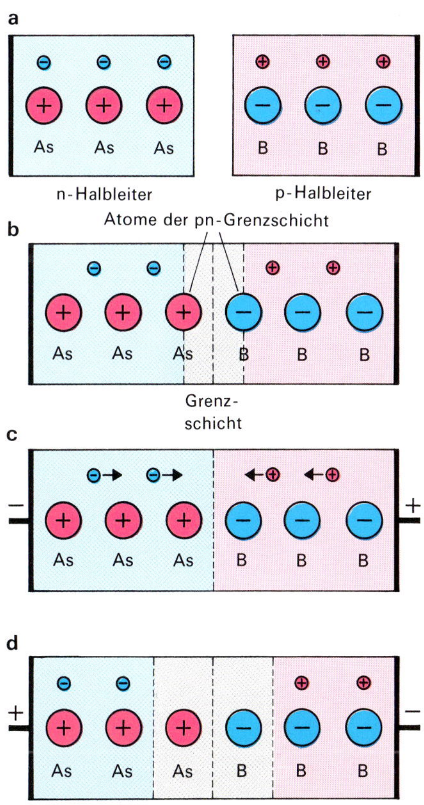

317.3 Vorgänge in der Diode

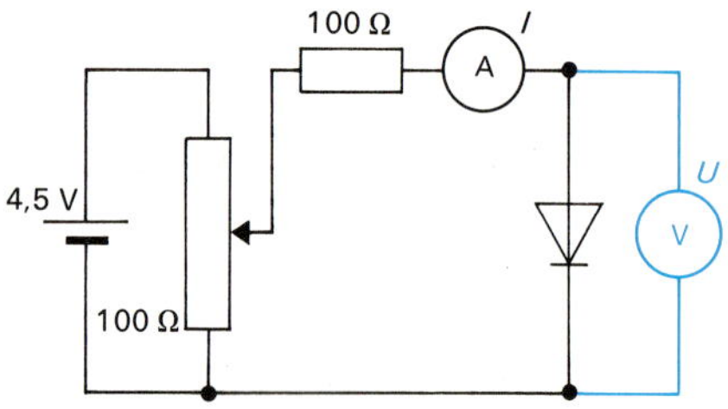

318.1 Kennlinienaufnahme bei der Diode

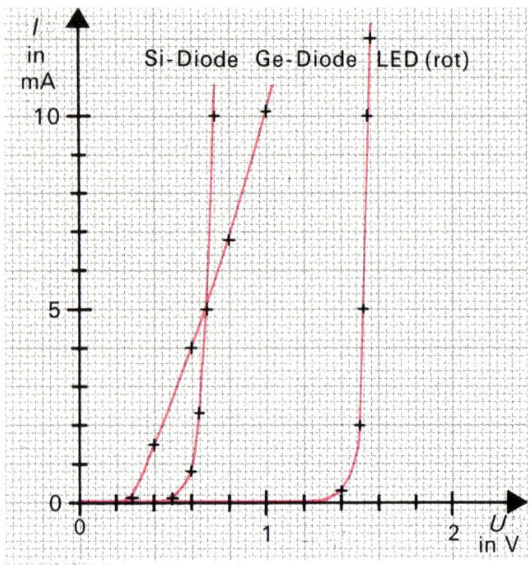

318.2 *U*-*I*-Kennlinien: Silizium-, Germanium- und Leuchtdiode

Typ	I_{max}	U_{max}
AA 118 (Ge)	50 mA	90 V
BAX 13	75 mA	25 V
BAX 86	250 mA	50 V
BY 133	1 A	1000 V
BY 550	5 A	800 V
1 N 4148	75 mA	90 V
1 N 4007	1 A	1200 V

318.3 Kenndaten von Gleichrichterdioden

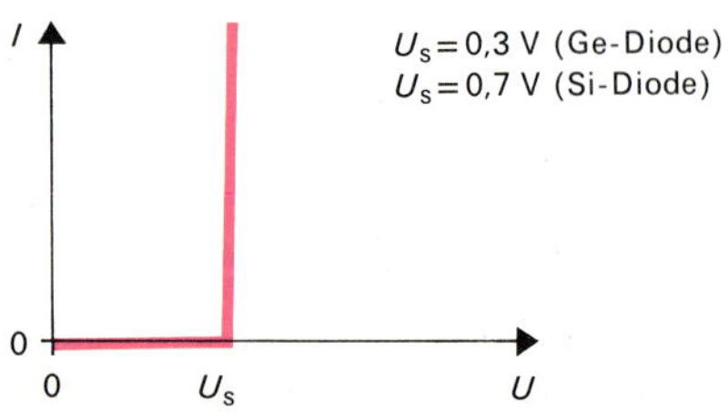

318.4 Vereinfachte Diodenkennlinie

freies Elektron auf ein Loch, verschwinden beide. Nahe der Grenze bleiben im n-Gebiet ortsgebundene positive Ladungen übrig, im p-Gebiet ortsgebundene negative Ladungen (Abb. 317.3b). Diese fest sitzenden Ladungen üben auf die beweglichen Ladungsträger des anderen Gebiets abstoßende Kräfte aus: Freie Elektronen bzw. Löcher können die Grenze schließlich nicht mehr überqueren. Es hat sich eine dünne Schicht gebildet, die frei von beweglichen Ladungsträgern ist. Man bezeichnet sie als **pn-Grenzschicht**.

Eine Diode kann in einem Stromkreis auf zweierlei Weise betrieben werden. Zuerst sei sie wie in Abb. 317.2 geschaltet: Der Minuspol liegt am n-leitenden Gebiet. Von ihm werden die freien Elektronen abgestoßen und auf die Grenzschicht zugetrieben. Entsprechend werden die positiven Löcher vom Pluspol auf die Grenzschicht zugetrieben (Abb. 317.3c). Ist die angelegte Spannung groß genug, können die freien Elektronen und die Löcher gegen die elektrische Abstoßung der Grenzschicht anlaufen. Trifft in der Grenzschicht ein freies Elektron auf ein Loch, verschwinden beide. Die verschwindenden Ladungsträger werden von der Stromquelle laufend ersetzt: Aus dem Minuspol treten Elektronen in das n-Gebiet über; auf den Pluspol wechseln gebundene Elektronen aus dem p-Gebiet über und bilden dabei neue Löcher. Im Stromkreis kommt also ein Elektronenstrom zustande: Die Diode *leitet*. Bei dieser Schaltungsart wird die Diode in *Durchlassrichtung* betrieben.

Nun liegt am n-leitenden Gebiet der Pluspol (Abb. 317.3d). Er zieht die freien Elektronen an: Sie weichen von der Grenzschicht zurück. Die positiven Löcher werden vom Minuspol von der Grenzschicht weggezogen. Die pn-Grenzschicht wird zur Sperrschicht. Keine Ladungsträger können sich durch die Diode bewegen: Die Diode *sperrt*; sie wird in *Sperrrichtung* betrieben.

Genau genommen müssen wir noch die Wärmebewegung berücksichtigen: In der Grenzschicht werden durch Freischütteln Elektron-Loch-Paare erzeugt. Die Elektronen saugt der Pluspol ab, die Löcher der Minuspol. So entsteht ein sehr geringer Sperrstrom.

Kennlinien

Bevor man im Stromkreis ein elektrisches Bauelement verwendet, muss man sein Verhalten kennen. Es wird durch die *U-I-Kennlinie* beschrieben. Zur Aufnahme der Kennlinie einer Diode verwenden wir die Schaltung nach Abb. 318.1.

V Die Diode wird in Durchlassrichtung betrieben. Der Widerstand $R_V = 100\ \Omega$ dient als Schutzwiderstand. Er begrenzt den Durchlassstrom auf den Wert

$$I = \frac{U}{R_V} = \frac{4{,}5\ \text{V}}{100\ \Omega} = 45\ \text{mA}.$$

Durch Verstellen des Abgriffes am Potentiometer erhöhen wir schrittweise die Spannung *U*, die an der Diode anliegt, und messen jeweils die Stärke *I* des Stromes durch die Diode. Die Messergebnisse für eine Germanium- und eine Silizium-Diode stellen wir in einem *U*-*I*-Diagramm dar (Abb. 318.2).

Auffallend an der Diodenkennlinie ist der Knick. Er legt die **Schwellenspannung** U_S fest, von der ab ein bedeutender Stromfluss eintritt. Übersteigt die anliegende Spannung die Schwellenspannung, nimmt der Strom stark zu; die Diode kann zerstört werden.

Beachte:
Befindet sich eine Diode im Stromkreis, muss noch ein Widerstand vorhanden sein, der den Durchlass-

strom auf einen (vom Diodentyp abhängigen) Höchstwert, die maximale Durchlassstromstärke I_{max}, begrenzt!
Die Diode kann auch zerstört werden, wenn im Sperrfall eine zu hohe Spannung anliegt. Daher darf eine (wieder vom Diodentyp abhängige) maximale Sperrspannung U_{max} nicht überschritten werden (Abb. 318.3)!

Für die in Durchlassrichtung betriebene Diode gilt: Bedeutender Stromfluss tritt erst nach Überschreiten der Schwellenspannung U_S ein. Die an der Diode abfallende Spannung ist dann nahezu konstant und etwa gleich U_S.

Einfache Schaltungen mit Dioden

Zum Verständnis der meisten Schaltungen mit Dioden genügt es, wenn die Diode durch die vereinfachte Kennlinie nach Abb. 318.4 beschrieben wird. Sie besagt: In einem Stromkreis mit Diode fällt – bei Betrieb in Durchlassrichtung – ungefähr die Spannung U_S ab, sofern die Stromquelle eine höhere Spannung als U_S hat. Bei Betrieb in Sperrrichtung fällt an der Diode die gesamte Spannung der Stromquelle ab – wie bei einem offenen Schalter!

V *Einfache Konstantspannungsquelle.* Zwei in Reihe geschaltete Siliziumdioden ($U_S \approx 0{,}7$ V) werden zusammen mit einem Vorwiderstand $R_V = 220\ \Omega$ an eine Stromquelle, deren Spannung zwischen 6 V und 12 V eingestellt werden kann, angeschlossen (Abb. 319.1). Für $U = 9{,}0$ V messen wir an den Dioden – zwischen den Punkten A und B – die Teilspannung $U_D = 1{,}55$ V, also etwa die doppelte Schwellenspannung. Erhöhen wir die Spannung U auf 12,0 V bzw. erniedrigen wir sie auf 6,0 V, ändert sich U_D kaum: U_D steigt bzw. sinkt nur um 0,05 V.

Die Teilspannung U_D ist also unempfindlich gegenüber Schwankungen der vorgegebenen Spannung U. Die Schaltungspunkte A und B verhalten sich wie eine Stromquelle mit (nahezu) konstanter Spannung („Konstantspannungsquelle“).

V Die Konstantspannungsquelle wird nun belastet. Dazu schließen wir an ihren „Polen“ A und B einen 100-Ω-Widerstand an. Wir beobachten am Spannungsmessgerät die Spannung U_D: Sie sinkt nur unmerklich ab, nämlich nur um 0,05 V. Die Spannung U_D ist also auch unempfindlich gegenüber Lastschwankungen.

Eine wichtige Anwendung der Diode im Wechselstromkreis beruht auf ihrer *Ventilwirkung*: Durch die ständig wechselnde Polarität der Stromquelle wird sie abwechselnd in Durchlass- und Sperrrichtung betrieben. Nur bei Betrieb in Durchlassrichtung fließt Strom, und zwar stets in der gleichen Richtung.

V *Einweggleichrichtung*
Wir schließen einen kleinen Motor mit Dauermagnet an eine Wechselstromquelle der Spannung 3 V an: Die Motorachse dreht sich nicht. Nun legen wir in den Stromkreis eine Siliziumdiode: Die Achse dreht sich (Abb. 319.2).

Ist der Kontakt A gegenüber dem Kontakt B positiv, fließt durch den Motor Strom. Ist dagegen A gegenüber B negativ, sperrt die Diode, verhindert also den Stromfluss. Der Motor wird immer in der gleichen Richtung von Strom durchflossen; allerdings nur während der Hälfte der Zeit (Abb. 319.4a).

Wie lässt sich dieser Mangel beheben? Abb. 319.3 zeigt die Lösung:

V Die *Zweiweggleichrichtung*
Ist A positiv, finden wir einen Strom-

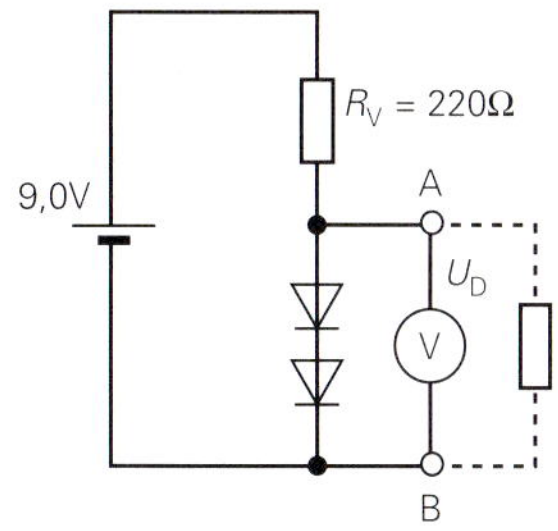

319.1 Konstantspannungsquelle mit zwei Dioden

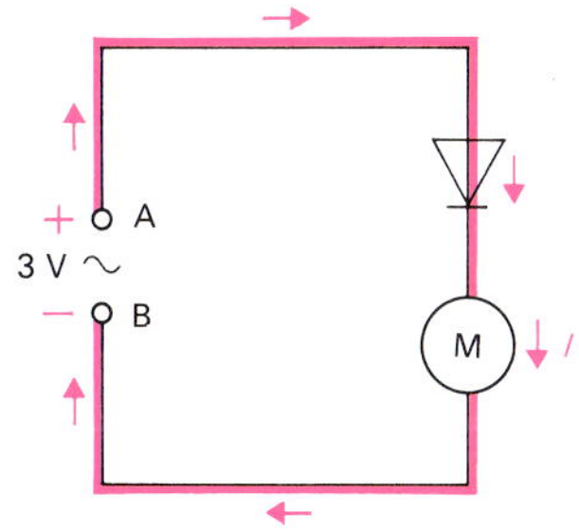

319.2 Einweggleichrichtung

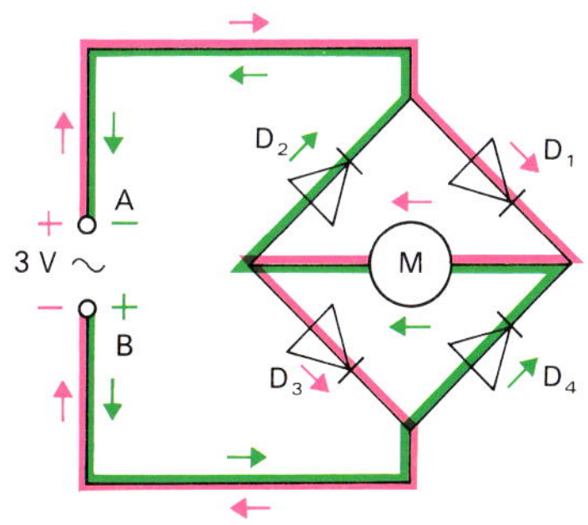

319.3 Zweiweggleichrichtung

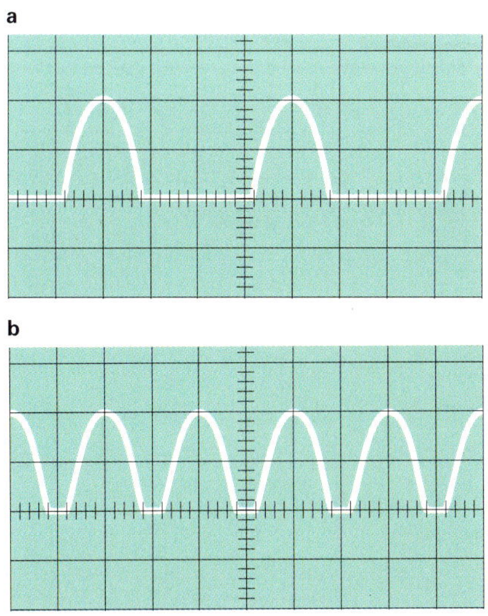

319.4 *t*-*U*-Diagramm bei
a) Einweggleichrichtung,
b) Zweiweggleichrichtung

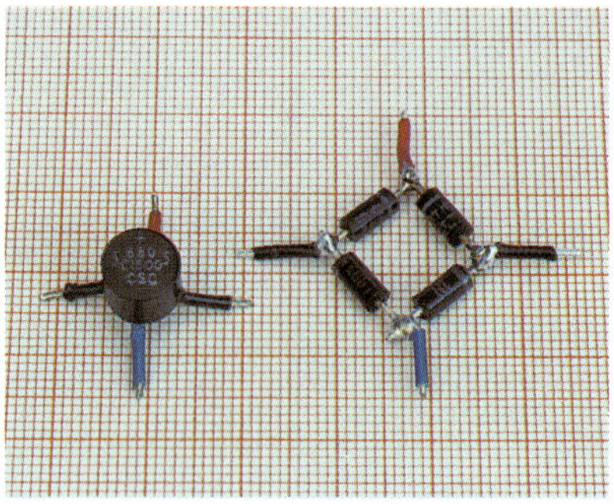

320.1 Brückengleichrichter
a) im geschlossenen Gehäuse
b) aus vier Einzeldioden

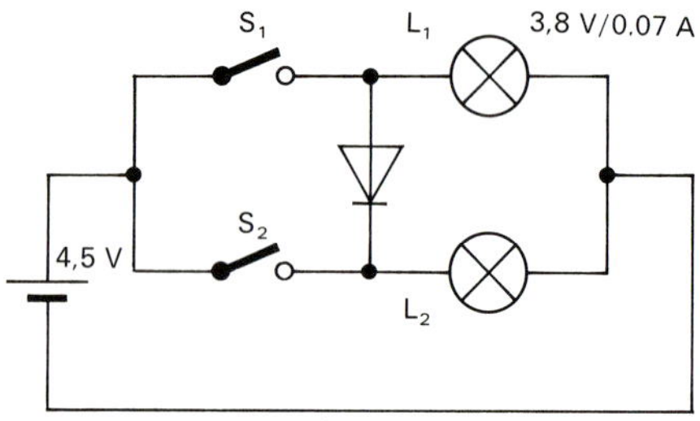

320.2 Zu Aufgabe 2

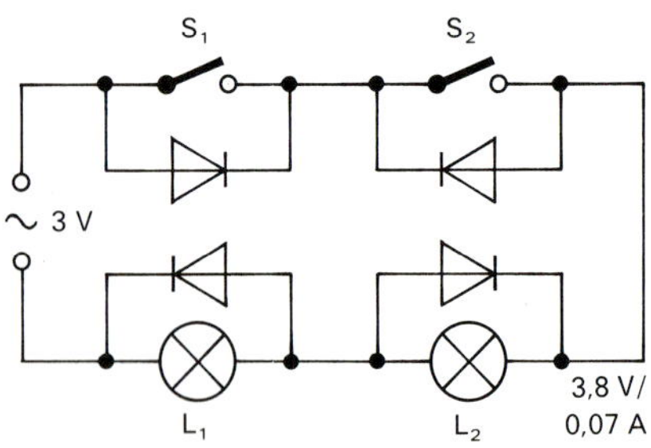

320.3 Zu Aufgabe 4

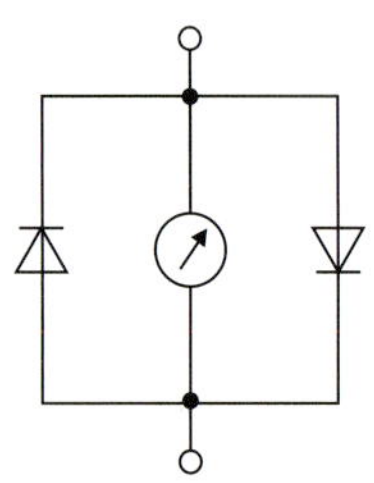

320.4 Antiparallel geschaltetes Diodenpaar

weg, der über die Dioden D_1 und D_3 durch den Motor führt. Im anderen Fall führt der Stromweg über D_4 und D_2, wobei D_1 und D_3 sperren. Der Strom durchfließt den Motor immer in der gleichen Richtung (Abb. 319.3 u. 319.4b).

Vier so geschaltete Dioden, zu einem Bauelement zusammengefasst, nennt man **Brückengleichrichter**. Das Bauelement hat vier Anschlüsse. Zwei davon sind mit „~" bezeichnet. Sie werden mit den Polen der Wechselstromquelle verbunden. An den mit „+" und „−" bezeichneten Anschlüssen kann man pulsierende Gleichspannung abgreifen. (Abb. 320.1)

Aufgaben

1. *„Ohm'sches Gesetz oder nicht Ohm'sches Gesetz? – Das ist die Frage."*
a) Berechne mithilfe der Kennlinie von Abb. 318.2 den Widerstand der Siliziumdiode für die Stromstärken $I = 0{,}5$ mA, 2 mA, 4 mA und 8 mA!
b) Befolgt die in Durchlassrichtung gepolte Diode das Ohm'sche Gesetz? Begründung!

2. *Dunkel, düster, hell?*
a) Leuchten die Lämpchen L_1 und L_2 in der Schaltung nach Abb. 320.2, wenn S_1 geschlossen und S_2 offen ist?
b) Leuchten L_1 und L_2, wenn S_1 offen und S_2 geschlossen ist? (Versuchsdurchführung!)
c) Was kann man im Fall a) bzw. b) über die Helligkeit von L_1 und L_2 aussagen? Welche Spannung liegt jeweils an L_2?

3. *„Eine radikale Aufteilung der Spannung"*
Ein Widerstand R und eine Siliziumdiode werden in Reihe geschaltet. Es werden Gleichspannungen U zwischen 0 V und 2,7 V angelegt. Ist die Diode in Durchlassrichtung gepolt, nennen wir U positiv; liegt U in Sperrrichtung an, nennen wir U negativ.
a) Wie groß muss R sein, wenn die Diode höchstens mit 50 mA belastet werden darf?
b) Wie teilt sich U für die Werte zwischen −2,7 V und +2,7 V auf den Widerstand (U_R) und die Diode (U_D) auf? Zeichne ein U-U_D-Diagramm und ein U-U_R-Diagramm!
c) Es wird eine sinusförmige Wechselspannung U mit dem Scheitelwert 2,7 V angelegt. Zeichne das t-U-Diagramm, das t-U_D-Diagramm und das t-U_R-Diagramm!

4. *Überraschungen beim Schließen von Schaltern*
In der Schaltung nach Abb. 320.3 sind zwei Lämpchen und zwei Schalter mit Dioden überbrückt. Wie reagieren die Lämpchen L_1 und L_2 auf die Schalter S_1 und S_2, wenn eine Wechselspannung anliegt?

5. *Begrenzerdioden*
Die Daten 60 µV; 310 mA kennzeichnen das Messwerk eines Drehspulinstruments.
a) Was bedeuten diese Angaben? Was muss daher beim Betrieb des Messinstruments beachtet werden?
b) Das Messwerk ist durch zwei „antiparallel" geschaltete Siliziumdioden überbrückt (Abb. 320.4). Welche Aufgabe erfüllen sie? Warum verwendet man zwei Dioden und nicht nur eine?

6. *Konstantspannungsquelle*
Abb. 319.1 zeigt die Schaltung einer Konstantspannungsquelle mit zwei Siliziumdioden.
a) Erkläre mithilfe der Diodenkennlinie (Abb. 318.4), wie die Konstanz der Spannung U_D zustande kommt! Unterscheide dabei zwei Fälle: Änderung der

Spannung U und Änderung des Lastwiderstandes R!
b) Berechne die Stärke I des Durchlassstromes im unbelasteten Fall!
c) Berechne sämtliche in der Schaltung auftretenden Stromstärken, wenn die Konstantspannungsquelle mit einem 100-Ω-Widerstand belastet wird!
($U = 9{,}0$ V; $U_D = 1{,}50$ V)
d) Wie muss man vorgehen, um Konstantspannungsquellen mit anderen Spannungen U_D zu erhalten?

7. *Einfaches Netzgerät*
Netzgeräte sind Stromquellen, die zum Betrieb an der Steckdose angeschlossen werden. Einfache Netzgeräte enthalten als Bauteile einen Transformator, einen Brückengleichrichter und gegebenenfalls eine Sicherung. Am Ausgang des Netzgerätes, d. h. zwischen den Polen, liegt eine pulsierende Gleichspannung vor.
a) Zeichne das Schaltbild zu diesem Netzgerät!
b) Erläutere die Wirkungsweise der einzelnen Bauteile!

15.4 Leuchtdiode und Solarzelle

Leuchtdiode

Diese Halbleiterdiode wird in Durchlassrichtung betrieben und sendet dabei Licht aus. Anstatt Leuchtdiode sagt man auch kurz **LED***.

V Wir ersetzen in unserer Schaltung (Abb. 317.2) die Gleichrichterdiode durch eine Leuchtdiode (Abb. 321.1a). Die Leuchtdiode sendet rotes Licht aus.

Beim Betrieb in Durchlassrichtung fallen in der pn-Grenzschicht ständig Elektronen in die Löcher. Dabei wird Energie frei. Manche Halbleiter wie Galliumarsenid, Galliumphosphid oder Galliumarsenidphosphid geben diese Energie nicht nur in Form von Wärme, sondern auch durch Licht ab.
Die Leuchtdiode ist eine Lichtquelle geringer Größe. Sie hat eine 100-mal längere Lebensdauer als ein Glühlämpchen. Auf Stromschwankungen reagiert sie flink.

Wie jede Diode benötigt auch die Leuchtdiode einen Strom begrenzenden Vorwiderstand. Die Schwellenspannung U_s liegt – je nach Typ bzw. Lichtfarbe – zwischen 1,4 bis 2,5 V (Abb. 318.2).

V *Betrieb einer Leuchtdiode*
Eine rote Leuchtdiode ($U_s = 1{,}6$ V; $I_{max} = 20$ mA) wird mit einem Vorwiderstand R_V an eine 4,5-V-Batterie gelegt. Von der Spannung $U = 4{,}5$ V der Stromquelle fällt also die Spannung $U_s = 1{,}6$ V an der Diode ab, und die restliche Spannung $U_V = U - U_s = 4{,}5\text{ V} - 1{,}6\text{ V} = 2{,}9\text{ V}$ am Vorwiderstand. Daraus ergibt sich ein Mindestwert für R_V:

$$R_V = \frac{U_V}{I_{max}} = \frac{U - U_s}{I_{max}} = \frac{2{,}9\text{ V}}{20\text{ mA}}$$
$$= \frac{2{,}9\text{ V}}{0{,}020\text{ A}} = 150\ \Omega$$

Eine interessante Weiterentwicklung der Leuchtdiode ist die *Laser-Diode*. Sie dient als Lichtquelle z. B.

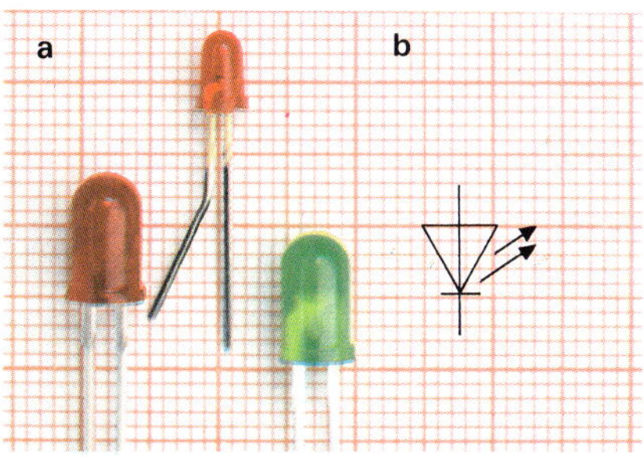

321.1 Leuchtdioden

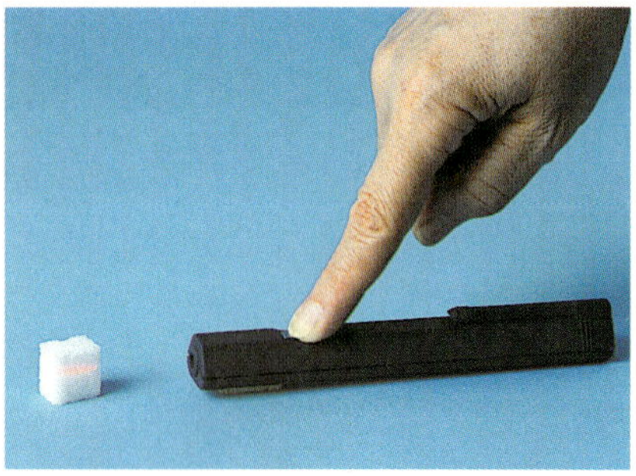

322.1 Laserzeigestab (Laser-Pointer)

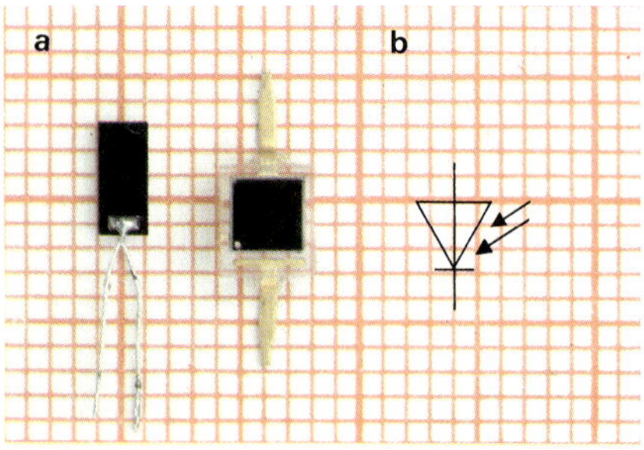

322.2 Fotodioden

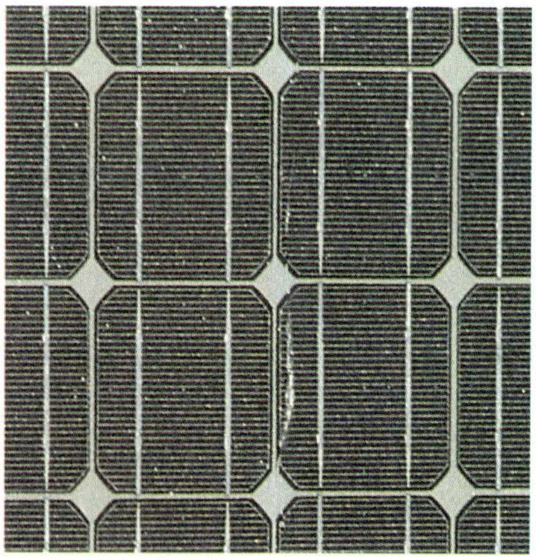

322.3 Solarmodul (Solarzellen hinter schützender Glasabdeckung)

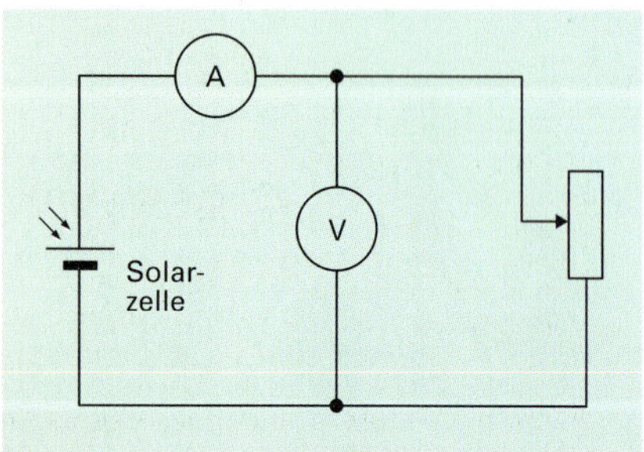

322.4 Schaltung zur Aufnahme der *U*-*I*-Kennlinie einer Solarzelle

zur Signalübertragung durch Glasfaserkabel oder beim Laserdrucker. Auch im CD-Player finden wir die Laser-Diode. Sie erzeugt einen Laserstrahl aus unsichtbarem infraroten Licht. Dieser tastet die auf der CD gespeicherte Information berührungslos ab. Laserdioden, die rotes Licht aussenden, verwendet man z. B. beim Laserzeigestab (Abb. 322.1).

Fotodiode, Solarzelle

Die **Fotodiode** (Abb. 322.2) und die großflächige Ausführung, die **Solarzelle**, sind so gebaut, dass in die pn-Grenzschicht Licht gelangen kann.

V Wir ersetzen in unserer Schaltung (Abb. 317.2) die Gleichrichterdiode durch eine Fotodiode, betreiben sie aber in *Sperrrichtung*. Es fließt ein geringer Sperrstrom. Beleuchten wir sie zusätzlich durch ein Lämpchen, erhöht sich der Sperrstrom.

Durch das Licht werden in der ladungsträgerarmen pn-Grenzschicht Elektronen freigeschüttelt. Es entstehen zusätzliche Elektron-Loch-Paare. Die Elektronen saugt der Pluspol ab, die Löcher der Minuspol (Abb. 317.3d). Deshalb kann der Sperrstrom durch Licht beeinflusst werden.
Fotodioden werden vielfältig angewendet, so z. B. bei Lichtschranken, bei der Belichtungsmessung im Fotoapparat. Auch die Fernsteuerung, mit der wir das Fernsehgerät bedienen, benützt als Signalgeber eine Leuchtdiode, die infrarotes Licht aussendet. Auch als Signalempfänger dient eine im Infraroten empfindliche Fotodiode.

V Wir schließen an die Fotodiode (Abb. 322.2) einen Spannungsmesser an. Bei normaler Raumhelligkeit messen wir eine Spannung von etwa 0,3 V, bei direkter Bestrahlung mit Sonnenlicht sogar über 0,5 V.

V Wir überbrücken die beiden Anschlüsse der Fotodiode mit einem empfindlichen Strommesser (Messbereich 100 μA). Es fließt ein „Kurzschlussstrom" von mehreren μA. Die Stromstärke hängt stark vom Lichteinfall ab. Bei direkter Sonnenbestrahlung wird eine Stromstärke von etwa 1 mA erreicht.

Eine beleuchtete Fotodiode wirkt als *Stromquelle*. Der mit der p-Schicht verbundene Anschluss ist der Pluspol.
Durch das Licht werden in der pn-Grenzschicht Elektronen freigeschüttelt. Die fest sitzenden positiven Ladungen der Grenzschicht des n-Gebietes ziehen die Elektronen an (Abb. 317.3b). Die fest sitzenden negativen Ladungen der Grenzschicht des p-Gebietes ziehen die Löcher an. In der Grenzschicht findet also eine Ladungstrennung statt: Das n-Gebiet wird negativ, das p-Gebiet positiv geladen. Mit dieser Vorstellung wird auch verständlich: Je stärker die Fotodiode bestrahlt wird, desto mehr Elektron-Lochpaare entstehen in der Grenzschicht, umso größer ist auch die Stromstärke.
Wird eine Halbleiterdiode als Stromquelle betrieben, spricht man von einer *Solarzelle*. Sie wandelt die Energie der Sonnenstrahlung *direkt* in elektrische Energie um. Für ihren Einsatz in fotovoltaischen Anlagen werden mehrere Solarzellen durch Hintereinander- und Parallelschaltung jeweils zu einer größeren Einheit, einem *Solarmodul* (Abb. 322.3) zusammengefasst. Solarzellen bzw. Solarmodule sind – solange die Sonne scheint – unerschöpfliche Stromquellen. Die maximal erreichbaren Wirkungsgrade liegen zur Zeit zwischen 10 und 18 %, je nachdem ob die Zellen aus monokristallinem, polykristallinem oder amorphem

Silizium bestehen. Die höchsten Wirkungsgrade (über 20 %) werden mit Solarzellen aus Galliumarsenid erzielt. Einer großtechnischen Herstellung dieser Zellen steht aber entgegen, dass im Gegensatz zu Silizium-Solarzellen der Ausgangsstoff Gallium sehr selten ist und Arsen hochgiftig ist. Deshalb werden die teuren und umweltproblematischen Galliumarsenid-Solarzellen vorerst nur in der Raumfahrt zur Energieversorgung von Satelliten und Raumsonden eingesetzt.

Die Kennlinie einer Solarzelle

Wird an die mit Sonnenlicht bestrahlte Solarzelle ein elektrisches Gerät angeschlossen, gibt sie elektrische Energie ab. Diese wird durch die erzeugte Spannung und die Stärke des fließenden Stromes bestimmt. Wir interessieren uns deshalb für die *U*-*I*-Kennlinie.

V Eine quadratische Silizium-Solarzelle der Seitenlänge 5,0 cm befestigen wir mit einem doppelseitigen Klebeband auf einem Brettchen. Wir richten sie bei unbewölktem Himmel im Freien so aus, dass sie senkrecht bestrahlt wird. Dann bauen wir aus ihr, einem veränderbaren Widerstand, einem Strommesser mit niedrigem Innenwiderstand und einem Spannungsmesser einen Stromkreis auf (Abb. 322.4).

V Zunächst wird der Widerstand auf den Wert 0 Ω eingestellt, also die Solarzelle durch den Strommesser „kurzgeschlossen". Wir lesen eine Spannung von nahezu 0 V ab und eine hohe Kurzschlussstromstärke I_{max}. Dann erhöhen wir den Widerstand schrittweise und notieren jeweils Spannung und zugehörige Stromstärke. Zum Schluss wird der Stromkreis unterbrochen: Wir lesen die *Leerlaufspannung* ab.

Wir stellen die gemessenen Wertepaare in einem *U*-*I*-Diagramm dar und zeichnen die *U*-*I*-Kennlinie (Abb. 323.1 a). Außerdem interessiert die von der Solarzelle abgegebene elektrische Leistung $P_{el} = U \cdot I$. Wir berechnen dazu die Produkte aus den gemessenen Spannungs- und Stromwerten. Das zugehörige *U*-*P*-Diagramm zeigt Abb. 323.1 b.

Wir erkennen: Spannung, Stromstärke und Leistung hängen vom angeschlossenen Widerstand *R* ab. Im unbelasteten Fall, wenn kein Strom fließt, gibt die Solarzelle keine Leistung ab; es tritt die Leerlaufspannung von etwa 0,6 V auf. Auch im „Kurzschlussfall", wenn am Widerstand die Spannung null anliegt, gibt sie keine Leistung ab. Zwischen diesen beiden Extremfällen existiert aber ein bestimmter Widerstandswert, bei dem die Solarzelle die größte Leistung P_{max} abzugeben vermag.

Wie beeinflusst die Strahlungsleistung *P* pro Empfängerfläche *A*, die *Bestrahlungsstärke B*, Spannung und Stromstärke?

V Wir wiederholen die Aufnahme der *U*-*I*-Kennlinie bei wesentlich geringerer Bestrahlungsstärke. Wir stellen fest: Die Leerlaufspannung wird nur unwesentlich kleiner. Die Kurzschlussstromstärke und alle anderen gemessenen Stromstärken sind aber erheblich kleiner.

Genaue Untersuchungen ergeben Kennlinien, die in Abb. 323.1 dargestellt sind: Die Kurzschlussstromstärke ist proportional zur Bestrahlungsstärke. Die Leerlaufspannung hängt kaum von der Bestrahlungsstärke ab. Sie geht erst bei geringer Einstrahlung ziemlich sprunghaft auf 0 V zurück.

Die unterschiedlichen Kennlinien bei verschiedenen Bestrahlungsstärken machen die optimale Nutzung der Solarzelle schwierig. Um bei

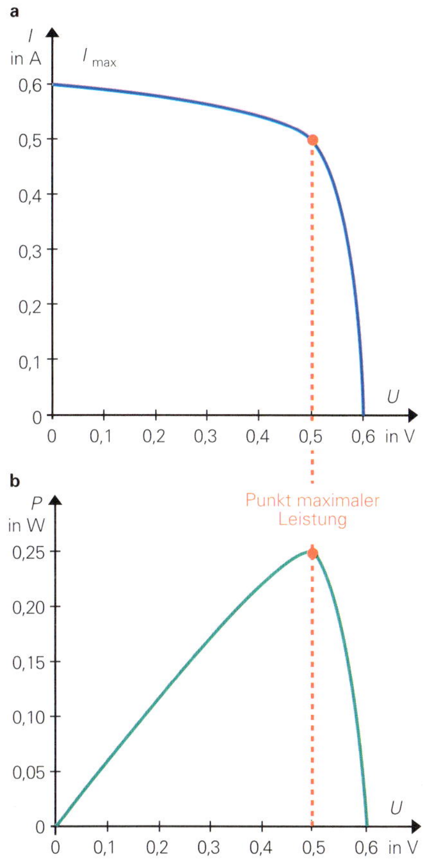

323.1 Kennlinien einer Siliziumsolarzelle: *U*-*I*-Diagramm und *U*-*P*-Diagramm

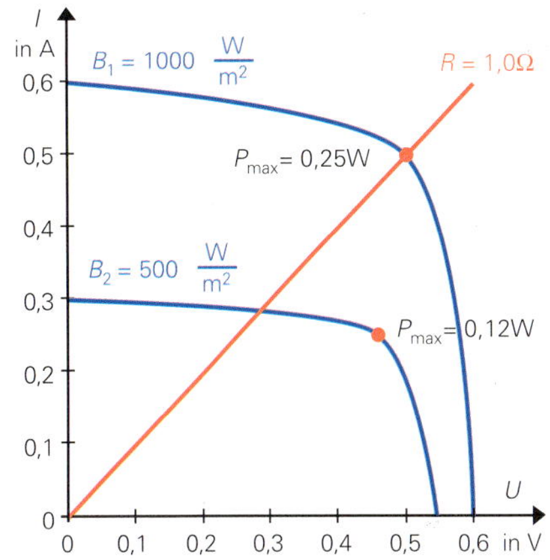

323.2 Einfluss der Bestrahlungsstärke auf die *U*-*I*-Kennlinie der Solarzelle

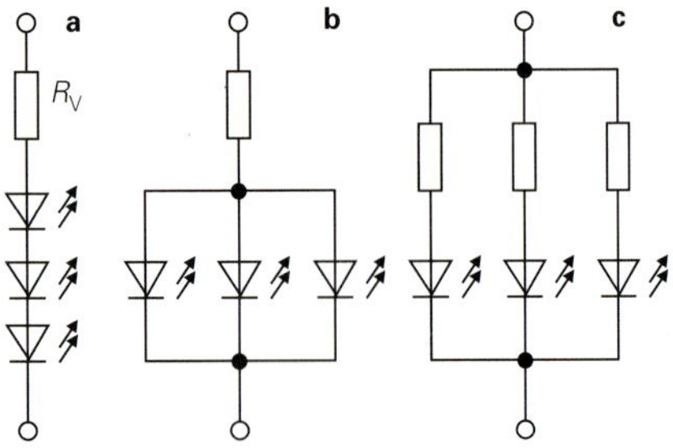

324.1 Zu Aufgabe 2

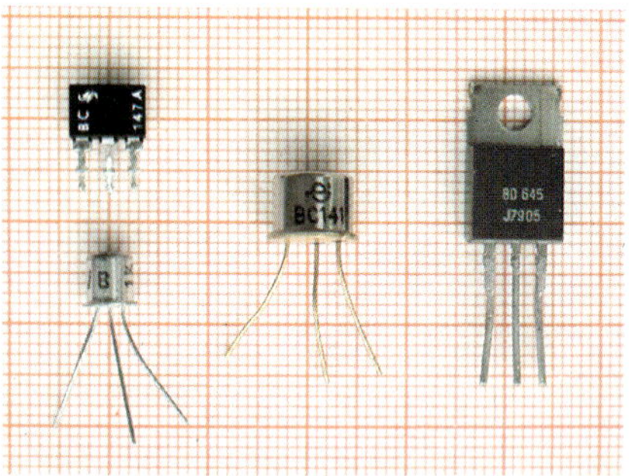

324.2 npn-Siliziumtransistoren

einer Bestrahlungsstärke von $1000\,\frac{W}{m^2}$ die größte Leistungsabgabe zu erreichen, muss das angeschlossene elektrische Gerät den Widerstand $R = \frac{U_1}{I_1} = \frac{0{,}50\,V}{0{,}50\,A} = 1{,}0\,\Omega$ besitzen. Sinkt die Bestrahlungsstärke z. B. auf die Hälfte, stellt sich bei einem Widerstand von $R = 1{,}0\,\Omega$ die Spannung $U_2 = 0{,}29\,V$ und die Stromstärke $I_2 = 0{,}29\,A$ ein (Abb. 323.2). Diesen Betriebsdaten entspricht ein Punkt der Kennlinie, der vom Punkt optimaler Leistungsabgabe weit entfernt ist: Das elektrische Gerät ist nicht mehr an die Solarzelle „angepasst". Mit der Halbierung der Bestrahlungsstärke sinkt die Abgabe elektrischer Leistung von

$$P_1 = U_1 \cdot I_1 = 0{,}50\,V \cdot 0{,}50\,A = 0{,}25\,W \quad \text{auf}$$

$$P_2 = U_2 \cdot I_2 = 0{,}29\,V \cdot 0{,}29\,A = 0{,}084\,W,$$

also nicht auf die Hälfte, sondern auf den dritten Teil ab.

Mit einer Änderung der Bestrahlungsstärke tritt eine „Fehlanpassung" zwischen Solarzelle und dem Abnehmer elektrischer Energie auf.

Aufgaben

1. *Grünes Licht*
Grüne Leuchtdioden besitzen eine Schwellenspannung von 2,1 V. Berechne den Vorwiderstand, wenn eine grüne Leuchtdiode mit einer Stromstärke von 15 mA an einer 4,5-V-Batterie betrieben werden soll!

2. *„Mehr Licht"*
Die Leuchtdiode ist eine Lichtquelle geringer Leistung. Daher wird sie häufig nur als „Anzeigelämpchen" benutzt. Um eine stärkere Lichtquelle, wie z. B. bei der Infrarot-Fernsteuerung, zu erhalten, werden drei baugleiche LEDs ($U_s = 1{,}5\,V$; $I_{max} = 20\,mA$) gleichzeitig durch eine Stromquelle der Spannung 9,0 V betrieben. Drei Schaltungen stehen zur Auswahl (Abb. 324.1).
a) Berechne jeweils den Vorwiderstand!
b) Erläutere Vorteile und Nachteile der einzelnen Schaltungen! Bedenke dabei auch, was geschieht, wenn eine der LEDs ausfallen würde!

15.5 Transistor

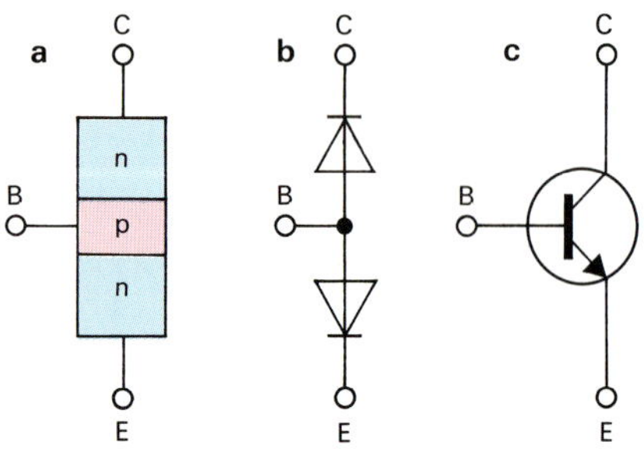

324.3 npn-Transistor:
a) Aufbau,
b) vereinfachtes Ersatzschaltbild
c) Schaltzeichen

Der npn-Transistor

Ein *npn-Transistor** ist ein Halbleiterkristall, der aus einem n-dotierten, einem p-dotierten und wieder einem n-dotierten Gebiet besteht. Die dotierten Gebiete heißen **Emitter***, **Basis*** und **Kollektor***, die zugehörigen Anschlüsse E, B und C (Abb. 324.2 und 324.3a).
Der Transistor ist wie die Diode sehr empfindlich. Ein einziger zu starker Stromstoß zerstört ihn. *Baue deshalb Schaltungen sorgfältig nach Schaltplan auf! Überprüfe die Stromwege! Vergewissere dich, dass die Anschlüsse des Transistors nicht vertauscht sind! Schließe erst dann die Stromquelle an!*
Der Aufbau des Transistors legt nahe, ihn als *gegeneinander geschaltete Dioden* aufzufassen (Abb. 314.2b).

V Wir testen unsere Vermutung mit der Schaltung nach Abb. 325.1: Der 1-kΩ-Widerstand dient zur Strombegrenzung, die Leuchtdiode zum Stromnachweis. Wir schließen an die Kontakte X und Y paarweise Emitter, Basis und Kollektor an. Unsere Vorhersage bestätigt sich: Durch die Kollektor-Emitter-Strecke kann in keine Richtung Strom fließen, da stets eine der beiden Dioden sperrt. Anders bei der Basis-Emitter-Strecke: Durch sie fließt Strom (Stromflusspfeil im Schaltbild 324.3c des Transistors), wenn die Diode in Durchlassrichtung gepolt ist.

Schließt man Dioden in Durchlassrichtung ohne Vorwiderstand an eine Stromquelle an, können sie zerstört werden. Deshalb folgt auch für den Transistor:

Basisstromstärke durch Vorwiderstand begrenzen! Keine Sperrspannung über 5 V an die Basis-Emitter-Strecke anlegen!

Der Transistoreffekt

Das Ersatzschaltbild gegeneinander geschalteter Dioden erfasst nicht die interessanteste Eigenschaft des Transistors.

V Wir bauen die Schaltung nach Abb. 325.2a auf. Nun verbinden wir die Basis und den Pluspol der Batterie mit Daumen und Zeigefinger: Je stärker wir auf die Kontakte drücken, desto heller leuchtet die Diode. Es fließt ein nicht erwarteter Strom über die Kollektor-Emitter-Strecke. Durch den geringen Strom, der über die beiden Finger durch die Basis-Emitter-Strecke fließt, lässt sich also überraschenderweise der Widerstand der Kollektor-Emitter-Strecke beeinflussen.

V Zur genauen Untersuchung ersetzen wir die beiden Finger durch einen 100-kΩ- Widerstand und einen empfindlichen Strommesser. Zur Variation der Basisstromstärke verwenden wir ein Potentiometer*. Außerdem tauschen wir die Leuchtdiode und ihren Vorwiderstand gegen einen Strommesser aus (Abb. 325.2b).

Wir haben nun zwei Stromkreise: Einen *Basisstromkreis* (in Abb. 325.2 grün) und einen *Kollektorstromkreis* (rot). Die Spannung U_{CE} zwischen Kollektor und Emitter ist gleich der Batteriespannung 4,5 V. Wir erkennen: Die Stärke I_C des **Kollektorstroms** ist einige hundert Mal so groß wie die Stärke I_B des **Basisstroms**.
Nun ändern wir schrittweise I_B und messen dazu jeweils I_C. Mit den Messergebnissen zeichnen wir ein I_B-I_C-Diagramm (Abb. 325.3). Es ergibt sich nahezu eine Ursprungsgerade. I_C ist *näherungsweise zu* I_B *proportional*.
Das ist die wichtige Eigenschaft des Transistors: *Mit einem geringen Basisstrom lässt sich ein dazu proportionaler, einige hundert Mal so großer Kollektorstrom hervorrufen.* Der Transistor kann zur Stromverstärkung eingesetzt werden: Der Quotient I_C/I_B heißt **Stromverstärkung *B*.** Für unser Exemplar ergibt sich: $B = I_C/I_B = 12\ \text{mA}/30\ \mu\text{A} = 400$. Die Stromverstärkung hängt vom Transistortyp ab. Sie streut aber auch von Exemplar zu Exemplar erheblich. Beispielsweise gibt der Hersteller für unseren Transistor vom Typ BC 107 in einem Datenbuch an: $120 < B < 800$.

Transistoreffekt
Der Widerstand der Kollektor-Emitter-Strecke eines Transistors ist durch den Basisstrom I_B beeinflussbar. Die Stärke I_C des Kollektorstromes ist ungefähr zu I_B proportional.

$B = I_C/I_B$ heißt Stromverstärkung.

Erklärung des Transistoreffekts

Zwei pn-Übergänge und eine Besonderheit im Aufbau des Halbleiterkristalls bewirken dieses Verhal-

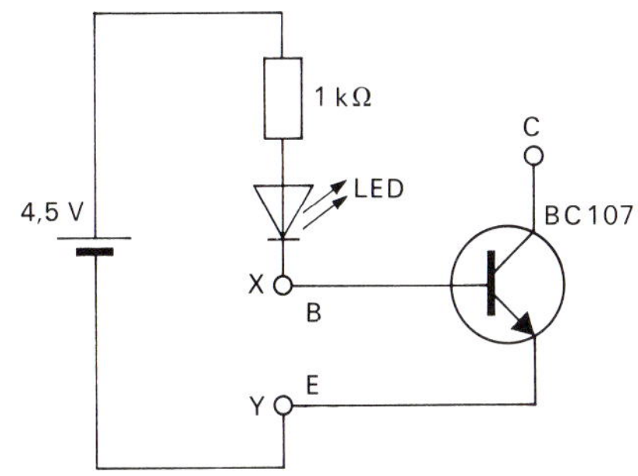

325.1 Testschaltung für den Transistor

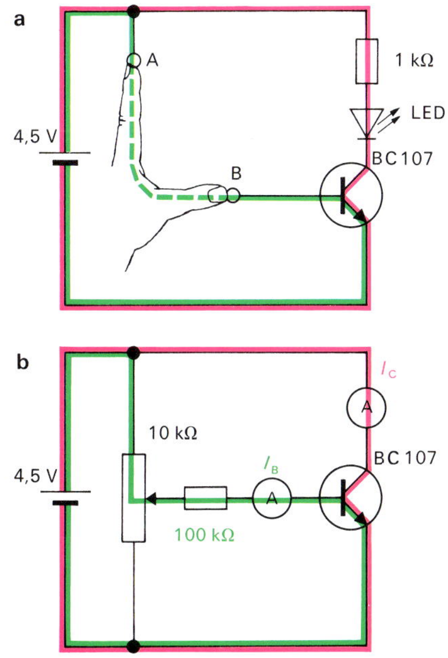

325.2 Untersuchung der Stromverstärkung eines Transistors

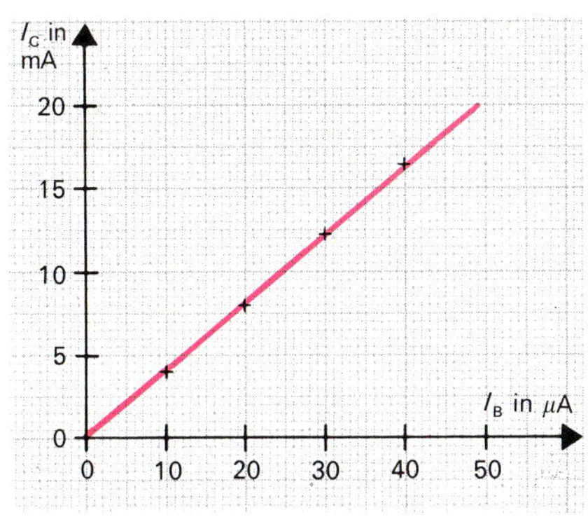

325.3 I_B-I_C-Kennlinie bei $U_{CE} = 4{,}5$ V (Siliziumtransitor vom Typ BC 107)

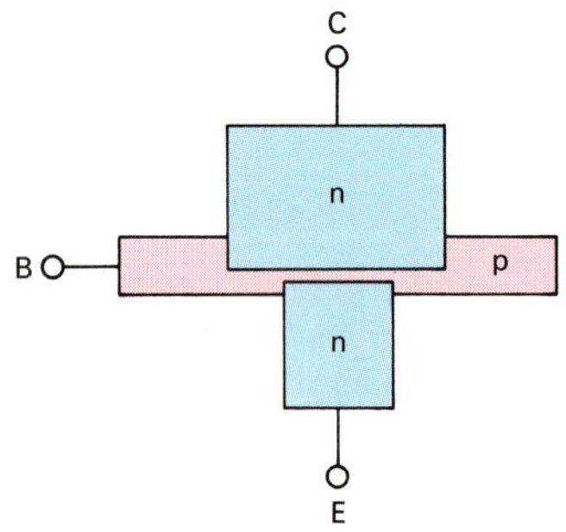

326.1 Aufbau eines Transistors (Legierungstransistor)

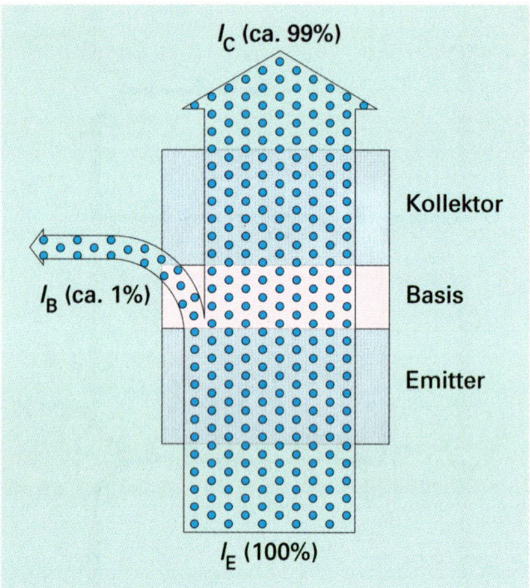

326.2 Verteilung des *Elektronenstroms* im npn-Transistor

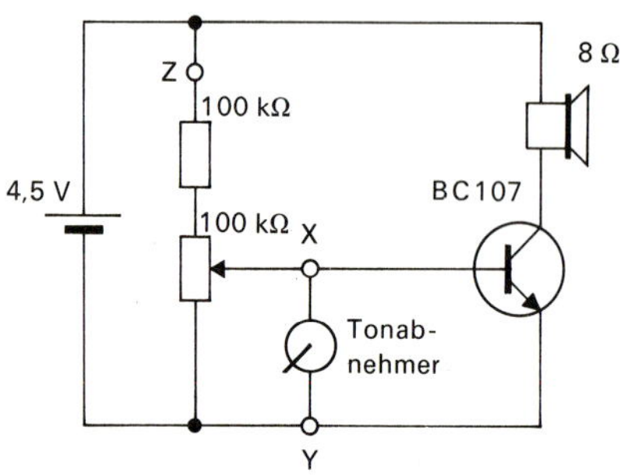

326.3 Einfacher Plattenspielerverstärker

ten. Abb. 326.1 verrät den Trick: Man macht die Basis sehr dünn und die Berührungsfläche zwischen Kollektor und Basis viel größer als zwischen Emitter und Basis. Außerdem ist die Basis nur schwach dotiert. Im Betrieb ist der pn-Übergang zwischen Basis und Kollektor in Sperrrichtung gepolt.
Die Basis-Emitter-Strecke wird nun in Durchlassrichtung betrieben. Vom Emitter her strömen Elektronen in die Basis ein; vom Basisanschluss her dringen Löcher in die Basis ein. Diese Löcher „locken" die Elektronen an. Nur *wenige* Elektronen treffen – wegen der schwachen Dotierung der Basis – auf Löcher. Die *meisten* Elektronen bleiben der Basis als Ladungsträger erhalten und „überfluten" – aufgrund der Formgebung der Basisschicht – die unmittelbar benachbarte pn-Grenzschicht zwischen Basis und Kollektor. Dort werden sie vom Kollektor angezogen und fließen über den Kollektoranschluss ab. Der vom Emitter ausgehende Elektronenstrom erreicht deshalb größtenteils den Kollektor, und nur ein geringer Teil zweigt zur Basis ab (Abb. 326.2). Ein geringer Basisstrom ruft also einen großen Kollektorstrom hervor.

Transistor als Verstärker

Wir befassen uns mit einer Anwendung des Transistors.

V Beim Plattenspieler tastet die Diamantnadel des Tonabnehmers die Tonrillen der Schallplatte ab. Die wellenförmige Rillenführung versetzt die Abtastvorrichtung in Schwingungen. Spielen wir eine Musikplatte ab, klingt die Musik zwar leise und verzerrt; wir können sie aber ohne Hilfsmittel hören.

V Im Kristalltonabnehmer wandelt ein Kristallplättchen die Bewegung der Abtastnadel in eine Wechselspannung um. Sie beträgt bis zu 0,3 V und liegt am „Ausgang" des Plattenspielers vor. Wir schließen einen Kristall-Ohrhörer an und halten ihn ans Ohr: Die Musik ist klar zu hören. Wir schließen einen Lautsprecher an und hören – nichts!

Die Versuche zeigen uns: Der Kristalltonabnehmer kann als Stromquelle nur sehr geringe Ströme liefern. Zum Betrieb eines Lautsprechers reichen sie nicht aus.
Aus der Schaltung nach Abb. 325.2b entwickeln wir eine **Verstärkerschaltung**: Prägen wir dem Basisstrom die Stromschwankungen des Kristalltonabnehmers auf, erzeugen diese entsprechende Schwankungen des Kollektorstroms, die aber 100-mal größer sind.

V Wir müssen also den Lautsprecher in den Kollektorstromkreis legen (Abb. 326.3). Mit dem Potentiometer stellen wir den Basisstrom so ein, dass der Kollektorstrom einen Wert von etwa 10 mA (Strommesser!) annimmt. Schließen wir an die Kontakte X und Y den Ausgang des Plattenspielers an, vergrößert oder verkleinert die Wechselstromquelle den Basisstrom entsprechend den Schwingungen der aufgezeichneten Töne: Die Musik erklingt aus dem Lautsprecher klar und gut hörbar.

Unser Verstärker hat einen Nachteil: Auch wenn der Tonabnehmer keine Wechselspannung liefert, durchfließt den Lautsprecher ein *Ruhestrom*, der die Batterie belastet.

V Wir unterbrechen im Punkt Z den Basisstromkreis. Nun wird der Basisstrom ganz allein vom Tonabnehmer geliefert. Leider hören wir: Die Musikdarbietung ist stark verzerrt und leise Stellen werden nicht mehr wiedergegeben.

Für den Verstärkerbetrieb ist also ein Ruhestrom erforderlich. Das ist durch die Basis-Emitter-Strecke, die als Diode wirkt, bedingt: Die Basisstromstärke muss so groß vorgegeben werden, dass auch bei anliegender Wechselstromquelle die Spannung zwischen Basis und Emitter nicht unter die Schwellenspannung dieses pn-Übergangs sinkt. Sonst fließt zeitweise kein Basisstrom, und der Verstärker verzerrt.

Transistor als Schalter

Beim Relais wird durch Ein- bzw. Ausschalten des Stromes im Steuerkreis ein Schalter betätigt, der in einem zweiten Stromkreis, dem Arbeitskreis, liegt (Seite 58). Auch mithilfe des Transistors lassen sich solche Schaltzustände verwirklichen.

V In der Schaltung nach Abb. 327.1 finden wir die Grundschaltung (Abb. 325.2) des Transistors wieder. Der Schalter S ist geöffnet: Es fließt ein Basisstrom, also auch ein Kollektorstrom; das Glühlämpchen leuchtet. Wird S geschlossen, fließt der Strom an der Basis-Emitter-Strecke vorbei: Der Kollektorstrom ist ausgeschaltet. Mit dem Schalter S lässt sich somit der Strom des Kollektorkreises ein- bzw. ausschalten.

Dem Arbeitskreis des Relais entspricht also der Kollektorstromkreis. Dieser besteht aus der Stromquelle der Spannung U_B, dem Widerstand R_L des Glühlämpchens und dem Widerstand der Kollektor-Emitter-Strecke. Dieser Widerstand ist wegen der hohen Stromverstärkung des Transistors nahezu null, wenn die Basisstromstärke I_B groß genug gewählt wird. Folglich ist die Kollektorstromstärke I_C allein durch den Widerstand R_L und die Spannung U_B bestimmt:

$I_C = U_B / R_L$.

Flip-Flop-Schaltung

In der Schaltung nach Abb. 327.2a werden die Transistoren T_1 und T_2 als Schalter für die Leuchtdioden L_1 und L_2 betrieben. Zunächst denken wir uns die leitende Verbindung zwischen den Schaltungspunkten X und Y weg und den Punkt X mit dem Pluspol der Stromquelle verbunden. Welche Schaltzustände stellen sich an T_1 und T_2 ein?

V Durch T_1 fließt ein Basisstrom; also fließt auch durch T_1 ein Kollektorstrom: L_1 leuchtet. Da aber an der Kollektor-Emitter-Strecke von T_1 eine Spannung abfällt, die weit unterhalb der Schwellenspannung der Bais-Emitter-Diode von T_2 liegt, fließt durch T_2 kein Basisstrom und damit auch kein Kollektorstrom: L_2 ist dunkel.
Drückt man nun die Taste S, erlischt L_1, wegen der Schaltwirkung von T_1. Der geringe Strom vom Pluspol über L_1 zur Basis von T_2 reicht aber aus, den Kollektorstrom von T_2 einzuschalten: L_2 leuchtet. Ein Öffnen und Schließen von S vertauscht also die Schaltzustände von T_1 und T_2.

V Wir kommen auf die ursprüngliche Schaltung nach Abb. 327.2a zurück. Wir drücken S, die *Set*-Taste: Es wird der Schaltzustand „L_1 Aus; L_2 Ein" *gesetzt.* Dieser Zustand bleibt auch dann erhalten, wenn wir S loslassen oder wenn wir S nochmals betätigen. Durch Drücken von R, der *Reset*-Taste, wird der Zustand „L_1 Aus; L_2 Ein" in den Zustand „L_1 Ein; L_2 Aus" *zurückgesetzt* (Abb. 327.2b).

Die Eigenschaft, zwischen zwei Zuständen hin- und herzuschalten, gab dieser Schaltung ihren Namen: *Flip-Flop-Schaltung*. Sie ist der elektrische Grundbaustein für die Speicherung der digital verschlüsselten Information „0" oder „1" (1 Bit).

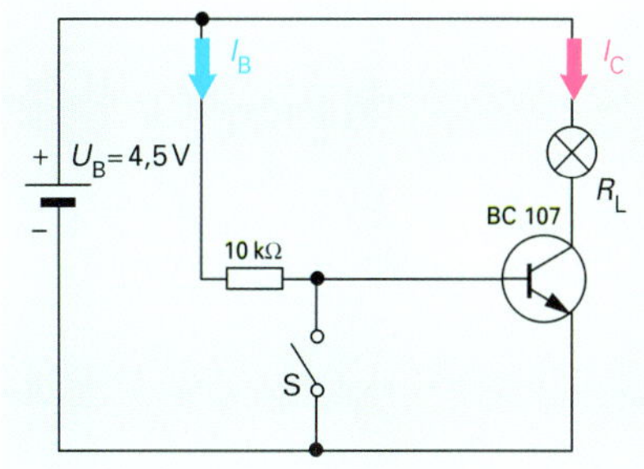

327.1 Transistor als Schalter

a

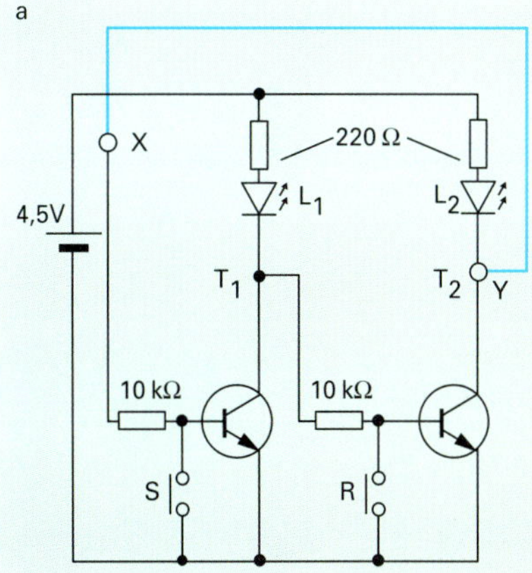

b

Taste	Schaltzustand	
	L1	L2
S	Aus	Ein
R	Ein	Aus

327.2 Flip-Flop-Schaltung:
a) Schaltbild; b) Schaltzustände

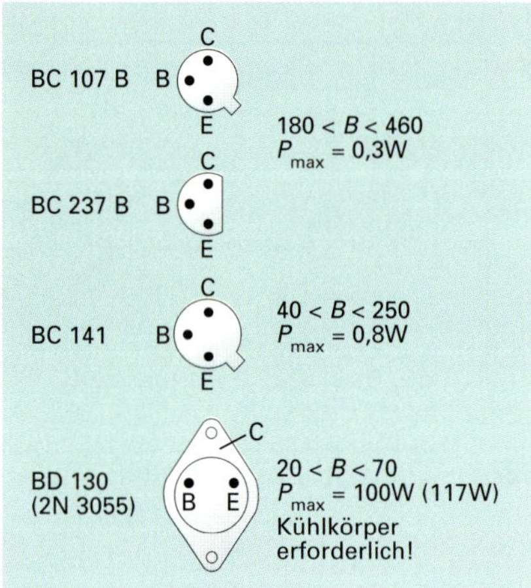

328.1 Anschlussbilder von npn-Siliziumtransistoren (einschließlich Stromverstärkung B und maximaler elektrischer Verlustleistung P_{max})

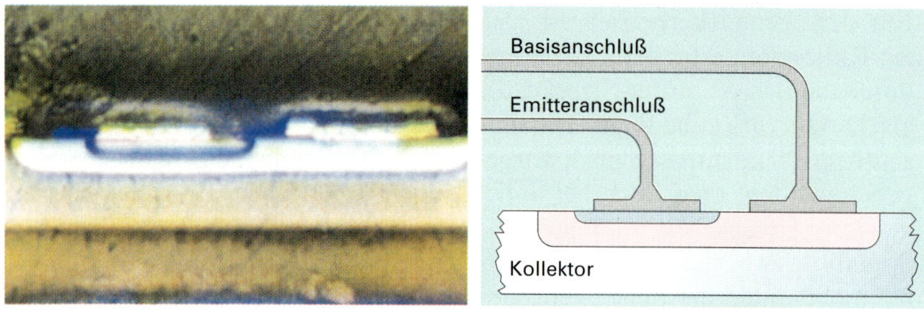

328.2 npn-Planar-Siliziumtransistor; Schliffbild (Ausschnitt aus einem IC, Vergrößerung etwa 1000fach) und Schema

Herstellung von Transistoren

Ausgangsstoff für die meisten Transistoren ist Silizium, das zweithäufigste Element der Erdkruste. Es wird aus seinen chemischen Verbindungen wie Bergkristall, Quarz oder Quarzsand in einem aufwendigen Verfahren gewonnen: In der *Zonenschmelzapparatur* werden Stäbe aus monokristallinem Silizium „gezogen", das äußerst rein und weitgehend frei von Kristallbaufehlern ist. (Für Solarzellen eignen sich auch das billigere polykristalline und das noch billigere amorphe Silizium.) Die Stäbe werden in dünne Scheiben (*Wafer**) von etwa 0,2 mm Stärke gesägt und hierauf im *Diffusionsofen* einem Gas, das z. B. Arsen enthält, ausgesetzt. Eine geringe Anzahl von Fremdatomen dringt in den Siliziumkristall ein und vertreibt Siliziumatome aus dem Kristallgitter. Auf diese Weise bekommt man n-leitendes Silizium.

Die p-dotierte Basis erhält man, indem man nun an den gewünschten Stellen ein anderes Gas (z. B. Bor) „eindiffundieren" lässt. Die Umgebung wird dabei durch eine Schutzschicht („Maske") vor dem Eindringen von Fremdatomen dieses Gases geschützt. Die Emitter-Gebiete erhält man entsprechend durch Behandlung z. B. mit gasförmigem Phosphor (Abb. 328.2).

Nach diesem Verfahren – **Planartechnik** genannt – werden Hunderte von gleichen Transistoren gleichzeitig auf einem Plättchen erzeugt. Am Ende der Fertigung wird das Plättchen in Teilstücke mit je einem Transistor gebrochen. Jedes Einzelstück erhält ein Gehäuse aus Metall oder Kunststoff mit drei Anschlüssen (Abb. 328.1).

Integrierte Schaltungen

Die Planartechnik, die im Jahre 1960 erfunden wurde, eröffnete nicht nur den Weg zur Massenproduktion von Einzelbauelementen, sondern nach diesem Verfahren lässt sich auch eine ganze Schaltung aus mehreren hundert Bauelementen (Transistoren, Dioden, Widerstände) nebeneinander auf einem nur wenige mm^2 großen Siliziumplättchen (*Chip*) unterbringen. Eine solche *integrierte Schaltung* (kurz: IC = **i**ntegrated **c**ircuit) nimmt wenig Raum ein und arbeitet mit hoher Zuverlässigkeit.

Inzwischen ist die Miniaturisierung so weit fortgeschritten, dass ein einziger Chip viele Hunderte der herkömmlichen integrierten Schaltungen ersetzt. Diese kostengünstigen und Energie sparenden *hochintegrierten* Schaltungen (kurz: LSI = **l**arge **s**cale **i**ntegration bis ULSI = **ul**tra **l**arge **s**cale **i**ntegration) finden beispielsweise in Armbanduhren, Herzschrittmachern, Fernsehgeräten, CD-Spielern, Nachrichtensatelliten, Taschenrechnern und Computern vielseitige Verwendung.

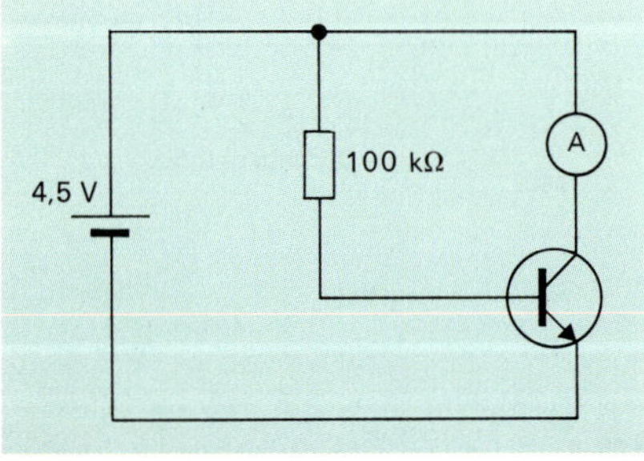

328.3 Zu Aufgabe 1

Aufgaben

1. Die Stromverstärkung des Transistors in der Schaltung nach Abb. 328.3 beträgt 300. Welche Kollektorstromstärke zeigt der Strommesser an? – Beachte: Die Schwellenspannung der Basis-Emitter-Diode ist beim Siliziumtransistor etwa 0,7 V!

2. *Mini-Lichtorgel*
Der Eingang in der Schaltung nach Abb. 329.1 ist mit dem Ausgang für Lautsprecher oder Ohrhörer eines Radiorekorders verbunden.
a) Was ist zu beobachten? Beschreibe die Wirkungsweise der Schaltung!
b) Wie ist die Schaltung abzuändern, damit auch leisere Stellen zur Anzeige kommen?

3. Die Verknüpfung zweier Transistoren nach Abb. 329.2 heißt *Darlington-Schaltung*. Die beiden Transistoren wirken hierbei wie ein einziger Transistor (Anschlüsse E′, B′, C′) mit hoher Stromverstärkung.
a) Wie groß ist die Stromverstärkung der Darlington-Schaltung, wenn für den Einzeltransistor die Stromverstärkung $B = 150$ beträgt?
b) Wie verhält sich die Schaltung bei Berührung der Sensortaste* mit dem Finger?
c) An den Punkten X und Y der Schaltung werden zwei Drähte angeschlossen, deren Enden auf 1 cm abisoliert sind. Die beiden Enden werden in die Erde eines Blumentopfes gesteckt. Was ist zu beobachten? Begründung! Wozu kann also die Schaltung verwendet werden? Welche weiteren „Überwachungsaufgaben" kann diese Schaltung noch übernehmen?

4. *pnp-Transistor*
Ein pnp-Transistor besteht aus zwei p-dotierten Gebieten (Emitter und Kollektor). Das dazwischenliegende schwach n-dotierte Gebiet ist die Basis.
a) Zeichne das vereinfachte Ersatzschaltbild für den pnp-Transistor!
b) Gib entsprechend zu Abb. 325.2b eine Schaltung an, mit der die Stromverstärkung eines pnp-Transistors untersucht werden kann!
c) Erkläre den Transistoreffekt beim pnp-Transistor!

5. *Dämmerungsschalter*
a) Baue die Schaltung nach Abb. 329.3 auf! Überprüfe ihre Wirkungsweise: Stelle das Potentiometer so ein, dass das Lämpchen nicht leuchtet. Dunkle mit der Hand den Fotowiderstand ab und beobachte!
b) Erkläre die Wirkungsweise dieses Dämmerungsschalters!

6. Welche Aufgabe kann die Schaltung nach Abb. 329.3 übernehmen, wenn man den Fotowiderstand gegen einen NTC-Widerstand austauscht?

7. *Optokoppler*
In einem Gehäuse sind eine Leuchtdiode und ein *Fototransistor* eingebaut. Dieser verhält sich wie eine Fotodiode (vgl. S. 322), nur wird der Sperrstrom etwa 500fach verstärkt. Über einen Lichtleiter strahlt die Leuchtdiode infrafotes Licht auf den Fototransistor: Je stärker die Bestrahlung ist, desto besser leitend wird die Emitter-Kollektor-Strecke des Fototransistors.
Die Schaltung nach Abb. 329.4 besteht aus zwei Stromkreisen. Diese sind durch einen *Optokoppler* auf „optischem" Wege miteinander „gekoppelt".
a) Erkläre die Wirkungsweise der Schaltung.
b) Vergleiche Optokoppler und Relais!

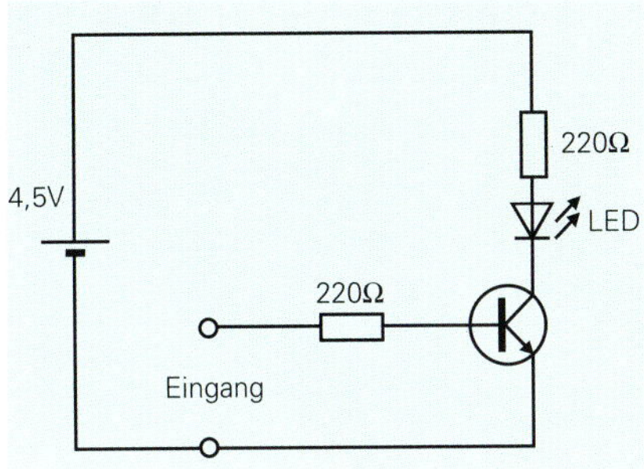

329.1 Zu Aufgabe 2

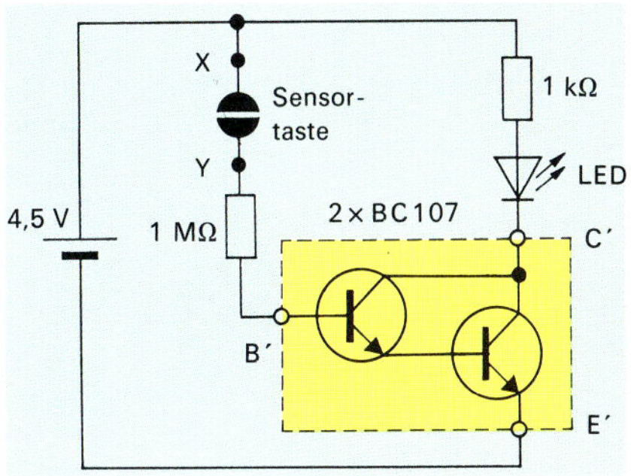

329.2 Darlington-Schaltung

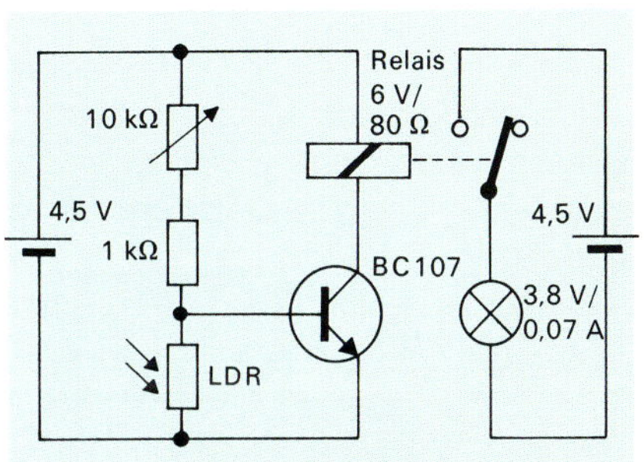

329.3 Dämmerungsschalter

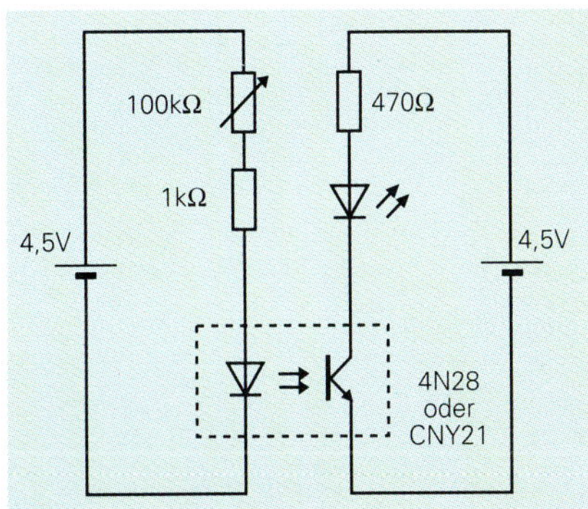

329.4 Zu Aufgabe 7

Ausschnitt aus der Nuklidkarte

(in der Natur vorkommende Nuklide)

oberer Teil: die leichtesten Elemente (a)
unterer Teil: die schwersten Elemente (b)

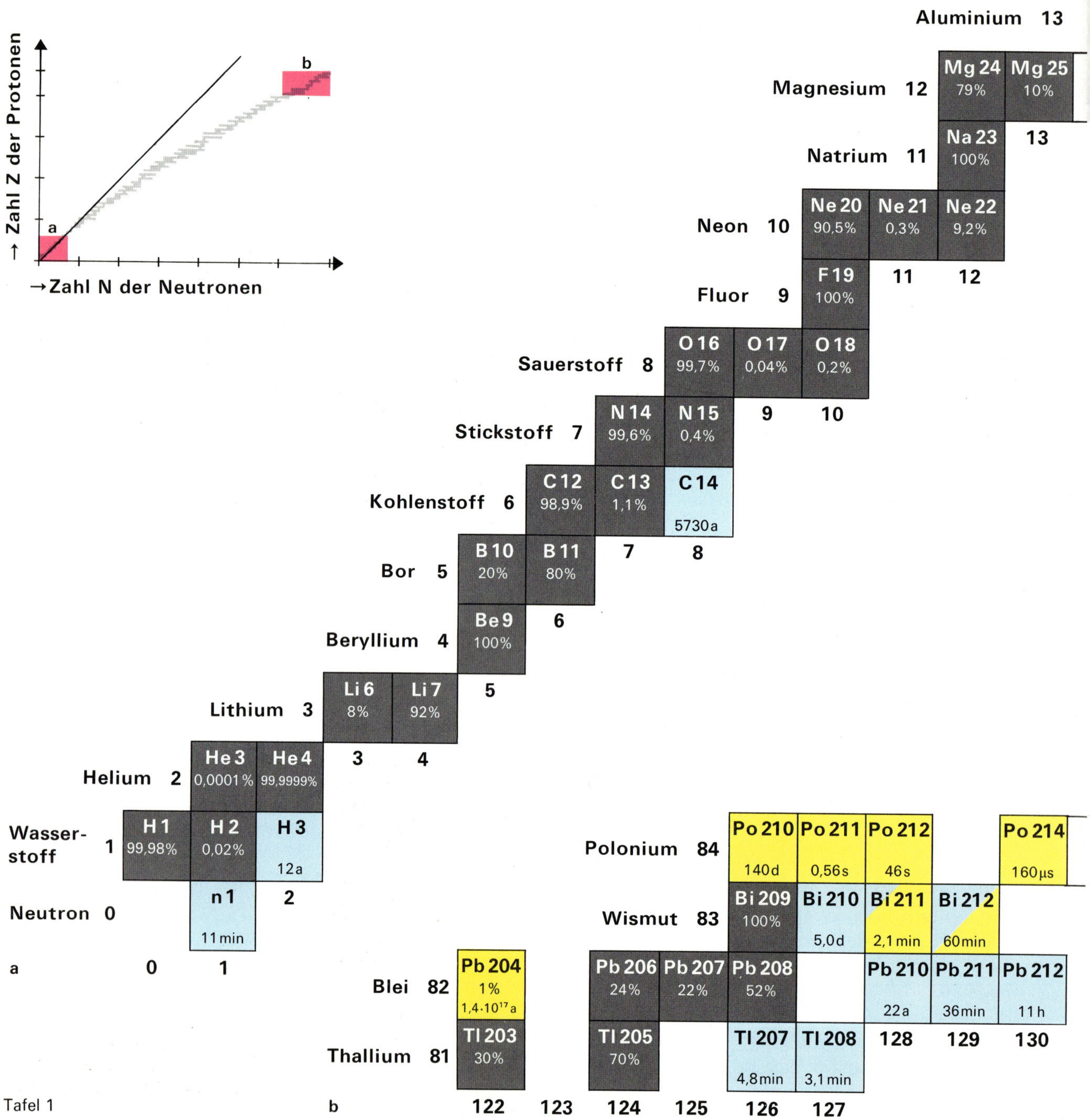

Tafel 1

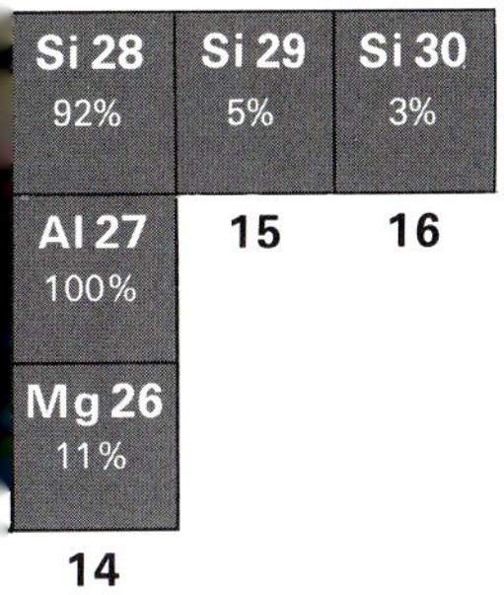
Si 28 92%
Si 29 5%
Si 30 3%
Al 27 100%
Mg 26 11%
14
15
16

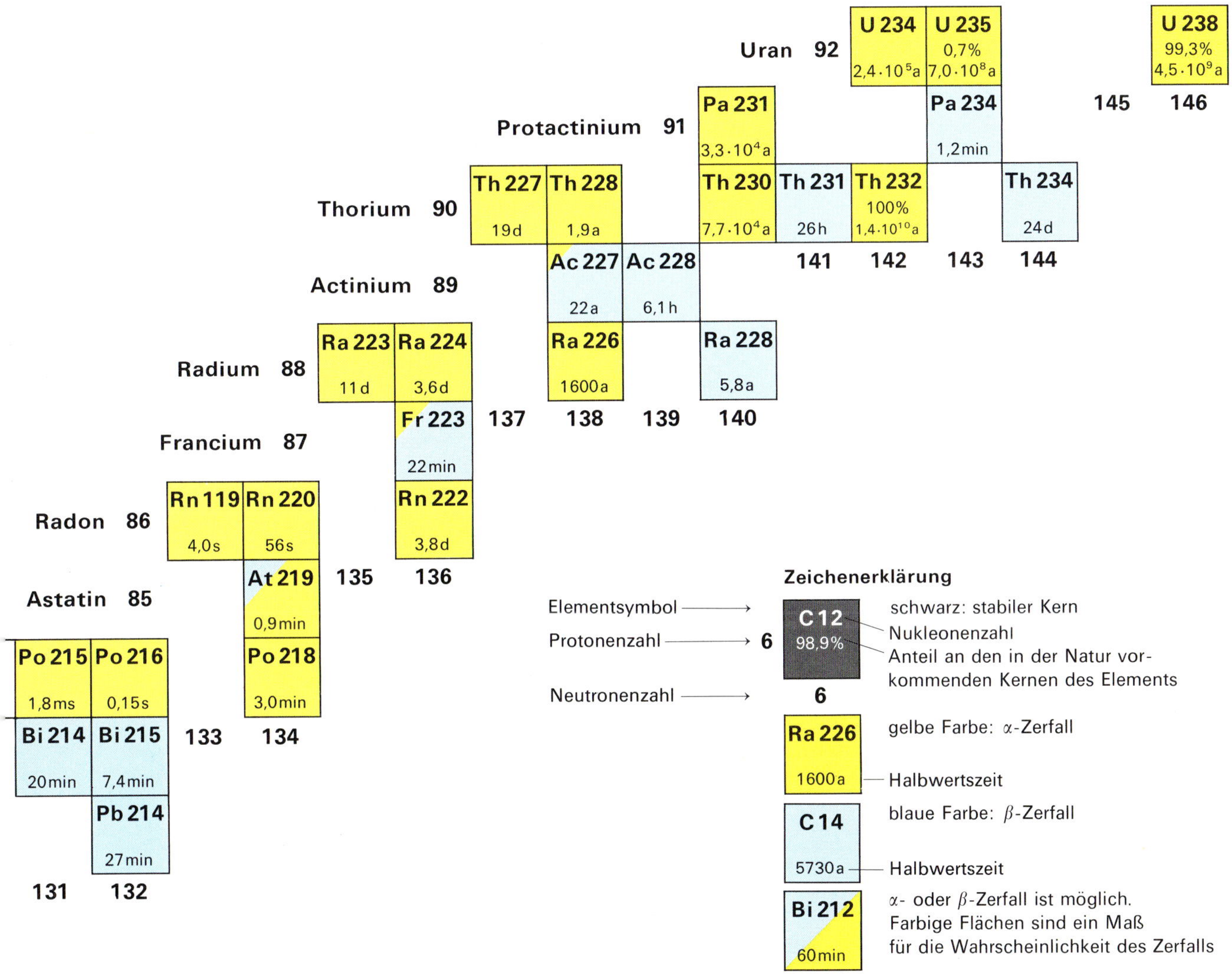
Uran 92
U 234 2,4·10⁵a
U 235 0,7% 7,0·10⁸a
U 238 99,3% 4,5·10⁹a
Protactinium 91
Pa 231 3,3·10⁴a
Pa 234 1,2min
145
146
Thorium 90
Th 227 19d
Th 228 1,9a
Th 230 7,7·10⁴a
Th 231 26h
Th 232 100% 1,4·10¹⁰a
Th 234 24d
141
142
143
144
Actinium 89
Ac 227 22a
Ac 228 6,1h
Radium 88
Ra 223 11d
Ra 224 3,6d
Ra 226 1600a
Ra 228 5,8a
137
138
139
140
Francium 87
Fr 223 22min
Radon 86
Rn 119 4,0s
Rn 220 56s
Rn 222 3,8d
135
136
Astatin 85
At 219 0,9min
Po 215 1,8ms
Po 216 0,15s
Po 218 3,0min
Bi 214 20min
Bi 215 7,4min
133
134
Pb 214 27min
131
132
Zeichenerklärung
Elementsymbol
Protonenzahl
Neutronenzahl
6
C 12 98,9%
6
schwarz: stabiler Kern
Nukleonenzahl
Anteil an den in der Natur vorkommenden Kernen des Elements
Ra 226 1600a
gelbe Farbe: α-Zerfall
Halbwertszeit
C 14 5730a
blaue Farbe: β-Zerfall
Halbwertszeit
Bi 212 60min
α- oder β-Zerfall ist möglich.
Farbige Flächen sind ein Maß für die Wahrscheinlichkeit des Zerfalls

Wort- und Zeichenerklärungen

a*bsorbieren* vom lat. absorbere, verschlucken
akkommodieren vom lat. accommodare, anpassen
Akkumulator vom lat. accumulare, anhäufen
Aktivität vom lat. activus, tätig
Akustik vom griech. akuein, hören
Alcarraza vom span. alcarraza, poröser Tonkrug
Ambivalenz vom lat. ambi (nach zwei Seiten) und valens (kräftig, stark, wirksam): Doppelwertigkeit
Amplitude vom lat. amplitudo, Weite
Anode vom griech. ana (hinauf) und hodos (Weg): der Weg hinauf („Elektroneneintrittsstelle")
Anomalie vom griech. anomalos, abweichend
Äquivalentdosis vom lat. aequus (gleich), lat. valere (Einfluss haben) und griech. dosis (Gabe): Gabe, die Gleiches bewirkt
Aräometer vom griech. araios (schmal, dünn) und metrein (messen)
Arbeit *W* vom engl. *work*
Atom vom griech. atomos, unteilbar

b*ar* vom griech. barys, schwer
Barometer vom griech. barys (schwer) und metrein (messen): Schweremesser
Basis vom griech. basis, Sockel, Fundament
Beryll vom griech. beryllos, Mineral, Edelstein
Brennpunkt *F*, Brennweite *f* vom lat. *focus*, Feuerstelle

C*aloricum* vom lat. calor, Wärme
Camera vom lat. camera, Kammer
Cartesischer Taucher nach dem franz. Mathematiker und Philosophen René Descartes (1596–1650)
Chip vom engl. chip, Scheibchen
Code vom engl. code, Schlüssel

d*eduktiv* vom lat. deducere, ableiten
Deklination vom lat. declinare, abbiegen, ablenken
Diagramm vom griech. dia (durch) und graphein (schreiben): Durchschrift
Dichte ϱ, kleiner griech. Buchstabe Rho
diffus vom lat. diffusus, ausgedehnt
Diode vom griech. dia (durch) und hodos (Weg): Durchgang
Dispersion vom lat. di-spergere, zerstreuen
Dosis vom griech. dosis, die Gabe
Dosimeter vom griech. dosis (Gabe) und metrein (messen)
Dotieren vom lat. dotare, ausstatten
Drehmoment vom lat. momentum (Bewegkraft): Bewegkraft der Drehung
Druck *p* vom engl. *pressure*

E*cho* in der griechischen Mythologie eine Nymphe, die aufgrund ihrer Geschwätzigkeit zur Strafe nur die Fähigkeit behielt, das letzte Wort anderer zu wiederholen
Effektivwert vom lat. efficere (bewirken): wirksamer Wert
Elektrode vom griech. hodos, Weg: Stromweg
Elektrolyse vom griech. lyein, lösen
Elektron vom griech. elektron, Bernstein (Namengebung aufgrund der Berührungselektrizität zwischen Bernstein und Wolle oder Pelz)
Elektroskop vom griech. skopein, sehen
Emitter, emittieren vom lat. emittere, aussenden
Endoskopie vom griech. endo (innerhalb) und skopein (sehen): in das Innere sehen
Energie vom griech. en-ergeia, wirkende Kraft

F*allout* vom engl. fall-out: das Herausfallen (radioaktiven Niederschlags)
Fata Morgana vom ital. fata (Fee) Morgana (Name einer geheimnisvollen Fee): Fee Morgana
ferromagnetisch vom lat. ferrum, Eisen
Fläche *A* vom engl. *area*
Fonograf vom griech. phone (Stimme) und graphein (malen): Stimmenschreiber
fossil vom lat. fossus, ausgegraben
Fotovaltaik vom griech. phos (Licht) und dem ital. Physiker Volta: durch Licht erzeugte elektrische Spannung
Fotografie vom griech. phos (Licht) und graphein (malen): Lichtbild
Frequenz vom lat. frequens, häufig, zahlreich

G*enerator* vom lat. generare, erzeugen
Geschwindigkeit *v* vom engl. *velocity*
Grad vom lat. gradus, Schritt, Stufe
Gravitation vom lat. gravis, schwer

h*omogen* vom griech. homos (gleich) und genos (Art): gleichartig
H von Hydrogenium (Wasserstoff), vom griech. hydor (Wasser) und lat. generare (erzeugen): Wassererzeuger

I*nduktion* vom lat. inductio, Verleitung zu etwas
induktiv vom lat. inducere, hineinführen
Influenz vom lat. influere, hineinfließen
infra vom lat. infra, unterhalb
Inklination vom lat. inclinare, neigen
integrierte Schaltung vom lat. integrare, wieder herstellen, zusammenfügen
Ion vom griech. ienai (gehen): „das wandernde Teilchen"
irreparabel vom lat. in- (un-) und reparare (wiederherstellen): nicht wiederherstellbar (i. S. v. reparieren/renovieren)
Isolator vom ital. isola, Insel
Isotope vom griech. isos (griech), topos (Ort): am gleichen Ort (in der Reihenfolge der Elemente)

K*alorie* vom lat. calor, Wärme
Kapazität vom lat. capacitas, Fassungsvermögen
Katode vom griech. kata (hinab) und hodos (Weg): der Weg hinab („Elektronenaustrittsstelle")
Koeffizient vom lat. co (mit) und efficere (bewirken): mitwirken
Kollektor vom lat. colligere, sammeln
Kommutator vom lat. commutare, vertauschen
Komplementär(farbe) vom lat. complementum, Ergänzung(sfarbe)
Komponente vom lat. componere, zusammensetzen
kondensieren vom lat. con-densare, dicht zusammendrängen
konkav vom lat. concavus, nach innen gewölbt, hohl
konstant vom lat. constare, feststehen
kontinuierlich vom lat. continuus, zusammenhängend
konvex vom lat. convexus, nach außen gewölbt, gerundet
konzentrisch vom lat. con- (zusammen) und griech. kentron (Mittelpunkt): mit gemeinsamem Mittelpunkt
kosmisch vom griech. kosmikos, zur Welt gehörend
Kraft *F* vom engl. *force*

LDR vom engl. *l*ight *d*ependent *r*esistor, lichtabhängiger Widerstand
LED vom engl. *l*ight *e*mitting *d*iode, Licht aussendende Diode
Leistung *P* vom engl. *p*ower, Stärke
Lupe vom franz. loupe, Vergrößerungsglas

M*agnet* nach der Stadt Magnesia
Manometer vom griech. manos (dünn) und metrain (messen)
Mechanik vom griech. mechane, Maschine
Medium vom lat. medium, Mittel, Vermittelnder
Meteor vom griech. meteoros, in der Luft schwebend
Meter vom griech. metrein, messen
Mikrofon vom griech. mikros (klein) und phone (Stimme)
Mikroskop vom griech. mikros (klein) und skopein (sehen): Kleinseher
Modell vom lat. modulus Maß, Maßstab
Moderator vom lat. moderare, mäßigen, ein Maß setzen

Modul vom engl. module, Baustein
Molekül vom lat. molecula, kleine Masse

***N**eutron* vom lat. neuter, keiner von beiden
normal vom lat. normalis, nach dem Winkelmaß
NTC-Widerstand vom engl. *n*egative *t*emperature *c*oefficient, negativer Temperaturkoeffizient
Nukleon vom lat. nucleus, Kern
Nuklid vom lat. nucleus, Kern

***O**bjektiv* vom lat. obiectus, entgegengestellt, davor liegend
Oktave vom lat. octavus, der Achte
Okular vom lat. ocularis, zum Auge gehörig
Optik vom griech. optikos, das Sehen betreffend
Ortsfaktor *g* nach dem ital. Physiker *G*alilei (1564–1642)
Oszilloskop vom lat. oscillare (schwingen) und griech. skopein (betrachten)

***P**eriode* vom griech. periodos, Umlauf
Perpetuum mobile vom lat. perpetuus (unaufhörlich) und mobilis (beweglich)
Phase vom griech. phainestai, erscheinen
Physik vom griech. physis, Natur
Potentiometer vom lat. potentia (Kraft, Macht) und griech. metrein (messen)
Prisma vom griech. prisma, das Zersägte
proportional vom lat. proportio, Verhältnis
Projektor vom lat. proicere, nach vorne werfen
Proton vom griech. protos, der Erste
radioaktiv vom lat. radius (Strahl) und activus (tätig)
***R**adium* vom lat. radius, der Strahl
Recycling vom lat. re (wieder) und cyclus (Kreislauf): wieder dem Kreislauf zuführen
reell vom franz. réel, wirklich (vorhanden)
reflektieren vom lat. re (zurück) und flectere (biegen): zurückbiegen
regenerieren vom lat. re- (wieder-) und generare (hervorbringen): von neuem hervorbringen
Relais vom frz. relais, Ablösung, Wechselstelle
Resonanz vom lat. resonare, mittönen
Röntgenstrahlung vom dt. Physiker W.C. Röntgen (1845–1923) entdeckte Strahlenart

***S**chuko*, Abkürzung für *Schutzko*ntakt
Sirene nach dem Namen der sagenhaften, betörend singenden Meerfrauen aus Homers „Odyssee"
Solar- vom lat. sol, Sonne
Solarthermie vom lat. thermae, warme Quelle
Spektrograf vom lat. spectrum (Bild, Vorstellung) und griech. graphein (schreiben, malen)
Spektrum vom lat. spicere, sehen
spezifisch vom lat. species, Art
spezifische Wärmekapazität vom lat. species (Art) und capacitas (Fassungsvermögen): arteigenes Wärmefassungsvermögen
spezifischer Widerstand vom lat. species (Art): arteigener Widerstand
Stratosphäre vom lat. stratum (Schicht) und griech. sphaira (Kugel): Kugelschicht um die Erde
Szintigramm vom lat. scintilla (Funke) und griech. graphein (schreiben) Funkenschrift
szintillieren vom lat. scintilla, Funke funkeln, flimmern

***T**achometer* vom griech. tachos (Schnelligkeit) und metrein (messen): Schnelligkeitsmesser
Tele- vom griech. telos (Grenze, Ziel): fern-
Telefon vom griech. tele (fern) und phone (Stimme): Fernsprecher
Teleskop vom griech. telos (fern) und skopein (sehen): Fernseher
Temperatur vom lat. temperatura, Beschaffenheit, richtige Mischung
Therapie vom griech. therapeia, der Dienst, die Pflege
Thermometer vom griech. thermos (warm) und metrein (messen): Wärmemesser
Totalreflexion vom lat. totalis (vollständig) und reflectere (zurückbiegen)
Transformator vom lat. transformare, umformen
Transistor vom engl. *trans*fer, *resistor*: Übertragung, Widerstand
Troposphäre vom griech. tropos (Art, Charakter) und sphaira (Kugel)
Tubus vom lat. tubus, Röhre
Turbine vom lat. turbo, Wirbel, Sturm

***U**ltra* vom lat. ultra, jenseits von

***V**ektor* vom lat. vector, Fahrer, Träger
virtuell vom franz. virtuell, möglich, scheinbar
visuell vom lat. visus, gesehen, Gesehenes

***W**afer* engl. Waffel
Weg *s* vom lat. *s*patium, der Weg
Widerstand *R* vom engl. *r*esistance
Wirkungsgrad η, kleiner griech. Buchstabe Eta

***Z**eit t* vom engl. *t*ime

Sachverzeichnis

Eigenschaften verschiedener Stoffe

Stoff	Dichte ρ in $\frac{g}{cm^3}$ bei 20 °C *ρ in $\frac{g}{l}$ bei 0 °C, 1013,25 hPa	Schmelztemperatur ϑ_E in °C bei 1013,25 hPa	Siedetemperatur ϑ_S in °C bei 1013,25 hPa	Spezifische Wärmekapazität c in $\frac{J}{g \cdot °C}$ bei 20 °C	Spezifische Schmelzenergie s in $\frac{J}{g}$	Spezifische Verdampf.-energie r in $\frac{J}{g}$ am normalen Siedepunkt	Spezifischer elektrischer Widerstand ϑ in $\frac{\Omega \cdot mm^2}{m}$ bei 20 °C *bei 25 °C
Aluminium	2,70	660	2450	0,896	397	10900	0,027
Beton, lufttrocken	1,5 ... 2,4	–	–	0,84	–	–	1 ... 5
Blei	11,34	327	1750	0,129	23,0	8600	0,208
Diethylether	0,714	−116	34,5	2,310	–	384	–
Eis (bei 0 °C)	0,917	–	–	2,1	–	–	–
Eisen	7,86	1535	2735	0,452	277	6339	0,10
Erde, trocken	1,3 ... 2,0	–	–	–	–	–	$> 10^{12}$
Ethylalkohol	0,789	−114	78,3	2,43	108	840	$1{,}7 \cdot 10^{13}$*
Germanium	5,35	959	2830	0,322	410	4600	$6 \cdot 10^{5}$*
Glas	≈ 2,4	≈ 500	–	0,8	–	–	$> 10^{17}$
Glyzerin	1,26	18,4	291	2,39	201	825	$1{,}6 \cdot 10^{11}$*
Gold	19,3	1063	2700	0,129	65,7	1650	0,022
Granit	2,6 ... 3,0	–	–	0,75	–	–	–
Hartgummi	1,1 ... 1,3	–	–	≈ 1,5	–	–	$10^{19} \ldots 10^{22}$
Helium	0,1785*	–	−269	5,23	–	20,6	–
Holz, trocken	0,4 ... 0,8	–	–	≈ 1,5	–	–	$10^{15} \ldots 10^{19}$
Kalium	0,86	63,3	754	0,750	59,6	1980	0,072
Keramik	2,1 ... 2,3	1680	–	0,85	–	–	10^{16}
Kochsalz	2,17	801	1465	0,867	500	2900	$1{,}2 \cdot 10^{9}$
Kohlenstoff							
Graphit	2,0 ... 2,5	3650	4350	0,71	–	–	8,00
Diamant	3,51	3540	4200	0,502	–	–	$8 \cdot 10^{18}$
Kohlendioxid	1,9769*	−56,6	−78,5	0,837	184	574	–
Kork	0,20 ... 0,35	–	–	1,7 ... 2,1	–	–	–
Kupfer	8,93	1083	2590	0,383	205	4790	0,0172
Luft	1,2929*	−213	−193	1,005	–	–	–
Magnesium	1,74	650	1110	1,017	368	5420	0,044
Messing (62% Kupfer, 38% Zink)	8,3 ... 8,5	–	–	0,38	–	–	0,08
Nickel	8,8	1453	2800	0,448	303	6480	0,087
Perlon	1,08 ... 1,14	–	–	1,8 ... 1,9	–	–	10^{18}
Petroleum	0,81	–	150 ... 300	2,14	–	–	$10^{16} \ldots 10^{18}$
Platin	21,4	1769	4300	0,133	111	2290	0,107
Polystyrol	1,05 ... 1,20	–	–	1,3	–	–	$10^{21} \ldots 10^{22}$
Quecksilber	13,55	−38,9	356,6	0,139	11,8	285	0,96
Sandstein	1,9 ... 2,3	–	–	0,71	–	–	–
Sauerstoff	1,42895*	−219	−183	0,917	13,8	213	–
Schwefel, rhomb.	2,07	113	445	0,71	42	290	10^{21}
Silber	10,5	961	2180	0,235	105	2350	0,016
Silizium	2,33	1420	2355	0,703	164	14050	$2 \cdot 10^{9}$
Stickstoff	1,2505*	−210	−195,8	1,038	25,8	201	–